2016年天津市石油学会科技成果

论 文 集

薛永安　吴永平　主编

中国石化出版社

图书在版编目(CIP)数据

2016年天津市石油学会科技成果论文集/薛永安，吴永平主编．—北京：中国石化出版社，2016.12

ISBN 978-7-5114-3496-8

Ⅰ.①2… Ⅱ.①薛… ②吴… Ⅲ.①石油工业-科学技术-文集 Ⅳ.①TE-53

中国版本图书馆CIP数据核字(2016)第325158号

中国石化出版社出版发行

地址：北京市朝阳区吉市口路9号

邮编：100020 电话：(010)59964500

发行部电话：(010)59964526

http://www.sinopec-press.com

E-mail:press@sinopec.com

北京艾普海德印刷有限公司印刷

全国各地新华书店经销

*

889×1194毫米16开本35.75印张991千字

2016年12月第1版 2016年12月第1次印刷

定价：120.00元

《2016年天津市石油学会科技成果论文集》

编辑委员会

前　言

2016年各驻津石油公司持续开展升级版的降本增效活动，其中的重要举措就是三新三化、技改技革、提高科技成果的转化率。也正是得益于这种群众性的降本增效、创新创效活动，桶油生产成本大幅降低，有的公司降幅达40%以上，有力地支撑了石油公司在低油价环境下的生存和发展。

本次收录的驻津石油石化企业的科技创新活动成果，是在天津市石油学会征文的基础上，从包括中石油、中石化、中海油在内的九家会员单位投稿中通过专家评审筛选出来的111篇论文，这些论文涵盖了石油地质、地球物理、石油开发、石油钻采、海洋工程、化工环保、管理信息等专业。我们相信这些论文对石油工作者的工作有借鉴和参考价值。

随着全国科技创新大会的召开，创新创效活动必将更加深入地开展，广大科技工作者必将更有施展才华的机会，希望驻津石油石化科技工作者以更大的热情在创新创效中取得更大的成果。

目　录

石油地质组

辽中南洼新生代走滑断裂特征及其对油气成藏的控制……… 张如才　吴　奎　王冰洁　柳屿博（3）

油气优势运移路径模拟——以渤海湾盆地石臼坨凸起为例
…………………………………………………… 杨传超　姚　城　郭　瑞　赵家琳　张志强（9）

混积潮坪沉积特征及沉积模式研究——以伊拉克米桑FQ油田Asmari B油组为例
…………………………………………………………………… 杨丽娜　史长林　张学敏（14）

基于成藏动力探索油柱高度主控因素及定量表征
……………………………………………… 全洪慧　陈建波　张　雷　张　章　王双龙　王　迪（26）

黄骅坳陷中北部浅层气成藏机理及分布规律研究……………………… 周宗良　张凡磊　何雄涛（32）

沙东南构造带断裂对新近系油气差异成藏控制作用分析
……………………………………………… 许　鹏　李慧勇　江　涛　胡贺伟　胡安文　李新琦（38）

渤中凹陷西斜坡新构造运动期断裂活动与油气成藏关系…… 郭　瑞　于喜通　杨传超　姚　城（44）

蚂蚁追踪算法在渤海CFD油田地质研究中的应用 … 杨　威　刘英宪　孟　鹏　白清云　朱　猛（50）

渤海海域石臼坨凸起西段陡坡带"沟-断-槽"耦合控砂机制
…………………………………………………… 史盼盼　于海波　李慧勇　戴建芳　许　鹏（58）

石臼坨凸起东南斜坡带油气成藏模式……………………………………… 姚　城　杨传超　郭　瑞（63）

张家口-蓬莱断裂带渤海段特征及其与油气差异成藏的关系
…………………………………………………… 李新琦　李慧勇　左中航　孙龙飞　步少峰（69）

复杂断块油田断层封堵性研究及应用——以渤海湾盆地B油田为例
……………………………………………… 秦润森　张建民　朱建敏　周连德　高鹏宇　曹　龙（75）

BZ油田层内夹层预测方法与水平井轨迹优化 …… 刘卫林　刘建华　胡治华　汪利兵　孟云涛（80）

渤海湾盆地A油田古近系中深层储层预测及其应用 … 郭　诚　张建民　崔名喆　穆朋飞　梁　旭（85）

稠油油田差异油水界面影响因素分析——以南堡35-2油田南区Nm Ⅰ-3砂体为例
……………………… 谢　岳　陈建波　甘立琴　李　浩　汪　跃　李栓豹　张彩旗　张俊廷（90）

分井段计算校正岩屑迟到时间在渤海X构造的应用 … 王建立　管宝滦　苑仁国　罗　鹏　夏良冰（96）

大港油田埕海二区沙二段辫状河三角洲前缘沉积特征及其与油气分布的关系 …… 牟晓慧　李　宁（99）

分级定量表征方法在PL油田构型建模中的应用
…………………………………………………… 刘建华　刘卫林　徐中波　梁世豪　胡治华（104）

地球物理组

基于Gabor变换反褶积技术某工区的应用研究…………………………… 金明霞　易淑昌（111）

基于贝叶斯理论的快速岩相识别技术及应用……………………刘洪星　夏同星　王建立　郭　帅(117)
歧北火成岩发育区下伏地层成图方法探讨…………蔡纪琰　秦　童　王明春　李德郁　左中航(121)
陡坡带砂砾岩扇体叠合区储层预测——以沙垒田凸起西部陡坡带A构造为例
……………………………………………………戴建芳　刘　歆　李慧勇　史盼盼　张明升(127)
渤海西部海域歧北地区火成岩发育规律及油气勘探意义
……………………………………………………高　磊　王明春　蔡纪琰　陈文雄　许　鹏(132)
气云区地震成像改善的分析及对策…………………刘　垒　周学峰　徐海波　潘　永　胡治华(138)
岩性密度仪可更换式耐磨滑板研制与应用
………………………………嵇成高　王志勇　余　湘　刘国臣　孔　谭　古学博　王锡磊(141)
浅层气属性约束下的储层深度预测技术…………………………宋俊亭　刘传奇　赵海峰　郭　诚(147)
薄互层储层地震预测能量屏蔽补偿方法研究………刘　垒　周学锋　刘学通　刘传奇　徐海波(151)
叠前联合反演在渤海J探区砂岩储层预测中的应用
…………………………………………刘建辉　彭　刚　梁雪梅　张平平　秦　童　沈洪涛(155)
Seal系统数据传输及CRC差错控制原理简述 ………………………………………刘建军　董　强(163)
地震资料零相位化方法研究及应用…………………刘传奇　李　宾　唐何兵　王　腾　薛明星(166)
浅水多次波衰减处理技术应用研究……………………………………………………徐　强　焦叙明(172)

石油开发组

出水气井地层水赋存状态判别与对策浅析
…………………………………………余元洲　张建民　马　栋　李　扬　李　卓　何　芬(179)
有机解堵剂PA-OS3研究与现场应用…………………………………………王　贵　冯浦涌　张洪菁(183)
利用渗流理论与井点含水判断流体运移规律………李金蔓　李　根　常　涛　刘　斌　李金泽(187)
渤南中轻质油藏大段合采井射孔方案优化与应用
…………………………………………吴小张　张建民　黄　琴　张占华　温慧芸　张　博(191)
高温高盐油藏弱凝胶前置段塞聚合物驱研究……………………李道山　张景春　伍　星　程丽晶(195)
渤海不同类型稠油油藏开发策略……………………………………………罗成栋　刘小鸿　张风义(200)
海上复杂河流相油田水平井水驱特征研究…………孙广义　雷　源　江远鹏　常会江　翟上奇(204)
辫状河复合砂体单河道划分及叠置样式分析
…………………………………………李　林　申春生　康　凯　梁世豪　张　俊　徐中波(209)
S油田聚驱影响因素的敏感性分析………沈　思　王宏申　王锦林　王晓超　李百莹　张维易(216)
响应面设计方法在海上油田注聚段塞优化研究…………………………武海燕　罗宪波　李金宜(220)
一种油田自然递减率主控因素确定新方法
………………………………张　俊　康　凯　黄　琴　胡治华　赵靖康　靳心伟　李思民(225)
渤海典型边底水稠油油藏隔夹层研究及应用
………………………………郑　华　李云鹏　刘宗宾　李红英　王树涛　陈　堪　刘喜林(229)
一种确立蓬莱油田油井合理套压的方法研究………刘　军　郭培培　张宝青　王庆龙　张　兵(236)
气顶规模对油气藏开发方式的影响研究……………张　浩　王传军　蔡　晖　刘洪杰　王佩文(241)

智能控水(AICD)在渤海A油田水平井堵水中的应用——A13H井为例
…… 李丰辉 郑 旭 石建荣 张继伟(245)
中低渗砂岩油藏酸调一体化治理技术 …… 张传千(251)
强非均质性油藏开发层系划分及重组策略研究
…… 张 章 罗宪波 康 凯 全洪慧 李廷礼 刘彦成 刘 超 李景玲(254)
渤海中轻质油藏合理采油速度的确定 …… 阳晓燕 张建民 王月杰 张 博 刘 超(258)
渤东低凸起旅大27-2油田沉积特征与演化规律 … 汪 跃 侯东梅 聂玲玲 谢 岳 刘洪洲(262)
乳化降黏对海上油田采收率影响的研究 …… 常 振(269)
相渗曲线计算新方法及在油藏提液中的应用 …… 陈 晖 李云鹏 李彦来 韩雪芳 王永平(274)
考虑多参数影响的低渗气藏气井产能方程分析
…… 徐 浩 张志军 徐 良 张维易 陈增辉 罗 珊 吴 婷 尹 鹏 华科良(278)
海底长输油管道清管球破裂压力试验及矿场应用
…… 王 威 鲁 瑜 罗 峰 张宗超 郭 庆(282)
辫状河储层构型表征及剩余油分布模式
…… 申春生 胡治华 康 凯 徐中波 李 林 张博文(286)
渤海辫状河三角洲大厚层油藏挖潜策略研究 …… 刘玉娟 郑 彬 李红英 王立垒 胡治华(291)
多层砂岩油藏压力预测新方法及应用
…… 靳心伟 康 凯 张 俊 赵靖康 刘彦成 王永慧 郑金定 李思民(297)
海上不同类型稠油油藏提高采收率研究及实践
…… 屈继峰 刘 东 张彩旗 李 浩 罗义科 赵大林(301)
海上某复杂油藏类型油田产液结构优化实例
…… 徐大明 陈来勇 胡廷惠 王 迪 杨 彬 陈勇军 黄 雷(307)
JZ25-1S油气田砂岩酸化残酸及矿物浓度模拟研究 …… 白 冰(313)
注入时机对调剖效果影响的初步探索 …… 王啊丽(307)

石油钻采组

渤海稠油油田聚合物微球调驱技术研究与应用
…… 鞠 野 徐国瑞 刘丰钢 庞长廷 张 博 刘文辉(325)
海上丛式井深层井眼防碰技术的分析与应用 …… 和鹏飞(330)
剪切闸板剪断管柱所致落鱼打捞技术应用 …… 侯冠中 和鹏飞 祝正波 刘国振(335)
精细注水在渤海某油田J区的应用及认识 …… 杨 彬 李 彪 王 迪 徐大明 李 军(338)
渤海某油田防砂方式优选及应用 …… 陈爱国 肖文凤(345)
电磁波传输LWD仪器的研究 …… 毕丽娜 赵小勇 高廷正 胡秀凤 李宝鹏 王志强(352)
海上大位移井钻井关键技术研究与应用 …… 陈 虎 和鹏飞 边 杰(356)
海上弃井套管分段切割用闸管锯研制与应用
…… 王 超 俞 洋 徐鸿飞 刘作鹏 刘占鏖 孙慧铭(362)
海上某油田整体加密钻井难点及应对措施 …… 席江军 和鹏飞(365)

BH-1抑垢型无固相修井液的研究与应用 …… 何风华 刘德正 张建华(369)
一种反循环钻塞技术的开发与应用 …… 何 涛 王伟军 郝建刚 谢国海(373)
高效治理励磁涌流，安全提升低压配电开关灭弧能力 …… 邱武智(378)
钻杆加厚过渡带性能评价方式及应用
…… 魏立明 齐金涛 栾家翠 文雄兵 赵福优 徐海潮 高健峰(385)
新型机械液压一体式丢手的应用 …… 董 潮 吴 迪 陈胜宏 张少朋(394)
连续油管分段压裂技术在大港低渗透储层的应用 …… 曲庆利 赵 涛(397)
大斜度井、水平井解卡技术及其应用
…… 王丕政 马金山 徐海潮 刘 刚 郗凤亮 栾家翠 胡友文 陈 磊(402)
连续油管喷砂射孔分段压裂工艺在低渗油藏的应用
…… 赵 涛 曲庆利 杨延征 齐月魁 曾晓辉(407)
一种双季胺盐防膨缩膨剂PA-SAS的合成与应用 …… 胡红福 冯浦涌 张 威(411)
套管磨损后腐蚀预测的分析及应用 …… 陈国宏 修海媚(414)
渤海沙河街地层PDC钻头的选型与应用 …… 边 杰 和鹏飞 陈 虎 齐 斌(417)
吡啶季铵盐型中高温酸化缓蚀剂的合成与性能评价
…… 王云云 杨 彬 张 镇 倪国胜 李文杰 崔福员 许杏娟 毕研霞(420)
水声波井筒无线通信系统研制与试验 …… 李绍辉 冯 强 雷中清 黄 敏(424)
大港储气库管柱腐蚀原因浅析 …… 曾晓辉 张 强(429)

海洋工程组

设备过程控制标准化管理方式探讨 …… 陈 希(435)
浅谈渤海固定平台模块套井口吊装安全间距 …… 柳扬斌(439)
浅谈海洋管道单层管与双层管对比分析 …… 侯 强 张重德 袁占森 龚海潮(448)
碟片式离心机在重油乳状液脱水中的应用 …… 程 涛 李鹏宇 朱梦影 郭奕杉(452)
试采平台筒型基础结构可行性计算分析 …… 尹文斌 林学春 王建富 纪丕毅 王雨婷(456)
万吨级海洋平台建造精度控制 …… 石 亮 李文民 陈 东 李良龙(460)
双层甲板片整体建造技术研究 …… 刘 超 李国全 冯宝学(464)
八桩腿导管架建造尺寸控制 …… 张云青 华玉龙 陈维福(470)
多专业支吊架(MDS)在海洋工程中的应用 …… 喻 龙(475)

化工环保组

海上调驱技术在赵东油田的应用 …… 田继东 李之燕 金 华 熊 英 袁润成(483)
含裂纹缺陷X80钢平板的有限元模拟 …… 王 静(487)
脱丁烷塔腐蚀堵塞原因探索及防护 …… 赵 耀 崔 懿 冯宝杰 于焕良(492)
含油污泥脱水工艺对比分析研究 …… 郑秋生(496)
临兴致密气三甘醇脱水装置工艺设计与分析 …… 符显峰(499)

渤海湾延长测试作业海洋环保法律法规研究 …………………………………… 屈　植　张　倩(504)
重整装置二甲苯塔增开侧线的模拟 ……………………………………………………………… 邓宝永(509)
南海 P 油田平台生活污水处理设备的改造调试运行……………………………… 郑秋生　于文轩(514)

管理信息组

渤中油田 FPSO 单点项目进度与费用控制研究 ………………………………………………… 王　喆(521)
如何做好企业知识产权的管理工作………………… 曾晓辉　秦飞翔　曲庆利　张　妍　卜文杰(527)
浅析信息时代不断创新加强企业电子档案管理的思考 ……………………………………… 刘莉琼(530)
天津石化计量管理系统的功能设计及应用 …………………………………………………… 郭科跃(532)
利用信息系统有效预测钻完井物资需求的研究 ………………………………… 孔令捷　王彦斌(537)
论物资标准化在供应链管理中的价值 ………………………………… 杨怡倩　吴冬梅　王睿石(540)
海上油气田开发企业质量管理体系建设探讨 ………………………… 林乃菊　钱立锋　张　良(545)
企业知识产权管理人员应具备的素质探讨 ………… 曾晓辉　曲庆利　秦飞翔　李海霞　赵华芝(549)
浅谈物资数据清理对海油降本增效的作用 ……………………………………… 王睿石　吴冬梅(551)
试论 MBTI 职业性格测试结果标准化分析在企业管理中的应用 ………………… 李京华　刘作鹏(556)

石油地质组

辽中南洼新生代走滑断裂特征及其对油气成藏的控制

张如才 吴 奎 王冰洁 柳屿博

(中海石油(中国)有限公司天津分公司，天津 300452)

摘 要 受区域应力场及郯庐断裂右行走滑活动的控制，辽中南洼新生代走滑断裂特征较为典型，主要表现在以下几个方面：一是旅大21断裂、辽中一号断裂和中央走滑断裂这3大走滑断层共同控制了辽中南洼中央走滑压扭反转构造带的形成和演化；二是平面上沿走滑断裂带发育雁行式伸展断裂，剖面上发育花状构造；三是走滑断裂沿走向呈S形或反S形波状弯曲。右行走滑断裂的S形弯曲部位为增压区，走滑断裂两侧断块在此汇聚，地层因挤压应力集中而形成断鼻构造；右行走滑断裂的反S形弯曲部位为释压区，走滑断裂两侧断块在此离散，地层因拉张而发生断陷形成洼槽或小型断块圈闭，同时，沿走滑断层在地层挤压应力集中的区域，控圈断层具有良好的保存条件，有利于油气的聚集。深入开展走滑断裂特征的研究，对于预测大中型圈闭的分布和研究油气成藏具有重要意义。

关键词 辽中南洼；走滑断裂；油气成藏；S形弯曲；滑动破碎带

走滑构造作用可形成复杂的构造系统，是构造地质学研究的前沿问题之一，油气勘探中也发现了越来越多与走滑构造作用有关的圈闭，其在油气勘探中的意义得到了广泛关注[1~4]。辽中南洼位于渤海东部海域，处于郯庐走滑断裂东支的转折端，前人研究表明[5~9]：郯庐走滑断裂的活动对所经区域的断层发育活动、构造单元地质结构发育、圈闭形成与改造、油气运聚、沉积储层和油气藏保存等起着重要的控制作用，加之郯庐断裂活动具有明显的阶段性和分段性，其在中生代晚侏罗-早白垩世表现为强烈的左旋走滑伸展，晚白垩世转为右旋压扭活动，新生代古近纪始新世受太平洋板块NWW向俯冲和印度板块NE向俯冲的影响，加之深部地幔物质的强烈上涌，转为右旋张扭，至新近纪，又转为右旋压扭活动。前人的研究相对侧重于走滑断裂的活动特征及对构造的演化，而对成藏的具体控制作用相对较少。因此本文主要是结合郯庐断裂带对本区的控制作用，从研究区新生代走滑断层的几何学特征描述及运动学特征分析着手，研究了本区走滑断层系的发育特征及成因，在此基础上，进一步阐述了其对油气成藏的控制作用。

1 基本地质特征

辽中南洼位于辽中凹陷的南段，处于郯庐走滑断裂东支走向由NNE向转为NE向的转折端。从区域构造格架上来看，辽中南洼南以秦皇岛-旅顺断裂带与渤中凹陷相接，北与辽中中洼自然相连形成一体，西侧以斜坡带向辽西凸起过渡，东侧以斜坡带向辽东凸起过度。洼陷中间为受旅大21断裂、辽中一号断裂和中央走滑断裂这三条大断层所共同控制的中央走滑压扭反转构造带(图1、图2)。该区域地应力容易聚集、释放，构造活动十分强烈，是油气聚集的有利场所，目前已经发现了1个油田和6个含油构造，其含油层系从古近系沙河街组和东营组到新近系馆陶组和明化镇组皆有分布。

2 走滑断裂体系特征

应用地震资料，将研究区剖面特征与水平切面特征分析相结合，在刻画各主要断裂发育特征的基础上，建立了研究区的主要断裂在剖面上和平面上的发育特征，在此基础上进一步探讨了辽中南洼中央构造带的成因模式。

基金项目： 国家科技重大专项(2011ZX05023-006)“近海大中型油气田形成条件与分布”资助。

作者简介： 张如才(1981—)，男，高级工程师，2006年毕业于中国石油大学(北京)矿产普查与勘探专业，获硕士学位，目前主要从事石油地质与油气勘探工作。E-mail：zhangrc@cnooc.com.cn

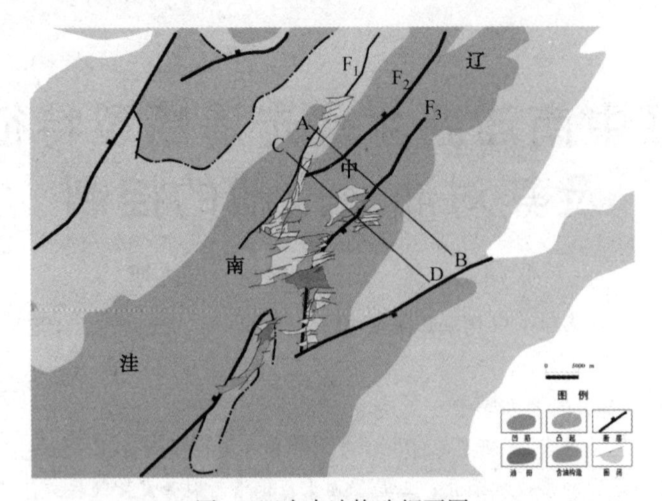

图 1 辽中南洼构造纲要图

F_1—旅大 21 断裂；F_2—辽中一号断裂；F_3—中央走滑断裂

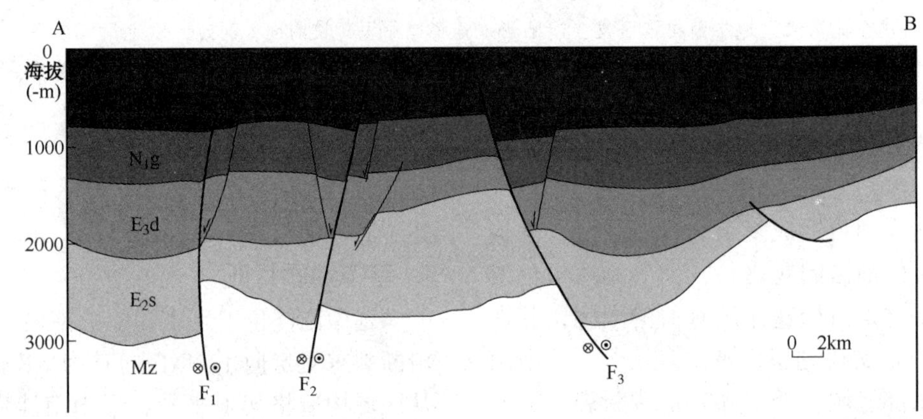

图 2 过辽中南洼地质结构剖面(图 1 中 AB 向)

2.1 走滑断裂带的剖面特征

走滑构造在剖面上一般是，其主干断裂带总体倾角在深部近于直立，并切穿基底和沉积盖层，在浅部沉积盖层出现负花状构造。这种负花状构造是由于深部主干走滑断裂向上发散、分支而形成的漏斗状的 M 形破裂带。构造顶部相对下掉，形态似地堑式的构造特征，并有正断层滑距，在断裂带上往往因受阻发生弯曲。沿构造带走向追踪，浅层分支断层延伸不远即消失，所以这种负花状构造并不是沿着整个走滑构造带都可以见到[10]。辽中南洼中央走滑构造带断裂体系的发育主要受控于郯庐断裂带的走滑作用，走滑性质的断裂发育是该地区断裂体系最明显的特征，受作用力大小和位移量大小的控制，不同强度的走滑断裂其形态模式存在差异，从过该构造带的地震剖面来看(图 3)：走滑作用在深层沙河街组很强烈，表现为主走滑面发育，剖面上近于直立；到东营组则主走滑面不连续发育，次级断层在主断面两侧成羽状排列，剖面上显示多级 Y 形和负花状构造；到新近系时地震剖面上不形成主破裂面，由一系列次级小断层雁行排列形成，切割深度浅，剖面呈平行列式排列。

2.2 走滑断裂带的平面特征

走滑断裂带往往由多条大致平行的走滑断层构成，它们或分或合，彼此替代，呈交织状特征。此外，走滑断裂带也并不是整条带上都以水平位移为主，一般只有中部主体段才表现为走滑性质，而两端则以变形为主要特征[11]。研究区走滑断裂在不同时期呈现明显不同的特征，在沙河街组沉积时期(2500ms)，主干边界断裂断面连续，切割新生代盆地基底，方向由近南北向转为北东向展布，3 条主干断裂近平行，表现为强走滑特征；东营组沉积末期(1800ms)，主干边界断裂随着走滑作用的减弱逐渐“羽化”，平面上首尾相接，分为多段呈北东向展布，表现为中等强度走滑；馆陶组沉积末期(1200ms)，主干边界断裂平面上表现为小断裂组成的断裂带，没有形成主断面，次级小断裂切割深度浅，呈平行雁列式排列，表现为弱走滑。以转弯处为界，南北雁列化断层的走向和性质有所不同，北部断层主要以北东向为主，断层主要表现为压扭性质；南部断层走向以北东东向或东西向为主，断层性质主要表现为张性(图4)。

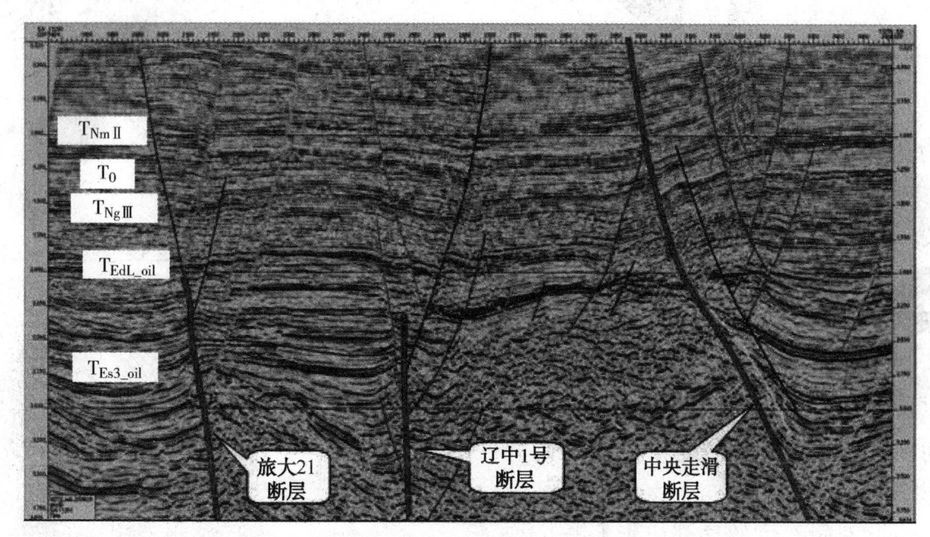

图3 过辽中南洼中央构造带地震反射剖面(图1中CD向)

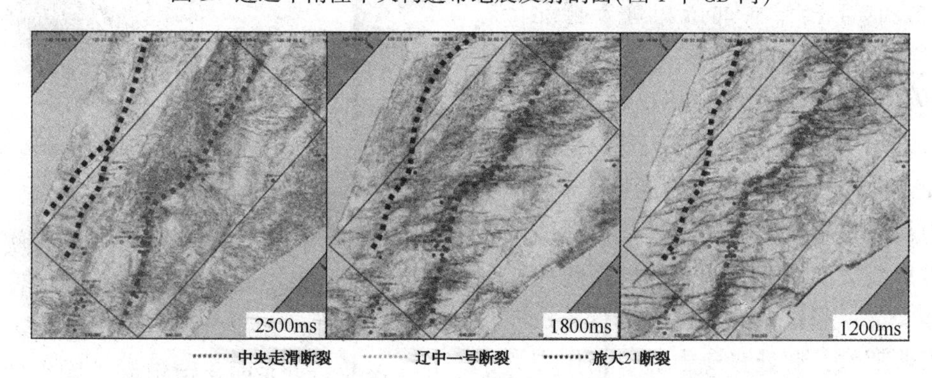

图4 辽中南洼中央构造带不同深度相干切片

2.3 中央构造带成因模式分析

辽中南洼中央构造带沙三段、沙四段-孔店组地层明显厚于凹陷带，且古近纪上部和新近纪地层呈现下凹上凸的形态，因而有学者把它确定为“反转构造带”[12]，认为分别在沙河街组沉积末期、东营组沉积末期和明化镇组沉积末期发生了3期构造反转活动。本次研究表明，如果中央构造带属于反转构造，那么就应该是“负反转”。典型的负反转构造其断裂往往为低角度断层，常常会经历一个先逆后正的过程，且可以分为挤压隆升期、挤压-拉张转换期和拉张期这3个时期。将辽中南洼“反转构造带”的特征与典型负反转构造进行类比，显然存在很大的差异：首先其两侧的控制断裂中央走滑断裂和辽中一号断裂均表现为高角度断裂，它们可以发生压性走滑到张性走滑的转变，但由逆到正的转变不符合力学原理；其次，尽管洼陷内部的沙三段、沙四段-孔店组地层的厚度要小于凸起上，但该层系地层界面上没有发现削截现象。沿构造走向方向可以发现：沙三段、沙四段-孔店组地层厚度变化快，且发育挤压褶皱，这也不可能是中央走滑断裂和辽中一号断裂负反转所能造成。因此，本文认为辽中南洼“反转构造带”为负反转构造假象，其下盘地层厚度大于上盘是由于走滑错动、局部挤压所造成的(图5)。

3 走滑断裂对油气成藏的控制

走滑断裂与油气分布关系密切，它可以控制和影响烃源岩、圈闭、储层、油气运移和保存条

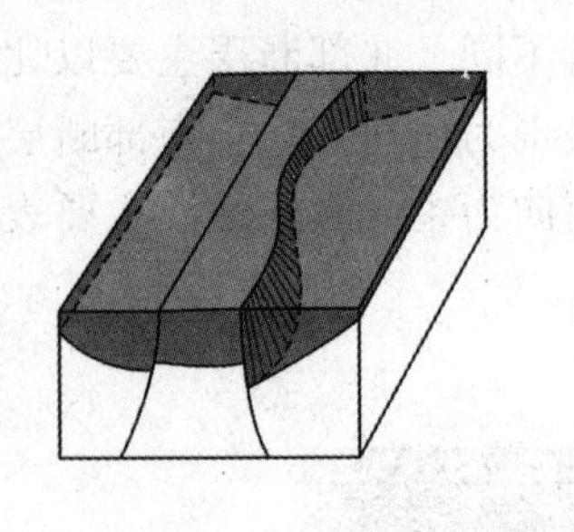
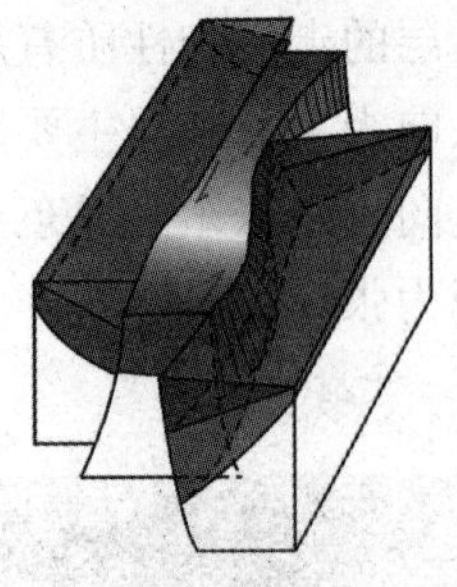

图5 辽中南洼“中央走滑压扭反转构造带”的成因模式

件，从而影响走滑体系中高丰度油气藏的形成，相关研究有很多学者进行了论述[13~19]。本文主要从走滑断裂对圈闭形成、油气运聚和保存这三方面进行论述。

3.1 对圈闭形成的控制

在走滑断裂的作用下，其两侧的地层往往受到边界条件以及断裂沿走向上的变化而不能始终都与走滑方向保持一致。因此，走滑断裂沿走向上常常呈S形或反S形弯曲展布，由此造成了沿走滑断裂带走向上不同部位的局部应力场与应变的不同，从而形成了增压弯部位和释拉张部位(图6)。增压弯部位位于右行走滑断裂的S形弯曲部位，此处压应力最为集中，挤压作用最强，而张应力以剪切作用为主。由于增压弯部位张应力方向与断裂走向近于平行，造成增压弯部位断块的挤压应力最为集中，应变的结果是走滑断块发生汇聚，走滑断裂两侧地层因东西向挤压而拱升形成压扭性构造；释拉张部位位于右行走滑断裂的反S形弯曲部位，此处张应力的拉张作用最强，由于压应力方向与走滑断裂走向平行，因此，压应力表现为以剪切作用为主。应变的结果是走滑断裂两侧断块在释拉张部位发生离散，地层因张扭而形成张扭性构造，当应变达到一定程度，一组雁行状排列的伸展断裂便会在走滑断裂的释拉张部位形成[20]。对于过辽中南洼中央构造带的右行走滑断裂而言，随着走滑断裂带上不同构造部位局部应力场性质的转换，断鼻构造主要沿S形弯曲的增压弯部位形成，圈闭规模往往较大，如旅大21-2构造(图7)。世界上一些大型含油气盆地的油气富集区都与走滑断裂带上的增压弯部位有关，如尼日尔盆地、贝努埃盆地、洛杉矶盆地等[21]。雁行式伸展断裂则分布于走滑断裂呈反S形弯曲的释拉张部位，往往行成一系列雁行排列的小型断块圈闭群，如旅大21-3构造(图7)。由于走滑断裂带上局部应力场性质的不断转换，造成了断鼻与伸展断层呈雁行状相间分布的构造格局。

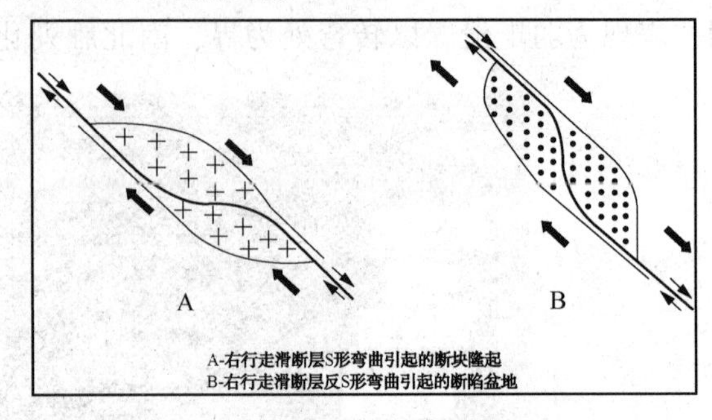

图6 S形与反S形走滑断层控圈模式

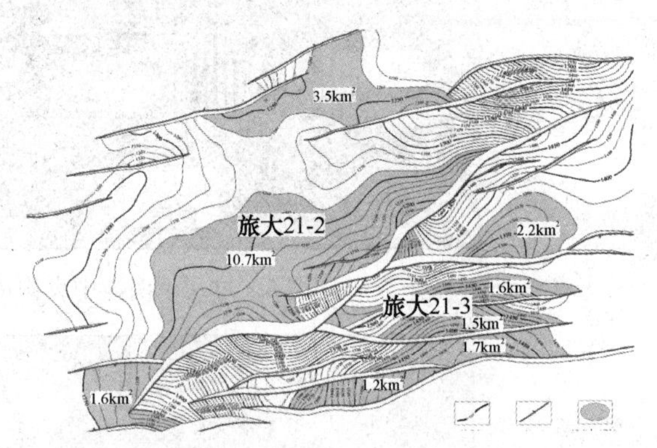

图7 辽中南洼旅大21构造区明化镇组底面构造图

3.2 对油气保存的控制

从辽中南洼中央构造带的勘探实践来看，本区在油气保存特别是侧向封堵方面存在两个差异明显的特征：在旅大21-2构造钻探LD21-2-1D井，该井新近系明化镇组和馆陶组砂岩百分含量均大于70%，井点所在盘与另一盘呈现“砂-砂对接”但依然成藏，且规模较大(图8)；而相邻的旅大27-1和旅大27-2构造所钻井两盘砂-砂对接时不成藏，仅依靠砂泥对接形成相对低丰度油气藏。究其原因，主要是因为旅大21-2主控断层表现为S形走滑压扭，局部产生挤压应力场，有利于油气的保存；旅大27-1和27-2处于S形断层的拉张段，对油气保存相对不利。进一步的研究表明：断层走向与主走滑错动方向越接近时其封堵性越好。根据上述规律，预测辽中南洼中央构造带上旅大21-2构造北块和旅大22-1构造东高点为应力封堵区，对油气保存有利；而旅大21-2E和旅大27-1构造未钻断块可能需要砂-泥对接所产生的岩性封堵而成藏。

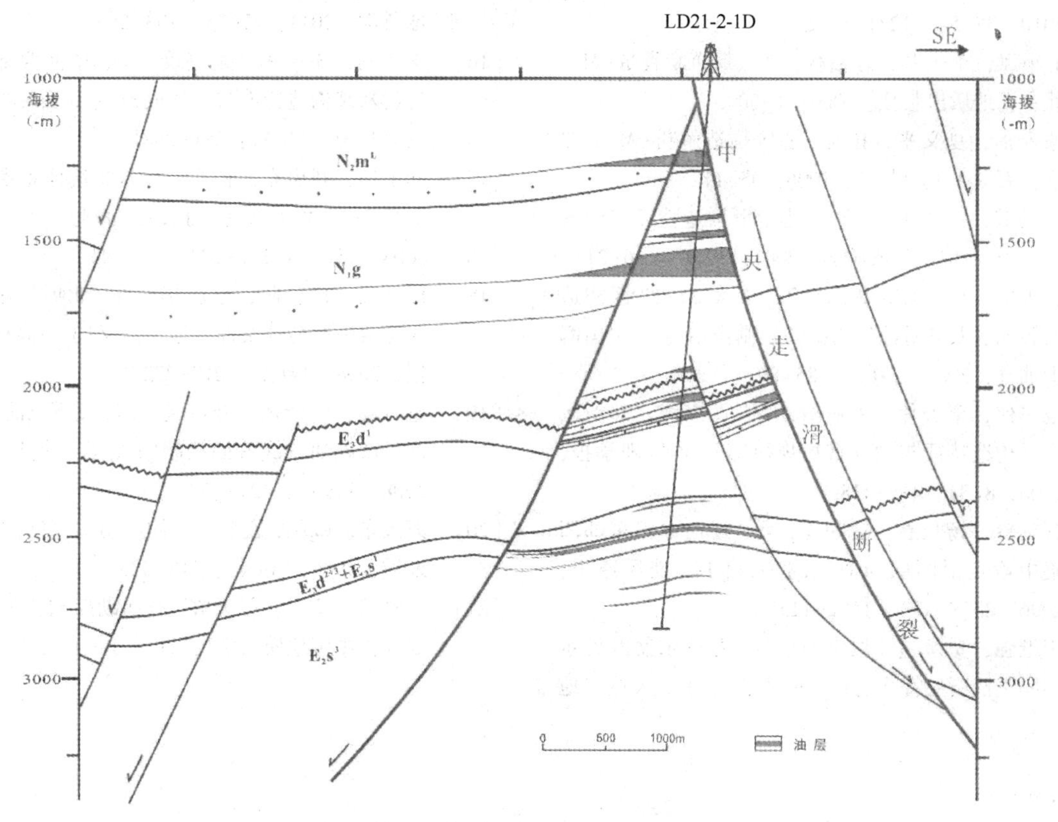

图 8　沿走滑断裂 S 型弯曲部位油藏剖面图

4　结语

(1) 受区域应力场及郯庐断裂带右行走滑活动的控制，辽中南洼地区由于走滑断裂沿走向上产状的变化，造成 S 形增压弯部位与反 S 形释拉张部位的局部应力场性质发生改变，导致断鼻与断槽构造沿走滑断裂带走向上呈隆、洼相间分布的古构造格局。

(2) 综合断层活动强度、断点埋深、断层两盘岩性匹配、断面形态等多种地质因素对断裂带结构特征的影响，依据不同地质条件下断裂带的内部结构差异性，可将其分为 3 大类 8 小类，不同类型断裂结构对油气运聚起着不同的作用。

(3) S 形增压弯部位局部产生挤压场，对油气保存有利；而反 S 形型释拉张部位的局部应力场表现为拉张性质，对油气保存相对不利。

(4) 走滑断层具有明显的控藏作用，受其运动学特征的控制，在增压弯部位应力集中，地层形变明显，容易形成规模较大的圈闭，同时，处在挤压应力场环境中，控圈断裂的侧向封堵能力较强，有利于油气的聚集。

参　考　文　献

[1] Harding T P. New portInglewood trend, California: An example of wrenching style of deformation[J]. AAPG Bulletin, 1973, 57(1): 97-116.

[2] Harding T P. Petroleum traps associated with wrench faults[J]. AAPG Bull etin, 1974, 58(7): 1290-1304.

[3] Davis G H, Bump A P, Garcia P E, et al. Conjugate Riedel deformation band shear zones[J]. Journal of Structural Geology, 1999, 22(2): 169-190.

[4] 陈书平，吕丁友，王应斌，等. 渤海盆地新近纪-第四纪走滑作用及油气勘探意义[J]. 石油学报，2010，31(6)：894-899.

[5] 李嘉琪. 郯庐断裂带在渤海海域的地球物理场特征[C]//构造地质论丛. 北京：地质出版社，1984，(3)：219-237.

[6] 池英柳，赵文智. 渤海湾盆地新生代走滑构造与油气聚集[J]. 石油学报，2000，21(2)：14-20.

[7] 漆家福，邓荣敬，周心怀，等. 渤海海域新生代盆地中的郯庐断裂带构造[J]. 中国科学：D 辑，2008，38(增刊)：19-29.

[8] 漆家福，周心怀，王谦生. 渤海海域中郯庐深断裂带的结构模型及新生代运动学[J]. 中国地质，

2010，37(5)：1231-1242.

[9] 王小凤，李中坚，陈柏林，等. 郯庐断裂带[M]. 北京：地质出版杜，2000：1-200.

[10] 漆家福，夏义平，杨桥. 油区构造解析[M]. 北京：石油工业出版社：2006：95-112.

[11] 孙洪斌，张凤莲. 辽河盆地走滑构造特征与油气[J]. 大地构造与成矿学，2001，26(1)：16-21.

[12] 官大勇，周心怀，魏刚，等. 旅大22-27区构造反转期次及其对油气成藏的控制作用[J]. 中国海上油气，2007，19(2)：85-89.

[13] 范军侠，李宏伟，朱筱敏，等. 辽东湾北部地区走滑构造特征与油气富集规律[J]. 古地理学报，2006，8(3)：415-418.

[14] 张延玲，杨长春，贾曙光，等. 辽河油田东部凹陷中段走滑断层与油气的关系[J]. 地质通报，2006，25(9-10)：1152-1155.

[15] 田继强，贾承造，段书府，等. 海拉尔盆地贝尔凹陷走滑断层特征及石油地质意义[J]. 天然气地球科学，2011，22(2)：293-298.

[16] 李明刚，漆家福，童亨茂，等. 辽河西部凹陷新生代断裂构造特征与油气成藏[J]. 石油勘探与开发，2010，37(3)：281-288.

[17] 刘玉瑞，刘启东，杨小兰. 苏北盆地走滑断层特征与油气聚集关系[J]. 石油与天然气地质，2004，25(3)：279-283.

[18] 徐怀民，徐朝晖，李震华，等. 准噶尔盆地西北缘走滑断层特征及油气地质意义[J]. 高校地质学报，2008，14(2)：217-222.

[19] 董月霞，汪泽成，郑红菊，等. 走滑断层作用对南堡凹陷油气成藏的控制[J]. 石油勘探与开发，2008，35(4)：424-430.

[20] 万天丰. 郯庐断裂带的延伸与切割深度[J]. 现代地质，1996，10(4)：518-525.

[21] 王燮培，费琪，张家骅. 石油勘探构造分析[M]. 武汉：中国地质大学出版社：1990：163-172.

油气优势运移路径模拟
——以渤海湾盆地石臼坨凸起为例

杨传超 姚 城 郭 瑞 赵家琳 张志强

(中海石油(中国)有限公司天津分公司，天津 300452)

摘 要 石臼坨凸起上已发现数个亿吨级油气田，但油气分布整体呈现明显的富集、贫化。为了给凸起下步的勘探部署提供依据，使用盆模模拟软件 Petromod 对该区的油气优势运移路径进行模拟。油气优势运移路径的确定主要基于源-断-脊三因素的耦合关系，即：与烃源岩密切接触的中深层砂体作为烃源供应点；断裂活动性大和断层凸面耦合区为油气汇聚区；凸起上发育的包括馆陶组和潜山在内的构造脊。模拟结果表明，凸起上发育了 13 条油气优势运移路径，模拟结果与实际情况较为符合，尤其是预测的几个有利勘探目标后来也被钻探结果一一证实。

关键词 油气优势运移路径；运移模拟；石臼坨凸起

石臼坨凸起区油气富集、贫化差异明显，已发现的油气主要集中在凸起西侧的南堡 35-2 油田以及中部的秦皇岛 32-6 和秦皇岛 33-1/33-1 南油田，而凸起东侧以及夹持于油田之间的区带油气相对贫瘠，制约了该区下步勘探步伐。

油气运移是浅层油气成藏的关键[1,2]。不少学者已对石臼坨凸起上油气运移条件做过较为详细的讨论，研究重点集中在凸起上的构造脊和断砂匹配关系[1~4]，但对于该区油气“从源到圈”整个运移过程的分析较为薄弱。在钻井、测井和地震资料基础上，结合盆模软件，笔者对石臼坨凸起区油气运移条件进行系统研究并模拟，明确了油气优势运移路径，以预测有利勘探目标。

目前，可用于油气运移模拟的方法很多[5~12]，如物理模拟、基于 DEM 的模拟方法以及构造应力场数值模拟、包裹体法、生物标志物示踪法以及盆地模拟法等，其中，盆地模拟法是现今应用最为广泛的研究方法，效果较好。

1 地质概况

渤海湾盆地是在前第三系基底上发育的新生代陆相盆地，石臼坨凸起位于渤海海域西北部，面积约 1000km^2，为长期继承性发育的宽缓型凸起，凸起周围被秦南、南堡和渤中凹陷等 3 个生烃凹陷所包围，凸起南侧受近东西向展布的石南一号边界大断裂控制，而凸起北侧表现为超覆特征，整体呈现为南断北超(图 1)。

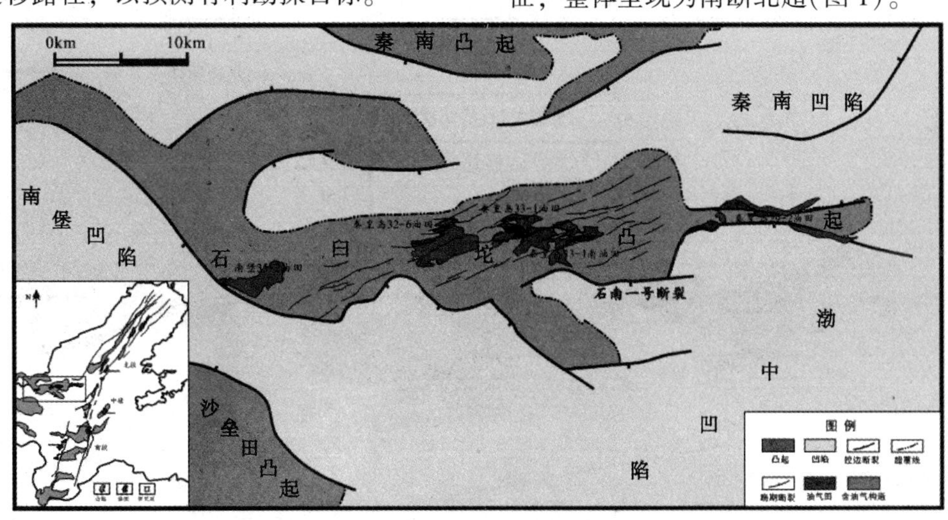

图 1 石臼坨凸起区域位置图

已钻井揭示地层自下而上，分别为新近系馆陶组(Ng)和明化镇组(Nm)以及第四系平原组，主要含油层系为新近系明化镇组下段(Nm^{L})。目前，凸起区基本为三维地震工区全覆盖，已钻探井60余口，属海域中的勘探成熟区。该区早期经历了构造勘探阶段，发现了秦皇岛32-6和南堡35-2等大中型油气田，近两年，针对凸起浅层开展了构造-岩性勘探，发现了秦皇岛33-1南亿吨级油田。

2　盆地模拟

在实际模拟中，需要根据盆地模拟的生排烃模拟结果及盆地的一些已知资料，在构造史、沉积史、热史、生烃史和排烃史的基础上，由底到顶不同层位从古至今进行油气运移轨迹跟踪，得到不同期不同层位的油气富集规律，从而实现油气运移动态过程的定量模拟。

本次研究基于假设凸起下方“全盆供烃”，忽略烃源岩生排烃的过程。油气优势汇聚方向刻画的关键在于与烃源岩密切接触的中深层砂体、油源断层以及横向输导层等输导通道的耦合。采用IES公司的PetroMod软件对石臼坨凸起油气运移路径进行探讨。

2.1　技术流程

本次油气运移模拟选用PetroMod系统中的“达西定律-流线法组合模型”，该模型不仅保证了油气运移的模拟精度，而且可以较大程度地提高模拟的运算速度。同时，通过较灵活的可视化功能建立三维含油气系统模拟所需要的地质模型。本文重点探讨了源、断、脊等因素控制下的石臼坨凸起油气优势运移路径模拟(图2)。

2.2　参数选取

通过“全盆供烃”的方式，跳过了烃源岩生排烃的具体过程。油气运移优势路径的模拟，关键在于三大因素的确定：源-断-脊。下面重点介绍对石臼坨凸起油气运移模拟具有重要影响的几个参数的选取方法。

2.2.1　源：油气初次运移

源是指油气从生油岩排烃到中深层砂体的首个汇聚点，是油气的初次运移。中深层砂体是指与烃源岩有密切接触关系的砂体。烃源岩体与输导层接触将会使油气向输导层运移，并在这些层位中产生侧向或者垂向运移。因此，需要首先刻画出与烃源岩体密切接触的输导层范围。

该参数确定的关键是刻画砂体的具体位置和范围，具体的办法是，利用相分析技术，追踪出数套与凹陷烃源岩密切接触的输导层，结合井资料及区域各层的沉积相图，确定同一层位中的与烃源层密切接触的砂体发育位置和范围，作为油气从凹陷到凸起运移的中转站，是油气初次运移的主要汇聚点(图3)。

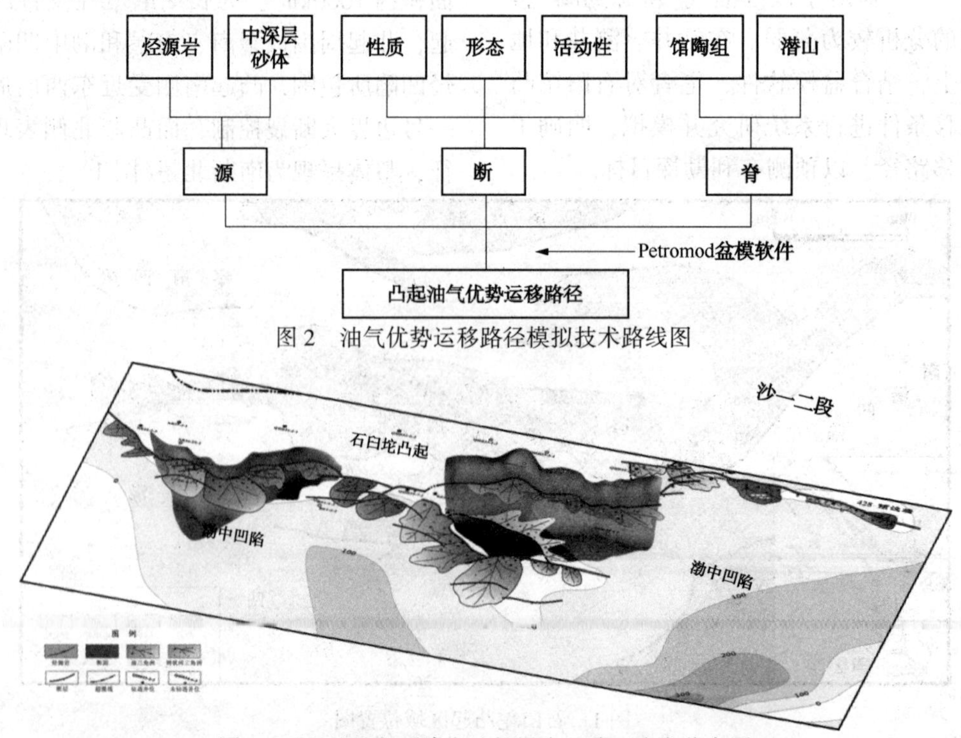

图2　油气优势运移路径模拟技术路线图

图3　石臼坨凸起下降盘油气初次运移汇聚点分布图

2.2.2 断：边界断裂运移

断层是油气二次运移的主要通道之一，而边界断裂是油气从凹陷中心向凸起区运移的关键通道，其过程是一个比较复杂的问题。有许多关于断裂控油、断层封堵的研究，其中涉及很多相关参数提取与计算，甚至包含地震资料的处理，具体原理方法在此不再赘述，而是由地质家或用户通过地质分析或其他途径手段取得的断层属性作为输入，包括断层活动起止时期、启闭性等。

将边界断裂的优势垂向输导区分析结果体现在模拟过程中，使模拟具有真实性与可靠性，同时也具有可调节性。因为地质家对盆地的认识有一个深化过程，判断不一定很准确，需要多次按不同的断层参数加入流线模拟中进行试算，并与已知情况对比，只能在已知情况有较好吻合度的情况下，才能将系统推广到未知区域进行预测模拟。

具体方法是，在油气运移路径追踪过程中，如果遇到断层单元。则需读取断层信息，取得断层的属性信息，这是在模拟之间预先给定的，主要包括断层的启闭性。断层的性质、断层活动性以及断面形态对油气垂向运移程度具有明显的控制作用[13]，而研究区边界断裂性质整体表现为伸展。因此，主要依据边界断裂的活动性和断面形态特征对断层属性进行参数设置(表1)。

表1 边界断裂性质、活动性、断面形态与断层启闭性对应关系参数设置

性质	伸展断层						挤压断层
活动性	强			弱		无	强或弱或无
断面形态	凸面	平面	凹面	凸面	平或凹面	凸或平或凹	凸或平或凹
启闭性	1	0.5	0	0.5	0	0	0

注：1代表断层开启，0~1代表断层开启程度，0代表断层封闭。

在油气充注模拟过程中，当流体遇到边界断裂后判定此时的时代和断层的启闭性，油气沿最优部位向上运移。

2.2.3 脊：输导层内侧向运移

油气运移主要受水动力、毛细管阻力和浮力等因素的影响，在输导层中总是沿着阻力最小的一个或数个不规则条带状通道发生优势运移。构造圈闭的高部位是油气运移聚集的最终归宿，因此脊运移是油气成藏的关键过程，输导体顶面的形态决定了油气运移的轨迹[14~17]。在输导层的运移分为3个阶段：在浮力作用下垂直向输导层顶面运移聚集；沿输导层顶面向脊汇聚；沿脊作长距离的横向运移。

石臼坨凸起主要发育有潜山顶面和馆陶组两个构造脊。潜山顶面为不整合面输导层，在空间上具有3层结构，即不整合面之上的岩石、不整合面之下的风化黏土层以及风化黏土层之下的半风化岩层。稳定分布的盖层有利于油气长距离横向运移，潜山不整合面输导脊是油气横向运移的高效输导通道；研究区馆陶组构发育大套砂砾岩，可作为稳定的输导层。油气沿边界断裂上到凸起的馆陶组输导层内，发生侧向运移。连通性砂岩与构造脊共同组成的高效运移通道。

利用Petromod盆模软件，设定在凸起下方为满凸起供油(图4)，模拟油气在潜山顶面和馆陶组顶面的运移路径，油气在凸起上的主运移汇聚线即代表构造脊的发育位置。

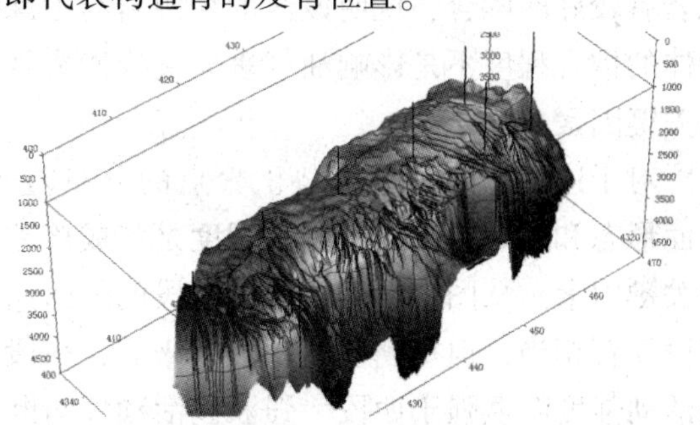

图4 “满凸起”供油示意图

3 模拟结果与讨论

3.1 模拟结果

“源”和“断”共同控制了油气在油源大断裂上的优势汇聚点，源-断-脊3因素耦合最终控制了油气在凸起上的优势运移路径。

模拟结果显示，石臼坨凸起边界断裂发育9个油气优势汇聚点，其中凸起西4个、东段5个。凸起上共发育13条优势运移路径，其中西段3条、东段10条。整体表现为凸起东段油气从凹陷向凸起的垂向运移更为活跃(图5)。此外可以明显的看到，油气运移并非“满凸起”运移，而是沿着少数几个构造脊运移，且油气在汇聚到凸起顶部的过程中，显示了多次成藏的特点，形成多个油气聚集点。

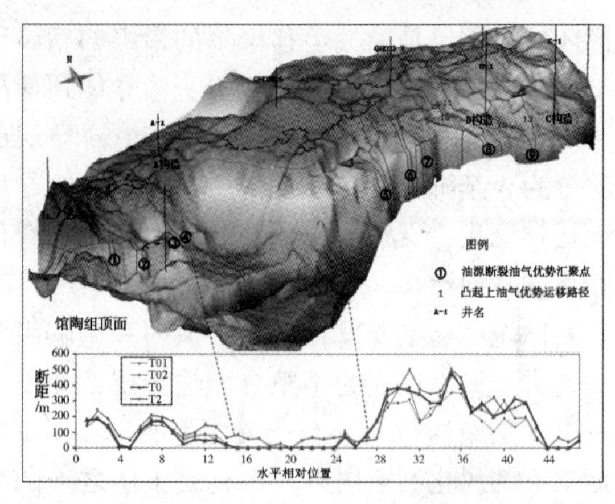

图5 石臼坨凸起油气优势运移路径模拟图

3.2 结果讨论

3.2.1 油气运移优势路径差异分布及成因

总体上，石臼坨凸起自西向东均有油气垂向运移至浅层，但运移能力在横向上存在一定的差异性，呈现为西弱东强的特征。这主要与不同地区的烃源岩、岩相和断裂活动存在明显差异有关。从中深层砂体和烃源岩的展布特征来看，沿边界断裂下降盘，中深层砂体均有分布，且与烃源岩有较好的耦合，说明该区的烃源岩与中深层砂体的耦合程度不是影响油气垂向输导能力强弱的关键因素。

对于边界断裂油气优势汇聚点的分布差异，断面形态和断裂活动性的耦合程度是造成该差异的关键因素。从图中可以看出，西段的凸面点与东段发育相当，但从断裂活动强度来看，东段断层活动强度明显强于西段。强断裂活动性与断层凸面点的耦合有利于油气的垂向运移，反之则不利，例如凸起的中部，尽管凸面点发育，但断裂基本不活动，因此该区没有边界断裂油气优势汇聚点的分布。

对于凸起上油气运移路径的分布差异，凸起构造脊与边界断裂油气优势汇聚点的耦合是关键。油气从边界断裂垂向运移至凸起，与汇聚点搭接的构造脊是油气最为有利的横向运移通道即凸起上的油气优势运移路径。

3.2.2 勘探实践

以凸起上已钻探的A、B、C3个构造为例(图5)，A构造位于凸起西段，具有完整的背斜背景，构造形态好，但该构造钻探效果不理想，仅有部分的油气显示。从图中可以清楚看到，A构造下方的边界断裂基本不活动，没有处于优势运移路径上，导致了该构造的最终失利。B、C构造同位于凸起的东段，且构造条件(构造位置、晚期断裂发育程度等)相似，两个构造的高部位各钻探了一口井，钻探效果截然不同，B构造在浅层获得了很好的油气发现，而C构造的井没有任何油气显示。通过精细对比发现，C构造尽管位于构造脊上，但该构造脊未与断裂油气优势汇聚点耦合，而B构造与其耦合较好，最终造成了这两口井的油气发现有如此大的差异。在此分析的基础上，紧邻A构造的西侧未钻构造，位于油气优势运移路径上，仍具有较大的勘探潜力。

4 结论

本文从源-断-脊三因素耦合控制油气运移方向的角度，实现了石臼坨凸起上油气优势运移路径的模拟。在模拟中，充分结合了目前对油气运移规律的公认的认识和理解，包括众多地质专家的理解，将这些概念模型加入到模拟中，使模拟在一定条件下真实、可靠、直观。

石臼坨凸起边界断裂发育9个油气优势汇聚点，其中凸起西4个、东段5个。凸起上共发育13条优势运移路径，其中西段3条、东段10条。位于油气优势运移路径上的构造、构造-岩性圈闭具有较大的勘探潜力。

然而，由于油气运移机理的复杂性及地质因素的不确定性，要想建立一个较完美的模型并得到较好的应用效果，对地质家来说仍是一个严重的挑战。作者认为，要想使上述方法得到较好的应用，应注意以下两点：(1)断裂开启性的精细研究；(2)断层凸面形态的弯曲度对油气垂向汇聚的贡献率。

参考文献

[1] 王德英，于海波，李龙，等. 渤海海域石臼坨凸起新近系岩性油藏充满度特征及主控因素[J]. 油气地质与采收率，2015，22(5)：21-27.

[2] 王应斌，薛永安，王广源，等. 渤海海域石臼坨凸起浅层油气成藏特征及勘探启示[J]. 中国海上油气，2015，27(2)：8-16.

[3] 揣媛媛，王德英，于海波，等. 石臼坨凸起新近系岩性圈闭识别与刻画关键技术[J]. 地球物理学进展，2013，28(1)：365-372.

[4] 李慧勇，周心怀，王粤川，等. 石臼坨凸起中段东斜坡明化镇组“脊、圈、砂”控藏作用[J]. 东北石

油大学学报，2013，37(6)：75-83.
[5] 蒋有录，刘景东，李晓燕，等. 根据构造脊和地球化学指标研究油气运移路径：以东濮凹陷濮卫地区为例[J]. 地球科学—中国地质大学学报，2011，36(3)：521-529.
[6] 谈迎，刘德良，杨晓勇，等. 应用流体包裹体研究古流体势及油气运移[J]. 中国科学技术大学学报，2002，32(4)：470-480.
[7] 万涛，蒋有录，董月霞，等. 渤海湾盆地南堡凹陷油气运移路径模拟及示踪[J]. 地球科学—中国地质大学学报，2013，38(1)：173-180.
[8] 刘学锋，孟令奎，赵春宇. 基于DEM的含油气盆地油气运移路径模拟[J]. 武汉大学学报·信息科学版，2004，29(4)：371-375.
[9] 李婧婧，汤达祯，杨永毅. 咔唑类化合物的运移示踪机理及应用[J]. 油气地质与采收率，2008，15(5)：38-42.
[10] 肖军，王华，郭齐军，等. 南堡凹陷温度场、压力场及流体势模拟研究—— 基于Basin2盆地模拟软件[J]. 地质科技情报，2003，22(1)：67-74.
[11] 辛仁臣，姜振学，李思田. 三角洲前缘砂体中石油二次运移与聚集过程物理模拟及结果分析[J]. 地球科学—中国地质大学学报，2002，27(6)：780-782.
[12] 王红才，王薇，王连捷，等. 油田三维构造应力场数值模拟与油气运移[J]. 地球学报，2002，23(2)：175-178.
[13] 杨晓敏，罗群，黄捍东，等. 顺向断坡油气藏分布特征及成藏主控因素——以孤北斜坡为例[J]. 油气地质与采收率，2008，15(1)：10-14.
[14] 刘德志，许涛，张敏，等. 准噶尔盆地中部1区块侏罗系三工河组油气输导特征分析[J]. 东北石油大学学报，2013，37(2)：9-16.
[15] 石砥石，王永诗，王亚琳，等. 临清拗陷东濮凹陷新近系油气网毯式成藏条件和特征初探[J]. 地质科学，2007，42(3)：417-429.
[16] 武卫峰，徐衍彬，范立民，等. 断裂对沿不整合面侧向运移油气的聚集作用[J]. 东北石油大学学报，2013，37(3)：11-17.

混积潮坪沉积特征及沉积模式研究
——以伊拉克米桑 FQ 油田 Asmari B 油组为例

杨丽娜　史长林　张学敏

（中海油能源发展股份有限公司工程技术分公司，天津塘沽 300452）

摘　要　半个世纪来，地质界学者对潮坪的研究可谓取得辉煌进展，但研究类型仅涉及碳酸盐岩潮坪及碎屑潮坪，对于碎屑岩-碳酸盐岩混合的混积潮坪沉积模式未见学者探讨。本文以伊拉克米桑 FQ 油田 Asamri B 油组为例，开展混积潮坪识别依据、沉积特征及沉积模式研究，为潮坪研究开创一条新思路。通过岩相古地理分析，依据岩芯依据及测录井资料，识别出研究区为一套清水潮坪与浑水潮坪互层的混积潮坪，混积形式包括碳酸盐岩及陆源碎屑在岩性上的混合沉积及碎屑岩潮坪和碳酸盐岩潮坪在纵向上多旋回叠置形成的混积。利用岩芯及测井资料，对其微相类型进行识别，混积潮坪微相类型丰富，总体以泥坪、砂泥坪、潮汐水道、砂坪、云坪、灰坪、云质砂坪、砂质云坪为主。潮上带沉积物粒度整体偏细，以干裂暴露标志、碱化标志为典型特征；潮间-潮下带粒度中等-粗，分选好，以双向水流交错层理及生物扰动构造为典型特征。综合各地质要素分析，建立了具混积潮坪的三种连陆台地模式。三种模式中近岸地带均具备大量陆源碎屑，同时具备碎屑岩潮坪与碳酸盐岩潮坪形成的两种不同环境，陆棚边缘或陆棚上具高能浅水障壁滩，使其背后海水循环局限形成泻湖，并导致大规模的混积潮坪沉积。

关键词　混积潮坪；沉积特征；沉积模式；米桑油田；Asmari 组

伊拉克米桑 FQ 油田位于伊拉克东南部米桑省，井下油气富集，是米桑油田群主要油田之一。Asmari 组作为主要的含油层系之一，形成于连陆台地沉积环境[1]。其中，Asmari 下部的 B 油组为碳酸盐岩与碎屑岩的混合沉积，由于岩性复杂，在该油组沉积相研究方面，人们的认识分歧较大。有研究人员认为该研究区为三角洲-台地复合沉积体系，也有学者认为研究区为滨岸-陆棚体系沉积。鉴于此，本次研究在吸收前人研究成果的基础上，通过沉积背景分析、岩芯观察，结合测录井资料分析，认为该区为清水潮坪与浑水潮坪混合的混积潮坪沉积，并对其各微相沉积特征及沉积模式进行研究。这一认识对明确该区的沉积成因类型，分析各期储层的空间展布特征，为潜力目标区预测提供有力的相控依据。

此外，这对目前我国潮坪的研究也起到一定的推动作用。我国潮坪地貌和沉积学研究在过去的半个世纪取得了重要进展[2~5]，从早期的定性分析到定量研究，从早期的沉积相模式分析到各微相相带沉积物特点研究，关于潮坪沉积的研究可谓越来越深入与具体。但是，目前的研究进展仅涉及到清水潮坪和浑水潮坪两种潮坪沉积环境，对这二者结合的混积潮坪沉积模式尚未见学者探讨[6,7]。本文以伊拉克米桑 FQ 油田 Asmari B 油组为依托，开展混积潮坪成因分析及沉积模式探讨，是一种创新性的尝试。

1　区域地质背景

米桑 FQ 油田位于阿拉伯台地东部美索不达米亚盆地南部，构造上位于扎格罗斯前陆盆地低角度褶皱变形带，属阿尔卑斯造山带的一部分(图 1)。在侏罗纪-早白垩纪的漫长地质历史时期中，阿拉伯台地总体上处于一个规模较大的震荡性海侵时期，此时的伊拉克南部地区包括 FQ 油田处于深水台地相区。至白垩纪末期，海水缓慢地从阿拉伯台地的北西向南东方向退去，古特提斯洋逐渐闭缩。进入第三纪的渐新世-中新世，即 FQ 油田 Asmari 组沉积时期，由于受阿拉伯板块向欧亚板块俯冲、阿尔卑斯构造运动影响，古特提斯洋

作者简介：杨丽娜(1987—　)，女，汉族，重庆人，2012 年毕业于中国石油大学(北京)，获硕士学位，地质工程师，现从事油气藏储层描述工作，研究方向：开发地质。E-mail：ex_yln@cnooc.com.cn

闭缩，阿拉伯台地大面积隆升成陆，古地形西南高、东北低，伊拉克东部为残余海相沉积，研究区处于近岸的浅海环境，陆源碎屑来源于西侧的阿拉伯台地(图2)。其中，下中新世-中中新世初期，由于阿拉伯台地剥蚀产物增多、搬运范围增大，陆源碎屑搬运到扎格罗斯前渊坳陷，在伊拉克、科威特、和伊朗西南部形成砂质碎屑岩沉积层，同时由于浅海碳酸盐岩沉积，在FQ油田形成Asmari B油组碎屑岩与碳酸盐岩的混合沉积。中中新世期，受海平面周期性上升影响，区域内沉积了Asmari A油组的海相碳酸盐岩层。直到晚第三纪中新世过后，阿拉伯台地才完全结束了漫长的海相沉积环境，台地进入以碎屑岩为主的沉积环境。

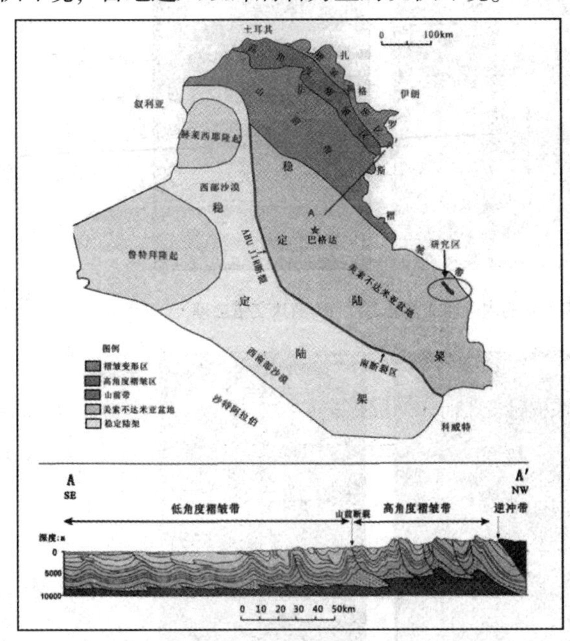

图1 伊拉克地区区域构造剖面图

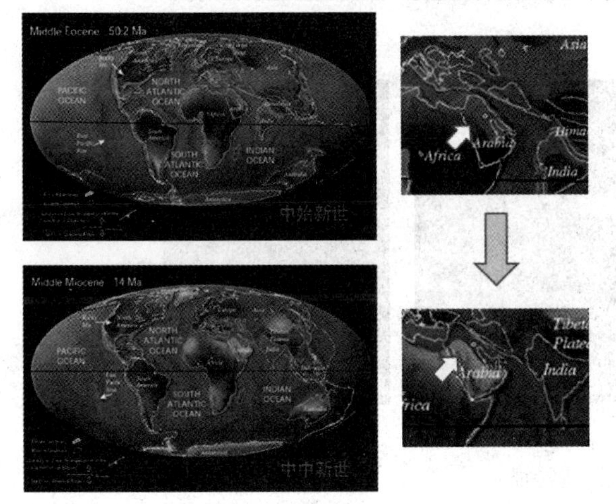

图2 阿拉伯台地Asmari沉积时期古地理演化

2 混积潮坪相识别依据

根据沉积背景，Asmari B油组沉积时期，FQ油田处于残余海相的浅海环境，同时，由于阿拉伯台地大面积隆升成陆，剥蚀产物增多，且搬运范围增大，陆源碎屑搬运到研究区所处的扎格罗斯前渊坳陷。岩性上，FQ油田Asmari B油组为碳酸盐岩与碎屑岩的交互沉积，且发育云质砂岩、砂质白云岩、砂质石灰岩等陆源碎屑与碳酸盐岩结合的混积岩，印证了区内近岸的特征[图3(a)]。其中碳酸盐岩中以白云岩为主，石灰岩次之，白云岩为准同生成因，即在毛细管浓缩作用及回流渗透白云化作用下形成，同时白云岩中硬石膏团块、石膏结核发育，它们均为“蒸发泵”产物，指示研究区处于水体受限的干旱、暴露、盐化沉积环境[图3(b)]。碎屑岩则以砂岩及泥岩为主，其中红褐色泥岩与灰绿色泥岩交替出现，指示水上与水下环境的频繁交替[图3(c)]。同时，研究区内碎屑岩自陆向海粒度依次由细变粗。根据研究区沉积背景、岩性特征，结合波斯湾地区发育典型干旱盐化潮坪的现代沉积情况[8]，推测研究区为干旱盐化潮坪沉积。

沉积构造上，大部分氧化色的泥岩具有干裂特征[图4(a)]；岩芯观察可见硬石膏因暴露形成的干裂多边形[图4(b)]；在碳酸盐岩中，还可见因暴露形成干裂多边形后产生的扁平状的内碎屑或角砾[图4(c)]，说明暴露构造发育，指示潮坪潮上带或潮间带沉积，是潮坪环境的重要鉴定标志。大部分的砂岩与石灰岩羽状交错层理发育，且大部分交错层理最主要的特色是具双向性特征，代表双向水流环境[图4(d)(e)]，是潮坪环境的重要鉴定标志[9]。部分砂岩或灰岩段可见底部滞留沉积、冲刷面[图4(f)]，为潮汐水流冲刷形成。部分泥质砂岩中可见脉状层理、波状层理、透镜状层理及砂泥互层水平层理[图4(g)(h)(i)]，指示潮间带水动力条件强弱交替的环境。中厚层至块状的灰泥石灰岩、颗粒石灰岩及部分砂岩中，除部分双向交错层理发育外，生物扰动亦非常强烈，生物爬迹、水平虫孔及薄层状生物碎屑层常见[图4(j)(k)(l)]，代表经常被淹没的潮间带或很少暴露于水上的潮下带沉积。同时，灰岩生物碎屑层中厚壳蛤体现为个体小、壳薄的特征[图4(k)]，说明其为环境受限的海相沉积，这与区域沉积背景相吻合。

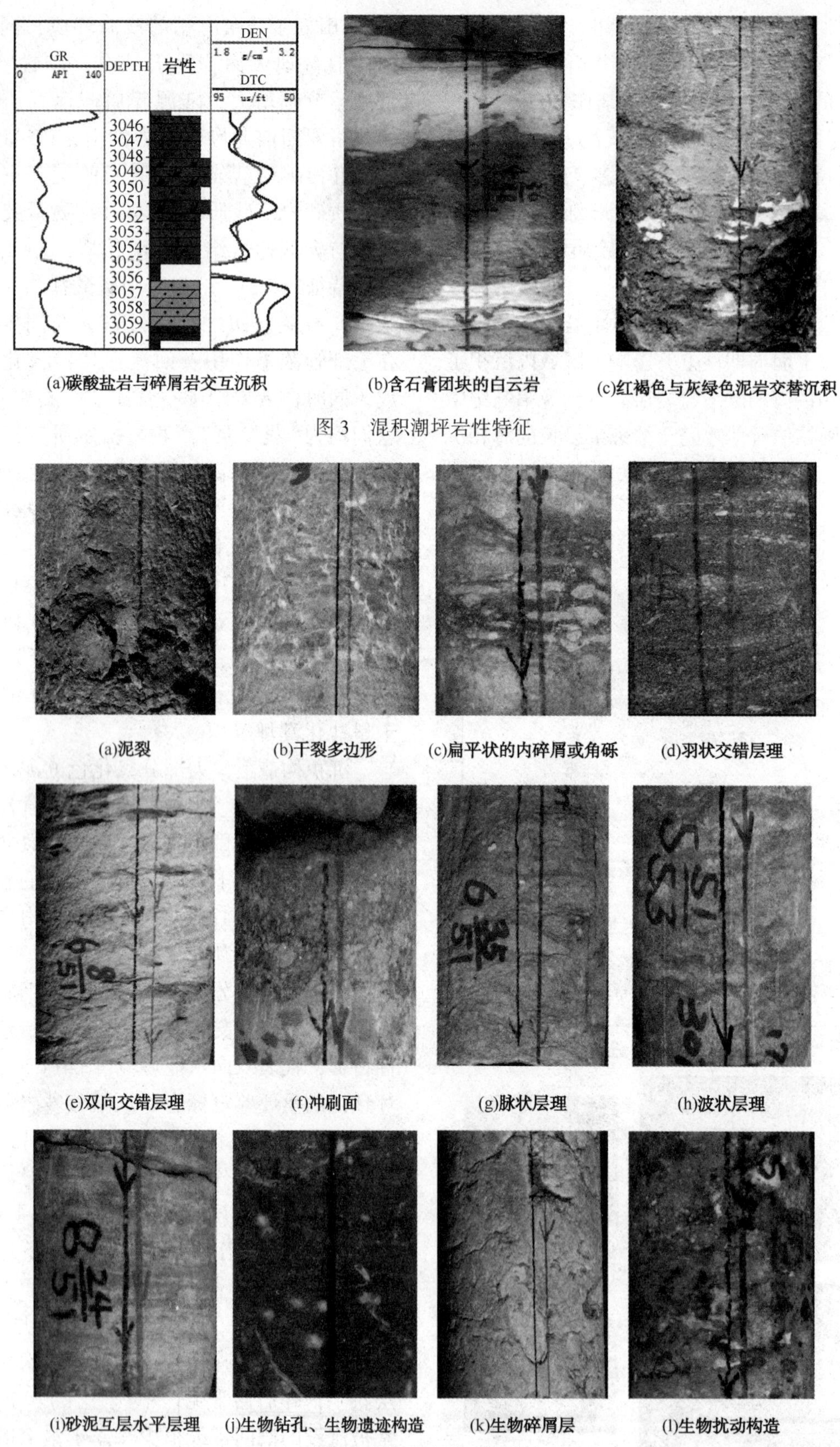

(a)碳酸盐岩与碎屑岩交互沉积　(b)含石膏团块的白云岩　(c)红褐色与灰绿色泥岩交替沉积

图 3　混积潮坪岩性特征

(a)泥裂　(b)干裂多边形　(c)扁平状的内碎屑或角砾　(d)羽状交错层理

(e)双向交错层理　(f)冲刷面　(g)脉状层理　(h)波状层理

(i)砂泥互层水平层理　(j)生物钻孔、生物遗迹构造　(k)生物碎屑层　(l)生物扰动构造

图 4　混积潮坪构造特征

有陆源碎屑的残余浅海台地沉积背景，以具强烈蒸发环境特征的含石膏结核的准同生白云岩以及干裂泥岩、砂岩、云质石英砂岩、砂质白云岩为主的碎屑岩与碳酸盐岩交互沉积的岩性特征，加之干裂暴露构造、双向水流交错层理构造、底部滞留冲刷构造、水动力强弱交替构造、

生物扰动构造等沉积构造特征，综合指示研究区Asmari B油组为清水潮坪(碳酸盐岩潮坪)与浑水潮坪(碎屑岩潮坪)混合的混积潮坪。同时，依据岩石中石膏团块或结核常见；泥岩颜色以氧化色为主；沉积构造中暴露构造常见；大型浪成交错层理不太发育；砂岩主要为细砂或中砂，粗砂不太发育等依据，综合认为该区主要为潮坪环境的潮上带及潮间带沉积。

3 混积潮坪沉积特征

FQ油田Asmari B油组储层主要为一套红绿杂色至灰色、深灰色的碳酸盐岩与碎屑岩沉积，岩性类型丰富，总体以白云岩、泥岩、砂岩、云质砂岩、砂质白云岩、灰岩为主。该套储层为一套清水潮坪与浑水潮坪互层的混积潮坪，根据沉积岩性主体不同潮坪类型共分为3类，即碎屑岩潮坪(浑水潮坪)、碳酸盐岩潮坪(清水潮坪)及混积潮坪(图5)。研究区共构建了两种形式的混积，第一种是碳酸盐岩及陆源碎屑在岩性上混合沉积(如白云质砂坪)形成的岩性混积潮坪，另一种是碎屑岩潮坪和碳酸盐岩潮坪在纵向上多旋回叠置形成的混积。依据岩性、颜色、沉积结构、沉积构造等岩芯特征结合测井曲线特征，将研究区划分为3种潮坪类型共计十余种微相(表1)，各微相特征详见后文。研究区混积潮坪表现出各类型潮坪沉积厚度薄(3~6m)、潮坪类型转变快的特点，反映沉积环境的动荡性变化。

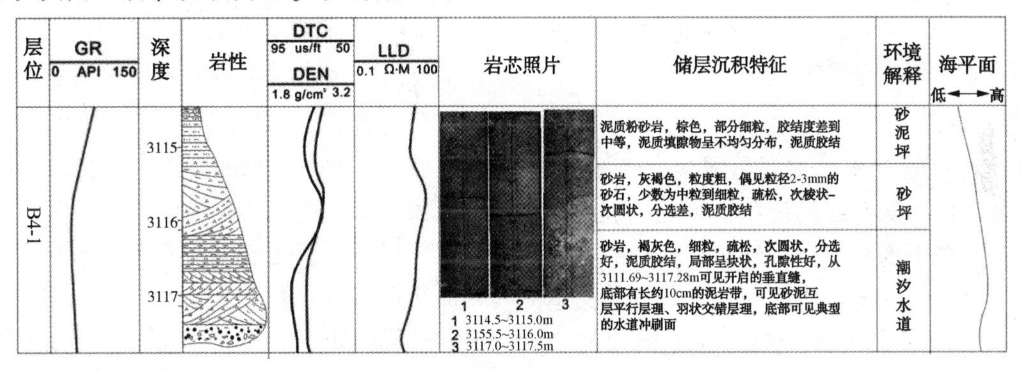

(a) 碎屑岩潮坪

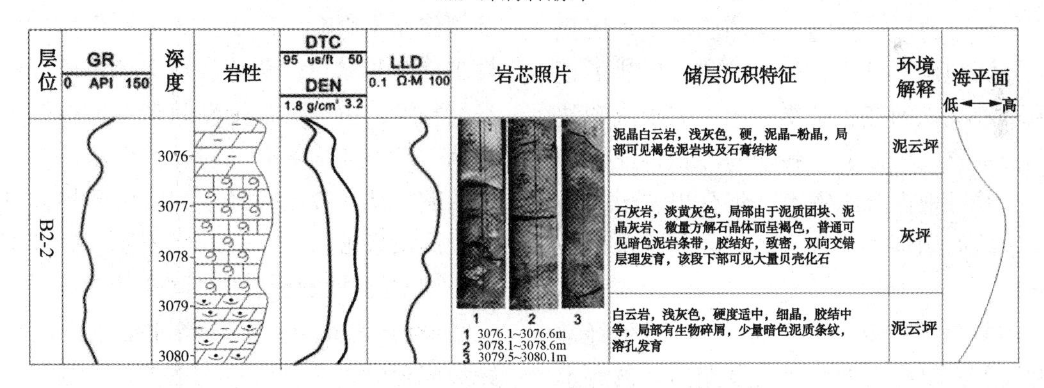

(b) 碳酸盐岩潮坪

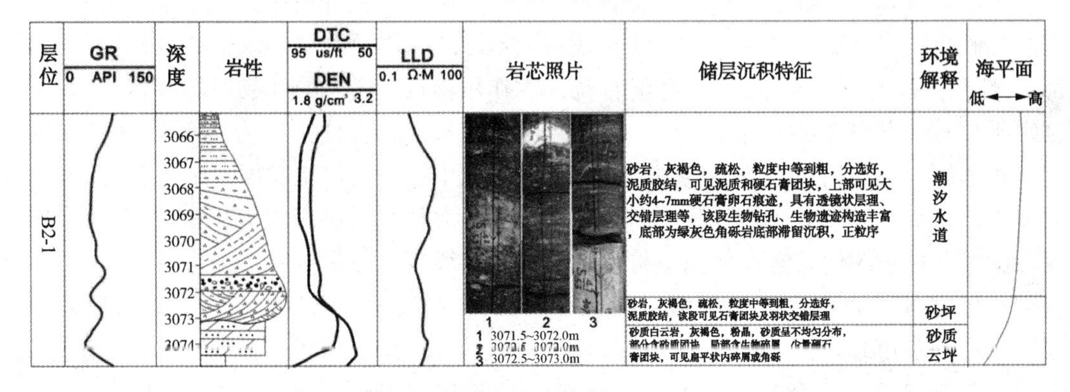

(c) 混积潮坪

图5 研究区3种潮坪类型

表1 研究区沉积相划分

相		亚相	微相
混积潮坪	碎屑岩潮坪	潮上	泥坪、膏泥坪、砂泥坪、云质粉砂坪
		潮间	潮汐水道、砂坪、砂泥坪、云质砂坪
		潮下	潮汐水道、砂坪、水下沙坝
	碳酸盐岩潮坪	潮上	泥坪、(泥)云坪、膏云坪、(粉)砂质云坪
		潮间	潮汐水道、灰坪、颗粒滩、砂质灰坪
		潮下	潮汐水道、颗粒滩

注：表中未单独列出岩性混积潮坪，该类潮坪中的微相(砂质云坪、砂质灰坪、云质砂坪、云质粉砂坪)依据岩性的最终定性分置于碳酸盐岩潮坪与碎屑岩潮坪中。

3.1 碎屑岩潮坪

碎屑岩潮坪的沉积物主要是泥岩、膏泥岩、粉砂和石英砂岩，砾石级的沉积物少见。沉积物中可含有泥砾和生物介屑，特别是在高能的潮汐通道中，主要沉积了粗碎屑的沉积物，悬浮搬运的泥质很少[10]。然而在潮上带经常受海水淹没的地区，沉积的主要是涨潮带来的细粒物质及特大潮时的粉砂质薄层。潮间带是潮汐的主要沉积地带，主要沉积砂、粉砂，呈互层状，反映了正常潮和风暴潮沉积的变化结果。潮下带水流和波浪作用强，主要沉积砂粒。各带的沉积特征差异比较明显，并可根据沉积物类型细分出若干种微相，研究区碎屑潮坪中泥坪、砂坪、潮汐水道微相最为发育。

(膏)泥坪微相主要发育于潮上带，该带经常暴露于大气下，仅在大潮和风暴潮期间才被海水淹没。岩性主要为红褐色、黄褐色泥岩，含石膏团块，有时夹砂质条带和砂质透镜体，片状至块状，局部易剥裂，具有干裂特征，生物化石稀少，发育水平层理、块状层理[图6(a)]。该微相以具有氧化色调和干裂构造为典型特征。测井曲线上表现为低幅细脖型或平直型。

砂泥坪微相发育于碎屑岩潮坪的潮上带中下部、潮间带，砂泥坪的岩性主要为灰绿、浅灰、紫红色粉砂岩和泥质粉砂岩，常夹薄层状粉砂质泥岩、泥岩和泥质条带，块状结构，泥质胶结，局部白云岩胶结，偶见白色硬石膏和白云质粉砂岩团块[图6(b)]。发育水流和波痕成因的沙纹层理，强、弱水动力交替变化形成的脉状层理、波状层理、透镜状层理和砂泥薄互层水平层理，以及生物潜穴和生物扰动构造等。测井曲线上表现为锯齿形或微齿形。

潮汐水道是涨、落潮流进出的通道，多为蛇曲状，该微相主要发育于潮坪的潮间带和潮下带，向潮上带方向变浅、分叉并消失。水动力条件相对较强，沉积物相对较粗。碎屑岩潮坪潮汐水道的岩性主要是灰色或灰褐色的细砂岩、中-粗砂岩或砂砾岩，泥质胶结，局部为白云质胶结，可见双向水流交错层理、小型水流沙纹层理、水平层理等，底部可见底部滞留沉积或水道冲刷面，向上粒度变细[图6(c)]。其中，潮间带的潮汐水道相对更为发育，多为细砂岩或中砂岩，分选较好，次圆-圆状，泥质胶结，局部白云质胶结，而潮下带的潮汐水道多为中-粗砂岩，泥质胶结，分选性及磨圆相较于潮间带的潮汐水道也更好，大型交错层理更为发育。该微相在测井曲线形态整体表现为箱形，底部微钟形。

砂坪微相主要发育于潮间带及潮下带，水动力条件较强，尤其在潮下带，砂坪沉积物除了受到潮汐作用影响外还要受到波浪作用的影响。岩性主要为灰绿色、灰色、灰褐色细砂或中砂，其平均粒度，由潮下带至潮间带粒度逐渐变细，一般从中砂渐变为细砂或粉砂，泥质胶结，局部为白云质胶结，分选较好，潮间带砂坪偶见灰绿色泥岩团块或硬石膏、白云岩团块。砂坪沉积中常见小型水流沙纹交错层理及少量平行层理和羽状交错层理[图6(d)]。该微相在电测曲线表现为钟形或箱形。

水下沙坝微相主要发育于潮下带，位于潮汐水道的末端及两翼，该微相沉积物除了受到潮汐作用影响外还要受到波浪的簸选作用，水流和波浪能量强。岩性主要为浅灰褐色或灰色的砂岩，粒度中等，偶尔粗粒度，疏松，分选好，泥质胶结，大型交错层理发育[图6(e)]。该微相在电测曲线表现为漏斗形。

3.2 碳酸盐岩潮坪

碳酸盐岩潮坪处于平均高潮面附近到平均低潮面附近的低平地区[11]。潮上带由于长期出露水面，海水蒸发量大、盐度高，水流循环受限制，可产生许多暴露标志、碱化标志，沉积物主要为准同生泥粉晶白云岩、蒸发泥岩；潮间带潮汐流往复作用明显，水上与水下频繁交替，沉积物主要是灰泥石灰岩、颗粒质灰泥石灰岩，具层理构造，但往往被生物扰动所破坏。潮下带很少暴露于水上，沉积物类型多样，主要为灰泥石灰岩、颗粒质灰泥石灰岩、颗粒石灰岩等，双向交错层理、波痕等构造常见。

(泥)云坪、膏云坪主要发育于潮上带，是该带典型的微相类型，颜色多为浅灰色、褐灰色、灰黄色。云坪主要由准同生泥晶-粉晶或细晶云岩组成，该沉积物是由原始灰泥沉积物或文石在准同生阶段经过蒸发泵、回流渗透等白云化作用形成，胶结度中等，少量暗色泥质条纹，可见水平层理、干裂构造等，岩芯观察可见孔洞[图8(a)]，孔隙类型以晶间孔、晶洞孔隙、粒间孔及体腔孔为主(图7)。当云坪含有25%~50%的石膏时，云坪演变为膏云坪，膏云坪岩性包括细晶白云岩、粉晶白云岩，硬度中等，含石膏团块，局部可见灰色泥质条带或砂质，局部含生物碎屑[图8(b)]。对于电性特征，泥云坪及膏云坪除在电性值上有所区别外，电测曲线形态表现一致，即薄层状的泥云坪或膏云坪表现为圆滑的指形或尖峰形，厚层状的则表现为箱形。

(a)红褐色泥岩相

(b)红褐色块状泥质粉砂岩相

(c)灰色具滞留沉积砂砾岩相

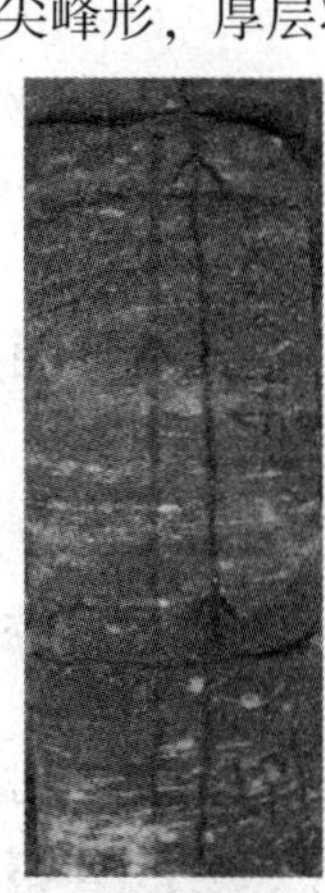
(d)灰色羽状交错层理中砂岩相

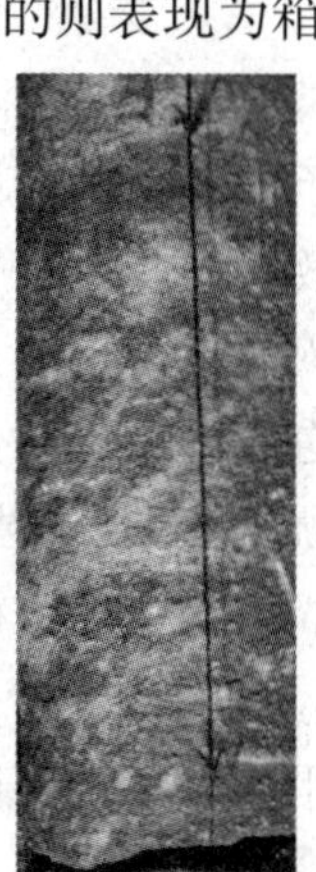
(e)浅灰褐色交错层理中粗砂岩相

图6　研究区碎屑潮坪岩石相

(a)晶间孔及体腔孔，3096.27m，50×

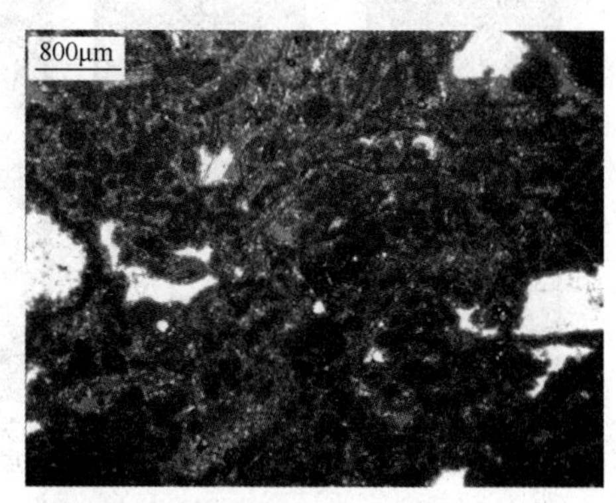

(b)晶间孔及体腔孔，3096.53m，25×

图7　研究区Asmari B油组细晶白云岩孔隙结构(FQ-X井)

潮汐水道水动力较强，是潮间带及潮下带的高能环境，主要沉积褐灰、灰褐色砾屑灰岩、砂屑灰岩等，厚度一般为几米，双向交错层理或大型交错层理常见[图8(c)]，其底面为冲刷侵蚀面，向上粒度变细。该微相在测井曲线形态上整体表现为箱形，底部微钟形。

灰坪主要发育于潮间带，岩性主要为淡黄灰色、褐灰色的泥晶灰岩，常夹极薄层状的生屑泥晶灰岩、砂屑泥晶灰岩、藻灰岩以及泥质条带和泥质条纹等，胶结好，致密，孔隙类型以晶间孔、粒间孔及粒间溶孔为主(图9)，发育脉状层理、波状层理、透镜状层理、水平层理[图8(d)]，生物扰动较强，可见生物扰动爬迹、钻孔等，也可见薄层状生物碎屑层。电测曲线形态表现为箱形。

颗粒滩发育于碳酸盐岩潮坪的潮间带及潮下

带。岩性主要为浅灰色、灰褐色的颗粒质灰泥石灰岩及颗粒石灰岩。颗粒可以是内碎屑、鲕粒、生屑等。该微相沉积物呈中厚层至块状，颗粒分选、磨圆好，填隙物为亮晶胶结物或灰泥，发育双向交错层理、波痕等构造[图8(e)]。电测曲线形态表现为箱形。

3.3 岩性混积潮坪

研究区岩性混积潮坪共包含砂质云坪、白云质粉砂坪、白云质砂坪、砂质灰坪共4种微相类型，它们均位于碎屑潮坪及碳酸盐岩潮坪之间，属云坪与砂坪或砂坪与灰坪的岩性过渡(混积)微相。

砂质云坪属于岩性混积潮坪的潮上带或潮间带上部的沉积产物，位于云坪与砂坪之间，属于二者间的过渡微相。该微相主要为浅灰色、灰褐色的粉砂质或砂质白云岩，粉晶结构，硬度中等，砂质呈不均匀分布，部分为砂质团块，局部见石膏团块及泥质条带，岩芯可见尺寸为1mm的孔洞[图10(a)]。该微相在测井曲线形态上表现为钟形。

云质粉砂坪属于岩性混积潮坪的潮上带沉积产物，在清水潮坪和浑水潮坪交界的地方，潮上带在涨特大潮时会有粉砂质的薄层出现，该微相岩性以黄灰色白云质粉砂岩为主，白云质胶结，微含泥质，局部含石膏砾[图10(b)]。测井曲线上表现为箱形。

云质砂坪属于岩性混积潮坪的潮间带沉积产物，通常位于云坪和砂坪之间，云质砂坪的岩性主要为灰褐色、灰色的白云质砂岩，细-中粒，云质胶结，局部灰质胶结，胶结度中等，分选、磨圆较好，局部含白云岩和硬石膏块[图10(c)]。常见小型水流沙纹交错层理及少量平行层理和羽状交错层理[图10(d)]。其电测曲线表现为钟形或箱形。

砂质灰坪属于岩性混积潮坪的潮间带沉积产物，位属砂坪与灰坪间的过渡微相。岩性主要为浅灰色的砂质灰岩，含泥晶灰岩、微量方解石晶体，胶结度中等，致密，常夹石膏砾及砂质内碎屑颗粒。发育脉状层理、波痕、双向交错层理等构造，局部地区由于生物扰动强烈，构造往往被生物扰动所破坏[图10(e)]。电测曲线形态表现为箱形。

(a)浅灰色泥晶白云岩相

(b)浅灰色含石膏团块白云岩相

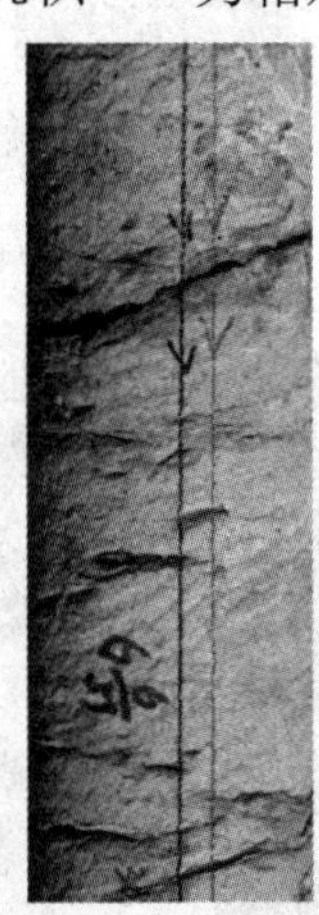

(c)灰色大型交错层理灰岩相

(d)灰色脉状层理灰岩相

(e)灰色砂质内碎屑颗粒灰岩相

图8 研究区碳酸盐岩潮坪岩石相

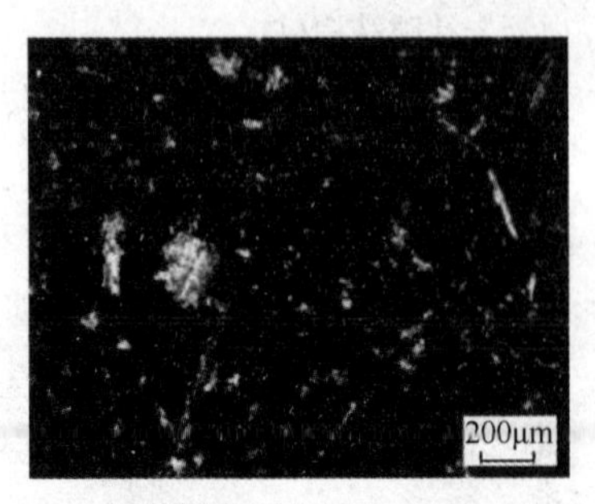

(a)粒间孔，3078.52m，100×

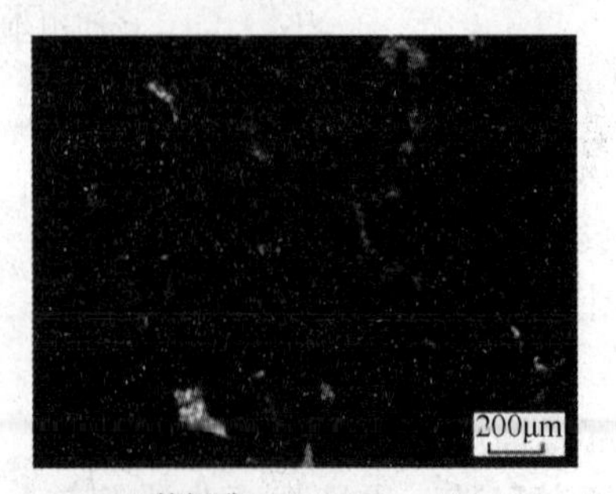

(b)粒间孔，3084.83m，100×

图9 研究区 Asmari B 油组泥晶生屑灰岩粒间孔(FQ-X 井)

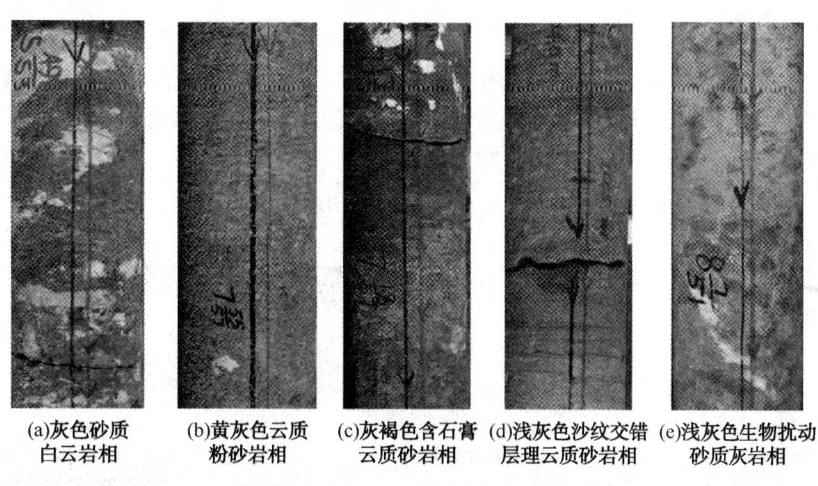

(a)灰色砂质白云岩相　(b)黄灰色云质粉砂岩相　(c)灰褐色含石膏云质砂岩相　(d)浅灰色沙纹交错层理云质砂岩相　(e)浅灰色生物扰动砂质灰岩相

图10　研究区岩性混积潮坪岩石相

4　混积潮坪展布特征

研究区岩性复杂，纵向上大部分为碳酸盐岩与碎屑岩的薄互层沉积。由于地震资料主频较低，地震反演分辨率较低(约20m)，叠后确定性反演的分辨率无法满足本区储层预测的需要，因此，在叠后确定性反演得到各部分叠加体的子波、地质格架模型、纵波阻抗体的基础上，开展叠后的地质统计学反演。该反演得到的砂岩概率保留了更多的地质细节，砂岩概率与井上划分的砂岩匹配度高。通过井上的岩性信息、地质统计学反演得到的砂岩概率体，结合对潮汐水流方向判断，得到研究区沉积微相展布情况(图11)。

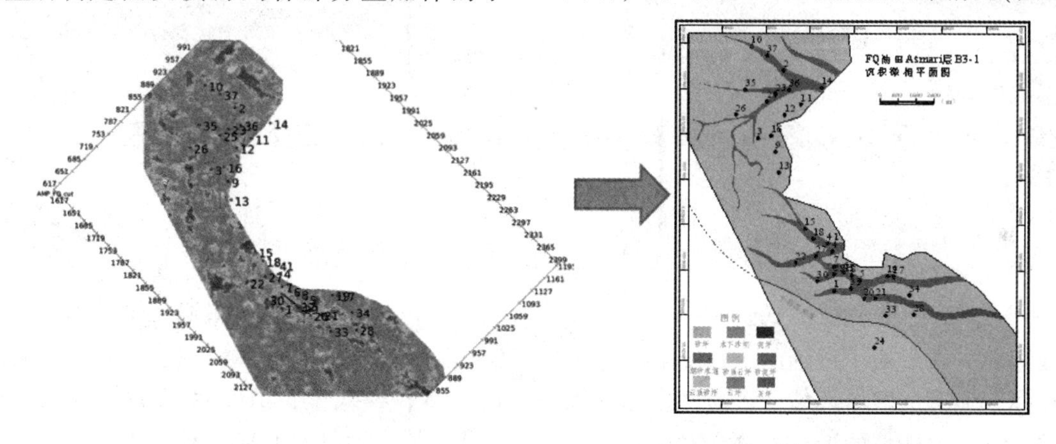

(a)研究区B3-1层均方根砂岩概率属性图　(b)研究区B3-1层沉积微相平面图

图11　研究区B3-1层砂岩概率属性图及沉积微相平面图

平面上，碎屑潮坪与碳酸盐岩潮坪分带性明显，二者可直接毗邻，也可通过岩性混积潮坪衔接，呈片状展布。研究区主要发育潮上带及潮间带沉积。其中，潮上带以云坪与泥坪沉积为主，潮间带主要为砂坪与灰坪沉积，潮汐水道则蜿蜒其中，呈蛇曲状展布，向潮上带方向变浅，消失。潮上带泥坪一般与潮间砂坪、潮汐水道通过砂泥坪连接，形成典型的碎屑潮坪平面相序；潮上带云坪除与潮间灰坪、颗粒滩、潮汐水道连接形成典型的碳酸盐岩潮坪外，与大规模的砂坪可通过(粉)砂质云坪、云质砂坪衔接，形成碳酸盐岩潮坪-岩性混积潮坪-碎屑潮坪的混积潮坪平面相序(图12)。

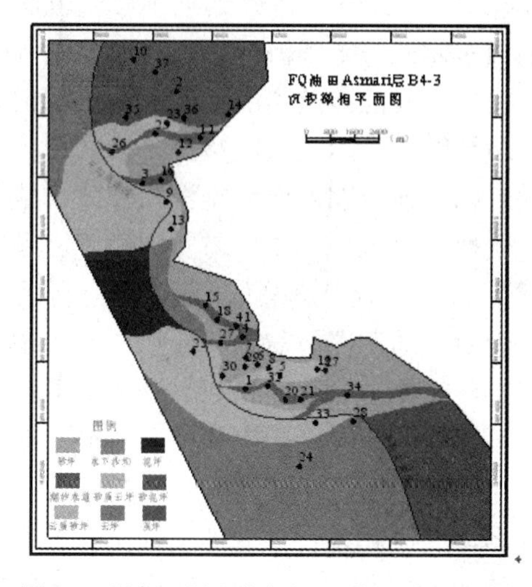

图12　研究区混积潮坪沉积微相平面展布图

纵向上，Asmari 沉积时期，海平面升降转换频繁，但整体仍以海退为基调，仅间歇性地发生海侵。除 B1 顶部在油田东南部发育潮下带沉积外，总体以混积潮坪的潮上带、潮间带交互沉积为主，包括同种类型潮坪的潮间带、潮上带连续性沉积，也包括不同类型潮坪之间的潮间带、潮上带交互沉积。研究区在海侵期由于平均海平面上升，台地内部海水变深，研究区陆源碎屑供应较少，从而在研究区表现为碳酸盐岩潮坪、岩性混积潮坪相对较发育的特征；在海退期，由于平均海平面下降，原来处于台地内部的区域出露地表，接受来自西侧高地的陆源碎屑相对较多，从而在研究区表现为碎屑岩潮坪相对发育的特征(图 13)。

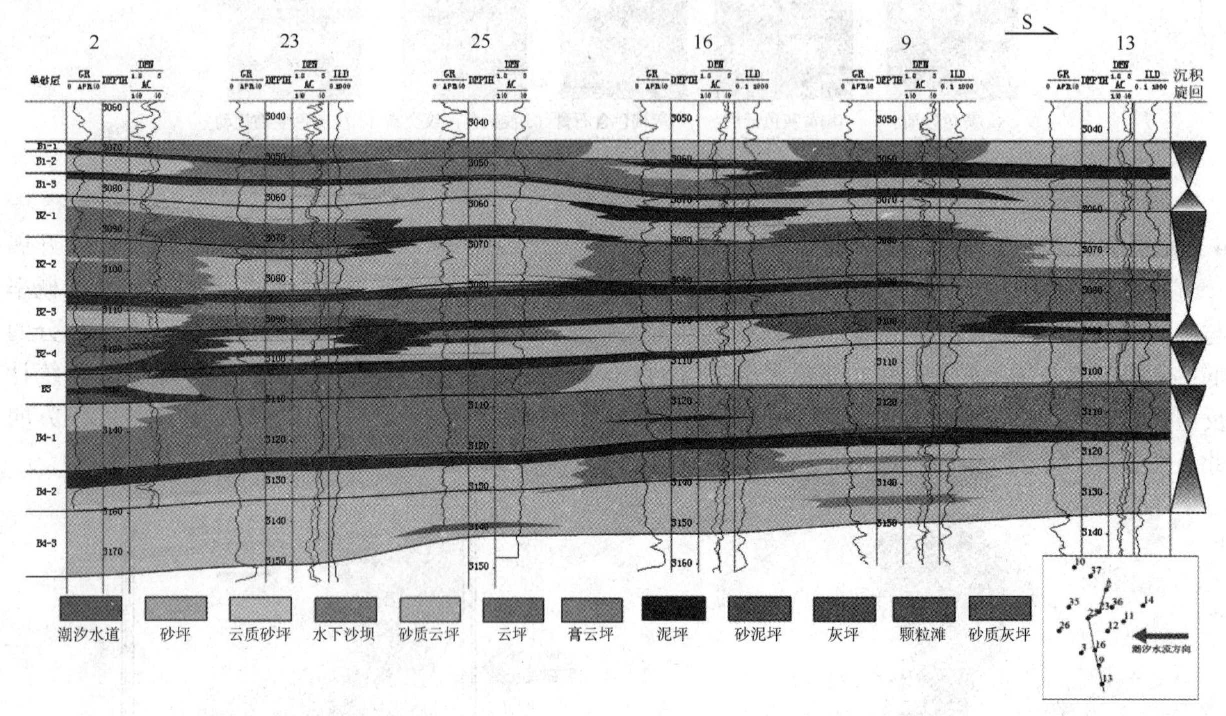

图 13 研究区 Asmari B 油组沉积微相展布图

5 具混积潮坪的台地沉积模式研究

碎屑潮坪一般形成于近陆的、存在陆源碎屑的、存在障壁地形的海岸环境，碳酸盐岩潮坪则属于碳酸盐岩台地环境的近岸部分。对于二者在平面上及纵向上交互沉积的混积潮坪成因模式探讨，单靠对 FQ 工区的研究远远不够，范围需扩大至油田东侧的整个浅海，研究具混积潮坪的台地沉积模式。目前涉及到潮坪的台地沉积模式有很多，包括欧文的陆表海能量分带模式、拉波特的模式、阿姆斯特朗的混积型沉积模式、威尔逊的综合碳酸盐岩沉积模式、塔克的模式、顾家裕的碳酸盐岩台地模式等[12]。虽然浅海台地模式众多，但对于陆源碎屑与碳酸盐岩同时出现的情况，仅有阿姆斯特朗的混积型沉积模式有所阐述，但该模式与研究区的沉积情况不同，对本区并不适用。

根据研究区沉积特征，本文提出三种发育混积潮坪的浅海沉积模式，即“具陆源碎屑的镶边台地沉积模式”、“台内具障壁滩的镶边台地沉积模式”、“台内具砂质障壁岛的镶边台地沉积模式”。3 种模式中，虽然台地上的沉积相带类型有所不同，但均有共同之处，即：陆上暴露地区气候干旱，盐沼石膏、蒸发白云岩广泛发育，近岸地区存在陆源碎屑，且陆棚边缘或陆棚上具高能浅水障壁滩，使其背后的残留海水形成泻湖，并导致大规模的潮坪沉积。3 种模式的近岸地区均存在 2 种不同沉积环境，一种是陆源碎屑物质供应较多的浅水区，在潮坪沉积之前，近岸地区原本为陆源碎屑沙滩沉积或废弃的三角洲，后由于潮汐的改造作用，沙滩砂被改造成为具潮坪特征的碎屑潮坪沉积物；另一种为陆源碎屑物质供应较少的浅水地区，该区环境洁净、温暖，碳酸盐岩易沉积，经双向潮汐水流作用，将原地生成的碳酸盐岩沉积物进行改造，同时特大风暴潮时，潮汐水流及波浪可将半深水-深水陆棚区的碳酸盐岩经破碎、搬运、再沉积，形成内碎屑、鲕粒、生物碎屑、球粒等颗粒灰岩及灰泥石灰岩，即碳酸盐岩潮坪沉积物。3种模式中，近岸地区潮上带气候炎热干旱，石膏质白云岩广泛发育，砂坪与云坪间一般由过渡微相衔接，如(粉)砂质云坪、云质砂坪，其沉积物为碳酸盐岩及陆源碎屑在岩性上混积形成的岩性混积潮坪沉积物。

5.1 具陆源碎屑的镶边台地沉积模式

该模式是具有高能外部边缘的浅水台地，沿其边缘发育高能障壁礁或滩带，从而在其向岸侧形成低能的泻湖。自陆向海，其相带依次为：混积潮坪、泻湖、台地边缘礁滩复合体、礁前斜坡。在近岸的潮坪相带，以陆源碎屑的砂泥岩沉积及白云岩、泥灰岩、颗粒灰岩、生屑灰岩等碳酸盐岩沉积为主。因处于干燥气候带，向陆方向为萨布哈及盐沼的蒸发沉积，有石膏等蒸发岩形成。混积潮坪中碎屑岩潮坪与碳酸盐岩潮坪在平面上分带性明显，即在不同环境区域形成的潮坪类型不同。对于泻湖，主要沉积细粒物质，其中，连接碎屑岩潮坪一侧的泻湖分为两个沉积相带，即近岸侧沉积粉砂及泥岩，靠海侧沉积粉砂质灰岩或泥灰岩；连接碳酸盐岩潮坪一侧的泻湖主要沉积灰泥石灰岩。台地边缘或陆棚边缘发育高能浅水沉积物，礁和浅滩发育，浅滩由生屑灰岩或鲕粒灰岩组成，与生物礁共同形成障壁地形，导致礁后陆棚静水泻湖的形成，海水循环受限制。礁前斜坡则主要沉积灰质砂、角砾和一些灰泥(图14)。

5.2 台内具障壁滩的镶边台地沉积模式

该模式是具陆源碎屑、台地内具浅水障壁滩、台地边缘发育高能礁滩的镶边台地沉积模式。自陆向海，其相带依次为：混积潮坪、局限台地、障壁浅滩、开阔台地、台地边缘礁滩复合体、礁前斜坡。在近岸地带，为碎屑潮坪、碳酸盐岩潮坪与岩性混积潮坪在平面上混积形成的混积潮坪。该模式中，在浅水及深水陆棚区，除陆棚边缘发育高能生物礁及浅滩外，在陆棚上亦发育高能的浅水碳酸盐岩砂滩，是鲕粒灰岩或生物碎屑灰岩生成的重要场所。该碳酸盐岩浅滩作为一个台内障壁滩，将近岸潮坪至陆棚边缘之间的区域分割为了两个部分，一个是滩后局限台地，另一个则是陆棚边缘礁滩后的开阔台地，这两个区域海水循环受限制，导致静水环境的生物球粒泥晶灰岩、泥晶灰岩的形成(图15)。

5.3 台内具砂质障壁岛的镶边台地沉积模式

该模式与“台内具障壁滩的镶边台地模式”类似，所不同的是陆棚上将局限台地与开阔台地分隔开来的是砂质障壁岛，即该模式自陆向海，其相带依次为：混积潮坪、局限台地、砂质障壁岛、开阔台地、台地边缘礁滩复合体、礁前斜坡。该障壁岛可能由早期的海滩变化而来或三角洲废弃而成，由于海平面的变化和波浪的改造形成砂质障壁岛。混积潮坪与障壁岛间形成局限海域，沉积粉砂岩、泥岩、粉砂质灰岩及泥灰岩等相对静水沉积物(图16)。

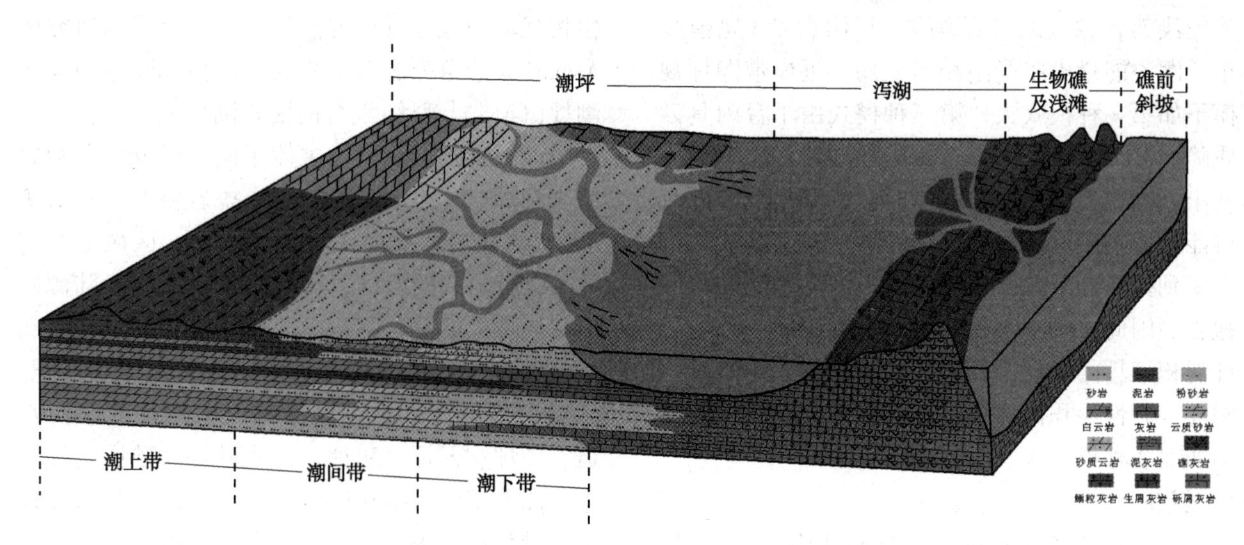

图14　具陆源碎屑的镶边台地沉积模式

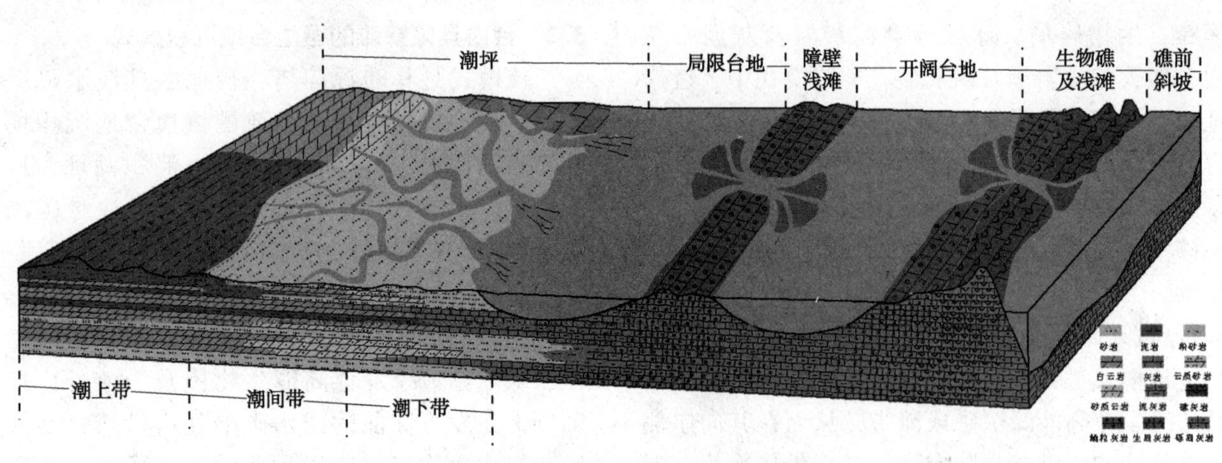

图 15 台内具障壁滩的镶边台地沉积模式

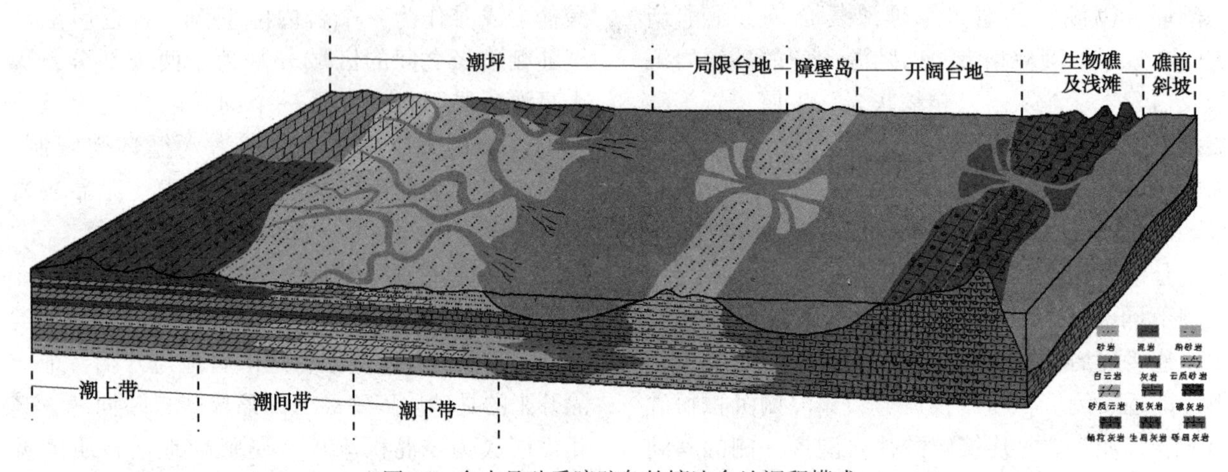

图 16 台内具砂质障壁岛的镶边台地沉积模式

上述 3 种模式均为混积潮坪的成因模式。其中，在第一种模式中，潮汐水流从台地边缘礁滩复合体的潮汐入口进入泻湖后，由于无台内障壁滩遮挡，潮汐能量相对较强，影响面积广，更易在靠岸地带形成大规模潮坪。第二种由于台内具障壁浅滩，致使真正的泻湖(局限台地)规模变小，潮汐能量由于受阻相对变弱，近岸带潮坪规模不如第一种模式大。第三种模式由于台内具砂质障壁岛，在使潮汐能量受阻的同时，泻湖规模变小，当规模小至一定程度时，障壁岛上的砂有可能会影响潮坪沉积物，即潮坪上的碳酸盐岩沉积受到排斥和干扰，形成不纯的泥质和砂质碳酸盐岩。因此，第三种模式更易形成碎屑潮坪与岩性混积潮坪的互层，而形成碎屑潮坪、碳酸盐岩潮坪、岩性混积潮坪 3 种潮坪类型互层的可能性不如前 2 种模式大。

6 结论

(1) 具陆源碎屑输送的残余浅海沉积背景，以具强烈蒸发环境特征的含石膏结核的准同生白云岩以及干裂泥岩、砂岩、云质石英砂岩、砂质白云岩为主的碎屑岩与碳酸盐岩交互沉积的岩性特征，研究区自陆向海粒度由细变粗的粒度特征，加之干裂暴露构造、双向水流交错层理构造、底部滞留冲刷构造、水动力强弱交替构造、生物扰动构造等沉积构造特征，综合指示研究区 Asmari B 油组为清水潮坪(碳酸盐岩潮坪)与浑水潮坪(碎屑岩潮坪)混合的混积潮坪。

(2) 根据沉积岩性主体不同，研究区分为碎屑岩潮坪(浑水潮坪)、碳酸盐岩潮坪(清水潮坪)及岩性混积潮坪 3 种潮坪类型，区域上共构建了 2 种形式的混积，一类为碳酸盐岩及陆源碎屑在岩性上的混合沉积，另一种为碎屑岩潮坪和碳酸盐岩潮坪在纵向上多旋回叠置形成的混积。微相类型丰富，总体以泥坪、砂泥坪、潮汐水道、砂坪、云坪、灰坪、云质砂坪、砂质云坪为主。潮上带沉积物粒度整体偏细，以干裂暴露标志、碱化标志为典型特征；潮间带沉积物粒度中等，分选较好，以粉-细砂及泥灰岩、颗粒灰岩为主，构造上以发育脉状、波状层理、砂泥互层水平层理及双向水流交错层理、生物扰动构造为典型特征；潮下带沉积物粒度偏粗，分选好，以中-粗砂及颗粒灰泥石灰岩、颗粒灰岩为主，构造上以羽状交错层理及大型浪成交错层理为典型特征，研究区该带不太发育。

（3）建立了具混积潮坪的3种连陆台地模式，3种模式虽相带不同，但具共同点，即：陆上暴露地区气候干旱，盐沼石膏、蒸发白云岩广泛发育；近岸地带均存在大规模陆源碎屑，且根据陆源碎屑物质的多与少、环境是否洁净、温暖，近岸带被分为两种不同环境，即碎屑潮坪沉积环境及碳酸盐岩潮坪沉积环境；陆棚边缘或陆棚上具高能浅水障壁滩，使其背后的局限海水形成泻湖，并导致大规模的混积潮坪沉积。

参 考 文 献

[1] Hoseinzadeh M, Daneshian J, Moallemi S A, et al. Facies Analysis and Depositional Environment of the Oligocene-Miocene Asmari Formation, Bandar Abbas Hinterland, Iran [J]. Open Journal of Geology, 2015, 05(4): 175-187.

[2] 陈吉余. 中国海岸带地貌[M]. 北京：海洋出版社，1995.

[3] 王颖，朱大奎. 中国的潮滩[J]. 第四纪研究，1990，(4)：291-300.

[4] 郭艳霞. 潮坪层序的粒度特征与沉积相划分——以杭州湾庵东浅滩为例[J]. 海洋地质动态，2004，20(5)：9-14.

[5] Wang Y, Zhu D K. Tidal Flats in China[M]//Oceanology of China Seas. Springer Netherlands, 1994: 445-456.

[6] 福里格(德). 碳酸盐岩微相——分析、解释及应用[M]. 马永生，等，译. 北京：地质出版社，2006.

[7] 于兴河. 碎屑岩系油气储层沉积学[M]. 北京：石油工业出版社，2008.

[8] Patterson R J, Kinsman D J J. Formation of diagenetic dolomite in coastal sabkha along Arabian(Persian)Gulf [J]. AAPG Bulletin, 1982, 66(1): 28-43.

[9] Chakrabarti A. Sedimentary structures of tidal flats: A journey from coast to inner estuarine region of eastern India[J]. Journal of Earth System Science, 2005, 114(3): 353-368.

[10] Klein G V. Tidal circulation model for deposition of clastic sediments in epeiric and mioclinal shelf sea [J]. Sediment. Geol., 1977, 18: 1-12.

[11] Flugel E. Microfacies analysis of limestone[M]. New York: Springer—Verlag, 1982.

[12] 郭峰. 碳酸盐岩沉积学[M]. 北京：石油工业出版社，2011.

基于成藏动力探索油柱高度主控因素及定量表征

全洪慧　陈建波　张　雷　张　章　王双龙　王　迪

（中海石油（中国）有限公司 天津分公司，天津 300452）

摘　要　在实际断块油藏中，同一沉积单元在不同断块油水界面存在深度差异、同一断块油水界面与构造线不完全平行的现象十分普遍。本次研究主要利用构造油气藏成藏重力分异的物理学原理，根据非均质油藏成藏动力与成藏阻力之间的平衡关系，判断储集层中油的运聚状态，并对油水界面存在深度差异的原因进行了分析。研究表明：(1)油水界面深度差异的形成与油气生成、运移、聚集再到散失的过程密切相关，可将油气生成到散失的全过程分为油藏形成阶段和油藏调整阶段，两个阶段油气的受力平衡是不同的，导致油水界面深度差异的主控因素也是不同的。(2)油藏形成阶段，油气充注压力越大、储层物性越好、油水密度差越小、地层上倾的区域具有更大的油柱高度，从而导致了油水界面的差异分布。(3)油藏调整阶段，油气的散失程度影响油水界面的深度。浮力与毛细管阻力相等时的油柱高度为临界油柱高度，砂体厚度超过临界油柱高度时，油气可以克服毛细管阻力，运移至浅层形成次生油气藏，从而造成油水界面降低形成深度差。

关键词　油水界面；油柱高度；深度差异；断块油气藏；渤海湾盆地

经典的油水分布理论认为，受重力分异作用控制，石油总是占据油藏的高部位，水体则位于油藏的底部或低部，油气在单一圈闭的聚集，具有统一的压力系统和油水界面，即同一个油藏中油水界面是相对稳定的，并且其水平投影线与构造线平行。这意味着在油气藏评价过程中只要有一口油气井确定了油气水界面，整个油气藏的油气水界面也就被确定了[1~5]。然而在实际储层中，油水分布规律要比理论认识复杂得多，特别是对于勘探阶段资料相对较少的海上油田，在开发阶段，随着开发井的不断增多，钻井揭示的油水界面数据不断补充，同一油气藏可能出现不同油气井钻遇多个油水界面的情况，同期沉积的不同断块之间可能存在油水界面深度差异的现象，同一断块内部，不同井揭示的油水界面也可能不一致，甚至出现大幅倾斜、波状油水界面。

当前认为造成此现象的成因解释主要有以下3种：一是认为油藏处于非稳态成藏过程中，在频繁的构造活动地质条件下，油气处于动态聚集或调整过程之中，尚未形成统一的油水界面[6~8]；二是认为由于地下水动力系统的驱动，地下水的入侵使得油水界面抬升，其抬升高度由水动力所产生的水压所决定[9~11]；三是认为储层非均质性造成的毛管压力差异是造成油水界面倾斜的主要原因[12,13]。

对于研究区渤海湾盆地石臼坨凸起上的A油田来说，区域上并没有频繁的盆地沉降、隆起等构造运动，也不存在能够使油水界面倾斜的地下水驱动系统，本次研究将关注点放在储层非均质性和油气运聚状态的联系上，借助油田开发阶段丰富的钻井资料及生产动态资料，在成藏动力学的指导下，定量或半定量探索油水界面矛盾的成因及主控因素，这对指导油田开发挖潜，乃至丰富石油地质理论都具有十分重要的意义。

1　油田地质概况

A油田位于渤海中部海域，渤中凹陷北部石臼坨凸起的西南端，是与石油地质储量超亿吨的B油田位于同一凸起之上的第三系构造。该油田

基金项目：国家科技重大专项“渤海海域大中型油气田地质特征”（2011ZX05023-006-002），国家科技重大专项“近海隐蔽油气藏勘探技术”（2011ZX05023-002）。

作者简介：全洪慧（1986—　），女，汉族，开发地质工程师，从事油气田地质与开发研究工作。E-mail：quanhh@cnooc.com.cn

南以台阶式节节下掉的断层向渤中凹陷过渡，西以断层向南堡凹陷过渡，北以斜坡向秦南凹陷倾没(图1)。A油田整体是一个由半背斜、复杂断块和南北斜坡带所组成的复式鼻状构造。钻井揭示的地层从上至下为：第四系，新近系明化镇组、馆陶组，古近系东营组和古生界基底。主力含油层系发育于新近系明化镇组下段和馆陶组顶部，其中明下段划分5个油组，储层为曲流河沉积砂体，物源来自北西向，馆陶组储层为辫状河沉积砂体，储层物性好，具有高孔高渗的特征。该油田地面原油具有黏度高、密度大、含硫量低、凝固点低、含蜡量中等的特点，属重质稠油。

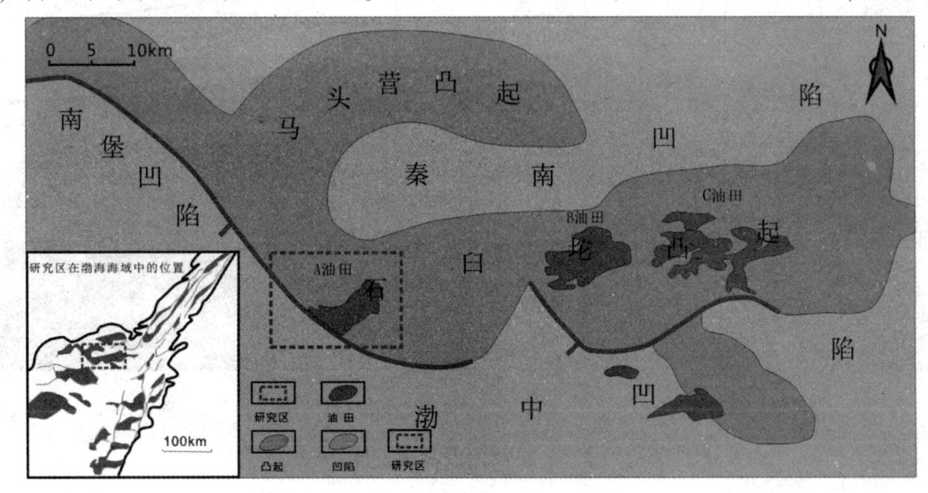

图1　A油田区域构造位置图

2　油水界面差异及油气聚集成藏特征

A油田于2005年投产，是渤海海域最早投产的稠油油田。油气富集层位为新近系明下段和馆陶组，同一油藏油水界面深度不一致现象在馆陶组和明化镇组皆有见到。以馆陶组为例，不同断块同一砂体，开发井C1井揭示的馆陶组顶部油藏的油水界面深度为-1336m，开发井C2井揭示的油底深度为-1372m，即C2井的油底深度比C1井油水界面深度深了36m，C1井和C2井井距320m，两井间断层断距不到5m。井距短、断距小，但是油水界面相差了36m(图2)，这个问题值得深思。

馆陶组地层披覆于太古界潜山之上，主要的油藏类型为大型披覆背斜背景上的构造或构造-岩性油藏；油源对比分析认为研究区原油主要来自于油田以南的渤中凹陷沙河街组三段烃源岩贡献，并混有一定量的沙河街一段烃源岩贡献；油气运移疏导体系主要是油田边界大断层；馆陶组主要储层为稳定分布的厚层辫状河砂岩储层。

研究认为，A油田成藏过程符合“网毯式”成藏模式[14,15]，主要表现为“断裂控藏，深聚浅调”的特点。油源自渤中凹陷沙三段、沙一段烃源岩生成后，沿边界大断层及潜山不整合面向深层馆陶组储层聚集，形成仓储层，后期浅层明化镇组次级断层活动强烈，部分原油被调整到浅层明化镇组形成次生油藏(图3)，因此，可将馆陶组油气成藏过程分为前期的油藏形成阶段和后期的油藏调整阶段。本次研究从油藏形成阶段和油藏调整阶段两个方面入手，利用成藏动力和成藏阻力之间的平衡关系，半定量的推导出影响油水界面或油柱高度的主控因素。

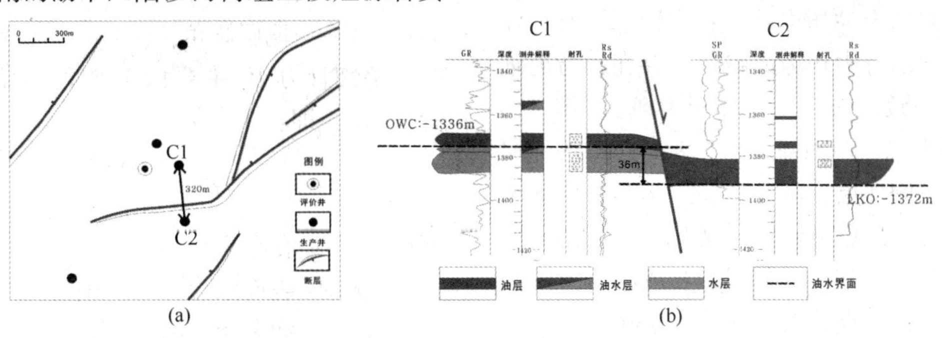

图2　A油田馆陶组C1井、C2井井位图(a)、油水分布图(b)

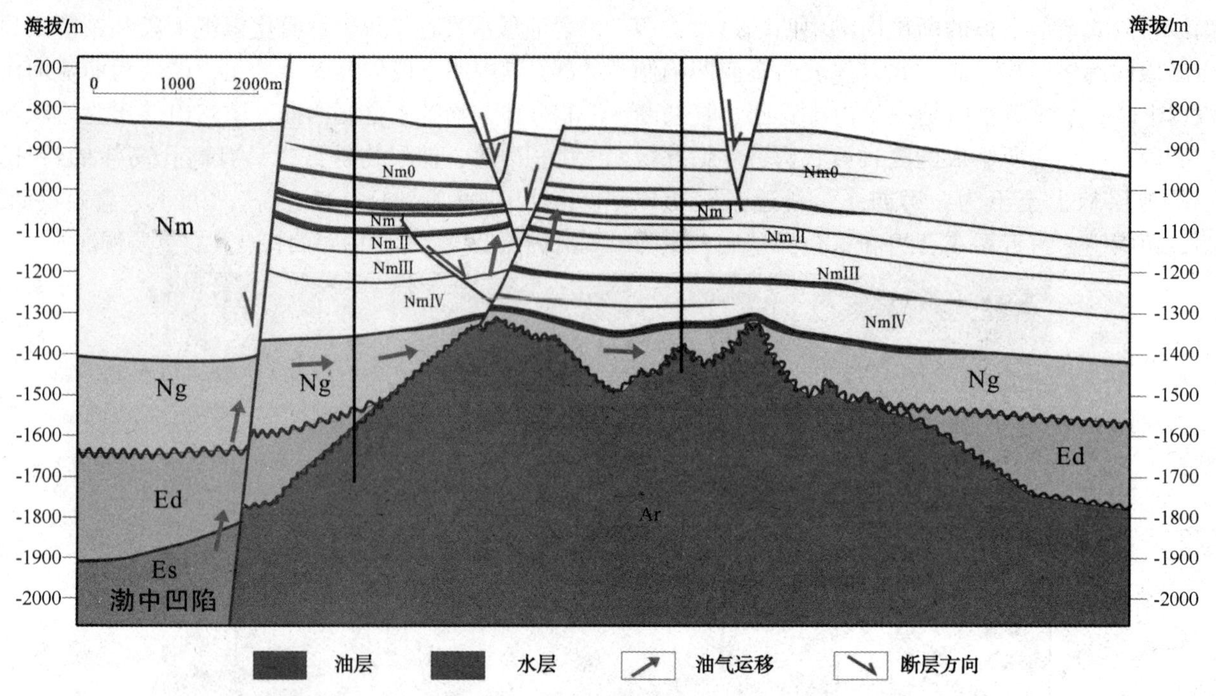

图 3　A 油田成藏模式图

3　油水界面深度差异主控因素

3.1　油藏形成阶段油水界面深度主控因素

A 油田油藏形成阶段实际是油气自烃源岩生成后，沿边界大断层等输导体系上升至向馆陶组储层，并向储层充注最终达到平衡的一个过程，是成藏动力和成藏阻力相互作用的过程[16~20]。在油气充注初期，储层中只含有地层水，在成藏动力的作用下，油气驱替地层水，使充注得以持续进行，直至达到平衡(图 4)。

单位质点原油在充注达到平衡时主要受到 3 个力的作用：净浮力(浮力与重力的差值)、充注压力以及毛细管力。其中，充注压力作为成藏动力，方向与运移方向一致；毛细管力作为成藏阻力，方向与运移方向相反，净浮力方向向上，既可以作为成藏的动力也可以作为成藏的阻力，性质与地层倾角有关，当地层上倾，此时浮力沿地层方向的分力作为成藏动力存在，与充注压力方向一致，所需的充注压力越小；当地层下倾，浮力沿地层方向的分力作为成藏阻力存在，与毛细管阻力方向一致，所需的充注压力越大(图 5)。对于 A 油田来说，与南部边界大断层接触的地层为由南向北下倾地层，属于“倒灌”运移，因此本次研究主要考虑地层下倾的情况下的受力情况。

如图 5 所示，基于成藏动力和成藏阻力的平衡关系，对单位质点原油进行受力分析：

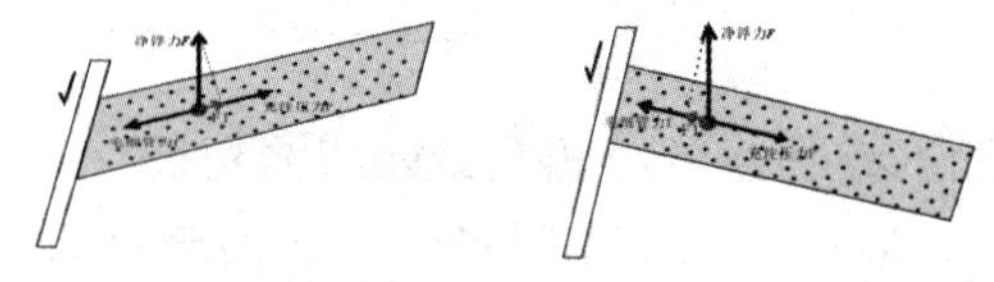

图 4　地层上倾、下倾净浮力所起作用

单位面积为 1，油柱高度为 h 的原油所受净浮力 F 为：

$$F=(\rho_w-\rho_o)\cdot g\cdot h \tag{1}$$

式中　ρ_w——水的密度，g/cm^3；

ρ_o——油的密度，g/cm^3；

h——油柱高度，m；

g——重力加速度，9.8m/s^2。

净浮力可分解为垂直地层方向的分力和沿地层方向的分力，垂直地层方向的分力与隔夹层相互抵消，本次研究只考虑沿地层方向的分力，此分力与充注压力 P、毛细管力 P_c 在一条直线上，大小为：

$$F_1=(\rho_w-\rho_o)\cdot g\cdot h\cdot \sin\theta \tag{2}$$

式中　θ——地层倾角，(°)。

毛细管力 P_c 主要由毛细管半径(即孔喉半径)决定，即：

$$P_c=\frac{2\sigma\cos\theta_w}{r} \tag{3}$$

式中　r——孔喉半径，g/cm^3；

σ——表面张力，mN/m；

θ_w——润湿角，(°)。

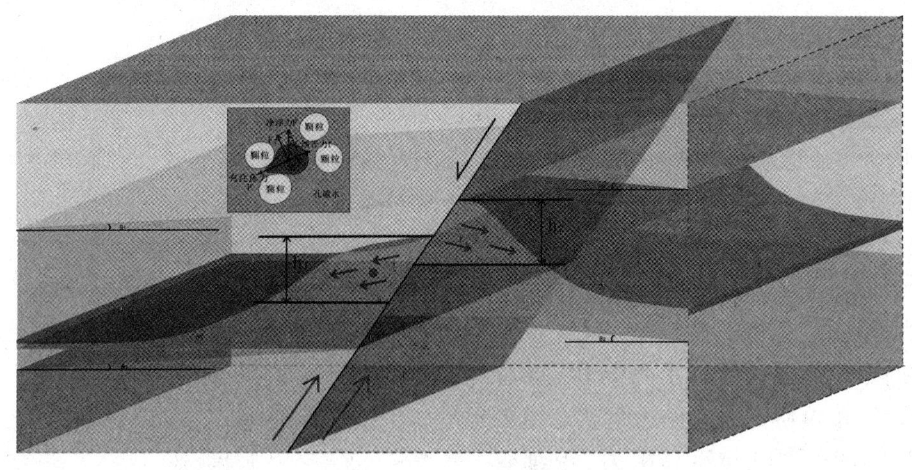

图 5 构造油藏油水界面深度差异主控因素机理分析

由于 A 油田岩石为水性润湿，岩石表面基本被水完全润湿，故 θ_w 取 90°，$\cos\theta_w=1$，因此，表达式(3)可简化为：

$$P_c=\frac{2\sigma}{r} \tag{4}$$

根据成藏动力和成藏阻力的平衡关系，最终得到了沿地层方向运移动力和运移阻力之间的关系式：

$$F_1+P_c=P$$

$$(\rho_w-\rho_o)\cdot g\cdot h\cdot \sin\theta+\frac{2\sigma}{r}=P \tag{5}$$

式中 P——充注压力，MPa。

从式(5)中可以看出，在充注压力一定的情况下，油柱高度 h 是由孔喉半径 r(与储层物性成正相关)、地层倾角 θ、原油密度 ρ_o 三个因素共同决定的。

油源断层两侧不同断块间同期沉积的油藏中，所受充注压力相同并保持平衡。

断块 1：$(\rho_w-\rho_{o_1})\cdot g\cdot h_1\cdot \sin\theta_1+\frac{2\sigma}{r_1}=P$

断块 2：$(\rho_w-\rho_{o_2})\cdot g\cdot h_2\cdot \sin\theta_2+\frac{2\sigma}{r_2}=P$

(1) 当断层两侧地层倾角 θ 相同($\theta_1=\theta_2$)且原油密度相同($\rho_{o_1}=\rho_{o_2}$)，若下盘储层孔喉半径大于上盘(即 $r_1>r_2$)，为保持力学平衡，则上盘油柱高度大于下盘油柱高度(即 $h_1>h_2$)，即在充注压力 P、地层倾角 θ 相同的情况下，孔喉半径 r 越大，即储层物性越好，油柱高度 h 越大，油水界面越低。

(2) 当原油密度相同($\rho_{o_1}=\rho_{o_2}$)且储层物性基本相同($r_1=r_2$)的情况下，唯一变量地层倾角 θ 决定了油柱的充注高度，当地层上倾，此时浮力沿地层方向的分力作为成藏动力存在，与充注压力方向一致，所需的充注压力越小；当地层下倾，浮力沿地层方向的分力作为成藏阻力存在，与毛细管阻力方向一致，所需的充注压力越大。即，当充注压力一定的条件下，上倾地层比下倾地层具有更大的油柱高度。

(3) 当断层两侧地层倾角 θ 相同($\theta_1=\theta_2$)且两侧孔喉半径基本相同($r_1=r_2$)，若下盘原油密度大于上盘(即 $\rho_{o_1}>\rho_{o_2}$)，则上盘油柱高度大于下盘油柱高度(即 $h_1>h_2$)，即在充注压力 P、地层倾角 θ 相同的情况下，原油密度 ρ_o 越大，油柱高度 h 越大，油水界面越低。

A 油田馆陶组 C1 井和 C2 井在距离油源的距离、原油密度、地层倾角接近的背景下，储层物性，尤其是渗透率的差别(C1 断块平均孔隙度 25.2%，平均渗透率 $99.6\times10^{-3}\mu m^2$；C 断块平均孔隙度 29.5%，平均渗透率 $415.2\times10^{-3}\mu m^2$)造成了油水界面深度差异。

3.2 油藏调整阶段油水界面深度主控因素

油气充注完成后，在油-气-水系统自身内动力的作用下，达到相对动态平衡时形成经典的稳态油气藏。稳态油气藏并不意味着具有绝对统一的油水界面，同样，也不意味着成藏的终点与结束。油藏会随着时间和外界条件的改变而进一步调整[21~23]。

油藏调整阶段油气运聚状态可以归纳为以下 2 种：(1)聚集状态：主要在本层位聚集，储集层骨架砂体对油气进行横向疏导，油气在具有完整圈闭形态的空间聚集成藏，形成构造或岩性油气藏。(2)疏导状态：主要向浅层纵向疏导，浅层次生断层形成良好的疏导体系，对油藏进行纵向疏导，油气沿次生断层运移至浅层储层中，在浅层聚集成藏。如果油藏在调整阶段以层内横向运聚为主，稳定后易形成统一的油水界面；如果油藏以疏导作用为主，会导致局部油水界面抬升，形成油水界面深度差异。那么，什么情况下油气会在本层位聚集成藏，以聚集作用为主？什么情况下油气会继续向上运移，以疏导作用为主？

从成藏动力学角度分析，油气充注完成达到平衡之后，此时单位质点原油仅受两个力，净浮力与毛细管阻力，单位质点原油的运聚状态主要取决于运移动力（净浮力）与运移阻力（毛细管力）的相对大小。当浮力大于毛细管力时，油气逸散，继续向上运移，此时馆陶组砂体主要起疏导作用；当浮力小于毛细管力时，油气会在馆陶组聚集成藏，此时馆陶组砂体主要起聚集仓储的作用（图6）。当净浮力与毛细管力相等的时候就是一种临界条件，此时的油柱高度称为临界油柱高度。

临界状态：净浮力 F_1 = 毛细管力 P_c，联立公式(2)、公式(3)得到

$$(\rho_w - \rho_o) \cdot g \cdot h \cdot \sin\theta = \frac{2\sigma\cos\theta_w}{r} \tag{6}$$

根据岩石孔喉半径与孔隙度及渗透率间的经验公式：

$$r = \frac{2\sigma}{\sqrt{8K/\phi}} \tag{7}$$

式中　r——岩石孔喉半径，g/cm³；

σ——表面张力，mN/m；

K——渗透率，mD；

ϕ——孔隙度，%。

将孔喉半径的表达式(7)代入式(6)，得到临界油柱高度：

$$h = \frac{2\sigma}{(\rho_w - \rho_o) \cdot g \cdot \sqrt{8K/\phi}}$$

只要原始的油柱高度超过临界油柱高度，油气就可以克服毛细管阻力的作用，继续向上运移。原始的油柱高度低于临界油柱高度，油气就不会逸散（图7）。

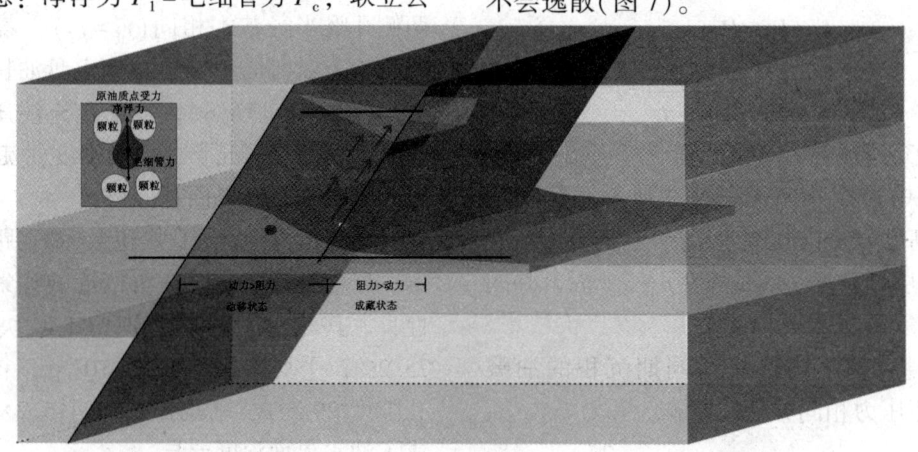

图6　考虑逸散条件油气运聚机理分析图

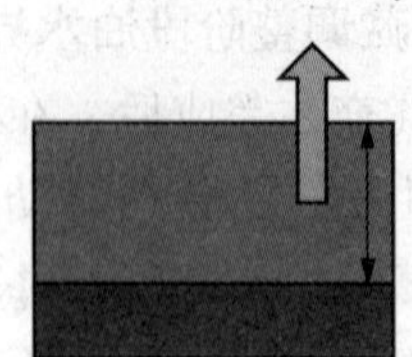

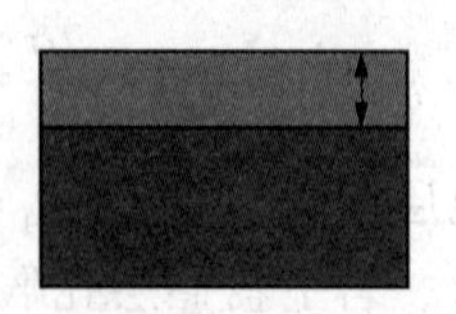

图7　油气聚集、油气逸散条件示意图

而对于馆陶组来说，其砂体厚度必须小于临界油柱高度，油气才会在馆陶组聚集成藏。经过计算，NB35-2 油田馆陶组临界油柱高度为 14m。经过统计，91 砂体厚度大于 14m 的储层含油性差，为纯水层或顶油底水，厚度小于 14m 的储层为油层。C1 井和 C2 井在原油密度接近的背景下，砂体厚度差异造成了油水界面深度差异。

4　结论

（1）油水界面深度差异的形成与油气生成、运移、聚集再到散失的过程密切相关，可将油气生成到散失的全过程分为油藏形成阶段和油藏调整阶段，两个阶段油气的受力平衡是不同的，导致油水界面深度差异的主控因素也是不同的。

（2）在油气充注过程中，油源断层两侧同期

沉积油藏中，每一侧充注阻力都与充注压力相同并形成平衡。经过计算，油柱高度是由充注压力、储层物性、原油密度、地层倾角4个因素共同决定的，在充注压力一定的情况下：当原油密度、地层倾角相同的情况下，储层物性越好，油柱高度越大；当储层物性、原油密度相同的情况下，地层倾角越小，油柱高度越大；当储层物性、地层倾角相同的情况下，原油密度越大，油柱高度越小。其中储层孔隙半径(r_d)和原油黏度对油柱高度的影响最明显。

(3) 油气充注完成达到平衡状态之后，油的运聚状态主要取决于运移动力(浮力)与运移阻力(毛细管力)。当运移动力(浮力)>运移阻力(毛细管力)时，油气逸散，继续向上运移，此时馆陶组砂体起疏导作用。当运移动力(浮力)<运移阻力(毛细管力)时，油气会聚集成藏。

(4) 原始的油柱高度超过临界油柱高度，油气就可以克服毛细管阻力的作用，继续向上运移。原始的油柱高度低于临界油柱高度，油气就不会逸散。这对判断油气聚集风险及寻找次生隐蔽油气藏具有一定指导意义。

参 考 文 献

[1] 张善文，王永诗，石砥石，等. 网毯式油气成藏体系——以济阳坳陷新近系为例[J]. 石油勘探与开发，2003，30(1)：1-9.

[2] 严科，赵红兵. 断背斜油藏油水界面的差异分布及成因探讨[J]. 西南石油大学学报. 自然科学版，2013，35(1)：28-34.

[3] 屈红军，杨县超，曹金舟，等. 鄂尔多斯盆地上三叠统延长组深层油气聚集规律[J]. 石油学报，2011，32(2)：243-248.

[4] 杨玉卿，田洪，孟杰，等. 渤海湾中部南堡35-2地区新第三系河流沉积及油气勘探意义[J]. 古地理学报，2001，3(4)：77-84.

[5] 姜素华，姜雨. 复杂断块油田弧形断层对油气的聚集作用——以东辛油田东营组油藏为例[J]. 西北地质，2004，37(4)：27-32.

[6] 江同文，徐汉林，练章贵，等. 倾斜油水界面成因分析与非稳态成藏理论探索[J]. 西南石油大学学报，2008，30(5)：1-6.

[7] 孙龙德，江同文，徐汉林，等. 塔里木盆地哈得逊油田非稳态油藏[J]. 石油勘探与开发，2009，36(1)：62-67.

[8] 杨海军，孙龙德，朱光有，等. 塔里木盆地非稳态油藏特征与形成机制[J]. 石油学报，2012，33(6)：1103-1112.

[9] 韩涛，彭仕宓，马鸿来，等. 地下水侵入对三间房组油藏油水界面的影响[J]. 西南石油大学学报，2007，29(4)：70-73.

[10] 曾溅辉. 台北凹陷地下水动力特征及其对油气运移和聚集的影响[J]，沉积学报，2000，18(2)：273-278.

[11] 曾溅辉，孙占强，徐田武，等. 大巴山前陆冲断带古水动力演化阶段及其对油气藏形成和保存的影响[J]. 现代地质，2010，24(6)：1093-1101.

[12] 李传亮. 油水界面倾斜原因分析[J]. 新疆石油地质，2006，27(4)：498-499.

[13] 李传亮. 油水界面倾斜原因分析(续)[J]. 新疆石油地质，2009，30(5)：653-654.

[14] 姜素华，查明，张善文，等. 网毯式油气成藏体系的动态平衡[J]. 中国石油大学学报：自然科学版，2004，28(4)：16-20.

[15] 张善文，王永诗，彭传圣. 网毯式油气成藏体系在勘探中的应用[J]. 石油学报，2008，26(6)：791-796.

[16] 林景晔，童英，王新江. 大庆长垣砂岩储层构造油藏油水界面控制因素研究[J]. 中国石油勘探，2007，3(2)：13-16.

[17] 屈红军，杨县超，曹金舟，等. 鄂尔多斯盆地上三叠统延长组深层油气聚集规律[J]. 石油学报，2011，32(2)：243-248.

[18] 全洪慧，朱玉双. 储层孔隙结构与水驱油微观渗流特征——以安塞油田王窑区长6油层组为例[J]. 石油与天然气地质，2011，32(54)：952-960.

[19] 张章，朱玉双，陈朝兵，等. 合水地区长6油层微观渗流特征及驱油效率影响因素研究[J]. 地学前缘，2012，19(2)：176-182.

[20] 邹华耀，周心怀，鲍晓欢，等. 渤海海域古近系、新近系原油富集/贫化控制因素与成藏模式[J]. 石油学报，2011，31(6)：885-894.

[21] 王应斌，黄雷，王强，等. 渤海浅层油气富集规律——以黄河口凹陷为例[J]. 石油与天然气地质，2011，32(54)：637-641.

[22] 陈朝兵，朱玉双，谢辉，等. 姬塬油田红井子地区延长组长9油层组石油富集规律[J]. 石油与天然气地质，2012，33(5)：758-765.

[23] 黄雷. 走滑作用对渤海凸起区油气聚集的控制作用——以沙垒田凸起为例 [J]地学前缘，2012，22(3)：68-76.

黄骅坳陷中北部浅层气成藏机理及分布规律研究

周宗良　张凡磊　何雄涛

(大港油田公司勘探开发研究院，天津 300280)

摘　要　浅层气是指埋藏深度小于1500m的气藏，黄骅坳陷中北部新近系馆陶组、明化镇组浅层气丰富。浅层气的分布主要受控于断层构造与岩性两大因素，文章指出新近系主断层间断发育，呈雁裂式、铲式Y形、复合Y形特征，断面呈坐椅状或带陡缓变化的铲状形态，形成逆牵引断鼻，这些逆牵引断鼻构造往往是浅层气富集的地方；北大港浅层气分布主要受断层及曲流河砂体展布形态控制，气藏基本形态可细分4种类型：Y形断层控制型气藏、断鼻和断块型层状气藏、断层-岩性控制型气藏、砂岩透镜体型气藏；浅层气的形成机理主要表现在深部古近系生成油气沿大断层向上运移，二次油气分布形成古近系东营组及新近系馆陶组、明化镇组油藏，这些浅层油藏经原油稠化后油气分离、天然气渗滤扩散，在新近系明化镇、馆陶组浅层气成藏即第三次油气再分布。

关键词　黄骅坳陷；浅层气；成藏机理；逆牵引断鼻

根据有关天然气藏埋藏深度的划分标准，天然气可分为极浅层气、浅层气、中深层气、深层气和超深层气，其中埋藏深度在700～1500m之间的为浅层气，埋藏深度小于700m的为极浅层气，广义上的浅层气包括小于700m的极浅层气[1]。主要有生物气、油型气、煤层甲烷气、水溶气等。浅层气最主要的特点就是埋藏浅，一般从地表以下200～1500m的各类地层均有分布，而又相对集中在第四系和第三系。目前世界上浅层天然气的勘探开发在多地取得了比较好的成效，比较显著的是加拿大Alberta盆地浅层天然气的勘探开发[2]，其浅层天然气主要来源于上白垩统—新生界早期沉积的以古河道砂岩相为主的储集层，埋藏深度多数在50～300m之间，图1是一个第四系冰川冲刷河道成因沉积的砂砾岩沉积体系，天然气储层为冰积河道沉积的砂砾岩，气藏埋藏深度40～60m，天然气属常规干气，是沿白垩系顶不整合面运移上来的深部气源[3]。

北大港油田自1964年开始钻探，1965～1968年进入详探阶段投入开发以来，在明化镇组明下段的上部或顶部相继发现了与油层相伴分布的浅层气藏，这些浅层气随油藏也相继在70年代逐渐投入了非正式的开采[4]。北大港(港东、港西开发区)浅层气主要目标层是明化镇组。纵向上港东浅层气主要分布在明化镇组以明Ⅱ、明Ⅲ油组为主，其次为明Ⅳ油组，埋深800～1500m；港西油田浅层气纵向主要分布在Nm下段的NmⅠ、NmⅡ、NmⅢ油组，埋深在400～1500m。过去这些气层不是主要的开发对象，气层往往与油层同时开采，采用油管采油、套管采气的方式开采，开发效果差，1000m层段以上的天然气气层不但动用程度低，研究程度更低，主要原因是由于明化镇一段与明化镇上段历年来没有被作为勘探开发的重点，大多数开发井缺乏必要的钻井资料和录井资料，只有简单的标准曲线，在1000m以上的层段与加拿大Alberta盆地浅层有些类似，普遍存在有较高电阻率的储层，有些已经证实是气层，有些需要开展地质、测井研究来证实。通过开展三维地震资料高分辨率精细处理，应用AVO油气预测技术，在港东、港西浅层发现地质异常体，部署BQ1、BQ7等井均获得工业气流。其中BQ7井完钻深度850m，完钻层位明化镇组，录井显示活跃26m/3层，电测解释气层19.1m/5层，油气同层5.4m/2层，试油784～789m，5m/1层，4mm

基金项目：国家科技重大专项课题“渤海海域大中型油气田地质特征”，编号：2011ZX05023-006-002。

作者简介：周宗良(1964—　)，男，汉族，高级工程师，2002年毕业于中国地质大学(武汉)获矿产普查与勘探专业，博士，现于中国石油大港油田勘探开发研究院从事油气田开发研究工作。E-mail：zhouzliang@petrochina.com.cn

油嘴，日产气 11591m³；636.48～639.78m，3.3m/1层，8mm 油嘴，日产气 21988m³。该区气层埋藏一般 300～800m，河道砂体发育，背斜圈闭完整，又有长期发育的滨海断层沟通深部的气源，是极浅层勘探的有利区，通过钻探发现了极浅层天然气勘探的现实领域。

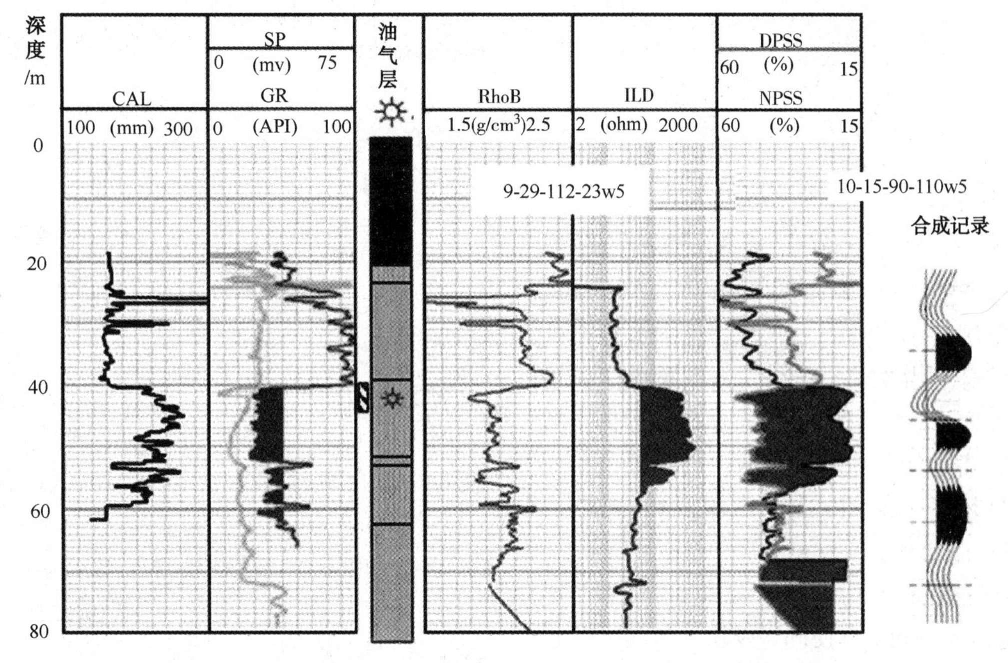

图 1 加拿大 Alberta 盆地第四系冰川冲刷河道砂砾岩浅层气藏

1 浅层气气藏地质特征

浅层气藏总的特点是：(1)埋藏浅，成因复杂。浅层气最主要的特点就是埋藏浅，一般从地表以下 200～1500m 的各类地层均有分布，而又相对集中在第四系和第三系。从气源条件来看，既有生物气，又有煤成气、油型气、水溶气，甚至还有生物降解气和低成熟气等；(2)储量小，丰度低。虽然浅层气类型较多，分布较广，资源量较大，但由于受成藏条件的限制，单个气藏的储量都不大，而且随气藏埋深的减小储量也随之减少；(3)类型多，分布广。与常规气藏一样，浅层气藏的类型也是多种多样的，除构造圈闭气藏外，还有断层遮挡圈闭气藏、岩性圈闭气藏、水溶性气藏等各种复杂类型的气藏。由于我国有众多的中新生代沉积盆地，浅层气源广泛，因此，浅层气藏的分布范围也很广泛，这为浅层气的勘探开发提供了广阔的前景[1]。黄骅坳陷中北部浅层气主要目标层是明化镇组、馆陶组，主要集中分布在港东、港西、羊二庄等地区。纵向上浅层气主要分布在明化镇组，以明Ⅱ、明Ⅲ油组为主，其次为明Ⅳ油组，埋深 400～1500m。

宏观上浅层气主要分布在构造高部位，气层储集体为曲流河沉积砂体，较好的气层主要分布在主河道分布带，主河道具有单砂层厚度较大、物性好的特点。明化镇组曲流河砂岩体单层厚度 5～16.4m，砂体宽度 200～300m，平面分布岩性变化较大；储集物性比较好，由于埋藏浅，砂岩胶结疏松，孔隙度 30%～35%，平均 31%，渗透率(238.3～5624.5)×10^{-3} μm²，平均 1793×10^{-3} μm²，平均孔隙吼道半径 3.11～9.55μm，储层类型属于高孔-高渗类型[5]。

断层控制气的运移与聚集，气藏的分布与断裂带密切相关。单一气藏规模主要受岩性边界、断层切割的影响较大，北大港浅层气气源主要来自古近系深部沿断层向上运移来的天然气，形成的古生新储型气藏；储集层主要由明化镇组曲流河沉积砂体组成，明化镇组发育的泥岩层是盖层，断层一方面是气源通道，一方面是在气藏形成过程中起着封堵作用(图 2、图 3)。

断层的发育导致单个气藏规模较小，储量范围有限。储量单元规模分析表明单砂体规模较小，单层气层厚度较薄，多数在 3～5m，港东、港西分别为 54%、62.5%，其次是 5～8m，大于 8m 的气层厚度只占 10%。港东单砂体储量规模相对大于港西，港西储量单砂体储量规模较小，单砂层厚度也较薄，绝大多数含气砂体只有 1～2

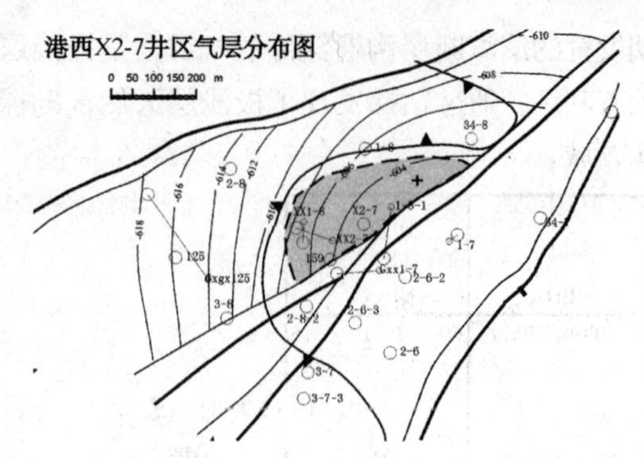

图 2　气层分布在断层上升盘，气层北侧岩性封堵，南侧断层封堵

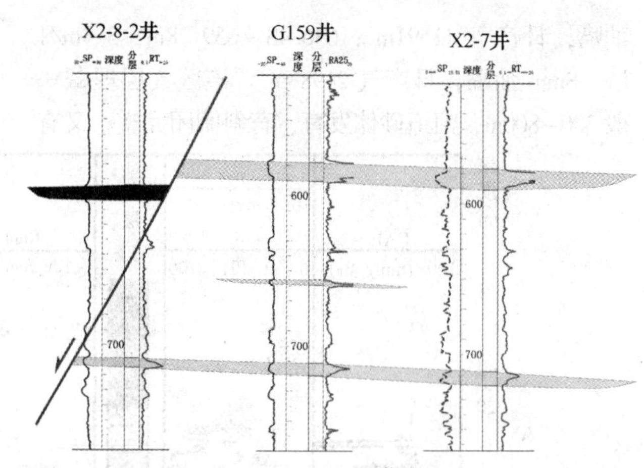

图 3　X2-8-2-G159-X2-7 气藏剖面图

口井井距范围大小，港东、港西 1～2 口井控制的含气砂体数分别占 72%、75%，港东单砂体储量相对较大，储量超过 $1000\times10^4m^3$ 单砂体砂体个数占 16. 5%，占总储量 36%；港西单砂体储量相对较小，储量超过 $1000\times10^4m^3$ 单砂体砂体个数仅占 4. 3%，占总储量 9. 3%。

浅层气气藏油、气、水组合关系复杂，各个断块油气水系统不一致，即使同一断块，各油层组也没有统一的油水界面。基本上是以小层、甚至单砂层为单元，断层及各小层间泥岩分割油气水，使各小层自成油水系统，因而油气水层交错出现。气层的分布主要受岩性控制，没有统一的气水界面，单层气层厚度较薄，图 4 港东地区一区七八 G8-23-G8-26-G8-27 油气藏剖面图，反映浅层气呈层状分布。

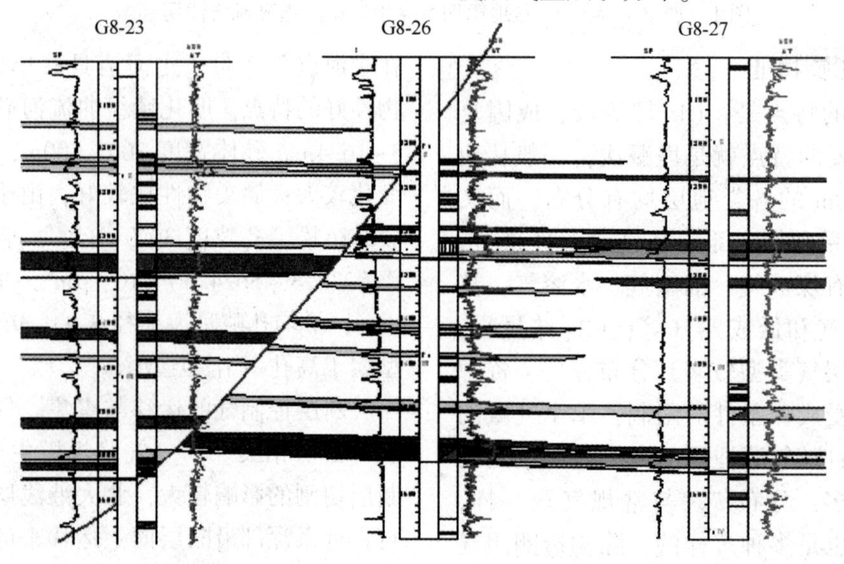

图 4　港东一区七八 G8-23-G8-26-G8-27 油气藏剖面图

2　浅层圈闭的形成和气藏基本类型

2. 1　新近系断裂体系与圈闭的形成

岐口凹陷从新近系断层平面分布来看，主要发育北东向和近东西向两大断裂体系，北东走向主要以板桥、大张坨、滨海断裂系、南大港、张北、羊二庄等断层为主，近东西向断裂体系主要发育在海上如海河-新港、白东断裂系、歧东等，两大断裂体系的转换区与海岸线走向及位置大体一致，与基底隐伏断裂走向相一致[4]。新近系主断层间断发育，呈雁裂式，断层两翼次级调节断层增多，同时具有弧形交切特点，反映出晚期构造与拉张、扭动变形有关，且活动强烈，特别是海域部分比陆地部分表现更加明显；剖面上主断裂主要表现为南北对掉，以铲式 Y 形、复合 Y 形特征，次级断层主要与主断裂顺次交切，成交互相切，主要切割层位以新近系为主。

新近系气藏圈闭主要以背斜型和断块型圈闭为主，其中，背斜圈闭是浅层天然气聚集的有利类型。二级断层下降盘发育的逆牵引背斜，紧临生油凹陷，最有利于新近系油气聚集。主断层上升盘的披覆背斜圈闭受基岩隆起所控制，一般面积较大，是新近系重要储存油气的空间。逆牵引和披覆背斜圈闭所控制的储量占新近系探明总储量的75%以上。

2.2 气藏基本形态类型

与常规气藏一样，浅层气藏的类型也是多种多样的，除构造圈闭气藏外，还有断层遮挡圈闭气藏、岩性圈闭气藏、水溶性气藏等各种复杂类型的气藏。根据北大港的实际情况，浅层气分布主要受断层及曲流河砂体展布形态控制，气藏基本形态可细分为4种类型：

（1）Y形断层控制型气藏：新近系主断层间断发育，呈雁裂式，断层两翼次级调节断层增多，同时具有弧形交切特点，剖面上主断裂主要表现为南北对掉，以铲式及Y形、复合Y形特征，这些断裂构造浅层次级断层相互截切，形成复杂的地堑系，堑心带与基底构造半地垒或地垒构造深浅呼应，表明该类浅层断裂构造受基底断层及断块差异升降活动影响大。在断面呈坐椅状或带陡缓变化的铲状地段，浅层出现逆牵引断鼻，断鼻之上被复杂复Y字形断层组合切割，如港东构造、羊二庄地区和赵东地区，这些浅层逆牵引断鼻构造往往是浅层气富集的地方[图5(a)]。

（2）断鼻和断块型层状边水气藏：断鼻和断块圈闭主要分布于大型断裂构造带，在湖盆主要断陷期和构造发育期，形成多个不同层系的断鼻、断块构造，如北大港构造带、埕海构造带的中浅层主要以断鼻、断块圈闭为主，气藏常见边底水[图5(b)]。

（3）断层-岩性控制型气藏：气藏主要分布在二级构造带的围斜部位，以砂岩边部或过渡带尖灭油气藏为主，辅以断块油气藏。如北大港构造带围斜区，受西部、北部物源的影响，在构造带翼部形成多个砂岩岩性尖灭[图5(c)]。

（4）砂岩透镜体型气藏：主要是废弃河道或天然堤、沙坝等透镜状砂体形成的气藏[图5(d)]。

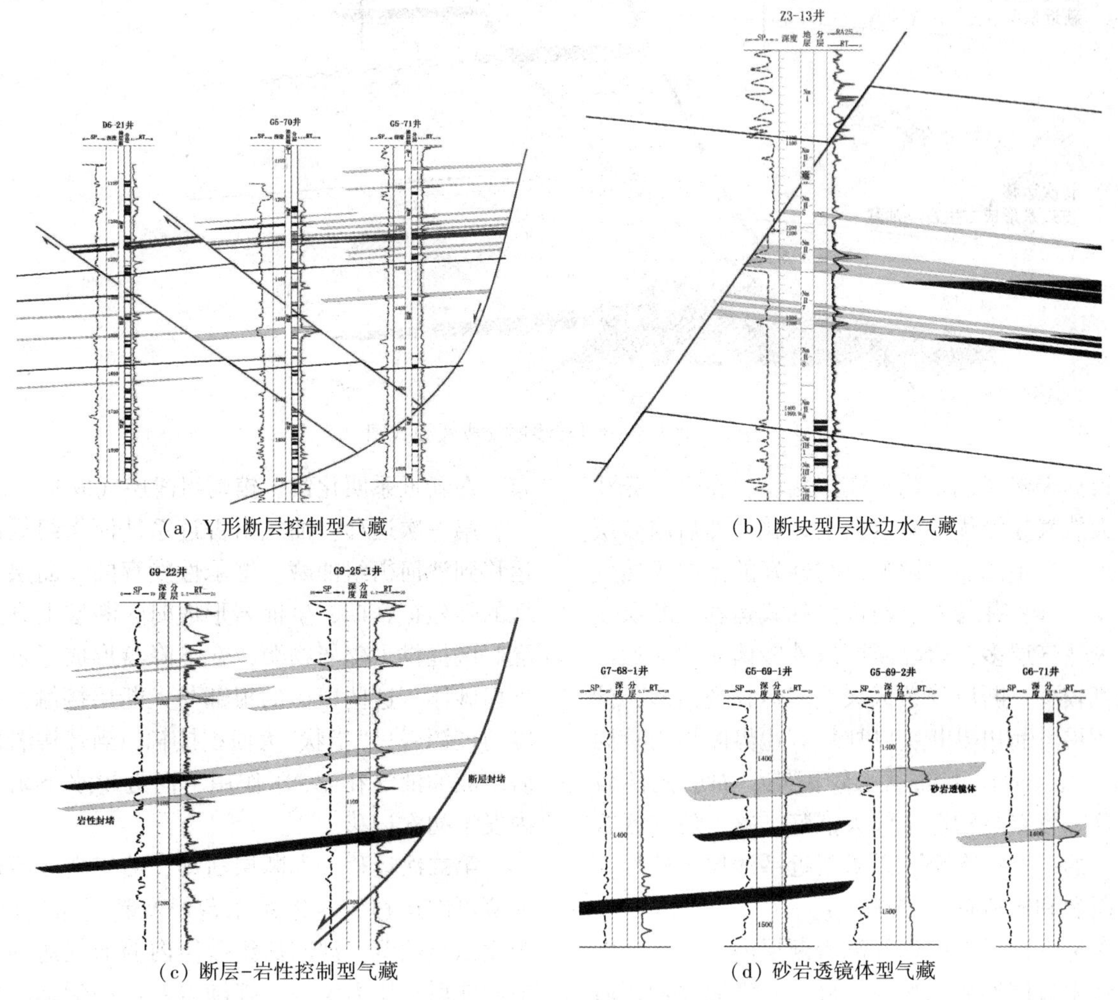

（a）Y形断层控制型气藏　（b）断块型层状边水气藏

（c）断层-岩性控制型气藏　（d）砂岩透镜体型气藏

图5　气藏基本形态

3 浅层气气藏形成机理

浅层气藏为下生上储型，天然气捕获主要靠连通气源层的断层。断层在天然气运移中起通道作用与否取决于断层的活动性质，张性断层面起垂向传递天然气的作用，在平面上断层面沟通渗透岩层，使凹陷生成的天然气沿断阶带作台阶式运移到凹陷边缘。港西断层及港东断层为深切基底的深大断裂，断层在明化镇沉积时期仍持续活动，为天然气的垂向运移提供了有利通道。天然气沿断层垂向运移时，遇到渗透层后向上倾方向运移。简单顺向运移在相同排驱压力下，由于克服阻力小，利于天然气由烃源岩层通过断层向储集层大规模运移形成天然气藏[6]（图6）。

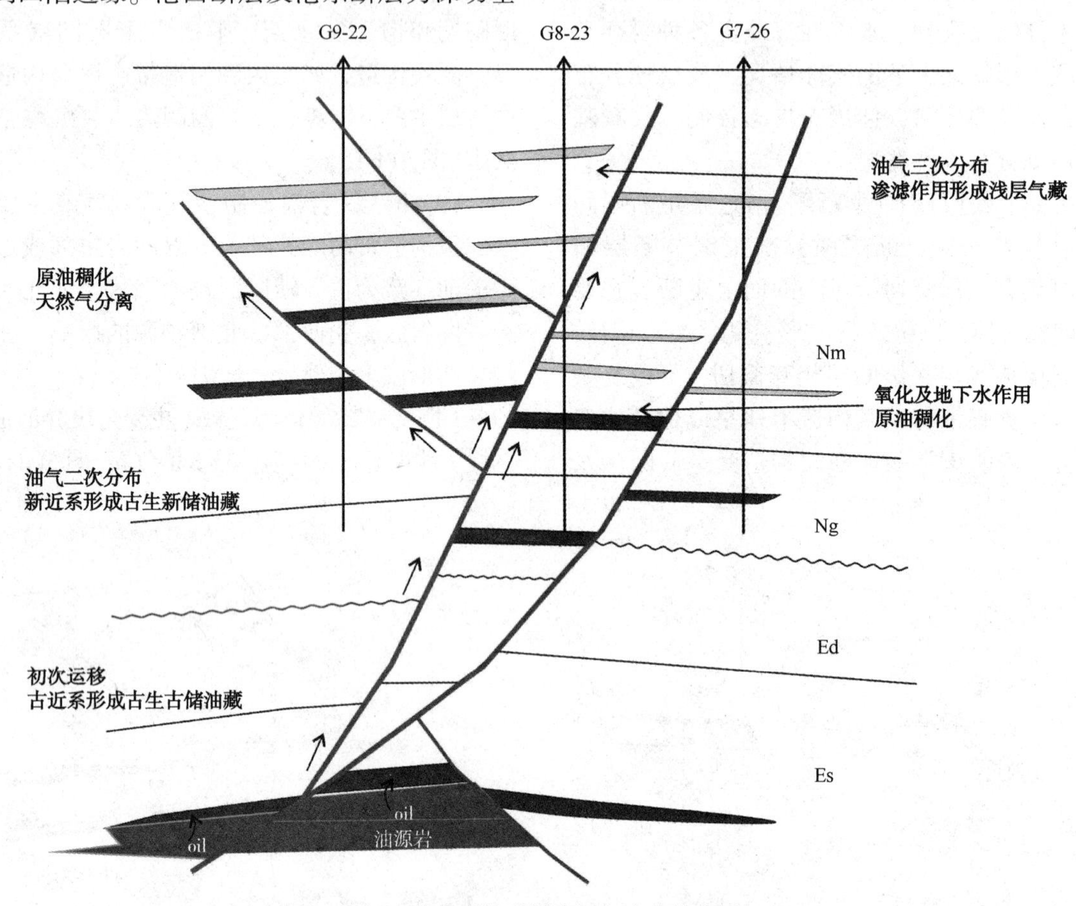

图6 北大港构造带浅层气成藏模式图

根据天然气运聚物理模拟实验，在幕式充注下，天然气先沿优势断层向上运移，然后向砂层中注入，受不同储层影响，物性好的储层天然气运移距离远，并与断层构成阶梯式运移，断层复杂区天然气层多，边界断层以外砂体充注天然气较晚且较少。断层复杂区天然气运移通道多，油驱水较易，而边界断层以外只有边界断层为垂向运移通道，横向上油驱水较困难，油层充注较少，这一特点与构造主体天然气丰富、斜坡区含油单一的特点相吻合，说明新近系浅层天然气富集受断裂和构造背景控制。

深部古近系生成油气沿大断层向上运移，新近系新生古储形成二次油气分布，经原油稠化后油气分离、天然气渗滤扩散形成浅层气三次分布，在新近系明化镇、馆陶组浅层气成藏。

第一次运移：油气由古近系沙河街组烃源岩运移到沙河街组油藏。继承性发育的大断层在盆地的强烈扩张期、生油岩形成时，断层上升盘的隆起区提供了碎屑物源，在下降盘形成了近岸水下扇砂体。这些扇体的根部与大断层接触，而前缘与烃源岩呈“指状”大面积接触，当烃源岩成熟后生成的油气在温-压作用下向近岸水下扇砂体内发生初次运移。

第二次运移：大断层活动，油气由沙河街组油藏再次运移到古近系东营组及新近系馆陶组、明化镇组油藏。沙河街组砂体内的油气达到一定饱和度后，压力增高，伴随着断层的活动，油气沿断面从沙河街组砂体内向上部的圈闭中运移；

随着砂体内油气向上运移，压力降低，断层活动停止，从烃源岩中初次运移来的油气再次在砂体内聚集，周而复始，沙河街组砂体形成一个油气运移的“中转站”，也使得大断层成为油气运移的良好通道。

第三次运移：大断层及浅层小断层活动，东营组及明馆油藏通过原油稠化作用、氧化作用，原油中的部分天然气运移到浅层，形成浅层气。古近系东营组及新近系馆陶组、明化镇组油藏，在浅层断层活动的同时，通过氧化作用、地下水作用、渗滤作用等，产生原油稠化、天然气分离，沿断层运移到明化镇组砂体中，形成浅层气。从图7可以看出北大港地区原油密度、黏度与埋藏深度具有明显的相关性，埋藏越浅原油密度、黏度越大，进入明化镇、馆陶组，原油黏度大于100mPa·s、密度大于0.9g/cm^3，达到稠油标准，这是原油稠化作用的结果。

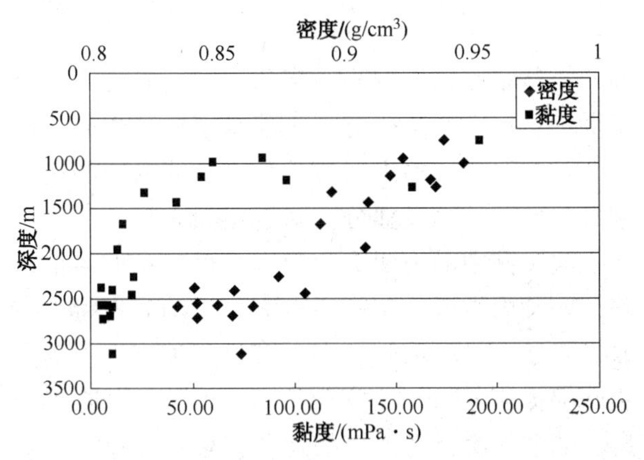

图7 北大港地区原油密度、黏度与埋藏深度关系图

4 结论

（1）浅层气是指埋藏深度小于1500m的气藏，黄骅坳陷中北部浅层气新近系馆陶组、明化镇组浅层气丰富，具有埋藏浅、局部富集、开发成本低的优势。

（2）浅层气的分布主要受控于断层构造与岩性两大因素，新近系主断层间断发育，呈雁裂式，以铲式及Y字形、复合Y字形特征，在断面呈坐椅状或带陡缓变化的铲状地段，浅层出现逆牵引断鼻，断鼻之上被复杂复Y字形断层组合切割，这些浅层出现逆牵引断鼻构造往往是浅层气富集的地方。

（3）浅层气分布主要受断层及曲流河砂体展布形态控制，气藏基本形态可细分4种类型：Y字形断层控制型气藏、断鼻和断块型层状边水气藏、断层-岩性控制型气藏、砂岩透镜体型气藏。

（4）浅层气的形成机理主要表现在深部古近系生成油气沿大断层向上运移，二次油气分布形成古近系东营组及新近系馆陶组、明化镇组油藏，这些浅层油藏经原油稠化后油气分离、天然气渗滤扩散，在新近系明化镇、馆陶组浅层气成藏即第三次油气再分布。

参 考 文 献

［1］ 戴金星，宋岩，张厚福. 中国大中型气田形成的主要控制因素[J]. 中国科学：D辑，1996，26(6)：481-487.

［2］ 张金川，金之钧. 美国落基山地区深盆气及其基本特征[J]. 国外油气勘探，2000，12(6)：651-657.

［3］ Richard Kellett，P. Geoph. A Geophysical Facies Description of Quaternary Channels in Northern Alberta Pioneer Natural Resources. Canada December 2007 CSEG RECORDER：51-55.

［4］ 杨池银，田克勤，李长洲. 黄骅坳陷天然气成因类型与形成条件[R]. 1987.

［5］ 周宗良，郑平，肖建玲，等. 黄骅坳陷北大港地区浅层天然气识别与分布特征[J]. 天然气地球科学，2010，21(4)：535-540.

［6］ 邓运华，李建平. 浅层油气藏的形成机理[M]. 北京，石油工业出版社，2008.

沙东南构造带断裂对新近系油气差异成藏控制作用分析

许 鹏 李慧勇 江 涛 胡贺伟 胡安文 李新琦

(中海石油(中国)有限公司天津分公司，天津 300452)

摘 要 为揭示沙东南构造带断裂对新近系油气差异成藏控制的机理，在断裂系统划分基础上对断接厚度、成藏关键期断层活动速率、油源断裂组合方式和断面形态进行了综合分析，结果表明断裂从以下4个方面控制新近系油气差异成藏：(1)油气垂向能否运移至新近系受到东二段区域泥岩盖层断接厚度的控制，当局部断接厚度<130m时，油气沿主干油源断层运移至新近系；(2)油气在新近系地层中运移距离取决于晚期油源断层活动性，当断层活动速率>10m/Ma时，油气能穿越泥岩盖层垂向运移至浅层；(3)次级油源断裂和晚期调整断裂与主干油源断裂组合模式影响垂向输导效率，交叉型断裂组合模式输导效率最高；(4)断面形态控制油气汇聚效率，断层凸面是油气汇聚有利部位。根据上述断裂控藏研究结果可以快速确定研究区新近系油气优势充注层位与聚集区带。

关键词 沙东南构造带；新近系；成藏；油气运移

在渤海湾盆地，断裂是油气垂向运移的主要通道，沿断裂出露地表的油苗及浅层气云等，都直接证实了油气往往围绕油源断裂在其附近成藏[1~3]，然而断裂活动导致断裂带内部结构复杂、断层面通常凹凸不平，油气在断裂带中将沿着某一有限通道空间运移[4,5]，已有前人从断层活动性和流体势分布等方面对断层优势运移通道进行了探讨，取得了一定的成果，但都基于整条断裂作为油源断裂[6,7]，未讨论断裂不同段的活动速率差异以及断面输导脊的有效性，而且主要仅从断裂分析横向距油藏远近聚集丰度不同的问题，没有考虑纵向聚集的层位，与此相对应的另一些学者仅从断裂与盖层的匹配关系出发讨论被断裂破坏后盖层的垂向封油气能力忽略了各级断裂组合的问题，对于复杂断裂带中的油气藏只有对油源断层横向纵向控藏要素相结合才能较为准确地确定出油气的富集部位降低勘探风险。同时，成藏时期断层活动强度也在一定程度上影响这断层的垂向输导油气的能力，活动强度的大小控制着垂向运聚层位。

1 区域地质背景

沙垒田凸起位于渤海西部海域(图1)，四面环凹，沙东南构造带为沙垒凸起东南延伸带，位于渤中、沙南凹陷交汇带。沙东南构造带介于渤中凹陷与沙南凹陷之间的鞍部，是沙垒田凸起东南端向凹陷的倾没部分，基岩顶面表现为一个鼻状隆起。其中渤中凹陷为最大、最有利的生油凹陷，凹陷内古近系沉积厚度大，生油岩发育，主要发育2套(东营组、沙河街组)生油层系，为周边凸起提供了充足的油源，且沙东南构造带断层、储层发育，为油气的运移、聚集提供了有利条件。

构造形态总体上为两个凹陷之间继承性发育的构造脊，构造格局为一向东南倾伏的阶梯式断阶带，具西北高东南低的特征。曹妃甸18-A、曹妃甸18-B油田为第一断阶带，没有沉积中生界和沙河街组地层，渤中13-A油田为第二断阶带，渤中19-B油田为一个局部凹中隆构造。研究区共钻探探井18口，但油气富集层位存在较大差异性(图2)，曹妃甸18-A/B构造油气主要富集在潜山和古近系东营组地层中；渤中13-A/A南构造潜山、古近系和新近系都有发现，但以潜山、古近系为主；而构造带南部的渤中19-B构造则是主力含油层位为明下段的油田[8,9]。

作者简介：许鹏(1987—)，男，汉族，黑龙江省大庆人，2013年毕业于东北石油大学，获硕士学位，现为中海油天津分公司工程师，研究方向：石油地质综合分析。E-mail：xupeng17@cnooc.com.cn

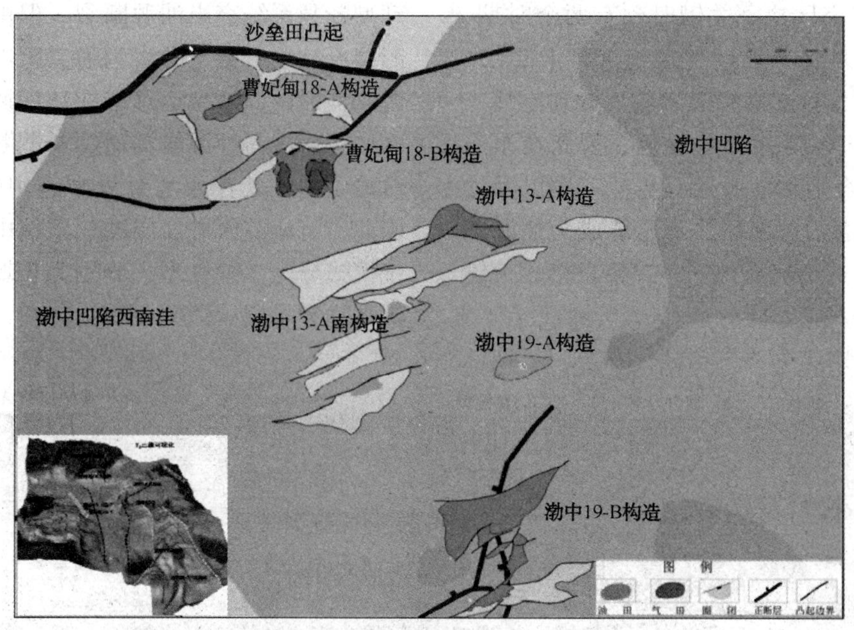

图1 沙东南构造带区域构造位置图

层系 \ 构造		渤中13构造脊					渤中19构造脊	
		曹妃甸18-A	曹妃甸18-B	渤中18-A	渤中13-A南	曹妃甸24-A	渤中19-A	渤中19-B
新近系	明下段			★	★▬	★▬		★▬
	馆陶组		★	★	★▬ ▽			★▬
古近系	东一段	★					★▬	★
	东二上段	★		★▬		★	★▬	
	东二下段	★▬	★	★▬		▽	★▬	★▽
	东三段	/	★▬▬	★			▽	
	沙一二段	/	/	★▬				/
	沙三段	/	/	/	/	/	/	/
前第三系	中生界	/	/	★▽	/	/	/	/
	古生界	/	/	/	/	/	/	/
	太古界	★▬ ▽	★▬ ▽					
钻井结果		油气流井	油气流井	油气流井	油气层井	油气层井	油气流井	油气层井

★ 油气显示 ▬ 油层 ▬ 气层 ▬ 油水同层

图2 沙东南构造带油气显示与含油气层位分布图

2 断裂系统划分及油源断层厘定

沙东南构造带断裂较为发育，主要为NE-NEE走向，主干断裂规模较大，并且次级断裂也较为发育，浅层平均断裂密度为5条/km^2，其中渤中19-B构造浅层断裂最为发育，密度为10条/km^2，延伸长度一般小于10km。典型地震解释剖面显示(图3)，研究区垂向上发育三大构造层，自下而上分别为沙二+三段构成的断陷构造层、沙一段-东营组构成的断拗构造层、馆陶组-明化镇组-第四系构成的拗陷构造层。在构造层划分的基础上，可以按馆陶组底T_2地震反射层为界可分为上下2套断层系，分别为上部断层系(坳陷层)、下部断层系(断陷-断坳层)。不同断层体系间衔接性较好，主要由贯穿性长期发育的断裂沟通。但因不同构造层断裂体系的变形时期及变形性质不同，断裂的几何学特征存在一定差异。在明确各套含油气系统中断裂系统构成的基础上，结合油气成藏关键时刻、断裂活动期次便可厘定油源断层及其分布。油源断层是指成藏关键时刻活动并连接烃源岩层与储层的断裂。据前人研究证实，研究区成藏关键时刻有两个时期，分别是东营组沉积末期和明化镇组沉积末期–现今，区域内主要发育2套烃源岩层，分别是沙三段烃源岩和沙一段–东三段烃源岩，因此在东营组沉积后期–现今活动的断层且与沙三段以及沙一段–东三段沟通的源断裂均有可能成为油源断层。因此，对于这两套烃源岩，在各自排烃关键时期源断裂的分布是不同的。

研究发现，对于中浅层含油气系统，长期活动型断裂系统充当油源断裂，但由于晚期活动型断裂系统不直接与源岩沟通，所以只是对直接与源岩沟通的源断裂运移来的油气调整和侧向遮挡作用，直接与烃源岩沟通的长期断裂系统沟通的源岩不同，其在成藏过程中起到的作用也不同，因此，将研究区中浅层油气系统中的油源断裂系统模式分为3种类型，分别为长期活动型、晚期调整型和早期活动型(图4)。

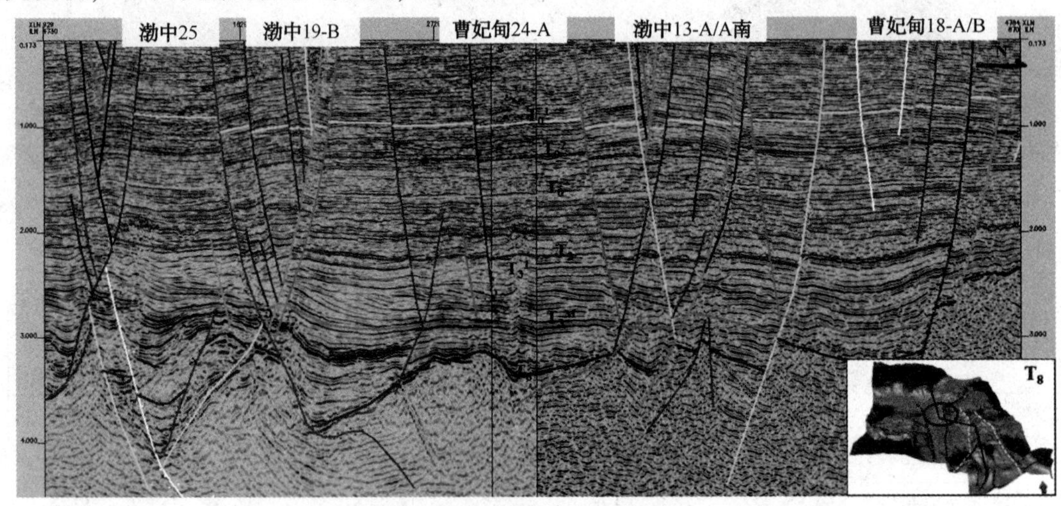

图3　沙东南构造带剖面特征

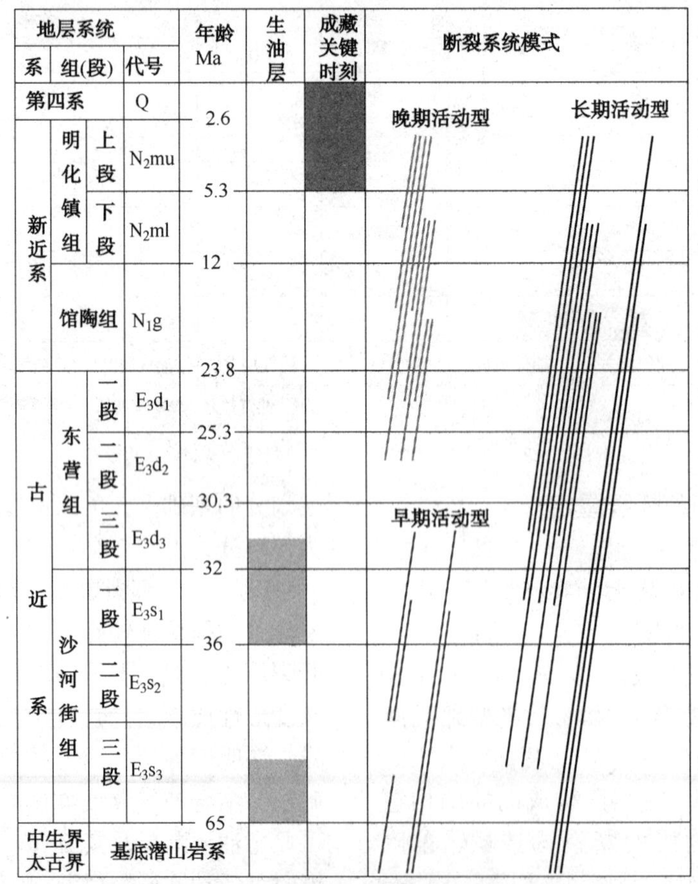

图4　研究区断裂系统划分图

3 断层活动性与油气垂向运聚层位

3.1 油源断层活动性与油气垂向充注层位

大量包裹体测温数据和热史模拟表明5.1Ma以来是渤海海域主要的油气成藏期，因此晚期断裂活动的强度和方式大大制约了油气的分布。强烈活动的断层在垂向上常具开启性，使油气沿断裂自深层向浅层运移在适当的圈闭中聚集且对早期形成的油气藏往往起破坏作用。断层活动强度越大释放的能量也越大越易造成油气的垂向运移甚至油气散失。断层活动期后的短时期内断层继续处于开启状况，此后在压应力作用下裂隙会由于岩石蠕变而闭合，一旦断面闭合断层即对油气主要起封闭作用，所以多数时间断层均起封闭作用。因而断裂的封闭性和活动性对油气成藏起着至关重要的作用[10~12]。

为定量化评价沙东南构造带晚期断裂活动速率(图5)对油气输导和保存作用的差异，在一定程度上探讨它们之间的规律性，统计了晚期活动含继承性发育的10条主干油源断层的晚期活动速率[断层活动速率=(上盘厚度-下盘厚度)/时间]。

沙东南构造带的新近系油气差异分布与断裂活动的关系表明：强烈活动断裂主要起垂向输导作用，油气运移至浅层后进行侧向运移在凸起上成藏或沿强裂活动断裂散失；微弱活动断裂主要起封闭作用油气近距离运移至断层遮挡圈闭成藏中等活动断裂对油气起封闭与输导双重作用油气聚散动态平衡与大量浅层断裂组成主干断裂输导次级断裂控藏油气成藏模式。

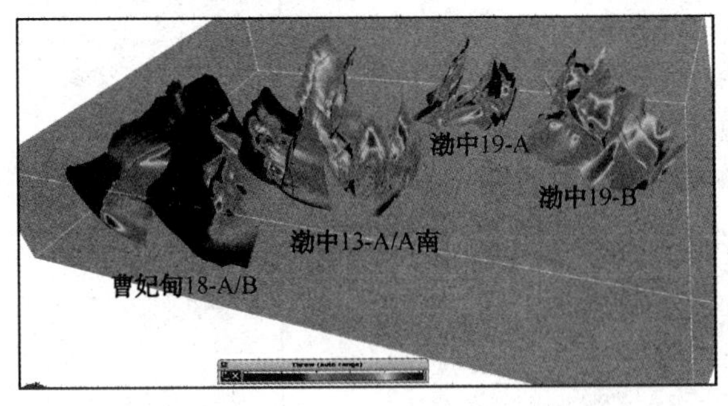

图5 研究区主干油源断裂活动速率
(红色代表活动速率高)

3.2 断-盖共控油气运聚层位

盖层对油气具有垂向阻隔作用，但盖层被断裂断穿后，油气能够延断裂跨越盖层向上运移，向上运移的油气量受控于盖层被断裂破坏的程度[13~15]。本次研究利用盖层断接厚度来界定盖层被破坏的程度，盖层对接厚度是指盖层厚度与断穿盖层断距差值(当断距大于盖层厚度时，断接厚度为负值)。沙东南构造带下部发育东二下段区域性泥岩盖层和明下段区域性盖层，其中，东二段盖层与油气向浅层垂向输导关系较为密切。因此，本次研究主要针对这东二下盖层来评价其对油气垂向输导的影响。由盖层对接厚度与油气纵向分布关系的统计结果可以看出，选取全区所有油气井统计出的东二段区域盖层断接厚度投到断裂系统与浅层油气叠合图上，可以看出，当断接厚度小于130m时，在区域盖层之上有油气分布；由此上述内容可知，盖层断接厚度控制油气垂向分布的层位，盖层断接厚度大于130m时油气不能大量穿越盖层向浅层运移，在浅层不能形成有效油气层(图6)。

3.3 断裂组合方式影响油气垂向输导效率

对全区油藏中控藏断裂的组合形态按照单条断裂、两条断裂和多条断裂分为了3大类，其中将单条断裂又分为有无交叉点(按照断裂与地层倾向关系又分为同向、反向和断裂转折点3类)和有交叉点2类，两条断裂组合又分为交叉(交叉断裂按照断裂倾向关系分为同倾、对倾和背倾)和平行(按照平行断裂倾向关系该研究区只有同倾平行断裂)两大类。统计结果发现，控藏断裂组合模式中主要以多条交叉控藏断裂控藏为主，主要发育在渤中19-B构造，其次为两条断裂控藏的组合模式，主要发育在渤中13-A/A南构造，单条断裂控藏的最少，主要发育在曹妃甸18-A/B构造；两条断裂控藏组合模式中，又以对倾断裂控藏为主，其次为同倾形组合模式，再次为背倾形组合模式，平行断裂控藏组合模式最多(图7)。

3.4 断面构造脊对油气汇聚的控制作用

用Traptester软件对研究区20条主干油源断裂与次级油源断裂进行3维立体显示(图8)，显示沙东南构造带发育平面形、凹面形和凸面形油源断层，其中曹妃甸18-A/B构造边界断层F6断面上有两处凸面，其中一处紧邻CFD18-A-1井，该井馆陶组有油气显示，说明这条断层的凸面位置发生过油气的垂向运移；渤中13-A南附近两条断裂存在不同程度的凸面，该区在浅层有油层，凸面运移是有效的。渤中19-B构造不仅主干油源断裂发育凸面，在次级油源断裂和晚期调整型断裂处都发育有凸面，所以渤中 19-B 构造断裂对浅层油气成藏的输导效率更高。

H' > 130m
H' < 130m
地层
渤中凹陷西南部部分已钻井
组
段
亚段
油组
CFD18-A-1
CFD18-A-2
CFD18-A-3
CFD18-A-4
CFD18-B-1
CFD18-B-2
CFD18-B-3
CFD18-B-4
CFD23-A-1
CFD18-B-5
BZ13-A-1
BZ13-A-2
BZ13-A-3
BZ13-AS-1
BZ19-A-1
CFD24-A-1
BZ19-BS-1
BZ19-B-1
BZ19-B-2
BZ19-BN-1
BZ19-BN-2D
BZ19-B-3
BZ19-B-4D
BZ25-A-3
BZ25-A-4
BZ26-B-1
Nm
上
下
Ⅰ
Ⅱ
Ⅲ
Ⅳ
浅层发育顺向断层向沙垒田凸起运移
Ng
Ed
Es
Mz
Ar
断接厚度H'/m
191 186 207 213 220 184 190 210 240 73 54 37 36 40 103 128 10 120 10 10 10 122 90 -10 -20 100
试油油层 解释油层 油、气层 气层 油水同层 含油水层 水层 油气显示
盖层 地层缺失 完钻层位

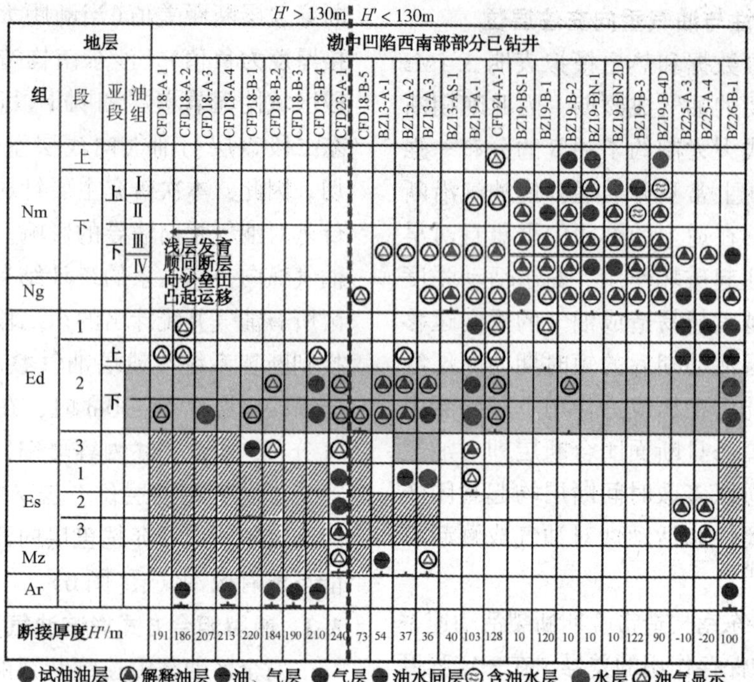

图 6　研究区盖层断接厚度与油气显示之间分布关系

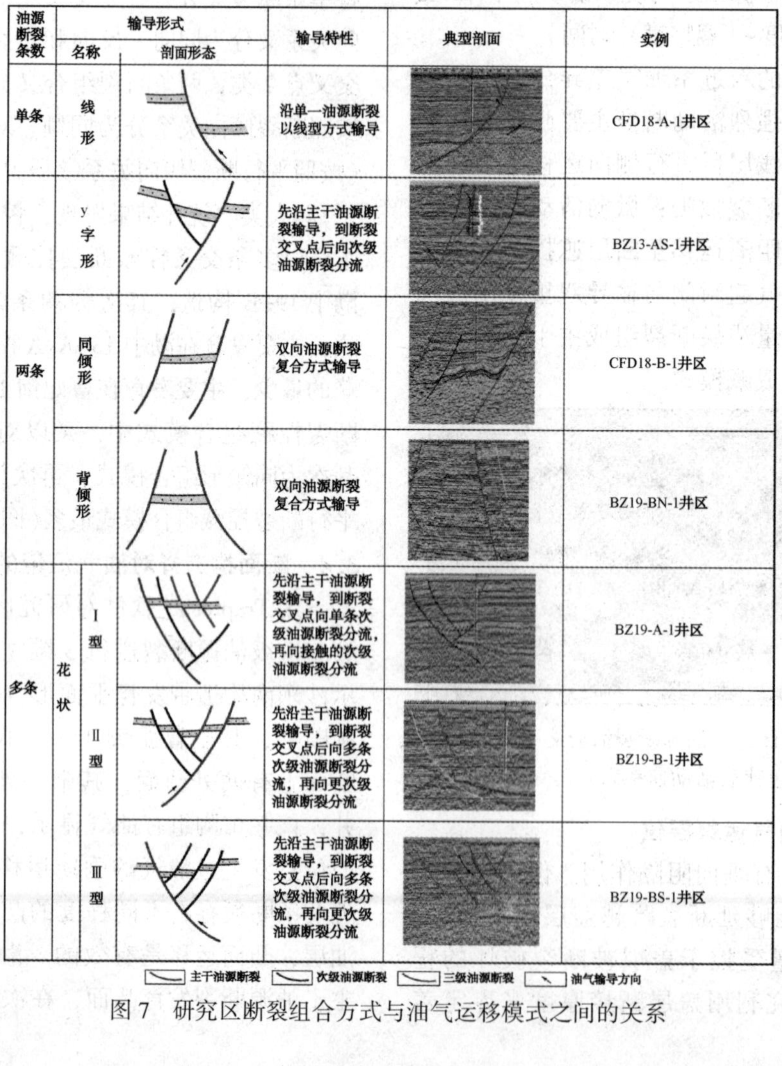

油源断裂条数
输导形式
名称
剖面形态
输导特性
典型剖面
实例
单条
线形
沿单一油源断裂以线型方式输导
CFD18-A-1井区
y字形
先沿主干油源断裂输导，到断裂交叉点后向次级油源断裂分流
BZ13-AS-1井区
两条
同倾形
双向油源断裂复合方式输导
CFD18-B-1井区
背倾形
双向油源断裂复合方式输导
BZ19-BN-1井区
多条
花状
Ⅰ型
先沿主干油源断裂输导，到断裂交叉点后向单条次级油源断裂分流，再向接触的次级油源断裂分流
BZ19-A-1井区
Ⅱ型
先沿主干油源断裂输导，到断裂交叉点后向多条次级油源断裂分流，再向更次级油源断裂分流
BZ19-B-1井区
Ⅲ型
先沿主干油源断裂输导，到断裂交叉点后向多条次级油源断裂分流，再向更次级油源断裂分流
BZ19-BS-1井区
主干油源断裂
次级油源断裂
三级油源断裂
油气输导方向

图 7　研究区断裂组合方式与油气运移模式之间的关系

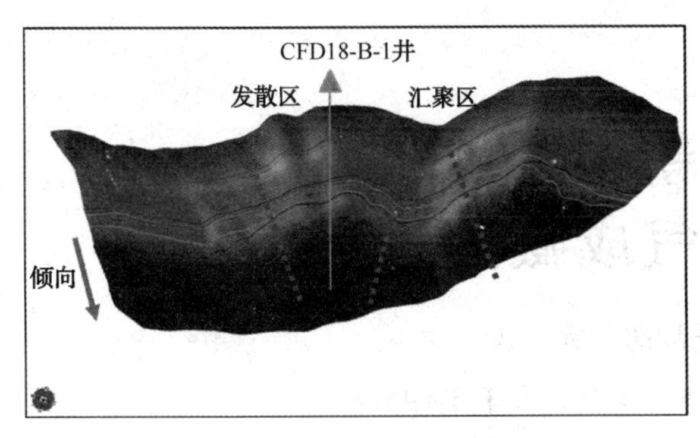

图8 研究区典型油源断层三维可视化图

4 结论

（1）断裂垂向运移能力与盖层断接厚度、盖层砂地比和晚期油源断裂活动速率等因素有关：断裂垂向运移能力受到东二段泥岩盖层断接厚度的控制，当盖层断接厚度小于130m左右时，油气易于穿越盖层形成垂向输导；同时油气能否运移至浅层取决与晚期油源断层活动性，当断层活动速率>10m/Ma时，油气能够穿越盖层发生垂向运移。

（2）断裂组合模式影响油气垂向输导效率，次级油源断裂和晚期调整型断裂与主干油源断裂组合成交叉型断裂组合模式垂向输导效率最高。

（3）构造内各级别油源断裂立体形态影响油气运移能力，断层凸面控制油气汇聚方向，断层凸面是油气汇聚有利部位。

基于以上认识建立"断层垂向控输导+组合方式控富集"油气聚集模式：在沙东南构造带油气沿深部输导层（不整合面+砂体）汇聚至构造脊，通过活动断裂运移至馆陶组，在局部高部位先聚集，最后通过晚期调整断裂向浅层有利砂体聚集成藏，模式的建立为进一步明确浅层有利的油气富集块奠定了基础。

参 考 文 献

[1] Kip Cerveny, Russell Davies, et al. Reducing Uncertainty With Fault-seal Analysis[J]. Oilfield Review, 2004, 38-51.

[2] N RGoulty. Mechanics of Layer bound Polygonal Faulting in Fine grained Sediments[J]. The Geological Society, 2001, 159: 239-246.

[3] Watterson J, walsh J, nicol A, et al. Geometry and Origin of a polygonal Fault System[J]. Journal of the Geological Society, 2000, 157: 151-162.

[4] 鲁兵，陈章明，关德范，等. 断面活动特征及其对油气的封闭作用[J]. 石油学报，1996，17(3)：33-381.

[5] 吕延防，李国会，王跃文，等. 断层封闭性的定量研究方法[J]. 石油学报，1996，17(3)：39-451.

[6] 郝芳，董伟良，邹华耀，等. 莺歌海盆地汇聚型超压流体流动及天然气晚期快速成藏[J]. 石油学报，2003，24：7-12.

[7] 郝芳，邹华耀，龚再升，等. 新(晚期)构造运动的物质、能量效应与油气成藏. 地质学报，2006，80：424-431.

[8] 夏庆龙，田立新，周心怀，等. 渤海海域构造形成演化与变形机制[M]. 北京：石油工业出版社，2012.

[9] 戴金星，卫延召，赵靖舟. 晚期成藏对大气田形成的重大作用[J]. 中国地质，2003，30：10-19.

[10] 宋岩，王喜双. 新构造运动对天然气晚期成藏的控制作用[J]. 天然气地球科学，2003，14：103-106.

[11] 王庭斌. 新近纪以来的构造运动是中国气藏形成的重要因素[J]. 地质论评，2004，50：33-42

[12] 邹华耀，王红军，郝芳，等. 库车坳陷克拉苏逆冲带晚期快速成藏机理. 中国科学：D辑 地球科学，2007，37：1032-1040.

[13] 龚再升. 中国近海盆地晚期断裂活动和油气成藏[J]. 中国石油勘探，2002，4：13-19.

[14] 龚再升. 中国近海含油气盆地新构造运动与油气成藏[J]. 地球科学——中国地质大学学报，2004，29：513-517.

渤中凹陷西斜坡新构造运动期断裂活动与油气成藏关系

郭　瑞　于喜通　杨传超　姚　城

(中海石油(中国)有限公司天津分公司，天津 300452)

摘　要　渤中凹陷西斜坡是渤海海域重要的含油气区，受新构造运动的影响，浅层断裂异常发育，形成多个受断裂分割的复杂断块群，利用大量的油气勘探资料对研究区油气聚集成藏因素分析认为，新构造运动期断裂活动对浅层油气运移、聚集具有明显控制作用。本文以渤中西斜坡渤中8区为例，通过对断裂的组合样式、断层活动性、断面形态以及断层侧封性的研究表明：断层复Y字形组合样式、断层“凸面”三维形态以及断层的强活动性控制了油气优势运移聚集的路径和方向，结合油气富集层位、油柱高度，最终建立了渤中西斜坡渤中8区“主断控藏、差异聚集”的油气富集模式，有效指导了渤中西斜坡的油气勘探部署。

关键词　渤中凹陷；断层活动速度；封堵性；渤海湾盆地

渤中凹陷西斜坡受郯庐断裂带和张家口–蓬莱断裂带的双重影响[1]，深浅层发育一系列两组不同方向的断裂，在拉张和挤压双重作用下，该区断裂活动非常强烈，断层发育，发育一系列复杂断块型圈闭[2]。前人对渤海海域新构造运动与油气成藏的关系已做出了较为深入的研究[3~5]，但由于海上钻探成本高，不可能和陆地一样对每个断块实施钻探，因此寻找经济性好的油气高丰度区对于海域勘探显得尤为重要。

研究区油气主要分布在浅层的明化镇组与馆陶组，本文通过对研究区断裂的组合样式、断层活动性、断面形态以及断层侧封性等方面的研究，系统分析了断层与油气分布之间的耦合关系、明确油气成藏机理，对寻找油气富集的高丰度块具有一定的指导意义。

1　区域地质概况

渤中坳陷位于渤海湾盆地的中心，整体呈北东向展布，是渤海湾盆地面积最大的二级构造单元，自渐新世以来成为了整个渤海湾盆地的沉积沉降中心，渤中凹陷作为渤中坳陷的构造主体，是渤海海域最富烃的凹陷[6]。渤中凹陷古近系主要发育孔店组、沙河街组、东营组、馆陶组与明化镇组地层，生储盖条件优越，现已证实该凹陷内存在古近系沙河街组(E_3^s)和东营组(E_3^d)两套烃源岩，储集层系自下而上有沙河街组扇三角洲、东营组辫状河三角洲、馆陶组辫状河砂体、明化镇组曲流河砂体、浅水三角洲砂体[7~9]。

渤中西斜坡(图1)位于渤中凹陷的西北部，面积约2000km^2。北面以断阶构造样式和石臼坨凸起断层接触；西侧地层逐层超覆于沙垒田凸起之上，局部为断阶接触。本次研究对象渤中8区位于渤中凹陷西斜坡，整体表现为断裂分割形成的复杂断块群，其在新近纪晚期同样受到郯庐右旋走滑体系和北西向张蓬左旋走滑体系的影响，使得新近系发育了复杂的断裂体系，表现为由多个“产状变化大、单个规模相对较小、分割性强”的复杂断块组成的构造破碎带(图2)。

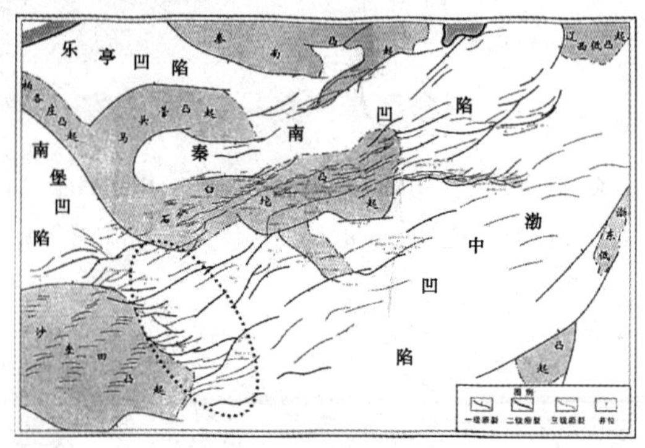

图1　研究区位置图

作者简介：郭瑞(1988—　)，男，汉族，山西翼城人，2013年毕业于中国地质大学(武汉)地质工程专业，获硕士学位。现为渤海石油研究院勘探地质工程师，主要从事油气成藏机理与分布规律的研究。E-mail：guorui13@cnooc.com.cn

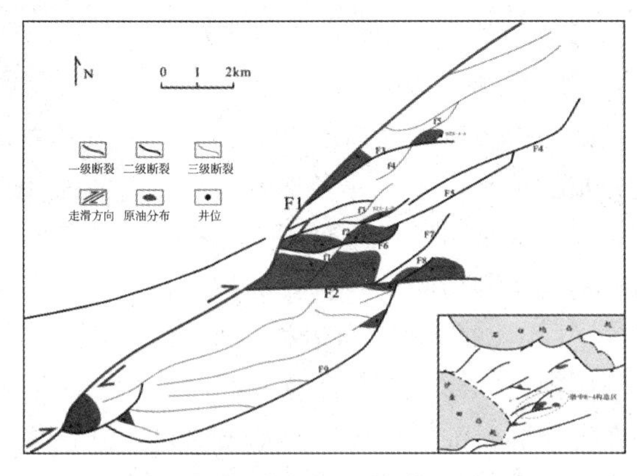

图 2 渤中 8 构造区断裂体系纲要图

2 断裂活动与油气成藏

2.1 组合样式

新构造运动断层对油气具有明显的控制作用。依据断层活动性、断层组合样式，渤中西斜坡渤中 8 构造区共识别了 Y 形、复 Y 形以及地垒形三种的断层组合样式(表 1)。

Y 形组合样式主要常发育在凹、凸之间的结合部位，依附于一条大的、长期活动且沟通油源的同沉积断层存在，主断层起到沟通油源的作用，派生断层对运至浅层的油气进行再分配，派生断层的发育程度及活动性的强弱决定了浅层油气的富集程度。

表 1 渤中 8 构造区断裂组合样式与油气富集关系

断裂组合类型	典型剖面	示意图	发育位置及圈闭类型	特 点	油气富集程度
Y 形	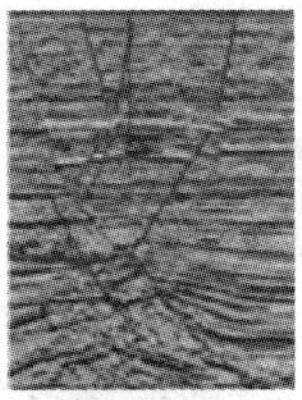	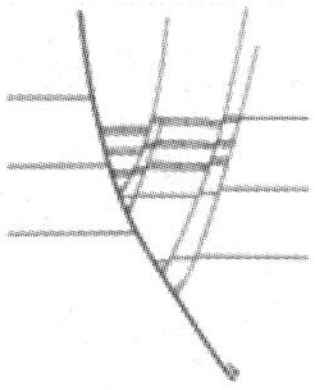	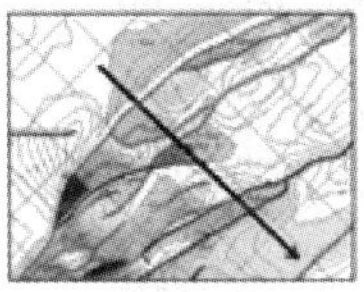	主断层供油，派生断层多次分配，派生断层的发育程度及活动性的强弱决定浅层油气的富集程度	中等
复 Y 形	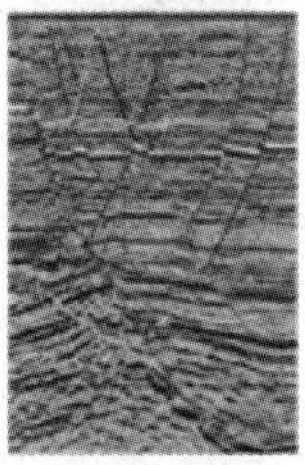	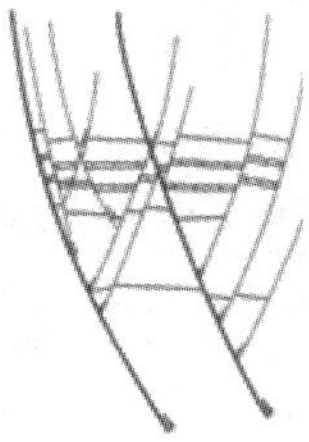	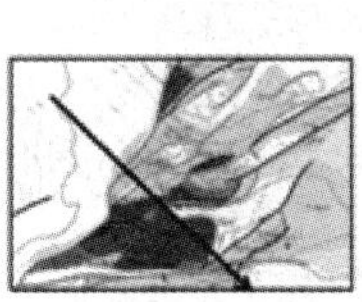	靠近断层两侧地层常常有回倾，适合油气聚集和保存。油气运移受控于两条油源断裂，且派生断层密集发育，导致油气向浅层运移能力较强，油气富集程度较高	强
地垒形	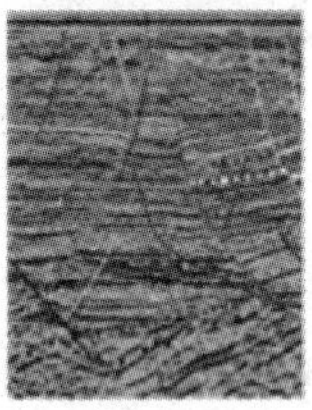	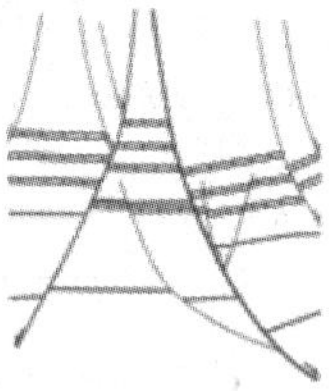	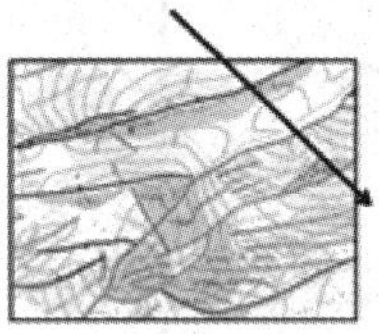	垒块内地层产状平缓，相比于上升盘，下降盘地层产状与油源断层配置关系较好，为油气运移的有利指向区	弱

复 Y 形的组合样式一般发育于两条主干断裂之间，下挤上张应力作用下形成，也称作“似花状”构造，其主要特点表现为花心处地层产状较为平缓，靠近断层两侧地层常常有回倾的现象，适合油气聚集和保存。油气运移受控于两条油源断裂，且派生断层密集发育，导致油气向浅层运移能力较强，油气富集程度较高。

地垒形的组合样式主要发育于断层的上升盘断块圈闭附近，垒块内地层产状平缓，实验结果表面，对于这种断面为“凹形”的主干断层，断层的下降盘的油气充注较为有利[10]，同时相比于上升盘，下降盘地层产状与油源断层配置关系较好，为油气运移的有利指向区。

勘探实践证实，复 Y 形的断裂组合样式具有较为有利的油气运移模式，且与地层产状的配置关系较好，相比其他两种组合样式更有利于油气富集。因而该断裂组合样式的油气富集程度最高，Y 形的组合样式次之，地垒形组合样式油气富集程度最弱。

2.2　断层活动性

断层活动性的研究方法主要包括断层落差法、生长指数法和断层活动速率法[11~14]。断层落差法能够直观表先断层活动性的大小，但没有考虑断层活动时间的概念；生长指数法则是侧重凹陷内不同部位的沉积速率一致的研究方法[15]；断层活动速率法则弥补了这些不足，能够较好的反应断裂的活动特征。

烃源岩的生烃史及油气的充注史研究表明，渤中地区的油气成藏时间较晚，成藏时间为5.1Ma以来。因此，结合油气成藏期次，应用断层活动速率法探讨断层活动性与油气成藏关系具有较好指示意义。

渤中西斜坡渤中8构造区整体为受二级边界大断裂控制的复杂断块圈闭群，其特征表现为受两条北东-南西向长期活动性断裂所夹持，中间被多条晚期派生断裂所切割，在区域整体拉张，表现为“花心”构造特征。F1断层整体活动强烈，除构造核心块活动活动性有所减弱，其余部位断层断距多在150ms之上，断层活动速率大于50m/Ma(图3)。F2断层活动性表现出明显的西强东弱的特征，由西向东，断层的断距与活动速率逐渐减弱，使得油气的富集层位逐渐下移，富集程度逐渐减弱(图4)。

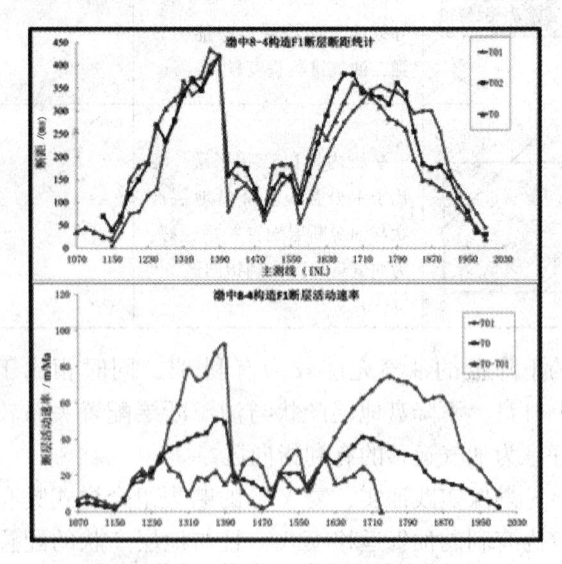

图3　渤中8构造F1断层活动性分析图

由西侧的4井区过度到东侧的3/7井区，断层断距表现为4井区(≥210ms)>2/9D井区(≥116ms)>3/7井区(≥40ms)，油柱高度逐渐降低(45.3m>35.1m>30.6m)。两条油源断裂活动性的差异控制了油气在纵向上富集程度的差异。

2.3　断面三维形态

断面优势运移通道的形成、有效性及其对油气分布的控制作用，许多学者做出了有意义的探讨[16~18]，断面的三维空间形态对油气沿着断层面的垂向运移指向具有重要的控制作用。若断层面为平面，油气聚集和运移呈平面状向上运移；若断层面为凹面，油气运移路径呈分散状；若断层面为凸面，油气运移方向则表现为集中汇聚。

渤中8构造区核心块位于断层的“凸面”之上，油气运移路径表现为汇聚模式，勘探实践证实，构造核心块的平均油层厚度为74.2m、平均储量丰度为$688\times10^4 t/km^2$，平均油柱高度为50.2m，均高于构造北块区。进一步证实断层“凸面”油气运移能力较强，油气富集程度较高(图5)。

2.4　断层侧封性

在静态压力条件下，断层的侧封条件主要控制因素是断层带的泥质含量[19,20]。因此，估算断裂带中的泥质含量就能预测可能的油气排替压力，国外许多学者提出了许多计算方法[21~23]，其中最常用的为Yielding等提出的“断层泥比率SGR”法，基本内容是预测由断裂机械过程导致的进入断层带的泥质含量，在断层的每一点计算出断层上滑过那一点岩石的泥质含量，计算公式为：

$$SGR = \sum (V_{sh} \times \Delta Z_i) / D \tag{1}$$

式中　ΔZ_i——层滑过的每套地层的厚度，m；

V_{sh}——每套地层的泥质百分数，%；

D——断层的断距，m。

本文运用断层泥比率(SGR)法对研究区内渤中8构造区明下段和馆陶组相关层段的断层侧向封闭性进行研究，进而探讨泥比率与油气成藏之间耦合关系。研究表明，明下段油层段与非油层段SGR值整体较高，除个别值外，均在50%之上，断层整体封堵性较好。馆陶组不同部位封堵性差异较大，油层段的SGR值均在40%以上，明显高于非油层段(图6)，非油层段的SGR值一般小于30%。因此，SGR≥40%可以作为本区断层封堵性的临界值，大于该值，断层易形成侧向封堵。

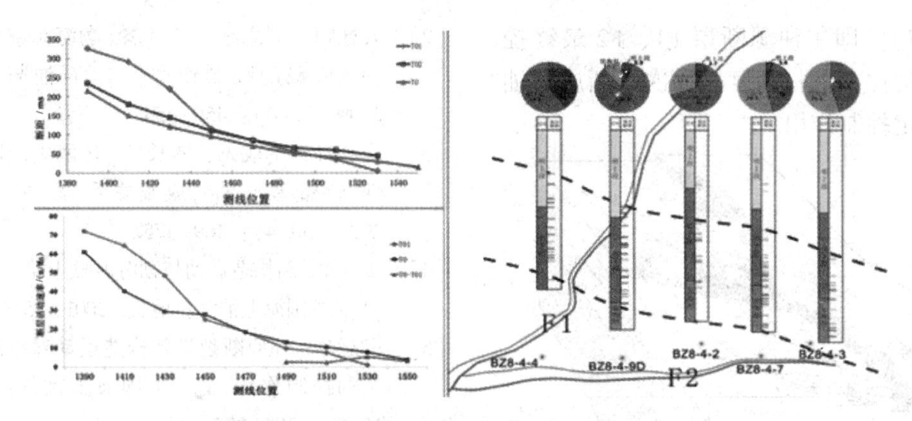

图4　渤中8构造F2断层活动速率与油气富集图

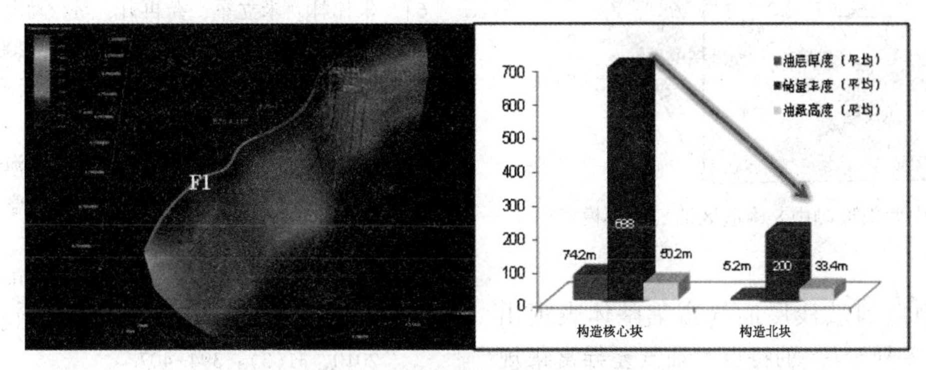

图5　渤中8构造F1断层断面形态与油气富集

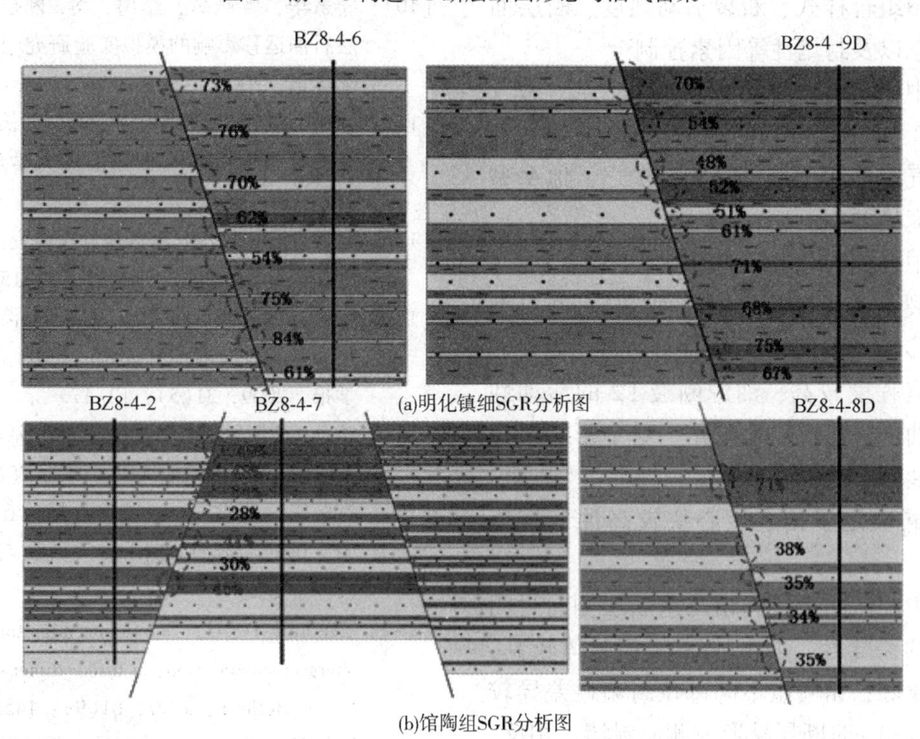

(a)明化镇细SGR分析图

(b)馆陶组SGR分析图

图6　渤中8构造断层侧封性分析图

3　油气成藏模式

通过对渤中西斜坡渤中8区断层组合样式、断层活动性、断面形态及断层侧封性研究表明，该区浅层油气富集主要受断层控制。断层复Y形组合样式、断层“凸面”三维形态、断层的强活动性及断层侧封条件控制油气优势运移聚集的方向和路径，结合油气成藏期次以及埋藏史，最终建立了渤中西斜坡“主断控藏、差异聚集”的油气富集模式(图 7)。即主油源断层 F1、F2 最终控制了油气富集层位、油柱高度，而次级断层对油气分配具有一定控制作用。

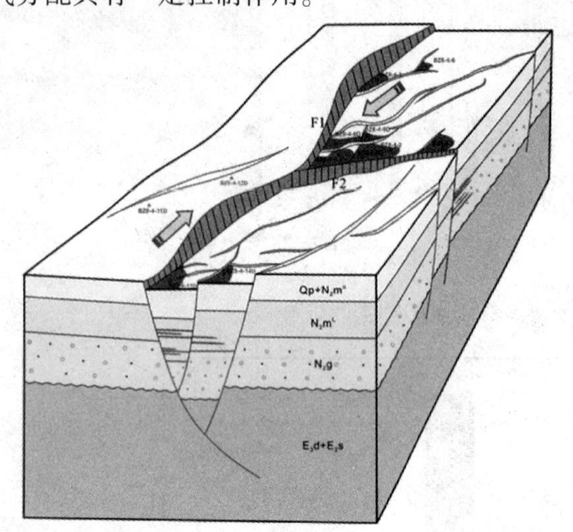

图 7　渤中西斜坡渤中 8 构造区油气富集模式

4　结论

(1) 渤中西斜坡浅层油气富集整体表现出“主断控藏、差异聚集”的特点，油气差异富集规律主要受断裂组合样式、断裂活动强度、断层面三维构造形态以及封堵性等因素控制。

(2) 渤中凹陷斜坡浅层主要发育 Y 形、复 Y 形、地垒形 3 种断裂组合样式，其中复 Y 形断裂组合样式油气富集程度最高，Y 形次之，地垒型油气富集程度最差。

(3) 渤中西斜坡渤中 8 区受控于 F1、F2 两条油源大断裂，油源断裂 F1“凸面”的三维形态使得油气运移路径表现为汇聚模式，油气汇聚能力较强，富集程度较高，油源断裂 F2 的活动性差异控制了油气富集层位的差异。复 Y 形的组合样式、两条油源断层的强活动性以及断层“凸面”三维形态共同决定了构造核心块较高油气富集程度。

(4) 渤中 8 区明下段和馆陶组断层侧向封闭表现出明显的差异性：明下段 *SGR* 值整体较高，断层封堵性较好；馆陶组不同部位封堵性差异较大，当 *SGR*≥40%时断层易形成侧向封堵；相反，断层封堵条件较差。

参 考 文 献

[1]　邓津辉，周心怀，魏刚，等. 郯庐走滑断裂带活动特征与油气成藏的关系——以金县地区为例[J]. 石油与天然气地质，2008，29(1)：102-106.

[2]　万桂梅，周东红，汤良杰. 渤海海域郯庐断裂带对油气成藏的控制作用[J]. 石油与天然气地质，2009，30(4)：450-454.

[3]　周心怀，牛成民，滕长宇. 环渤中地区新构造运动期断裂活动与油气成藏关系. 石油与天然气地质，2009，30(4)：469-475.

[4]　米立军. 新构造运动与渤海海域上第三系大型油气田[J]. 中国海上油气：地质，2001，15(1)：21-28.

[5]　邓运华. 郯庐断裂带新构造运动对渤海东部油气聚集的控制作用[J]. 中国海上油气：地质，2001，15(5)：301-305.

[6]　朱伟林，米立军，龚再升，等. 渤海海域油气成藏与勘探[M]. 北京：科学出版社，2009：1-3.

[7]　姜福杰，庞雄奇. 环渤中凹陷油气资源潜力与分布定量评价[J]. 石油勘探与开发，2011，38(1)：23-29.

[8]　姜福杰，庞雄奇，姜振学，等. 渤海海域沙三段烃源岩评价及排烃特征[J]. 石油学报，2010，31(6)：906-911.

[9]　吴小红，吕修祥，周心怀，等. 渤中凹陷石南地区东营组烃源岩特征及油气勘探意义[J]. 石油学报，2010，31(3)：394-407.

[10]　姜素华，曾溅辉，李涛，等. 断层面形态对中浅层石油运移影响的模拟实验研究[J]. 中国海洋大学学报，2005，35(2)：245-248.

[11]　陈刚，戴俊生，叶兴树，等. 生长指数与断层落差的对比研究[J]. 西南石油大学学报. 2007，29(3)：20-24.

[12]　赵勇，戴俊生. 应用落差分析研究生长断层. 石油勘探与开发，2003，30(3)：13-15.

[13]　宗奕，徐长贵，姜雪，等. 辽东湾地区主干断裂活动差异性及对油气成藏的控制[J]. 石油天然气学报，2009，31(5)：12-17.

[14]　李勤，英罗凤，苗翠芝，等. 断层活动速率研究方法及应用探讨. 断块油气田，1999，7(2)：15-17.

[15]　肖英玉，郝雪峰. 断层生长指数在层序地层单元中应用的局限性[J]. 油气地质与采收率，2003(10)：1-5.

[16]　Andrew D. H，Petroleum migration pathways and charge concentration：a three-dimensional model[J]. AAPG Bulletin，1997，81(9)：1451-1481.

[17]　刘景东，蒋有录，马国梁，等. 断面优势运移通道的有效性及其对油气的控制作用[J]. 2011，18(3)：47-50.

[18]　罗群，庞雄奇，姜振学. 一种有效追踪油气运移轨迹的新方法——断面优势运移通道的提出及其应用[J]. 地质论评，2005，51(2)：156-162.

[19]　Yielding G，Freeman B & Needham D T.

Quantitative fault seal prediction[J]. AAPG Bulletin, 1997, 81(6): 897-917.

[20] Knipe R J. Juxtaposition and seal Diagrams to help analyze faults seals in hydrocarbon reservoirs [J]. AAPG Bulletin, 1997, 81: 187-195.

[21] Lindsay NG, Murphy F C et al. Outcrop studies of shale smear on fault surfaces[J]. International Association of Sedimentologists Special Publication 15, 1993, 113-123.

[22] Bouvier J D, Kaars-Sijpesteijn C H, Kluesner D F et al. Three dimension seismic interpretation and fault sealing investigations [J]. AAPG Bulletin, 1989, 73: 1397-1414.

[23] Peter B, Graham Y, Helen J. Using Calibrated shale gouge ratio to estimate hydrocarbon column heights [J]. AAPG Bulletin, 2003, 87: 397-413.

蚂蚁追踪算法在渤海CFD油田地质研究中的应用

杨　威　刘英宪　孟　鹏　白清云　朱　猛

（中海石油（中国）有限公司天津分公司渤海石油研究院，天津 300452）

摘　要　CFD油田是位于渤海湾盆地的中外合作油田。受限于钻井资料较少、地震资料分辨率较低等不利因素，在开发初期对油田内部小规模复杂断裂系统及流体系统的认识无法一步到位，导致了在ODP方案的实施过程中个别开发井的失利，直接影响了油田的整体开发效果，同时造成了一定的投资浪费。在作业权回归中方之后，针对以上问题，本文应用蚂蚁追踪算法对难以手工解释的层间小规模断裂系统进行识别，应用多种资料将单个断层逐一在其“存在的可靠性”与“对油田储量与开发效果影响程度”两方面进行分析、分类和筛选，最终建立简化断裂系统的等效精细地质模型，使储层表征研究成果更加接近地下真实情况。在本文研究成果的指导下，重新评价了油田不同部位的地质风险与潜力，在此基础之上选取一口调整井作为先导试验井。经证实，该井揭示的构造、储层、流体情况与钻前预测一致，并且取得了较好的生产效果。在当前低油价的大背景下，本文应用的储层表征研究手段有效降低了油田开发成本与投资风险，增加了投资收益。

关键词　断裂系统；蚂蚁追踪；地质建模；调整井

随着渤海油田开发阶段的不断深入，以储层表征为代表的地质研究日趋精细，手段也日趋丰富多样，很多新技术被广泛应用于储层表征研究中，并且在渤海油田开发过程中发挥了重要的作用[1~5]。目前这些储层表征研究多数是在油田开发中后期小井距的条件下开展的，并以提高采收率为最终目的精细研究。本文在油田开发中前期，地震资料分辨率较低并且井距较大的条件下，将蚂蚁追踪算法应用到储层表征研究中，评价断层存在的可能性及其对油田开发造成的风险。基于这种方法，整个研究过程大致分为3步：首先应用蚂蚁追踪算法来识别断层，并将识别出来的断层通过参数设置、井上断点、流体界面、剖面解释和生产动态等几方面来验证断层的可靠性；然后将验证可靠的断层逐次分析其对流体系统、地质储量、剩余油与挖潜方向的影响；最后建立等效的地质模型，结合油藏数值模拟方法预测油田风险与潜力区域，提出调整井方案。下面本文以CFD油田为例，对整个工作流程展开论述。

1　研究背景

1.1　油田地质特征

CFD油田的主力油组位于古近系的东营组地层，油层埋深约1700m，其主要构造特征为直接披覆于潜山基底之上的狭长状背斜，沿脊部发育一系列局部高点（图1）。东营组的主要沉积类型为扇三角洲前缘沉积，其储层在垂向上呈典型的砂泥岩互层，具有高孔高渗的物性特征。油藏类型以层状边水油藏为主，另有个别为块状底水油藏，地层原油黏度为2.7~9.3mPa·s。

1.2　存在问题

从地质油藏特征和开发指标上来看，CFD油田储量规模较小，构造相对简单，储层物性和流体性质较好，但是受有限的资料限制，一些地质认识尚不完全确定，如图2所示，由北向南沿构造脊部的连井剖面图上显示，东营组1-1734砂体上各井钻遇的油水界面均不一致，这种油水界面认识的不确定直接影响了油田的开发效果。

作者简介：杨威（1983—　），男，汉族，黑龙江人，2010年毕业于东北石油大学矿产普查与勘探专业，获硕士学位，2010至今就职于中海石油（中国）有限公司天津分公司渤海石油研究院，地质工程师，主要从事油田开发地质研究工作，至今已发表包括SPE在内的国内外核心期刊与论文集共5篇。E-mail：yangwei2@cnooc.com.cn

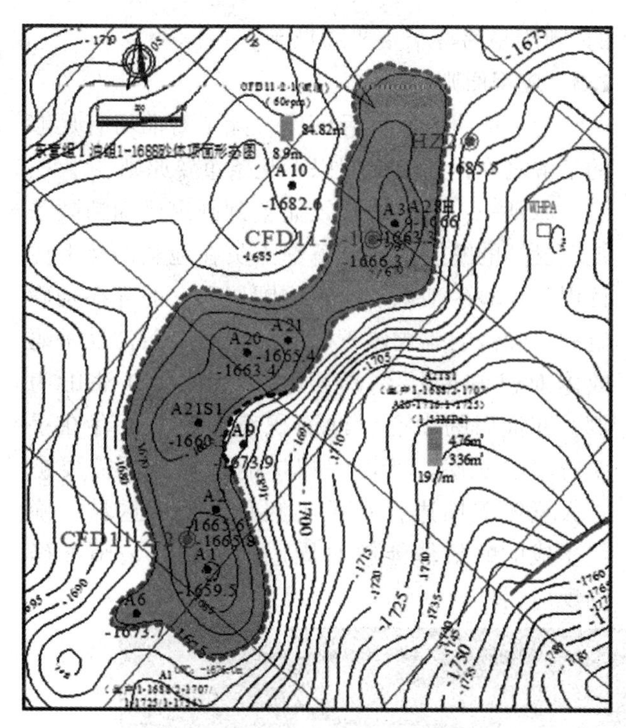

图 1 CFD 油田东营组顶面构造图

1.3 原因分析

为解决这一认识矛盾的问题，结合区域沉积背景与构造特征，从原油黏度、油藏水动力、储层连续性以及断层等方面分析了各种造成单一砂体内部油水界面不一致的原因。鉴于该油田东营组地层原油黏度较低，1-1734 砂体上油水界面深度变化不具有明显的方向性，以及东营组扇三角洲前缘沉积背景下储层横向连续性较好，分别排除了原油黏度、油藏水动力、储层连续性等几种可能因素。综合考虑区域构造背景以及相邻油田地质情况，1-1734 砂体直接披覆于潜山基底之上，潜山顶面附近受构造应力影响易发育断层，断层为造成这一现象主要原因的可能性较高，且断层的存在将对该油田的进一步开发产生较大影响。

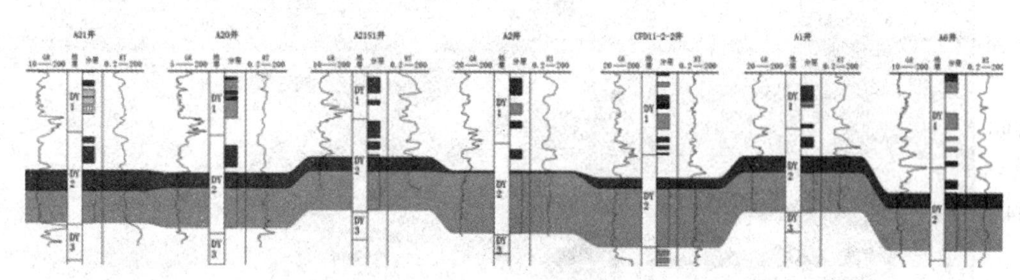

图 2 CFD 油田东营组 1-1734 砂体连井对比图

2 断层识别

2.1 方法选择

鉴于 CFD 油田东营组地震资料分辨率较低，手工识别断层存在一定的困难。如图 3 所示，地震反射同向轴能量普遍变化较快，个别地方呈杂乱无章的反射状态。为在这种资料条件下改进对断层的识别，本次研究过程中主要应用了蚂蚁追踪算法。该方法是一种基于地震资料的自动断层识别与解释的数学算法，其原理和实际应用效果已经取得了广泛的认可[6,7]。

2.1.1 工作流程

蚂蚁追踪算法的主要工作流程包括以下几个步骤：第一，通过地震资料的预处理过滤掉部分噪声与假象，增强地震通向轴的横向连续性；第二，通过计算方差体或者相干体来体现地震资料的不连续程度，在方差体中放入多个虚拟电子蚂蚁，通过预设条件使电子蚂蚁在方差体高值路径上行走，并留下信息素记录行走的路径。若单个蚂蚁走过的路径符合先前我们对断层形态的定义，其信息素将会被保留，反之则不被保留。最终计算结果为衡量信息素强弱的蚂蚁体，它所体现的即是断层存在的可能性。在蚂蚁体的基础上，可通过手动或自动的方式在 3D 空间中提取断层。

2.1.2 技术优势

相比传统的手工识别与解释断层，该方法具备以下几大明显的优点：第一，计算结果客观，不受主观因素干扰；第二，断层刻画更加精细，有利于识别难以手工解释出来的小断层；第三，更加方便快速，根据地震工区的大小，进行一轮自动断层解释仅需要几分钟到几十分钟。对于 CFD 油田的开发研究工作，蚂蚁追踪算法提供了一种在较差地震资料条件下帮助分析断层存在的可能性的方法，值得尝试应用。

2.2 面临难点

依据在地质研究工作中应用蚂蚁追踪算法所取得的经验，在地震资料品质较差的条件下，该方法的应用面临以下几个难点：第一，在蚂蚁追踪算法的整个流程中，从地震资料的预处理到断层的自动提取，共涉及到近30个参数的设置。由于每一个参数都会在不同程度上影响蚂蚁体的计算结果，地质与物探人员如何判断蚂蚁体计算结果的正确性，并且在无数种可能的计算结果中挑选出正确的计算结果至关重要。第二，在原始地震资料品质较差的条件下，初学者从蚂蚁体中自动提取出来的断层或太少不能解决问题，或太多难以分辨，这两种情况均不利于解决实际问题。地质与物探人员如何从蚂蚁体中提取"正确的"断层是另一个重要的难点。

2.3 应用原则

为了解决以上实际问题，除了对油田有足够的了解之外，还要把握以下几条重要原则。

原则一：蚂蚁体必须完整刻画出已知断裂系统。已知的断层是地震解释人员在地震剖面上凭认识与经验手工识别出来的断层，它的存在是确定的。确保的蚂蚁体正确的一个必要条件就是蚂蚁体对已知断层刻画要准确。以CFD油田为例，在油田的中心含油面积范围内并不存在手工解释的断层，所以蚂蚁体的计算范围需要被扩大至覆盖周边存在手工解释断层的区域，确保生成的蚂蚁体能够对周边的断层有清晰准确的反应(图4)。

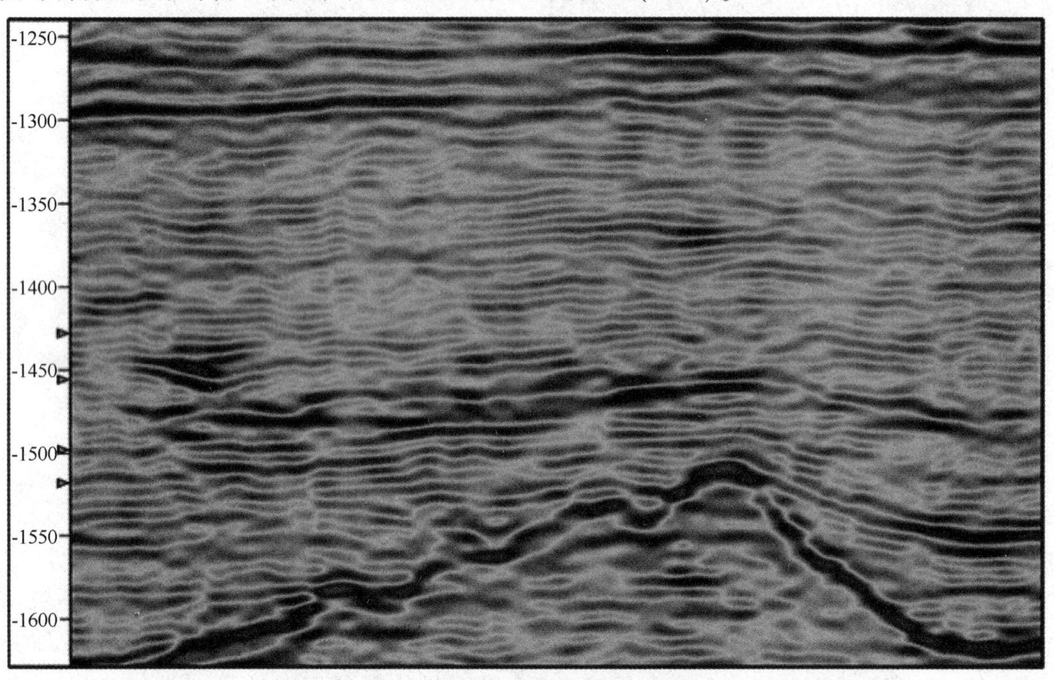

图3　CFD油田东营组任意地震剖面

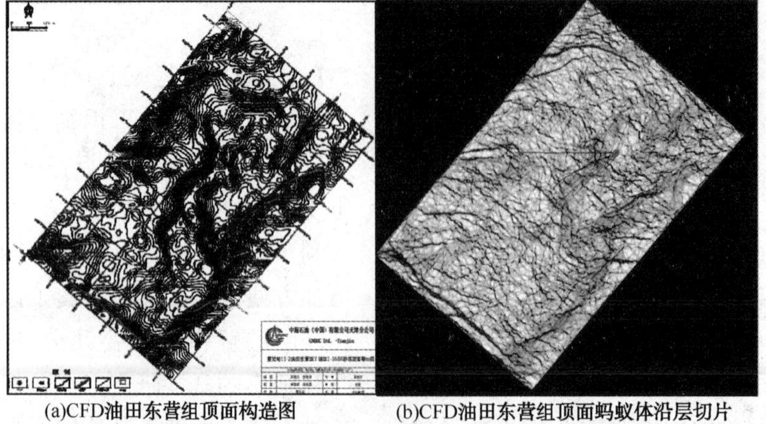

(a)CFD油田东营组顶面构造图　　(b)CFD油田东营组顶面蚂蚁体沿层切片

图4　CFD油田东营组顶面构造图与东营组顶面蚂蚁体沿层切片中断层对比

原则二：在关注主要矛盾的前提下，有针对性地拾取断层。蚂蚁追踪算法通常被应用于地震资料品质较差、手工解释断层存在困难的区域，而这种情况下计算出的蚂蚁体就不可避免地出现许多噪声或者假象，在此基础上自动提取的断层就有可能过于杂乱难以分辨。针对这一问题，要在了解油田主要矛盾的前提下，适当缩小断层提取的范围，重点关注主要矛盾。以 CFD 油田为例，主要矛盾为南部流体系统认识的矛盾，所以拾取断层的重点区域就主要位于南部含油面积内部和周边，在这一区域有针对性地调整参数拾取断层，可有效避免过于杂乱的断裂系统的产生（图 5）。

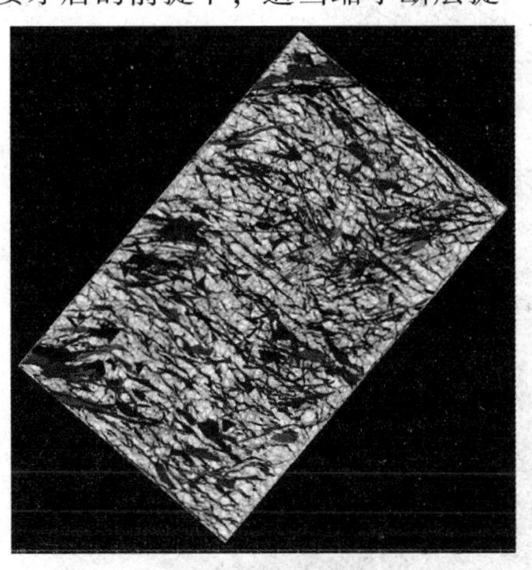

(a)任意自动提取断层结果

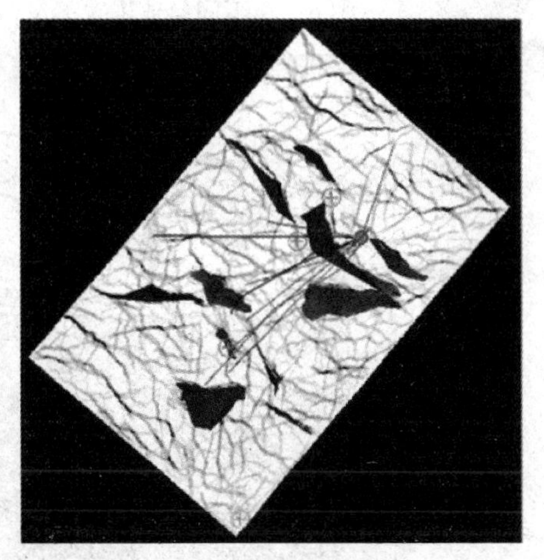

(b)在“原则二”指导下提取断层结果

图 5 东营组任意自动提取断层与在“原则二”指导下提取断层的结果对比

原则三：重点关注受参数影响较小的断层。鉴于所有参数对蚂蚁体的计算结果均有不同程度的影响，若在重点关注的区域有若干条断层受参数变化影响较小，说明其存在的基础条件扎实充分，对于此类断层，需要重点关注。以 CFD 油田为例，东营组南部 a、b、c 三条沿构造走向的断层受参数影响较小，在一定范围内调整参数，这些断层在蚂蚁体上的形态并无明显变化（图 6）。对于这些断层，在接下来的工作中要重点验证其存在的可靠性。

3 断层验证

为证实断层存在的可靠程度，应用已有资料，从地震剖面解释、井上断点、流体系统与生产动态等几个方面对其进行验证。

3.1 地震剖面验证

如图 7 所示，以横切 a、b、c 三条断层的地震剖面为例，比照蚂蚁体剖面中的三条断层位置，在三条断层在地震剖面的相应位置均有一组同向轴的错动或者能量变化，可在构造最高部位的两侧解释出三条小规模的正断层，将原来的简单背斜分成几个小规模的垒块。这表明蚂蚁体中的这几条断层在地震剖面上是可解释的，只是由于地震资料过于杂乱而使肉眼难以分别，而蚂蚁追踪算法则弥补了人工解释的不足。同时这几条断层都发育在潜山顶面的坡折带上，这种解释也符合“逢沟必断”的断层解释经验。

3.2 井上断点验证

将经过剖面验证的断层提取后，在三维窗口中与井轨迹叠合，结果显示只有 A6 井在东营组过断层，其在东营组Ⅰ油组下部从正断层的下盘打到了上盘。通过小层对比，A6 井在Ⅰ油组下部 A20-1716 砂体位置出现了地层重复，断点位于二者之间，断距 4～5m（图 8）。断层的位置和断距与地震剖面相符，进一步验证了断层存在的可靠性。

3.3 油水界面验证

以底水油藏 1-1734 砂体为例，新识别出来的几条断层已经把东营组南部从原来的一个简单的背斜构造分割成了北、中、西、南 4 个断块（图 9），剖面的走向线由北向南先后共 4 次横穿断层，造成了剖面上油水界面变化的多样，每个断块内部油水界面均为统一深度（图 10）。说明断层遮挡是造成 1734 砂体井间油水界面变化多样的原因，同时这也验证了蚂蚁追踪算法对断层识别的准确性。

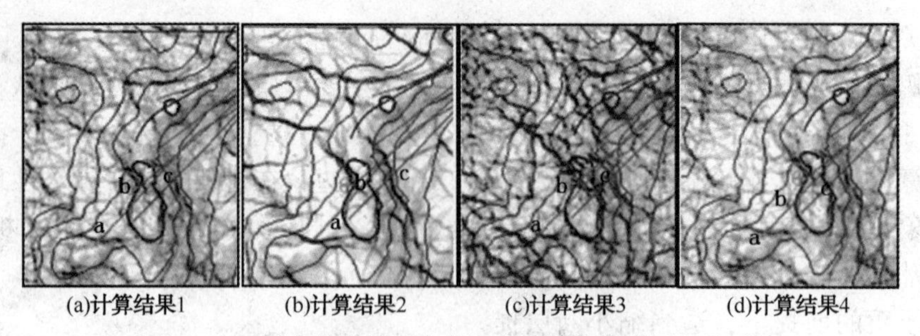

(a)计算结果1　(b)计算结果2　(c)计算结果3　(d)计算结果4

图 6　在不同参数设置下东营组顶面蚂蚁体沿层切片对比

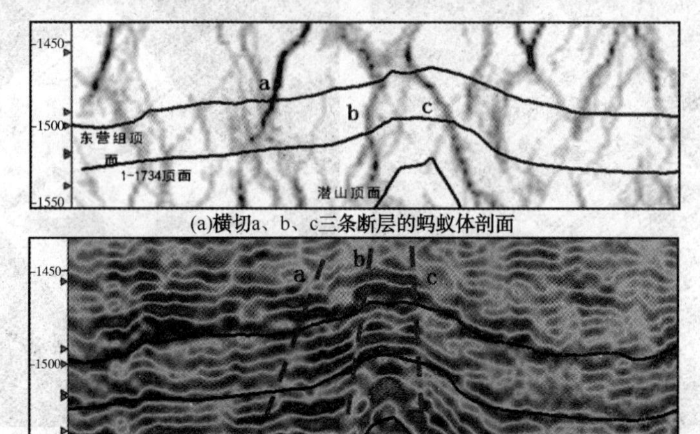

(a)横切a、b、c三条断层的蚂蚁体剖面

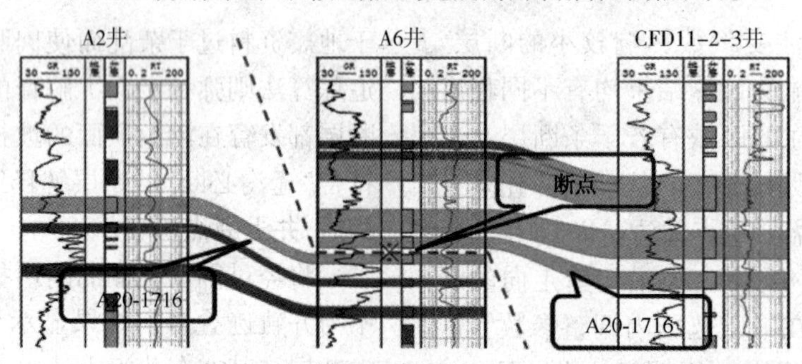

(b)横切a、b、c三条断层的地震剖面中断层解释结果

图 7　蚂蚁体中的“疑似”断层与地震剖面中解释的断层对比

图 8　过 A2～CFD11-2-3 井连井对比图

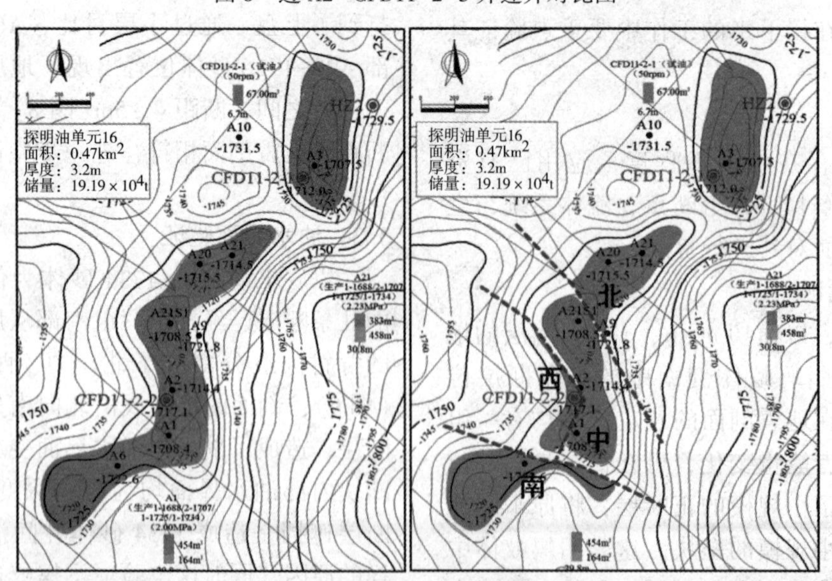

(a)重新识别断层之前1-1734砂体含油面积图　(b)重新识别断层之后1-1734砂体含油面积图

图 9　蚂蚁体识别断层前后 1-1734 砂体含油面积图对比

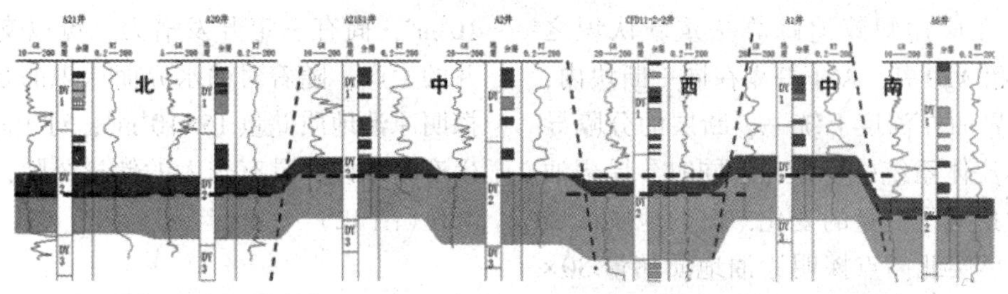

图 10 东营组 1-1734 砂体连井对比图(应用蚂蚁追踪算法识别断层后)

4 储层表征

鉴于所有"疑似"断层存在的可能性尚未完全确定，以及不同断层对油田开发产生不同程度的影响，将单个断层逐一在其"存在的可靠性"与"对油田储量与开发效果影响程度"两方面进行分析、分类和筛选，最终建立简化断裂系统的等效精细地质模型，表现出不同断层可能性下的地质风险与潜力所在。

4.1 断层分类

为分析单个断层对油田开发的影响，主要挑选规模较大、参数稳定性较强的断层进行评价。综合分析其规模、位置及其走向，这些断层可以定性的分为两个级别："影响较大"及"影响较小"。其中"影响较大"的断层主要分布在构造中心高部位，距离含油面积及开发井距离较近。这些断层的存在与否将直接影响地质认识及油田的开发；"影响较小"的断层主要分布在构造脊部两侧相对底部位，距离含油面积及开发井距离较远。这些断层的断层规模及走向将对油田生产的天然能量供给产生一定的影响。同时，在断层存在的可靠性方面，通过上述在剖面解释、井上断点、流体系统与生产动态等几个方面的验证，可将蚂蚁体识别出来的断层分为"已证实"和"未证实"两类。其中"已证实"断层主要分布在油田中心的高部位井资料较丰富的区域；"未证实"的断层主要分布在构造相对低部位远离含油面积的区域，无井或者少井证实其存在。

4.2 地质建模

综合分析"疑似"断层"存在的可靠性"与"对油田储量与开发效果影响程度"，将其分为四类以确定其在地质模型中的表现方式。对于"影响较大"且"已证实"的一类断层，确定要在所有地质模型中对其完全体现；对于"影响较大"且"未证实"、"影响较小"且"已证实"的断层，将其排列组合后在不同的地质模型中体现其存在的各种可能性，这些断层的数量决定了所需地质模型的数量；对于"影响较小"且"未证实"的断层，为节省工作量，不在地质模型中体现。根据以上分析，最终建立了若干个地质模型以分析油田不同部位的地质风险与潜力(图 11)。

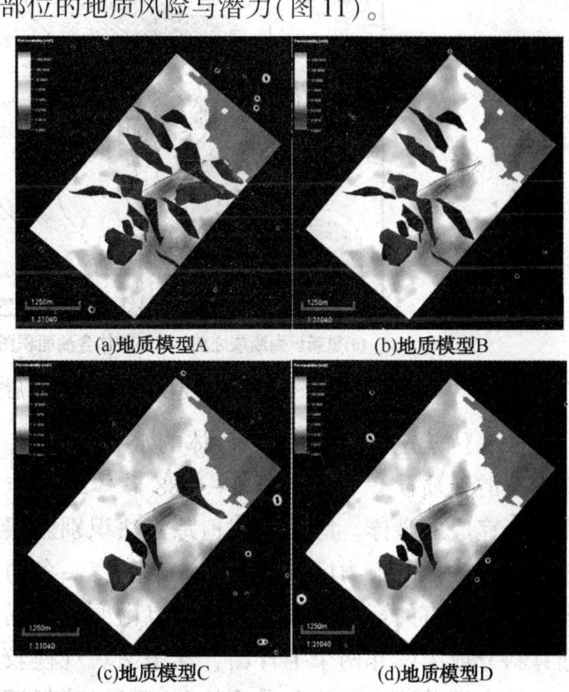

图 11 体现不同断层可能性的地质模型

5 对调整井的影响

在 CFD 油田 2016 年调整井设计与实施过程中，钻前利用蚂蚁追中算法识别断层，分析了不同部位的构造、流体与储量风险，落实了调整井的井位，结合油藏数值模型方法预测调整井指标，使其成功规避了风险。地质认识的变化导致调整井设计与实施的变化，主要体现在以下几个方面：

(1) 位于东营组 1-1725 砂体的水平井取消。基于旧的地质认识，1-1725 砂体为一套完成的砂体，以边界控制井 A6 钻遇的最低油底作为油水界面，在构造图上圈定含油面积，计算地质储量 $90\times10^4m^3$。其中 A9 井在相对高部位钻遇了水层，在含油面积图上用计算线把 A9 井区划在含油面积之外。在应用蚂蚁追踪算法重新认识之后，将A9井和A20井、A21井划在同一断块内，3口井的油水界面在深度上统一，断层的分隔导致了整个砂体流体系统的复杂化。同时，局部油水界面的变化造成了储量的变化，旧的地质认识认为1-1725小层北高点探明原油地质储量$30\times10^4m^3$，尚有一定开发潜力，可以支持1口水平井的生产。随着对油水界面认识的改变，该部位探明原油地质储量$15\times10^4m^3$，对于海上油田水平生产井来说，具有较大的储量风险，故不推荐该井位(图12)。

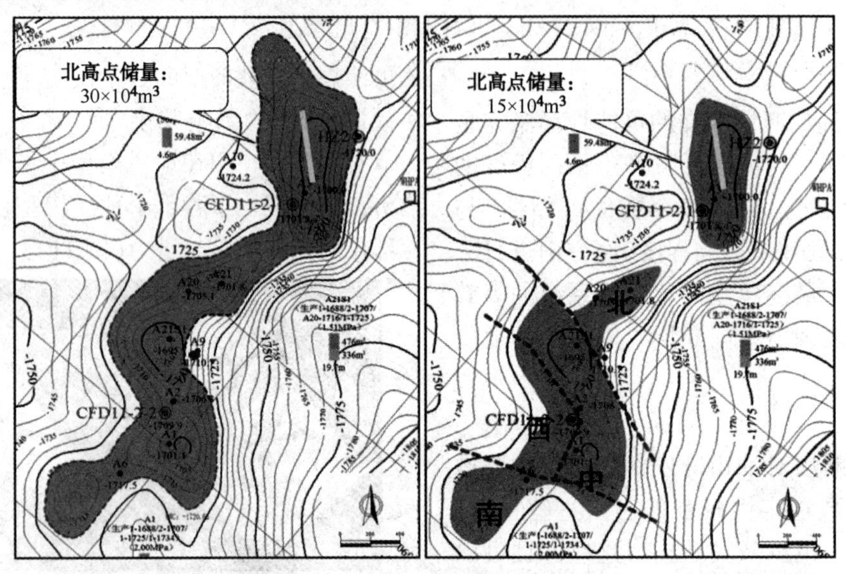

(a)重新识别断层之前1-1725砂体含油面积图　(b)重新识别断层之后1-1725砂体含油面积图

图12　蚂蚁追踪识别断层前后东营组1-1725砂体含油面积图对比

(2) 位于东营组1-1688砂体的水平井调整。基于旧的地质认识，东营组1-1688砂体北高点为一套完成的砂体。应用蚂蚁追踪算法识别断层之后，该砂体的潜力区域北高点北部发育一条与构造走向垂直的疑似断层，将北高点由原来的局部背斜分成了南北两个半背斜，其中南块规模较大，且有探井证实了油水界面的深度可以确保近$30\times10^4m^3$的地质储量。在这种情况下，将原来预想设计在北高点中部的水平调整井南移，对南块的储量进行开采，避免其在断层附近着陆，降低开发风险(图13)。在地质模型的指导下，该井顺利完钻，初期产能超过$100m^3/d$。

(3) 西侧断块增加调整井。基于新的断层解释结果，东营组南部西侧断块尚无生产井，且已经被证实具有一定潜力，应用一口定向井对西侧断块的几个含油砂体进行合采。经该井证实，西侧断块个含油砂体油水界面深度与钻前预测一致，该井初期产能超过300 m^3/d。

6　结论认识

(1) 应用蚂蚁追踪算法识别出的断层可对CFD油田东营组1-1734小层南部各井油水界面矛盾的现象做出合理的解释。

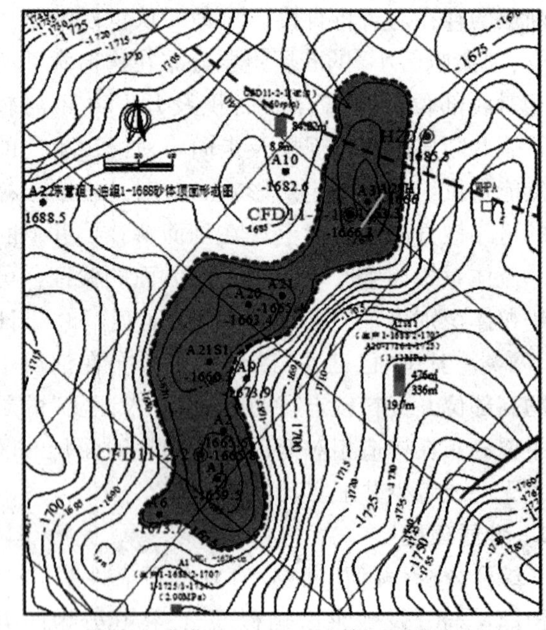

图13　东营组1-1688砂体调整井位图

(2) 蚂蚁追踪算法及其应用的指导原则在CFD油田断层精细解释及调整井研究中起到了关键的作用，鉴于蚂蚁追踪结果的不确定性，建议将断层进行分类和评价以分析地质风险与潜力。

(3) 该方法可推广应用到其他地震资料品相

较差、井间认识存在矛盾的类似油田进行尝试。

参 考 文 献

[1] 霍春亮，叶小明，高振南，等. 储层内部小尺度构型单元界面等效表征方法[J]. 中国海上油气，2016，28(1).

[2] 霍春亮，古莉，赵春明，等. 基于地震、测井和地质综合一体化的储层精细建模[J]. 石油学报，2007，28(6).

[3] 徐安娜，董月霞，韩大匡，等. 地震、测井和地质综合一体化油藏描述与评价——以南堡1号构造东营组一段油藏为例[J]. 石油勘探与开发，2009，36(5).

[4] 吕坐彬，赵春明，霍春亮，等. 精细相控储层地质建模技术在老油田调整挖潜中的应用——以绥中36-1油田为例[J]. 岩性油气藏，2010，22(3).

[5] 霍春亮，刘松，古莉，等. 一种定量评价储集层地质模型不确定性的方法[J]. 石油勘探与开发，2007，34(5).

[6] 龙旭，武林芳. 蚂蚁追踪属性体提取参数对比试验及其在塔河四区裂缝建模中的应用[J]. 石油天然气学报，2013，33(5).

[7] 王军，李艳东，甘利灯. 基于蚂蚁体各向异性的裂缝表征方法[J]. 石油地球物理勘探，2013，48(5).

渤海海域石臼坨凸起西段陡坡带“沟-断-槽”耦合控砂机制

史盼盼　于海波　李慧勇　戴建芳　许　鹏

（中海石油（中国）有限公司天津分公司勘探开发研究院，天津塘沽 300452）

摘　要　石臼坨凸起位于渤海海域西部，受伸展构造影响，边界断裂长期活动，东三段沉积时期，边界断裂下降盘陡坡带发育呈裙带状分布的扇三角洲沉积体系，不同扇体之间储层质量和含油气性存在较大差异。在地震、测井、壁芯、岩芯资料分析基础上，对石臼坨凸起西段陡坡带扇三角洲沉积体系与构造特征的研究表明，扇三角洲具有“粒度粗磨圆好、平面分带、垂向分期、持续后退”的分布特征。物源区沟谷、断裂结构、盆内古地貌是控制扇体空间分布的主要因素，其中，沟谷控制了砂体入盆位置和输砂规模；断裂结构控制砂体搬运速度；盆内古地貌形成的不同断槽及古地貌的倾向控制了砂体的可容空间。综合分析，创新提出“沟-断-槽”耦合富砂模式。(1)沟-槽-敞口-宽广型，沉积物沿着凸起上U形沟谷，经过坡坪式断裂进入敞口型断槽和宽缓向形洼槽，砂体呈发散状，沉积以相对细粒为主，物性相对较好，为中孔中低渗，在断层和岩性双重控制下，利于油气成藏；(2)断-槽-窄口-狭长型，沉积物沿着凸起上V形沟谷，在平直式断裂控制下，进入局限型断槽和狭长型地貌内，砂体呈窄口快速推进再发散，延伸距离长。储层物性有好有差，整体上为中低孔低渗，局部存在特低孔特低渗，储层质量好的层段具有较好的油气显示；(3)断-槽-敞口-宽短型，沉积物沿着凸起上窄V形沟谷，经过平直式断裂进入敞口型下倾地貌内，砂体呈发散状快速堆积，延伸距离短，粒度最粗，物性最差，特低孔特低渗，可能形成物性封闭，不利于油气成藏。这完善了陡坡带控砂理论，并对石臼坨凸起陡坡带扇三角洲油气勘探具有一定的指导意义。

关键词　扇三角洲；沟谷；断槽；控砂机制；渤海海域

1　区域地质概况

石臼坨凸起位于渤海海域西部，受伸展构造影响，边界断裂长期活动，东三段沉积时期，边界断裂下降盘陡坡带发育呈裙带状分布的扇三角洲沉积体系[1-8]，不同扇体之间的扇体发育程度、储层质量和含油气性存在较大差异。

2　扇三角洲分布规律

在地震、测井、壁芯、岩芯资料分析基础上，对石臼坨凸起西段陡坡带扇三角洲沉积体系与构造特征的研究表明，扇三角洲具有“粒度粗磨圆好、平面分带、垂向分期、持续后退”的分布特征。

2.1　粒度粗磨圆好

从测井、岩芯、壁芯（图1）观察，沉积物整体上具有粒度粗但磨圆较好的特征。水下分流河道表现为两种特征，一种是以细砂岩为主的偏细粒的沉积，另一种是以砂砾岩为主的偏粗粒的沉积。从CFD6-4-B井的取芯段特征来看，整体为多期水下分流河道叠置。取芯段（3135.30～3144.00m）岩性以杂色砂砾岩或含砾粗砂岩为主，砾石成分复杂见火山岩砾和灰岩砾等，颜色以灰色、灰白色为主，见少量红色及暗色砾石，不同段的粒径相差较大，最大见80mm粒径。整体粒度粗、分选差，但磨圆相对较好为次棱角状-次圆状。说明沉积物经历了一定距离搬运，并且为复合式物源，但在陡坡带快速堆积形成扇三角洲。并且存在比较明显的河道底部冲刷面，见砾石定向排列现象，大部分为砾石无规则排列，发育槽状、楔状交错层理，表明水流速度较大，能量较强，河道重力流与牵引流交互为主导动力。但不同扇体的岩性存在一定差异，东侧粒度相对较以含砾细砂岩为主，西侧含砾中粗砂岩为主。

作者简介：史盼盼（1988—　），女，汉族，河北保定人，2014年毕业于东北石油大学，硕士研究生，现任中海油天津分公司助理工程师，研究方向为断裂解析及断裂控藏。E-mail：shipp2@ cnooc. com. cn

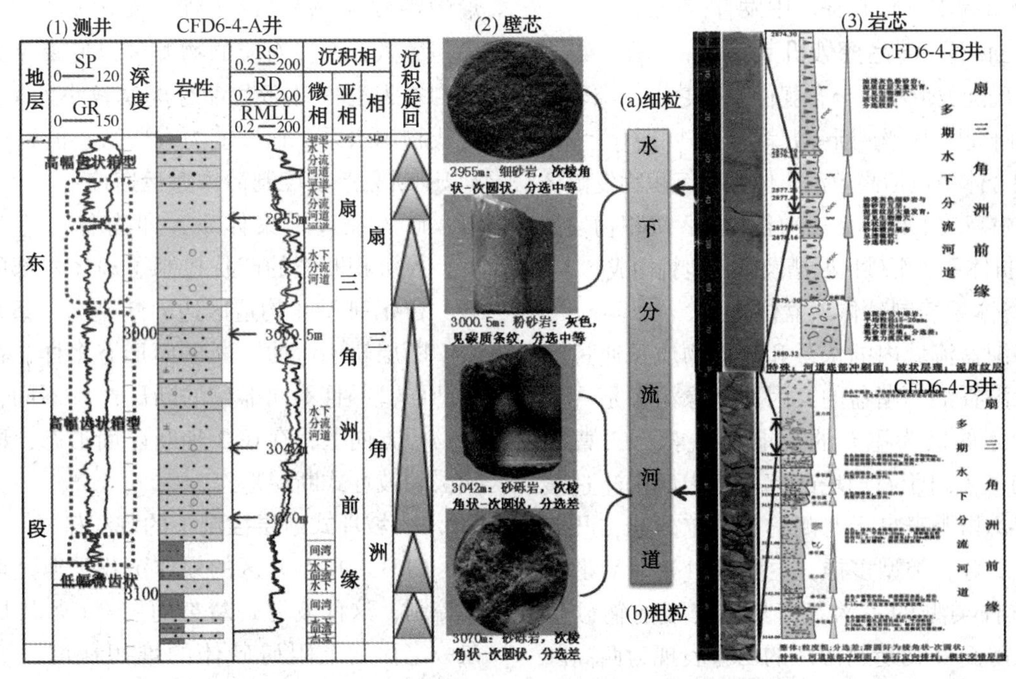

图1 东三段测井、壁芯、岩芯特征

2.2 垂向分期

石臼坨凸起南部陡坡带砂砾岩体在剖面上地震反射结构存在差异，波组之间存在一些稳定连续的界面，具有明显的旋回性。以宏观展布和扇体发育模式为指导，立足单井相、地震相，联合开展陡坡带富砂区扇三角洲垂向期次划分，在东三段内部建立了的四级层序地层格架(从深到浅依次为第Ⅰ、Ⅱ、Ⅲ、Ⅳ期扇体)。

2.3 平面分带

石臼坨凸起南部陡坡带砂砾岩体具有多个扇体多期次相互叠置的特征，平面上具有分带性，多个扇体围绕石南断裂呈裙带状分布。沿曹妃甸6-4构造区的石南断层段由西向东可分为4个扇体发育带，其中A井区扇体规模最大(图2)。

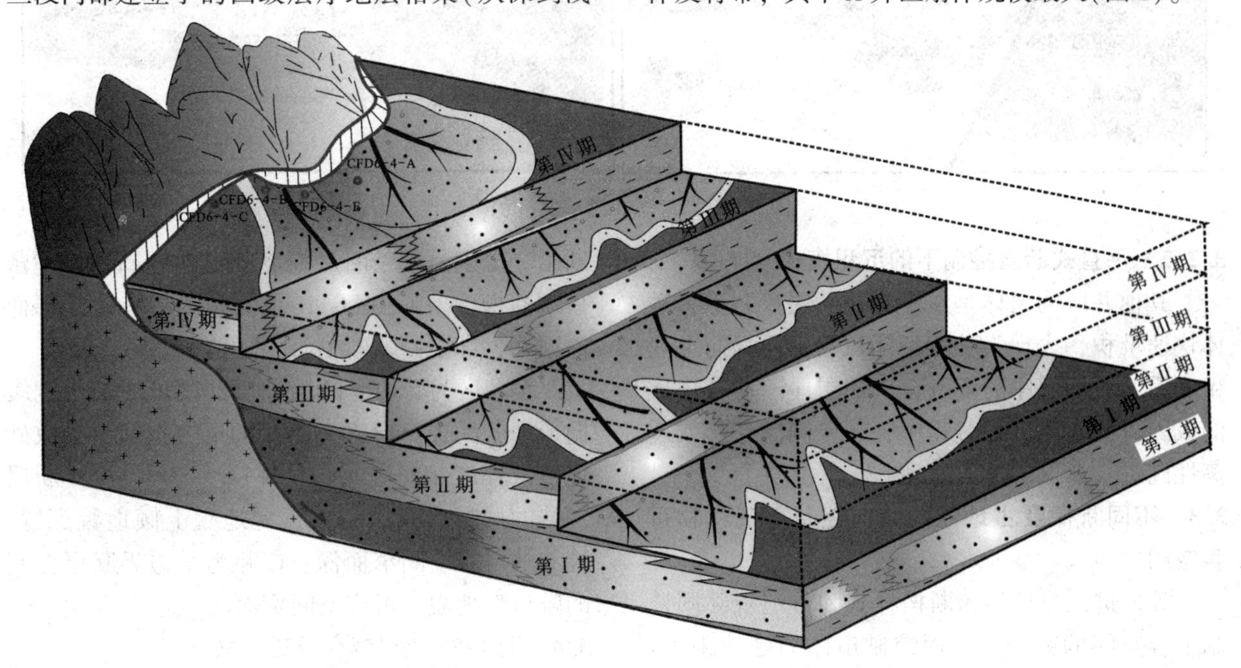

图2 陡坡带立体沉积相图

2.4 持续后退

不同时期扇体发育带随着石南断裂的持续拉伸，逐渐向北退却，总体上表现为持续后退缩小的特征。第Ⅰ、Ⅱ、Ⅲ期扇体范围较大，而第Ⅳ

期扇体分布局限，仅在深洼中发育(图 2)。

3 “沟-断-槽”耦合控砂机制

在明确陡坡带扇体分布规律基础之上，综合分析认为，研究区为“沟-断-槽”耦合控砂机制。“沟-断-槽”耦合体系包括高效汇聚体系和沉积物发散体系[9]，其中高效汇聚体系由沟谷构成，沉积物发散体系由坡折体系、汇砂区断槽及微古地貌构成。

3.1 沟谷体系控制砂体入盆位置

断陷湖盆流域内的水系和碎屑物质是通过河谷及盆缘沟谷汇入湖盆的，因此盆缘沟谷是寻找和预测砂体的极为重要的古地貌要素[10]。曹妃甸 6-4 构造依附于石臼坨凸起向渤中西次洼过渡的陡坡带，物源来自于北侧的石臼坨凸起，凸起上古沟谷发育，类型多样，主要有 U 形、V 形和窄 V 形三种类型的古沟谷，具有较强的输砂能力。曹妃甸 6-4 构造物源区的山脊表现为西高隆东平缓，东段、西段的沟谷类型和规模存在一定的差异，东段对应的物源区以发育大型的宽缓 U 形沟谷为主，输砂能力强，面物源水系，供给量大但分散；西段对应的物源区以发育 V 形、窄 V 形沟谷为主，局部发育有规模较小的 U 形沟谷，为线物源水系，输砂能力有所减小但相对集中。

3.2 断裂产状控制砂体搬运速度

砂体经过汇聚体系，即沟谷，进入盆地以后，控沉积断裂的产状控制了扇体根部的堆积样式。曹妃甸 6-4 构造区边界断裂为一条复杂的断裂，断层轨迹弯曲，断层面形态多样，存在多个凹凸面，并且不同部位的断层产状不同，在平行于物源方向上，存在 2 种断层面形态，即平直式断层和坡坪式断层形态。

3.2.1 坡坪式断层控制下的沉积模式

CFD6-4-A 井区的扇体沉积受典型坡坪式断裂控制，这种坡坪式断裂的发育(尤其是断坪)，在一定程度上阻碍砂体的堆积速度，沉积粒度(相对其他井区)较细，垂向上表现为向上变细，形成于水进阶段(图 3)。

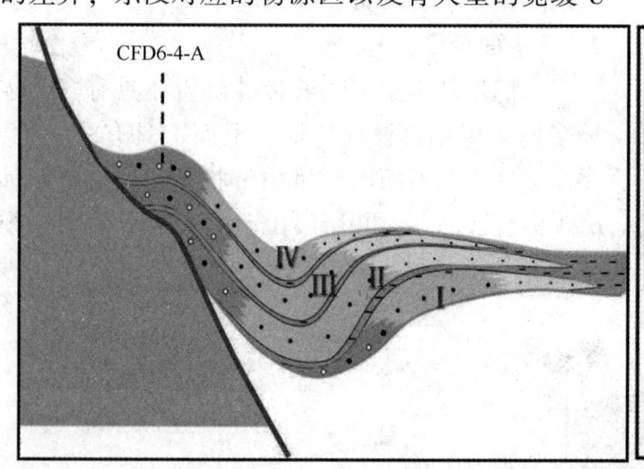

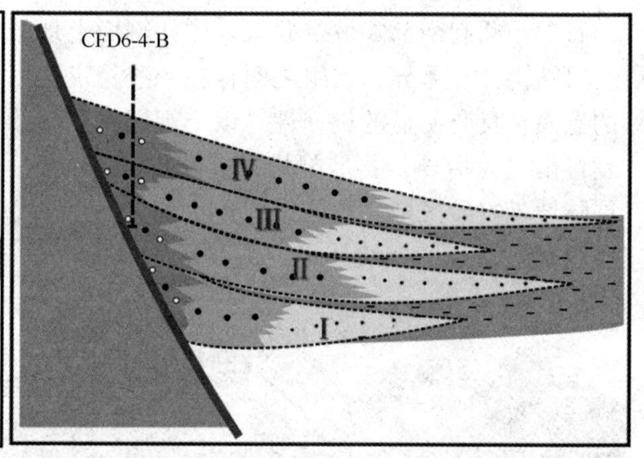

图 3　断裂形态控制下的沉积模式

3.2.2 平直式断层控制下的沉积模式

其他井区的扇体是在平直式断层控制下，砂体快速堆积，表现为粒度整体较粗，而且向上变粗之后又变细层序的复合全韵律层序。这种模式的成因可能是在沉积过程中，缓慢侧向迁移或震荡性湖进、湖退所造成的(图 3)。

3.3 不同断槽及古地貌的倾向控制了沉积物可容空间

砂体进入盆地后，断槽样式和古地貌共同控制可容空间的大小，从而控制扇体的延伸距离。由于曹妃甸 6-4 构造区边界断裂较复杂，且存在多条分支断层，形成了不同的断裂组合样式，进而形成了形成了不同的断槽样式，主要存在 2 种断槽，分别是单条断层控制的宽而浅断槽，即敞口型断槽(A、C 井区)；和两条断槽夹持的窄而深断槽，即限制型断槽(B 井区)(图 4)。

A 井区为受边界断层控制的敞口断槽与宽缓向形地貌配置，形成宽而深的可容空间，导致砂体发散程度相对较高。B 井区为 F1 和边界断层夹持的局限型断槽与狭长型地貌上倾地貌配置，控制的可容空间窄而深，C 井为受边界断层控制的敞口型地貌，可容空间宽而浅。

3.4 “沟-断-槽”耦合控砂模式

综上所述，研究区共建立了 3 种“沟-坡-槽”控砂模式，不同模式下砂体富集程度存在差异。

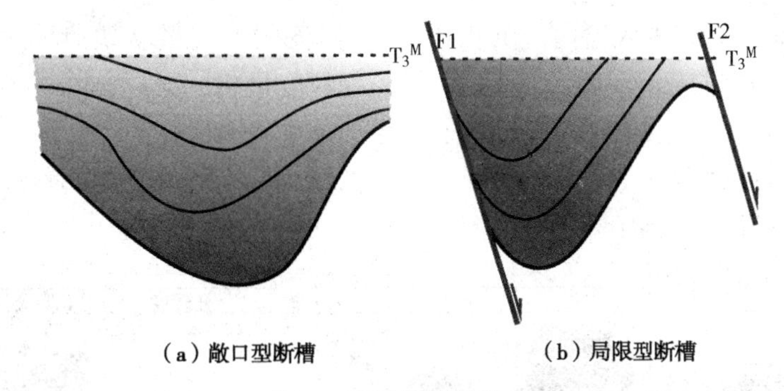

（a）敞口型断槽　　（b）局限型断槽

图 4　不同的断槽样式

(1) 沟-槽-敞口-宽广型

以 CFD6-4-A 井区扇三角洲为典型，沉积物经过较长距离搬运，供应量充足，沿着宽缓斜坡型凸起区的多个宽缓的 U 形沟谷形成的宽缓斜坡，经过坡坪式断裂进入盆内，断坪相对地势较缓，减缓了沉积物的搬运速度，然后，砂体进入沉积物发散体系，即敞口型断槽和宽缓向形洼槽，为宽广型的可容纳空间，导致砂体发散程度相对较高，分选相对较好，砾石磨圆较好，矿物成为长石占优，沉积物以相对细粒为主，物性相对较好，原生孔隙发育，为中孔中低渗，且平面扇体规模较大，尤其延伸宽度大，在断层和岩性双重控制下，利于油气成藏(图 5、图 6)。

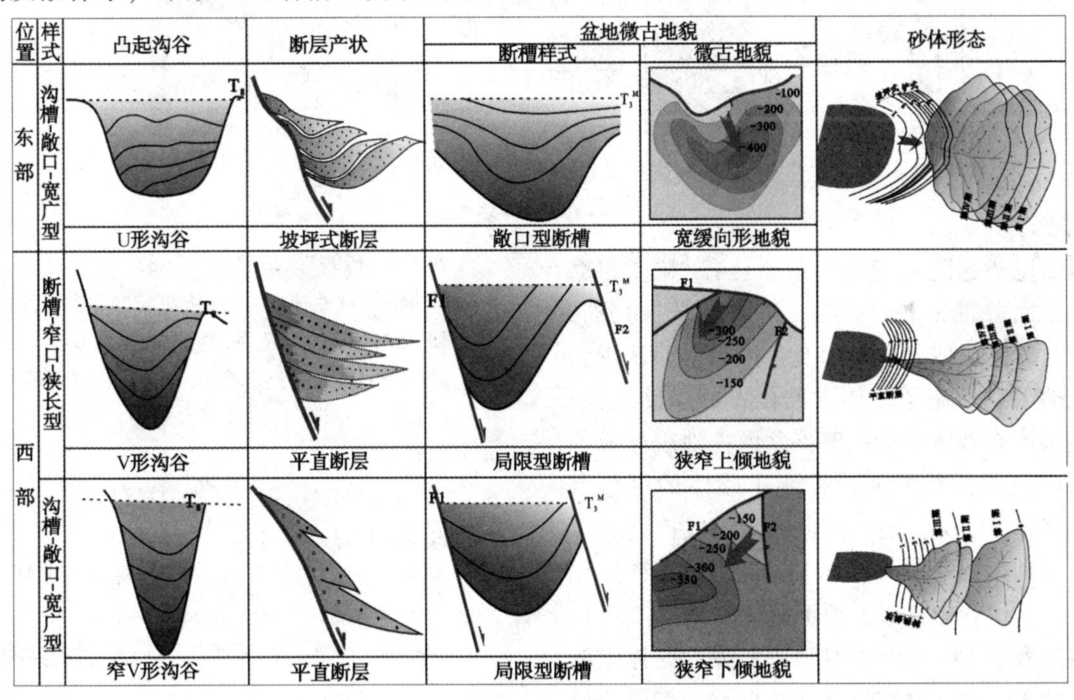

图 5　陡坡带“沟-断-槽”耦合控砂机制

(2) 断-槽-窄口-狭长型

以 CFD6-4-B 井区井区扇三角洲为典型，沉积物经过较短距离的搬运，沿着较高陡的凸起区 V 形沟谷，在平直式断裂控制下，坡度大，沉积物搬运速度快，而砂体进入发散体系后，即两条交叉断层组成的局限型断槽和狭长型地貌内，可容纳空间受局限，砂体呈窄口快速推进，导致扇根砾岩相占优，局部具有一定的定向排列。直至砂体进入二台阶后，可容纳空间增大，砂体才得到最大程度发散，所以导致扇体平面上呈狭长型。且地势相对东部较高，旋回间泥岩不发育。沉积物的矿物成以石英、长石为主，储层物性有好有差，整体上为中低孔低渗，发育次生孔隙、溶蚀孔、微裂缝，局部存在特低孔特低渗，储层质量好的层段具有较好的油气显示(图 5、图 6)。

(3) 断-槽-敞口-宽短型

以 CFD6-4-C 井区井区扇三角洲为典型，沉积物经过较短距离的搬运，沿着较高陡的凸起区窄 V 形沟谷，经过平直式断裂进入盆内，沉积物搬运速度快，然后，砂体进入沉积物发散体系，即两条交叉断槽组成的局限型断槽和下倾地貌，坡度大，可容纳空间相对较小，导致砂体快速堆积，发育厚层砂砾岩体，局部具有一定的定向排列，砂体呈发散状快速堆积，延伸距离短，沉积物粒度最粗，矿物成分主要为石英，物性最差，局部发育次生孔隙、溶蚀孔、微裂缝，特低孔特低渗，可能形成物性封闭，不利于油气成藏(图5、图6)。

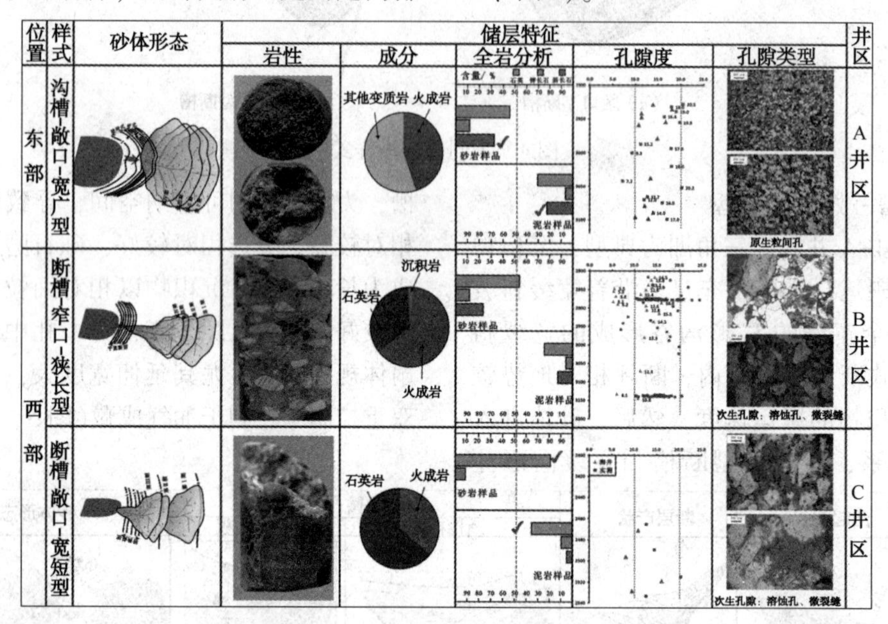

图 6　曹妃甸 6-4 构造储层发育特征

4　结论

石臼坨凸起陡坡带扇三角洲具有“粒度粗磨圆好、平面分带、垂向分期、持续后退”的分布特征。对砂砾岩体分布规律及主控因素的认识为凸起上的沟谷控制了砂体入盆位置和输砂规模；断裂结构控制砂体搬运速度；盆内古地貌形成的不同断槽及古地貌的倾向控制了砂体的可容空间。研究区“沟-断-槽”耦合富砂模式控制储层发育，分别为(1)沟-槽-敞口-宽广型，物性相对较好，为中孔中低渗，利于油气成藏；(2)断-槽-窄口-狭长型，储层物性有好有差，整体上为中低孔低渗，局部存在特低孔特低渗，储层质量好的层段具有较好的油气显示；(3)断-槽-敞口-宽短型粒度最粗，物性最差，特低孔特低渗，可能形成物性封闭，不利于油气成藏。

参 考 文 献

[1]　鲜本忠，王永诗. 断陷湖盆陡坡带砂砾岩体分布规律及控制因素——以渤海湾盆地济阳坳陷车镇凹陷为例. 石油勘探与开发，2007，34(4)：429-436.

[2]　盛和宜. 辽河断陷湖盆的扇三角洲沉积. 石油勘探与开发，1993，20(3)：57-62.

[3]　穆龙新，贾爱林. 扇三角洲沉积储层模式及预测方法研究[M]. 北京：石油工业出版社，2003.

[4]　钱丽英. 扇三角洲和辫状三角洲——两种不同类型的粗砾三角洲[J]. 岩相古地理，1990，23(5)：35-46.

[5]　裘择楠. 湖盆三角洲分类的探讨[J]. 石油勘探与开发，1982(1)：1-11.

[6]　朱筱敏，信荃麟. 湖泊扇三角洲的重要性[J]. 石油大学学报，1994，18(3)：6-12.

[7]　王金铎，于建国，孙明江[J]. 陆相湖盆陡坡带砂砾岩扇体的沉积模式[J]. 石油物探，1998，37(3)：40-47.

[8]　刘自亮. 三角洲前缘储集砂体的成因组合与分布规律——以松辽盆地大老爷府地区白垩系泉头组四段为例[J]. 沉积学报，2009，27(1)：32-41.

[9]　徐长贵. 陆相断陷盆地源-汇时空耦合控砂原理：基本思想、概念体系及控砂模式[J]. 中国海上油气，2013，25(4)：1-10.

[10]　冯有良. 断陷湖盆沟谷及构造坡折对砂体的控制作用[J]. 石油学报，2006，27(1)：13-16.

石臼坨凸起东南斜坡带油气成藏模式

姚 城 杨传超 郭 瑞
（中海石油（中国）有限公司天津分公司渤海石油研究院，天津塘沽 300452）

摘 要 通过生物标志化合物对比、断面精细刻画、断层活动性、砂体的展布特征以及成藏综合分析等技术手段与方法，阐明石臼坨凸起东南斜坡带油气来源，刻画油气优势运移路径，确定油气的优势输导体系，最终建立石臼坨凸起东南斜坡带油气成藏模式。结果表明：(1)研究区油气主要来自渤中凹陷沙一二段烃源岩，为低成熟-成熟原油，且表现出良好的运移效应。(2)油气成藏期为2.1Ma，与生烃高峰时间5.2Ma相匹配，具有晚期、快速、高效的特征。(3)石南一号边界断层规模大、活动性强、断面形态起伏，控制油气从渤中凹陷深层到石臼坨凸起浅层的垂向运移，凸起上晚期断裂控制浅层油气的垂向运移和聚集。(4)古近系近源扇体沿着边界断层呈裙边状发育，与烃源岩大面积接触，具有中转油气的作用。馆陶组砂砾岩是新近系油气横向输导层，油气趋于沿着构造脊向高部位运移。明下段极浅水三角洲砂体发育，与断层组合构成构造-岩性圈闭，保存油气。(5)在凸起斜坡带形成“断控源仓型”和“断裂直控型”油气成藏模式。该认识对于凸起斜坡带的油气勘探具有重要指导意义。

关键词 石臼坨凸起；断裂；砂体；输导体系；成藏模式

油气运移一直是油气成藏研究的难点，而输导体系的研究是油气运移的关键。输导体系是沟通源岩与储层的桥梁，深入研究输导体系的类型、特征、分布、影响因素、时空关系和有效性，有助于认识油气运移的动态过程，揭示油气成藏规律，发现油气聚集区[1]。国内外许多学者通过层序地层、盆地模拟、成藏动力学、地球化学以及地球物理模拟实验等多种方法对输导体系做了大量的研究工作，认为输导体系的研究主要包括静态和动态两个方面。前者包括对输导体系的精细刻画、三维空间组合关系以及分布特征等，后者主要包括输导体系中的油气运移机制、输导体系与地层温度、地层压力、古流体势等地质要素的耦合关系研究以及最终优势输导体系的预测[2~5]。

渤海湾盆地凸起区新近系主要为极浅水三角洲沉积，凸起上不能生油，其油气主要来自于凹陷区古近系烃源岩，因此凸起区新近系能否成藏，良好的输导体系是关键。鉴于此，众多学者对渤海湾盆地新近系油气成藏作了大量的研究，邓运华等认为大断层只有与烃源岩内的砂体配合，才能为上部浅层圈闭提供充足的油源，提出了油气运移的“中转站”模式[6,7]；李慧勇等认为馆陶组构造脊、明化镇组构造圈闭和明下段砂体自身条件三者的不同组合控制凸起明化镇组油气成藏与富集，建立明化镇组“脊、圈、砂”三元控藏模型[8]；蒋有录等认为渤海湾盆地新近系油气成藏具有它源供烃、储层发育、断层输导和晚期成藏等特征，油气聚集模式概括为“原生供烃-通源断裂输导-构造控圈”披覆带聚集模式、“次生供烃-浅部断裂输导-断层控圈”浅凹带聚集模式及“混合供烃-复式输导-不整合控圈”斜坡带聚集模式[9]。这些认识对于渤海湾盆地新近系油气运移和聚集具有重要的指导意义。但是，对于渤海凸起斜坡带新近系油气成藏的研究仍然不够深入，缺乏从源-汇-聚三维立体空间上对输导体系进行系统研究。本文以石臼坨凸起东南斜坡带为例，通过生物标志化合物对比、断面精细刻画、断层活动性、砂体的展布特征以及成藏综合分析等技术手段与方法，重点对油气输导体系进行精细刻画，最终建立凸起斜坡带油气成藏模式，指导凸起斜坡带的油气勘探。

1 概况

石臼坨凸起位于渤海海域中部，是渤海湾盆

作者简介：姚城（1987— ），男，助理工程师。E-mail：yaocheng@cnooc.com.cn

地的一个二级构造单元，夹持于渤中和秦南两大富生烃凹陷之间，成藏条件优越。渐新世东营组沉积末期以前，在强烈断陷背景下，石臼坨凸起基本为隆起状态，但从东营组沉积末期-馆陶组沉积早期开始，渤海全区进入裂后坳陷演化阶段，以整体沉降接收沉积为主。钻井揭示，馆陶组发育大套砂砾岩夹薄层泥岩的辫状河沉积，明下段为极浅水三角洲沉积，不等厚砂岩和泥岩组成新近系良好的储盖组合。

石臼坨凸起是渤海海域最重要的含油气区带之一。历经四十余年的勘探，在石臼坨凸起背斜区已经相继发现了秦皇岛32-6、南堡35-2等大中型油气田，证实凸起区是油气运移的有利指向区。随着勘探程度的深入，石臼坨凸起的勘探重心由背斜区转变为斜坡带，勘探思路由构造圈闭转向构造-岩性圈闭。近年来，在构造-岩性油气勘探理念的指导下，斜坡带秦皇岛33-1南亿吨级油田的发现证实斜坡带良好的油气勘探潜力。本次研究区位于石臼坨凸起东南斜坡带，南部以石南一号断裂与渤中凹陷相接，整体上表现为在前第三系古隆起背景下发育的向东南方向倾斜的单斜构造(图1)。

图1 石臼坨凸起东南斜坡带区域位置图

2 油气晚期快速成藏

2.1 油气来源

渤中凹陷油源条件优越，发育东三段、沙一二段以及沙三段等三套优质烃源岩。石臼坨凸起原油主要来自渤中凹陷，不同层位烃源岩贡献比率具有明显的差异性[10,11]。生物标志化合物可以指示有机质的生物来源和沉积环境，本文用C_{19}/C_{23}三环萜与C_{24}四环萜/C_{26}三环萜交汇、伽玛蜡烷/$\alpha\beta C_{30}$藿烷与4-甲基甾烷/$\alpha\alpha\alpha C_{29}$甾烷交汇来进行油源分析。结果表明油主要来自渤中凹陷沙一二段、沙三段烃源岩，可能混有少许东营组油(图2)。原油的成熟度可以通过C_{29}甾烷的成熟度参数判别，$C_{29}\alpha\alpha S/(S+R)$与$C_{29}\beta\beta/(\alpha\alpha+\beta\beta)$交汇对比表明该区原油为低成熟-成熟油，$C_{29}\beta\beta R/\alpha\alpha R$与$C_{29}\alpha\alpha S/R$交汇也显示出原油由凸起斜坡带向高部位运移效应[12](图2)。

2.2 充注历史

应用PetroMod盆模软件中的Easy Ro%模型模拟单井烃源岩生烃演化史。结果表明，沙河街组烃源岩在距今12.2Ma时(即馆陶组沉积末期)进入生油门限(R_0大于0.5%)，并在距今5.2Ma(明下段沉积之后)时进入生油高峰。对秦皇岛33-1南油田包裹体分析表明，包裹体均一温度范围为52~71℃，成藏时间为距今2.1Ma(明化镇组沉积之后)(图3)。由此可见，在新构造运动初期(5.3Ma)，渤中凹陷沙河街组烃源岩就已经进入生油高峰期，其持续、充足的供烃能力为石臼坨凸起油气成藏奠定了物质基础；秦皇岛33-1南油田为新构造运动背景下的晚期成藏，与生烃高峰时间匹配良好，具有晚期快速充注、高效成藏的特征[13,14]。

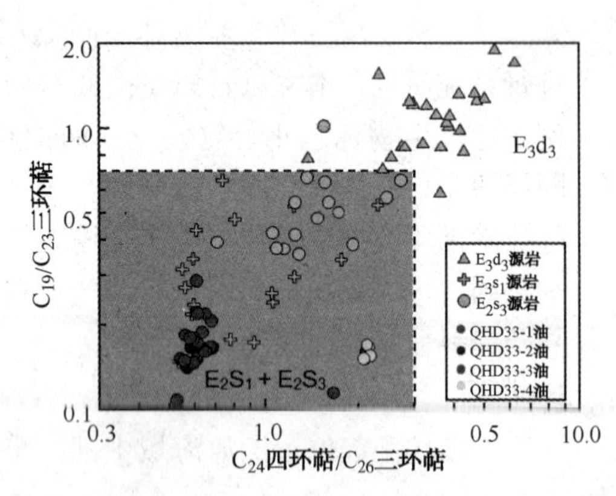

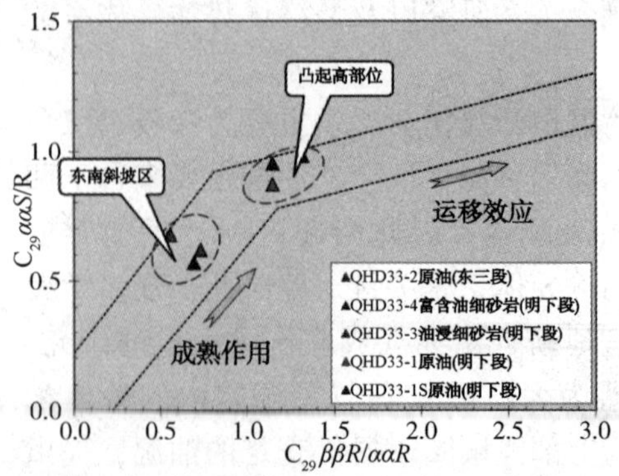

图2 生物标志化合物对比

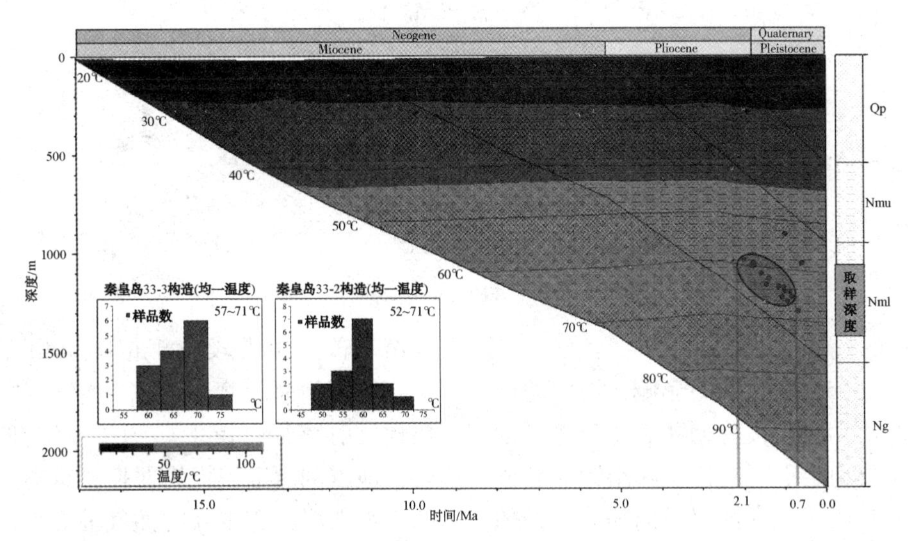

图3 石臼坨凸起浅层流体包裹体均一温度及油气充注史

3 油气运移输导体系

油气输导体系大致可以分为储集体型、断裂型、不整合面型和复合型4类。石臼坨凸起东南斜坡带主要是通过断裂型和储集体型这两类输导体系的耦合运移成藏，断裂控制油气的垂向运移，渗透性砂体往往是油气横向运移的重要通道[1,15]。

3.1 断裂特征及油气输导作用

3.1.1 石南一号边界断裂

石南一号断裂是一条继承性活动的边界断裂，是勾通油气由凹陷区和凸起区的垂向运移通道。石南一号断裂倾向向南，产状较陡，主要呈板式特征；走向整体为东西向，局部成S形，延伸长度超过40公里。断层凸面往往是油气运移的低势区，油气趋于向凸面汇聚，而且凸面幅度越大，对油气的汇聚作用越强[3,16,17]。应用Petrel软件模拟石南一号断裂三维断面形态，可见$a\sim e$等5个有利于油气运移的凸面汇聚点，其中a和b幅度较大，更有利于油气的优势汇聚(图4)。另外，断层不同位置活动性往往存在明显差异，活动性越强预示着流体势能降低越快，形成相对的低势区，是油气优先选择的运移通道。新近系时期该断裂活动强烈，新近系最大断距超过800m，5个汇聚点断距均超过100m，具有较强的垂向输导能力。其中，a和b汇聚点活动性更强，是油气在断层中运移的最优路径(图5)。随着边界断层的“幕式”活动，渤中凹陷烃源岩生成的油气沿着边界断层优势运移通道垂向运移至石臼坨凸起浅层。

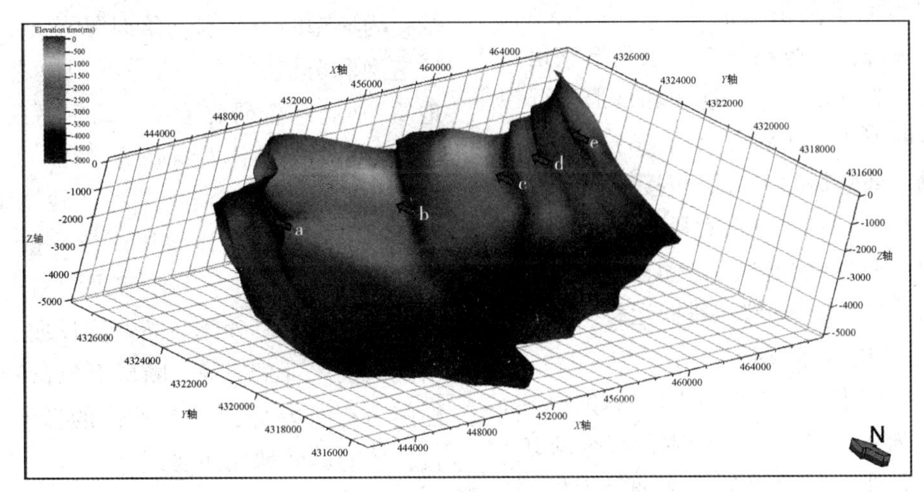

图4 石南一号边界断裂三维断面形态特征

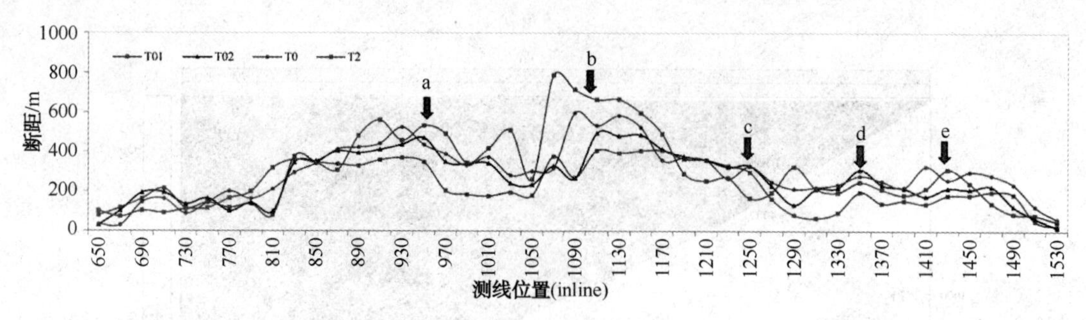

图5　石南一号边界断裂活动性特征

3.1.2　晚期断裂

受新构造运动(5.3Ma以来)影响，石臼坨凸起发育大量晚期活动断裂，晚期断裂是新近系油气垂向运移的主要通道。研究区馆陶组为大套砂砾岩沉积，是一套区域性的油气横向输导层，依据断层是否切入馆陶组，将晚期断层分为两类。其中Ⅰ类断层切入馆陶组，勾通馆陶组砂砾岩体与上覆明下段地层，控制浅层明下段的油气运移，当断距超过100m，断层油气运移能力更强；Ⅱ类断层未切入馆陶组，活动性相对较弱，它们往往与Ⅰ类断层组成Y形样式，对浅层油气具有分配调节作用。

3.2　砂体特征及油气输导作用

3.2.1　古近系近源扇体

在古近系强烈断陷的背景下，充足的物源、良好的汇-聚体系以及基准面旋回共同控制了古近系扇体的沉积。石臼坨凸起古近系时期遭受剥蚀，为渤中凹陷古近系扇体的沉积提供了充足的物源；石南一号断裂强烈活动，具有明显的控沉积作用，形成良好的沟谷-坡折体系，提供高效的输砂通道和充足的可容纳空间；沉积基准面的升降运动实时控制了沉积效率[18,19]。研究表明，石南一号断裂下降盘古近系发育一系列扇三角洲砂体，在地震上表现出明显的前积和楔形体沉积特征，并沿着断层呈裙边状分布(图6)。这些古近系扇体与渤中凹陷烃源岩大面积接触，可以作为油气运移的"中转站"，聚集大量初次运移的油气，伴随着边界断层的"幕式"活动，赋存在"中转站"中的油气进入断层向浅层垂向运移。

3.2.2　馆陶组砂砾岩体

馆陶组在区域上为一套稳定的辫状河沉积，以大套砂砾岩为主，厚度可上千米，具有高孔-高渗的特征，是浅层最重要的横向油气输导层。根据岩性特征，馆陶组可细分为两层，即馆上段和馆下段。馆上段位于馆陶组顶部，为砂泥互层，地震剖面上表现为高频率、中连续、中-强振幅反射特征；馆下段为大套砂砾岩夹薄层泥岩，地震剖面上表现为弱振幅反射。切入馆下段的Ⅰ类断层具有更好的油气输导效率。结合物理模拟实验，油气由边界断裂进入馆陶组后首先趋于在馆下段大套砂砾岩顶部富集，然后沿着馆陶组构造脊向构造高部位运移；切入馆陶组的晚期断裂截流部分油气，向上覆的明下段地层运移[20,21]。

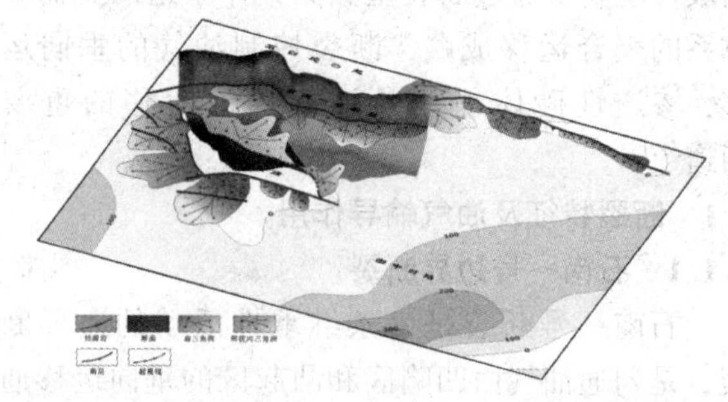

图6　石南一号边界断层下降盘沙一二段沉积相特征

3.2.3　明下段砂体

明下段沉积时期，石臼坨凸起沉积环境具有水体浅、水底地形平坦、地貌斜坡不明显等特征，为典型的极浅水三角洲沉积，主要发育分支河道型和分流沙坝型两种沉积模式[22~24]。通过地质-地震综合研究表明，研究区明下段下部为分支河道型，砂体发育较为分散，平面上分布呈树枝状；上部为分流沙坝型，砂体席状程度高，呈朵状、坨状。砂体单层厚度一般不超过15m，岩性以细砂岩为主，与滨浅湖泥岩形成良好的储盖组合。明下段砂体与断层呈反向、顺向、逆牵引式以及屋脊式接触，断层上下盘砂体的油气充注能力有所差异，只有砂体的低部位与断层相接，才能高效地充注油气。

4　油气成藏模式

渤中凹陷油气由石南一号断裂垂向运移至新

近系之后，有两种不同的运移路径，一种是进入馆陶组输导层向高部位运移，另一种是直接进入明下段成藏，因此在斜坡带形成“断控源仓型”和“断裂直控型”两种油气成藏模式。“断控源仓型”由古近系扇体、馆陶组砂砾岩体、明下段砂体与边界断裂、晚期断裂在空间上有序组合而成，边界断裂沟通着古近系扇体和馆陶组砂砾岩体，晚期断裂沟通着馆陶组砂砾岩体和明下段砂体。古近系油气生成之后，经过初次运移，在沿着边界断层下降盘发育的古近系扇体中暂时存储；伴随着边界断层的“幕式”活动，古近系扇体中聚集的油气沿断层凸面优势向上运移到馆陶组砂砾岩中；之后，油气趋于在馆粗段顶部，沿着馆陶组构造脊向高部位横向运移；在油气运移路径上，切入馆陶组的晚期断裂不断地截流油气，向明下段地层运移，在与断层接触良好的砂体中聚集成藏(图 7)。“断裂直控型”以边界断裂直接沟通古近系扇体和明下段砂体为特征，聚集在古近系扇体的油气沿着边界断裂直接进入明下段砂体聚集成藏(图 8)。

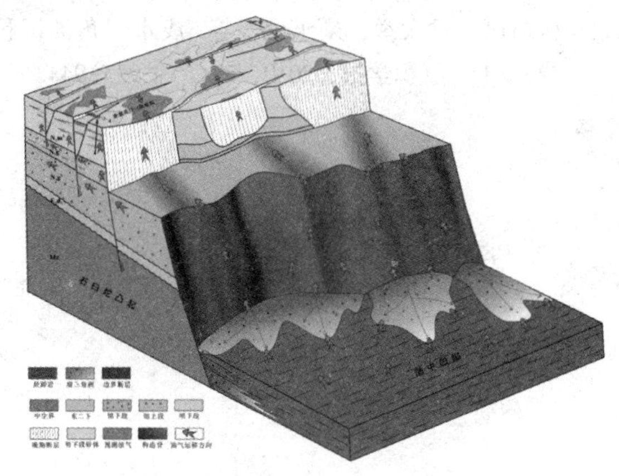

图 7 “断控源仓型”油气成藏模式

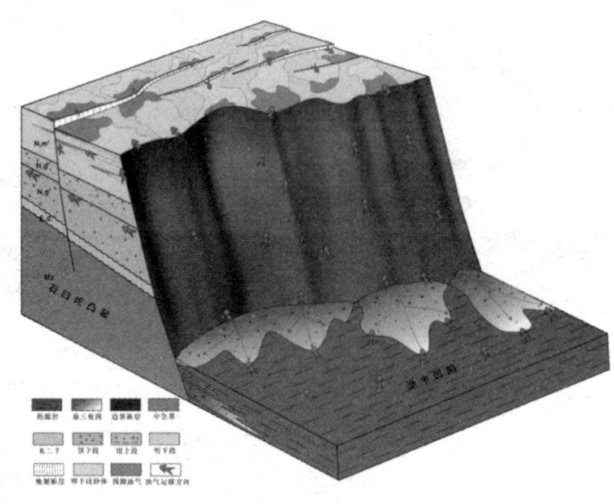

图 8 “断裂直控型”油气成藏模式

5 结论

(1) 石臼坨凸起油气主要来自于渤中凹陷沙河街组烃源岩，为低成熟-成熟原油，油气由斜坡带向高部位运移效应特征明显；沙河街组烃源岩在 12.2Ma 开始生油，5.2Ma 达到生油高峰，成藏时间为 2.1Ma，与生油期匹配良好，具有高效充注、晚期成藏的特征。

(2) 石南一号边界断裂是在油气从古近系到新近系的垂向运移中发挥着关键作用，斜坡带晚期断裂沟通馆陶组输导层与明下段砂体，对油气的聚集和成藏具有指向性意义；古近系近源扇体沿着边界断层呈裙边状发育，与烃源岩大面积接触，具有中转油气的作用；馆陶组砂砾岩是新近系油气横向输导层，油气趋于在馆粗段顶部，主要沿着构造脊向高部位运移；明下段砂体发育，与断层组合构成构造-岩性圈闭，保存油气。在凸起斜坡带形成“断控源仓型”和“断裂直控型”两种油气成藏模式，对凸起斜坡带油气勘探具有重要的指导意义。

参 考 文 献

[1] 朱筱敏，刘成林，曾庆猛，等. 我国典型天然气藏输导体系研究——以鄂尔多斯盆地苏里格气田为例[J]. 石油与天然气地质，2005，26(6)：724-729.

[2] Bowen B B，Martini B A，Chan M A，*et al*. Reflectance spectroscopic mapping of diagenetic heterogeneities and fluid-flow pathways in the Jurassic Navajo Sandstone[J]. AAPG Bulletin，2007，91(2)：173-190.

[3] Hindle A D. Petroleum migration pathways and charge concentration：a three-dimensional model[J]. AAPG Bulletin，1997，81(9)：1451-1481.

[4] 陈欢庆，朱筱敏，张琴，等. 输导体系研究进展[J]. 地质论评，2009，55(2)：269-276.

[5] 杜春国，郝芳，邹华耀，等. 断裂输导体系研究现状及存在的问题[J]. 地质科技情报，2007，26(1)：51-56.

[6] 邓运华. 断裂-砂体形成油气运移的“中转站”模式[J]. 中国石油勘探，2005，10(6)：14-17.

[7] 邓运华. 裂谷盆地油气运移“中转站”模式的实践效果——以渤海油区第三系为例[J]. 石油学报，2012，33(1)：18-24.

[8] 李慧勇，周心怀，王粤川，等. 石臼坨凸起中段东斜坡明化镇组“脊、圈、砂”控藏作用[J]. 东北石油大学学报，2013，37(6)：75-81.

[9] 蒋有录，刘培，刘华，等. 渤海湾盆地不同凹陷新近系油气成藏条件差异性及聚集模式[J]. 中国石油大学学报，2014，38(1)：14-21.

[10] 包建平，张功成，朱俊章，等. 渤中凹陷原油生物标志物特征与成因类型划分[J]. 中国海上油气：地质，2002，16(1)：11-17.

[11] 田金强，邹华耀，周心怀，等. 辽东湾地区烃源岩生物标志物特征与油源对比[J]. 中国石油大学学报，2011，35(4)：53-58.

[12] 潘和顺，黄正吉，俞世明，等. 原油 ααα-C_{29} 甾烷(20S)的运移效应[J]. 中国海上油气：地质，1991，5(5)：19-24.

[13] 陈斌，邓运华，郝芳，等. 黄河口凹陷 BZ34 断裂带油气晚期快速成藏模式[J]. 石油学报，2006，27(1)：37-41.

[14] 彭文绪，孙和风，张如才，等. 渤海海域黄河口凹陷近源晚期优势成藏模式[J]. 石油与天然气地质，2009，30(4)：510-518.

[15] 武强，王应斌，杨在发，等. 莱州湾地区垦东凸起东斜坡输导体系与油气成藏模式[J]. 中国石油勘探，2010，(4)：31-35.

[16] 罗群，庞雄奇，姜振学. 一种有效追踪油气运移轨迹的新方法——断面优势运移通道的提出及其应用[J]. 地质论评，2005，51(2)：156-161.

[17] 姜振学，庞雄奇，曾溅辉，等. 油气优势运移通道的类型及其物理模拟实验研究[J]. 地学前缘，2005，12(4)：507-515.

[18] 徐长贵. 渤海古近系坡折带成因类型及其对沉积体系的控制作用[J]. 中国海上油气，2006，18(6)：365-371.

[19] 徐长贵. 陆相断陷盆地源——汇时空耦合控砂原理：基本思想、概念体系及控砂模式[J]. 中国海上油气，2013，25(4)：1-11.

[20] 张善文，王永诗，石砥石，等. 网毯式油气成藏体系——以济阳坳陷新近系为例[J]. 石油勘探与开发，2003，30(1)：1-10.

[21] 张善文，王永诗，彭传圣，等. 网毯式油气成藏体系在勘探中的应用[J]. 石油勘探与开发，2008，29(6)：791-796.

[22] 王德英，余宏忠，于海波，等. 渤海海域新近系层序地层格架约束下岩性圈闭发育特征分析及精细刻画——以石臼坨凸起明下段为例[J]. 中国海上油气，2012，24(增刊1)：23-28.

[23] 朱伟林，李建平，周心怀，等. 渤海新近系浅水三角洲沉积体系与大型油气田勘探[J]. 沉积学报，2008，26(4)：575-582.

[24] 张昌民，尹太举，朱永进，等. 浅水三角洲沉积模式[J]. 沉积学报，2010，28(5)：933-944.

张家口-蓬莱断裂带渤海段特征及其与油气差异成藏的关系

李新琦　李慧勇　左中航　孙龙飞　步少峰

(中海石油(中国)有限公司天津分公司，天津 300452)

摘　要　利用高分辨率三维地震资料解释成果对张家口-蓬莱断裂带渤海段(简称沙北走滑带)的断裂几何学及动力学特征进行了较系统的分析，结合钻井资料，明确了沙北走滑带各个区段在构造特征上的差异性，揭示了其对油气差异性成藏的控制作用。根据构造特征的不同，沙北走滑带由西至东明显分为3段，西段表现为一条走向由北东向转为北西向并逐渐收敛相交的弧形走滑压扭断裂，呈左旋右阶帚状排列；中段由于受南北两大凸起的限制，而发育北西向左旋、北东向右旋共轭走滑断裂系；东段在开阔的变形空间下受郯庐断裂的影响，以北东向右旋张扭断裂为主。沙北走滑带整体表现为负花状或Y形构造，表现出古近纪拉张、新近纪走滑的2期演化特征。沙北走滑带经历印支期、燕山期和喜马拉雅期3期构造运动改造后基本定型，受变形空间和区域大型走滑断裂带的控制，由西向东逐渐由相对挤压应力背景过渡为相对拉张背景。沙北走滑带走滑断裂的各段差异性特征不仅控制了断裂带不同部位圈闭发育情况和古近纪各时期沉积相的展布，并且控制着各段油气运移和输导的效率，进而控制了油气的差异成藏。综合来看，沙北走滑带石油地质条件呈现出由西向东逐渐变好的特征，东段和中段的油气富集程度明显高于西段。

关键词　断裂特征；北东向右旋；北西向左旋；差异成藏；沙北走滑带

张家口-蓬莱断裂带是中国东部一条重要的北西向大型走滑断裂带，它从天津宁河入海，向东南延伸贯穿南堡凹陷、沙垒田凸起、渤中凹陷、渤南低凸起、庙西南凸起，在渤海海域内延伸长度约为240km。张家口-蓬莱断裂带渤海段在渤海西部海域最为典型，是一条沿沙垒田凸起北斜坡展布的北西向左旋走滑断裂带(以下简称沙北走滑带)。目前有关渤海海域走滑断层的研究多集中在东部北东向右行郯庐走滑断层，并取得了丰硕成果[1~8]，而对西部北西向走滑断层研究相对较少，已有的少量研究也主要集中在南堡凹陷[9~14]。受渤海海域二维地震资料的限制，对渤海西部海域北西向走滑断裂的特征尚缺少区域上的系统认识，这为张家口-蓬莱断裂带渤海段的整体研究带来不便，同时也造成该区的勘探一直未取得进展。近年来，中国石油将毗邻沙北走滑带的南堡4号构造带作为重要的勘探目标，获得了良好的油气发现，揭示了北西向张家口-蓬莱走滑断裂控藏的重要性[15]。为此，笔者对沙北走滑带断裂发育特征进行精细解剖，探讨张家口-蓬莱走滑断裂对油气成藏的控制作用。

1　地质概况

沙北走滑带位于张家口-蓬莱断裂的主走滑路径上，总体为一个夹持于渤中凹陷、南堡凹陷、沙垒田凸起和石臼坨凸起之间的构造脊，分割了南堡凹陷曹妃甸次洼和渤中凹陷西次洼，北距H油田约10km(图1)。张家口-蓬莱断裂由一系列断续延伸的北西西至北西和近东西向断裂组成，表现出强烈的左旋走滑特征，是郯庐断裂的共轭走滑断层。从钻井情况来看，沙北走滑带地层从中生界到第四系均有所揭示。古新世主要为扇三角洲-滨浅湖相沉积，渐新世早期为辫状河三角洲-滨浅湖-半深湖相沉积，地层平均厚度明显变大，渐新世晚期沙北走滑带在一定程度上隆升，遭受轻度剥蚀。新近纪早期为辫状河巨厚砂砾岩沉积，至中晚期演变为曲流河砂泥岩沉积。沙北走滑带紧邻富生油凹陷渤中凹陷和南堡凹陷，油气可以通过主走滑断裂和派生断裂以及馆

作者简介：李新琦(1987—　)，男，山东东营人，工程师，主要从事石油地质综合研究工作。E-mail：lixq16@cnooc.com.cn

陶组砂砾岩体进行输导。沙北走滑带构造发育，储盖组合较好，油气成藏条件优越。目前在沙北走滑带相继发现渤中 E、曹妃甸 F 等油田，均为构造-岩性双重控制油气藏，可见走滑断层对该区油气运聚具有重要控制作用。

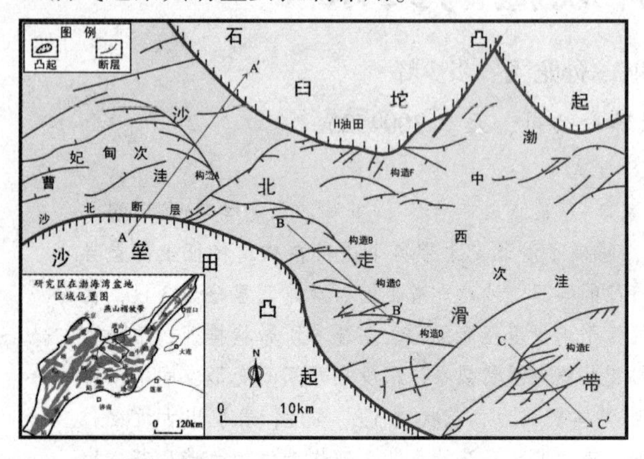

图 1　沙北走滑带区域位置

2　断裂差异性特征

空间上，根据构造特征的差异性，沙北走滑带由西至东总体上明显分为西段、中段和东段。西段是一条走向由北东向转为北西向并逐渐收敛相交的弧形雁列走滑压扭断裂，伴生断层与主干断层呈近东西向近 45°相交，表现为左旋右阶的帚状搭接关系，地震剖面上表现为负花状构造[图 2(a)]。中段由于受南北两大凸起的限制，发育北西向左旋、北东向右旋双重共轭走滑断裂系，北西、北东向两支在平面上分别表现为右阶和左阶雁列展布，剖面上呈现反 Y 形形态[16][图 2(b)]。东段的断裂特征与西段、中段差异较大，以北东向右旋走滑为主，北西向左旋走滑则弱化为隐伏形式存在，深大断裂和浅层派生断裂发育，在平面上表现为北东向右旋帚状展布，地震剖面上表现为负花状构造[图 2(c)，图 3]。

沙北走滑带主要发育北东和北西向 2 组断裂。时间上，不同时深的地震切片显示主干断裂在古近纪表现为单条大型陡直拉张断裂，到新近纪则演变为多条浅层分支断裂，大多断穿盖层，向上撒开发育，与主干断裂呈 30°搭接，在地震剖面组成负花状或 Y 形构造(图 2)。纵向上，断裂几何特征显示沙北走滑带断裂体系在古近纪—新近纪经历了拉张、走滑 2 期不同的演化阶段，显示出主干断层发生自下向上透入式走滑活动所产生伴生断层的特点。

对不同方向、不同区段断层的伸展活动速率和断裂密度分别进行统计和分析，结果表明：由西向东，北西向断层密度逐渐减小，而北东向断层密度逐渐增大；总体来说，西段北西向断层活动性明显强于北东向断层，空间由北西向南东过渡，这种规律逐渐减弱，中段北东、北西向断层活动性大致相当，而东段北东向断层活动性开始占据主导地位。并且对于浅层派生断层而言，其活动性总体表现出由西向东逐渐变强的特点。

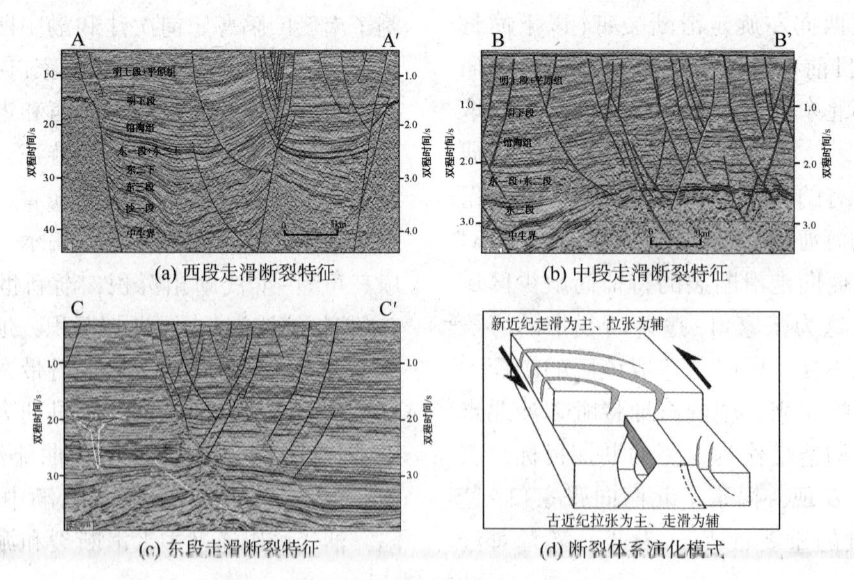

(a) 西段走滑断裂特征　(b) 中段走滑断裂特征　(c) 东段走滑断裂特征　(d) 断裂体系演化模式

图 2　沙北走滑带地震解释及断裂发育模式

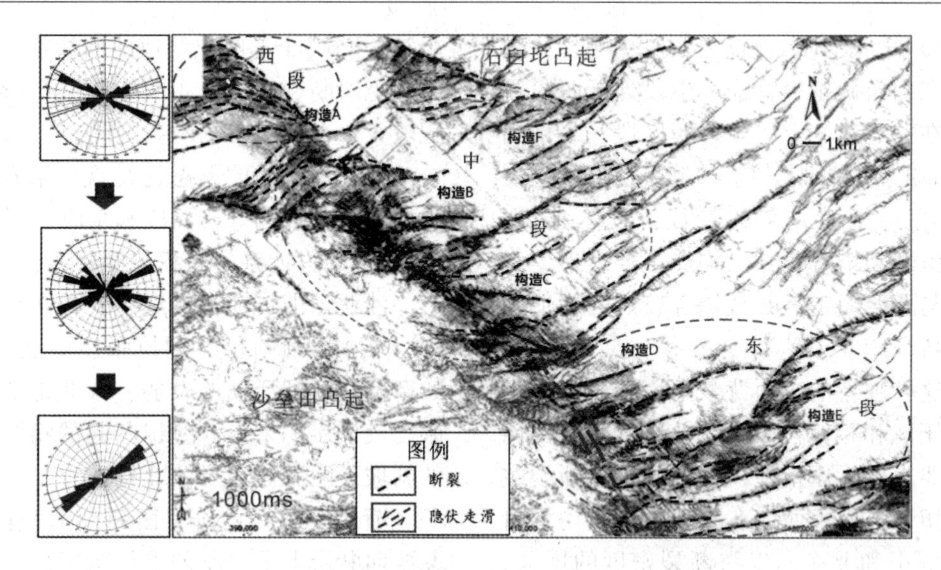

图3 沙北走滑带1 000 ms地震方差切片显示走滑断层特征

几何学和运动学特征表明，沙北走滑带断裂体系在时间上存在着2期差异明显的构造活动：古近纪主要为强拉张、弱走滑的构造特征，新近纪主要为强走滑、弱拉张的构造特征，2期应力的叠加对研究区构造格局的塑造起到了决定性作用。在空间上，研究区表现出明显的分段差异性特征，西段以北向左旋走滑为主，东段以北东向右旋走滑为主，中段处于西段和东段之间的“过渡带”，表现为北西向左旋、北东向右旋共轭走滑的特点。

3 走滑断裂差异性演化特征

3.1 印支-燕山期(雏形期)

三叠纪中晚期——印支期，华北板块与扬子板块发生近NNE-SSW向碰撞挤压，致使沙北构造带发生负向逆冲而遭受剥蚀，沙北构造脊在区域性挤压应力控制之下强烈隆升而开始形成。

燕山期，太平洋板块与华北板块发生近NW-SE向碰撞，在区域性强烈的近NW-SE斜向挤压应力控制下，渤海湾盆地发育2条大型走滑断裂——北东向郯庐左旋走滑断裂和北西向张家口-蓬莱右旋走滑断裂。研究区由于处在张蓬断裂主走滑路径上，受其强烈改造并初见雏形。

3.2 喜马拉雅期(定型期)

喜马拉雅期，太平洋板块碰撞的方向变为近EW向，渤海湾盆地整体上受到近SN向拉张应力控制[17]。张家口-蓬莱断裂走滑方向变为北西向左旋，其地层发生斜向撕裂而普遍发育北东向右旋走滑。另外，由于太平洋板块斜向碰撞的角度在整个古近纪-新近纪发生多次变化，导致研究区在古近纪主要表现为强拉张、弱走滑的构造背景，而在新近纪则主要表现为强走滑、弱拉张的构造背景，这与渤海湾盆地古近纪-新近纪的演化历程是吻合的。经历喜马拉雅期的应力改造之后，沙北走滑带基本定型(图4)。

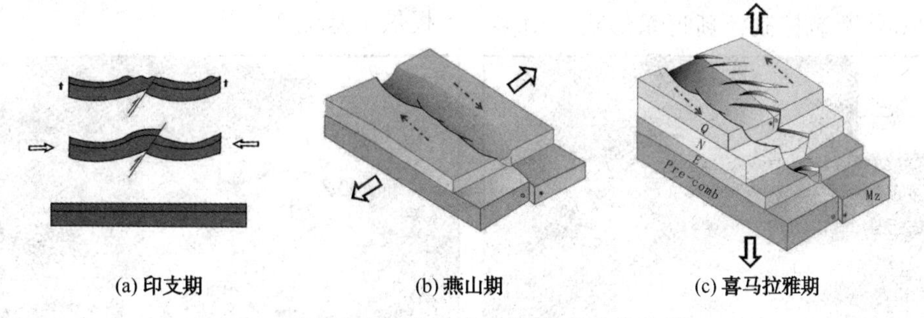

图4 沙北走滑带构造演化特征(引自张志强)

对于沙北走滑带西段，由于受沙垒田凸起和石臼坨凸起的限制，主要发育北西向左旋走滑断层，并且表现出强烈的压扭特征，其各时期沉积地层均见到明显的翘倾现象。相比之下，沙北走滑带东段靠近渤中凹陷，构造变形空间更开阔，表现出比较明显的张扭特征，同时由于更加靠近郯庐走滑断裂系，受其影响较之西段更明显，因而主要为北东向右旋走滑特征。中段处于西段和东段之间，在一定程度上属于过渡区段，表现出北西向左旋走滑和北东向右旋走滑共轭展布[18~20]，张扭、压扭并存的特征，具体来讲，与北东向走滑断裂耦合较好的构造主要表现为张扭特征，而与北西向走滑断裂耦合较好的构造则主要为压扭特征。

正是在这种独特的应力背景下，沙北走滑带存在相对挤压区和相对拉张区。总体上，北西向走滑断裂主要表现为压扭性，北东向走滑断裂主要表现为张扭性；而由西向东，随着北西向走滑断裂密度的减小和北东向走滑断裂密度的增大，沙北走滑带逐渐由相对挤压的应力背景过渡为相对拉张的应力背景。

4 走滑断裂的差异性特征对成藏的控制作用

4.1 控制圈闭形成与分布

受早期构造背景和晚期走滑断裂的控制，沙北走滑带主要发育2种类型圈闭：古近系披覆于古地形之上继承性发育的大型断背斜圈闭和新近系依附走滑断层形成的“墙角式”断块、断鼻圈闭。

沙北走滑带在印支-燕山期已经形成，披覆于潜山古地形之上的古近系受古构造高点、拉张应力背景共同作用，形成了一系列依附于古构造脊发育、呈北西-南东向条带状分布的断背斜圈闭，主要集中在走滑增压段。中段圈闭面积较大，主要为低幅宽缓的背斜形态；西段和东段圈闭面积小于中段，主要为陡倾的断背斜形态。

晚期走滑断层与其派生雁列断层相配合，对晚期圈闭的发育起到关键性控制作用。在西段和东段，受晚期帚状断裂控制，新近系形成了由多个“墙角式”小型断块组成的断块群。在中段，受共轭走滑断裂控制，主要形成多个形态较好、面积较大、东西走向的断鼻圈闭。

无论从圈闭的形态还是规模来看，中段的深浅层圈闭条件均好于西段和东段。

4.2 控制古近系的沉积与储层分布

沙北走滑带在古近纪主要处在伸展拉张背景下，且尤以渐新世早期拉张性最强。在古新世-始新世，断裂活动性较弱，沙北走滑构造脊构造幅度较低缓，来自沙垒田凸起的物源可顺着宽缓的斜坡长距离搬运至沙北构造脊中心地带进行沉积。渐新世早期，研究区断裂活动性明显增强，北西向断层上下盘剧烈差异沉降使沙北构造脊成为水下高地，受其遮挡，来自沙垒田凸起的物源很难搬运至沙北构造脊中心区域进行沉积，砂体卸载区主要集中在凸起的裙边斜坡带。因此，沙北构造脊上沙河街组储层分布范围比东营组下段分布范围更广（图5、图6）。例如，位于沙北构造脊中心区的A井，沙河街组揭示近百米可疑气层，而东下段则主要钻遇厚层泥岩。可见，断裂对研究区沉积体系的分布具有明显控制作用，影响各区带的成藏机会。

4.3 控制油气运移和聚集

早期拉张应力控制断层伸展形成拉张断层面，与裂陷生烃凹陷的烃源岩直接接触，提供了良好的“供油窗”和输导通道。早期拉张主断裂成为流体垂向输导的主通道，晚期的走滑派生断裂及馆陶组砂体使油气横向再分配。于是，拉张主断层、走滑断层-雁列断层以及输导砂体形成了一个系统的输导体系，为油气向早期大型断背斜圈闭和晚期断鼻、夹角断块充注形成规模油气田提供了基础[8]。

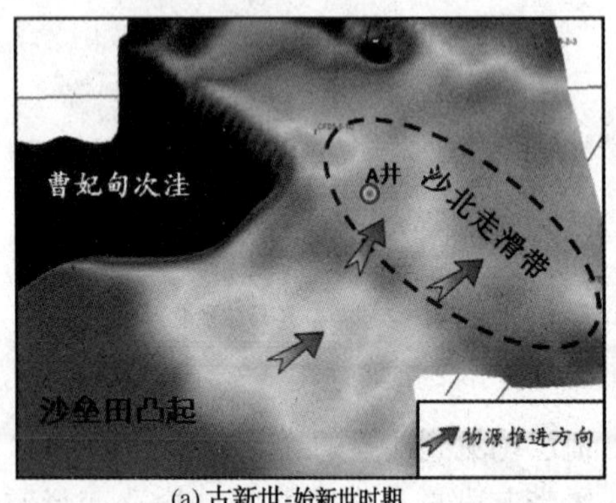

(a) 古新世-始新世时期

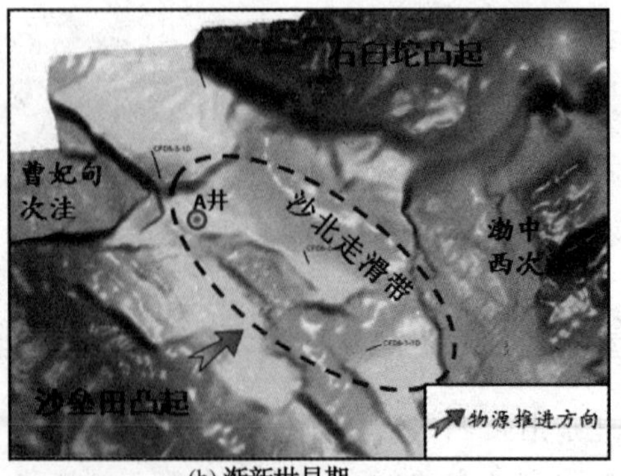

(b) 渐新世早期

图5 沙北走滑带各时期古构造

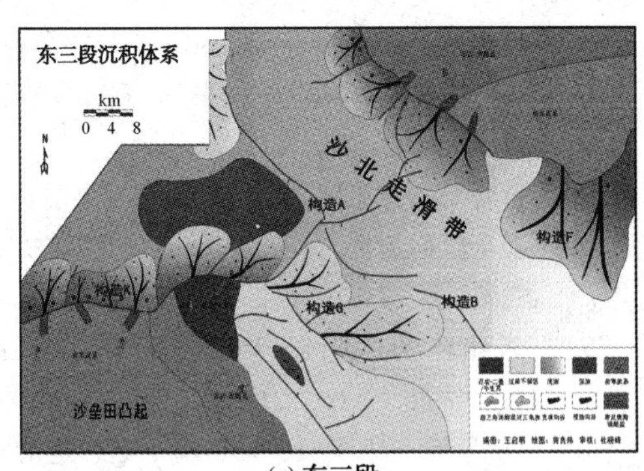

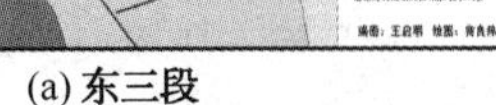
(a) 东三段

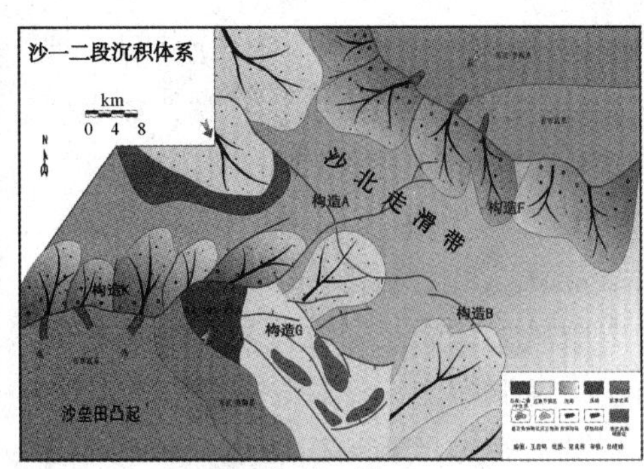

(b) 沙一段–沙二段

图 6　沙北走滑带古近纪早期沉积体系展布

5　油气差异成藏模式

从目前沙北走滑带油气分布情况看，在沙河街组、东营组、馆陶组和明下段均有一定程度的油气发现，表现出“立体成藏、复式聚集”的特征。然而，受断裂体系各段差异性特征的控制，沙北走滑带各段的油气成藏模式也大不相同。

5.1　西段油气成藏模式

众所周知，渤海湾盆地主要为晚期成藏。在沙北走滑带西段深层主断裂与曹妃甸次洼直接接触，形成良好供油窗，油气沿断层面垂向运移至中深层圈闭聚集成藏；而由于北西向左旋走滑断裂具有由深到浅逐渐变强的压扭型，阻碍了油气向中浅层圈闭的二次垂向输导以及油气向走滑断裂上升盘的横向输导。因此，西段的油气主要集中在北西向走滑断裂下降盘的中深层圈闭。目前在下降盘和上升盘分别钻探一口探井 B 井和 C 井，B 井在中深层见到较好油气显示，并获得了一定的油气发现，而 C 井的全井段地层以及 B 井中浅层地层则几乎未见到任何油气显示[图 7(a)]。

5.2　东段油气成藏模式

沙北走滑带东段主要受北东向右旋张扭断裂控制，使油气以长期活动性伸展断裂+晚期张扭断裂或“中转站”模式高效运移至浅层圈闭聚集成藏。因此，东段的油气主要集中在浅层。同时，对于整个沙北走滑带而言，由西向东，随着北东向右旋走滑断裂密度的增大以及浅层断裂活动性的增强，浅层油气的富集层位和富集厚度也逐渐变浅和变大，显示出油气充注能力由西向东逐渐变强的趋势[图 7(b)]。

5.3　中段油气成藏模式

沙北走滑带中段受北西、北东向共轭走滑断裂控制，与北东向右旋张扭断裂耦合较好的圈闭油气运移顺畅，成藏机会大，获得了较好的油气发现；而主要与北西向左旋压扭断裂接触的圈闭油气运移条件较差，均未获得油气发现。同时，由于中段断裂活动性介于西段和东段之间，油气在深浅层圈闭均可有效聚集，表现出复式成藏的特点[图 7(c)]。

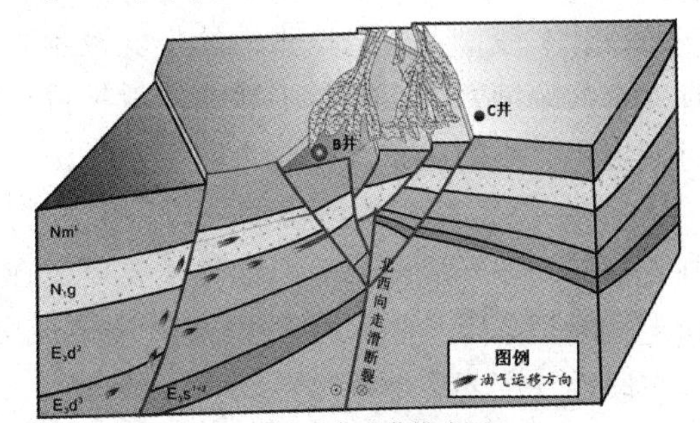

(a) 西段油气成藏模式图

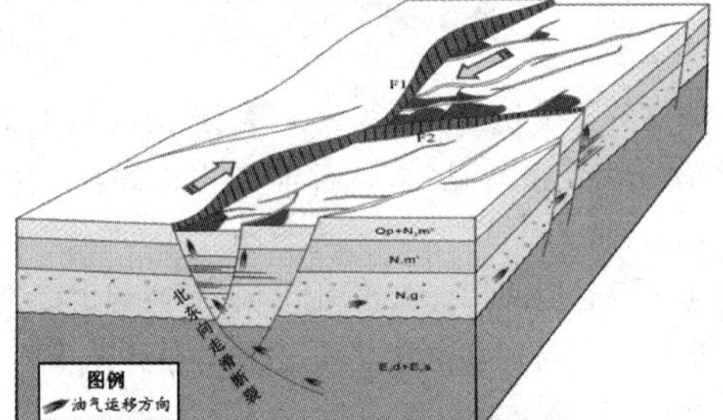

(b) 东段油气成藏模式图

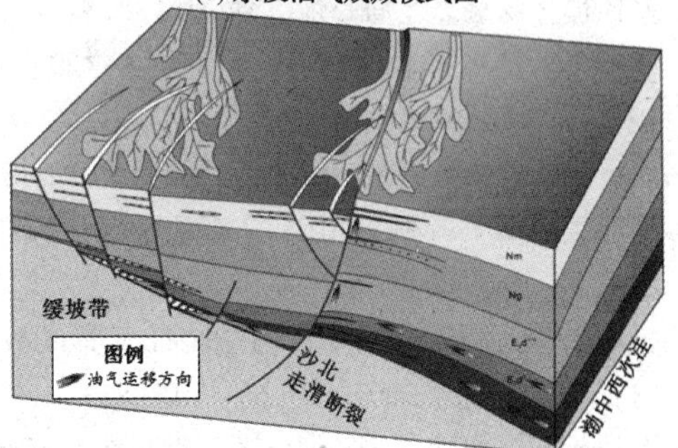

(c) 中段油气成藏模式图

图 7　沙北走滑带差异成藏特征

综合来看，张家口-蓬莱断裂渤海段的石油地质条件呈现出由西向东逐渐变好的特征，东段和中段的油气富集程度明显高于西段。

6 结论

沙北走滑带表现出古近纪拉张为主、新近纪走滑为主的2期演化特征，分段差异性明显，西段以北西向左旋走滑为主，中段为北西、北东向共轭走滑，东段主要为北东向右旋走滑。沙北走滑带经历印支、燕山和喜马拉雅3期构造运动改造后基本定型。西段受两大凸起限制，主要为北西向压扭断裂带；东段在开阔的变形空间下受到郯庐断裂影响，主要为北东向右旋张扭断裂带；中段处在过渡带，表现为张扭、压扭并存的共轭走滑断裂带。

受早期拉张和晚期走滑双重应力叠加控制，古近系发育大型断背斜圈闭，新近系发育小型断鼻和夹角式断块圈闭。总体来看，中段圈闭条件好于西段和东段。古近纪拉张性的强弱控制着构造脊发育的幅度，进而控制了沙北走滑带古近纪各时期沉积体系的展布。

张家口-蓬莱断裂渤海段的分段差异性特征控制着油气的差异成藏。西段油气主要集中在北西向走滑断裂下降盘中深层，中段为“复式成藏”区，东段油气主要集中在浅层。

参 考 文 献

[1] 彭文绪，辛仁臣，孙和风，等. 渤海海域莱州湾凹陷的形成和演化[J]. 石油学报，2009，30(5)：654-660.

[2] 王玉秀，官大勇，张宏国，等. 郯庐走滑断裂带消逝端断裂特征与油气成藏[J]. 特种油气藏，2015，22(2)：56-58.

[3] 万桂梅，汤良杰，周心怀，等. 郯庐断裂带在渤海海域渤东地区的构造特征[J]. 石油学报，2009，30(3)：342-346.

[4] 龚再升，蔡东升，张功成. 郯庐断裂对渤海海域东部油气成藏的控制作用[J]. 石油学报，2007，28(4)：1-10.

[5] 杨明慧. 渤海湾盆地变换构造特征及其成藏意义[J]. 石油学报，2009，30(6)：816-823.

[6] 万桂梅，汤良杰，周心怀，等. 渤海海域新近纪-第四纪断裂特征及形成机制[J]. 石油学报，2010，31(4)：591-595.

[7] 陈书平，吕丁友，王应斌，等. 渤海盆地新近纪-第四纪走滑作用及油气勘探[J]. 石油学报，2010，31(6)：894-899.

[8] 石文龙，张志强，彭文绪，等. 渤海西部沙垒田凸起东段构造演化特征与油气成藏[J]. 石油与天然气地质，2013，34(2)：242-247.

[9] 朱伟林，王国纯，周毅. 渤海油气资源浅析[J]. 石油学报，2000，21(3)：1-7.

[10] 董月霞，汪泽成，郑红菊，等. 走滑断层作用对南堡凹陷油气成藏的控制[J]. 石油勘探与开发，2008，35(4)：424-430.

[11] Xiaofeng Liu，Cuimei Zhang. Nanpu Sag of the Bohai Bay Basin：A Transtensional Fault-Termination Basin[J]. Journal Of Earth Science，2011，22(6)：755-767.

[12] 张华文，周江羽，刘德志，等. 南堡凹陷4号构造带蛤坨断层特征与油气成藏关系[J]. 海洋石油，2010，30(2)：14-22.

[13] 吕延防，许辰璐，付广，等. 南堡凹陷中浅层盖-断组合控油模式及有利含油层位预测[J]. 石油与天然气地质，2014，35(1)：86-97.

[14] 王家豪，王华，周海民，等. 河北南堡凹陷老爷庙油田构造活动与油气富集[J]. 现代地质，2002，16(2)：205-208.

[15] 郭涛，李慧勇，石文龙，等. 渤海海域埕北低凸起及周围地区构造沉积特征及有利勘探目标[J]. 油气地质与采收率，2015，22(2)：28-32，38.

[16] An Yin，and Michael H. Taylor. Mechanics of V-shaped conjugate strike-slip faults and the corresponding continuum mode of continental deformation[J]. GSA Bulletin，2011，123(9/10)：1798-1821.

[17] 任建业，于建国，张俊霞. 济阳坳陷深层构造及其对中新生代盆地发育的控制作用[J]. 地学前缘，2009，16(4)：117-137.

[18] Egill Hauksson，Lucile M. Jones，Kate Hutton. The 1999 Mw 7. 1 Hector Mine，California，Earthquake Sequence：Complex Conjugate Strike-Slip Faulting[J]. Bulletin of the Seismological Society of America，2002，92(4)：1154-1170.

[19] Wayne Thatcher，David P Hill. Fault orientations in extensional and conjugate strike-slip environments and their implications[J]. Geology，1991，19：1116-1120.

[20] Bernard Guest，Gary J Axen，Patrick S，et al. Late Cenozoic shortening in the west-central Alborz Mountains，northern Iran，by combined conjugate strike-slip and thin-skinned deformation[J]. Geosphere，2006，2(1)：35-52.

复杂断块油田断层封堵性研究及应用——以渤海湾盆地 B 油田为例

秦润森　张建民　朱建敏　周连德　高鹏宇　曹　龙

（中海石油（中国）有限公司天津分公司渤海石油研究院，天津塘沽 300452）

摘　要　复杂断块油田断层侧向封堵性是影响油田开发效果及潜力评价的重要因素，断层的侧向封堵性根本上取决于储层与断层带内排替压力的相对大小。以渤海海域 B 油田为例，针对油田在开发过程中的动静态储量矛盾，应用 Allan 剖面法精细构建断层两盘的岩性对接关系，计算不同对接模式 SGR 大小，并通过拟合不同泥质含量下孔隙度的变化规律、岩芯实测孔隙度与排替压力的对应关系，得到断层带与储层排替压力的大小关系，预测了相邻断块烃柱高度，从而对断层侧向封堵性实现了定量综合评价。研究表明，在 B 油田，通过计算排替压力来判断断层的封堵性是可靠性的，并得到压力测试进一步证实，为指导油田的滚动扩边提供了依据。

关键词　断层封堵性；对接模式；排替压力；泥质含量；渤海地区

断层在油气运移、聚集、成藏及再分配过程中，既可以是油气运移的良好疏导通道，也可以成为油气藏的有效封堵层[1]。对断层的封堵性进行研究，在勘探阶段可以了解油气运移的通道、方向、距离，以及断块圈闭的有效性，指导勘探方向[2,3]；而在开发过程中，围绕着有效的注水、判断油井可能受效方向和剩余油的分布，断层的侧向封闭性的评价尤为重要。特别是在勘探开发一体化理念驱动下，复杂断块油藏在开发过程中，以断层侧向封堵性研究为主要对象去评价相邻断块与相邻层位的潜力大小具有重要意义。

断层造成封闭的本质是因断层带与围岩之间存在差异渗透能力（Fisher Q · J 和 Knipe R · J）[4,5]，断层带与围岩存在较大的排替压力差，通过表征断层带中断层岩特性来定量评价断层封闭能力是目前研究断层封堵能力的重要方向。由于断层带内受构造应力的影响，带内岩性复杂化，断层带内排替压力往往难以获取，前人研究数据表明，建立断层封堵评价参数与区域油气藏特征是断层封堵性定量评价的重要途径。

已有实验数据表明，排替压力大小受岩石孔隙度影响最为明显，如何定量评价断层带内部岩性的孔隙度是获得排替压力的突破口。本文以位于渤南凸起的 B 油田为研究区，通过断层带 SGR 计算、区域砂泥岩的压实模板、岩芯数据排替压力与孔隙度拟合等综合分析，计算断层带与储层排替压力的相对大小对断层封堵性评价进行探索。实践表明，研究成果对该油田的滚动挖潜产生重大的指导意义。

1　地质背景

渤海海域 B 油田构造上位于黄河口凹陷东洼北缘，为渤南凸起披覆断裂背斜构造和边界大断层下降盘的断鼻组成的复杂断块型构造，处于黄河口生油凹陷之中，是渤海海域油气富集最有利地区之一。该区构造呈北东或近东西走向，由多条长期发育的近东西向深大断层及其派生的一系列同向或反向次级断层所夹持（图 1）。其中，A14 井区为三条断层所夹持的复杂断块油藏，主力油层为明化镇组下段Ⅴ油组的 1404 砂体，为河流相沉积。A14 井区自投产以来，生产稳定，动静态储量矛盾，生产现状与所静态认识的油藏规模不符，从图 1 分析可以得到，A14 井区周边发育 F1、F2、F3 三条断层，A14 井区与其周边断块在目的层平面上是否存在未完全断开的“砂-砂”对接模式，可能是这种动静态矛盾存在的主

作者简介：秦润森，男，硕士，2008 年毕业于成都理工大学，目前从事油气田开发地质研究工作。E-mail：qinrs@cnooc.com.cn

要原因。因此，复杂断块之间的断层侧向封堵性研究是解决生产动态矛盾的关键所在，也是评价相邻断块的潜力一种重要手段。

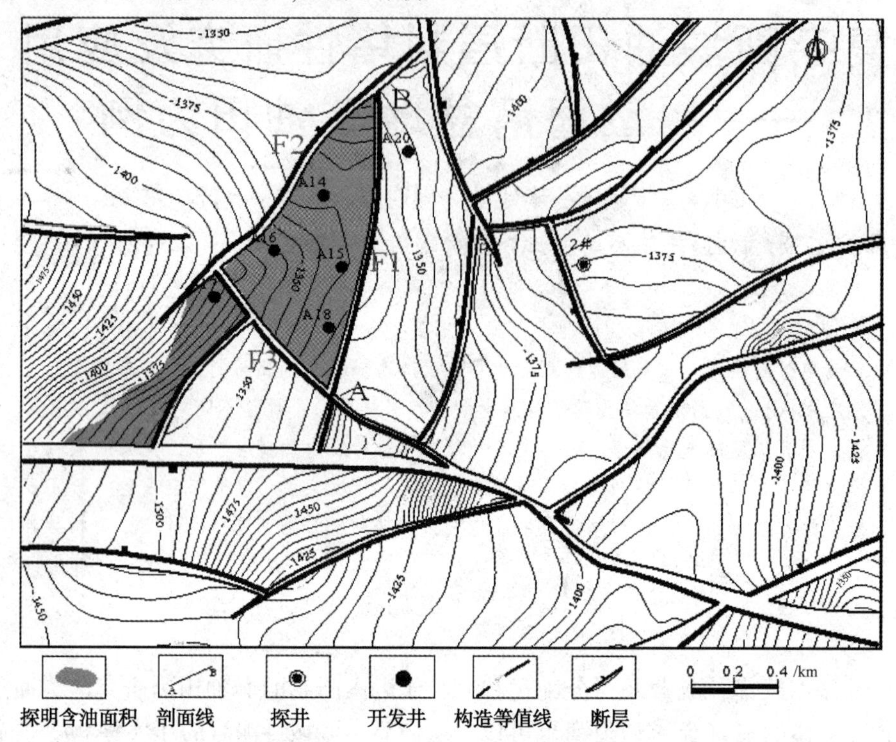

图 1　B 油田明下段 V 油组含油面积叠合及井区位置图

2　断层封堵性分析

静水条件下断层封闭能力强弱依赖于断层带与储层的毛细管压力差的大小，Gibson(1994)实验研究证实，泥质岩中的细粒物质可有效降低断层岩的孔隙度，起到增加断层带毛细管力的作用，故泥质含量越大的断层封闭能力越强。据此，多位学者依据露头数据和实验室研究，先后提出了多套预测断层带泥质含量的计算方法 CCR、SMGR、CSP (Clay Smear Poential)、SSF (Shale Smear Factor)、SGR(Shale Gouge Ratio)、ESGR(Effective Shale Gouge Ratio)和 PSSF(Probabilistic Shale Smear Factor)。目前应用最为广泛的是通过 SGR 参数表征断层带内泥质含量。因此，论文在研究过程中以计算断层带的 SGR 参数为基础，建立区域内不同泥质含量砂泥岩的孔隙度随埋深的变化模板，计算断层带内孔隙度的大小，再通过实测的岩芯数据建立孔隙度与排替压力的关系，进一步计算断层带内排替压力，从而对断层的封堵能力进行定量的评价。

2.1　SGR 参数的计算

SGR 是综合考虑了各种地质因素(断裂断距、走向、倾角、以及所断移砂泥岩地层对断层带细粒物质的供给)的一种算法[6]，SGR 定义的计算方法如下：

$$SGR = \sum (V_{sh} \times \Delta Z)/D \times 100\% \qquad (1)$$

式(1)中 ΔZ 表示地层带的厚度，m；V_{sh} 表示地层带的泥质百分数，%；D 表示断层的断距，m。V_{sh} 的确定主要依据测井解释的成果，ΔZ 的确定主要依据岩芯录井资料对于岩芯的描述，D 值的确定主要依据地震解释成果。

研究过程中，以 F1 断层为例，分析不同的断距下断层两盘砂岩的对接模式，建立两盘对接的 Allan 图(图 2)。针对于河流相储层横向变化快的特点，钻井剖面与地震剖面相结合，对断面附近的储层变化进行综合分析。河流相储层研究成果表明，F1 断层从南至北 1404 砂体发育相对稳定，而 1423 砂体从南至北发育变厚。从 Allan 图看出，随着断距的变化，断层两盘的储层对接也存在不同。F1 断层两盘储层的对接方式主要存在两种类型：

(1) 同期对接：F1 断层北端由于断距小，断距不足以完全断开储层，断层两盘同期砂岩发生对接，如北边 1423 砂体对接区域，图中对接区域为 S1，对接范围约 360m，该对接类型断层封闭性待定。

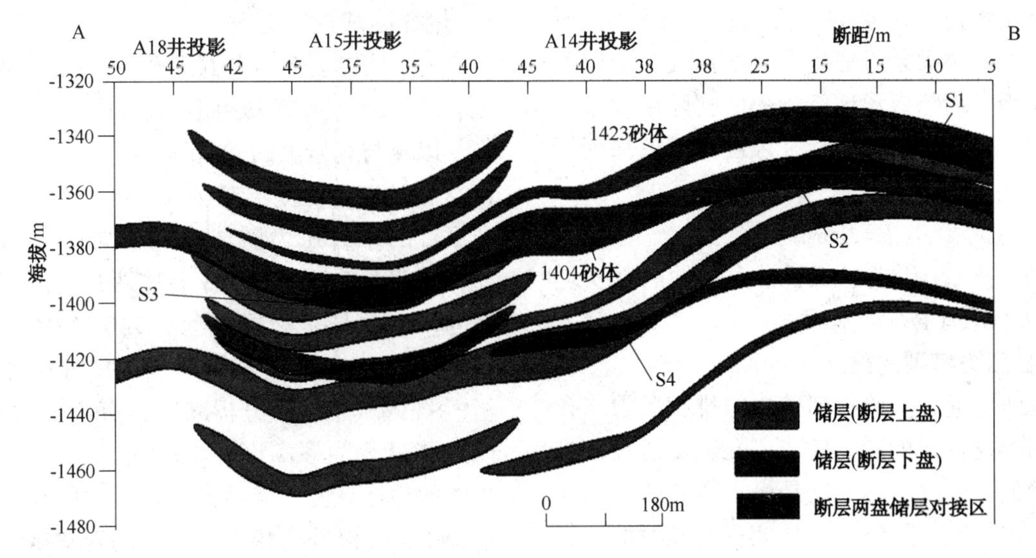

图2 B油田A14井区F1断层两盘储层对接Allan图

(2)非同期对接：断距大，断层完全断开同期砂体。F1断层中部发育这种对接模式，主要对接区域为S2、S3、S4，对接范围约540m。断层两盘非同期砂岩发生对接，该对接类型断层封闭性待定。

按照如上所述计算方法分别对4个对接区域参数进行计算发现(图3)，S1区域*SGR*参数集中在10%~20%，S2区域*SGR*参数集中在20%~30%，S3、S4区域*SGR*参数分布在40%以上。显然，根据*SGR*参数的计算结果，S3、S4区域断层的封堵能力明显强于S1、S2断层对接区域。

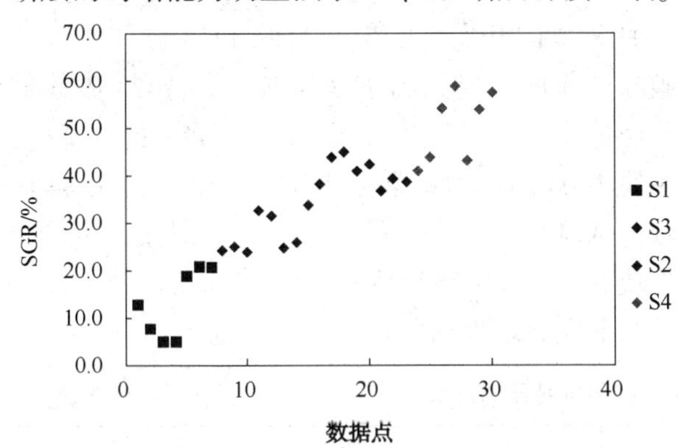

图3 B油田A14井区F1断层SGR参数分布特征

2.2 孔隙度模板的建立

地下砂岩孔隙度的大小与岩石埋藏后的压实作用有关，埋藏越深，泥质含量越重的砂体，压实作用越强，孔隙度越小[7,8]。因此，可以通过建立不同泥质含量的砂体压实图版去计算孔隙度。通过区域分析，研究区砂岩孔隙度与深度具有较好的指数关系，如图4所示。

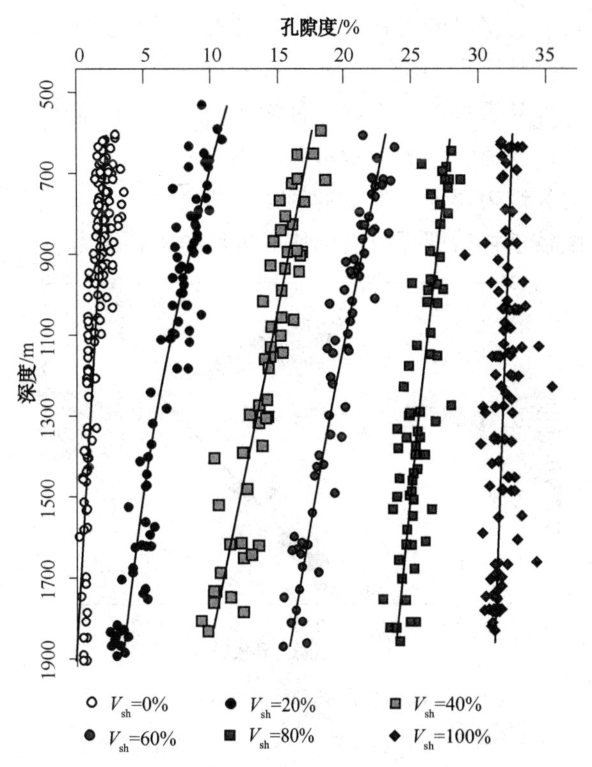

图4 B油田不同泥质含量岩石孔隙度与埋深关系(数据源于2井)

SGR参数的地质意义在于，如果断层带内的岩性近似理解为一种受断层两盘共同作用的“砂泥”混合体，SGR值的大小表征了这种岩性的泥质含量大小，即SGR值大小近似可以代表断层带砂泥混合体的泥质含量的大小，这种岩性的孔隙度可以通过图4进行计算。断层活动之后，来自于侧向挤压或张引的地应力可近似地视之为零，断裂充填物质所承受的压力主要是由上覆地层重力作用在断层面上的正压力。因此，利用该图版去计算断层带内的孔隙度时，通过"等效深度"所受到上覆地层重力来近似代表真实深度在断层面上的正压力，而等效深度所代表的孔隙度代表了真实深度在断层面内的岩性孔隙度。等效深度计算公式见式(2)：

$$h = H\cos\theta \quad (2)$$

式(2)中，H 代表了断层带内岩性的真实埋深，m；θ 代表了断面的倾角。

2.3 排替压力模型的建立

吕延防等通过实验得到砂岩的排替压力与孔隙度之间存在良好的相关性[9]。孔隙度越高，排替压力越低，反之亦然。这是由于高孔隙度的泥质岩(相同砂质含量条件下)压实程度相对低，岩石孔径相对大，排替压力自然低。因此，可以通过岩芯样品测得排替压力与孔隙度建立地表情况下排替压力的经验公式。从 B 油田探井 2 井的岩芯样品数据可以看到，排替压力与岩石孔隙性相关性明显，相关系数可达 0.89(图 5)，此排替压力为地表温度条件下的气驱水排替压力，通过温度较正之后即可以得到地下条件的排替压力。

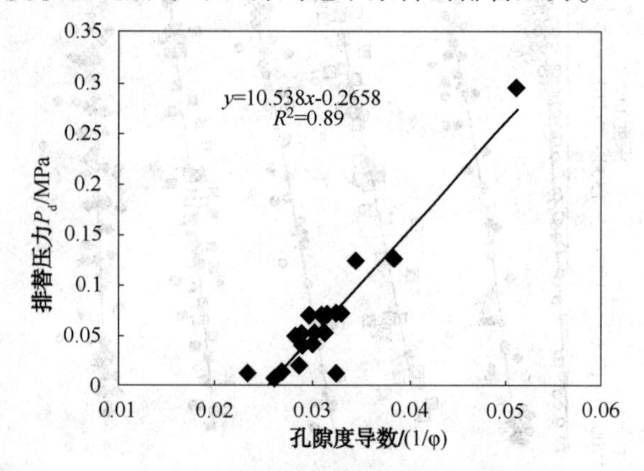

图 5 B 油田岩芯孔隙度与排替压力的关系

3 相邻区块潜力分析

通过岩芯孔隙度与排替压力的关系可以计算 S1、S2、S3、S4 区域断层带内的排替压力的大小，以及与其接触的砂岩排替压力(表 1)。S1 是 1423 砂体两盘的同层对接区，可以看出，计算的断层带的排替压力整体上大于储层内的排替压力，说明在 S1 区域 1423 砂体两盘是同期对接连通的。S2 区域是断层下盘的 1404 砂体与上盘的 1423 砂体的非同期对接区，从排替压力对比分析，S2 区域总体来分析断层具有一定封堵能力，能封堵最大油柱高度在 20m 左右，但目前 1404 砂体的油柱高度已经达到 34m，说明在油气运移过程中，烃源补给相对充足，随着封堵断层附近烃类高度的增加，浮力增强，烃类的浮力通突破 S2 区域断层的封堵能力，进而向与之对接的高部位 1423 砂体运移，被具有更强封堵能力的断层封闭成藏。S3、S4 区域同样是非同期储层对接，断层面具有较强的封堵能力，与之对接的上盘储层连通性存在风险。

为了评价东块潜力，并进一步验证断层两盘砂体的连通性的研究成果，设计开发井 A20 井在钻井过程中对油藏压力进行测试，A20 井在上盘 1423 砂体及 1404 砂体均钻遇厚油层，压力测试表明，1423 砂体压力已下降 1.33MPa，进一步证实 S2 区域封层的封堵能力不强，随着断层下盘 1404 砂体的开发，断层上盘的 1423 砂体流体突破断层面向下盘进行能量补充，即 1423 砂体储量应该是 A14 井区 1404 砂体动态储量的一部分，东块 1404 砂体为正常静水压力，虽然其在 S4 区域与 A14 井区动用砂体存在非同期对接，可能与东块 S4 区域断层较强的封堵性而不连通有关。这与断层封堵性研究认识是一致的。

表 1 B 油田 F1 断层断层带与储层排替压力计算

对接区	SGR/%		断层倾角/(°)	埋深/m	等效埋深/m	断层带孔隙度/%	断层带排替压力/MPa	储层孔隙度/%	储层排替压力/MPa	排替压力差/MPa	封闭油柱高度/m
	上涂抹点	下涂抹点									
S1	12.8 7.7	18.8 21.1	62	-1350	-634	33.0	0.05	31.2	0.07	-0.02	-
S2	24.7 23.6 32.4	24.8 25.9 33.9	62	-1360	-638	29.1	0.10	32.4	0.06	0.04	20

续表

对接区	SGR/%		断层倾角/(°)	埋深/m	等效埋深/m	断层带孔隙度/%	断层带排替压力/MPa	储层孔隙度/%	储层排替压力/MPa	排替压力差/MPa	封闭油柱高度/m
	上涂抹点	下涂抹点									
S3	43.7 44.7 41.0	36.5 39.2 38.5	62	-1390	-653	23.5	0.19	31.7	0.07	0.11	63
S4	43.6 54.1	42.8 53.9	62	-1420	-667	18.7	0.32	30.4	0.09	0.23	129

4 结论

(1) 通过井剖面与地震剖面相结合，建立 B 油田 F1 断层两盘对接的 Allan 图，分析不同断距下断层两盘砂体的对接模式。F1 断层主要存在 4 个砂岩对接区，分同期对接与非同期对接两种模式，并计算不同模式下 *SGR* 值的大小。

(2) 通过建立不同泥质含量的砂岩压实图版计算断层带砂泥岩孔隙度，并利用实测岩芯样品排替压力与孔隙度的回归模型计算断层带内排替压力的相对大小，形成研究区断块油藏断层封闭性的综合评价方法，评价扩边潜力。

(3) 利用断层封堵性滚动挖潜是一项新的评价技术，通过计算表明，F1 断层 S1 区域为同期对接连通，S2、S3、S4 为非同期对接区域，S2 封堵能力较弱，S3 与 S4 区域封堵性强，F1 断层东块存在滚动扩边潜力，并通过开发井钻后实测油藏压力得到证实，与钻前设计一致。

参 考 文 献

[1] 李明诚. 石油与天然气运移[M]. 第 2 版. 北京：石油工业出版社，1994：44-63.

[2] 吕延防，付广，张云峰，等. 断层封闭性研究[M]. 北京：石油工业出版社，2002：132-141.

[3] 曹瑞成，陈章明. 早期勘探区断层封闭性评价方法[J]. 石油学报，1992，13(1)：13-22.

[4] Fisher Q J，Knipe R J. Fault sealing processes in siliciclastic sediments[J]. Geological Society，London，Special Publications，1998，147(1)：117-134.

[5] Knipe R J，Jones G，Fisher Q J. Faulting，fault sealing and fluid-flow in hydrocarbon reservoirs：an introduction[M]//Jones G，Fisher Q J，Knipe R J. Faulting and fault sealing and fluid flow inhydrocarbon reservoirs. London：Geological Society，1998.

[6] Yielding G，Freeman B. Quantitative fault seal prediction [J]. AAPG Bulletin，1997，81(6)：897-917.

[7] 刘国勇，金之钧，张刘平. 碎屑岩成岩压实作用模拟实验研究[J]. 沉积学报，2006：12(4)：24-28.

[8] 王艳忠，操应长，葸克来，等. 碎屑岩储层地质历史时期孔隙度演化恢复方法——以济阳坳陷东营凹陷沙河街组四段上亚段为例[J]. 石油学报，2013，34(6)：1100-1110 .

[9] 吕延防，陈章明，万龙贵. 利用声波时差计算盖岩排替压力[J]. 石油勘探与开发，1994，12(2)：43-47.

BZ 油田层内夹层预测方法与水平井轨迹优化

刘卫林　刘建华　胡治华　汪利兵　孟云涛

(中海石油(中国)有限公司天津分公司渤海石油研究院，天津塘沽 300459)

摘　要　单砂层层内夹层对油水运动具有重要影响。BZ 油田是以水平井为主体的开发油田，该油田主力开发层系明Ⅱ油组顶部单砂层厚度 4.5~22m，其中夹层厚度 0.2~2.3m 之间，其层内夹层认识程度直接影响开采方案的优化和实施效果。文章利用井点地质、地球物理信息的耦合性，井震结合方法剖析了夹层在储层中不同位置的地球物理响应特征，预测了夹层在平面的分布、密度及厚度，并依据夹层的 6 类分布模式对水平井水平段轨迹进行优化。其研究思路、方法为陆相储层夹层的分布预测提供了借鉴。

关键词　BZ 油田；单砂层；层内夹层；地震波形；水平井轨迹优化

BZ 油田位于渤海海域浅海地区，其构造位于黄河口凹陷中央构造脊北端的一个复杂断块。油田主要含油层系发育于新近系明化镇组下段，油层相对单一，集中在明Ⅱ油组上部的 4 个砂层，单砂层厚度在 4.5~22m，主要为浅水三角洲水下分流河道沉积的中-细粒砂岩，物性属中高孔中高渗储层。其油藏埋深 -1130.0 ~ -1216.0m，以岩性-构造控制的边底水油藏为主。根据油藏特点，为了高效开发 BZ 油田，抑制边底水锥进，部署了以水平井为主体的开发方案，而储层中层内夹层对水平井的轨迹优化和产能影响较大，其认识程度直接影响开采方案的优化和实施效果[1~6]。因此，BZ 油田开发初期，面临钻井资料少，水下分流河道储层分布复杂特点，为了精细研究储层，在层位精细标定基础上，利用测井资料纵向的高分辨率及地震资料的横向连续性[7,8]，精细剖析油层内部夹层分布规律，对水平井轨迹优化及高效开发 BZ 油田具有重要的指导意义。

1　层位精细标定及储层追踪描述

1.1　层位精细标定

三维地震资料是记录地下地质微观波动结果的总和，是地下地质体在三维空间的综合响应，反映地质体横向变化规律[9]。层位精细标定是赋予三维地震及反演波阻抗资料地质意义，使得地震资料地质解释有据可依。可见合成记录精确的层位标定是储层追踪描述、夹层的预测及水平井轨迹优化的研究基础。

通过合成地震记录对 BZ 油田地震资料精细标定，结果表明目的层砂岩相对于泥岩为低密度，低波阻抗对应储层，高波阻抗对应非储层。通过多井岩性组合与相对波阻抗响应特征分析(图 1)，发现小于 6m 的砂层，相对波阻抗对应弱振幅、低连续反射或无反射；6~20m 的砂层，相对波阻抗对应中、强振幅反射，相位宽度近似等于砂层厚度；大于 20m 的砂层，相对波阻抗以复合波反射为主。通过钻井资料对明Ⅱ油组主力砂体砂层厚度进行统计，85%的砂层厚度在 6~20m 之间，其相对波阻抗对应中、强振幅反射特征，有利于砂体的追踪和描述。根据 90°相位反转地震资料，结合钻井资料，利用自然伽马曲线、电阻率曲线等分别对主要含油气砂体顶底面进行精细标定，做到砂体顶、底阻抗区分明显，阻抗厚度与砂体厚度吻合，为砂体追踪描述及层内夹层研究奠定了基础。

1.2　储层追踪描述

储层追踪描述是充分利用钻井、测井资料纵向分辨率及地震资料横向连续性，有效预测储层的分布范围、厚度，以达到对储层的定量描述。

作者简介：刘卫林(1971—　)，男，开发地质高级工程师，1994 年毕业于中国地质大学石油地质专业，目前从事开发地质研究工作。E-mail：liuwl22@cnooc.com.cn

BZ 油田基于层位精细标定基础上，利用小层地震解释层位沿小层顶面提取地震属性，分析储层分布范围；追踪描述过程中以井点为中心，多方位核实检查，约束储层的追踪解释，充分利用阻抗变化点、波形畸变点、极性反转点、尖灭点等异常变化点确定砂体边界，准确把握砂体的横向展布特征。

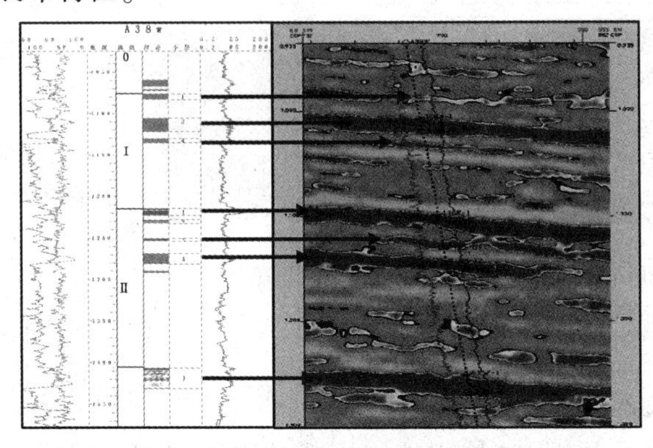

图 1 A38W 井资料与地震反演波阻抗剖面对应关系图

2 夹层的测井曲线及地震波形响应特征

研究中通过井点资料认识单砂层内夹层的测井曲线及地震波形响应特征，应用测井资料纵向高分辨性及地震资料横向连续性，预测储层夹层分布。

2.1 夹层的测井响应特征

BZ 油田主力含油层储层沉积类型为三角洲前缘水下分流河道沉积，是多期河道的垂向、侧向叠加形成的，其层内夹层以泥岩、物性夹层为主，少见钙质夹层。泥质夹层在纵向上出现的频率相对较高，测井曲线反映泥岩特征，自然电位回返，靠近基线；伽玛曲线高值；深侧向电阻率下降为砂层的 50%以上(图 2)。物性夹层泥质含量很高，有一定的幅度差；自然电位幅度低，自然伽马值升高。

2.2 夹层地震波形响应特征

利用地震资料识别和预测储层夹层，主要依据测井曲线与地震波形的变化的耦合性来识别，由于地震资料的纵向分辨率问题，井震对比关系复杂性，因而研究对象的尺度缩小了，给研究带来不确定性。

无夹层发育的储层砂体，理论地震地质模型当地层厚度大于波长时，顶、底反射能明显分开，可以根据两组反射的时差来确定地层厚度；当地层厚度接近 1/2 波长时，反射波出现明显的干涉，呈现复合波形；当厚度接近 1/4~1/8 波长时，波形将变为简单，类似于单波形式。而夹层发育的储层砂体，地震反射波形特征有所变化，其波形变化与储层中夹层的发育程度、夹层厚度、夹层分布、分布密度等组合特征有关。

BZ 油田经过多井层位精细标定，以井点资料为核心，井震结合，综合对比分析层内不同位置夹层对波形特征的影响，总结了储层中夹层组合与其对应的地震波形响应特征，可分为 6 种类型(图 3)：①储层厚度在 1/4~1/8 波长之间，无夹层，波形呈对称的单波。②储层厚度在 1/4~1/8 波长之间，夹层位于储层的中上部，波形变“胖”，呈上缓下陡的不对称的单波形态；③储层厚度在 1/4~1/8 波长之间，夹层位于储层的下部，波形变“胖”，呈下缓上陡的不对称单波形态；④储层厚度在 1/4~1/8 波长之间，夹层分布于储层的上、下部，波形呈近似箱状复波形态；⑤储层厚度较大，夹层中部，波形呈似可分离状复波形态；⑥多夹层且厚度相对较大，随机分布于储层中，波形呈不规则状复波形态。

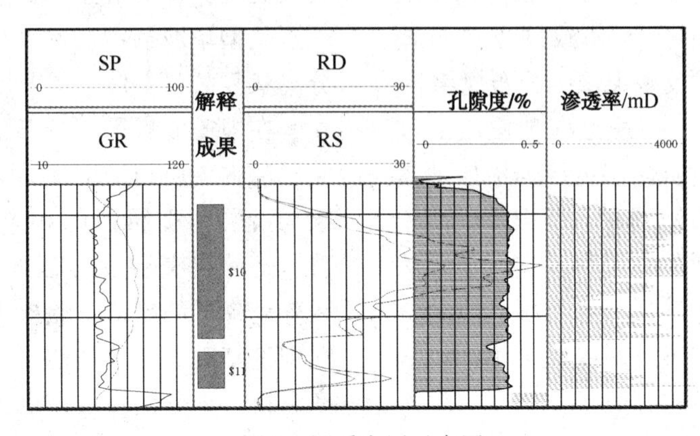

图 2 泥质夹层示意图

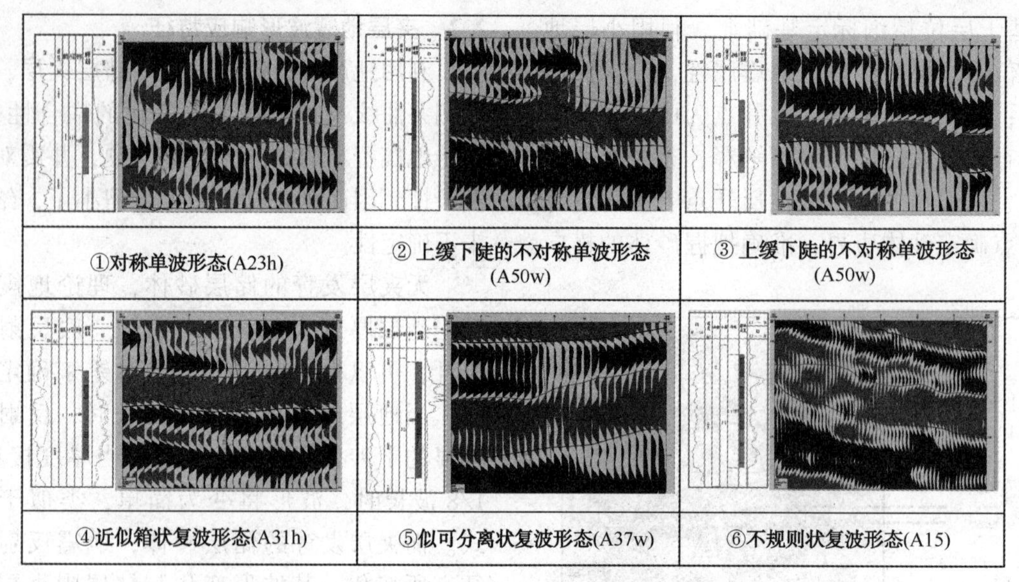

图 3　不同位置夹层的储层对应地震波形响应特征

由上述讨论可知，当储层中有夹层发育时，常导致地震反射波形变“胖”或呈复波，频率降低，在平面上通常反映为低频分布区。

3　夹层的预测方法及描述

3.1　夹层的预测方法

储层层内夹层纵向位置不同及其横向上的变化，可引起地震波的波形、频率等特征发生变化，利用这些变化及钻井、测井的标定，可以研究储层夹层在纵向和横向的分布。研究中采用宏观控制、微观解析、钻井标定调整的示性点技术方法预测储层夹层的分布规律。宏观控制是以地震频率属性为依据，在平面上划分出低频与正常频率及高频分布范围，一般而言，低频分布区为主要的隔夹层分布范围；微观解析是依频率分布区带作为宏观控制，通过波形加变面积显示的地震剖面，精细分析地震波形的特征并确定其不同波形特征的分布范围；钻井标定调整是在已确定的不同波形特征的分布范围内，根据钻井揭示的储层夹层情况，对局部井震不一致现象进行调整，使之能有效的精确的反映夹层的分布规律。

BZ 油田储层夹层分布描述是在地震波的波形分类描述基础上，通过对储层夹层与沿层地震属性的响应特征分析，采用测井、地震及反演资料结合，对夹层分布范围、夹层密度进行了预测研究，在此基础上，结合波形分布特征，测井资料中夹层纵向上的分布位置，对纵向上不同位置的夹层进行了平面分布描述。

3.2　储层夹层描述

根据 BZ 油田地震资料的实际情况，分析钻井钻遇砂体的夹层分布与地震波形特征，发现地震波形特征与夹层分布具有较好的响应特征，其对称型单波为无夹层的地震响应；不对称型单波、近箱状复波、似分离状复波为夹层发育的地震响应。其中下缓上陡型单波为下部夹层发育的地震响应；上缓下陡型单波为上部夹层发育的地震响应；似分离状复波多为夹层厚度较大的地震响应，上似分离状复波反映上部夹层发育，下似分离状复波多反映下部夹层发育；近箱状复波的地震响应较为复杂，其一反映储层厚度较大(储层厚度在 20m 以上)，其二反映为中部左右夹层发育。研究中分别对砂体进行了详细的地震波形分类研究，依据波形特征编制了相应的地震波形类型分布图，为砂体的层内夹层描述奠定了基础。如明Ⅱ油组 1 号砂体的地震波形主要可分为五大类型，即对称型单波、下缓上陡型单波、上缓下陡型单波、不对称型单波、近箱状复波和似分离状复波(图 4)。

在地震波形平面分布研究基础上，进一步对储层层内夹层与沿层地震属性分析，认为储层夹层与沿层地震属性的相关性较低。但从整体来看，随储层夹层发育程度的增加，其振幅变弱、频率呈降低的趋势。储层夹层密度描述是基于上述理论基础上，利用地震波形分类分析和瞬时频率分析，划分出夹层平面分布区域(图 5)。在夹层分布区域，分析各类地震属性与夹层密度的相

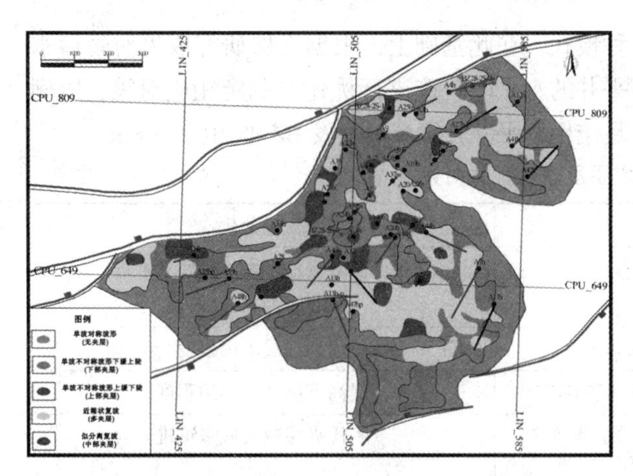

图4　明Ⅱ油组1号砂体波形分布图

关性，优选出能可靠的反映夹层密度的地震属性瞬时频率，分析夹层密度与其定量关系，进而应用地震资料横向连续性预测夹层密度平面分布(图6)，平面夹层密度分布在0~25%之间。在对夹层分布范围、夹层密度预测研究基础上，进一步结合波形分布特征，依据测井资料中井点夹层纵向上的分布位置与波形的耦合性，对明Ⅱ油组1号砂体分上、中、下进行了夹层厚度平面分布描述(图7)，为水平井水平段轨迹优化奠定了基础。

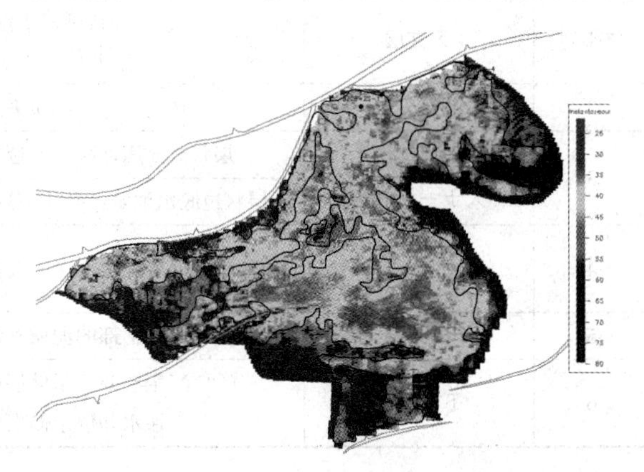

图5　明Ⅱ油组1号砂体沿层瞬时频率分布特征

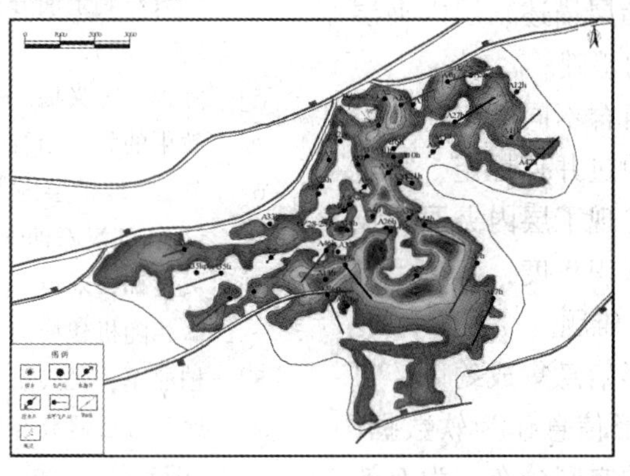

图6　明Ⅱ油组1号砂体夹层密度等值线图

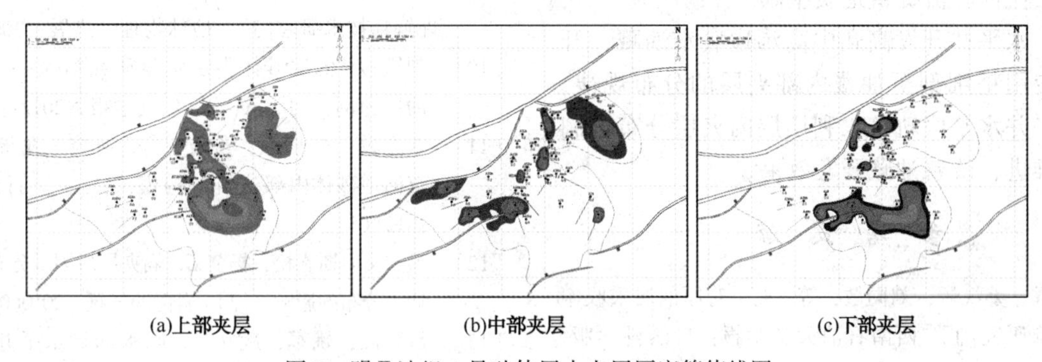

(a)上部夹层　(b)中部夹层　(c)下部夹层

图7　明Ⅱ油组1号砂体层内夹层厚度等值线图

4　夹层分布模式与水平井轨迹优化研究

应用水平井开发的油藏，油层层内夹层的认识程度直接影响的水平井轨迹优化和实施效果，因此精细剖析油层内部夹层分布规律是提高水平井开发效果的基础之一。特别是在油藏数值模拟中如不考虑层内夹层的分布规律，就很难做好水平井产量预测、实现历史拟合和油藏动态变化，可见研究油层层内夹层也具有重要生产意义[13~15]。因此落实夹层纵向上的分布位置、平面的分布范围对油藏的开发效果及提高最终采收率起着非常重要的作用，特别是中部夹层存在，对开发效果影响较大，需根据油藏类型区别对待，以取得最佳的开发效果。

结合前人研究成果，综合 BZ 油田夹层纵向上的分布位置、平面的分布范围，总结了夹层分布六种模式，在此基础上，根据夹层研究成果对每口水平井的水平段轨迹进行优化并制定相应对策，以满足应用水平井方案高效开发 BZ 油田(表 1)。

表 1　夹层模式与水平井水平段轨迹优化对策

序号	夹层模式	水平段轨迹优化对策	效果分析
1	无夹层	生产井轨迹位于油层顶部 注水井位于储层下部	生产井减缓注入水、边底水锥进 注水井提高驱油效果
2	上部夹层	钻穿上部的泥质夹层发育区	提高油层动用程度
3	中部夹层 （大于一个井距）	层状全充满油藏：轨迹钻穿中部夹层	提高下部油层动用程度
		层状边底水油藏：利用夹层来减缓底水锥进	利用夹层减缓底水锥进
4	中部夹层 （小于一个井距）	轨迹位于储层偏上部，减缓注入水、底水锥进	提高油藏的开发效果
5	多夹层	钻穿上部的泥质夹层发育区	提高油层动用程度
6	下部夹层	生产井位于储层中上部 注水井位于储层中下部	减缓注入水、边底水锥进

5　结论

（1）精确的层位标定是储层描述、层内夹层预测及水平井轨迹优化研究的基础。

（2）利用储层内部夹层组合不同而引起地震波的波形、频率变化特征，通过井点标定、宏观控制、微观解析的示点法，实现了层内夹层由点到面的认识，提高了夹层的认识程度，解决了陆相储层夹层预层这一开发地质难题。

（3）测井资料与地震波形信息集成约束，将井数据作为硬数据，地震波形信息作为软数据，可以有效刻划储层层内夹层的空间分布，为有效改善储层流体渗流提供地质基础。

（4）水平井开发高孔中高渗边底水油藏，开发早期应用精细剖析油藏内部夹层的分布规律，优化水平井水平段轨迹，利用层内夹层分布抑制边底水锥进，改善油藏开发效果。

参　考　文　献

[1]　刘睿，姜汉桥，刘同敬，等. 夹层对厚油层采收率影响研究[J]. 西南石油大学学报：自然科学版，2009(04).

[2]　付志国，石成方，赵翰卿，等. 喇萨杏油田河道砂岩厚油层夹层分布特征[J]. 大庆石油地质与开发，2007(04).

[3]　梁文福. 喇嘛甸油田厚油层多学科综合研究及挖潜[J]. 大庆石油地质与开发，2008(02).

[4]　张雁，冯殿辉，林虎哲，等. 不同河道砂体内夹层个数对剩余油分布的影响[J]. 大庆石油学院学报，2008(03).

[5]　陈程，孙义梅. 厚油层内部夹层分布模式及对开发效果的影响[J]. 大庆石油地质与开发，2003(02).

[6]　刘红. 厚油层内夹层分布模式及其对采收率的影响[J]. 江汉石油学院学报，2002(01).

[7]　吴胜和，刘英. 应用地质和地震信息进行三维沉积微相随机建模[J]. 古地理学报，2003(04).

[8]　柏冠军，吴汉宁，赵希刚，等. 地震资料预测薄层厚度方法研究与应用[J]，地球物理学进展，2006(02).

[9]　石建新，王延光，毕丽飞，等. 多分量地震资料处理解释技术研究[J]，地球物理学进展，2006(02).

[10]　刘铁岭. 储层砂体夹层定量研究初探——以东庄油田为例，[J]. 石油天然气学报，2012(05).

[11]　李志鹏，林承焰，董波，等. 河控三角洲水下分流河道砂体内部建筑结构模式，[J]. 石油学报，2012(01).

[12]　邹志文，斯春松，杨梦云. 隔夹层成因、分布及其对油水分布的影响，[J]. 岩性油气藏，2010(03).

[13]　吕爱民，姚军，武兵厂. 底水油藏水平井最优垂向位置研究，[J]. 石油钻探技术，2007(01).

[14]　张义堂 周玉林，张仲宏，等. 陆相沉积油层水平井水平段轨迹对产能及采收率影响的研究，[J]. 石油勘探与开发，1999，26(2).

[15]　郭肖，杜志敏. 非均质性对水平井产能的影响[J]. 石油勘探与开发，2004，(01).

渤海湾盆地A油田古近系中深层储层预测及其应用

郭 诚[1] 张建民[1] 崔名喆[1] 穆朋飞[1] 梁 旭[2]

(1. 中海石油(中国)有限公司天津分公司，天津塘沽 300459；
2. 中海油研究总院，北京 100028)

摘 要 渤海古近系中深层(埋深大于2500m的古近系地层)油田，由于其储层埋藏深、沉积类型多样，储层预测问题已成为制约渤海古近系中深层开发井实施成效的关键。为精细刻画古近系中深层储层展布特征，本文以A油田为例，提出了一套适合渤海古近系中深层储层预测的技术思路与方法，首先在高精度层序框架约束下，识别油田范围内井震响应明显的前积砂体，利用地震属性切片识别不同前积砂体的平面展布范围；随后聚焦到前积砂体内部，通过波形结构与岩性组合的耦合关系，结合正演模型，将波形的剖面分布特征转换为不同主河道内部的波形平面分布特征，进而识别前积体内部储层结构。A油田随钻过程中，应用该技术方法有效规避了储层风险，油田16口开发井实施效果良好。

关键词 渤海湾盆地；前积体；储层内部结构；波形聚类；正演模拟

渤海古近系中深层(埋深大于2500m的古近系地层)油田，由于其储层埋藏深、沉积类型多样，储层预测问题已成为制约渤海古近系中深层开发井实施成效的关键。目前国内很多学者针对此问题开展攻关研究，徐长贵、冯艳红、王建立等分别针对储层预测的问题及难点提出了诸如地震目标处理及采集、相控约束模拟、古地貌分析等技术和方法并取得了一定的研究成果和应用效果[1~3]。但海上油田开发受制于成本所限，地震资料采集处理具阶段性，因此在研究中常常面临的是资料先天不足的窘境，这就需要研究人员充分发挥已有资料的作用，充分利用好地震资料，地震地质一体化，进而降低储层预测的多解性。

渤海A油田目的层为沙河街组辫状河三角洲储层，地震资料主频约12Hz，纵向分辨率在40~60m，已钻井统计单砂体厚度小于5m砂体比例占88%，在现有地震分辨尺度下，识别单砂体几乎不可能，因此只能识别砂体组合，通过岩性组合与地震响应关系进而达到储层预测的目的。基于油田中面临的实际问题，提出了一套适合渤海古近系中深层储层预测的技术思路与方法，首先在高精度层序框架约束下，油组内部连续性追踪识别三期前积砂体，利用地震属性切片识别不同前积砂体的平面展布范围；随后聚焦到前积砂体内部，通过波形结构与岩性组合的耦合关系，结合正演模型，将波形的剖面分布特征转换为不同主河道内部的波形平面分布特征，进而识别前积体内部储层结构。

1 区域地质概况

区域上，渤海湾A油田构造位于莱州湾凹陷中央隆起带中部，南抬北倾，北侧紧邻莱州湾凹陷北洼，整体为受东西向大型滑脱断裂控制的断块、半背斜构造，成藏位置非常有利[4,5](图1)。区块的主要目的层为沙三上段Ⅱ、Ⅲ油组，以辫状河三角洲前缘沉积为主，物源来自西南的垦东凸起。综合岩芯、井壁取芯、岩屑及测井资料，

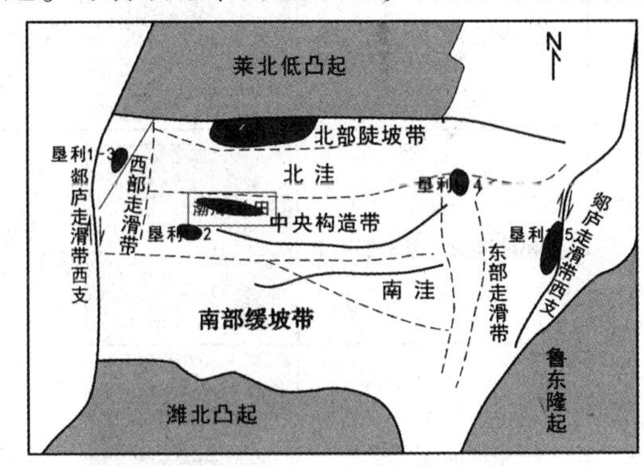

图1 渤海湾A油田区域位置图

作者简介：郭诚(1983—)，男，汉族，湖北天门人，获硕士学位，开发地质工程师，主要从事油气田开发地质工作。E-mail：guocheng@cnooc.com.cn

A 油田沉积储层受辫状分流河道控制明显，砂体呈多期、叠加的沉积模式[6~8]。

2　储层预测面临的挑战及技术对策

渤海 A 油田目的层埋深大于 2500m，地震资料信噪比低、主频约 12Hz，纵向分辨率在 40~60m 左右，储层段Ⅱ、Ⅲ油组只有 4 个地震同向轴，已钻井统计单砂体厚度小于 5m 砂体比例占 88%，在现有地震分辨尺度下，识别单砂体几乎不可能，难以满足开发的需求。

在油田研究中针对以上难点，结合油田实际地质和地震特点，沿用“井震结合、分级控制，模式引导、属性聚类”的总体思路，分级分层次开展储层预测。具体技术包括地震属性切片技术、模型正演技术以及波形聚类技术。

3　储层预测技术方法

3.1　地震属性切片技术识别前积体平面分布

众所周知，不同等时格架内的沉积体，沉积岩石学特征有一定差别。这种差别会引起地震反射特征的变化。地震属性切片技术正是依据上述理论提出的。具体识别步骤如下：

（1）首先通过井震标定建立地震同向轴与井上砂体的岩-电-震关系[9~12]

以沙三上顶部稳定发育的泥岩标志层作为标定，建立发育目的层的Ⅱ、Ⅲ油组井震响应关系模板，其中以厚砂岩为主的岩性组合特征在Ⅱ油组对应较强振幅、连续性中等的复波反射波，为三角洲前缘主河道发育区，而砂泥比接近 1 的薄互层沉积在地震上为连续性较好的中等振幅反射，以三角洲前缘河道边部沉积为主，对于前缘远沙坝泥岩沉积，则表现为连续性较差的弱振幅响应特征（图 2）。通过建立全区井震响应图版，在宏观上较清晰的识别研究区目的层的井震反射特征及沉积发育演化特点。

（2）剖面上识别沉积体期次

通过井震关系的建立，进一步对 A 油田Ⅱ、Ⅲ油组内部地震资料分析，全区出现三期明显叠置现象的前积体（图 3），分别命名为复合砂体 1、复合砂体 2、复合砂体 3，并通过地震进行等时性追踪[13,14]。

（3）地震敏感属性优选及切片选取

为满足开发阶段研究需求，以地震可分辨的精细地层单元为单位，分析地震振幅、频率、连续性以及波形结构等属性参数，表征储层的空间变化特征。选取对工区储层变化敏感的属性，采用趋势面差分法等分油组为基本单元，通过常规方法提取敏感属性，并结合剖面分析的成果，作进一步粗化合并，从而达到勾画前积体平面展布范围的目的。

分析发现，A 油田前积体的发育存在向工区东北部进积的趋势，复合砂体 2、复合砂体 3 较复合砂体 1 延伸距离更远、展布范围更广（图 4）。

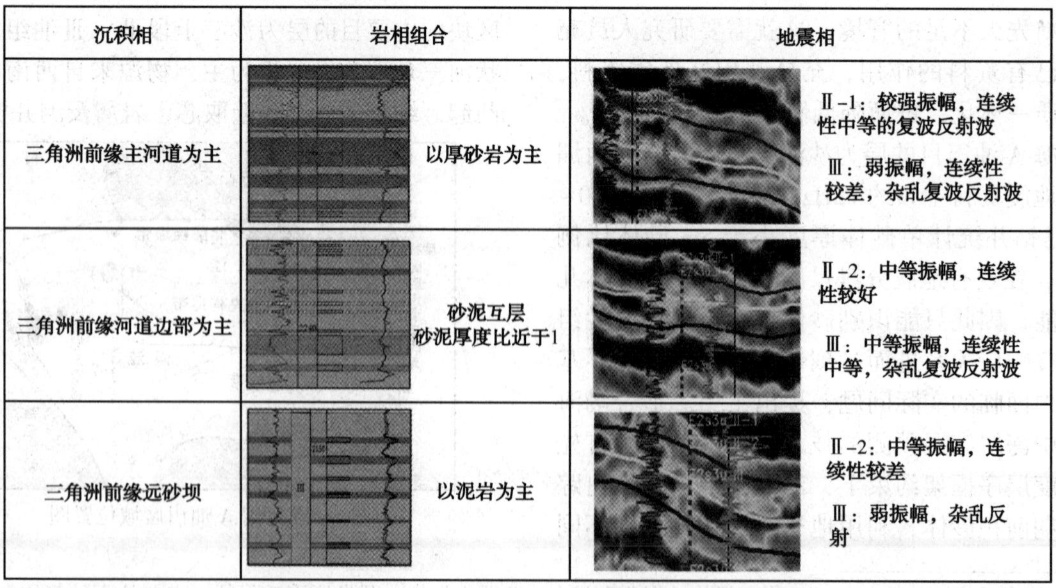

沉积相	岩相组合	地震相
三角洲前缘主河道为主	以厚砂岩为主	Ⅱ-1：较强振幅，连续性中等的复波反射波 Ⅲ：弱振幅，连续性较差，杂乱复波反射波
三角洲前缘河道边部为主	砂泥互层 砂泥厚度比近于1	Ⅱ-2：中等振幅，连续性较好 Ⅲ：中等振幅，连续性中等，杂乱复波反射波
三角洲前缘远砂坝	以泥岩为主	Ⅱ-2：中等振幅，连续性较差 Ⅲ：弱振幅，杂乱反射

图 2　井震响应图版

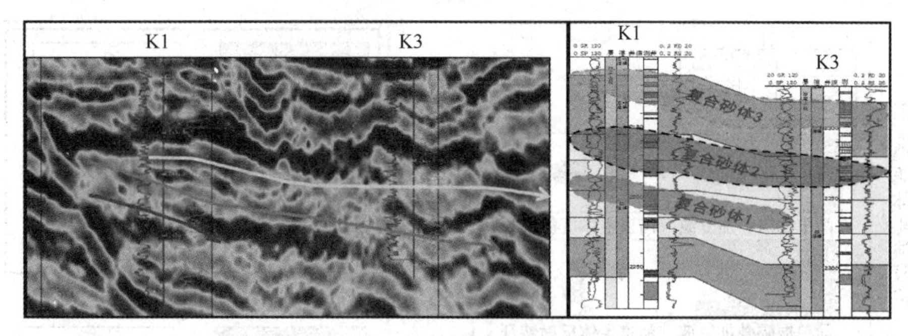

图3　三期前积体的井震响应

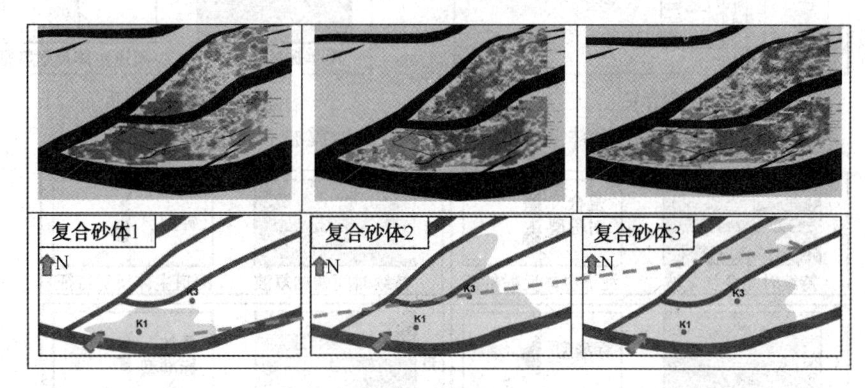

图4　三期前积体平面展布范围

3.2　模型正演技术判断不同类型砂体响应特征

针对A油田地震资料精度不高，储层段Ⅱ、Ⅲ油组只有4个地震同向轴，常规振幅类属性不能满足开发需求的问题，改变研究思路，寻求地震的波形特征与岩相组合的关系，通过模型正演的方式提取对储层岩性变化敏感的波形类属性，从而达到识别不同组合类型砂体的目的[15]。

以主要发育的复合砂体3为例(图5)，其对应的岩性组合为沙三上Ⅱ油组沉积响应，其中K1井处地震波形振幅较强，K3井处波形特征发生明显的振幅衰弱现象。

通过对复合砂体3的正演模拟，K1井平均2m厚砂泥岩频繁互层(泥岩平均厚度2m)，在地震波形反射上对应为波形箱型特征，振幅较强；K3井井上岩性组合特征为上部8m厚砂岩，下部频繁2m厚砂泥互层，对应地震波形为上部振幅较下部弱的中等振幅双峰钟型反射特征。通过井震的精细标定，结合反射原理分析(图6)，若2m厚简单振幅单次波对应河道主体反射特征为弱振幅反射，8m厚砂岩对应河道主体反射特征为波形振幅相对较强反射，继而岩性组合为单砂体1m厚时其对应上河道反射特征为较2m厚砂岩振幅弱的弱振幅反射特征。

在此基础上，推测无井控区域地震波形反射特征对应岩性组合，即井区内上缓下陡钟型波形反射特征对应上部薄层砂(1m)下部频繁砂泥互层(2m砂)岩相组合；振幅较弱复合波形反射特征对应岩相组合为1m薄层砂岩的叠置。

3.3　波形聚类技术划分储层内部结构

基于以上正演模拟的基础，将A油田河道波形划分为4类，分别为复合对称性、钟型、标准型及叠加标准型。在岩性组合上为双10m厚层砂岩叠置、上5m厚砂岩下部10m厚层砂岩叠置、单层厚砂层、薄层多期叠置这4种对应关系(图7)。

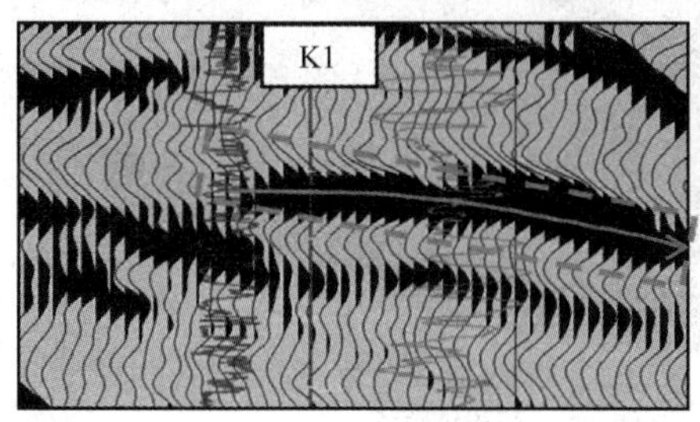

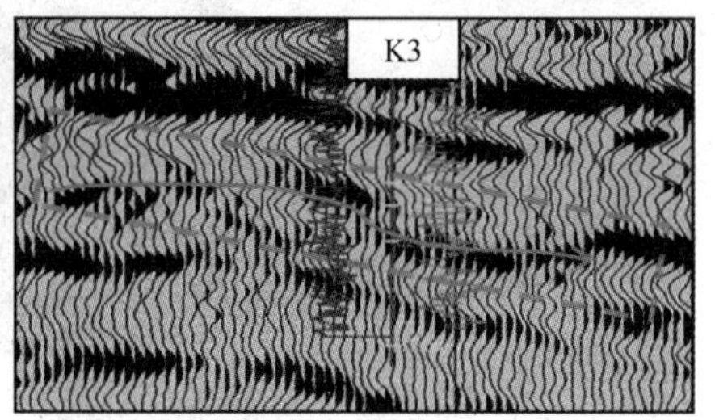

图5　复合砂体3的K1、K3井地震波形响应特征

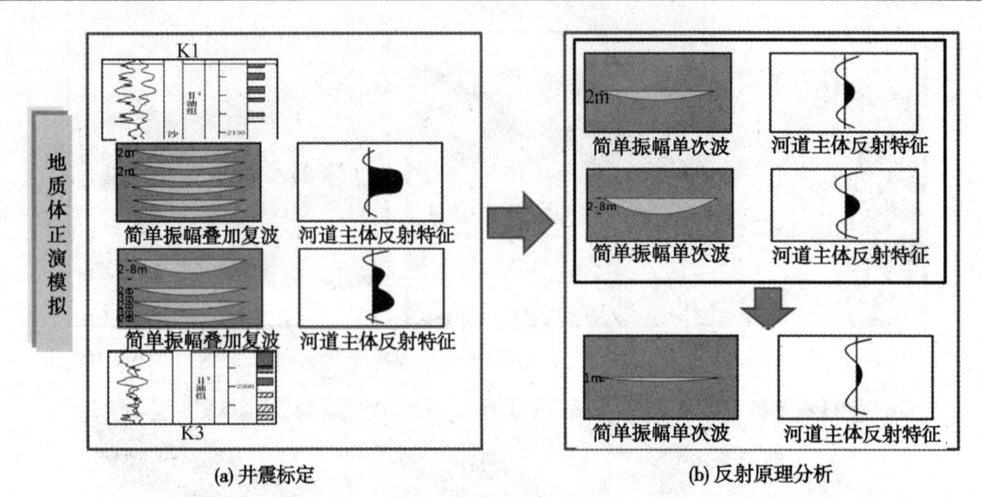

图 6　复合砂体 3 的井震标定特征及地震波形反射原理

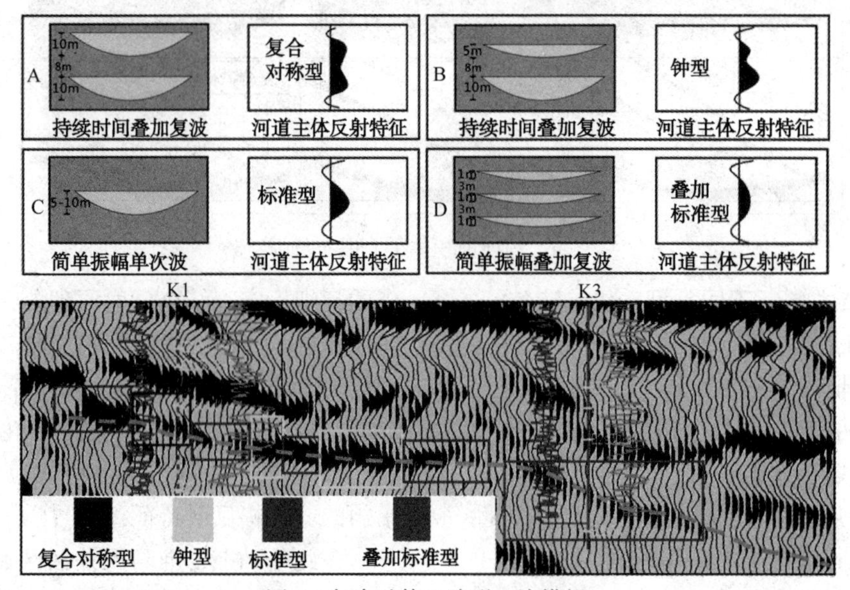

图 7　复合砂体 3 波形正演模拟

通过波形聚类完成剖面到平面的转换，建立波形平面展布图，其中 A 区域为复合对称型河道主体发育区，B 区域为钟形次河道主体发育区，C 区域为标准型河道侧缘发育区，D 区域为薄层多期叠置河道远端砂坝发育区(图 8)。

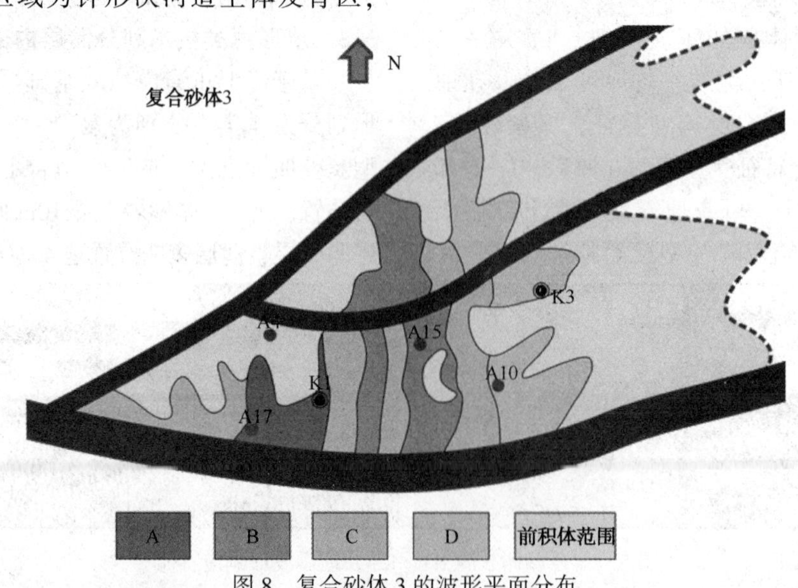

图 8　复合砂体 3 的波形平面分布

4 应用效果

上述技术和方法应用到了A油田钻前井位优化当中，总结出井区内风险井位为：①波形振幅较弱处，例如主河道远端(D区域)；②前积体内部除主河道发育部位(黄色区域)。实钻井位验证(图9)，A17位于波形正演对应A区域，预测储层厚度15~20m，实钻厚度15.6m，为河道主体沉积；A10位于波形正演D区域，为预测的风险区，以河道前缘远沙坝沉积，厚度在0~5m，实钻储层厚度6.4m，A4位于前积体内非河道发育区，为预测的风险区，预测厚度0~5m，实钻储层厚度3.4m，实际钻遇与预测厚度基本一致。储层厚度的差异性验证了该区域的河道展布规律的复杂性，与该方法的储层预测结论相符，即该理论的应用具有一定的准确性，对于中深层的储层半定量化预测是可借鉴的。

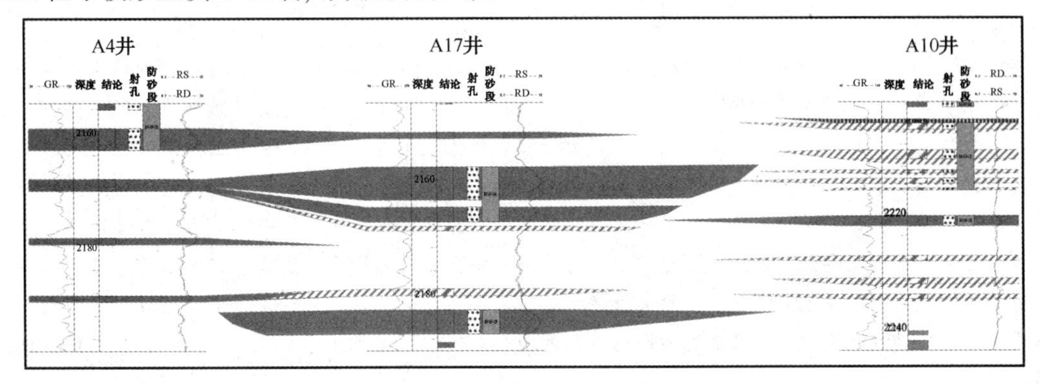

图9 A油田实钻井位信息

5 结论

(1) 通过A油田的实例分析总结提出了一套适合渤海古近系中深层储层预测的技术思路与方法，具体技术包括地震属性切片技术、模型正演技术以及波形聚类技术。

(2) 采用用“井震结合、分级控制，模式引导、属性聚类”的总体思路，首先在高精度层序框架约束下，油组内部连续性追踪识别三期前积砂体，利用地震属性切片识别不同前积砂体的平面展布范围；随后聚焦到前积砂体内部，通过波形结构与岩性组合的耦合关系，结合正演模型，将波形的剖面分布特征转换为不同主河道内部的波形平面分布特征，进而识别前积体内部储层结构。

(3) 通过实钻井位验证，风险井位A4、A10分别钻遇了3.4m、6.4m储层，潜力井位A17钻遇了15.6m、储层，证实了该方法的储层预测准确性。

参考文献

[1] 徐长贵，赖维成. 渤海古近系中深层储层预测技术及其应用[J]. 中国海上油气，2005，17(4)：231-236.

[2] 冯艳红. 渤中凹陷石南斜坡区古近系中深层储层特征研究[D]. 成都理工大学，2012.

[3] 王建立，明君，张琳琳，等. 渤海油田古近系地震储层预测研究难点及对策[J]. 海洋石油，2014，34(4)：44-48.

[4] 彭文绪，吴奎，史浩，等. 渤海海域莱州湾凹陷的形成和演化[J]. 石油学报，2009，30(5)：654-660.

[5] 辛云路，任建业. 构造-古地貌对沉积的控制作用[J]. 石油勘探与开发，2013，40(3)：302-308.

[6] 牛成民. 渤海南部海域莱州湾凹陷构造演化与油气成藏[J]. 石油与天然气地质，2012，33(3)：424-431.

[7] 王治国，尹成. 莱州湾凹陷河流沉积地貌形态对储层物性的影响[J]. 石油地球物理勘探，2013，48(4)：604-611.

[8] 张树林，费琪. 渤海湾盆地边缘凹陷的构造意义[J]. 石油实验地质，2006，28(5)：409-413.

[9] 李国栋，严科，宁士华. 水下分流河道储层内部结构表征——以胜坨油田沙二段81层为例[J]. 油气地质与采收率，2013，20(1)：28-31.

[10] 张涛，林承焰，张宪国，等. 开发尺度的曲流河储层内部结构地震沉积学解释方法[J]. 地学前缘，2012，19(2)：74-80.

[11] 陈钢花，王中文. 河流相沉积微相与测井相研究[J]. 测井技术，1996，20(5)：335-340.

[12] 孙成禹，李晶晶. 基于测井资料的储层模量反演与地震反射特征分析[J]. 石油物探，2015，54(3)：350-358.

稠油油田差异油水界面影响因素分析——以南堡35-2油田南区NmⅠ-3砂体为例

谢 岳 陈建波 甘立琴 李 浩 汪 跃 李栓豹 张彩旗 张俊廷
（中海石油（中国）有限公司天津分公司渤海油田勘探开发研究院，天津 300452）

摘 要 南堡35-2油田位于石臼坨凸起西南端，南区NmⅠ-3砂体为典型河流相稠油油藏。在该砂体开发过程中发现由南东向北西方向油水界面差异在12.0m左右，加之水平井热采开发方式限制，对油柱高度要求高。本文重点分析产生差异油水界面的水动力、储层物性、构造演化三因素，根据渗流力学原理排除水动力因素；运用储层分析成藏动力与阻力之间的力学平衡关系，排除物性因素；差异油水界面与原油自身黏度差异具有相关性，此次重点分析了断层演化对流体黏度的影响，从而超出了毛细管力影响油藏过渡带的分布范围，形成较大的差异油水界面。断层在演化过程中的垂向差异封闭能力影响着成藏后期地表水淋滤、生物降解作用，从而影响原油黏度分布，形成阶梯状的油水界面。通过以上分析，总结了差异原油黏度和差异油水界面形成原因及分布规律，为后期油田挖潜部署调整井提供了理论依据，对该砂体乃至同类砂体的潜力及风险提供理论支持。

关键词 稠油油田；毛细管力；断层封闭能力；差异油水界面

在同一油藏中，由于油水重力分异作用，石油总是占据油藏的高部位，水体则位于油藏的底部或边部[1]。在实际的地层中，油水分布规律要更为复杂，特别是稠油油藏，油水界面差异现象也更为普遍。通过文献调研发现造成油水界面差异的原因主要有以下几个方面：一是油田仍处于充注期，或者新构造运动，使油气富集具有明显的非稳态性[2,3]；二是地下存在一个水动力系统，在侵入方向地层水矿化度变低，而油水界面有所抬高[4]；三是受储层物性的影响，油水界面随着排替压力的升高而升高[5]。上述差异油水界面成因解释都具有各自的独到之处，但由于复杂的地质特征决定了油田的复杂性。为了下一步指导确定新的调整井实施，以及提高对水淹层的解释精度，有必要对差异油水界面分布特征及主控因素进行分析探讨。

1 研究区背景

南堡35-2油田位于渤海中部海域、石臼坨凸起的西南端，是与秦皇岛32-6、秦皇岛33-1以及秦皇岛33-1南油田位于同一凸起之上的新近系含油气构造。西、南以台阶式节节下掉的断层向渤中凹陷过渡，北以斜坡向秦南凹陷倾没[6]。南堡35-2油田流体性质具有黏度高、密度大、含硫量低、含蜡量中等、凝固点低等特点，属重质稠油，是中国海洋石油迄今为止开发难度最大的稠油油田之一。油田分南区和北区两个开发单元，主力产层为明化镇组馆陶组顶部。油田投产后，由于南区原油黏度大，出现单井产能低、含水上升速度快、采收率低等问题。南区NmⅠ-3砂体为主力含油砂体，储量规模在970万吨，占整个南区地质储量的30%左右。该砂体采用热采井开发，对油柱高度有较高的要求，差异油水界面成因也更引起了广大关注。

2 研究区构造储层及油藏特征

2.1 构造储层特征

南堡35-2油田南区NmⅠ-3砂体由于井震匹配关系好，目前已经进行精细砂体描述，砂体构造特征整体呈现西高东低特征，靠近边界断层构造偏高，构造幅度在30m左右（图1）。油田明化镇组属于典型的曲流河沉积，多条河流叠置切割，废弃河道发育，砂体侧积明显。根据测井曲线变化特征，结合地震同相轴阻抗及振幅变化，

作者简介：谢岳（1984— ）男，获硕士学位，开发地质工程师，现主要从事海上油气田开发工作。Email：xieyue2@cnooc.com.cn

可以区分出多个砂体。砂体横向展布范围大，储层连通性好。实钻井揭示NmⅠ-3砂体孔隙度分布范围在29.4%~34.6%，评价孔隙度31.3%，渗透率分布范围在2100~8676mD，平均渗透率5596mD，属于高孔高渗储层。储层平面上物性差异较小，非均质性不强，储层物性应该不是导致油水界面差异的关键因素。

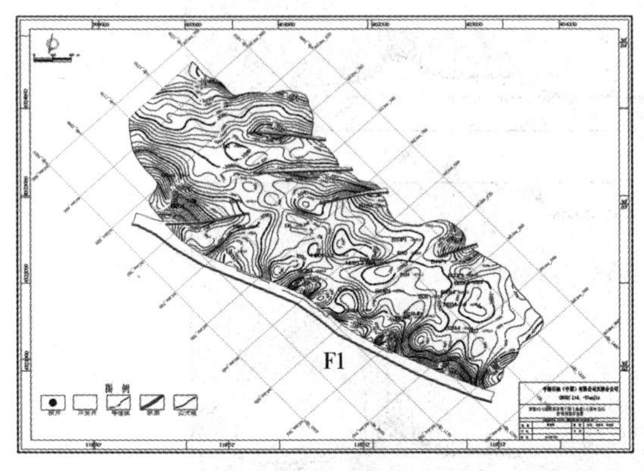

图1 南区NmⅠ-3砂体顶面构造图

2.2 油藏特征

南区主力NmⅠ-3砂体属于边底水油藏。流体性质具有黏度高、密度大、含硫量低、凝固点低、含蜡量中等等特点，属重质稠油。开发过程中，由于资料的丰富，对流体性质有了更准确的认识：地层原油黏度为413.00~741.00mPa·s，自南向北，原油黏度呈现由低到高的现象(图2)，油水界面也存在较大差异，构造低部位井实钻流体界面显示自南向北，油水界面呈逐渐升高趋势，从海拔-1064.0m升高至-1052.0m(变化幅度在12.0m，如图3所示)。

2.3 地球化学特征

通过地球化学分析，南堡35-2油田明化镇南区、北区以及馆陶组碳同位素基本相当；同时无论是饱和烃色质还是芳烃色质生物标志化合物指纹基本一致所以认为三者属于同一有机相原岩，均属于成熟度相当的成熟原油。油源对比发

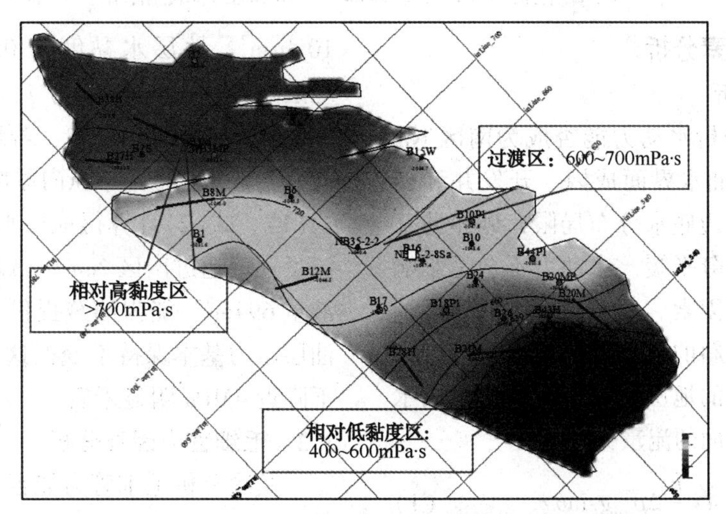

图2 南区NmⅠ-3砂体地层原油黏度分布等值线图

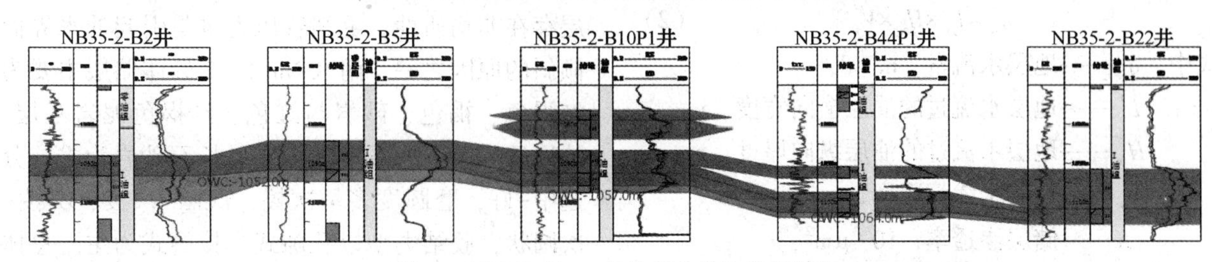

图3 南区NmⅠ-3砂体部分井连井剖面图

现该油田与渤中西次洼生物标志化合物相当，无论是饱和烃色质还是芳烃色质生物标志化合物指纹基本一致，都表现为中等四甲基、高伽马蜡烷的典型特征，说明油田油源为其南部的渤中凹陷，属于成熟度相当的成熟原油[7]。

NmⅠ-3砂体实钻井饱和烃气相色谱图显示各井钻遇油层均遭受微生物降解，从而影响原油的品质，饱和烃气相色谱显示正构烷烃包络线完全消失，基线隆起，微生物降解等级至少达到5级(图4)。这种微生物降解不只受到油藏埋深和

地温的影响，当油藏受到大气水的入侵无疑会加剧原油的微生物降解程度，油水界面交接处是微生物降解的重要场所[8]，而关于地表水对近地表油砂的影响很少有文献报道，差异的黏度是否由于差异地表水入侵储层造成的微生物降解和淋滤是研究的关键点。

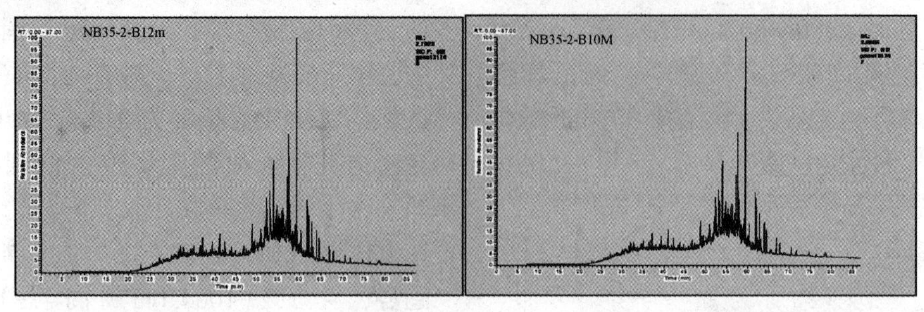

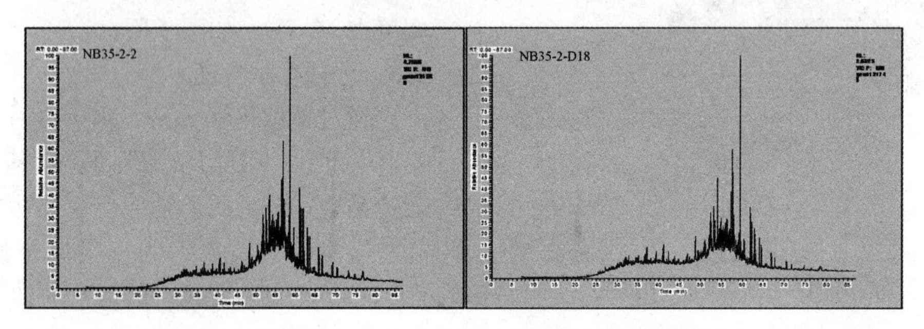

图 4　南区 NmⅠ-3 砂体部分井饱和烃气相色谱图

3　差异界面主控因素分析

3.1　水动力因素分析

首先从静态上分析水动力能否成为南区 NmⅠ-3 砂体油藏倾斜油水界面成因。开发井和调整井实钻水层较薄，边底水分布局限，砂体薄互层发育，构造幅度十分平缓，水动力不会是影响油水界面差异的主要因素。若水动力是造成该油藏油水界面大幅度倾斜的主要原因，根据渗流力学原理，则沿倾斜面的地层水渗流速度、地层水流过油藏南北方向截面的流量分别为

$$V_w = 86.4 \times \frac{k}{\mu_w} \Delta\rho_{wo} g \sin\theta \tag{1}$$

$$q_w = L_w \times H_w \times V_w \tag{2}$$

式中　q_w——地层水流量，m^3/d；

L_w——地层水流过的油层横向宽度，m；

H_w——地层水流过的油层纵向厚度，m；

V_w——地层水渗流速度，m/d；

K——储层渗透率，$10^{-3}\mu m^2$；

μ_w——地层水黏度，mPa·s；

$\Delta\rho_{wo}=\rho_w-\rho_o$，$\rho_w$ 是地层水密度，g/cm^3，ρ_o 是地层原油密度，g/cm^3；

g——重力加速度，m/s^2；

θ——油水界面倾角，(°)。

南区 NmⅠ-3 砂体油藏渗透率取值 $2230\times10^{-3}\mu m^2$，地层水黏度为 0.5mPa·s，地层水、地层原油密度，分别为 $1.10g/cm^3$、$0.95g/cm^3$，油水界面倾角为 0.17°，若地层水流过的油层横向宽度取值 1280m、纵向厚度取值 7.8m，则通过式(1)、式(2)计算得地层水需要 $17376m^3/d$，该流量远远超过南区 NmⅠ-3 砂体油藏目前的日产液量 $694m^3$，能为油藏提供足够的天然能量而使油层压力基本保持不变，这与目前平均油层压力下降近 4MPa 明显矛盾。

3.2　毛细管力因素分析

其次分析毛细管力能否引起南区 NmⅠ-3 砂体油藏油水界面大幅度倾斜。众所周知，由于储层存在非均质性，毛细管压力也是引起油水界面倾斜的原因之一。南区 NmⅠ-3 砂体储层主要为红褐色、褐色、砂岩与红色、红褐色泥岩互层。油层砂岩镜下岩石定名为岩屑长石砂岩为主，分选中-好，磨圆度多呈次棱、次圆-次棱、次棱-次圆状，胶结类型以孔隙式、接触式为主。总体看来，该砂体储层的结构和成分成熟度较低，储层以高孔、高渗为主。由毛细管力作用形成的油水过渡带厚度为

$$\Delta h = 1000 \times \frac{p_s - p_d}{\rho_w - \rho_d} \tag{3}$$

式中　Δh——油水过渡带厚度，m；

p_s——接近束缚水条件的毛管压力，MPa；

p_d——接近束缚水条件的排驱压力，MPa；

ρ_w——地层水密度，g/cm^3；

ρ_d——地层原油密度，g/cm^3。

根据南区NmⅠ-3砂体油藏在6井压汞毛细管压力实验数据，折算该油藏地层条件下的p_s为0.002~0.004MPa，地层条件下p_d为0.0017MPa，油气藏形成时期的地层水、地层原油密度分别为$1.10g/cm^3$、$0.90 g/cm^3$，代入式(3)计算得油水过渡带厚度为1.5~11.5m。油水界面的倾斜幅度为12.0m，稍超出毛管力影响的油水过渡带厚度范围。然而成藏期之后，受外界条件的改变，油藏受到地表水淋滤、生物降解作用导致黏度增大，密度也相应增大，原油密度变为$0.96g/cm^3$，此时计算得油水过渡带厚度为2.1~16.4m，因此毛细管压力与原油黏度变化是造成南区NmⅠ-3砂体油藏倾斜油水界面的重要原因。

4 差异原油黏度形成的主控因素

研究区边界大断层F1是一条通往海底的断层，可以说下通油源，上通海底。边界断层F1活动速率如图5所示，可以看出F1断层自古近系东二组~第四系平原组时期，活动强度由强变弱又变强的过程，呈现早断晚衰型特征。南堡35-2油田生排烃匹配关系图(图6)可以看出，沙三段烃源岩在沙一段时期开始生烃，大量生烃期在明化镇组时期，排烃高峰在明上段时期，中等强度的断层活动在馆陶组和明下段时期，有利于油气运移，对油气成藏有利。在明上段至新近系时期断层活动强度增大，不利于之前形成的油气藏保存。

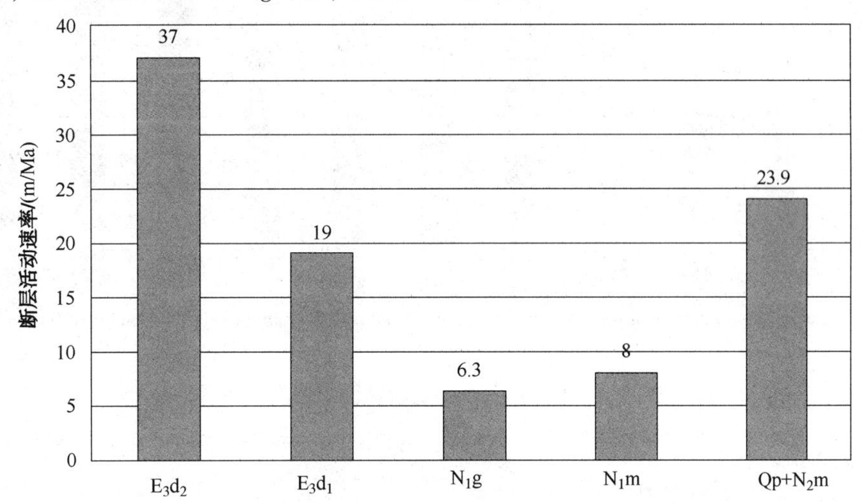

图5 边界大断层F1活动速率图

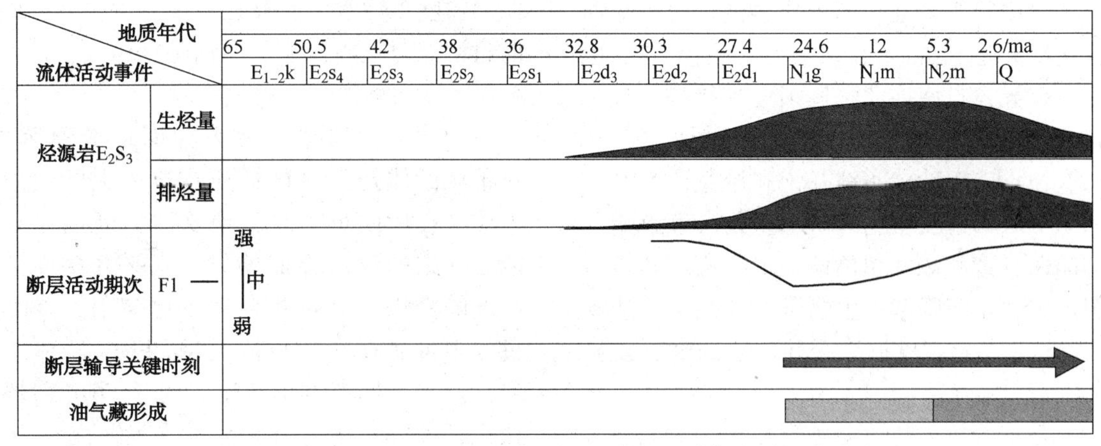

图6 南堡35-2油田生排烃量与F1断层活动期次匹配关系图

微生物降解说明油藏保持条件受到了破坏，而地表水的入侵是微生物进入储层的一个重要途径。因此本次研究主要针对断层后期对流体的改造，主要针对成藏期之后的断层垂向封闭能力的研究。影响断层垂向封闭能力因素包括倾角，断距及断面所受上附地层压力。前人研究表明可以通过断面正压力 P 来表征断层垂向封闭能力[9]。

$$P=H(\rho_r-\rho_w)g\cos\theta \quad (4)$$

式中 H 为断点深度，ρ_r 为上覆地层平均密度，ρ_w 为流体密度，θ 为断层倾角。研究发现 ρ_r 为断面上覆地层平均密度，不能用一个值代替，但也不是线性关系无限增大的，ρ_r 与埋深存在以下关系：

$$\rho(h)=ah^2+bh+c \quad (5)$$

式中　h——地层埋深，m；

a、b、c——系数。

将公式(5)代入公式(4)中便得到埋藏深度 H 点上覆负荷的计算公式：

$$P_H=\int_0^H\rho(h)gdh=agH^3/3+bgH^2/2+cgH \quad (6)$$

改进后的断面正压力公式为：

$$P=(aH^3/3+bH^2/2+cH-\rho_w H)g\cos\theta \quad (7)$$

通海底的边界断层是地表水向下运移的垂向通道，而断面封闭能力决定了这条通道是否畅通。通过最新的公式(7)计算，得出各个测线位置断面正压力分布范围在 4.2～7.6MPa，自南向北逐渐减小(图 7)，断层垂向封堵能力逐渐减弱。根据前人研究资料表明，渤海断面正压力在小于 7.5 MPa，断层普遍不存在垂向封堵能力[9]。地表水淋滤作用存在差异，从而导致差异的生物降解作用，这也是 NmⅠ-3 砂体出现差异油水界面的一个重要原因。

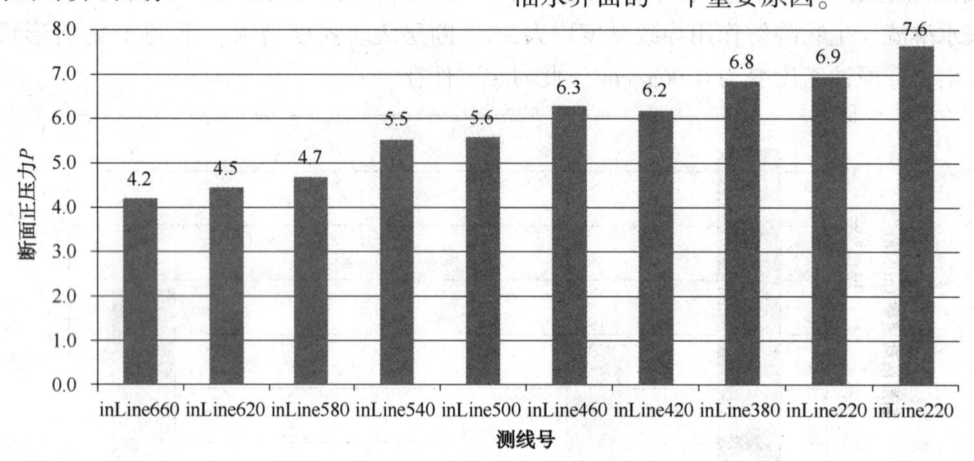

图 7　F1 断层在各个测线上断面正压力分布图

5　结论与应用

(1) 南堡 35-2 油田南区主力 NmⅠ-3 砂体油藏属于黏度高、密度大、含硫量低、凝固点低、含蜡量中等等特点，属重质稠油。地层原油黏度自南向北呈现由低到高的现象，油水界面也存在较大差异，自南向北呈逐渐升高趋势，与与储层自身物性和原油黏度存在一定相关性。

(2) NmⅠ-3 砂体实钻井饱和烃色谱图显示各井钻遇油层均遭受生物降解，生物降解影响了原油的品质，饱和烃气相色谱显示正构烷烃包络线完全消失，基线隆起，生物降解等级至少达到 5 级，降解的差异程度取决于地表水的淋滤差异程度。

(3) 毛细管压力与原油黏度变化是造成南区 NmⅠ-3 砂体油藏倾斜油水界面的重要原因。研究区边界大断层是一条通往海底的断层，在成藏初期断裂活动有助于油气运移，在成藏后期断裂活动强大增大，不利于油气藏的保存。通过引入断面正压力 P，并合理加以改进，认识到成藏期之后的断层垂向封堵能力存在差异，且变化趋势原油黏度、油水界面存在一定的相关性：断层垂向封堵能力越弱，地层原油黏度越大，油水界面越高。

(4) 认识到差异油水界面形成原因之后，对于该砂体乃至该区域所在边界大断层附近的砂体，在后期布井时，均要注意断层差异封堵能力导致的油水界面差异，水平井要注意油柱高度的变化，定向井合理考虑避射，降低开发过程中可能存在的风险。NmⅠ-3 砂体北部部署一口水平生产井 B27H ，由于 ODP 阶段没有认识到该井可能存在的油水界面风险，水平段末端入储层较深，最低油柱高度不足 4m，投产初期便高含水，含水率 70%，后因出砂关停。现已经通过优化，该井侧钻为 B27H1 井，油柱高度在8m以上，目前日产油15m^3，含水率13%，生产效果理想。

参考文献

[1] 严科，赵红兵．断背斜油藏油水界面的差异分布及成因探讨[J]．西南石油大学学报：自然科学版，2013，01：28-34.

[2] 孙龙德，江同文，徐汉林，等．塔里木盆地哈得逊油田非稳态油藏[J]．石油勘探与开发，2009，01：62-67.

[3] 杜洋，衣英杰，辛军，等．伊朗SA油田Sarvak油藏大幅度倾斜油水界面成因探讨[J]．石油实验地质，2015，02：187-193.

[4] 韩涛，彭仕宓，马鸿来．地下水侵入对三间房组油藏油水界面的影响[J]．西南石油大学学报，2007，04：70-73，192.

[5] 时佃海．油水界面倾角与储集层物性变化关系分析[J]．新疆石油地质，2006，03：322-323.

[6] 李拴豹，谢岳，汪跃，等．渤海海域南堡35-2油田成藏模式分析及开发潜力预测[J]．科学技术与工程，2014，22：158-163.

[7] 李栓豹，全洪慧，刘彦成，等．渤海湾盆地南堡35-2油田地质特征与开发潜力再认识[J]．地质科技情报，2015，03：146-149.

[8] 黄海平，Steve Larter．重油储层流体非均质性成因及流体物性预测[J]．中外能源，2010，09：43-51.

[9] 吕延防，付广．断层封闭性研究[M]．北京：石油工业出版社，2002.

分井段计算校正岩屑迟到时间在渤海 X 构造的应用

王建立[1]　管宝滦[2]　苑仁国[2]　罗　鹏[2]　夏良冰[2]

(1. 中海石油(中国)有限公司天津分公司，天津塘沽，300452；
2. 中海油能源发展股份有限公司工程技术分公司，天津塘沽，300452)

摘　要　在相同尺寸井眼中利用井径扩大率校正岩屑迟到时间时往往忽略了不同类型的钻井液所形成的井径扩大率不同这一因素，导致校正后的迟到时间不够准确。为此，综合前辈经验，在迟到时间理论计算的基础上，以渤海 X 构造 9 口井测井井径数据分析为依据，引入“分井段计算法”，即按照井径扩大率的不同进行分段，井径扩大率相似的井段作为一段，由多个井段组成，各井段独立计算迟到时间，最后将各井段迟到时间相加得到总的校正迟到时间。应用该方法对渤海 X 构造 3 口井进行了迟到时间计算校正，可将迟到井深(录井深度)与测井深度间的误差减少到 1m 以内，较好地解决了岩屑迟到时间不准确的问题。“分井段计算法”校正后得出的迟到时间相比传统理论计算迟到时间更为准确，对提高地质录井质量具有重要的意义。

关键词　岩屑迟到时间；分井段法；钻井液；井眼井径扩大率

实际钻井施工时，井眼是不规则的，而井下情况又是“看不见，摸不着”的，通过统计分析同一构造所钻井的测井井径数据发现，使用不同类型钻井液钻进井段的井径扩大率是不同的。现场一般利用邻井全井段的平均井径扩大率来校正迟到时间[1]，为了使迟到时间计算更为准确，研究应用“分井段计算法”进行迟到时间的校正，使更加符合现场实际，进而提高地质录井剖面符合率和录井质量。

1　理论迟到时间计算

迟到时间是指钻井液、气体、岩屑或其他物质从井底上升到井口所需要的时间[1~10]，理论计算公式如下[2]：

$$T=V/Q=\{\pi(D^2-d^2)/4Q\}\times H \qquad (1)$$

式中　T——迟到时间，min；

V——井内环形空间的容积，m^3；

Q——循环排量，m^3/min；

D——钻头直径，m；

d——钻杆外径，m；

H——井深，m。

2　分井段计算法校正迟到时间

为提高时效，降低作业成本，实钻过程中针对不同的地层往往使用不同的钻井液类型，在渤海 X 构造一般使用两种不同类型的钻井液(简称为Ⅰ型、Ⅱ型钻井液)。笔者随机选取渤海 X 构造相同层位和相同尺寸井眼的 9 口井测井井径数据进行统计分析(图 1)，发现使用不同钻井液类型钻进井段的井径扩大率不同，使用Ⅰ型钻井液钻进井段(下面简称Ⅰ井段)的井径明显大于使用Ⅱ型钻井液钻进的井段(下面简称Ⅱ井段)的井径。

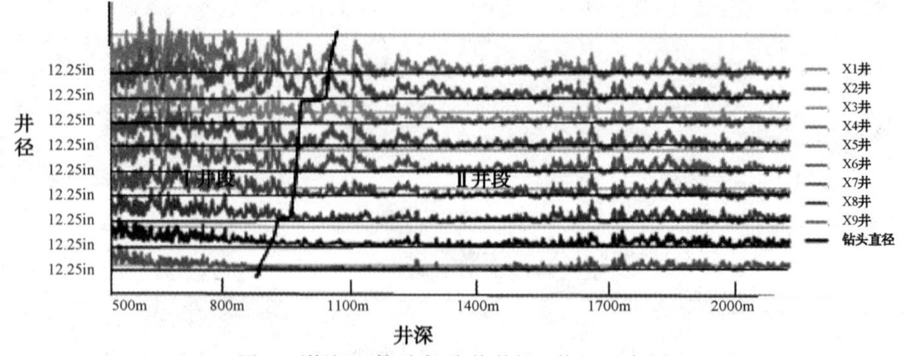

图 1　渤海 X 构造部分井井深-井径示意图

作者简介：王建立(1981—　)，2007 年毕业于中国石油大学(华东)资源勘查工程专业，现于中海石油(中国)有限公司天津分公司从事地质录井工作。E-mail：wangjl9@cnooc.com.cn

为了更清楚地了解实钻中使用不同类型钻井液钻进井段的井径情况，笔者采用分段统计方法分别计算渤海X构造9口井的Ⅰ井段和Ⅱ井段平均测井井径(表1)。

表1　Ⅰ井段、Ⅱ井段平均测井井径

井号	钻头直径/mm	Ⅰ井段平均井径/mm	Ⅱ井段平均井径/mm
X1	311.15	343.66	335.79
X2	311.15	348.00	326.39
X3	311.15	360.17	324.10
X4	311.15	337.06	317.25
X5	311.15	341.02	318.11
X6	311.15	348.74	325.88
X7	311.15	361.19	333.76
X8	311.15	343.15	315.98
X9	311.15	366.00	335.53

某一口井的井径扩大率的计算公式[5]：

$$K=\frac{D_{平均}-D}{D}\times 100\% \qquad (2)$$

式中　K——井径扩大率,%；

$D_{平均}$——单井电测平均井径，m；

D——钻头直径，m。

根据表1的平均测井井径数据及井径扩大率计算公式(2)得出Ⅰ井段和Ⅱ井段平均井径扩大率及两井段的井径扩大率比值(表2)。

表2　Ⅰ井段、Ⅱ井段井眼扩大率及比值

井号	Ⅰ井段井眼扩大率 $K_Ⅰ$/%	Ⅱ井段井眼扩大率 $K_Ⅱ$/%	$K_Ⅰ/K_Ⅱ$
X1	10.45	7.17	1.46
X2	11.84	4.38	2.70
X3	15.75	3.60	4.38
X4	8.33	1.81	4.60
X5	9.60	2.04	4.71
X6	12.08	4.22	2.86
X7	16.08	6.26	2.57
X8	10.28	1.41	7.29
X9	17.63	6.66	2.65

表2的计算结果表明，该构造所钻井Ⅰ井段井径扩大率为8.33%～16.7%，Ⅱ井段的井径扩大率为1.41%～7.17%，前者约为后者的1.46～7.29倍，使用Ⅰ型钻井液钻进井段的井眼扩大率比使用Ⅱ型钻井液钻钻进井段的井眼扩大率大。

为了便于分井段法校正迟到时间公式的表达，根据上述统计的测井平均井径规律，画出理论井径与实际井径示意图(图2)。

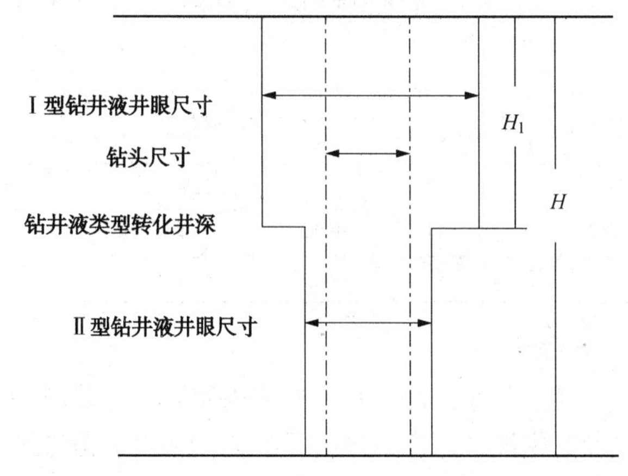

图2　理论井径与实际井径示意图

根据井径示意图所示，实际迟到时间为Ⅰ井段和Ⅱ井段迟到时间之和，我们在计算迟到时间时，先分开计算Ⅰ井段和Ⅱ井段迟到时间，然后将两者相加求和，即“分井段法”计算迟到时间，计算公式如下：

Ⅰ井段迟到时间即 H_1 到井口的迟到时间[2,8~10]：

$$t_Ⅰ=\frac{\pi\{[(1+K_Ⅰ)D]^2-d^2\}}{4Q}\times H_1$$

Ⅱ井段迟到时间即井深 H 到钻井液类型转化井深 H_1 的迟到时间[2,8~10]：

$$t_Ⅱ=\frac{\pi\{[(1+K_Ⅱ)D]^2-d^2\}}{4Q}\times(H-H_1)$$

因此，该地区裸眼井的迟到时间校正公式为[1,8,9]

$$t=\frac{\pi\{[(1+K_Ⅰ)D]^2-d^2\}}{4Q}\times H_1+\frac{\pi\{[(1+K_Ⅱ)D]^2-d^2\}}{4Q}\times(H-H_1)$$

3　应用效果

以X构造5口井计算的迟到时间为例(表3)，其中前2口井的迟到实际利用传统方法计算，后3口井为引入“分井段计算法”得出的经过校正的迟到时间。对比分析可以看出，传统迟到时间计算方法对应的迟到井深(录井井深)与测井井深的差异较大[2]，而分井段计算法校正后得到的迟到井深与测井井深之间的差异较小，最大误差由6m减少到了1m因此，通过分井段计算法校正迟到时间，可提高地质录井的符合率。

表 3　X 构造 6 口井迟到时间对比

井名	迟到时间/min		测井井深/m	录井井深/m	差值/m
	未校正	校正			
X11	33		2198	2204	6
X12	41		2541	2545	4
X13		38	2239	2240	1
X14		44	2599	2600	1
X15		51	2623	2623.5	0.5

4　结束语

通过统计分析渤海 X 构造内相同尺寸井眼的井径变化规律，找到使用不同类型钻井液钻进井段井眼扩大率的经验值，利用分井段计算法校正岩屑迟到时间，使录井剖面符合率得到了大幅的提升，保证了地质录井质量，可为其他区域地质录井作业校正迟到时间提供借鉴。

参考文献

[1]　沈书锋，郑玉朝，李伟. 井径扩大率对岩屑迟到时间的影响校正[J]. 录井工程，2009，20(2)：61-62.

[2]　王守君，刘振江，谭忠健，等. 中海油勘探监督手册地质分册[M]. 石油工业出版社，2013. 75-76.

[3]　乔艳艳. 实测迟到时间在岩屑、气测录井中的重要性[J]. 西部探矿工程，2010，07(7)：81-82.

[4]　闰惠珍，乌日江，土新田. 迟到时间的粒级实物测量法[J]. 录井工程，1999，10(1)：63-65.

[5]　李大伟. 动态参数的获取及时间校正系数的确定[J]. 中国海上油气：地质，1998，12(3)：184-187.

[6]　张瑞强. 后效气录井油气上窜速度的准确计算[J]. 录井工程，2010，21(4)：14-16.

[7]　杨明清. 颗粒等效直径对岩屑迟到时间的影响和校正[J]，录井工程，2005，16(4)：40-43.

[8]　李振海，覃保钢，金庭科，等. 油气上窜速度计算方法的修改[J]. 录井工程，2011，22(2)：12-13，26.

[9]　沈海超. 监测井下循环情况的迟到时间法在固井中的应用[J]. 钻井液与完井液，2012，29(3)：58-60.

[10]　武庆河. 油气上窜速度的计算及应用[J]. 录井技术，1998，11(3)：12-15，43.

大港油田埕海二区沙二段辫状河三角洲前缘沉积特征及其与油气分布的关系

牟晓慧 李 宁

(大港油田滩海开发公司地质研究所，天津大港 300280)

摘 要 以沉积学、储层地质学和测井地质学为基础，综合利用地震、岩芯、测井、录井等资料，对大港油田埕海二区沙河街组沙二段地层的沉积微相特征进行了详细研究，该区的辫状河三角洲前缘亚相主要发育水下分流河道、河口坝、席状砂和水下分流间湾4个沉积微相。详述了各沉积微相的岩性、沉积、物性特征以及分布规律，总结了各沉积微相与油气分布的关系，并指出河口坝是本区沙二段油气聚集的最有利微相。

关键词 埕海二区；辫状河三角洲前缘；沙二段；油气分布

埕海二区的主要含油层系为沙河街组沙二段，前人研究已认为该地区沙二段沉积时期发育辫状河三角洲前缘沉积亚相，而对区内发育的沉积微相的沉积特征尤其是沉积微相对油气分布的控制研究较少，本文在前人研究的基础上，综合应用岩芯、录井、测井及地震等资料，对埕海二区沙二段储层的沉积特征进行综合分析，旨在寻找油气聚集的规律，为指导埕海油田的下步勘探开发工作提供地质依据。

1 地质概况

大港油田埕海二区位于埕宁隆起向歧口凹陷过渡的斜坡部位，西侧以张北断层为界，东侧以一浅鞍与张东东构造相连，北部以张东断层和海4井断层为界，南以赵北断层为界，构造面积75km^2。该区是在前第三系基岩潜山背景上长期继承性发育的大型背斜构造。该背斜夹持于近东西走向的张东断层和赵北断层之间，区域构造位置十分有利(图1)。

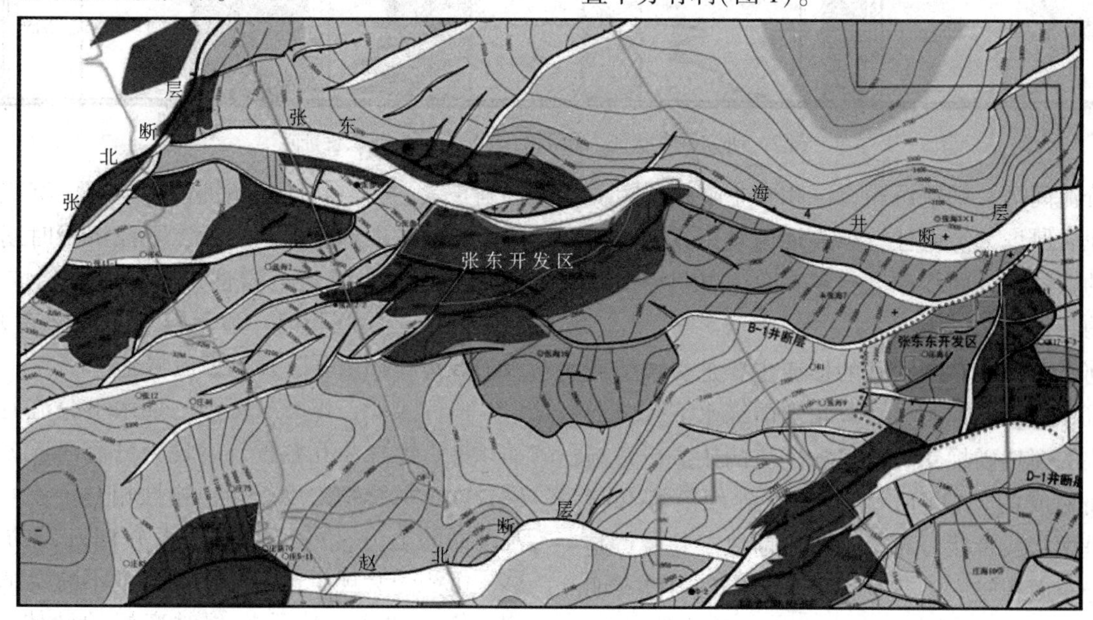

图1 研究区区域位置图

作者简介：牟晓慧(1983—)，女，汉族，山东青岛人，毕业于西南石油大学矿物学、岩石学、矿床学，获硕士学位，现为油藏工程师，主要从事油藏综合研究。E-mail：913974167@ qq. com

该区钻井揭示的地层自下而上一次为沙河街组、东营组、馆陶组和明化镇组，东营组、馆陶组和明化镇组缺少油层分布，油层主要集中分布在沙河街组，其中沙河街组二段为该区的主要含油层系。

埕海二区沙二段沉积时期，处于湖平面以下，为河流和湖水的剧烈交锋带，沉积作用活跃，砂体普遍发育，因此发育辫状河三角洲前缘亚相。

2 辫状河三角洲前缘微相划分及沉积特征

黄骅坳陷在沙河街沉积时期为湖相沉积，研究区位于埕宁隆起向歧口凹陷过渡的埕北断阶带，沉积物主要来自埕宁隆起。埕海二区相分析应用了地层沉积厚度差异恢复古地貌、储层厚度差异恢复水动力能量、测井曲线形状识别沉积模式以及粒度分析识别沉积层序等方法，针对沙二段主力目的层，系统开展沉积微相分析研究。认为研究区内主要发育水下分流河道、河口坝、分流间湾和前缘席状砂四种沉积微相。

水下分流河道　总体上为高幅度、典型光滑箱形、顶底部突变、光滑测井相特征，具有高电阻率、低自然伽马特征(图 2)。

河口坝　河口坝为研究区常见的储层沉积微相类型，是水下分流河道在水流能力降低后，或湖水阻力作用较强后在分流河道的末端形成的砂体堆积；也可以是由于岸流或底流所携带的沙，在遇到近岸地形隆起或弯口处，速度减缓而形成的近岸砂坝或砂嘴，当砂嘴继续延伸时，可以形成堡坝，内侧半封闭的水域。沉积岩性以灰色细砂岩及粉砂岩为主，电测曲线以单个中幅漏斗形和指形为主，自然伽马曲线以较光滑的漏斗形为主，自然电位成漏斗形或箱形。

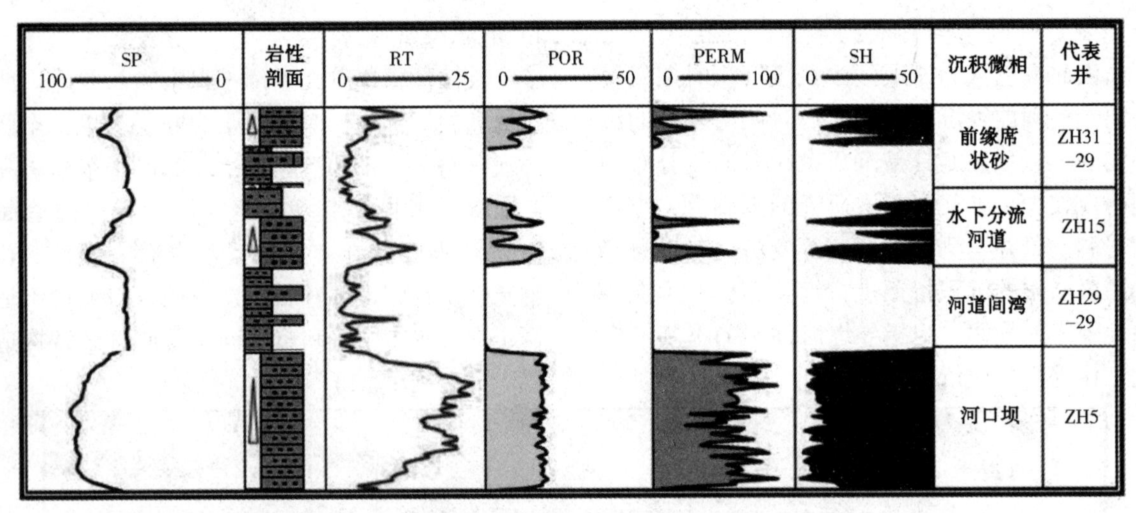

图 2　研究区辫状河三角洲前缘主要微相沉积特征

分流间湾　细粒沉积，沉积物主要是暗色泥岩，泥岩厚度大。电性特点表现为较平直或小锯齿状的自然电位曲线和高自然伽玛、电阻率曲线低值的特征。

前缘席状砂　席状砂的形成主要是受波浪搬运再沉积作用的控制，是三角洲前缘水下分流河道形成的河口砂坝受到波浪和岸流的改造后重新分布而形成的。它们分布在河口砂坝前缘和侧翼，呈席状或带状分布于三角洲前缘。其特点是砂体分布面积较广，其沉积特征与河口坝已有明显不同，粒度变细，砂层减薄，为小型漏斗形，顶部渐变、小锯齿测井相特征。

3 沉积微相展布特征

沙二段沉积期处于黄骅坳陷的扩张期，水体逐渐扩大，为辫状河三角洲前缘亚相，沉积物主要来自南部的埕宁隆起。沙二下段沉积时期三角洲向盆地中央推进，岩性以砂岩为主，夹泥岩层，沙二上段沉积时，显示出湖平面略有升高，波浪改造作用增强，发育砂泥岩互层。

研究表明，埕海二区沙二期水下分流河道摆动频繁，砂体相互叠置，表现为分流河道沉积规模较大，沉积物力度较粗，物性相对较差，随着基准面的上升，可容空间增大并向陆地方向迁移，沉积一套规模逐渐减小、力度不断变细、结构成熟度和成分成熟度相对变好的砂体(河口坝)，为本区油层发育的主要沉积微相。由沉积背景分析，沙二段整体为一向上变细的旋回，由中期旋回分析，沙二下表现为一完整旋回，沙二上为以向上变细的半旋回，在沙二上与沙二下存在转折面，为洪水期，全区在沙二下顶部发育一套分选差的干层，为典型的水泛沉积物。由短期旋回分析，沙二段表现为4个完整旋回加半个旋回，沉积物质由高能河口坝砂体逐渐向低能前缘席状砂砂体转化，泥质含量逐渐增加，为明显的水进特征。其中沙二下为1个完整旋回加半个旋回，初期水下分流河道特别活跃，砂体呈层状，分布稳定，在研究区内以透镜体或砂体尖灭的形式出现，末期，由于水动力的增加，在水下分流河道的前缘，逐渐形成河口坝砂体，多体现为向上变粗再变细的层序，分布范围在2~3个井距。沙二上为3个完整的旋回，受沙二下末期季节性洪水影响，沙二上水体扩大，主要表现为河道逐渐消失，而前缘席状砂与河道间湾出现频率增加，末期，水体继续扩大，研究区在沙一期为湖盆沉积。从沉积微相特征分析，沙二下时期的河口坝砂体厚度大、物性好，为研究区有利沉积微相(图3)。

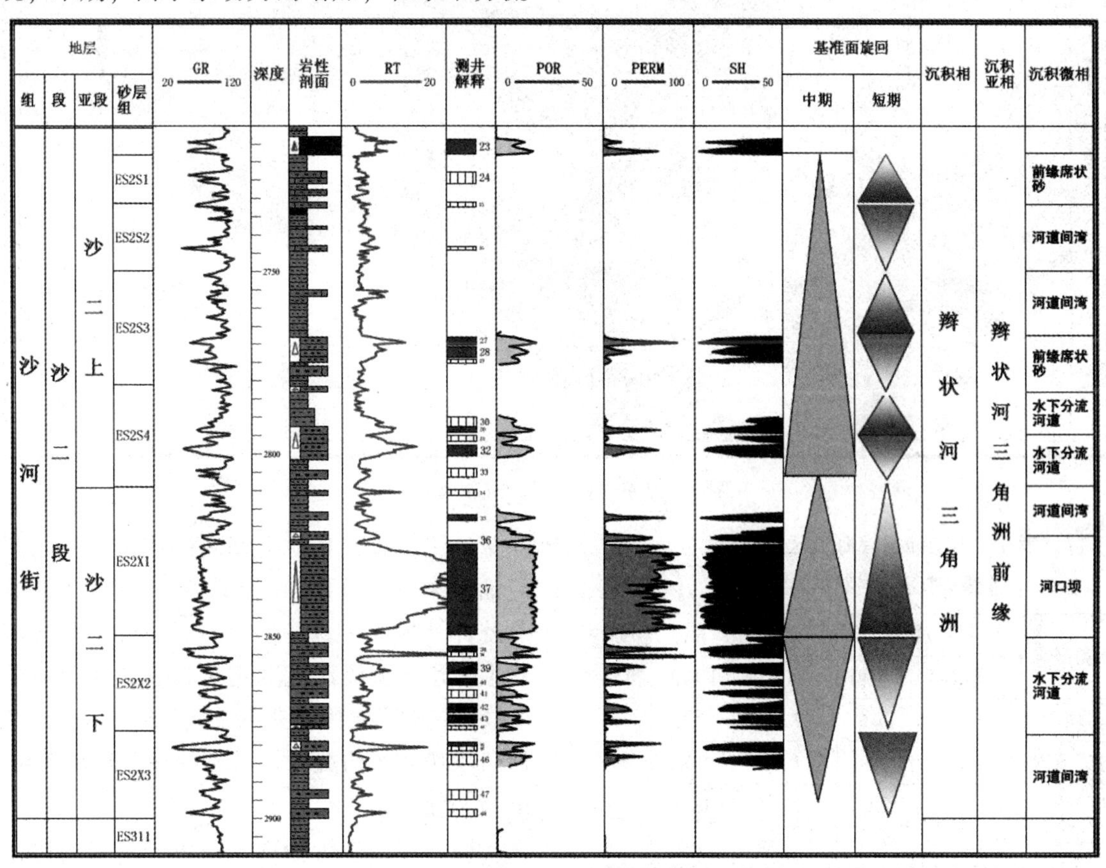

图3 埕海二区单井沉积微相划分图

埕海二区沙二下时期，河道纵横摇摆，埕海二区主要体现为两条主河道，东、西河道有河道间湾沉积，同时受古构造影响，河流的主要流动方向为北东向，研究区南部处于水上部分，因此河道发育单一，而北部处于水下部分，河道多期摇摆，形成河道纵横的形态。水下河道多期纵向叠置，内部多由若干个砂岩透镜体组成，砂体横向变化大，延伸1~2井距即变薄尖灭。

当辫状河入水后，携带的砂质由于流量降低，而在河口处沉积下来即形成河口坝，主要分布与河道的侧缘及前缘。沙二下时期，东部河道处于水体扩张范围内，水下河道交错，在河道的侧缘发育ZH28-31L与ZH31-25两套河口坝，在前缘发育ZH5、、ZH28-36、ZH28-38三套河口坝，坝体中间由明显的河道沉积，砂体边界刻画清晰。西部河道水体较浅，仅在东部次河道发育河口坝，坝体分布范围较小(图4)。

4 沉积微相物性特征

不同沉积沉积微相具有不同的渗流参数。一般而言，沉积能量高的水动力条件下形成的微相砂体，其物性好，反之，则物性性较差。对大港油田埕海二区辫状河三角洲前缘各沉积微相的物性通过统计对比研究，发现研究区内河口坝具有较高的孔隙度、渗透率和较大的粒度中值，泥质含量相对较低，水下分流河道和前缘席状砂物性相对较差(表1)。

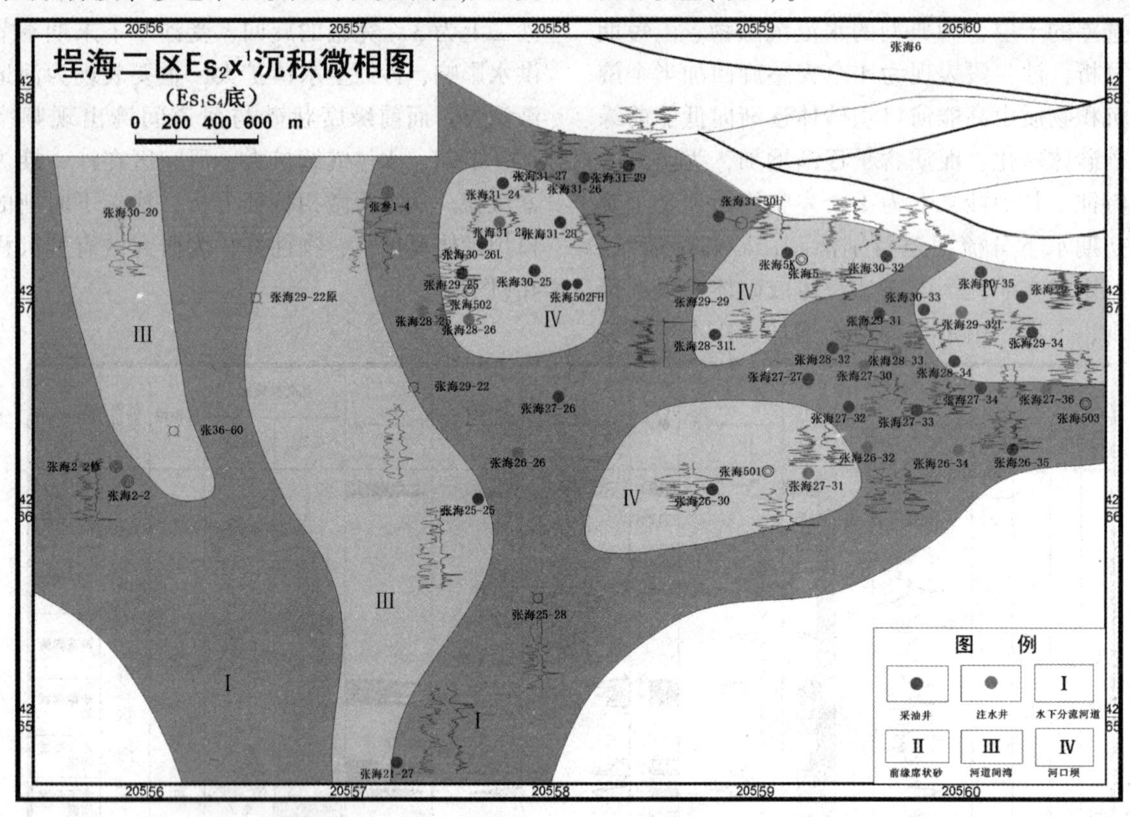

图4 埕海二区 Es2x¹ 沉积微相图

表1 大港油田埕海二区三角洲前缘各沉积微相物性参数

微相类型	孔隙度/%		渗透率/10^{-3} μm³		泥质含量/%
	分布范围	平均值	分布范围	平均值	
河口坝	14.9~18.3	16.6	27~87	57	8
水下分流河道	9.6~16.2	12.9	27~47	37	16
分流间湾	3.4~9.8	6.6	10~27	18.5	76
前缘席状砂	14.5~17.8	16.2	29~53	41	22

5 沉积微相与油气分布关系

埕海油田各沉积微相的储集物性不仅取决于其形成时水动力条件、砂体的岩性、沉积物的粒度和分选特征，而且与沉积微相的平面展布及砂泥比密切相关。一般随着砂泥比增大，其孔隙度增大、渗透率变高，物性也相应变好。尽管近源水下分流河道的砂体发育，但是砂体纯度较河口坝低，分选较差，较河口坝而言形成油气藏的规模较小，而河口坝微相泥质含量少，砂体厚度大，粒度细、分选好和孔、渗相对高，能够优先储集油气，形成油气藏。远砂坝在本区由于泥质含量相对较高，砂体厚度以薄层为主，仅能形成少量的透镜体或其他类型规模较小的油气藏。埕海油田纵向上7层17个计算单元的油层微相划分统计结果为71%的已探明储量分布在河口坝微相上，水下分流河道微相为23%，远砂坝微相为6%。这表明沉积相带控制了该区油气的分布，河口坝微相为研究区最有利的油气聚集微相。

6 结论

(1) 在分析沉积物岩石成分及结构特征、沉积构造、沉积序列等的基础上，将埕海油田沙二段辫状河三角洲前缘亚相细分为水下分流河道、河口坝、席状砂和水下分流间湾4个沉积微相。

(2) 埕海二区河口坝微相泥质含量少，砂体厚度大，储层物性好，能够优先储集油气，形成油气藏。该微相为研究区最有利的油气聚集微相。

参 考 文 献

[1] 于兴河. 碎屑岩系油气储层沉积学[M]. 北京：石油工业出版社，2002.

[2] 张传林，赵省民，文志刚. 准噶尔盆地南缘辫状河三角洲沉积特征及储集性[J]. 新疆石油地质，

2003，24(3)：202-204.

［3］ 胡受权，郭文平，邵荣松．南襄盆地泌阳断陷第三纪湖泊演化探讨［J］．石油学报，2001，22，(5)：23-28.

［4］ 英台油田辫状河三角洲前缘沉积特征及构型要素［J］．石油天然气学报(江汉石油学院学报)，2008，30，(6)：186-189.

［5］ 张希明，刘青芳．塔北地区辫状三角洲沉积特征及油气勘探意义［J］．石油勘探与开发，1999，26(2)：21-24.

［6］ 谭建财，尹志军，苏进昌，等．歧口凹陷歧南断阶带沙二段沙二段浊积扇沉积特征［J］．石油天然气学报，2012，34(9)：6-11.

［7］ 赵澄林，张善文，袁静，等．胜利油区沉积储层与油气［M］．北京：石油工业出版社，1998.

［8］ 吴朝荣，杜春彦．辽河油田西部凹陷沙河街组远岸浊积扇［J］．成都理工学院学报，2001，28(3)：267-272.

分级定量表征方法在PL油田构型建模中的应用

刘建华　刘卫林　徐中波　梁世豪　胡治华

(中海石油(中国)有限公司天津分公司，天津 300459)

摘　要　分析了PL油田L50油组辫状河储层构型特征，识别了辫状河储层不同层次的构型界面，将其划分为单一辫流带、心滩坝和心滩内增生体3个层次，分别代表5级构型、4级构型和3级构型。依据分级构型建模的思想，应用三种不同建模方法分别对三个级次的构型体进行表征，即应用基于井孔资料的确定性三维砂描技术表征5级构型，应用基于自适应河道方法的砂内构型刻画技术表征4级构型，应用等效表征的方法表征3级构型。研究结果显示，本研究使用的分级构型建模方法能很好的再现辫状河储层构型特征，对油田开发生产具有较好的现实意义。

关键词　辫状河沉积；储层构型；分级构型建模；定量表征；等效表征

近几年来，随着构型研究理论的逐渐完善，其在油田开发中后期生产调整和剩余油特征研究中的应用越来越广泛，但是这些工作大部分都是从沉积学出发，通过统计和类比建立目标区的构型模式，从而定性预测剩余油分布特征，并指导油田开发调整。虽然这些研究工作对油田生产具有一定的指导意义，但是构型研究成果基本上还是停留在“一套剖面图一套平面图和一个模式”的模式[1~4]，其应用并没有实现真正的定量化，而要实现构型研究应用的定量化，首先就必须实现构型研究成果的模型化，本文笔者将结合PL油田实际对这个问题进行探讨，同时分析构型分级定量表征方法在PL油田的应用。

1　油藏地质概况

PL油田位于渤海湾盆地中部，为受两组南北向走滑断层控制的断裂背斜，新近系馆陶组L50油组为该油田的主力生产层位，为辫状河储层，储层平均孔隙度为18.8%～27.2%，平均渗透率为500～3000mD，属于中高孔、高渗储层。依据“旋回对比、分级控制”原则将L50油组划分为5个小层8个单砂体。

1.1　沉积微相类型

区域地质研究认为PL油田L50油组为辫状河沉积，储层厚度较大，主力砂体在侧向上叠置连片，呈“泛连通体”状。从垂向上看L50油组自下而上粒度逐渐变粗，砂地比缓慢增加，反应出水动力条件由弱变强的特点。结合岩芯分析和测井资料，将L50油组细分为辫状河道、心滩、河道边缘和河道间4种沉积微相，如图1所示。

心滩微相是辫状河沉积储层中最主要的微相类型，沉积物以垂向加积为主，但对称的螺旋横向环流亦导致心滩发生侧向加积作用，心滩沉积过程中主要形成各种类型的交错层理。沉积物颗粒较粗，多为正韵律或复合韵律，岩性以含砾或粗砂岩为主，在心滩坝顶部局部可发育粉细砂岩，心滩储层厚度一般大于5m，电性特征为箱状。

辫状河道微相是辫状河沉积储层中一种常见的沉积微相类型，是洪水期的过水通道沉积，沉积物粒度也较粗，一般为正韵律，厚度一般为2～5m，岩性以粗砂岩和中细砂岩为主，顶部可发育粉砂质泥岩，但由于受后期河道冲刷截削作用改造，多数河道的岩相层序发育不全，河道上部岩相常常缺失。

河道边缘微相是辫状河沉积体系中泥质或半泥质废弃河道或溢岸沉积的总称，由多个正韵律组成，单个韵律规模较小，总体粒度较细，以粉砂岩、细砂岩为主，仅底部可发育中砂岩，储层

作者简介：刘建华(1979—　)，男，汉族，湖北人，2007年毕业于西北大学，获硕士学位，主要从事开发地质工作。E-mail：Liujh10@cnooc.com.cn

厚度一般小于2m。

河道间微相是洪水期沉积的细粒沉积物，以水平层理泥岩夹薄层块状砂岩为主，规模较小，岩性为大段的泥岩，多与河道边缘沉积毗邻出现。

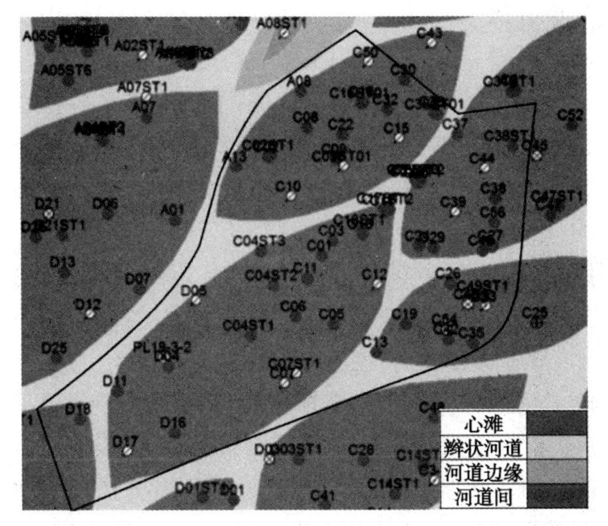

图1 PL油田L50油组微相分布图

1.2 构型层次划分及识别

根据Miall的辫状河构型分级方案，通过岩芯、录井和测井资料，将PL油田L50油组辫状河储层细分为5级构型，其中5~3级构型界面在井上较容易识别，在一定范围内可追踪对比，在油田生产中具有明显的现实意义，是我们本次研究的重点。这3个级次的构型单元分别是单一辫流带、单砂体(心滩或河道)和心滩内部增生体，分别对应5级构型、4级构型和3级构型[5,6]。

单一辫流带是指同一沉积时期多个微相单元的组合体，辫流带与辫流带之间发育泛滥平原和溢岸沉积，单一辫流带局部在垂向上可以为一套较厚的单砂体，也可以是几套较薄的单砂体组合，从旋回上看是一个单一成因的中期旋回，构型界面为辫状河道顶部泛滥泥岩或辫状河道的底部冲刷面。在冲刷面附近以含砾中粗砂岩为主，含泥砾，向下岩性突变为泥质粉砂岩或粉砂质泥岩为主的泛滥沉积，自然伽马、电阻率曲线为钟型或箱型的底部，向下曲线突变为泥岩基线附近的齿化线形，如图2所示。

单砂体(心滩或河道)为单一辫流带内部细分出来的次一级自成因旋回体，对应一个短期旋回，构型单元相当于砂质辫状河中的单一微相砂体，如辫状河道和心滩。构型界面为心滩的顶界

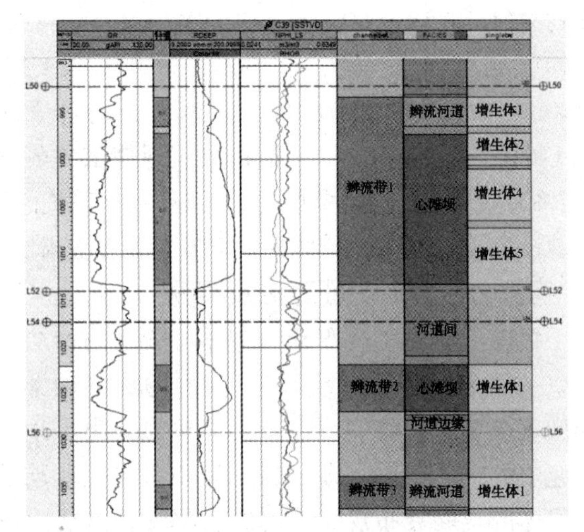

图2 PL油田L50油组构型单元划分示意图

面，以粉砂质泥岩为主，发育平行层理和流水沙纹层理，自然伽马和电阻率曲线有明显的回返，回返幅度大于2/3，界面附近泥岩厚度大，一般在1m以上，是单层或单砂体划分的重要标志。

心滩内单一增生体是心滩内部更次一级的自成因旋回体，对应一个超短期旋回，构型单元相当于单次洪水期心滩沉积。构型界面为心滩内部落淤层，包括泥质夹层和物性夹层，还有少量钙质夹层。泥质夹层以灰色泥质粉砂岩或粉砂质泥岩为主，自然伽马曲线明显回返，回返幅度1/2左右，物性夹层以粉砂岩为主，自然伽马曲线小幅回返，回返幅度为约为1/3。

1.3 构型单元规模确定

构型研究的最终目的是要确定不同级次构型单元的规模，从而为油田生产调整服务。不同层次构型单元规模的预测思路为，在井上单河道满岸深度和单一增生体厚度确定的基础上，根据经验公式，分别进行单一辫流带、单砂体(心滩或河道)和单一增生体侧向规模的计算，分析辫状河道充填模式及其成因，建立心滩的定量模式。

参考野外露头、井间对比、三维地震属性切片和经验公式及生产动态资料，PL油田L50油组心滩坝宽度和辫状河道宽度比为1∶3.8，心滩坝宽度和心滩坝长度比为1∶2.2。

在单河道满岸深度计算的基础上，计算辫状河道宽度、心滩宽度和心滩长度。计算结果表明，PL油田L50油组单一辫流带宽度为850~1120m，平均宽度约为980m；单一辫流带砂体厚度为2.8~10.4m，平均厚度约为5.5m；单层心

滩的宽度为350～900m，平均宽度约为500m；心滩的长度范围为1200～3200m，平均长度约为1800m；单河道宽度为100～300m，平均宽度约为170m；从而确定了PL油田辫状河储层单砂体（心滩或河道）级别构型单元的定量表征参数，为单砂体内构型单元的分级定量表征奠定了基础。

2　构型分级定量表征方法及实现

目前，储集层构型研究基本上确立了“层次约束、模式拟合与多维印证”为主的地下储集层构型表征基本思路[7]。这一思路首先突出了地质研究中的层次概念，即分级、分层次研究非均质地质体的空间分布规律。高级次单元比低级次单元具有更宏观且易辨析的规律，因此在构型研究过程中，先研究高级次构型要素，然后在其约束下研究较低级次的构型要素，即“分级控制”。

在分级控制模拟中，每个级次的模拟都依据一定的定量地质模式对每类构型要素的空间分布进行全三维模拟，并且每个大规模级次的构型要素都是下一个更精细级次构型要素模拟的信息和约束，而且每一级次的模拟均应当依据该级次构型要素的特点采用不同的模拟方法。通过这一方法建立的构型模型可反映不同级次和规模的非均质体。

2.1　单一辫流带定量表征

辫状河构型分级定量表征的第一步是对单一辫流带进行表征。单一辫流带是指同一沉积时期多个微相单元的组合体，垂向上可以为一套较厚的单砂体，也可以是几套较薄的单砂体组合，从旋回上看是一个单一成因的中期旋回。

单一辫流带从成因上控制单砂体或单砂体组合的分布范围，因此在生产上具有重要的现实意义。PL油田L50油组井孔资料较为丰富且分布均匀，在本次分层定量构型表征研究中，直接应用确定性方法刻画出单一辫流带级次的储层分布。

具体方法是：(1)在小层划分与对比的框架内，精细对比标定每个期次的单一辫流带储层顶底；(2)绘制每个单一辫流带储层顶底面微构造图，圈定辫流带储层发育范围，最终得到每个单一辫流带的空间形态参数；(3)将单一辫流带储层的几何信息嵌入到某个网格系统之中，得到这个单一辫流带的三维模型；(4)将所有单一辫流带的三维模型合并到同一网格系统中，得到整个油藏的单一辫流带模型，如图3所示。

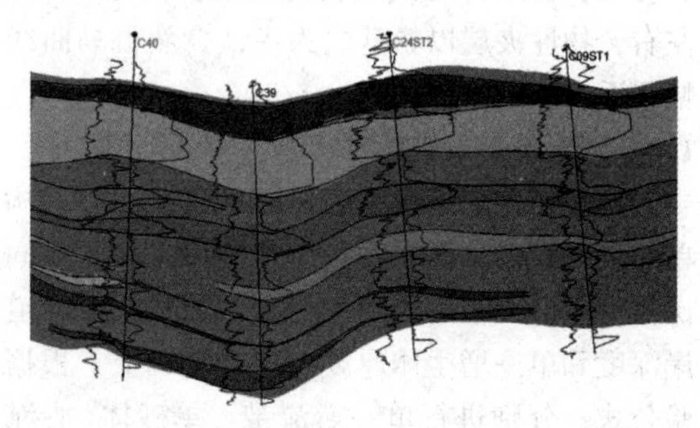

图3　PL油田L50油组单一辫流带模型

单一辫流带模拟的核心是确定单一辫流带的几何信息，单一辫流带模型不依存于某个特定的网格系统。从上图中可以看出每个单一辫流带为一单一成因的砂体组合，它表征出了砂体的范围和厚度等三维信息，对油藏开发具有明显的现实意义。

2.2　单砂体（心滩或河道）定量表征

辫状河构型分级定量表征的第二步是对单砂体（心滩或河道）进行表征，即在单一辫流带砂体内部对微相进行模拟。沉积微相模拟有很多方法，本文应用的是Petrel自适应河道模拟方法。PL油田L50油组的辫状河沉积存在两种模式，L50小层为宽坝窄河模式，L54～L58小层为宽河窄坝模式，两种模式的辫状河沉积都是以单一辫流带为模拟单元，以河道边缘为背景相，但是在两种模式中，心滩和辫状河道的切割关系不同，宽坝窄河模式以心滩为主体相，河道相切割心滩相，而宽河窄坝模式以辫状河河道为主体相，心滩相充填在河道相中间，如图4所示。

应用上文 1.3 构型单元规模，分别对每个单一辫流带进行模拟，得到单砂体构型模型。对两种辫状河模式的单砂体构型模型进行分析，可以看出 L50 油组下部的宽河窄坝模式储层厚度较薄，微相以河道为主，心滩充填在河道中间，河道边缘分布于河道两侧，而上部的宽坝窄河模式则储层较厚，微相以心滩为主，河道分布在两个心滩之间，少见河道边缘微相，如图 5 所示。

2.3 心滩内单一增生体定量表征

辫状河构型分级定量表征的第三步是对心滩内单一增生体进行表征，即在心滩微相内部分辨出不同的增生体，而不同增生体之间的界面为夹层界面，因此对单一增生体表征的本质是对夹层进行表征[8]。

研究区的隔夹层从成因上讲有 3 种，即泥质隔夹层、物性夹层和钙质夹层。但是为方便进行定量表征研究，本文从隔夹层发育位置和规模出发，对隔夹层进行了重新分类，共分为 5 种隔夹层，即层间隔层、砂间隔夹层、砂内可解释夹层、微相间物性夹层和微相内物性夹层，如图 6 所示。

图 4 PL 油田 L50 油组两种辫状河模式

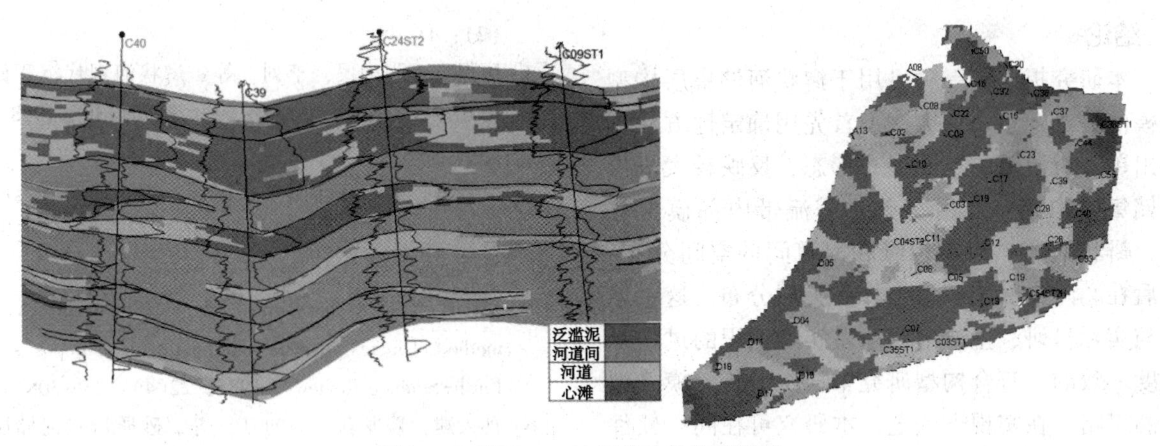

图 5 PL 油田 L50 油组单砂体构型模型

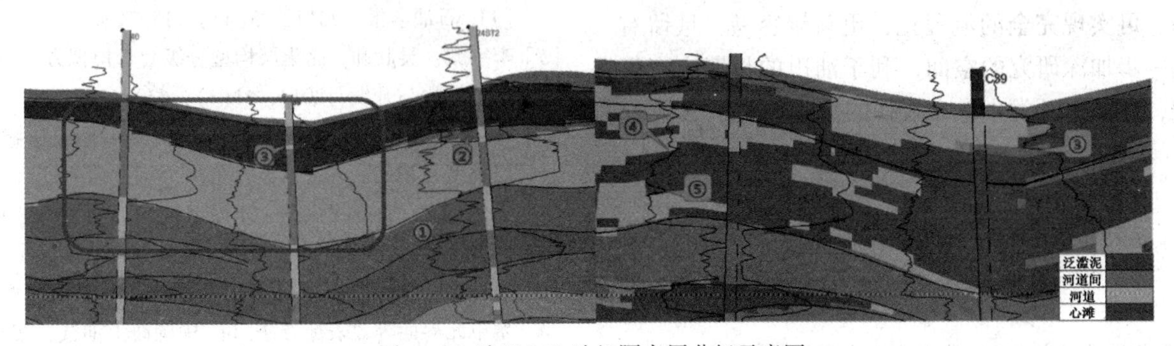

图 6 PL 油田 L50 油组隔夹层分级示意图

层间隔层和砂间隔夹层分别对应6级构型和5级构型，可用构型分级定量表征的第一步进行定量表征。砂内可解释夹层对应4级构型，可以用构型分级定量表征的第二步进行定量表征。微相间物性夹层对应4级构型，微相内物性夹层对应3级构型，构型分级定量表征的第三步就是对这两种夹层进行表征。

这两种夹层都是物性夹层，在单井测井解释上属于储层范围，但是由于其物性明显比正常储层低，在生产中对流体流动有明显的阻挡作用，因此对此类夹层的表征对油田精细开发有较强的现实意义。

物性夹层定量表征方法可分为以下几步：(1)通过取芯井分析和测井曲线归一化，求取物性夹层的定量表征参数；(2)在单井上解释出物性夹层，分析统计物性夹层几何参数；(3)在心滩内部模拟物性夹层分布；(4)提取物性夹层位置信息，在数模中用传导率系数表征物性夹层[9]。如图7，左图为单井夹层分级图，右图为物性夹层模拟结果图。

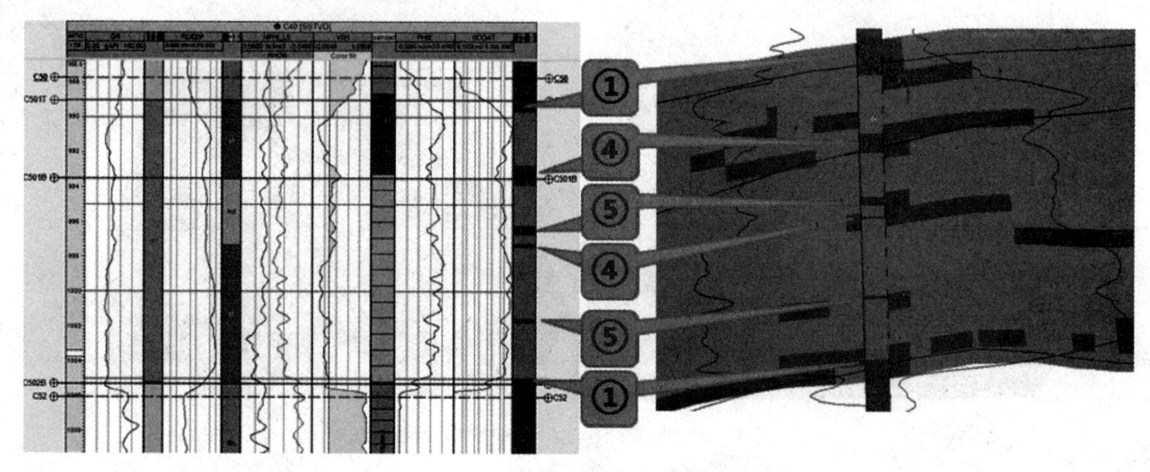

图7　PL油田L50油组隔夹层模拟图

3　结论

本研究提出了一种可用于辫状河储集层构型建模的分级定量表征方法。首先用确定性方法刻画出单一辫流带的空间展布形态，反映较大规模的储集层构型；之后在单一辫流带内部模拟心滩、辫状河道、河道边缘和河道间的空间分布；最后在心滩内部模拟增生体和夹层分布。这一思路与实际科研、生产中对地质实际认识的过程是高度一致的，符合构型研究中层次分析、模式拟合的思路。在实现方法上，本研究可在同一软件上实现，不需要引进新软件，不依存于特定网格、可实现完全的流程化，更新较容易，且留有进一步加深研究的空间，利于油田的长期生产管理，在油田开发中具有较强的实际意义。

参 考 文 献

[1] 岳大力，吴胜和，刘建明．曲流河点坝地下储层构型精细解剖方法[J]．石油学报，2007，28(4)：99-103.

[2] 何宇航，宋宝全，张春生．大庆长垣辫状河砂体物理模拟实验研究与认识[J]．地学前缘，2012，19(2)：41-48.

[3] 廖保方，张为民，李列，等．辫状河现代沉积研究与相模式中国永定河剖析[J]．沉积学报，1998，16(1)：34-40.

[4] 于兴河，马兴祥，穆龙新，等．辫状河储层地质模式及层次界面分析[M]．北京：石油工业出版社，2004.

[5] Miall A D. Architectural - element analysis: A new method of facies analysis applied to fluvial deposits[J]. Earth-Science Reviews，1985，22(4)：261-308.

[6] 孙天建，穆龙新，吴向红，等．砂质辫状河储层构型表征方法——以苏丹穆格莱特盆地Hegli油田为例[J]．石油学报，2014，35(4)：715-724.

[7] 李宇鹏，吴胜和．储集层构型分级套合模拟方法[J]．石油勘探与开发，2014，41(1)：630-635.

[8] 孙天建，穆龙新，赵国良．砂质辫状河储集层隔夹层类型及其表征方法以苏丹穆格莱特盆地Hegli油田为例[J]．石油勘探与开发，2014，41(1)：112-120.

[9] 霍春亮，叶小明，高振南，等．储层内部小尺度构型单元界面等效表征方法[J]．中国海上油气，2016，28(1)：54-59.

地球物理组

基于 Gabor 变换反褶积技术某工区的应用研究

金明霞　易淑昌
(中海油田服务股份有限公司物探事业部物探研究院，天津塘沽 300451)

摘　要　使用常规的 Wiener 反褶积必须假设震源子波在地层旅行过程中是平稳的(即一成不变的)，这个前提条件与实际野外地震资料采集差别较大，而基于 Gabor 变换反褶积技术考虑到地震能量的衰减、子波的形变等非平稳性特征。地震道在 Gabor 域可因式分解成三项(即震源子波、衰减函数和反射系数)，该技术涉及 POU 窗函数，并利用此函数在 Gabor 域对地震信号进行局部时频分解。Gabor 域反褶积算法在 Gabor 域通过除以衰减函数和震源子波的乘积来估算地层反射系数，然后再做 Gabor 反变换可求得时间域的地层反射系数。理论模型的测试和实际地震资料的应用均表明，与 Wiener 反褶积相比较，基于 Gabor 变换反褶积可补偿中深层的能量衰减并因此拓宽有效频带和提高时间分辨率。

关键词　非平稳性反褶积；Wiener 反褶积；POU 函数；Gabor 变换；因式分解

反褶积是地震资料处理的一个必须部分[1,2]，生产中常用的是基于 Wiener 最小平方反褶积技术。根据褶积理论，Wiener 反褶积是从已知的地震道中估算地层的反射系数，但是震源子波也是未知变量，为了求得反射系数需要两个假设条件[1]：① 震源子波必须是最小相位的，这意味着震源子波的振幅(等价于其自相关)可以通过解地震道的能量谱的平方根获得，然后对震源子波的振幅的自然对数求 Hilbert 变换可求得震源子波的相位；②反射系数是统计意义上的白噪的、平稳的(其振幅谱大致是一常数)。常规的 Wiener 反褶积假设震源子波是平稳的(即震源子波在其旅行过程中是一成不变的)，这与实际地层反射相差较大，至少有两个显而易见的物理影响没有考虑：地层黏滞性衰减[3] 和 short - path 多次波[4]。常数 Q 理论[3]描述地层黏滞性衰减，其数值呈现旅行时和频率的指数衰减。

地震道的非平稳性的解法大致分为两类[4]：直接的时变反褶积和反 Q 滤波法，Clarke[5]提出一种基于最优的 Wiener 滤波的时域非平稳的反褶积，Koehler 和 Taner[6]提出一种广义的时变反褶积的数学理论。Bickel 和 Natarajan[7]采用反 Q 滤波作为在平面波域的一种反褶积类型，所有的反 Q 滤波方法都面临一个共同的难题——反滤波的稳定性[8]，因为 Q 滤波引起旅行时和频率的指数衰减，所有反 Q 滤波肯定导致旅行时和频率的指数增长并因此产生不稳定。Wang[15] 提出了一种基于波场延拓理论的反 Q 滤波方法，可同时进行振幅补偿和相位校正，然后 Wang[16] 又进一步在 Gabor 域实现这种稳定算法(即推广到 Q 模型随深度或旅行时连续变化的情形)，其计算结果更准确，在此基础上陈增保等[17]提出一种在 Gabor 域实现的带限稳定反 Q 滤波算法，它适用于一般 Q 模型，即根据地震道的平均 Q 值和信噪比差异设计不同的时变带通滤波器。

针对地震子波的时变的非平稳性特征，彭才等[18]提出了基于动态褶积模型的子波估计方法，高静怀等[19]利用基于反射地震记录变子波模型提取地震子波进而提高地震记录，这些方法大都对地震记录采用分段处理，即首先在时间上进行分段，假设每段内的地震子波是时不变的，进而在每段内提取出一个时不变的地震子波，张漫漫等[20]提出一种基于时频域谱模拟的时变子波提取方法，另外郭廷超等[21]在传统谱模拟反褶积的基础上，提出了一种基于 S 变换的时变谱模拟反褶积方法。Zhang[22] 等针对分层反 Q 滤波方法，通过在 Gabor 变换谱上拾取增益控制频率，进而计算增益控制振幅，有效地控制了振幅补偿

基金项目：国家科技重大专项“20112X0502300 YF 2013-01”
作者简介：金明霞(1979—　)，工程师，2004 年毕业于长江大学，硕士，目前从事数据处理工作。

算子对噪声的放大。

不同于常规的 Wiener 反褶积，基于 Gabor 变换的反褶积方法求得一个非平稳的反褶积算子并用于校正震源子波的波形变化和能量衰减，基于 Gabor 变换反褶积可描述含有地层衰减影响的非平稳性真实野外模型、是常规反褶积的自然延伸，Gabor 变换[9]是小时窗的 Fourier 变换，这些分割的小时窗部分 POU(a partition of unity)[4]的叠加总和是 1 个单位。对于含有地层衰减影响的非平稳性褶积模型，基于 Gabor 变换的反褶积可以因子分解为 3 项[4]：震源子波、衰减函数和反射系数的 Gabor 变换。

本文利用 Margrave 等[4]提出的基于 Gabor 变换的反褶积方法，在 Gabor 域实现对地震波能量衰减的补偿，然后在时间域求得地层反射系数，与 Wiener 反褶积相比较，基于 Gabor 变换反褶积可补偿中深层的能量衰减并因此拓宽有效频带和提高时间分辨率，求得的地层反射系数更接近真实的地层反射系数，理论模型和实际数据的应用效果都较好。

1 方法原理

平稳性的地震道褶积模型[1]满足下式：

$$S = WR = \int_{-\infty}^{\infty} w(t-\tau)r(\tau)\,\mathrm{d}\tau \tag{1}$$

在公式(1)的褶积模型中，震源子波是不随旅行时而变化的，这与实际地层的物理影响是不符合的，例如地震波传播过程中遇到的几何扩散、地层黏滞性、能量转换吸收等[10,11]，而基于 Gabor 变换的反褶积适应实际的地层影响例如地层 Q 能量吸收、震源子波随旅行时变化等情况。

首先 Gabor 变换使用 Gaussian 窗函数 $\Omega_k(t)$：

$$\Omega(t-k\Delta\tau) = \frac{\Delta\tau}{T\sqrt{\pi}} e^{-[t-k\Delta\tau]^2 T^{-2}} \tag{2}$$

这里 $\Delta\tau$ 是 Gaussian 窗间距，T 是一半 Gaussian 窗宽度。Gabor 变换要求 $\sum_k \Omega_k(t) = 1$，$\forall t$，这样构造的函数叫做 POU 函数。

基于 Gabor 变换反褶积的因子分解中的衰减函数是：

$$a(t,\tau) = \int_{-\infty}^{\infty} a(t,f)e^{2\pi i f\tau}\,\mathrm{d}f \tag{3}$$

然后结合公式(1)的褶积模型，可得到如下公式：

$$\tilde{S}(f) = \tilde{w}(f)\int_{-\infty}^{\infty} a(t,f)r(t)e^{-2\pi i f t}\,\mathrm{d}t \tag{4}$$

这就是地震道非平稳性反褶积模型公式[4,13]，当 Q 值 $\to\infty$，公式(4)的积分就变为反射系数 $r(t)$ 的 Fourier 变换 $r(f)$（即常规反褶积模型），如同公式(1)；对于有限值 Q，公式(4)精确的描述地震波旅行过程中的非平稳性的特征。

公式(4)可写成矩阵形式：

$$\boldsymbol{s} = \boldsymbol{WAR} \tag{5}$$

$\boldsymbol{W}$ 代表震源子波 $w(t)$ 的 Toeplitz 矩阵，$\boldsymbol{A}$ 代表衰减函数 $a(\tau, t-\tau)$ 的矩阵，$\boldsymbol{R}$ 代表反射系数的向量。$\boldsymbol{WA}$ 说明了震源子波在实际地层传播过程中不是一成不变的，而是随旅行时变化，因此更能代表实际物理过程。

为解得反射系数 R，公式(5)变为：

$$R = A^{-1}W^{-1}s \tag{6}$$

公式(6)说明基于 Gabor 变换反褶积就是求取反算子（WA）- 1 的过程。

$$\tilde{s}_g(t,f) \approx \tilde{w}(f)a(t,f)\,\tilde{r}_g(t,f) \tag{7}$$

根据公式(7)，对于某时刻 t，地震道的 Gabor 变换大致是震源子波的 Fourier 变换、衰减函数和地震反射系数的 Gabor 变换的乘积。

公式(7)有明确的物理意义，将一个很小的时窗应用到地震道上然后做 Fourier 变换(即时频分析[14])，这个时窗越小(大于子波长度)，它越能描述震源子波在地层旅行过程中的非平稳性特征，它就越接近真实的地层物理响应。

从地震记录里求取地层反射系数的过程就是反褶积，因此在 Gabor 域满足反射系数：

$$\tilde{r}_g(t,f) \approx \frac{\tilde{s}_g(t,f)}{\tilde{w}(f)a(t,f) + \mu A_{\max}} \tag{8}$$

μ 是一个很小的常数，$A_{\max}$ 对应 $|\tilde{s}_g(t,f)|_{\mathrm{smooth}}$ 的最大值。

2 理论模型与实际资料应用

2.1 理论模型测试

实际资料的震源子波都是最小相位的[1]，因此创建一个最小相位的地震子波 w（图 1）主频是 20Hz，理论地震道(图 2)是此地震子波与反射系数(图 3、图 4)褶积生成，其不包含任何能量衰减例如 Q 吸收衰减，这个地震道因为深层的高频信息没有被衰减所以能清楚地分辨出在深层(1s以下)的信号，如图 2 中的褐色方框所示。

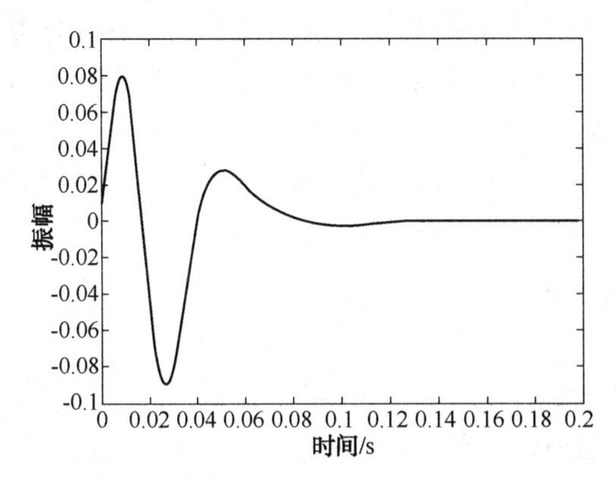

图 1　最小相位子波

为符合实际的地层吸收衰减而测试不同 Q 值对该地震道的影响，图 2 中 b、c、d、e、f 分别对应的 Q 值是 20、40、60、80、100，对比分析发现对于衰减较弱($Q \geqslant 80$)的地震道 2e、2f 深层(1s 以下)能较能清楚的分辨地层反射信号，因此得出结论是在求地层反射系数即反褶积过程中必须考虑地震波能量的衰减。

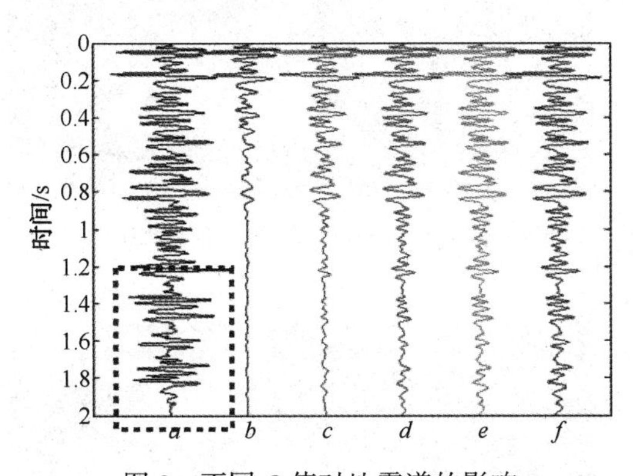

图 2　不同 Q 值对地震道的影响

对图 2 中不同 Q 值的地震道做 Wiener 反褶积得到的反射系数(图 3 中 b、c、d、e、f)，其波形特征特别是深层(1.2s 以下)与原始反射系数(图 3)差别较大，如图 3 中的褐色方框所示；同样的，对图 2 中这些不同 Q 值的地震道做基于 Gabor 变换反褶积得到的反射系数(图 4 中 b、c、d、e、f)，其波形特征与原始反射系数(图 4)基本相似，尤其对于能量衰减不剧烈的地震道($Q>20$)，在深层(1.2s 以下)Gabor 域反褶积求得的反射系数明显好于 Wiener 反褶积的结果，与原始反射系数基本接近(图 4 中褐色方框)。

为检验反褶积求得的反射系数与原始反射系数(图 3、图 4)的匹配程度，将这些求得的反射

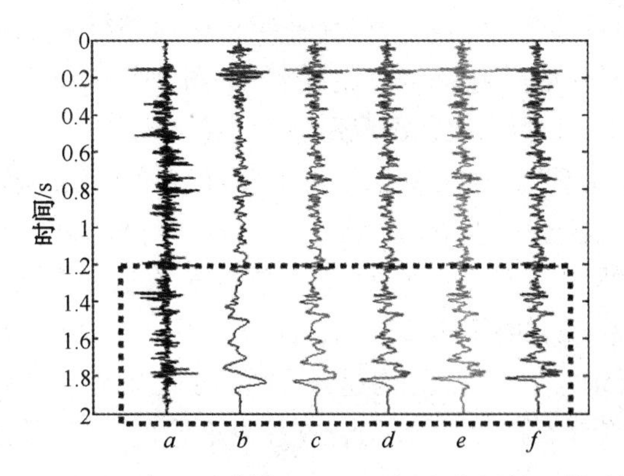

图 3　对图 2 中地震道做 Wiener 反褶积求得的反射系数

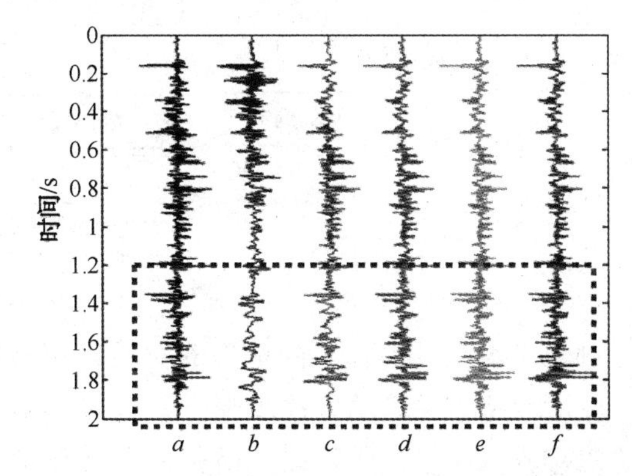

图 4　对图 2 中地震道做 Gabor 域反褶积求得的反射系数

系数与原始反射系数做关联度分析，Wiener 反褶积的结果中最好的关联度($Q=100$ 时)也只能达到 0.47 而且还有时延(即 lag≠0)，如图 5 中的蓝色曲线所示。

基于 Gabor 变换反褶积的结果其关联度最好的($Q=100$ 时)能达到 0.79 并且没有时延(即 lag =0)，如图 5 中的红色曲线所示。这表明基于 Gabor 变换反褶积考虑到地震子波不是一成不变的并伴有能量衰减的非平稳性特征，因此基于

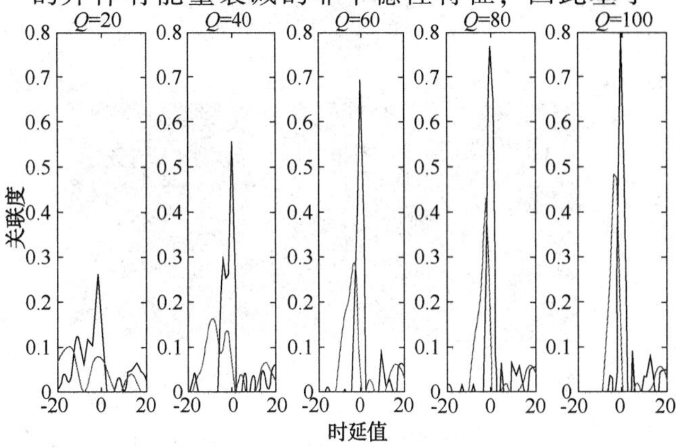

图 5　关联度分析

— Wiener 反褶积的结果与原始反射系数的关联度；

— Gabor 域反褶积的结果与原始反射系数的关联系

Gabor 变换反褶积较好地补偿了中深层能量衰减，并相应地提高了中深层的分辨率(图 4 中 1s 以下)。

2.2　实际地震数据应用

基于 Gabor 变换反褶积处理实际地震数据时需要注意的以下两个方面：(1) 在野外资料采集过程中，震源产生的每一炮的震源子波是不同的；(2) 由于测线较长，测线上每一个共中心点(CMP)下的地质构造不同并因此导致在每个 CMP 点的震源子波的衰减系数不同(即 Q 值的估计值不同)。针对地震资料，上述两个方面的非平稳特征基于 Gabor 域反褶积分别采取以下措施：对于第 1 方面需要做子波反褶积，具体做法是在野外放炮采集时记录每一炮的远场子波，并在室内的资料处理过程中每一炮的反褶积用上相对应的远场子波；对于第 2 方面需要估算在每个 CMP 点的震源子波的衰减系数(即 Q 值)，处理流程如图 6 所示。

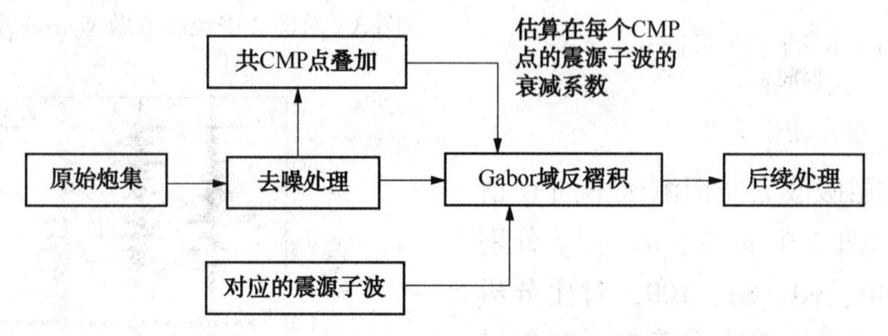

图 6　Gabor 域反褶积的处理流程

对于浅水(如渤海湾)的地震资料的处理流程中，反褶积是很关键的处理步骤[1]，直接影响最终的偏移成像质量，所以在反褶积这个处理节点上分别试验了不同的反褶积方法：t-x 域 Wiener 反褶积、$\tau-p$ 域预测反褶积和 Gabor 域反褶积，并比较其相应的叠加剖面，如图 7~图 10 所示。

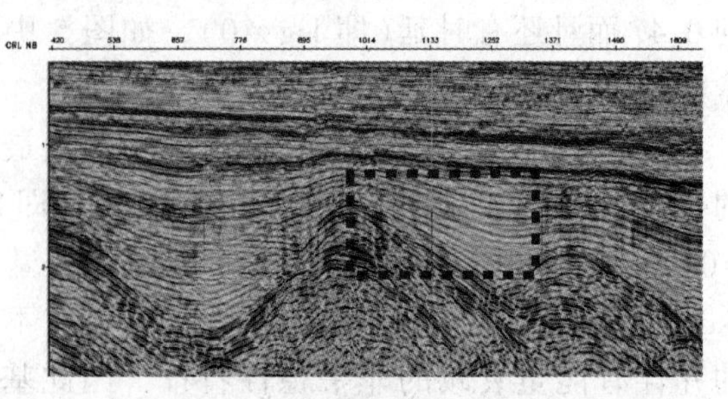

图 7　某航行线原始叠加

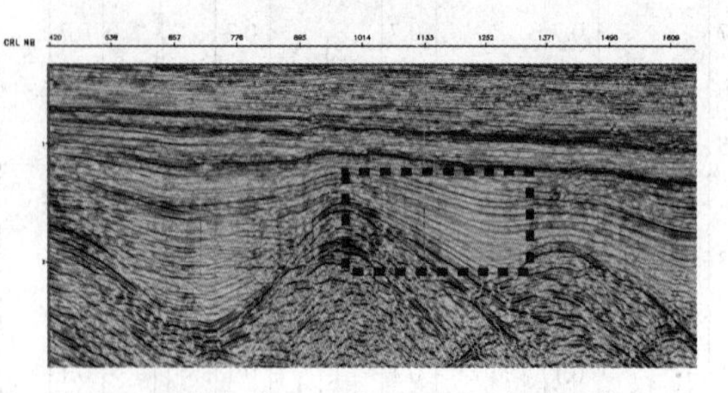

图 8　某航行线 t-x 域 Wiener 反褶积叠加

单从反褶积的结果来看，t-x 域 Wiener 反褶积与 $\tau-p$ 域预测反褶积大致相当，Gabor 域反褶积的频谱较好。仅从频谱分析(图 11)不能决定选择何种反褶积方法，需要更充分的试验，然后

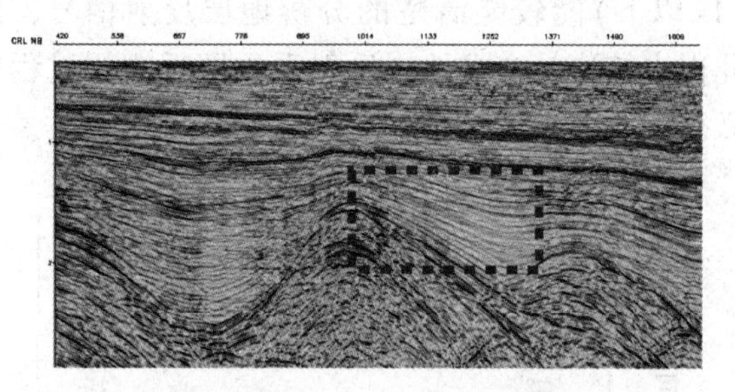

图 9　某航行线 $\tau-p$ 域预测反褶积叠加

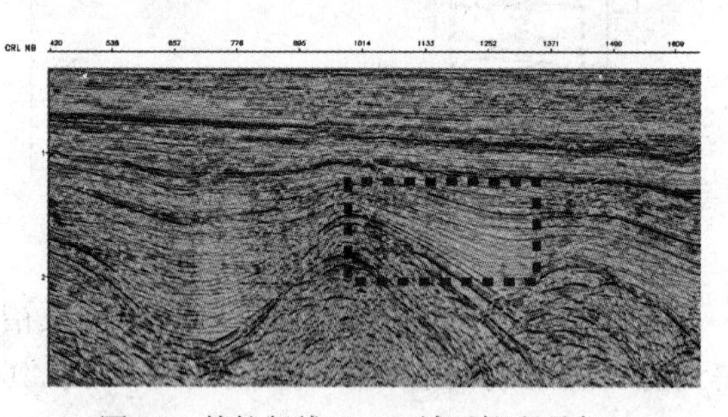

图 10　某航行线 Gabor 域反褶积叠加

以该试验线为中心上下各扩 5km，用这个小 3D 数据体分别完成 t-x 域 Wiener 反褶积、$\tau-p$ 域预测反褶积、Gabor 域反褶积的整个处理流程，得到最终的偏移剖面。

比较图 12 和图 13 的局部成像(如绿色箭头所示)，在局部地震同相轴的连续性方面 $\tau-p$ 域预测反褶积不如 t-x 域 Wiener 反褶积。下面重点比较 t-x 域 Wiener 反褶积和 Gabor 反褶积的偏移结果，由于偏移后的叠加剖面存在部分随机噪音，经去除后比较结果如图 14、图 15 所示。

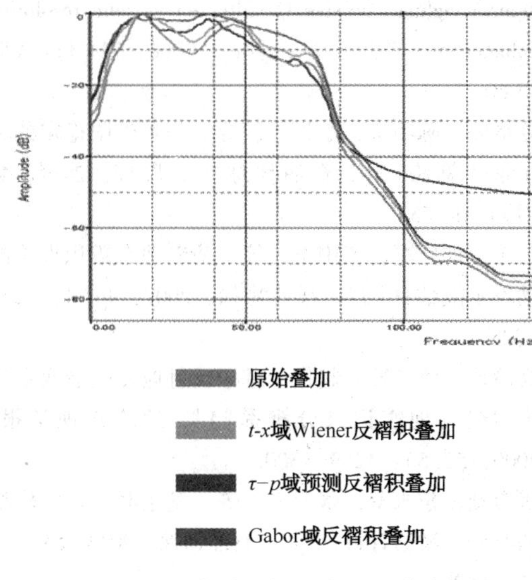

图11 各种反褶积方法频谱分析

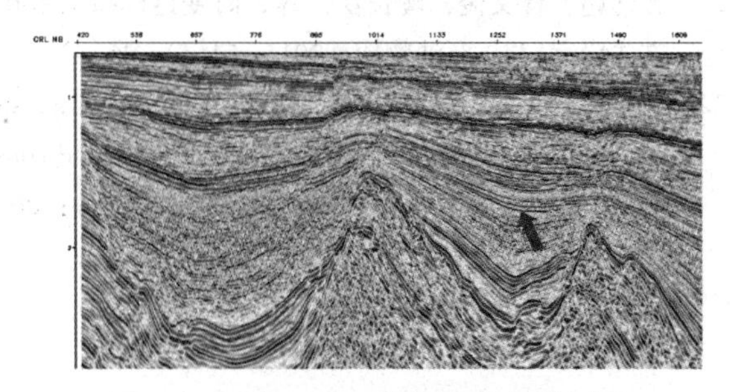

图12 $t-x$ 域 Wiener 反褶积的偏移剖面

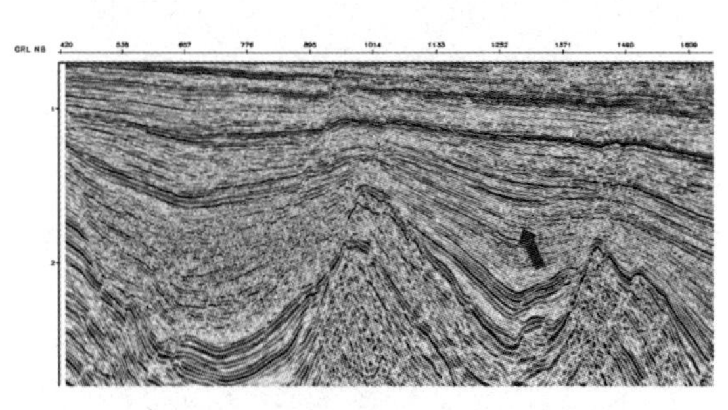

图13 $\tau-p$ 域反褶积的偏移剖面

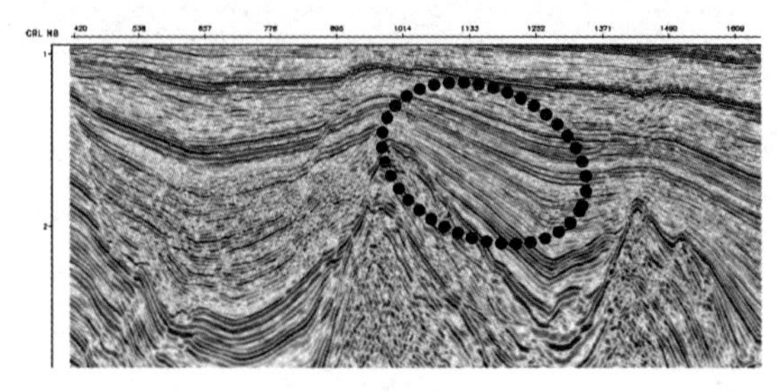

图14 $t-x$ 域 Wiener 反褶积的偏移剖面

经过更充分的试验和对比，分别与 $t-x$ 域 Wiener 反褶积、$\tau-p$ 域反褶积相比较，在提高剖面的时间分辨率和地质波组的丰富程度方面，Gabor 域反褶积有更好的效果，尤其是在图 14 和图 15 中的椭圆形区域内效果较为明显，所以最

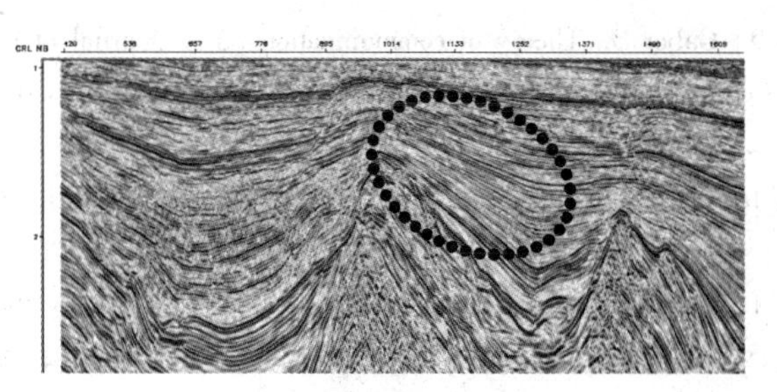

图15 Gabor 域反褶积的偏移剖面

终选用 Gabor 域反褶积。

3 结论

常用的 Wiener 反褶积存在某些不合理性，原因在于地层的吸收衰减导致震源子波在其旅行过程中无论波形还是频谱都是变化的、具有非平稳性特征。基于 Gabor 变换反褶积考虑到震源子波的非平稳性因此更适应实际情况。理论模型的测试表明，当地层衰减不太剧烈($Q>20$)时，基于 Gabor 变换反褶积能很好地求出地层的反射系数(包括深层)。实际资料处理也发现较之于 Wiener 反褶积和 $\tau-p$ 域反褶积，基于 Gabor 变换反褶积的剖面有效频带稍宽、中深层的成像和分辨率都相对较好。

参 考 文 献

[1] 渥·伊尔马滋，地震资料处理、反演和解释[M]. 刘怀山，王克斌，童思友，等，译. 北京：石油工业出版社，2006：110-160，180-190.

[2] Robinson E. A. , and S. Treitel, Principles of digital Wiener filtering [J]. Geophysical Prospecting, 1967, 15(3): 311-332.

[3] Kjartansson E. , Constant Q-wave propagation and attenuation [J]. Journal of Geophysical Research, 1979, 84, B9: 4737-4748.

[4] Gary F. Margrave, Gabor deconvolution: Estimating reflectivity by nonstationary deconvolution of seismic data [J]. Geophysics, 2011, 76(3): w15-w30.

[5] Clarke G. K. C. , Time-varyingdeconvolutionfilters [J]. Geophysics, 1968, 33(6): 936-944.

[6] Koehler F. , and M. T. Taner, The use of the conjugate-gradient algorithm in the computation of predictive deconvolution operators [J]. Geophysics, 1985, 50(12): 2752-2758.

[7] Bickel S. H. , andR. R. Natarajan, Plane-wave Q deconvolution [J]. Geophysics, 1985, 50(9): 1426-1439.

[8] WangYanghua. A stable and efficient approach of inverse Q filtering [J]. Geophysics, 2002, 67(2): 657-663.

[9] Gabor D. Theory of communication [J]. Journal of the Institution of Electrical Engineers, 1946, 93(26): 429-457.

[10] 赵建勋，倪克森．串联反Q滤波及其应用[J]．石油地球物理勘探，1992，27(6)：722-730.

[11] 杨学亭，刘财，刘洋，等．基于连续小波变换的时频域地震波能量衰减补偿[J]．石油物探，2014，53(5)：523-529.

[12] Aki K. and P. G. Richards, Quantitative seismology [M]. second - edition: University Science Books, 2002.

[13] Gary F. Margrave, Michael P. Lamoureux, Jeff P. Grossman, and Victor Iliescu, Gabor deconvolution of seismic data for source waveform and Q correction [J]. 72nd Annual International Meeting, SEG, Expanded Abstracts: 2190 - 2193, Salt Lake City, Utah, 2002.

[14] 高静怀，张兵．基于时频滤波的吸收衰减参数估算[J]．石油地球物理勘探，2012，47(6)：931-936.

[15] WangYanghua. A stable and efficient approach of inverse Q filtering [J]. Geophysics, 2002, 67(2): 657-663.

[16] WangYanghua. Inverse Q-filter for seismic resolution enhancement. [J], Geophysics, 2006, 71(3): V51-V60.

[17] 陈增保，陈小宏，李景叶，等．一种带限稳定的反Q滤波算法[J]，石油地球物理勘探，2014，49(1)：68-75.

[18] 彭才，朱仕军，黄中玉，等．基于动态褶积模型的动态子波估计[J]．石油物探，2007，46(4)：224-328.

[19] 高静怀，汪玲玲，赵伟．基于反射地震记录变子波模型提高地震记录分辨率[J]．地球物理学报，2009，52(5)：1289-1300.

[20] 张漫漫，戴永寿，张亚南，等．基于时频域谱模拟的时变子波估计方法[J]．石油物探，2014，53(6)：675-682.

[21] 郭廷超，曹文俊，陶长江，等．时变谱模拟反褶积方法研究[J]．石油物探，2015，54(1)：36-42.

[22] Zhang Xianwen, Han Liguo, Zhang Fengjiao et al. An inverse Q filter algorithm based on stable wavefield continuation[J], Applied Geophysics, 2007, 4(4): 263-270

基于贝叶斯理论的快速岩相识别技术及应用

刘洪星　夏同星　王建立　郭　帅

（中海石油（中国）有限公司天津分公司渤海石油研究院，天津塘沽 300452）

摘　要　贝叶斯理论被广泛应用于各类地震反演方法，目前大部分地震反演都以获得地层弹性参数为目标（如波阻抗、拉梅常数等），再通过人工解释获取目标地质体的范围及岩相，在实际应用过程中，往往存在解释误差和潜在的不确定性。针对该问题，本文基于贝叶斯判别理论，以测井弹性参数曲线和岩性曲线为先验信息，建立一种基于弹性参数反演结果的快速岩相自动解释方法，通过计算各类岩相体的后验概率量化解释结果的不确定性。在渤海 A 油田隔夹层预测的应用中表明，该方法对岩相表征精确，且更加符合地震解释多解性的特点。

关键词　贝叶斯判别；岩相识别；储层预测；隔夹层识别

目前，一种主要的储层地震预测方法是利用岩石物理交汇分析确定储层弹性参数对应的门槛值，借助色标处理突出显示地震弹性参数反演结果的异常值，从而实现储层分布范围的定性或半定量解释。然而，弹性参数在不同的岩性之间往往不存在明显的分界值，而且地震弹性参数反演结果本身存在多解性和不确定，从而导致储层解释结果包含了人为因素，不可避免地产生预测误差[1]。贝叶斯概率统计方法已被应用于各类地震属性的解释，为表征储层参数的不确定性提供了有利的工具[2,3]。本文将贝叶斯判别方法扩展应用于波阻抗反演结果的自动综合解释，实现储层参数的精确表征，并提供解释结果的后验概率体。

1　贝叶斯判别方法

贝叶斯判别方法是在已知一定先验信息的条件下，基于某一观测数据计算后验概率。对于岩相识别，先验信息是指测井所获得的弹性参数与岩性曲线，观测数据是指地震反演得到的弹性参数或其他属性，通过计算后验概率判定每一个弹性参数数据点归于哪一种岩相[4]。

岩相是指泥岩、砂岩、泥质砂岩等，假设共有 N 种岩相类别（分别为 f_i，$i=1，2，3\cdots\cdots N$）。x 表示某一点的弹性参数值，如波阻抗，也可以是多种弹性参数组成的向量。利用贝叶斯公式，该点被判定为岩相 f_i 的后验概率可表示为：

$$p(f_i \mid x) = \frac{p(x \mid f_i)\,p(f_i)}{p(x)} \tag{1}$$

其中，$p(f_i)$ 为先验概率，主要通过测井曲线统计或工区实质地质情况给定。$p(x \mid f_i)$ 为似然函数，表示在已知岩相情况下弹性参数的分布规律，一般通过训练数据进行估算，训练数据的质量及丰富程度对判别结果具有重要影响，训练数据必须涵盖所有待分类的岩相。$p(x)$ 为无条件概率密度函数，它对于判别结果没有实质的影响，它的作用是保证某一点所有岩相的后验概率之和为 1，可简单表示为：

$$p(x) = \sum_{i=1}^{N} p(x \mid f_i)\,p(f_i) \tag{2}$$

计算该点所有岩相的后验概率，取最大后验概率的岩相作为预测结果。

2　模拟测试

将该方法应用于简化的 Stanford V 油藏模型，以验证其有效性。简化后的模型共包含 3 种岩相：泥岩、砂岩和泥质砂岩，图 1 为该模型的纵波阻抗和实际岩相。纵波阻抗从视觉上能够一定程度地区分泥岩与砂岩，但无法直观地反映泥质砂岩。

抽取该模型的一个切片（$Z=30$）作为训练数

作者简介：刘洪星（1990—　），男，汉族，湖南人，2015 年毕业于中国石油大学（北京）地球探测与信息技术专业，获硕士学位。现任物探助理工程师，从事开发地震研究工作，已发表论文 3 篇。E-mail：liuhx28@ cnooc. com. cn

据，统计出泥岩的先验概率为 $p(f_1)=37\%$，砂岩的先验概率为 $p(f_2)=62\%$，泥质砂岩的先验概率为 $p(f_3)=1\%$。假设纵波阻抗服从高斯分布，基于训练数据统计出不同岩相情况下纵波阻抗的均值及方差，从而形成高斯分布形式的似然函数 $p(f_i \mid x) \sim (\mu, \xi)$。联合先验信息和似然函数计算各岩相体的后验概率。从图 2 中可看出，岩相预测结果与真实岩相非常接近，各岩相概率在正确位置约等于 1，在其他位置约等于 0，说明预测结果确定程度非常高。

图 3 是的岩相预测结果的水平切片（$Z=14$）。从图中可以看出，如果直接在纵波阻抗体上进行岩相解释将存在较大的不确定性，特别是对于阻抗差异非常小的泥质砂岩，人工解释的岩相边界将产生不可避免的误差。而贝叶斯岩相判别的结果几乎与真实岩相保持一致，泥质砂岩的判别结果在右上角区域存在一些不确定性，此时概率数据为衡量判别结果的可靠程度提供了依据。

3 实际应用

渤海 A 油田目的层段砂岩储层发育且厚度大，在储层中有多套砾岩隔夹层。其原油为超重质油，需要采用注气方式开采，隔夹层严重影响蒸汽腔的发展[5]，准确预测隔夹层的分布对于油田开发井位部署至关重要。针对该问题，我们将贝叶斯岩相判别方法应用于该油田的隔夹层预测。

首先，如图 4 所示，通过岩石物理分析发现储层砂岩低速低密，砾岩隔夹层高速高密。考虑到密度反演有较高的不确定性，本次使用稀疏脉冲反演提取目的层的波阻抗参数作为岩相判别的基础数据。从图 5 的反演结果中可以看出，高阻抗异常与井上的砾岩隔夹层（紫色）有一定的对应关系。

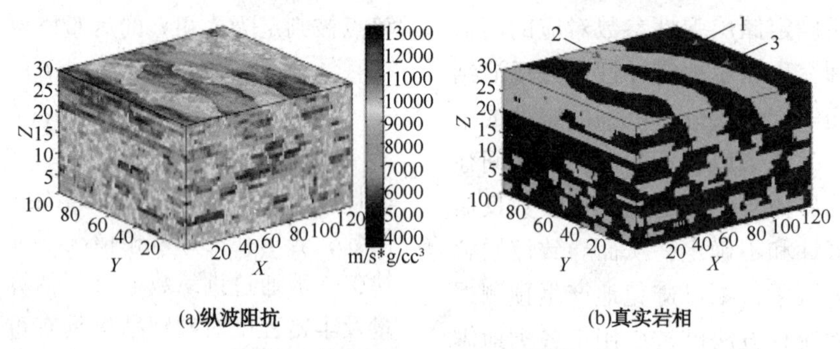

(a)纵波阻抗 (b)真实岩相

图 1 简化的 Stanford V 油藏模型

1—泥岩；2—砂岩；3—泥质砂岩

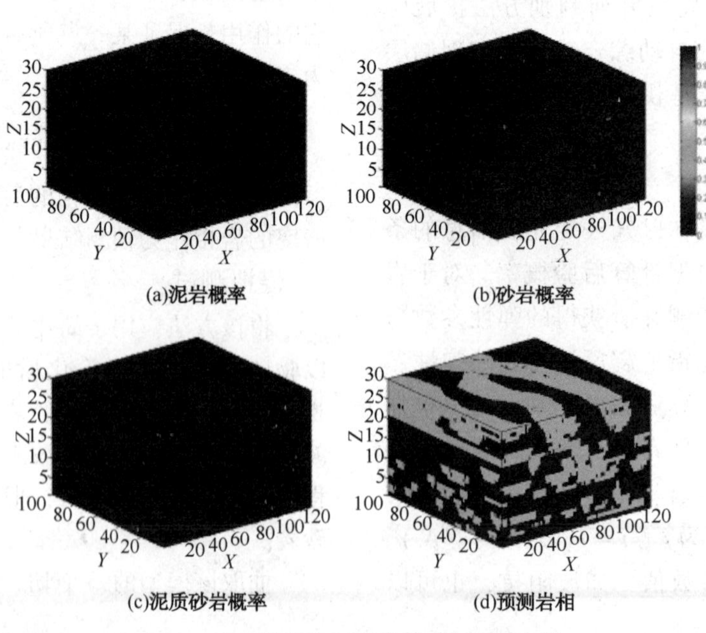

(a)泥岩概率 (b)砂岩概率

(c)泥质砂岩概率 (d)预测岩相

图 2 贝叶斯岩相判别结果及相应概率体

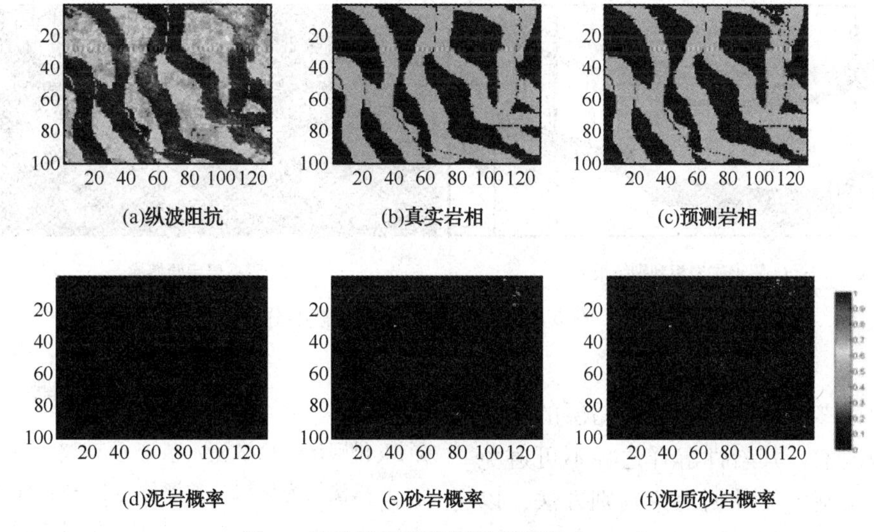

图 3　贝叶斯岩相差别结果切片（$Z=14$）

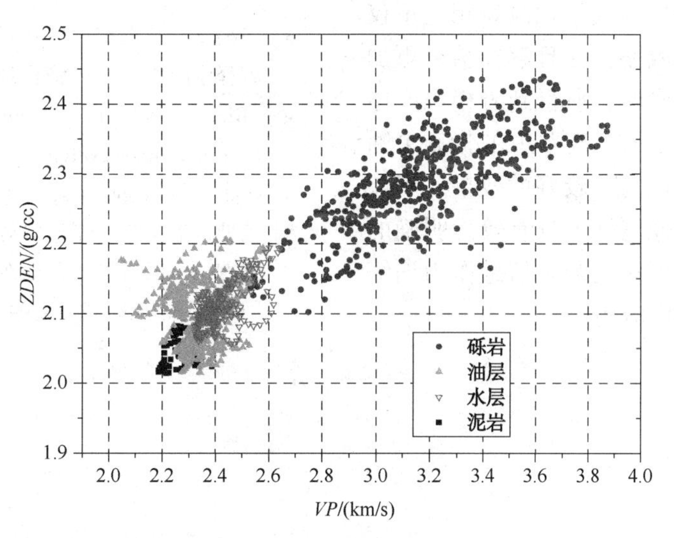

图 4　岩石物理分析

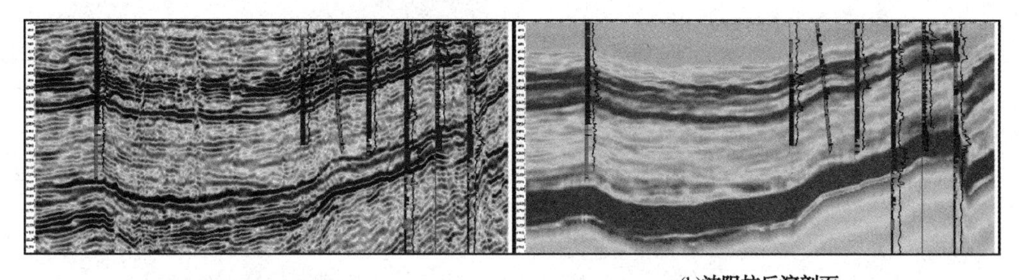

图 5　稀疏脉冲波阻抗反演结果

根据研究目标将目的层岩相划分为两类：f_1-砂岩，f_2-砾岩。采用工区内 6 口探井的岩性解释曲线和波阻抗曲线作为训练数据，分别统计砂岩和砾岩的先验概率：$p(f_{砂岩})=83\%$，$p(f_{砾岩})=17\%$，并计算出似然函数，进而计算各类岩相的后验概率，实现岩相预测。图 6（a）显示的隔夹层岩相判别结果与井上的砾岩层对应较好，岩相边界与地质分层吻合程度高。其中，第三口斜井未测量声波曲线，因而在计算之前未参与训练，以其录井岩性曲线作为验证方式，有效证明了该方法的准确性。图 6（b）显示的后验概率值比较稳定，进一步说明了预测结果是可靠的。

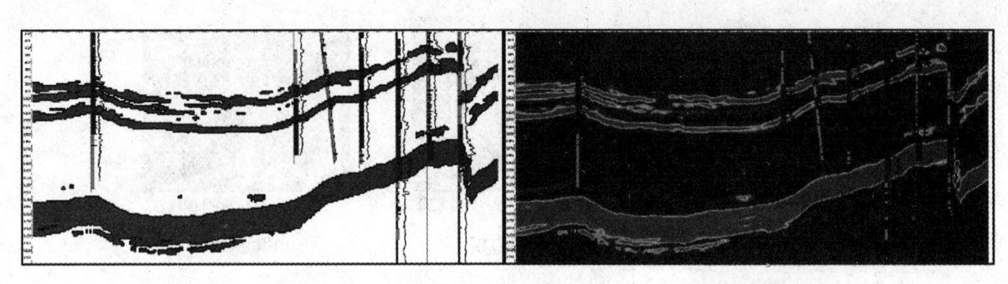

(a)隔夹层岩相判别结果　　　　(b)隔夹层后验概率

图6　隔夹层岩相判别结果及其概率分布

4　结论

直接利用弹性参数反演结果进行储层的定量解释包含了人为因素，其岩性解释边界不可避免地存在误差。本文基于贝叶斯理论判别方法，以测井的弹性参数曲线和岩性解释曲线为先验信息，结合地震弹性参数反演结果预测岩相，不仅大幅度提高了岩相解释效率，并且解释结果更加可靠、边界更加精确。同时，所得到岩相概率体为不确定性分析提供了依据。该方法在渤海 A 油田隔夹层识别的应用中取得了较好的效果。当储层特征在弹性参数或其他属性上具有较为明确的区分性，并且存在准确可靠的测井信息作为训练数据时，该方法可被推广应用。

参　考　文　献

[1] 付殿敬，徐敬领．基于 Q 型聚类分析和贝叶斯判别算法研究储层分类评价[J]. 科技导报，2011(03).

[2] 王芳芳，李景叶．基于马尔科夫链先验模型的贝叶斯岩相识别[J]. 石油地球物理勘探，2014(01)

[3] 王振涛，王玉梅．贝叶斯判别方法在叠前反演数据解释中的应用[J]. 海洋地质前沿，2012(03).

[4] Rimstad K.，P. Avseth and H. More. Hierarchical Bayesian lithology/fluid prediction：A North Sea case study[J]. Geophysics，2012，77(2).

[5] 范坤，朱文卿．隔夹层对巨厚砂岩油藏注气开发的影响——以塔里木盆地东河 1 油田石炭系油藏为例[J]. 石油学报，2015(04).

歧北火成岩发育区下伏地层成图方法探讨

蔡纪琰 秦 童 王明春 李德郁 左中航
(中海石油(中国)有限公司天津分公司，天津塘沽 300452)

摘 要 歧北火成岩发育区火成岩层间速度大、分布广，且厚度分布不均，时深转换将产生较大的误差，给落实构造和井位部署带来极大的困难。本次研究针对该区火成岩的发育特点，提出了速度填充结合厚度校正的方法，有效解决了火成岩发育区钻井预测深度误差较大的问题。从校正前后的构造图对比可见，北部 H3 井附近火成岩较发育区域构造形态变化较大，向南构造形态变化逐渐变小，无火成岩的地方构造形态几乎没有变化。从验证井 NB31-3-1 井馆陶组底面和东二上段底面预测深度与实钻深度对比可知预测误差在 10m 以内，说明该方法的实用性和精度较高；利用该方法进行时深转换解决了 CFD1-2-1 井与 NP12-9 井油水界面矛盾的问题，这也充分说明了该方法有效可行。

关键词 火成岩；时深关系；厚度校正；速度填充

渤海某火成岩发育区位于 B 凹陷的东北部、A 凹陷西南部、D 凸起西北部(图 1)，研究区内火成岩发育面积达 600km^2 之多。工区内钻井揭示：该区火成岩沿深大断裂呈中心或裂隙式喷发，主要分布在馆陶组、东营组、沙河街组共 3 套，其中馆陶组火成岩发育范围最广、厚度最大，喷发中心在 H3 井附近，最厚处达 587m。受火成岩的影响，常规时深转换方法将产生较大误差，造成钻井深度预测不准和真实构造与等 T0 图形态差异较大等问题，给井位部署带来较大风险[1~3]。而该区火成岩厚度分布不均，平面变化较大，同时火成岩的高速高密特性对下覆地层成像屏蔽作用明显，造成火成岩内及下覆地层成像不清，速度拾取能量团不聚焦，叠加速度场误差较大，这些都为时深转换带来较大困难[4~6]。目前，如何在构造成图时消除高速火成岩的影响，对解释成果进行准确的时深转换，是比较棘手的问题[7~9]。本次研究通过结合该地区火成岩大面积发育的特点，提出速度填充结合厚度校正的方法。

1 火成岩发育特征

钻井资料揭示，歧北地区火成岩分布层位包括沙河街组、东营组和馆陶组，其中以馆陶组规模最大(图 2)。东营组和沙河街组主要发育为小范围零星分布的侵入岩，且对下伏地层时深转换影响较小。而馆陶组火山活动规模相对较大但持续时间较短，岩相主要为喷发相、溢流相及火山沉积相，其中近火山口附近以溢流相、爆发相为主，中间夹杂沉积相，向边缘逐渐过渡为沉积相；岩性主要为玄武岩、凝灰岩和玄武质、凝灰质沉积岩，H3 井附近火成岩厚度最大，玄武岩、凝灰岩和火山沉积岩等多种岩性叠置，并见零星闪长岩分布，以 H3 井为中心向周围火成岩厚度逐渐减薄，直至边缘变为正常沉积岩。地震剖面显示馆陶组火山岩体基本保持原始状态，外形整体呈伞状或蘑菇状，与上覆和下伏地层差异较

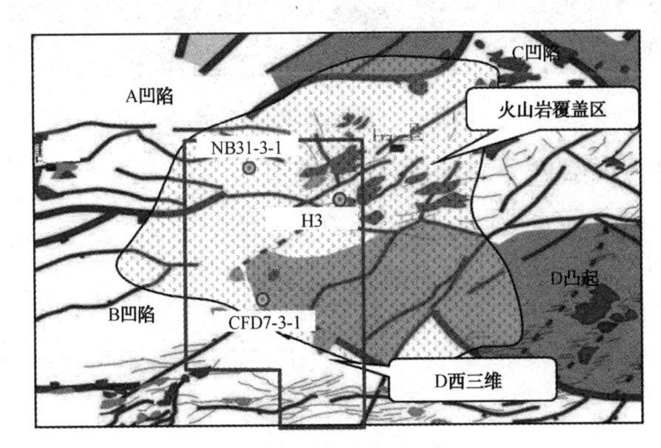

图 1 区域位置图

作者简介：蔡纪琰(1988—)，男，安徽省寿县人，2013 年毕业于中国石油大学(华东)地球探测与信息技术专业，获省级优秀毕业生称号，已发表论文 4 篇；同年进入中海油天津分公司渤海石油研究院，目前为物探助理工程师，主要从事物探解释工作。E-mail：caijy4@ cnooc. com. cn

大，易于识别[10]（图 3）。

图 2　歧北地区火成岩发育模式图

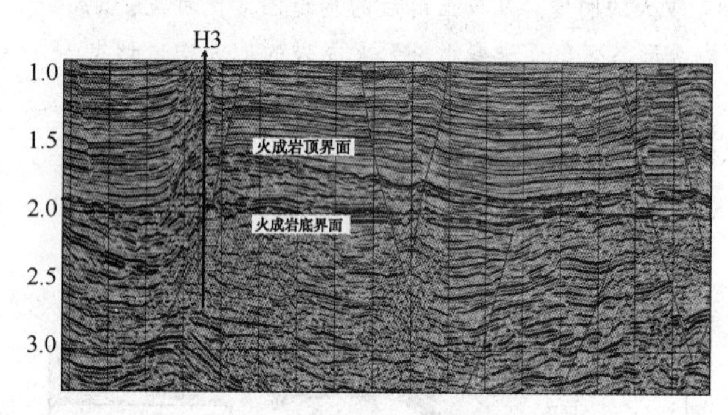

图 3　过 H3 井地震剖面

2　火成岩下伏地层构造成图

$$\Delta H = H_{火} - H_{背景} = H_{火} - H_{火} \cdot V_{背景}/V_{火} = H_{火}(1 - V_{背景}/V_{火}) \quad (1)$$

如图 4 所示，已知火成岩厚度、围岩速度，根据射线理论可通过公式（1）求出火成岩引起的下拉深度。根据这一原理，火成岩下伏地层构造研究流程如下：

（1）根据井震标定、火成岩的地震反射特征，结合地震属性确定火成岩分布范围和时间厚度；

（2）根据喷发相地质模式，利用已钻井处火成岩百分数与层间速度关系，及其与时间厚度关系，可得火成岩层间速度，进而得到火成岩厚度；

（3）根据已钻井火成岩与围岩速度关系，在原时深关系基础上消除火成岩影响，得到该区围岩替换的时深关系，进而得到围岩替换的火成岩厚度；

（4）将火成岩厚度与围岩替换的火成岩厚度求差得到校正厚度，进而可得到校正后的构造图。

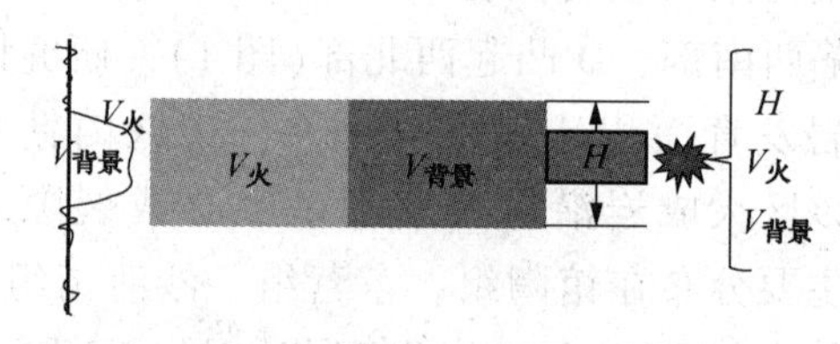

图 4　射线理论示意图

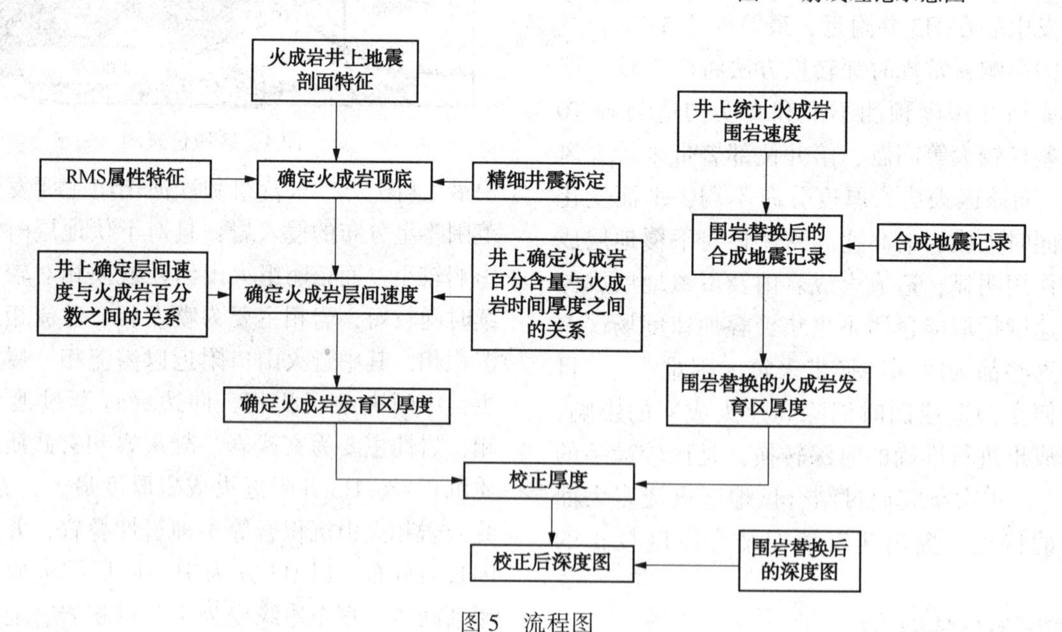

图 5　流程图

2.1　火成岩识别

首先根据火成岩在地震剖面上的特点（图 3），火成岩顶面呈低频强振幅连续性反射，内部地层呈低频中弱振幅杂乱反射，底面呈低频弱振幅较连续性反射），据此对火成岩顶底面进行描述，得到火成岩的时间厚度（图 6）。地震属性（图 7）证实了火成岩展布的可靠性。

2.2　围岩替换的时深关系求取

图 8 为该区 7 口井原始地震合成记录，从图中可以看出：该区由于火成岩的存在使多井时深

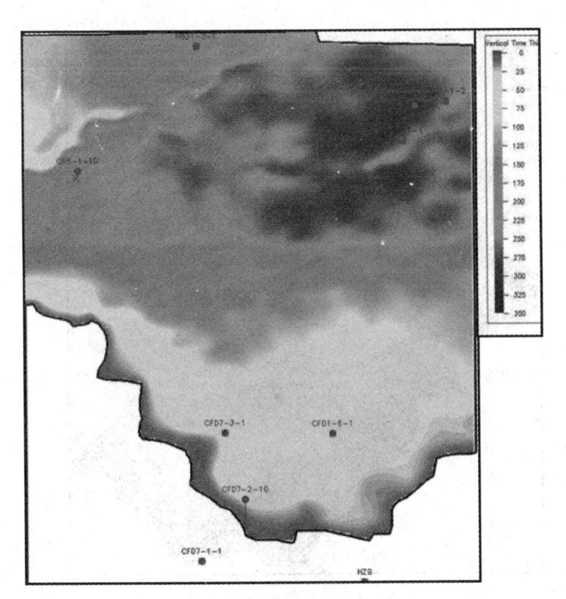

图 6　火成岩时间厚度图

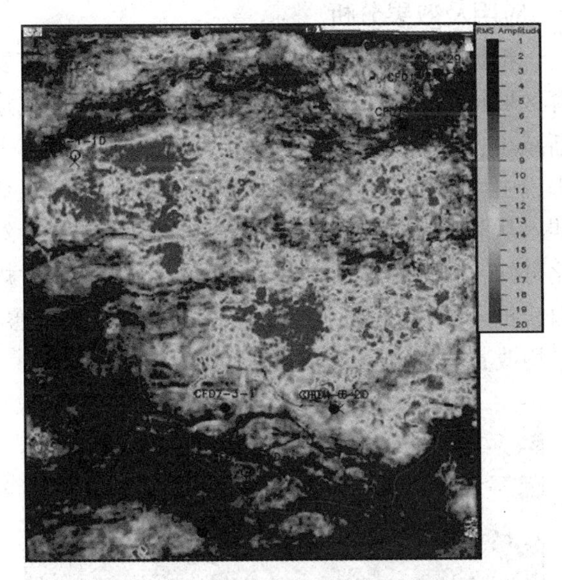

图 7　馆陶组内部均方根振幅属性

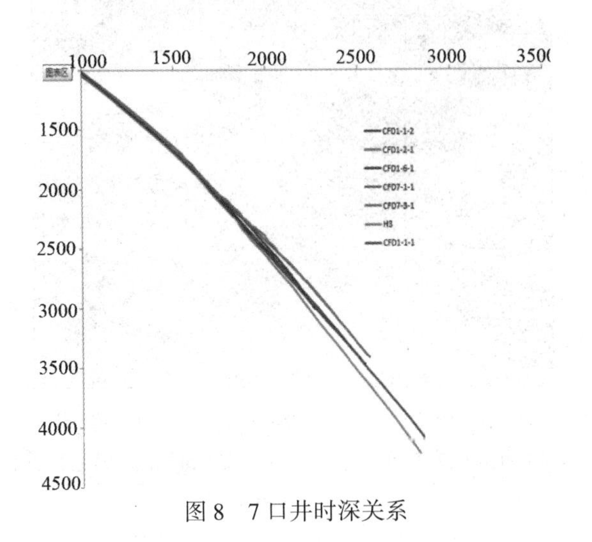

图 8　7 口井时深关系

关系发生分离，图 9 为围岩替换后的时深关系，可以看出围岩替换后时深关系吻合较好，说明去除火成岩影响后区域时深关系是稳定的。

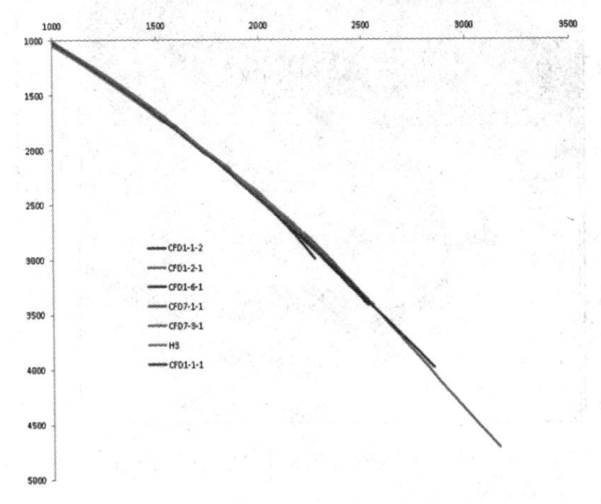

图 9　围岩替换的时深关系

2.3　校正厚度的求取

由于该区火成岩发育呈现中心喷发式特点，利用已钻井火成岩百分数与时间厚度可预测工区内的火成岩百分数(图 10)，可以看出越靠近喷发中心火成岩的时间厚度就越大，火成岩百分数也越高。再根据已钻井火成岩百分数与层速度的关系，可得研究区内火成岩层间速度变化(图 11)，从而得到火成岩厚度(图 12)。根据围岩替换的时深关系，结合火成岩的顶底即可得到围岩替换的火成岩发育区厚度(图 13)进而得到校正厚度，如图 14 所示。从求取校正厚度的过程可知，该方法不仅考虑了火成岩的影响，也考虑了构造起伏变化等其他因素的影响，是一个综合考虑所有影响时深转换因素的过程。

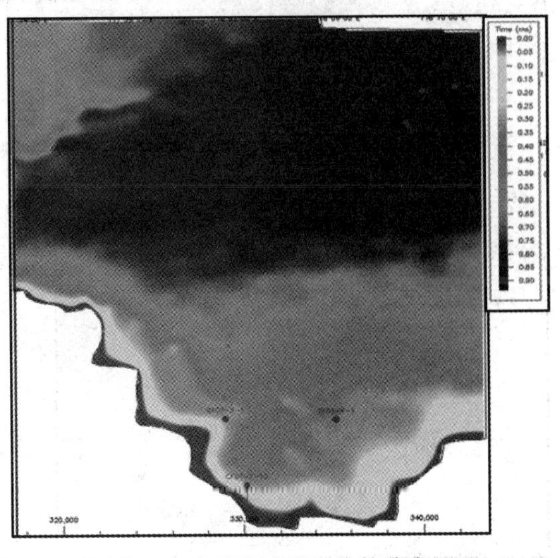

图 10　工区火成岩百分数分布图

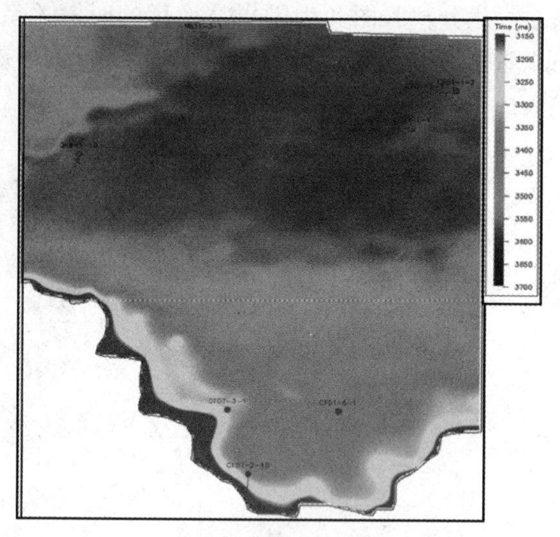

图 11　工区内火成岩层间速度变化图

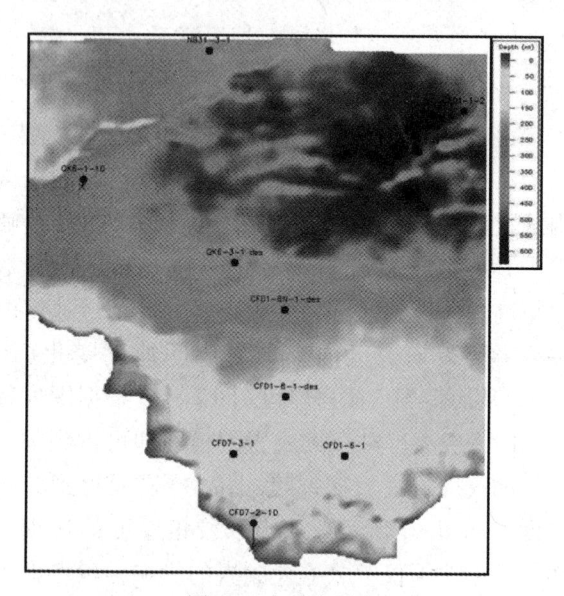

图 12　火成岩厚度

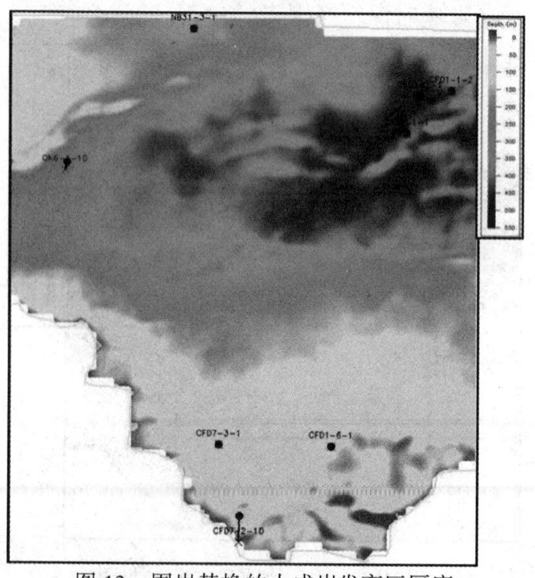

图 13　围岩替换的火成岩发育区厚度

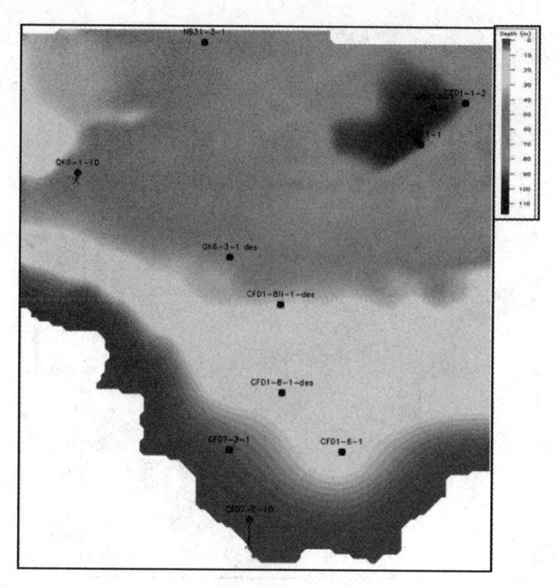

图 14　校正厚度

3　应用及效果分析

根据图 15 可知：北部 H3 井附近火成岩较发育区域构造形态变化较大，向南构造形态变化逐渐减小，无火成岩区域构造基本无变化。整体上来说由南向北构造高点埋深增加，闭合幅度变陡。从验证井 NB31-3-1 预测深度与实钻深度对比可知，预测深度误差在 10m 以内，相对于常规曲线拟合方法成图，新方法成图精度明显改善，平均改善比达到了 70%(表 1)。

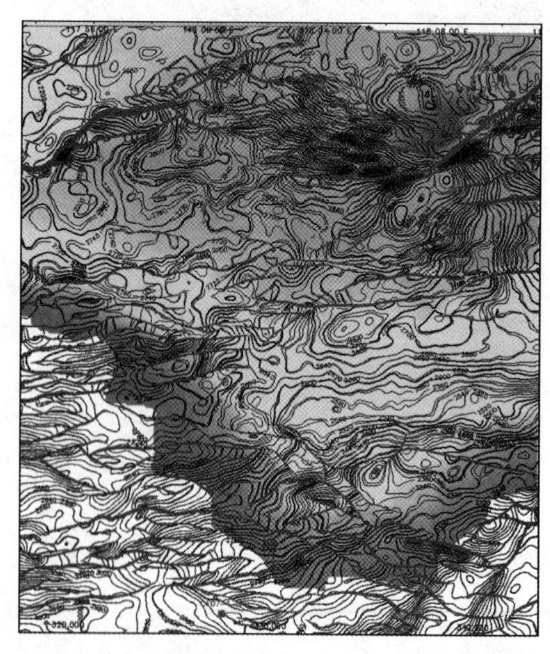

图 15　校正厚度与馆陶组底面时深转换叠合图
(有火成岩校正为蓝色，无火成岩校正为黑色)

表1 NB31-3-1井实钻深度与预测深度对比

	实钻深度/m	预测深度/m		预测误差/m		相对改善/%
		常规曲线拟合方法	新方法	常规曲线拟合方法	新方法	
馆陶组	2318.7	2290.6	2328.3	−28.1	9.6	0.658363
东二上段	2754	2717.2	2744.3	−36.8	−9.7	0.736413

图16为NP12-9井与CFD1-2-1井油水界面对比图，从图中可知时间的低部位是油层而高部位为水层，说明该区有速度异常，研究认为该异常是由该区火成岩厚度分别不均引起的。图17、图18分别为东二段等T0图以及新方法得到的构造图，可见应用新方法进行时深转换考虑了该区火成岩厚度分布不均的影响，时间上的高部位井转换后变为深度上的低部位，解决了同一地震层位CFD1-2-1井与NP12-9井油水界面矛盾的问题，这也充分说明了新方法有效可行。

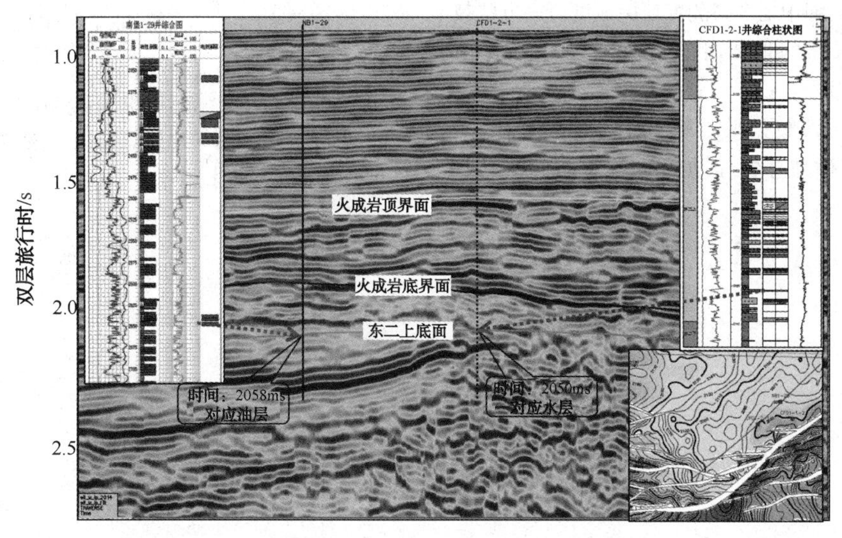

图16 NP12-9井与CFD1-2-1井油水界面对比图

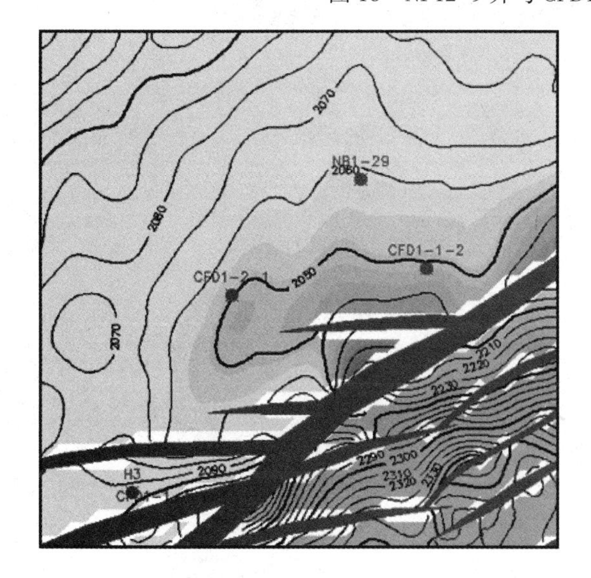

图17 东二上段等T0图

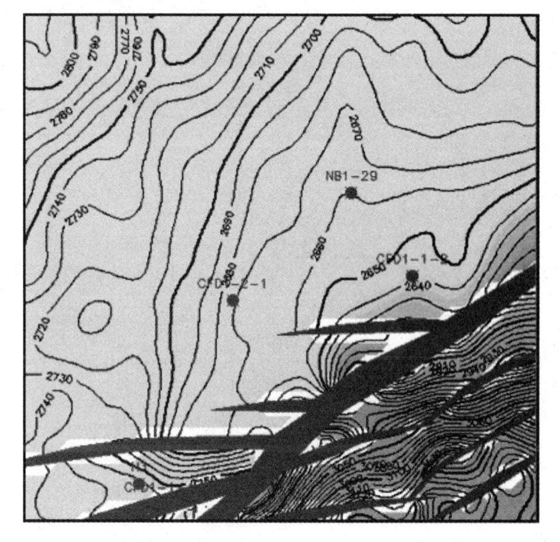

图18 新方法东二上段深度图

4 结论

通过对歧北地区火成岩下伏地层的研究探索出了一种操作简单、适用性强的时深转换方法，即利用已钻井统计的围岩速度进行合成地震记录替换，再联合地震信息和已钻井信息求出火成岩发育区厚度并进行校正，从求取校正厚度的过程中可以看出该方法不仅考虑了火成岩高速体的影响，还考虑了构造起伏等其他原因造成速度异常引起的影响。因此采用此方法求取校正厚度对构造图进行校正，可以提高构造成图的精度。这种方法对于大面积分布、厚度变化大，层间速度存在异常的特殊岩性体地区都具有很好的借鉴作用。

参 考 文 献

[1]王树华，刘怀山，张云银．变速成图方法及应用研究[J]．中国海洋大学学报，2004，34(1)：139-146.

[2] 杜治业．哈拉哈塘地区火成岩对速度影响的研究[J]．石油地理物理勘探，1999，34(增刊)：76-84.

[3] 蔡刚，屈志毅．湘中地区高陡度地层速度研究方法技术探讨[J]．天然气地球科学，1993，16(2)：246-249.

[4] 冯许魁，任尚斌，杨德兴．复杂高陡构造区变速成图技术[J]．石油地球物理勘探，2002，37(专刊)：172-175.

[5] 井西利，杨长春，李幼铭．建立速度模型的层析成像方法研究[J]．石油物探，2002，41(3)：72-75.

[6] 王江．三维地震资料时深转换中存在的问题及解决方法[J]．石油物探，1995，34(2)：110-115.

[7] 钮学民，孟宪军，宋旭，等．火成岩下储层构造成图校正方法及其应用[J]．石油物探，2003，42(4)：538-540.

[8] 易远元，李键雄，刘振彪．特殊地质体的速度恢复技术[J]．石油地球物理勘探，2013，48(2)：239-245.

[9] 易远元，姜建莉，赵殿君．基于模型层析法的地震速度研究[J]．江汉石油学院学报，2003，25(1)：47-49.

[10] 武强，王应斌，张中巧，等．歧中北-沙西火成岩形成机制及油气地质意义[J]．断块油气田，2012，19(4)：467-471.

陡坡带砂砾岩扇体叠合区储层预测
——以沙垒田凸起西部陡坡带 A 构造为例

戴建芳 刘 歆 李慧勇 史盼盼 张明升

(中海石油(中国)有限公司天津分公司渤海石油研究院，天津塘沽 300452)

摘 要 陆相断陷盆地陡坡带通常具有物源近、坡度陡、古地形复杂和构造运动强烈等特点，从而砂砾岩扇体广泛发育。在渤海地区，由于中深层构造复杂、储层埋藏深、相带变化大，且地震资料分辨率低，中深层储层预测一直是制约油气勘探的一个难题。尽管基于地震属性和地震反演的储层预测方法在寻找油气藏方面发挥了重要作用，取得了良好效果，但是随着勘探目标复杂化，它的多解性也成为困扰地震解释人员的一大难题。从地震资料实际出发，把地震与地质相结合，通过对沉积相的精细分析，确定储层发育的可能范围，通过储层的空间展布特征来研究砂砾岩扇体的叠合期次并预测有利储层的发育区，对于提高近岸水下扇体勘探的成功率具有十分重要的意义。

关键词 陡坡带；储层预测；砂砾岩扇体；沉积期次；沉积相

1 研究背景及区域概况

曹妃甸 A 构造东三段发育扇三角洲沉积，第一口探井在东三段钻遇百米巨厚油层，从而证实该区域东三段储层十分发育，后陆续钻探二井、三井。从目前的钻遇情况来看，东三段储层横向变化快、发育情况复杂。一直以来，中深层储层预测是困扰渤海地区油气勘探的一个难题。据统计，在渤海古近系钻探失利的因素中，储层预测约占 60%。对于该构造区的储层预测也存在以下几个方面难点：(1) 地震资料分辨率低，目的层主频仅为 15Hz 左右，且频带较窄，$\lambda/4$ 约为 60m 左右，难以有效识别单砂体，只能进行砂体期次的识别和追踪；(2) 构造复杂，研究区断层十分发育，砂体横向连续性差；(3) 不支持常规的一些反演算法，从已钻井的岩石物理分析得知，阻抗和纵波速度对砂泥岩没有区分性。虽然密度有区分性，但是从叠前地震剖面上看远偏移距道集的数据能量很低(图 1)，信噪比不高，缺少密度

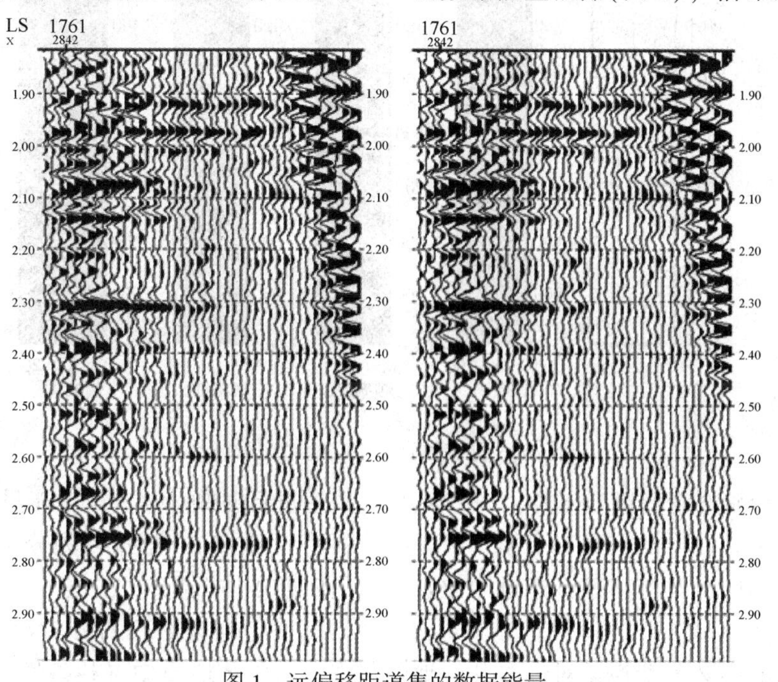

图 1 远偏移距道集的数据能量

反演所需要的大角度信息。

2　四期沉积体的识别与追踪

砂砾岩区沉积期次划分就是在砂砾岩段进行地层对比。大多数研究者认为，陡坡带近岸水下扇为事件性沉积，其周期性主要表现为盆地沉降和回返所造成的低频次旋回。时频分析能够反映不同时刻地震信号的频域特征，准确反映信号的局部时变谱特征。而传统的时频分析方法(诸如短时 Fourier 变换，小波变换以及近些年新出现的 S 变换)，都有一些局限性。本文采用 Pinnegar 等提出的广义 S 变换(GST)，它继承了快速傅里叶变换与连续小波变换的优点并克服了它们的缺点，又对 S 变换做了改进，能根据地震信号的频率分布特点和时窗分布的侧重点灵活地调节窗函数随频率的变化趋势，使窗函数的振幅呈现多种非线性变化，能更好地进行信号分析与处理。这种广义 S 变换定义为：

$$S(\tau,f)=\int_{-\infty}^{\infty}h(t)w(t-\tau)e^{-2\pi ift}\mathrm{d}t \tag{1}$$

定义时窗函数

$$w_{\mathrm{HY}}=\frac{2|f|}{\sqrt{2\pi}(\gamma_{\mathrm{HY}}^{\mathrm{F}}+\gamma_{\mathrm{HY}}^{\mathrm{B}})}\times \exp\left\{\frac{-f^{2}[X(\tau-t,\{\gamma_{\mathrm{HY}}^{\mathrm{B}},\gamma_{\mathrm{HY}}^{\mathrm{F}},\lambda_{\mathrm{HY}}^{2}\})]^{2}}{2}\right\} \tag{2}$$

其中：

$$\begin{aligned}&X(\tau-t,\{\gamma_{\mathrm{HY}}^{\mathrm{B}},\gamma_{\mathrm{HY}}^{\mathrm{F}},\lambda_{\mathrm{HY}}^{2}\})\\&=\left(\frac{\gamma_{\mathrm{HY}}^{\mathrm{B}}+\gamma_{\mathrm{HY}}^{\mathrm{F}}}{2\gamma_{\mathrm{HY}}^{\mathrm{F}}\gamma_{\mathrm{HY}}^{\mathrm{B}}}\right)(\tau-t-\xi)+\\&\left(\frac{\gamma_{\mathrm{HY}}^{\mathrm{B}}-\gamma_{\mathrm{HY}}^{\mathrm{F}}}{2\gamma_{\mathrm{HY}}^{\mathrm{F}}\gamma_{\mathrm{HY}}^{\mathrm{B}}}\right)\sqrt{(\tau-t-\xi)^{2}+\lambda_{\mathrm{HY}}^{2}}\end{aligned} \tag{3}$$

上式中，X 是由时窗后半段衰减参数 $\gamma_{\mathrm{HY}}^{\mathrm{B}}$ 和前半段衰减参数 $\gamma_{\mathrm{HY}}^{\mathrm{F}}$ (通常 $0<\gamma_{\mathrm{HY}}^{\mathrm{F}}<\gamma_{\mathrm{HY}}^{\mathrm{B}}$)以及正曲率变量 λ_{HY} 在时间 $(\tau-t)$ 决定的双曲线。上式中

$$\xi=\sqrt{\frac{(\gamma_{\mathrm{HY}}^{\mathrm{B}}-\gamma_{\mathrm{HY}}^{\mathrm{F}})^{2}\lambda_{\mathrm{HY}}^{2}}{4\gamma_{\mathrm{HY}}^{\mathrm{B}}\gamma_{\mathrm{HY}}^{\mathrm{F}}}} \tag{4}$$

为了验证它的时频聚焦性，模拟生成了一段地震信号，并用不同的时频分析方法来看它的时频分辨率(图 2)。

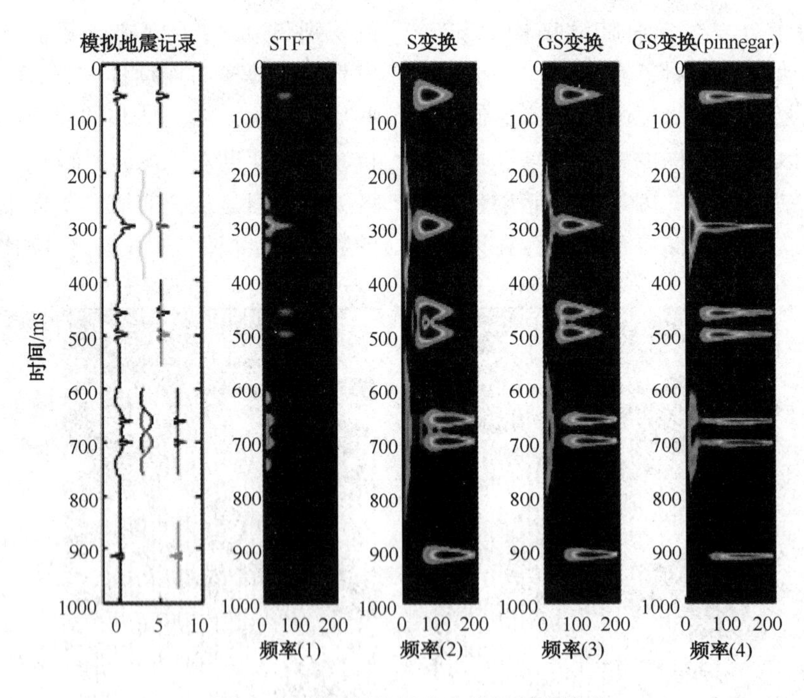

图 2　不同时频分析方法的时频分辨率

对该模拟信号分别进行傅里叶变换、S 变换、广义 S 变换和 Pinnegar 提出的广义 S 变换，可以看出，后者具有较高的时频分辨率，能量团比较集中。

利用这种改进的广义 S 变换，对远离井旁地震道进行时频分析，4 个能量团很清楚，分隔界面清晰(图 3)，根据时频分析结果，该区域可能是四期砂体沉积。

判定地球物理划分的沉积期次划分是否合理，需要从地质中寻找答案。沉积旋回(沉积韵

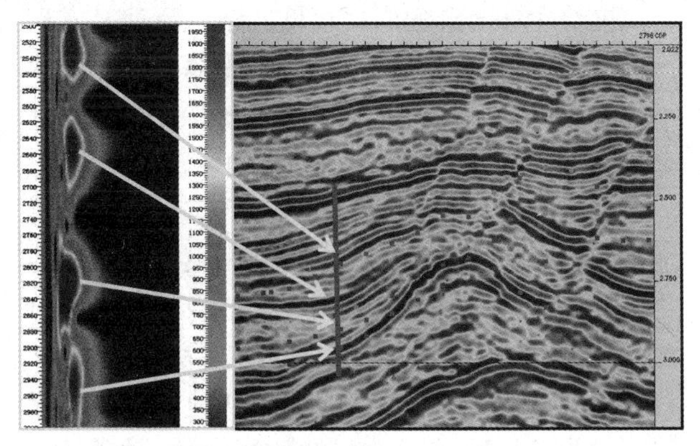

图3 时频分析划分沉积期次

律)是指在垂直地层剖面上，若干相似岩性、岩相的岩石有规律地周期性重复。其周期性重复，可从岩石的颜色、岩性、结构(如粒度)、构造等诸多方面表现出来。从单井相来看，A2井岩性组合上明显存在4套沉积体，分别表现为砂、泥、砂、泥的岩性特征，A2井物源来自于A1井区(图4)，A1井虽然打到的是大套砂体，未打穿东三，但是不难从测井曲线上看出存在3套旋回，且与A1井岩性组合相对应。

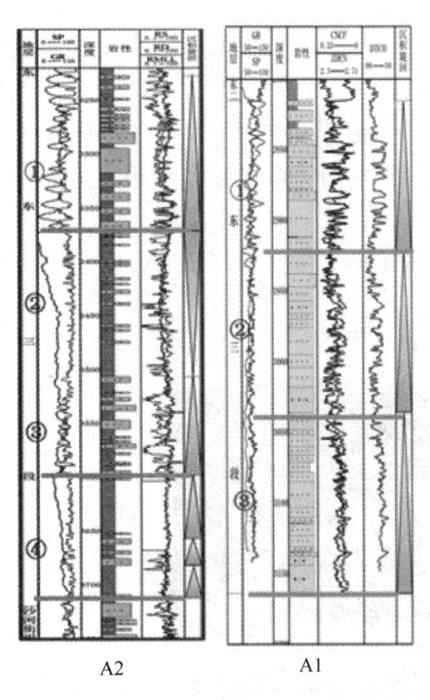

图4 A1、A2井单井东三段沉积旋回划分

地震剖面来看A3井区顺物源方向整体表现为S型前积反射特征，在扇三角洲主体厚层砂岩沉积序列中，由于两期三角洲沉积之间存在小规模的湖泛作用和物源供给减弱所形成的泥质沉积，而砂泥岩有强的波阻抗差，因此表现为稳定的强轴反射，为了进一步证明不同期次界面在地震剖面上的反射特征，采用正演模拟进行了分析。地震正演模拟是通过已知的地下地质体模型和初始条件，利用射线追踪法、波动方程数值解法或者有限差分法等数学算法得到相应的地震记录的一种技术，它可为地震数据采集、处理、解释提供理论依据以及科学的评估方法。通过地震正演模拟，可以检验采集设计的合理性，处理和解释成果的可靠性以及反演方法和结果的正确性。

选取顺物源方向的一条典型剖面，根据同相轴反射形态和实际砂泥岩速度设计了一个正演模型[图5(a)]，用主频为30Hz的雷克子波进行正演模拟，得到相应的地震记录[图5(b)]，从剖面上能明显看出不同期次的界面有一个明显的地震强轴，将正演模拟结果与实际地震剖面[图5(c)]对比，从二者整体的剖面特征、同相轴的形态来作为划分期次的标准。

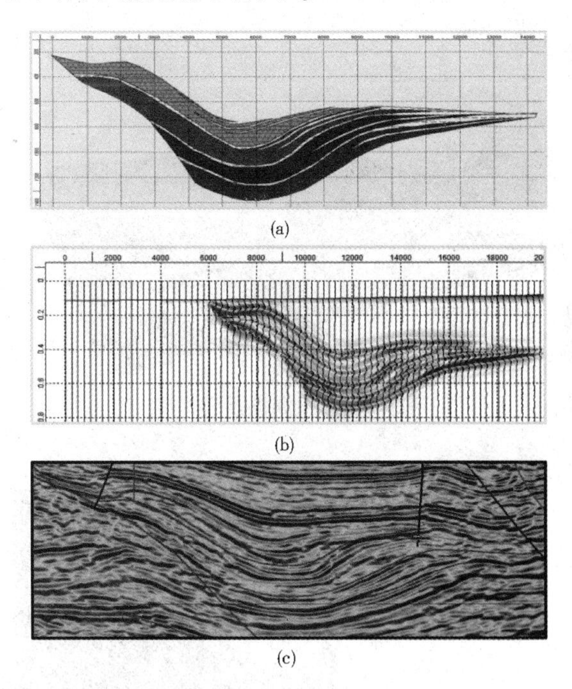

图5 正演模拟证明期次划分的有效性

通过把地球物理手段与地质认识相结合增强了期次划分的可靠性，总的来说，该区扇三角洲沉积可划分为四期沉积体。

3 富砂区范围刻画

从地震相来看，四期沉积体整体表现为前积反射特征，井上钻遇前积层的顶部，呈现中频杂乱反射特征，往前积方向逐渐过渡为中低频不连续反射和连续湖湘泥岩反射(图6)。可以看到从扇三角洲前缘主体到前缘远端再到前扇三角洲的变化过程，其他三期沉积体也有类似的反射特征。从典型的扇三角洲模式图可以看出(图 7)，扇三角洲前缘是砂体富集的有利区带。

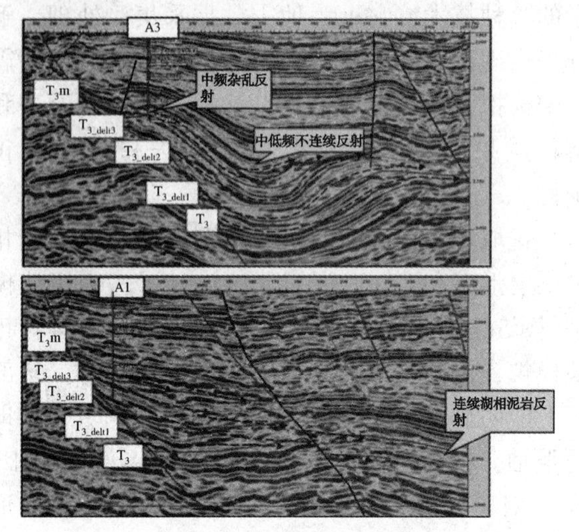

图 6　四期沉积体反射特征

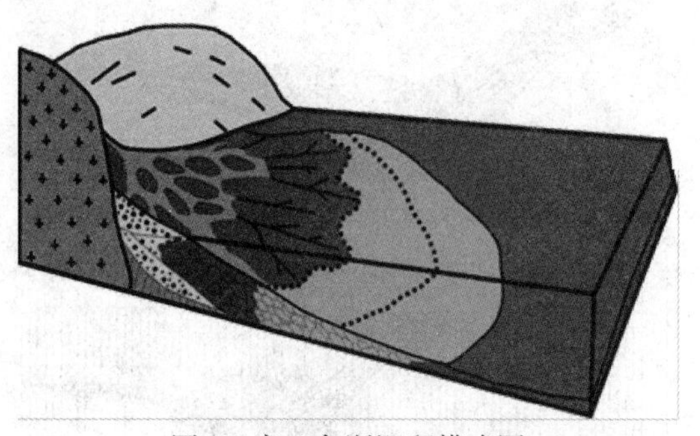

图 7　扇三角洲沉积模式图

前缘主体对应的弱振幅低频杂乱反射是富砂区的反射特征，前缘远端对应的中弱振幅中低频不连续反射是砂泥岩互层区的反射特征，它们都是较为有利的沉积相带。

在富砂区剖面反射特征分析的基础上，对每期砂体的平面展布也进行了研究。地震属性指的是由叠前或叠后的地震数据，经过数学变换导出的有关地震波的几何形态、运动学特征、动力学特征和统计学特征的物理量，即从地震资料中提取出的能够反映储层性质的特征参数，如振幅、频率、相位、能量、波形和比率等，过去一般被称为地震参数。地震属性技术可以充分利用地震资料，提取隐藏其中的有用信息，为油气的勘探开发提供丰富有效的资料，为解决复杂的地质体刻画提供可能的手段，从而提高了地震资料在油气勘探和开发中的应用价值。但是由于属性分析通常具有多解性，因此一般需要应用多种地震属性进行综合分析。而地震相聚类是分析多种地震属性，使用相关的非确定型估算方法产生一张地震相分类图。

在多属性聚类分析的基础上，圈定富砂区范围(图 8)，从上到下 4 期沉积体，总体表现为退积模式，与已钻井结果相吻合。总体来看，第Ⅰ、Ⅱ、Ⅲ期扇体范围较大沿边界断层呈裙带状分布，而第Ⅳ期扇体分布局限，仅在 A3 井区与 A2 井区的深洼中发育两个扇体。

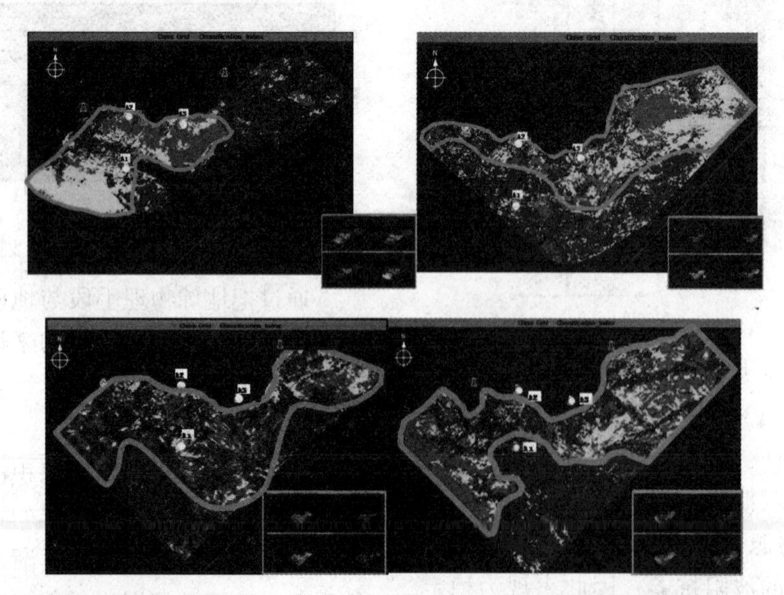

图 8　属性聚类圈定富砂区范围(从上到下、从左到右依次是第Ⅳ期、第Ⅲ期、第Ⅱ期、第Ⅰ期)

第Ⅰ期扇体沉积时期，沉积体系主要有扇三角洲体系和湖泊体系。发育3个扇三角洲沉积体系，扇三角洲靠近盆缘断裂，发育于A2井区的扇体整体规模最大，扇三角洲前缘亚相经过二台阶断层并继续延伸至工区边界，A1井为前扇三角洲亚相；A3井区扇体延伸长度较短，但延伸宽度大，东侧扇体规模中等。

第Ⅱ期扇体沉积时期，是扇三角洲发育规模最大的时期，共发育4个扇三角洲沉积体系，其中A2井区扇体规模依然最大，延伸长度最长，扇三角洲前缘亚相经过二台阶断层与A1井；A3井区扇体平面范围达到4个沉积时期的最大范围，东侧扇体规模相对较小。

第Ⅲ期扇体沉积时期，是扇三角洲平面发育规模有所减小，但扇三角洲沉积体系个数依然保持4个，其中A2井区扇体规模明显缩小，并不能延伸至二台阶，导致A1井区为湖相泥岩。

第Ⅳ期扇体沉积时期，扇三角洲沉积体系受到局限，仅发育2个扇体。A3井区与A2井区扇体规模均中等，并且两个扇体之间相互叠置，叠置区地震剖面呈指状交叉。

4 结论

广义S变换具有很好的时频分辨率，可根据能量团的聚焦性来区分沉积期次，这种方法具有很好的适用性。在区域沉积背景认识的基础上，通过连井剖面对比以及地震相反射特征进行储层特征识别，砂体尖灭点刻画，进并对砂体顶底面进行追踪，运用属性分析、地震分频以及正演模拟等各种地球物理方法确定砂体边界，进而得到富砂区的范围。这种方法对于陡坡带砂砾岩扇体叠合区储层预测具有很好的适用性。

总的来说，该区东三段四期砂体发育程度均较好，砂体厚度大，具有较大的勘探潜力。

参 考 文 献

[1]陈秀艳．东营坳陷沙三中亚段东营三角洲沉积期次成因及对含油性的影响[J]．沉积学报，2014，32(2)：344-352.

[2]朱超，宫清顺，等．地震属性分析在扇体识别中的应用．石油天然气学报[J]，2011，33(9)：64-67.

[3]王永刚，乐友喜，等．地震属性与储层特征的相关性研究．石油大学学报[J]，2004，28(1)：26-31.

[4]郎晓玲，彭仕宓，等．利用多属性体分类技术预测扇三角洲砂体．西南石油大学学报，2010，32(1)：57-62.

[5]陈兆明，袁立忠，等．地层切片技术在水下分流河道砂体解释中的应用[J]．石油天然气学报，2012，34(10)：55-58.

[6]鲍祥生．储层预测的地震属性优选技术研究[J]．石油物探，2006，45(1)：28-33.

[7]张恒，孙海龙．相控模式下的储层预测方法与应用[J]．油气地质与采收率，2010，17(2)：60-63.

[8]崔永谦，秦凤启，等．河流相沉积储层地震精细预测方法研究与应用[J]．石油与天然气地质，2009，30(5)：668-672.

[9]刘文岭，牛彦良，等．多信息储层预测地震属性提取与有效性分析方法[J]．石油物探，2001，41(1)：100-106.

[10] 窦松江，蔡明俊，等．地震属性分析在河道砂体内部构型研究中的应用[J]．石油地质与工程，2009，23(5)：46-49.

[11] 葛新，许凤鸣，等．地震储层预测技术在沉积相研究中的应用．石油天然气学报，2008，30(5)：259-262.

[12] 赖维成，徐长贵，等．渤海海域地质-地球物理储层预测技术及其应用．中国海上油气，2006，18(4)：217-222.

[13] 徐长贵，赖维成，等．渤海古近系中深层储层预测技术及其应用．中国海上油气，2005，17(4)：231-236.

[14] 王德利，戴建芳．基于射线路径的叠前高精度Q值估计方法[J]．石油物探，2013，9：475-481.

渤海西部海域歧北地区火成岩发育规律及油气勘探意义

高　磊　王明春　蔡纪琰　陈文雄　许　鹏

（中海石油（中国）有限公司天津分公司渤海油田勘探开发研究院，天津塘沽 300452）

摘　要　歧北地区广泛发育多期火成岩，岩性包括玄武岩、凝灰岩和少量辉绿岩，并多与沉积岩互层，其分布和形成主要受北东向郯庐断裂及北西向张蓬断裂影响。古近系沙河街组和东营组火成岩具有中心式喷发的特点，平面分布呈环状，新近系馆陶组火成岩为大规模裂隙喷发，火成岩平面上呈片状分布，火成岩厚度大、分布范围广。歧北地区火成岩储层物性差，厚层火成岩对油气主要表现为封盖作用，馆陶组中下部厚层火成岩地层与下部东营组三角洲储集体可以形成良好的储盖组合，因此，东营组可作为该地区下一步的油气勘探重点。

关键词　火成岩；地震属性；火成岩识别；成因及发育模式；油气勘探意义

歧北地区位于渤海西部海域，东部为沙垒田凸起，西部紧邻渤海湾盆地的富生烃凹陷歧口凹陷，南部为沙南凹陷，北部为南堡凹陷，是渤海西部油气勘探的重要战场（图 1）。歧北地区自下而上分别发育古近系沙河街组、东营组和新近系馆陶组、明化镇组及第四系地层。在古近系东营组至新近系馆陶组沉积时期，受区域性大规模火山喷发活动的影响，歧北地区火成岩[1,2]发育规模较大，广泛分布于沙垒田凸起西北部、歧口凹陷东北部和南堡凹陷南部地区，仅在海油矿区面积就超过 1000km^2。火成岩主要分布于东营组和馆陶组，且不同时期发育特征差异较大，其中东营组火成岩与沉积岩的交互发育，火成岩分布范围较小；馆陶组上部发育砂泥岩互层，下部发育大套玄武岩和凝灰岩等所形成的火成岩地层，且呈区域分布。火成岩厚度不均、岩性复杂，对该区构造评价、油气成藏等造成较大影响。弄清歧北地区火成岩分布范围及发育模式，对火成岩覆盖区的油气勘探具有重要意义。

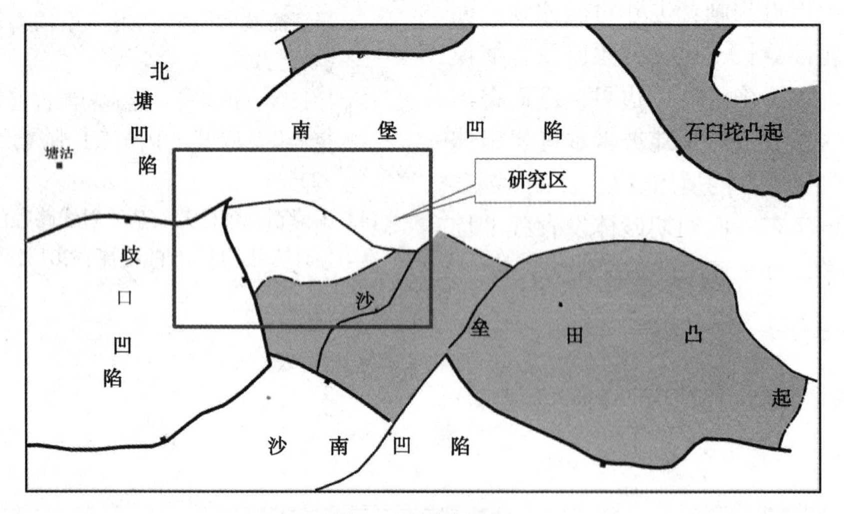

图 1　区域位置图

作者简介：高磊（1982—　），男，汉族，山东乳山人。2008 年毕业于中国石油大学（华东）地球探测与信息技术专业，获硕士学位，工程师，现主要从事渤海油田地震地质综合研究工作。E-mail：gaolei4@ cnooc. com. cn

笔者在分析前人研究成果的基础上，采用井震结合的分析方法，归纳总结火成岩地球物理响应特征，结合火成岩的地震属性分析，对歧北地区的火成岩分布特征进行识别和刻画，归纳总结出该区的火成岩成因及发育模式，并对火成岩在该地区作为区域性优质盖层进行了分析总结，为火成岩覆盖区的下一步油气勘探指明了方向。

1 火成岩的地球物理响应特征

1.1 火成岩测井响应特征

通过对研究区多口井的火成岩测井响应特征统计表明，对火成岩响应最为敏感的测井组合是能谱测井系列，比较常用的是自然伽马测井。自然伽马测井反映了岩石中所有放射性元素的总值，火成岩中的放射性元素主要取决于$^{40}_{19}K$(存在于碱性长石和云母中)，同时火成岩中含有的钍、铀等微量元素也较多，因此在自然伽马测井曲线上，火成岩表现为低值，砂泥岩表现为高值。同时，电阻率测井、声波测井和密度测井对火成岩也较为敏感，火成岩整体表现为高密度、高电阻率和低声波时差、低自然伽马的测井响应特征。

1.2 火成岩地震响应特征

由于火成岩密度大、地震层间速度高，火成岩与围岩间通常形成较强的波阻抗反射界面，因此火成岩的地震反射具有较强的独特性和可识别特征，故分析火成岩地震相的反射特征能为火成岩识别工作奠定良好的基础[3~5]。本次研究采用高分辨率三维地震资料，通过对研究区内的12口井合成地震制作，对火成岩的顶底进行精细标定，在研究区内共识别出4种火成岩地震相(图2)，分别是：(1)火山通道相：在地震剖面上呈中低频、中弱振幅、倒锥状杂乱反射的地震反射特征，发育于火山口下部；(2)溢流相：在地震剖面上呈低频、强振幅、层状连续的地震反射特征，发育于火山机构附近；(3)爆发相：在地震剖面上呈中低频、中强振幅、丘状断续的地震反射特征，发育于火山口周围；(4)火山沉积相：在地震剖面上呈低频、中强振幅、中连续的地震反射特征，发育于远火山口地区。

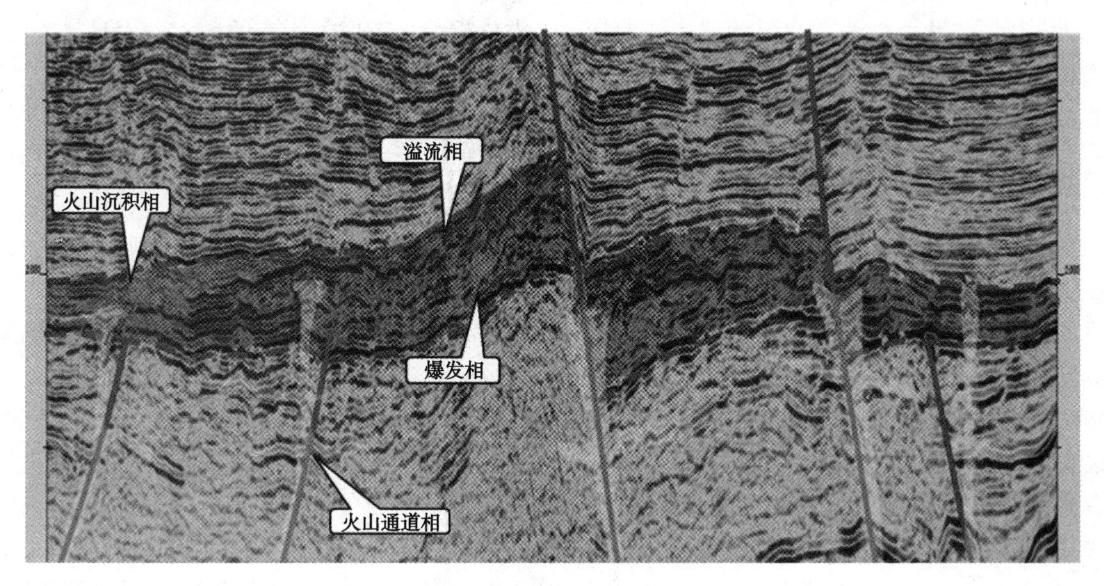

图2 火成岩地震反射特征

2 火成岩的识别与刻画

2.1 火成岩的标定

歧北地区火成岩主要分布于沙河街组、东营组和馆陶组，岩相主要为爆发相、溢流相及火山沉积相，岩性主要为玄武岩、凝灰岩和玄武质、凝灰质沉积岩。火成岩发育段其速度较上覆和下伏砂泥岩地层要高，在声波时差测井曲线上表现出明显的低异常值，利用声波时差曲线制作合成地震记录可以准确地标定出火成岩地层的顶底界面。由CFD11井到CFD31井的合成地震记录标定可以看出，研究区的大套火成岩主要发育于馆陶组，且呈逐渐减薄的特点，火成岩地震反射整体呈丘形，内部表现为强振幅、低频、断续、蚯蚓状或杂乱状反射，但顶底反射界面明显。在沙河街组和东营组火成岩呈零星分布，表现为强振幅、低频、连续的地震反射特征(图3)。

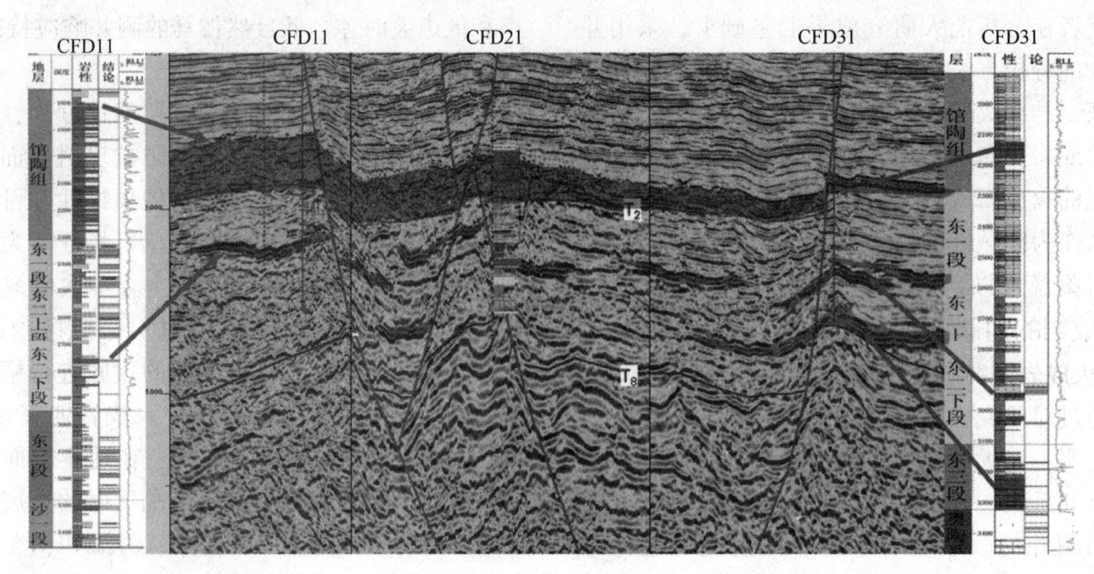

图 3　火成岩的标定

2.2　火成岩的地震属性分析

由于火成岩地震响应的特殊性，地震属性综合分析技术可以作为火成岩快速有效识别的重要手段。地震属性分析是指利用叠前或叠后地震数据，经过数学变换而得出的有关地震波的几何形态、运动学特征、动力学特征和统计学特征的特殊测量值。地震属性包含地下大量的地质特征信息，建立丰富的地震属性与火成岩之间良好的对应关系，则可以为火成岩识别提供许多必要的参数，尤其可以预测火成岩的横向变化特征。

目前，可以从地震数据体中提取的地震属性有近百种，这些地震属性尚没有统一的分类标准，很多专家、学者对其进行了总结。常用的属性主要包括振幅统计类属性、瞬时类属性、相关统计类属性、频(能)谱类属性、层序统计类属性。这些属性可以用于识别岩性、地层层序变化、不整合、流体性质变化、储层的孔隙度变化、河道砂、三角洲砂体、地层的调谐效应等[6~8]。

火成岩与围岩的差异主要表现在岩性、密度、孔隙度、声波速度等方面，地震剖面上一般表现为强振幅，在火成岩发育区地震反射系数大，振幅明显增强。实际应用中要根据研究区火成岩分布的具体特点，在综合分析测井、钻井取芯资料及地震剖面资料的基础上，寻找对火成岩较敏感的地震属性，突出以火成岩为目标的地震属性处理结果[9]。根据歧北地区火成岩的特点，通过井震对比，采用专家优化的方法，优选出对歧北地区火成岩敏感的三类地震属性：振幅统计类属性(均方根振幅、最大振幅等)、相关统计类属性(相干)、频谱统计类属性(瞬时频率、主频等)。在此基础上，采用地震属性聚类分析的方法对优选出的地震属性进行综合分析[10~13]。聚类分析综合考虑了所有的因素，而且又不受已有分类结构的影响，只是以某种分类统计量为分类依据，对客体进行分类。因此，这就有可能突破传统地质学建立的一些定性分类系统，从而得到更合理的地震属性分析结果。

图 4 为歧北地区火成岩地震属性聚类分析结果与断裂系统叠合图，其中红色和绿色表示火成岩发育的核心区，火成岩地层厚度大；蓝色表示火成岩影响区域，火成岩地层厚度相对较小。可以看出由古近系到新近系，歧北地区火成岩分布呈差异性分布的特点：古近系沙河街组和东营组火成岩平面分布呈环状，具有明显的中心式喷发的特点，火成岩厚度明显受火山口分布的影响，火山口附近厚度大(最大厚度 80m)，远离火山口厚度变小。沙河街组火成岩发育面积相对较小($160km^2$)，主要分布于沙垒田凸起北部[图 4(c)]，东营组火成岩发育面积较大($460km^2$)，主要分布于沙垒田凸起的北部及其西北倾末端[图 4(b)]。新近系馆陶组火成岩平面上呈片状分布，揭示馆陶组沉积时期火山大规模喷发，火成岩发育面积大($830km^2$)、厚度大(最大厚度达 600m)，广泛分布于沙垒田凸起西段及其西北倾末端[图 4(a)]。

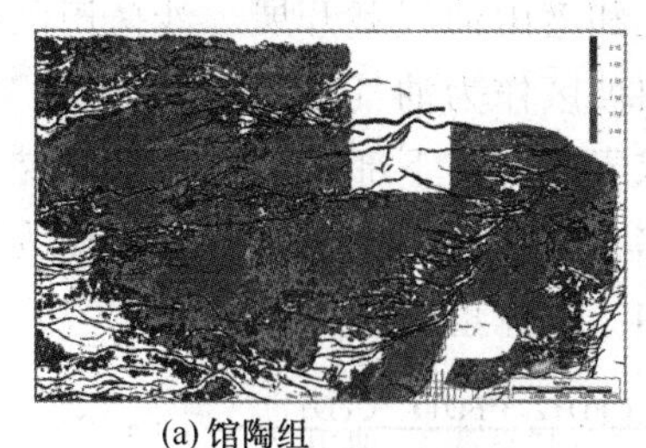

(a) 馆陶组

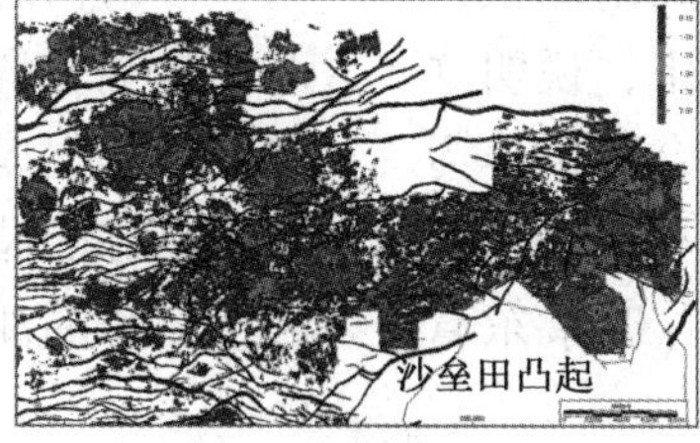

(b) 东营组

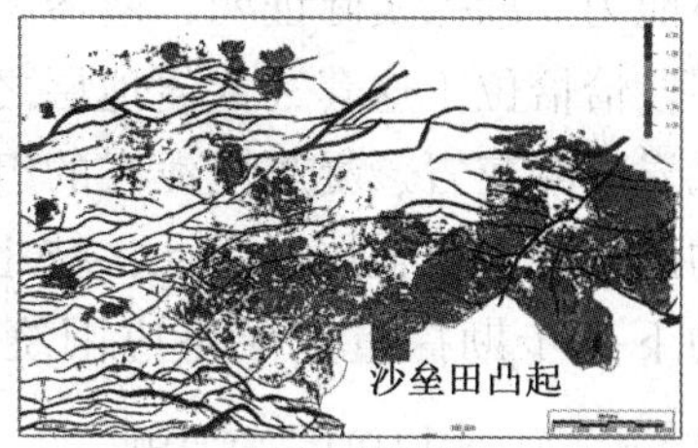

(c) 沙河街组

图 4　歧北地区火成岩地震属性聚类与断裂系统叠合图

2.3　火成岩的刻画

根据火成岩地震剖面特征，结合火成岩的地震属性分析结果，在高分辨率三维地震剖面上对火成岩的分布范围进行精细刻画。首先，对火山口进行识别，由于火山隆起左右在火山口周围形成局部凸起，其地震反射外形通常呈锥状、丘状或山峰状，与砂泥岩沉积地层常有比较明显的穿时现象。在相干属性上，火山口附近一般呈现出一些放射状、半环状或环状的地震属性异常，结合地震剖面上地层产状和相位的突变，可以较准确的确定火山口的位置。然后，根据火成岩强反射、火成岩体呈丘形反射的特点，在火山口附近追踪地震反射特征相似的区域。在远离火山口的区域，由于火成岩以溢流相为主，注意区分火成岩与正常沉积岩在能量和振幅方面的差异，抓住火成岩强振幅、低频、连续性好的地震反射特征。以这样的思路和方法完成火成岩顶底面的追踪解释，较准确的刻画出火成岩的分布规律。

3　火成岩成因及发育模式分析

歧北地区区域上受郯庐断裂及张蓬断裂影响，主要发育北东、北西向两组断裂，共同形成共轭剪切断裂系统。其中，北东向断裂是郯庐断裂在渤海海域西部的分支断裂，为贯穿岩石圈的深大断裂，北西向断裂为张家口-蓬莱断裂，属中国东部北西向断裂体系的重要组成部分。由于郯庐断裂及张蓬断裂是渤海湾盆地断至软流圈的深大断裂，在地幔热作用过程中，成为深部岩浆释放的通道，这也是歧北地区火成岩沿北东-北西两条断裂带大规模分布的主要原因。

歧北地区广泛发育多期火成岩，岩性包括玄武岩、凝灰岩和少量辉绿岩，并多与沉积岩互层。从火成岩相和岩性组合来看，歧北地区至少经历了两次火山喷发，古近系(东营组和沙河街组)以火山爆发为主，火成岩以侵入岩特征与沉积岩共生，火山通道自下而上贯穿其中。新近系(馆陶组)以火山喷溢和爆发为主，其中馆陶组中下部火成岩发育最为集中，平面分布广、厚度大，沿断层呈条带状变化，显示有裂隙式喷发特征(图 5)。根据钻井结果结合火成岩地震反射特点，馆陶组以爆发相和溢流相为主，在远离火山喷发地区发育部分火山沉积相。针对馆陶组火成岩的钻井统计和地震解释成果表明，火成岩最厚部位位于 H3 井西南侧，最大厚度超过 600m，向周边逐渐减薄，曹妃甸 2-1 油田和南堡 1 号油田减至 200~400m。

图 5　歧北地区火成岩发育模式

4　油气勘探意义

火成岩由于其物性的差异性，对油气藏的影响主要体现在储、盖两个方面，火成岩的物性主要受火成岩岩性、成岩作用及构造作用等因素的影响，物性较好的火成岩易形成火成岩油气藏，而物性较差的火成岩会行成区域盖层，控制油气成藏的层系(图 6)。歧北地区火成岩主要岩性为玄武岩和凝灰岩，火山活动形成一定范围的火成岩台地，在喷发间歇期接受细粒沉积的概率增大，同时火山活动使沉积物中凝灰质含量增加，使火成岩更加致密，增加了对油气的封闭能力。钻井资料揭示，研究区油气藏显示以东营组及以下地层为主，馆陶组见零星显示，明化镇组无显示，充分证实该区馆陶组火成岩对油气具有较强的封盖能力。勘探实际证明，南堡凹陷南缘主力含油层段恰恰位于这套玄武岩地层之下，说明这套玄武岩、凝灰岩、凝灰质泥岩的组合可以作为良好的区域性优质盖层。因此，歧北火成岩覆盖地区的下一步勘探重点层系应围绕古近系东营组、沙河街组和潜山油气藏开展。沙垒田凸起西北倾末端及斜坡区作为油气优势运移方向，馆陶组中下部火成岩地层与下部东营组三角洲储集体形成良好的储盖组合，因此，东营组可作为该地区下一步的油气勘探重点。

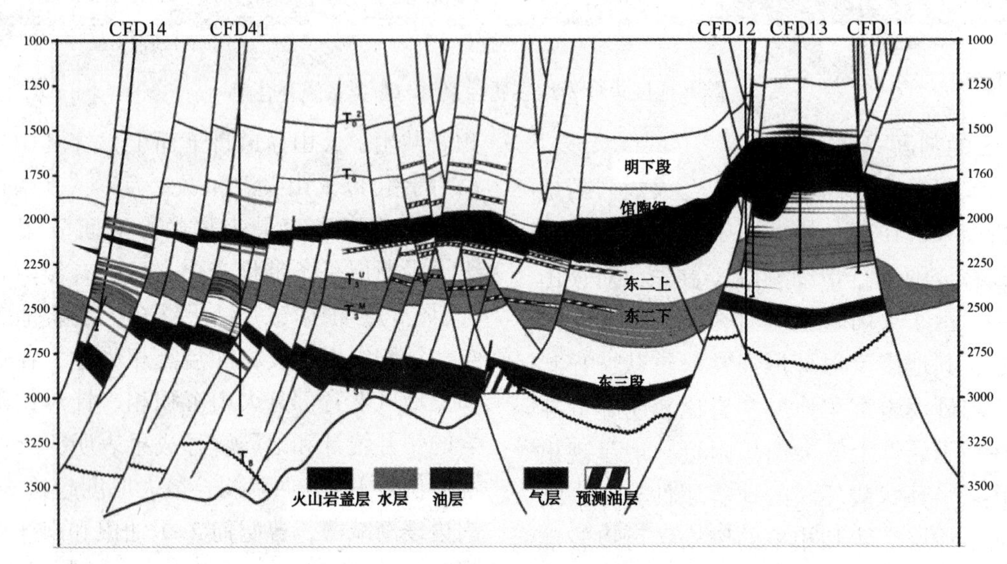

图6　火成岩发育区成藏模式

5　结论

（1）歧北地区火成岩表现为高密度、高电阻率和低声波时差、低自然伽马的测井响应特征，在研究区内共识别出4种火成岩地震相：火山通道相、溢流相、爆发相和火山沉积相。

（2）对歧北地区火成岩敏感的3类地震属性包括：振幅统计类属性、相关统计类属性、频谱统计类属性。地震属性聚类分析的方法，可以较合理准确地描述出该地区的火成岩平面分布规律。

（3）歧北地区火成岩分布和形成主要受北东向郯庐断裂及北西向张蓬断裂影响，该地区至少经历了两次火山喷发，古近系(东营组和沙河街组)以火山爆发为主，火成岩以侵入岩特征与沉积岩共生，新近系(馆陶组)以火山喷溢和爆发为主，火成岩厚度大、分布范围广。

（4）歧北地区火成岩储层物性差，厚层火成岩对油气起较强的封盖能力，油气主要分布在火成岩下部地层。因此，该地区火成岩覆盖地区的下一步勘探重点层系应围绕古近系东营组、沙河街组和潜山油气藏开展。

参 考 文 献

[1] 武强，王应斌，张中巧，等．歧中北—沙西火成岩形成机制及油气地质意义[J]．断块油气田，2012，19(4)：467-471.

[2] 邢文军，赵宝银，李玉存，等．南堡1号构造中浅层火成岩识别方法研究与应用[J]．石油天然气学报，2013，35(10)：72-77.

[3] 闫奎邦，李鸿，邓传伟，等．WLT地区深层火山岩储层地震识别与描述[J]．石油物探，2008，47(3)：256-261.

[4] 陈永波，潘建国，许多年，等．准格尔盆地西北缘火山岩预测的综合地球物理预测[J]．石油物探，2010，49(4)：364-372.

[5] 李明，邹才能．松辽盆地北部深层火山岩气藏识别与预测技术[J]．石油地球物理勘探，2002，37(5)：477-485.

[6] 张秀容，杨亚娟．松辽盆地南部深层火山岩识别及成藏条件分析．勘探地球物理进展，2006，29(3)：211-216.

[7] 王长江，刘书会．提高地震属性分析精度的方法及其应用[J]．石油物探，2004，43(增刊)：112-114.

[8] 侯伯刚，杨池银．地震属性及其在储层预测中的影响因素[J]．石油地球物理勘探，2004，39(5)：553-558.

[9] 印兴耀，周静毅．地震属性优化方法综述[J]．石油地球物理勘探，2005，40(4)：482-489.

[10] 王永刚，谢东，乐友喜．地震属性分析技术在储层

预测中的应用[J]. 石油大学学报：自然科学版，2003，27(3)：30-32.
[11] 季玉新，欧钦. 优选地震属性预测储层参数方法及应用研究. 石油地球物理勘探，2003，38(增刊)：57-62.
[12] Quincy Chen & Steve Sidney. Seismic Attribute technology for reservoir forecasting and monitoring[J], The Leading Edge, 1997, 16(5): 445-456.
[13] 洪余刚，赵华，梁波. 利用地震属性聚类分析技术预测辽河油田有利油气聚集带[J]. 西安石油大学学报：自然科学版，2007，22(4)：35-39.

气云区地震成像改善的分析及对策

刘 垒 周学峰 徐海波 潘 永 胡治华

(中海石油(中国)有限公司天津分公司渤海石油研究院，天津塘沽 300452)

摘 要 渤海海域东南部广泛发育气云，由于浅层气云对地震波的屏蔽效应，地震资料不能准确反应地下地质特征，严重制约着渤海油田勘探开发进程。本文通过大量研究，分析气云区内纵波采集地震资料不成像的原因。通过气云正演模型的建立和正演模拟分析认为，近偏移距道集相比远偏移距道集来说，地震波能量吸收衰减的速率要低，气云影响的地震成像范围要小。通过精确的偏移速度可以使得气云区内近偏移距道集成像，该结论通过实际资料验证，并取得较好效果，对气云区的地震成像攻关具有一定指导意义。

关键词 浅层气；气云区；正演模拟；地震成像；屏蔽效应；近偏移距道集

渤海海域东南部多个构造发育气云，由于浅层气云对地震波的屏蔽效应，地震剖面上呈现为空白反射，不能准确反应地下地质特征，这严重制约渤海海域东南部的勘探开发进程。通过地震资料相干体等属性分析和大量的钻井证实表明，渤海海域的浅层气云，面积从几平方公里至十几平方公里不等，埋藏深度一般不超过海拔800m。油田开发实践表明，通过已有开发的气云区内的大量钻井，仍然无法准确认识气云区下伏构造。因此研究气云区地震成像的影响因素，通过处理及解释手段解决或减小气云对地震成像的影响，便显得尤为重要。

1 气云区地震成像的影响因素

经研究认为，气云区地震成像的影响因素主要有如下3个方面[1]：

1.1 振幅弱

众所周知，气云在地震资料上表现为空白反射[2]，究其原因主要为气云是强吸收介质，对地震信号尤其是高频端的吸收作用更强。此外，大部分信号会从气云上部反射回去，导致真正穿透气云继续照明深部目的层段的信号更加微弱。另外观测系统的照明系统也会对振幅产生影响，不同的采集方位会有不同的照明。极端情况下甚至零照明度，检波器接收不到气云区的信号。

1.2 频率低

气云区为强吸收介质，对地震信号尤其是高频段的吸收作用更强。气云区对高频信号的散射尤为严重，低频资料波长长，受散射没那么严重。

1.3 速度异常

与大多含气砂岩一样，气云区表现的速度异常是由岩石物理性质决定的。几乎所有的气云区纵波速度都呈低速异常，极端情况下速度可以低到900~1000m/s。在时间域剖面上气云下反射同相轴往往呈下凹异常。

2 正演模拟

地震波在地下传播中，会受到大地滤波作用即吸收作用，并发生能量衰减，吸收和衰减与波的频率有关，地震波高频成分比低频吸收得快，当地层含气时，这一特征将更加明显[3]。

假设地震波的初始振幅为A，能量$E \propto A^2$，则当地震波传播λ距离后振幅为$Ae^{-\alpha\lambda}$，能量$E \propto A^2e^{-2\alpha\lambda}$，

能量衰减：$\Delta E \propto A^2 - A^2e^{-2\alpha\lambda}$

能量变化率：

$$\frac{\Delta E}{E} = 1 - e^{-2\alpha\lambda} \tag{1}$$

基金项目：国家科技重大专项“近海大中型油气田地震勘探技术——渤海海域中深层油气田地震勘探技术”(2011ZX05023-005-001)资助。

作者简介：刘垒(1982—)，男，汉族，山东安丘人，2008年毕业于中国石油大学(华东)地球探测与信息技术专业，硕士研究生，开发地震工程师，主要从事叠前烃类检测和开发地震方向工作。E-mail：liulei3@cnooc.com.cn

$$\frac{1}{Q}=\frac{1-e^{-2\alpha\lambda}}{2\pi}\approx\frac{\alpha\lambda}{\pi}=\frac{\alpha V_P T}{\pi}=\frac{\alpha V_P}{\pi f} \tag{2}$$

则

$$Q\approx\frac{\pi f}{\alpha V_{\mathrm{P}}} \tag{3}$$

结合渤海浅层气的特点和实际分布情况[4]，根据实际钻井资料、VSP速度等资料分析，取气云区的速度为1611m/s，品质因子为40，非气云区速度为2208m/s，品质因子为80，建立地震波在气云区传播简易模型(图1)。

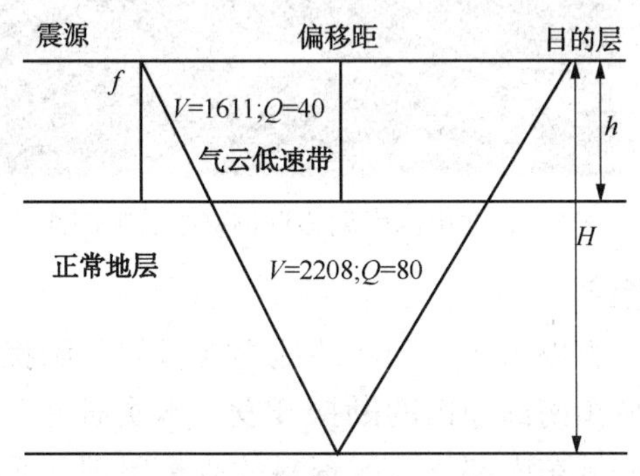

图1 地震波在气云区传播模型

研究表明，模型中地震波能量衰减主要与气云低速带厚度 h、目的层深度 H、偏移距及地震震源频率 f 有关。取震源 A 为100，目的层深度 H 为1000m，得到地震波能量随气云厚度及炮检距的变化交汇图(图2)及地震波能量随频率及炮检距能量交汇图(图3)。

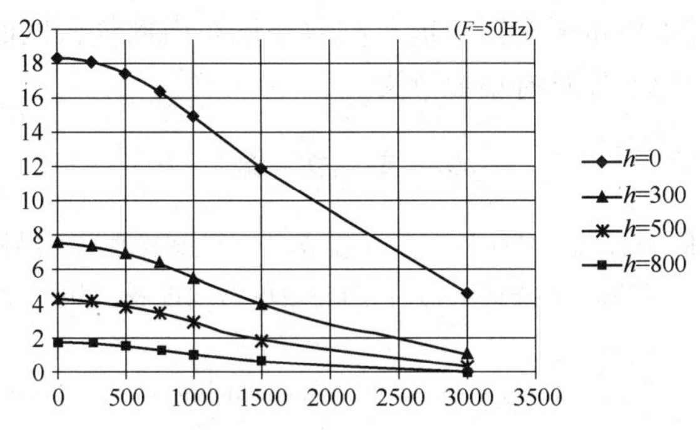

图2 地震波能量随气云厚度及炮检距的变化交汇图

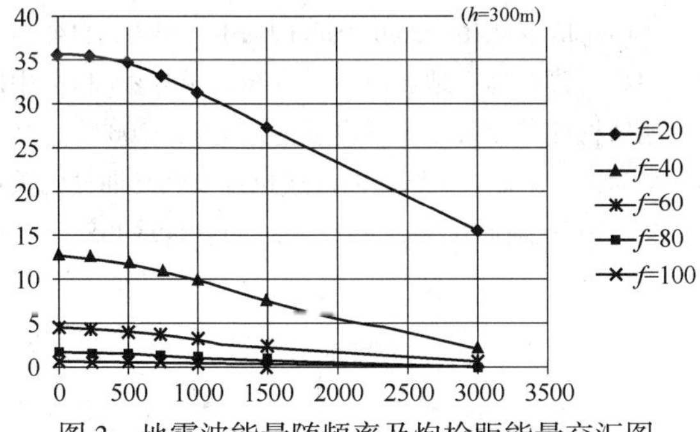

图3 地震波能量随频率及炮检距能量交汇图

从图中可以看到，模拟结果与公式推导结果一致，证实模型的可靠性。

设计水平层状模型(图4、图5)，速度由浅至深分别为1700m/s、2250m/s、2550m/s、3200m/s、3700m/s，中间存在气云低速区宽度1.8km，Q 值统一取40，模型1速度为1200m/s，模型2速度由浅至深分别为1200m/s、1800m/s、2050m/s。设计观测系统如下，炮间距50m，检波点距12.5m，最大偏移距5000m。

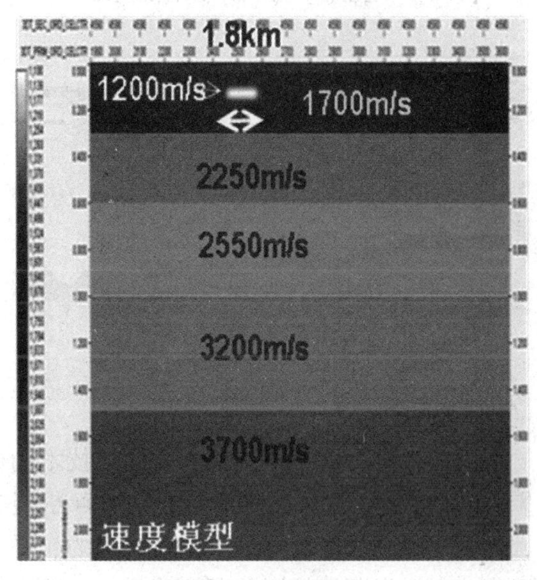

图4 水平层状模型(1)

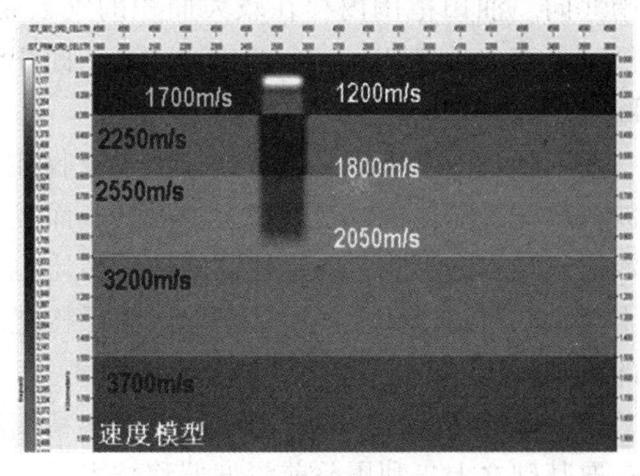

图5 水平层状模型(2)

从模型(1)和模型(2)的正演的不同偏移距的共偏移距道集(图6、图7)中可以看出，气云低速导致下伏地层的同相轴有明显下拉现象，远偏移距气云的影响范围大，且衰减严重。

通过正演模拟表明，对于一定厚度的气云来说，近偏移距接收到的能量衰减的速率要远远低于远偏移距，且横向影响范围小，因此在纵波采集中，尝试近偏移距的地震成像可能会一定程度上解决气云区的地震成像问题。

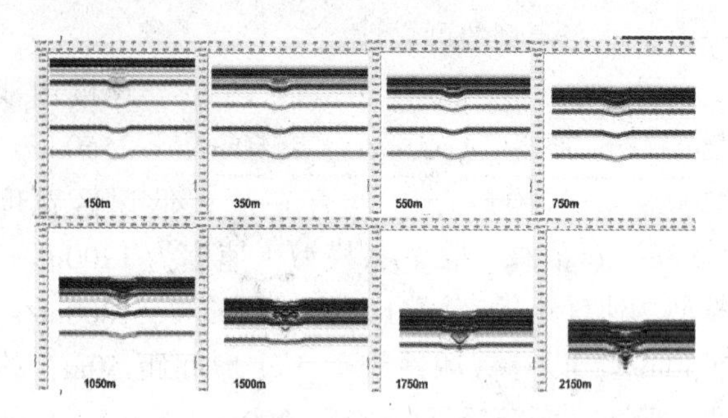

图 6　模型(1)不同偏移距叠加剖面

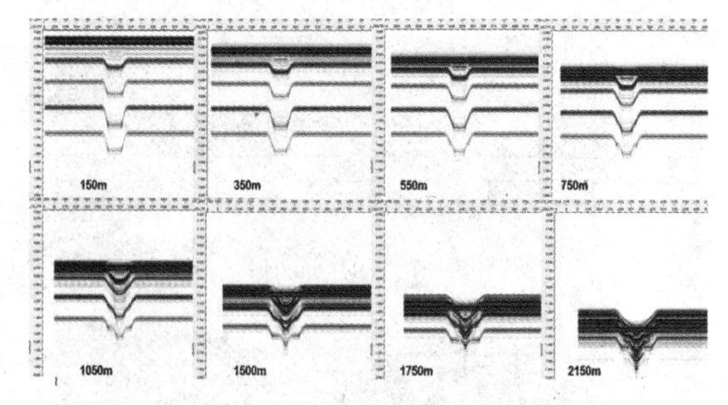

图 7　模型(2)不同偏移距叠加剖面

3　实际应用

下面将以渤海 P 油田为例，介绍该技术的应用。P 油田位于渤海中南部，处于郯庐断裂带上，为一个在基底隆起背景上发育起来的、受两组近南北向走滑断层控制的断裂背斜，构造走向近南北向。油田范围内存在较大面积的气云带，该气云带南北长约 8km，东西长约 3km，面积约 19km^2，整体呈北东走向。

在气云带内采集的 P 波数据，由于吸收和多次波的影响，深层成像受到极大的破坏。而且由于浅层气噪音的影响，周围地区的地震品质也有所下降，同时还增加了气层屏蔽地区深层构造成图的困难。

本次研究建立在地震资料叠前去噪和精细速度拾取基础之上，利用叠前深度偏移技术，对气云区内近偏移距进行处理，得到较好的气云区地震剖面(图 8)。

对比原地震剖面和深度偏移的成果剖面可以明显看出，深度偏移近偏移距叠加剖面上，气云区信噪比明显增强，出现较为连续的地震同相轴，且与周边的同相轴具有较好的对应关系。结合钻井资料和油田动态资料，气云内的地震同相轴产状较为可靠，基本可以反映地下地层产状。

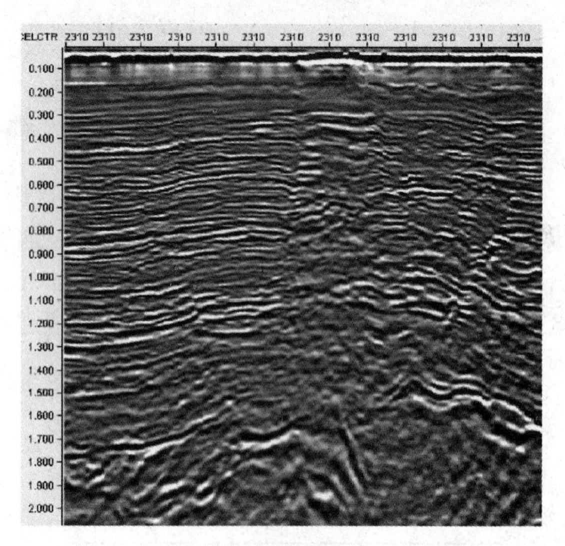

图 8　P 油田深度偏移近偏移距叠加剖面

4　结论

一直以来，气云区的地震成像问题困扰着渤海海域东南部油田的勘探开发。本次研究，通过渤海海域东南部气云区资料的收集整理和系统研究，总结出影响气云区地震成像的因素，并通过气云正演模型的建立和正演模拟分析认为，近偏移距道集相比远偏移距道集来说，地震波能量吸收衰减的速率要低，气云影响的地震成像范围要小。通过精确的偏移速度分析可以使得气云区内近偏移距道集成像，能够减小气云对地震成像的影响范围，为以后气云区的地震针对性采集和处理提供重要支持，这对渤海海域东南部气云区的勘探开发具有重要意义。

参　考　文　献

[1] 陈茂山，林畅松．高丰度含气区转换波地震资料构造恢复方法探索[J]．勘探地球物理进展，2010，33(5)．

[2] Junwei Huang，et al. Seismic modeling of multidimensional heterogeneity scales of Mallik gas hydrate reservoirs，Northwest Territories of Canada[J]．Journal of Geophysical Research：Solid Earth，2009，114.

[3] 周惠，曹思远．地震波的吸收和衰减分析[J]//中国地球物理学会第二十三届年会论文集，2007.

[4] 张为民，姜亮．气烟囱的形成机理及其与油气的关系探讨[J]．地质科学，2000，35(4)：449-455.

岩性密度仪可更换式耐磨滑板的研制与应用

稽成高　王志勇　余　湘　刘国臣　孔　谭　古学博　王锡磊
(渤海钻探工程公司测井分公司，天津大港 300280)

摘　要　本文介绍了岩性密度仪可更换式耐磨滑板的研制与应用，更换式耐磨滑板是在原岩性密度仪滑板机械结构基础上进行技术改进，采用不同金属材料制作不同性能和强度的耐磨板，加强滑板表层坚韧性和耐磨性，具用分板、分块可换式机械结构，各耐磨板相互独立，互不影响，并安装在滑板不同位置。组装和更换滑板的过程不需要拆卸滑板整体和滑板内部器件(探测及电路等)，只根据需求对不同板块进行调节和更换，减少滑板磨损造成表层曲率半径变化对长、短源距两道信号的直接影响，为主刻度数值符合刻度图板要求奠定技术基础。解决了现有岩性密度仪器滑板易磨损造成主刻度数值超差和维修滑板成本高的缺陷。通过现场应用，收到良好的应用效果。文章简要介绍了耐磨滑板的设计思路、结构与特点、技术性能、现场试验与应用。

关键词　耐磨滑板；吻合度；弧形钛钢；钢板厚度；刻度图版；耐磨强度

2228岩性密度仪器的测井方式为探测器滑板贴靠井壁来获取准确的测井资料。为确保岩性密度仪测井数据的精度，必须对仪器进行测前主刻度，而刻度数值的获取是将仪器探测器滑板紧贴2225岩性密度二级刻度器来完成的。由于仪器刻度值的准确性主要取决于滑板的曲率半径与2225岩性密度二级刻度器的曲率半径相吻合的程度，而滑板磨损所造成的表层曲率半径变化，直接影响了刻度数值的精度以及探测器的探测特性与刻度图版的响应关系，造成主刻度值超差和测量结果不能真实反映地层密度值。测井公司引进美国阿特拉斯公司生产的2228岩性密度(EA/MA)测井仪是ECLIPS-5700系列的配套下井仪器，它是放射性系列测井必测项目之一，广泛应用在测井现场。随着仪器使用年限的增加，滑板表面磨损严重，滑板的曲率半径因弧度磨损而改变，曲率半径的变化导致滑板机械结构变形，滑板与刻度器吻合度降低，造成主刻度值超差。仪器性能逐渐下降，使得维修任务逐日加重，主要表现在以下几个方面：

(1) 仪器使用10口井左右，要对滑板表层进行及时喷涂，喷涂占用时间长(2~6个月)。

(2) 对滑板进行及时喷涂，有部分滑板弧度曲率半径的变化也不能达到符合刻度图版的要求，增加了滑板重复拆卸和安装次数，修复滑板成本损耗大。

(3) 修复或更换滑板时，要将滑板与仪器骨架分开进行拆卸，必须将探测器总成和线路从滑板腔取出，当滑板修复好后再进行重复安装，此过程繁琐和繁重，易造成探测器和电路器件松动和损坏，过多耗费人力和物力。

(4) 滑板修复方法较多，通常采用重新喷涂防磨层工艺，但由于滑板表面曲率半径的改变，使得喷涂后的滑板不能和刻度器很好地吻合。易造成重复调试和刻度，增加接触源次数和维修成本。

(5) 外部劳务市场无法对滑板进行及时喷涂，导致滑板磨损严重而报废。

为解决上述问题，对岩性密度仪滑板表面的机械结构和耐磨性能进行技术改进，主要是设计一种结构简单、拆卸安装方便的钛钢薄板，只需对薄板的机械结构和耐磨材料以及板面弧度进行合理确定，并将薄板与仪器滑板达到最佳的组合安装，使其主刻度数值能够符合仪器刻度图板的技术要求，克服现有仪器滑板易磨损造成主刻度数值超差和维修滑板成本高的缺陷，做到维修滑

作者简介：稽成高(1969—　)，男，汉族，1992年7月毕业于江汉石油学院矿场地球物理专业，高级工程师。E-mail：yx64318@sina.com

板和更换滑板过程更加简捷、快速，达到提高仪器刻度质量和滑板维修时效的目的。

1 耐磨滑板设计

1.1 制作技术

研制的岩性密度仪器可更换式耐磨滑板(耐磨板)以现有岩性密度刻度方法为技术依据，以实用新型、结构简单化为主，基本外形与原有滑板形状没有大改变，其尺寸统一，便于维修和节约成本。从各板块几何尺寸、耐压、耐温、耐磨强度上进行选取，选取抗拉强度强、耐温性能高、耐磨性能好的钛钢作为主要材料，加强滑板耐磨性能，具有良好的抗拉、抗磨强度、硬度以及耐腐蚀与耐氧化能力，其弧度曲率半径满足刻度图板要求，主刻度数值准确；采用不同的耐磨金属材料，制作性能强度高的耐磨板，可以代替原仪器传统的合金喷涂层耐磨材料，减少滑板磨损造成表层曲率半径变化对长、短源距两道信号的直接影响，具有防磨强度大、使用性能强的优点；高强度耐磨板的结构简洁，易于安装与拆卸。

1.2 主要技术指标

(1) 最高耐压：140MPa。

(2) 最高耐温 ：200℃。

(3) 曲率半径：与 2225 岩性密度二级刻度器(直径为 7⅞in)的曲率半径相吻合。

(4) 仪器现场刻度：刻度数值符合测井仪器刻度指标。

2 耐磨滑板制作

2.1 总体设计

耐磨滑板分滑板主体、上防磨块、耐磨板、下防磨块 4 个部分，根据不同部位分别选取不同工艺材料进行制作，可提高抗腐和耐磨能力。滑板主体采用沉淀硬化不锈钢材料、上防磨块采用高密度钨镍铁防磨材料、下防磨块采用高硬度合金防磨材料、耐磨板采用钛钢高耐磨材料，通过不同部位材料的选取，进一步增加仪器滑板各部位的耐磨性能，使其耐磨板的整体技术性能符合原仪器滑板的技术要求。图 1 为耐磨滑板实物图。

2.2 尺寸的确定

耐磨滑板不同部分的几何尺寸(表 1)设计符合原仪器滑板几何框架和技术要求，使其结构与探测器滑板结构相适应，实现连接固定牢固。

图 1 耐磨滑板实物图

1—下防磨块；2—上防磨块；3—滑板主体；4—中耐磨板

表 1 滑板组成主要尺寸

名称	长度/mm	宽度/mm	高度/mm
滑板主体	800	105.5	
上防磨块	100	90	20
下防磨块	103	90	12
高耐磨板	440	90	2

2.3 耐磨板研制

耐磨板是可以方便更换的专用耐磨板，它是一个与符合 2228 岩性密度仪器滑板表层几何尺寸相统一的长方形且一面带弧度的钛钢薄板，钢板弧度的结构与滑板整体的有机结合，能够与 2225 岩性密度二级刻度器(直径为 7⅞in)曲率半径相吻合，探测特性符合仪器刻度图版的响应关系，相关尺寸见表 2。耐磨板选用钛钢材料制作，具有较好的耐磨性能，其耐磨板(钛钢板)的磨损比要远低于常用的合金喷涂层，达到放射性伽马射线和物质相互作用基本性能未发生改变，能够如实反映仪器探测到的次生伽马射线的能量。其技术特点如下：

(1) 耐磨板为长方形薄板的可更换式结构，其长度、宽度与原探滑板表层尺寸相一致(图 2)。

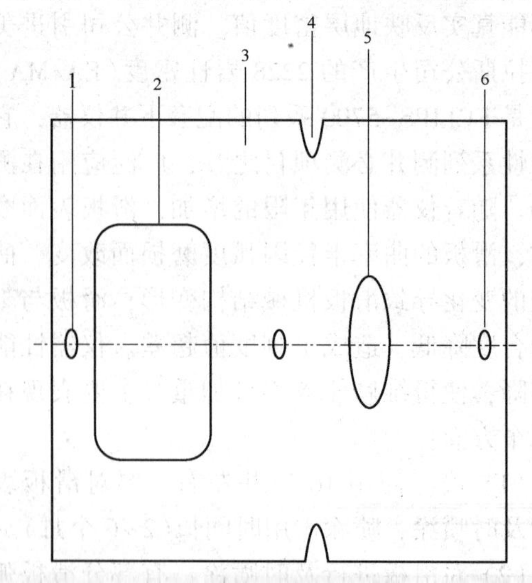

图 2 耐磨板机械图

1—固定螺丝孔；2—长远距圆角矩形方口；3—弧形钛钢板；4—半圆槽；5—短远距圆形孔；6—固定螺丝孔

(2) 耐磨板表层为弧形面(弧度半径 $R=6\frac{3}{16}$ mm)，其曲率半径与 2225 岩性密度二级刻度器(直径为 $7\frac{7}{8}$in)的曲率半径相吻合。

(3) 耐磨板主要由钛钢板制作，与滑板主体构成新滑板，新滑板与原滑板整体厚度相统一，保证刻度数据的准确性。

表 2 耐磨板组成及性能

名称	长度/mm	宽度/mm	厚度/mm	位置	作用
弧形钛钢薄板	440	90	2	位于滑板主体中间位置	表层结构防磨性能高
矩形长源距窗口	90	60	2	与滑板的长源距窗口相对应	接收地层长源距信号
圆孔短源距窗口	ϕ38		2	与滑板的短源距窗口相对应	接收地层短源距信号
半圆槽安插口	15		30	距钛钢板 258mm 处开有半圆槽	为滑板所提供固定部位

3 耐磨板与原滑板拆装方式对比分析

耐磨板与原滑板的拆卸与安装方式是不一样的(实物图见图 3、图 4)，耐磨板是通过螺丝固定在滑板主体上，更换耐磨板只需拧动螺丝即可，其更换方式简单快捷，也适用在测井现场应用。更换原滑板需要将其整体拆卸，并将内部探测器和线路取出，其拆卸过程繁琐，易造成内部器件和探测器的损坏。耐磨板的研制解决了滑板繁琐拆卸和安装的问题。

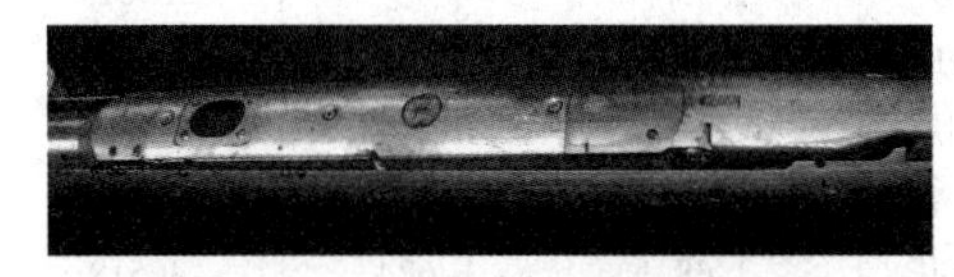

图 3 耐磨板实物图

图 4 原滑板实物图

4 现场试验与应用

4.1 加温试验

更换式耐磨板与仪器组装后进行加温试验，在 25~200℃范围内观测探测器输出和高压值，加温结果表明，长源距(LS)和短源距(SS)输出幅度在 3.2~3.5V 间变化，长源距高压在 1548~1552V，短源距高压在 1680~1684V，铯峰能量道在 230CH 上，实测数据(表 3)均在技术要求范围内。

表 3 新式滑板安装后仪器加温试验数据

温度/℃	LS 探测器实测值/V	SS 探测器实测值/V	LS 长源距实测高压/V	SS 短源距实测高压/V	实测铯峰能量道/CH	技术参数要求范围
80	3.5	3.4	1548	1680	230	LS、SS 探测器输出幅度[(3.5±0.5)V]，LS 探测器高压[(1550±50.0)V]、SS 探测器高压[(1650±50.0)V]、铯峰道址[(230±5.0)CH]
90	3.5	3.4	1548	1680	230	
100	3.5	3.4	1548	1680	230	
110	3.5	3.3	1550	1682	230	
120	3.4	3.3	1550	1682	230	
130	3.4	3.3	1551	1683	230	
140	3.4	3.3	1552	1683	230	
160	3.4	3.3	1552	1684	230	
180	3.4	3.3	1552	1682	230	
200	3.4	3.3	1552	1684	230	
恒温半小时	3.4	3.3	1551	1682	230	

4.2 可靠性试验

为验证耐磨板技术性能的可靠性，在西安中国石油工业测井计量站对 2 支美国阿特拉斯仪器和 2 支改进的仪器进行标准比值对比，通过二级刻度器标称值准确度的标定和进行主刻度对比，结果确定使用可更换式耐磨装置的岩性密度测井仪器标定的工程测量值数据可靠准确，其测量精度在要求范围内，见表 4 和表 5。

表 4 原装进口岩性密度仪器在标准井测试数据

井位号	标称值		10037614 工程测量值			369384 工程测量值		
	Pe	DEN	Pe	DEN	CORR	Pe	DEN	CORR
Mg 块	2. 43		2. 4079	1. 6874	0. 0087	2. 19	1. 688	0. 007
Mg+Fe	10. 36		10. 1752	1. 6089	−0. 4045			
Al 块			5. 2817	2. 6847	−0. 0093		2. 688	−0. 013
Al+ Mg			3. 9476	2. 6218	0. 1667		2. 608	0. 167
3 号井	3. 68	1. 684	3. 518	1. 7142	−0. 0117	3. 565	1. 693	−0. 032
4 号井	3. 14	1. 904	3. 065	1. 9085	0	3. 117	1. 901	−0. 02
5 号井	3. 31	2. 171	2. 8802	2. 1702	0	3. 001	2. 169	−0. 016
6 号井	3. 76	2. 295	3. 547	2. 3219	0. 0128	3. 638	2. 305	−0. 006
7 号井	4. 3	2. 432	4. 0644	2. 4316	0. 0118	4. 24	2. 437	−0. 002
8 号井	2. 13	2. 64	1. 6753	2. 6151	0. 0187	1. 724	2. 616	0. 003
9 号井	5. 07	2. 703	5. 0281	2. 6921	−0. 0013	5. 235	2. 701	−0. 013
10 号井	3. 25	2. 865	3. 1683	2. 846	0. 0092	2. 345	2. 858	0. 005
11 号井	5. 93	2. 917	4. 7303	2. 9102	−0. 0121	4. 923	2. 94	0. 011
15 号井	8. 93	2. 473	9. 1304	2. 5139	−0. 027	9. 429	2. 513	−0. 038
14 号井	0. 24	1. 178	1. 0718	1. 1275	−0. 0465			

表 5 更换式耐磨装置岩性密度仪器在标准井测试数据

井位号	标称值		092802 工程测量值			369384 工程测量值		
	Pe	DEN	Pe	DEN	CORR	Pe	DEN	CORR
Mg 块	2. 43		2. 3750	1. 6917	−0. 0021	2. 3009	1. 6992	0. 0102
Mg+Fe	10. 36		10. 0646	1. 5961	−0. 4219	10. 2135	1. 5996	−0. 4154
Al 块			5. 1819	2. 6802	−0. 0139	5. 0954	2. 6839	−0. 0122
Al+ Mg			3. 9285	2. 6187	0. 1555	3. 8827	2. 6211	0. 1594
3 号井	3. 68	1. 684	3. 5632	1. 7059	−0. 0234	3. 5414	1. 7028	−0. 0250
4 号井	3. 14	1. 904	3. 0951	1. 9174	−0. 0068	3. 0774	1. 9128	−0. 0148
5 号井	3. 31	2. 171	2. 9251	2. 1903	0. 0077	2. 9192	2. 1769	−0. 0141
6 号井	3. 76	2. 295						
7 号井	4. 3	2. 432	4. 1280	2. 4395	−0. 0042	4. 1216	2. 4389	−0. 0090
8 号井	2. 13	2. 64						
9 号井	5. 07	2. 703	4. 9821	2. 7127	−0. 0038	4. 9669	2. 7098	−0. 0098
10 号井	3. 25	2. 865	3. 0853	2. 8621	0. 0160	3. 0486	2. 8583	−0. 0083
11 号井	5. 93	2. 917						
15 号井	8. 93	2. 473	9. 0454	2. 5294	−0. 0360	9. 1023	2. 5274	−0. 0397
14 号井	0. 24	1. 178						

4.3 性能检测

将可更换滑板的 4#仪器在刻度工房按照相关规定进行性能检测（刻度），其中 MG BLOOCK（LO PE）、MG SHIM（HI PE）、RATIO MG/Al、RATIO Al+ SHIM/Al、Cs PEAK、AmPEAK 对应刻度数值均在要求范围内，仪器刻度一次成功。刻度数据见图 5、表 6。

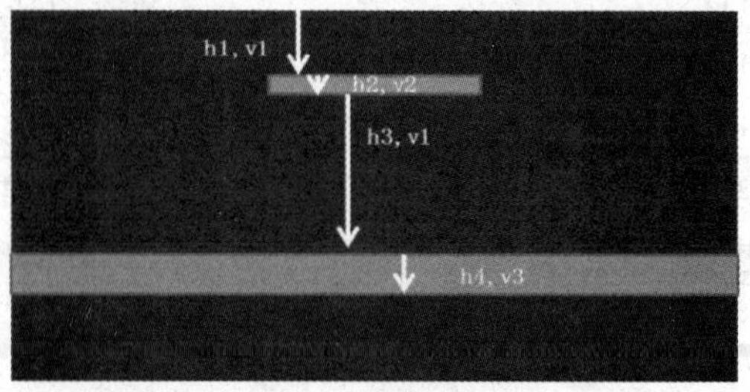

图 5 刻度数据

表 6 岩性密度仪器刻度数据对照表

刻度	质量控制系数	实测值
SHRMG BLOCK(LO PE)	0.625~0.725	0.709
SHR MG+SHIM (HI PE)	0.260~0.310	0.291
Cs PEAK(铯源)对应道	(225~235)CH	229.8
Am PEAK (镅源)对应道	(21~25)CH	22.8
RATIO Al+ SHIM/Al (SSD-NDTC)、(HRD1-NDTC)、(HRD1-NDTC)	1.35~1.45、1.60~1.80、1.60~1.80	1.37、1.70、1.65
RATIOMG/Al (SSD-NDTC)、(HRD1-NDTC)、(HRD2-NDTC)	1.97~2.07、8.80~10.4、8.75~9.75	1.99、9.52、9.17

4.4 对比试验

将耐磨滑板的岩性密度仪器与原装岩性密度仪器在 NP1＊-X 井中进行现场对比试验，图中红色为耐磨滑板岩性密度仪器的测井曲线，兰色为原装滑板岩性密度仪器的测井曲线，对比井段为 1290~1500m，通过对比曲线图可以看出，耐磨滑板的岩性密度仪器所测得曲线数值与原装滑板岩性密度仪器测量数值基本一致，主曲线与重复曲线重合性好，符合《石油测井原始资料质量规范》(SY/T 5132—2012)。

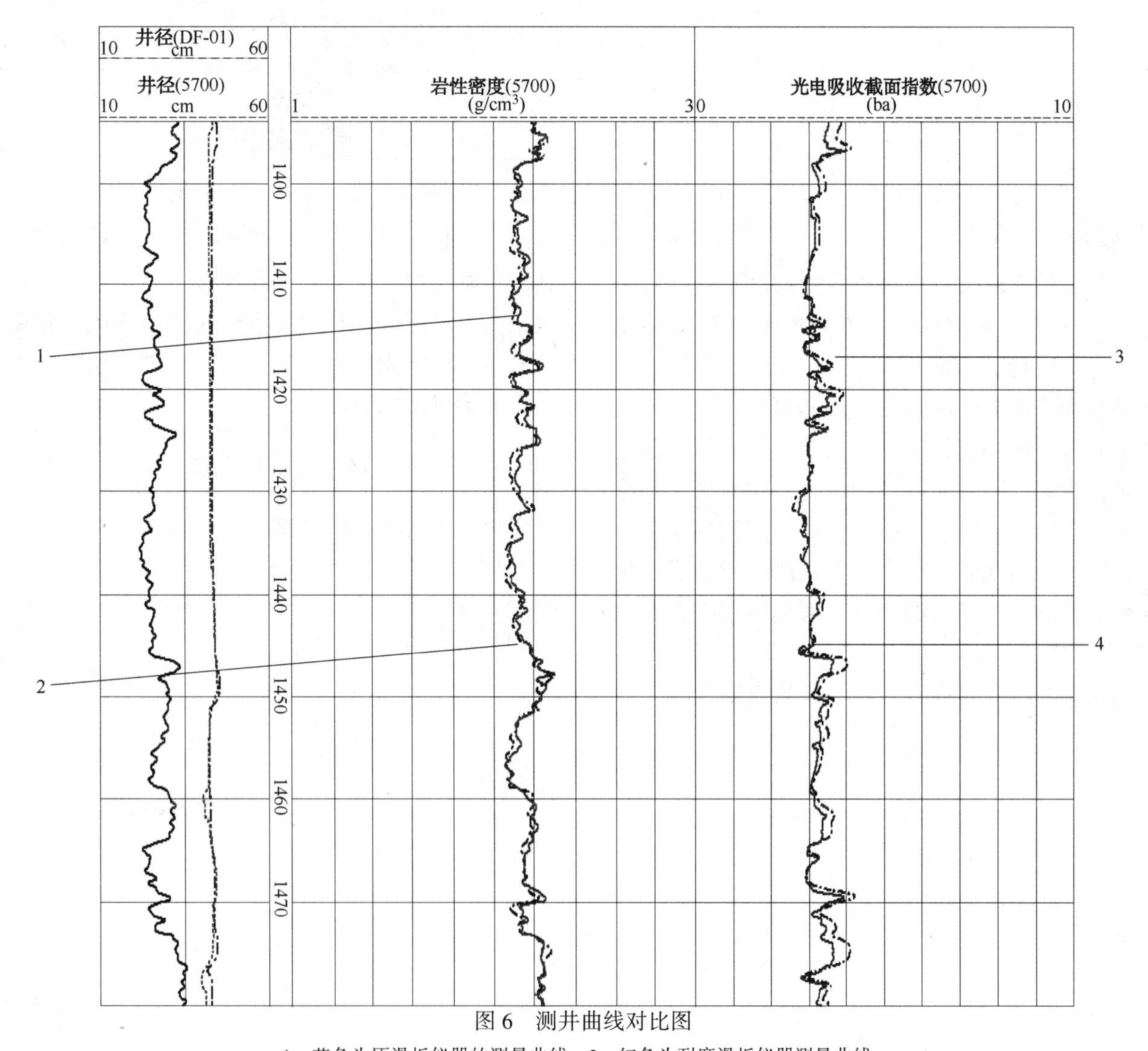

图 6 测井曲线对比图

1—蓝色为原滑板仪器的测量曲线；2—红色为耐磨滑板仪器测量曲线；

3—蓝色为原滑板仪器所测光电截面系数测井曲线；4—红色为耐磨滑板仪器所测光电截面系数测井曲线

4.5 现场应用

可更换耐磨滑板的2228岩性密度仪器在滨4＊井与放射性仪器、双侧向仪器、微球仪器、井径仪器进行组合测井，现场测井资料结果表明，测井曲线(图7)对应性良好，能够真实反映地层变化。截至目前，该仪器现场应用62口井次，测井资料合格，工作性能稳定，可更换耐磨滑板未出现严重磨损。

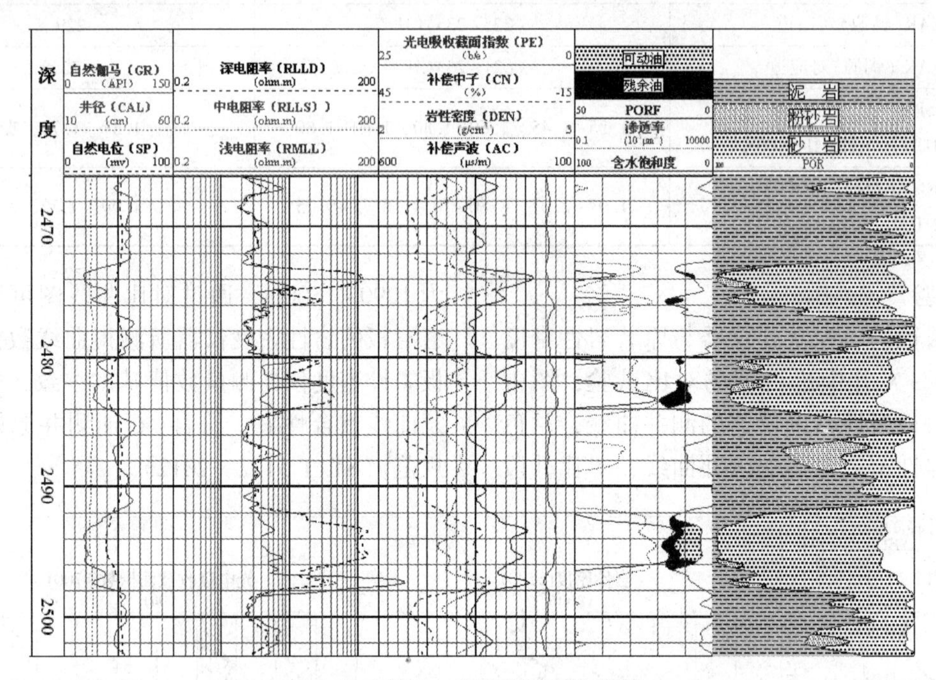

图7　在滨4＊井组合测井曲线图

5 结论

研制的岩性密度仪可更换式耐磨滑板，其制造工艺简单，实用性强，安装拆卸滑板方便安全，省力快捷，克服现有2228岩性密度仪器滑板易磨损造成主刻度数值超差和更换过程繁琐以及维修滑板成本高的缺陷，达到了提高仪器刻度质量和维修滑板时效的目的，为公司降低了维修成本，节约了资金。目前，仪器应用到现场数十口井次，未出现因滑板表层磨损严重所造成滑板与刻度器吻合度降低的问题，滑板使用率提高到97%以上。

研制与符合岩性密度仪器滑板表层几何尺寸相统一、长方形一面带弧度的耐磨板(钛钢板)，具有良好抗拉、抗磨强度和硬度以及耐腐蚀与耐氧化能力，可以代替原仪器传统的合金喷涂层耐磨材料，还能满足岩性密度仪器刻度图版及刻度数值准确可靠的要求。

参 考 文 献

[1] 阿特拉斯.5700系列2228EA/MA岩性密度测井仪维修手册，1997.

[2] 戴家才，王向公，郭海敏.测井方法原理与资料解释.长江大学，2003.

浅层气属性约束下的储层深度预测技术

宋俊亭　刘传奇　赵海峰　郭　诚

（中海石油（中国）有限公司天津分公司渤海石油研究院，天津塘沽 300452）

摘　要　本文从气云发育及浅层气发育特征出发，分析其相同特征及不同特征。同时，论证了它们对地下储层及深度预测带来的不确定性，得到了一些结论及认识。通过理论计算和正演模拟，证实气层影响下的储层深度预测校正时差与气层响应的振幅属性具有正比关系。利用这一关系，得到气层影响下的储层深度预测校正时差，再经过时深转换，得到更加精确的储层深度。针对渤海K油田，结合该结论，转换思想，将气云对储层深度预测造成的困难，转化为气层影响下的储层深度预测问题。通过实钻井证实，该方法对气层影响下的储层深度预测精度的提高具有很好的指导意义。

关键词　“气云”特征；气层特征；气层厚度；正演模拟；属性约束

1　“气云”特征

气云是地层中天然气聚集或油气垂向运移在纵波地震剖面上形成的一种特殊现象，因此可作为指示油气藏存在的重要标志[1]。气云的分布相当广泛，尤其是在海上油气田更为常见。但是在气云发育的地层中，会出现纵波能量强烈衰减、速度降低、同相轴下拉、频率衰减及成像质量差的现象[2]。如渤海的B油田、P油田等，它们在剖面及方差切片上有相似的气云特征（图1、图2）：剖面上表现为弱反射、弱连续性的特点，近地表为一系列强振幅杂乱反射，其下多为弱振幅杂乱反射或空白反射[3]形成“气烟囱”特征；而在方差切片上，表现为模糊的能量团。在气云影响下，断层识别困难，同相轴杂乱，储层无法认识。因此，气云的存在对储层的认识及构造解释预测是一个常见难题。结合储层的深度预测，在常规方法上，一般是利用方差体或者相干体切片技术，识别各层段气云范围，再利用层拉平技术，预测气云区的构造形态以及进行储层的深度预测。刘传奇、明君[4]等在2012年提出通过把受浅层气影响程度与地震方差数据体的平面属性结合起来，运用实际油田资料建立目的层之上方差体振幅之和属性，与“气云区”的总体影响程度之间的数学关系式，运用该数学关系式可以得到较为准确的砂体深度构造图。该方法在气云特征明显的区块，如渤海B油田得到了很好的应用。因此充分利用与气云相关的属性，可以提高储层及深度预测的精度，为开发井顺利实施提供保障。

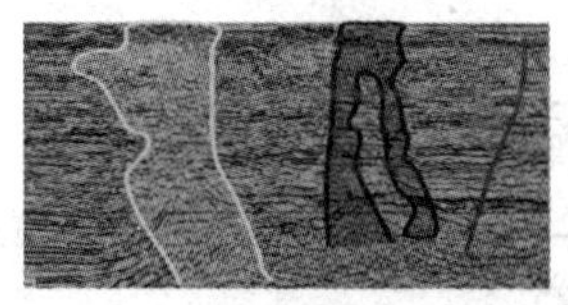

(a)气云剖面特征　(b)气云方差特征

图1　渤海B油田气云特征

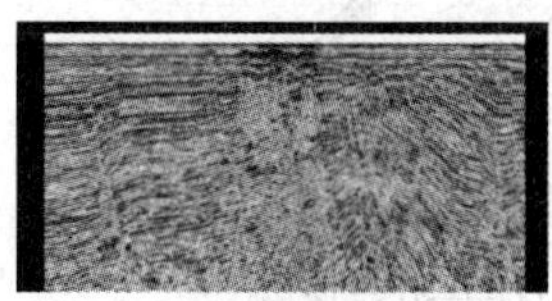

(a)气云剖面特征　(b)气云方差特征

图2　渤海P油田气云特征

2　浅层气特征

渤海渤海K油田11井区在早期研究过程中，探井在浅层钻遇多套气层，在目的层段，地震同相轴下拉现象明显，据此判定该区也发育“气云”，但是此处的“气云”特征与前面总结的气云特征并不完全相似（图3）：首先从剖面看，并没有“气烟囱”发育，探井钻遇的气层对应地震的强响应特征，井震对应较好，气层之下的目的层地震响应同相轴虽然下拉，但是并非杂乱弱反射，只是能量变弱，频率降低，；而且从方差切片，该井区在浅层并没有明显的能量“模糊团”。从这两方面看，该井区气云特征不明显。另一方面，从合成地震记录拟合的速度（图4）可以看出，11

井区速度明显偏低，可以肯定是由于浅层气发育造成的。据此，总结区域浅层气层发育特征：浅层气层地震强响应特征明显，目的层地震响应弱，频率低，同相轴有下拉现象，该区速度较其他区域明显偏低。将此类目标区内的储层预测定义为：浅层气影响下的储层预测。从剖面可以看出，浅层气造成的最明显特征是目的层同相轴下拉，为深度预测带来困难，因此，本文将着重讨论提高深度预测精度的技术方法。

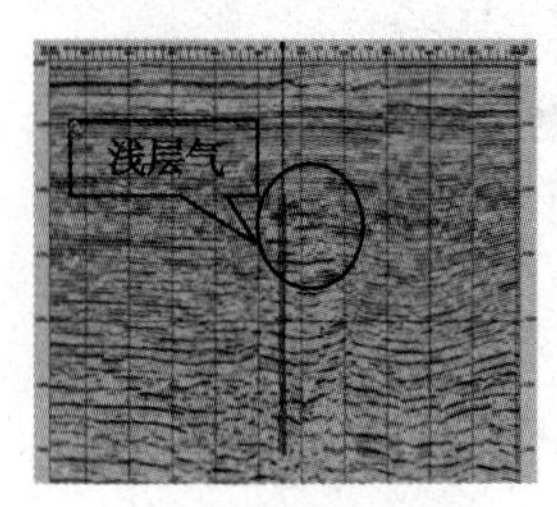

（a）浅层气剖面特征

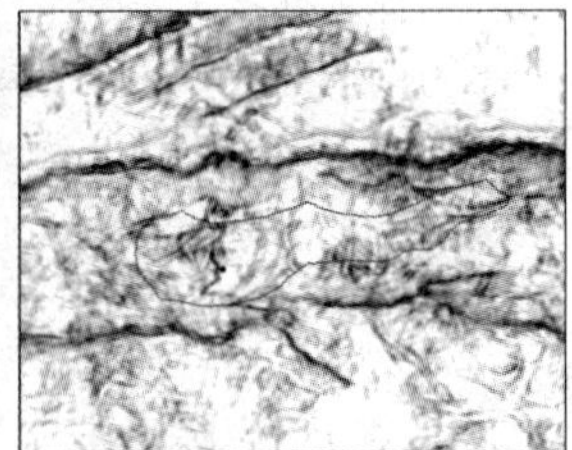

（b）浅层气方差特征

图 3　渤海 K 油田 11 井区浅层气特征

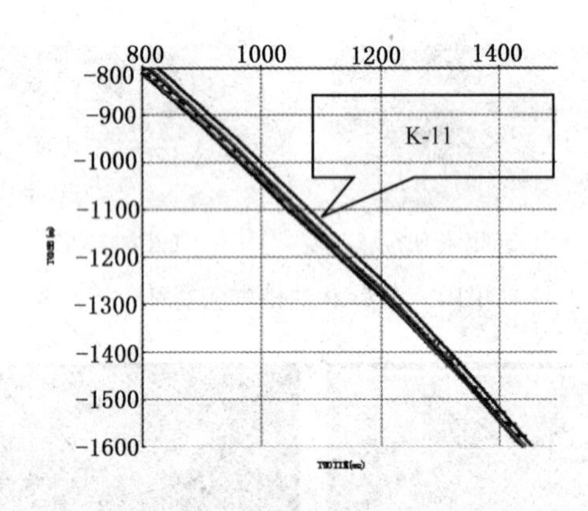

图 4　渤海 K 油田探井拟合速度

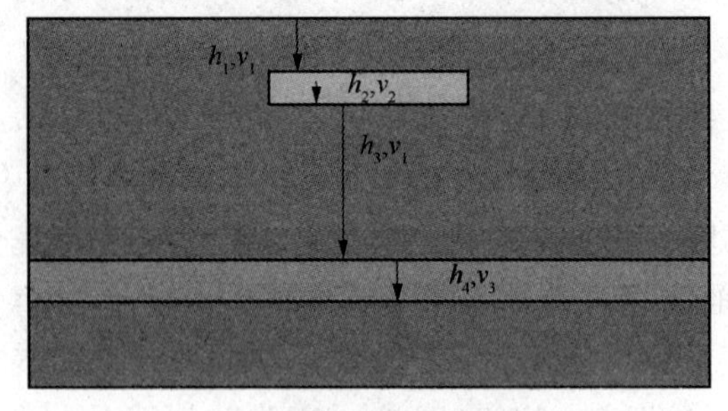

图 5　含浅层气层模型(1)

3　正演模拟分析

通过之前的分析，气云是无法建模正演的，而气层作为储层一类可以正演。因此，建立如图 5 所示的模型，地层参数如图中所示，其中背景泥岩速度为 v_1，浅层发育气层厚度为 h_2、速度为 v_2，目的层油层厚度为 h_4、速度为 v_3。假设为自激自收观测系统，那么上覆气层发育的区域，油层顶面响应的接收时间为 $T_{气}$，上覆气层不发育的区域油层顶面响应的接收时间为 T，可以得到：

$$T_{气} = [(h_1 + h_3)/v_1 + h_2/v_2] \times 2;$$

$$T = [(h_1 + h_2 + h_3)/v_1] \times 2$$

二者的时间差可表示为：

$$\begin{aligned}\Delta t &= T_{气} - T \\ &= (h_2/v_2 - h_2/v_1) \times 2 \\ &= 2 \times (1/v_2 - 1/v_1) \times h_2\end{aligned}$$

假定速度具有一致性(即泥岩速度相近)，气层速度相近，Δt 可表示为：

$$\Delta t = kh_2$$

$$k = 2(1/v_2 - 1/v_1)$$

它的物理意义：浅层气层发育，由于其速度明显低于围岩，造成下伏储层成像的同相轴下拉，这会给目的层深度预测带来较大误差。当浅层发育多套气层时(图 6)，可以进行类似计算：

$$[(h_1 + h_3 + h_4)/v_1 + h_2 + h_5/v_2] \times 2$$

$$T = [(h_1 + h_2 + h_3 + h_4 + h_5)/v_1] \times 2$$

二者的时间差可表示为：

$$\begin{aligned}\Delta t &= T_{气} - T \\ &= 2 \times (1/v_2 - 1/v_1) \times (h_2 + h_5) \\ &= \Delta t \\ &= k \times \sum h_{气}\end{aligned}$$

通过这个计算可以得出如下结论：

气层发育时，目的层成像的同相轴时间下拉量，主要是由气层的速度与背景泥岩速度差异引起，且与气层总厚度成正比关系，与气层的层数无关。

给定模型中的地层参数(表 1)，首先，将这些参数代入之前的公式中，可以求得时间下拉量的具体数值，结果在表 2 倒数第二列。这给后面的正演提供了一个参考值。正演结果如图 7～图 9 所示，从正演结果读取目的层的时间下拉量，将结果放到表 2 最后一列，可以看到，正演的时间下拉量与理论计算是一致的。

表 1　正演模型参数

	深度/m	厚度/m	速度/(m/s)
泥岩			2950
含气储层	500	20	1800
	500	40	1800
	500	20×2	1800
含油砂岩	1200	12	2500

表 2　正演结果数据

	深度/m	厚度/m	速度/(m/s)	计算时间下拉量/ms	正演时间下拉量/ms
泥岩			2950		
含气储层	500	20	1800	8	8
	500	40	1800	17	18
	500	20×2	1800	17	18
含油砂岩	1200	12	2500		

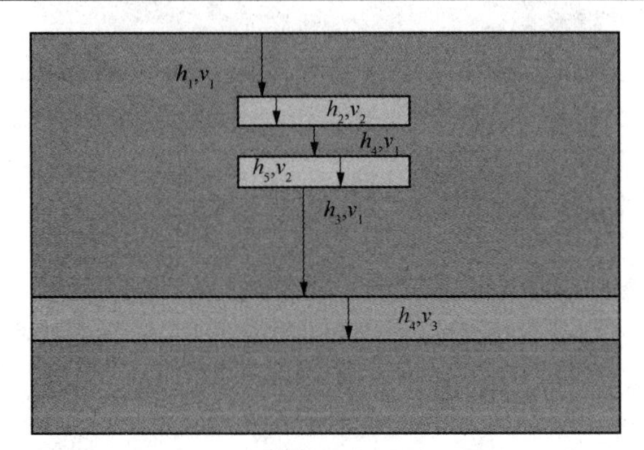

图 6　含浅层气层模型(2)

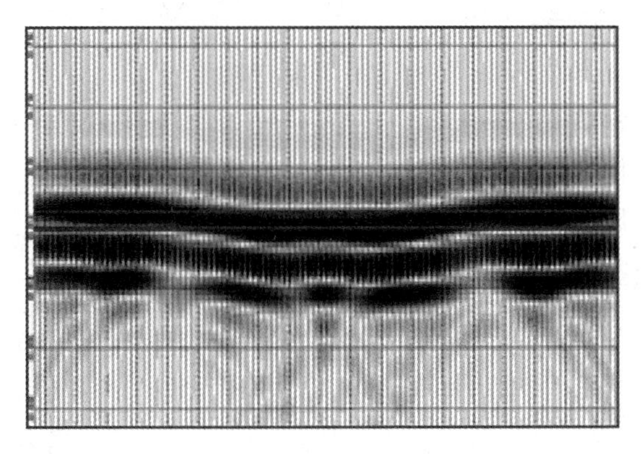

图 7　气层厚度 20m

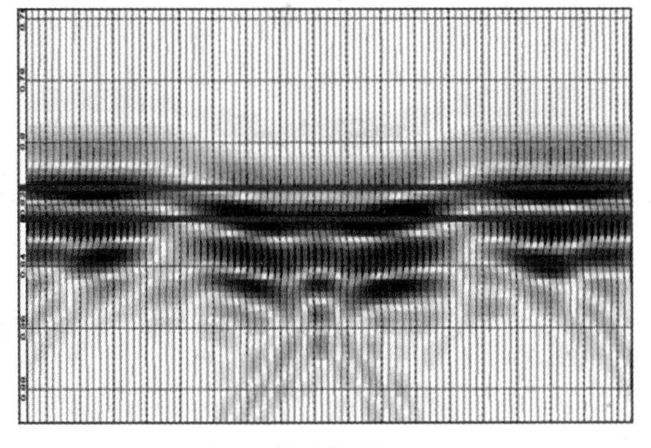

图 8　气层厚度 40m

同时，对正演结果进行分析，对比图 7 和图 8，可以得到结论：受浅层气层发育影响，目的层同相轴出现下拉现象，且随着厚度的增加，下拉的

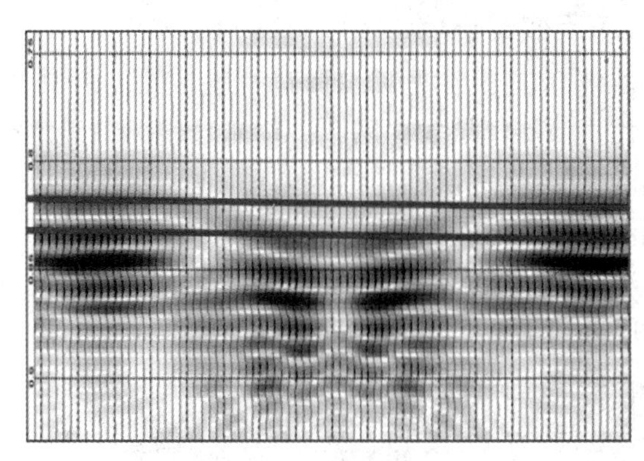

图 9　气层厚度 20m×2

时间值增大。对比图 8 和图 9，可以得到结论：单层 40m 厚度的气层和双层总厚度为 40m 的气层造成的下拉时间值是一致的。

通过理论计算及正演模拟，验证了下拉时间差与浅层气层的厚度关系：$\Delta t = k\sum h_{气}$，提高气层影响下的深度预测精度的同时，可以有效解决气层横向变化造成的校正量的不均匀问题。但是，在实际研究中 $k = 2(1/v_2 - 1/v_1)$ 很难求得准确值，因此，将其定义为比例因子 k。那么，接下来就是探索求取 k 和 $\sum h_{气}$ 的方法。

首先是气层总厚度 $\sum h_{气}$ 的求取。1982 年 Kallweit[5] 利用单砂体楔形模型研究地层厚度与反射振幅之间的关系，得出当地层厚度等于 1/4λ 波长时，反射振幅达到最大值，随着地层厚度的减小，振幅值也随之减小的结论。2011 年李国发等[6] 也通过单砂体楔形模型正演得出类似结论，当砂体厚度小于 1/4λ 波长时，储层厚度与反射振幅成正相关关系，与瞬时频率成负相关关系，即 $\sum h_{气} \propto \sum Amp$。因此，$\Delta t = k\sum h_{气}$ 可以用 $\Delta t = k\sum Amp$ 代替，解决了气层总厚度的求取。

由 $\Delta t = k\sum Amp$，得到 $k = \Delta t/\sum Amp$。井点作为已知点，如果只有一个，可以通过相除，求得比例因子 k，如果有多个井点，可以通过多点拟合求取比例因子 k。振幅之和可以通过提取地震属性得到，Δt 的求取是通过标定实现的。由于浅层气层的存在，目的层存在地震响应同相轴下拉现象，标定过程中，若目的层标定准确，浅层气层标定是有偏移时间的。因此，首先进行目的层标定，再进行浅层气层标定，两次的时间差值即为井点处的 Δt。

4 应用效果分析

该方法在渤海 K 油田进行了应用。探井 11 井位于浅层气层发育区域，首先通过标定确定已知的 Δt，第一次标定结果如图 10 所示，可以看到浅层标定好，深层有偏差，第二次标定结果如图 11 所示，深层标定好，浅层有偏差；两次的时间差值为 $\Delta t_1 = 6ms$。

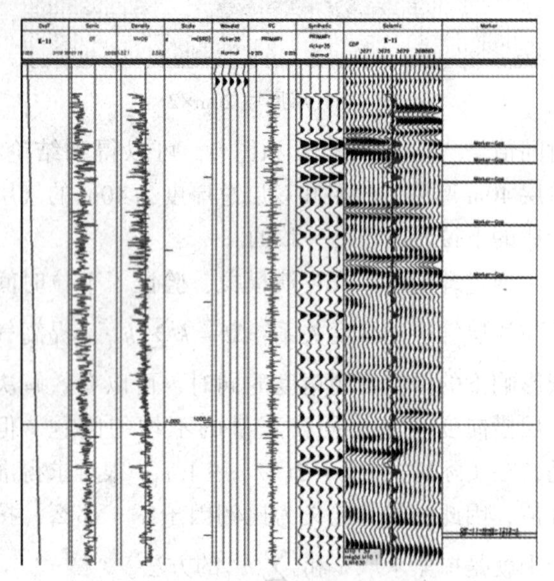

图 10 第一次标定

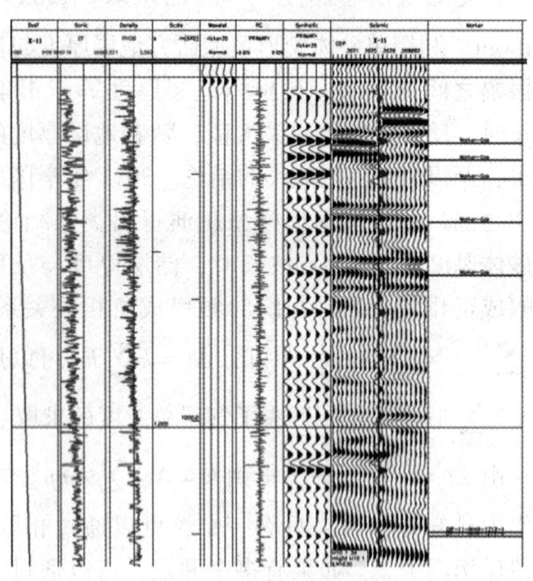

图 11 第二次标定

提取浅层气层发育层段的最大振幅之和属性，得到 $\sum Amp$，如图 12 所示，可以看到浅层气层主要在 11 井区发育，提取 11 的井点值得到 Δt_1 对应的振幅值 A_1，计算 $k = \Delta t_1 / A_1$，得到比例因子 k_1，那么全区的时间校正网格：$\Delta t = k_1 \sum Amp$。将该时间校正网格与原始解释时间网格相加，得到无气层影响下的储层真实响应时间，接下来运用常规的时深转换及校正即可得到更加准确的深度结果。B1 井钻后，深度预测误差由 15m 减少至 6m，如表 3 所示，精度大幅度提高，很好地规避了由于浅层气层发育，造成构造预测误差带来的开发风险。

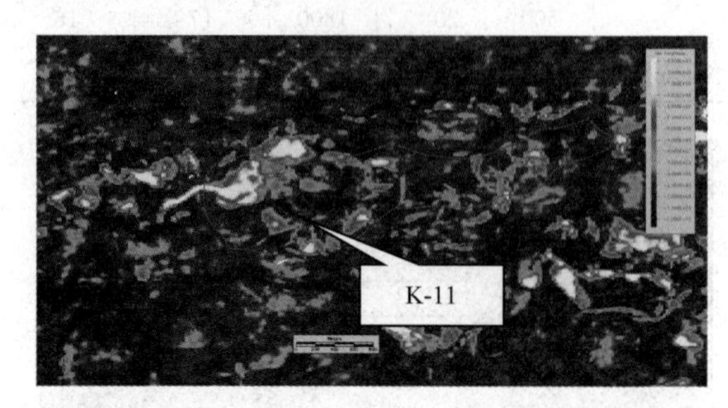

图 12 浅层气层的最小振幅之和属性

表 3 B1 井钻后数据对比

井名	OIP 预测深度/m	新方法预测深度/m	实钻深度/m
B1	-1193	-1214	-1208

5 总结及展望

本文分析了浅层气层发育与气云发育下地震资料各自不同特征，为区分气云与浅层气层提供了依据。同时，针对浅层气层发育的情况，探索利用气层属性之和约束，进行目的层深度预测的新技术，为该类型油田井位成功实施提供保障。

参 考 文 献

[1] 张四海，李向阳，李岩，等．基于二极化校正的陆上气云区的转换波成像[J]．石油地球物理勘探，2013，48(2)：200-205.

[2] 李彦鹏，孙鹏远，魏庚雨，等．利用陆上三分量数据改善气云区构造成像[J]．石油地球物理勘探，2009，44(4)：417-424.

[3] 樊建华，姜利群，李瑞娟．气云区有利构造的地球物理研究[J]．内蒙古石油化工，2010(17)：5-7.

[4] 刘传奇，明君，马奎前，等．方差体技术在“气云区”深度预测中的应用探讨[J]．中国海上油气，2012，24(5)：21-23.

[5] Kallweit R S and Wood L C. The limit of resolution of zero phase wavelets. Geophysics, 1982, 47 (7) : 1035-1046.

[6] 李国发，岳英，国春香，等．基于模型的薄互层地震属性分析及其应用[J]．石油物探，2011，50(2)：144-149.

薄互层储层地震预测能量屏蔽补偿方法研究

刘垒 周学锋 刘学通 刘传奇 徐海波

(中海石油(中国)有限公司天津分公司渤海石油研究院，天津塘沽 300452)

摘 要 渤海油田渤东探区新近系馆陶组储层以薄互层为主，其中厚度超过5m、物性较好的储层在地震剖面上表现为强振幅反射，这对下覆地层的地震反射形成能量屏蔽。研究表明，能量屏蔽产生的原因主要是强反射界面的能量屏蔽作用。能量屏蔽的存在会对利用地震属性分析储层发育规律产生误导，从而直接影响后续井位部署。本文详细分析了能量屏蔽产生的原因，能量屏蔽对下覆地层的影响范围和影响强度，从而有针对性地进行能量补偿。该方法成果指导了两口评价井的部署，并取得成功。

关键词 薄互层储层；能量屏蔽；强反射界面；能量补偿

渤海油田渤东探区主力含油层位为新近系馆陶组，埋深为1300~2000m，具有单层储层厚度薄，储层横向变化快、砂泥岩互层的特点[1,2]。长期以来，针对馆陶组的薄互层储层的地震储层预测研究一直是研究的难点和重点。

本文以渤海某油田为靶区，利用地震资料开展了馆陶组薄互层储层地震储层预测研究。通过精细的合成地震记录制作，认为该油田内地震资料难以对单砂层进行刻画，但对砂泥岩互层组合的反射具有较好的响应关系(图1)，且相邻砂组地震反射能量存在干扰，即上覆地层强地震反射轴会影响下面地震反射能量(图2)。研究表明，这种反射能量的屏蔽是地震波经过强的反射界面时，地震波的大部分能量会被反射回去，透过能量大幅减少，故难以采集到下面地层有效的反射信息[3]。这种能量屏蔽在灰岩、底砾岩或煤层等存在强反射界面的地震剖面上普遍存在[4]。

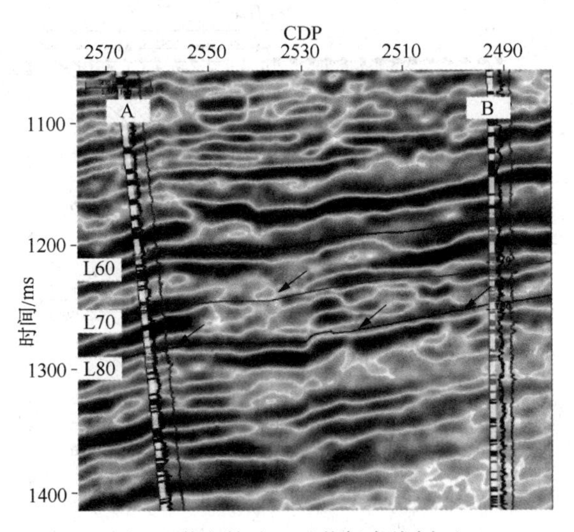

图1 渤海某油田过井任意线剖面

(a)上覆馆陶组L70油组顶面

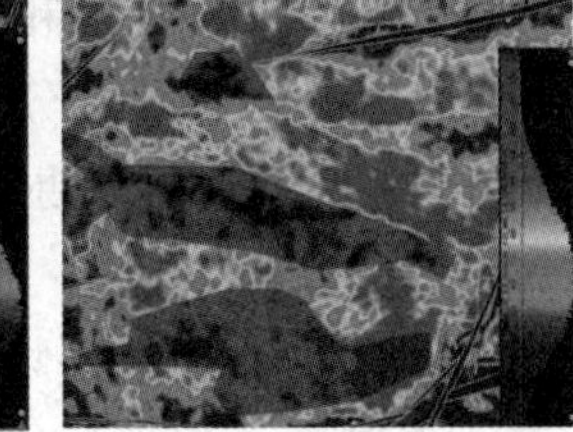

(b)下覆馆陶组L80油组顶面

图2 最大振幅属性对比分析

(图中多边形为L70油组属性较强的范围)

经过大量研究发现，馆陶底砾岩对东营主力油组属性的影响机理主要为上覆高阻地层对目的层能量屏蔽作用的影响，即当地震波向下传播时，遇到强反射界面，根据Zoeppritz方程和Snell定律，地震波的能量有很大一部分会被反射掉，从而透过能量较少，产生能量阴影区。

基金项目：国家科技重大专项“近海大中型油气田地震勘探技术——渤海海域中深层油气田地震勘探技术”(2011ZX05023-005-001)资助。

作者简介：刘垒(1982—)，男，汉族，山东安丘人，2008年毕业于中国石油大学(华东)地球探测与信息技术专业，硕士研究生，开发地震工程师，主要从事叠前烃类检测和开发地震方向工作。E-mail：liulei3@cnooc.com.cn

本文对产生能量屏蔽的机理进行研究，同时通过公式推导，找到能量屏蔽的补偿办法[5]。

1 强反射界面能量屏蔽原理及其影响分析

根据弹性波传播理论，地震波在传播过程中，其传播能力大小不但受地层性质的影响，还与地震波的入射角有关。在层状地层中，地震波在地层界面处的能量分布由 Zoeppritz 方程和 Snell 定律确定。图 3 为纵波入射在水平界面的反射透射情况。

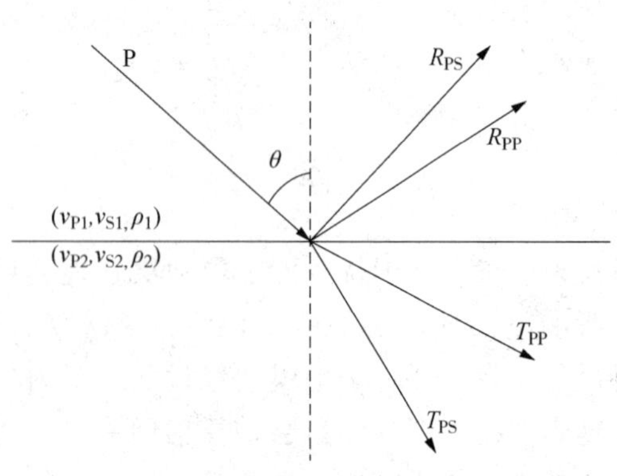

图 3 纵波入射到水平界面后的反射透射情况及相应的反射透射系数

其中 R_{pp}、R_{ps}、T_{pp}、T_{ps} 分别为反射 P 波、反射 SV 波、透射 P 波和透射 SV 波的反射系数和透射系数。ρ_1、ρ_2、V_{p1}、V_{p2}、V_{s1}、V_{s2} 分别为上下介质的密度、纵波速度和横波速度。

因为入射波能量一分为四，R_{pp} 和 T_{pp} 都与界面两侧的速度密度和入射角有关，两侧阻抗差越大，R_{pp} 越大，T_{pp} 就越小。所以，在高速岩层存在的地方，由于上下相邻地层之间的阻抗差太大，导致了透射到下伏地层的地震波能量大大降低，故而形成了地震能量屏蔽现象。

强反射系数界面对地震波的能量屏蔽作用体现在两个方面：能量屏蔽和路径屏蔽，如图 3 所示。能量屏蔽是指入射角小于临界角时，P 波反射系数比较大，透射系数比较小；路径屏蔽是指当入射角增大到临界角时，P 波开始出现全反射，大于临界角的入射波无法透射，这样形成对 P 波的路径屏蔽。负反射系数界面对能量的屏蔽只体现在能量屏蔽一个方面。

这里需要注意的是，一个强反射界面能量屏蔽作用的大小是指地震波来回两次穿过该界面的能量损失。

根据波动理论，一个强反射界面对地下一点的影响非常复杂，这里为了研究的方便，首先提出 3 个简化条件：(1) 不考虑具有倾角入射时，引起的纵横波转换；(2) 不考虑具有倾角入射时，不同介质中波的传播方向发生改变；(3) 不考虑不同偏移距道间能量的差别。

这样将强反射界面对地下一点的影响转换为该强反射界面对该点的共中心点道集的影响上。也就说强反射界面对地下一点的影响程度近似等价于强反射界面对该点的共中心点道集的影响程度(因为在叠加的过程中，地下每一点的能量来自每一道的贡献)。根据地下点空间位置的不同，将其分为 3 种类型(A、B 和 C)。A 点位于强反射界面的中垂线上，B 点位于强反射界面的正下方但不在中垂线上，C 点位于强反射界面的正下方，如图 4 所示。其中 H 为目的层埋深，h 为强反射界面距目的层深度，L_{max} 为两倍的最大偏移距。

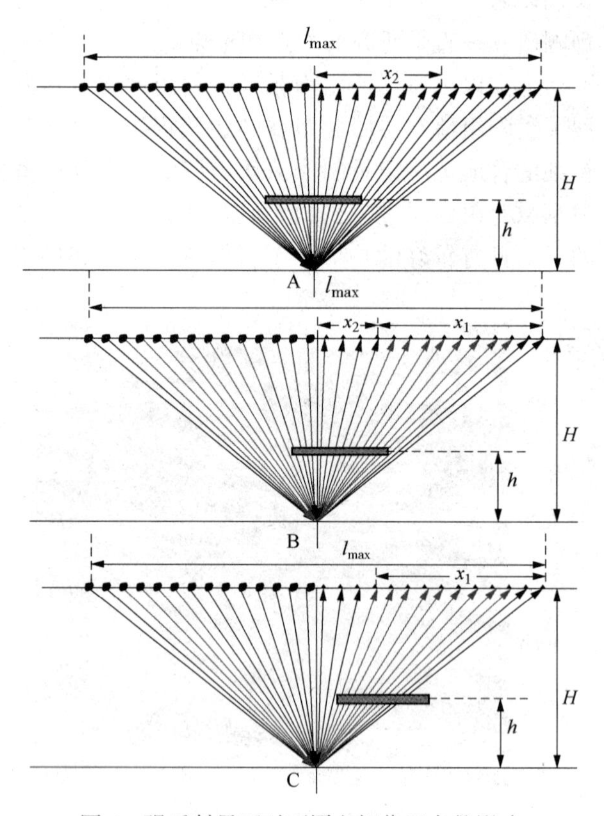

图 4 强反射界面对不同空间位置点的影响

相应的可以求得 3 种类型的影响程度，F_A、F_B 和 F_C，如下式所示。

$$F_A = \frac{x_2}{\frac{1}{2}l_{max}} \cdot R_2 \tag{1}$$

$$F_B = \frac{x_2}{\frac{1}{2}l_{max}} \cdot R_2 + \frac{x_1}{\frac{1}{2}l_{max}} \cdot R_1 \qquad (2)$$

$$F_C = \frac{x_1}{\frac{1}{2}l_{max}} \cdot R_1 \qquad (3)$$

在式(1)~式(3)中，除了 R_1 和 R_2 之外的参数都是已知的，建立如图 5 所示的几何模型，入射纵波振幅为 A_0，经过特殊岩性体到目的层，由目的层反射后的振幅为 A_1，再经过特殊岩性体，出射振幅为 A_2。特殊岩性体与围岩的速度分别为 V_2 和 V_1。根据地震波的传播理论，求得：

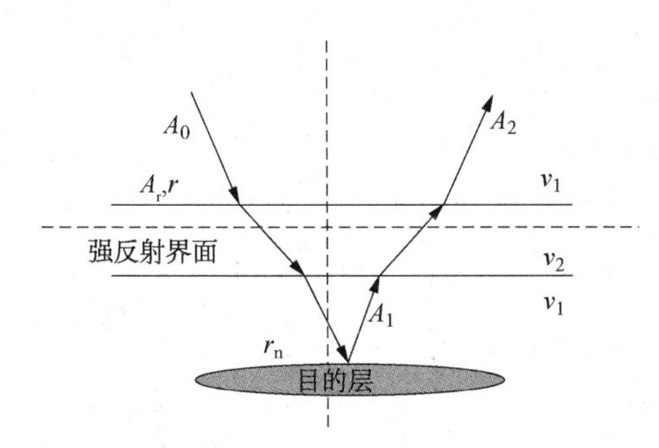

图 5　入射波来回两次透过特殊岩性体后振幅的变化情况

$$A_1 = A_0(1-r)(1-r')r_n = A_0(1-r^2)r_n \qquad (4)$$

$$A_2 = A_1(1-r)(1-r') = A_0\,(1-r^2)^2 r_n \qquad (5)$$

$$R_1 = \frac{A_0 r_n - A_1}{A_0 r_n} = r^2 \qquad (6)$$

$$R_2 = \frac{A_0 r_n - A_2}{A_0 r_n} = 2r^2 - r^4 \qquad (7)$$

$$Q_1 = A_0 r_n - A_1 = r^2 A_0 r_n = A_0 r \cdot r r_n = A_r \cdot r r_n \qquad (8)$$

$$Q_2 = A_0 r_n - A_2 = (2r^2 - r^4)A_0 r_n = A_r \cdot r(2 - r^2) r_n \qquad (9)$$

式中，R_1 为射线穿过一次异常体对振幅的影响程度；R_2 为射线来回两次穿过岩性体对振幅的影响程度；Q_1 为射线穿过一次异常体振幅校正量；Q_2 为射线来回穿过两次异常体振幅校正量。

给模型参数赋值 $r=0.4$、$H=1500\text{m}$、$K=400\text{m}$，得到特殊岩性体对地下的影响范围。如图 6 所示，随着深度的增加，影响范围越来越大，影响强度越来越弱。图 7 为沿着不同的深度提取的影响系数，看到当距离强反射界面距离较近时，影响程度较大，基本上在 30%左右。随着深度的增加，影响程度越来越弱。

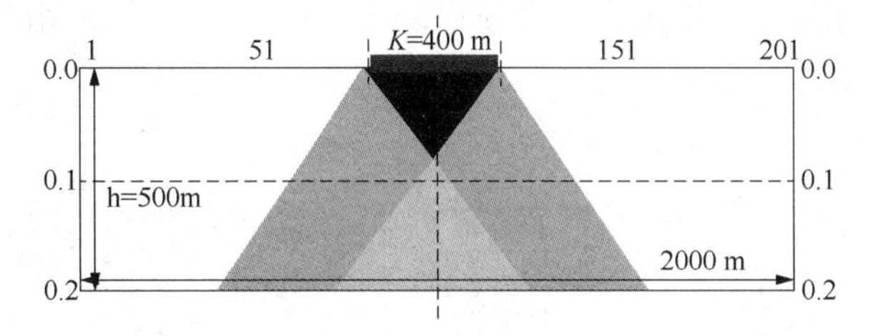

图 6　特殊岩性体对地下的影响范围

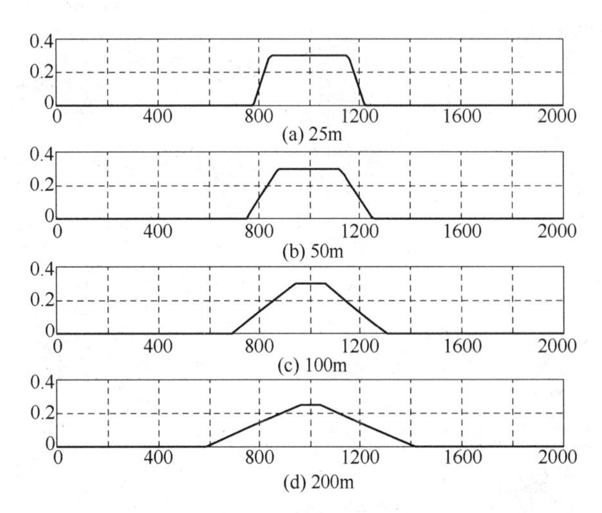

图 7　强反射界面对地下不同深度的影响情况

2　应用效果分析

针对能量屏蔽产生的影响，根据强反射能量进行补偿。在前面公式推导中，可以将补偿校正量转换为上覆强反射能量的形式，从而可以把上覆强能量乘以一个系数，加到下面，得到补偿后的结果。

图 8 是能量补偿的结果。可以看到补偿后的振幅属性 能量变得更加均匀，更符合地质情况。

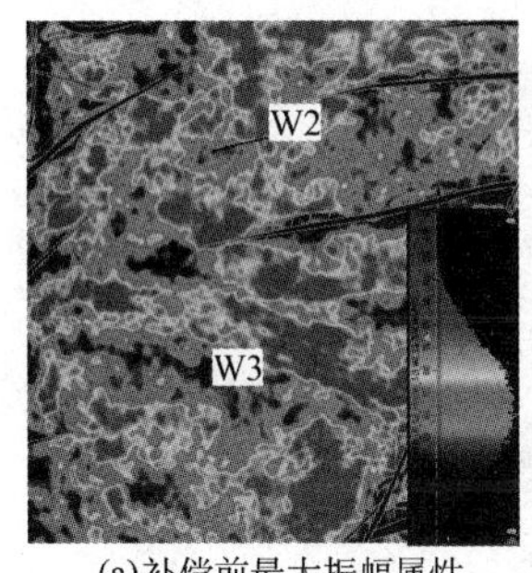

(a)补偿前最大振幅属性

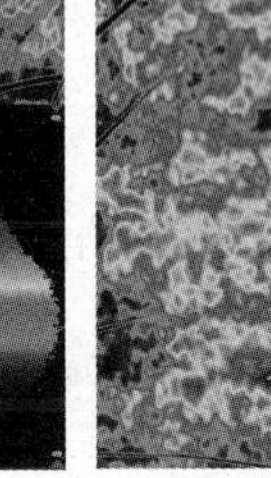

(b)补偿后最大振幅属性

图 8　地震资料能量补偿前后最大振幅属性对比

2015 年对该油田部署两口开发评价井 W2 和 W3(图 8)。从最大振幅属性看，两口评价井的位置地震属性不好，存在风险。但是从补偿后的均方根振幅属性看，W2 井和 W3 井储层发育较好。

基于该认识，该两口井得以顺利实施，实钻结果表明，W2 在该油组钻遇油层 7m，W3 在该油组钻遇油层 22m(图 9)，W2 和 W3 井的成功实施验证了该方法的正确性和有效性。

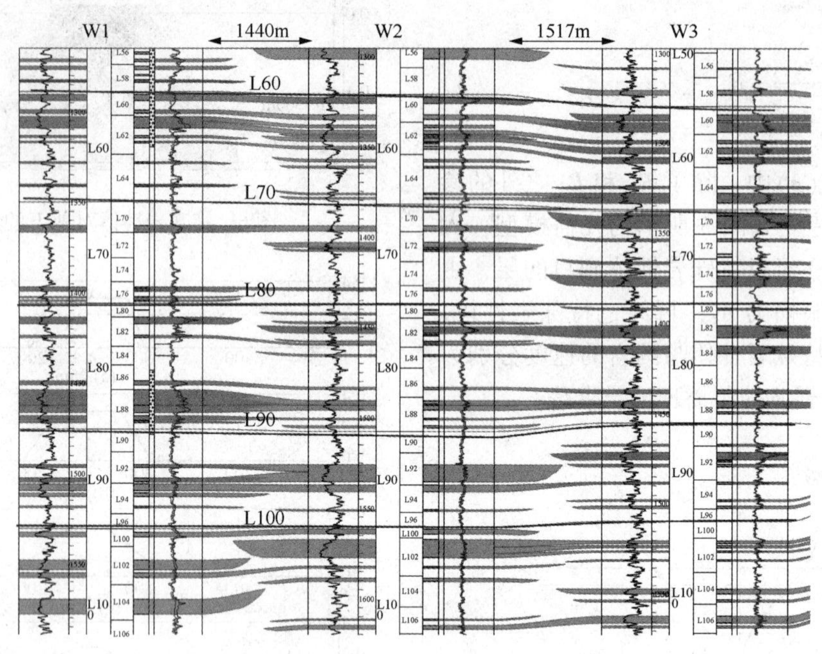

图 9　开发评价井 W2、W3 与已钻井 W1 对比

3　结论

本文针对馆陶组储层预测中的能量屏蔽现象展开研究，发现能量屏蔽作用会改变振幅的相对强弱关系。通过理论公式推导，建立相应的模型，得到强反射界面对地下某一点的影响程度，从而得到了一种能量屏蔽的能量补充方法，有效指导了油田评价井的部署，并取得成功。同时该方法在火成岩等存在强反射系数的多个油田进行了应用，均取得较好效果。

参 考 文 献

[1] 李庆忠 . 走向精确勘探的道路[M]. 北京：石油工业出版社，1994：1-8.

[2] 徐伟慕，郭平，胡天跃 . 薄互层调谐与分辨率分析[J]. 石油地球物理勘探 . 2013(05).

[3] 杨庆道，王伟峰，尹义东，等 . 能量屏蔽作用的类型、形成机制及应对方法[J]. 中国石油大学学报：自然科学版，2011(05).

[4] 管文华，刘立民，庞全康 . 苏北盆地火成岩对地震资料品质的影响及对策[J]. 复杂油气藏，2013(04).

[5] 李金丽，李振春，管路平，等 . 地震波衰减及补偿方法[J]. 物探与化探，2015(03).

[6] 陈茂山，林畅松 . 高丰度含气区转换波地震资料构造恢复方法探索[J]. 勘探地球物理进展，2010，33(5).

叠前联合反演在渤海J探区砂岩储层预测中的应用

刘建辉 彭 刚 梁雪梅 张平平 秦 童 沈洪涛
（中海石油(中国)有限公司天津分公司渤海石油研究院，天津塘沽 300452）

摘 要 渤海J探区S层段砂泥纵波阻抗叠置严重，常规叠后地震属性及反演手段无法有效预测储层分布特征，为此提出叠前联合反演储层预测技术思路：基于测井数据开展储层敏感性分析，采用坐标旋转技术求取砂岩储层识别因子并作为目标曲线，利用精细叠前同时反演获得纵横波阻抗、密度、纵横波速度比等弹性参数体作为输入，通过多属性神经网络反演获得全区储层识别因子数据体，实现对砂岩储层厚度及空间展布的准确预测。实际应用表明，利用该技术流程对研究区目的层段砂岩储层预测结果在纵向与已钻井吻合良好，横向展布符合地质沉积规律认识，对后续钻井有重要的指导作用，具有广阔的应用前景。

关键词 叠前同时反演；坐标旋转；神经网络反演；联合反演；储层预测

渤海J探区紧邻多个已开发油气田，油田开发证实该构造带层段油藏具有规模大、丰度高、油层集中、油品性质好等特点。经多年勘探开发实践表明，该区S层段油气成藏的主控因素为储层发育程度，因此如何精确预测该区砂岩储层的分布成为勘探评价阶段十分关键的问题。S层段埋藏深度在2000m左右，沉积类型以辫状河三角洲相为主，已钻井岩石物理分析表明该层段砂泥纵波阻抗存在较严重的叠置，且研究区内构造起伏较大，储层存在一定的横向变化，种种因素使得基于叠后地震数据的属性技术及常规波阻抗反演技术无法准确地对储层进行识别和预测。

鉴于叠前数据中包含有更为广泛有效的地下反射信息，本文从叠前储层预测角度入手，提出叠前同时反演[1~6]与多属性神经网络反演[7~10]联合应用的储层预测技术思路。首先通过已钻井进行储层敏感性分析，寻找储层敏感参数组合，然后采用坐标旋转技术构建储层识别因子并作为目标曲线，再利用叠前同时反演得到的纵横波阻抗、密度、纵横波速比等弹性参数体作为输入，通过多属性神经网络反演手段直接获得全区目的层段的储层识别因子数据体，最终通过平剖结合实现对该区目的层段砂岩储层分布的精细预测。

1 叠前联合反演相关技术原理

1.1 叠前同时反演

叠前同时反演求解过程通常基于Zeoppritz方程的近似表达式，其中最常用的有Aki-Richards近似方程和Fatti近似方程[11,12]，本文中求解主要基于后者。其近似表达式为：

$$R(\theta)=c_1R_P+c_2R_S+c_3R_D \tag{1}$$

其中，c_1、c_2、c_3为系数项，R_P、R_S、R_D分别为纵波反射系数、横波反射系数和密度反射系数，其具体表达式如下：

$$c_1=1+\tan^2\theta;\ c_2=-8\gamma^2\sin^2\theta$$

$$c_3=-\frac{1}{2}\tan^2\theta+2\gamma^2\sin^2\theta;\ \gamma=\frac{V_S}{V_P} \tag{2}$$

$$R_P=\frac{1}{2}\left[\frac{\Delta V_P}{V_P}+\frac{\Delta\rho}{\rho}\right]$$

$$R_S=\frac{1}{2}\left[\frac{\Delta V_S}{V_S}+\frac{\Delta\rho}{\rho}\right]$$

$$R_D=\frac{\Delta\rho}{\rho} \tag{3}$$

为了提高方程求解的稳定性，利用纵波阻抗Z_P、横波阻抗Z_S和密度ρ之间存在的相关性，

作者简介：刘建辉(1985—)，男，汉族，2010年毕业于中国石油大学(华东)地球探测与信息技术专业，获硕士学位，现在中海石油(中国)有限公司天津分公司渤海石油研究院从事地震资料储层预测与综合解释工作，物探工程师，获得分公司及研究院级科技进步奖十余项，在2015年AAPG年会、2016年SEG年会及《物探与化探》各发表文章一篇。E-mail：liujh8@cnooc.com.cn

在叠前同时反演求解过程中，利用 Castagna 方程和 Gardner 方程推导得到含水岩层背景趋势关系表达式：

$$\ln(Z_S) = a\ln(Z_P) + a_c + \Delta L_S$$
$$\ln(\rho) = b\ln(Z_P) + b_c + \Delta L_D \qquad (4)$$

其中，a 和 a_c 分别为 $\ln(Z_S)$ 与 $\ln(Z_P)$ 交汇时含水背景趋势的斜率与截距，b 和 b_c 分别为 $\ln(\rho)$ 与 $\ln(Z_P)$ 交汇时含水背景趋势的斜率与截距，ΔL_S 和 ΔL_D 为烃类的差异响应，当砂岩含水情况下为零。

这样，Fatti 近似方程变形为：

$$E(\theta) = \tilde{c}_1 W(\theta) F L_P + \tilde{c}_2 W(\theta) F \Delta L_S + \tilde{c}_3 W(\theta) F \Delta L_D \qquad (5)$$

其中，$\tilde{c}_1 = \frac{1}{2}c_1 + \frac{1}{2}ac_2 + bc_3$；$\tilde{c}_2 = \frac{1}{2}c_2$；$L_P = \ln(Z_P)$；$W(\theta)$ 为入射角为 θ 时的子波；F 为微分算子；$E(\theta)$ 为叠前地震角道集。

变形后的方程与原方程相比具有以下几点优势：①通过引入独立变量使得求解系统更加稳定；②引入了已知的表征背景趋势变量的区域岩石属性关系；③可以通过独立的谱白化处理或者稳定方式控制 ΔL_S 和 ΔL_D。

1.2　多属性神经网络反演

多属性神经网络反演的核心是建立测井信息与地震资料及多种地震属性之间的非线性关系，根据其关系利用神经网络技术反演得到储层参数数据体。广泛应用于石油地球物理勘探中的神经网络反演算法有多层向前正反馈算法（MLFN）、概率神经网络算法（PNN）、回馈神经网络算法（BP）、遗传神经网络算法等[13~15]，其中概率神经网络（PNN）较为常用，且具有原理简单、易于实现的特点，其优势在于无须多次充分计算便能实现最佳逼近，且没有局部极小值，收敛更为准确。它可以看作是线性聚类分析法的非线性扩展，是一种利用神经网络结构实现的数学差值算法。图 1 为概率神经网络目标预测示意图。

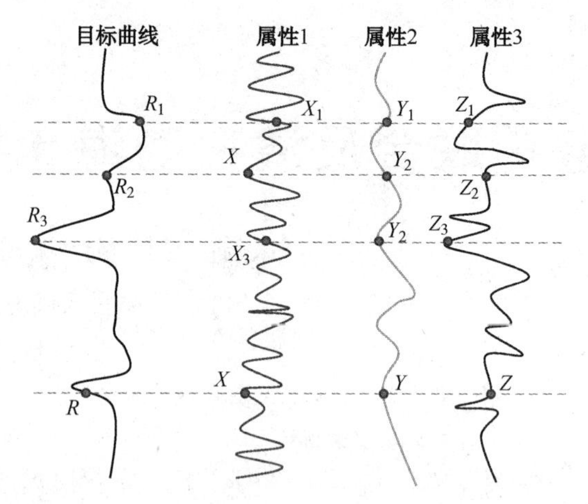

图 1　概率神经网络目标预测示意图

多属性神经网络反演的主要步骤为：（1）将目标曲线与井旁地震属性及反演结果等原始数据输入到神经网络，通过不断训练实现最佳匹配回归，并通过交叉验证技术实现属性优化和神经网络构建，获得最佳的属性组合和反演参数。（2）按照训练确定的神经网络模型，输入相关地震数据体、属性体及反演弹性参数体，通过神经网络体运算，获得地质目标参数数据体。

2　叠前联合反演技术在渤海 J 探区的应用

2.1　S 层段砂岩储层敏感参数组合优选

高质量的测井数据是反演成果准确可靠的基础，因此测井曲线质控是反演流程中必不可少的步骤。通过对 J 探区内已钻井纵波速度、横波速度及密度曲线进行叠合及直方图质控，确认工区已钻井目的层段测井曲线一致性较好，满足反演要求（图 2）。由于横波资料在叠前同时反演技术中起着至关重要的作用，工区内目前有四口井无横波速度，因此首先需要对缺失横波进行预测。本次研究利用实测横波质量较好的已钻井纵波、伽马、电阻率曲线作为输入，通过非线性多参数回归方法对缺失横波进行了预测。如图 3 所示，已钻井 J1、J2、J3、J4、J5、J7 六口井在 S 层段预测横波曲线与实测横波吻合较好，证明了横波预测的可靠性，无实测横波井 J6、J8、J9、J10 采用预测横波参与后续岩石物理分析及反演过程。

通过已钻井纵波速度、横波速度及密度曲线，通过岩石物理关系式计算求取 v_p/v_s、$\lambda\rho$、$\mu\rho$ 等对岩性及流体敏感的弹性参数曲线，利用多井双参数交汇技术寻找目的层段砂岩储层的敏感参数组合。图 4 展示了多组双参数交汇结果，可以看出纵波阻抗与密度的组合对砂泥岩区分性较好，砂岩储层整体表现为高阻低密特征，至此确定本区储层敏感参数组合为纵波阻抗和密度。

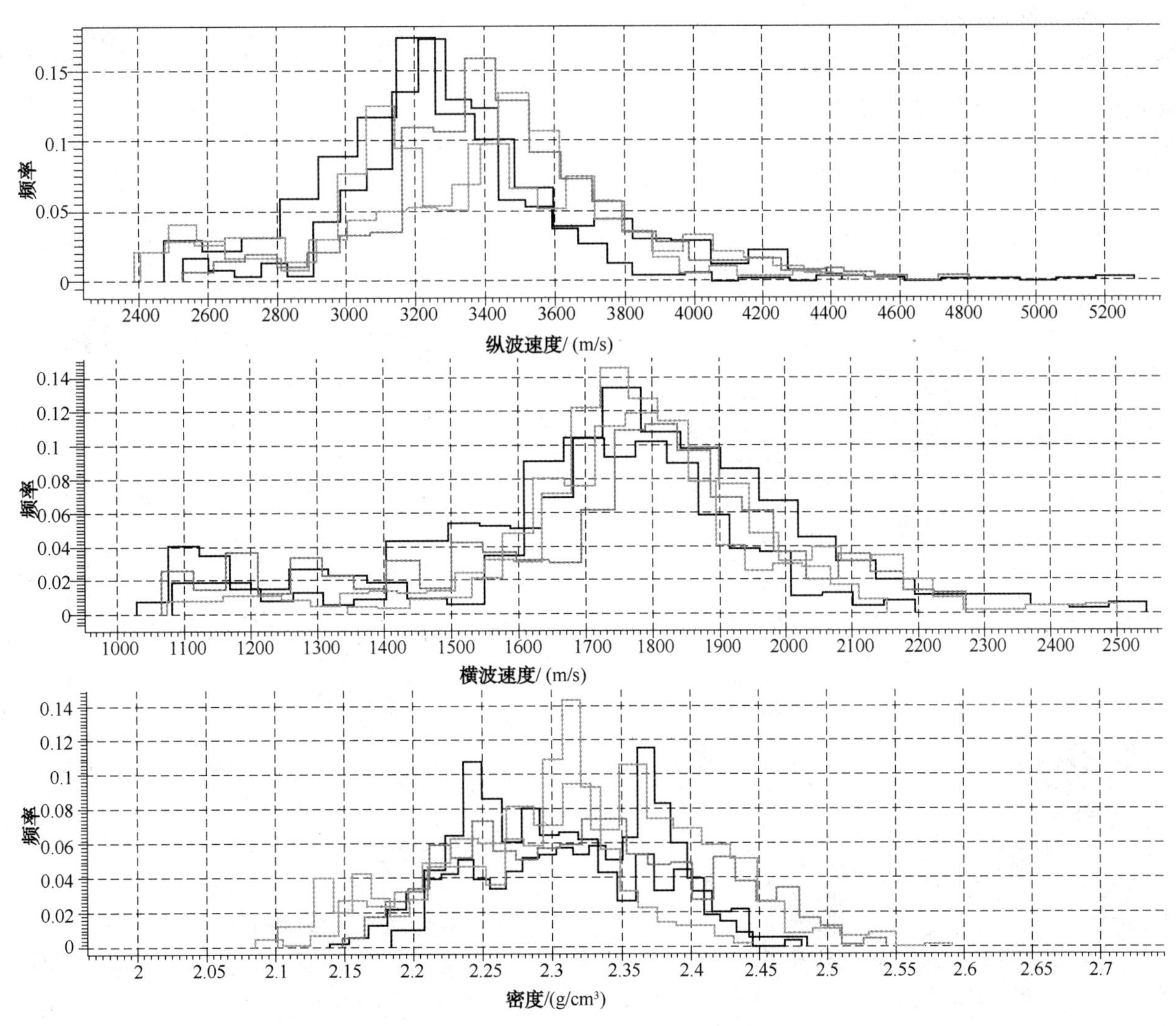

图2 多井曲线直方图一致性检查

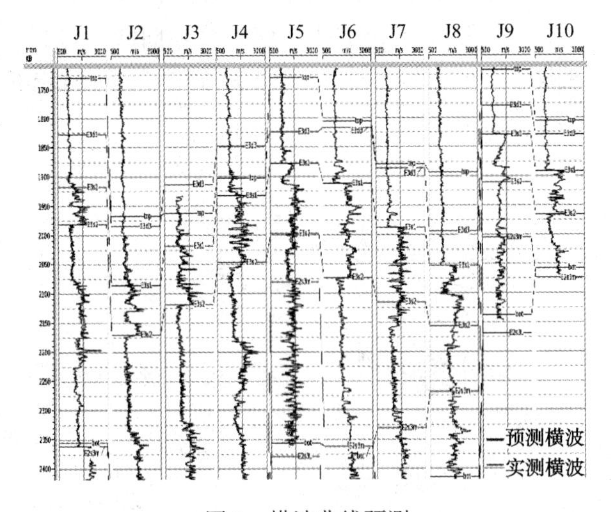

图3 横波曲线预测

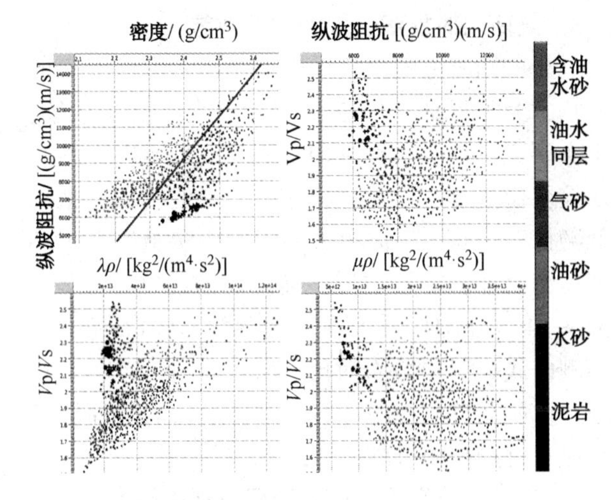

图4 双参数交汇储层敏感性分析

2.2 坐标旋转技术构建储层识别因子

虽然纵波阻抗与密度组合对储层具备较好的区分性，为了更加直观的实现储层与非储层的区分，采用坐标旋转技术，即将纵波阻抗与密度的交汇顺时针旋转一定角度，则砂岩储层与非储层可以通过卡定阈值直接进行区分(图5)。坐标旋转之后产生的新弹性参数由于与阻抗和密度有关，因此可称之为密度阻抗因子。对工区内所有已钻井进行密度阻抗因子曲线的计算，通过多井交汇分析可见，此参数可以有效的将储层与非储层进行区分，砂岩储层对应参数正值，泥岩非储层对应参数负值。图6以J4井为例展示了密度阻抗因子对储层的区分效果。

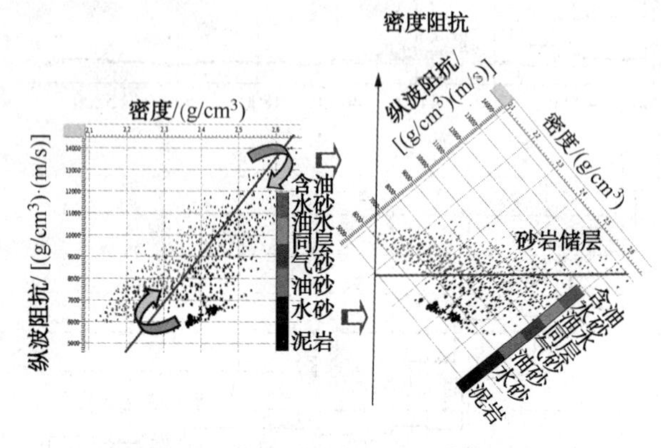

图5　坐标旋转构建密度阻抗因子

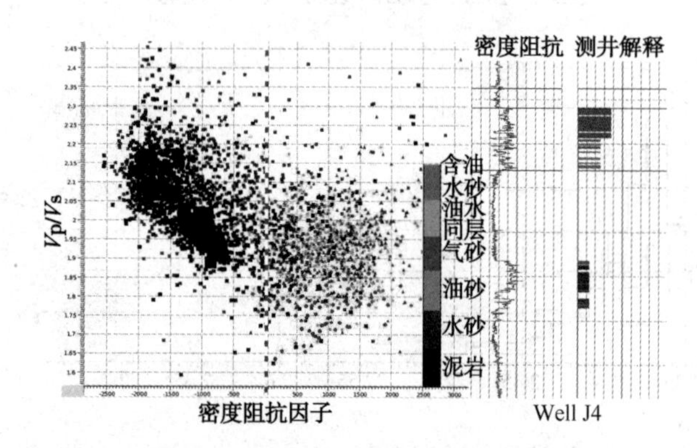

图6　密度阻抗曲线区分储层效果展示(以J4井为例)

2.3　叠前同时反演获取弹性参数体

叠前同时反演的效果好坏受到多方面因素的影响，为了保证能够获得质量较高的反演结果，本次研究过程中在叠前CRP道集优化处理、精细地震层位解释、精细时深标定和子波提取、精细低频模型构建、反演参数调试迭代实验等多个环节精细处理，层层质控，确保反演的质量。图7为从J4井点提取的反演弹性参数曲线(绿色)与实测曲线(黑色)叠合对比，可以看出二者吻合较好，说明通过精细的叠前同时反演获取的弹性参数体具有较高的可靠性。

2.4　多属性神经网络反演储层识别因子

以已钻井纵横波阻抗、密度、纵横波速比等曲线作为输入，以井上计算密度阻抗因子曲线为目标曲线，利用神经网络算法进行训练，并通过交互验证进行最优关系寻找。图8为采用多井交互验证预测的密度阻抗因子曲线与实际曲线叠合对比，二者相关系数达到了0.762，说明训练的结果具备较高的可靠性。利用训练好的神经网络关系，以叠前同时反演所得的纵波阻抗、横波阻抗、密度、纵横波速比等弹性参数体作为输入数据，以密度阻抗因子曲线作为目标曲线，进行三维储层识别因子计算，得到全工区范围内数据体。

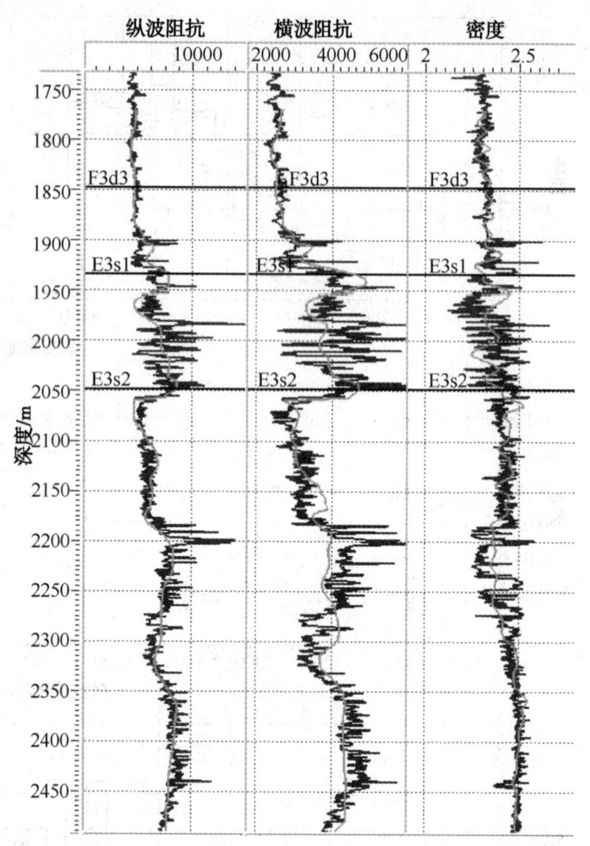

图7　叠前同时反演纵波阻抗、横波阻抗、密度与实测曲线对比(以J4井为例)

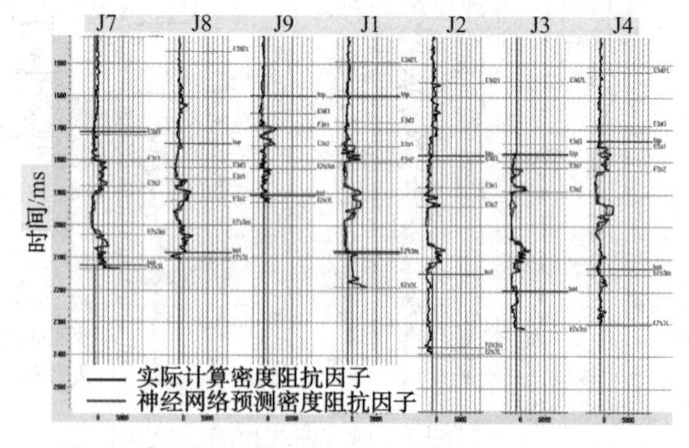

图8　神经网络交互验证预测储层识别因子曲线

2.5　储层预测效果

图9为研究区J探区S层段叠前联合反演结果连井剖面，图中红色指示砂岩储层发育段，井上曲线为计算密度阻抗因子曲线。通过与井上实

钻结果对比分析，工区内J1～J10井在S层段钻遇砂岩储层与反演结果具有良好的对应关系，且横向储层变化情况与地震波形特征变化具有较好的一致性，证明了叠前联合反演技术在本区的砂岩储层预测中的有效性，反演结果可以进行下一步储层的精细描述。

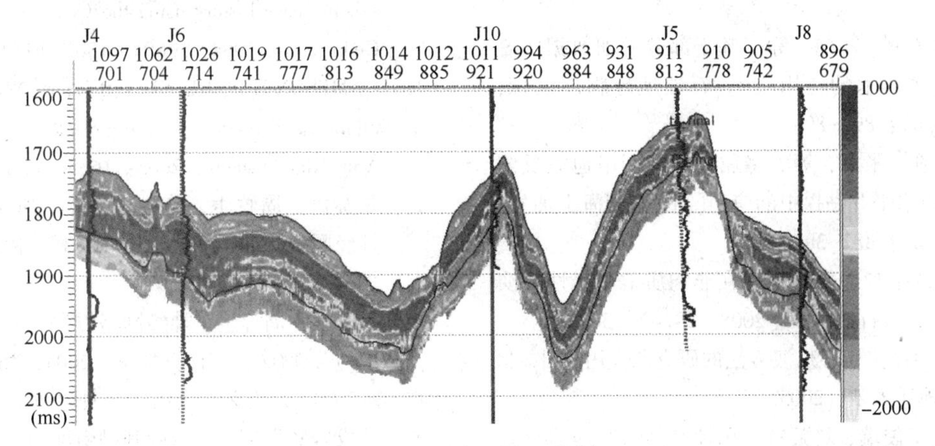

图9 叠前联合反演过井剖面

由于本区内各井S层段储层厚度差异较大(从14～120m不等)，为了更加直观地表示目地层段储层分布规律，基于叠前联合反演提供的密度阻抗数据体，首先提取S层段内储层时间厚度平面图，然后利用该区速度场资料转为深度域厚度平面图(图10)。通过与实钻结果对比，预测储层厚度在各井点处平均误差为5m，预测精度满足储层精细描述需求。结合该区地质认识，J1～J3井处于扇三角洲沉积相带，储层厚度平均20m，物源方向来自东北方向凸起剥蚀带，J4～J11井处于来自辫状河三角洲沉积相带，储层厚度平均为60m，物源方向为西南方向，自西向东储层厚度逐渐变薄。

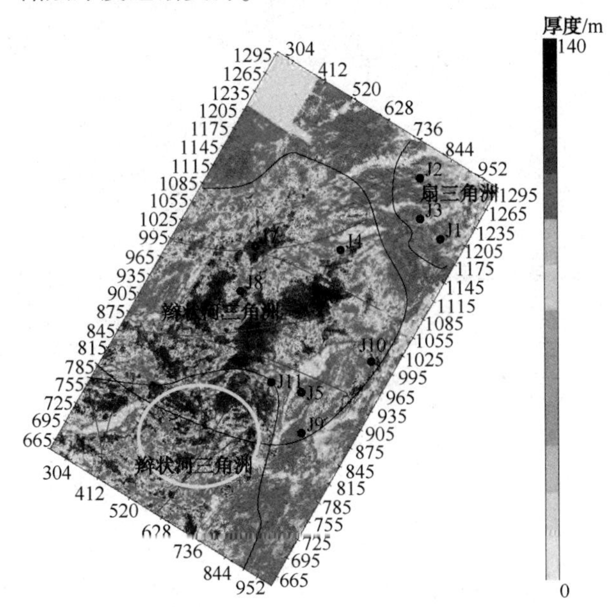

图10 叠前联合反演S层段储层厚度分布图

通过对研究区目的层段储层纵横向精细描述，综合认为该区储层较为发育，通过精细构造研究发现该区南侧存在较为落实的圈闭(图10白色圆圈处)，从储层平面厚度分布图看，该区储层较为发育，是下步勘探的重要目标区域，油气勘探潜力较大。

3 结束语

(1) 针对研究区储层岩石物理响应特征，提出叠前同时反演和多属性神经网络反演联合进行储层预测的技术思路，从纵横向对目的层储层发育情况进行刻画，明确了研究区储层横向展布情况，结合圈闭条件提出了下步勘探潜力区域，为下步井位部署提供了可靠的依据。

(2) 叠前联合反演效果受到多种因素的影响，而基础资料的质量好坏直接关系到反演的成败，因此对井震资料的质控及优化处理极为关键，在实际储层预测工作中应该给予足够重视。

参 考 文 献

[1] 李艳玲．AVO叠前反演技术研究[J]．大庆石油地质与开发，2006，25(5)：103-105.

[2] 颜学梅，张哨楠，苏锦义．AVO叠前反演在中等阻抗储层预测中的应用[J]．物探化探计算技术，2012，34(1)：51-57.

[3] 范兴燕，郑俊茂．叠前反演技术在利比亚K&k区块油气检测中的应用[J]．石油天然气学报(江汉石油学院报)，2011，33(2)：74-77.

[4] 苑闻京．叠前反演和地震吸收技术在复杂天然气藏地震预测中的应用[J]．地球物理学进展，2012，27

(3): 1107-1115.

[5] 郎晓玲，彭仕宓，康洪全，等. 叠前同时反演方法在流体识别中的应用[J]. 石油物探，2010，49(2): 164-169.

[6] 强敏，周义军，钟艳，等. 基于部分叠加数据的叠前同时反演技术的应用[J]. 石油地球物理勘探，2010，45(6): 895-898.

[7] 明君，黄凯，张洁，等. 多属性神经网络地震反演在NB油田水平井钻探中的应用[J]. 中国海上油气，2006，18(6): 382-384.

[8] 张绍红. 概率神经网络技术在非均质地层岩性反演中的应用[J]. 石油学报，2008，29(4): 549.

[9] 郑晓芳. 地震多属性反演方法的研究及应用[D]. 北京：中国地质大学，2005.

[10] 李东安，宁俊瑞，刘振峰. 用神经网络和地质统计学综合多元信息进行储层预测[J]. 石油与天然气地质，2010，31(4): 493-498.

[11] FATTI J L, SMITH G C, VAIL P G, etal. Detection of gas in sandstone reservoirs using AVO analysis: A 3-D seismic case history using the Geostack technique [J]. Geophysics, 1994, 59(9): 1362-1376.

[12] HAMPSON D P, RUSSELL B H, BANKHEAD B. Simultaneous inversion of pre-stack seismic data [J]. Ann. Mtg. Abstacts, 2005: 1633-16387.

[13] 张赛民，周竹生，陈灵君，等. 应用一种改进BP神经网络算法预测密度曲线[J]. 物探化探计算技术，2007，29(6): 497.

[14] 马英杰，周蓉生. 神经网络方法在岩性识别中的应用[J]. 物探化探计算技术，2004，26(3): 220.

[15] 李海燕，彭仕宓. 应用遗传神经网络研究低渗透储层成岩储集相——以胜利渤南油田三区沙河街组为例[J]. 石油与天然气地质，2006，27(1): 111.

Seal 系统数据传输及 CRC 差错控制原理简述

刘建军　董　强

（中海油田服务股份有限公司物探事业部，天津滨海新区 300451）

摘　要　Seal 408XL 地震数据采集系统作为一种新颖且功能强大的海上地震数据采集系统在中海油服公司得到普遍应用。本文介绍了 Seal 系统数据的实时同步采集传输及 CRC 差错控制原理，并结合实际情况分析了一些工作中经常遇到的问题的解决方案。

关键词　Seal 408XL；数据传输；实时同步；CRC

Seal 408XL 地震数据采集系统借鉴陆地 408UL 采集系统的各种优越性，集电子计算机技术与网络技术于一体，很好地解决了数据采集传输的实时同步特性和及时的数据传输误码控制。下面重点介绍 CRC 差错控制原理和 Seal 数据采集传输原理，然后对一些常见的故障进行简单的分析。

1　Seal 系统数据采集传输

Seal 系统通过高频时钟脉冲和不同的数据帧传输协议来实现采集系统的实时同步性，下面简单介绍 Seal 系统数据传输的基本原理。

Seal 系统通过两种不同的频率来实现数据的同步传输，在电缆上使用 8.192 MHz 频率传输数据，在 CM408XL 系统内部同步传输频率为 16.384MHz。在传输过程中 SEAL 系统中央单元在其 Left Transverse 和 Right Transverse 中以 1ms 每次的速度产生数据帧（Frame），数据帧在 DCXU 中分别通过电缆的高端（High line）和低端（Low line）填充到每个 FDU 中，所有的数据以数据帧的形式在 FDU/LAUM 和 LAUM/LAUM 之间进行传输。每个数据帧由 64 个单元组成：第一个单元为帧头段（Frame Header），后面的 63 个单元被分配给 LAUM/LAUM 或 LAUM/FDU 之间通信使用。在 FDU 中每个单元分配 16 个字节的长度，在中央控制箱体 CM408XL 中每个单元分配 32 个字节的长度。图 1 为数据帧的结构示意图。

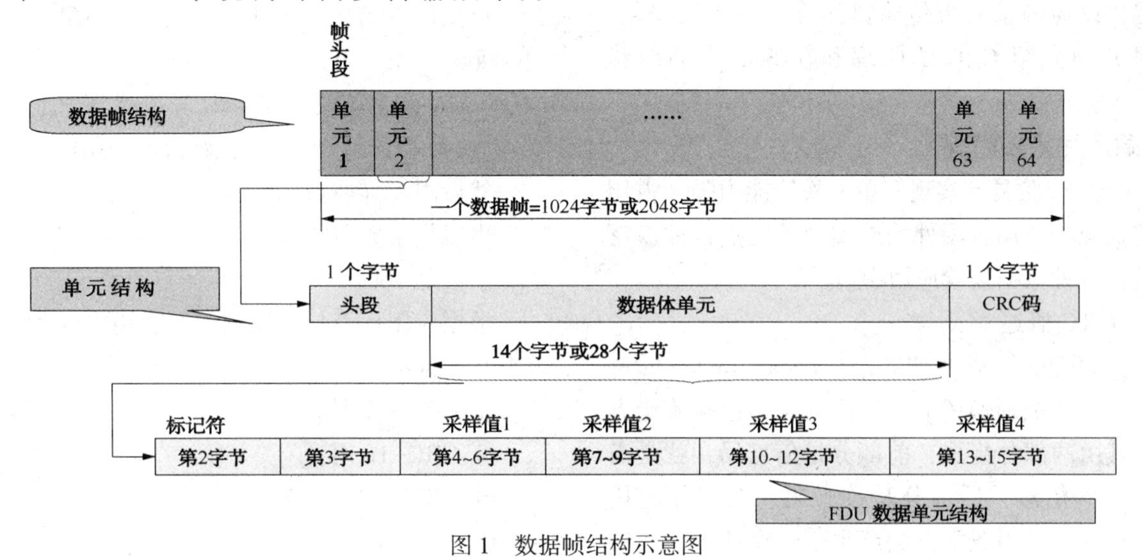

图 1　数据帧结构示意图

作者简介：刘建军（1984—　），男，2008 年 7 月毕业于中国石油大学（华东）勘查技术与工程专业，现任中海油田服务股份有限公司物探事业部十二缆深水物探船海洋石油 721 船仪器工程师。曾获得中海油田服务股份有限公司 2015 年度技术革新奖。E-mail：liujianjun_ 721@ 163. com

在 FDU 中每个数据帧占 1M 的容量，在 Transverse 中每个数据帧占 2M 的容量。

数据帧单元 Cell 由单元头段(Cell Header)、单元数据(Cell data)和循环冗余校验码(Cell CRC)3 部分组成：

(1) 单元头段占 1 个字节长度；

(2) 单元数据段在 FDU 中占 14 个字节长度，在 Transverse 中占 30 个字节长度；

(3) 单元循环冗余校验码占 1 个字节长度。

FDU/LAUM 之间通过低层传输协议通讯。FDU 采用寻址方式标记的方法将它的数据写入数据帧头段后面的单元数据段，并在单元头段中将对应的数据位设置为“忙”(Busy)来表示对应的数据单元已被占用。在采集期间 FDU 每 1ms 向数据帧的每个单元数据段中写入 4 个采样点，寻址方式是连续的第 N 个 FDU 会将数据写入第 N 个单元数据段。

LAUM/LAUM 之间通过高层传输协议进行通讯。LAUM 接到 FDU 的采集数据后，进行简单的处理并压缩成数据包，以数据包的形式发送给中央控制单元。

数据的传输和 FDU 的采集是同步的，在传输过程中采用了循环冗余校验 CRC 的错误检测机制。LAUM 向中央记录单元传输数据的过程与 FDU 采集没有时间上的关联性，在此过程中应用高层协议传输来实现传输错误检测和错误恢复。下面分别介绍 CRC 的原理和在 Seal 中的纠错办法。

2 循环冗余校验码

CRC 校验具有实现简单、检错能力强、占用系统资源少、用软硬件均能实现等优点，被广泛使用在各种数据校验应用中。

2.1 CRC 概述

循环冗余码(CRC，Cyclical Redundancy Check)是数据通信中应用最广的一种检验差错方法。其由两部分组成，前部分是信息码，就是需要校验的信息，后部分是校验码。在实际应用中，在发送端用数学方法产生一个循环码，叫做循环冗余检验码，在信息码位之后随信息一起发出；在接收端也用同样方法产生一个循环冗余校验码。将这两个校验码进行比较，如果一致就证明所传信息无误；如果不一致就表明传输中有差错，并要求发送端再传输。

2.2 循环冗余校验 CRC 算法分析

CRC 是利用除法及余数的原理来作错误侦测(Error Detecting)的。如果 CRC 码共长 n 个 bit，信息码长 k 个 bit，就称为(n，k)码。它的编码规则是：

(1) 首先将原信息码($k$bit)左移 r 位($k+r=n$)

(2) 运用一个生成多项式 $g(x)$(也可看成二进制数)用模 2 除上面的式子，得到的余数就是校验码。

非常简单，要说明的：模 2 除就是在除的过程中用模 2 加，模 2 加实际上就是我们熟悉的异或运算，就是加法不考虑进位，公式是：

$$0+0=1+1=0，1+0=0+1=1$$

即“异”则真，“非异”则假。

由此得到定理：$a+b+b=a$ 也就是“模 2 减”和“模 2 加”真值表完全相同。

有了加减法就可以用来定义模 2 除法，于是就可以用生成多项式 $g(x)$ 生成 CRC 校验码。

例如：$g(x)=x_4+x_3+x_2+1$，(7，3)码，信息码 110 产生的 CRC 码就是：

对于 $g(x)=x_4+x_3+x_2+1$ 的解释：(都是从右往左数)x_4 就是第 5 位是 1，因为没有 x_1 所以第 2 位就是 0。

11101 | 110，0000(设 $a=11101$，$b=1100000$)

取 b 的前 5 位 11000 跟 a 异或得到 101

101 加上 b 没有取到的 00 得到 10100

然后跟 a 异或得到 01001

也就是余数 1001

余数是 1001，所以 CRC 码是 110，1001

根据应用环境与习惯的不同，CRC 又可分为以下几种标准：

① CRC-12 码；

② CRC-16 码；

③ CRC-CCITT 码；

④ CRC-32 码。

CRC-12 码通常用来传送 6-bit 字符串。CRC-16 及 CRC-CCITT 码则用是来传送 8-bit 字符，其中美国采用 CRC-16，而欧洲国家采用 CRC-CCITT。CRC-32 码大都被采用在一种称为 Pointto-Point 的同步传输中。

2.3 CRC 实现办法

2.3.1 软件实现方法

下面以最常用的 CRC-16 为例来说明其生成过程。

CRC-16 码由两个字节构成，在开始时 CRC 寄存器的每一位都预置为 1，然后把 CRC 寄存器与 8-bit 的数据进行异或，之后对 CRC 寄存器从高到低进行移位，在最高位(MSB)的位置补零，而最低位(LSB，移位后已经被移出 CRC 寄存器)如果为 1，则把寄存器与预定义的多项式码进行异或，否则如果 LSB 为零，则无需进行异或。重复上述的由高至低的移位 8 次，第一个 8-bit 数据处理完毕，用此时 CRC 寄存器的值与下一个 8-bit 数据异或并进行如前一个数据似的 8 次移位。所有的字符处理完成后 CRC 寄存器内的值即为最终的 CRC 值。

CRC 的计算过程：

(1) 设置 CRC 寄存器，并给其赋值 FFFF(hex)。

(2) 将数据的第一个 8-bit 字符与 16 位 CRC 寄存器的低 8 位进行异或，并把结果存入 CRC 寄存器。

(3) CRC 寄存器向右移一位，MSB 补零，移出并检查 LSB。

(4) 如果 LSB 为 0，重复第 3 步；若 LSB 为 1，CRC 寄存器与多项式码相异或。

(5) 重复第 3 步与第 4 步直到 8 次移位全部完成。此时一个 8-bit 数据处理完毕。

(6) 重复第 2 步至第 5 步直到所有数据全部处理完成。

(7) 最终 CRC 寄存器的内容即为 CRC 值。

常用的 CRC 循环冗余校验标准多项式如下：

① CRC(16 位) = $X_{16}+X_{15}+X_2+1$

② $CRC(CCITT)$ = $X_{16}+X_{12}+X_5+1$

③ CRC(32 位) = $X_{32}+X_{26}+X_{23}+X_{16}+X_{12}+X_{11}+X_{10}+X_8+X_7+X_5+X_4+X_2+X+1$

以 CRC(16 位)多项式为例，其对应校验二进制位为 1 1000 0000 0000 0101。

注意：这列出的标准校验多项式都含有(X+1)的多项式因子；各多项式的系数均为二进制数，所涉及的四则运算仍遵循对 2 取模的运算规则。

2.3.2 硬件实现

最普通的 CRC 硬件实现方法是串行计算方法，使用一位数据输入，n 位长度的原始数据连续计算 n 次后得出校验码，串行计算的电路结构简单，容易实现，可以工作在较高的时钟频率下。但随着通信速度的不断提高，高的数据传输带宽要求 CRC 的计算速度越来越快，串行计算的方法已经不适应要求，所以越来越多的使用并行计算方法。下面先讲述串行计算的实现方法，再介绍并行实现方法。

(1) 串行实现

每次输入一位数据，输入数据和上一次异或运算的结果组成新数据，循环进行异或运算，直到所有数据都已经输入，整个电路可以用移位寄存器加异或门实现。CRC 串行实现的电路结构如图 2 所示。

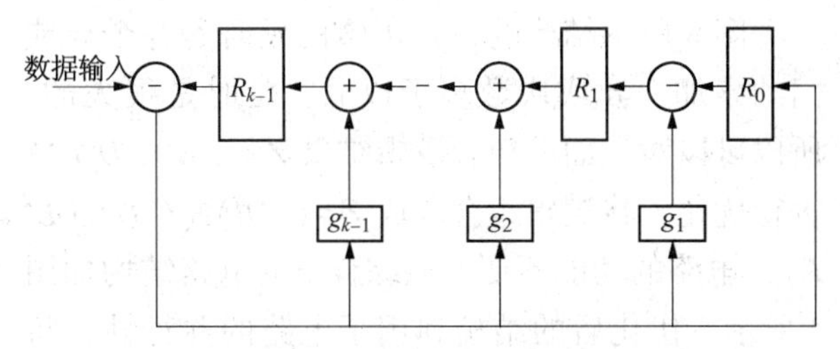

图 2 串行实现电路结构图

g_i 的取值范围是 0 或 1，取 0 时，表示断路，不需要异或运算，取 1 时，表示通路，需要异或运算，其中 g_0 和 g_k 都为 1。对于 k 位的 CRC 校验，需要 k 个寄存器，当有新的数据输入后，异或运算立刻得出新的 CRC，寄存器在时钟沿移位，等待新的输入数据，反复循环，就可以计算出 CRC 的值。

串行的方法虽然可以计算各种 CRC，但是一个时钟周期只能计算一位数据，效率比较低，只适用于低速的串行输入输出系统，而当数据传输的速度很高，或者是多位数据并行传输时，需要引入并行计算的实现方法，并行的实现方法可以在一个时钟内对多位数据进行编码，从而提高了 CRC 的计算速度。

(2) 并行实现

并行 CRC 计算，可以在串行计算的基础上改进电路结构来实现。在串行实现中一个时钟周期处理一位数据，并行实现是把串行实现中多个时钟周期处理的数据集中到一个时钟周期内处理，即使用多级组合逻辑电路来实现，如图 3 所示。

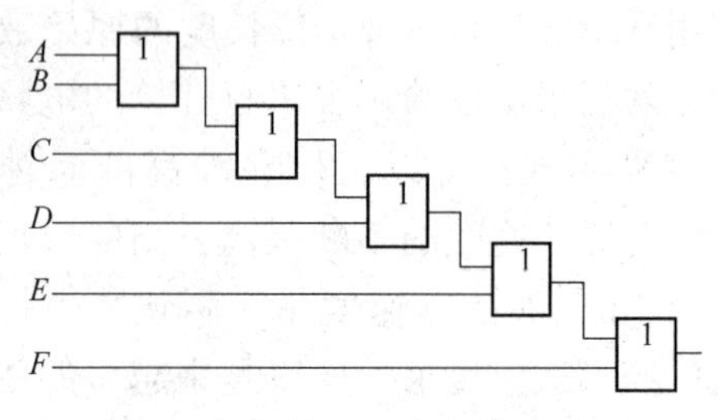

图 3 优化前的组合反馈电路图

并行计算的缺点是使用了多级组合逻辑的反馈，将产生较大的门延迟，特别是在计算时钟的频率很高时，时钟周期非常小，对时延的要求比较高，比如实现 32 位并行输入的 CRC-32，会产生 31 次异或操作，电路的门延时可能会很大，而超出系统的时延限度，这取决于组合电路的具体结构。

图 3 所示结构的组合逻辑的延时是各个异或门的累加，异或次数多了以后，延时是很大的，所以可以对上面的组合逻辑结果 $Z=A\hat{}B\hat{}C\hat{}D\hat{}E\hat{}F$ 进行优化。将逻辑组合改成 $Z=(A\hat{}B)\hat{}(C\hat{}D)\hat{}(E\hat{}F)$，电路的功能不变，但综合出的电路结构如图 4 所示。优化后的结构利用了电路的并行性，将在串行电路中累加的延时分散到多个并行的分支上，将门延时从 5 级降低到 3 级，优化后的结构的延时以指数级减少。

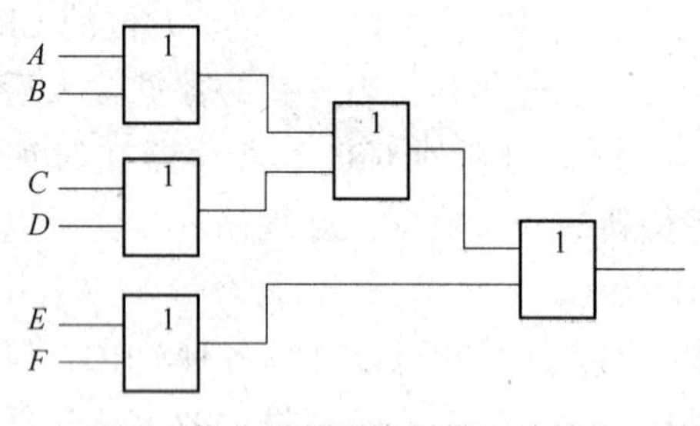

图 4 优化后的组合反馈电路结构

CRC 的硬件实现可以有串行、并行两种方式，并行实现方式适用于各种数据宽度 CRC 校验，并行输入的数据宽度越宽，速度越快，由于并行计算是通过多级反馈来实现的，所以复杂的反馈组合电路会带来较大的门延迟，通过优化组合电路的结构，可以很大程度上降低延迟，使电路适用于比较高的时钟频率。

从上面的分析可以看出，循环冗余校验码 CRC 算法可以用软件实现，也可以用硬件实现，但软件计算的速度受限于系统 CPU 的速度，使用硬件方式来实现可以提高计算速度，从而提升系统的通信效率。

3 Seal 系统中 CRC 差错控制方法

差错控制最常用的方法是自动请求重发方式（ARQ）、向前纠错方式（FEC）和混合纠错（HEC）。在传输过程误码率比较低时，用 FEC 方式比较理想。在传输过程误码率较高时，采用 FEC 容易出现“乱纠”现象。HEC 方式则式 ARQ 和 FEC 的结合。在许多数字通信中，广泛采用 ARQ 方式，此时的差错控制只需要检错功能。实现检错功能的差错控制方法很多，传统的有：奇偶校验、校验和检测、重复码校验、恒比码校验、行列冗余码校验等，这些方法都是增加数据的冗余量，将校验码和数据一起发送到接受端。接受端对接受到的数据进行相同校验，再将得到的校验码和接受到的校验码比较，如果二者一致则认为传输正确。但这些方法都有各自的缺点，误判的概率比较高。循环冗余校验 CRC 是由分组线性码的分支而来，其主要应用是二元码组。编码简单且误判概率很低，在通信系统中得到了广泛的应用。

4 常见 CRC 报错原因分析和处理办法

Seal 系统中常见的 CRC 错误主要有两种：

一种是数字包 LAUM 循环冗余校验 CRC 错误(如：Warning! CRC on LAUM #2486)。

在报错不多的情况下，电缆可以正常的采集作业，但是对数据的采集质量可能会有影响，因为 LAUM CRC 报错的情况下，在 Seal 系统中是采用的是向前纠错方式，所以这样一来该炮的数据可能就由一个近视值来替代。这种情况可以在 Streamer 窗口下右键单击后在弹出的对话框中将报错次数清零。

如果报错的次数过多，可能会导致电缆的掉电，这时如果在测线上，可以重新加电来试，如果能加过去可以提高作业效率。如果加不过去，或者是掉电频繁发生，可以试着更换报错的数字包的前一个或者后一个数字包来解决问题。

另一种是中央控制箱体 CM408XL 循环冗余校验 CRC 错误报警(如：Waring! CRC on LCI #3)。

这种情况可能是 LCI 板接触不良，首先可以通过对换 DCXU 和 LCI 板的连接线来检查是否为 408XL 箱体以外部分的问题，如果 408XL 箱体接口以外部分没有问题，可以通过对调两块 LCI 板来检查报错的 LCI 板是否真的有问题，有问题换掉 LCI 板即可。

5 结束语

对 Seal 系统数据传输原理的深入分析有助于更好的理解网络化数据传输对地震采集系统的深刻影响，对故障的排除以及地震仪器的开发和应用有很大的现实意义。

地震资料零相位化方法研究及应用

刘传奇　李　宾　唐何兵　王　腾　薛明星

（中海石油(中国)有限公司天津分公司，天津 300452）

摘　要　在构造及储层研究过程中，地震资料相位研究至关重要，地震资料处理中的各个模块也对地震资料的相位产生影响，但又无法准确求取地震资料的相位，在油田开发阶段研究储层时，一般是假设地震资料为零相位的，但这样会导致一些问题的产生。根据抓住主要矛盾和矛盾的主要方面的思路，不具体求地震资料的解析的相位解，而是针对地震资料有效频带范围内相位所表现出来的波形特征，根据不同频率和不同相位子波的特性，推导出了地震资料有效频带内对相位求取方法，并假设在有效频带范围内地震资料为常相位的，从而得到近似为零相位的地震资料，在此基础上研究储层，取得的认识与油田生产动态非常吻合，取得了很好的效果。

关键词　地震资料；相位求取；相位校正；零相位化；储层预测

地震资料的处理技术和处理模块复杂多样，有些经处理模块处理后可能导致地震资料的相位发生不同程度的畸变[1,2]，而子波的相位谱却很难，子波的相位没有一定的规律，并且随频率变化很大，不易用解析式进行描述[3,4]。地震资料相位对于构造及储层研究有重要的意义，由于相位的复杂性和不确定性，前人也在假设地震资料是常相位的前提下，讨论过多种相位校正的方法[5~10]，但各种方法都有自身苛刻的假设条件，且需要通过复杂的运算，且还存在一定的不确定性。因此，目前在地震资料的应用过程中，一般仍假设地震资料是零相位的，这就对构造及储层研究带来了不确定因素。运用抓住问题的主要矛盾和矛盾的主要方面的思维理论，只研究地震资料有效频带范围内的优势相位，并假设有效频带内的相位是变化较小的，这样既能减少研究的不确定性，又能避免难以求解析解的问题。通过研究雷克子波的特性，发现了同一相位两个不同主频雷克子波对的波峰偏移量是固定的，并且多个这样的相位与波峰偏移量之间有很好的线性关系。根据该线性关系，可以根据得到的两个固定主频的波峰的偏移量求取地震资料的相位。从而可以选取合适相位的子波制作合成地震记录，也可以基于求得的相位把地震资料转化为近似零相位的地震资料，更好地服务于构造及储层研究。在油田的合成记录和储层预测过程中，取得了很好的效果。

1　方法原理

1.1　地震资料相位求取

在制作合成记录时，也常选用 Ricker 子波。这种合成记录与实际处理结果对比时，实际上默认了处理结果的子波是雷克子波[11]。不同主频的雷克子波有不同波形，相同主频不同相位的雷克子波的波形也不相同，看似复杂的波形，其实它们之间也是有一定关系的。图 1(a)是相位为零、主频分别为 10Hz 和 60Hz 的波形对比，从图中可以看到这两个波形的波峰最大值的位置是完全重叠的；图 1(b)是相位为 30°、主频分别为 10Hz 和 60Hz 的波形对比，从图中可以看到这两个波形的波峰最大值不完全重叠，偏移的时间 $a=5$ms；图 1(c)是相位为 60°、主频分别为 10Hz 和 60Hz 的波形对比，从图中可以看到这两个波

基金项目：国家科技重大专项“近海大中型油气田地震勘探技术——渤海海域中深层油气田地震勘探技术”(2011ZX05023-005-001)资助。

作者简介：刘传奇(1979—　)，男，汉族，河南太康人，2005 年毕业于吉林大学地球探测与信息技术专业，硕士研究生，高级工程师，主要从事地震综合解释与储层综合研究工作。曾获局级科技进步奖 10 项，其中特等奖一项，已公开发表专业论文 7 篇。E-mail：liuchq@ cnooc. com. cn

形的波峰最大值不完全重叠，偏移的时间 b = 11ms；图 1(d)是相位为 90°、主频分别为 10Hz 和 60Hz 的波形对比，从图中可以看到这两个波形的波峰最大值不完全重叠，偏移时间 $c=21$ms。

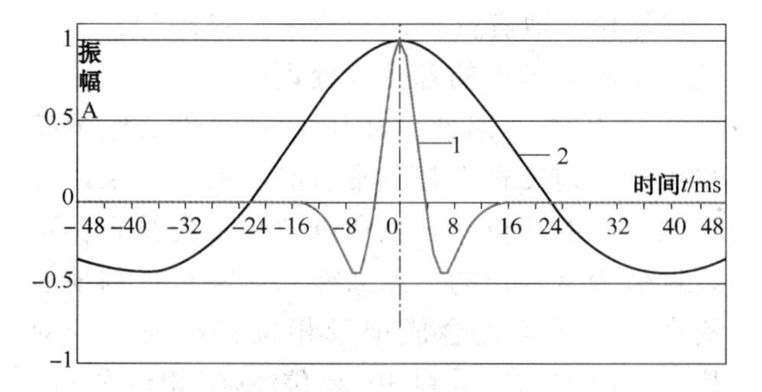

(a)零相位、主频为10Hz和60Hz雷克子波波形图

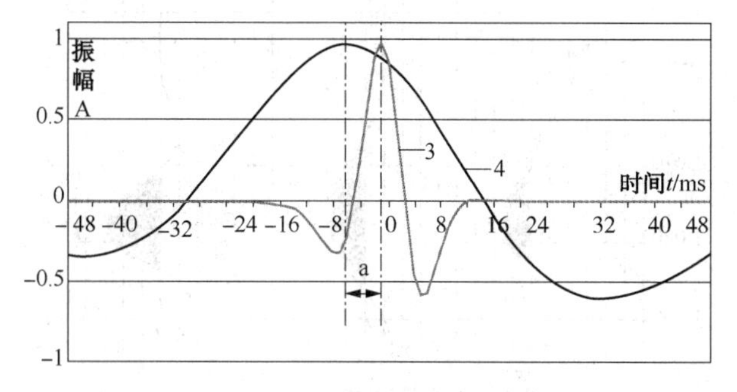

(b)相位为30°、主频为10Hz和60Hz雷克子波波形图

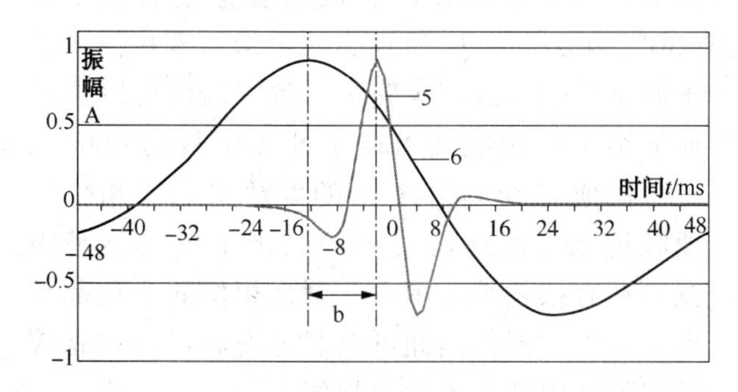

(c)相位为60°、主频为10Hz和60Hz雷克子波对波形图

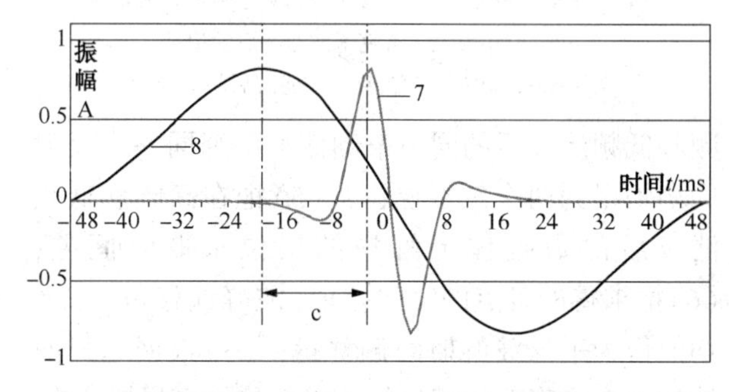

(d)相位为90°、主频为10Hz和60Hz雷克子波波形图

图 1 相同相位不同主频雷克子波对波形对比

1—零相位、主频 60Hz 雷克子波波形；2—零相位、主频 10Hz 雷克子波波形；3—30°相位、主频 60Hz 雷克子波波形；4—30°相位、主频 10Hz 雷克子波波形；5—60°相位、主频 60Hz 雷克子波波形；6—60°相位、主频 10Hz 雷克子波波形；7—90°相位、主频 60Hz 雷克子波波形；8—90°相位、主频 10Hz 雷克子波波形

共完成了相位为 10°、20°、30°、40°、50°、60°、70°、80°和 90°，主频为 10Hz 和 60Hz 雷克子波对之间波峰的偏移量，得到了 10Hz 和 60Hz 主频的雷克子波相位与波峰偏移量之间的关系(图 2)，把二者时间的关系拟合成线性公式为 $y=5.6335x$，其中 x 是波峰偏移量，y 是雷克子波的相位，拟合后的相关系数为 0.9993，说明数据之间的线性关系非常好。20Hz 和 60Hz 主频的雷克子波对、30Hz 和 60Hz 主频的雷克子波对的波峰偏移量与相位之间也存在很好的线性关系(图 2)。

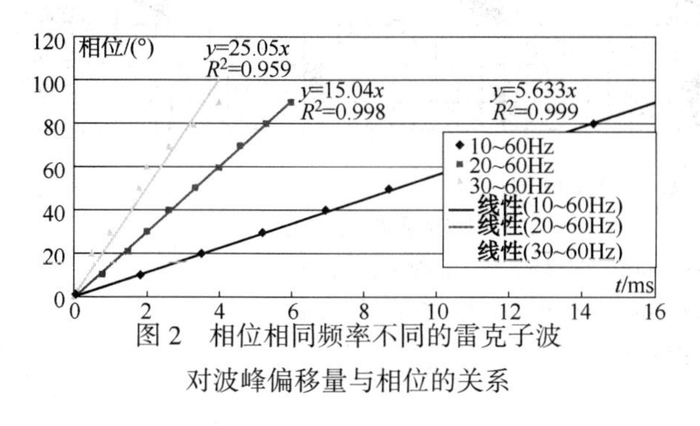

图 2 相位相同频率不同的雷克子波对波峰偏移量与相位的关系

1.2 理论模型试算

通过合成地震记录特性研究发现，合成地震记录与子波具有相同的性质，因此可以把合成记录在有效频带内用不同主频雷克子波滤波，可以得到一对高频滤波剖面和低频滤波剖面，然后解释两个剖面的波峰最大值，得到二者的波峰偏移量，再根据相应的波峰偏移量和相位的拟合关系式就可以得到该地震资料的相位(图 3)。图 3 中标示 2 和标示 3 的记录差异明显，波峰最大值之间的偏移量 $b=2$ms，根据图 2 中 20Hz 和 60Hz 主频雷克子波对相位与波峰偏移量之间的拟合公式 $y=15.049x$，可以得到该合成记录的相位是 30.1°，与实际的 30°相位一致。说明该方法求取的地震记录相位是可行和准确的。

实际地震相位求取的流程大致分为以下几步：(1)分析地震资料的有效频带；(2)在有效频带的两端选取高频和低频端的滤波主频；(3)分别用高频和低频对地震资料滤波，得到高频滤波后的数据和低频滤波后的数据；(4)在高

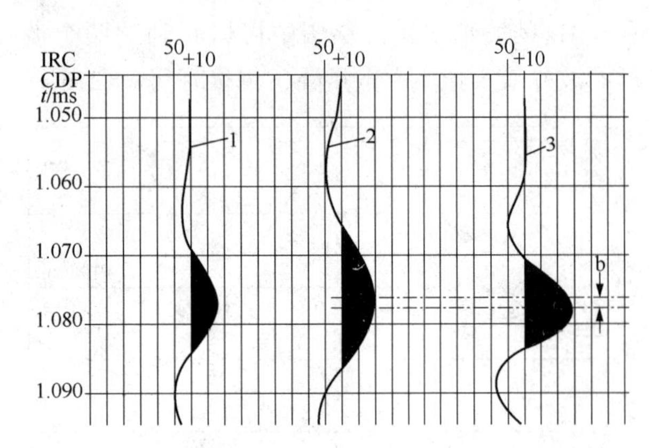

图 3　求取合成地震记录相位

1—单一界面、30°相位、30Hz 主频雷克子波的合成记录；
2—经过 20Hz 主频雷克子波滤波后的记录；
3—经过 60Hz 主频雷克子波滤波后的记录

频和低频滤波后的同一条剖面上解释同一个反射同相轴得到两个解释层位；(5)把在高频和低频滤波后的数据体上解释的层位求取时间差；(6)把求得的各点的时间差值(波峰偏移量)求平均值作为平均波峰时间偏移量；(7)根据选择滤波的两个频率对的相位与波峰偏移量之间拟合的关系式求取地震资料的优势相位。

1.3　地震资料零相位化

零相位地震资料的分辨率是最高的，但在地震资料处理中的各模块处理后都有一定的剩余相位[12~14]。因此，在研究和生产工作中获得零相位地震资料是非常有必要的。如果已知地震资料的相位，并且在有效频带内其相位可以近似为常相位的，怎么样求取零相位的地震资料呢。图 4 是合成记录相位移动前后的对比，从图中可以看到 30°相位、60°相位和 90°相位雷克子波制作的合成地震记录通过相移 -30°、-60°和 -90°后得到的记录与零相位雷克子波制作的合成记录完全一致。因此可以得到如下结论：如准确求取了地震资料的相位 s，可以把地震资料相移 $-s$ 的度数得到零相位的地震记录。而地震资料的频带范围都不是很宽，在有效频带范围内，剩余相位的变化范围也不是很剧烈，因此可以假定地震资料在有效频带范围内其相位为常相位。

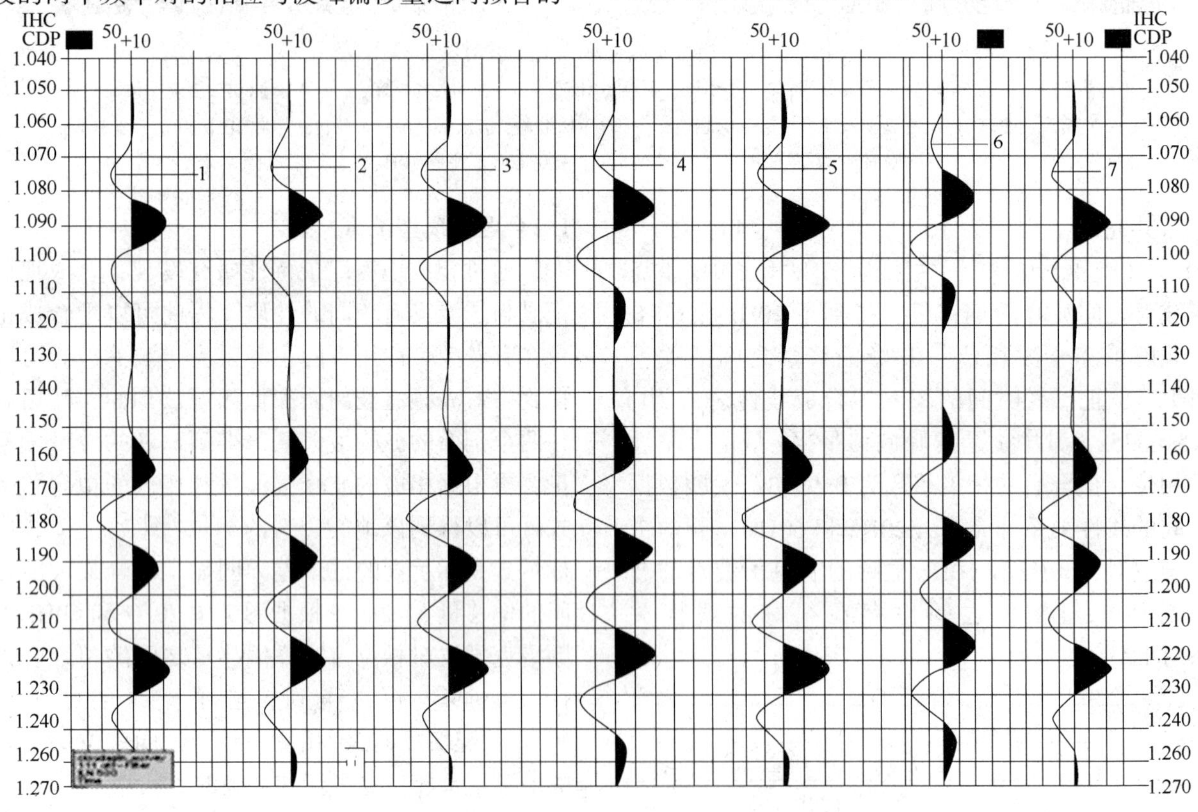

图 4　合成记录相位旋转前后的对比

1—主频 30Hz、零相位雷克子波的合成记录；2—主频 30Hz、30°相位雷克子波的合成记录；
3—图中 2 所指曲线相移 -30°的记录；4—主频 30Hz、60°相位雷克子波的合成记录；
5—图中 4 所指曲线相移 -60°的记录；6—主频 30Hz、90°相位雷克子波的合成记录；
7—图中 6 所指曲线相移 -90°的记录

2 应用效果分析

2.1 合成地震记录制作

渤中某油田在制作合成地震记录过程中，发现强波峰对应好的情况下，上下旁瓣的能量对应不好，认为可能该地震资料是非零相位的。运用本文的研究方法求得该地震资料的优势相位为40°，图5是求取过程。

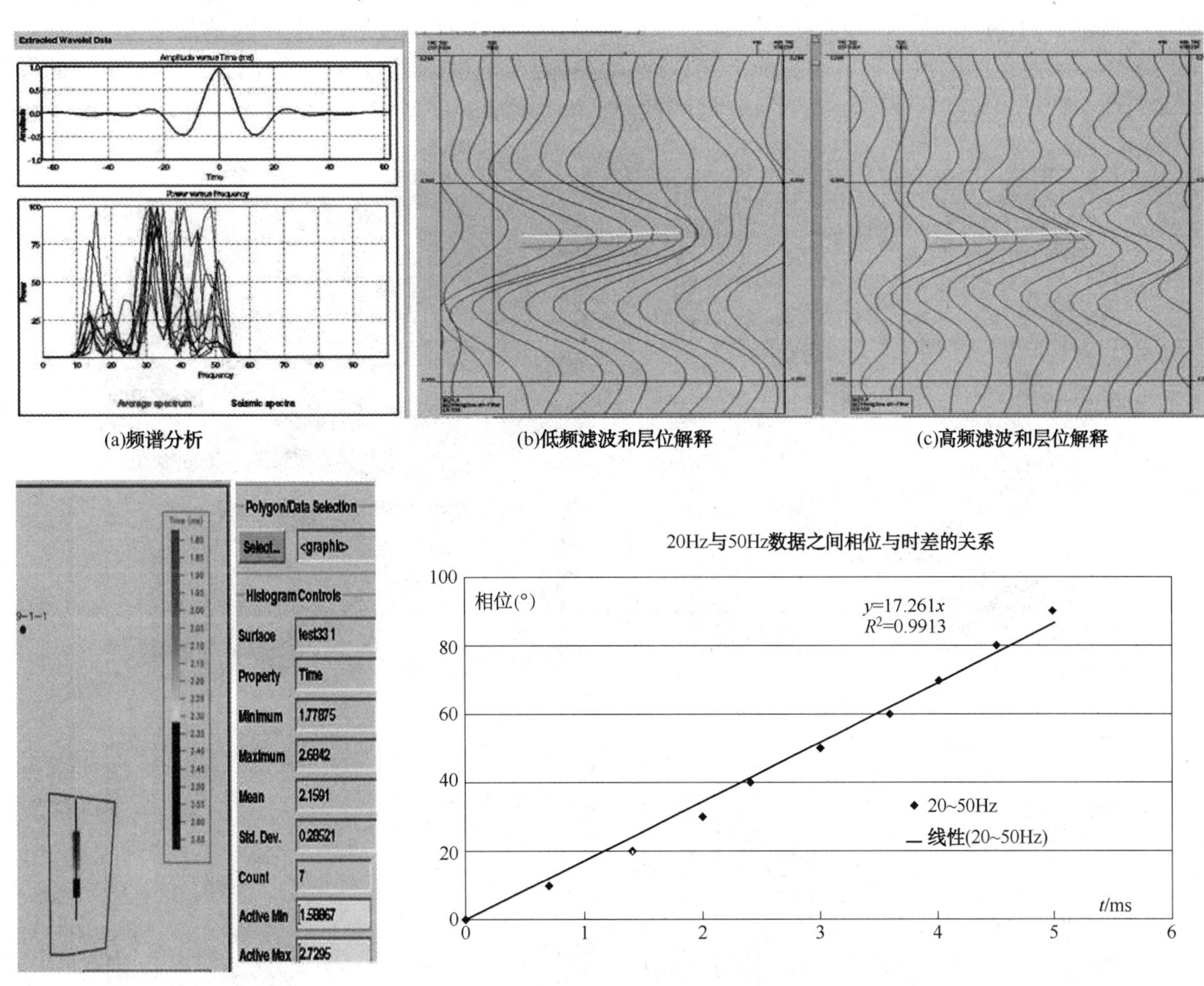

(a)频谱分析 (b)低频滤波和层位解释 (c)高频滤波和层位解释

(d)波峰偏移量及平均值 (e)相位求取依据的线性关系式

图5 渤中某油田地震资料优势相位求取过程

合成地震记录制作过程中，运用40°相位雷克子波制作合成地震记录的效果明显优于零相位雷克子波制作的效果(图6)。从图中可以很清楚的看到用零相位子波制作的合成记录[图6(a)]两个椭圆内的能量与井旁地震道对应较差，而用40°相位雷克子波制作的合成记录与井旁地震道波峰和波谷的能量对应都非常好[图6(b)]。并且在制作过程中零相位子波需要对原始vsp时深关系向上移动4ms才能对应稍好，而40°相位子波制作合成地震记录时不需要调整原始vsp时深关系。因此，运用求得的相位制作合成地震记录可以得到更为可靠的时深关系，从而得到更为准确的构造深度，保障井位的合理设计和水平井的

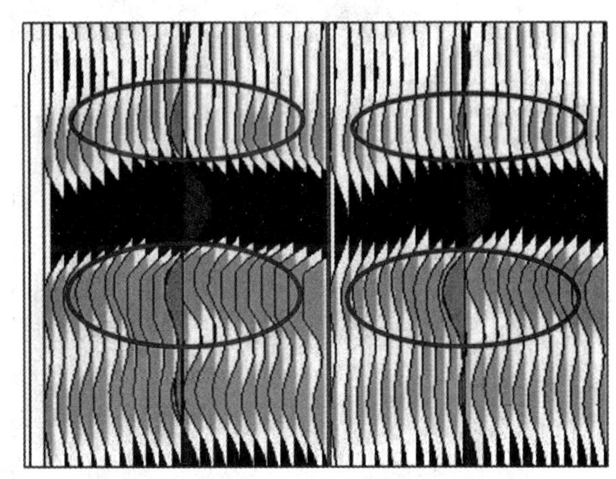

(a)零相位子波制作合成记录与井旁地震道对比(上移4ms) (b)40°相位子波与制作合成记录与井旁地震道对比(原始vsp)

图6 零相位子波和40°相位子波合成记录对比

顺利着陆。运用该时深关系预测的开发井的储层深度的误差小于2m，为油田的开发做出了积极贡献。

2.2　非零相位地震资料的储层预测及应用效果

由于非零相位地震资料的波形特征和振幅特征与零相位不同，同时零相位子波的地震剖面分辨率更高，因此在储层预测时，要把非零相位地震剖面校正到零相应，才能更精确的进行储层预测。运用该方法求得的渤中某油田求取地震资料的优势相位是40°，为了更好的研究储层的发育特征，把该地震资料相移-40°后进行反演，提取地震属性来研究储层，图7(a～c)，研究认为A16、A14两井与A15所在区域是连通的，A15井注水是可以见效的，因此设计了A15井的井位，并实施了钻探，钻探后A15井注水A16井也

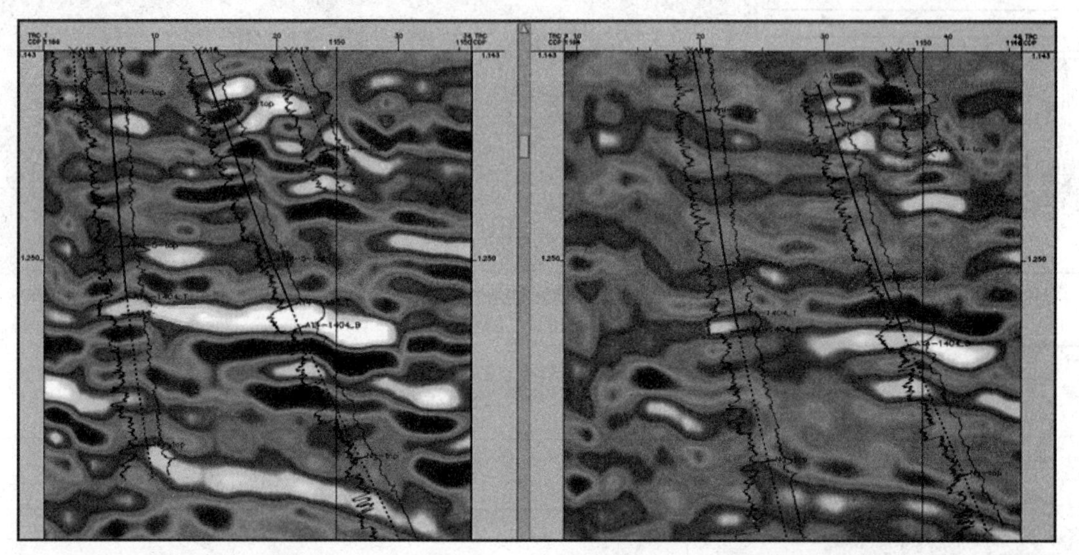

(a)-40°　相移后的反演剖面　　(b)原始的反演剖面

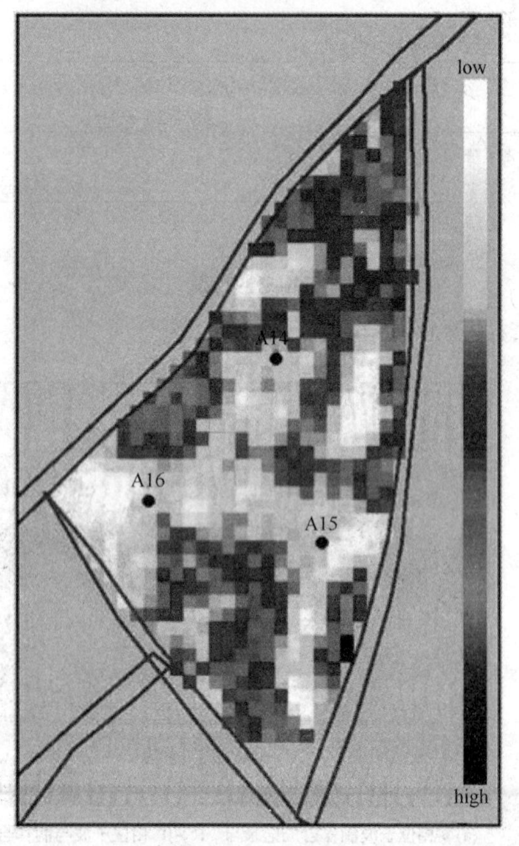

(c)-40°　相移后反演的砂体属性

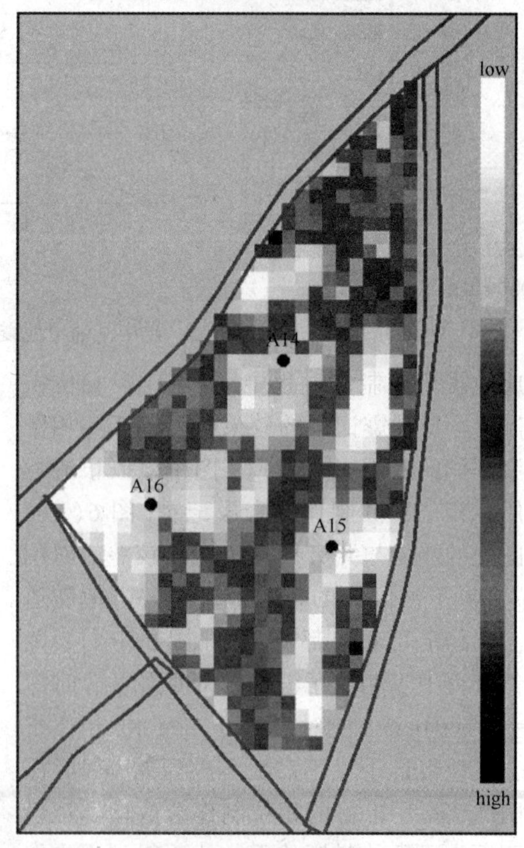

(d)原始资料反演的砂体属性

图7　新老方法剖面和平面属性

很快见到了效果，生产动态资料与新方法的认识结论完全一致。证实基于新方法得到的优势相位角、以及根据此相位进行零相位化后的资料研究储层是可信的、正确的。而老资料的研究结果则认为A15井所在区域与A14、A16两井不连通[图7(b)和图7(d)]，无法实施A15实现注水开发。该井的成功实施使该砂体的采收率提高20%，大大提高了油田的开发效果。

3 结束语

通过分析前人求取地震相位的各种解析方法后，认为由于相位与频率关系的复杂性及相位求取的不确定性，本文从应用的角度，基于剖面特征对对优势相位响应的原理，通过各种不同频率不同相位之间雷克子波之间的关系，推导出同一相位不同频率之间波峰之间的时间差，并对时间差与相位之间的关系进行高精度的公式拟合，得到了较为准确的优势相位求取方法，并把求得的相位运用到合成记录制作和储层预测过程中，取得了很好的应用效果，实钻井也证实了该方法的正确性。

参 考 文 献

[1] 孙成禹，尚新民，石翠翠，等．影响地震数据相位特征的因素分析[J]．石油物探，2011，50(5)：444-454.

[2] 梁光河．地震子波提取方法研究[J]．石油物探，1998，37(1)：31-39.

[3] 闵成花．零相位校正和子波反褶积[J]．油气地球物理，2004，2(2)：13-16．

[4] Levy S，Oldenburg D W．CMP叠加资料的剩余相位校正[A]//美国勘探地球物理学家学会第55届年会论文集[C]．北京：石油工业出版社，1986，58-61.

[5] 周兴元．常相位校正[J]．石油地球物理勘探，1989，24(2)：119-129.

[6] 国九英，周兴元．二维及三维地表一致性相位校正[J]．石油地球物理勘探，1995，30(3)：345-350.

[7] 白志信．子波剩余相位的校正[J]．中国煤炭地质，1996，8(2)：48-50.

[8] 陈必远，陈明伟，昌维启．时空变分频常相位校正[J]．石油地球物理勘探，1997，32(增刊1)：103-108.

[9] 郭向宇，周兴元，董敏煜．混合相位子波的相位估算及校正[J]．石油地球物理勘探，1998，33(2)：214-221.

[10] 李合群，周兴元．时差、常相位校正及加权叠加[J]．石油地球物理勘探，2000，415-418.

[11] 俞寿朋．高分辨率地震勘探[M]．北京：石油工业出版社，1993..

[12] 徐刚，王静，黄卫，等．一种基于信息熵理论的地震子波相位校正方法[J]．石油地球物理勘探，2014，49(2)：239-252.

[13] 李强，何晓松，王立．一种实现井约束零相位化的处理方案[J]．石油地球物理勘探，2009，44(1)：672-676.

[14] 单联瑜，王希萍，李振春，等．相位校正判别准则的改进及应用效果分析[J]．石油物探，2008，47(3)：219-224.

浅水多次波衰减处理技术应用研究

徐　强　焦叙明

（中海油田服务股份有限公司物探事业部数据处理解释中心，天津 300451）

摘　要　海洋地震资料处理对于自由表面多次波通常会使用SRME方法压制，但当水深较浅时，由于海底反射信息较差，SRME的效果并不理想。而常用的Tau-P域或时间域反褶积在浅水较复杂构造地区也很难将短周期多次波完全压制。本文使用一种新的数据驱动的浅水多次波(SWD)压制方法，该方法同时基于多道预测算子与海底附近浅层一次反射波信息，在浅水地区压制短周期多次波方面可以取得了比SRME更好的效果。在实际资料应用中，使用SWD方法与SRME组合的方式，其多次波压制效果十分明显，优于单独使用其中任何一种方法。

关键词　浅水多次波；SRME；反褶积；SWD；自由表面多次波

多次波去除一直是海洋地震资料处理的难点，尤其是在浅水、深浅水过度带等环境下。是否能够有效的衰减多次波，对于精准的偏移速度分析、复杂的地质构造成像、良好的波组特征以及小断层成像都至关重要。

近年来，SRME方法的使用是海洋地震资料多次波衰减方面的一个重要突破[1]。2D和3D SRME技术被广泛应用于各海域实际资料处理流程中。但是当水深较浅时，常用的SRME方法对短周期多次波预测以及衰减效果并不理想，主要是由于浅水资料记录的海底反射信息较差[2~4]。众所周知，SRME方法需要极近偏移距数据，而这通常是需要通过外推法来获得。然而当水深太浅时，随偏移距增加，海底反射的临界角很快达到，海底位置记录的数据由折射波代替了反射波。这样就意味着对于SRME方法，仅有很少的实际近道信息可以被使用来进行多次波模型预测。所以在多数情况下，SRME对于浅水短周期多次波，尤其是海底相关多次波，压制效果并不理想。而常用的Tau-P域或时间域反褶积等方法在浅水地区地层构造较为复杂时也很难对短周期多次波进行有效的压制[3]。其他多次波压制方法像高精度拉东变换等对于短周期多次波，尤其是对于近偏移距多次波的衰减很难起到作用。

针对这一情况，很多使用模型驱动的方法被开发来进行浅水多次波衰减。例如，Moore and Bisley提出的利用地震数据自相关来构建一个浅水模型，然后再预测多次波模型，进而通过自适应减法衰减。Brittan等则通过建立速度模型和反射模型，然后进行波场外推来预测浅水多次波模型。这些浅水多次波衰减方法在一定程度上解决了部分短周期多次波问题，但是同时这些方法需要依赖海底深度、速度等地震数据以外的其他信息，其多次波压制效果也很难达到理想状态。

本文中使用一种新的浅水多次波衰减(SWD)方法，它主要基于使用多道预测算子以及海底附近一次反射波信息，来预测浅水多次波模型，然后再通过自适应减去法来衰减多次波。通过对浅水资料实际数据的应用，验证了此种SWD方法可以很好的解决浅水多次波问题，其对于短周期多次波的压制效果要明显优于SRME方法，尤其是海底相关多次波，且对于不同海域条件、不同复杂构造等情况的适应面较广。并且通过实际资料的应用，使用此SWD方法与SRME方法组合的方法，会取得更进一步的效果。

作者简介：徐强(1985—　)，男，数据处理工程师，2007年毕业于中国石油大学(华东)勘查技术与工程专业，现主要从事地震数据处理方法和技术研究工作。E-mail：xuqiangshidai@ 163. com

1 方法原理

假设浅水海域海底附近记录的一次反射波数据为 P_0，P_0所在时窗为 2 倍海底反射时间以内。因第一阶多次波到达时间为两倍海底反射时间，所以可以认为在这个时窗内没有多次波。例如海底反射时间 100ms，P_0应选取小于 200ms 的海底附近记录数据。

首先利用 SRME 数据褶积的思想来表达多次波模型，假设地震记录数据为 D，S^{-1}为反震源子波（褶积法多次波模型预测必须与反震源子波 S^{-1} 褶积）。那么，如图 1(a)所示，电缆端海底相关多次波（包括部分海底附近浅层相关多次波）的模型可以表示为：

$$M_r = -S^{-1} \otimes D \otimes P_0 \qquad (1)$$

如图 1(b)所示，震源端海底相关的多次波模型可以表示为：

$$M_s = -S^{-1} \otimes P_0 \otimes (D - P_0) \qquad (2)$$

如图 1(c)所示，同时包括震源端和电缆端的海底相关多次波模型可以表示为：

$$M_{sr} = S^{-2} \otimes P_0 \otimes D \otimes P_0 \qquad (3)$$

这样，由式(1)~(3)，海底相关多次波总的模型即为：

$$\begin{aligned} M &= M_s + M_r - M_{sr} \\ &= -S^{-1} \otimes P_0 \otimes (D - P_0) - S^{-1} \otimes D \otimes P_0 - \\ &\quad S^{-2} \otimes P_0 \otimes D \otimes P_0 \end{aligned} \qquad (4)$$

此多次波表达式存在反震源子波 S^{-1}，这点类似于 SRME 方法，在 SRME 方法里必须估算反震源子波 S^{-1}，因而就存在着一定不准确性。

本文采用一种估算预测算子 F 的方法来代替估算反震源子波 S^{-1}。即令

$F = -S^{-1} \otimes P_0$，则式(4)可以表示为：

$$M = -F \otimes (D - P_0) - F \otimes D - F \otimes D \otimes F \qquad (5)$$

则有效波 P 可以表示为：

$$P = D - M = D + F \otimes (D - P_0) + F \otimes D + F \otimes D \otimes F \qquad (6)$$

通过式(6)，利用使有效波 P 能量最小化假设的方法便可以估算预测算子 F。得到算子 F 之后，便可利用式(5)求得多次波模型 M，然后在偏移距面域或 CDP 域，利用自适应方法减去多次波，此减去法同 SRME 方法类似，即式(7)所示：

$$P = D - f \otimes M \qquad (7)$$

通常情况下采用多道的方法求取预测算子，当采用多道计算时，可以将式(6)写为式(8)的形式，即：

$$P_i = D_i - f(-F_j \otimes (\sum_j D_{i,j} - \sum_j P_{i,j}) - F_j \otimes \sum_j D_{i,j} - F_j \otimes \sum_j D_{i,j} \otimes F_j) \qquad (8)$$

以上为基于多道预测算子与海底浅层信息衰减浅水多次波的基本方法，它的优点在于它不需要重构海底反射层、不需要估算反震源子波 S^{-1} 以及不需要水深、速度等其他信息，完全的数据驱动。所以在浅水条件下，这种 SWD 方法对于多次波模型的预测更加准确。需要注意的是选取浅层 P_0时，其时间一定小于海底两次反射，这样才能保证这部分数据里只有一次反射，没有海底相关多次波。另一个方面注意资料信噪比问题，较好的信噪比（尤其是近偏移距数据）通常会得到较好的效果。

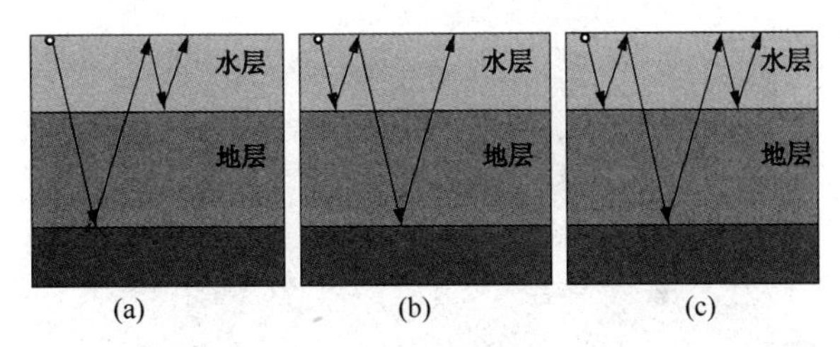

图 1 海底反射多次波示意图

此预测法 SWD 方法因需要原始数据信息，因此需在原始资料或者稍加去噪的基础上进行使用，其他的多次波衰减方法要在这之后使用。常用的 SRME 衰减多次波的方法可以在此 SWD 之后使用，这样便形成 SWD+SRME 这种组合的方法来完成浅水环境下的短周期自由表面相关多次波（尤其是海底相关多次波）的压制。

2 实际应用案例

以中国某浅水海域的实际应用为例，工区水深约 80m，其资料特点是海底相关等短周期多次波异常严重，从原始资料叠加剖面即图 2(a)中，可以清楚的看出其多次波发育程度，掩盖了很多有效反射能量。经过海洋资料处理常用的 SRME 处理技术压制之后，如图 2(b)所示，其中的部分多次波能量得到有效压制，效果也比较明显，但仍然可以清晰的看到剖面上存在较多剩余短周期多次波，尤其是海底相关的多次波。因此必须

考虑其他更加有效的方法。

经过本文上述 SWD 浅水多次波衰减方法压制之后，如图 2(c)所示，相比于 SRME 方法[图 2(b)]，其多次波压制效果好很多，很多明显的海底相关多次波得到衰减。而使用 SWD+SRME 的方式组合压制之后，多次波压制效果也进一步得到了提高，如图 2(d)所示。相比于单独使用 SRME 或者 SWD、SWD+SRME 这种组合方式对于多次波的压制效果则更加理想。图 3 为图 2 各叠加剖面局部放大显示，多次波压制对比情况也十分清晰，同样也可以看到 SWD 以及 SWD+SRME 组合的方式对多次波压制的效果要优于 SRME 方法。从图 3(a)原始数据叠加剖面与图 3(d)多次波衰减后的叠加剖面对比可以看出，经过组合方法衰减之后，原始数据中的多次波能量已经大部分得到了压制。

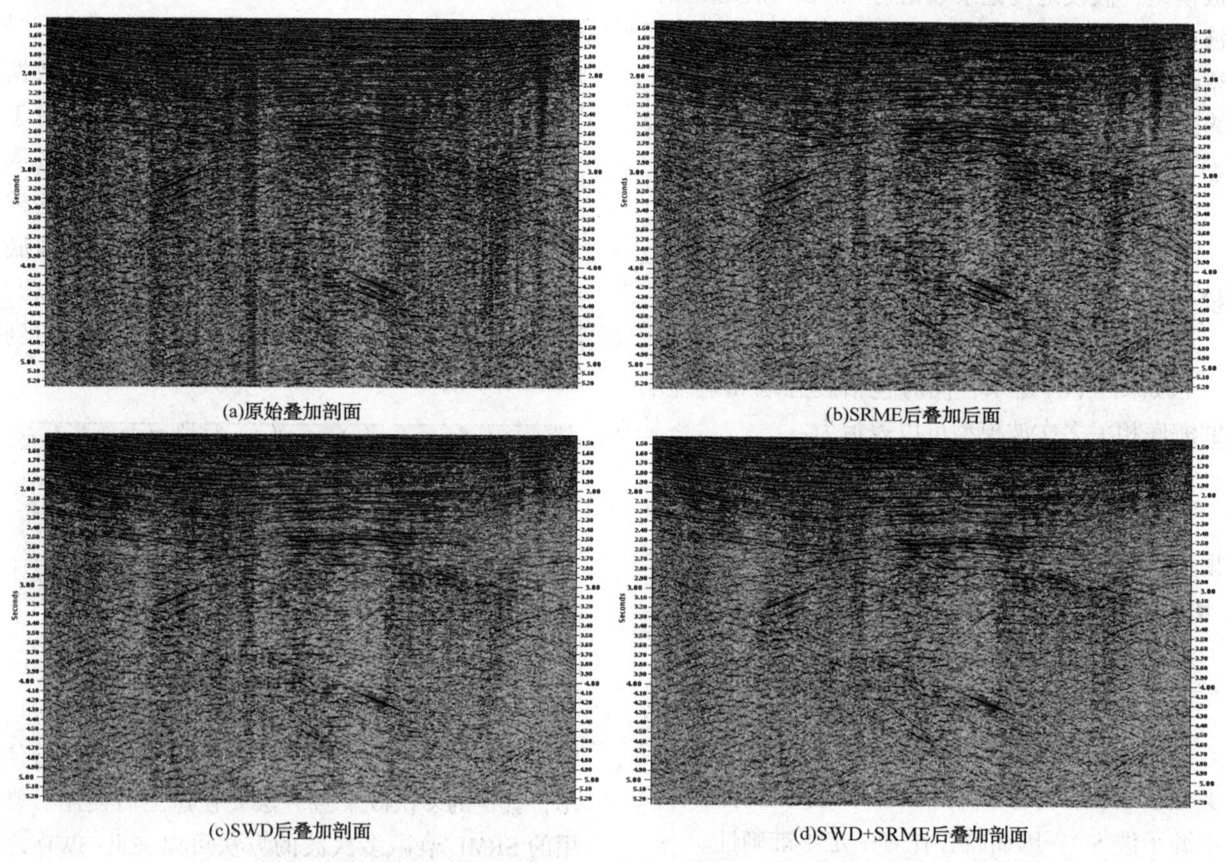

(a)原始叠加剖面　(b)SRME后叠加后面　(c)SWD后叠加剖面　(d)SWD+SRME后叠加剖面

图 2　原始叠加剖面以及 SRME、SWD、SWD+SRME 处理后叠加剖面

图 4 为图 3 各叠加剖面对应的自相关显示，从中也可以进一步验证上述观点，自相关中多次波最少的依然是采用 SWD+SRME 的组合方法。图 5 为图 3 各叠加剖面对应的频谱显示，其可以看出原始资料由于多次波影响，频谱陷波严重，多次波能量较强。采用 SRME 方法虽压制了部分多次波，陷波情况也有所改善，但其多次波残余能量依然较重，如图 5 红色频谱所示。

从频谱上看，SWD 的方法要明显优于 SRME 的方法，陷波比 SRME 要轻，如图 5 绿色频谱显示。但是 SWD+SRME 组合的方法对于多次波压制最好，如图 5 黑色频谱，频谱陷波情况改善也最理想。

图 6 为 SRME、SWD 方法多次波模型预测及衰减情况的 CDP 道集显示。从中可以看出，SRME 方法多次波预测有一定的不准确性，尤其是近偏移距位置。SWD 方法对于近偏移距多次波的预测则更加准确一些，衰减的的效果也相对较好。而 SWD+SRME 的组合方法则达到更好的效果。

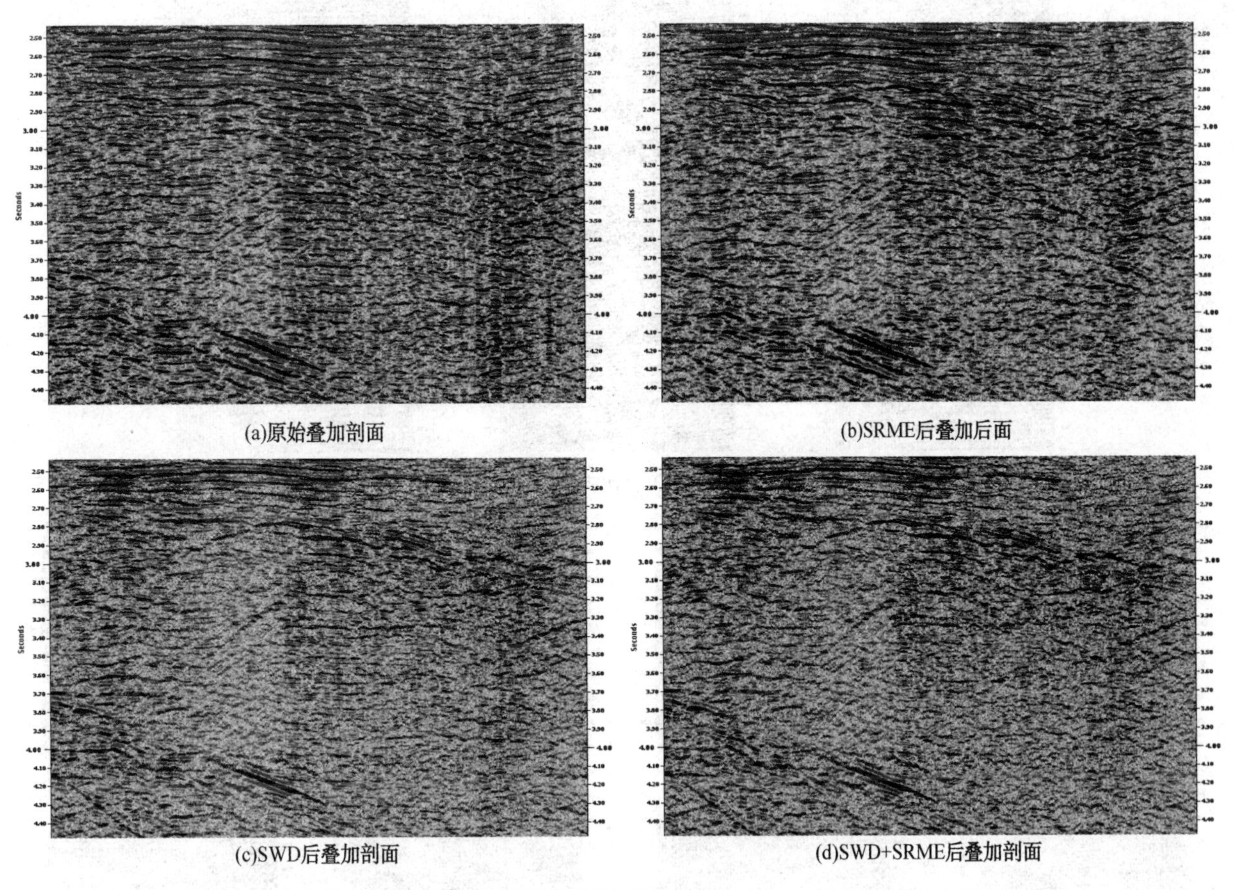

图 3　原始叠加剖面以及 SRME、SWD、SWD+SRME 处理后叠加剖面局部放大显示

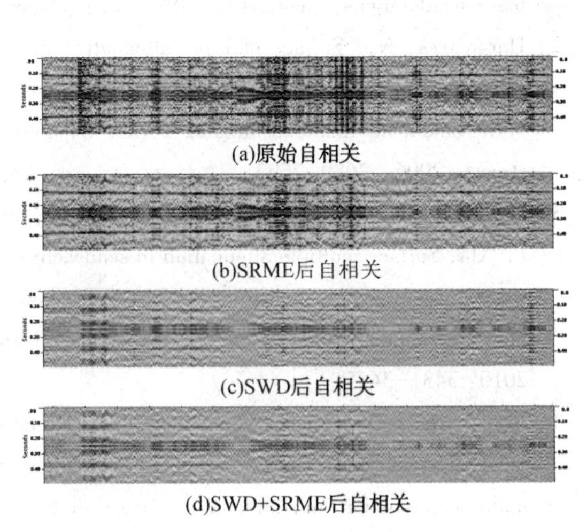

图 4 原始叠加剖面以及 SRME、SWD、SWD+SRME 处理后叠加剖面(图 3)对应的自相关

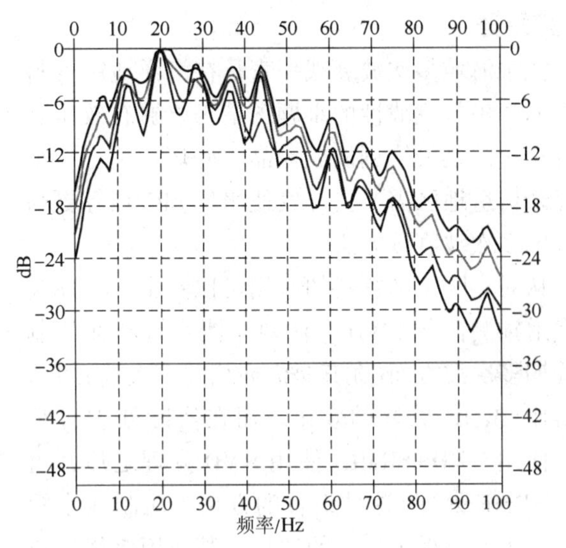

图 5　多次波压制前后频谱

图中蓝色为原始叠加剖面对应频谱；红色为 SRME 后频谱；绿色为 SWD 后频谱；黑色为 SWD+SRME 后频谱

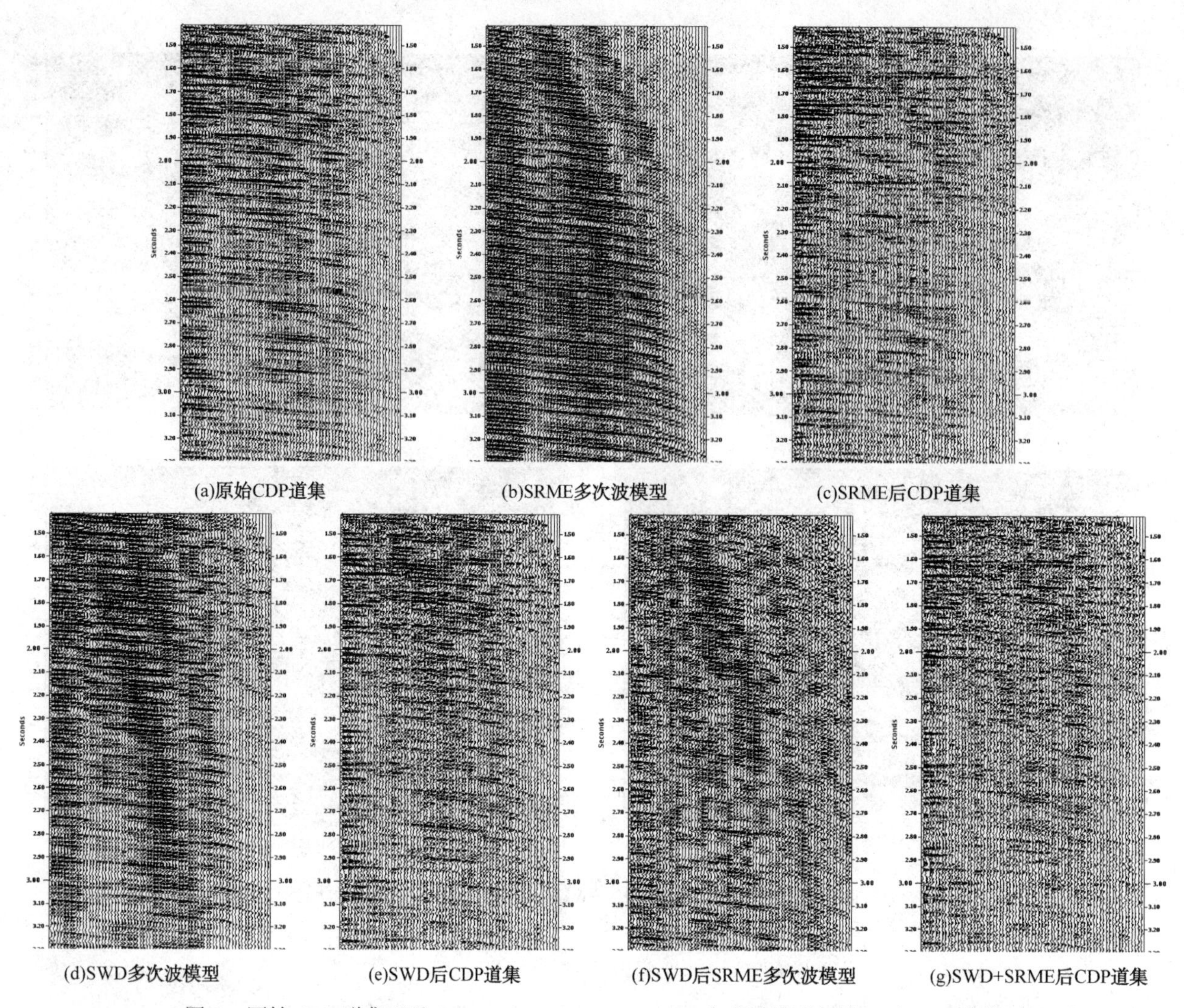

图6　原始 CDP 道集以及 SRME、SWD、SWD+SRME 多次波模型与处理后 CDP 道集

3　结束语

浅水海域多次波衰减一直是在海洋地震资料处理的中极具挑战性的难题，是否能够有效压制各种多次波是最终剖面成像品质好坏的关键。很多复杂构造地区需要去开发使用比 SRME 等更为有效的多次波衰减方法。

从对实际工区资料的应用可以看出：上述基于多道预测法的 SWD 方法对于浅水资料在压制短周期多次波方面(尤其是海底相关多次波)可以取得比 SRME 更好的效果。而在实际处理过程中，使用 SWD+SRME(使用 SWD 处理之后，再进行 SRME 处理)这种组合的方法来压制浅水短周期多次波取得了更好的效果，其作用要优于单独使用 SWD 或者 SRME 方法。

参 考 文 献

[1] Berkhout, A. J., and D. J. Verschuur, Estimation of multiple scattering by iterative inversion, part I: theoretical considerations: Geophysics, 1997, 62: 1586-1595

[2] Hargreaves, N., Surface multiple attenuation in shallow water and the construction of primaries from multiples: 76th Annual International Meeting, SEG, Expanded Abstracts, 2006: 2689-2693.

[3] Hung, B., K. L. Yang, J. Zhou, Y. H. Guo, and Q. L. Xia, Surface multiple attenuation in seabeach-shallow water, case study on data from the Bohai Sea: 80th Annual International Meeting, SEG, Expanded Abstracts, 2010: 3431-3435.

[4] Alai, Riaz, Dirk Jacob Verschuur, Jock Drummond, Stan Morris, and Gerard Haughey, Shallow water multiple prediction and attenuation, case study on data from the Arabian Gulf: 72nd Annual International Meeting, SEG, Expanded Abstracts, 2002: 2229-2232.

石油开发组

出水气井地层水赋存状态判别与对策浅析

余元洲 张建民 马 栋 李 扬 李 卓 何 芬

(中海石油(中国)有限公司天津分公司，天津塘沽 300459)

摘 要 气井出水是困扰有水气藏高效开发的一大难题，为提高复杂断块有水气藏的开发效果，采用气井出水规律、水化学性质，结合地质因素的综合分析方法，可对气藏各类地层水赋存状态及其主控因素进行准确判断。针对不同地层水的主控因素及其相应的产水机理，采用合理的生产管理与排采措施，可有效提高有水气藏的开发效果。实践证明该分析方法实用可靠，可为类似复杂的有水气田开发提供有益的借鉴。

关键词 复杂断块；气藏；出水特征；地层水；矿化度

高温、高压复杂断块气藏，受热力学因素和复杂地质条件控制，气藏地层水常常有气态凝析水、液态边水、底水和封存水多种形式存在[1,2]；开采过程中，气井出水有单一形式的水源产出，也有两种及两种以上不同形式的地层水共同产出，气井产水规律变得异常复杂。在利用气井产水特征、水化学性质，综合地质研究基础上，判断出水气井的水源及赋存状态，可为气井合理配产、气藏科学管理与生产调整提供依据。

1 气藏地质概况

渤海某凝析气藏构造为前第三系潜山，由前寒武系花岗岩及下古生界碳酸盐岩组成，其上覆盖新生界地层。潜山顶面形态总体表现为向北东倾没的单斜古潜山，倾角 20°～30°，高点埋深 3170m，闭合幅度 610m。潜山内部发育有近东西向和近南北向展布的十余条主要断层，两组断层交织切割，把潜山切割为众多具有不同流体界面的复杂断块。

气藏有效储层分布受控于古地貌、古水深和沉积相带，主力储层主要发育于局限台地的浅海沉积，优质储层主要发育于沿古地貌相对较高区域。岩性为不等粒白云岩、中-细晶白云岩，储集空间以晶间孔，溶蚀孔、洞和裂缝多种储集类型组成。因储层非均质性极强，局部区域在成藏过程中存在“残留地层水”，由此而导致气、水分布复杂，无统一的流体界面。

气藏原始地层压力 35.54MPa，压力系数 1.12MPa/100m，地层温度 155℃，为正常温、压系统的复杂断块气藏。

2 地层水主控因素与产出特征

实践表明，高温高压复杂气藏中的地层水常常有多种存在形式：有热力学为主控因素的气态凝析水，也有因构造复杂性和储层非均质性为主控因素的液态游离水，其中液态游离水通常有边水、底水和封存水[3~5]。

2.1 凝析水

凝析水的主控因素为高温、高压热力学环境。在地层中以气相状态存在，与天然气之间不存在流体界面，以气态形式随天然气的产出而产出，开发过程中不影响含气饱和度与气相相对渗透率，对气井产能无影响。凝析水含量受饱和蒸汽压控制，并与束缚水之间存在气、液两相的动态平衡，仅在较低压力(低于 5MPa)情况下，凝析水体积分数才会急剧上升。因此，生产上一般表现为产水量小、生产水气比低且相对平稳[6]，如图 1、图 2 所示的 X7 井。

2.2 封存水

封存水以储层物性和强非均质性为主控因素。成藏过程中，在储层物性较差的局部区域，因气、水重力差不能克服毛管力，无法完成气、

作者简介：余元洲(1970—)，男，汉族，四川夹江人，1994 年毕业于西南石油大学油藏工程专业，高级工程师，长期从事油气田(凝析气田)开发研究工作，曾获省部级科技进步奖一项，发表论文十余篇。E-mail：yuyzh2@cnooc.com.cn

水置换而形成的“地层残留水”，这类地层水一般水体不大，能量不强，水体相对封闭，与外界很难沟通[7]。在特定条件下，封存水将类似边、底水一样指进造成气井产水，降低储层含气饱和度与气相相对渗透率，对气井产能有明显的降低作用。常见的出水条件有：(1)较大生产压差，使水体边沿低渗带破裂，形成渗流通道而产出；(2)酸化、压裂等人工储层改造，改善了低渗带渗滤能力而产出；(3)在地层压力下降较大时，封存水与含气区域压力差值达到临界流动压力而产出。生产上表现为产水量不大(一般小于20m³/d)，产水量与水气比一般随生产时间存在明显下降阶段，表现为地层水逐步枯竭，如图1、图2所示的X4井。

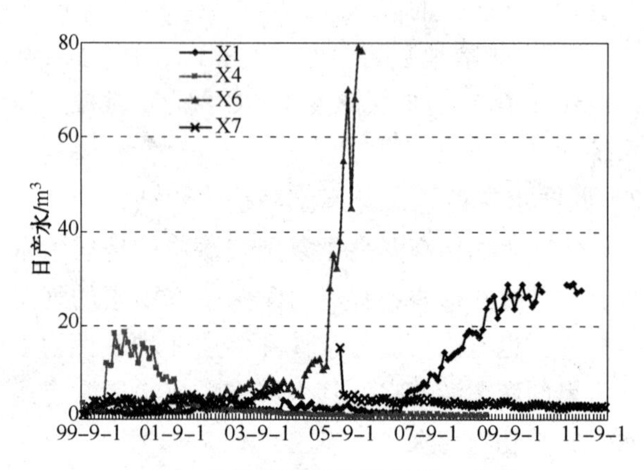

图1 BHX气藏典型气井产水曲线

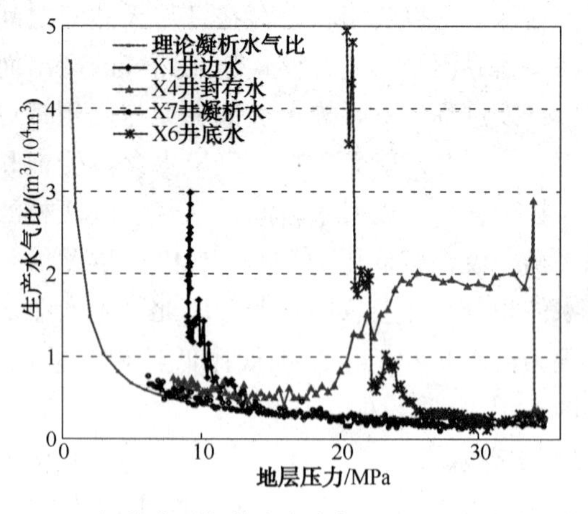

图2 BHX气藏典型气井生产水气比-地层压力关系曲线

2.3 边、底水

边、底水主要是由构造、储层控制，相对规则地存在于构造较低部位的液态游离水，通常水体较大、能量较强。压力漏斗传播到气水边界后，边、底水将沿着渗流优势通道侵入到井底造成气井见水。生产上表现为产水量与水气比持续上升，产水量较大，日产水高达数十方甚至上百方，气井产能明显下降，严重时造成气井水淹停产。

3 水化学性质分析

同一水动力系统内，液态水中各种矿物质在扩散作用下，经历漫长地质年代后，必将形成各种离子浓度非常接近的地层水，矿化度与区域地层一致。凝析水类似于蒸馏水，理论上不含矿物质，但在多孔介质内随天然气共同渗流中，与束缚水接触混合后含有少量矿物质，因此凝析水矿化度明显低于地层游离水，在矿场上比较容易区分。

BHX气藏地层水为$NaHCO_3$型，不同气井产出地层水的含盐量差异极大，总矿化度和各种离子浓度最大相差近百倍(图3)。依据气井产出水总矿化度随时间变化关系可分为三种类型：一是生产全过程矿化度低而稳定(如X7井凝析水)；二是矿化度单调增加型(X1井、X6井)；三是矿化度递减型(X4井)；表明了气井初期出水以凝析水为主，随着开发的深入，不同赋存状态的地层水先后产出导致气井水化学性质变化。为更直观区别地层水来源，按诺瓦克地层水化学性质系数分类法[8]，绘制了各井水化学性质蝶形图(图4)，图中为4口产水特征不同气井的地层水蝶形图，从图中不难看出，X1、X6井的地层水蝶形图形状比较接近，与区域同层位地层水化学性质一致；X7井的蝶形图形状与边、底水差异很大，为气藏气态凝析水特征图；X4井的蝶形图既不同于边、底水，也不同于凝析水(X7井)，从该井地层水总矿化度远高于凝析水(X7井)来看，表明这种水在地层条件下并非以气态存在，但与液态的边、底水各种离子当量比值差异较大，表明该井地层水相对孤立，在漫长地质年代中，与边、底水难以进行充分的离子交换。

4 水源判别及对策

4.1 水源判别指标

依据气藏温度、压力条件，在计算饱和凝析水体积分数[1,2,4]基础上，结合气藏实际生产凝析水矿化度与产水特征，确定气藏凝析水判别指标；利用区域地层水化学性质(各种离子含量及离子当量比)，结合气藏构造、地质特征、测井解释成果，产水特征等，确定本气藏封存水、边底水的判断指标(表1)。

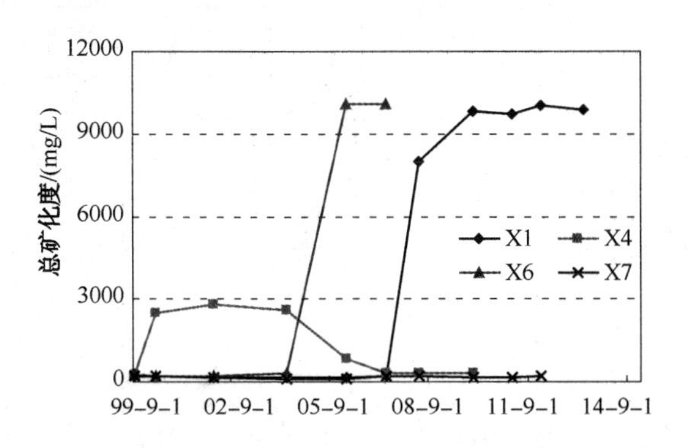

图3 BHX气藏典型气井产水矿化度变化曲线

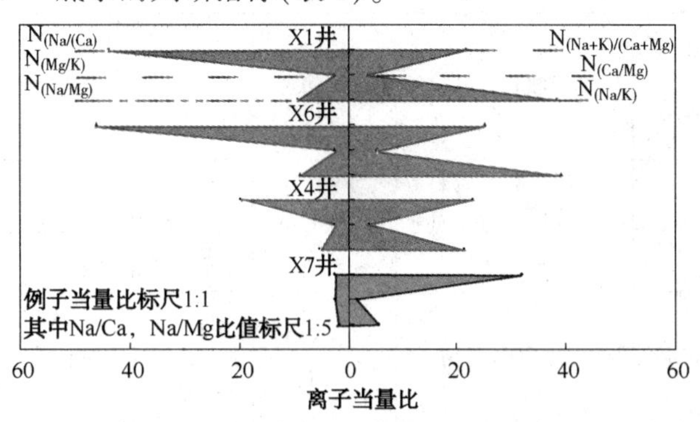

图4 BHX气藏地层水蝶形图

表1 BHX气藏地层水赋存状态判别指标

赋存状态类别	总矿化度/(mg/L)	Cl^-含量/(mg/L)	水气比/($m^3/10^4m^3$)	产水特征	蝶形图形态指标(离子当量浓度比)					
					Na^+/Ca^{2+}	Na^+/Mg^{2+}	Mg^{2+}/K^+	Ca^{2+}/Mg^{2+}	$(Na^++K^+)/(Ca^{2+}+Mg^{2+})$	Na^+/K^+
气态凝析水	<220	<100	<0.2	产水量小而平稳	<1.9	<2.6	>2.4	<1.6	<5.5	>31.0
液态边底水	>8600	>3600	>0.2	产水量稳步或急剧上升	>44.5	>175	<0.13	>3.95	>36.5	<26.5
液态封存水	2800~3600	1020~1500	>0.2	产水量存在缓慢下降阶段	25.0~27.0	95.0~100.0	0.20~0.30	3.60~4.00	20.5~22.5	22.5~24.0

注：表中指标来源于本气藏，不能直接应用于其他油、气藏；可借鉴划分方法结合实际情况确定判别标准。

4.2 水源判别

依据表1中的判别标准，对BHX气藏11口气井产水来源进行综合判断(表2)，判别结果表现出该复杂断块气藏地层水有凝析水、封存水、边水和底水多种形式。

4.3 对策浅析

凝析水对气井危害很小，天然气采收率与采气速度无关，在开发中可完全按照无水气藏进行开采，具有较强的调峰能力。如X7、X9、X2井无任何措施，井区采收率达到80.5%(表3)。

表2 BHX气藏地层水综合判断结果

井区/井号	总矿化度/(mg/L)	Cl^-含量/(mg/L)	地层水蝶形图形态指标(离子当量浓度比)						判别结果
			Na^+/Ca^{2+}	Na^+/Mg^{2+}	Mg^{2+}/K^+	Ca/Mg	$(Na^++K^+)/(Ca^{2+}+Mg^{2+})$	Na^+/K^+	
X7、X9、X2	125~202	63~97	1.6~1.8	2.5~2.6	2.5~2.7	1.4~1.5	5.3~5.4	31.0~32.4	凝析水
X1、X3、X8	8692~9794	3654~4147	45.1~46.0	219~230	0.11~0.12	5.0~5.3	39.2~40.1	25.2~26.0	边水
X6、X10、X11	8824~9872	3748~4225	44.5~45.0	176~178	0.12~0.13	3.9~4.1	37.3~37.8	20.1~21.0	底水
X4、X5	2817~3524	1029~1438	26.1~26.9	98.6~99.4	0.23~0.25	3.8~3.9	21.5~22.0	23.2~23.9	封存水

表3 BHX气藏不同地层水井区开发效果表

地层水类别	判断时机	井区/井号	应对措施	见水时间/年	末期地层压力/MPa	平均压降程度/%	平均采收率/%
凝析水	早期计算	X7、X9、X2	—	—	5.81~7.12	79.8	80.5

续表

地层水类别	判断时机	井区/井号	应对措施	见水时间/年	末期地层压力/MPa	平均压降程度/%	平均采收率/%
边水	地质、测井资料等进行早期判断，见水后证实	X1、X3、X8	早期控制压差，延缓边水推进；后期可酌情更换携液能力强的小油管等，实施排液采气	7.2~8.7	8.14~13.33	61.7	64.9
底水	早期地质、测井等综合判断，见水后证实	X6、X10、X11	全程严格控制压差，抑制底水锥进，力争底水整体抬升，延长无水采气期	5.1~6.3	17.38~21.0	43.6	50.1
封存水	见水后，水性判断	X4、X5	利用能量充足、携液能力强的早期放大生产压差排水采气	储层酸压后	7.25~8.32	75.7	76.4

注：凝析水贯穿于气井开发始终，产水量小，且对气井危害小，因此表中见水时间特指液态游离水的产出时间。

边、底水对气井危害很大，气井见水后产能明显下降、油压迅速降低，严重时导致水淹停产，开发效果差于无水气藏。生产压差大小是气井见水早晚的主要因素，在开发过程中应按照边、底水气藏合理生产压差[9,10]进行严格控制，可有效提高气井无水开采时间。BHX气藏边水气井(X1、X3、X8)控制压差生产，无水采气时间超过7年，见水后更换小油管排液采气，气井延长了2~3年的生产时间，单井采收率提高7%~9%；底水气井通过严格控制压差，获得无水采气时间在5年(表3)以上。

封存水在不同开发阶段产出对气井危害程度差异较大。在地层压力较高的开发早期，气井携液能力较强，不会产生井筒积液，有限的封存水随气井开采而不断排出，乃至逐步枯竭，因此井区废弃压力低(表3)，天然气采收率高(X4、X5井)，在压降曲线图上表现为定容气藏特征；但在气井携液能力下降后的开发中、后期出水，较小的产水量也容易造成井筒积液，气井水淹停产，开发效果差于早期排水生产。

5 结论

(1) 高温、高压复杂断块气藏中，地层水通常有气态凝析水、液态的边、底水和封存水多种存在形式；不同地层水的产水特征各异，水化学性质不同。

(2) 依据气井产水特征和水化学性质的变化趋势，结合地质因素和热力学条件，可对产水气井地层赋存状态进行准确判断。

(3) 不同类型地层水的主控因素不同，对气井危害各异；尽早落实气井出水的地层赋存状态及出水机理，是合理生产管理与提高开发效果的关键。

参考文献

[1] 黄炳光，刘蜀知．实用油藏工程与动态分析方法[M]. 北京：石油工业出版社，1998：11-15.

[2] 李传亮．油藏工程原理[M]. 北京：石油工业出版社，2005：37-39.

[3] 汪洋，陈军，李波，等．滴西18火山岩气藏产水特征研究[J]. 天然气勘探与开发，2013，36(2)：48-52.

[4] 陈林，张友彩，唐涛，等．礁滩气藏产水来源分析与识别[J]. 断块油气田，2013，20(4)：481-484.

[5] 何晓东，邹绍林，卢晓敏．边水气藏水侵特征识别及机理初探[J]. 天然气工业，2006，26(3)：87-89.

[6] 刘辉，董俊昌，崔勇，等．水相相态变化规律及气井产水成因研究[J]. 钻采工艺，2011，34(3)：52-54.

[7] 熊钰，胡述清，曲林，等．非均质气藏局部封存水体性质及水侵动态分析方法研究[J]. 天然气工业，2004，24(2)：78-81.

[8] 林耀庭，何金权，赵泽君．诺瓦克水化学系数在川中地区上三叠统气田(卤)水产层判别的应用及意义[J]. 四川地质学报，2002，22(3)：146-148.

[9] 李传亮，杨学锋．底水油藏的压锥效果分析[J]. 大庆石油地质与开发，2006，25(5)：45-46.49

[10] 李晓平，王会强．边水气藏气井合理生产压差及产量的确定[J]. 天然气工业，2008，28(7)：85-86.

有机解堵剂 PA-OS3 研究与现场应用

王 贵 冯浦涌 张洪菁
(中海油田服务股份有限公司油田生产研究院，天津塘沽 300459)

摘 要 在油气井生产过程中，石蜡、沥青质及胶质等有机垢在井筒、近井地带沉积，严重影响油井正常生产，使用有机溶剂溶解有机堵塞是最普遍、有效和经济的手段，但目前市场上常规有机溶剂具有高毒、低闪点的缺点。针对伊拉克某油田沥青质结垢严重、地表温度高特点，开发了高效、高闪点、低表界面张力的油溶性 PA-OS3 有机解堵剂产品，室内实验评价表明，该产品溶蜡速率为 4.0mg/(min·mL)，溶沥青速率为 3.8mg/(min·mL)，对现场 BU-Z 井有机垢溶解率 100%；完全溶剂闪点 66℃；表面张力为 27.8mN/m，界面张力为 0.74mN/m。通过对 BU-X 井及 FQCS-Y 井现场试验证明，解堵效果显著。

关键词 PA-OS3；清蜡剂；沥青质清除剂；有机堵塞

在油气井生产过程中，随着温度、压力等条件的改变，石蜡、沥青质及胶质会在井筒、近井地带甚至底层内部沉积，形成有机沉淀(垢)。有机沉淀的产生不仅能够堵塞储层的渗流通道，还可能造成储层的润湿性发生反转，使原本水润湿的岩石表面变为油润湿，从而导致储层渗流能力下降[1]。

针对井筒及近井地带的有机垢，目前常用的清除方法是向井中注入溶剂或分散剂，一般使用的溶剂为芳香族化合物如苯、甲苯、二甲苯等，其中二甲苯的溶解效果最好，但是这几种溶剂在应用过程中也存在一些问题，如：溶剂用量大，有效期短，闪点低，环境污染及对操作人员不安全等[2,3]。因此，研制了有机解堵剂 PA-OS3，达到安全、低毒、高效清洗有机垢目的。

1 有机解堵剂 PA-OS3 配方研究

1.1 主剂的筛选

沥青质是一种由多种复杂高分子碳氢化合物及其非金属衍生物组成的复杂混合物，其结构为稠环芳烃层叠结构[4]。根据相似相容的原理，从沥青质的结构出发有针对性地寻找溶剂，同时将闪点、毒性、经济性等相关因素纳入考虑范围，筛选出符合要求的有机溶剂 R，并根据《采油用清防蜡剂通用技术条件》(SY 6300—1997)，评价了有机溶剂 R 对蜡和沥青的溶解速率。从表 1 中数据来看，有机溶剂 R 对蜡和沥青均具有良好的溶解性能。

表 1 有机溶剂 R 对蜡和沥青的溶解速率

项目	蜡溶解速率/[mg/(min·mL)]	沥青溶解速率/[mg/(min·mL)]
有机溶剂 R	3.92	4.06

1.2 增效剂的筛选

在一定的储层条件下，沥青质的沉积过程在热力学上是不可逆过程，即在无外界干扰因素的影响下，原油系统本身条件发生变化，如温度、压力、各组分比例等，导致沥青质聚集沉降，当条件再次恢复到沥青质沉降之前时，沥青质并不会再次溶解进入原来的原油系统中[5]。同理，溶剂在溶解沥青质的过程中必须要考虑将已经溶解出来的沥青质稳定分散在溶液中，不出现二次聚集沉积。而蜡的聚集沉积过程是可逆的，沉积出来的蜡在温度升高之后仍然可以溶解进入原油体系，所以蜡溶解过程不需要考虑二次聚集沉降。

使有机溶剂 R 与增效剂进行复配，以期提升解堵剂对沥青质的渗透性和溶解部分沥青质在溶液中的分散性，本文收集了具有对沥青质及蜡溶解增效官能团的 5 种增效剂(A、B、C、D 及 E)，采用 1.1 的实验方法分别评价 1%增效剂对有机

作者简介：王贵(1982—)，男，目前工作于中海油田服务股份有限公司油田生产研究院，主要研究方向为酸化增产技术。E-mail：wanggui@cosl.com.cn

溶剂 R 溶蜡、溶沥青的影响(表 2、表 3)。结果表明，C 效果溶解性及分散性最好。

表 2　体系对蜡溶解速率影响

项　　目	A	B	C	D	E
溶解速率/[mg/(min·mL)]	3.79	3.86	3.98	3.86	3.91

表 3　体系对沥青溶解速率影响

项　　目	A	B	C	D	E
溶解速率/[mg/(min·mL)]	3.84	3.53	3.88	3.48	3.76

1.3　增效剂浓度的优化

增效剂的浓度对解堵过程的影响具有较大影响，为了寻求效果和经济两个方面最佳的平衡，有必要对增效剂的最佳使用浓度进行优化。在确定 C 为增效剂后，分别配制了含 C 系列浓度的解堵剂，其他实验条件不变，评价其解堵性能。结果显示 C 的浓度为 2%时效果最佳。

表 4　不同 C 浓度对蜡的溶解速率的影响

浓　　度	2%	4%	6%	8%	10%
溶解速率/[mg/(min·mL)]	4.0141	3.9438	3.9251	3.8578	3.8680

表 5　不同 C 浓度对沥青溶解速率的影响

浓　　度	2%	4%	6%	8%	10%
溶解速率/[mg/(min·mL)]	3.8390	3.4105	3.6030	3.8095	3.3335

从表 4 和表 5 可以看出，随着 C 浓度的增加，蜡和沥青的溶解速率并没有出现规律性的变化，说明增效剂在溶解过程中并非对溶解速率有实际促进作用，而只是起到辅助的作用。

2　PA-OS3 的性能评价

2.1　闪点

对于现场应用的有机溶剂，闪点是一项重要的安全指标。于是对 PA-OS3 的闪点进行了测试，闭口闪点为 66℃，符合现场施工要求。

2.2　表界面张力

在解堵施工过程中，返排是影响解堵效果至关重要的一步，而混合液的表界面张力直接影响着返排的难易。因此，要求 PA-OS3 具有较低的表界面张力。

表 6　表界面张力测试

溶剂	表面张力/(mN/m)	界面张力/(mN/m)
PA-OS3	27.8	0.74

如表 6 所示，PA-OS3 具有较低的表界面张力，岩石表面，表面张力为 27.8mN/m，界面张力为 0.74mN/m。

2.3　毒性

根据图 1 谱图解析证明，PA-OS3 不含苯、甲苯、二甲苯等成分。

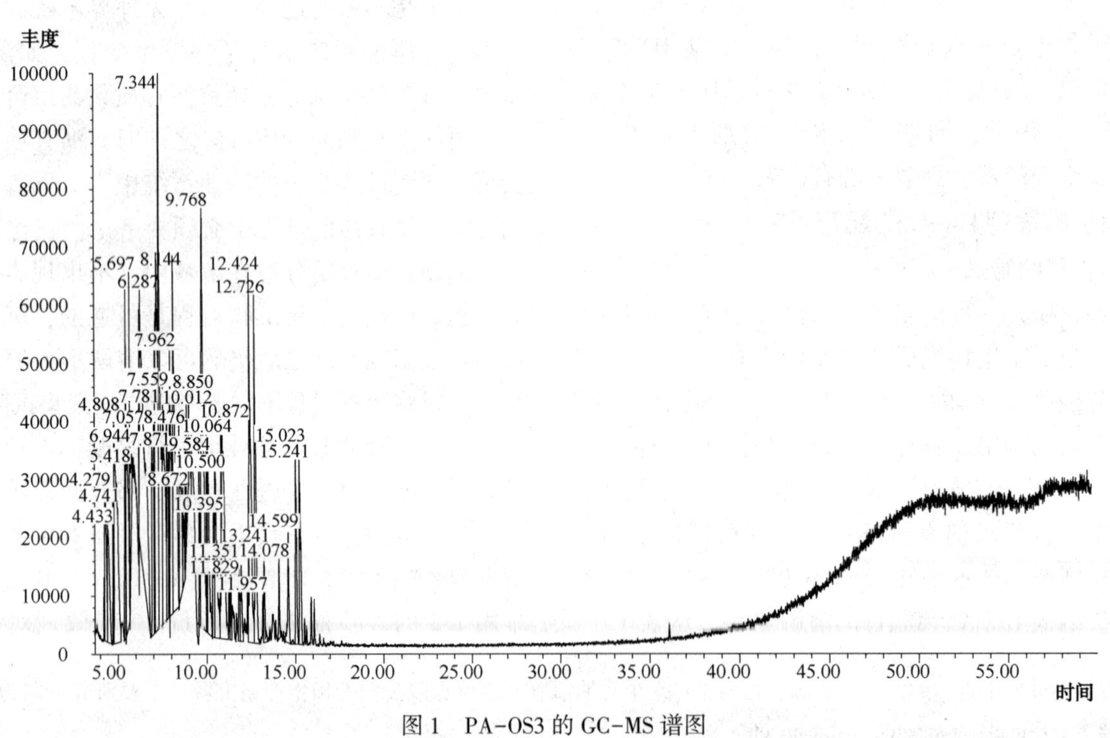

图 1　PA-OS3 的 GC-MS 谱图

2.4 在不同温度下对蜡的溶解性能

温度对蜡溶解速率影响较大，为获取 PA-OS3 在不同温度下对蜡的溶解速率，设置了 40℃、45℃、50℃、60℃、70℃、80℃、90℃等 7 个温度测试点，测试在不同温度条件下 PA-OS3 对蜡的溶解速率。

如图 2 所示，随着温度的升高，蜡的溶解速率逐渐增大。在 50~60℃区间溶解速率曲线斜率变大，这是由于 58#白蜡的熔点在此区间范围内。在 70℃以后，蜡溶解速率曲线的斜率持续变大，说明温度越高，温度对溶解速率的影响越大。

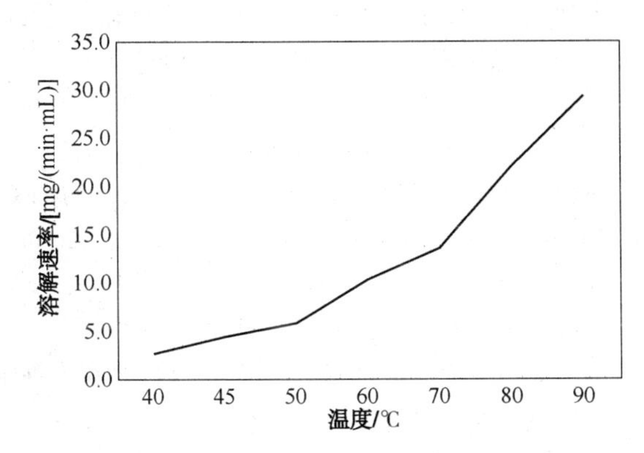

图 2 PA-OS3 在不同温度下对蜡的溶解速率

2.5 在不同温度下对沥青的溶解性能

与蜡不同的是，沥青质的沉积是不可逆过程，单纯的温度增长对沥青质的溶解速率并无明显的加速过程。在 PA-OS3 溶液中，沥青质被溶解出来，并稳定分散。分散过程主要受温度的影响。

实验设置了 40℃、50℃、60℃、70℃、80℃、90℃等 6 个温度条件，测试了 PA-OSS 在不同温度条件下对沥青的溶解速率。

如图 3 所示，随着温度的升高，沥青溶解速率随之增加。

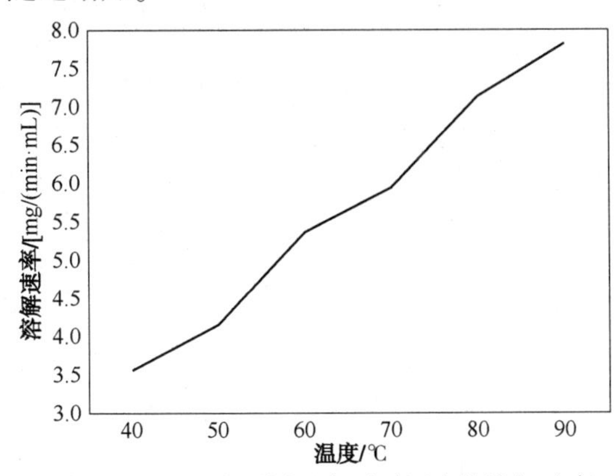

图 3 PA-OS3 在不同温度下对沥青的溶解速率

2.6 对现场垢样的溶解性能

伊拉克某油田普遍存在有机垢堵塞的问题，钢丝作业对井筒内堵塞物进行取样，并对样品进行族组分分析。

分析结果如表 7 所示，垢样中有机质占 87.95%，其中沥青质为主要成分，占据了 48.84%，其次为芳香分、饱和分和胶质。

表 7 伊拉克某油田 BU-Z 垢样成分分析

项目	饱和份	芳香份	胶质	沥青质	蜡	有机质总量
含量/%	11.52	19.30	7.82	48.84	0.47	87.95

表 8 PA-OS3 对现场垢样的溶解

项　目	PA-OSS
溶解率/%	89.69

结果如表 8 所示，PA-OS3 对垢样的溶解率为 89.69%，能够完全溶解垢样中的有机质成分，有效解除有机堵塞伤害。

2.7 与其他产品性能对比

收集了 4 个已经现场应用的同类型产品，对其溶蜡溶沥青的速率进行测试评价，并与 PA-OS3 进行对比。

实验结果如表 9、表 10 所示，PA-OS3 的溶蜡溶沥青速率均优于同类型产品。

表 9 蜡溶解速率对比

项　目	Sample1	Sample2	Sample3	Sample4	PA-OS3
溶解速率/[mg/(min·mL)]	0	3.4374	1.0430	2.1127	4.3913

表 10 沥青溶解速率对比

项　目	Sample1	Sample2	Sample3	Sample4	PA-OS3
溶解速率/[mg/(min·mL)]	0	3.6590	0.2040	0.6775	3.7065

3 现场应用

PA-OS3 先后在伊拉克米桑油田 BU-X 井及 FQCS-Y 井现场试验，取得显著的增产效果。

如图 4、图 5 所示，BU-X 井及 FQCS-Y 经有机解堵加酸化联作措施后，产量较措施前分别增长至 7.5 倍、16.7 倍。

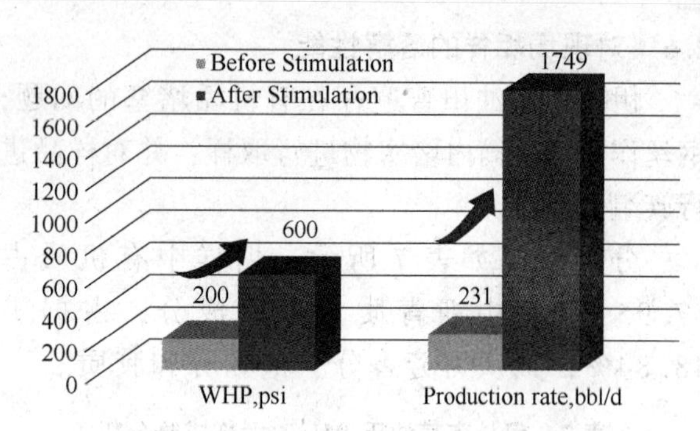

图 4 BU-X 措施前后生产对比

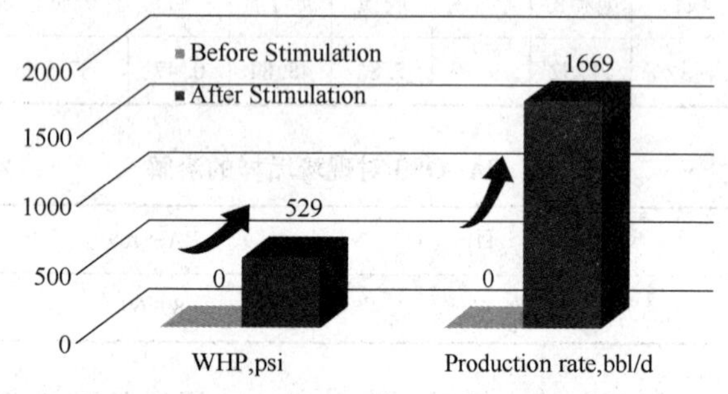

图 5 FQCS-Y 措施前后生产对比

4 结论

（1）PA-OS3 具有良好的溶蜡溶沥青性能，溶蜡速率可达 4.01mg/(min · mL)，溶沥青速率可达 3.84 mg/(min · mL)，能够完全溶解伊拉克某油田 BU-Z 井垢样中的有机质成分。

（2）PA-OS3 具有较低的表界面张力，表面张力 27.8mN/m，界面张力 0.74mN/m，对地层能起到良好的保护作用。

（3）先后对伊拉克米桑油田 BU-X 井及 FQCS-Y 井现场试验证明，PA-OS3 有机解堵效果显著。

参 考 文 献

[1] 张丽萍，李剑峰，张月华，等．临盘油田盘二断块有机垢对地层堵塞实验研究[J]．内蒙古石油化工，2006，(1)：78-79.

[2] 赵凤兰，鄢捷年．沥青质沉积抑制剂和清除剂的研究[J]．油田化学，2004，21(4)：310-312.

[3] 马艳丽，梅海燕．沥青质沉积机理及预防[J]．特种油气藏，2006，13(4)：94-96.

[4] Bruno Schuler，Gerhard Meyer，Diego Pena，Oliver C. Mullins，Leo Gross. Unraveling the Molecular Structures of Asphaltenes by Atomic Force Microscopy[J]。J. Am. Chem. Soc. 2015，137：9870-9876.

[5] 浦万芬．油田开发中的沥青质沉积[J]．西南石油学院学报，1999，21(4)：38-39.

利用渗流理论与井点含水判断流体运移规律

李金蔓 李 根 常 涛 刘 斌 李金泽
(中海石油(中国)有限公司天津分公司，天津塘沽 300452)

摘 要 注水开发油田流体渗流规律复杂，流体的运移规律对剩余油分布具有重要影响。基于复势函数与油水两相渗流理论，结合井点含水进行校正，提出了一种判断油藏内流体运移规律的方法。与商业数模软件对比，该方法能够得到一个相对可靠的流线分布，并具有省时的优点。研究表明：源汇间为主力线压力梯度高，为液流主要渗流通道，剩余油贫乏；源源或汇汇间为分流线其压力梯度低，剩余油富集；调整井应放置在远离主流线区域而靠近分流线区域。

关键词 流线分布；两相渗流；源汇；流体运移

油田进入高含水期之后，油田开发工作的研究重点和难点就转向了如何认识、挖潜剩余油方面。目前研究剩余油分布的方法很多，包括开发地质学方法、油藏工程方法、测井方法、数值模拟法、高分辨率层序地层学法以及微观剩余油研究。其中，油藏数值模拟是最常用的定量研究剩余油分布的手段[1]。实践证明，通过数值模拟技术确定的剩余油饱和度分布未完全体现研究人员所期望的实用价值，数值模拟研究工作量巨大、对地质模型要求较高、影响模型含水因素多、不适合快速评价油藏等问题[2]，针对此问题，焦霞蓉等[3]结合相对渗透率曲线与油田生产动态资料，从油藏工程角度出发，推导出含水率与含水饱和度相关公式，分析剩余油的局限性，以此得到剩余油饱和度分布。郑浩等[4]在精细油藏描述基础上，结合吸水产液剖面及碳氧比饱和度测试等动态资料，通过油藏动态法绘制油田小层水淹平面图；然后，通过公式推导得到含水饱和度与含水率、采出程度与含水率的关系式，并结合水淹平面图定量研究了各小层平面及纵向剩余油的分布规律。总体来看，以上剩余油研究方法虽然克服了油藏动态法只能定性的缺陷，但是易受资料的限制，相对渗透率曲线由少数井取芯所测获得，具有一定的局限性。本文基于复势函数与油水两相渗流理论，结合井点含水进行校正，提出了一种判断油藏内流体运移规律的方法，并以渤海油田实际数据为例进行了验证。

1 方法推导

在均质条件下，利用流函数法可求出流场流线分布，液流方向，各井点流量分布，从而得到整个流场内流体运移规律。

1.1 利用流函数求取流线分布

若同时存在 n 个点源(汇)时，并且它们分别位于复平面 Z 上的点 a_1，a_2，a_3，…，a_n时，运动叠加原理可得到多井干扰时的复势为[8,9]：

$$W(Z)=\sum_{j=1}^{n}\left[\pm\frac{q_{hj}}{2\pi}\ln(Z-a_j)+C_j\right] \quad (1)$$

式中，a_j，C_j均为复常数。

此时，势函数：

$$\phi=\sum_{j=1}^{n}\varphi_j=\sum_{j=1}^{n}\left[\pm\frac{q_j}{2\pi}\ln(r_j)+C_{j1}\right] \quad (2)$$

流函数：

$$\psi=\sum_{j=1}^{n}\psi_j=\sum_{j=1}^{n}\left[\pm\frac{q_j}{2\pi}\ln(\theta_j)+C_{j2}\right] \quad (3)$$

式中，q_j为第 j 个点源(汇)液量，m^3/s；$\vec{r_j}$ 为矢量 $Z-a$ 的模，$r_1=|Z-a|$；θ_j 为辅角，矢量 $Z-a$ 与 x 轴夹角；C_{j1}为复常数 C_j的实部；C_{j2}为复常数

作者简介：李金蔓(1986—)，女，汉族，河北石家庄人。2012 年毕业于西南石油大学油气田开发工程专业，硕士学位，工程师，目前主要从事油藏渗流研究工作。获得海洋石油高效开发国家重点实验室优秀论文一等奖，中海油有限天津分公司渤海石油研究院科技进步一等奖，海上油田增产技术研讨会二等奖等，已发表论文 9 篇。E-mail：lijm17@ cnooc. com. cn

C_j的虚部。

1.2 推导含水率与井在流线上位置的关系

上述式(1)~式(3)流函数计算适用于均质各向同性模型，考虑到实际油藏的非均质性[5]，因此均质各向同性所计算出的流线分布应进行校正[6,7]。已知含水率、流线上某位置x与含水饱和度分别存在单调关系，故可建立含水与某位置x的关系式。本文利用复势函数求解整个油藏在假设为均质条件下的流线分布；对油水两相渗流理论进一步推导得到含水率与流线内位置的对应关系，通过代入含水率得到各井点在流线中所处的先后位置，从而对均质条件下的流线分布进行纠正。

以一维水驱油模型为基础，忽略毛管力、重力，利用复势函数求解整个油藏在假设为均质条件下的流线分布；对油水两相渗流理论进一步推导得到含水率与流线内位置的对应关系，通过代入含水率得到各井点在流线中所处的先后位置，从而对均质条件下的流线分布进行纠正。具体研究过程如下：

等饱和度面移动公式为：

$$x - x_0 = \frac{f'_{w}(S_w)}{\phi A}\int_0^t Q\mathrm{d}t \tag{4}$$

式中，x为流线内某位置，m；x_0为初始位置，m；$f'_w(S_w)$为含水率相对于含水饱和度导数；ϕ为孔隙度，%；A为横截面，m^2；Q为注水速度，m^3/s。

建立流线内某位置x与该位置含水率f_w关系，可通过式(4)，给定x，计算得到f'_w[8~11]，再由分流函数及其导数函数图找到对应S_{wf}，由于f'_w有两个单调区间，故S_{wf}具有双解，应用数学中过单调函数起点作切线具有唯一性的原理，对于单调递增的函数f_w而言，过S_{wi}作f_w切线，切点位于导数曲线峰值的右边，从而确定S_{wf}唯一解，通过f_w曲线，即可得到含水率f_w与流线上某位置x的对应关系，f_w关于x单调；当前缘未达到的区域，$f_w=0$(图1、图2)。

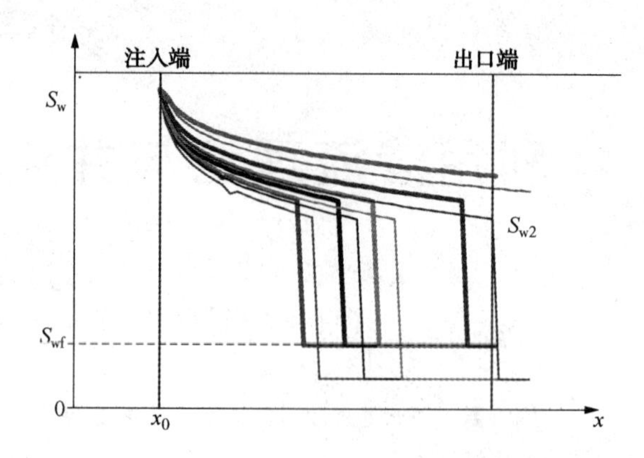

图1 不同时刻流线各位置饱和度分布

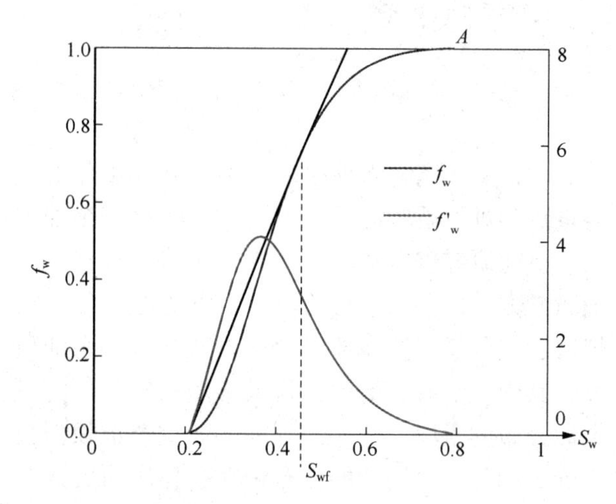

图2 分流量曲线分析图

1.3 利用含水校正流线分布

若模型为非均质，在现存四点井网基础上，任意位置放置 口生产井M，已知M井含水为f_{w0}，通过含水率与流线内位置的对应关系，代入井M含水率得到各井点在流线中所处的先后位置，对均质条件下的液流方向进行纠正，从而得到非均质情况下的流线分布。

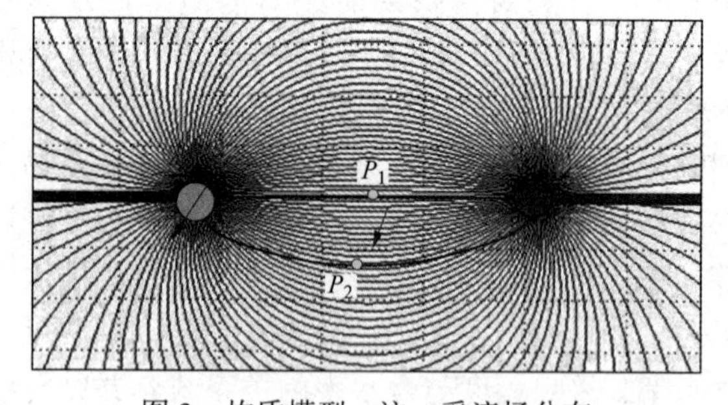

图3 均质模型一注一采流场分布

位于两根不同流线上的点P_1、P_2，两点与源的距离相等，含水分别为f_{w1}、f_{w2}、若$f_{w1}<f_{w2}$，则$S_{w1}<S_{w2}$。从图3可知，f'_w与S_w反相关，则若某点含水饱和度越大，含水导越小，$f'_{w1}<f'_{w2}$根据式4，可得，$W_1<W_2$，故图3中，主流线下方的油藏物性优于主流线位置的物性，则主流线下方水洗程度高，累积通过流体体积大，剩余油贫乏，而主流线位置剩余油相对富集。

1.4 方法逻辑流程图

总结思路如图 4 所示。

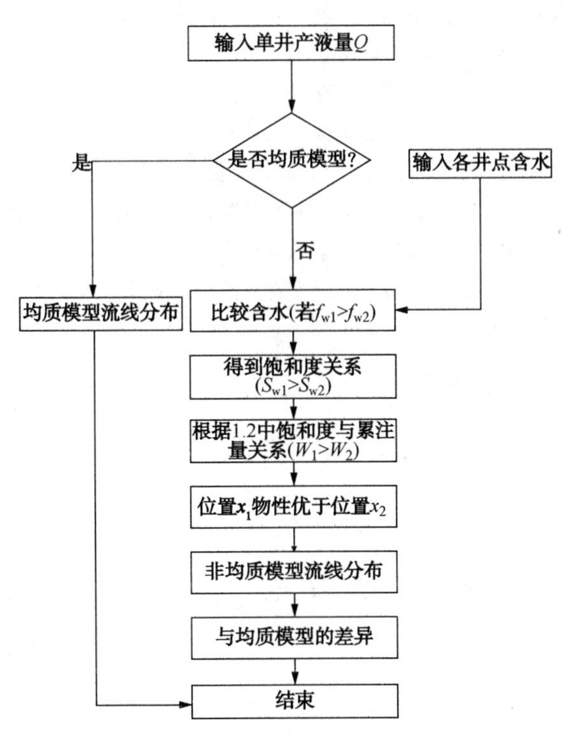

图 4 非均质模型流线校正流程图

2 实例应用

以歧口 18-1 油田为例，该油田为扇三角洲前缘沉积，非均质性较强[12,13]。其中，X 油组的两口综合调整井 P10、P13，P13 井位于主流线内侧，P10 井位于主流线外侧，井点含水率见表 1。

表 1 歧口 18-1 油田 X 油组井点含水率

井号	含水率/%
QK18-1-1	72.1
P10	92.8
P13	85.2
P12	87.6

分别以 P10、P13 井点为中心，在与流线正交方向取相等截面积为 A 的流管 1，流管 2。假定流场均质，流管 1 的流量是流管 2 流量的 1.5 倍；油藏真实条件下，流管 1 的流量是流管 2 流量的 3.2 倍，QK18-1-1 井与 P5 井间主流线向 P10 井偏移，故 P10 井区物性好与 P13 井区。

通过井点实际含水数据校正均质模型，校正后的非均质模型流线(图 5)走向与实际相符。

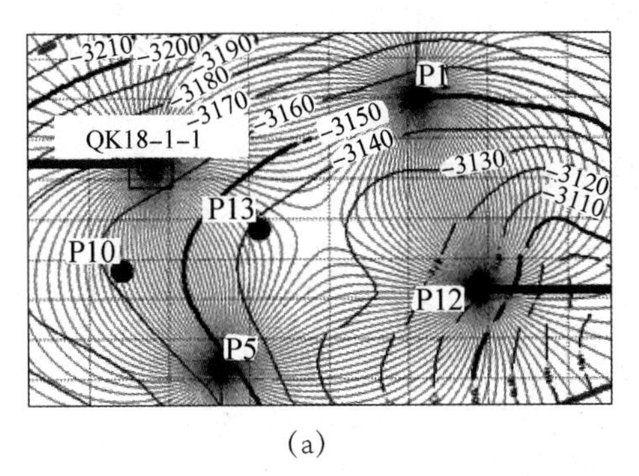

(a)

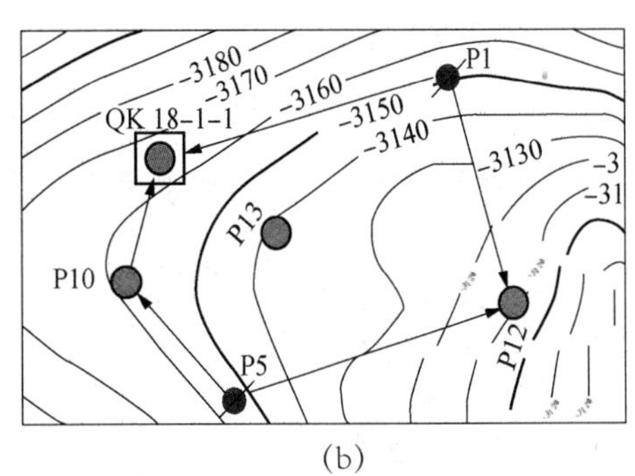

(b)

图 5 歧口 18-1 油田 X 油组液流方向示意图

3 结论

（1）该方法利用复势函数求解整个油藏在假设为均质条件下的流线分布；对油水两相渗流理论进一步推导得到含水率与流线内位置的对应关系，通过代入含水率得到各井点在流线中所处的先后位置，从而对均质条件下的流线分布进行纠正。

（2）与商业数模软件对比，该方法得到的流线分布，相对可靠的，并具有省时的优点。

（3）研究表明，源汇间为主力线压力梯度高，为液流主要渗流通道，剩余油贫乏；源源或汇汇间为分流线其压力梯度低，剩余油富集；调整井应放置在远离主流线区域而靠近分流线区域。

参考文献

[1] 付德奎，冯振雨，曲金明，等．剩余油分布研究现状及展望[J]．断块油气田，2007，14(2)：39-41.

[2] 靳彦欣，林承焰，贺晓燕，等．油藏数值模拟在剩余油预测中的不确定性分析[J]．石油大学学报：自然科学版，2004，28(3)：23-29.

[3] 焦霞蓉，江山，杨勇，等．油藏工程方法定量计算剩余油饱和度[J]．特种油气藏，2009，16(4)：48-50.

[4] 郑浩，王惠芝，王世民，等．一种研究高含水期剩

余油分布规律的油藏工程综合分析方法[J]. 中国海上油气，2010，22(1)：33-36.
[5] 闫宝珍，许卫，陈莉，等. 非均质渗透率油藏井网模型选择[J]. 石油勘探与开发，1998，25(6)：51-53.
[6] 李才学，沈曦，贾卫平，等. 高含水期油藏液流方向优化及流线模拟[J]. 断块油气田，2015，22(5)：641-646.
[7] 杨勇. 高含水期水驱特征曲线上翘现象校正方法研究[J]. 石油天然气学报，2008，30(1)：120-127.
[8] 程林松. 高等渗流力学[M]. 北京：石油工业出版社，2011：23-24.
[9] 李晓平. 地下油气渗流力学[M]. 北京：石油工业出版社，2008：127-135.
[10] 杨胜来，魏俊之. 油层物理学[M]. 北京：石油工业出版社，2004：239-249.
[11] 张金庆. 水驱油田产量预测模型[M]. 北京：石油工业出版社，2013：1-2.
[12] 罗水亮. 扇三角洲相储层开发中后期剩余油分布规律研究[D]. 北京：中国石油大学，2010.
[13] 党胜国，黄保纲，王惠芝，等. 三角洲前缘储层非均质性及剩余油挖潜研究[J]. 海洋石油，2015，35(2)：66-71.

渤南中轻质油藏大段合采井射孔方案优化与应用

吴小张 张建民 黄 琴 张占华 温慧芸 张 博

(中海石油(中国)有限公司天津分公司渤海石油研究院，天津 300459)

摘 要 海上边底水能量较活跃的中轻质大段合采油藏，常因避射厚度不当引起底水锥进，影响油田开发效果。针对该问题，应用油藏数值模拟方法，分析了油井距内含油边界水平距离、油层底部距油水界面垂向距离、油层厚度、原油黏度、渗透率级差等因素对油层避射厚度的影响。研究表明，对于渤海中轻质油藏，随着黏度增加，避射厚度增加，当油井距内含油边界大于100m时不需要避射；原油黏度小于5mPa·s时，最佳避射厚度为3m。首次形成了一套渤海中轻质油藏射孔方案图版，该图版对指导类似油田的合理开发具有重要意义。

关键词 射孔方案；避射厚度；级差；中轻质油藏；渤海油田

在渤海南部区域，地质情况极为复杂，且边底水油藏较为发育。在前期开发中，合理编制射孔方案对保证油田高效开发具有重要意义[1]。油井的合理避射厚度对高效开发边底水油藏具有重要作用[2~6]，避射油层厚度过大，影响油层动用程度，且底水能量不能充分利用，降低单井产能；避射厚度过小，将引起水窜，油井过早淹，抑制累产油量[7]。然而针对中轻质油藏射孔方案的研究，文献鲜有研究，且未考虑油井所处部位、油层厚度、原油黏度、渗透率级差等多因素对射孔开发效果的影响。本文在考虑上述因素的基础上，应用数值模拟方法，以渤海南部K油田为例，针对油井的合理避射厚度开展研究，并形成了一套适合海上中轻质大段合采油藏的射孔方案图版，为类似中轻质油藏射孔方案优化提供了参考。

1 油藏基本特征

渤海K油田位于渤海南部海域，油田范围内平均水深19.8m，油藏埋深1400m，纵向油层层数多，单层厚度薄。单层地层平均渗透率736.6mD，平均孔隙度31.6%，属于高孔高渗储层；地下原油黏度1.33~3.64mPa·s，地面脱气原油密度0.828~0.872g/cm^3，属于轻质油藏，该区块以边水油藏为主，部分为底水油藏(图1)。

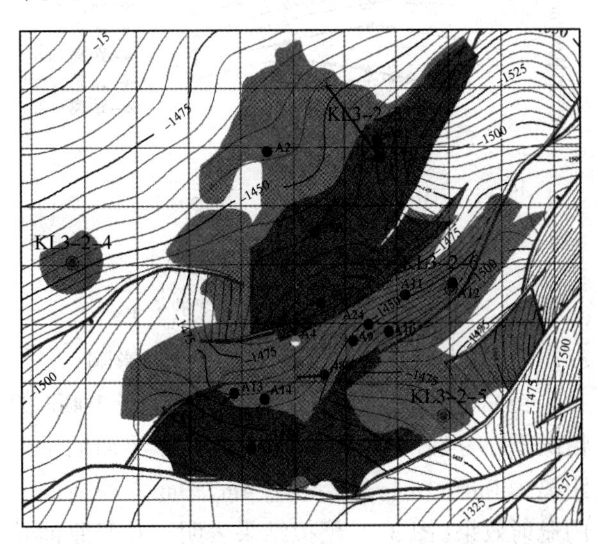

图1 K油田含油面积图

2 数值模拟模型的建立

应用油藏数值模拟方法，采用Schlumberger公司的Eclipse黑油模型进行模拟计算。基本地质模型选取油田实际模型，该区块在纵向上层数较多，平面网格为50m，纵向网格为1m，模拟网格总数2841792个，油水和油气相对渗透率曲线以及流体的高压物性都是采用该油田的实际资料。

作者简介：吴小张，男，工程师，现主要从事海上油气田开发方面的研究工作。E-mail：wuxzh@cnooc.com.cn

本次模拟的标准模型采用地质模型中所描述的全套参数，研究分析油井距内含油边界距离、油层底部距油水界面垂直距离、油层厚度、以及原油黏度在不同情况下，油井的避射厚度对油藏开发效果的影响，对主要参数进行了分析研究。

3 射孔方案优化研究

3.1 油井与内含油边界水平距离的影响

若射孔方案中油井避射厚度不当，会引起边水突进较快，影响油田开发效果。通过数模计算出油井距内含油边界水平距离为50m、80m、100m、120m、150m五种情况下，油井避射情况与开发效果的关系(图2)。模拟结果表明，对于中轻质大段合采油藏，当油井距离内含油边界大于100m时，不避射累产油量最多；当油井距离内含油边界的距离小于100m时，油井需要避射，且随着距离的减少，最优避射厚度逐渐增加。

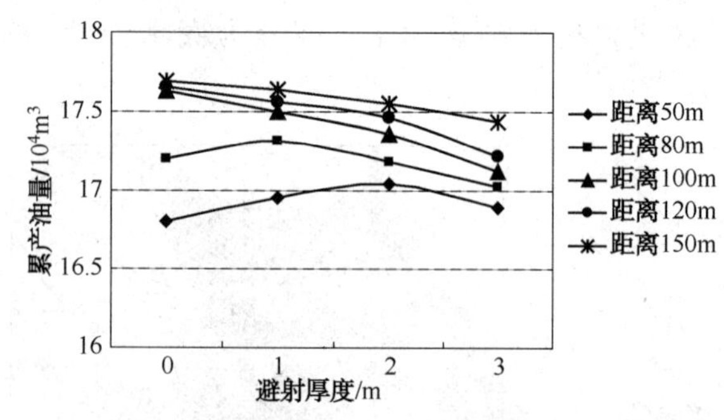

图2 油井距内含油边界不同距离下累产油量与避射厚度的关系

3.2 油层底部与油水界面垂直距离的影响

在油井距内含油边界水平距离小于100m的情况下，分别模拟了油层底部距油水界面的垂向距离为0m、1m、2m、3m、4m、6m六种情况下的避射效果(图3)。模拟结果表明，对于原油黏度小于5mPa·s的轻质油藏，当油层底部距油水界面垂直距离大于等于3m时，不避射累产油量最高；当垂向距离为0m时，避射3m，开发效果最好，垂向距离为1m时，避射2m，垂向距离为2m，需避射1m。总的来说，针对黏度小于5mPa·s的轻质油藏，最优避射厚度为3m。

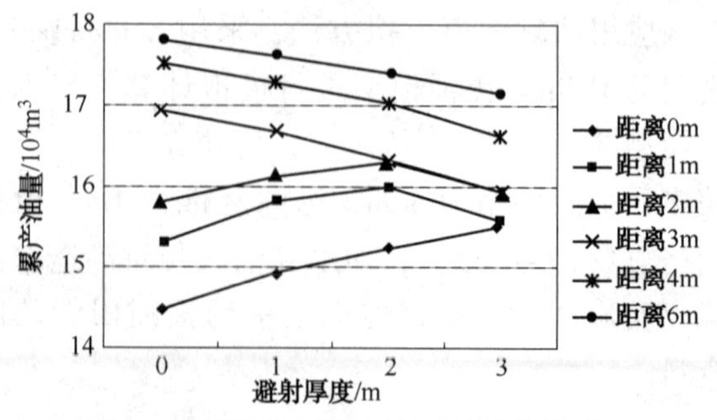

图3 油层底部与油水界面垂直距离不同情况下累产油量与避射厚度的关系

3.3 油层厚度的影响

该类储层由于纵向上油层层数多、单层厚度较薄、纵向非均质性强，极易见底水。因此需针对该类储层射孔厚度下限进行研究。研究方案分别模拟了油层厚度为2m、3m、4m、5m四种情况(图4)。研究结果表明，若底水油藏厚度小于3m，射孔后，底水快速锥进，开采初期含水率达到80%，采收率仅为4%，低于渤海油田目前的经济极限值[8]，此类油层没有开采价值，因此小于3m的底水薄油层不射开。

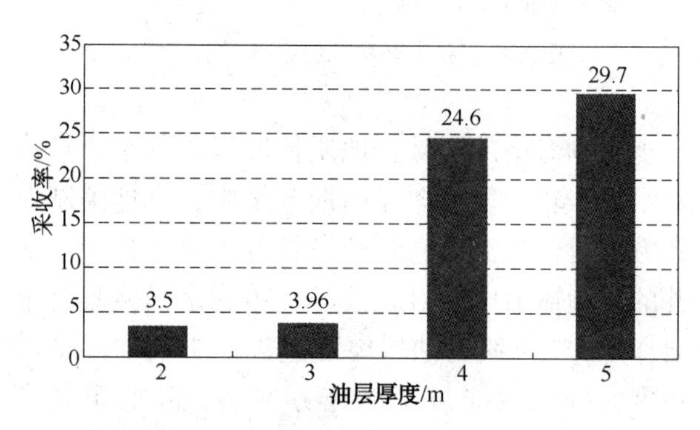

图4 采收率与不同油层厚度的关系

3.4 隔夹层的影响

模拟计算了有隔夹层和无隔夹层两种情况下的开发效果(图5)。模拟结果表明，有隔夹层时，含水上升缓慢，累产油量较高；而无隔夹层时，油井投产后快速见水，水窜明显，累产油量低。主要是因为复杂断块油田一砂一藏的特征比较明显，隔夹层几乎整体覆盖在底水上部，有效抑制了底水锥进。因此，在油井钻遇的储层中，若射孔井段底部与油水界面之间有泥质夹层存在，则泥质夹层不射开，泥质夹层的存在对抑制

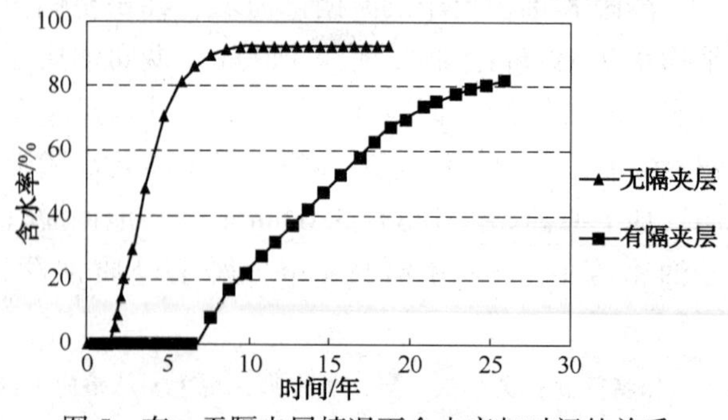

图5 有、无隔夹层情况下含水率与时间的关系

底水锥进十分有利，当泥质夹层厚度大于1m以上，可适当减少油层避射厚度。

3.5 原油黏度的影响

结合渤海南部各油藏的实际特征，模拟计算了原油黏度分别为2mPa·s、5mPa·s、8mPa·s、15mPa·s、20mPa·s、30mPa·s、40mPa·s七种情况下的开发效果(图6)。模拟结果表明，随着原油黏度的增加，最优避射厚度逐渐增大。这是由于随着原油黏度的增加，底水锥进的现象越明显，需避射的油层厚度越大。总体来看，原油黏度小于5mPa·s时，需要避射3m，原油黏度在5~20mPa·s时需要避射4m，原油黏度在20~40mPa·s时需要避射5m，同时结合渤南区域正处于开发中的油田，此规律是符合海上油田注水开发特征的[9,10]。

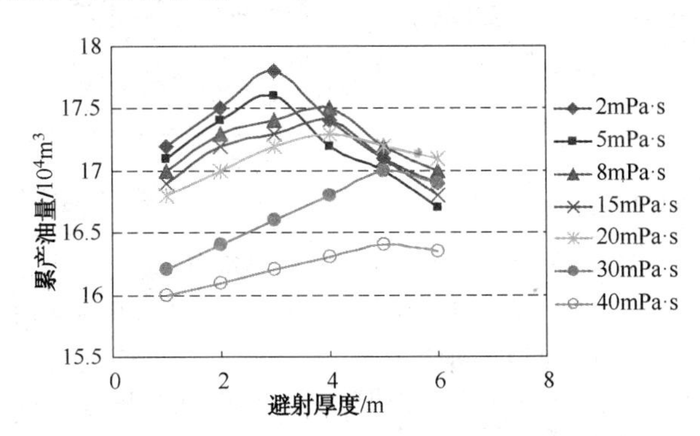

图6 不同原油黏度下累产油量与避射厚度的关系

3.6 渗透率级差的影响

针对该类储层上述特点，模拟计算了不同渗透率级差条件下，射开多层合采各层产能与高渗层单采的对比。结果表明：渗透率级差控制在6.0以下可以减小合采层间干扰的影响(图7)。同时，通过分析渗透率级差对多层油藏合采与分采开发效果的对比，可以看出，合采条件下，对低渗层的采出程度影响较大，高低渗层采出程度差异比分采条件下的差异大(图8)。因此，对于

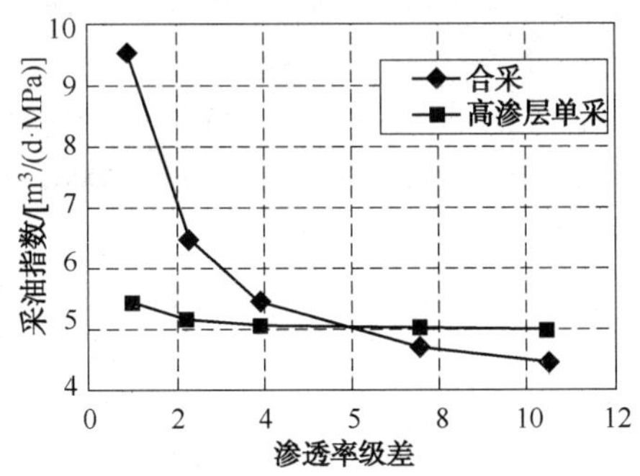

图7 渗透率级差对油井产能的影响

射孔方案来说，要采取“抓大放小”的策略选择性的射孔，避射部分低渗层，同一防砂段内渗透率级差应控制在6.0以下，以便减小层间干扰，充分释放油层产能。

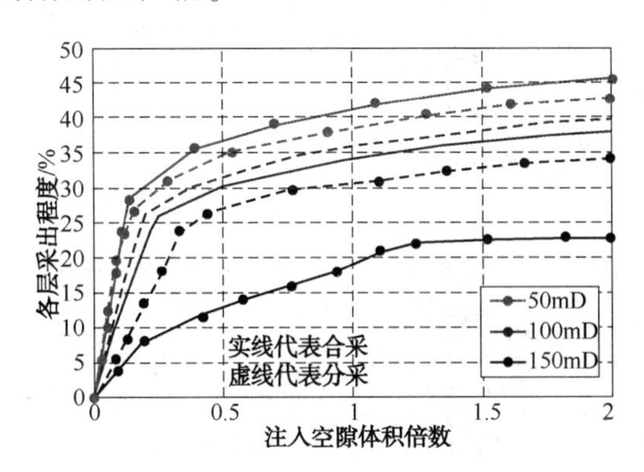

图8 渗透率级差对各层采出程度的影响

4 射孔方案图版的建立

通过上述因素开展研究，最终形成一套中轻质油藏射孔方案图版(图9)。由于不同原油黏度对应的避射厚度不一样，此图版以原油黏度小于5mPa·s的油藏进行说明。图版表明：当油井距内含油边界大于100m时，不需要避射；当油层底部距油水界面距离大于3m时，也不需要避射。

对于距离油水内含油边界小于100m且油层底部距油水界面的垂向距离小于3m时：当油层底部距离油水界面垂向距离1m时，避射2m；距离油水界面垂向距离2m时，则避射1m；油层下部若有泥质夹层，可适当减小避射厚度。考虑油井的开发效果，底水薄油层厚度小于3m时，油层不射开。

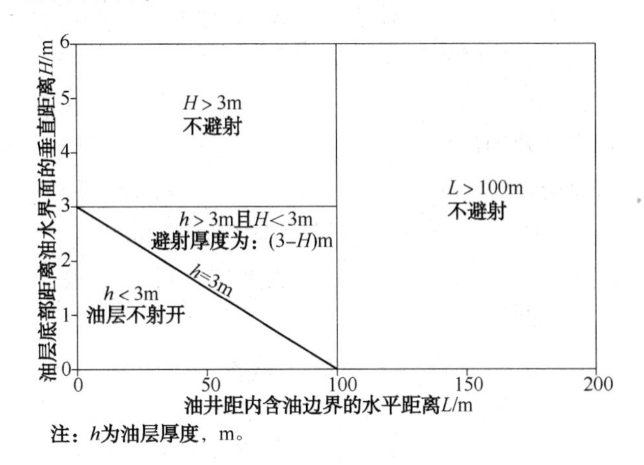

图9 渤海南部中轻质油藏射孔方案图版

5 应用效果分析

在结合油藏实际特征及上述因素进行了详细研究的基础上，针对渤海K油田设计了相对合理

的射孔方案，指导了油田12口井的射孔方案实施，从而保证了生产井的高效开发。该油田在高采油速度情况下，生产状况良好，产油量、油压、气油比非常稳定。尤其钻遇油水过渡带的油井，含水上升也非常缓慢，图10为油水过渡带的油井开采曲线，实施效果显著。

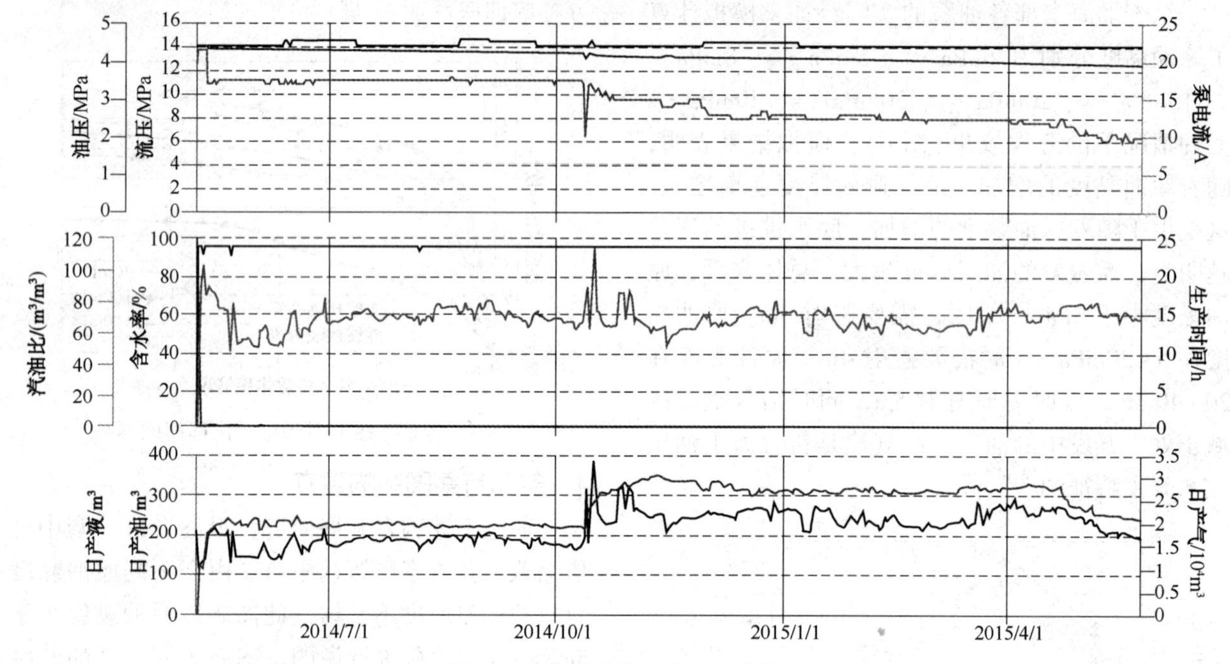

图10 油水过渡带油井开采曲线

6 结论

(1) 首次提出了适合渤海中轻质大段合采油藏的射孔图版，该图版对指导类似油田的合理开发具有重要价值，利用该图版可以快速确定油井的避射厚度。当油井距离内含油边界平面距离大于100m时，油层全部射开，不需避射；当油层底部距油水界面垂向距离大于3m时，也不需要避射。

(2) 对于中轻质油藏，随着原油黏度的增加，最优避射厚度增加；对于原油黏度小于5mPa·s的轻质油藏，最优避射厚度为3m。

(3) 针对原油黏度小于5mPa·s的边、底水油藏，若油层厚度小于3m时，该类油层不射开；当油层底部距离油水界面垂向距离1m时，避射2m；油层底部距离油水界面垂向距离2m时，则避射1m，油层下部若有泥质夹层，可适当减少避射厚度。

(4) 对于纵向上油层层数多，小层厚度薄，渗透率差异大的储层特点，要采取“抓大放小”的策略选择性射孔，避射部分低渗层，同一防砂段内渗透率级差应控制在6.0以下。

参 考 文 献

[1] 金毓荪，巢华庆，赵世远．等．采油地质工程[M]．北京：石油工业出版社，2006：548-554.

[2] 马德华，耿长喜，马红，等．大庆外围油田水淹层解释评价[J]．录井工程，2015，(4)：46-50.

[3] 陈金宏．射孔参数对煤层压裂效果影响分析[J]．中国煤层气，2015，(6)：27-29.

[4] 朱圣举，张明禄，史成恩．底水油藏的油井产量与射孔程度及压差的关系[J]．新疆石油地质，2000，21(6)：495-497.

[5] 文健，昌峰，王庆勇．平湖油气田油藏射孔方案优化研究[J]．石油勘探与开发，2000，27(3)：70-72.

[6] 高春光，王晓冬，刘和甫，等．底水驱油藏单管采水抑锥射孔方案优化[J]．油气地质与采收率，2006，13(1)：71-73.

[7] 屈亚光，丁祖鹏，潘彩霞，等．厚油层层内夹层分布对水驱效果影响的物理实验研究[J]．油气地质与采收率，2014，(3)：105-107.

[8] 龚亚香．滩海油田开发项目经济评价研究[J]．石油天然气学报(江汉石油学院学报)，2006，28(2)：158-160.

[9] 苏彦春，王月杰，缪飞飞．水驱砂岩油藏开发指标评价新体系[J]．中国海上油气，2015，27(3)：60-65.

[10] 周守为．海上油田高效开发技术探索与实践[J]．中国工程科学，2009，11(10)：55-60.

高温高盐油藏弱凝胶前置段塞聚合物驱研究

李道山 张景春 伍 星 程丽晶
(大港油田公司采油工艺研究院，天津 300280)

摘 要 针对大港南部油田复杂断块高温高盐油藏，开展了弱凝胶体系作为聚合物驱前置段塞，以及油田不同水质对聚合物溶液流变性能的研究。合成出的有机交联剂和聚合物配成的调剖体系其成胶时间和强度可控。通过调剖体系在80℃下的稳定性实验，检测调剖体系在不同时间的黏度变化，确定调剖体系的成胶时间。结果表明，体系成胶时间是3~30天，随着交联剂和聚合物浓度的升高，成胶时间逐渐缩短，成胶后凝胶强度增强。弱凝胶流变曲线确定了临界成胶浓度：在聚合物和交联剂浓度分别大于800mg/L、300mg/L时，调剖体系形成的弱凝胶黏度较高。三管并联岩芯实验表明，注入调剖剂候凝后，进行后续水驱或聚合物驱，高渗透层液量降低，中、低渗透层液量升高，达到调剖封堵高渗透层，扩大中、低渗透层波及体积的效果。在南部油田复杂断块高温高盐油藏开展了井组的先导性深部调剖试验，注入调剖体系6个月后，获得增油效果。用现场注入水、暴氧后注入水及清水配制了聚合物溶液，研究了聚合物体系的增黏性、黏弹性。结果表明，随着配制水中活性物质、总的矿化度、以及二价金属离子的增多，聚合物溶液的抗剪切性能，黏弹性明显降低。在相同段塞条件下，有弱凝胶前置段塞的聚合物驱油效果高于单一聚合物驱的效果。

关键词 大港油田；弱凝胶；聚合物驱；前置段塞；流变曲线；注入水

大港南部油田地层构造和流体性质相对北部其他油田更加复杂，属于高温高盐复杂断块油藏。平面、纵向上的非均质程度严重，水驱开发过程中注入水沿高渗透层突进，中、低渗透层吸水量小，影响注入水波及体积，水驱效率变差，水井吸水状况差异大，水驱提高采收率效果降低。原油中胶质和沥青质含量较高，大部分原油黏度在中等以上，由于水驱时，驱替相和被驱替相流度比大，容易发生黏度指进，水驱效率低。

南部油田经过多年强化水驱开采，水驱开发处于中、后期阶段。虽然目前全区平均采出程度只有20%左右，但大部分区块的综合含水已经达到80%以上，有些甚至高达90%以上。同时油藏储集层状况发生较大变化，突出表现在油层原始高渗部位的渗透率与开发初期相比提高5 ~ 10倍，岩芯孔喉半径比注水初期有较大增大，形成大的水流通道，注入压力降低，采油井含水升高。基于上述地质情况，在南部开展用注入水配制聚合物驱提高原油采收率研究时，注入聚合物段塞之前，采取先注入可控制成胶时间和成胶强度的调剖体系，弱凝胶体系在注入井底和深部调堵高渗透水窜层、水窜段，能够达到调整注水剖面、扩大注水波及体积的目的，从而有效改善聚合物驱和后续水驱在中，低油层开发状况[1,2]。通过前置段塞调剖和聚合物驱优化段塞组合方式设计比单一聚合物驱要好，提高了聚合物利用效率，有利于聚合物驱启动中、低渗透层中剩余油。

1 实验部分

1.1 化学试剂和仪器

4种聚合物产品：FP934PH，爱森公司；63026，恒聚公司；111-2，大港油田博弘公司；耐温抗盐型高相对分子质量聚合物(NG-1)，在高矿化度下不易卷曲，以更为舒展的形态存在，抗氧化较强。交联剂：研制的GNY-1高温高盐有机交联剂和稳定剂混合物。配制调剖体系所用水为大港油田南部枣园油田注入水，矿化度28181mg/L，组成如下(mg/L)：$K^+ + Na^+$ 10022，$Ca^{2+} + Mg^{2+}$ 856，Cl^- 16631，SO_4^{2-} 0，HCO_3^- 672，S^{2-} 5，$Fe^{2+} + Fe^{3+}$ 0.2，溶解氧 0.3，腐生菌 70

作者简介：李道山(1960—)，男，汉族，黑龙江方正人，2002年毕业东北石油大学油气田开发专业，获工学博士学位，高级工程师，现从事三次采油技术研究工作，在国内、外发表论文30余篇。E-mail：lidaoshan@ sina. com

个/mL，硫酸盐还原菌 110 个/mL，铁细菌 6 个/mL。

仪器：安瓿瓶，厌氧手套箱(Anaerobic system)，Brookfield 黏度计。用德国 HAAKE 公司的 RS-600 型流变仪和 HAAKE CaBER1 拉伸流变仪，研究了用不同性质水配制聚合物溶液后的流变性、黏弹性和拉伸黏弹性。

1.2　实验方法

1.2.1　调剖剂除氧及成胶强度测量

将配制完的调剖体系样品装入到若干个 100mL 的安瓿瓶中，为模拟油藏地下无氧状态，用厌氧手套箱对样品除氧，压帽后放入 80℃的恒温箱中，定期取出样品，冷却在 25 ℃下，用 Brookfield 黏度计的 0#转子在 6 r / min 下，测定其黏度值，检测调剖剂成胶时间及成胶强度情况。

1.2.2　调剖剂注入不同渗透率岩芯后的分流实验

取不同渗透率，规格为 2.5cm×10cm 圆柱状均质岩芯，用原油和煤油配制的模拟油。采用高、中、低三支不同渗透率岩芯以并联的方式，研究对不同渗透率岩芯注入调剖剂成胶后，后续聚合物驱和水驱的分流量。实验步骤：(1)对岩芯抽空，饱和注入水，真空度达到 0.1mHg 气压以下饱和 3h。(2)用注入水测量岩芯的水相渗透率。(3)饱和原油、造束缚水，在 80℃下饱和模拟原油，直至岩芯出口端无水产出为止。(4)以每天 1~5m 的速度注入水，模拟油田的水驱开发过程，注水大约 3PV 直到岩芯出口端油水混合物中含水 98%以上。(5)注入一定量调剖剂(PV)候凝一定时间，直接水驱或注入一定量的聚合物溶液，后续水驱直至不再出油为止。(6)记录不同注入倍数阶段压力、采出液、油量，以及三管并联驱替时每支岩芯的分流量。

2　结果与讨论

2.1　调剖体系成胶时间和稳定性评价

调剖剂的成胶时间和成胶强度与配制的聚合物和交联剂性质有关。交联过程是聚合物分子中酰胺基与交联剂中的甲基醛树脂上的羟甲基化反应生成网状凝胶，所以酰胺基、羟甲基、苯环及苯环上高位阻的基团数量都对凝胶的稳定性起着重要的作用。因此在固定交联剂种类和浓度情况下，不同聚合物生成的凝胶的性质不同。在 80℃下，选取 3 种聚合物 FP934PH；63026(直链聚合物)；博弘 111 和不同浓度交联剂进行成胶和稳定性实验，结果可见，一般在 3 天左右开始成胶，15~30 天之间成胶强度达到最大，以后随时间的增大凝胶强度逐渐降低。随着聚合物和交联剂浓度的提高，成胶时间变短，成胶强度逐渐增大。

表 1 是 3 种聚合物浓度在 3000mg/L 与交联剂(GNY-1)在 2000mg/L 和 3000mg/L 稳定剂浓度在 200mg/h，3 个月的稳定性实验，可见，从成胶后最大强度和 3 个月后凝胶强度，用聚合物 FP934PH 配制的调剖剂成胶强度最高，其次是 630269 和博弘 111-2 调剖剂体系。

表 1　调剖剂成胶时间及稳定性实验结果

聚合物	浓度/(mg/L)	交联剂浓度/(mg/L)	体系不同老化时间的黏度/(mPa·s)						
			1 天	3 天	7 天	15 天	30 天	60 天	90 天
FP934PH	3000	2000	35	672	1235	1.3 万	4.2 万	4.1 万	3.9 万
63026	3000	2000	40	398	564	8154	3.5 万	2.9 万	2.5 万
111-2	3000	2000	38	564	654	795	3.4 万	2.7 万	2.4 万

2.2　调剖体系形成弱凝胶的流变性

通过对调剖剂体系成胶前后流变性研究，明确了弱凝胶抗剪切性，黏弹性和相体系的均一性。从流变曲线可见，在相同浓度情况下，体系成胶之前的黏度基本是聚合物溶液的黏度，远远低于形成弱凝胶后的黏度。聚合物与交联剂发生交联反应，一般认为在调剖体系浓度较低时，是以分子内交联为主，以分子间交联为辅，弱凝胶强度较低，而随着聚合物和交联剂浓度的升高，是以分子间交联为主，而分子内为辅。这时交联方式是一个交联剂核与单个或多个聚合物分子团相互间是不连续的，或是这种聚合物分子团相互间以弱的交联键或其他方式形成连续的网状结构，这种立体网状结构的连续性越好，抗机械强度就越强，弱凝胶体系的黏度就越高。图 1 可见，当调剖体系中聚合物和交联剂浓度分别大于 800mg/L、300mg/L 时，体系成胶后黏度明显升高。这个浓度可作为是以分子间与分子内交联为主的分界线，或叫临界成胶浓度，低于这个浓度体系形成弱凝胶时黏度较低[3~5]。图 2 是在 $7.24s^{-1}$剪切速率下，聚合物浓度为 5000 mg/L，交联剂浓度为 2000mg/L 时成胶后，弱凝胶体系黏度随时间的流变曲线，可见调剖剂浓度越高，凝胶强度越大。从曲线黏度变化结果可见，弱凝胶均一性变差，持续的抗剪切性及粘弹性降低，说明调剖剂浓度太高时形成的弱凝胶在油层中调堵作用效果会降低。

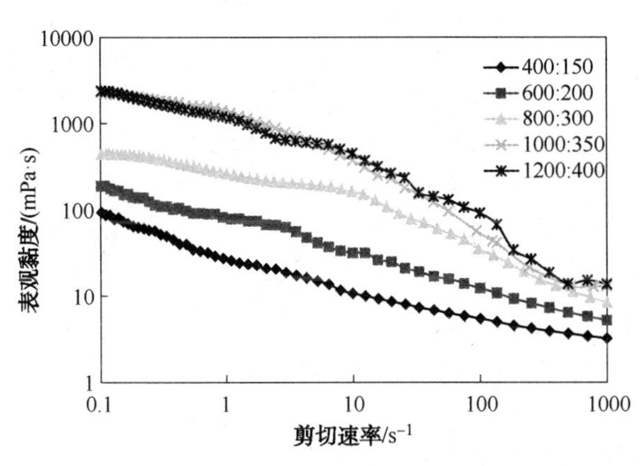

图 1 不同浓度聚合物与交联剂体系成胶后流变曲线

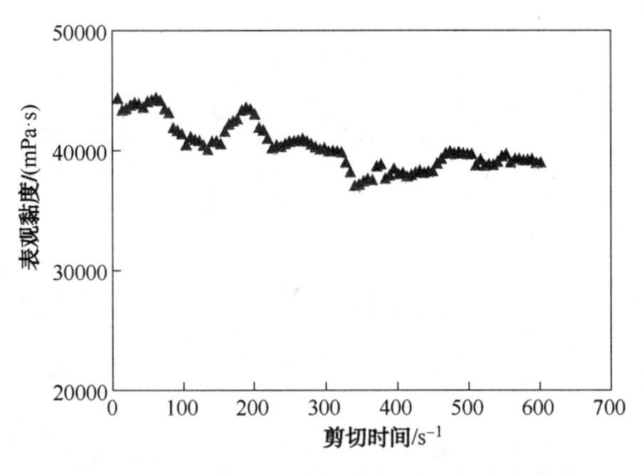

图 2 弱凝胶体系黏度与剪切时间的流变曲线

2.3 弱凝胶封堵中、高渗透层后水驱和聚合物驱向低渗透层分流作用明显

用三支高、中、低渗透率分别是 $1500\times10^{-3}\mu m^2$、$1000\times10^{-3}\mu m^2$、$500\times10^{-3}\mu m^2$左右的岩芯进行注入调剖剂成胶后的分流实验。在调驱过程中，调剖剂首先进入高渗透层，成胶滞留后，导致孔隙过流断面减少，流动阻力增加，注入压力增大，中、低渗透层吸液压差增大，吸液量增加，中、低渗透层得到有效启动[6,7]。图 3 左侧柱状图是未注入调剖剂前水驱在各层的分流量，高渗透层水的分流量是 66%，中渗透层是 24%，低渗透层是 10%。中间柱状图是注入 0.15PV 的调剖剂候凝成胶后对后续注入 0.45PV 聚合物驱的分流作用，高渗透层聚合物的分流量是 41%，中渗透层是 35%，低渗透层是 24%，

注聚合物驱过程中在中，低渗透层的流量增加了，高渗透层流量降低了。右侧 3 个柱是后续水驱的分流量，高渗透层水的分流量是 49%，中渗透层是 39%，低渗透层是 12%，说明调剖再水驱后，高渗透层液量也减少，中，低渗透层液量增加，达到调剖扩大波及体积提高驱油效果的目的。

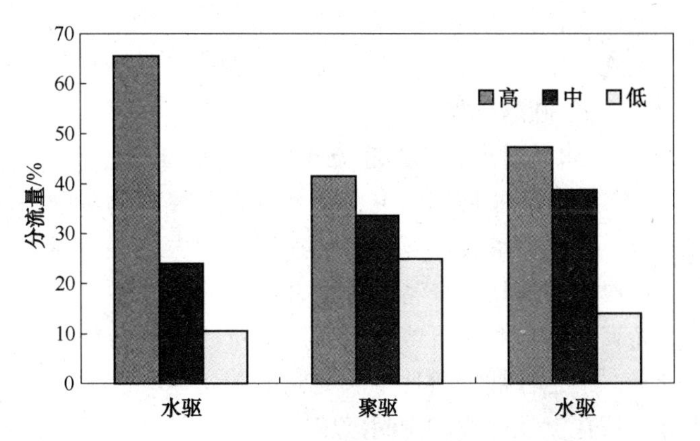

图 3 三管并联岩芯注入过程各层分流量
(0.15PV 调剖剂+0.45PV 聚合物)

2.4 南部高温高盐油藏井组深部调剖现场试验

根据室内对深部调剖剂研究的结果，在南部油田现场井组试验，结果表明水井注入压力提高 4MPa，以上，启动了未动用油层，扩大水驱波及范围，对应的油井产量有所提高。下面简约叙述两个井组的试验区概况及试验动态反映。

家 53-9 深部调剖现场试验井组，位于大港南部油田官 109-1 断块的东南边缘处，注水层位：枣 V 油组的 V_2 和 V_6 层位，注水井段：2005.7~2125m。生产现状：日注 30 m^3，泵压 24.0 MPa，油压，15.8MPa；井组剩余可采储量 1.54 万吨。对应受益油井 3 口(家 51-7、家 49-9 和家 53-7)。油藏温度在 80℃，平均渗透率在 $(40\sim166)\times10^{-3}\mu m^2$ 之间。地下原油黏度在 70mPa·s，注入水总的矿化度 29952mg/L。

吸水剖面测试结果显示：在 5 个注水层中，2 个层强吸水，相对吸水量占全井的 84%。动态

分析反映：由于注水突进，整个井组表现为含水上升产量下降，而潜力分析结果为：家 53-9 井组有 1.54×10^{4}t 剩余可采储量。此次使用的新型延缓交联耐温抗盐凝胶，加大处理深度和强度，对强吸水层的高渗流条带实施深部调堵，可有效抑制注水突进，扩大水驱波及体积，提高储层动用程度，控制油井含水上升速度、提高受益井产量的目的。

家 53-9 井共注入调剖剂 1850 m^{3}，聚合物浓度 3000mg/L，交联剂浓度 1800 mg/L，稳定剂浓度 50mg/L。注入完成后关井 5 天，预计在地下成胶后黏度在 20000mPa · s 左右。从注入压力与累计注入调剖剂关系曲线可见，开始注水压力是 15.8 MPa，随着累计注入调剖剂增加，注入压力也增大，说明调剖剂在地下逐渐成胶，经过 19 天施工结束，注入压力达到 24.5MPa。6 个月累计增油 300t 左右。

2.5　水质对聚合物溶液流变性的影响

聚合物驱使用的聚合物一般具有较高的分子量。其水溶液在较宽的剪切速度范围内，一般显示典型的剪切流变特性，聚合物溶液不管是在地面管线、炮眼附近或注入井周围所受到的剪切速率，还是在油层运移中所受到的剪切速率，大部分处在流变曲线的中间区域。

用三种不同组成的水质配制一种聚合物(NG-1)，观察流变曲线的变化。3 种水中，现场注入水和暴氧后的注入水的区别是二价铁、硫、其他还原性物质以及 3 种细菌差别较大。总的矿化度及钙、镁离子基本没有变化，而清水的各项指标都更低些。图 4 是 3 种水配制聚合物溶液后测的流变曲线，可见用清水配制的聚合物溶液的抗剪切性最强，表观黏度最大；其次是用暴氧后的注入水配制的聚合物溶液的抗剪切性次之。表观黏度最低的是用现场注入水配制的聚合物溶液。这说明在较高温度的情况下，水中二价铁、硫及其他还原性物质对聚合物体系的性质影响很大，而总的矿化度及二价钙、镁离子的影响则是次要的。

聚合物溶液的黏弹性与溶液中的聚合物浓度、相对分子质量及其分布，以及分子的柔曲性直接相关，链的柔曲性愈大，黏弹性愈强。另外还受溶剂的性质、盐、pH 值大小及其他活性物质的影响。

由图 4、图 5 可见，在 25℃下，随着配制聚合物(NG-1)溶液水的矿化度，还原性物质和其他活性组分的增多，聚合物溶液的储存模量逐渐降低，说明水中还原性物质和其他活性物质对聚合物的弹性影响最大，用现场注入水配制的聚合物溶液弹性与用清水配制的聚合物溶液弹性相差近一个数量级。用 3 种不同水配制的聚合物溶液测得损耗模量，结果与储存模量的类似，只是在较高的频率下，3 种溶液的损耗模量差别变小。

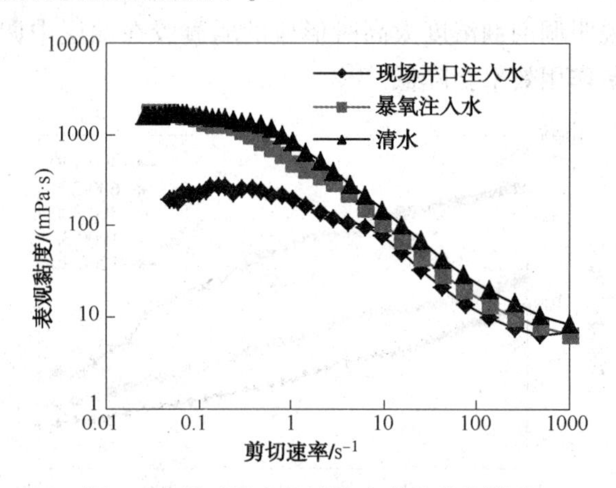

图 4　水质对聚合物溶液表观黏度的影响

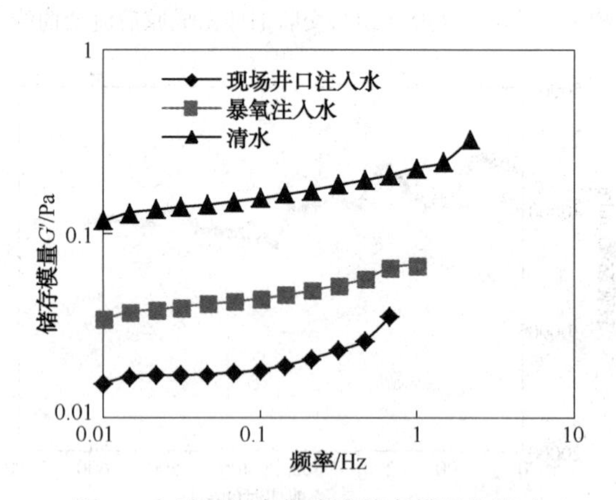

图 5　水质对聚合物溶液储存模量的影响

2.6　聚合物溶液在非均质岩芯驱油效果实验

为了验证弱凝胶作为前置段塞的聚合物驱的驱油效果，在规格为 4.5cm×4.5cm×30cm、渗透率平均在 600μm^{2} 左右、渗透率变异系数为 0.7 纵向非均质岩芯上进行驱油实验，实验结果见表 2，在 0.6PV 段塞条件下，弱凝胶前置段塞(0.15PV)，聚合物(0.45PV)驱油效果高于单一聚合物驱(0.6PV)的效果，是因为弱凝胶封堵高渗透层强，进一步扩大中、低渗透层的波及体积。提高了原油采收率。

表 2　聚合物(NG-1)在三层非均质岩芯驱油效果(2000mg/L)

岩芯渗透率/μm^2	含油饱和度/%	段塞组成/PV	水驱采收率/%	聚驱采收率/%	总采收率/%
598	72.3	0.3	49.8	8.6	58.4
603	71.6	0.6	50.4	15.2	65.6
622	73.1	0.15+0.45	49.1	18.4	67.5

3　结论

(1) 弱凝胶体系可以作为高温高盐油藏聚合物驱的前置段塞，也可以作为深部调剖剂，其成胶时间与成胶强度可以控制。随着交联剂和聚合物浓度的升高，成胶时间越短，黏度增大，弱凝胶流变曲线可知，在交联剂和聚合物溶液高于临界成胶浓度时，弱凝胶体系是以分子间交联为主，弱凝胶的黏度较高。

(2) 井口新鲜注入水和暴氧注入水配制聚合物溶液，在高温条件下，对聚合物溶液黏度，黏弹性及抗剪切性影响不同，与清水和暴氧注入水相比，新鲜注入水对聚合物降解影响更大，表现为聚合物溶液增粘性和黏弹性显著降低，因此用注入水配制聚合物溶液，要对注入水进行严格的水处理。

(3) 针对复杂断块，非均质程度严重高温高盐油藏，在开发中、后期开展聚合物驱时，可用弱凝胶作为聚合物驱的前置段塞。弱凝胶可以封堵高渗透层中大的水流通道，同时弱凝胶耐温抗盐性比聚合物更强。

参 考 文 献

[1] 赫恩杰，杜玉洪，罗承建，等．华北油田可动凝胶调驱现场试验[J]．石油学报，2003，24(6)：64-68，72.

[2] 唐孝芬，刘玉章，杨立民，等．缓膨高强度深部液流转向剂实验室研究[J]．石油勘探与开发，2009，36(4)：494-497.

[3] 朱怀江．新型聚合物的研制与生产获得实质性进展[J]．石油勘探与开发，2009，36(1)：102.

[4] 卢祥国，姜维东，王晓燕．Cr^{3+}、碱和表面活性剂对聚合物分子构型及渗流特性影响[J]．石油学报，2009，30(5)：749-754.

[5] 卢祥国，高振环，宋合龙．人造岩芯渗透率影响因素实验研究[J]．大庆石油地质与开发，1994，13(4)：53-55.

[6] Zhang Jian，Wang Shuxia，Lu Xiangguo ，et al. Performance evaluation of oil displacing agents for primary-minor layers of the Daqing Oilfield [J]. Petroleum Science，2011，8(1)：79-86.

[7] 杜庆军，侯健，徐耀东，等．聚合物驱后剩余油分布成因模式研究[J]．西南石油大学学报：自然科学版，2010，32(3)：107-111.

渤海不同类型稠油油藏开发策略

罗成栋　刘小鸿　张风义

(中海石油(中国)有限公司天津分公司渤海石油研究院，天津塘沽 300452)

摘　要　渤海油田稠油资源丰富，但受海洋工程、开发成本、生产设施和安全环保等因素制约，地层原油黏度大于 350mPa·s 稠油油藏不适合注水开发，一直未有效动用。伴随热力开采技术、工艺水平提升使该类储量有效开发成为可能。本文在梳理渤海稠油油藏特征的基础上，将渤海地层原油黏度大于 350mPa·s 稠油油藏分为弱水体普 2 类稠油油藏、强水体普 2 类稠油油藏、强水体块状特稠油油藏、低油柱底水稠油油藏 4 大类，综合运用油藏工程、数值模拟、陆地对标等研究手段，充分论证各类油藏的开发方式、井型、产能和采收率等关键问题。文中系统提出了渤海不同类型稠油油藏开发策略，有效指导渤海稠油开发。

关键词　热力开采技术；稠油油藏；开发策略；采收率

按照 SY/T 6169—1995，油层条件下黏度大于 50mPa·s 的原油为稠油。目前国内稠油油藏开发最常用的分为 2 种，一是常规注水开发，即普通水驱；二是热采开发，包括先冷采后蒸汽吞吐，蒸汽吞吐后转蒸汽驱或热水驱等开发。经过多年的探索，渤海油田逐步形成了普通稠油常规注水开发、水平井和化学驱等技术。对于地层原油黏度大于 350mPa·s 的这部分稠油，冷采开发效果不理想，开发面临挑战，主要表现为产能低、采油速度低、采收率低等特征。由于海上稠油油田开发存在一定的特殊性，不能完全照搬陆地油田的成熟技术。

因此，如何实现地层原油黏度大于 350mPa·s 这部分稠油油藏的高效开发，是渤海油田今后的一个主攻方向。只有因地制宜，根据不同油藏类型制定不同开发策略，提高单井产能及采收率，才能满足海上油田高效开发要求。本文通过分析渤海地层原油黏度大于 350mPa·s 稠油的地质油藏特点，在科学分类的基础上，研究并提出不同类型油藏开发策略。

1　大于 350mPa·s 稠油主要特点及分类

1.1　油藏埋藏深，地层压力高

渤海地层原油黏度大于 350mPa·s 稠油油藏主要分布在明化镇和馆陶组，油藏埋深介于700～1500m 之间，具有埋藏深、原始地层压力高等特点。这无疑给注蒸汽开发带来 2 个方面的影响：一方面，在注汽过程中，井筒热损失大，在地层条件下，注入蒸汽干度难以保证，热效率大大减低；另一方面，地层压力高，注汽难度加大，对蒸汽发生器和注汽工艺提出了更高的要求。

1.2　边底水活跃

渤海稠油油藏多具有活跃的边、底水或顶水，其中底水及过渡带的储量占总储量的 66%。热力开采易出现边底水侵入、蒸汽损失大和热效率低等不利情况，增加了海上稠油有效开发的难度。

1.3　油藏类型多样

油藏类型多样主要表现在以下 4 个方面：(1) 地层原油黏度差异大，分布范围 350～50000mPa·s；(2)油层厚度厚度不一，分布范围 5～110m；(3)储层隔夹层发育程度不同，净总厚度比分布范围 0.1～1.0；(4)油藏天然能量不均，水体倍数分布范围 0 至上百倍。因此，需要针对不同类型类型制定相应的开发策略。

1.4　油藏分类

参照陆地油田分类方法[2~4]，结合渤海油田地质油藏特征，按照开发方式分类原则将渤海地层原油黏度大于 350mPa·s 稠油划分为 4 大类，

作者简介：罗成栋，男，汉族，2004 年毕业于西南石油大学，硕士学位，油藏工程师，从事油气田开发研究工作，已发表论文 5 篇。E-mail：luochd@cnooc.com.cn

分别为弱水体普2类稠油油藏、强水体普2类稠油油藏、强水体块状特稠油油藏和低油柱底水稠油油藏(表1)。

2 不同类型稠油油藏开发策略

2.1 弱水体普2类稠油油藏开发策略

弱水体普2类稠油油藏主要特点是地层原油黏度较大，分布在350~10000mPa·s范围；天然能量有限，水体倍数小于5倍。储量主要分布在NBXXX、QHDXXX、PLXXX等6个油田及含油气构造，典型代表油藏为NBXXX油田南区。

开发策略1：该类油藏地层原油在油藏条件下具有流动性，常规开采具有一定产能，但产能和采收率偏低。该类油藏可通过热采方式提高产能及采收率，改善开发效果。以NBXXX为例，该油田初期采用天然能量冷采开发，水平井产能为35t/d，采油速度为0.3%，预测冷采采收率仅为8.7%；2010年实施多元热流体吞吐试验后，单井高峰日产油可达80~100t，周期平均产能为60t/d，较之前冷采产能提高1.6倍，热采吞吐后区块采收率可提高到18%。

表1 渤海地层原油黏度大于350mPa·s稠油油藏分类

序号	水体倍数	原油黏度/(mPa·s)	油藏类型
1	<5	350* ~10000	弱水体普2类稠油油藏
2	>50	350* ~10000	强水体普2类稠油油藏
3	>50	10000~60000	强水体块状特稠油油藏
4	黏度>350*	油柱高度<15m	低油柱底水稠油油藏

注：* 表示地层原油黏度。

开发策略2：该类油藏天然能量有限，可采取先吞吐再适时转蒸汽驱热采模式，进一步提高油田采收率。关键点有两点：(1)通过吞吐降压地层压力可降到5MPa以下，满足转驱条件；(2)保证井底高干度。通过与胜利油田孤东九区[5]对标，若NBXXX油田实施转驱后，类比技术采收率可达到28%。

开发策略3：考虑海上开发成本高，需要大范围采用水平井，提高井控储量，减少井数，提高单井累产，以期达到经济门槛，实现规模开发(表2)。

表2 弱水体普2类稠油油藏井型优化对比

地质储量/10^4t	井型	井距/m	射孔段/m	井数	井控储量/10^4t	日产油/t	单井累产/10^4t	采收率/%
90	水平井	200	400	3	30	60	7.0	23
90	定向井	200	10	9	10	20	2.5	25

2.2 强水体普2类稠油油藏开发策略

该类油藏的特点是原油黏度在350~10000mPa·s之间，天然能量充足，水体倍数大于50倍。储量主要分布在LDXXX、CFDXXX、XXX3个油田，典型代表油藏为LDXXX油田。

开发策略1：利用天然能量水平井常规冷采开发。该类油田天具有活跃的边底水，天然能量充足，由于储层物性较好，采用水平井开发具有较好的产能。若采用注蒸汽开发，地层压力下降缓慢，井底干度难以保证，此外，由于边、底水侵入导致注热效率大幅降低，增油效果不明显。数值模拟研究表明：蒸汽吞吐仅是含水突破前2个周期具有增油效果(图1)。以LDXXX油田为例，地层原油黏度437mPa·s，渗透率8000mD，水体倍数80倍，目前利用天然能量采用水平井开发，冷采单井初期产量70t/d，采收率为18%，蒸汽吞吐采收率仅提高1.1%(图2)。

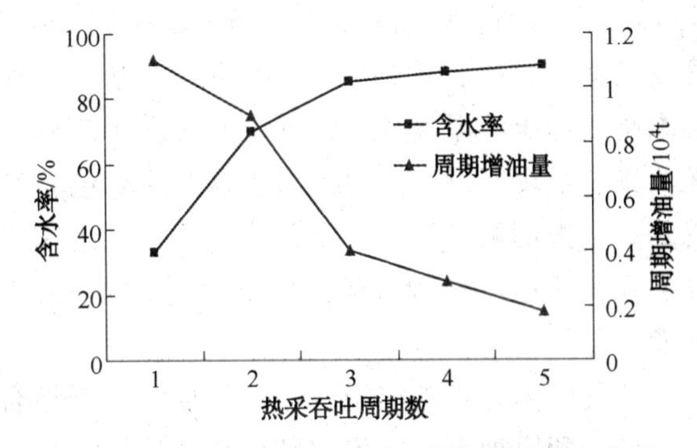

图1 底水稠油油藏不同吞吐周期增油量变化图

开发策略2：通过LDXXX油田实践，探索出采用"依托隔夹层+水平井提液+后期侧钻挖潜剩余油"的开发模式可改善该类油藏开发效果，采油速度可维持在1.5%左右，采收率可达到18%。即该类油藏的开发策略主要考虑三个方面的应对

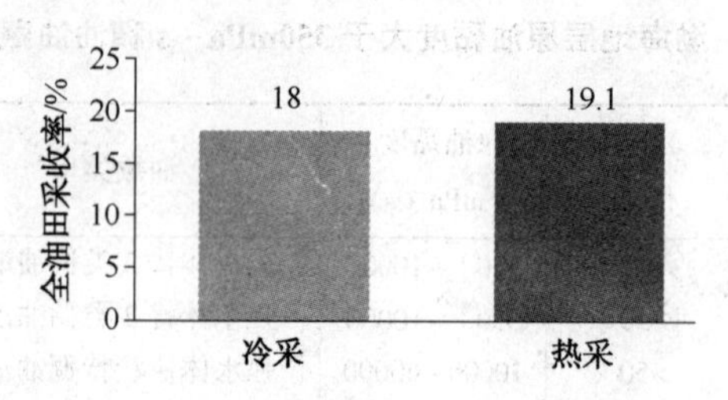

图 2 旅大 32-2 油田热采与冷采方案采收率对比

措施：一是对于带有边底水的稠油油藏，油井投产后，含水上升快，产量递减大，因此要充分利用隔夹层延缓边底水的侵入；二是由于油藏水体能量较强，油田投产后，地层压力基本稳定在原始地层压力附近，因此水平井提液开发具有一定的物质基础；三是通过后期不断侧钻挖潜剩余油。

2.3 强水体块状特稠油油藏开发策略

该类油藏的特点是油藏埋藏较深，油层厚度大(单层厚度大于 20m)，原油黏度大(10000~60000mPa·s)，水体能量大(水体倍数大于 50 倍)。储量主要分布在 LDXXX 3 个油田及含油构造，典型代表油田为 LDXXX 北油田。

开发策略 1：冷采开发无产能，需要进行注热开发。以 LDXXX 北油田为例，评价井 2 井常规测试无产能，在注入 2000t 多元热流体焖井后放喷，初期日产油达到 80t，表明采用热采方式是开发该类油田的有效途径。

开发策略 2：该类油藏具备蒸汽辅助重力泄油(SAGD)开发的条件。但该类油藏埋藏深、注入压力高，国内尚无深度大于 600m 油藏 SAGD 开发案例(表 3)，此外，SAGD 注入井井底干度要求高，产出液温度高，目前海上热采工艺水平无法满足要求(表 4)，因此对于这类油藏的开发思路是，先期采用蒸汽吞吐方式开发，根据工艺技术攻关进展及试验效果，降压后适时转 SAGD 开发。

目前国内外成功实施 SAGD 开发的井型组合有 2 种，即以加拿大为代表的双水平井 SAGD 和以辽河为代表的直平组合 SAGD[6]。通过与辽河曙光油田杜 84 块对标，结合数值模拟研究发现：采用直平组合进行 SAGD 开发，单井平均累产低于 5×10^4t；双水平井 SAGD 可以提高单井产能及累产，采收率可达到 42%~50%，建议海上油田采用双水平井 SAGD。

表 3 国内外 SAGD 开发实例统计表

油田	油藏埋深/m	SAGD 产量规模/(10^4t/年)
加拿大	250~450	2000
辽河杜 84	525~640	57
新疆风城	170~250	7

表 4 不同开发方式对热采工艺水平要求表

开发方式	油藏埋深/m	井底蒸汽干度/%	生产流温/℃
蒸汽吞吐	900	40	200
SAGD	900	70	300
现工艺水平	900	40	240

2.4 低油柱底水稠油油藏开发策略

该类油藏主要是边水过渡带或底水油藏，且油柱高度小于 15m；储量主要分布在 LDXXX、QHDXXXS 等油田，陆上具有相似特点的代表油田是胜利埕东西区和胜利沾 18 块。

开发过程中存在的问题主要表现为单井产能低、含水上升快、储量动用程度低、采出程度低。以 LDXXX 油田为例，通过数值模拟机理研究，油柱高度小于 15m 时，采用水平井热采，单井日产油小于 30t，单井累产油小于 5×10^4t，采收率小于 10%，没有经济效益，暂时无法动用(图 3)。

对标陆地相似油田胜利埕东西区、胜利沾 18 块，地层原油黏度分别为 3000mPa·s、8000mPa·s，油柱高度分别为 5m、10m，采用水平井蒸汽吞吐，均在吞吐 2 个周期后含水率突破 90%，此时单井累产油分别为 0.6×10^4t、1.9×10^4t，与渤海研究认识一致。

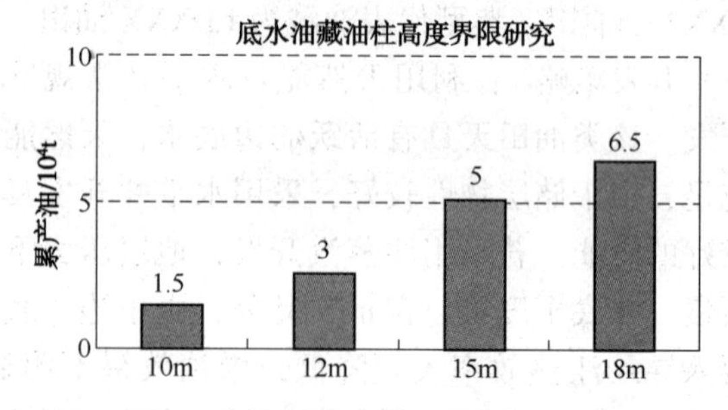

图 3 底水稠油油藏开发界限研究

(以旅大 27-2 油田为例)

3 渤海地层原油黏度大于 350mPa·s 稠油开发前景

通过以上分析研究，按照单井累产油大于 5×

10^4t 标准，1~3 类稠油油藏通过相应开发策略从技术角度可以获取较高产能和采收率，其中 1 类、3 类为现阶段主要攻关方向；第 4 类稠油油藏产能低、采收率低，暂不动用。

经济评价方面，对在生产油田 NBXXX 南区多元热流体先导试验区、在建设油田 QHDXXX 南热采开发方案经济评价分析，得到以下认识：在不考虑油田工程设施投资前提下，按增量投资评价，稠油热采具有一定的经济效益；若考虑油田工程设施等投资，在现有技术和经济条件下，稠油热采方案暂无经济效益，需要从热采技术改进和降低开发成本两条路线双管齐下。开发地层原油黏度大于 350mPa·s 稠油是一项系统工程，需要地质油藏、热采工艺、钻完井等各专业技术创新、紧密结合。

截至 2012 年年底，渤海地层原油黏度大于 350mPa·s 地质储量占稠油地质储量 31%，是渤海油田未来增储上产的重要组成部分，如何实现这部分稠油油藏的高效开发，是渤海油田今后的一个主攻方向。

4 结论及认识

（1）结合渤海油田地质油藏特征，按开发方式的分类原则，将渤海地层原油黏度大于 350mPa·s 的稠油划分为 4 类：弱水体普 2 类稠油油藏、强水体普 2 类稠油油藏、强水体块状特稠油油藏和低油柱底水稠油油藏。

（2）综合运用油藏数值模拟、相似油田对标等手段，初步拟定了了各类油藏对应开发策略：弱水体普 2 类稠油油藏的开发策略为先期采用水平井热采吞吐开发，后期转驱；强水体普 2 类稠油油藏的开发策略采取“依托隔夹层+水平井提液开发+后期侧钻挖潜剩余油”的水平井冷采开发模式；强水体块状特稠油油藏的开发策略为先期水平井蒸汽吞吐，待工艺技术成熟后适时转双水平井 SAGD 开发；低油柱底水稠油油藏由于产能低、采收率低、动用难度大，考虑暂不动用。

（3）海上稠油开发是一项综合性很强的系统工程，需要地质油藏、钻完井、采油工艺和地面工程等各专业相互配合，借鉴陆地成熟的经验，同时结合海上油田的特点，创新思维，开展技术攻关。

参 考 文 献

[1] 刘小鸿．南堡 35-2 海上稠油油田热采初探[J]．油气藏评价与开发，2011，16(1)：41-44.

[2] 刘文章．热采稠油油藏开发模式[M]．北京：石油工业出版社，1998.

[3] 张方礼，赵宏岩．辽河油田注蒸汽开发技术[M]．北京：石油工业出版社，2007.

[4] 霍广荣，李献民．胜利油田稠油油藏热力开采技术[M]．北京：石油工业出版社，1999.

[5] 黄颖辉．海上多元热流体吞吐先导试验井生产规律研究[J]．特种油气藏，2013，20(2)，84-86.

[6] 王学忠．孤东九区稠油热采持续稳产技术[J]．当代石油石化，2008，16(4)：41-44.

[7] 张方礼，张丽萍．蒸汽辅助重力泄油技术在超稠油开发中的应用[J]．特种油气藏，2007，14(2).

海上复杂河流相油田水平井水驱特征研究

孙广义　雷　源　江远鹏　常会江　翟上奇

（中海石油（中国）有限公司天津分公司渤海石油研究院，天津塘沽 300452）

摘　要　渤海复杂河流相油田具有储层厚度薄，砂体横向连通性差，分布不稳定，边底水较发育的特点，利用水平井开发具有驱替范围大，初期采油速度高等优点。BN-A 和 BN-B 油田均部署水平井，且占较大比例。目前两油田进入中高含水期，对水平生产井和水平注水井水驱特征进行研究，从而指导油田稳油控水实施，是现阶段亟需解决的问题。国内外对底水油藏水平井见水规律有丰富的研究，对边水油藏水平井见水规律研究较少。利用油藏数值模拟方法，建立考虑渗透率非均质性边水驱水平井见水特征识别方法，对 BN-A 油田边水驱水平井见水位置进行了识别，指导了油田水平井稳油控水措施的实施；利用数学手段，建立水平注水井水驱特征研究方法，以此对 BN-B 油田水平注水井注水效果进行了分析评价，对存在无效注水循环的注水井提出相应措施建议，指导优化注水。

关键词　水平井；边水油藏；水驱特征；数值模拟；河流相

1　前言

水平井具有初期产能高，泄油面积大等优势，在陆地以及海上油田有广泛的应用[1~5]。渤海复杂河流相油田具有储层厚度薄，砂体横向连通性差，分布不稳定，边水比较活跃等特点。由于地质条件复杂，定向井开发单砂体产能较低，常规注采井网难于有效驱替，水平井开发便具有较大优势。目前渤海河流相油田已经形成了依托水平井开发单砂体布井技术，取得较好效果。BN-A 油田边水发育，受此影响部分水平生产井含水上升速度快，加大了油田自然递减。对边水油藏水平井见水特征进行研究，从而提出相应的稳油控水措施，减缓自然递减是油田开发迫切所需，也是油田完成产量目标的重要保证。目前对底水油藏水平井见水规律研究较多，对边水油藏研究缺乏经验[6~10]。另外海上河流相油田对水平注水井水驱特征研究同样比较少，特别是对水平注水井低效、无效注水循环判别缺乏经验，以 BN-B 油田为例，部分水平生产井已经表现注入水突破，开展水平注水井水驱特征研究，对指导油田优化注水有重要意义。

2　边水油藏水平生产井见水特征研究及应用

目前国内外对底水油藏水平井见水位置识别有丰富的研究，边水油藏水脊形成与底水油藏水锥形成对水平井不同位置见水规律影响是不同的。BN-A 油田边水较发育，部分水平生产井已表现出边水突破，影响开发效果。对水平生产井见水位置进行识别可以分析其水平段动用效果以及与注水井间连通关系，指导相应产液结构调整与水驱调整。目前对边水驱水平生产井见水位置识别没有较好手段，海上水平井找水措施成本高、难度大，本研究利用油藏数值模拟方法，从机理模型分析开始，建立了 BN-A 油田边水驱水平生产井见水位置识别方法。

2.1　机理模型研究

机理模型选取参数为 BN-A 油田实际参数，相应储层参数见表 1。模型中建立一口水平生产井，油藏边部设有边水，水平井依靠边水能量开采。

表 1　机理模型参数表

参数名称	参数值
油层深度/m	1657
油层厚度/m	10
油层压力/MPa	16.6
孔隙度/%	30

作者简介：孙广义（1985—　），男，汉族，辽宁庄河人，于 2011 年 4 月毕业于东北石油大学油气田开发工程专业，硕士研究生，油藏工程师，目前从事油藏研究相关工作。E-mail：sungy@cnooc.com.cn

续表

参数名称	参数值
含油饱和度/%	68
地层原油黏度/(mPa · s)	8
水平方向渗透率/($\times10^{-3}\mu m^2$)	1500
垂直方向渗透率/($\times10^{-3}\mu m^2$)	150

为保证理论模型的适用性与一般性，模拟了不同渗透率、生产井距边水不同距离两种方案。研究发现，不同地质模型条件下，水平井含水变化率曲线整体趋势基本一致(图 1、图 2)。因此，以所建机理模型对水平井见水规律进行研究具有一般性和普遍性。

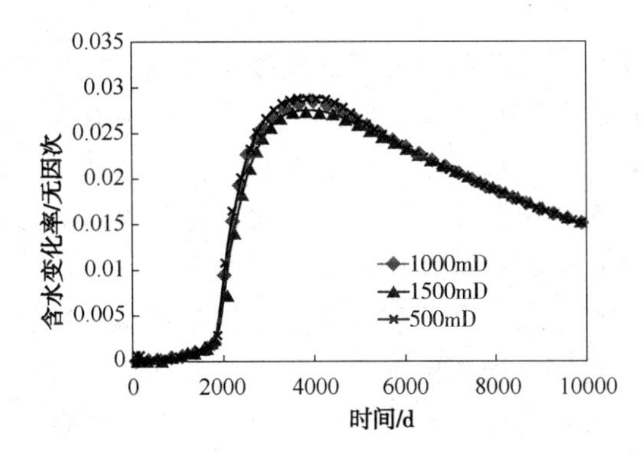

图 1 不同渗透率含水变化率曲线

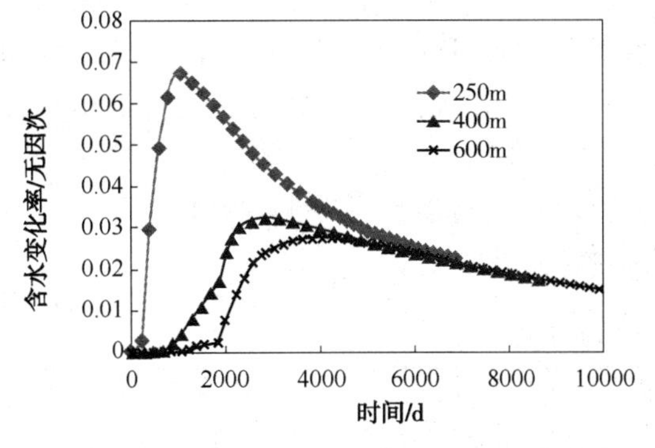

图 2 水平井距边水不同距离含水变化率曲线

2.2 边水驱油藏水平井见水位置识别方法

对水平井见水位置识别研究过程中，所选用的可量化参数为含水变化率，供分析的参数为段产水分布和剩余油分布。引入渗透率非均质系数 $K_R=\dfrac{\overline{K}}{K_{max}}$，及油田平均渗透率与高渗条带渗透率的比值，来表征储层非均质性对水平井见水规律的影响。通过对水平段不同位置(根部、中部)建立高渗条带模拟边水突破位置，根据渗透率非均质系数不同对根部见水和中部见水类型分别模拟 7 种方案(表 2)。

表 2 模拟方案表

方案	渗透率非均质系数/无因次
1	0. 3
2	0. 15
3	0. 075
4	0. 06
5	0. 05
6	0. 0375
7	0. 03

方案模拟表明，对于跟部见水，含水变化率曲线上有 2 个峰值，结合数模模型中水平井段产水分布，认为第 1 个峰值为水平井根部见水，第 2 个峰值为全井段见水。储层非均质性越强，第一个峰值越高，根部见水越快(图 3)。对于中部见水，含水变化率曲线相对光滑，储层非均质性较强时可以看到 2 个峰值，较弱时只有 1 个峰值。通过对模型单井段产水识别发现，第 1 个峰值为水平井中部见水，第 2 个峰值为全井段见水。一般来说，第 2 个峰值要高于第一个峰值，表明根部见水和全井段见水对含水变化率影响更剧烈(图 4)。

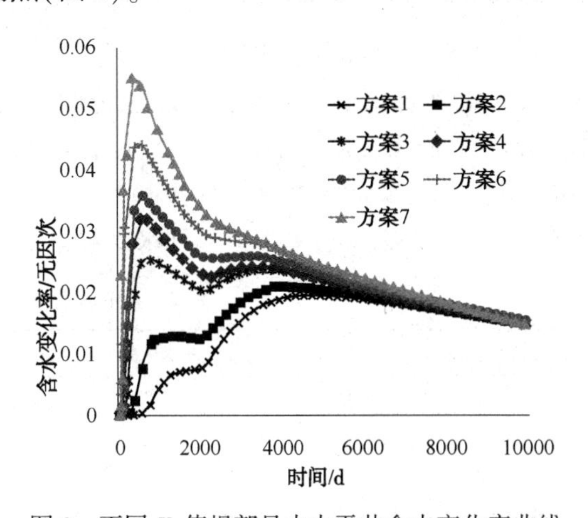

图 3 不同 K_R 值根部见水水平井含水变化率曲线

研究发现，渗透率非均质性不强时根部见水规律与渗透率非均质性较强时中部见水规律相似，有必要对两种见水类型进一步细分。具体区分方法为：对于根部见水情形，以根部见水和全井见水峰值相同点为分界点；对于中部见水，以中部见水峰值出现为分界点。这样就建立了考虑渗透率非均质性的边水油藏水平井见水位置识别方法(表 3)。

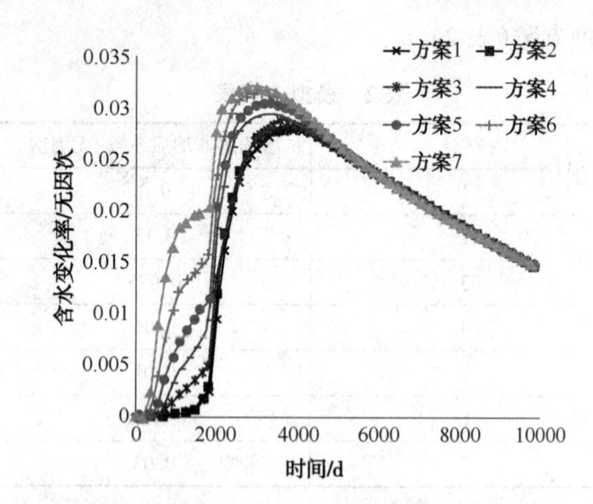

图 4 不同 K_R 值中部见水水平井含水变化率曲线

表 3 边水油藏水平井见水位置识别方法表

见水位置	见水类型特征	渗透率非均质系数/无因次	见水特征
根部	Ⅰ类	<0.075	根部见水含水变化率峰值高于全井见水峰值
	Ⅱ类	>0.075	根部见水含水变化率峰值低于全井见水峰值
中部	Ⅰ类	<0.075	中部见水含水变化率有较明显峰值，且低于全井见水峰值
	Ⅱ类	>0.075	中部见水含水变化率平稳，且低于全井见水峰值

通过根部与中部见水规律对比发现：中部见水含水变化率要比根部见水低，从理论曲线看，对于 BN-A 油田，$K_R = 0.3$ 时中部见水与 $K_R = 0.075$ 时根部见水含水变化率规律基本一致，即中部见水高渗条带渗透率为根部见水高渗条带渗透率 4 倍时，含水变化率曲线特征相似(图 5)。

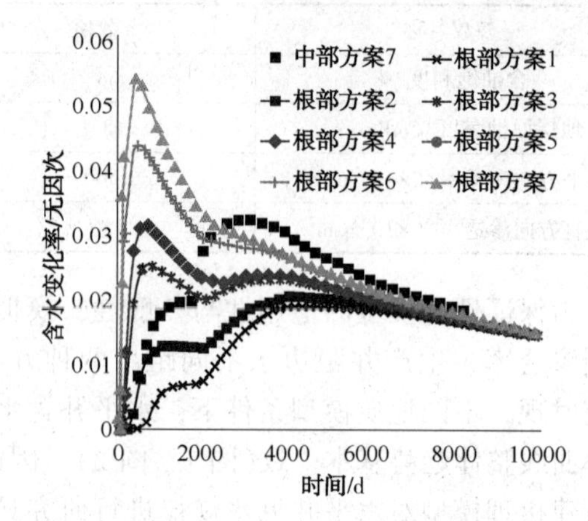

图 5 根部见水与中部见水特征对比图

水平井根部见水时，含水变化率较大，这可以用水平井井筒压力梯度模型来解释：水平井水平段存在流动压降，压降与水平段长度有关，根部最大，趾部最小，且水平井井筒压力梯度与渗透率存在单调关系。越往趾部，需要更高的渗透率来产生附加压降，相应位置才能优先见水。

对于水平井根部和中部Ⅰ类型见水，往往是由于储层非均质性较强，形成渗流优势通道，水平井表现为含水上升较快，对于这类水平要优先进行治理。利用本文研究方法对 BN-A 油田边水影响水平生产井进行了见水位置识别，根据不同见水规律提出相应措施建议(表 4)。2015 年油田通过对水平井措施的成功实施并配合油田综合调整，年措施增油量 $7.97\times10^4 m^3$，油田含水上升率首次负增长，自然递减率较 2014 年降低 8.1%，取得较好开发效果。

表 4 BN-A 油田边水驱水平井见水位置识别表

油田	井名	见水位置	见水类型特征	*WI*	措施建议
BN-A	A8H	根部	Ⅰ类	0.55	先提液，后考虑卡堵水
	A36H	根部	Ⅱ类	0.16	完善注采关系
	A37H			0.27	先提液，后考虑卡堵水
	A18H			0.24	完善注采关系
	A11H	中部	Ⅰ类	0.15	提液
	A12H			0.18	完善注采关系

3 水平注水井水驱特征研究及应用

前面研究了边水驱油藏水平生产井见水位置识别方法，利用该方法对水平生产井见水位置进行判别简便、易行。目前对水平注水井水驱特征研究较少，BN-B 油田是以水平注采井网开发为主的油田，目前已经暴露出水平注水井注入水利用率降低问题，部分注水井与受效生产井间存在渗流优势通道。以 A59H 井为例，示踪剂表明该井与周边生产井 A57H 井存在优势渗流通道，造成注入水低效、无效循环。因此开展水平注水井水驱特征研究，从而指导优化注水也是非常必要的。

水平注水井水驱特征影响因素主要有地质因素和开发因素两种，其中地质因素属于静态因素，主要包括渗透率、油层厚度、储层非均质系数等；开发因素属于动态因素，主要包括日注水量、注水压力、视吸水指数、单位厚度累积注水量等。不同因素对注水井水驱特征影响因子是不同的，这里主要根据油田特征以及生产动态来获取。在这里引入模式识别方法，其特点是在已知各种标准类型前提下，判别识别对象属于哪个类型的问题，是研究和揭示模糊现象的定量处理方法。利用该方法对水平注水井水驱特征开展研究，对注入水是否存在低效、无效注水循环进行判别。对BN-B油田评价参数选取表以及评价结果如表5、表6所示。

表5 BN-B油田水平注水井水驱特征研究方法表

影响因素	因子	影响参数	参数影响因子
静态因素	0.3	全井渗透率	0.25
		有效厚度	0.3
		渗透率变异系数	0.45
动态因素	0.7	日注水量	0.175
		注水压力	0.125
		视吸水指数	0.3
		单位厚度累积注水量	0.4

表6 BN-B油田水平注水井水驱特征评价结果表

井名	评价指数	评价效果
A35H	0.25	有效注水
A55H	0.14	
A17H	0.38	存在低效注水循环
A18H	0.38	
A30H	0.38	
A35H	0.25	
A42H	0.37	
A59H	0.34	
A11H	0.62	存在无效注水循环
A12H	0.64	
A27H	0.49	
A47H	0.58	
A53H	0.56	

以A27H井和A53H井为例，两口井评价为存在无效注水循环，2014年A27H井做过示踪剂测试，A27H井注剂75天后，周边生产井A4H井开始见剂，见示踪剂浓度峰值持续45天左右，说明A27H井与A4H井间存在大水淹层；A53H井位于1185砂体，是该砂体主要注水井，局部形成一注四采水平注采井网，由于A53H井注入水突破，该砂体水驱开发效果变差，其中2016年含水率上升4.4%，自然递减率24.4%，均远超油田平均水平。可见利用上述水平注水井见水特征判别方法，可以实现对水平注水井低效、无效注水循环较精确识别，对分析来说，一定程度上节省了测试费用，具有简便、实用、降本增效优点。

利用文中研究方法并结合注水井测试结果，可以对注水井管理提出相应政策。对于油田判定结果为有效注水的井，应该继续保持现有注水制度；对于存在低效注水循环的井，通过优化注水并配合生产井产液结构调整，改变水驱流场分布，使注入水均衡驱替，增强注水效果；对于存在无效注水循环的5口注水井，目前对部分井已经提出相应措施，计划2017年对A53H和A27H井进行化学调驱作业，对A12H井进行化学堵水。

4 结论与认识

（1）以渤海复杂河流相油田水平注采井网为对象，开展水平生产井和注水井水驱特征研究，研究方法与结论合理、可靠，且降本增效，在油田中有较好应用。

（2）建立了考虑渗透率非均质性理论模型研究边水油藏水平井见水特征，以此指导BN-A油田边水驱水平生产井见水位置识别以及措施实施。

（3）建立了水平注水井水驱特征研究方法，对BN-B油田水平注水井注水效果进行评价，指导油田优化注水。

参 考 文 献

[1] 周贤文. 低渗透薄层水平井开发研究[D]. 中国地质大学(北京)，2009：1-13.

[2] 王群一，毕永斌，张梅，等. 南堡陆地油田水平井开发底水油藏油水运动规律[J]. 油气地质与采收率，2012，19(6)：91-94.

[3] 饶良玉，吴向红，李贤兵，等. 苏丹层状边水油藏

水平井开发效果评价与对策研究[J]. 岩性油气藏，2011，23(5)：106-109.

[4] 孙玉平，陆家亮，巩玉政. 我国气藏水平井技术应用综述[J]. 天然气技术与经济，2011，5(1)：24-27.

[5] 杨海宁，吴军来，刘加旭，等. 水平井开发效果影响因素研究——以大庆外围油藏为例[J]. 重庆科技学院学报：自然科学版，2011，13(5)：1-4.

[6] 周代余，江同文，冯积累，等. 底水油藏水平井水淹动态和水淹模式研究[J]. 石油学报，2004，25(6)：73-77.

[7] 刘怀珠，李良川，吴均，等. 底水油藏水平井出水规律的实验研究[J]. 石油化工高等学校学报，2012，25(1)：57-60.

[8] 彭小东. 底水油藏水淹规律及控水开发研究——以Y2油藏西北区为例[D]. 成都理工大学，2012：1-3.

[9] 郑强，刘慧卿，薛海庆，等. 底水油藏水平井沿程水淹识别[J]. 油气地质与采收率，2012，19(1)：95-98.

[10] 王涛，赵进义. 底水油藏水平井含水变化影响因素分析[J]. 岩性油气藏，2012，2(3)：103-107.

辫状河复合砂体单河道划分及叠置样式分析

李 林 申春生 康 凯 梁世豪 张 俊 徐中波

(中海石油(中国)有限公司天津分公司渤海石油研究院,天津塘沽 300452)

摘 要 辫状河复合砂体是油田注水开发中后期挖潜的主要对象。为了认识辫状河复合砂体叠置样式对水淹特征及剩余油分布的影响,有必要对辫状河复合砂体进行期次划分,识别单河道砂体。以渤海海域PL油田馆陶组L62-1复合砂体为例,利用钻井、岩芯、测井和现代河流资料,采用"岩电界面回返幅度识别法"将L62-1复合砂体垂向上识别为B~F共6个期次,完成辫状河复合砂体分期。在此基础上,采用"相变标志识别"和"单层砂厚串珠连线法"完成单期河道平面追踪,并通过"岩芯古河道规模恢复"定量分析展布规模。结果表明,该复合砂体单期砂体厚度在1~3m,单河道宽度在200~300m之间,自F至B期单砂体沉积演化过程表现为平面两条单河道"合-分-合"的特点,单河道发育方向由北东向逐渐演变为近东西向,相邻期次的单河道砂体在空间上表现为5种切叠样式。该辫状河复合砂体单河道划分成果为剩余油分布研究和水平井部署实施提供指导。

关键词 辫状河复合砂体;期次划分;单一河道;沉积演化;切叠样式

PL油田目前处于稳产上产阶段,随着大规模调整井的实施,钻遇的河流相储层越来越复杂,原本邻井钻遇的是巨厚的复合河道砂体,但在其附近50~100m距离内侧钻的一口井,却钻遇的是河道间的泥岩,砂体横向变化大。复合厚砂体通常是多成因、多期次的河道砂体在空间上纵横交错叠置的结果,这是造成平面辫状河道砂体厚薄不均和规律性较差的主因[1]。由于油田地震资料品质较差,在实际研究中,调整井的厚度仅依靠已钻井资料分析预测。如果对复合厚层的河道砂体空间叠置规律没有认识清楚,对于井间的储层预测,以及井位设计实施和后期的调整挖潜,会带来极大的风险。据统计厚油层占据油田60%的储量,也是产量的主要贡献者。目前油田部分区块已进入中高含水阶段,厚油层是挖潜的主要对象,对其研究精细程度决定了油田开发的效果。因此,本文尝试通过对复合砂体期次划分来明确单一期次单河道砂体展布、规模尺寸及切叠样式,进一步提高储层预测精度;总结不同单河道砂体组合样式下的水淹、剩余油分布特点,指导厚油层的挖潜。

近些年,国内外学者对地下辫状河储层构型做了大量探索性的工作[2~10]。复合辫状河道期次划分是辫状河储层构型的一部分,按前人构型理论,辫状河储层构型可分为4个层次(复合河道、单河道、心滩、增生体),考虑到油田实际生产需求,本次研究着重考察第二层次即单一河道的划分。

1 研究区地质与开发概况

PL油田位于渤海中南部海域渤南低凸起中段的东北端(图1)。为一断裂背斜构造,受两组南北向走滑断层控制且内部被北东向或东西向次生断层复杂化;主力含油层系为馆陶组,可进一步细分为L50油组~L120油组8个油组,油藏埋深910~1400m,以辫状河沉积为主[11],砂地比约30%,纵向连续含油,无底水天然能量,油藏类型为岩性-构造油气藏,属于海上大型复杂河流相水驱开发油田。

本次研究区主要位于油田中部核心区,面积约4.3km^2。目的层段为馆陶组L60-1复合砂体,累积厚度一般17~20m,为多期河道砂体切割叠置形成,在对单砂体识别刻画和沉积微相研究成果基础上,开展复合河道单期河道识别、组合与沉积演化分析。

研究区的钻井密度达到29口/km^2,井距150~300m,侧钻井资料较为丰富,侧钻井井距小

作者简介:李林(1984—),男,湖北宜昌人,硕士,工程师。E-mail:lilin8@cnooc.com.cn

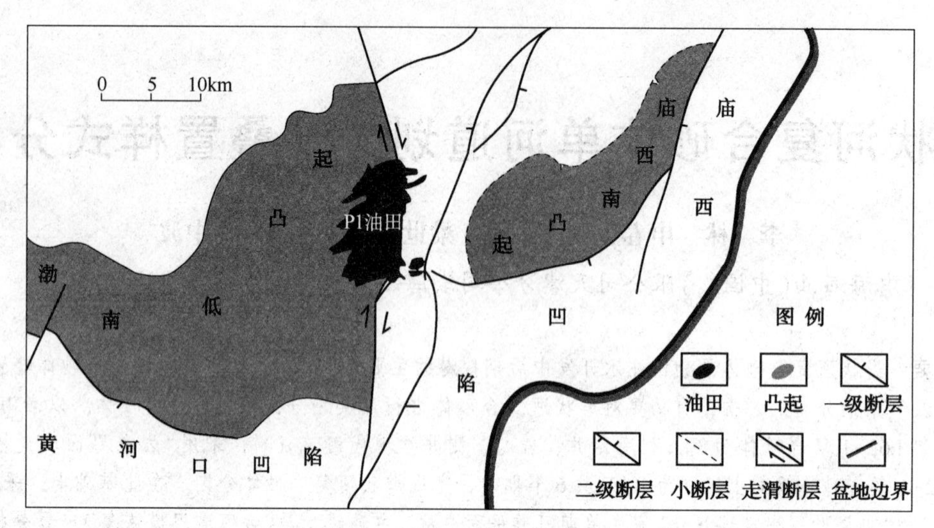

图1　研究区构造位置图

于100m，目前综合含水率已达81%，采出程度22%，剩余油仍有很大潜力。研究区丰富的钻井资料和动态资料为开展本次研究奠定了坚实的基础。

2　复合砂体单河道划分

2.1　复合河道期次划分

本文采用点-线-面逐级进行的原则划分期次。对于单井点而言，沉积界面识别是期次划分的关键，上下叠置的两期河道接触模式主要有3种情况，分别为：(1)叠加型接触模式，后期河道的冲刷作用仅把前期河道顶部泥岩段侵蚀掉[图2(a)]，仍保留一部分较薄的泥岩或粉砂岩，这样几个相对完整的旋回互相叠置，形成厚砂岩，砂体之间保留明显的夹层，测井曲线有明显的回返，可在回返处劈分单层[1,12,13]，表现为齿化复合箱型或钟形；(2)中等切叠型接触模式[图2(b)]，后期河道冲刷掉前期河道顶部泥岩和过渡性沉积物，但两期河道间有沉积物粒度变化，此处可劈分单层，表现为复合箱型；(3)剧烈切叠型接触模式[图2(c)]，后期河道的冲刷作用把前期河道顶部泥岩和过渡性沉积物全部冲刷掉，甚至把河道上部的细粒沉积也冲刷掉，其间无隔夹层，这使两期河道砂体直整体呈单一旋回的箱型。前两种类型[图2(a)，(b)]期次可以通过单井测井曲线回返加以识别，而第三种剧烈切叠型复合河道分期难度较大。

对于切叠型复合河道，在形成过程中新河道对老河道存在不同程度的侵蚀冲刷，因此冲刷面即为两期河道的沉积界面。在单井上，本文引入

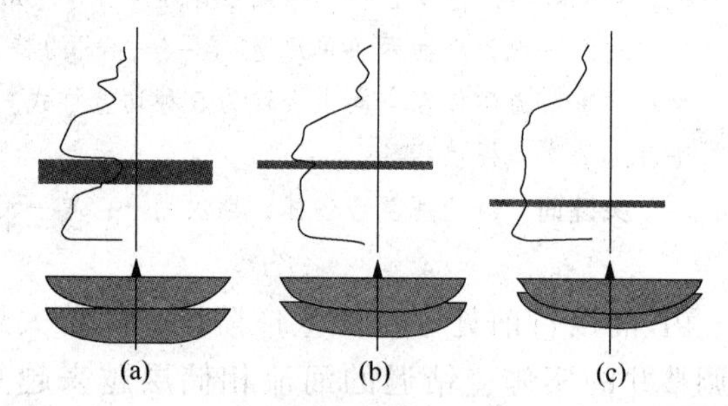

图2　两期河道接触模式示意图

了“界面回返幅度法”判别单期河道间界面。其原理是在岩芯界面观察基础上，统计界面处测井数值距离纯泥岩线和砂泥线的幅度比值(界面回返幅度$=\Delta S_{界面}/\Delta S_{泥\sim砂}$)(图3)，包括伽马曲线和密度曲线。目前研究区周边共有4口取芯井资料，对L60油组临近层段岩芯上识别出的较为明显的河道间界面，应用对应测井曲线计算了界面回返幅度值。分析发现界面回返幅度值在0.8之下的界面在测井曲线上响应是明显的，可以作为未取芯井中河道间界面识别和期次划分依据。依据此标准，本区识别出单期河道砂体厚度在1~3m之间。

在连井砂体期次划分过程中，首选选取临近层位可靠泥岩标准层，对于非下切叠置型砂体主要依靠废弃河道泥岩夹层等结构界面来划分期次，下切叠置型砂体采用界面回返幅度法，依据上文所述的单井界面回返幅度阀值识别垂向沉积界面，并借助侧向主河道附近的溢岸沉积或者小型河道辅助识别划分[14]。将研究区L62-1复合砂体划分为6个期次(图4)。然后将期次识别结果按发育先后顺序进行统一编号，并统计全层段

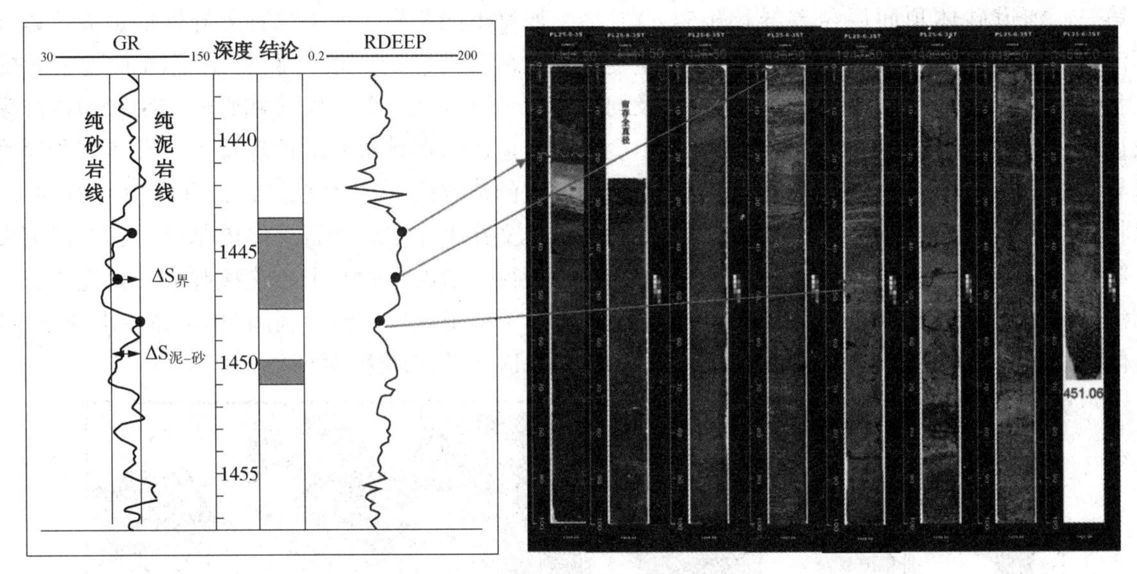

图 3 界面回返幅度法示意图

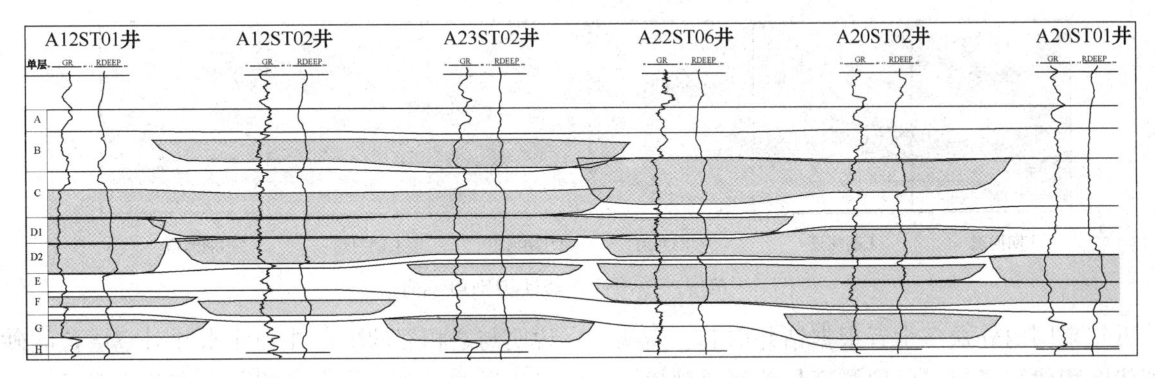

图 4 过 A12ST1 井—A20ST1 井连井复合河道分期过程剖面图

河道期次个数，建立相同期次河道砂厚数据库，为单层砂厚分布研究做好数据准备。

2.2 单层单一河道边界识别

河道边界的准确识别是界定单一河道的关键。常规的单一河道是在识别成因砂体类型和精细对比的基础上，寻找相变标志，根据相变标志定性识别单河道边界。常用的相变标志包括废弃河道、河道间泥岩、河道砂体高度差异、厚度差异等 4 种标志[15,16]。

第一，废弃河道沉积物[图 5(a)]。根据废弃河道的成因，在辫流带内部，废弃河道代表一期河道沉积的结束。废弃河道沉积物是单一河道砂体边界的重要标志。

第二，不连续河间砂体[图 5(b)]。尽管大面积分布的河道砂体是多条河道侧向拼合的结果。但两条河道之间总要出现分叉，留下河间沉积物的踪迹，沿河道纵向上不连续分布的河间砂体正是两条不同河道分界的标志。

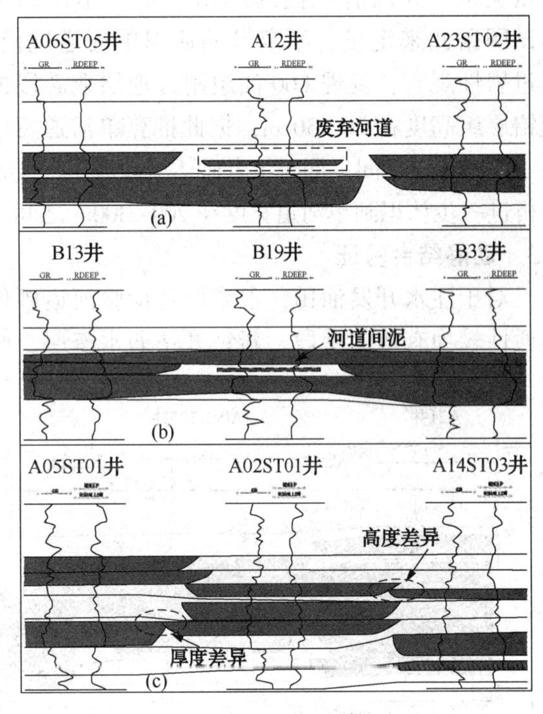

图 5 单一河道识别标志

第三，河道砂体顶面层位差异[图5(c)]。不同河道砂体尽管属于同一个成因单元，但是受其沉积古地形的影响，沉积能量的微弱差别及河道改道或废弃时间差异的影响，在顶底层位上会有差异。如果这种差异出现在河道分界附近，就可以将其作为两条河道砂体的边界的标志。

第四，河道砂体厚度差异[图5(c)]。由于不同河道分流能力受到多种因素的影响，不同河道砂体而必然会出现差异，由此造成沉积砂体的厚度上的差异，如果这种差异性的边界可以在较大范围内追溯，很可能就是不同河道单元的指示。结合现代沉积模式和野外露头，国内外学者普遍认为在辫状河沉积环境中，砂体累积厚度最大的地方为河床中心位置，且多由心滩构成[1]。本文在平面单层砂岩等厚图基础上，按河流发育规律，依次将砂厚中心连接起来，其连线方向指示了河道延伸方向，利用"单层砂厚串珠连线法"来区分单一河道(图6)。

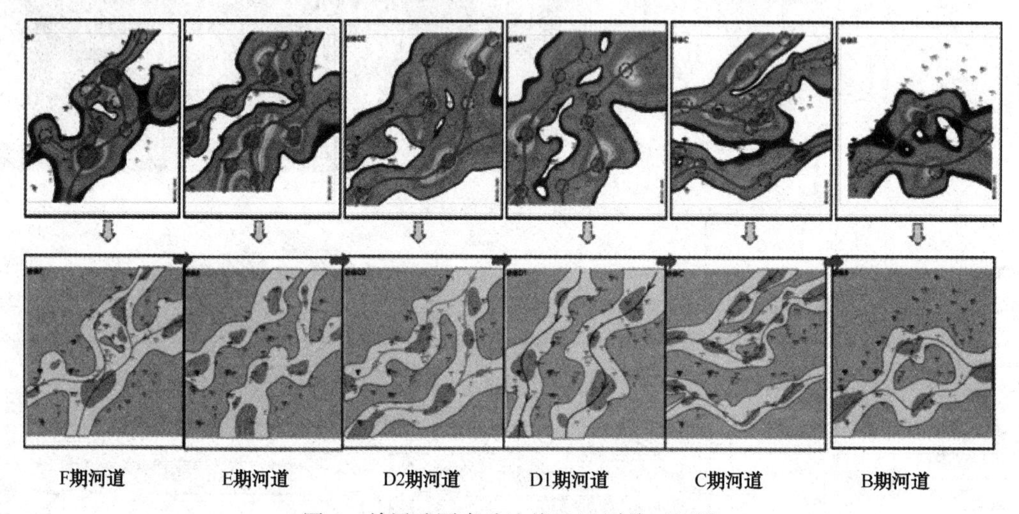

图6 单层砂厚串珠连线法识别单一河道

近年来国内外众多学者根据钻井取芯、露头和现代沉积建立了交错层理厚度与单河道规模的定量关系，并已有广泛的应用[17~20]。本次研究也试图据此来定量、半定量的认识单河道规模。通过岩性观察，发现L60油组附近地层取芯段的交错层组高度在20~30cm，据此推算单河道宽度在150~310m之间。同时结合砂体平面展布，统计分析进一步认识到单河道宽度在200~300m之间。

2.3 动静结合验证

对于注水开发油田，水淹层是检验河道砂体连通性较为有效的手段，新钻井钻遇水淹层，则说明与之相邻的生产井和注水井对应层位的砂体是连通的。而分段水淹的存在充分说明了沉积界面的存在，此次我们通过分段水淹来验证期次划分的合理性。研究区存在油层间发育水淹层的分段水淹现象(图7)。油层间发育水淹层指示了切叠型砂体的界面位置，研究区内注水井A12ST2井注水，采油井A06ST5井C期单河道砂体水淹，而相邻单层砂体均未水淹。这种油层间分段水淹位置与期次划分界面位置一致，验证了界面回返幅度法划分期次的合理性，同时也能判定同一期次河道砂体的连通性。

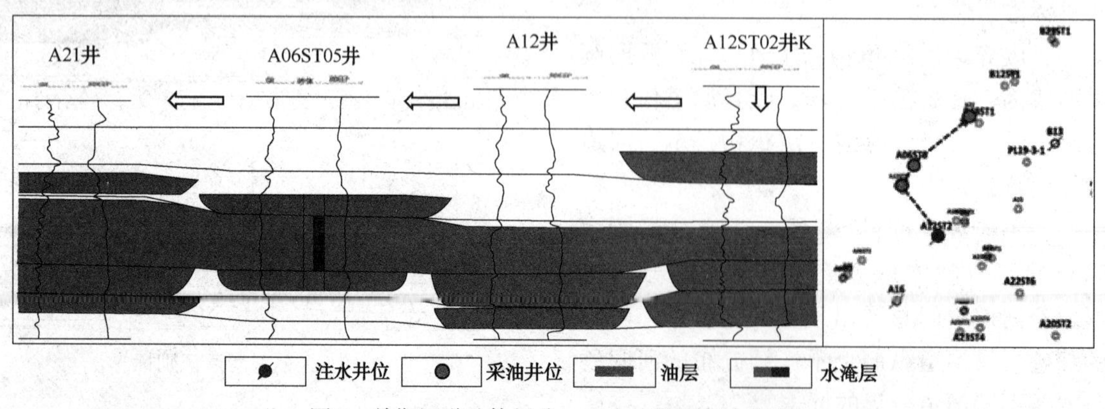

图7 单期河道砂体划分——水淹验证复合剖面

2.4 多期辫状河道沉积过程演化分析

根据单期辫状河道主流线平面迁移规律的研究，来分析辫状河在不同沉积期，其河道平面迁移摆动特点；对单期河道纵向叠置关系分析，来揭示辫状河晚期河道对早期河道切叠改造作用。

将 L62-1 复合砂体从 F~B 期砂体沉积阶段 6 个单层河道按发育先后顺序依次叠置，考察相邻期次砂体切叠位置，见图 8，图中红颜色部分代表了切叠区域。

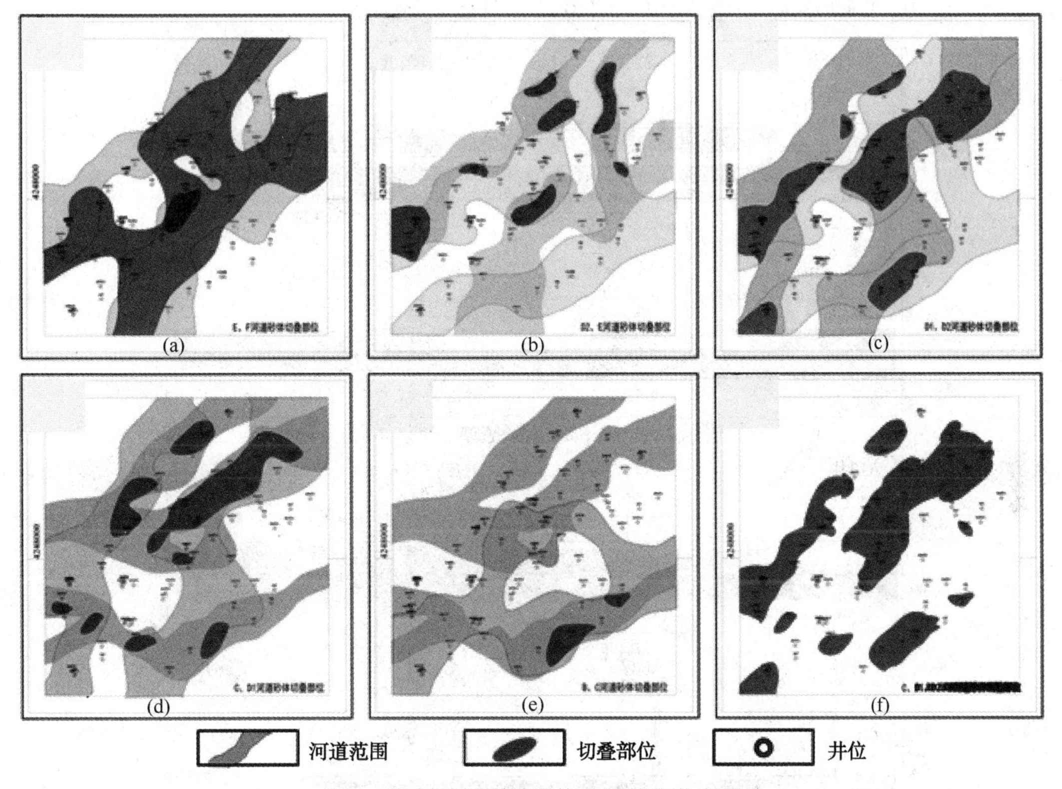

图 8　相邻单层河道砂体切叠部位分布图

F 期和 E 期切叠区域主要分布在研究区的中部的 A23 井区，切叠面积较小[图 8(a)]；E 期和 D2 期砂体的切叠区域分布较为零散，A09 井区、A06 井区、1 井区、A23 井区及 B20ST2 井区均有小范围切叠，整体呈土豆状[图 8(b)]；D2 期和 D1 期砂体切叠区域分布范围较广，主要集中在研究区中部的 A09 井—A11 井—A06 井区域，和 A23 井—A15 井—B13 井—B20 井—B26 井区域，钻遇率较高，呈片状分布，单个最大切叠 0.42km^2[图 8(c)]；D1 期和 C 期砂体切叠区域分布在研究区北部，尤其是 A16 井—A12ST2 井—A15 井—B20 井—B20ST2 井—B26 井区域，呈条带状分布，单个最大切叠面积 0.28km^2[图 8(d)]；C 期和 B 期砂体砂体由于砂体间隔夹层较为发育，切叠区域面积较小，仅在研究区南部的 A08 井区、C43 井区分布，这两期砂体间隔夹层较为发育[图 8(e)]；自 F~B 期相邻期次河道切叠部位叠加范围分布如图 8(a)所示。通过单期河道的纵向切叠剖面，可以揭示晚期河道对早期河道切叠改造作用。砂体切叠范围部位可认为是同一油水运动单元，对于水淹分析和剩余油研究具有指导作用。

在单层单期河道平面展布范围刻画的基础上，根据单期辫状河道主流线平面迁移规律的研究，分析辫状河在不同沉积期河道平面迁移摆动特点(图 6)；分析认为自 F~B 期的地层演化过程中，研究区主要有两条河道存在，摆动幅度较小，自下往上呈现“合-分-合”的特点，展布方向也由北东方向逐渐过渡到近东西向。

3　砂体切叠样式对剩余油分布模式的控制

砂体叠置样式是构造沉降、可容纳空间或 A/S 比值变化的函数[21~23]，低可容纳空间背景下，多数的辫状河道带迁移摆动，沉积系统主要是切割-充填作用为主，导致大面积尺度的垂向和侧向连通砂岩体产生；在高可容纳空间阶段，河流形成垂向上的叠加系统，切割作用较弱[24]。在单一河道砂体划分成果基础上，根据界面发育规模和砂体叠置幅度，总结了 L62-1 复合砂体的 5 种剖面切叠样式(图 9)，考察不同切叠样式砂体的形成背景。分别为非下切孤立型[图 9(a)]、非下切交错叠置型[图 9(b)]、非下切层状叠置型[图 9(c)]、小幅下切小面积叠置型[图 9(d)]、大幅下切大面积叠置型[图 9(e)]。这 5 种砂体叠置模式河道摆动切割逐渐减弱，垂向和侧向连通性逐渐变差[14]，也代表了基准面旋回上升早期、早中期、中期、晚期和基准面最大值等五种典型的沉积背景。

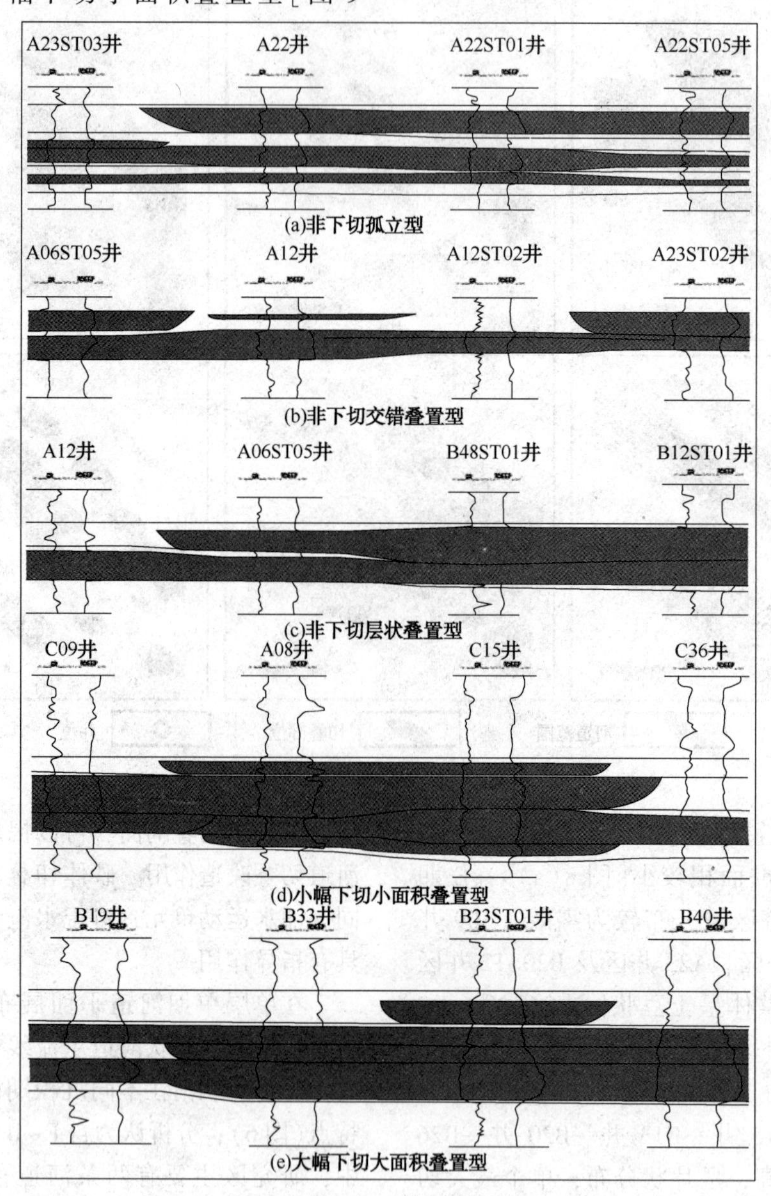

图 9　单一河道砂体叠置类型

在总结砂体叠置样式的基础上，考察不同叠置类型砂体的水淹情况，深化水淹认识，辅助水淹层和剩余油分布预测。对于切叠程度不明显的叠合砂体，沉积界面具有垂向阻渗作用，控制着剩余油的分布，导致砂组分段水淹，各个结构单元顶部是剩余油富集区。剧烈下切导致的无界面叠合砂体，动用状况受重力分异影响，表现为底部水淹或全淹。对于河流相储层，沉积界面是控制剩余油分布的主要地质因素。

4 结论

(1) 基于精细等时地层对比，采用“界面回返幅度法”将 L62-1 复合砂体划分为 A～F 共 6 个期次；单个期次河道砂体厚度 1～3m。

(2) 通过识别相变标志，结合单层“砂厚串珠连线法”在平面上定性划分单一河道砂体边界。结合岩芯沉积学参数研究和砂体平面展布统计，研究区单河道砂体发育规模200~300m。利用分段水淹验证L62-1复合砂体单河道平面展布预测结果是可靠的。纵向上，C、D1期砂体切叠部位、D1、D2期砂体切叠部位面积较大。揭示了流经研究区的河道沉积演化规律：两条河道演化呈现“合-分-合”的特点，河道展布方向由北东方向过渡到近东西向。

(3)总结非下切孤立型、非下切交错叠置型、非下切层状叠置型、小幅下切小面积叠置型、大幅下切大面积叠置型5种单河道砂体切叠样式。对于河流相储层，沉积界面是控制剩余油分布的主要地质因素。

参考文献

[1] 单敬福，张彬，赵忠军，等. 复合辫状河道期次划分方法与沉积演化过程分析——以鄂尔多斯盆地苏里格气田西区苏X区块为例[J]. 沉积学报，2015，33(4)：773-785.

[2] 于兴河，马兴祥，穆龙新，等. 辫状河储层地质模式及层次界面分析[M]. 北京：石油工业出版社，2004.

[3] 张昌民. 储层研究中的层次分析法[J]. 石油与天然气地质，1992，13(3)：344-350.

[4] 于兴河. 油气储层表征与随机建模的发展历程及展望[J]. 地学前缘，2008，15(1)：1-15.

[5] 李阳. 河流相储层沉积学表征[J]. 沉积学报，2007，25(1)：48-52.

[6] 陈欢庆，赵应成，舒治睿，等. 储层构型研究进展望[J]，特种油气藏，2013，20(5)：7-13.

[7] 赵翰卿. 储层非均质体系、砂体内部建筑结构和流动单元研究思路探讨[J]. 大庆石油地质与开发，2002，21(6)：16-18.

[8] 刘钰铭，侯加根，王连敏，等. 辫状河储层构型分析[J]. 中国石油大学学报：自然科学版，2009，33(1)：7-11.

[9] 吴胜和，岳大力，刘建民，等. 地下古河道储层构型的层次建模研究[J]. 中国科学：D辑：地球科学，2008，38(增刊1)：111-121.

[10] 徐中波，申春生，陈玉琨，等. 砂质辫状河储层构型表征及其对剩余油的控制——以渤海海域P油田为例[J]. 沉积学报，2016，34(2)：375-385.

[11] 郭太现，刘春成，吕洪志，等. 蓬莱19-3油田的地质特征[J]. 石油勘探与开发，2001，28(2)：26-28.

[12] 邓宏文，王红亮，阎伟鹏，等. 河流相层序地层构成模式探讨[J]. 沉积学报，2004，22(3)：373-379.

[13] 国景星，戴启德，吴丽艳，等. 冲积-河流相层序地层学研究[J]. 石油大学学报：自然科学版，2003，27(4)：15-19.

[14] 纪友亮，周勇，吴胜和，等. 河流相地层高精度地层构型界面形成机制及识别方法[J]. 中国石油大学学报：自然科学版，2012，36(2)：8-15.

[15] 吕晓光，赵翰卿，付志国，等. 河流相储层平面连续性精细描述[J]. 石油学报，1997，18(2)：66-71.

[16] 刘波，赵翰卿，王良书，等. 古河流废弃河道微相的精细描述[J]. 沉积学报，2001，19(3)：394-398.

[17] Bridge J S and Tye R S. Interpreting the Dimensions of Ancient Fluvial Channel Bars, Channels, and Channel Belts from Wireline-Logs and Cores[J]. AAPG Bulletin，2000，84(8)：1205-1228.

[18] Kelly S. Scaling and hierarchy in braided rivers and their deposits：examples and implications for reservoir modeling. In Sambrook Smith G H，Best J L and Bristow C S eds.，Braided Rivers：Process，Deposits，Ecology and Management[M]. Oxford，Blackwell Publishing，2006.

[19] Leclair S F and Bridge J S. Quantitative Interpretation of Sedimentary Structures Formed by River Dunes[J]. Journal of Sedimentary Research，2001：713-716.

[20] Allen J R L. Sedimentary Structures；Their Character and Physical Basis，vol. 1[M]. Amsterdam，Elsevier，1982.

[21] Weimer P，Posamentier H W. Siliciclastic sequence stratigraphy recent developments and application[M]. California：AAPG，1994.

[22] Marinus E. Donselaar and Irina Overeem. Connectivity of fluvial pointbar deposits：An example from the Miocene Huesca fluvial fan，Ebro Basin，Spain[J]. AAPG Bulletin，2008，92(9)：1109-1129.

[23] 陈飞，胡光义，孙立春，等. 鄂尔多斯盆地富县地区上三叠统延长组砂质碎屑流沉积特征及其油气勘探意义[J]. 沉积学报，2012，30(6)：1042-1052.

[24] Labourdette，R. Stratigraphy and static connectivity of braided fluvial deposits of the lower Escanilla Formation，south central Pyrenees[J]. Spain. AAPG Bulletin，2011，95(4)：585-617.

S油田聚驱影响因素的敏感性分析

沈　思　王宏申　王锦林　王晓超　李百莹　张维易
（中海油能源发展工程技术公司，天津塘沽 300452）

摘　要　运用数值模拟的方法建立渤海S油田的理想模型，在此模型的基础上分析了储层渗透率级差、聚合物黏度等因素对聚驱效果的影响。通过分析发现，随着渗透率级差的增大，聚驱采出程度减小，变化率先快后慢，渗透率级差对含水的影响主要体现在后续水驱的含水上升率上；聚合物黏度是影响聚驱效果的主要因素，黏度过小时，聚驱效果与水驱无异，聚驱后含水的下降最大幅度可以作为判别聚合物黏度的主要因素之一。

关键词　数值模拟；聚驱；渗透率级差；聚合物黏度；注入速度

1　引言

我国大部分油田采用注水开发，目前普遍进入高含水阶段，为了延长油田的寿命，增油降水，大量的研究人员采用了很多提高采收率的方法。比较常用的就是聚合物驱技术，聚合物驱是提高采收率最有效的三次采油技术之一[1,2]，这项技术在大庆、胜利、河南等陆上油田已经有了很多成功应用的案例。可以说，陆地油田的聚驱效果评价技术已经逐步成熟。

聚合物驱技术在国内海上油田的应用相对较晚，2003~2005年，S油田开展单井注聚的实验研究，2005~2008年进入到井组试验阶段。和陆地油田不同的是，海上油田受到平台寿命等因素的限制，需要在更短的时间内产出更多的原油。

为了参数的优化筛选在一定程度上缩小研究区间，减少研究工作的工作量。运用数值模拟的方法建立渤海S油田的理想模型，在此模型的基础上对储层渗透率级差、聚合物黏度等因素对聚驱效果敏感性进行了分析。

2　模型建立

本次模拟采用的模型是考虑S油田现场情况的理想模型，模型的尺寸为实验室级别，以对物理模拟实验起到指导性的作用。

模型情况见图1，具体的参数选取见表1。

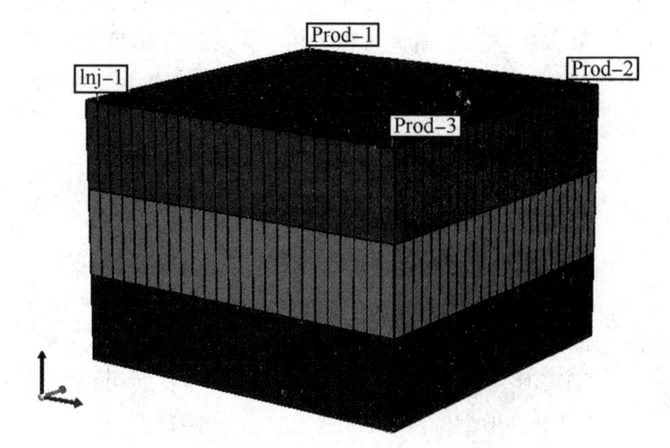

图1　本次研究建立的数值模型

表1　数值模型选用参数

参　数	数　值
网格数量	25×25×3
长×宽×高/（cm×cm×cm）	50×50×36
平均渗透率/mD	1967
非均质性	纵向非均质
孔隙度/%	0.3
原油黏度/（mPa·s）	70
水密度/（kg/m³）	1013
原油密度/（kg/m³）	930
基准深度/cm	100
基准深度压力/MPa	0.5
井网布井	反九点，1注3采
井口半径/cm	0.30
注入速度/（PV/d）	0.02~1.6
注入时机/%	5~90
注聚浓度/（mg/L）	1750
结束条件	含水率=98%

3　结果分析

运用CMG模拟器计算，分别对渗透率级差、聚合物黏度等因素对聚驱效果的影响进行计算和分析，以下将分别说明。

3.1　渗透率级差的影响

为了评价储层的地质情况对聚驱的影响，我们设计了不同的渗透率级差，并对不同渗透率级差下(级差 1～24)的聚驱、水驱过程进行计算，得到的结果见图 2。

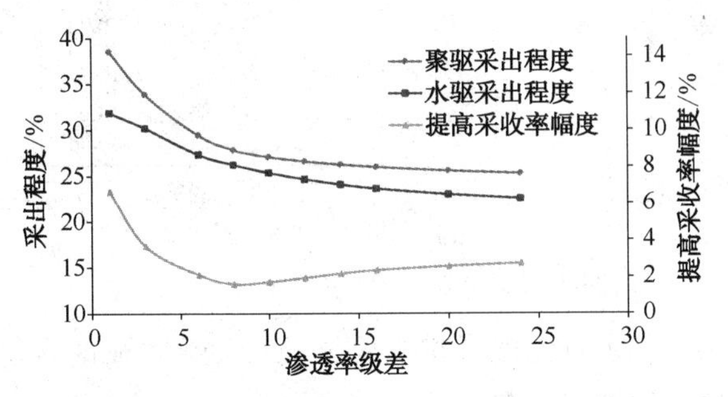

图 2　不同渗透率级差下聚驱、水驱采出程度

可以看出，渗透率级差对聚驱和水驱的影响程度是不同的。渗透率级差对聚驱效果的影响较大，随着渗透率级差的增大，水驱、聚驱的采出程度下降，但是聚驱和水驱采出程度变化的趋势不同，水驱采出程度随渗透率级差的变化率基本相同，聚驱采出程度的变化曲线存在拐点。当 K_{mn}(渗透率级差)<8 时，提高采收率幅度敏感性较强；当 K_{mn}(渗透率级差)>8 时，提高采收率幅度稳定在较低值。

渗透率级差对降水效果的影响见图 3。

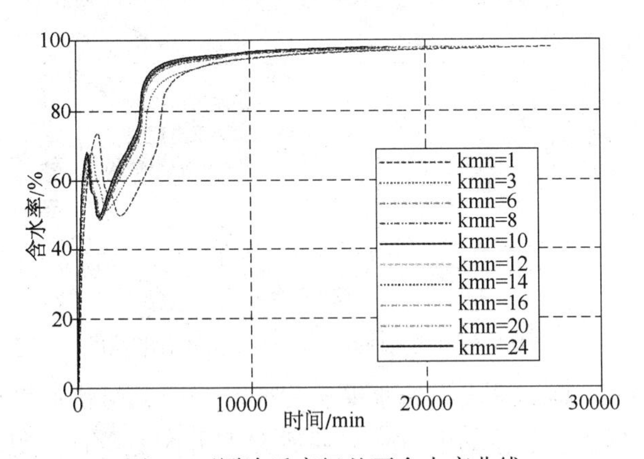

图 3　不同渗透率级差下含水率曲线

矿场实施聚合物驱后，随着聚合物驱的见效，油田降水增油，含水率曲线呈漏斗状变化。可以看出，渗透率级差对降水幅度的影响不大，其作用主要体现在后续水驱的含水上升速度上，级差越大，其后续水驱的含水上升速度越快，越快到达极限含水率而导致生产的结束。聚驱过后，储层中形成高渗通道，渗透率级差越大，后续的注入水就越容易沿着高渗层突进而基本不会波及低渗层，使得高渗层迅速水淹，产油量迅速下降。

因此，建议在实验的研究过程中，在渗透率级差小于 8 时多做实验，加强其对聚驱效果影响的分析。

3.2　聚合物黏度的影响

聚合物黏度是直接影响其驱油效果的主要因素，但是黏度如何具体影响还需要进一步的分析，为此我们设计了 8 套方案，在其他条件相同的情况下，油水黏度比从 0.0071～0.9143，对应的聚合物黏度从 0.5～64mPa·s。以此对不同聚合物黏度的方案进行计算，结果见图 4。

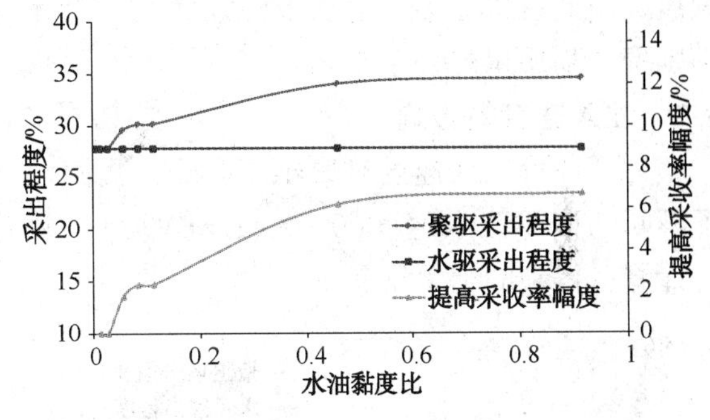

图 4　不同聚合物黏度下聚驱、水驱采出程度

可见，聚合物黏度对聚驱效果的影响基本呈线性，单调递增关系。聚驱采出程度随着聚合物黏度的增加而增加。当水油黏度比小于 0.0071 (对于 S 油田这种地下原油黏度为 70mPa·s 的油田来说，对应的聚合物黏度为 2mPa·s)，聚驱的采出程度和水驱几乎一致。提高采收率幅度受到黏度的影响很大，敏感性很强。

因此，在注聚过程中，要严格控制聚合物的黏度，黏度不能过小，否则结果将与水驱相似，不能得到应有的效果。而在聚驱过程中，通过增油量来判断聚驱效果的好与坏不够直观，通常需要很长时间的观察，而且要受到多因素的影响。通过分析，发现聚驱过程中含水率的下降幅度可以作为判断聚合物黏度高低的一个指标，见图 5。

可以看出，针对 S 油田，当聚合物的黏度小于 2mPa·s 时，含水的降幅很小，更多体现在抑制含水的上升速度上，但是，一旦聚驱结束，其含水又会上升快，甚至要快于水驱的上升速度，含水更快的到达 98%；当聚合物的黏度大于 2mPa·s 时，含水率“漏斗状”的形态逐渐明显，而且随着聚合物浓度的增大，漏斗的深度逐渐加

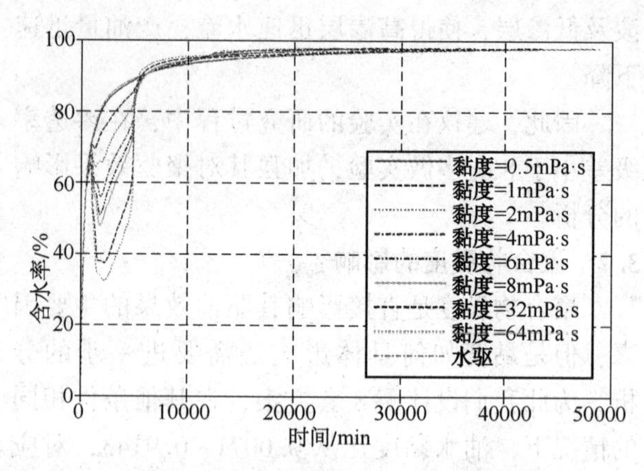

图 5　不同聚合物黏度下含水率曲线

深，在黏度大于 8mPa · s 时，“漏斗”加深的程度减缓。由此可以看出，含水下降幅度也可以作为判别聚合物质量的一个要素。

3.3　注入速度的影响

为了评价注入速度对聚驱的影响，我们设计了不同的聚驱注入速度(0.02～1.6PV/d)，并进行计算，得到的结果见图 6。

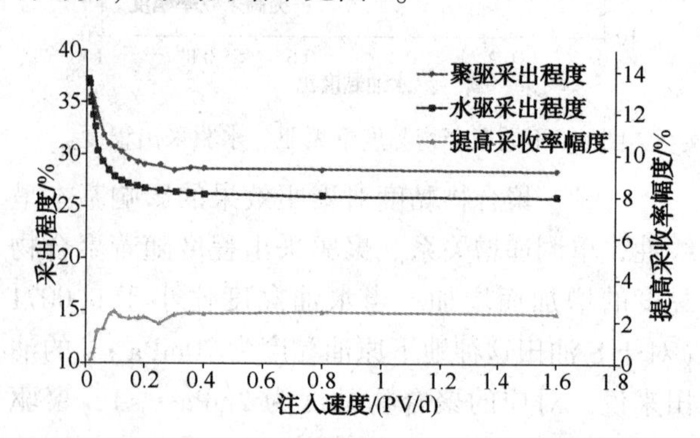

图 6　不同注入速度下聚驱、水驱采出程度

可以看出，不同的注入速度对水驱采出程度影响较大，采出程度随着注入速度的增大而减小，注入速度大于 0.2PV/d 时，采出程度下降的趋势变缓。与水驱相似，聚驱的采出程度也随注入速度的增大而减小，但是受到的影响较小。此外，可以发现，当注入速度小于 0.04PV/d 时，聚驱的提高采收率幅度小于 1%，而在注入速度大于 0.04PV/d 时，提高采收率幅度上升很快，并在 0.1PV/d 时达到最大值 2.45%，注入速度大于 0.1PV/d 时，提高采收率幅度的变化很小，趋于稳定。

需要选取适当的注入速度(0.1～0.2PV/d)，速度过小，聚驱的效果不能发挥。

注入速度对含水的影响见图 7。

可以看出，注入速度对含水降幅的影响较

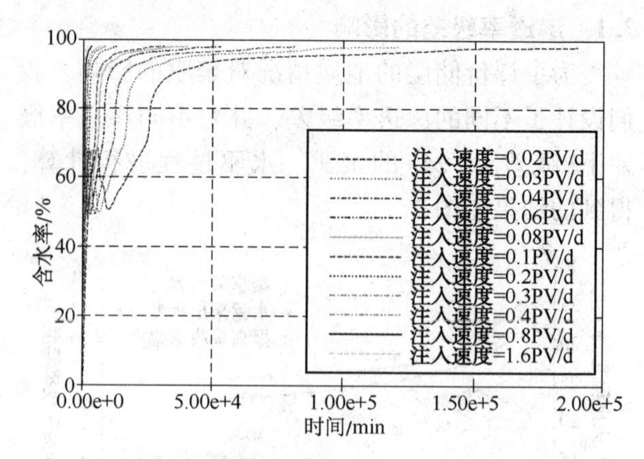

图 7　不同注入速度下聚驱含水率曲线

小，其对含水的影响主要体现在后续水驱的含水上升速度上。注入速度越大，后续水驱的含水上升速度越大。这是因为含水率主要受到油水相对渗透率的影响，聚驱可以改善油水的流度比，使更多的原油产出。不同注入速度下，聚合物的黏度相同，油水的流度比大致相同，含水的降幅也就大致相同。

3.4　注入时机的影响

设计了含水 5%、20%、60%、80%、90%时注入等 5 种注入时机，并进行计算，得到不同注入时机对聚驱生产的影响，结果见图 8。

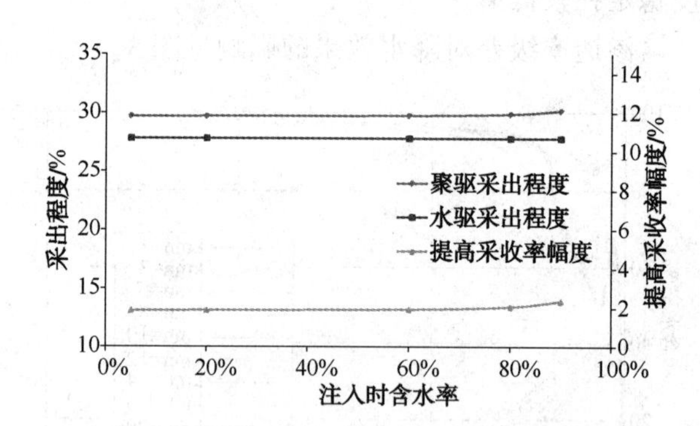

图 8　不同注入时机下聚驱、水驱采出程度

可以看出，聚驱采出程度受到注入时机的影响较小，在含水 60%之后注聚采出程度会有稍明显的变化，提高采收率幅度随着注入时机的增加而略有增加，从 1.88%增加到 2.35%。但是针对海上需要在更短的时间内产出更多原油的情况，较早的注入时机会取得较高的初始采油速度，在注入能力和工程条件允许的情况下，尽早进入注聚阶段有利于在更短的时间内采出更多的原油。

通过运用数值模拟的方法对储层渗透率级差、聚合物黏度、注入速度、注入时机等因素的分析，一方面分析了这些因素如何在聚驱过程中影响生产，认识到储层渗透率级差、聚合物黏度是影响聚驱提高采收率幅度的主要因素，为室内实验参数的优化筛选一定程度上缩小了研究区间。

4 结论

（1）数值模拟运用于聚驱影响因素分析中，为室内实验参数的优化提供参考。

（2）建议在实验的研究过程中，在渗透率级差小于 8 时多做实验，加强其对聚驱效果影响的分析。

（3）聚合物黏度是直接影响其驱油效果的主要因素，黏度过小时，聚驱和水驱效果几乎相同。聚驱过程中，含水率的最大下降幅度可以作为判断聚合物黏度高低的一个指标。

（4）注入速度大于 0.2PV/d 时，提高采收率幅度变化很小，注入速度小于 0.2PV/d 时变化较大，因此需要选取适当的聚驱注入速度，速度过小，聚驱的效果不能发挥。

参考文献

[1] 曾祥平．聚合物驱剩余油数值模拟定量描述[J]．西南石油大学学报：自然科学版，2010，32(1)．

[2] 杜庆军，侯建．聚合物驱后剩余油分布成因模式研究[J]．西南石油大学学报：自然科学版，2010，32(3)．

[3] 赵传峰，陈民锋．SH 油田聚合物驱影响因素分析及注聚参数优化[J]．特种油气藏，1995，18(1)．

[4] 沈平平，俞稼镛．大幅度提高石油采收率基础研究[M]．北京：石油工业出版社，2004．

[5] 赵辉，李阳，曹琳．聚合物驱含水率变化定量表征模型[J]．石油勘探与开发，2010，37(6)．

[6] 陈月明．油藏数值模拟技术[M]．东营：石油大学出版社，1989．

[7] 卢祥国，高振环，赵小京，等．聚合物驱油之后剩余油分布规律研究[J]．石油学报，1996，17(4)：55-61．

[8] 夏文飞，高维衣，刘礼亚．注聚后续水驱剩余油分布规律[J]．油气田地面工程，2003，22(11)：44-46．

响应面设计方法在海上油田注聚段塞优化研究

武海燕[1]　罗宪波[2]　李金宜[2]
（1. 中海油能源发展股份有限公司工程技术分公司中海油实验中心，天津 300452；
2. 中海石油(中国)有限公司天津分公司渤海石油研究院，天津 300452）

摘　要　聚合物驱技术在海上油田的应用还处于起步发展阶段。本论文先采用正交试验设计方法对海上油田先导试验井组注聚段塞组合方式进行优化设计，得到适合于该区域最优注聚段塞方案。以这个正交试验设计最优方案为基础再采用响应面设计进行方案的再优化，通过建立响应面回归方程，以综合指标为响应目标函数，对方程求最优解，得到再优化注聚段塞组合方案为：一级段塞体积 0.46PV，段塞浓度 1400mg/L；二级段塞体积 0.1PV，段塞浓度 523.56mg/L。响应面设计再优化方案效果显著，与原正交设计方案相比：井组再增油 1.7 万方，优化函数综合指标值从 8.05 优化到 8.21，井组采收率提高幅度再优化 0.38%。

关键词　正交设计；响应面优化；聚合物驱；段塞优化

聚合物驱作为油田开发稳产或增产的重要手段之一，在国内外陆上油田得到了广泛应用。我国的大庆、胜利、克拉玛依等主要油区都进行了矿场试验并取得了巨大成功[1]。注聚技术应用于海上油田开发还处于起步阶段。于陆上油田相比，海上平台空间狭小，平台使用寿命有限，海上聚合物驱工程面临需额外投入平台及管线改造成本，并在寿命时限内完成聚合物驱过程等难点，这些难点严重制约了聚合物驱在海上油田应用的经济效益[1~3]。

研究者一般通过数值模拟方法优化注聚参数，从而制定合理有效的注聚开发方案。聚合物驱注入参数优化体系是一多因素、多水平的复合体系，因素之间互相干扰，从而使该体系的研究变得复杂[4]。本文探索海上油田的注聚段塞优化方案，提出了有别于陆上油田的响应面优化新方法[5]。通过较少的实验次数完成对标本整体的分析和认识。在海上某油田试验井组注聚段塞优化设计当中，该方法取得了优于正交方案的增油效果，为实现在平台寿命时限内尽可能经济合理地采出剩余油，提供了更好的段塞注入方案。

1　正交试验设计方法在某油田试验井组注聚段塞优化中的应用

目标油田含油层主要分布在明下段、馆上段。油层纵向上埋藏浅、油层多、分布较集中；平面上主力油层大面积分布、连通性好；底水油层发育；地层原油黏度 22~260mPa·s；采用九点面积井网，井距 450m。注聚试验井组原油黏度 74mPa·s，采用 4 注 9 采反五点井网。

参考陆上油田注聚段塞优化方案，初步采用三段塞式，考虑 7 个主要因素，即每一级聚合物段塞体积、浓度和后续水驱体积。从而得到正交试验设计的七因素三水平表(表 1)。进而设计了 L18(37)正交表，共 18 套方案。采用斯伦贝谢数模专业软件对 18 个设计方案进行模拟运算，以平台经济年限为时间截点，计算出正交设计各个方案的指标结果。

表 1　正交设计优化方案

实验号	段塞 1	浓度 1	段塞 2	浓度 2	段塞 3	浓度 3	段塞 4	$EOR_{增}$/%	O/P/(m^3/t)	综合指标
10	0	1400	0.4	1500	0.1	500	0.6	8.59	93.73	8.05

作者简介：武海燕(1978—　)，女，山东单县人，获硕士学位。现任中海油能源发展股份有限公司工程技术分公司中海油实验中心工程师。E-mail：wuhy3@cnooc.com.cn

以采收率增幅EOR增作为技术指标，以吨聚增油量作为经济指标，定义综合指标为两者的乘积，以综合指标作为方案优化的参考依据。这样优化出的方案可以保证符合技术收益的同时兼顾经济收益。方案10在18个正交设计方案中，效果最好，如表1所示。最优方案为双段塞组合：一级段塞体积0.4PV，段塞浓度1500mg/L；二级段塞体积0.1PV，段塞浓度500mg/L。先导试验井组正交优化方案综合指标为8.05，采收率提高幅度为8.59%。

2 响应面设计方法在某油田试验井组注聚段塞再优化中的应用

2.1 响应面新方法比常规设计方法的优势

正交试验设计和其他绝大多数常规试验设计方法一样，都是采用设定离散点水平值进行分析。这样就不能考虑到离散数据点之间的变化趋势，如图1所示。

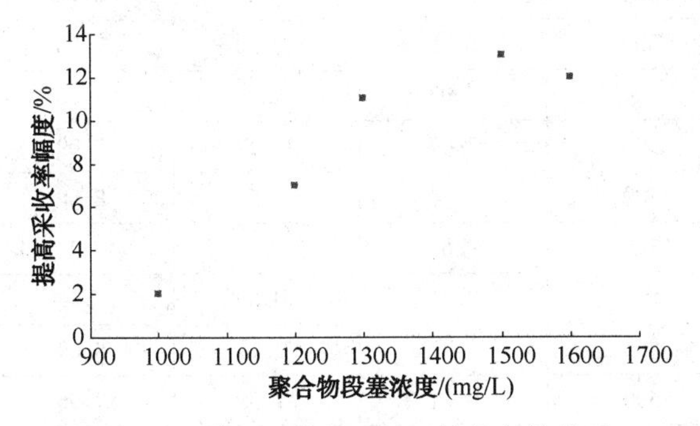

图1 因素水平值与目标函数的离散关系

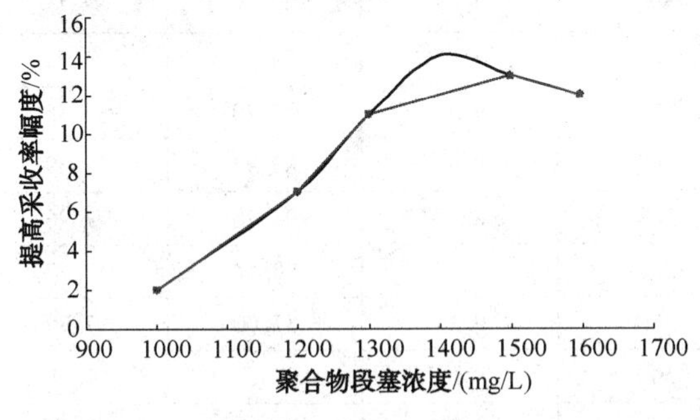

图2 可能存在的更优解

以提高采收率幅度最大化为优化目标函数为例说明，现在只能直观看到因素不同离散水平值对应的提高采收率幅度值，而不能判断1300mg/L浓度值和1500mg/L浓度值之间的目标函数变化规律。因而只能得到1500mg/L浓度取得最大采收率提高幅度的认识，而这个浓度值就极可能被优化为方案的最优注聚浓度值。而实际上，如果在1300mg/L浓度值和1500mg/L浓度值之间还存在着更好的选择1400mg/L，如图2所示。可能因为在设计优化方案的时候因为没有考虑到这个1400mg/L的注聚浓度水平值而错选了最佳注聚浓度值。类似于这样的情况在很多领域的方案优化设计中都会遇到，但是一般却不能够采用加密自变量个数的方法来求取最优值，因为一方面这势必会增大繁重的工作量；另一方面我们仍然不能确定加密后数据间的变化趋势。这样我们想到了利用连续函数方程拟合离散数据点，建立回归模型，得到自变量在它的定义域内的连续变化规律，然后对回归模型求解最优解。这样我们就能得到比离散点设计更好的优化方案。现举例说明：

图3显示的是三种注聚段塞浓度值分别取不同注入段塞体积值时对应的综合指标变化曲线。只能简单分析每一种浓度值曲线的大致变化规律趋势，但是却无法定量确定单条曲线上两个相邻点之间的变化规律趋势，更不能确定两条曲线上两个不同点之间的变化规律趋势。图4显示的响应面解决了图3曲线中不能解决的问题。以响应面方程建立起的响应面模型可以实现整个“面”上的数据定量化，因此实现了在两个自变量取值域里对目标函数的定量响应。在单段塞方案下，曲面的最高点即对应最优化方案。

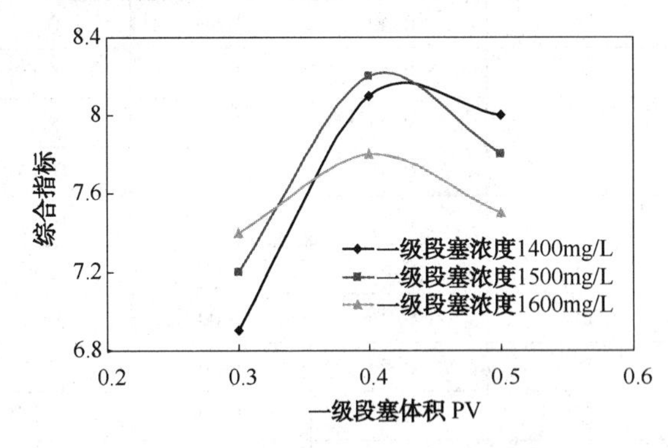

图3 段塞浓度与段塞体积对目标函数的散点趋势图

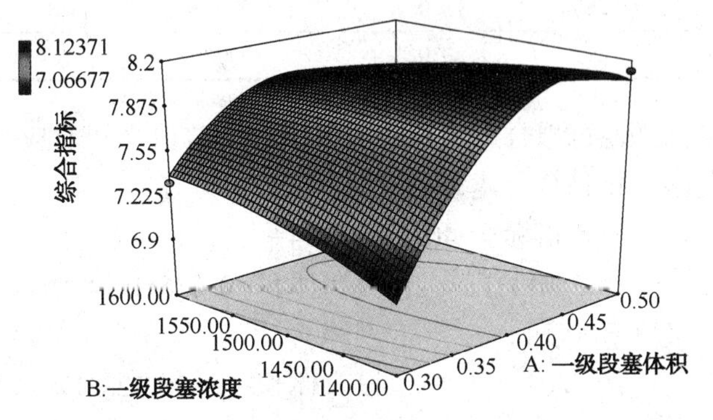

图4 段塞浓度与段塞体积对目标函数的响应面模型图

根据图 3～图 4 可以看出，根据响应面回归方程建立的响应面模型可以定量反映影响参数在求解域上的连续变化，对数据的分析实现由“线”到“面”的提升，更能全面准确分析出影响参数在求解域上的最优化取值。

2.2　响应面设计方法在注聚段塞组合中的应用

由于影响因素的优化初值取值范围对拟合响应面回归模型的精确程度有一定影响，所以本文以正交试验设计出的优化方案为基础，重新设计响应面优化方案，共计 29 个方案。

表 2　响应面方案优化设计

实验序号	段塞 1	浓度 1	段塞 2	浓度 2	EOR/%	O/P/(m^3/t)	综合指标
1	0.5	1500	0.1	500	9.47	83.96	7.95
2	0.4	1500	0.15	500	8.77	92.21	8.09
3	0.4	1500	0.15	500	8.77	92.21	8.09
4	0.4	1500	0.2	700	9.12	87.44	7.97
5	0.4	1500	0.1	300	8.44	95.01	8.02
6	0.4	1500	0.15	500	8.77	92.21	8.09
7	0.4	1500	0.15	500	8.77	92.21	8.09
8	0.3	1500	0.15	300	7.02	100.64	7.07
9	0.4	1400	0.15	300	8.23	96.55	7.95
10	0.5	1400	0.15	500	9.42	86.24	8.12
11	0.4	1600	0.15	300	8.78	90.90	7.98
12	0.3	1400	0.15	500	7.03	100.73	7.08
13	0.3	1500	0.1	500	7.07	100.28	7.09
14	0.4	1500	0.1	700	8.74	92.52	8.08
15	0.5	1500	0.15	700	9.64	79.97	7.71
16	0.4	1600	0.1	500	8.81	90.60	7.98
17	0.4	1500	0.15	500	8.77	92.21	8.09
18	0.4	1600	0.2	500	9.11	87.38	7.96
19	0.4	1400	0.15	700	8.68	92.59	8.04
20	0.3	1500	0.2	500	7.55	97.39	7.35
21	0.3	1600	0.15	500	7.57	96.77	7.32
22	0.5	1600	0.15	500	9.52	77.20	7.35
23	0.5	1500	0.15	300	9.41	83.94	7.89
24	0.4	1400	0.1	500	8.27	96.20	7.96
25	0.5	1500	0.2	500	9.65	80.52	7.77
26	0.4	1600	0.15	700	9.14	87.00	7.95
27	0.4	1400	0.2	500	8.62	92.62	7.98
28	0.4	1500	0.2	300	8.66	93.13	8.07
29	0.3	1500	0.15	700	7.60	97.14	7.38

通过拟合影响因素值和目标函数值之间对应的变化趋势，建立响应面回归拟合方程：

综合指标＝-40.51467234+

90.38014311×一级段塞体积+0.036616743×一级段塞浓度+

16.94093411×二级段塞体积+0.006212821×二级段塞浓度+

-0.025474221×一级段塞体积×一级段塞浓度+

-22.2931895×一级段塞体积×二级段塞体积+

-0.00627633×一级段塞体积×二级段塞浓度+

-0.002161051×一级段塞浓度×二级段塞体积+

-(1.47842E-06)×一级段塞浓度×二级段塞浓

度+

-0.004047952×二级段塞体积×二级段塞浓度+

-53.46315216×一级段塞体积×一级段塞体积+

-(8.6157E-06)×一级段塞浓度×一级段塞浓度+

-9.018110559×二级段塞体积×二级段塞体积+

-(8.11893E-07)×二级段塞浓度×二级段塞浓度

对模型的拟合精度进行检查如图5所示。

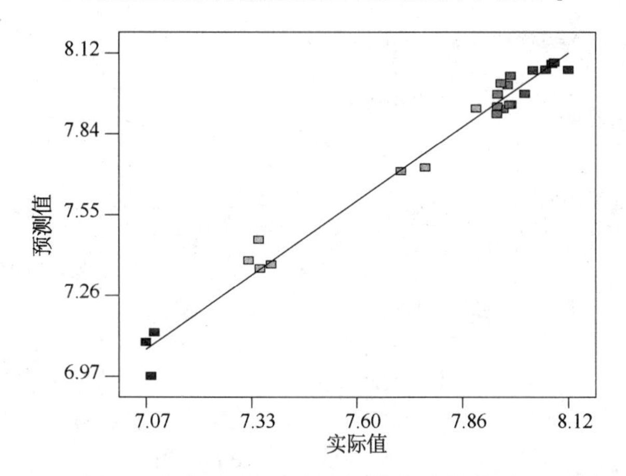

图5 响应面回归方程预测值与实际值对比

可以看出回归方程预测值和实测值几乎在45°直线上，表明回归方程拟合精度较好。

对注聚段塞组合优化中影响参数进行响应面分析，从图6~图7的颜色差异性可以看出，一级段塞浓度和一级段塞体积的取值均对目标函数综合指标有显著性影响。二级段塞浓度和二级段塞体积的取值均对目标函数综合指标影响不显著。可以直观定量的分析各个影响因素在它们定义域里对目标函数的影响规律。

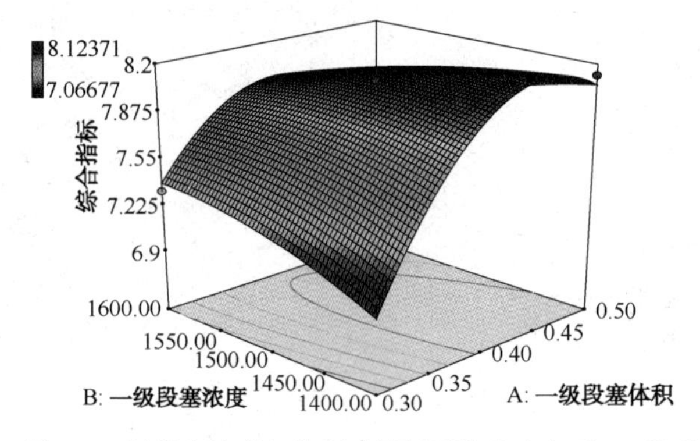

图6 一级段塞浓度与体积对目标函数的响应面3D模型

对响应面回归方程求解，得到目标函数的最优解，此时所对应的各个因素的取值即优化方案中各参数的取值。经方程求解，响应面综合指标

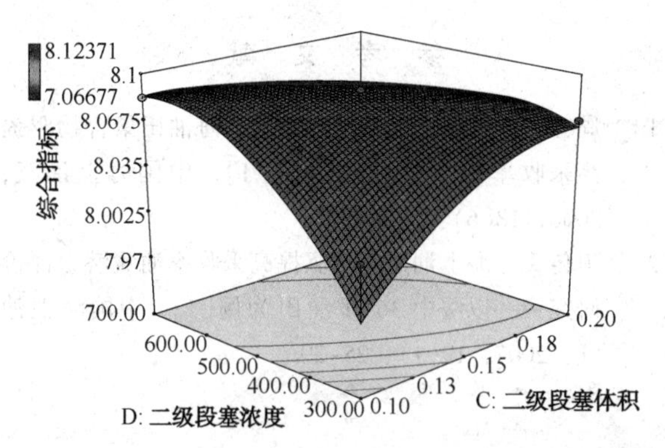

图7 二级段塞浓度与体积对目标函数的响应面3D模型

最优解为8.22，优化方案为第一级段塞体积0.46PV，第一级段塞浓度1400mg/L；第二级段塞体积0.1PV，第二级段塞浓度523.56mg/L。经数模验证，该方案数模综合指标为8.21，误差0.12%。

2.3 聚驱效果分析

将响应面再优化方案和正交设计方案进行效果对比分析。从图8可以看出，响应面再优化方案效果显著，井组再增油$1.7\times10^4m^3$，目标函数综合指标值从8.05优化到8.21，井组采收率提高幅度优化0.38%。

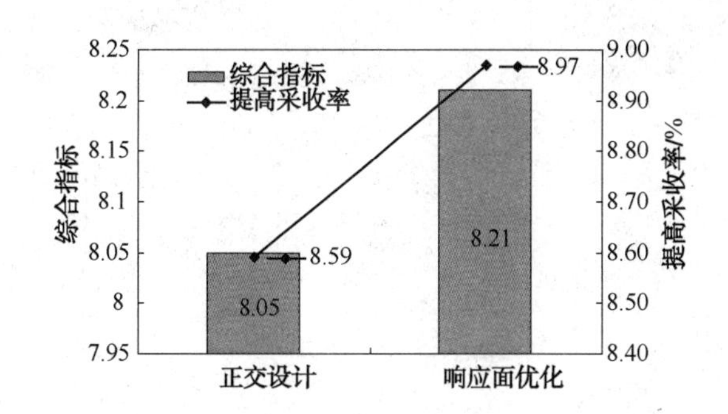

图8 响应面在优化方案与正交方案效果对比

3 结论

(1) 首次在国内海上油田注聚段塞方案设计中应用响应面法，注聚段塞优化结果表明：响应面设计方法能够解决常规设计方法中不能对段塞浓度和段塞体积取值点之间做出规律变化分析的弊端，具有连续性、精准性强的特点，通过响应面回归得到的聚驱指标更优；

(2) 针对海上某油田试验井组，与正交方案相比，响应面再优化方案实现井组再增油$1.7\times10^4m^3$，目标函数综合指标值从8.05优化到8.21，井组采收率提高幅度优化0.38%。

参考文献

[1] 周守为，韩明，向问陶，等．渤海油田聚合物驱提高采收率技术研究及应用[J]．中国海上油气，2006，18(6)：386-389.

[2] 王传飞．海上油田化学驱提高采收率油藏潜力评价研究——以绥中 36-1 油田为例[J]．中国海上油气，2007，19(1)：25-29.

[3] 隆锋，仲强，张云宝．旅大 10-1 油田化学驱物理模拟研究[J]．海洋石油，2007，27(1)：36-40.

[4] 耿站立，姜汉桥，李杰，等．正交试验设计法在优化注聚参数研究中的应用[J]．西南石油大学学报，2007，29(5)：119-121.

[5] 张国威，刘德华．利用最优化方法确定交联聚合物驱各段塞注入参数[J]．石油天然气学报，2010，32(1)：41-43.

一种油田自然递减率主控因素确定新方法

张 俊 康 凯 黄 琴 胡治华 赵靖康 靳心伟 李思民

(中海石油(中国)有限公司天津分公司，天津 300452)

摘 要 油田生产动态分析过程中，确定自然递减率主控因素是制定开发技术政策的重要依据。从自然递减率的定义出发，建立基于产量分解的区块年产量计算公式，提出影响阶段自然递减率变化的12个因素，并通过计算得到主控因素确定新方法。提出利用井网完善程度、层间动用程度、附加阻力有效表征了开发过程中平面上和纵向上剩余油动用的不均衡性，客观反映油田开发实际。应用该方法，计算过程简捷、分析结果准确，可以为油藏开发调整和油井措施的实施奠定基础。

关键词 自然递减率；产量分解；主控因素；井网完善程度；附加阻力

自然递减率是油田整体开发效果的综合体现，受到油藏类型、地质条件、开发方式等众多因素的影响[1~7]，渤海M油田自然递减率高，年度间变化大。有必要研究年度递减率变化与哪些因素有关，各个因素对递减率的影响程度大小，找到影响递减率的主控因素。

目前自然递减率主控因素常用分析方法有定性分析和半定量分析，定性分析简单直观，半定量分析主要是采用月度生产数据回归得到年递减率，然后各因素采用扣除产量方法，回归得到其对递减率的影响程度。该方法考虑的影响因素少，人为误差大。因此，需要建立一种考虑多因素的定量分析方法，对自然递减率实现更精准的分析。找准油田开发问题，优化递减率控制策略。

1 递减率主控因素方法建立

从自然递减率的定义出发，按照行业标准中的定义：老井年自然递减率等于油田或区块老井当年核实年产油量扣除措施增油量后的年产油量除以上年核实年产油量[式(1)]。对区块核实年产油量进行分解，包括3部分：一是表征区块整体的参数，如油井数量、井网完善情况等，二是表征生产时效的参数，三是表征油井个体的参数，如生产能力、附加阻力、生产压差等多个因素(图1)。

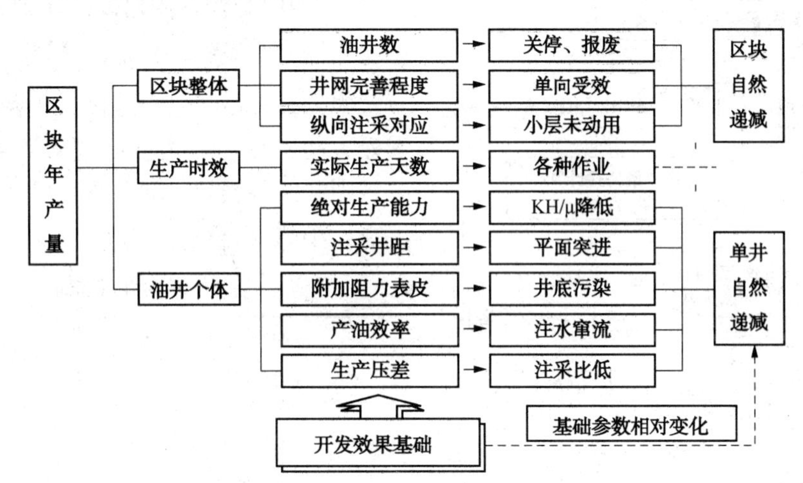

图1 区块年产量分解示意图

作者简介：张俊(1981—)，男，汉族，四川人，硕士，中级工程师，现从事油田生产研究方面工作。E-mail：zj7258@126.com

进而可以建立基于产量分解的区块年产量计算公式，即区块年产油量等于有效油井数乘以平均单井产油量乘以生产时间[式(2)～式(4)]。平均单井产油量等于产液能力乘以含油率乘以生产压差。因此，年产油量由5个参数构成，即有效油井数、产液能力、含油率、生产压差、生产时间。5个参数又可进一步分解为12个影响因数(表1)。

$$D_i = \frac{Q_{o(i-1)} - (Q_{o(i)} - E)}{Q_{o(i-1)}} \times 100\% \quad (1)$$

$$Q_o = N_0 \times J_L \times f_o \times \Delta P \times T \quad (2)$$

$$N_0 = N \times \varphi \quad (3)$$

$$J_L = \frac{\lambda K h}{\mu_L \left[\ln\left(\frac{r_e}{r_w}\right) + s \right]} \quad (4)$$

式中，D_i 为第 i 年自然递减率，%；$Q_{o(i-1)}$ 为上年年产油量，t；$Q_{o(i)}$ 为老井当年年产油量，t；E 为当年措施增油，t；Q_o 为年产油，t；N_0 为有效井数；J_L 为产液指数，$m^3/(d \cdot MPa)$；f_o 为含油率，%；ΔP 为生产压差，MPa；T为生产时间；N 为油井总数；φ 为井网完善程度，小数；λ 为层间动用程度，小数；K 为储层渗透率，$10^{-3}\ \mu m^2$；h 为储层厚度，m；μ_L 为产出液黏度，mPa · s；r_e 为泄油半径，m；r_w 为井半径，m；s 为附加阻力。

表1 基于产量分解的区块年产量影响因素

影响因素	有效油井数	产液指数	含油率	生产压差	生产时间
具体参数	油井数 井网完善程度	储层渗透率 产出液黏度 油井射开层厚度 层间动用程度 平均注采井距 附加阻力	阶段含水率	地层压力 井底流压	生产时率

因此，当确定某年递减率变化主控因素时，首先需要确定当年和上年12个因素值，然后带入区块产量计算公式，得到年产量，并通过参数优化使其与实际年产油值差异最小，进而可求得某年各因素对递减率影响程度，排序后可得到递减率变化主控因素(图2)。

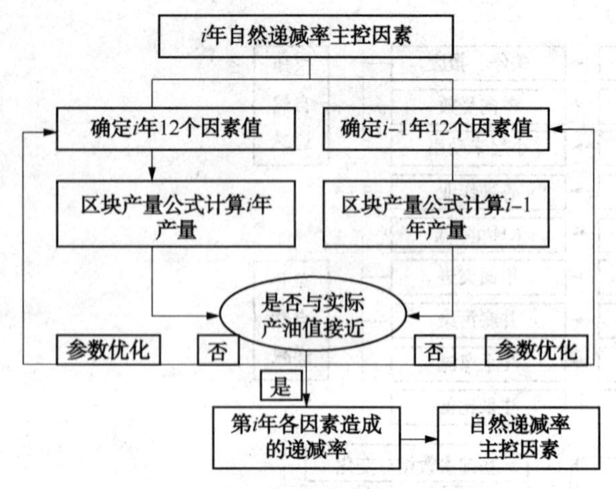

图2 自然递减率主控因素确定流程

2 影响自然递减率各个参数的确定方法

2.1 井网完善程度

通过油田开发经验可知，油井多向受效率越高，开发效果越好。而实际开发井网受到断层、含油面积等影响，与理论规则井网相比，是存在差异的。因此，引入井网完善程度，表征井网完善性[式(5)]。在理论规则井网下，以反九点井网和五点井网为例，油井单向、双向、多向受效系数可以用公式和曲线描述(表2)，反九点井网条件下，随着总井数增加，双向受效系数趋近于0.7，四向受效系数趋近于0.3(图3)。

$$\varphi = \sum n_i k_i / \sum n_{i理} k_{i理} \quad (5)$$

式中，φ 为井网完善程度，小数；n_i 为实际各受效方向井数；k_i 为实际受效系数，小数；$n_{i理}$ 为规则井网各受效方向井数；$k_{i理}$ 为规则井网受效系数，小数。

表2 不同井网下油井受效系数

项目		反九点井网	五点井网
总井数		n	n
油井受效系数	单向	$\frac{8(\sqrt{n}+1)}{3n+2\sqrt{n}-1}$	$\frac{8}{n+\sqrt{2n-1}}$
	双向	$\frac{2(n-9)}{3n+2\sqrt{n}-1}$	$\frac{4(\sqrt{2n-1}-3)}{n+\sqrt{2n-1}}$
	多向	$\frac{(\sqrt{n}-3)^2}{3n+2\sqrt{n}-1}$	$\frac{4(n+4-3\sqrt{2n-1})}{n+\sqrt{2n-1}}$

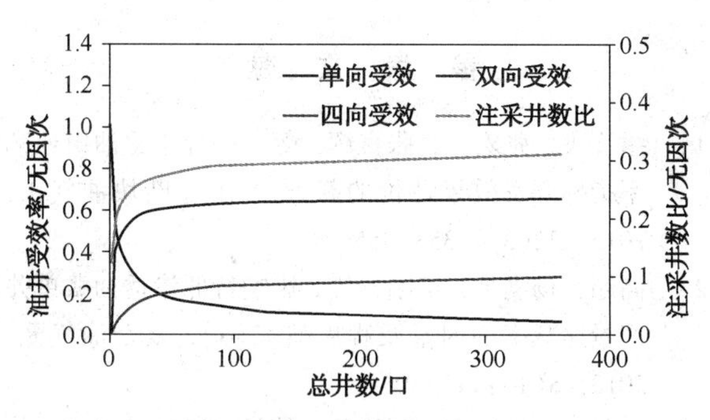

图 3 反九点井网油井受效系数

因此，可以将实际井网与理论井网进行对比，确定井网完善程度。计算方法是通过实际井网油井受效系数积分与理论井网油井受效系数积分之比，确定井网完善程度，进而定义区块有效油井数等于油井总数乘以井网完善程度。

2.2 层间动用程度

M 油田注采对应率低，仅 60%。从数模结果看，不同注采对应率对递减率影响较大。从动态产吸剖面统计结果，油田层间动用程度低于 50%。有大部分储量由于注采不连通、层间矛盾原因，未有效动用。因此定义油井有效生产厚度等于射孔生产厚度乘以层间动用程度，可通过产液剖面、吸水剖面或新钻井水淹层测井解释资料统计分析得到。

2.3 附加阻力

引入 Hall 曲线方法，计算区块油井附加阻力[8]，其物理意义是：采油井累积产出一定液量，总共消耗多少的驱动能量。计算步骤[式(6)~式(8)]为：(1)建立累产液、注入量与压差积分的关系。(2)计算不同阶段的综合产液指数 m，分析和评价不同开发阶段、不同条件下，油井综合生产能力和变化趋势。m 的倒数，反映不同阶段采油井生产过程中受到的综合阻力大小。(3)计算各阶段附加阻力 S。

$$L_{\mathrm{P}} = \int_{t_0}^{t}\left[\frac{2\pi Kh}{\ln\left(\frac{r_{\mathrm{e}}}{r_{\mathrm{w}}}\right)+s}\times\left(\frac{K_{\mathrm{ro}}}{\mu_{\mathrm{O}}B_{\mathrm{O}}}+\frac{K_{\mathrm{rw}}}{\mu_{\mathrm{w}}B_{\mathrm{w}}}\right)\right]\times(P_{\mathrm{e}}-P_{\mathrm{wf}})\cdot d_{\mathrm{t}} \tag{6}$$

令：
$$m_{\mathrm{P}} = \frac{2\pi Kh}{\ln\left(\frac{r_{\mathrm{e}}}{r_{\mathrm{w}}}\right)+s}\times\left(\frac{K_{\mathrm{ro}}}{\mu_{\mathrm{O}}B_{\mathrm{O}}}+\frac{K_{\mathrm{rw}}}{\mu_{\mathrm{w}}B_{\mathrm{w}}}\right) \tag{7}$$

$$S = \frac{1}{m_{\mathrm{P}}}\left[2\pi Kh\times\left(\frac{K_{\mathrm{ro}}}{\mu_{\mathrm{O}}B_{\mathrm{O}}}+\frac{K_{\mathrm{rw}}}{\mu_{\mathrm{w}}B_{\mathrm{w}}}\right)\right]-\ln\left(\frac{r_{\mathrm{e}}}{r_{\mathrm{w}}}\right) \tag{8}$$

式中，L_{P} 为某时间段累积产液量，t；K、K_{ro}、K_{rw} 分别为绝对渗透率、油相渗透率、水相渗透率，$10^{-3}\mu\mathrm{m}^2$；μ_{O}、μ_{w} 分别为原油、水黏度，mPa · s；P_{e}、P_{wf} 分别为地层静压、井筒流压，MPa；S 为附加阻力，无量纲。

3 应用效果

M 油田 4 区是递减率最大的区块，2014 年之前自然递减率高于 40%，生产过程中表现出含水率上升快，产液下降的特征。采用“递减率主控因素确定方法”计算后，得到 2014 年 11 个因素对递减率的影响(图 4)，确定主控因素从大到小依次为阶段含水率、附加阻力、层间动用程度。

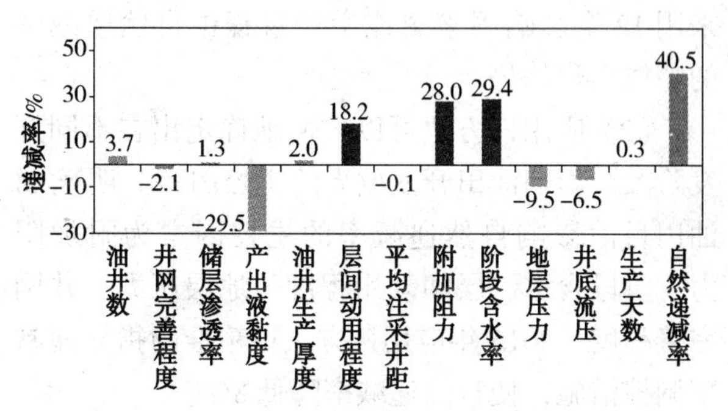

图 4 2014 年各因素造成的自然递减率

找到主控因素后，制定了 2015 年递减率控制策略，共提出措施建议 72 井次，实际实施 36 井次。各主控因素的改善情况是：采取措施后，2015 年油井含水上升速度显著减缓，含水上升率大幅下降，层间动用程度下降幅度有所减缓。然后是附加阻力，部分油井生产过程中，表现出在注水充足的条件下，产液持续下降，目前已证实为储层污染，污染机理是岩芯速敏，大压差下微粒运移造成储层堵塞。2015 年对存在储层堵塞的井，提出 12 井次解堵措施建议，实际实施 4 口，有效 2 口，使附加阻力上升幅度有所减缓。针对 3 个主控因素采取治理措施后，阶段含水率，层间动用程度对递减率影响明显下降(图 5)，2015 年自然递减率较 2014 年整体降低 8%，实现年增油 5×10^4t。

4 主要认识

(1) 从自然递减率的定义出发，提出基于产量分解的区块年产量计算公式，建立了自然递减率主控因素定量分析方法，丰富了油藏研究技术手段。提出用井网完善程度、层间动用程度、附加阻力来反映油田开发的中储量动用的不均衡。

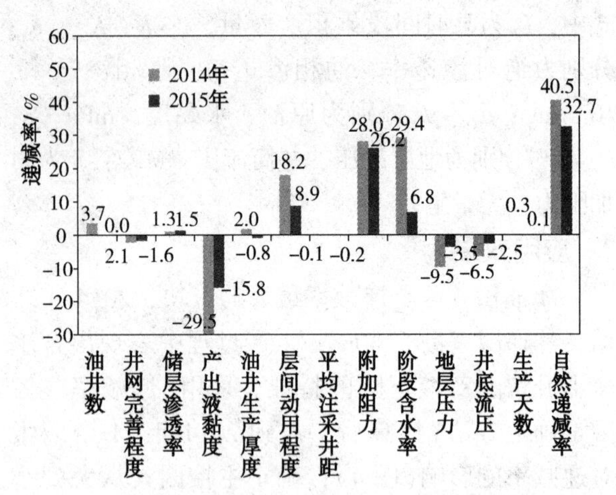

图5　2014~2015年各因素对自然递减率的影响

采用12个影响因素更能生产过程中自然递减率的整体变化趋势。

（2）应用该方法可以方便地确定出在不同开发阶段，影响油田开发效果的主控因素。明确M油田目前影响自然递减率的主控因素为附加阻力、阶段含水、层间动用程度、地层压力、井网完善程度。2015年应用该方法更精准的指导递减率调控措施，使自然递减率降低8%。

参考文献

[1] 缪飞飞，张宏友，张言辉，等．一种水驱油田递减率指标开发效果评价的新方法[J]．断块油气田，2015，22(3)：353-355.

[2] 高超，杨满平，王刚，等．影响特低渗透油藏单井产量递减率的因素及程度研究[J]．复杂油气藏，2012，5(1)：47-50.

[3] 程仲平，杨纯东，刘绪礼，等．辽河油区储采比与递减率关系研究及探讨[J]．大庆石油地质与开发，2005，24(5)：38-40.

[4] 张宗达，邓维佳，胡海燕．油田现行的产量递减率计算方法及分析[J]．西南石油学院学报，1998，20(2)：61-65.

[5] 张雄君，程林松，李春兰．灰色关联分析法在产量递减率影响因素分析中的应用[J]．油气地质与采收率，2004，11(6)：48-50.

[6] 田晓东，王凤兰，石成方，等．大庆喇萨杏油田产量递减率变化规律[J]．石油学报，2006，27(增刊)：137-141.

[7] 李斌，袁俊香．影响产量递减率的因素与减缓递减的途径[J]．石油学报，1997，18(3)：89-97.

[8] 陈民锋，时建虎，盖建，等．一种评价油水井生产能力的新方法及其应用研究[J]．复杂油气藏，2015，8(1)：41-43.

渤海典型边底水稠油油藏隔夹层研究及应用

郑 华 李云鹏 刘宗宾 李红英 王树涛 陈 瑶 刘喜林
(中海石油(中国)有限公司天津分公司渤海石油研究院，天津塘沽 300452)

摘 要 储层隔夹层研究是揭示油藏非均质性的不可缺少的组成部分，特别是油田开发至高、特高含水期，储层隔夹层的类型、分布等对剩余油挖潜具有重要的控制作用。以渤海A油田明化镇组为例，通过对该油田边底水稠油油藏含油层段开展沉积特征及隔夹层描述研究，形成了基于测井响应分析的井点隔夹层识别和基于地震属性分析的平面井间隔夹层描述技术，揭示了隔夹层的类型、分布组合特征及展布规律，并且结合数值模拟方法，探讨了隔夹层控制下的剩余油类型及分布规律，提出了油井间次生底水油藏储层顶部区、夹层下部未动用区、过渡带夹层局部纯油区三种剩余油分布样式，同时结合实际井动态资料进一步验证了隔夹层认识的可靠性，为深入挖潜研究区剩余油提供了依据。

关键词 稠油油藏；边底水；隔夹层；剩余油

随着渤海大部分稠油油田已进入中高含水期，而边底水油藏所占数目多，储量比例大，隔夹层在边底水油藏开发中起着重要的屏障作用，它可以有效阻挡边底水的推进，延长无水采油期，因此隔夹层是影响边底水油藏油井开发效果的关键因素。然而含油气储层内的泥岩隔夹层一般都比较薄，地震资料带宽有限，实际地震资料分辨率较低，在实际地震资料上无法有效识别隔夹层，致使泥岩隔夹层的地震响应特征并不明显，从而为隔夹层地震识别带来了困难，因此寻求有效的隔夹层识别方法以及精细隔夹层刻画对于油田后期开发具有十分重要的意义。

1 研究区概况

渤海A油田主力含油层段位于明下段Ⅱ油组上部油层和下部油层，地层原油黏度437mPa·s，同时边底水能力强、储层非均质性比较大，属于渤海典型的强边底水非常规稠油油田，储层岩性主要为细-中-粗粒岩屑长石砂岩，颗粒分选中-好，磨圆为次圆-次棱状。明下段沉积为滨浅湖-浅湖沉积环境，河流-三角洲沉积体系比较发育。储层岩芯分析平均孔隙度35%，平均渗透率2467mD，具有高孔高渗的储集物性特征。

以渤海A油田目的层段内泥岩隔夹层发育情况为例，全油田有9口井在NmⅡ油组上部油层(图1)层间钻遇了厚度不等的泥岩隔夹层，厚度分布在0.5~11.5m之间(表1)。主要由灰绿色泥岩隔层和细岩性夹层组成。其中，油田范围内三口探井钻遇的泥岩隔夹层表现在地震剖面上(图2)，仅有A-3井钻遇的6m厚泥岩隔夹层才能在地震上有效识别。分析原因，主要是由于泥岩隔夹层相对较薄，地震资料有效带宽较窄，为30~60Hz，高频成份缺失，使得实际地震资料无法对薄隔夹层有效分辨，因此有必要深入开展隔夹层精细识别研究。

表1 渤海A油田上部油层隔夹层统计

井名	A-3	A	1	2	A18	A16H	A17H	A22P1	A23H	平均
泥岩厚度/m	6	5.7	2.6	0.5	11.5	3.5	3.8	2.6	2.2	4.1

2 隔夹层识别方法及划分

针对隔夹层地震识别难点，通过地质、油藏、地震、测井资料相结合，制定了泥岩隔夹层地震识别技术路线(图3)。

2.1 沉积特征

渤海A油田物源主要来自东北方向的渤东水系、金县-复州水系，储层主要为浅水三角洲沉积，发育有水下分流河道、支流间湾等微相。

作者简介：郑华(1986—)，男，汉族，江西人，2011年毕业于中国石油大学(北京)油气田开发专业，获硕士学位，工程师，现主要从事油气储层评价工作。E-mail：zhenghua@cnooc.com.cn

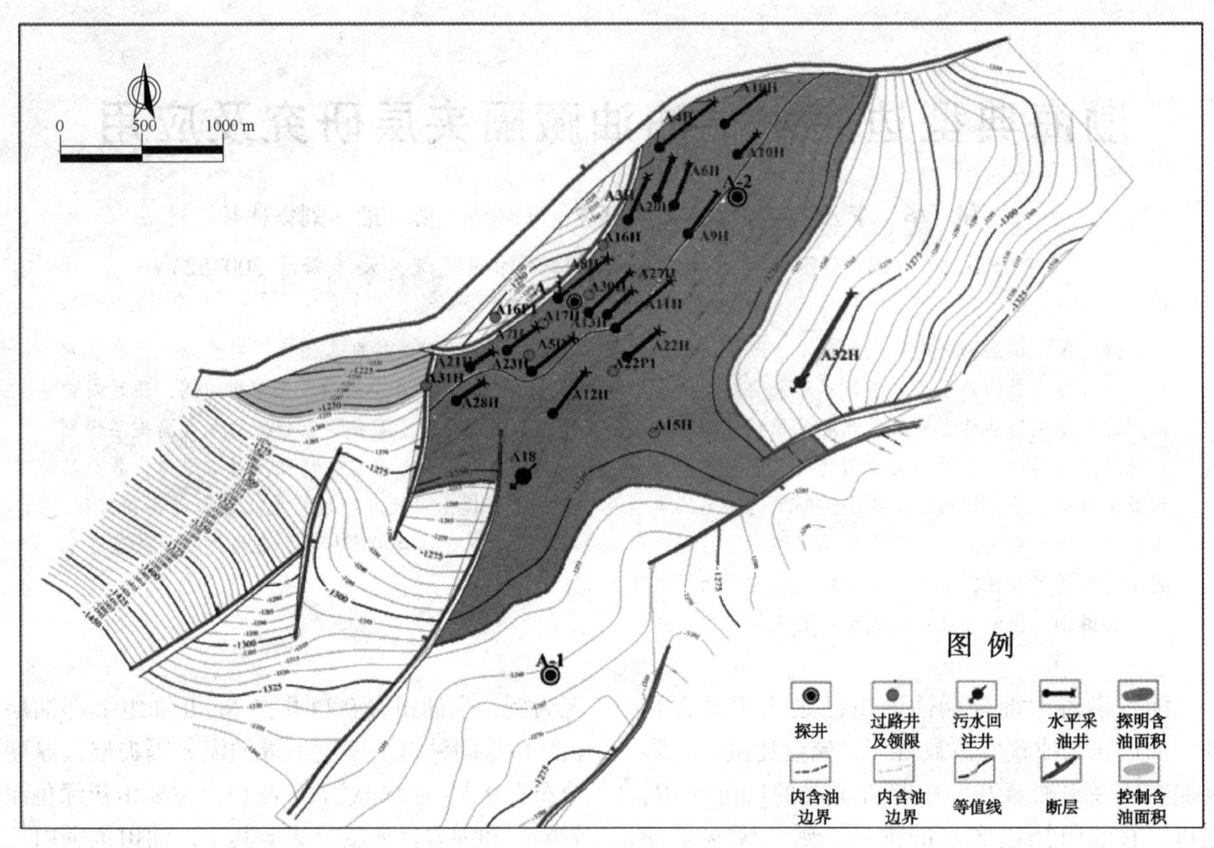

图 1　渤海 A 油田明化镇组目的层段含油面积图

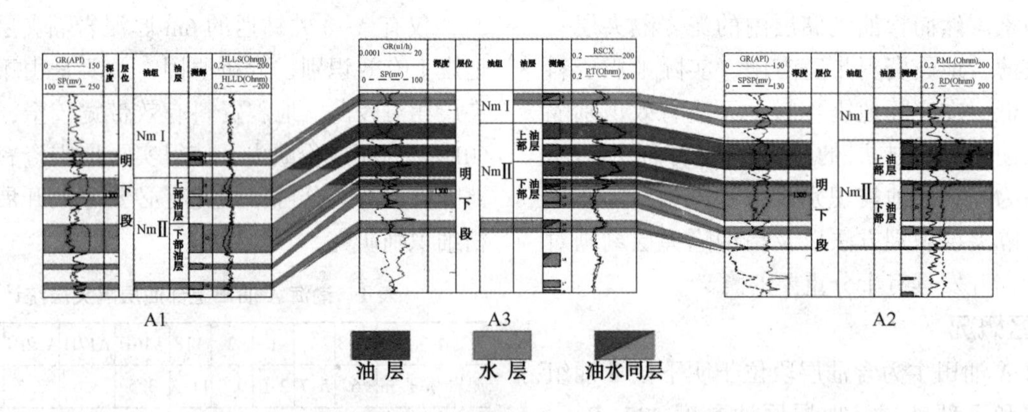

(a) 渤海A油田明下段目的层段油组对比图

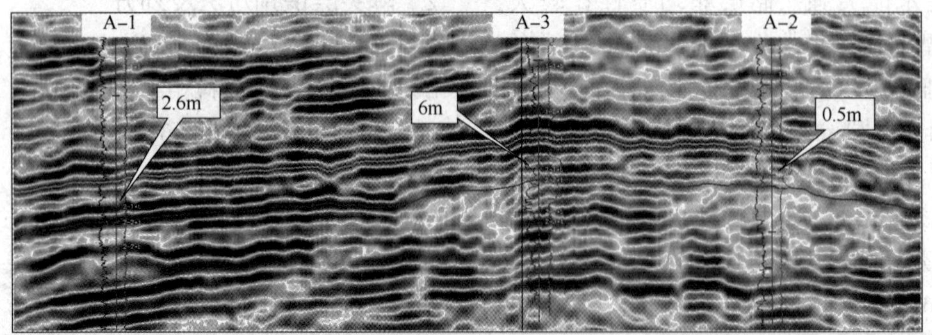

(b)联井地震剖面

图 2　隔夹层对比剖面图

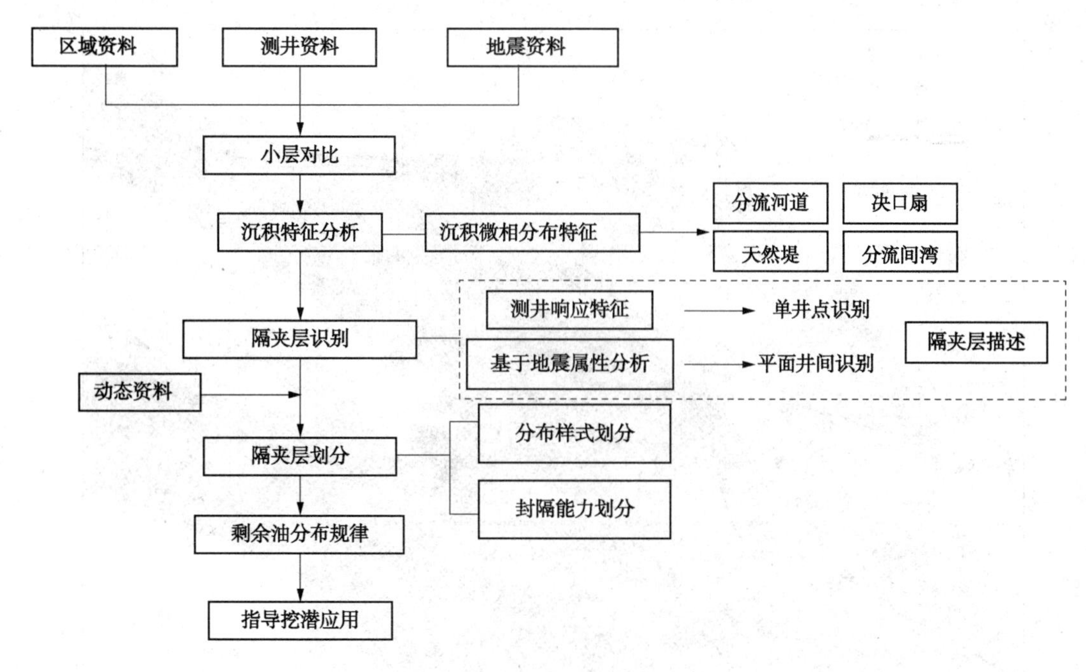

图 3 隔夹层识别技术路线图

通过分析岩芯、薄片、粒度等资料，再结合测井曲线形态进行标定，综合确定了各井的测井相以及对应的沉积微相(表 2)，结合测井相、地震相、平面相，对储层沉积特征开展了研究，得出区域储层展布特征(图 4)。

表 2 渤海 A 油田明化镇组浅水三角洲沉积微相单元划分

相	亚相	微相	岩性	沉积构造	曲线形态特征			接触关系
					GR	SP	特征	
浅水三角洲	主河道	水下分流河道	细砂、粉砂	交错层理、底部有时见冲刷面			微齿或箱型及钟型	顶底突变
	河床洪泛	水下天然堤	粉砂	交错层理			指状或尖峰状	顶底渐变
		决口扇	细砂、粉砂	小型交错层理			指状	顶底渐变
	支流间湾	支流间湾	泥岩、含粉砂	水平层理、波状层理			低幅度微齿或线型	顶底渐变

2.2 基于测井响应分析的井点隔夹层识别

通过采用常规方法无法识别隔夹层，需要充分结合测井资料及地震资料开展隔夹层精细刻画研究，而以测井响应特征识别井点隔夹层，再结合地震属性资料开展平面井间隔夹层刻画是隔夹层描述技术的重点之一。

按照岩性和物性特征一般可将隔夹层划分为泥岩隔夹层和物性夹层等，其中，泥岩隔夹层在测井曲线上主要反映为泥岩特征，具体表现为自然电位靠近基线，微电极幅度明显下降，幅度差几乎为零或者很小；中子伽马平稳低值；深侧向电阻率低，下降为邻层的 50%以上；声波时差高值；井径曲线明显扩径，泥质隔夹层一般都是由于水动力减弱，细的悬移质沉积而形成的，它的形成与分布主要受沉积环境的控制。结合测井资料进行分析可知，研究区目的层段则主要以该类型隔夹层为主。

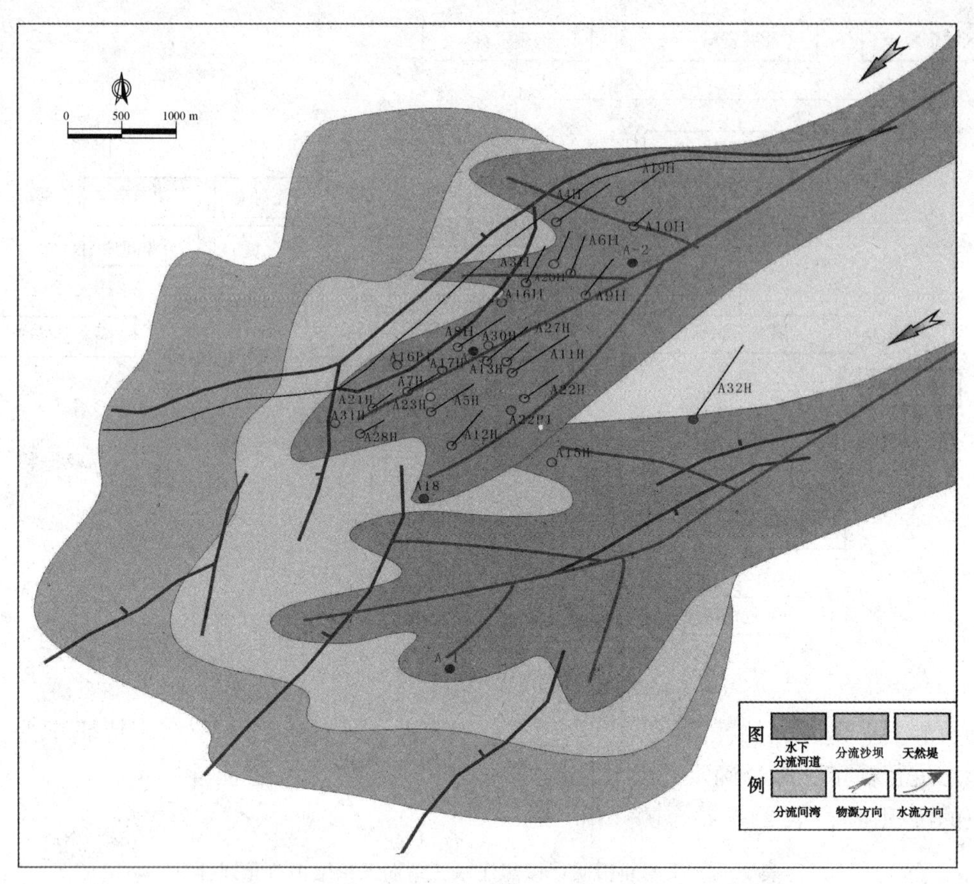

图 4　渤海 A 油田明化镇组目的层段沉积相划分图

2.3　基于地震属性分析的井间隔夹层描述

利用地球物理资料，结合地震沉积学，在单井井点测井响应识别隔夹层基础上，通过开展基于地震属性分析的平面井间隔夹层描述研究，可为开发地质储层分析及剩余油挖潜应用奠定良好的基础。

在对泥岩隔夹层地震响应特征认识与高品质地震资料基础上，利用多属性对泥岩隔夹层的空间展布规律进行描述。首先在时间域提取了对泥岩隔夹层反映敏感的多种地震属性，波谷个数属性中浅蓝色及弧长属性中红绿色代表了泥岩隔夹层相对发育位置，最大波谷振幅及瞬时相位则可以进一步刻画泥岩隔夹层平面上的相对变化。通过分析可以看出，多种地震属性均可以在一定程度上描述泥岩隔夹层分布，各有优势，为此利用多属性聚类技术对多种属性进行聚类分析，得到了统计意义下泥岩隔夹层可能的分布位置，并在此基础上圈定了泥岩隔夹层平面分布范围(图 5)。

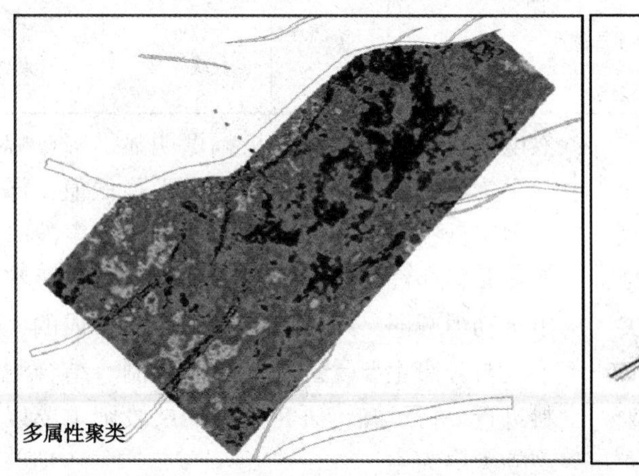

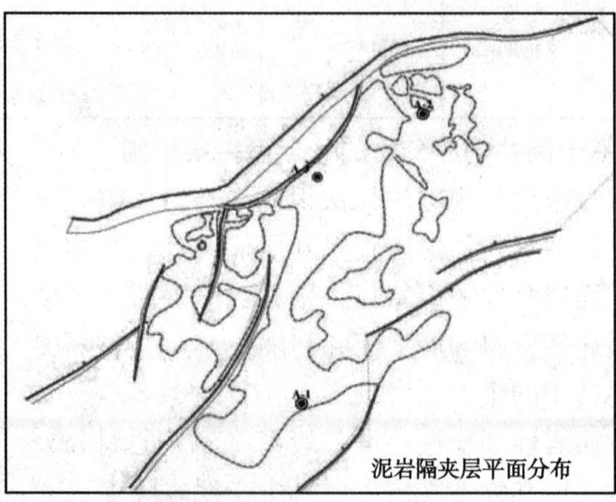

图 5　多属性聚类及泥岩隔夹层分布范围

2.4 隔夹层分布样式与封隔级别划分

结合测井相分析(图6)，通过对隔夹层纵向分布样式进行分析，根据砂体叠置关系，将砂体分为4种隔夹层发育区，其中A式隔夹层发育区上下砂体为两个完全独立的油水系统，这种情况下上部砂体射孔与下部砂体无关；B式隔夹层发育区，两期单砂体分别单独作为一个层系进行开发；C式(剪刀形)隔夹层发育区特点主要体现在不同的河道砂体或同一河道侧向迁移造成的侧切叠置性；D式隔夹层(“双剪刀”形)主要体现在不同的河道砂体摆动或同一河道不同时间下切沉积造成下切叠置性(图7)。

隔夹层对于开发的影响意义重大，仅仅开展隔夹层样式研究而没有结合生产动态的实际验证是不可行的，因此有必要在不断的认识基础上，结合生产动态响应来验证隔夹层认识的可靠性。通过统计，以20%含水突破时间为划分依据，对隔夹层进行封隔能力级别划分，共划分强遮挡、中遮挡和弱遮挡3种级别(表3)，为后期剩余油挖潜提供了指导依据。

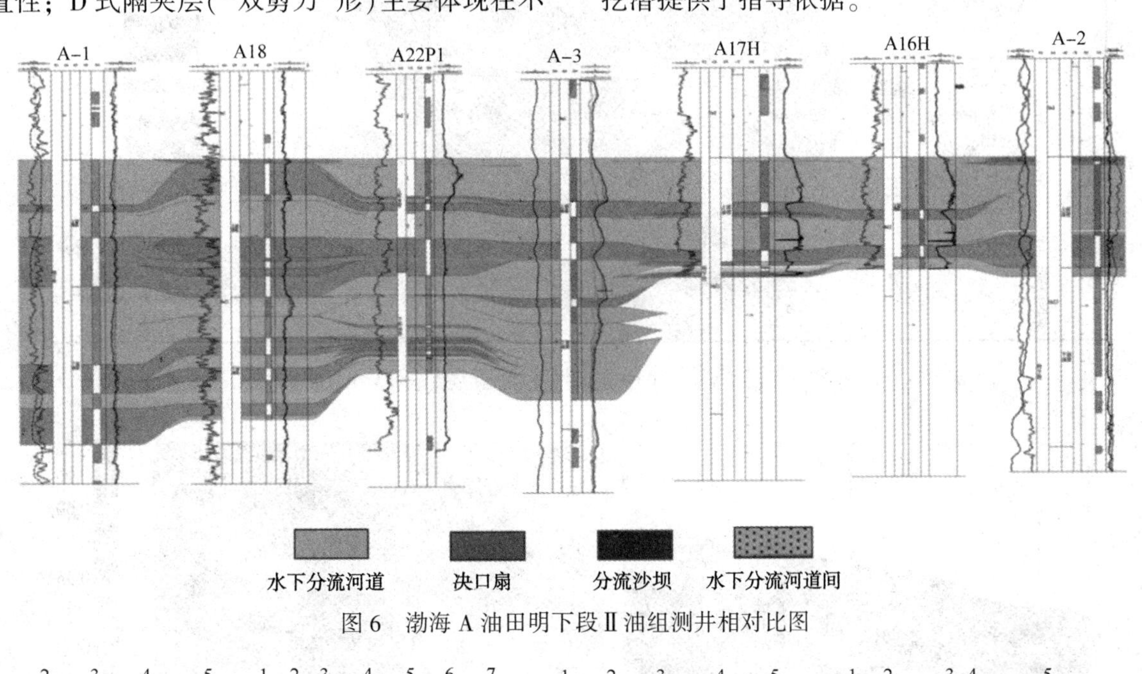

图6 渤海A油田明下段Ⅱ油组测井相对比图

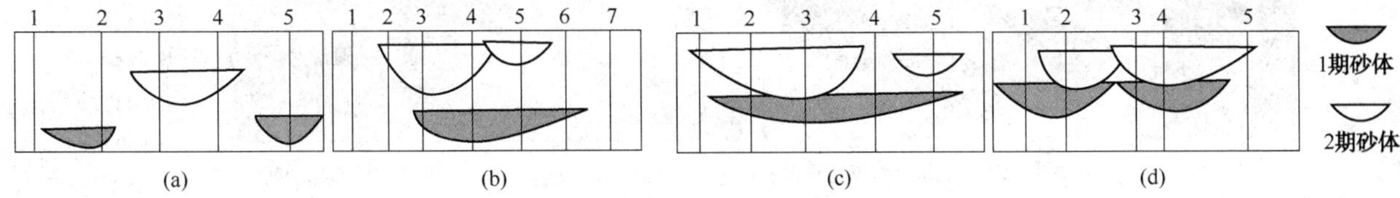

图7 渤海A油田明下段Ⅱ油组砂体分布样式图

表3 隔夹层封隔级别分类表

级别	20%含水突破时间/d	生产井动态响应	代表井
强隔挡	>300	含水上升慢，关井后压力恢复慢	A21H、A13H、A19H、A6H、A11H、A12H、A7H、A3H
中隔挡	100~300	含水上升较慢，关井后压力恢复较慢	A22H、A9H、A17H、A5H、A16H、A10H、A4H、A8H
弱隔挡	<100	含水上升快，关井后压力恢复快	A30H、A28H、A23H、A20H、A31H、A27H

基于地震属性分析对隔夹层进行刻画，同时对隔夹层进行了封隔级别划分，得出了隔夹层分布规律认识(图8)，为深入剩余油挖潜提供了依据。

3 隔夹层控制下的剩余油分布规律研究及应用

隔夹层控制着流体的垂向渗流，对于油水关系的认识、地下油水运动的分析等都具有很重要的意义，而剩余油分布的研究成为了油田开发中后期提高采收率的关键。通过分析认为，基于沉积认识基础下，隔夹层控制下的剩余油分布规律主要呈现以下3种类型：(1)油井间次生底水油藏储层顶部剩余油分布区；(2)夹层下部未动用剩余油分布区；(3)过渡带隔夹层控制的局部剩余油分布区(图9)。

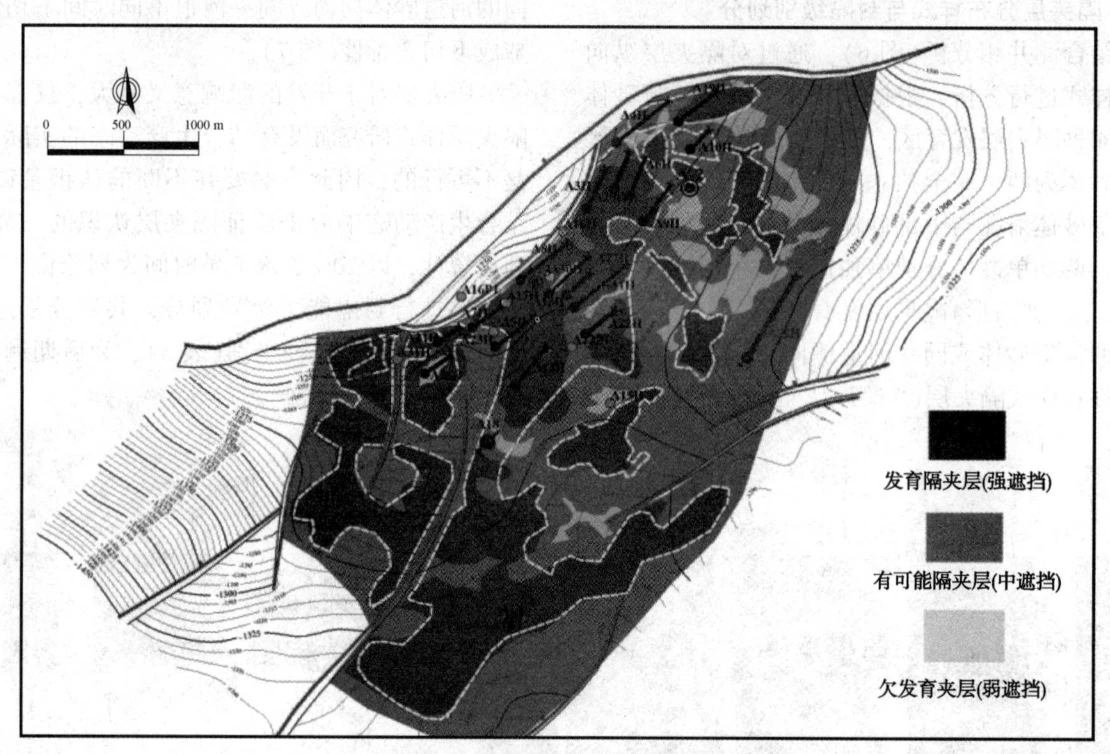

图 8　渤海 A 油田隔夹层分布规律及认识图

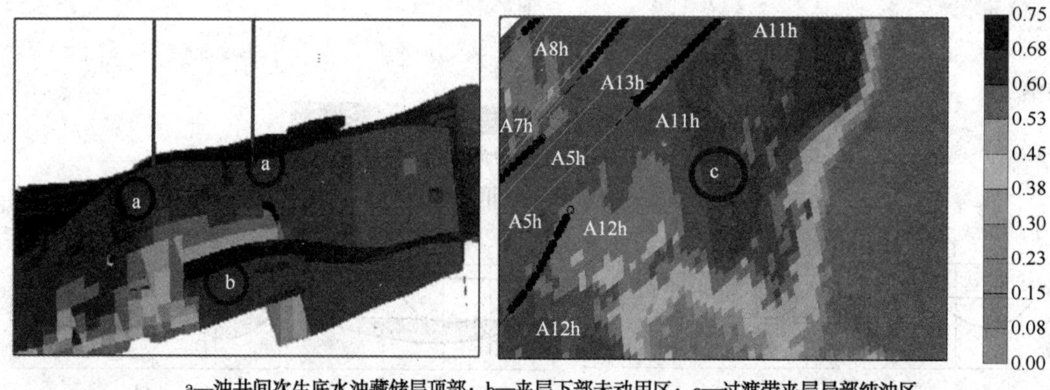

a—油井间次生底水油藏储层顶部；b—夹层下部未动用区；c—过渡带夹层局部纯油区

图 9　渤海 A 油田明化镇组隔夹层控制下剩余油分布类型

在得到渤海 A 油田目的层段泥岩隔夹层平面分布范围的基础上，为了对泥岩隔夹层地震识别研究成果进行评价，以 A16H 井为例，根据泥岩隔夹层对油田开发的地质油藏数值模拟分析，进行了开发井井位部署，该井过路实钻 3.5m 厚的泥岩隔夹层，与预测结果相符。

在隔夹层分布规律认识的指导下，渤海 A 油田部署的 A22H 井实际生产过程中无水采油期为 138 天，验证了过渡带夹层控制的局部分布剩余油；A23H 和 A31H 井实际生产过程中无水采油期分别为 39 天和 59 天，验证了夹层下部未动用区分布剩余油；A13H 井实际生产过程中无水采油期为 325 天，验证了油井间次生底水油藏储层顶部分布剩余油(图 10)。

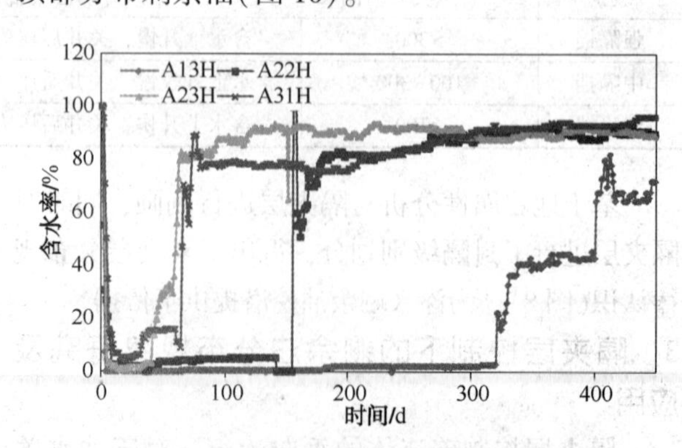

图 10　实际井生产效果分析图

由此可知，利用该识别方法预测的泥岩隔夹层分布范围可知也相对合理。无论是从单井产量还是综合含水上来说，油田都取得了良好的开发效果，验证了认识的可靠性。

4 结论

（1）通过对渤海A油田明化镇组含油层段开展沉积特征及隔夹层描述研究，形成了基于测井响应分析的井点隔夹层识别和基于地震属性分析的平面井间隔夹层描述技术，揭示了隔夹层的类型、分布组合特征及展布规律，并且结合数值模拟方法，探讨了隔夹层控制下的剩余油类型及分布规律，提出了油井间次生底水油藏储层顶部区、夹层下部未动用区、过渡带夹层局部纯油区3种剩余油分布样式，为深入挖潜研究区剩余油提供了依据。

（2）利用地球物理资料，结合地震沉积学，通过开展基于地震属性分析的隔夹层描述研究，为开发地质储层分析及剩余油挖潜应用奠定良好的基础，并在此基础上指导了研究区剩余油挖潜，验证了隔夹层认识的可靠性。

参考文献

[1] 陈程，孙义梅．厚油层内部夹层分布模式及对开发效果的影响[J]．大庆石油地质与开发，2003，22(2)．

[2] 姚光庆，马正，赵彦超，等．浅水三角洲分流河道储层砂体特征[J]．石油学报，1995，16(1)．

[3] 杨玉茹．渤中25-1南油田浅水三角洲相储层隔夹层研究[J]．中国石油大学，2007.

[4] 邹志文，斯春松，杨梦云．隔夹层成因、分布及其对油水分布的影响——以准噶尔盆地腹部莫索湾莫北地区为例[J]．岩性油气藏，2010，22(3)．

[5] 孙天建，穆龙新，赵国良．砂质辫状河储集层隔夹层类型及其表征方法——以苏丹穆格莱特盆地Hegli油田为例[J]．石油勘探与开发，2014，41(1)．

一种确立蓬莱油田油井合理套压的方法研究

刘 军[1] 郭培培[1] 张宝青[1] 王庆龙[1] 张 兵[2]
(1. 中海石油(中国)有限公司蓬勃作业公司，天津滨海新区 300457；
2. 康菲石油中国有限公司，北京朝阳 100027)

摘 要 蓬莱油田目前很多单井由于泵型、排量等受限，如果需要在保证油井稳定运行下进一步挖掘潜能，必须从泵工况各项参数调节入手，其中套压的控制是一项非常重要的手段。本文通过研究分析油套环形空间内的油气水三相分布状态，提出了基于泵工况参数实时监测系统的套压调整技术。通过拟合泵吸入口和出口压力数据，得到不同套压大小下的泵效对比，分类确定出油井合理套压大小。针对蓬莱油田单井井底流压较高且一直很难优化的井，通过该方法可以找到最佳泵效的工作点并降低井底流压，实现油井稳定并增产。

关键词 套压；井底流压；泵效；增产

蓬莱油田目前很多单井由于泵型、排量等受限，如果需要在保证油井稳定运行下进一步挖掘潜能，必须从泵工况各项参数调节入手，其中套压的控制是一项非常重要的手段。根据理论研究和实践经验表明，油井在实际生产过程中存在一个合理的套压大小区间，该区间能使电潜泵达到最佳工作状态并实现增产。目前确定合理套压大小方法较多，包括候明明、郭方元等[1,2]通过多元线性回归理论建立相关的数学模型，同时根据套压与产油量的关系，运用数据的最小二乘曲线拟合法，得到合理套压。杨正友等[3]根据套压上升及液面变化近似计算出套管产气量，提出油井恢复液面对比等方法。李雪梅等[4]通过憋泵效果对比方法，提出合理控制套压可以实现增产的目的。但是，这些方法得到的合理套压大小主要是理论计算或者实践经验占主导，现场操作相对较为麻烦，且准确性一般。

目前蓬莱 19-3 油田每口单井标配有电潜泵井下工况监测仪，油井的油套压、井底流压以及电流等参数都能做到实时监测与分析。笔者针对这些实时监测的参数通过节点分析理论，调整对应泵入口气分离效率和泵降级幅度，拟合实测泵吸入口压力，得到实际产量和理论产量下的泵排量，从而计算出泵效。通过不同套压大小下计算出的泵效对比，分类确定出油井合理套压大小。

1 泵工况参数监测系统及其应用

目前蓬莱 19-3 油田基本使用的是 Zenith 传感器，可以用来实时监测电潜泵泵吸入口压力、泵出口压力、泵吸入口和电机温度、电机震动及漏电流情况等[5]，而且每口油井均配有一对一变频器系统。因此，在油井实时运行过程中，结合油套压、电机电流扭矩、电压等的监测参数，就可以准确判断油井的工作状态，针对异常工作状态比如乳化、气锁、机组震动加大等能及时发现及时处理。

油井在实际生产中，经常出现不稳定的状态大多为乳化和气锁，一般采取的方法是：升降频、调整破乳剂，调节油嘴控制油压大小等。这类方法的主要原理也是基于观测泵运转的实时数据，改变井筒内流体的流动状态，实现连续稳定流动的效果，从而改善泵效。

图 1 是一种典型的运用泵工况监测实时数据结合一对一变频器，解决乳化的实例。油井一般在含水处于 25%～75%的时候井筒内的油藏流体可能发生乳化现象[6]。其主要的表现为：井筒内流体流动摩阻急剧增加，油井的泵出口或入口压力、电机温度、电流等均会发生明显上升波动。通过计算泵出口压力在井筒内的压力梯度，与正常情况下的压力梯度进行对比，即可判断流体流

作者简介：刘军(1984—)，2009 年毕业于中国石油大学(北京)油气田开发专业，从事油气藏动态、油水井动态管理及研究工作。E-mail：liujun8@ cnooc. com. cn

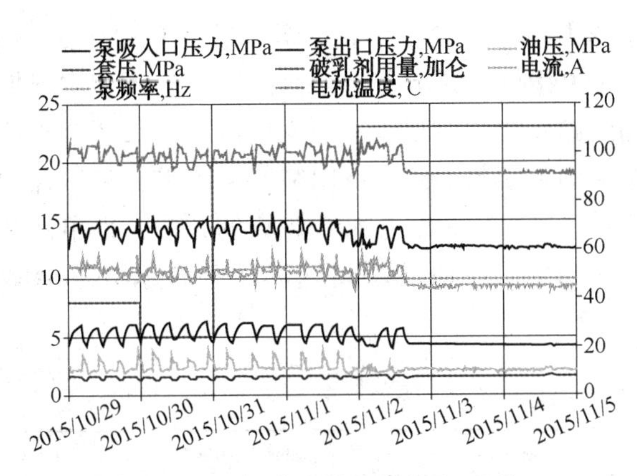

图 1 E39ST1 井实时监测曲线(乳化)

动状态变化。E39ST1 井的泵出口压力在 2015 年 10 月 31 日平均达到 0.014MPa/m，远超过正常流动时的压力梯度 0.01MPa/m，油管内流体摩阻较大，根据现场取样化验也证实乳化严重。因此，在 10 月 29 日~11 月 2 日调整合适的破乳剂用量后，逐步实现稳定。

2 蓬莱油田油井套压研究

对于含水较为稳定的井，在正常生产情况下，泵吸入口以上的油套环形空间流体不会发生流动，油水在由于密度差而发生重力分异，使泵吸入口以上的环形空间的液柱中基本不含水[7,8]。因此，针对井底流压相对较高的单井，在泵吸入口以上一般存在几百米的不动流体，且基本为纯油和少量气，如果采用提高套压的方式，可以在短时间内迫使环形空间内的流体进泵，在不产生气锁的前提下，实现提高泵效的目的。

对于不具有泵工况参数实时监测的油井，通过理论计算来判断流体流动状态的实时变化难度非常大[9]。根据相关的理论计算，主要是将油套环形空间的流体利用牛顿力学、水力学、运动学原理，计算出泵吸入口以上泡沫流体平均密度和流压[10,11]。但是与实际值相比还是存在一定差距的，而且很难针对短时间内套压的变化，计算出连续的流压变化情况。

因此，基于蓬莱油田单井采用的泵工况参数实时监测系统，只需要在现场通过气嘴调节，实时监测套压变化，即可获取不同阶段下的各项数据。同时，根据不同套压下的产量和压力数据，得出最佳泵效的工作点及合理套压的大小。

2.1 基于泵工况实时监测数据的油井泵效计算方法

表 1 和图 2 中列举了各种基于目前井下泵工况实时监测数据输入参数的影响以及相关计算流程：

（1）根据泵工况实时监测系统输入泵吸入口、泵出口、电流、电机功率参数等数值；

（2）以泵吸入口为节点，通过调整不同泵扬程降级系数和气体分离效率，结合井筒内压力分布曲线，拟合泵吸入口压力计算值和实测值。

（3）根据油井 IPR 曲线和井筒流出曲线得到的油井特征曲线[12,13]，结合不同频率下的电泵工作特征曲线，得到理论计算产量并与实测产量进行对比，从而得出系统泵效。

表 1 泵工况实时监测数据影响因素

输入参数	主要影响
井口压力	纵向压力分布的初始值
完井段深度	压力梯度和摩阻损失
流道直径	摩阻损失
高压物性参数 *PVT*	梯度和摩阻损失、产量/排量、泵扬程与泵出口和入口压差的转换
含水和水的密度	压力梯度损失、泵扬程与泵出口和入口压差的转换
产量/排量	摩阻损失、泵出口和入口压差
泵型和泵级数	电泵特性曲线和压头曲线
泵吸入口深度	流出动态
油藏压力(关井静压)	流入动态
油藏中深	流出动态

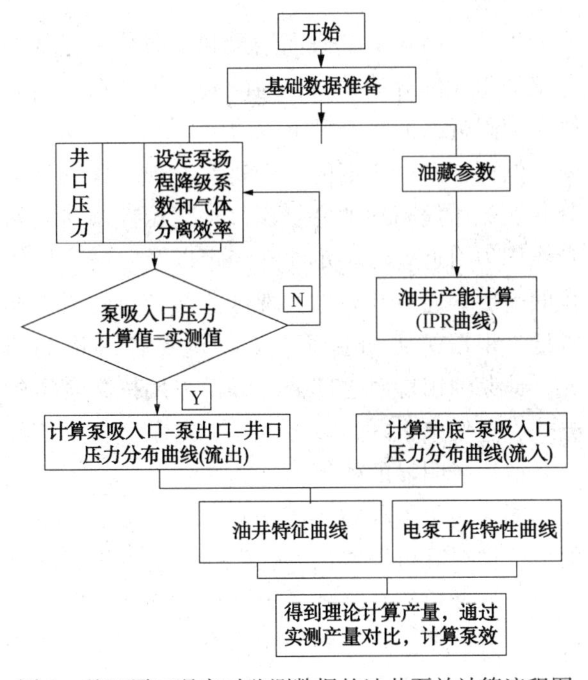

图 2 基于泵工况实时监测数据的油井泵效计算流程图

一般来井泵工况实时监测数据都是真实可靠的，通过和计算参数的对比，得出的泵效能很好的监测泵在持续运转期间的动态变化，针对泵效突然降低的油井，及时提出应对措施，避免产量损失。

2.2　合理套压研究

目前，蓬莱油田各个平台生产气路管线的平均压力在 1.5～2.1MPa 之间，平均 1.79MPa。根据油井上线返排流程，油井的平均套压基本保持与气路管线压力相近。为验证该值是否适合于蓬莱油田大多数油井，我们基于每个平台每口井的套压，根据上述油井泵效计算的方法，得出油井下泵初期、近期以及高气油比和含水井的泵效（表 2）。

表 2　蓬莱油田各平台生产动态数据统计

平台	气油比/m^3	含水率/%	初期泵效/%	近期泵效/%	生产管汇回压/MPa	套压/MPa
A	74.0	69.0	46.9	36.0	2.13	2.10
B	56.5	57.1	47.1	35.6	1.37	1.54
C	61.6	62.0	40.2	47.7	1.74	1.72
E	51.2	62.5	61.5	39.7	1.79	1.79
平均值	60.8	62.7	48.9	39.8	1.76	1.79
含水率$>90\%$				41.7		
气油比$>80m^3/m^3$				32.2		

可以看出，油井在保持与气路管线压力附近后，其下泵初期的平均泵效能保持在 45%以上，显示泵处于较好的工作状态。在运转较长时间后，近期的平均泵效也在 40%左右。并且，由于目前蓬莱油田所采用的离心泵可处理气液比的能力较高，针对高气油比的井（气油比$>80m^3/m^3$）其平均泵效也保持在 30%左右；针对部分目前含水大于 90%的油井，统计结果显示其泵效也能维持在 40%以上。

因此，结合文献研究结果和泵效分析，认为蓬莱油田大部分油井将目前的套压维持在气路管线压力附近一般是合理可行的。

然而，经过长期的生产实践发现，还有一部分井底流压偏高的油井，仅仅将套压控制在气路管线压力附近无法满足油井稳定以及井底流压优化的需要。通过计算也发现这一部分井的泵效非常低。根据前文油套环形空间内流体理论的研究，蓬莱油田针对这部分井尝试采用提高套压的方式，迫使泵吸入口以上的流体进泵，发现该部分井取得了明显的效果。

图 3 显示了高井底流压井在不同套压下泵效的变化情况。可以看出，这类高井底流压井的泵效随套压变化符合其他油田类似的规律，即由于套压上升，动液面下降，在某个套压值泵效出现最高值。根据蓬莱油田统计发现，套压一般在 2.5～3MPa 能使泵效达到最佳，与文献中牛彩云[14]、张益[15]等人研究成果也是比较接近的。

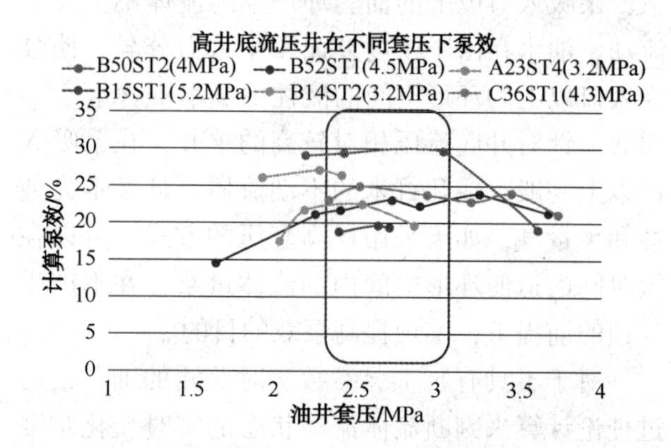

图 3　蓬莱油田部分高井底流压井不同套压下的泵效对比

3　实例应用

3.1　油井维稳

B50ST2 井在 2016 年 1 月份关停恢复后，由于套压不稳，导致该井泵吸入口压力突然上升，且伴随着剧烈波动。观察该井的泵出口压力和电流情况，可以初步断定为该井受气进泵影响。根据软件模拟计算其泵效从 24.3%降低为 19%，同时相同频率下的井底流压比稳定状态高近 1.4MPa，平均每天影响产量约 $15m^3$。根据以往的经验，该井首先采用升降频、调整破乳剂用量或油嘴调整等方法，但均无法实现油井稳定。在 2016 年 1 月 15 日采取临时关闭气嘴憋高套压的方式。在套压达到 3.0MPa 左右的时候，该井泵吸入口压力开始逐渐降低，经过进一步调整气嘴大小，油井逐渐恢复到原来稳定状态，如图 4 所示。

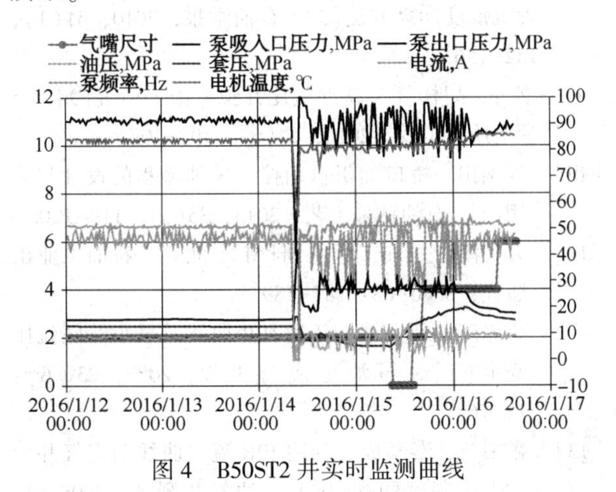

图 4 B50ST2 井实时监测曲线

3.2 油井增产

随着电潜泵在井下运转时间的增长，油井产出液含水、气油比、油品等的变化，经常会导致油井后期大幅提频后，其井底流压下降幅度很小或是没有变化。如图 5 所示，B26ST1 井在 2016 年 12 月 21 日到 25 日期间尝试 3 次提频，但是井底流压、泵电流做功基本保持不变。经过计算，该井的泵效仅为 17%，且泵扬程降级严重。根据上述套压研究理论，12 月 26 日经过几次大幅调整气嘴提高套压，最后在套压达到 2.5MPa 左右的时候，井底流压显著降低，实现日增油约 20m^3 左右。

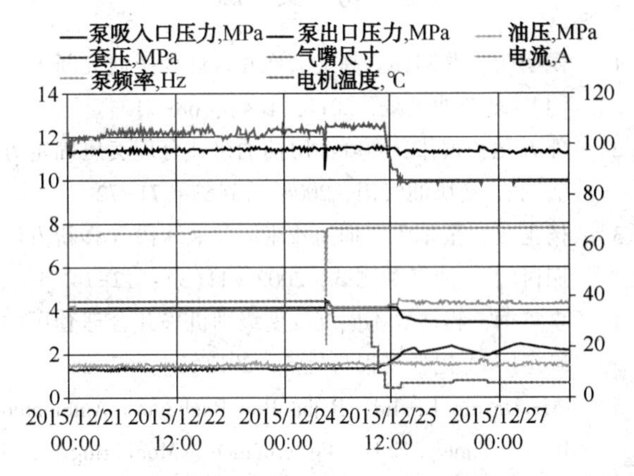

图 5 蓬莱 B26ST1 井实时泵工况参数曲线

表 3 统计了部分井底流压相对较高的单井，通过采用套压调整技术，实现日增油约 43m^3，显示出具有较好的应用效果和意义。

表 3 部分高井底流压井套压调整增油统计

井名	井底流压/MPa	套压/MPa	日产油水平/(m^3/d)	生产压差/MPa	根据套压调整折算日增油/m^3	增加压差/MPa
A23ST4	3.3	2.8	35.0	5.2	2.40	0.30
B15ST1	4.1	2.4	50.0	3.4	5.20	0.30
B50ST2	3.2	3.0	72.0	6.0	11.60	1.00
B53ST1	4.2	3.0	76.0	4.7	11.10	0.70
B52ST1	4.7	2.5	50.0	4.7	7.30	0.70
C36ST1	4.1	2.2	51.0	6.0	5.90	0.70
合计					43.40	

根据蓬莱油田井下泵工况运转正常井统计，蓬莱油田平均井底流压 3.0MPa 左右。其中高于 3.5MPa 的井多达 43 口。这类井除根据油藏合理开发需要控制压差之外，相当一部分是无法采用升降频、调整破乳剂用量等方法实现流压优化，目前正在逐步尝试提高套压，并找到最佳泵效的工作点，达到降低井底流压实现增产。

4 结论

本文通过研究分析油套环形空间内的油气水三相分布状态，在调研国内其他油田合理套压研究成果的基础上，分析了当前蓬莱油田油井套压现状及合理性。针对高井底流压井的维稳和增产，提供了一种新的方向。

(1) 通过提高套压的方式，可以在短时间内迫使环形空间内的流体进泵，在不产生气锁的前提下，实现提高泵效的目的。

(2) 蓬莱油田大部分油井将目前的套压维持在气路管线压力附近一般是合理可行的。

(3) 由于套压上升，气体动液面下降，在某个套压值泵效出现最高值。根据蓬莱油出统计发现，部分井底流压偏高的油井套压一般在 2.5～3MPa 能使泵效达到最佳。

(4) 根据泵工况参数的实时监测，采用调整套压的方法可以维持油井的稳定并实现增产。针对蓬莱油田单井井底流压较高且一直很难优化的井可以尝试提高套压，找到最佳泵效的工作点降低井底流压，实现油井增产。

参 考 文 献

[1] 侯明明，欧阳伟．高气油比井合理套压研究新方法[J]．复杂油气藏，2011，4(4)：68-71.

[2] 郭方元，黄伟．西峰油田抽油机井合理套压确定方法[J]．断块油气田，2006，13(6)：71-72.

[3] 杨正友，张军生．抽油井流压及泡沫段计算新方法探讨[J]．油气井测试，2002，11(3)：12-14.

[4] 李雪梅，程江．不同沉没度级别机采井合理套压的确定[J]．化学工程与装备，2012(2)：67-68.

[5] Al-Deyain Khalid，Rama Rao Rachapudi. Automated Real Time ESP Performance Monitoring and Optmization Case Study[J]. SPE 163345，2012

[6] 唐晓旭，郑举．注水开发稠油油田潜油电泵选型方法探讨[J]．内蒙古石油化工，2010，2010(16)：53-54.

[7] 张琪．采油工程原理与设计[M]．东营：石油大学出版社，2002，(03)：142.

[8] 关成尧，赵国春．套管放气井环空流动与电泵井合理沉没度计算方法[J]．石油学报，2010，31(1)：152-156.

[9] 李丹，胡桂林．高油气比井拟真液面研究[J]．石油地质与工程，2010，24(6)：104-106.

[10] 魏国田．桥口油田自动控套采油流程的设计与应用[J]．石油钻采工艺，2013，35(3)：119-120.

[11] 万仁溥．采油工程手册[M]．北京：石油工业出版社，2000-08：187-189.

[12] 梁忠庆，刘义坤．新型IPR曲线及最小井底流压确定[J]．石油地质与工程，2009，23(6)：72-76.

[13] 崔书章，秦学成．利用IPR流入曲线确定气井合理工作制度的探讨[J]．油气井测试，2008，17(3)：5-6.

[14] 牛彩云，张宏福．浅谈高局气油比机采井正常生产时的合理套压[J]．石油矿场机械，2010，39(8)：94-97.

[15] 张益，陈军斌．低渗高气油比油井合理套压研究[J]．断块油气田，2011，18(3)：397-399.

气顶规模对油气藏开发方式的影响研究

张　浩[1]　王传军[2]　蔡　晖[2]　刘洪杰[1]　王佩文[1]

(1. 中海石油(中国)有限公司蓬勃作业公司，天津塘沽 300452；

2. 中海石油(中国)有限公司天津分公司，天津塘沽 300452)

摘　要　对于带气顶油藏，气顶的规模会对开发方式的选择造成影响。本文利用数值模拟技术，以渤海某油田实际模型为基础建立气顶油藏机理模型，研究黏度、渗透率、流度对气顶油藏开发效果的敏感程度，得到在此三因素中黏度对于开发效果最为敏感。在此基础上研究了气顶规模对于衰竭、注水、注气三种开发方式的影响，总结规律，剖析原因，得到了不同黏度下三种开发方式随气顶指数不同的采收率变化趋势，以及在给定黏度下的最优开发方式。本研究结果在工作实践中得到验证，可以对带气顶油藏的开发方式选择和开发效果预测有一定借鉴意义。

关键词　气顶指数；开发方式；数值模拟

一般意义上的气顶油藏认为油是黑油，气是干气，对于气顶油藏开发关注的焦点是气顶的大小以及如何利用气顶的能量。目前此类研究多为对于油区、气区开发顺序研究；布井方式；注水时机及注水井位研究[1~4]。本文从气顶规模对于衰竭、注水、注气3种不同开发方式的影响角度出发，考虑渗透率、原油黏度、流度的影响，抓住主要矛盾，模拟不同气顶指数对于不同开发方式的影响，总结分析气顶规模对开发的影响规律，以指导带气顶油藏的开发。

1　渗透率、黏度、流度敏感性分析

建立油藏机理模型，模型的网格数为：24m×25m×20m；在平面上网格步长50m，纵向上网格步长1m。模型均质孔隙度27%，渗透率1700×$10^{-3}\mu m^2$。带气顶，气顶指数(气顶的气体孔隙体积与含油部分油的孔隙体积之比)为1，属于中等气顶规模(气顶规模可按气顶指数分类：小气顶：气顶指数<0.5；中等气顶：气顶指数0.5~1.5；大气顶：气顶指数>1.5)，无边底水。由于水平井采油具有生产压差小、泄油面积大等特点，能够有效地延缓气窜及水窜，增加产液量，改善开发效果；而水平井注水具有注水井段长、能够产生丰富热裂缝、线性驱动等优点，可以增大注水量、降低注水压力提高波及效率[5,6]。因此本研究模型中均使用水平井，并根据衰竭、注水、注气3种开发方式合理布井，均为两口井[7]。

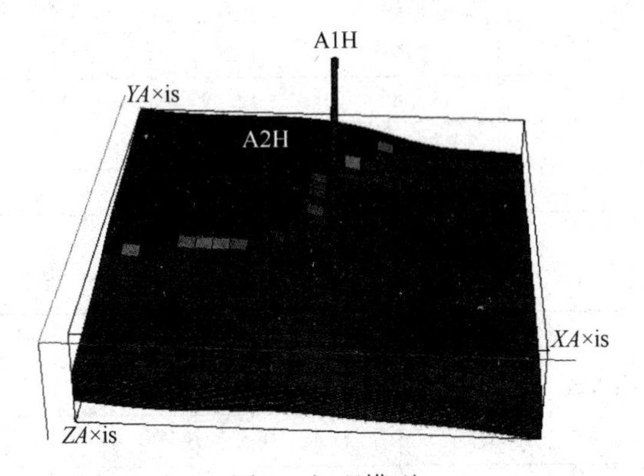

图1　机理模型

根据需求设计方案，每个方案分别采取衰竭、注水和注气3种开发方式，再分别在基础方案基础上改变渗透率和黏度，具体如表1所示。

表1　方案设计

方案序号	方案属性		对比特征
	渗透率/$10^{-3}\mu m^2$	黏度/(mPa·s)	
1	1700	10	基础方案
2	3400	20	同时提高黏度、渗透率(保持相同流度)
3	850	5	同时减小黏度、渗透率(保持相同流度)

作者简介：张浩(1985—　)，男，汉族，山东德州人。2010年毕业于中国石油大学(北京)油气田开发专业，获硕士学位，油藏工程师，现从事油田开发工作。E-mail：zhanghao4@cnooc.com.cn

续表

方案序号	方案属性		对比特征
	渗透率/$10^{-3}\mu m^2$	黏度/(mPa·s)	
4	3400	10	渗透率加倍
5	850	10	渗透率减半
6	1700	20	黏度加倍
7	1700	5	黏度减半

模拟结束，求得各个方案相对于基础方案采收率的变化率[变化率=(对比方案采收率-基础方案采收率)/基础方案采收率]如表2所示。通过对比可以看出方案6、7中黏度的变化对于3种方式采收率的影响均是最大的。

表2　方案结果对比

方案	采收率对比基础方案变化率/%		
	衰竭	注水	注气
1	—	—	—
2	-17.59	-12.36	-9.46
3	21.14	9.6	14.57
4	23.62	5.24	33.52
5	-7.86	-12.49	-20.08
6	-33.4	-16.76	-36.11
7	43.77	16.42	46.12

2　气顶规模对不同开发方式的影响

2.1　方案设计与模拟结果

在敏感性分析的基础上，调整上文机理模型，采用油田实际孔隙度、渗透率、相渗、PVT参数，研究在气顶指数为0.1、0.5、1、1.5、2的情况下，黏度分别为1mPa·s、10mPa·s、100mPa·s时，衰竭、注水与注气的3种开发方式的效果，共45组方案。在模型中通过调节气顶区域孔隙体积来获得所需要的气顶指数。其结果展示在表3中。

2.2　结果分析

2.2.1　3种黏度情况下共性规律

(1) 衰竭开发采收率随着气顶指数增大而增大。在油藏进行衰竭开发时，气顶是主要驱动能量，气顶越大驱动能量越大，则采收率越高。

(2) 注水开发采收率随气顶指数的增大而减小。在机理模型研究中，注水开发时，模型中油气水三相渗流，气相的存在，影响液相的流动，气越多影响也就越大，导致波及面积减小(图2中是气顶指数分别为0.1和2时模型生产相同时间在相同层位的波及面积的对比)，影响了最终的采收率。

表3　方案结果对比

气顶指数	采收率/%								
	1mPa·s			10mPa·s			100mPa·s		
	衰竭	注水	注气	衰竭	注水	注气	衰竭	注水	注气
0.1	37.3	42.0	57.5	7.0	29.3	24.9	1.9	11.9	6.9
0.5	40.9	41.0	57.5	8.8	28.5	24.9	2.3	11.8	6.9
1.0	43.0	41.0	57.5	10.4	28.4	24.9	2.7	11.6	6.9
1.5	44.4	40.9	57.5	11.6	28.3	24.9	3.1	11.4	6.9
2.0	45.5	40.8	57.5	12.9	28.2	24.9	3.5	11.3	6.9

图2　注水开发不同气顶指数波及面积对比

(3) 注气开发采收率不受气顶指数变化的影响。在机理模型中，由于无边底水存在，模型中基本为油气两相渗流，注气开发时注入气可以看作气顶能量的补充，无论多大的气顶均会有注入气补充，气顶大小对于注气开发的影响不大。

2.2.2　不同黏度下气顶规模对于不同开发方式影响的对比

(1) 黏度为1mPa·s时：①注气开发采收率高于注水开发采收率。一是气驱油的驱替效率要明显高于水驱油的效率。从微观驱油机理上看，水驱油不能在全部孔隙进行活塞式的驱替，而注气开发，只要黏性力能够克服毛管力，孔隙中均产生活塞式驱替[8,9]。并且油气间界面张力小于油水界面张力，界面张力小则驱替效率高。注入气也可萃取和汽化原油中的中轻质烃，大量烃与注入气混合，大大降低油水界面张力，也降低了残余油的饱和度[10~12]。二是从波及体积方面分析，对于1mPa·s左右的黏度较低的油藏，注气开发时，注入气补充气顶气，在开发的过程中，油气界面能够均匀不断下推，驱替体积更大；而注水开发时，注入水在油层的下部，上部油无法有效驱替(图3)。②当气顶指数足够大时衰竭开发效果会好于注水开发。衰竭开发当黏度较低，气顶能量比较高的时候，气顶的能量是主要的驱油动力，并且油气界面也较为稳定均匀向下推进。而此时的注水开发由于油水的黏度差较大，容易形成水相的突进，而影响采收率。

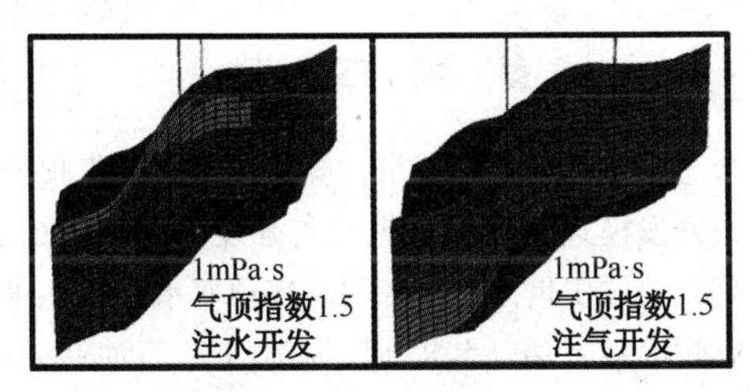

图3 黏度为1mPa·s时注水与注气开发波及体积对比

(2) 在黏度为10mPa·s时，注水开发的采收率好于注气开发效果。影响面积波及效率的主要因素有流体的流度、流动的状态、非均质性、注入流体的总体积等。其中流度比是决定驱替介质的波及效率的重要参数，流度比大则波及面积小，易发生黏性指进。此黏度与1mPa·s时相比，气油流度比对比水油流度比显著增大。注气开发时气相舌进现象更为明显，面积波及效率降低(如图4所示，对比相同气顶指数下生产相同时间注水、注气开发相同层的波及情况)，导致最终采收低于注水开发采收率。

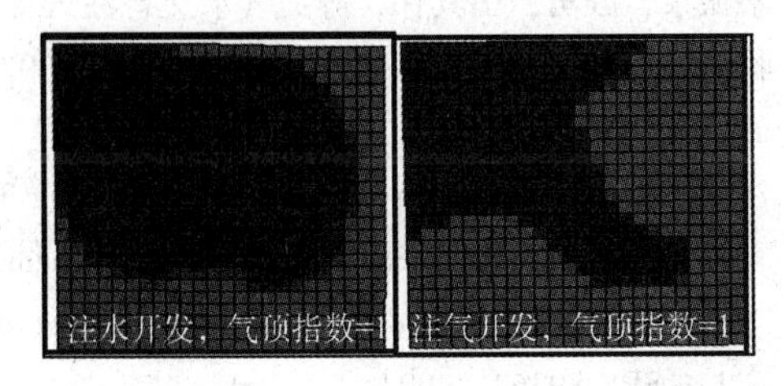

图4 黏度为10mPa·s时注水与注气开发波及面积对比

(3) 在黏度为100mPa·s时，注水开发的采收率好于注气开发效果。其机理同黏度10mPa·s时，不再赘述。并且在此黏度下衰竭开发的采收率较上两个黏度降低很多。这是由于在此黏度下当气顶规模比较小的时候，仅靠气顶能量不能对原油进行充分的驱动；而对于具有中等和大规模气顶的油藏，随着气顶能量的增加最终采收率会高于小气顶油藏，但是由于油品黏度高，气相舌进现象严重，影响了波及面积，导致采收率低于低黏时衰竭开发采收率。图5为低黏(1mPa·s)与高黏(100mPa·s)油藏模型生产相同时间在相同层位波及面积的对比。

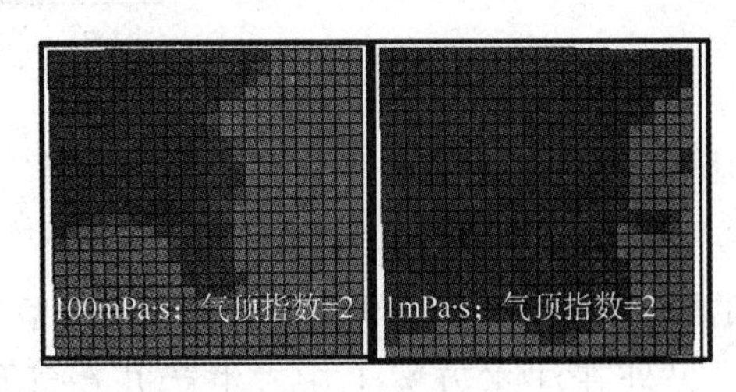

图5 不同黏度衰竭开发波及面积对比

3 实际应用情况及效果

在机理模型研究的基础上，针对渤中某油田带气顶A砂体，进行方案设计、优选，并与机理模型研究得到的规律相互验证。

A砂体：原油地质储量为$110\times10^4m^3$，天然气地质储量为$1.51\times10^8m^3$，气顶指数为0.8，属于中等规模气顶，油柱高度为8m，黏度为9.38mPa·s，平均渗透率为$980\times10^{-3}\mu m^2$，含油面积为$1.77km^2$。沿用机理模型研究的思路，设计衰竭开发、注水开发、注气开发3种开发方式，衰竭开发3口生产井，注水开发和注气开发均为一注两采。对于注水开发，设计3种方案，注水方案一中注水井布在油藏下部油水边界处，两口生产井布在油藏模型的上部气顶内，先开采天然气再采油。方案二中，注水井位置同方案一，两口生产井在油层中的较高部位，先采油。方案三中，注水井位置依然不变，两口生产井在油气界面处，油气同采。图6展示了注水方案二的井位图。

结果见表4，注水开发效果最好、注气次之、衰竭最差，A砂体黏度与气顶指数的大小和机理模型中黏度10mPa·s、气顶指数1的模型接近，并且规律一致。与机理模型最终的采收率相比，A砂体各开发方式的采收率均在一定程度上低于机理模型采收率尤其是注水和注气开发。这是因为油柱高度较小仅8m，注水开发易造成水窜，油井见水较快，注气开发时油井见气快；另一个

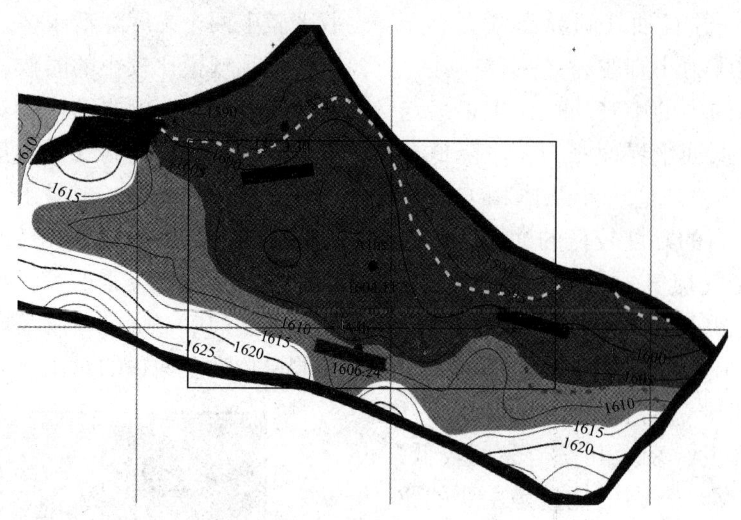

图 6　A 砂体注水开发方案二设计井位图

较大的影响因素是 A 砂体渗透率较机理模型渗透率低。另外在注水方案 1 中，生产井在气顶区域，先产气再采油，这种生产方式会造成原油进入气顶区域，油侵入气顶是润湿相驱替非润湿相，油侵后产生束缚油，而当再由水驱替油时束缚油难以采出。方案 2 和方案 3 生产情况接近，其中方案 3 布井的位置距离气顶更接近所以产出气量更多，而方案 2 产油更多。

表 4　砂体 A 方案结果对比

方案	产油量/10^4m^3	产气量/10^8m^3	油气当量/10^4m^3	采收率/%
衰竭方案	7.40	1.21	18.69	6.6
注水方案 1	5.16	1.68	20.85	4.6
注水方案 2	12.69	1.40	25.79	11.3
注水方案 3	12.42	1.52	26.65	11.1
注气方案	8.86	1.45	22.49	7.9

4　结论

（1）黏度、渗透率、流度三参数中，黏度对于最终开发效果更为敏感。

（2）通过机理模型研究，得到气顶规模对于衰竭、注水、注气 3 种开发方式影响的基本认识：衰竭开发方式下采收率随气顶规模越大而提高；注水开发采收率随气顶规模越大而越低；而注气开发不受其影响。

（3）对于低黏油藏（1mPa · s），注气开发采收率高于注水开发采收率；衰竭开发也可以获得较高采收率，并且气顶规模为中等或大的时候衰竭开发采收率会高于注水开发采收率。对于黏度较低油藏（10mPa · s）和稠油油藏（100mPa · s），注水开发的采收率好于注气开发效果。

参　考　文　献

[1]　余忠，赵会杰，李卫京，等．正确选择气顶油藏高效开发模式[J]．石油勘探与开发，2003，30(2)．

[2]　蒋友兰，田世澄，唐湘明．气顶底水油藏注水开发影响因素——以韦 8 断块为例[J]．石油钻采工艺，2012，33(2)．

[3]　袁昭，李正科，邵明记．气顶油藏开发特点及开采方式概述[J]．天然气勘探与开发，2008，3.

[4]　蒋明，赫恩杰，肖伟．气顶边水油藏开发策略研究与实践[J]．石油钻采工艺，2011，33(5)．

[5]　王庆，刘慧卿，曹立迎．非均质底水油藏水平井水淹规律研究[J]．岩性油气藏，2010，22(1)．

[6]　凌宗发，王丽娟，李军诗，等．水平井注水技术研究及应用进展[J]．石油钻采工艺，2008，30(1)．

[7]　饶政，吴峰，李晓平．水平井开发气顶油藏合理位置的确定方法[J]．西南石油学报，2006，28(1)．

[8]　李士伦，郭平，戴磊，等．发展注气提高采收率技术．西南石油学报，2000，22(3)．

[9]　李振泉，殷勇，王其伟，等．气水交替注入提高采收率机理研究进展[J]．西南石油学报，2007，29(2)．

[10]　Qing-xian Feng, Lian-cheng Di, Guo-qing Tang, et al. A visual micro-model study: The mechanism of water alternative gas displacement in porous media [J]. SPE 89362, 2004.

[11]　李福垲，贾文瑞．注气非混相驱数值模拟机理研究[J]．大庆石油地质与开发，1994，13(3)．

[12]　张广东，刘健仪，孙天礼，等．关于注烃气非混相驱油藏筛选准则的探讨[J]．钻采工艺，2008，3.

智能控水(AICD)在渤海A油田水平井堵水中的应用——A13H井为例

李丰辉　郑　旭　石建荣　张继伟

(中海石油(中国)有限公司曹妃甸作业公司，天津滨海 300461)

摘　要　根据AICD控堵水的原理和特点，结合A油田所有生产历史和地质特征，在动静态分析的基础，探索建立一套适合A油田水平井AICD堵水的筛选标准，并以A13H为目标，全面阐述AICD堵水方案的制定、优化及实施后效果评价过程。AICD控堵水技术首次在海上油田高含水水平井应用，为海上高含水水平井的治理探索方法和积累经验。

关键词　A油田；水平井；AICD；堵水；效果评价

1　项目背景

A油田为渤海油田第一个按单砂体，水平井开发的强边、底水稠油油田，水平井占总井数94%，随着油田的开发综合含水高达92%，全面进入高含水期。油田生产面临液处理量、电量等诸多限制，开展水平控堵水研究已经成为缓解油田生产矛盾的重要方向。在充分调研现有堵水工艺手段的基础上，结合油井的完井方式、管柱类型，最终选择智能AICD控堵水在油田开展控堵水试验。

2　AICD堵水技术工艺原理及应用范围

2.1　技术原理及优势

AICD(自主流体流动控制阀)是依据伯努力方程中流体动态压力与局部压力损失之和恒定的原理[1~3]，通过流经阀体的不同流体黏度的变化控制阀体内碟片的开度和开关。当相对黏度较高的油流经阀体时，碟片处于开启状态，当相对黏度较低的水或气流经阀体时，碟片因黏度变化引起的压降自动“关闭”，其结构如图1所示。根据水平井产液剖面，在水平段布置一定数量的AICD，可以控制全水平段的均衡产出，从而达到控水、控气、增油的目的。

AICD参数、用量需根据油藏产量预期设计；封隔器类型、间隔、数量可依地层和流体情况选择；复合筛管粒度和砾石充填可依地层砂情况确定。AICD与复合筛管、封隔器和砾石充填工艺的配套，是水平井智能控水、控气、增油、防砂技术的最优组合，可形成多参数多种组合。

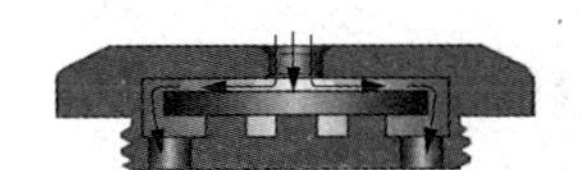

图1　AICD结构示意图

相比其他控水工艺相比，AICD水平井智能控水技术有以下优势[3~5]：

(1)防水、控水、控气、防砂、增油，多目标一次完成；(2)可控制全水平段的均衡产出，有效控制水平井生产过程中水锥或气锥的发生；(3)针对性强，依据水平井的具体油藏参数和产量预期进行单独设计；(4)具有高流动区域的自我清洁能力，防止部件堵塞影响效果；(5)基管全通径，便于完井和修井；(6)用钨碳硬质合金加工制造，具有耐温、耐压、抗腐蚀的优点；(7)不需要进行测试找出水层位就可以自主选择控制出水层位。

2.2　AICD智能控水技术适用范围

AICD水平井智能控水技术，属于机械控堵水技术，其适用范围：

油藏：砂岩油藏、碳酸岩油藏、稠油油藏等多种油藏井；

井型：水平井、直井、定向井；

作者简介：李丰辉，男，2006年毕业于中国石油大学(北京)，硕士，主要从事油藏研究、生产管理和动态分析工作。E-mail：lfh2@cnooc.com.cn

新井：防水锥、气锥、控水、控气、防砂、强化防砂；

老井：控水、控气、增油、防砂；

套管尺寸：(4½~9⅝)″；

产液量：最好大于30m³/d；

老井含水：小于98%；

AICD阀适于1¹⁄₁₆″以上管径安装。

2.3 AICD智能控水水平井主要的技术管柱组合

根据AICD技术特点，其工艺管柱新井和老井，主要要有以下4种组合：

(1) 新井标准组合：AICD+复合筛管+裸眼封隔器(完井管柱)

(2) 新井强化组合：AICD+复合筛管+裸眼封隔器+砾石充填(完井管柱)

(3) 老井标准组合：AICD+油管+管内封隔器(生产管柱)

(4) 老井强化组合：AICD+复合筛管+管内封隔器(生产管柱)

3 AICD在A油田的应用

3.1 目标井筛选

根据AICD智能控水技术适用范围，结合A油田高含水水平井的实际情况，对现有生产井进行筛选。选井过程中重点考虑以下影响因素：(1)筛管完井的水平井，优先考虑水平段长度>200m，方便进行CESP封隔。(2)优先考虑油水黏度比偏大的井，尤其是地层原油黏度大于3cP。(3)选择地下剩余油潜力较大的油井。(4)优先选择近期有修井计划的油井，节约作业成本。

通过对全油田的159口油井定性、定量分析，筛选出8口符合AICD控水条件的油井。但作为先导实验井，目标井在具有代表性同时，还要兼顾经济性。根据AICD的控堵水原理，一般情况下油井的产液量越多，需要的AICD数量就越多，费用越高。考虑到经济型问题，前期实验井尽量选取产液量适中的井。经过多因素分析，最终选择A-13H井作为目标井。

A13H基本情况：

生产层位：Lm943砂体，地层原油黏度175.2cP，地层压力9.33MPa，地层温度63.9℃。

生产历史：2004年9月投产，初期最高日产油450.96m³，日产气5501m³，含水率1.68%；2014年11月17日日产液440.4m³，日产油28.3m³，日产气514m³，含水率93.6%；截止2014年11月17日，全井累计产油21.955×10⁴m³，累计产气352.79×10⁴m³，采出程度20%。

完井管柱：5½″筛管砾石充填，充填段1696.35~2336.5m，共640.15m，其中有效水平段长度523.1m，最小内通径4.4″。

3.2 AICD智能控水设计方案设计

A13H井无生产测试资料，无法准确判断油井的出水位置，采用动静结合的方法，初步判断油井的出水位置，利用以下资料：(1)完井数据；(2)砾石充填数据；(3)原油物性；(4)管柱结构；(5)生产历史数据；(6)原始对钻地质资料；(7)水平段物性；(8)初始含油饱和度分析。建立该井的水平段的流动模型，根据生产历史，对水平段采液强度、油水饱和度、油水的流动指数进行敏感性分析和数值模拟、拟合，其结果如图2~图4所示。从模拟的结果看A13H井的主要产液段在根部，原始含油饱和度和目前水平段的流动系数对比可以看出，水平段根部水淹相对严重，水平井的趾部动用程度相对较差。综合分析认为该井出水的位置最大的可能性为水平段的第一段靠近根部位置，控水的主要目标段为根部1712~1940m之间。

AICD智能控水装置的设计以平均的采液强度为依据，既要很好的控制高含水段的产出，也要保证油井的产液量在正常的范围内，同时还要考虑经济AICD的应用数量，以控制整体的投入成本。

平均采液强度=全井日产液量/有效生产长度

对于A13H井，采取电测解释长度523.1m替代有效长度，日产液以2015年1~2月平均日产液1108m³/d为计算量，其采液强度为2.02m³/(m·d)。在分析平均产液强度的基础上，利用建立的水平段模型，对油井油水两相流动系数进行拟合分析，结果如图3~图4所示，从拟合的结果分析，水平段的根部是主要的产液段，也是主力产水产段，也是控水的主要目段。

在根据初步判断的出水位置，结合随钻测井原始数据和完井资料，按照物性相近，含水饱和度接近的原则，A13H井水平段分3段进行堵水，考虑到该井没有管外封隔器，设计利用化学实现3段分割(图5)。

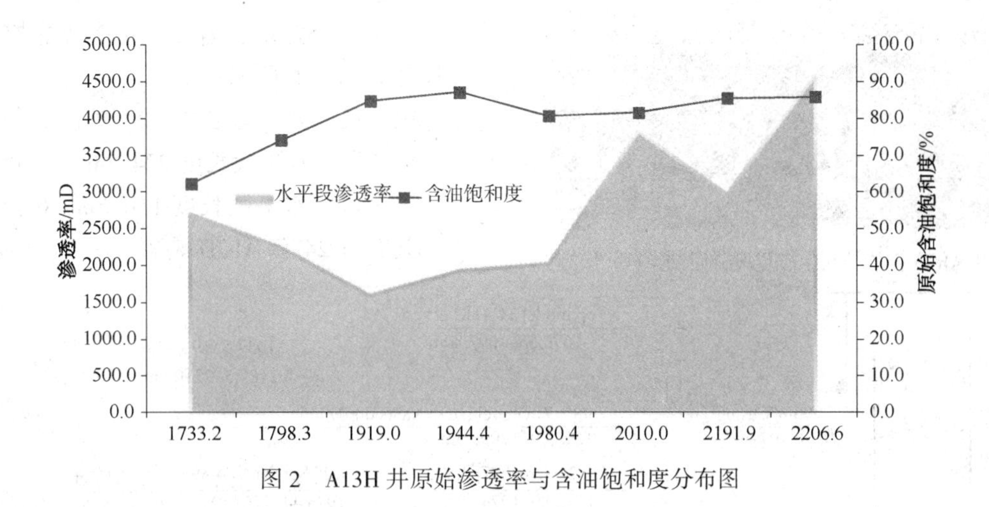

图2　A13H井原始渗透率与含油饱和度分布图

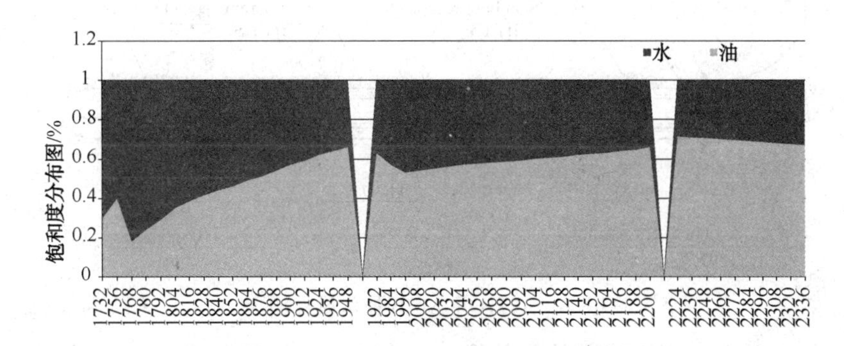

图3　A13H水平段堵水前油水饱和度预测分布图

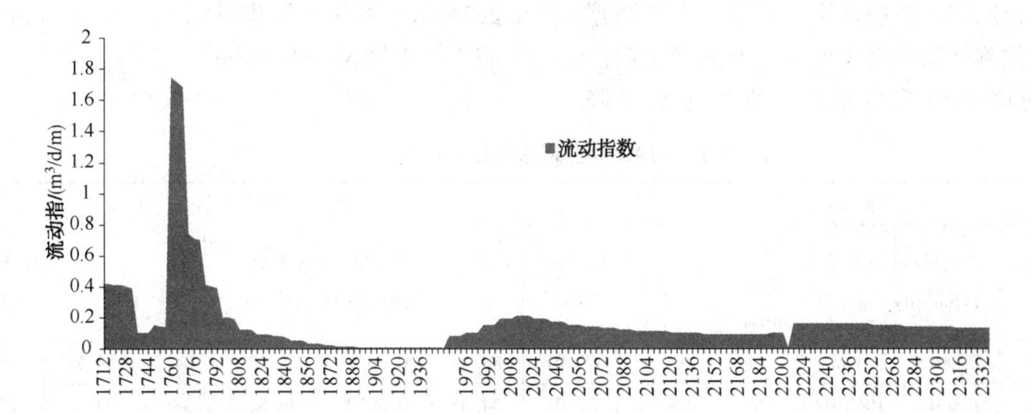

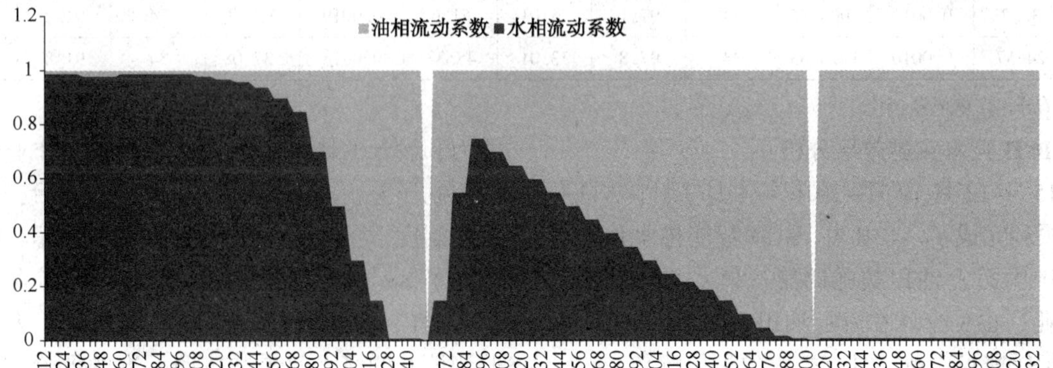

图4　A13H井堵水前水油流动系数预测分布图

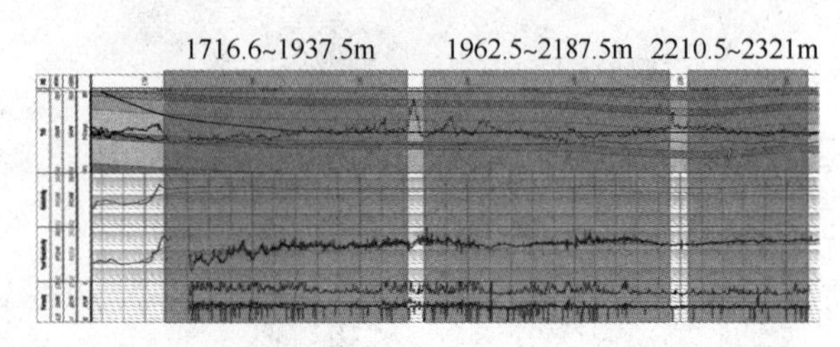

图 5　A13H 井 AICD 智能控水生产层段分段结果(分为 3 段)

从跟部至趾端，各段 AICD 智能控水装置的选择部署如图 6 所示。

第一段：水平段长度 220. 9m，5 套×7. 5mm；

第二段：水平段长度 224. 5m，13 套×7. 5mm；

第三段：水平段长度 110. 5m，6 套×7. 5mm；

共布置 24 套 AICD 装置。

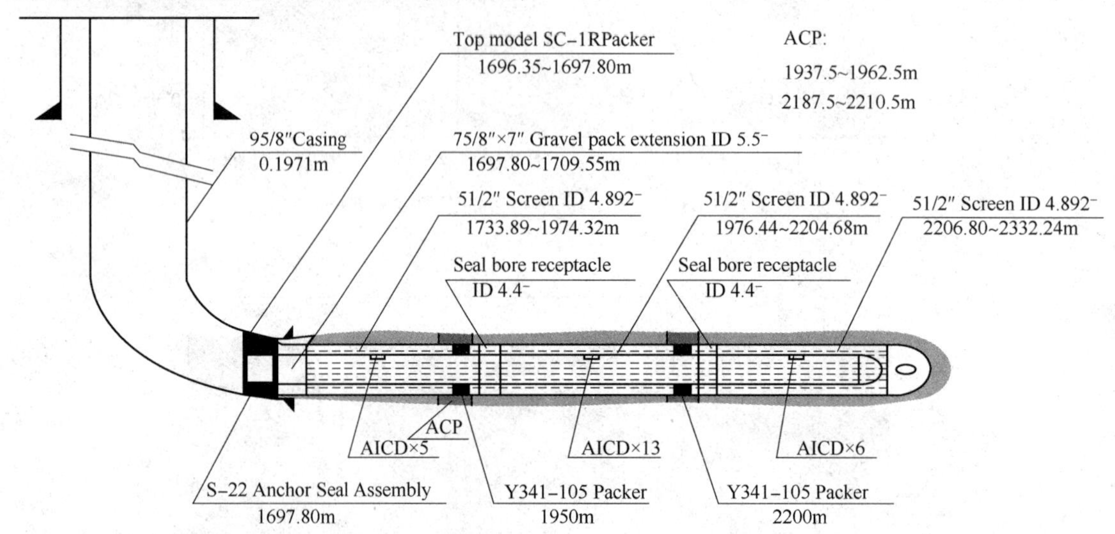

图 6　A13H 井 AICD 控水设计图

确定管柱设计的基础上，利用建立的单井流动模型，在相同的工作制度下，对油井生产数据进行预测，预测结果如表 1 所示。预测堵水后产液量降低到堵水前一半左右，油井含水下降 5. 38%，由于 AICD 产生的附加生产压差为 0. 297MPa，预测 3 年累计增油 $1.85\times10^4\text{m}^3$，累计减少产水量 $57.34\times10^4\text{m}^3$。

表 1　A13H 井控堵水前后生产预测

流体样	控水前生产预测						下入 AICD 控水后生产预测					
	产油量/(m^3/d)	产气量/(MMSm^3/d)	产水量/(m^3/d)	生产气油比/(m^3/m^3)	含水率/%	井底流压/Bar	产油量/(m^3/d)	产气量/(MMSm^3/d)	产水量/(m^3/d)	生产气油比/(m^3/m^3)	含水率/%	井底流压/Bar
目前	48	0. 0018	1043	34	95. 6	79. 01	58. 03	0. 0021	535. 62	34	90. 22	76. 04
第一年	40. 27	0. 0015	1060. 02	34	96. 36	77. 01	54. 85	0. 0020	536. 85	34	90. 7	74. 04
第二年	32. 3	0. 0013	1064. 86	34	97. 1	75. 01	51. 6	0. 0019	537. 3	34	91. 2	72. 04
第三年	24. 57	0. 0010	1070. 63	34	97. 8	73. 01	48. 38	0. 0018	537. 08	34	91. 8	70. 04

注：油井工作频率为 65Hz。

3. 3　AICD 控水实施效果分析

2015 年 12 月 19 日~2016 年 1 月 3 日，A11-1 油田顺利完成了 A13H 井 AICD 智能控水作业，该井为国内海上油田实施的第一口水平井 AICD 控水作业，也是全球在海上油田老井上实施的第一口 AICD 控水作业，具有极大的先导意义。

按照 SY/T 5874—2012 的评价方法[6]，对该井的堵水效果进行分析。考虑化学分割器的承受能力和设计的堵水后的最佳产液量，作业初期采取控制压差、产液量生产。从堵水前后，在相同工作制度下(37Hz)对比情况如图 7 所示，产液量下降了 8m^3/d，产油增加 21.03m^3/d，含水率下降 2. 2%，确实起到控水增油的效果。为了动态监测该井的堵水效果，按照标准的评价方法，从油井的工作制度、含水变化、产油量变化分析堵水效果。

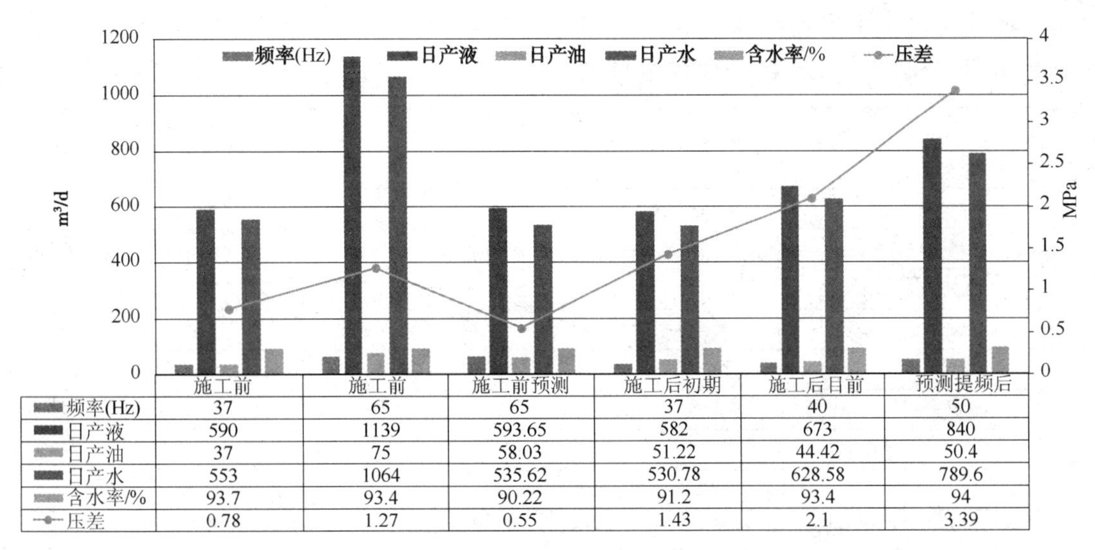

	施工前	施工前	施工前预测	施工后初期	施工后目前	预测提频后
频率(Hz)	37	65	65	37	40	50
日产液	590	1139	593.65	582	673	840
日产油	37	75	58.03	51.22	44.42	50.4
日产水	553	1064	535.62	530.78	628.58	789.6
含水率/%	93.7	93.4	90.22	91.2	93.4	94
压差	0.78	1.27	0.55	1.43	2.1	3.39

图7 A13H井堵水前后生产情况对比

与方案设计相比，堵水后油井在37Hz时，油井的产液量已经接近设计阶段65Hz的产液量，实际油井的含水率91.2%高于设计90.22%，生产压差大于之前设计生产压差。根据AICD控堵水的原理，遇水流动压差增加，可以初步判断，该井可能存在整体水淹的情况。

3.3.1 油井工作制度分析

油井工作制度的变化是影响油井产量的主要因素，为了对比堵水前后油井产液量变化，首先要分析油井工作制度的变化，图8堵水作业前后油井工作制度对比。堵水前由于油井含水较高，采取高频率大液量，保证油井的经济产量，堵水前油井在65Hz下的生产压差1.27MPa，油嘴开度为8.5%以上。堵水作业后，考虑含水的变化和化学分割器的承受能力，采取35Hz，小油嘴的生产方式，随后逐步提高油井频率。当油井频率提高至37Hz时生产压差在1.43MPa，与堵水前相同频率37Hz的生产压差相比，堵水前后生产压差增加0.65MPa，生产压差的增加是由于AICD增加的附加生产压差造成的，说明AICD起到控制产液量的作用。

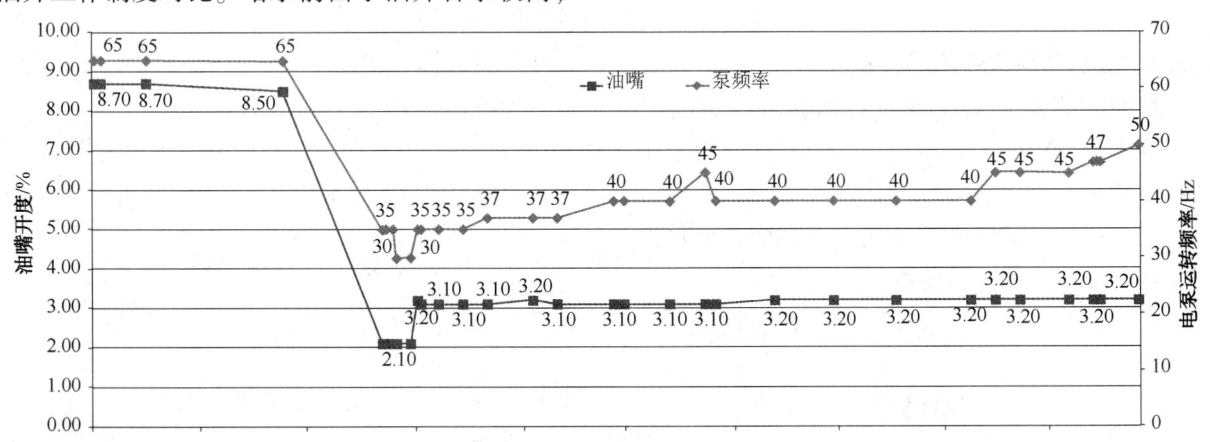

图8 A13H井堵水前后油井工作制度对比

3.3.2 含水变化情况

含水的变化是衡量堵水效果的重要指标。为了对比油井含水变化情况，均采用现场海默流量计计量的数据为准。从图9可以看出，堵水前油井的含水在93.4%左右，堵水作业后，油井含水率最低降低到89.10%，经过5个月的生产，油井含水率恢复到93.4%，若按照标准评价，该井堵水效果未见效，且含水降低的期限也比较短。

3.3.3 产量变化分析

堵水前后油井的产量如图10所示，可以看出，油井的整体产液量和产油量均未恢复到之前的水平。分析主要原因为油井工作制度的改变，随着油井含水的升高，采取提频恢复油井的产能，但由于 AICD 控制作用生产压差会比堵水之前明显增加。

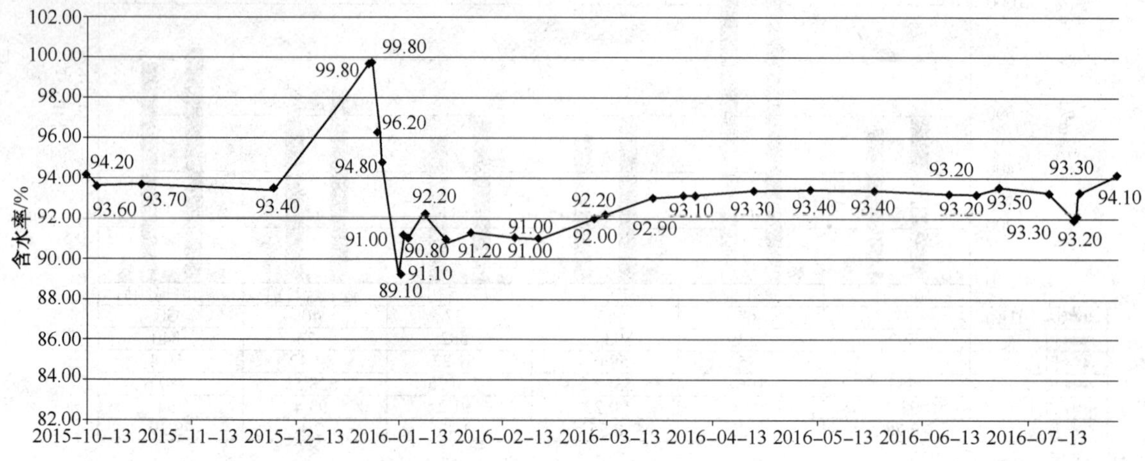

图 9　A13H 井堵水前后含水变化情况

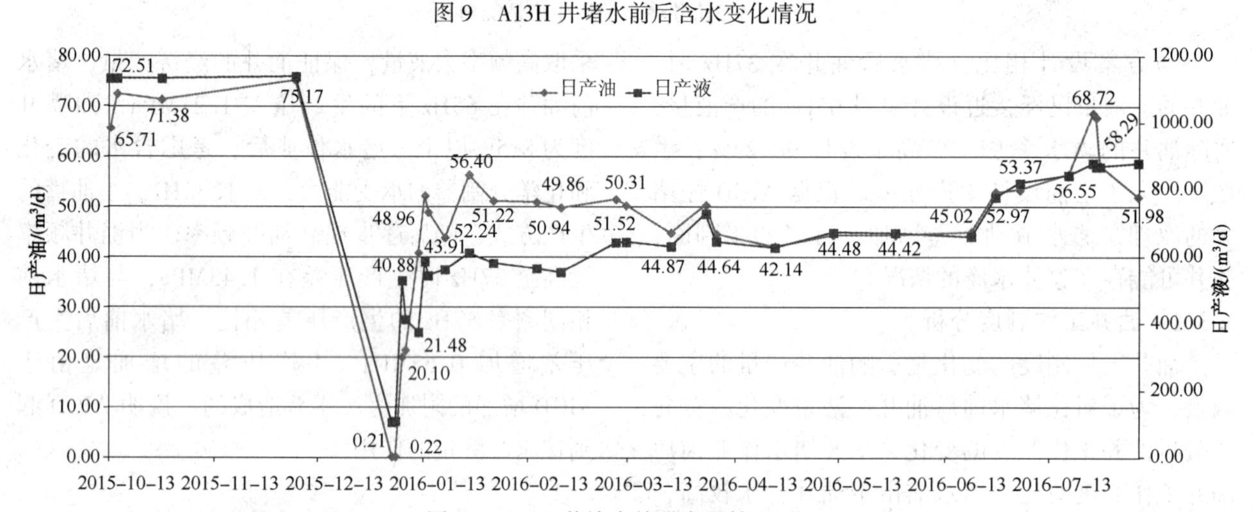

图 10　A13H 井堵水前后产量情况对比

3.3.4　堵水效果欠佳原因分析

按照油井堵水效果评价方法，若产液量下降，含水至少降低 8%才算有效，A13H 井的控水稳油措施并未见效，分析主要原因：

（1）堵水方案是在没有测产出剖面，出水位置存在判断不准确的可能性。

（2）油井采出程度较高，可能存在整体水淹的情况。

（3）存在管外分割器封隔不严或地层内部窜流的可能。

4　结论及建议

（1）从油井生产压差变大和产液量减小判断，AICD 确实起到控制作用。

（2）AICD 在都市在 A13H 井初期含水降低，但降低的有效期较短。

（3）目前的评价方法主要是参考陆地油田生产制定，其评价标准是否适合海上油田大液量水平井有待商榷，建议尽快建立适合海上石油堵水工艺评价体系。

（4）建议对水平井开发的稠油底水油藏，在钻完井初期考虑后期堵水的需求，下入管外封隔器。

参　考　文　献

[1]　朱迎辉，陈维华，代玲，等．强底水油藏水平井开采特征研究及 AICD 适用性分析[C]//2015 油气田勘探与开发国际会议论文集，2015.

[2]　朱橙，陈蔚鸿，徐国雄，等．AICD 智能控水装置实验研究[J]．机械，2015，42(6)：19-22.

[3]　陈尧，任厚霖，龙强．底水油藏水平井 AICD 完井控水技术研究[J]．勘探开发，2016(2)：169-170.

[4]　陈维余，孟科全，朱立国．水平井堵水技术研究进展[J]．石油化工应用，2014，33(2)：1-4.

[5]　曾泉树，汪志明，王小秋，等．一种新型 AICD 的设计及其数值模拟[J]．石油钻采工艺，2015，37(2)：101-106.

中低渗砂岩油藏酸调一体化治理技术

张传干

(大港油田第三采油厂工艺研究所，河北沧州 061023)

摘　要　中低渗油藏暴露出的层间、层内和平面矛盾，单一应用调剖工艺抑制强吸水层，或者酸化工艺降低中低渗透层的启动压力，都不能有效解决此类油藏开发问题。通过酸调一体化技术对高、低渗透层同时进行改造以达到改善水井吸水剖面与提高水驱动用程度的目的。在南部中低渗油藏应用过程中采用酸化-调剖、暂堵-酸化-调剖、酸化-暂堵-酸化-调剖3种治理方式，取得了显著的增油降水效果。

关键词　中低渗油藏；酸调一体化；开发矛盾；耐酸调剖剂

大港南部油田具有断块复杂、含油层系多、油藏埋藏深、储层物性差、原油物性差、米采油指数低等特点。其中，小集、王官屯油田等部分中低渗区块在长期注水开发中，逐步暴露出较为严重的层间、层内和平面矛盾，导致注入水窜流问题日趋突出，单一应用调剖工艺抑制强吸水层，或者酸化工艺降低中低渗透层的启动压力，都不能有效解决此类井区开发问题[1]。通过应用酸调一体化技术对高、低渗透层同时进行改造以达到改善水井吸水剖面与提高水驱动用程度的目的。

1　工艺原理

酸调一体化技术是指水井酸化和调剖有机结合在一起的措施。该技术利用耐酸堵剂封堵高渗透层，使其渗透率降低，从而增加初始注入压力，降低高渗透区域的相对吸水量[2]；同时通过酸化作业改善中、低渗透层，增加其吸水能力，启动中、低渗透层。该技术不仅对低渗透层进行了解堵改造，而且解决了高渗透层注入水的突进问题，避免了调剖施工后水井注入压力大幅升高，最大限度地发挥了调剖与酸化两种工艺的协同作用。

2　体系筛选

酸调一体化技术现场实施过程中不需要动管柱、下封隔器，采用光油管笼统注水管柱。因此，筛选的体系既要能解决中低渗油藏开发矛盾，又要保证注入井筒安全。

2.1　酸化体系选择

南部油田油藏构造复杂，在纵向上以砂泥岩薄互层形式存在。综合考虑砂岩油藏储层黏土组分、水敏程度以及历年调剖等因素，确定“盐酸+氢氟酸”复配酸，对开发地层进行孔隙解堵，解除近井地带的污染。现场配制酸化体系时，添加缓蚀剂季铵盐、铁离子稳定剂与黏土稳定剂，以保护注水井筒安全。

表1　砂岩油藏酸化主要化学反应

HCl	方解石	$2HCl+CaCO_3 \rightarrow CaCl_2+CO_2+H_2O$
	白云石	$4HCl+CaMg(CO_3)_2 \rightarrow CaCl_2+MgCl_2+2CO_2+2H_2O$
	菱铁矿	$2HCl+FeCO_3 \rightarrow FeCl_2+CO_2+H_2O$
HF	石英	$4HF+SiO_2 \rightarrow SiF_4+2H_2O$ $2HF+SiF_4 \rightarrow H_2SiF_6$
	钠长石	$NaAlSi_3O_8+14HF+2H^+ \rightarrow Na^++AlF_2^++3SiF_4+8H_2O$
	正长石(钾长石)	$KAlSi_3O_8+14HF+2H^+ \rightarrow K^++AlF_2^++3SiF_4+8H_2O$
	高岭石	$Al_4Si_4O_{10}(OH)_8+24HF+4H^+ \rightarrow 4AlF_2^++4SiF_4+18H_2O$
	蒙脱石	$Al_4Si_8O_{20}(OH)_4+40HF+4H^+ \rightarrow 4AlF_2^++8SiF_4+24H_2O$

作者简介：张传干(1984—　)，男，工程师，从事油气田提高采收率工作。E-mail：7673224@qq.com

2.2 调剖体系选择

根据大港南部中低渗油藏高温、高压、高矿化度的特性，经过室内筛选确定了耐温、耐盐、强度高的延缓交联体系的配方。它是由多种高分子化合物接枝的具有一定空间结构的冻胶，其具有成胶后承压强度高、稳定性强，耐温、耐盐性能好，能耐酸，有效期长的特点[3]。

室内实验采用地层水，延缓交联体系的配方为0.5%聚合物+0.5%交联剂+0.5%稳定剂，其成胶强度可达10×10^4mPa·s。在110℃温度下养护180天强度为6×10^4mPa·s。把已成胶的延缓交联体系浸泡在各种常用酸液中，并在80℃下养护2h，用称重法进行溶蚀率实验，并观察其表观现状。结果表明该体系具有非常好的耐酸性，可用于酸调一体化耐酸堵剂。

表2 交联聚合物调剖剂耐酸性实验统计

酸液浓度	溶蚀率/%	表观现状
15%盐酸	5	强度韧性无变化无解体
20%盐酸	5.5	强度韧性无变化无解体
12%盐酸+3%氢氟酸	6.9	强度韧性无变化无解体
深穿透酸	4.8	强度韧性无变化无解体

3 设计思路

3.1 治理方式

酸调一体化技术主要针对由于地层黏土膨胀、颗粒运移、入井液污染等原因对地层孔隙造成堵塞，渗流能力下降的中低渗油藏。依据此类油藏的不同开发现状，主要采取3种治理方式：酸化-调剖，暂堵-酸化-调剖，酸化-暂堵-酸化-调剖。

表3 酸调一体化技术治理方式统计

序号	实施方式	适用范围	作用原理
1	酸化-调剖	用于储层纵向上动用较均衡的中低渗油藏	先酸化解除近井地带堵塞，降低注水压力，为调剖提供压力上升空间；再进行调剖，治理储层深部层内和平面矛盾，扩大注水波及体积，达到增油降水的目的
2	暂堵-酸化-调剖	适用于储层纵向上动用不均，存在优势通道的中低渗油藏	先通过暂堵封堵高渗层的注入水渗流优势通道，使后续酸液能够进入被堵塞的低渗层进行酸化解堵；再通过酸化解除低渗层近井地带堵塞，降低注水压力，为调剖提供压力上升空间；最后进行调剖，治理储层深部层间层内和平面矛盾，扩大注水波及体积，达到增油降水的目的[4]
3	酸化-暂堵酸化-调剖	适用于注水污染严重且注水压力较高的注水井。与前两种方式相比，此方式能较彻底地解除近井地带的地层堵塞，降压更明显	先通过酸化解除近井地带污染堵塞；再通过暂堵封堵第一次酸化解堵后形成的和原有的高渗层，使后续酸液能够进入低渗层再次进行酸化解堵；再通过酸化解除第一次酸化未治理到的低渗层近井地带堵塞，降低注水压力，为调剖提供压力上升空间；最后进行调剖，治理储层深部层间层内和平面矛盾，扩大注水波及体积，达到增油降水目的

3.2 参数设计

根据中低渗油藏厚度与吸水方向差异，酸调一体化工艺参数设计如下：

暂堵段塞采用耐酸延缓交联体系，设计用量一般为100~150m³；酸化段塞采用“HCl+HF”体系，设计用量一般为20~30m³；调剖段塞采用“耐酸延缓交联+预交联体膨颗粒”体系，设计用量一般为1000~2000m³。

暂堵与调剖段塞施工排量控制在3~7m³/h；酸化解堵施工排量控制在0.5~1.0m³/min。

在同等配注量条件下，酸调一体化治理后，水井注入压力上升3~5MPa。

4 矿场应用

酸调一体化技术在矿场实施中采用耐酸延缓交联调剖剂可以连续进行施工，相比分层调剖酸化技术而言，减少了动管柱工序，施工工艺简单，风险小，成本低。2012年以来，在大港南部油田中低渗油藏治理28口井，累计注入酸调液36174m³。实施后，平均注水压力上升3.8MPa，累计实现纯增油20961t，见到了显著的增油降水效果。

表4 南部中低渗油藏酸调效果统计

区块	井次	累注酸调液/m³	纯增油/t	有效期/月
官128	5	5044	4184.8	12
官109-1	2	2156	1037.39	9
官125	2	1683	1109.47	9

续表

区块	井次	累注酸调液/m^3	纯增油/t	有效期/月
王 102-1	4	8186	1967.42	7.7
官 39	3	4774	2674.13	10
王 104X2	3	3775	1882.64	10.6
官 162	7	7909	6645.39	9.8
官 9-6	2	2647	1459.58	11
合计	28	36174	20960.82	9.9

5 结论

(1) 酸调一体化技术不仅解决了中低渗油藏高渗透层注入水突进的问题，同时启动了低渗透层，避免了单一调剖后注水压力上升过高无法满足配注的问题。

(2) 酸调一体化技术适合于受黏土运移、强水敏、多轮次调剖等后天污染造成地层孔隙堵塞，渗流能力下降的中低渗油藏，不适合先天性低渗油藏。

(3) 酸调一体化技术采用耐酸延缓交联调剖剂可以进行连续施工，相比分层调剖酸化技术而言，减少了动管柱工序，施工工艺简单，风险小，成本低。

(4) 在南部油田中低渗油藏治理过程中，酸调一体化效果明显优于调剖或酸化独立实施的效果，单井组平均增油量提高 400 余吨。

参考文献

[1] 米卡尔 J·埃克诺米德斯，肯尼斯 G·诺尔特. 油藏增产措施：第 3 版[M]. 路保平，译. 石油工业出版社，2011.

[2] 赵福磷. 采油化学[M]. 东营：石油大学出版社，2000.

[3] 刘立稳，张康卫. DL 调酸一体化技术在高压注水井家 37-53 的成功应用[J]. 科学技术与工程，2012，12(32).

[4] 王杰祥. 注水井增产增注技术[M]. 东营：中国石油大学出版社，2006.

强非均质性油藏开发层系划分及重组策略研究

张　章　罗宪波　康　凯　全洪慧　李廷礼　刘彦成　刘　超　李景玲

（中海石油（中国）有限公司天津分公司渤海石油研究院，天津塘沽 300452）

摘　要　大型薄互层状油藏具有含油井段长、薄层比重大、非均质性强的特点，开发过程中面临严重的层间干扰问题，尤其是海上油田进入中高含水期非常有必要进行细分开发层系研究，减缓纵向吸水产液不均衡问题，达到有效控制油田含水上升率和递减率的目的。本文从储层及流体性质差异入手，以数值模拟和油藏工程为方法手段，建立了不同非均质性储层条件下黏度级差与水驱采收率的关系图版以及层系内不同有效组合厚度的含水与采出程度关系图版，并结合油田实际地质油藏特征，定量化确定了层系划分的黏度级差界限和有效厚度界限，有效指导了PL油田在中高含水期实施细分开发层系以改善注水开发效果。

关键词　薄互层；开发层系；黏度级差；有效厚度；强非均质

大型薄互层状油藏具有含油井段长、薄层比重大、非均质性强的特点，开发过程中会产生非常严重的层间干扰，影响油田注水开发的开发效果，为了克服层间干扰、改善开发效果，常采用细分开发层系的方法对油藏进行多层系开发[1,2]。尤其是海上油田进入中高含水期之后，地下油水分布规律变得更加复杂，非常有必要根据实际情况进行深入的开发层系细分与重组研究，减缓纵向吸水产液不均衡问题，达到有效控制油田含水上升率和递减率的目的。细分开发层系时常遵循几大原则，其中非常重要的两项：流体性质相近的油组划分为一套层系开发、一套开发层系内要有一定的有效厚度和储量规模。这样只是定性化描述，因此在油田开发实践中，不是很好把握，常常是不同油田有不同的分法，一般来说，有效厚度和储量规模是正相关的，因此本文针对大型薄互层状这种强非均质油藏，从储层及流体性质入手，以数值模拟和油藏工程为方法手段，对流体性质和有效厚度两个重要因素进行定量化研究，保证开发层系划分的合理性[3]。

本文主要是以PL油田为例展开研究，PL油田属于复杂河流相沉积，具有典型的大型薄互层状油藏特点：储层有效厚度大，平均有效厚度为127m，但纵向含油层段跨度达500m，河流相沉积导致储层纵向物性变化快，小层数量多达48个、薄差层数量所占比例达56%，纵向非均质性强，而且纵向上流体性质变化差异大[4]。

1　不同储层非均质性下黏度级差界限确定

薄互层状油藏在注水开发时一般按照储层物性及流体性相近的原则，采取成组（段）分层系开发是解决层间非均质性的基本措施，但对于储层非均质性严重、流体性质差异大，层间矛盾仍然较为突出，尤其是进入中高含水期之后，中低渗层和黏度较大流体油层仍得不到有效水驱动用，导致纵向储量动用程度严重不均衡。为此，提出在不同非均质性下按流体黏度差异组合开发层系的思路，储层非均质性选取了渗透率（K）级差来表征储层非均质性程度，级差是最大值与最小值的比值，最能表征流体性质的差异大小，能有效的指导分层系划分，因此将流体黏度级差作为重组开发层系的关键参数[5]。笔者以PL油田为例，开展了在不同非均质性储层条件下不同黏度级差组合数值模拟研究，研究黏度级差与水驱采收率的关系，确定了层系内黏度级差界限。采用级差法，首先在标准层对一个因素设定一个最小值，然后在对比层对此因素依次按不同的级差确定最大值，同时为了更接近多层砂岩油藏实际情况，模型纵向上共建立10个小层，其余8个小层按照最小值和最大值依次等比例插值，通过理论数值模型模拟计算得出该因素在不同参数值下标准

基金项目： 国家科技重大专项“2016ZX05058001”。

作者简介： 张章（1985—　），男，河北保定人，硕士。油藏工程师，主要从事海上油田油藏开发方面研究。E-mail：zhangzhang2@cnooc.com.cn

层和对比层的总的采收率的变化，从而反映该因素变化引起的层间干扰对采收率的影响。

根据SY/T 5579.2—2008规定，渗透率级差(K_{mn})值越接近于1，非均质性越弱，相反则强。一般来说，$K_{mn}<8$时为弱非均质性，K_v为8~14时为中非均质性，$K_v>14$时为强非均质性。因此数值模型分别设计参数取值为1.0~20.0等16种方案，具体参数取值如表1所示。

表1 渗透率级差、黏度级差取值方案表

方案	级差	渗透率最大值/(K_{max}/mD)	黏度最大值/[μ_{max}/(mPa·s)]
1	1.0	200	10
2	1.5	300	15
3	2.0	400	20
4	2.5	500	25
5	3.0	600	30
6	3.5	700	35
7	4.0	800	40
8	5.0	1000	50
9	6.0	1200	60
10	8.0	1600	80
11	10.0	2000	100
12	12.0	2400	120
13	14.0	2800	140
14	16.0	3200	160
15	18.0	3600	180
16	20.0	4000	200

通过油藏数值模型对上述各因素在16种级差取值方案按照正交方案设计计算，注采比设定为1.0，计算到技术年限(25年)。统计不同渗透率和黏度级差对采收率影响的模拟结果，建立不同储层非均质性下的单层系黏度级差经济界限图版，如图1所示。

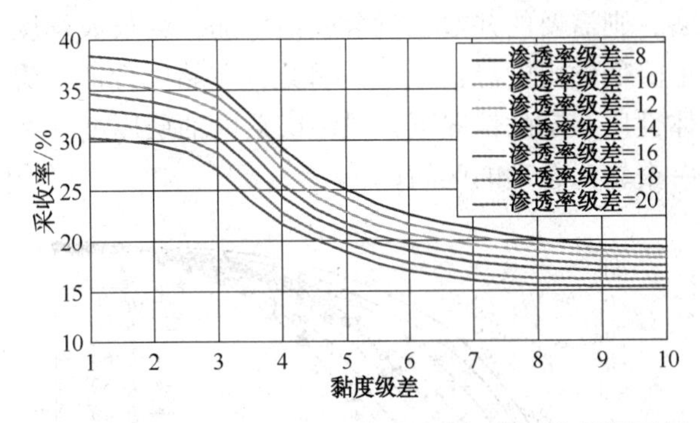

图1 不同储层非均质性下单层黏度级差经济界限图版

根据PL油田的地质油藏特点，选用《石油可采储量计算方法》行业标准中的采收率经验公式(陈元千、刘雨芬公式)和渤海油田经验公式分别对1区技术采收率计算。计算结果显示，PL油田采收率标定值为31.0%~32.6%(表2)。

PL油田储层具有高孔高渗特征，非均质性计算结果显示，明下段渗透率级差平均为15.2，馆陶组渗透率级差平均为16.9，总体表现为强非均质性，直接影响油田的水驱开发效果。

表2 PL油田技术采收率确定表

油组	沉积相	油藏类型	渗透率/mD	地层原油黏度/(mPa·s)	厚度/m	井网密度/(口/km²)	采收率/%	
							国家经验公式	渤海经验公式
L30~L40	河流相	岩性-构造	607	33	127	14.5	31.0	32.6

根据建立的不同储层非均质性下单层系黏度级差经济界限图版(图1)可以看出，在储层强非均质性(渗透率级差介于14~16之间)的条件下，如果要保证标定采收率最低值($E_r=31.0\%$)，那么组层系内黏度级差就要控制在3以内。

2 开发层系有效厚度界限研究

一般而言，一套层系内的层数越多，射开井段长度越长，组合厚度也就越大，采出程度也越大。但针对PL油田这种纵向跨度、小层数量多、强非均质性储层，同时射开井段和油层厚度越大，非均质性越严重，层间矛盾加剧，使得各油层作用不能充分发挥，进而会影响注水开发效果[6,7]。

根据油田实际孔隙度、渗透率、非均质性、流体性质等参数，建立机理油藏数值模型。研究区目前井距是在250~300m，通过水淹图认识，目前井距能很好地控制住主力储层，结合油藏工程井网井距适应性研究[8]，确定研究区合理井距为250~300m，因此机理模型研究时以现有井距进行方案设计。首先，保持开发层系的其他条件不变的前提下，进行不同油层组合厚度的开发效果对比分析。在保证一定的储层条件下，按照等差数列均匀地减少单个层系内组合厚度(层数)，根据数值模拟结果分析开发效果，并建立单层系内不同有效厚度下采出程度与含水率关系图(图2)。通过图中可以看出：针对非均质性强的储层，单套层系内组合层数多、组合厚度过大，严重的层间干扰就会导致纵向吸水产液不均衡矛盾突出，进而使油田含水上升速度加快，注水开发效果变差；反之，单套层系内组合厚度越小，层间干扰越小，含水上升速度越小，开发效果相对较好。但是对于特定油藏来说，有效厚度是一定的，单层系组合厚度越小则需要的开发层系就越多，则需要的井数也就会成倍增加，会很大程度上降低油田的经济效益。因此，在储层特征、流体性质一定的情况下，同一层系内油层厚度存在一个较为合理的区间。

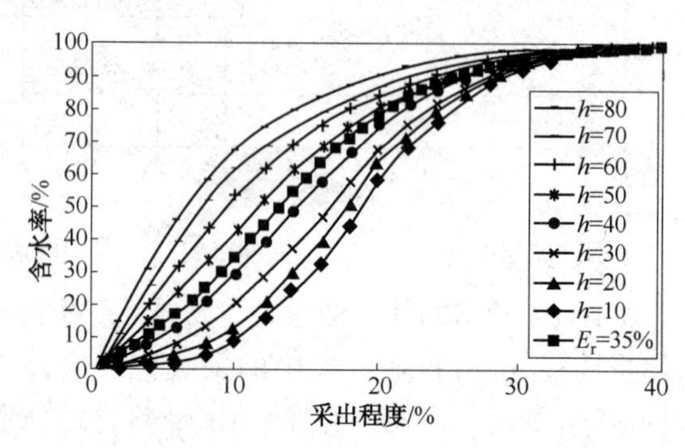

图 2　一套层系内不同有效厚度下采出程度与含水率关系图

本次研究引用含水与采出程度的童氏理论曲线图版，该曲线具有较为理想的开发模式，若油藏实际含水与采出程度曲线能贴合理论曲线，那么该油藏就达到了一个较好的开发效果[9]。油田采收率标定值为 31.0%~32.6%。如果含水与采出程度关系曲线越贴近童氏理论曲线图版中采收率为 35%的曲线，则认为该层系组合厚度是研究区最佳的一套层系组合厚度。通过图 2 可以看出一套层系内组合厚度 40m 和 50m 的含水与采出程度关系曲线最贴近采收率为 35%的童氏理论曲线，因此针对 PL 油田来说，层系组合厚度在 40~50m 之间能达到较好的开发效果。

3　应用

3.1　层系划分黏度级差界限应用

PL 油田进行了 6 口井 30 样次原油高压物性分析，高压物性分析结果表明，地层原油具有饱和压力高、地饱压差小、溶解气油比中等的特点，明下段油藏整体属于稠油范畴；馆陶组属于常规原油，地层流体性质纵向上呈现随深度增加流体性质变好的规律(图 3)。

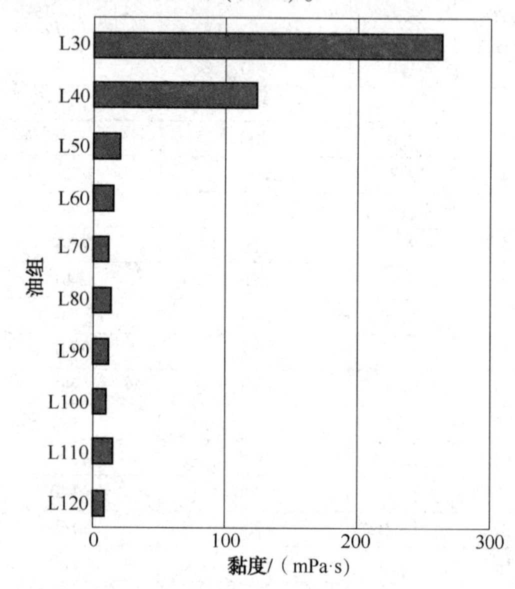

图 3　PL 油田地层原油黏度纵向分布特征

通过分析研究区流体性质分布规律可以看出，1 区纵向上整体黏度差异较大，黏度级差为 29.2，但是明化镇组为稠油(>50mPa · s)，层系内黏度级差仅为 2.1，而馆陶组层系内黏度级差仅为 2.2(表 3)，因此明化镇组与馆陶有必要进行分层系开发。

表 3　渗透率级差、黏度级差取值方案

层　位	油组	储层非均质性	黏度最小值 μ_{min}/(mPa · s)	黏度最大值 μ_{max}/(mPa · s)	黏度级差
明化镇组	L30~L40	强非均质性	123	263	2.1
馆陶组	L50~L70	强非均质性	9	20	2.2
明化镇组~馆陶组	L80~L120	强非均质性	9	263	29.2

3.2　层系组合有效厚度界限应用

有效厚度界限确定之后，在实际应用过程中，还需要根据油田的具体情况才能最终确定合理层系划分策略。前边确定了 PL 油田明化镇组单独一套层系开发。而馆陶组为辫状河沉积，整体厚砂层横向连续性较好，有效厚度平均为 90m，远大于论证的一套层系组合有效厚度的界限值(40~50m)，因此馆陶组有必要分两套层系开发。

馆陶组内部物性、流体性质都比较相近，但纵向油层跨度达 400m，目前受海上油田工程设施、钻完井限制，在生产过程中，单井 400m 生产井段无法满足精细化注水管理需求，而且也不能满足海上油田经济效益的要求。因此，根据一套层系组合有效厚度的界限值，将馆陶组细分为上下馆陶两套开发层系，各层系内储层非均质性得到了有效的改善，馆陶组整体的渗透率级差平均为11.9，细分层系之后上下层系渗透率级差分别为5.3和5.7(表4)。

表4 PL油田馆陶组渗透率级差变化

层位	油组	渗透率最小值 K_{min}/mD	渗透率最大值 K_{max}/mD	渗透率级差
馆陶组	L50～L120	148	1764	11.9
上馆陶	L50～L70	334	1764	5.3
下馆陶	L80～L120	148	850	5.7

层系渗透率级差明显降低，层间干扰问题也明显减弱，有效提高了油田单井产能。通过统计PL油田不同层系调整井产能(表5)，可以看出馆陶组合采产能仅为0.46m³/(MPa·d·m)，细分为上下馆陶两套层系后，上层系产能为0.85m³/(MPa·d·m)，下层系产能为0.91m³/(MPa·d·m)，细分开发层系后，油井产能明显增加，层间干扰有效降低近40%。细分开发层系，降低层系内储层非均质性程度，也会明显改善油田纵向吸水产液不均衡现象，会进一步减缓油田含水上升，进而改善油田整体水驱开发效果。

表5 PL油田不同层系调整井产能统计

层位	油组	初期日产油/m³	流度/[mD/(mPa·s)]	油层厚度/m	生产压差/MPa	比采油指数/[m³/(MPa·d·m)]
馆陶组	L50～L120	182	25	79	6.3	0.46
上馆陶	L50～L70	110	24	42	5.3	0.85
下馆陶	L80～L120	115	25	48	4.1	0.91

4 结论

(1) 在储层强非均质性的条件下，研究区细分开发层系的层系内黏度级差界限值为3。

(2) 针对含油厚度大、小层数量多、非均质性强的砂岩油藏，开发层系组合厚度界限值在40～50m之间。

(3) PL油田是典型的多层强非均质油藏，根据层系划分黏度级差界限值和层系组合厚度界限值确定纵向细分3套开发层系。

(4) 研究区细分3套开发层系后，有效降低了层间干扰现象，提高了单井产能，能有效的改善油田注水开发效果。

参考文献

[1] 杨通佑，罗迪强，李福橙．我国注水砂岩油田开发层系合理划分问题的探讨[J]．石油学报，1982，8(3)：31-40.

[2] 王一博，马世忠，石金华，等．复杂河流相地层单砂体级沉积时间单元对比方法[J]．地质科技情报，2012，31(1)：47-50.

[3] 刘春发．砂岩油田注水开发中的层系井网问题[J]．石油勘探与开发，1983，10(4)：65-68.

[4] 邓运华，李秀芬．蓬莱19-3油田的地质特征及启示[J]．中国石油勘探，2001，6(1)：68-71.

[5] 陈民锋，姜汉桥，曾玉祥．严重非均质油藏开发层系重组渗透率级差界限研究[J]．海上油气，2007，19(5)：319-322.

[6] 赵守元，杨玉哲，纪德纯．大庆油田高含水期层系调整的几个问题[J]．石油学报，1985，6(4)：55-63.

[7] 周琦，姜汉桥，陈民锋．重非均质油藏开发层系组合界限研究[J]．西南石油大学学报，2008，30(4)：93-97.

[8] 张章，朱玉双，全洪慧．芦子沟地区长6油藏井网系统论证[J]．地下水，2012，34(6)：147-149.

[9] 王柏力．童氏含水与采出程度关系图版的改进与应用[J]．大庆石油地质与开发，2006，25(4)：62-64.

渤海中轻质油藏合理采油速度的确定

阳晓燕　张建民　王月杰　张　博　刘　超

（中海石油（中国）有限公司天津分公司渤海石油研究院，天津 300452）

摘　要　海上油田具有高投入、高风险的开发特征，针对渤海南部中轻质油藏，油井见水后含水上升快，油田递减大这一问题，综合考虑开发技术和经济效益，选择合理采油速度是经济高效开发此类油藏的关键。提出利用多元回归法和数值模拟方法对渤海中轻质油藏的合理采油速度进行研究。首先根据同类油藏成功开采实例，采用多元回归分析方法，分析了原油黏度、渗透率、储层厚度、井网密度、油水井数比等因素对采油速度的影响，建立中轻质油藏合理采油速度模型，其次利用数值模拟技术，研究不同采油速度对见水时间、含水率、递减率、采收率的影响。结果表明，随着采油速度增加，递减率逐渐增大，含水上升加快，从无水采油期和采收率指标来看，油田存在最优采油速度，研究结果对指导类似油田的合理开发具有重要意义。

关键词　合理采油速度；生产压差；中轻质油藏；开发效果

水驱油藏开发初期，提高采油速度是获取高产量的有效途径，在开发井一定的情况下，提高油田采油速度主要是通过增大单井生产压差来实现。提高生产压差不仅提高了地下原油的整体流速，同时能够有效动用低渗透储层，改善油田开发效果[1]。生产实践证明，采油速度过高，生产压差过大，边水突破加快，边水推进不均匀，含水率上升加快，递减率加快。权衡产量及开发效果，合理的采油速度研究极为重要。曲建山等人对低渗透油藏合理采油速度提出了经验公式[2,3]，王怒涛等人利用试探法计算了合理采油速度[4]，笔者利用多元回归分析方法和数值模拟方法对渤海中轻质油藏的合理采油速度进行了深入研究。

1　多元回归方法确定合理采油速度

1.1　多元回归分析方法

多元回归分析是研究多个变量之间关系的回归分析方法[5,6]，它可以定量地描述因变量和自变量的线性函数关系。将各变量的已知值代入回归方程便可求得因变量的预测值，从而可以有效计算出因变量。多元回归方法目前在各个领域已进行广泛应用，本文主要是多元线性回归分析，设因变量 y 与自变量 x_1、x_2、……x_m，共有 n 组实际数据。

假定因变量 y 与自变量 x_1、x_2、…、x_m 间存在线性关系，其数学模型为：

$$y_j = \beta_0 + \beta_1 x_{1j} + \beta_2 x_{2j} + \cdots + \beta_m x_{mj} + \varepsilon_j \quad (j = 1,\ 2,\ \cdots,\ n) \tag{1}$$

式中，x_1、x_2、…、x_m 为可以观察的一般变量；y 为可以观察的随机变量，随 x_1、x_2、…、x_m 而变，受试验误差影响；ε_j 为相互独立且都服从 $N(0,\sigma^2)$ 的随机变量。

1.2　多元线性回归系数

记：$\boldsymbol{Y}=\begin{bmatrix} y_1 \\ y_2 \\ \vdots \\ y_n \end{bmatrix}$，$\boldsymbol{X}=(x_{ij})_{n\times m}$，$\boldsymbol{e}=\begin{bmatrix} e_1 \\ e_2 \\ \vdots \\ e_n \end{bmatrix}$，$\boldsymbol{\beta}=\begin{bmatrix} \beta_1 \\ \beta_2 \\ \vdots \\ \beta_n \end{bmatrix}$，则模型可写成：$\boldsymbol{Y}=\boldsymbol{X\beta}+\boldsymbol{e}$

其中，$\boldsymbol{e}$ 为 n 维随机向量，$\boldsymbol{X}$ 为 $n\times m$ 常数阵，$\boldsymbol{\beta}$ 为 m 维未知参数向量。求回归系数，就是找到 $\boldsymbol{\beta}$，使 $Q(\boldsymbol{\beta})=\sum_{i=1}^{n}[y_i-(\boldsymbol{\beta}_1 x_{i1}+\boldsymbol{\beta}_2 x_{i2}+\cdots+$

作者简介：阳晓燕（1986—　），女，重庆人，2008 年获得中国石油大学（北京）石油工程专业学士学位，2011 获得中国石油大学（北京）流体力学，硕士，工程师，现主要从事油藏工程方面的研究，近年发表论文 10 篇。E-mail：ybybyxy@126.com

$\boldsymbol{\beta}_m x_{im})]^2$达到最小，经过推导与证明可得，在$\boldsymbol{X}$为满秩的情况下满足要求的回归系数为$\boldsymbol{\beta}=(\boldsymbol{X}'\boldsymbol{X})^{-1}\boldsymbol{X}'\boldsymbol{Y}$。

1.3 采油速度回归系数的确定

考虑到采油速度影响因素的复杂性[7]，选入尽可能多的固有地质因素及经济因素作为自变量，综合考虑原油黏度、渗透率、井控储量、注采井数比、油层厚度、水平井生产井占总生产井数的比列、原油压缩系数。以采油速度为因变量，采用14个相似油田的实际生产数据，由多元线性回归模型得自变量X和观测值Y矩阵。从而由回归系数公式可计算得到该回归模型系数为：

$\boldsymbol{\beta}=(\boldsymbol{X}'\boldsymbol{X})^{-1}\boldsymbol{X}'\boldsymbol{Y}=(-4.6269, -0.06594, 0.004019, -0.0233, 0.935, 0.1688, 2.497, 472.615)$

将回归系数代入式(1)得到中轻质油藏合理采油速度的数学模型：

$$\upsilon=-4.6269-0.065494\mu_o+0.004019K-0.0233a+0.935\alpha+0.1688h+2.497\delta+472.615C_0$$

式中，υ——采油速度,%；μ_o——原油黏度，mPa·s；K——渗透率，$10^{-3}\mu m^2$；a——井控储量，10^4m^3/井；α——注采井数比，f；h——油层厚度，m；δ——水平井占总生产井数的比例，f；C_0——原油压缩系数，f。

1.4 采油速度影响因素分析

应用多元回归分析计算了采油速度的7个影响因素，结果如表1所示。可以看出，影响采油速度的主要因素是渗透率、注采井数比、水平井所占比例、原油黏度以及井控储量。

表1 多元回归分析采油速度影响因素

指标	原油黏度	渗透率	井控储量	采注井数比	油层厚度	水平井占总生产井数比例	原油压缩系数
相关系数	0.684	0.888	0.600	0.679	0.529	0.609	0.446

多元回归分析方法确定中轻质油藏合理采油速度，方法简单，但是确定采油速度是一个定值，油田开发很难按一个定值开采，采油速度应该有一个合理范围，经验公式在考虑参数时会出现误差，该方法在油田开发中可作参考。

2 采油速度影响因素分析

根据渤海南部地质概况，利用数值模拟方法建立一系列概念模型，基础模型网格数为50m×50m×10m，网格步长30m×30m×2m，基础模型使用参数：地层埋深为1500m，地层原油黏度为3.42mPa·s，注入水黏度为0.45mPa·s，储层渗透率800×$10^{-3}\mu m^2$，模型采用5点法井网、定液量进行生产。

以基础模型为基础，改变油藏参数值，分别研究不同渗透率、不同原油黏度、不同采油速度对无水采油期、采收率、递减率、含水上升率的影响，优化方案设置如表2所示。

表2 影响因素及取值

参数	方案设置							
渗透率/$10^{-3}\mu m^2$	50	100	200	400	800	2000		
原油黏度/(mPa·s)	3.4	12.5	21.7					
采油速度/%	1.1	2.2	3.2	5.4	6.5	8.6	12.9	17.2

2.1 渗透率

设置渗透率分别为(50、100、200、400、800、2000)×$10^{-3}\mu m^2$等6种情况进行了模拟，结果表明，随着渗透率的增加，油田允许的最大采油速度逐渐增加，最大采油速度与渗透率呈对数关系，采油速度不能任意提高，受油田最大生产压差控制。随着渗透率的增加，无水采油期累产油逐渐降低，总采出程度逐渐增加，主要是因为高渗储层更利于流体流动，但是注入水也更容易突破，当渗透率超过400×$10^{-3}\mu m^2$后，采出程度增幅减少；随着渗透率的增加，最优采油速度逐渐增加，当渗透率达到2000×$10^{-3}\mu m^2$后，最优采油速度反而降低，主要是因为针对轻质油藏，油水黏度比太低，高速开采易形成优势渗流通道，导致水窜，影响油田采收率(图1)。

2.2 原油黏度

设置原油黏度分别为3.4mPa·s、12.5mPa·s、21.7mPa·s 3种情况进行了模拟，结果表明，当原油黏度为3.4mPa·s时，无水采出期采出油量占总采出油量的20.9%，原油黏度为21.7mPa·s时，无水采出期采出油量占总采出油量的7.7%，随着原油黏度的增加，无水采油期采出油量所占比例逐渐降低，低黏油藏产油量主要集中在无水采油

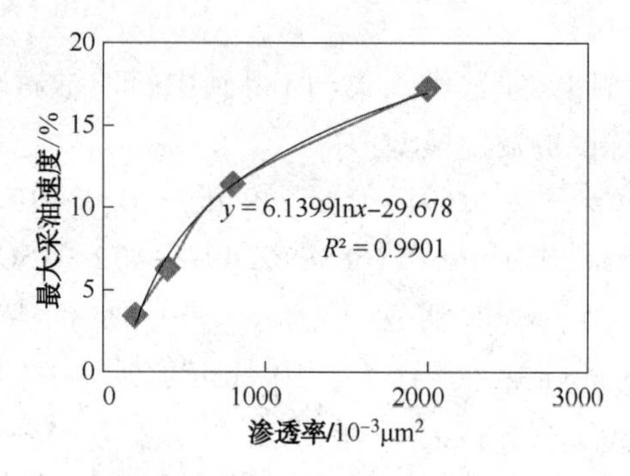

图 1　渗透率对最大采油速度影响

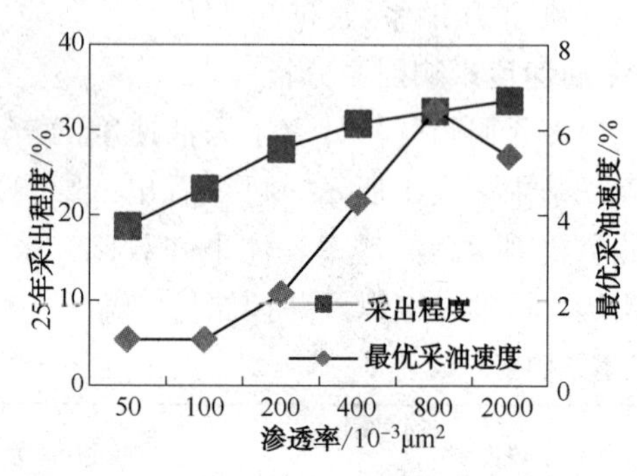

图 2　渗透率对采出程度及采油速度影响

期；在同一渗透率条件下，随着原油黏度的增加采出程度逐渐降低；同一采油速度下，原油黏度越低，高速开采递减率越大，稳产越困难；整体来看随着采油速度增加，递减率逐渐增大，当采油速度超过 7.54%时，递减率大幅增加。

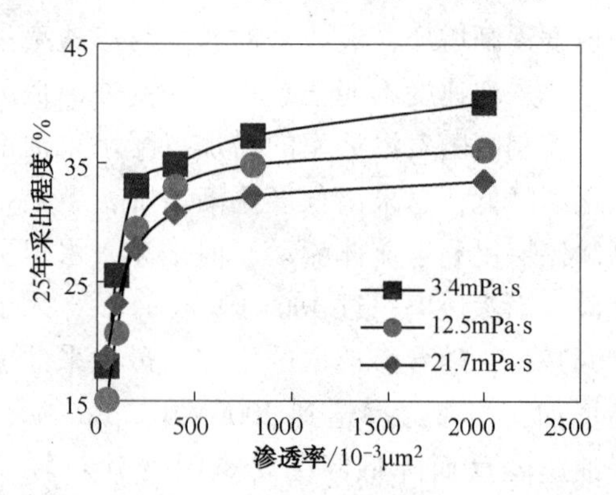

图 3　不同黏度下渗透率对采出程度的影响

2.3　采油速度

为了进一步搞清采油速度对油藏含水上升情况的影响，设置采油速度分别为 1.1%、2.2%、3.2%、5.4%、6.5%、8.6%、12.9%、17.2% 8 种情况进行了模拟，研究不同采油速度下的含水和采出程度的关系。结果表明随着采油速度增加，初期含水率逐渐增大，但随着采油速度的继续增加，含水率值增加幅度逐渐变小；当采出程度增加到一定值后，含水率增幅反而降低，随着

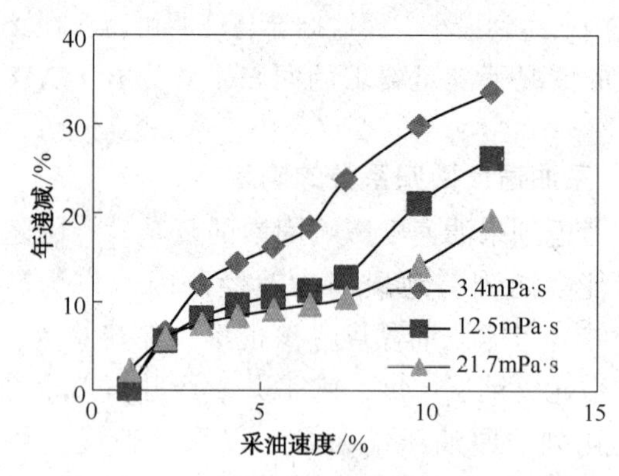

图 4　不同黏度下采油速度对递减率的影响

采油速度增加，含水上升率峰值逐渐增加，当采油速度增加到一定程度后，峰值反而降低，主要是因为随着采油速度的增加，峰值油量大幅增加，含水率的增幅小于油量增幅。

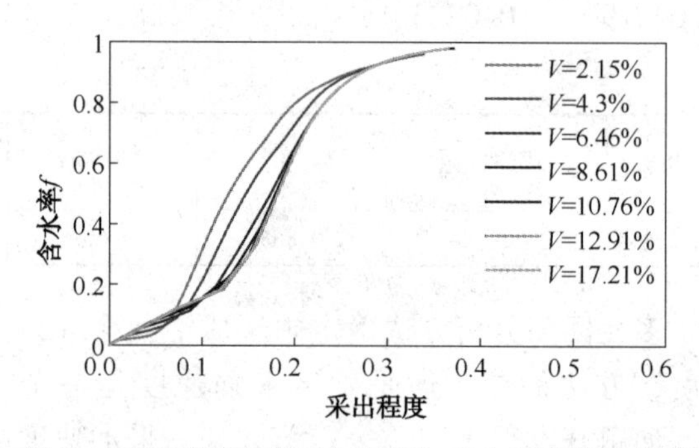

图 5　不同采油速度下含水率与采出程度关系曲线

2.4　最优采油速度确定

模型以原油黏度 3.42mPa · s，渗透率 800×10^{-3}μm^2 进行方案研究，综合考虑海上油田开发时间与开发成本，以平台寿命内的采出程度为依据，同时考虑平台的日处理能力确定最大采油速度，研究结果表明，采油速度过低，在有限的时间里采出程度远小于油田的采收率，当采油速度增加到 6%以后，在平台寿命期间，采出程度基本与采收率保持一致，但是采油速度过高，油藏实施过度的强注强采，则会破坏地下油水关系，造成边水、底水突进或油层水淹，使得原油含水率上升急剧，递减率加快。油田合理采油速度在 6%~8%之间。

3　实例分析

BZ 油田位于渤海南部海域，构造均受断层控制，形成众多的断鼻、断块及断背斜圈闭，断裂系统复杂。根据层序地层划分结果，主力目的层自上而下依次是东营组、沙河街组。孔隙度平均 29.7%，渗透率平均 1000×10^{-3} μm^2，为中高

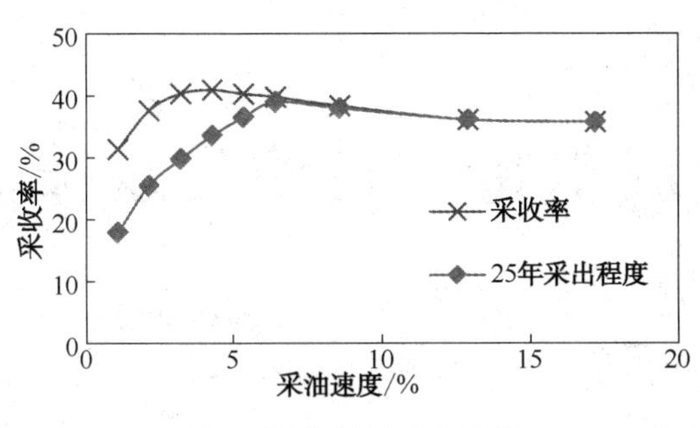

图6 最优采油速度确定

孔渗储层；地面原油密度 889kg/m³，地层原油黏度 7.35mPa·s，为中轻质油藏。

该油田于 2014 年 5 月投产，投产初期进行合理采油速度研究，利用本文多元回归公式计算采油速度为 6.2%，利用数值模拟技术确定油田合理采油速度控制在 6%～7%之间，可得到较好的开发效果。

实际生产中，按照初期制定采油速度进行生产，针对边底水较强的砂体适当控制采油速度，针对储量规模较大，单井控制储量较高的砂体适当提高采油速度，生产近 3 年以来，产量形势稳定，含水上升缓慢，年自然递减 3 年来均控制在理论曲线之内(图 7)，开发效果良好。

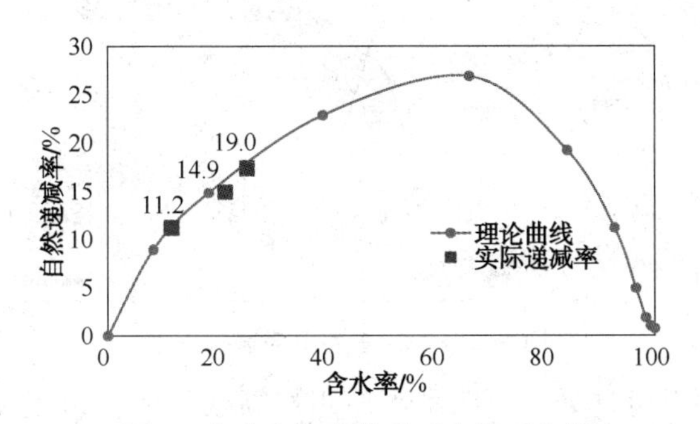

图7 含水率与自然递减率关系曲线

4 结论

（1）油田基于多元回归分析求解合理采油速度，不但提高了求解系数的精确性，同时综合考虑多因素对采油速度的影响，利用该模型所确定的采油速度较为符合油田开发实际。利用此模型在中轻质油藏确定合理采油速度具有指导性。

（2）油藏数值模拟确定合理采油速度，为海上中轻质油田方案制定提供依据，合理采油速度制定为海上油田高速高效开发提供理论支持。

参 考 文 献

[1] 冯其红，石飞，王守磊，等．提液井合理井底流动压力的确定[J]．油气地质与采收率，2011，18(3)：74-76.

[2] 曲建山，周新波，王洪亮．一种预测低渗透油藏合理采油速度的计算公式[J]．大庆石油地质与开发，2001，20(5)：25-26.

[3] 王娟茹，靳晓军，胡锌波，等．焉耆盆地宝北区块低渗透油藏合理采油速度的确定[J]．新疆石油地质，2001，22(3)：241-243.

[4] 王怒涛，钟飞翔，代万波．等．确定合理采油速度的最优化方法[J]．断块油气田，2005，12(4)：45-47.

[5] 胡高贤，龚福华．多元回归分析在低渗透油藏产能预测中的应用[J]．油气田地面工程，2010，29(12)：23-24.

[6] 吴文有，王禄春，张继风．等．特高含水期油田采油速度主要影响因素[J]．大庆石油地质与开发，2012，31(5)：51-55.

渤东低凸起旅大 27-2 油田沉积特征与演化规律

汪　跃　侯东梅　聂玲玲　谢　岳　刘洪洲

(中海石油(中国)有限公司天津分公司渤海石油研究院，天津塘沽 300452)

摘　要　综合运用岩芯、钻井、测井、地震及古生物等资料，以层序地层学理论为指导，在区域沉积模式认识的基础上开展了旅大 27-2 油田沉积特征研究。研究结果为：(1)将旅大 27-2 油田东营组到明下段划分为 3 个超长期旋回(其中东营组为一个基准面下降的半旋回，馆陶组为一个完整的旋回，明下段为一个基准面下降的半旋回)和 6 个完整的长期旋回(三级层序)；(2)分析了 6 个长期旋回的沉积特征及演化规律，并建立了等时层序地层格架下的旅大 27-2 油田沉积模式。通过该区沉积特征及演化的精细研究，明确了油田主力产层东营组沉积规律，为油田后期开展储层研究及进一步调整开发井网奠定了基础。

关键词　渤东低凸起；旅大 27-2 油田；沉积演化；沉积模式；层序格架

旅大 27-2 油田位于渤海东部海域的郯庐断裂的下辽河坳陷和渤中坳陷的过渡带(图 1)。旅大 27-2 油田是渤东低凸起上发育规模较大、开发效益较好的油田之一，不乏日产百方的高产井，其中馆陶组、东营组是其主要产出层段。开发初期，前人研究认为东营组为层状构造油藏且主要发育曲流河三角洲沉积，随着油田开发不断深入，新钻井资料逐渐丰富，油气藏类型逐渐复杂，认识发现东营组主要为构造岩性油气藏，揭示出油田沉积特征的复杂性，油田储层展布特征及沉积演化认识不清必将困扰油田开发及后期调整挖潜。

笔者根据岩芯、钻井、测井和分析化验等资料，结合高分辨率三维地震等资料，在前人研究基础之上，运用沉积学基本原理和方法，在区域沉积模式的指导下研究了旅大 27-2 油田层序地层特征与沉积相的构成、演化及分布规律，建立了油田的沉积模式，特别是精细化研究了油田主力产层东营组的沉积特征及模式，这些为油田后期开展精细储层描述及调整具有重要意义。

1　油田地质概况

旅大 27-2 油田为渤海湾盆地渤东低凸起向东北方向延伸的倾没端，其东西毗邻渤东和渤中两大生油凹陷，北为辽中生油凹陷(图 1)，处于油气聚集的有利场所。该区主要发育的地层自上而下可划分为第四系平原组、新近系明化镇组和馆陶组、古近系东营组。其中明化镇组下段、馆陶组和东营组为本油田主要含油层系。该油田流体性质纵向差异大，馆陶组上部(Ng Ⅰ油组)与明下段，具有密度大、黏度高、胶质沥青质含量高、凝固点中等、含蜡量中等以及含硫量低的特点，属于重质稠油，未开发。馆陶组下部(Ng Ⅱ～Ⅴ油组)地面原油具有密度中等、黏度低、胶质沥青质含量中等、含蜡量高、凝固点高以及含硫量低等特点，属于中质油，储量规模较小。东营组油藏地面原油具有密度小、黏度低、胶质沥青质含量低、含蜡量高、凝固点高以及含硫量

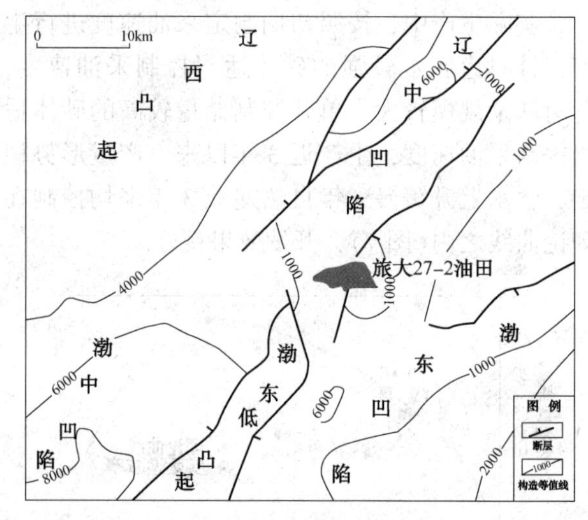

图 1　旅大 27-2 油田区域位置图

作者简介：汪跃(1984—　)，男，汉族，工程师，安徽人，2011 年毕业于中国石油大学(华东)矿产普查与勘探专业，硕士，现主要从事油田开发地质精细油藏描述研究工作，已发表论文 10 篇，E-mail：wangyue10@cnooc.com.cn

低的特点，属于轻质油为油田主力开发层系，主要含油层位是东二上段 EdⅡ ~ Ⅳ油组(图 2)。

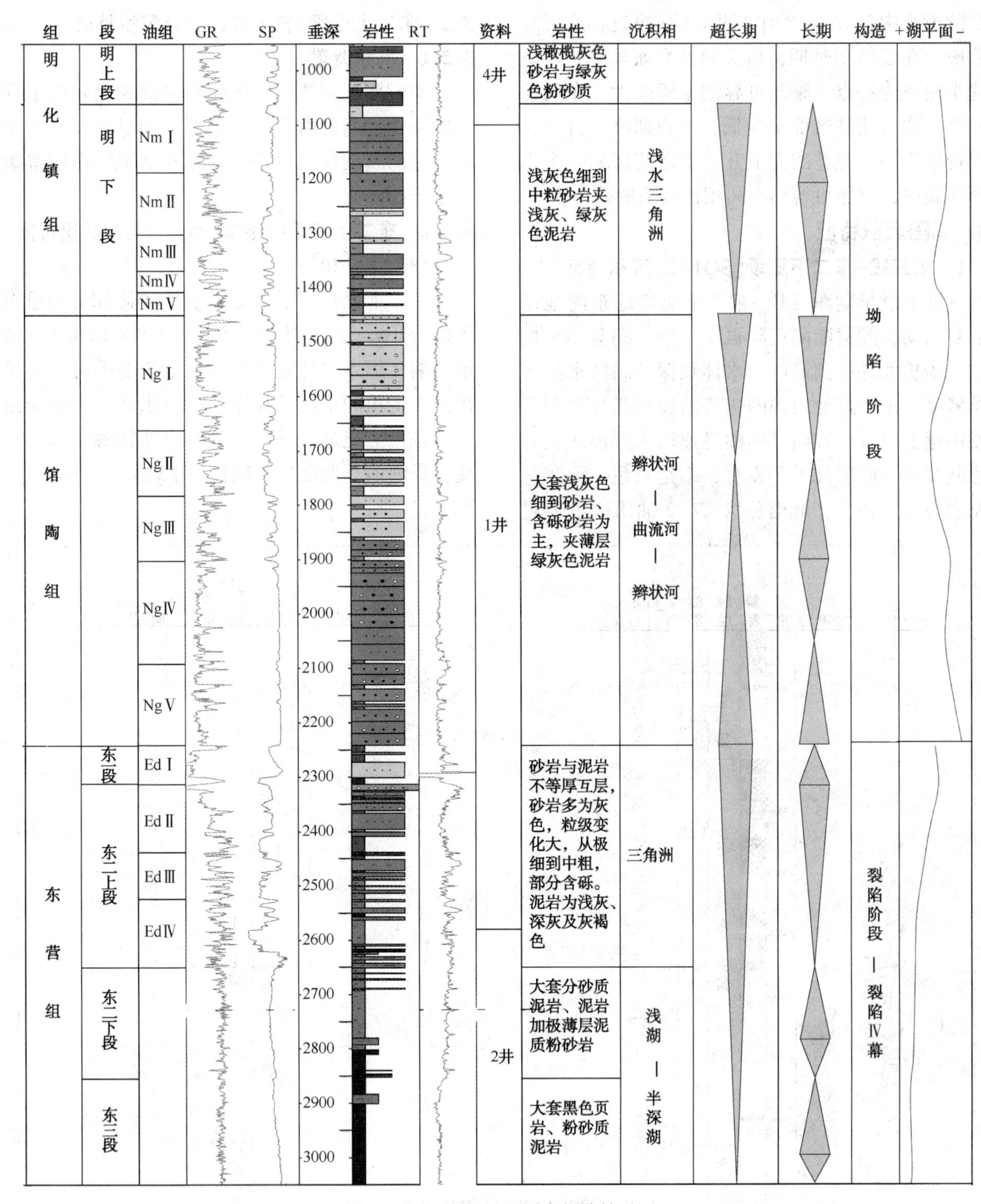

图 2　旅大 27-2 油田层序划分结果图

2　油田层序地层格架建立

本次旅大 27-2 油田地层层序划分，三级层序识别主要参考了辽东湾地区的层序格架划分方案[1]，并以此为基础，综合利用钻井、测井、岩芯和高分辨率三维地震资料进行三级层序的划分与对比，将旅大 27-2 油田划分 3 个二级层序和 6 个三级层序(SQ1 ~ 6)，并建立了旅大 27-2 油田高精度层序地层格架。其中，三级层序界面主要有：明上段底界面、馆上段底界面、东二上亚段底界面、东二段底界面及东三段底界面(图 2)。

旅大 27-2 油田东三段-明下段的构造演化阶段可化分为 2 个阶段：第一阶段是渐新世(东三

段-东一段）的伸展拉张裂陷——萎缩阶段[1]。第二阶段为中新世（馆陶组-明下段）的裂后热沉降阶段。在裂陷期时期，超长期基准面较高，以下降半旋回为特点，整体可容纳空间较大。在坳陷时期，超长期基准面早期低，中晚期略上升，主要特征为一个完整的先上升后下降旋回和一个下降半旋回，整体可容纳空间相比裂陷期减小。

3 油田沉积特征

3.1 东三段-东二下亚段（SQ1~2）沉积特征

渐新世早期东三段-东二下亚段辽东湾地区裂陷活动，湖盆断陷沉降再次加强，湖盆的规模进一步扩大并达到高峰，水体加深，湖区水生藻类繁盛。由于盆地内部的快速断裂作用导致湖平面快速上升及可容纳空间的迅速增大，形成欠补偿的环境。储层几乎不发育，多是灰色、深灰色泥岩为主要特征，此时旅大 27-2 油田区主要是半深湖相-浅湖相。

3.2 东二上亚段-东一段（SQ3）沉积特征

3.2.1 沉积背景

本时期沉积体系的规模与之前相比发生了巨大的变化，湖盆内部的构造活动明显减弱，大多数地区的断裂作用停止，盆地西部沉降作用减缓甚至开始翘倾。

3.2.2 东二上亚段中下部（SQ3 早期）沉积特征

（1）测井相特征

东二上亚段中下部地层主要对应 EdⅡ油组中下部-EdⅣ油组（图 3），测井相主要以指形-箱形、漏斗形。这种漏斗形的特征表明垂向上呈现出向上变粗的水退反粒序结构，水动力逐渐加强和物源供应充足，并且是顶部突变接触、底部渐变，反映前积的反粒序结构（图 3）。

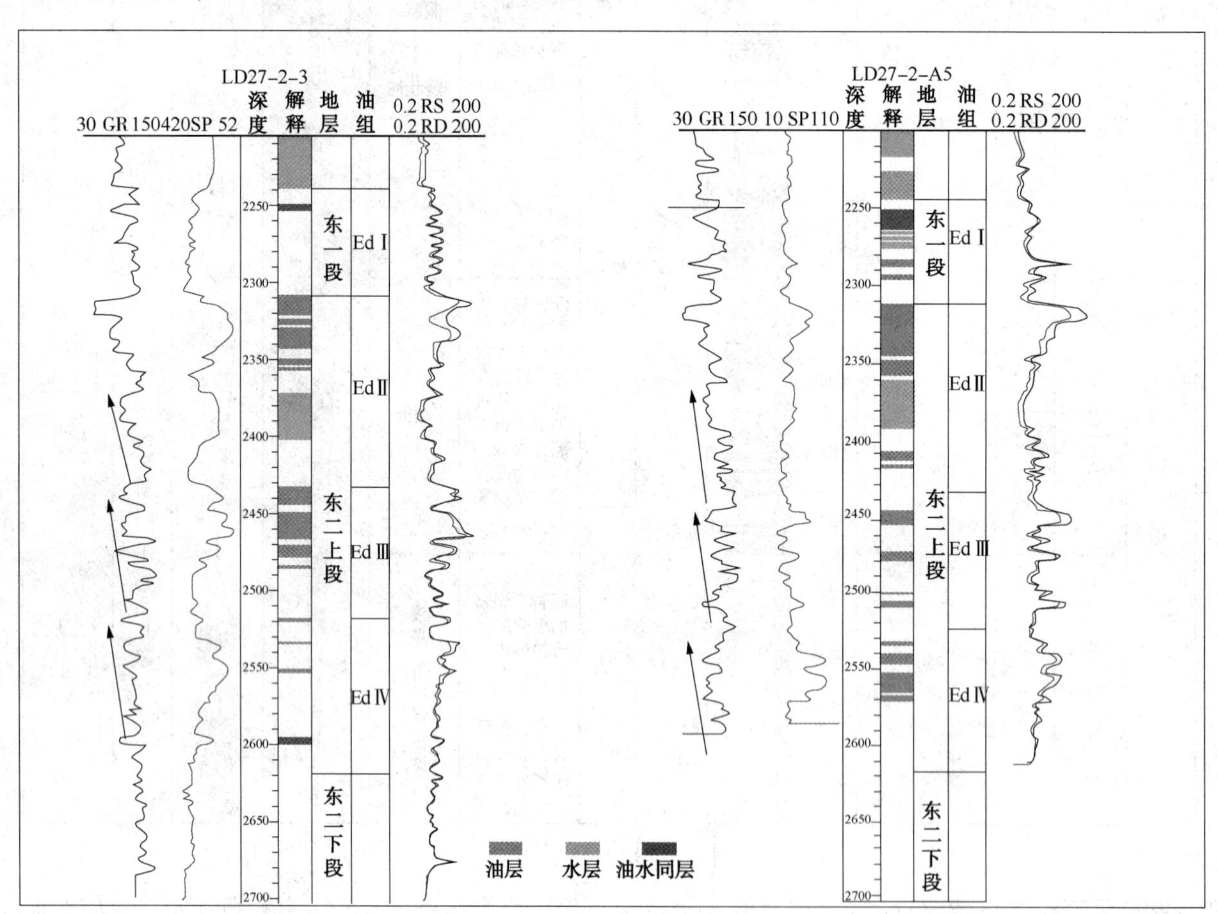

图 3 旅大 27-2 油田东二上亚段-中下部测井相特征

（2）岩芯观察特征

本时期各油组泥岩颜色以灰色浅灰为主，表明都处于水下沉积环境。储层以细砂岩，粉砂岩为主。油田 5B 井在 2908.3~2911m 井段，以泥岩为主，夹泥质粉砂岩并呈现出远砂坝和浅湖泥的交互相特征；在 2903~2908.3m 井段，主要为细砂岩，局部油侵，沉积构造存在小型板状、槽状交错层理；在 2897~2903m 井段，岩性主要为细砂岩，底部油侵，沉积构造发育有槽状、板状交错层理(图 4)。整体上呈现了三角洲前缘的远砂坝到河口坝反旋回沉积特点。

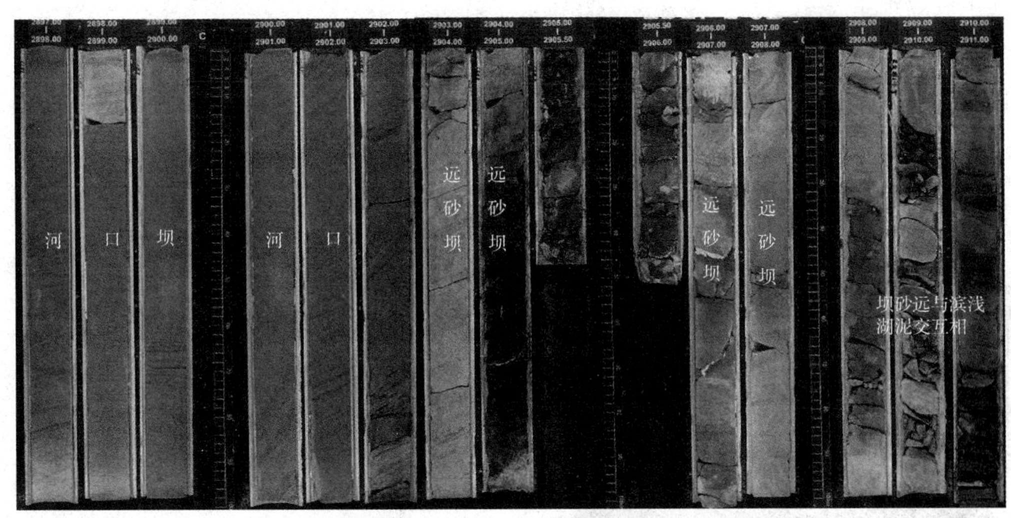

图 4 旅大 27-2 油田东二下亚段-中下部岩芯特征

(3) 粒度概率累计曲线及 $C-M$ 图特征

东二下亚段中下部粒度概率累计曲线呈现出多段式特点(图 5、图 6)，这表明砂坝砂体沉积时受到湖浪簸箕多次筛选改造后而形成。同时砂坝粒度概率累计曲线呈现滚动组分较少，悬浮组分较多且占到近 30%及泥质含量较多等特点，说明物源较远，粒度极细。由 $C-M$ 图可以看出，整个东二上(中下部)沉积呈现出牵引流沉积机制(图 7)。

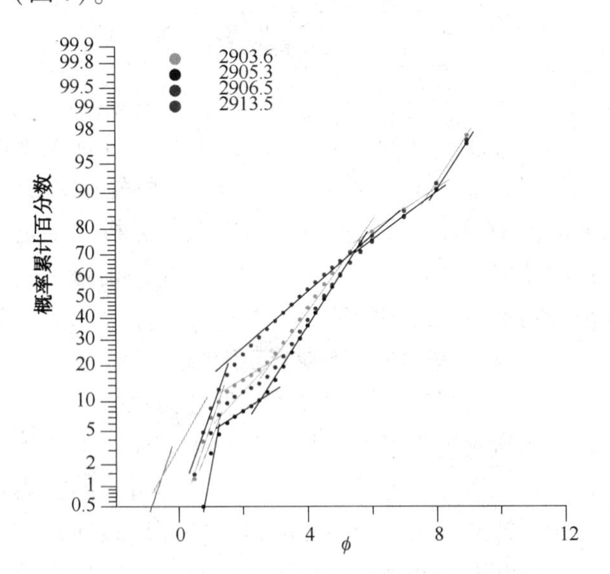

图 5 2 井 EdⅢ油组粒度概率累计曲线(远砂坝)

3.2.3 东二上亚段顶部(SQ3 中期)沉积特征

东二上亚段顶部(SQ3 中期)地层主要对应 EdⅡ油组顶部(图 3)，从岩芯观察资料来看(图 8)，东二上亚段最顶部岩石为中灰色砂砾岩，具

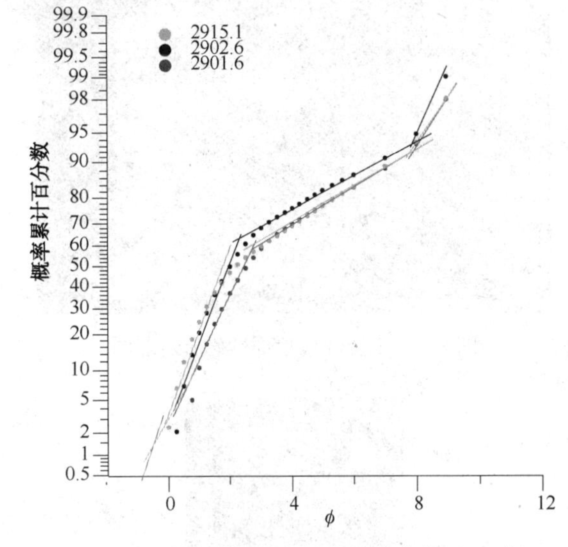

图 6 2 井 EdⅢ油组粒度概率累计曲线(河口坝)

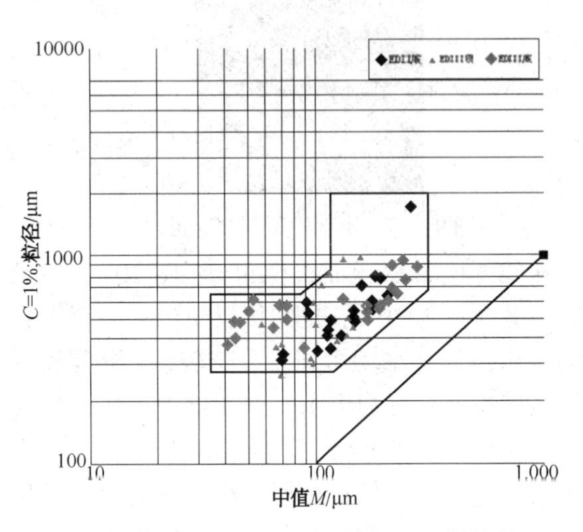

图 7 东二上亚段(中下部) $C-M$ 图特征

有砂质砾状结构，分选差，含砾石约70%，中-粗砂约30%，厚度约15m。砾石成分为变质石英砂岩、石英岩及酸性喷出岩岩块，部分砾石磨圆较好，呈次圆形，反映了这种砂砾岩经过了一定距离的搬运，为近物源沉积。砂砾岩下部为一套含砾粗砂、中砂岩(图9)，分选中等，厚度约25m，所以东二上亚段顶部自下而上也呈现出属于三角洲的反旋回沉积特点。

图8　东二上亚段顶部砂砾岩岩芯图

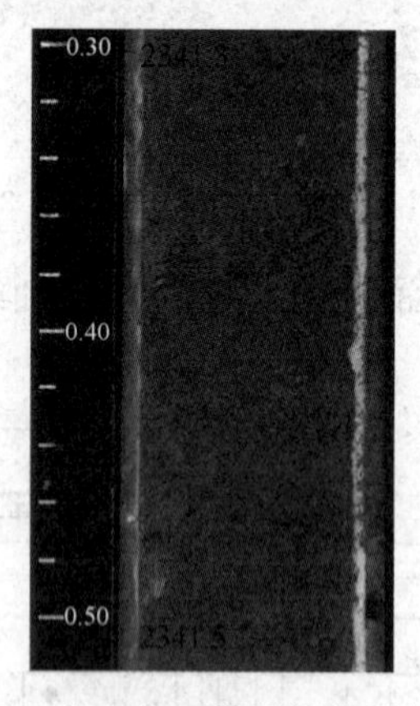

图9　东二上亚段顶部含砾粗砂

从粒度概率累积曲线图可知(图10)，滚动颗粒组分含量为30%，也间接反映出是一套近物源的沉积，具有水动力强，分选较差-中等等特点。这些特征均有别于东二上亚段中下部远源曲流河三角洲。从 C-M 图分析可知(图11)，呈现两种水流机制：一是牵引流沉积，牵引流主要位于N-O-P段，反映了以滚动搬运沉积为主，综合前述分析应该属于扇三角洲前缘的沉积；另一部分为少量重力流沉积，该数据来自于东二上亚段最顶部砂砾岩，反映了近物源的混杂堆积特点。

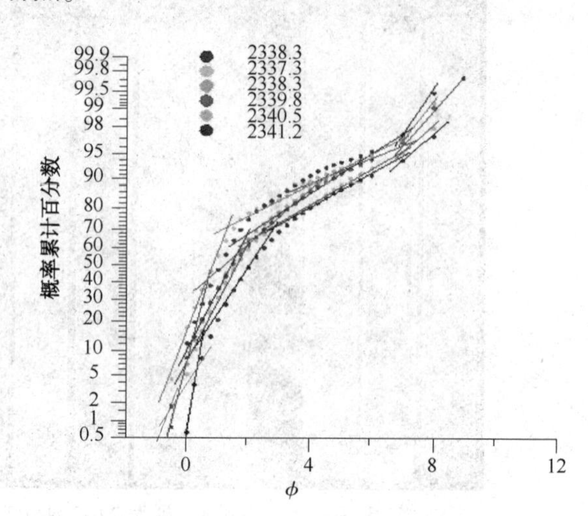

图10　2井东二上亚段顶部粒度概率累计曲线图

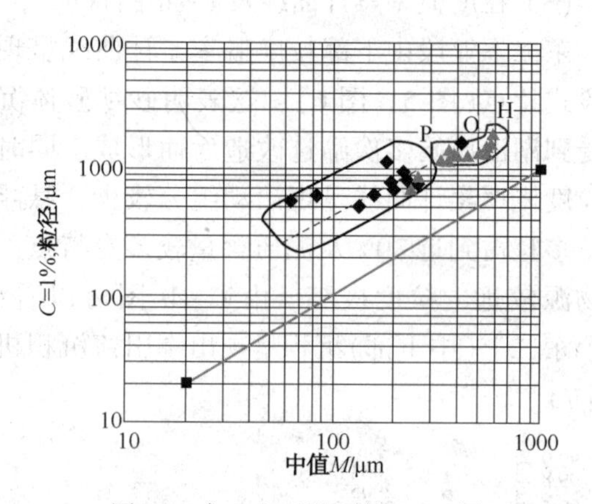

图11　东二上亚段顶部 C-M 图

综合以上分析，旅大27-2油田EdⅡ油组顶部储层属于近物源的扇三角洲沉积，物性相对EdⅡ油组中下部-EdⅣ油组更差，岩芯分析主要是低渗储层。并且由下至上呈现扇三角洲前缘——扇三角洲平原沉积特征。

3.2.4　东一段(SQ3晚期)沉积特征

东一段沉积时期，整体上岩性为泥岩夹粉砂岩，泥岩颜色为褐色，灰绿色为主，储层主要是粉砂岩。河流河道单层厚度较大，为4~8m，测井相以钟形、箱形为主。决口扇的厚度较薄(1~3m)，测井相幅度低，漏斗形。此时期沉积背景为湖盆构造不发育，水体略变深，西部的三角洲萎缩，物源主要来自东北的曲流河三角洲[2]，所以此时期旅大27-2油田沉积相为远源曲流河三角洲平原亚相。

3.3 馆陶组(SQ4+SQ5)沉积特征

渐新世末期-中新世早期，喜山运动幕开始，渤海湾盆地地壳整体抬升，地层开始遭受剥蚀夷平，形成上、下第三系之间的区域性不整合界面，盆地主要以河流平原相沉积为主。此时盆地进入裂后坳陷演化阶段，断陷活动停止，旅大 27-2 油田纵向上形成了两个三级层序。SQ4 层序沉积基准面较低，可容空间小，离物源区较近，岩性以大套厚层含砾中-粗砂岩夹中薄层灰褐色泥岩。SQ5 层序基准面上升半旋回对应岩性为厚层中-细砂岩夹灰绿色、绿灰色泥岩。而在基准面下降半旋回沉积的岩性主要含砾粗-中砂岩夹薄层灰绿色、灰色泥岩，且泥岩颜色较杂。旅大 27-2 油田整体上馆陶组河流二元结构仅在馆陶组中部发育，其他部位不太发育，所以综合判断主要发育辫状河沉积。

3.4 明下段(SQ6)沉积特征

本时期较之馆陶组时期湖盆拗陷沉降速度加快，湖盆可容纳空间增大，地表河流对碎屑的搬运能力减弱，明下段与馆陶组相比，碎屑颗粒变细、含砂量减少。岩性与沉积构造反映水下沉积特征。泥岩一般颜色较暗，沉积构造具有水平层理、波状层理或块状层理，局部见有致密的灰质粉砂岩，水下沉积标志清楚，常见厚层砂岩中出现反粒序层理，成分成熟度和结构成熟度较高，综合判断为三角洲前缘河口坝的沉积特征。测井曲线上可见反映进积的特征，测井曲线为典型的三段式，底部为低幅齿形，中部为漏斗形和箱形组合，上部为钟形，总体呈进积叠加样式。结合近年来勘探发现渤中凹陷新近系晚期存在较大型的湖泊，湖泊内发育大量浅水三角洲[3~5]。综合推断旅大 27-2 油田明下段发育浅水三角洲。

4 油田沉积模式

旅大 27-2 油田从东营组-明下段主要发育两个物源[6,7]。其中只有在东二上亚段顶部沉积时期，物源来自西北方向的大石河水系，其他时期物源都是来自东北的古复洲河水系。

综合分析岩芯、钻井、测井、地震和沉积相等资料，建立了旅大 27-2 油田各个沉积时期的沉积模式(图 12)。

(1)东三段-东二下亚段(SQ1+SQ2)时期，湖盆继承了之前构造断裂作用，湖盆继续扩大，油田内发育浅湖及半深湖相泥(图 12)。

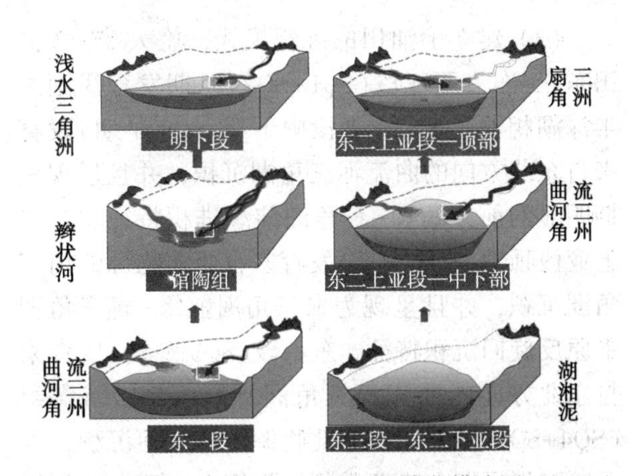

图 12 旅大 27-2 油田沉积演化模式图

(2) 东二上亚段中下部(SQ3 早期)，湖盆构造活动减弱，总体上呈现西高东低、北高南低的构造背景，沉积体系以向南进积为特点，本油田主要发育来自东北方向的三期曲流河前三角洲-曲流河三角洲前缘沉积；东二上亚段顶部(SQ3 中期)，湖盆西部的抬升作用明显，湖盆以西高东低为主要特征，所以油田发育来自西北的扇三角洲前缘-扇三角洲平原沉积。东一段(SQ3 晚期)，湖盆构造不发育，水体略变深，西部的三角洲萎缩，又接受来自东北的曲流河三角洲平原沉积。

(3) 馆陶组(SQ4+SQ5)，整个渤海湾盆地喜山运动幕开始，地壳整体抬升，形成上、下第三系之间的区域性不整合，此时油田发育了来自东北方向的河流平原相辫状河沉积。

(4) 明下段(SQ6)，湖盆热沉降加速，相比馆陶组出现湖盆水体扩大，本油田发育了来自东北方向的浅水三角洲。

5 结论

(1) 旅大 27-2 油田东三段-明下段划分为 3 个二级层序，6 个三级层序，6 个三级层序自下而上分别对应东三段、东二下亚段、东二上亚段-东一段、馆下段、馆上段、明下段；

(2) 旅大 27-2 油田沉积由于受到湖盆构造演化控制，在超长期旋回内，基准面经历了下降(水退)-上升(水进)-下降(水退)-下降(水退)的过程。基准面升降差异和沉积物供给的联合作用导致可容空间的变化，进而导致旅大 27-2 油田东三段-明下段沉积经历了由湖盆-陆相-湖盆的特点。

(3) 建立了油田的沉积模式，旅大 27-2 油田东三-东二下亚段(SQ1+SQ2)时期发育浅湖及半深湖相泥；东二上亚段中下部(SQ3 早期)发育来自东北方向的曲流河三角洲沉积，并且呈现三期明显的前三角洲-三角洲前缘进积特征。东二上亚段顶部(SQ3 中期)发育来自西北物源的扇三角洲沉积，并且呈现为扇三角洲前缘-扇三角洲平原反旋回沉积特征。东一段(SQ3 晚期)发育来自东北方向的曲流河三角洲平原沉积；馆陶组(SQ4+SQ5)发育来自东北物源的辫状河沉积，并且馆陶组早期和晚期辫状河规模大，而中期规模小；明下段(SQ6)发育了来自东北方向的浅水三角洲沉积，呈现了由前三角洲泥-三角洲前缘的进积特点。

(4) 油田主力产层东二上段 EdⅡ～Ⅳ油组是一套层系开发，通过对东营组的沉积特征及模式详细研究，可知 EdⅡ油组底部-EdⅣ油组发育的曲流河三角洲储层相对 EdⅡ油组顶部的低渗扇三角洲沉积物性更好。这些为油田后期开展精细储层描述及开发层系调整具有重要意义。

参 考 文 献

[1] 朱筱敏，董艳蕾，杨俊生，等．辽东湾地区古近系层序地层格架与沉积体系分布[J]．中国科学，2008(S1).

[2] 李建平，周心怀，吕丁友．渤海海域古近系三角洲沉积体系分布与演化规律[J]．中国海上油气，2011，23(5).

[3] 冯增昭．沉积岩石学[M]．北京：石油工业出版社，1993.

[4] 朱伟林，李建平，周心怀，等．渤海新近系浅水三角洲沉积体系与大型油气田勘探[J]．沉积学报，2008，26(4).

[5] 徐长贵，姜培海，武法东，等．渤中坳陷上第三系三角洲的发现、沉积特征及其油气勘探意义[J]．沉积学报，2002，20(4).

[6] 吴磊，徐怀民，季汉成．渤海湾盆地渤中凹陷古近系沉积体系演化及物源分析[J]．海洋地质与第四纪地质，2006，26(1).

[7] 何仕斌，朱伟林，李丽霞．渤中坳陷沉积演化和上第三系储盖组合分析[J]．石油学报，2001，22(2).

乳化降黏对海上油田采收率影响的研究

常 振
（中海油田服务股份有限公司，天津塘沽 300450）

摘 要 海上稠油油田开发过程中，由于原油黏度大，胶质沥青质含量高，导致两相流之间的介质流度比差异增大，开采难度增加。乳化降黏剂可以有效的降低原油黏度，减小油水流度比差异，提升开采效率，因此乳化降黏成为提高采收率的重要机理之一。本文选取不同类型的降黏剂体系，对A1-1和B34-1油田不同黏度的原油进行静态降黏和一维模拟驱替实验，得出乳化降黏能力和驱替效果之间的直接关系，确定乳化降黏对提高采收率的影响的机理，为以后海上油田进行乳化降黏提高采收率提供理论基础。

关键词 乳化降黏；采收率；驱替实验

稠油油藏开发的特点是开采启动压力高、采出程度低，这是由于稠油黏度大、密度高、流动性差的特性所导致的。乳化降黏剂的主剂为高分子表面活性剂，对地层稠油有乳化降黏效果，可以大幅度降低稠油黏度，改善稠油的流动性，提升采收率。因此，乳化降黏是提高采收率的重要机理之一。本文通过不同乳化降黏能力的降黏剂对A1-1和B34-1油田的原油进行静态降黏和一维模拟驱替实验，分析得出乳化降黏对采收率影响的机理。

1 乳化降黏机理的研究现状

近年来，我国油田化学学者对乳化降黏机理的研究有一定进展。刘海波、郭绪强[1]认为原油黏度可以反映出原油在流动过程中和储层岩石之间的摩擦阻力的大小，可以直接影响原油的流动情况。孙焕泉[2]通过室内水驱油实验研究了单一条件对采收率的影响程度，认为油水黏度比对稠油的开采有着很大的影响。刘忠运等[3]对稠油乳化降黏的机理研究表明稠油乳化降黏剂不仅能使原油乳状液反转形成稳定的O/W乳状液，起到降黏的作用，而且也能借助本身所具有的氢键渗透、分散进入原油胶质沥青质的片状分子之间，基团的渗入可以拆散原油原本的平面结构，形成无规律的片状分子，空间延伸度减少，内聚力降低，黏度也随之降低。杨东东等[4]在研究储层孔隙对采收率影响的时候发现，注入化学剂可以使得原油黏度下降，乳化粒径减小，对孔隙的剪切力减小，更利于在储层孔隙中运移，从而更加利于采收率的提升。曹均合等[5]使用了新型降黏剂SB-2对胜利油田桩斜139井的原油进行乳化降黏实验，结果表明降黏剂SB-2的浓度越高，降黏体系放出的热越多，所以形成的乳状液越稳定，也更利于采收率的提高。

2 实验内容

对A1-1、B34-1两个油田的原油进行静态降黏和一维驱替的结合实验，通过实验结果可直观得出乳化降黏对采收率的影响。

2.1 静态降黏实验

降黏剂的静态降黏实验可评测乳化降黏能力，静态降黏实验分为降黏率和乳化分散状态测定。

2.1.1 实验条件

（1）实验仪器：DV-Ⅲ黏度计、NDJ-1黏度计、OLYMPUS电子显微镜等。

（2）实验药品：如表1所示。

表1 实验用降黏剂性质

名称	类型	规格	用途
WR-1体系	降黏剂、乳化剂	工业纯	乳化降黏剂
SLCPE-01体系	降黏剂、乳化剂	工业纯	乳化降黏剂
S-5体系	降黏剂、乳化剂	工业纯	乳化降黏剂

作者简介：常振（1986— ），男，毕业于中国石油大学（华东），硕士，采油工程师，现从事海上油田采油技术方面的研究工作。E-mail：changzhen1111@163.com

（3）实验用油：性质如表2所示。

表2　实验用原油性质

编号	来源	原油地面黏度/（mPa·s）	原油密度
1	A1-1 油田	3120	0.9657
2	B34-1 油田	14530	0.9841

2.1.2　实验步骤

将降黏剂按一定的比例加入油样，在乳化机中充分乳化后，分别放入 NDJ-1 黏度计和 OLYMPUS 电子显微镜中测量降黏率的变化和乳化分散状态。

2.2　驱替实验

以乳化降黏的最优浓度为驱替浓度，对 A1-1 和 B34-1 油田原油进行物理模拟驱替实验，得出乳化降黏和采收率之间的关系。

2.2.1　实验条件

（1）实验仪器：选用的物理模拟实验装置为蒸汽驱一维线性模型，该模型包括注入系统、岩芯模拟装置、控制面板和收集系统。

（2）实验用品：去离子水、降黏剂、石油醚（沸程 60~90℃）、乙醇和丙酮。

（3）实验岩芯：模拟岩芯砂比为 180 目∶120 目∶70 目=1∶2∶4，其中 180 目=80μm，120 目=120μm，70 目=212μm。

2.2.2　实验步骤

将目标原油饱和至模拟岩芯中，在50℃的实验条件下进行水驱和降黏剂驱，得出最后的采收率。

3　实验结果及其分析

3.1　静态降黏实验结果

（1）WR-1 对原油的静态降黏结果分析

WR-1 对原油的静态降黏结果如图1~图3所示。

上述结果可以看出，WR-1 体系对黏度较小的 A1-1 油田原油降黏率较高，乳化分散粒径较小，由此说明 WR-1 体系对黏度较小的原油乳化降黏能力更强。

（2）S-5 对原油的静态降黏结果分析

S-5 对原油的静态降黏结果如图4~图6所示。

上述结果可以看出，与 WR-1 相比 S-5 体系

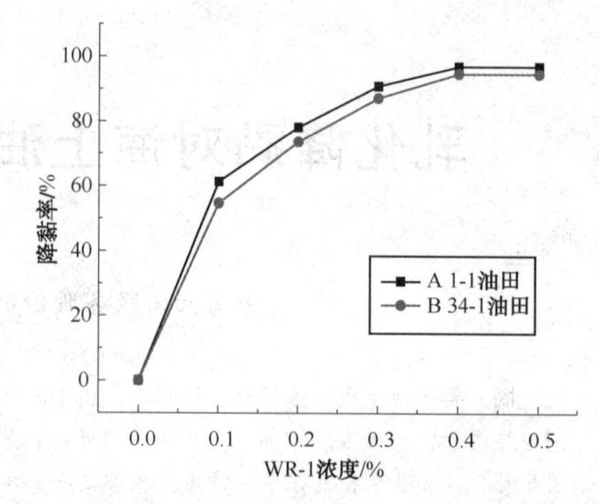

图1　WR-1 对原油降黏率实验结果

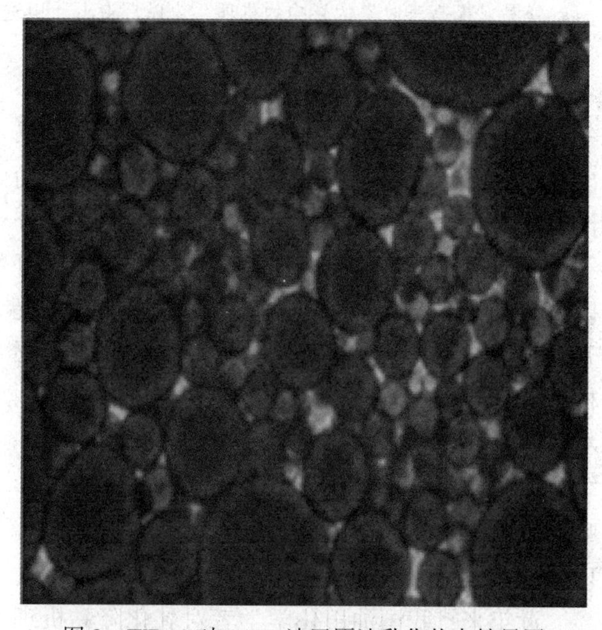
图2　WR-1 对 A1-1 油田原油乳化状态结果图

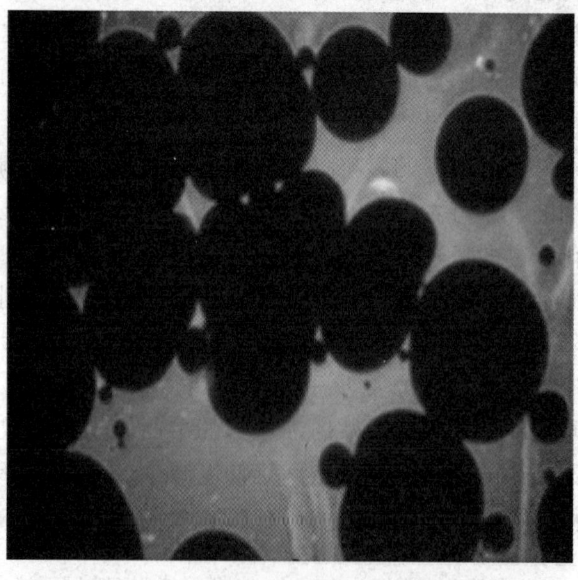
图3　WR-1 对 B34-1 油田原油乳化状态结果图

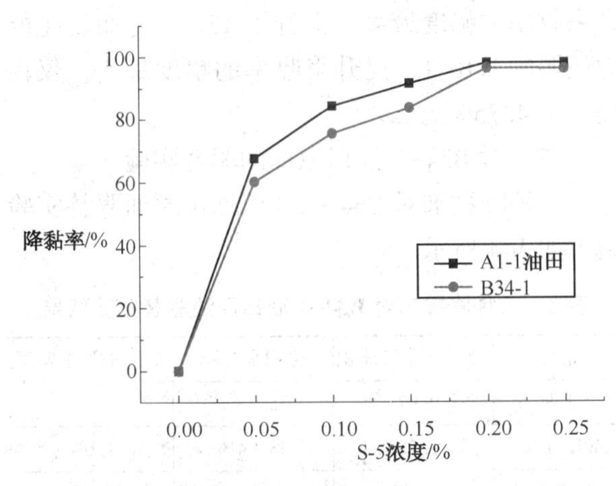

图 4 S-5 对原油降黏率实验结果

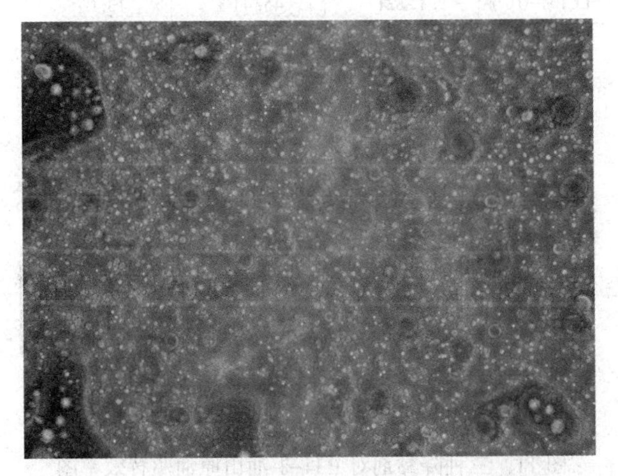

图 5 S-5 对 A1-1 油田原油乳化状态结果图

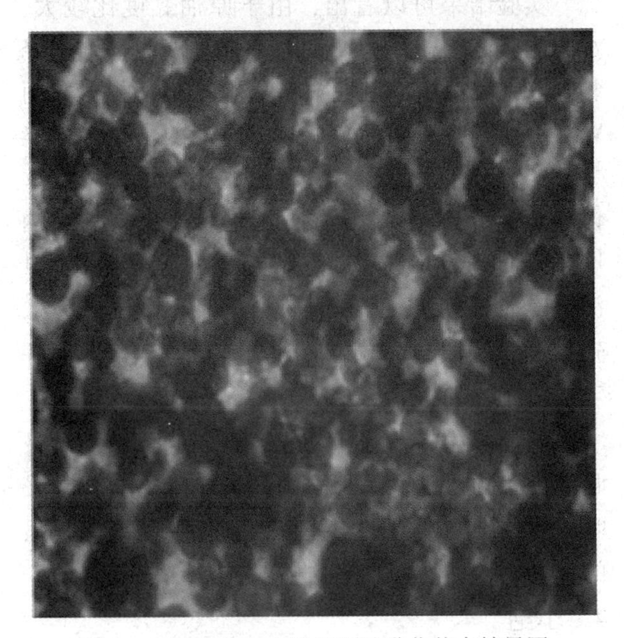

图 6 S-5 对 B34-1 油田原油乳化状态结果图

对同种原油的降黏率更高，使用浓度更低，乳化分散粒径更小。由此可以得出 S-5 对同一种黏度的原油的乳化降黏能力强于 WR-1。

(3) SLCPE-01 体系对原油的静态降黏结果分析

SLCPE-01 体系对原油的静态降黏结果如图 7~图 9 所示。

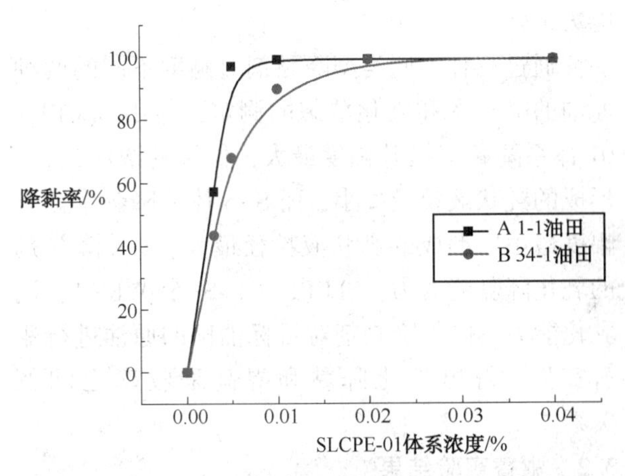

图 7 SLCPE-01 体系对原油降黏率实验结果示意图

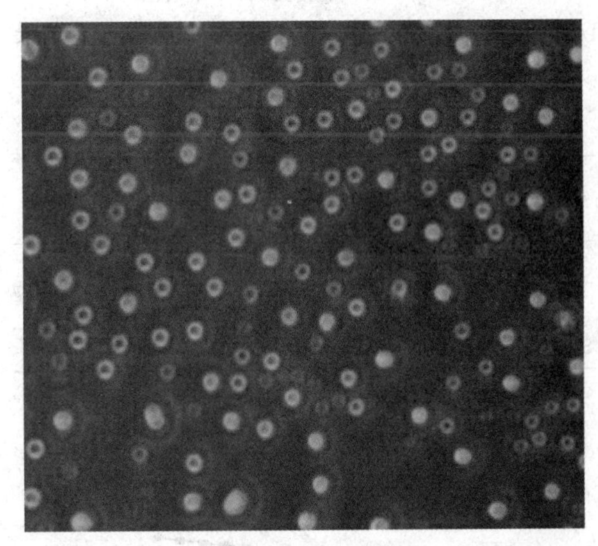

图 8 SLCPE-01 体系对 A1-1 油田原油乳化状态结果图

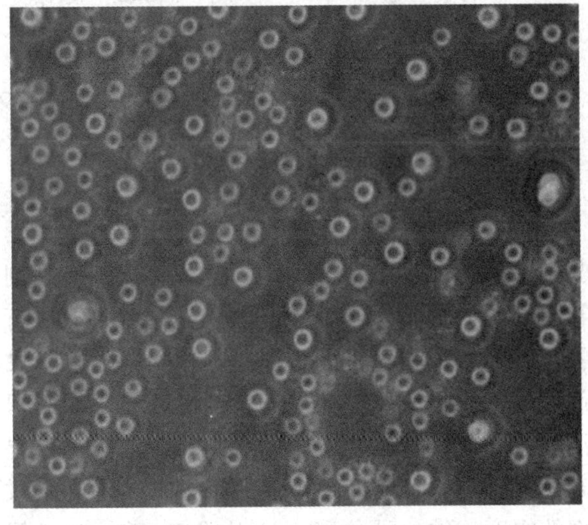

图 9 SLCPE-01 体系对 B34-1 油田原油乳化状态结果图

上述结果可以看出，和前两种降黏剂相比，SLCPE-01 体系对同种原油的降黏率最高，使用浓度最低，乳化分散粒径最小。由此可以得出 SLCPE-01 体系对同一种黏度的原油的乳化降黏能力最强。

通过三种不同类型降黏剂对黏度不同的两种原油的降黏率和乳化状态的测定，得出 SLCPE-01 体系降黏率提升幅度最大，使用的浓度最低，形成的乳状液粒径最小，而 S-5 体系降黏率提升幅度最小，形成的乳状液粒径最大。3 种降黏剂的乳化降黏能力为：SLCPE-01>S-5>WR-1，用乳化能力不同的降黏剂对目标油田的原油进行驱替实验，得出乳化降黏和提高采收率之间的关系。

3.2 驱替实验结果

（1）对 A1-1 油田原油的驱替实验

三种降黏剂对 A1-1 油田原油驱替实验结果如表 3 所示。

表 3 三种降黏剂对 A1-1 油田原油驱替实验结果

驱替方式	岩芯管孔渗体积	累积采收率	提高采收率幅度
水驱	0.983	37.78%	
WR-1 驱	0.976	42.53%	4.75%
S-5 驱	0.965	46.70%	8.92%
SLCPE-01 驱	0.992	52.35%	13.7%

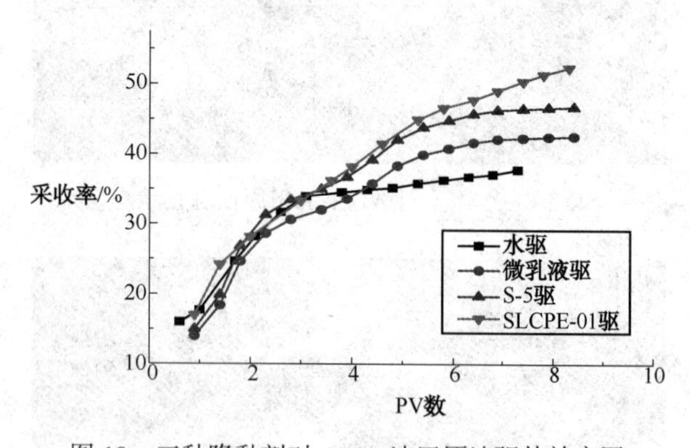

图 10 三种降黏剂对 A1-1 油田原油驱替效率图

实验结果可以看出，当驱替刚开始时，化学驱和水驱的采收率基本一致，这是由于各降黏剂和原油的接触面积较小，不能充分的对原油进行乳化，采收率和水驱采收率基本相同；随着降黏剂注入，接触面积增大，降黏剂可以充分的对原油乳化降黏。注入量的增加使得采收率逐步提升，并且乳化降黏能力越强的降黏剂，提升采收率的幅度越大。乳化能力最强的 SLCPE-01，提升采收率的幅度最大，提升了 13.7%；而乳化能力最弱的 WR-1，提升采收率的幅度最小，仅仅提升了 4.75%。

（2）对 B34-1 油田原油的驱替实验

三种降黏剂对 B34-1 油田油田原油驱替实验结果如表 4 所示。

表 4 三种降黏剂对 B34-1 油田原油驱替实验结果

驱替方式	岩芯管孔渗体积	累积采收率	提高采收率幅度
水驱	0.971	32.34%	
WR-1 驱	1.213	33.94%	1.6%
S-5 驱	0.983	39.00%	6.66%
SLCPE-01 驱	1.221	45.41%	13.07%

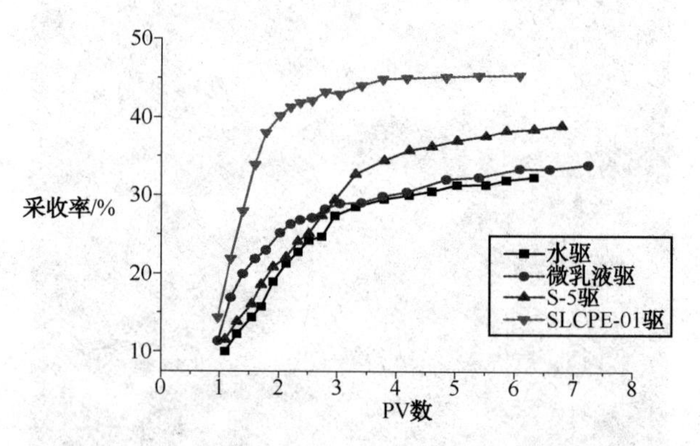

图 11 三种降黏剂对 B34-1 油田原油驱替效率图

实验结果可以看出，由于原油黏度比较大，水驱困难。在驱替初期，乳化降黏能力最强的降黏剂 SLCPE-01 作用明显，采收率迅速提升。而 WR-1 和 S-5 对 BZ34-1 油田原油的乳化降黏能力较弱，开始采收率提升幅度很小，最终采收率仅提升了 1.6% 和 6.66%，远远低于对 A1-1 油田驱替时提升的采收率。SLCPE-01 对 BZ34-1 油田原油和对 A1-1 油田原油的乳化降黏能力大致相同，采收率提升的幅度也相似，最终提升了 13.07%。

综上所述，乳化降黏能力不同的降黏剂对采收率提高的幅度也是不同的，乳化降黏能力和采收率提高的幅度成正比关系，乳化降黏能力越强的降黏剂，提高采收率的幅度越大。

4 小结

本文运用三种乳化降黏能力不同的降黏剂对黏度差异很大的原油进行静态降黏和一维模拟驱替实验，从实验结果可以看出，降黏剂的乳化降黏能力和提高采收率成正比关系。乳化能力越强，提升采收率的幅度越大。此时的作用机理为：

（1）降黏剂乳化降黏能力较弱时，稠油黏度降低幅度小，油水流度比改善不明显，从而不能很好地促进原油在地层中的剥离与运移。形成的原油乳状液的乳化粒径较大，大于岩芯的孔隙半径，通过岩芯管时的流动形态为“牙膏式”流动，岩芯孔隙对原油乳状液的运行有阻碍作用，不能有效地提升采收率。

（2）降黏剂乳化能力较强时，稠油黏度降低幅度大，很好的改善了油水流度比，促进了原油的运移；形成的原油乳状液稳定，使得原油易于剥离，并且乳化粒径小，远远小于岩芯的孔隙半径，通过岩芯管的流动形态为“团簇式”流动，提升了采油效率，从而提高了稠油的采收率。

参 考 文 献

[1] 刘海波，郭绪强．原油组分的性质与结构对其黏度的影响［J］．新疆石油地质，2008，29（3）：348-349.

[2] 孙焕泉．胜利油田不同类型油藏水驱采收率潜力分析[J]．油气采收率技术，2000，7(1)：33-37.

[3] 刘忠运，李莉娜．稠油乳化降黏剂研究现状及其发展趋势[J]．化工技术与开发，2009(12)：23-26.

[4] 杨东东，岳湘安，张迎春，等．乳状液在岩芯中运移的影响因素研究[J]．西安石油大学学报：自然科学版，2009，24(3)：28-30.

[5] 曹均合，麻金海．乳化降黏剂 SB-2 乳化稠油机理研究[J]．油田化学，2004，21(2) 124-127.

相渗曲线计算新方法及在油藏提液中的应用

陈 晖 李云鹏 李彦来 韩雪芳 王永平

(中海石油(中国)有限公司天津分公司渤海石油研究院, 天津 300452)

摘 要 静态相渗曲线能够反映油藏实际岩石和流体特征, 但不能反映油藏的非均质性, 在生产中表现出可能与实际生产动态不符的现象; 动态相渗曲线基于生产动态数据, 具有能真正代表油藏的非均质性优势。在分析相对渗透率计算方法的基础上, 提出了一种利用生产动态数据计算轻质油油藏相对渗透率的新方法, 并且根据新方法对油田实例进行了计算。研究结果表明, 新方法能判断出轻质油油藏是否具有提液潜力, 并成功指导了多井次油井提液, 实现了油田降水增油的效果。

关键词 轻质油油藏; 相对渗透率; 相渗曲线; 油藏提液

根据岩芯实验法求得的相渗曲线计算无因次采液指数, 轻质油油藏在中低含水阶段无因次采液指数呈下降趋势, 表现出不具备提液潜力。但实际生产中, 部分油井实际无因次采液指数偏离理论曲线呈上翘趋势, 表现出能提液的现象。理论无因次采液指数曲线来源于一维岩芯驱替实验, 不能反映油藏非均质性的影响, 在生产中表现出可能与实际生产动态不符的现象。动态相渗曲线基于生产动态数据, 具有能真正代表油藏的非均质性优势。针对实际生产动态与理论无因次采液指数曲线之间存在差异的现状, 本文尝试利用生产动态数据反求相渗曲线, 并在此基础上判断油藏能否提液, 为轻质油油藏提液提供理论和实践基础。

1 相对渗透率曲线计算方法

相对渗透率曲线计算方法主要分为静态法和动态法两类。常用的静态法是岩芯实验测定相对渗透率曲线。另一种是利用生产测井资料估算相对渗透率曲线, 该方法根据达西定律导出油水相对渗透率公式, 根据物质平衡原理得出相应的含水饱和度公式, 从而获得油水相对渗透率曲线[1,2]。

动态法是根据实际生产资料反求相对渗透率曲线, 其中利用水驱曲线进行相对渗透率曲线计算是常规的一个途径。水驱曲线又分为甲、乙、丙、丁等多种水驱曲线类型, 文献[3]中详细论述了利用甲型水驱曲线计算相对渗透率曲线的方法, 该方法受水驱特征曲线适用范围的限制。

2 动态相渗计算新方法研究

油水流经同一系统, 由达西渗流定律:

$$V_o = \frac{KK_{ro}}{\mu_o B_o}\left(\frac{\partial p}{\partial x}\right)$$

$$v_w = \frac{KK_{rw}}{\mu_w B_w}\frac{\partial p}{\partial x} \tag{1}$$

$$v_o + v_w = v(t)$$

$$f_w = \frac{1}{1 + \dfrac{\mu_w B_w K_{ro}}{\mu_o B_o K_{rw}}} \tag{2}$$

由物质平衡法, 地层平均含油饱和度为:

$$\bar{S}_o = \frac{(N - N_p)(1 - S_{wi})}{N} = (1 - R)(1 - S_{wi}) \tag{3}$$

地层平均含水饱和度为:

$$\bar{S}_w = 1-\bar{S}_o = 1-(1-R)(1-S_{wi}) = R(1-S_{wi}) + S_{wi} \tag{4}$$

这样 N_p 对应计算出平均含水饱和度 $\bar{S}_w$, 再由相对渗透率曲线计算出相应的含水率 f_w。

油藏工程中, 针对不同的岩性油层, 提出了多种相对渗透率的表达式[4], 但无论是何种形式, 总的来说是一种指数形式, 但有人提出用3次样条函数来逼近相对渗透率曲线[5], 但待求参

作者简介: 陈晖(1983—), 女, 四川内江人, 2011年毕业于西南石油大学油气田开发工程专业, 获硕士学位。中级职称, 从事油气田开发油藏工程各项研究工作, 发表文章6篇。Email: chenhui7@cnooc.com.cn

数太多，为了简便，将油水相对渗透率写成如下形式：

$$K_{rw}(S_w) = a_w\left(\frac{S_w - S_{wi}}{1 - S_{wi} - S_{or}}\right)^{b_w} \tag{5}$$

$$K_{ro}(S_w) = a_o\left(\frac{1 - S_{or} - S_w}{1 - S_{wi} - S_{or}}\right)^{b_o} \tag{6}$$

这样估计相对渗透率转化成求解4个参数$\vec{\alpha}=(a_o, b_o, a_w, b_w)$的过程。从归一化相对渗透率出发，即定义束缚水饱和度处的油相相对渗透率为1.0，则$a_o=1.0$。利用实验室确定比较准确的相对渗透率端点值，既满足了生产数据，又拟合了实验数据[6]。

该方法把相对渗透率参数化，以实际的综合含水率为拟合目标，建立如下的目标函数：

$$E = \min\sum_{j=1}^{n}\left[f_w^* - f_w(\bar{S}_w)\right]^2 \tag{7}$$

约束条件：

在残余油饱和度下，$K_{rw}(S_{or})<1$，即有：

$$a_w\left(\frac{S_w - S_{wi}}{1 - S_{wi} - S_{or}}\right)^{b_w} < 1 \tag{8}$$

其中，f_w^* 由式(5)和式(6)计算而得的理论含水率。

目标函数是带约束条件的非线性最优问题，最优解采用传统解法——迭代算法和直接搜索法存在一定的局限性。本文采用遗传算法，通过多次迭代找到全局最优解。

遗传算法是20世纪70年代发展起来的一种优化计算方法，由美国学者Holland教授根据达尔文生物进化论和孟德尔遗传学理论提出的一种依据概率进行全局搜索寻优的方法。它尤其适合于处理传统搜索方法解决不了带约束条件的非线性问题，适合于本文模型的拟合求解[7,8]。

根据分流量方程式有：

$$f_w = \frac{K_{rw}/\mu_w}{K_{ro}/\mu_o + K_{rw}/\mu_w} \tag{9}$$

根据无因次采油指数和无因次采液指数定义有：

$$J'_o(f) = \frac{J_o(f)}{J_o[f(S_{wc})]} = \frac{K_{ro}(S_w)/\mu_o}{K_{ro}(S_{wc})/\mu_o} = \frac{K_{ro}(S_w)}{K_{ro}(S_{wc})} = K_{ro}(S_w) \tag{10}$$

$$J'_L(f) = \frac{J_L(f)}{J_L[f(S_{wc})]} = \frac{K_{ro}(S_w)/\mu_o + K_{rw}(S_w)/\mu_w}{K_{ro}(S_{wc})/\mu_o} = K_{rw}(S_w)\cdot\frac{\mu_o}{\mu_w} + K_{ro}(S_w) \tag{11}$$

在上述方法反求动态相对渗透率曲线的基础上，通过公式(9)、式(10)、式(11)计算无因次采油、采液指数曲线，该无因次采液指数曲线客观反映了油藏动态变化规律。将该方法求得的无因次采液指数曲线和岩芯实验求得的理论无因次采液指数曲线对比，可以判断出实际生产中油藏能否提液。

3 实例分析

A油田从2011年投产到2016年6月含水率达到58%，基本参数见表1，岩芯实验相渗数据见表2。

表1 基本参数

残余油饱和度f	束缚水饱和度f	油黏度/(mPa·s)	水黏度/(mPa·s)	油体积系数	水体积系数
0.18	0.49	1.3	0.3	1.05	1.0

表2 岩芯实验相渗数据

序号	含水饱和度	油相相对渗透率	水相相对渗透率	序号	含水饱和度	油相相对渗透率	水相相对渗透率
1	0.4880	1	0	12	0.6681	0.0774	0.0853
2	0.5044	0.9156	0.0076	13	0.6845	0.0412	0.1013
3	0.5208	0.8312	0.0153	14	0.7009	0.024	0.1188
4	0.5371	0.7468	0.0229	15	0.7173	0.015	0.137
5	0.5535	0.6624	0.0305	16	0.7336	0.0083	0.1556
6	0.5699	0.578	0.0382	17	0.75	0.0048	0.1761
7	0.5863	0.4935	0.0458	18	0.7664	0.0029	0.1983
8	0.6026	0.4091	0.0535	19	0.7828	0.0016	0.2225
9	0.6190	0.3247	0.0611	20	0.7991	0.0012	0.2482
10	0.6354	0.2403	0.0687	21	0.8155	0	0.2765
11	0.6518	0.1559	0.0764	22	1	0	1

根据岩芯实验相对渗透率曲线绘制了油田理论无因次采液曲线如图1所示，从理论曲线可以看出A油田不具备提液能力。把单井实际无因次采液指数投在理论曲线上分析发现实际无因次采液指数偏离理论曲线表现出具有提液潜力(图1)。

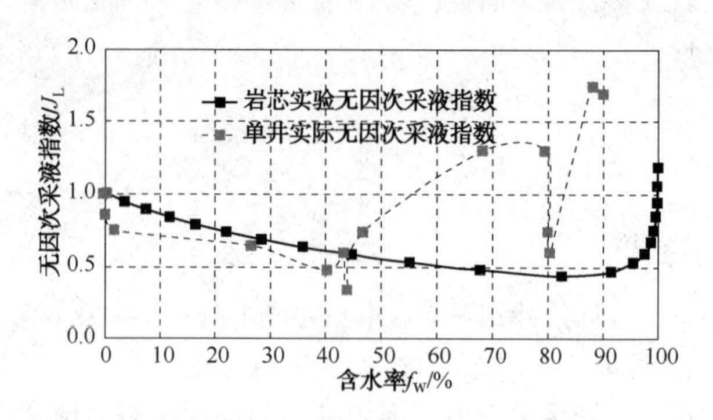

图1　A油田无因次采液指数曲线图

对实际无因次采液指数和理论曲线差异较大单井(如15井)，利用本文方法根据单井生产数据(表3)，以综合含水率为目标函数，用遗传算法求解式(7)得参数(a_o, b_o, a_w, b_w) = (1.000, 3.904, 1.419, 0.668)。

表3　生产数据

序号	采出程度/%	实际含水率/%	计算含水率/%	相对误差/%	序号	采出程度/%	实际含水率/%	计算含水率/%	相对误差/%
1	3.075	2.81	2.63	6.35	11	16.725	52.09	44.26	0.45
2	3.908	4.84	3.98	17.73	12	18.307	56.84	51.90	0.37
3	4.789	6.97	5.70	18.28	13	19.802	64.68	58.93	3.67
4	5.896	11.13	8.27	25.71	14	21.226	70.81	65.13	0.69
5	7.151	15.36	11.75	23.52	15	22.578	75.39	70.53	0.40
6	8.378	16.73	15.70	6.13	16	23.671	79.44	75.14	0.33
7	9.793	20.11	20.90	3.94	17	24.663	81.86	78.50	1.19
8	11.585	25.19	28.30	12.36	18	25.612	84.31	81.25	0.75
9	13.336	34.63	36.17	4.43	19	26.431	85.92	83.62	0.82
10	15.074	44.06	40.16	6.35	20	27.041	87.90	85.48	0.51

含水率与采出程度拟合曲线如图2所示，从图2上可以看出拟合效果较好，从相对误差看，到后期误差更小，其计算的相对渗透率曲线如图3所示。

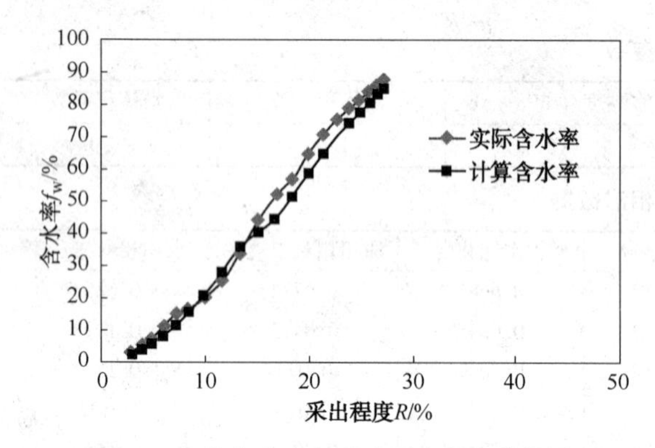

图2　15井含水率与采出程度拟合曲线图

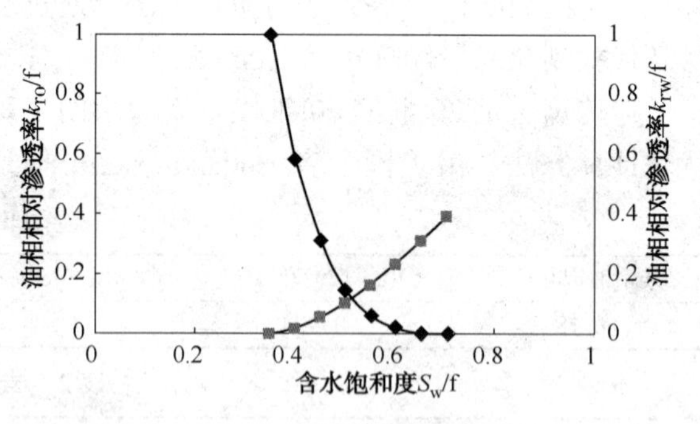

图3　15井计算相对渗透率曲线图

根据15井动态相渗曲线计算无因次采液指数和岩芯实验无因次采液指数对比(图4)表明15井具有提液的潜力，矿场上对该井实施提液后降水增油效果显著(图5)。

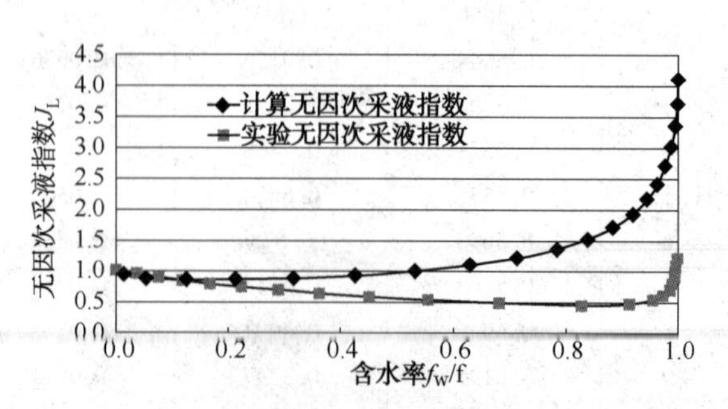

图4　15井无因次采液指数曲线对比图

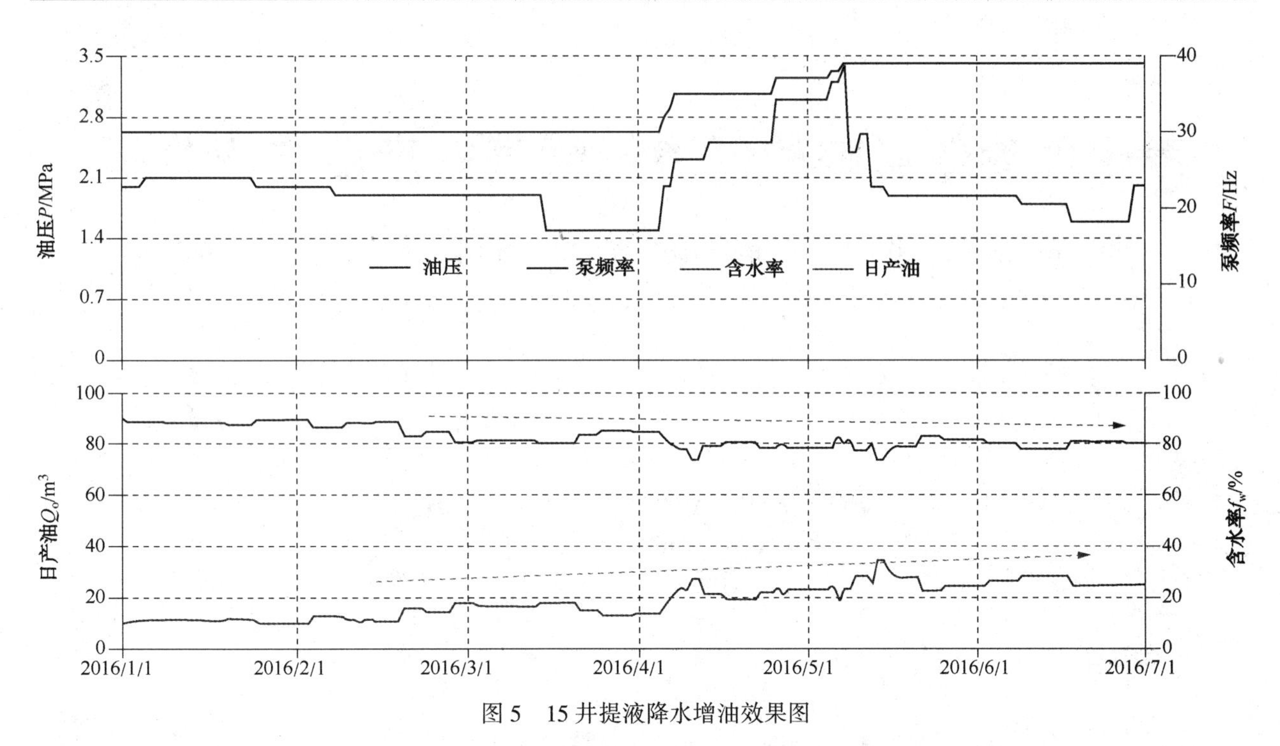

图5 15井提液降水增油效果图

4 结论与认识

(1)本文提出了一种用生产数据含水率计算轻质油油藏相对渗透率的新方法，该方法得出的相对渗透率能真正代表整个油藏的相对渗透率。

(2)根据新方法得出的相对渗透率曲线可以判断轻质油油藏单井是否具有提液的潜力。

(3)该方法成功指导轻质油油藏多井次提液，油田降水增油效果显著，具有很强的矿场实用性和推广价值。

符号说明：

N——油藏地质储量，10^4t；

μ_w——地层水的黏度，mPa·s；

μ_o——地层油的黏度，mPa·s；

B_w——地层水体积系数；

B_o——油体积系数；

R——采出程度,%；

f_w——含水率,%；

S_{wi}——束缚水饱和度，小数；

S_{or}——残余油饱和度，小数；

γ——启动压力梯度，MPa/m；

v——流速，m/s；

f_w^*——理论计算的含水率，小数；

$f_w(\bar{S}_w)$——实际油藏含水率，小数。

参考文献

[1] 江中浩．一种确定油水相对渗透率曲线的新方法[J]．江汉石油学院学报，1998，20(1)．

[2] 何更生．油层物理[M]．北京：石油工业出版社，2011．

[3] 蒋明．利用水驱特征曲线计算相对渗透率曲线．新疆石油地质，1999，20(5)．

[4] Roosevelt Meads. 综合生产史和岩石物理相关曲线求取具有代表性的相对渗透率数据//SPE译文集．胡乃任，译．第3册．

[5] P. D. Kering and A. T. Watson，Relative Permeability Estimation from Displacement Experiments[J]. SPE. Reservoir Engineering，1987，2.

[6] Nelson N，Molina. 怎样使用相对渗透率相关关系//油气田开发工程译丛．徐振章，译．1990，(3)．

[7] 王小平，曹立明．遗传算法——理论、应用与软件实现[M]．西安：西安交通大学出版社，2002．

[8] 王怒涛．用生产数据计算油藏相对渗透率曲线[J]．西南石油学院院报，2005，5(27)．

考虑多参数影响的低渗气藏气井产能方程分析

徐　浩　张志军　徐　良　张维易　陈增辉　罗　珊　吴　婷　尹　鹏　华科良
（中海油能源发展股份有限公司工程技术分公司，天津塘沽 300452）

摘　要　为了准确预测低渗透气藏气井产能，应综合考虑各相关参数的影响。研究表明低渗透气藏启动压力梯度与储层平均渗透率有关；储层应力敏感效应因介质变形作用而加大；气体滑脱效应使渗流阻力减小，气井产能增大。因此在考虑变启动压力梯度、应力敏感效应、滑脱效应等参数条件下建立了气井产能预测模型，并研究各因素对气井产能的影响。结果表明：随着应力敏感系数的增大，气井产量下降，且在低井底流压下气井产能大幅度降低；井底流压越低，气井产量随滑脱因子的增大而变化越明显；不同开发时期变启动压力梯度对气井产能的影响程度不同。因此对低渗透气藏气井产能的预测，需要考虑各相关参数的影响。

关键词　低渗透气藏；产能方程；变启动压力梯度；应力敏感；滑脱效应

低渗气藏具有低孔、低渗的特点。因此，其产能预测方法也与常规气藏不同。分析低渗气藏气井产能时，需要综合考虑启动压力梯度、应力敏感效应、滑脱效应等因素的影响。研究表明，启动压力梯度与储层平均渗透率有关[1]。因此在建立公式时，需考虑渗透率对启动压力梯度的影响。国内外针对低渗储层启动压力梯度或应力敏感效应对气井产能的影响进行了大量的研究，但是针对具有应力敏感且考虑变启动压力梯度因素对低渗透气藏气井产能的影响的研究却很少。聂向荣针对低渗透气藏建立了考虑启动压力梯度、滑脱效应与应力敏感效应的产能方程。但文章认为启动压力梯度为常数，不随渗透率发生变化[2]。张新等建立了应力敏感储层与变启动压力梯度的低渗气藏气井产能方程，但该产能方程未考虑滑脱效应的影响[3]。笔者结合目前所研究的低渗气藏气井产能公式，综合考虑应力敏感效应、滑脱效应及变启动压力梯度等参数，建立了气井产能预测模型，并研究了各相关参数的敏感性，为低渗透气藏气井产能预测提供理论依据。

1　气井产能方程

1.1　模型假设

为便于模型的建立与求解，作如下假设：

① 地层岩石及流体微可压缩，且压缩系数为常数；

② 气体在储层中的流动为单相气体渗流，服从达西定律；

③ 忽略毛细管力、重力对渗流的影响；

④ 渗流过程中油藏温度不发生变化，即等温渗流。

1.2　渗流速度的建立

考虑稳态渗流理论及启动压力梯度的运动方程可表示为：

$$v = -\frac{k}{\mu}\left(\frac{\mathrm{d}P}{\mathrm{d}r} - \lambda\right) \tag{1}$$

对于低渗透储层存在应力敏感特征[4]，因此渗透率随地层压力的变化而变化，其关系可表示为：

$$k = k_0 \exp[-\alpha(P_e - P)] \tag{2}$$

气体在低渗气藏中渗流时，管壁处气体分子速度不为零，气体渗透率与压力倒数成正比，这种现象称为滑脱现象[5]。考虑滑脱效应的渗透率表达式可表示为：

$$k = k_0\left(1 + \frac{b}{P}\right) \tag{3}$$

低渗透气藏中，流体的基本渗流规律不符合达西定律，渗流时只有在外加压力梯度大于启动压力梯度时，气体才能流动。研究发现，气藏的启动压力梯度与储层渗透率有关[6]，其对应关系表示为：

$$\lambda = ak^{-m} \tag{4}$$

由此可以得到考虑应力敏感、滑脱效应和变

启动压力梯度的渗流方程为：

$$\frac{\mathrm{d}P}{\mathrm{d}r}-ak^{-m}=-\frac{\mu}{k_0\left(1+\frac{b}{P}\right)\exp[-\alpha(P_e-P)]}v \tag{5}$$

式中，v 为气体流速，$m \cdot s^{-1}$；k 为渗透率，$10^{-3}\mu m^2$；k_0 为初始绝对渗透率，$10^{-3}\mu m^2$；b 为滑脱因子，MPa；α 为应力敏感系数，MPa^{-1}；μ 为气体黏度，mPa·s；P_e 为原始地层压力，MPa；P 为地层压力，MPa；λ 为启动压力梯度，$MPa \cdot m^{-1}$；a 为变启动压力梯度乘指数，实验测得；m 为变启动压力梯度幂指数，实验测得。

1.3 渗流方程的推导

在稳定渗流条件下，通过储层各截面的质量流量不变，其渗流速度为：

$$v=\frac{q}{2\pi rh} \tag{6}$$

半径为 r 处的流量折算到地面标况下的流量为 $q=B_g q_{sc}=\frac{P_{sc}ZT}{PT_{sc}Z_{sc}}q_{sc}$，由此可得到渗流速度为：

$$v=\frac{q_{sc}P_{sc}ZT}{2\pi rhPT_{sc}Z_{sc}} \tag{7}$$

将渗流速度带入到式(5)，可以得到：

$$\frac{\mathrm{d}P}{\mathrm{d}r}-ak^{-m}=-\frac{\mu}{k_0\left(1+\frac{b}{P}\right)\exp[-\alpha(P_e-P)]}\frac{P_{sc}ZT}{2\pi rhPT_{sc}Z_{sc}}q_{sc} \tag{8}$$

一般认为 μ、Z 在积分区间内为常数，取其平均值，对式(8)进行积分，得到：

$$\int_{P_{wf}}^{P_e}k_0\left(1+\frac{b}{P}\right)\exp[-\alpha(P_e-P)]P\mathrm{d}P-\int_{r_{wf}}^{r_e}ak^{1-m}P\mathrm{d}r=-\frac{P_{sc}\bar{\mu}ZT}{2\pi hT_{sc}Z_{sc}}q_{sc}\int_{r_{wf}}^{r_e}\frac{1}{r}\mathrm{d}r \tag{9}$$

即有：

$$\frac{k_0}{\alpha}\left(P_e+b-\frac{1}{\alpha}\right)-\frac{k_0}{\alpha}\exp[-\alpha(P_e-P_{wf})]\left(P_{wf}+b-\frac{1}{\alpha}\right)-\int_{r_{wf}}^{r_e}ak^{1-m}P\mathrm{d}r=-\frac{P_{sc}\bar{\mu}ZT}{2\pi hT_{sc}Z_{sc}}q_{sc}\ln\frac{r_e}{r_{wf}} \tag{10}$$

1.4 渗流方程的近似解

储层渗透率变化引起的变启动压力梯度导致的压力降 $\int_{r_{wf}}^{r_e}ak^{1-m}P\mathrm{d}r$ 非为常数，而是与地层压力分布有关。由于无法获得压力与半径的函数关系式，对由变启动压力梯度引起的附加压降进行积分时，需采用定积分的近似计算法，以获得近似解。即：

$$\begin{aligned}\int_{r_{wf}}^{r_e}ak^{1-m}P\mathrm{d}r&=a\int_{r_{wf}}^{r_e}\left\{\frac{k_0\left(1+\frac{b}{P}\right)}{\exp[-\alpha(P_e-P)]}\right\}^{1-m}P\mathrm{d}r\\&=ak_0^{1-m}\left(1+\frac{2b}{P_e+P_{wf}}\right)^{1-m}\exp\left[(m-1)\alpha\left(P_e-\frac{P_e+P_{wf}}{2}\right)\right]\frac{P_e+P_{wf}}{2}(r_e-r_{wf})\end{aligned} \tag{11}$$

将式(11)带入式(10)中可得到气井产能方程如式(12)：

$$\begin{aligned}&\frac{k_0}{\alpha}\left(P_e+b-\frac{1}{\alpha}\right)-\frac{k_0}{\alpha}\exp[-\alpha(P_e-P_{wf})]\left(P_{wf}+b-\frac{1}{\alpha}\right)-\frac{P_{sc}\bar{\mu}ZT}{2\pi hT_{sc}Z_{sc}}q_{sc}\ln\frac{r_e}{r_{wf}}\\&=ak_0^{1-m}\left(1+\frac{2b}{P_e+P_{wf}}\right)^{1-m}\exp\left[(m-1)\alpha\left(P_e-\frac{P_e+P_{wf}}{2}\right)\right]\frac{P_e+P_{wf}}{2}(r_e-r_{wf})\end{aligned} \tag{12}$$

式中，T 为气藏温度，K；T_{sc} 为标况下温度，K；P_{sc} 为标况下压力，MPa；P_{wf} 为井底压力，MPa；q_{sc} 为地面标况下产量，m^3/d；q 为地下产量，m^3/d；B_g 为气体体积系数，m^3/m^3；h 为储层厚度，m。

2 实例分析

某低渗透气藏基本参数如下：厚度为19.114m，温度为377.85K，原始渗透率为 $5\times10^{-3}\mu m^2$，供给半径为160m，井筒半径为0.1m，孔隙度0.05，气体平均黏度为0.0152mPa·s，气体平均压缩因子为0.89，地层压力为30MPa，变启动压力梯度系数 a 和 m 分别为0.016和0.4374，滑脱因子为1MPa，应力敏感系数为 $0.013MPa^{-1}$。

根据产能预测方程可以得到各相关参数对气井产能的影响。

2.1 应力敏感系数

图1描述的是应力敏感系数对气井产能的影

响。由图可知，无应力敏感下的气井产能最大，且应力敏感系数在低井底流压下对气井产能的影响明显大于高井底流压下的产能。由于应力敏感的存在，使得储层渗透率变小，导致气井产能减少。故对于低渗透气藏，在预测气井产能时，需考虑应力敏感效应的影响。

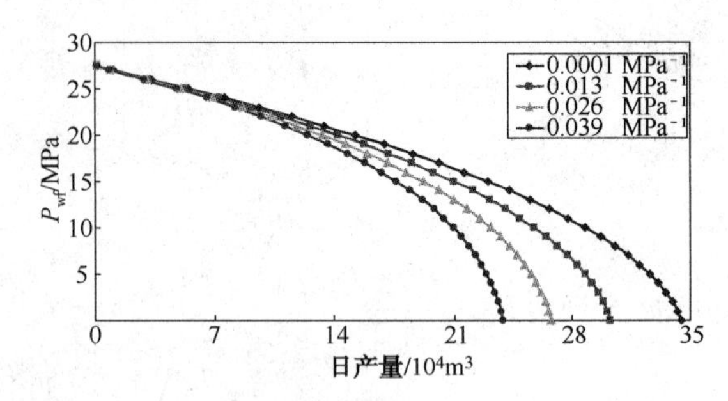

图 1　应力敏感系数对气井产能的影响

2.2　滑脱因子

图 2 描述的是滑脱因子对气井产能的影响。随着滑脱因子的增大，气井产能增大，这是因为滑脱效应使储层的渗透率增大，导致气体在储层中运移需要的启动压差减小，从而提高了气井产能。低井底流压下的气井产能大于高井底流压，这是因为井底流压的降低使得生产压差增大；同时生产压差的增大使得地层平均压力下降，储层渗透率增大幅度升高，从而气井产能增大。

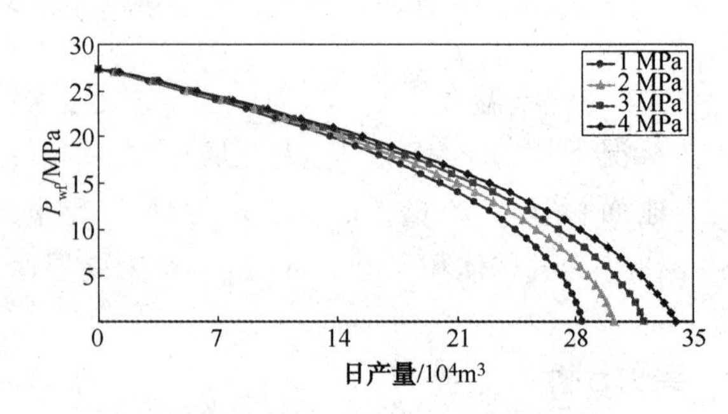

图 2　滑脱因子对气井产能的影响

2.3　储层渗透率

图 3 表示的是储层渗透率与气井产能的关系曲线。对比发现：随着储层渗透率的增大，储层的产能大幅度增大，且低井底流压下储层渗透率对气井产能的影响更大。因此对于低渗透储层，可以通过增大储层渗透率来提高气井产量。

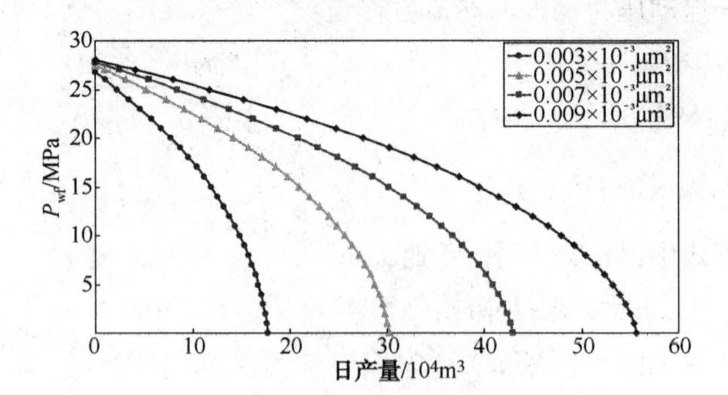

图 3　储层渗透率对气井产能的影响

2.4　变启动压力梯度

由于启动压力梯度与测量的系数有关，因此需要分别研究各参数对气藏产能的影响。

2.4.1　乘系数 *a* 的影响

图 4 反映了变启动压力梯度的乘系数 a 对气井产能的影响。随着乘系数的增大，启动压力梯度增大，用于克服启动压力梯度的附加压降增大，气井产量降低。

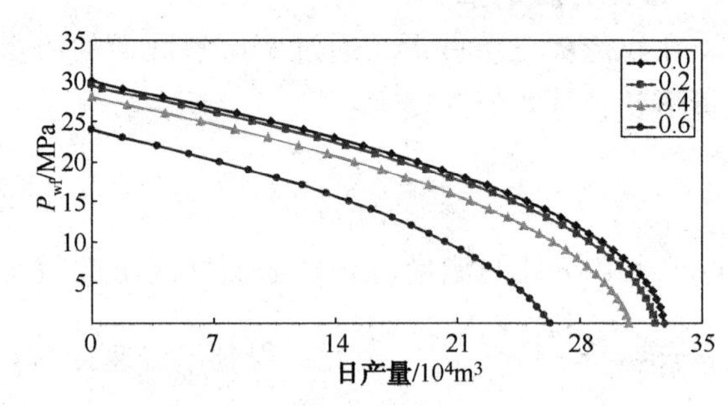

图 4　乘系数 a 对气井产能的影响

2.4.2　幂指数 *m* 的影响

图 5 反映了幂指数对气井产能的影响。随着幂指数的增大，启动压力梯度增大，致使气体在储层孔隙中的渗流阻力增大，气井产量下降。当该指数变化范围较小时，幂指数对产能的影响较小；当该指数超过一定范围时，气井产能明显下降。

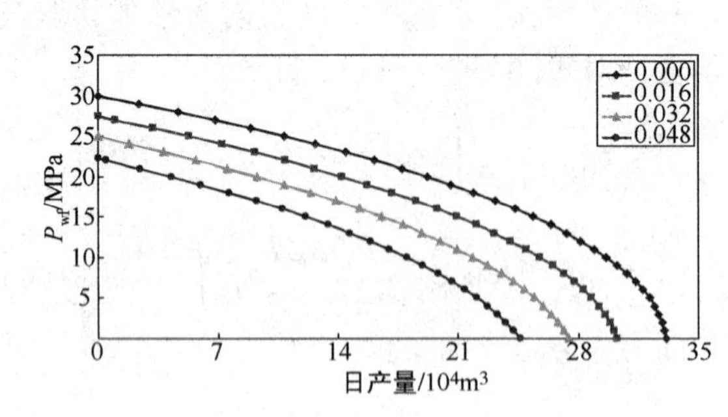

图 5　幂指数 m 对气井产能的影响

2.4.3　变启动压力梯度影响小结

对于启动压力梯度相关系数，由于受获取方法的局限性而使得测量结果存在误差。因此在进行产能预测前，需要尽可能准确的测量相关参数。

3 结论

(1) 建立低渗透气藏气井产能方程时，应从低渗气藏储层的特性出发，考虑储层应力敏感、气体滑脱效应和启动压力梯度等因素的影响。

(2) 储层的应力敏感效应导致储层渗透率降低，从而降低气井产能，其影响程度随着井底流压的降低而变大。

(3) 滑脱效应可以增大储层的渗透率，从而提高气井产能。其影响程度随着井底流压的降低而变大。

(4) 启动压力梯度与储层渗透率有关且非常数。而研究表明，关系式中的乘系数与产量呈线性关系，幂指数在一定范围内变化时对产能影响较小，而超过该范围时对气井产能的影响变大。因此在产能预测前需要准确测定相关系数。

参考文献

[1] 郝斐，程林松，李春兰，等．特低渗透油藏启动压力梯度研究[J]．西南石油学院学报，2006，28(6)：29-32.

[2] 聂向荣，程时清，高照敏，等．一种新的低渗透气藏产能方程[J]．重庆科技学院学报：自然科学版，2012，2(14)：96-97.

[3] 张新，冯麟惠，王钒潦，等．考虑应力敏感储层与变启动压力梯度的低渗气藏产能方程[J]．河南化工，2012，29(9-10)：8-11.

[4] 杨滨，姜汉桥，陈民锋，等．应力敏感气藏产能方程研究[J]．西南石油大学学报：自然科学版，2008，30(5)：158-160.

[5] KINKENBERG L J. The permeability of porous media to liquids and gases [J]. API Drilling and Production Practice，1941：200-213.

[6] 郝鹏程，向俊华，王玮．低渗透油层启动压力梯度与渗透率的关系研究[J]．石油与天然气学报，2008，30(5)：315-317.

海底长输油管道清管球破裂压力试验及矿场应用

王　威　鲁　瑜　罗　峰　张宗超　郭　庆
（中海石油（中国）有限公司天津分公司，天津 300452）

摘　要　为了研究海底长输油管道清管球运行过程中的通过性、破裂性及破裂压力等特性。以渤海 X 油田原油外输海管为例，通过开展清管球的破裂压力模拟实验，证实了泡沫清管球具有一定的承压能力，良好的通过性以及可靠的破裂性。通过优化清管球旁通孔的设计方案，增加了流体通过率，能有效降低清管球卡堵对上游生产单元带来的安全风险。试验表明：泡沫球清管球在管道中遇卡堵时，可根据管道中卡堵的程度以及压差的增大来调节自身的通过能力。当压差增大至破裂压力时，泡沫球自身破裂、破粹以通过卡堵。为渤海 X 油田外输海管通球方案的制定提供理论依据。

关键词　海底；长输油管道；破裂压力；模拟实验；矿场应用

海底长输油气管道清管是提高海管输送能力，减小管道的腐蚀，完善海管内检测及加强海管完整性管理的重要环节，对海上油田安全生产具有重要意义[1,2]。然而，海底长输油气管道在长期运行过程中，输送介质中夹带少量杂质、污油泥等沉积在管线内沉积[3~5]，使管道内径、压力、流通面积、输送能力等预测更加复杂，如果出现卡堵等应急情况，对海底长输油气管道清管以及油田安全生产带来极大隐患[6~8]。因此，探究海底长输油气管道清管球的通过性、破裂性及破裂压力等特性具有重要的理论意义和应用价值[9,10]。以渤海 X 油田原油外输海管为例，根据海管运行参数及生产数据，在优化清管球的旁通设计方案的基础上，开展长输油管道清管球破裂压力模拟实验，证实了泡沫清管球具有一定的承压能力，良好的通过性以及可靠的破裂性。为渤海 X 油田外输海管通球方案的制定提供理论依据。

1　海管参数

1.1　海管设计参数

表 1　渤海 X 油田外输海管设计参数

长度/km	容积/m³	外径/mm	壁厚/mm	埋深/m	设计压力/MPa	最大操作压力/MPa	最大操作温度/℃	最大液体流量/(m³/d)	水深/m	海床温度/℃
69.5	12455	内管 OD 508 外管 OD 660.4/508	内管 15.9 外管 12.7/15.9 (ID 476.2)	1.5	12	8.8	75	22359.1	31	-1.4~25.6

1.2　海管运行参数

表 2　渤海 X 油田外输海管运行参数表

输送介质	入口压力/MPa	入口温度/℃	出口压力/MPa	出口温度/℃	日输油量/(m³/d)	日输水量/(m³/d)	含水率/%
油水混输	4.2	69	0.55	65	18300	1281	7

注：表中数据为 2014 年随机选取数据。

2　清管球优化设计

经海管校核计算，由于管道的长期运行，管线内泥沙沉积，造成了管线缩径，原油流通面积减小导致压差增大。为确保清管作业顺利完成，采用清管球旁通孔优化设计方案，当清管球在海管中受阻，速度发生变化时，部分流体通过旁通孔通过，增加流体通过率。

作者简介：王威（1983—　），男，汉族，湖北罗田人，2013 年毕业于西南石油大学矿产普查与勘探专业，获工学博士学位，工程师，主要从事油气地质、油气田开发与开采、油气集输与处理技术等方面的研究。E-mail：804367605@qq.com

根据渤海X油田原油外输海管生产数据，海管总输量$17481m^3/d$，清管器正常速度1.136m/s。假设清管器速度为1.1m/s，则旁通量为$554.2m^3/d$，约3.17%。具体分析如下：

(1) 孔径20mm，孔数5个。孔内流体流速为4.08m/s，相对速度为2.98m/s，压降为0.55bar。

(2) 孔径为25mm，孔数5个。孔内流体流速为2.61m/s，相对速度为1.51m/s，压降为0.18bar。

考虑到泡沫清管器中开孔，壁面摩擦系数大，因此压降会大于上述计算值，故选择开孔孔径为25mm，开孔数为5个。计算流程如图1所示。

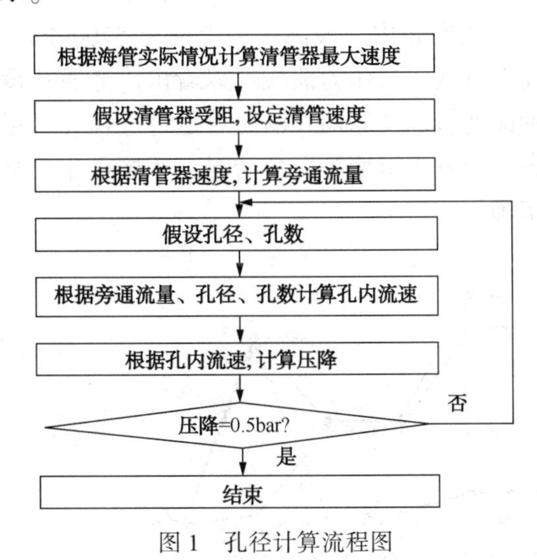

图1 孔径计算流程图

此外，考虑到海管内可能存在积砂等问题，开孔位置位于径向2/3半径处（距清管器中心点）。

为了增加流体的通过率，在球体上进行均匀开5个孔，孔直径25mm；设计平面图如图2所示。

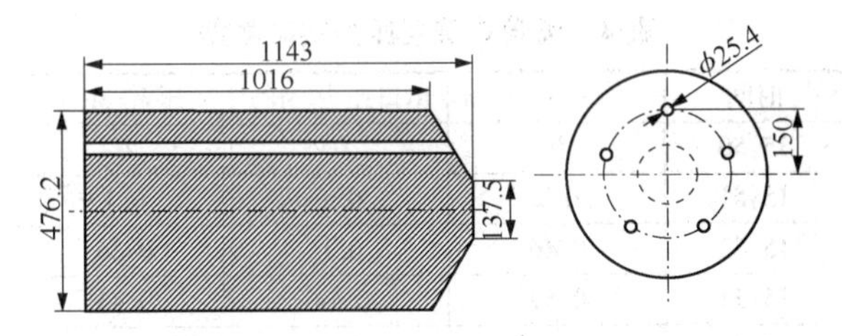

图2 清管球设计平面图

3 清管球破裂试验

为验证清管球在海管中遇卡或堵塞后破裂情况，需要进行一次泡沫球破碎试验，用于破裂实验的泡沫球尺寸依照20in泡沫球类型按比例缩小至8in，材质和密度相同，通过模拟泡沫球在管道中击碎的工况，为后续进行真实海管通球提供依据。试验中选用清管球为中密度光体子弹型泡沫球，直径223mm、长度315mm、过盈量11%。具体参数如表3所示。

3.1 试验工况

压力：1~3MPa；介质：淡水；介质流速：0.5~3m/s。试验地点选在天津塘沽试验场；温度、湿度等根据试验场条件。

表3 试验清管球参数

序号	设备名称	参考图片	说明	作用
1	光体带孔泡沫球		中密度，直径223mm，长度315mm，过盈量为11%	初步确认清管球的破裂压力，并验证其通过性

3.2 试验方案

将收球筒隔离阀门关闭至1/3处，发送中密度光体子弹型泡沫球。如泡沫球顺利通过仍可重复使用，则继续关闭阀门至1/4或更小，直至达到实验效果。

3.3 试验结果

球体在运行10min后到达收球筒设立的阀门卡堵处，球体到达卡堵处后，收球筒处压力经过短暂急剧下降后，由于泡沫球本身碎裂通过卡堵处使压力恢复至正常值，如图3所示。

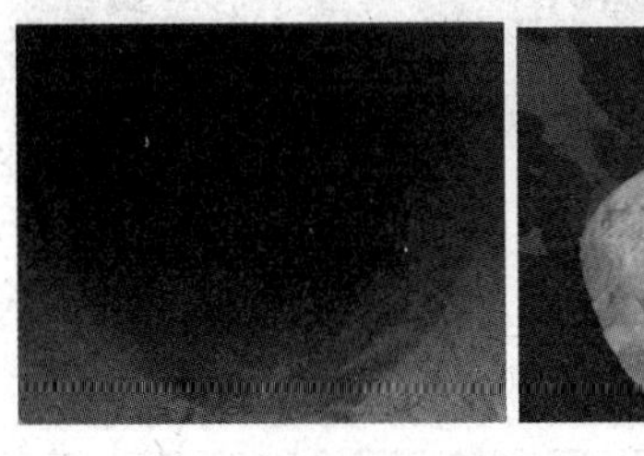

图3 破裂试验收球筒及清管球实物

试验所收到的泡沫球球体上有明显收挤压破裂的痕迹，球体到达阀门卡堵处，在这里形成憋压，由于受压使球体前端在阀门处压出球阀的压痕。球体受压达到破裂极限后，从受压受堵处开始破裂变形。试验数据、压力变化如表 4、图 4 所示。

表 4　清管球破裂压力实验数据

时间	入口压力/MPa	出口压力/MPa	压差/MPa
15:50	0	0	0
15:51	0.2	0.1	0.1
15:52	0.46	0.1	0.36
15:53	0.57	0.14	0.43
15:54	0.73	0.4	0.33
15:55	2.2	1.9	0.3
15:56	2.2	1.9	0.3
15:57	2.2	1.9	0.3
15:58	1	0.9	0.1
15:59	1	0.9	0.1
16:00	1.8	0.09	1.71
1601	0	0	0

清管球破裂压力试验表明，泡沫球具有非常好的通过性，当其在管道中出现卡堵时，可根据管道中卡堵的程度以及压差的增大来调节自身的通过能力；实验中泡沫球在卡堵处前后压差增大至 1.71MPa，当压差进一步增大时，泡沫球自身破裂、破粹以通过卡堵，具有可靠破裂性。

4　矿场应用

渤海 X 油田原油外输海管设计长度 69.5km，管道容积 12455m³，设计压力 12MPa，最大操作压力 8.8MPa。如图 5 所示，红色曲线代表外输海管的入口压力，绿色部分代表原油缓冲罐的液位调节阀阀开度变化情况，通球作业期间，海管入口端压力基本没有太大的波动，维持在正常压力波动范围之内，最高压力上涨至 5700kPa。由外输海管的入口压力曲线可以看出，旁通孔设计的泡沫清管球在原油外输海管运行过程处于正常状态，未发生卡堵等应急情况，通球作业安全顺利实施。

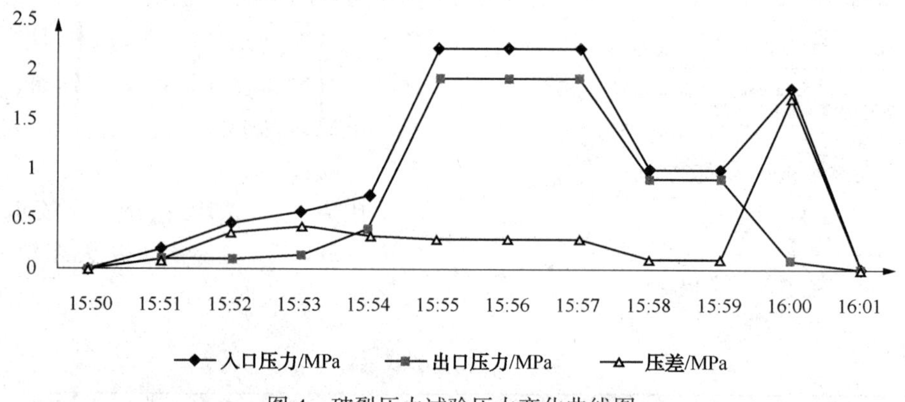

图 4　破裂压力试验压力变化曲线图

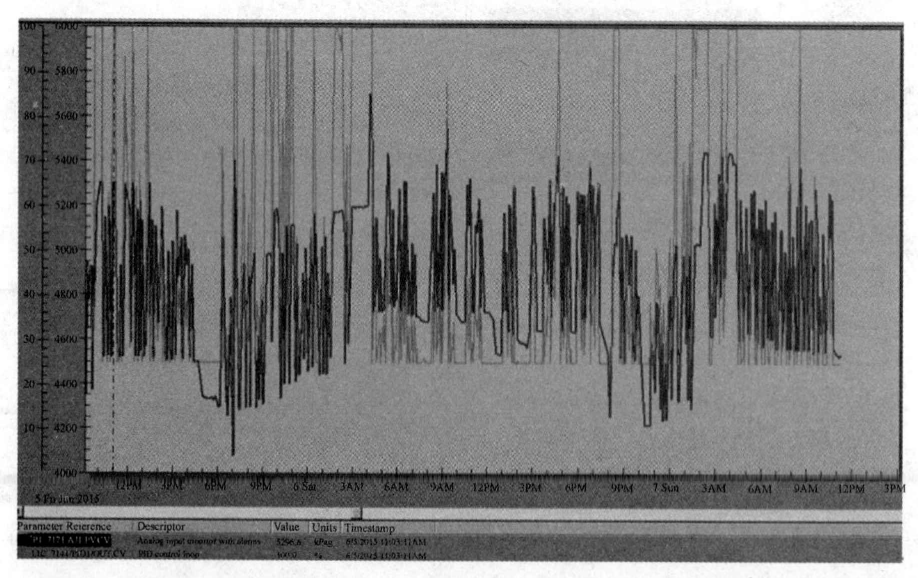

图 5　通球期间海管入口压力、液位调节阀开度变化曲线

5 结论

（1）旁通孔设计的泡沫清管球具有良好的通过性，当其在管道中遇卡堵时，可根据管道中卡堵的程度以及压差的增大来调节自身的通过能力。

（2）旁通孔设计的泡沫清管球具有可靠破裂性，当压差增大至破裂压力时，泡沫球自身破裂、破粹以通过卡堵，适用于海底长距离输油管道通球作业。

（3）清管球旁通孔的优化设计，增加了流体通过率，能有效降低清管球卡堵对上游单元生产带来的安全生产风险，确保通球作业安全顺利进行。

参考文献

[1] 王维斌．长输油气管道大数据管理架构及应用[J]．油气储运，2015，34(3)：229-232.

[2] 张伟，杨新明．浅水海底混输管道设计压力的确定方法[J]．油气储运，2011，30(1)：34-36.

[3] 关中原，高辉，贾秋菊．油气管道安全管理及相关技术现状[J]．油气储运，2015，34(5)：457-463.

[4] 冯庆善．管道完整性管理实践与思考[J]．油气储运，2014，33(3)：229-232.

[5] 喻西崇，吴九军．海底混输管道清管过程的数值模拟研究[J]．中国海上油气，2005，17(3)：203-207.

[6] 李玉星，寇杰，唐建峰，等．多相混输管路清管技术研究[J]．石油学报，2002，23(5)：101-105.

[7] 李玉星，冯叔初，王新龙．气液混输管路清管时间和清管球运行速度预测[J]．天然气工业，2003，23(4)：99-102.

[8] 丁浩，李玉星，冯叔初．水平气液混输管路清管操作的数值模拟[J]．石油学报，2004，25(3)：24-27.

[9] 刘文超，孙仁金．对我国油气管道建设运营的战略思考[J]．油气储运，2015，34(2)：139-144.

[10] 姚伟．油气管道安全管理的思考与探索[J]．油气储运，2014，33(11)：1145-1151.

辫状河储层构型表征及剩余油分布模式

申春生[1]　胡治华[1]　康　凯[1]　徐中波[1]　李　林[1]　张博文[2]

(1. 中海石油(中国)有限公司天津分公司勘探开发研究院，天津塘沽 300452；
2. 中海石油(中国)有限公司天津分公司蓬勃作业公司，天津塘沽 300452)

摘　要　渤海P油田馆陶组辫状河储层非均质性强，油田开发矛盾突出，对储层内部构型的研究是油田后期高效开发的前提。通过地震资料、动态资料以及密井网资料，结合区域沉积背景和辫状河发育模式，综合运用“模式指导、层次约束、动静结合”三种手段，对评价区储层分布特征及储层内部构型进行了深入的研究。总结了油田辫状河储层构型研究方法，从沉积成因角度将馆陶组辫状河沉积体系逐级划分为三个构型层次，即单一河道充填单元、单一微相，微相内部构型单元，进而分析不同级次渗流屏障对剩余油分布的控制作用。研究表明：不同级次储层构型要素对剩余油分布的控制存在差异性。对于单一河道充填单元，层间隔层直接控制剩余油分布；心滩坝级次泥质半充填河道底部砂体连通，侧翼上部水淹程度较低，剩余油富集；受落淤层和物性界面的影响，心滩坝内部剩余油主要呈“分段式”富集在落淤层下方垂积体的顶部和水驱较弱的边部。

关键词　辫状河；储层构型；剩余油分布；馆陶阻；渤海P油田

近年来，渤海油田越来越多的油田进入到开发中后期，把握油水运动规律，从而挖潜剩余油、提高采收率是各油田面临的最大难题[1]，随着油田开发的深入，辫状河储层内部构型，及其对注入剂和剩余油的影响越来越受到重视[2,3]，但与陆地油田相比，海上油田井距大，井资料相对较少，对于具有强非均质性的辫状河相油田而言，辫状河储层内部构型研究一直是一个难点。为此，笔者选择渤海P油田馆陶组辫状河作为典型油田，针对辫状河储层内部构型单元及其对储层连通性的影响进行了分析，建立了一套渤海油田辫状河储层构型研究的技术流程，并探讨了不同构型级次控制下的剩余油分布模式，为油田开发中后期剩余油挖潜奠定了基础。

1　油田地质概况

渤海P油田位于渤海东南部，其构造位于渤南低凸起东北端。该油田为一断裂背斜构造，受两组南北向走滑断层控制且内部受NE或EW向次生断层复杂化，断裂系统发育；主力含油层系馆陶组，油藏埋深910~1400m，以辫状河沉积为主，砂岩含砂率约30%，属于海上大型复杂河流相水驱开发油田。

研究区目的层为馆陶组，投入开发已有10余年，钻井密度达到29口/km^2，井距150~300m，目前综合含水70%左右，但采出程度仅12%，剩余油仍有很大潜力。然而研究区已进入中高含水阶段，剩余油分布渐趋复杂，预测难度增大，有必要加强单砂层级次及内部构型研究，分析剩余油分布规律，为综合调整挖掘剩余油奠定坚实基础。

2　辫状河储层构型研究

多数油田开发经验表明，投入开发的河流相储层是一个复杂的非均质体系，在纵向上具有多级次的旋回性，平面有复杂的微相组合，非均质特征也表现明显的层次性。河流相非均质的研究必须采用分层次解剖的思想，应用露头和现代沉积研究的方法来描述地下河流相储层[6]。

基于以上研究思路和经验，本文根据基于研究区的动、静态资料，通过大量的相似露头类比和现代河流沉积的统计分析，制定的研究思路如下：参考Maill构型理论的界面层次，依据“模式指导、层次约束、动静结合”的思路进行了辫状河内部多级构型研究，并在此基础上总结了剩余油富集规律。

作者简介：申春生(1975—　)，男，汉，高级工程师，主要从事油田地质研究。E-mail：shenchsh@cnooc.com.cn

“模式指导”是针对地下储层信息较少(井间几无信息)的一种预测思路，即在不同层次的模式指导下，依据河流沉积模式(由相似露头类比和现代河流沉积分析得来)进行不同层次的井间构型分布预测。“层次分析”即分多个层次由高到低的次序对辫状河储层进行解剖，如分为河道充填复合体级次、心滩坝级次、心滩坝内部夹层级次等，并利用高层次结果约束限定低层次的研究。

2.1 露头与现代河流沉积类比

2.1.1 河流类型确定

不同类型的辫状河具有不同的构型要素类型和空间组合关系，因此研究辫状河储层构型时，首先确定辫状河河型。按照 Miall 提出的目前较为通用的辫状河分类标准，即把辫状河分为砾石质辫状河和砂质辫状河，其中砂质辫状河又分为深的终年砂质辫状河、浅的终年砂质辫状河、高能砂质辫状河和漫流末端辫状河[7,8]。

Leclair、Bridge 等[9]研究了河流相沉积中交错层理系厚度与辫状河水深的定量关系：根据研究区 3 口取心井的岩芯观察，馆陶组岩性主要为细、中细、含砾中粗粒岩屑长石砂岩，单层厚度 2~5m，属于砂质辫状河；交错层理系平均厚度为 12~30cm，由 Leclair 经验公式计算出研究区馆陶组辫状河古水深为 2~6m，属于深的终年砂质辫状河沉积。

2.1.2 定性类比野外露头的沉积模式

露头类比研究是储层构型研究的一项重要内容。大同晋华宫露头为一砂质辫状河沉积露头，与本次研究的目标层位河型一致。大同露头的以下几方面的沉积特征或构型特征作为本研究的定性参考：(1)垂向河道充填复合体之间发育稳定分布的泛滥平原泥岩；(2)叠置砂体之间为连通、半连通和不连通接触样式；(3)单期河道充填复合体内部表现为“宽坝窄河道”样式。河道相对较深，水流量也相对稳定，以心滩砂体沉积为主，具大型槽状交错层理、高角度板状交错层理。

2.1.3 借鉴现代河流沉积构型要素间的定量关系

在油田地下研究中，由于受井资料限制，有时无法区分心滩坝和辫状河道的展布范围，通过借鉴类比现代河流沉积的规模作为一项约束条件，能够提高井间预测心滩坝展布范围的准确性，同时在一定程度上约束了心滩坝内部夹层的展布范围，为精细储层描述提供依据。

利用卫星照片选取现代典型的砂质辫状河流 Brahamaputra 河(印度)及 Jamuna 河(孟加拉)，统计其河道充填复合体和内部的沉积微相尺度，利用该规模和构型要素之间的统计关系作为本油田单一微相规模的约束条件之一。

根据测量的数据进行统计，心滩坝宽度与心滩坝长度、心滩坝宽度与辫状河道之间具有较好的正相关关系。随着心滩坝宽度的增大，心滩坝的长度也增大，心滩坝宽：心滩坝长≈1∶3；随着心滩坝宽度的增大，辫状河道的宽度也增大，但是一般不超过 400m。辫状河道宽：心滩坝宽≈1∶4。

2.2 层次约束逐级构型分析

2.2.1 河流沉积复合砂体层次界面分级

按照 Maill 的分级方案，结合油田的实际需要，将研究区辫状河储层构型分析总体上划分为 3 个层次：第一个层次为河道充填复合体，其顶底面相当于 Maill 的 6 级界面，在此基础上细分的单一河道充填单元，其顶底面相当于 Maill 的 5 级界面；第二个层次是沉积微相规模(单一微相相顶或底面当于 Maill 的 4 级界面)，即将单一河道充填单元细分为心滩坝、辫状河道、溢岸砂体及泛滥平原；第三个层次为心滩坝内部结构(相当于 Maill 的 3 级界面)，主要包括增生体和落淤层(图 1)。

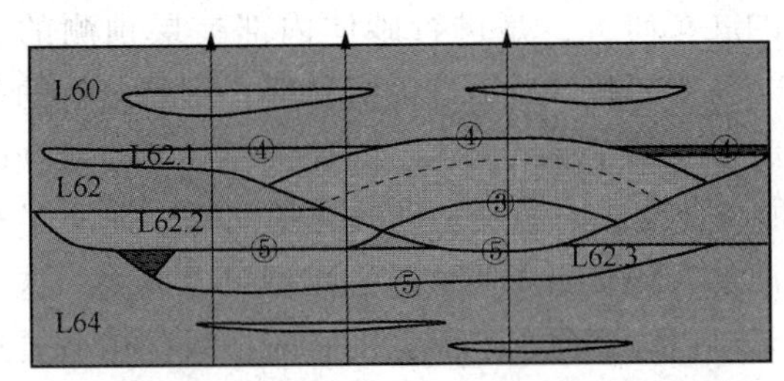

图 1 渤海 P 油田 L60 油组构型界面划分示意图

注：⑤、④、③相当于 Miall 的 5、4、3 级界面；

L60、L62、L64 为小层编号；L62_ 1，2，3 为单砂层编号。

2.2.2 河道充填复合体级次构型研究

河道充填复合体内部往往包含两个或多个单一河道充填单元，同一河道充填复合体内部砂体连通状况较好，不同河道充填复合体之间连通变差或不连通。因此，在河道充填复合体内部首先识别出单一河道充填单元砂体，目的是搞清河道的延伸方向及相邻河道砂体间的连通状况，为准确地判断油水井的注入或来水方向，提供更准确的地质依据。

单一辫状河河道充填单元的砂体识别是在河道充填复合体基础上通过识别单一河道充填单元边界，对单一河道充填单元砂体、溢岸砂体及泛滥平原的分布来开展。对于识别单一河道充填单元边界的识别标志，主要包括：(1)河道砂体顶面高程差。不同期次的河道砂体存在明显的高程差，划分为不同期次的两条单一辫状河沉积。(2)两期单一河道充填单元侧向叠置。在同一时间单元(一个单砂层)内，后期沉积的河道对前期形成的河道侧向切割，如区域上存在这种特征，可以认为是两期河道侧向叠置。(3)河间沉积。同一单层内，两期河道充填复合体由于快速的迁移或者分叉，在平面上形成局部的沉积间断期，沉积泛滥平原泥岩或者薄层的溢岸砂体。因此沿河道走向不连续分布的河间砂体(河间泥或溢岸沉积)可作为不同河道充填复合体分界的标志。(4)不同河道充填单元砂体具有不同的水淹程度的差异。

例如，根据上述识别标志将研究区 L60 油组复合砂体进一步细分为 7 个单一河道充填单元。统计显示，单一河道充填单元一般 300～900m，砂体厚度 3～5m，宽厚比约 100～160。

2.2.3　沉积微相(心滩坝)级次构型精细研究

在单一河道充填单元内进行心滩坝和辫状河道的展布研究，是进行砂体内部夹层预测的基础。在对研究区成因砂体组合样式细致分析的基础上，总结了辫状河道不同充填样式与心滩坝的 3 种组合模式，分别是砂质充填河道、泥质半充填河道、泥质充填河道与心滩坝组合模式。这一模式可以为剖面、平面识别心滩坝级次构型要素展布提供定性的模式指导。

在单井沉积微相划分基础上，并以露头、现代河流沉积的定性、定量模式为指导，按照“厚度控制、规模约束”的基本原则，利用多维互动的方法进行了研究区单一河道充填单元内部心滩坝和辫状河道的三维组合分析。“厚度控制”即根据辫状河道与心滩坝的组合模式可知，砂质充填河道的厚度与心滩坝厚度相当，而泥质充填和半泥质充填的河道砂体厚度明显小于心滩坝，因此，根据其砂岩厚度分布可以初步预测心滩坝或砂质河道，以及泥质、半泥质辫状河道的分布范围。“规模约束”是指在心滩坝和辫状河道的定量规模都限定在单一河道充填单元宽度的条件下，三者之间并满足一定的定量关系，利用该约束关系可以进一步预测砂质河道和心滩坝的分布范围(图 2)。

2.2.4　心滩坝内部构型精细研究

研究区心滩坝内泥质夹层主要为落淤层。本文以厚度最大的砂体、夹层最多的井位为起点，编制剖面，分析不同期次落淤层的分布特征，并结合沉积约束确定了两种落淤层分布样式。研究区主要发育近水平式或穹窿式两种落淤层：单期落淤层近水平分布，多期之间互相平行，自下而上落淤层分布范围从坝头至坝尾逐渐增大。其次心滩坝内夹层数较少，一般不超过 3 个。

2.3　动静结合验证

充分利用随钻测压、水淹层解释、生产动态资料，在隔夹层分布及水淹特征认识的指导下，以不同级次构型要素的渗流屏障(差异)为重点，分别对河道充填复合体级次、心滩坝与辫状河道级次进行动态验证，检验构型研究成果。

2.3.1　河道充填复合体级次层间隔层分布验证

对于河道充填复合体级次，重点验证不同河道充填复合体的层间隔层。以 A16 井组为例，A22 井侧钻后出现分段水淹，验证了层间隔层的稳定性，也验证了河道充填复合体细分的准确性。通过这一成果不仅可分析油水运动特征，而且提出河道充填复合体级次隔层控制的剩余油分布规律。在隔层稳定区，易产生分段底部水淹，剩余油分布于河道充填复合砂体的上部。

2.3.2　单一河道充填单元内部心滩坝与河道组合验证

对于单一河道充填单元内部级次，重点验证心滩坝与河道组合关系。研究表明，对于心滩坝级次，对流体渗流起作用的主要是泥质河道或半泥质河道。以 A2 井组为例，通过对单砂层的展布和成因分析表明，生产井 A9 与注水井 A2 分属不同的心滩，中间为半泥质充填河道，其砂岩厚度相对较薄，在一定程度上对注入水起到限流作用；而在遮挡层的背面剩余油富集，后来的侧钻

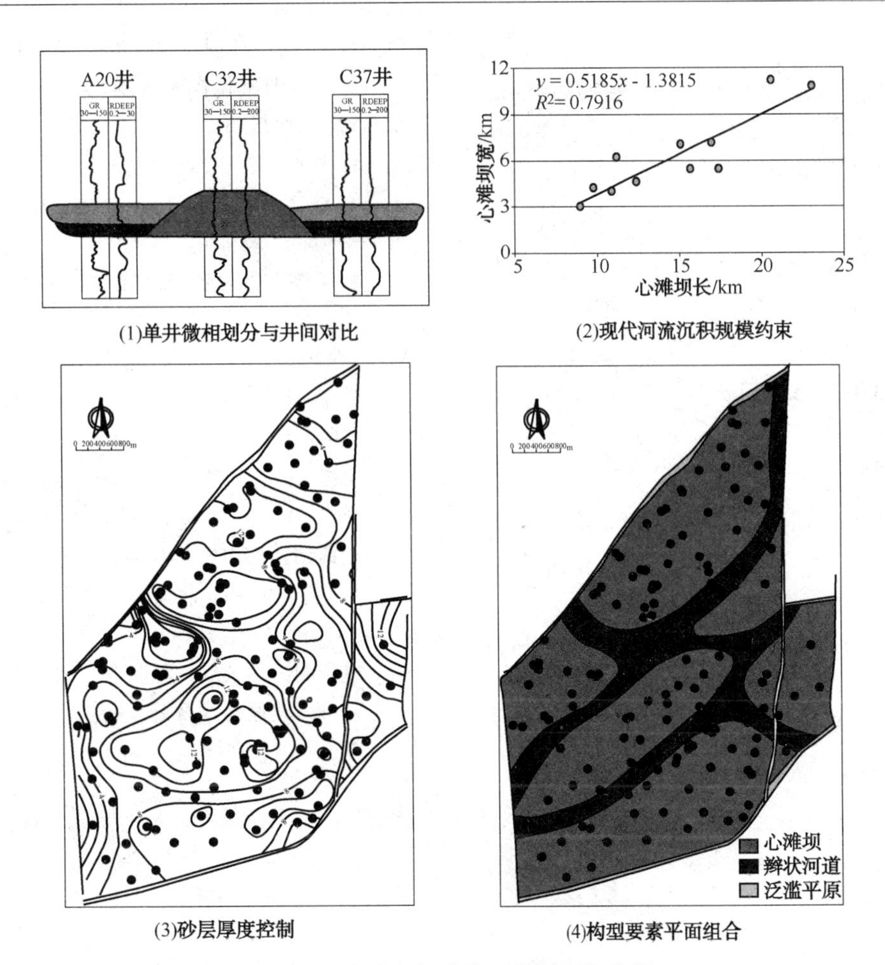

图 2 沉积微相级次构型分析研究流程

井 A9ST1 也验证了该认识，说明了该组合关系的正确性。此外，泥质充填河道侧向遮挡作用明显，致使注采不连通的心滩坝或者辫状河道砂体剩余油较富集。

3 各级构型单元的剩余油富集模式

在分级进行辫状河储层构型研究的基础上，研究储层构型要素对剩余油分布的影响，对于油田开发调整具有重要意义。

（1）河道充填复合体级次：侧向遮挡体主要包括单一河道充填单元之间的泛滥平原沉积和溢岸沉积。发育层间隔层的井区有利于注水开发，水洗程度高，剩余油较少；不发育层间隔层的井区，砂体顶部剩余油较富集。

（2）心滩坝级次：主要是泥质河道或半泥质河道对流体渗流起作用。半泥质充填河道底部砂体连通，无遮挡作用，上部不连通，导致邻近的砂质河道或者心滩坝侧翼上部水淹程度较低，剩余油富集。本研究总结了 3 种剩余油富集模式（图 3）。

① 砂质充填的辫状河道，与心滩坝砂体连通，无遮挡作用，整体水驱效果好；②半泥质充填的辫状河道在侧向具有半遮挡作用，沿水驱方向心滩坝侧翼砂体顶部有剩余油富集；③泥质充填河道侧向遮挡作用明显，致使注采不连通的心滩坝或者辫状河道砂体剩余油较富集。

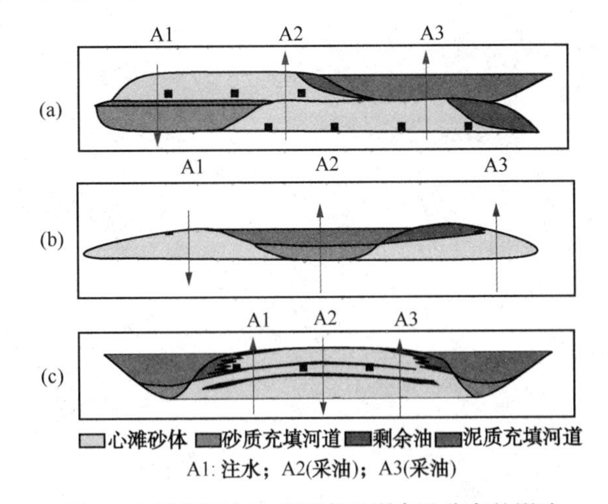

图 3 心滩坝级次构型要素对剩余油分布的影响

（3）心滩坝内部级次：受落淤层和物性界面的影响，剩余油呈“分段式”富集在落淤层下方垂积体上部。

4 结论

（1）首次在渤海油田利用密井网资料对辫状河砂体进行多级构型研究，总结出一套以沉积模式指导、层次约束、动静结合为核心的辫状河储层构型研究方法。

（2）通过上述对河流相储层的描述，实现对渤海P油田辫状河储层的精细描述，把整套储层在纵向上划分到单砂层，在平面上描述到微相，预测性地描绘出单砂体的几何形态、连续性，揭示了砂体多级构型特征。

（3）在分层次逐级进行辫状河储层构型研究的基础上，总结了不同级次的储层构型要素对剩余油分布的控制作用，研究成果对于油田开发调整具有重要意义。

参 考 文 献

[1] 周守为．中国近海典型油田开发实践[M]．北京：石油工业出版社，2009：246-267.

[2] 代黎明，李建平，周心怀，等．渤海海域新近系浅水三角洲沉积体系分析[J]．岩性油气藏，2007，19(4)：75-81.

[3] 邵先杰．泌阳凹陷新庄辫状三角洲沉积体系及储集性能[J]．特种油气藏，2006，13(5)：22-25.

[4] 李顺明，宋新民，蒋有伟，等．高尚堡油田砂质辫状河储集层构型与剩余油分布[J]．石油勘探与开发，2011，38(4)：474-482.

[5] 赵翰卿，付志国，吕晓光．大型河流-三角洲沉积储层精细描述方法[J]．石油学报，2000，21(4)：109-113.

[6] 张昌民，张尚锋，李少华，等．中国河流沉积学研究20年[J]．沉积学报，2004，22(2)：183-192.

[7] 刘钰铭，侯加根，王连敏，等．辫状河储层构型分析[J]．中国石油大学学报：自然科学版，2009，33(1)：7-11.

[8] 赵春明，胡景双，霍春亮，等．曲流河与辫状河沉积砂体连通模式及开发特征[J]．油气地质与采收率，2009，16(6)：88-91.

渤海辫状河三角洲大厚层油藏挖潜策略研究

刘玉娟　郑　彬　李红英　王立垒　胡治华

(中海石油(中国)有限公司天津分公司，天津塘沽 300452)

摘　要　渤海LD油田属于辫状河三角洲大厚层油藏，纵向多期砂体叠置，单层厚度大，平面受沉积及潜山古地貌的影响储层厚度变化大，平面上分布不均。经过多年高效开发，油田矛盾日益突出，纵向及平面水淹不均，剩余油分布规律复杂。本文从层内、层间及平面三个角度进行研究，指出层内水淹受韵律性及重力共同作用，层间水淹受层间夹层影响，平面水淹规律受沉积相带控制。纵向上剩余油分布于各小层顶部，平面上主河道侧向、断层附近、潜山井区等剩余油富集。通过油井转注实现井网重塑、增加新井完善注采井网等针对性地挖潜策略，取得较好效果，油田日产油增加600m^3，提高采收率2.8%。

关键词　大厚层；水淹规律；剩余油分布；挖潜策略

近年来，随着海上油田常规注水开发的深入，渤海大多数油藏进入了中高含水开发阶段，出现了产量递减快，含水上升快的现象，加强剩余油研究是油田后期调整挖潜的重要措施。海上油田钻井资料、测试资料等相对较少，要准确描述剩余油分布非常困难。本文以LD油田为研究对象，利用新钻调整井资料，在油田水淹规律分析的基础上，通过精细地质研究及数值模拟研究，分析该油田剩余油分布及其影响规律，提出挖潜策略[1~6]。

1　油田地质概况

LD油田位于渤海海域，为一个在古潜山背景上发育起来的断裂半背斜构造。油田主要发育辫状河三角洲前缘亚相。水下分流河道发育，由于水动力条件强，平面上多条河道交汇发育，摆动频繁，叠合连片分布；垂向上多期水下分流河道呈叠置关系，有继承性发育的特点。主力油组储层的分布特征受控于沉积相带的展布以及潜山古地貌的影响。垂向上储层表现为多期砂体叠置，单层厚度大(单井钻遇厚度30~60m)，且无明显隔夹层。平面上受沉积及潜山古地貌的影响较大，储层厚度变化大，平面上分布不均。主力油组划为4个小层，主要发育3期砂体。3期砂体自下而上具有继承性发育的特点，砂层厚度、平面展布范围以及物性都有逐渐变好的趋势(图1)。

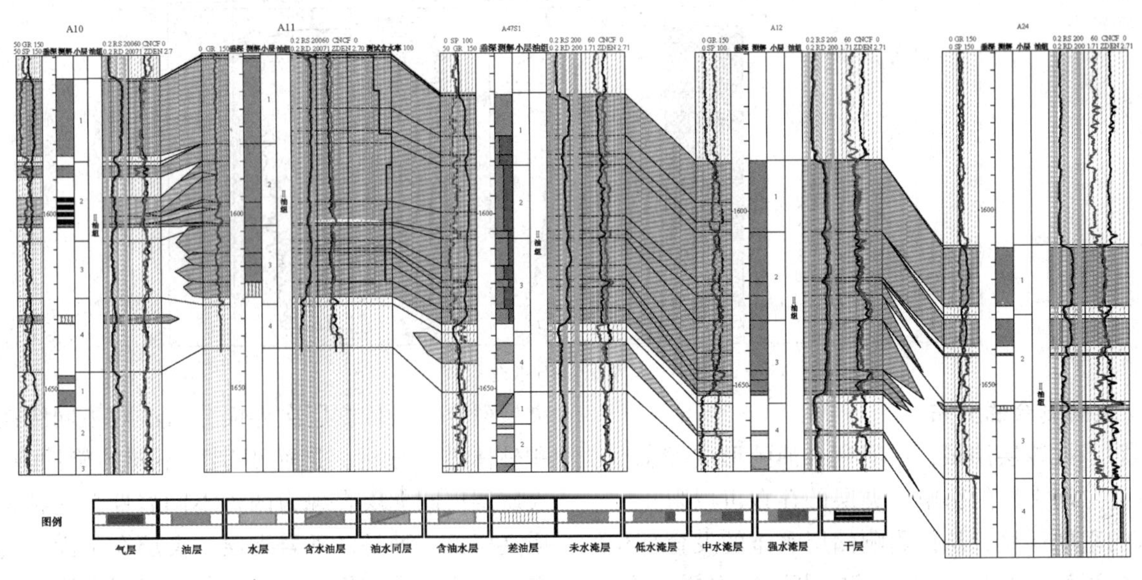

图1　大厚层油层对比模式

2 存在问题

油田2005年投入开发至今，保持了高速开采，年采油速度均超过2%，油田整体开发效果较好。截至2016年6月底，油田采出程度为27.3%，综合含水率73.9%，经过多年开采日益暴露出一些矛盾。一方面，纵向上大厚层各个小层之间的动用差别较大，实钻调整井纵向上多期次叠置的厚层复合砂体出现严重的水淹不均，如图1中的调整井A47S1井；另一方面，平面上水淹复杂，各井区含水率差异明显，主体区剩余油分散，受断层等因素制约，局部动用较差，现井网挖潜难，亟需弄清剩余油分布，制定对应的挖潜调整策略。

3 剩余油分布研究

剩余油的形成是由于油藏的非均匀性驱油所造成的，造成非均匀驱油的原因有2个：一是地质因素即油藏自身的非均质性，包括储层非均质性(层间、层内以及平面非均质性)和构造导致的储层起伏和错断，以及所含流体性质的非均质性；二是开发因素即外在开采条件的非均匀性，包括生产开发方式、作业制度、注采强度等。本次研究主要从地质因素即油藏自身的非均质性对剩余油的影响来分析大厚层油藏层内、层间及平面的剩余油分布规律[7~13]。

3.1 层内剩余油分布

通常认为，砂体发生水淹的部位主要受韵律作用的控制，即正韵律层与均质韵律层多呈下部水淹，而反韵律层多呈上部水淹。韵律作用对水淹的控制作用主要是由于渗透率差异造成的，通过以往调整井单个韵律油层水淹特征进行分析发现，LD油田主力油组厚储层主要以水下分流河道砂体为主，多为正韵律或均质韵律储层，下部水淹特征明显，而反韵律较少，且纵向上渗透率差异较小，并未表现出严格的反韵律上部水淹。注入水主要受重力作用向下运移，储层多以中下部水淹为主。例如，A21S1井1小层，均质韵律，纵向上的储层物性差异较小，重力起主要作用，底部水淹强，顶部剩余油富集。A39井2小层，该小层为反韵律层，但是呈中部水淹。通过分析发现，该井反韵律段内纵向上的储层物性差异较小，级差小于3，韵律层渗透率非均质性和重力作用协同影响下，中部水淹强，顶底部有剩余油(图2)。

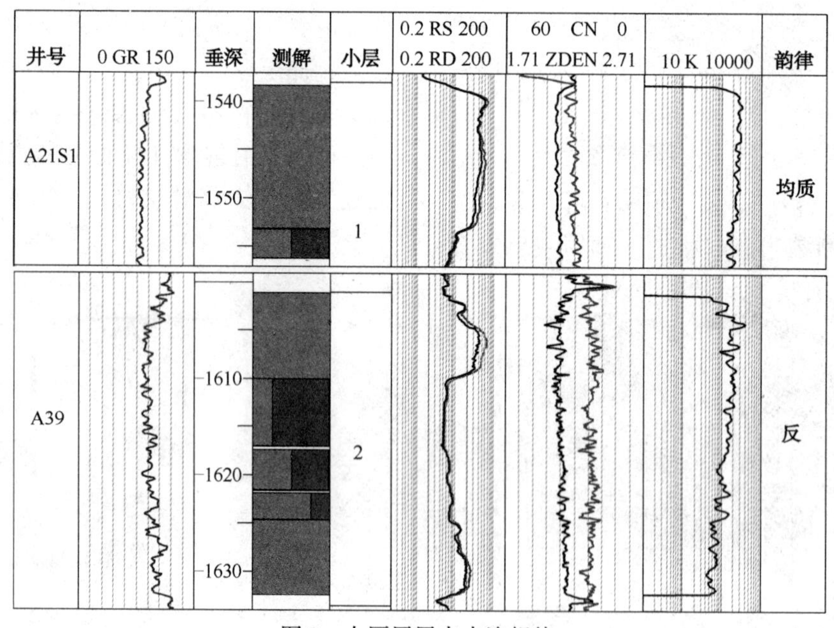

图2 大厚层层内水淹规律

3.2 层间剩余油分布

对于大厚层油藏，层间剩余油的形成静态上主要受层间夹层的影响。夹层的存在可以阻止注入水的垂向运移，从而影响储层水淹的发育部位和发育程度，是影响油层纵向水淹的主要因素。夹层研究一般依据层次界面分析法对不同级次沉积砂体进行分析，进而识别出不同的旋回界面。大厚层层间夹层表现为两种不同岩性，一种是泥质夹层，一种是砂砾岩夹层。夹层在平面上的分布特征明显受沉积环境的控制，层间泥质夹层较薄的区域恰为水下分流河道较为发育的区域，而在水下分流河道间及三角洲外前缘部位(研究区边部)，由于河道冲刷程度较弱，层间泥质夹层明显变厚。砂砾岩夹层主要发育在水下分流河道集中发育的中心区域。垂向上夹层的分布特征同样与沉积环境密切相关。LD 油田大厚层砂体具有继承性发育的特点，自下而上沉积水动力条件依次增强，砂体发育的规模也越来越大，层间泥质夹层保存条件变差，层间夹层的分布范围依次变小、平均厚度依次变薄。

注采井组内层间分布稳定的夹层，将厚油层细分为若干个流动单元，易形成多段水淹。且夹层上下水淹程度差异明显，夹层上部水淹强。如 A10(注水井)井组，2、3 小层靠近河道边缘沉积，层间的夹层分布比较稳定，调整井 A44 井的水淹状况显示为多段水淹，1 小层下部，即夹层上部为强水淹，2 小层为中水淹，3 小层为未水淹。说明稳定的夹层阻挡了注入水的纵向窜流[图 3(a)]。

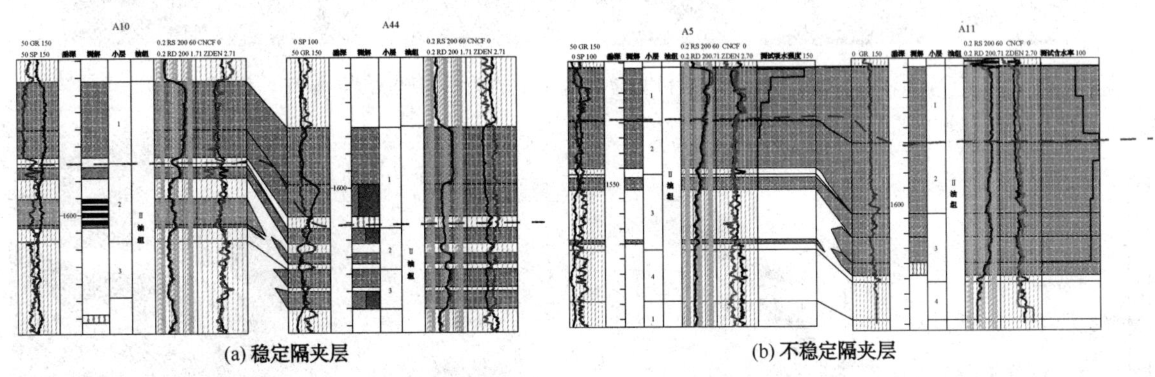

(a) 稳定隔夹层　　(b) 不稳定隔夹层

图 3　稳定隔夹层及不稳定隔夹层对水淹规律的影响

若夹层分布不稳定，对水驱的阻挡作用较弱，由于重力作用，则表现为注入水下窜，不稳定夹层越多，其间油水运动和分布就越复杂。例如 A5 井组，A5 井 1、2 小层间发育夹层，到 A11 井(水下分流河道沉积)处 1、2 小层间夹层缺失，1 小层注入水因重力作用进入 2 小层，1 小层底部和 2 小层顶部受效程度最好，产液剖面测试显示含水率较高[图 3(b)]。

LD 油田大厚层油藏纵向层间油水运动主要受层间夹层及重力作用共同影响，各小层顶部普遍存在剩余油，特别是层间夹层相对稳定分布的河道边缘区域剩余油较富集。

3.3　平面剩余油分布

平面上油水运动规律及剩余油研究主要通过对生产动态资料及测试资料结合地质条件进行分析。

一般来说，沉积的方向性影响着油水运动方向。LD 油田水下分流河道发育，沿水下分流河道方向渗透率变化速度一般低于垂直于河道方向，因此沿水下分流河道方向注入水较为容易推进，长期水洗之后易于形成“注水通道”，这种注采分布模式下的生产井初期产能很高，一旦见水，则含水率快速上升，长期来看不利于油田高效开采，还会因为注水通道的形成，造成注入水沿河道方向无效循环，使得河道侧向的剩余油富集。以 A10 注水井为例，从 2009 年年底含油饱和度图上可以看到，A10 井注水后，注入水主要向 A16 井方向运移，表现为沿河道主流线方向推进，而水下分流河道侧向水驱程度差(图 4)。利用油藏数值模拟技术预测到油田开发末期，即使主河道区井网相对完善，水下分流河道边缘附近仍有剩余油富集(图 5)。

LD 油田属于受断层控制岩性影响的构造层状油藏，油田范围内断层较发育。开发初期考虑断层风险，制约了井网的部署，另外断层附近生产井单向受效，靠近断层部位水驱效果差，断层的遮挡作用会造成注采系统不完善，因此断层附近易形成剩余油富集区(图 5)。

油田是在古潜山背景上发育起来的，沉积早期主力油组受古潜山影响存在沉积间断，沉积后期水动力增强河道连片分布沉积体才覆盖古潜山，潜山区域油层厚度不足 5m，平面储层横向变化大。受此影响该区域井网不完善，局部动用较差，存在剩余油的富集区。另外，根据数值模拟研究结果，高部位气油过渡带由于采油井单向受效，也存在剩余油。

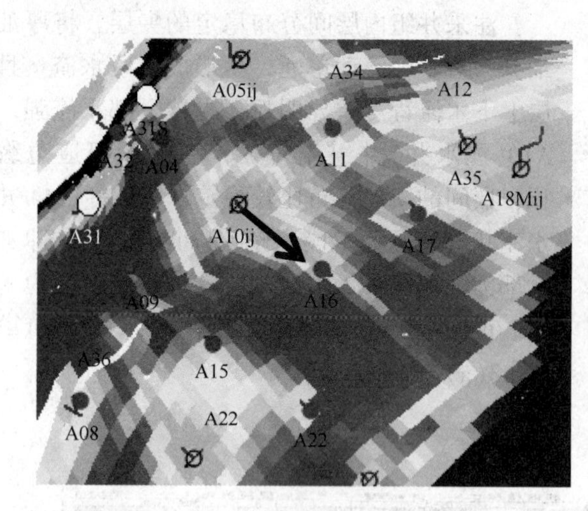

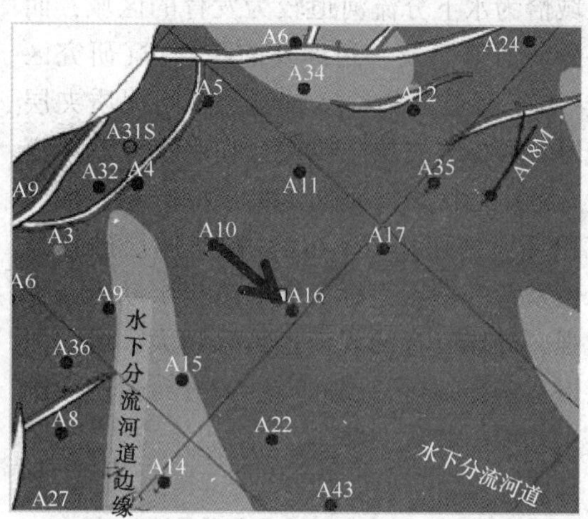

图 4 主河道区含油饱和度与沉积相带的关系图(2009 年年底)

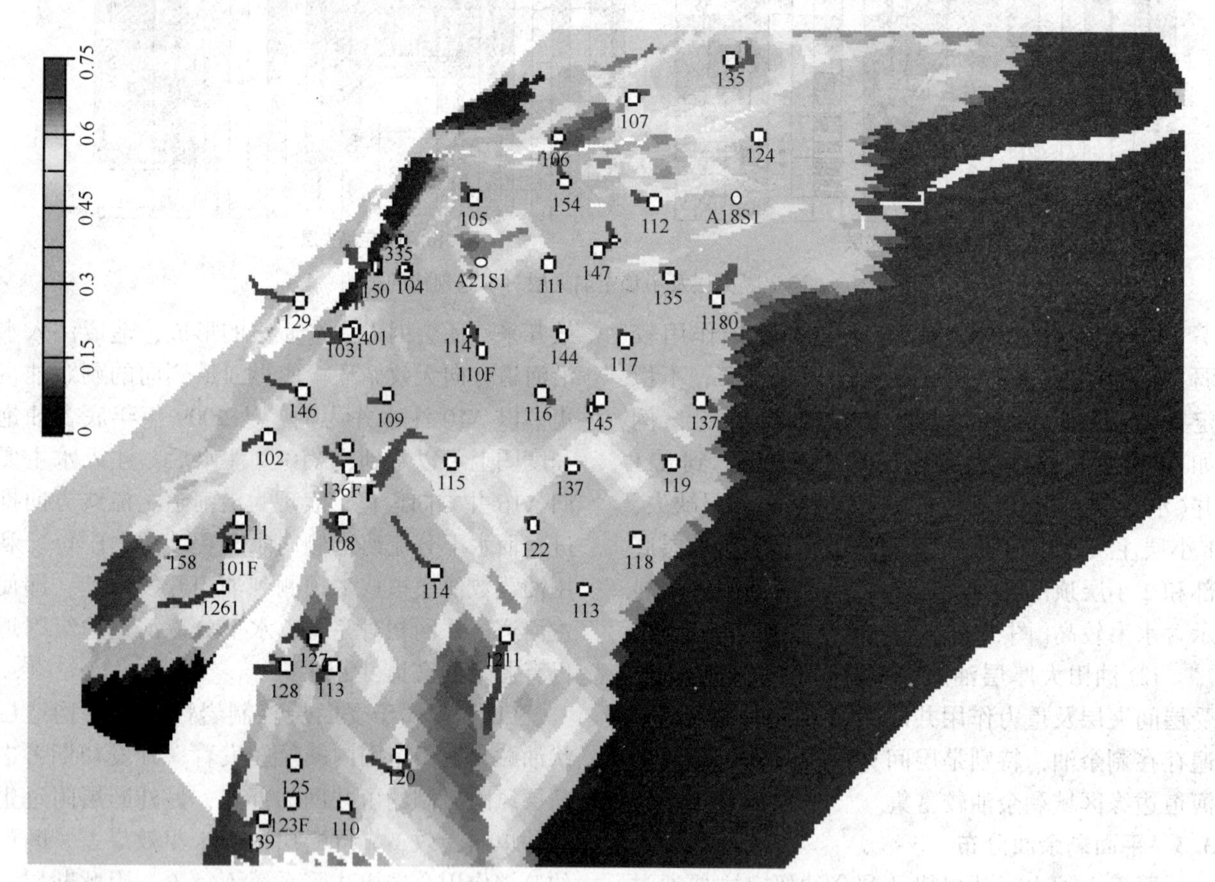

图 5 预测开发末期含油饱和度图(2030 年)

综上分析，受沉积相带及断层、潜山等因素影响，平面上主河道侧向、断层潜山区域以及油田的气油过渡带附近等为剩余油富集区，利用现井网难以采出。

4 剩余油挖潜策略

在认识了油田的纵向和平面的剩余油分布规律之后，根据不同的剩余油分布特点制定不同的策略来挖潜，实现改善油田开发效果的目的[15~19]。

4.1 河道主体区井网重塑

油田的主力油组目前为近似反九点井网，受沉积相等制约，注水沿河道方向水窜严重，平面上驱替不均。对此制定的挖潜策略是根据储层沉积微相的平面特征重塑注采井网，使液流转向扩大波及，实现流场重构，改善水驱效果。具体做法是将部分老井转注，形成顺着河道方向的注水井排，使注入水往垂直物源方向驱替，从而缓解注入水往河道下游方向水窜，以达到扩大波及的目的。

4.2 断层、潜山区域完善井网

井网不完善区域主要包括断层附近、潜山区域及主河道和河道边缘相变区，可加密定向井进行挖潜，局部适用水平井。

断层、潜山区域剩余油富集，主要是由地质先天条件使得后天井网部署不完善所致，动用程度较差。此类型剩余油动用主要以完善注采井网为主。潜山区域根据地质模式结合古潜山形态分析区域的储层分布特征，对古潜山形态进行定量表征，因地制宜，根据古潜山面倾角优化部署新井，保证其钻遇的储层厚度(如 C10 井)。断层附近剩余油富集区增加新的注采井点(如 C13 井)，完善注采井网(图 6)。

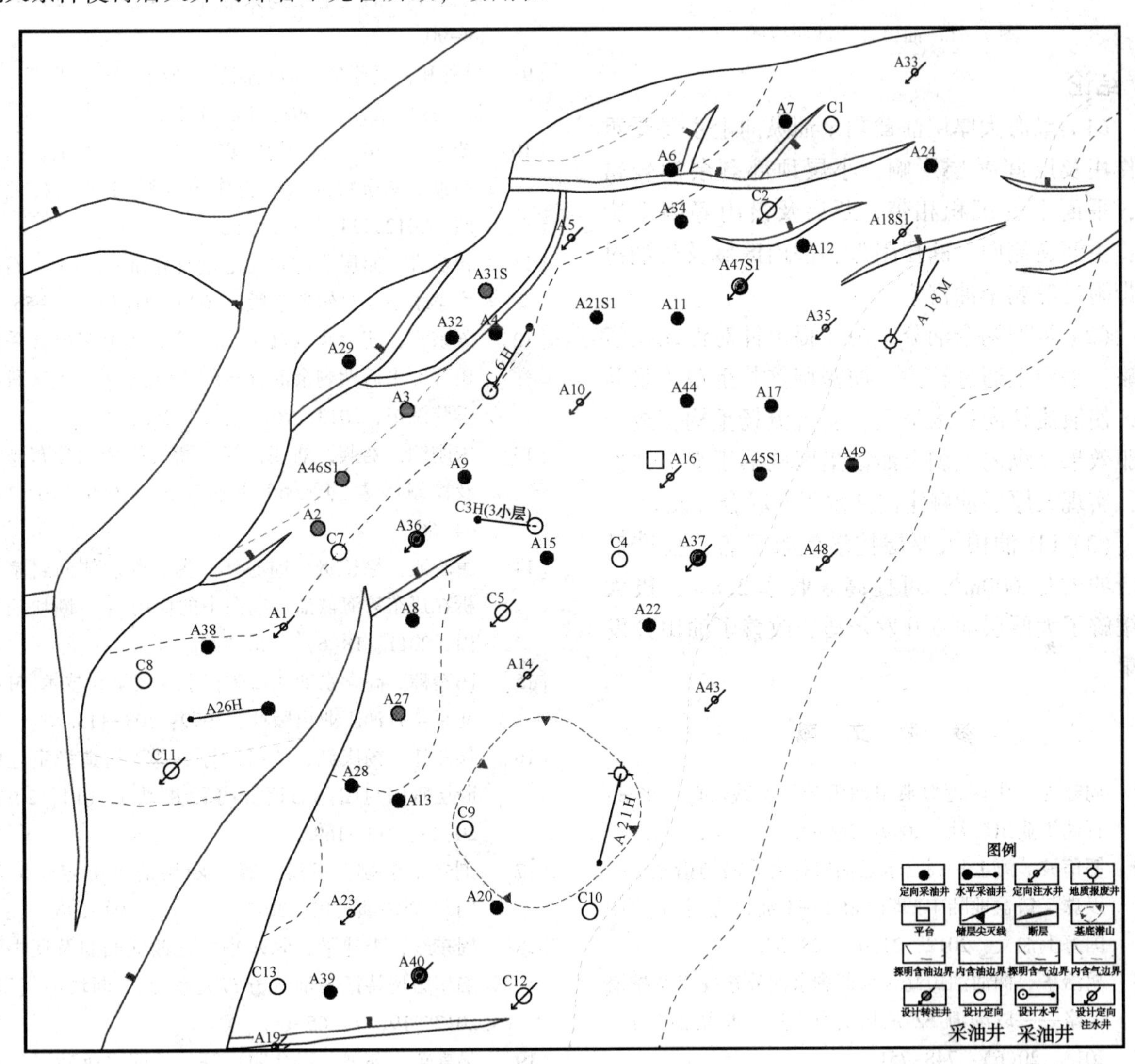

图 6 推荐调整方案井位部署

4.3 纵向挖潜因地制宜

大厚层油藏受重力作用影响，底部水淹较强，油层顶部剩余油相对富集，现井网难以采出，针对油层顶部剩余油因地制宜进行挖潜。单层厚度大、剩余原油地质储量满足水平井挖潜，实施水平井分层系挖潜，实现定向井水平井联合开发(如 C3H 井)，；针对层数较多、单层厚度较小实施定向井加密挖潜(图 6 中 C7 井)。

4.4 应用效果

根据以上研究，LD 油田主力油组推荐调整方案增加新井 13 口(采油井 9 口、注水井 4 口)，采油井转注 5 口(图 6)。方案于 2014 年 8 月开始实施，钻后储层主要以未水淹为主，未水淹比例达到 66.3%，2015 年 3 月调整井陆续投产，方案实施后效果显著，油田的日产油增加 600m^3(图 7)，增加可采储量近 130.00×10^{4}m^3，提高采收率 2.8%左右，极大的缓解了大厚层的开发矛盾，改善了油田开发效果。

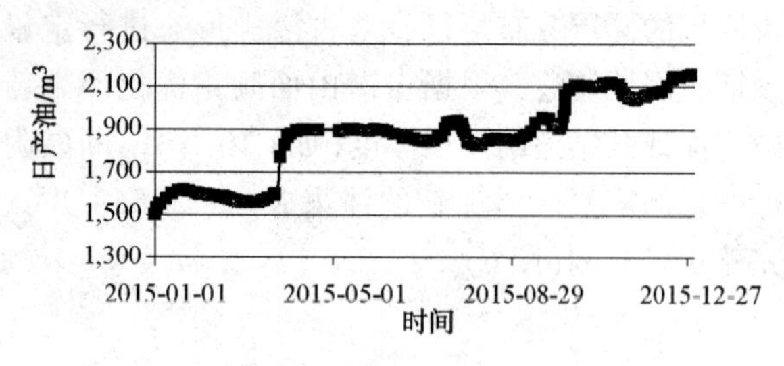

图 7　LD 油田日产油曲线图

5　结论

（1）渤海大厚层油藏剩余油纵向上主要受重力作用及层间夹层影响，小层顶部剩余油较富集，平面上受沉积相带、断层及潜山等因素影响，主河道侧向、断层附近、潜山区域及气油过渡带附近等剩余油富集。

（2）根据剩余油分布规律提出针对性地挖潜策略。平面上通过转注、加密调整井重塑注采井网，使液流转向扩大波及，实现流场重构，改善水驱效果。纵向上剩余油富集区域采用水平井挖潜，实现大厚层油藏定向井水平井联合开发。

（3）LD 油田大厚层挖潜效果显著，投产后日产油增加 600m³，可提高采收率 2.8%，极大地缓解了大厚层油藏开发矛盾，改善了油田开发效果。

参　考　文　献

[1]　周守为．中国近海典型油田开发实践[M]．北京：石油工业出版社，2009：246-267.

[2]　邹信波．海上特高含水老油田挖潜策略与措施——以珠江口盆地陆丰凹陷 LFD13-1 油田为例[J]．中国海上油气，2012，24(6)：28-33.

[3]　胡治华．稠油油田高含水期剩余油分布规律及挖潜策略——以渤海 SZ 油田为例[J]．断块油气田，2013，20(6)：748-751.

[4]　李海东．高浅南区复杂小断块油藏特高含水期剩余油分布规律研究[J]．石油地质与工程，2014，28(4)：74-76.

[5]　尹太举，张昌民，赵红静，等．依据高分辨率层序地层学进行剩余油分布预测[J]．石油勘探与开发，2001，28(4)：79-82.

[6]　韩大匡，万仁溥．多层砂岩油藏开发模式[M]．北京：石油工业出版社，1999：174-180.

[7]　许宏龙，刘建．储层非均质性研究方法综述[J]．中外能源．2015，20(8)：41-44.

[8]　刘超，马奎前．旅大油田非均质性定量表征及开发调整[J]．油气地质与采收率．2012(9)，19(85)：88-90.

[9]　吴胜和，熊琦华．油气储层地质学[M]．北京：石油工业出版社，1998：155-172.

[10]　胡治华，申春生，刘宗宾，等．渤海 L 油田东营组低渗储层特征与成岩作用分析[J]．岩性油气藏，2012，24(4)：51-55.

[11]　杨少春．储层非均质性定量研究新方法[J]．石油大学学报：自然科学版，2000，24(1)：53-56.

[12]　刘宗宾，胡治华，马奎前，等．海上多层合采油田开发中后期剩余油分布模式研究[J]．重庆科技学院院报，2013，76(4)：22-25.

[13]　宋刚练，刘燕，刘斐，等．断块剩余油分布规律及控制因素[J]．断块油气田，2009，16(2)：64-66.

[14]　黄晓波，徐长贵，周心怀，等．断层侧向封堵分析在辽东湾海域油气勘探中的应用[J]．断块油气田，2011，18(6)：740-742.

[15]　冈秦麟．高含水期油田改善水驱效果新技术[M]．北京：石油工业出版社，1999：103-115.

[16]　侯亚伟，杨庆红，黄凯，等．基于构造稳定性的断层垂向封闭能力评价[J]．断块油气田，2013，20(2)：166-169.

[17]　刘宇，李娜，王涛，等．断层的准确定位方法[J]．断块油气田，2012，19(3)：294-296.

[18]　周东红，李建平，郭永华．辽西低凸起及辽中凹陷压力场特征与油气分布关系[J]．断块油气田，2012，19(1)：65-69.

[19]　吴素英，孙国，程会明，等．长期水驱砂岩油藏储层参数变化机理研究[J]．油气地质与采收率，2004，11(2)：9-11.

多层砂岩油藏压力预测新方法及应用

靳心伟　康　凯　张　俊　赵靖康　刘彦成　王永慧　郑金定　李思民
（中海石油(中国)有限公司天津分公司，天津塘沽 300459）

摘　要　对于多层开发油田，受储层纵向非均质性、注采纵向不均等因素影响，随着油田不断开发，储层各层压力差异较大，同一口井超压、亏压现象并存，复杂的压力系统增加了储层压力预测的难度。笔者利用管流力学和渗流力学相结合的方法，从注水井角度出发，分析注水井压力变化微观机理，找寻出注水井井口压力与储层压力的关系，通过瞬时关井压力测试法识别出超压层，定量预测储层压力，总结出一套适用于多层砂岩油藏压力预测的新方法，并得到了矿场压力测试资料论证，结论可行，具有广泛的实用性。

关键词　多层合采；压力预测；管渗耦合；瞬时关井压力

渤海PL油田位于渤南低凸起带中段的东北端，生产层位为新近系明化镇组和馆陶组，属于大型断裂背斜构造，断层发育，共划分为22个区块，砂岩厚度达500m，属于复杂断块注水开发油田，纵向层段多，层间干扰现象严重[1]，油田经过十几年的开发后，地层各油组压力分布规律均发生了较大变化，同一口井各层超压亏压程度不一，准确的压力预测对于无论是钻完井泥浆配比还是油田开发管理中优化注水等都至关重要。国内外许多专家学者曾对地层压力的计算方法进行了研究，提出了大量的计算公式。美国小罗伯特·C·厄洛赫提出了平均地层压力计算模式[2]，我国童宪章教授提出了另外一种计算平均地层压力的方法[3]，并对停注后地层压力变化时的计算方法进行了探讨；周全兴[4]以注水开采机理为依据，提出了注水、停住、超注、欠注等各种不同情况下地层压力的计算公式。然而，对于多层砂岩油藏的压力预测仍属空白，笔者在地质油藏精细研究的基础上，利用管流力学与渗流力学相结合的方法，分析注水井压力变化微观机理，通过瞬时关井压力曲线识别出超压层超压值，同时总结出3大地层压力模式，定量预测储层压力，创新地提出一套多层砂岩油藏压力预测新方法，零成本提高压力预测精度。

1　理论公式

1.1　管流力学构建井口压力与时间关系

注水井在正常注水时，井底周围一定范围内流体处于高压弹性状态。当井口停注后，井口流量q_{sc}瞬时降为0，即实现了地面关井。但是，井底的岩面流量q_{sf}却不能立即降为0，而是由于井底压力高于地层压力的缘故，致使井筒流体依然向地层流动一段时间，这个现象即续流现象。如图1所示，当$t_s<\Delta t_{pwbs}$时，$q_{sf}=q_{sc}$；当$t_s>\Delta t_{pwbs}$，q_{sf}逐渐减少直至为0。当$t_s<\Delta t_{pwbs}$的时间段称作纯井筒储存阶段。显然，在续流作用期间，从井口注入井筒的流体并未注入到地层，而是依靠井筒流体的弹性压缩储存在井筒之内[5]。

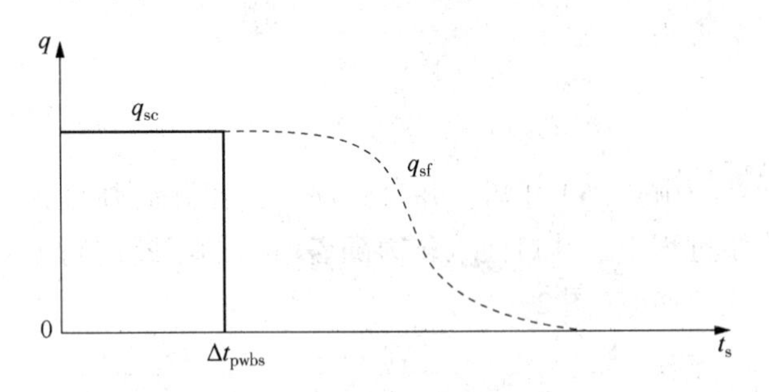

图1　注水井关井流量变化曲线

由节点分析[6]可知，注水井在注水过程中，忽略流体黏性损失，流线上井口与井底的压力势能、动能与位势能之和保持不变，即：

$$\frac{p_{sc}}{\rho g}+H_{sc}+\frac{a\,V_{sc}^2}{2g}=\frac{p_{wf}}{\rho g}+H_{wf}+\frac{a\,V_{wf}^2}{2g} \tag{1}$$

式中，p_{sc}为井口压力，MPa；p_{wf}为井底流压，MPa；H_{sc}为井口液柱高度，m；H_{wf}为井底液柱高度，m；V_{sc}为井口注入水流速，m/s；V_{wf}为井底

作者简介：靳心伟，男，2013年毕业于西南石油大学油气田开发工程专业，获硕士学位，现主要从事海上油气田开发工程方面的研究工作。Email：jinxw2@cnooc.com.cn

注入水流速，m/s；a 为加速度，m/s²。

当井口停注时，q_{sc} 瞬时降为 0，V_{sc} 也瞬时降为 0，式(1)可变为：

$$p_{sc} - p_{wf} = \frac{\rho a V_{wf}^2}{2} + \rho g(H_{wf} - H_{sc}) \quad (2)$$

假设为定压差注水，即注水井井底压力与地层压力差值维持定值，那么对于注入水来说，从井底流入地层的流速 V_{wf} 恒定。即 $\frac{\rho a V_{wf}^2}{2}+\rho g(H_{wf}-H_{sc})$ 为定值，令 $b=\frac{\rho a V_{wf}^2}{2}+\rho g(H_{wf}-H_{sc})$，式(2)可变为：

$$p_{sc} = p_{wf} + b \quad (3)$$

由式(3)可知，井口压力 p_{sc} 与井底流压 p_{wf} 差值恒定。

在纯井筒储存阶段，由于井筒中减少了流体，井底的压力是不断下降的。由于这是一个纯弹性过程，因此流出井筒的流体体积与井底的压力下降值满足下式：

$$q\Delta t_s = V_{wb} C_L \Delta p = C\Delta p_{wf} \quad (4)$$

式中，V_{wb} 为井筒的容积即井筒中的流体体积，m³；C_L 为井筒流体的压缩系数，MPa⁻¹；C 为井筒的储集常数。

由式(3)、式(4)可得出井口压力与时间的关系为：

$$p_{sc(t=t_s)} = \frac{q}{C} t_s + p_{sc(t=0)} \quad (5)$$

由式(5)可知，井口停注后，在井筒弹性泄压过程中，井口注入压力随着时间的不断进行呈线性递减(图 2)。

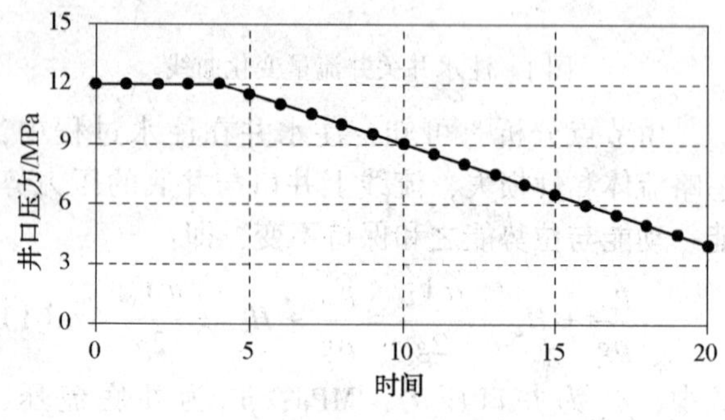

图 2　井筒弹性泄压过程中注水井井口压力变化曲线

1.2　渗流力学构建井底压力与时间关系

对于无限大地层，若地层均质、等厚、水平，注入水从井筒到地层渗流是一个完全的平面径向流过程[7]。满足：

$$\frac{\partial^2 P}{\partial r^2} + \frac{1}{r}\frac{\partial P}{\partial r} = \frac{1}{\eta}\frac{\partial P}{\partial t_s} \quad (6)$$

式(6)中，η 为导压系数，$\eta=\frac{K}{\mu C_t}$。

通过 Boltzmann 变换，当注水井停注后，井底流压可表示：

$$p_{wf} = p_i + \frac{q\mu}{4\pi Kh}\ln\frac{2.25\eta t_s}{r_w^2} \quad (7)$$

图 3 为不同地层压力下停注后注水井井底压力随时间变化曲线，由图可知，停注初期，井底压力降幅较大，随着时间不断进行，井底压力基本维持稳定并与地层压力基本保持一致，依靠天然能量开发，压力随着时间的增加而逐步降低。

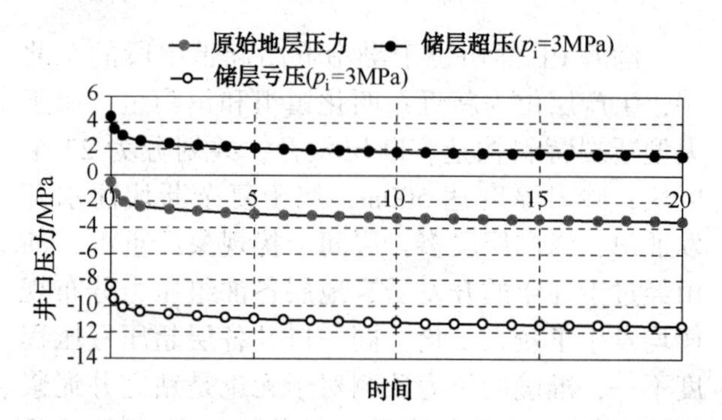

图 3　停注后注水井井底压力变化曲线

1.3　管渗耦合

由于从注水井井口至地层需要经历管流和渗流的过程，当注水井停注后，注水井井口压力为两个过程的叠加，具体如下(图 4)：

(1) 如果储层为超压时，

当 $t<t_1$ 时，$p_{sc(t=t_s)}=\frac{q}{C}t_s+p_{sc(t=0)}$；

当 $t=t_1$ 时，井筒管流和储层渗流压降曲线相交，即管渗耦合点；

当 $t>t_1$ 时，$p_{sc}=p_i+\frac{q\mu}{4\pi Kh}\ln\frac{2.25\eta t_s}{r_w^2}+b$。

(2) 如果储层亏压或接近于原始地层压力时，

当 $t<t_2$ 时，$p_{sc(t=t_s)}=\frac{q}{C}t_s+p_{sc(t=0)}$；

当 $t>t_2$ 时，$p_{sc}=0$。

由上可知，当储层超压时，注水井关井后井口压力曲线将出现管渗耦合点(下称拐点)，当储层亏压或维持原始地层压力时，注水井关井后井

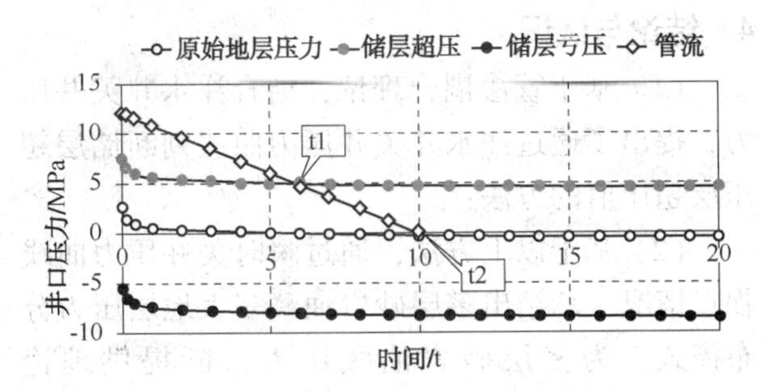

图4 停注后注水井井口压力变化曲线

口压力快速下降至0。

2 多层砂岩油藏压力预测

PL油田由于纵向层段多，层间干扰现象严重，油田经过长时间的开采，地层各油组压力分布规律均发生了较大变化，同一口井各层超压亏压程度不一，以一个双层油藏为例进行压力预测分析，假设该双层油藏包含一个超压层和一个亏压层(图5)。

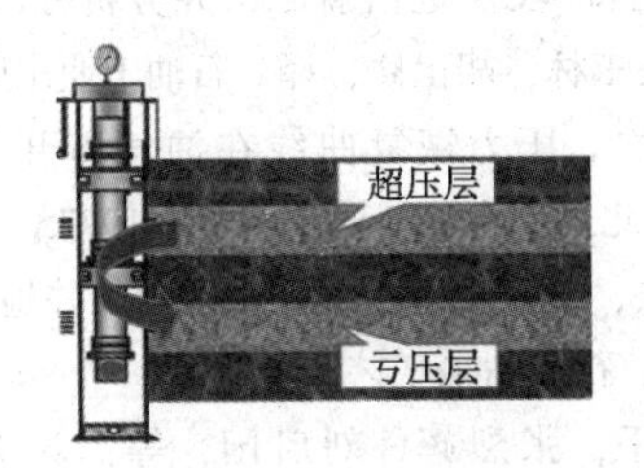

图5 双层油藏示意图

当井口停注后，井底无外来供给，井底压力由于高于储层各段压力，井筒注入水仍继续向储层渗流，井底流压逐步下降，当井底压力降低至超压层压力时，井底压力与超压层出现交点，反映到井口压力曲线上即为拐点。由于层间压力差异，超压层中流体将反排至低压层位，层间出现窜流现象(图6、图7)，由此可知，对于双层油藏，注水井井口压降时拐点值即为超压层超压值。

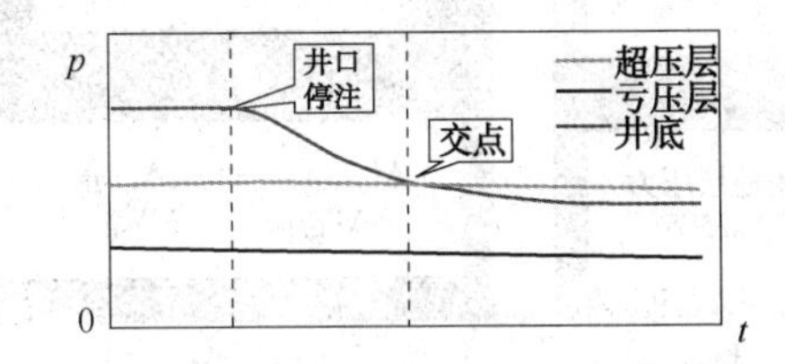

图6 储层压力、注水井井底流压随时间变化曲线

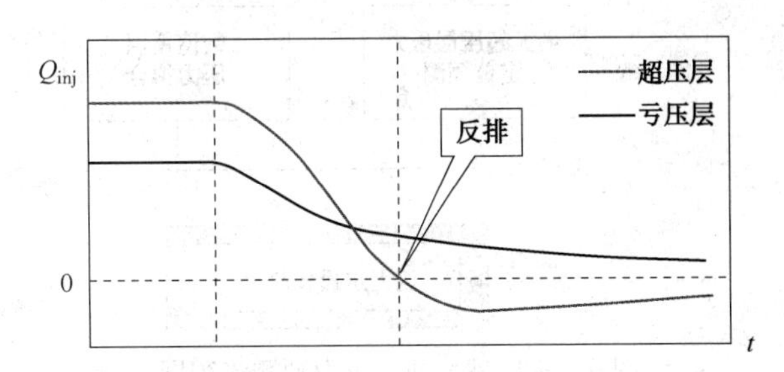

图7 超压、亏压层吸水量随时间变化曲线

对于多层油藏，由于各层储层展布规模存在差异，超压层规模也差异较大，当注水井停注后，井口压力曲线主要表现为3大模式(图8)：模式一，井口压力曲线仅出现一个拐点，说明储层存在超压，而且超压层规模比较大；模式二，井口压力出现多个拐点，说明储层多段存在超压，但是超压层规模较小，最后一个拐点为储层展布规模较大对应层位；模式三，井口压力无拐点快速降为0，说明储层以亏压为主或维持原始地层压力。由此便可根据地层压力模式判断储层的压力特征。

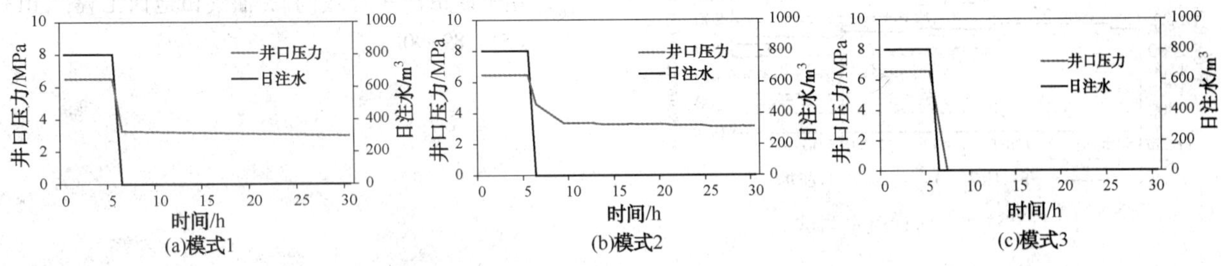

图8 不同储层展布规模下多层砂岩油藏注水井井口压力曲线

通过瞬时关井压力法(ISIP法)判断最大超压层超压值，结合储层发育、注采响应等资料，在吸水剖面拟合的基础上，新增最大超压层这一拟合条件，进一步提高模型拟合精度，从而对各层压力进行定量预测，预测思路如图9所示。

3 矿场验证与应用

PL油田一口注水井C44于2015年11月29日停注，停注后拐点压力3.4MPa，由ISIP法可知，储层最大超压层超压3.4MPa(图10)。

该注水井于2015年11月28进行阶梯流量测试(图11)，根据阶梯流量测试法[8]，计算该井最大超压层3.5MPa，与ISIP法预测值差异较小，说明通过瞬时关井压力曲线法判断储层超压值是可行的。

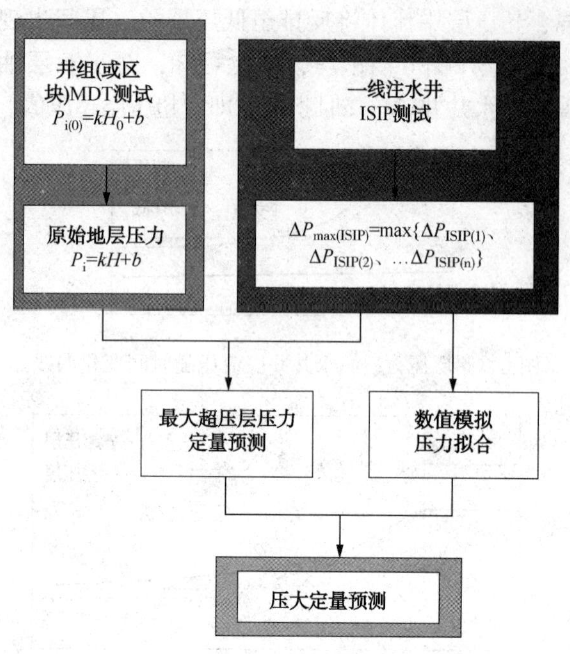

图9　多层砂岩油藏压力预测流程图

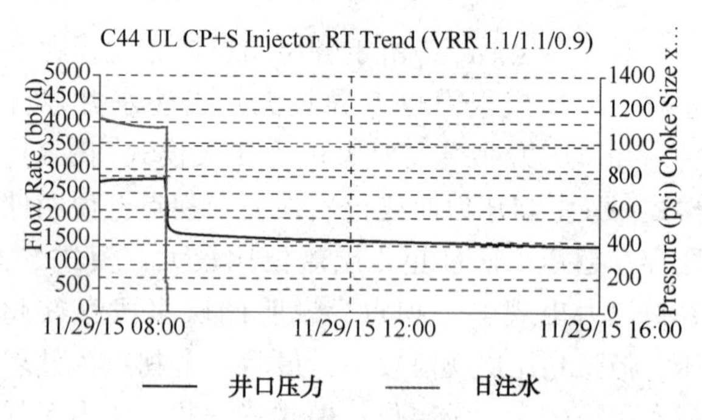

图10　注水井瞬时关井压力曲线

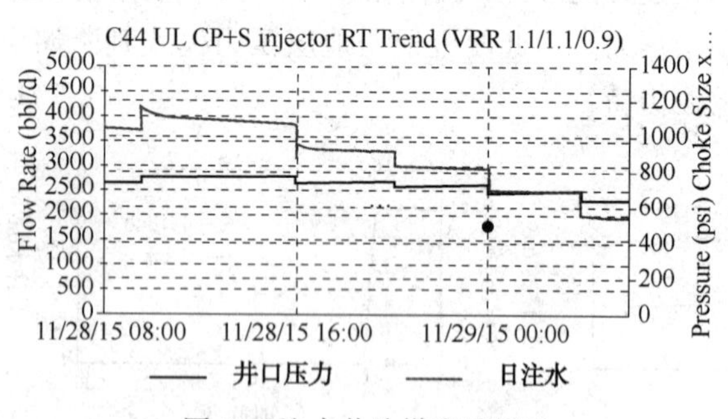

图11　注水井阶梯流量测试

4　结论与认识

（1）基于管渗耦合理论，结合注水井关井压力，提出了通过注水井关井压力曲线判断储层超压层超压值的方法；

（2）基于以上方法，通过瞬时关井压力曲线拐点情况，总结出多层砂岩油藏三大地层压力分布模式，为多层砂岩油藏压力诊断提供理论基础；

（3）对比瞬时关井压力曲线与阶梯式流量测试法计算结果基本一致，结论可行，且该方法无需新增费用进行压力测试，方便地应用于钻完井及油田生产管理中，具有广泛的现场实用性。

参考文献

[1]　罗宪波，赵春明．海上油田多层合采层间干扰系数确定[J]．大庆石油地质与开发．2012.

[2]　小罗伯特·C·厄洛赫．试井分析方法[M]．栾志全，吴玉林，胡祖修，译．石油工业出版社，1985.

[3]　童宪章．压力恢复曲线在油气田开发中的应用[M]．北京：石油工业出版社，1977.

[4]　周全兴，李占英．预测注水区调整井地层压力的方法[J]．石油钻采工艺，1991.

[5]　李晓平，张烈辉，刘启国，等．试井分析方法[M]．北京：石油工业出版社，2009.

[6]　王德有．油气井节点分析实例[M]．石油工业出版社，1991.

[7]　张建国，雷光伦，张艳玉，等．油气层渗流力学[M]．东营：中国石油大学出版社，1998.

[8]　高东升，万小迅，孟宪伟，等．阶梯式流量测试法用于油田注水管理[J]．油气田地面工程，2013(5)：89-90.

海上不同类型稠油油藏提高采收率研究及实践

屈继峰 刘 东 张彩旗 李 浩 罗义科 赵大林

(中海石油(中国)有限公司天津分公司，天津塘沽 300452)

摘 要 海上稠油油田N油田地层原油黏度分区性明显，开发初期黏度较低井区采用人工注水开发，黏度较高井区利用天然能量开发。随着开发时间的延长，不同井区开发效果差异较大，并存在不同的开发瓶颈，导致油田采油速度低、最终采收率低。针对不同井区面临的问题，开展了海上不同类型稠油油藏提高采收率方法的研究，形成了不同原油黏度提高采收率的技术对策：黏度在50mPa·s左右的普通稠油，以常规注水开发为主；黏度300mPa·s左右的稠油，应在注好水的基础上，结合调驱等技术改善水油流度比，提高水驱效果；黏度600mPa·s左右的稠油，应以热采开发为主提高采收率。从实施效果看，油田开发效果得到了极大改善，也为不同稠油油藏的高效开发提供了借鉴。

关键词 稠油油藏；提高采收率；精细注水；弱凝胶调驱；多元热流体吞吐

我国海上稠油资源丰富，仅渤海地区发现的稠油储量就占到渤海油田总储量的70%以上，稠油油田的高效开发对海上油田稳产增产意义重大。稠油的黏度范围广(地层原油黏度50mPa·s以上都称为稠油)，不同黏度范围的稠油的最佳开发方式也不尽相同。目前稠油的开发方式主要有两类：一类是注水开发[1,2]；另一类是热采开发[3,5]。如何改善稠油油田开发效果，提高稠油油田的采收率是稠油开发的重要课题。

陆地油田各种提高采收率的方法已趋于成熟，但是海上稠油油田的开发受到生产设施、安全环保、开发成本等因素制约，存在一定的特殊性。本文通过对海上稠油油田N油田开发历程的总结和分析，提出了针对海上不同黏度稠油提高采收率的技术对策。

1 地质油藏特征

N油田构造整体是一个由半背斜、复杂断块、南北斜坡带三种圈闭类型组成的北东走向的复式鼻状构造(图1)，主力油层为明化镇组下段与馆陶组顶部。储层具高孔高渗特征，平均孔隙度37.8%，平均渗透率1664.0mD。

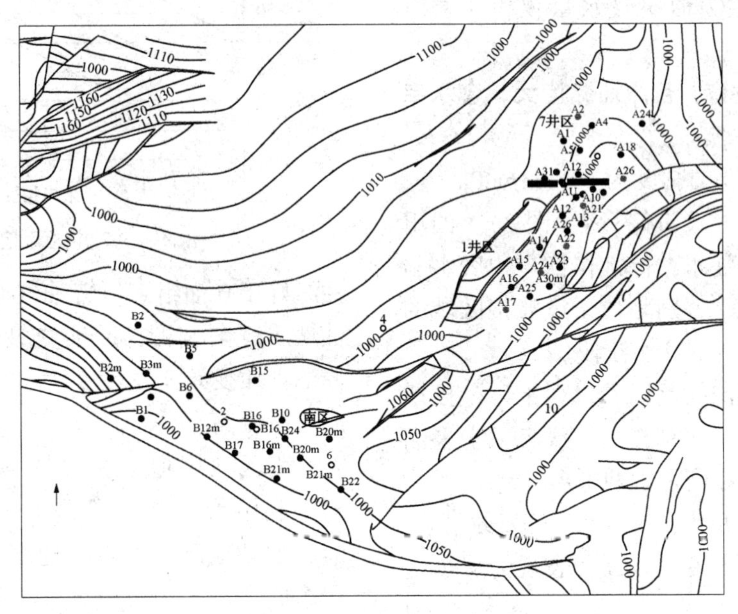

图1 N油田构造图

N 油田地层原油黏度分布范围广（50～926mPa·s），并且地层原油黏度具有明显的分区性。1 井区地层原油黏度 50mPa·s，7 井区地层原油黏度 69～316mPa·s，南区地层原油黏度为 449.00～926.00mPa·s。

2　油藏开发遇到的难点

N 油田 2005 年 9 月开始投产。由于地层原油分区性明显，不同井区开发效果差异较大，并存在不同的开发瓶颈。随着开发时间的延长，1 井区和 7 井区由于非均质性较强，层间和平面矛盾突出；南区由于原油黏度大，主要靠天然能量开发，逐渐暴露出靠近边底水的油井含水上升快、油层高部位需要保持地层能量等问题。

2.1　1 井区黏度相对较小，但层间及层内矛盾突出

1 井区平均地层原油黏度为 50mPa·s，注采井网比较完善。以构造-岩性油藏为主，边底水不发育，天然能量不足，依靠水驱开发。油田投产初期，开发效果较 B 井区、C 井区好。随着开发时间延长，受层间及平面储层物性差异影响，层间及平面矛盾越来越突出。纵向上高渗透率层位吸水量大，中低渗透层位吸水量小或不吸水；平面上注入水沿高渗透通道向采油井突破，主要表现为注水井各小层吸水不均，采油井各小层水驱动用程度差异大。

以 A24 井吸水剖面为例(图 2)，主力油层连通性及物性较好，长期水驱过程中，形成高渗通道，吸水量大；非主力油层吸水量仅占 10%～20%，水驱动用程度差。

2.2　7 井区边底水发育，且原油黏度大，含水率上升快

7 井区平均地层原油黏度为 69～316mPa·s，井区边底水较发育，过渡带储量大(图 3)。油田开发初期采用高部位注水，低部位依靠边底水驱动。油井含水上升快，特别是位于过渡带区域的油井，投产后很快进入高含水阶段。

从 7 井区含水率曲线可以看出(图 4)，投产后油井含水率很快达到 50%左右，没有无水采油期，井区大部分储量在高含水期采出。

2.3　南区地层原油黏度大，常规冷采开发效果差

南区原油黏度平面变化较大，表现为从东向西原油黏度逐渐增大，纵向上也有一定差异，I

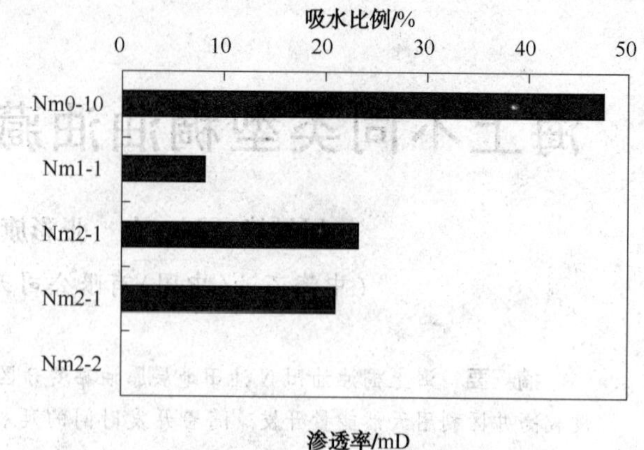

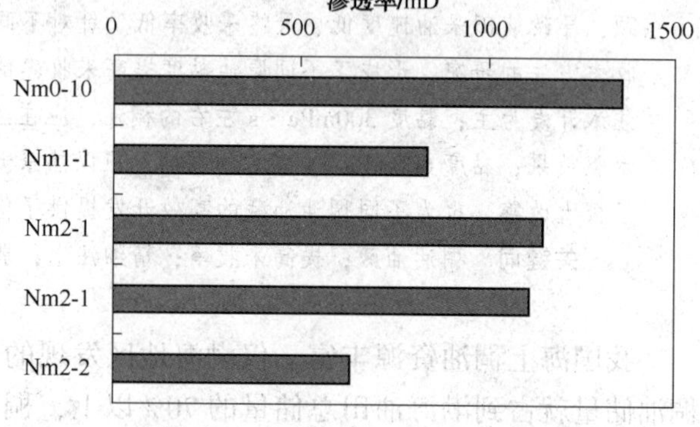

图 2　1 井区 A24 井吸水剖面图

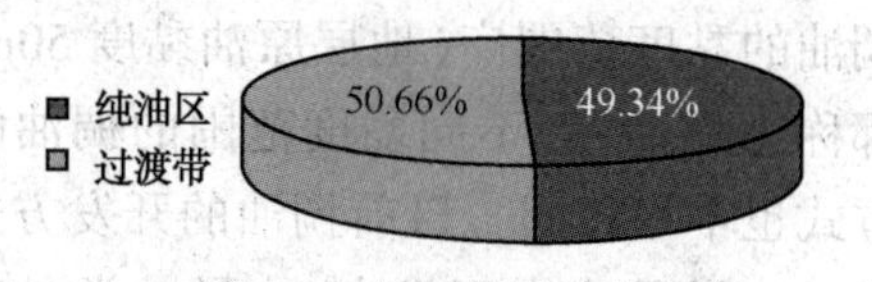

图 3　7 井区储量分布

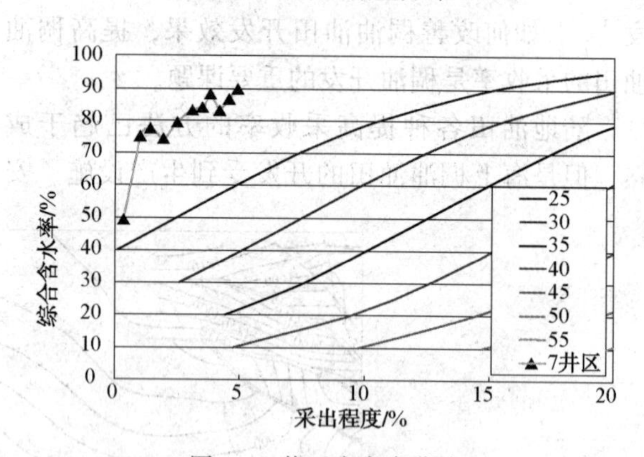

图 4　7 井区童宪章曲线

油组好于 0 油组。沿着油气充注方向，向远端原油性质逐渐变稠；原油受氧化、降解程度变高，原油性质变差，密度变大、黏度变大、胶质沥青质含量变高。

南区地层原油黏度为 450～960mPa·s(图 5)。利用天然能量冷采开发，单井产能低(图 6)，递减速度大，采油速度仅 0.2%，井区采出程度低。

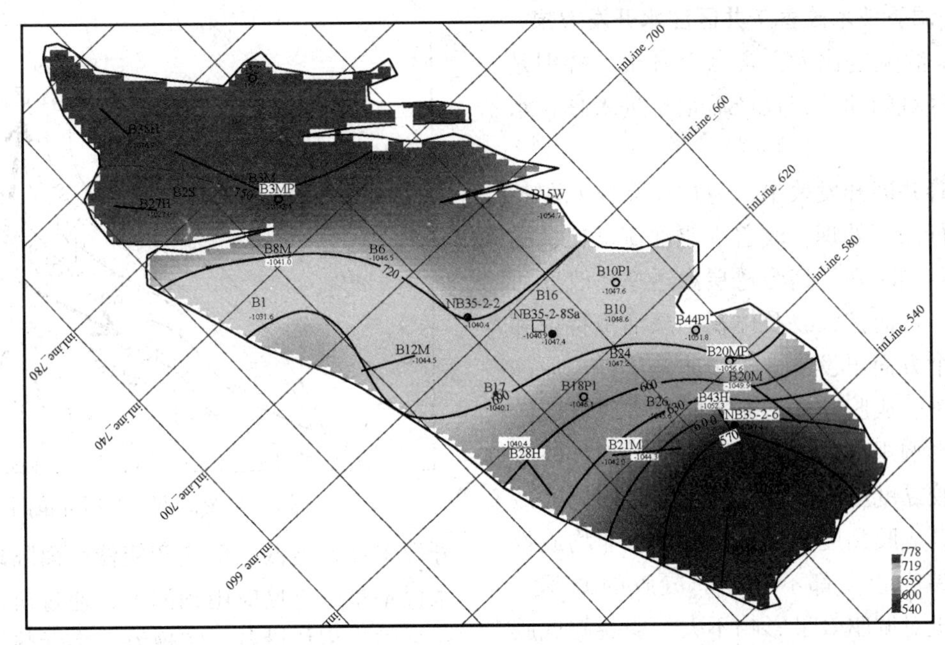

图 5　南区地层黏度分布图

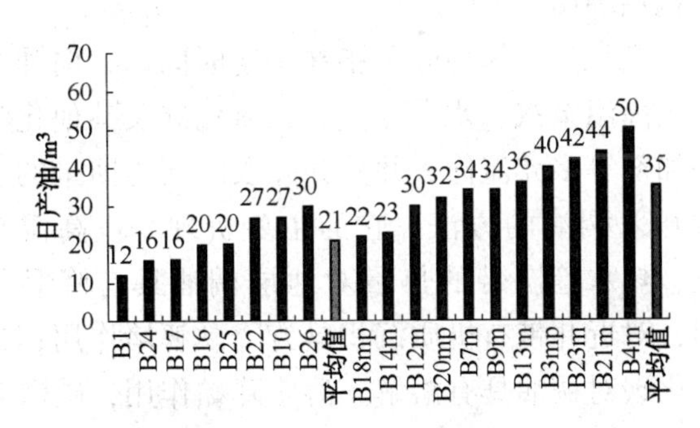

图 6　南区单井产能图

3　分井区提高采收率技术

针对不同井区开发效果差异较大，及开发过程中存在的瓶颈，开展了相应的提高采收率方法研究，形成了精细注水技术、弱凝胶调驱技术、多元热流体吞吐技术为主的提高采收率技术系列。

3.1　精细注水技术解决 1 井区层间注水不均问题

1 井区层间及层内矛盾突出，注水井各小层吸水不均，采油井各小层水驱动用程度差异大。

注水井分层配注能够很好地缓解层间矛盾。将注水层段划分成几个层段分别以不同的配注量进行注水，合理计算出每个层段的注水量，并且对实际生产情况进行动态分析，及时对注水层段配注量作出合理的调整。而分层注水量的计算是分层注水的关键问题。

在分析各个小层水驱动用状况的基础上，确定不同层段的注采比，细化到每一个注水井的注水层段作为配注的研究对象。因为在开发过程中，注水井的注水层段会与多个方向的油井的产层连通，因此将这些多个连通产层的产液量累加起来，以此来作为该注水井层段配注量的依据。具体算法如下所示：

$$Q_{oi} = \sum_{j=1}^{n} q_{oj} \tag{1}$$

$$Q_{wi} = \sum_{j=1}^{n} q_{wj} \tag{2}$$

$$I_{wi} = (Q_{oi} \cdot B_o + Q_{wi}) \cdot Z \tag{3}$$

其中，式(1)计算的是该层段连通油井层的累计产油量；式(2)计算的事该层段连通的油井层的累计产水量；式(3)计算的是分层段的配注水量。

上式中：

Q_{oi}表示分层段汇总的累计产油量；

Q_{wi}表示分层段汇总的累计产水量；

q_{oj}表示与注水井连通的生产井各个层段汇总的产油量；

q_{wj}表示以注水井连通的生产井各个分层汇总的产水量；

I_{wi}表示注水井的分层配注量；

n 表示与该出油层段连通的油井数量；

Z 表示层段的注采比，无因次。

在水井分层配注的同时，对油井实施调剖、卡层、补孔等措施。

3.2　弱凝胶调驱技术改善 7 井区注水开发效果

7 井区水油流度比大，含水上升快，特别是位于过渡带区域的油井，投产后很快进入高含水率阶段。

为了改善井区开发效果，通过弱凝胶调驱技术对油藏进行深部处理，改善水驱油流度比，提高波及效率；同时降低高渗透层渗透率，改变后续流体流向，从而扩大波及体积。从油藏特征和注入条件两个方面出发，分析了非均质性、原油黏度、注入量、成胶黏度、注入时机等对弱凝胶调驱效果的影响规律。研究结果表明，增加注入量或提高成胶黏度虽然都可以改善弱凝胶调驱效果，但是提高成胶黏度更加经济有效；非均质性越强，原油黏度越高都不利于弱凝胶的调驱效果；注入时机对调驱效果影响不大。弱凝胶成胶黏度和原油黏度(即流度比)是影响调驱效果的主要因素。

水驱

弱凝胶调驱

后续水驱

图 7　弱凝胶调驱示意图

(蓝色表示水，灰白色表示弱凝胶)

以 A21 井组为例(图 8)，同时针对井区油柱高度低的特点，采用水平井与化学调驱技术的结合，通过多种技术手段改善开发效果。井区边底水发育，可采储量大部分在高含水率阶段采出。

3.3　多元热流体吞吐技术提高南区采油速度

南区地层原油黏度为 450~960mPa · s，冷采

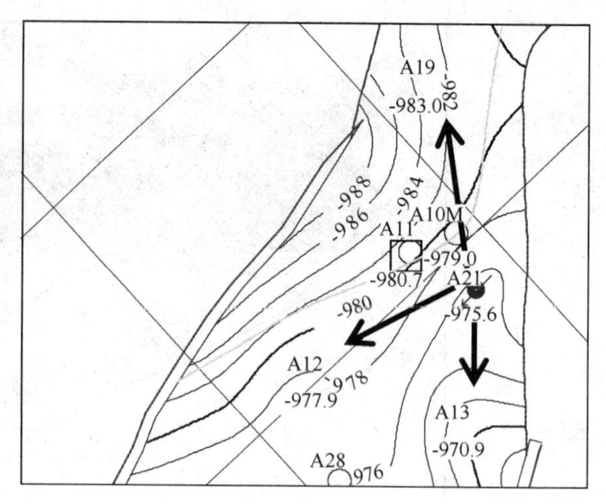

图 8　弱凝胶调驱井组井位图

开发采油速度低、单井产能低。而陆地油田的热采设备难以直接应用到海上，通过研制适合海上热采的小型化设备，实现海上多元热流体吞吐开发稠油油田。

多元热流体吞吐是指在一定时间内，向油井注入高温蒸汽、水、氮气、二氧化碳及其他化学添加剂等多元流体，并关井一段时间再回采的一种开采稠油的方法。它的主要机理是：高温蒸汽、热水等携带的热量对地层稠油具有降黏作用，对近井带有机质沉积具有降黏解堵作用；二氧化碳对稠油具有溶解、溶胀降黏作用，碳酸对地层具有解堵作用；大剂量高弹性能氮气具有扩大多元热流体的地下波及作用范围、对地层增能保压、对近井带的疏通作用。

自 2008 年起，多元热流体吞吐现场试验先后经历了 3 个阶段：老井热采及装备验证试验、新井热采及防砂完井验证试验、规模热采及效果评价试验。多元热流体吞吐热采试验表明：多元热流体热采增产效果显著，且经过 8 年的不断试验、摸索，多元热流体热采配套装备/技术逐步完善。为进一步完善 N 油田南区井网(图 9)，提高采油速度，从 2011 年起，在 N 油田油田南区开展了规模化多元热流体热采试验，从而完善南区井网，提高南区采油速度及采收率(图 10)，摸索海上稠油油田高效、经济开发的规模化热采模式，进而为后续海上稠油油田的高效开发提供借鉴、指导，形成一套从介质筛选到井网优化，从方案设计到效果评价的具有海油特色的热采技术体系。

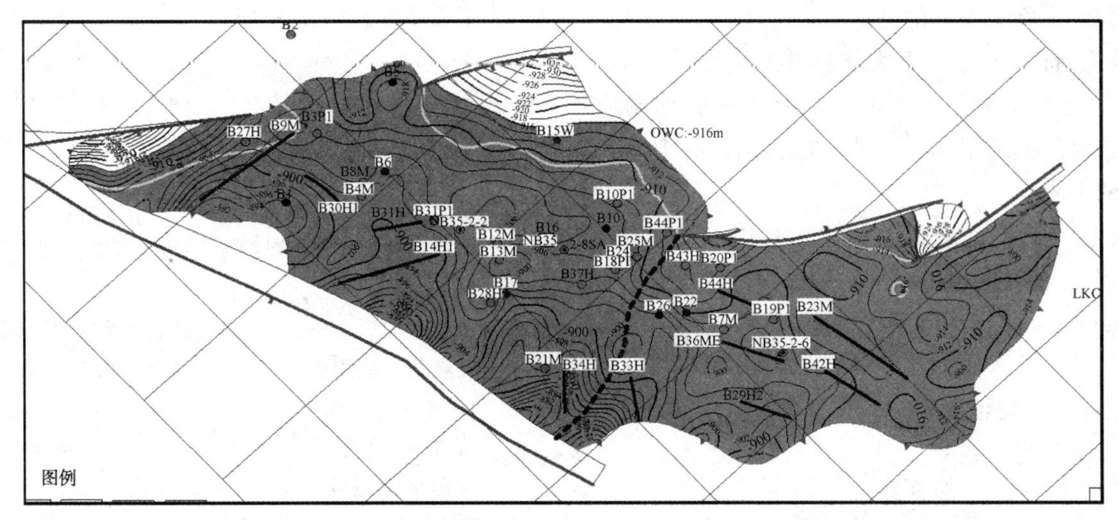

图9 多元热流体吞吐井位图

图10 南区生产曲线图

4 提高采收率效果

1井区实施精细注水，年产油量增加了 $1.10\times10^4m^3$；7井区实施弱凝胶调驱，年产油量增加了 $2.24\times10^4m^3$；南区实施多元热流体吞吐，年产油量增加了 $11.68\times10^4m^3$。从童氏图版(图11)可以看出，1井区和7井区水驱开发效果得到了改善。不同井区实施一系列提高采收率措施，采收率都所提高(图12)。

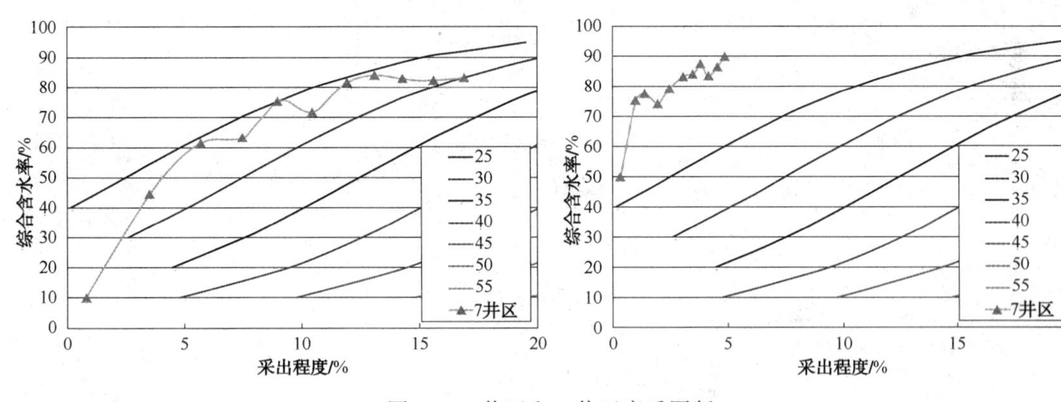

图11 1井区和7井区童氏图版

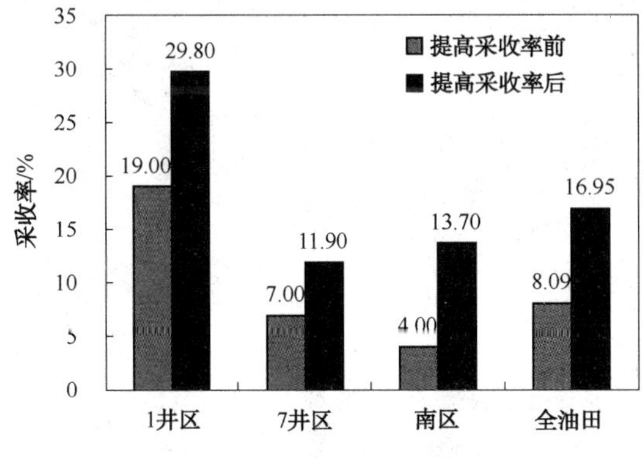

图12 N油田不同井区采收率

5 结论

海上稠油资源丰富，并且具有黏度范围广的特点。本文以N油田为例，对如何高效开发海上稠油油藏进行了初步探讨。

(1) 针对注水开发层间矛盾，提出精细注水技术，在1井区开展现场应用，改善了层间注水开发的矛盾。

(2) 针对油水流度比大、含水上升快的矛盾，提出弱凝胶调驱技术，在7井区开展现场应用，起到了降水增油的目的。

(3) 针对原油黏度大、单井产能低的矛盾，提出多元热流体吞吐技术，在南区开展现场应用，极大地提高了油田采油速度，满足海上高速开发的需求。

(4) 对于黏度较低的稠油(50mPa·s左右)，以常规注水开发为主；对于黏度中等的稠油(300mPa·s左右)，应在注好水的基础上，结合调驱等技术改善水油流度比，提高水驱效果；对于黏度较高的稠油(600mPa·s左右)，应以热采开发为主提高采收率。

参考文献

[1] 郭太现，苏彦春．渤海油田稠油油藏开发现状和技术发展方向[J]．中国海上油气，2013，4(25)：26-31.

[2] 柴世超，杨庆红，葛丽珍，等．秦皇岛32-6稠油油田注水效果分析[J]．中国海上油气，2006，18(4)：251-253.

[3] 黄颖辉，刘东，张风义．N油田南区特稠油油田弱凝胶提高采收率探讨[J]．石油地质与工程，2012，26(2)：122-124.

[4] 姜伟．加拿大稠油开发技术现状及我国渤海稠油开发新技术应用思考[J]．中国海上油气，2006，18(2)：123-125.

[5] 程林松，刘东，高海红，等．考虑拟流度比的蒸汽驱前缘预测模型研究[J]．西南石油大学学报，2009，31(2)：159-162.

海上某复杂油藏类型油田产液结构优化实例

徐大明 陈来勇 胡廷惠 王 迪 杨 彬 陈勇军 黄 雷

(中海石油(中国)有限公司天津分公司辽东作业公司，天津塘沽 300452)

摘 要 渤海海上某具有多种油藏类型的油田由于油水分离器的限制，油田的产水量受到了制约。为了在保证安全生产的前提下，实现油田产量最大化，开展了产液结构优化调整研究。采用动态数据计算单井广适简化水驱曲线和无因次采液指数曲线，分析确定单井合理的提液时机，进而对单井的提液潜力进行排序。2015 年某油田在该方法的指导下，通过分批次提液实践，证实该方法是可靠的，2015 年在产水量不变的情况下，实现累计增油 4.4×10^4m^3，增油效果显著。

关键词 水处理量受限；产液结构优化调整；广适简化水驱曲线

渤海海上某油田包括 LD-A 和 LD-B 两个平台，油气水在 LD-A 平台集中处理。两个平台生产层位、油藏类型差异较大。LD-A 平台生产层位为明化镇Ⅱ油组，上部油层为边水驱动的构造层状油藏，下部油层则为底水驱动的构造块状油藏，利用天然能量开发。孔隙度分布在 15.0%～42.0%之间，平均 35.0%；渗透率主要分布在 5.0～11681.0mD 范围内，平均为 3087.0mD。地面原油密度 0.958～0.965g/cm^3；地面原油黏度 830.00～1415.00mPa·s。地层原油密度 0.936～0.937g/cm^3；地层原油黏度 437.00～559.58mPa·s，地层原油属于稠油。LD-B 平台主要生产层位为馆陶组和东营组。东营组以具多套油水系统的构造层状油藏、岩性-构造、岩性油藏为主；馆陶组以块状底水油藏、边水油藏为主。馆陶组、东营组油藏天然能量充足，依靠天然边、底水能量开发。馆陶组平均孔隙度 21.7%，平均渗透率 466.5mD。东营组平均孔隙度 16.9%，平均渗透率 24.2mD。馆陶组上部为重质、稠油，馆陶组下部和东营组为常规油。

LD-A 平台为稠油边底水油藏，LD-B 平台以边底水油藏为主，油藏类型复杂多样。LD-A 平台 2014 年 1 月含水率已经达到 86.1%，进入高含水末期，稠油油藏的可采储量主要是在高含水期采出，主要通过增大生产压差进行提液来实现稳产。但是 LD-A 平台一级分离器水室设计最大处理量为 4680m^3/d，而 2014 年 1 月 LD-B 平台和 LD-A 平台日产水合计已经达到了该值，给生产处理系统带来了安全隐患。为了实现油田安全生产，并在水处理量限制的范围内实现产油量最大化，生产效益最好，急需开展产液结构调整研究。

1 单井提液潜力计算及排序

1998 年张金庆[1]提出了可同时表征凸形和凹形的适用新型水驱曲线，随后又提出了张型及广适水驱曲线，解决了中低含水阶段水驱规律表征的问题。LD-B 平台含水率刚过 60%，大部分井的含水率都低于 60%，常用的水驱曲线不适用，所以这里引入张金庆[2]的方法进行相关研究。

1.1 广适简化水驱曲线计算

在广适水驱曲线基础上，为了便于油藏工程师掌握计算方法，张金庆在计算精度允许的条件下提出了广适简化水驱曲线[3]：

$$N_p = N_R - a\frac{N_p^2}{W_p^q}$$

应用时利用单井的生产动态数据进行水驱曲线去噪，得到单井的广适简化水驱曲线，计算得到的所有单井的 N_R 和 q 值见图 1。

1.2 无因次采液指数曲线计算

以束缚水饱和度下的油相渗透率为基准对相渗曲线进行标准化处理，则标准化前后的油水相

作者简介：徐大明(1979—)，男，汉族，2006 年毕业于中国石油大学(北京)油气田开发专业，硕士，油藏工程师，现从事在生产油气田动态分析及油水井管理工作。

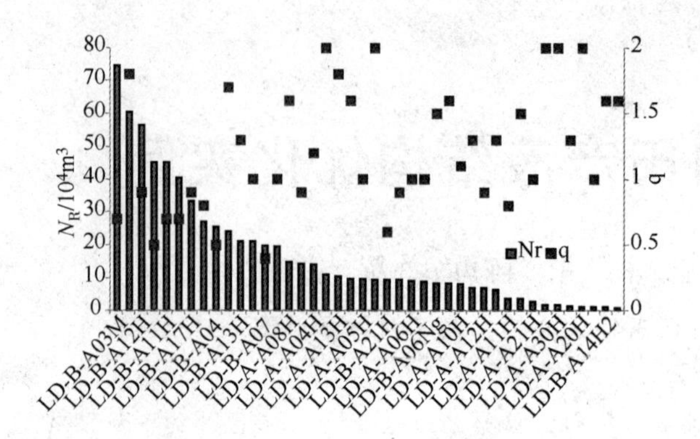

图 1 单井 N_R 与 q 值计算结果

对渗透率[4]可表示为：

$$K_{rw} = K_{rw}(S_{or})\left(\frac{S_w - S_{wi}}{1 - S_{wi} - S_{or}}\right)^{n_w} = K_{rw}(S_{or}) \times S_{wd}^{n_w}$$

$$K_{ro} = K_{ro}(S_{wi})\left(\frac{1 - S_{sor} - S_w}{1 - S_{or} - S_{wi}}\right)^{n_o} = (1 - S_{wd})^{n_o}$$

$$M = N_R^{\frac{1}{q}-1} \times \frac{2a^{\frac{1}{q}}}{q}$$

$$n_w = \frac{2}{q} - 1,\ n_o = \frac{1}{q} + 1$$

忽略重力和毛管力条件下无因次采液指数可表示为：

$$J_{DL} = \frac{J_L}{J_L^0} = K_{ro}(S_w) + K_{rw}(S_w)\frac{\mu_o B_o}{\mu_w B_w}$$

结合以上公式即可计算单井无因次采液指数随含水率变化关系：

$$J_{DL}(t) = \frac{f_w(t) - f_w(t-1)}{f_{w(\approx 0.99)} - f_w(t-1)} \times (J_{DL(f_w \approx 0.99)} - J_{DLi}) + J_{DLi}$$

提液时机和提液幅度主要参考徐兵[5]的方法，即油井无因次采液指数大于 1 并开始快速上升、无因次采油指数加速下降之前为最佳提液时机。

本油田计算得到的单井无因次采液指数随含水率变化关系见图 2，可以看出大部分井无因次采液指数随含水率增加是增长的，但是也有一部分井无因次采液指数随含水率增加是平缓甚至降低的，说明这部分井不具备提液潜力。

1.3 单井提液潜力排序

考虑油田单井措施实施频率和可操作性，以年为时间单元，油田年产液为：

$$Q_L(t) = L_{pf}(t) - L_{pf}(t-1)$$

当油田年产水量达到处理能力上限时，需要

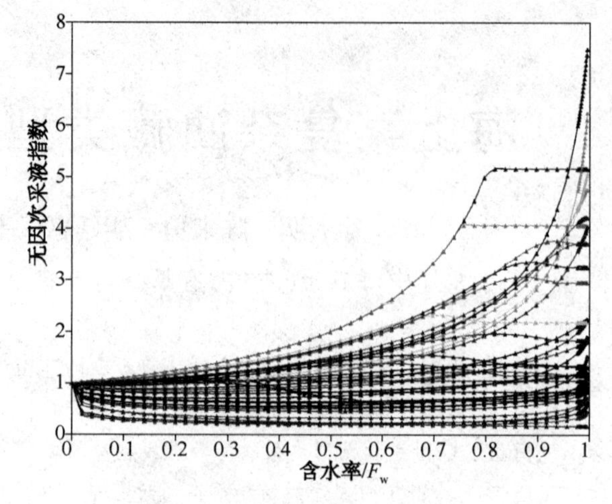

图 2 单井无因次采液指数与含水率关系曲线

选取油井进行降液，选取的原则为保证在年产水量一定条件下，油田年产油量最大。引入判断因子 $\alpha(t)$，$\alpha(t)$为单井在时间 t 时刻，每产出单位体积的水量所采出的油量，按照判断因子的大小将各单井进行排序，由小到大进行逐井降液，这样就保证了由于降液而损失的油量最小(表 1)。

表 1 单井提液优先顺序排列

井号	含水率/%	剩余可采储量 $Nr/10^4m^3$	提液判断因子	排序
LD-B-A19H	8.0	27.2	0.64	1
LD-B-A15H2	15.0	6.3	0.64	2
LD-B-A11H	32.5	27.7	0.60	3
LD-B-A12H	46.0	34.8	0.59	4
LD-B-A20H	38.0	13.6	0.57	5
LD-B-A16W	36.0	16.1	0.51	6
LD-B-A09H	47.0	46.2	0.51	7
LD-B-A08	42.8	1.6	0.50	8
LD-B-A14H2	39.3	0.9	0.48	9
LD-B-A17H	51.6	17.6	0.47	10
LD-B-A03M	49.8	41.9	0.44	11
LD-B-A10H	55.1	18.4	0.36	12
LD-B-A06Ng	86.6	5.7	0.30	13
LD-B-A07	36.9	9.1	0.25	14
LD-B-A02	72.0	4.6	0.24	15
LD-A-A03H	69.9	10.5	0.22	16
LD-A-A19H	81.8	6.0	0.18	17
LD-B-A05	85.2	10.8	0.17	18
LD-B-A21H	62.0	3.0	0.15	19
LD-A-A13H	87.3	4.5	0.13	20
LD-B-A04	88.5	7.1	0.12	21
LD-A-A07H	84.3	5.6	0.12	22
LD-B-A18H	99.0	1.1	0.11	23

续表

井号	含水率/%	剩余可采储量 $Nr/10^4m^3$	提液判断因子	排序
LD-A-A22H	86.9	2.1	0.11	24
LD-A-A21H	89.7	1.5	0.11	25
LD-A-A04H	90.0	6.9	0.09	26
LD-A-A08H	87.2	7.1	0.09	27
LD-A-A05H	88.5	5.1	0.08	28
LD-A-A16H	92.0	3.3	0.08	29
LD-A-A09H	93.5	5.1	0.08	30
LD-A-A06H	91.9	3.6	0.07	31
LD-A-A10H	93.4	3.4	0.07	32
LD-A-A17H	92.5	2.5	0.07	33
LD-B-A13H	88.0	4.7	0.07	34
LD-A-A12H	93.5	2.9	0.07	35
LD-A-A28H	94.4	0.6	0.06	36
LD-A-A23H	94.8	0.8	0.06	37
LD-A-A20H	93.2	0.2	0.04	38
LD-A-A11H	92.2	0.6	0.04	39
LD-A-A27H	94.8	0.2	0.02	40
LD-A-A31H	95.3	0.1	0.02	41
LD-A-A30H	98.2	0.3	0.01	42

2 产液结构优化调整实施过程及增油效果

该油田产液结构优化调整是分阶段实施的，大体上分为3个阶段。

第一个阶段：试验探索阶段(2015年1月)，从LD-A平台自身挖潜，关停提液潜力最低的后三口井(A27H、A30H、A31H)，释放出水量580m³/d，选取3口井(A22H、A04H和A10H)进行提频试验，初期日增油分别为12m³/d、24m³/d和8m³/d(图3、图4)，与研究结论基本一致。

第二个阶段：推广阶段(2015年4~8月)，把LD-A和LD-B平台合在一起整体考虑，再次关停LD-A平台排序最靠后的3口井(A11H、A20H、A23H)，对LD-A-A28H、LD-B-A13H、LD-B-A08、LD-B-A03M降频，释放出水处理量对两个平台18口井进行提频生产。

第三个阶段：精细应用阶段(2015年12月)，在前两个阶段实施总结的基础上，细化提频潜力，对LD-A-A28H降频释放水处理量，对9口井进行小幅提频。

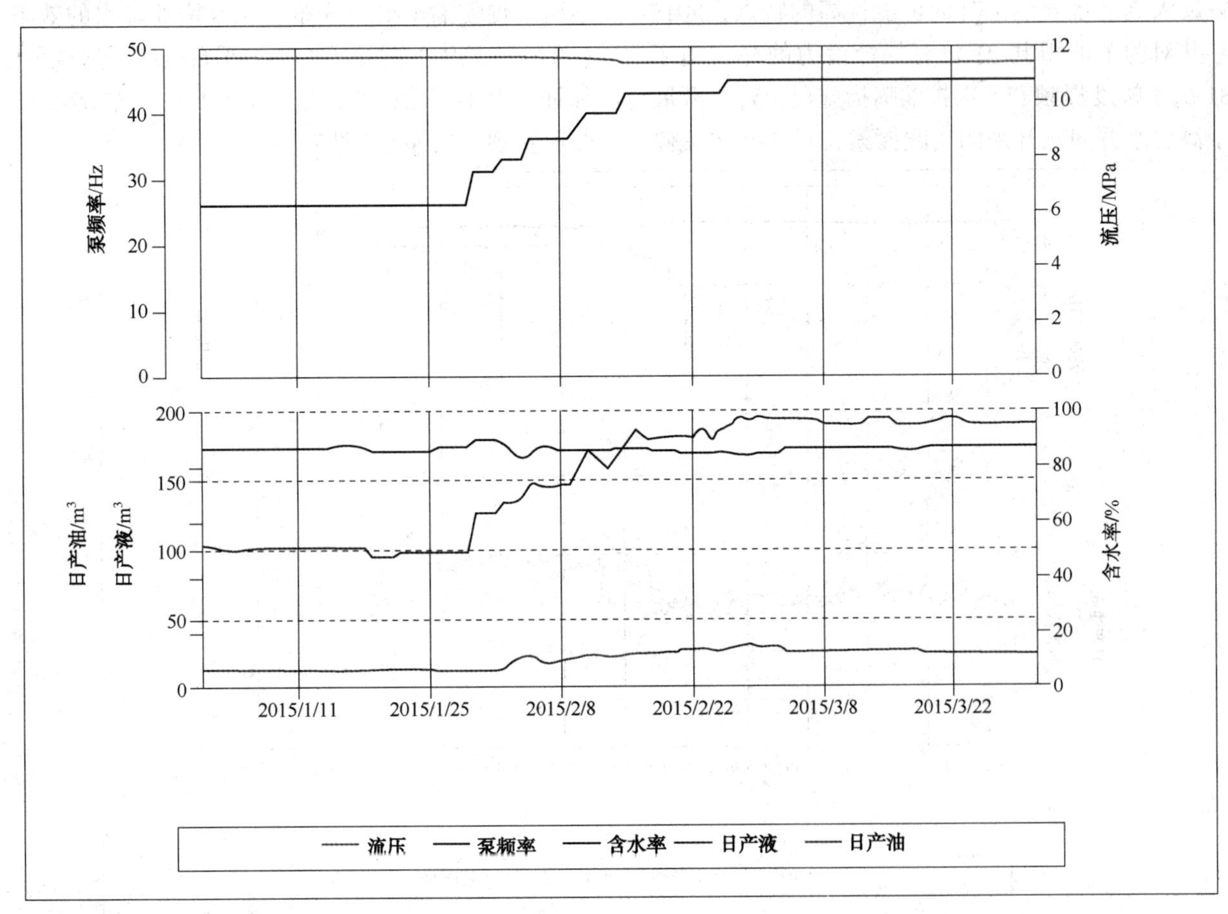

图3 LD-A-A22H井生产曲线

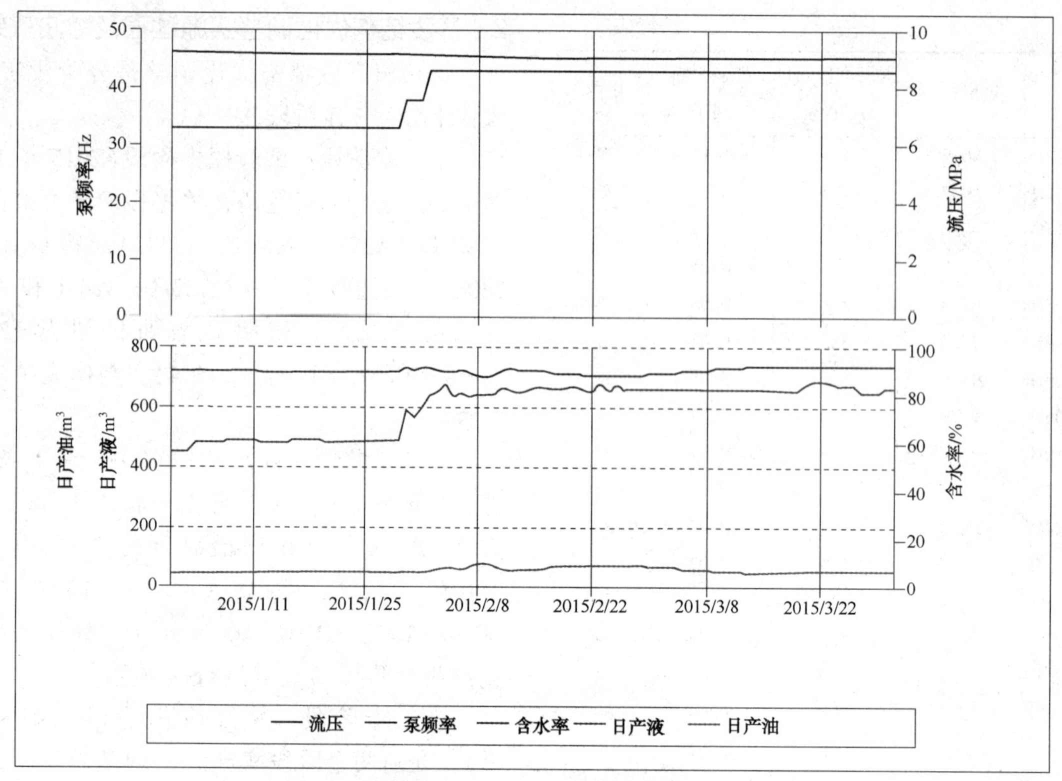

图4　LD-A-A04H 井生产曲线

在产液结构优化调整过程中，结合油田提频幅度大则含水突然上升的可能性高的特点，2015年共对两个油田共21口有提液潜力的井实施了81次小幅度提频和5次扩油嘴措施(图5)。开展了高含水井间歇开采的实践探索，对2井次关停恢复10个月以上的生产井，进行开井再生产，达到了促使油水重新分布、压锥增油降水的效果(图6)。总体上减缓了LD-A平台的综合递减率，保证了上半年的稳产，也使LD-B平台在2015年全年实现了负递减(图7)。

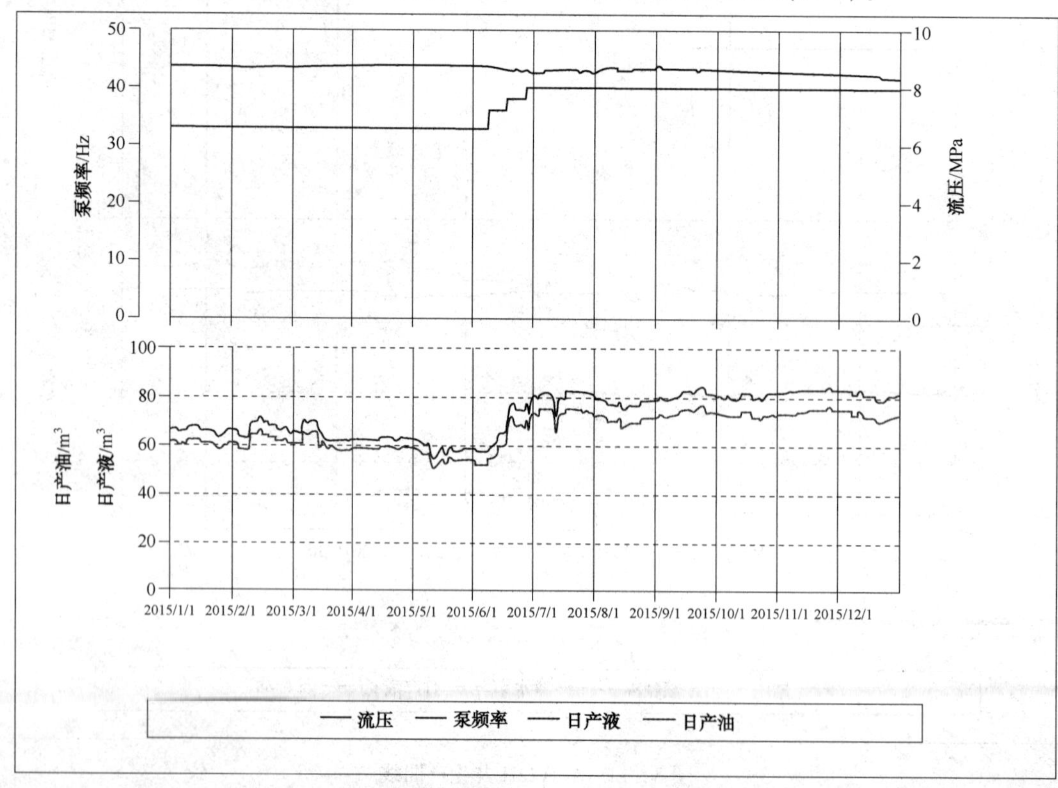

图5　LD-B-A19H 井生产曲线

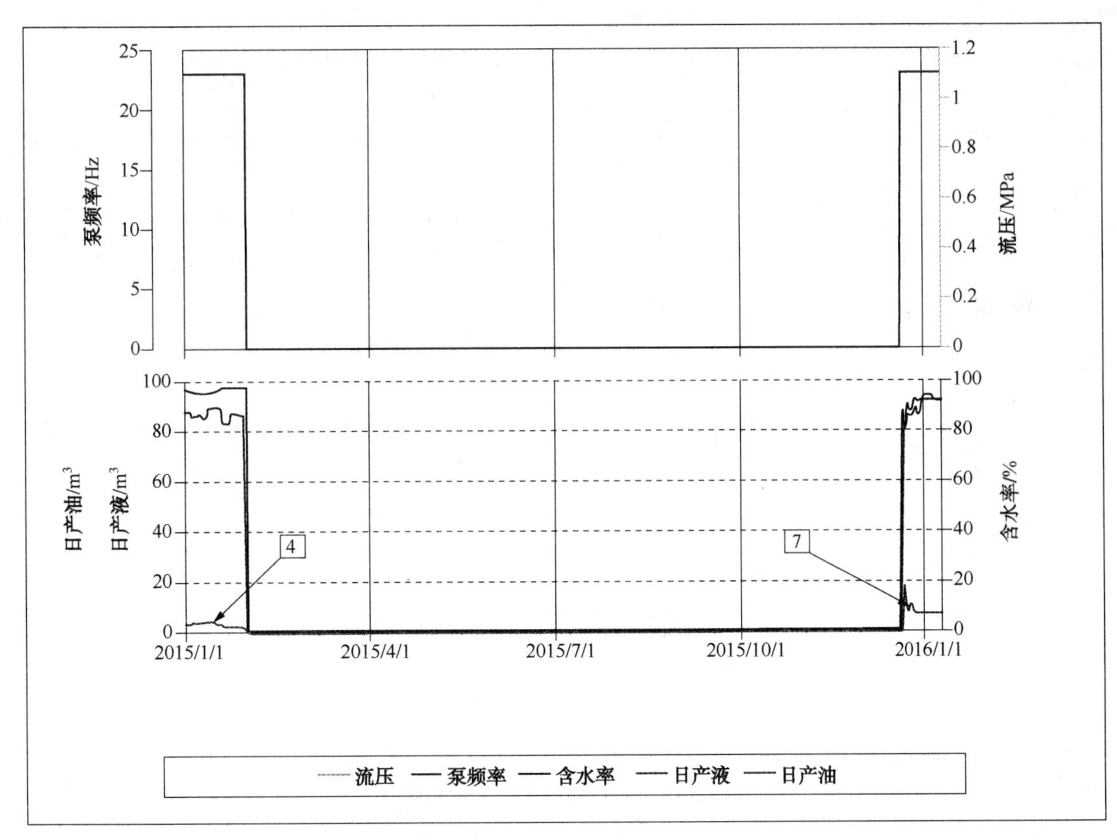

图6 LD-A-A31H井间歇生产曲线

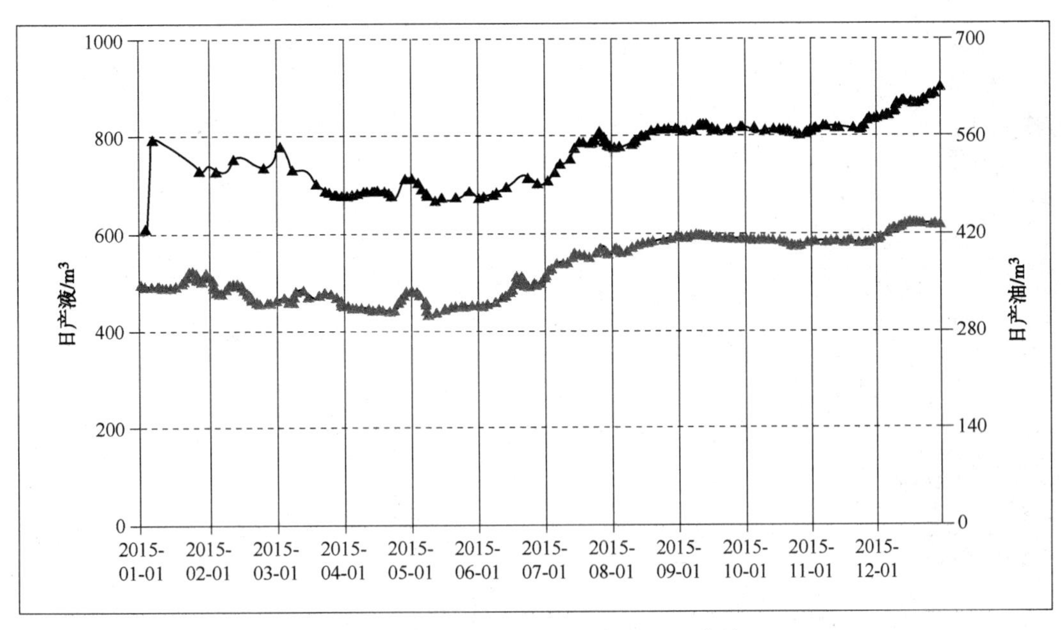

图7 LD-B平台产液结构优化调整曲线

在产液结构优化调整中，2015年该油田通过关井、降频、缩嘴等措施日降水量1132m³，通过提频、扩嘴、间歇开采等措施合计日增油195m³，年累计增油4.4×10⁴m³。

3 结论及认识

（1）通过动态数据计算单井广适简化水驱曲线和无因次采液指数曲线，分析确定单井的提液潜力及排序的方法，在渤海海上某复杂类型油田的应用是可靠的。

（2）2015年渤海海上某复杂类型油田在产液结构优化调整的指导下，通过关井、降频、缩嘴等措施日降水1132m³，通过提频、扩嘴、间歇开采等措施合计日增油 195m^3，2015 年累计增油 $4.4\times10^4m^3$，增油效果显著。

参　考　文　献

[1] 张金庆．一种简单实用的水驱特征曲线[J]．石油勘探与开发，1998，25(3)．

[2] 张金庆，许家峰，安桂荣，等．高含水油田适时产液结构优化调整方法[J]．大庆石油地质与开发，2013，32(6)．

[3] 张金庆．水驱油田产量预测模型[M]．石油工业出版社，2012.

[4] 秦积顺，李爱芬．油层物理[M]．中国石油大学出版社，2006.

[5] 徐兵，代玲，谢明英，等．水平井单井提液时机选择[J]．科学技术与工程，2013，13(1)．

JZ25-1S 油气田砂岩酸化残酸及矿物浓度模拟研究

白 冰

(中海石油(中国)有限公司蓬勃作业分公司，天津塘沽 300452)

摘 要 JZ25-1S 油气田是我国已探明和开发的较大油气田，现阶段砂岩储层的增产作业主要是利用土酸酸化技术[1]。本文在“两酸三矿物”砂岩基质酸化模型基础上建立砂岩基质酸化过程中酸液径向流动的数学模型，考虑了 HF 与快反应矿物(主要是黏土矿物)、慢反应矿物(主要为岩石骨架)之间的反应并考虑温度因素，通过数值求解研究 HF 酸残酸浓度以及快、慢反应矿物浓度的变化规律。

关键词 JZ25-1S 油气田；砂岩酸化；矿物浓度；数值模拟

基质酸化是指在压力低于地层破裂压力的情况下将酸液注入近井地带，通过提高储层渗透率来达到增产增注的目的。JZ25-1S 油气田土酸酸化面临的问题主要有酸化半径和酸化有效期较短，本文在“两酸三矿物”理论基础上建立实际土酸作业时酸液沿井筒径向流动的数学模型并对其进行离散和计算，通过模拟结果对 HF 酸残酸浓度以及反应矿物浓度的变化规律进行描述。

1 酸化模拟数学模型

根据质量守恒方程，建立砂岩基质酸化过程中酸液径向流动的数学模型，模型基于以下假设条件[2,3]：

① 酸液在地层中径向流动；

② 酸液初始浓度在井筒垂直方向不产生变化；

③ 不考虑酸液分子扩散作用；

④ 将岩石矿物划分为快反应物质与慢反应物质且两种物质与酸液的反应按各自的动力学方程分别进行；

⑤ 不考虑地层中的碳酸盐岩矿物，假设其已与前置液完全反应。

(1) HF 浓度方程

$$\frac{\partial(\varphi C_{HF})}{\partial t}+\frac{q_r}{2\pi r}\times\frac{\partial C_{HF}}{\partial r}=-R_1\exp\left(-\frac{E_1}{RT}\right)C_{HF}C_{M1}-R_2\exp\left(-\frac{E_2}{RT}\right)C_{HF}C_{M2} \qquad (1)$$

式中 C_{HF}——HF 浓度，kg/m^3；

C_{M1}——慢速反应矿物浓度比例(质量)，无量纲；

C_{M2}——快速反应矿物浓度比例(质量)，无量纲；

t——时间，s；

r——地层距井壁的径向距离，m；

q_r——注入速度，m^3/(s·m)；

T——地下温度，K；

R——常数，8.314J/(mol·K)；

R_1——HF 与慢速反应矿物反应速度常数，无量纲；

R_2——HF 与快速反应矿物反应速度常数，无量纲；

E_1——HF 与慢速反应物质的反应活化能，J/mol；

E_2——HF 与快速反应物质的反应活化能，J/mol；

φ——地层孔隙度，无量纲。

(2) 慢速反应矿物 M1 浓度方程

$$\frac{\partial[(1-\varphi)C_{M1}]}{\partial t}=-R_1\exp\left(-\frac{E_1}{RT}\right)C_{HF}C_{M1}\frac{\beta_1}{\rho_2} \qquad (2)$$

式中 β_1——HF 与慢速反应矿物反应溶解能力，kg 矿物/kg 酸；

ρ_1——慢速反应矿物密度，kg/m^3。

作者简介：白冰(1986—)，男，汉族，天津人，毕业于西南石油大学海洋油气工程专业，硕士，助理工程师，现从事油气藏开发工作，以第一作者署名发表文章 3 篇。E-mail：baibing2@cnooc.com.cn

（3）快速反应矿物 M2 浓度方程

$$\frac{\partial[(1-\varphi)C_{M2}]}{\partial t}=-R_2\exp\left(-\frac{E_2}{RT}\right)C_{HF}C_{M2}\frac{\beta_2}{\rho_2} \tag{3}$$

式中　β_2——HF 与快速反应矿物反应溶解能力，kg 矿物/kg 酸；

ρ_2——HF 与快速反应矿物反应溶解能力，kg/m³。

（4）边界条件

$$t\geqslant 0,\ C_{HF}(r_0,\ t)=C_{HF0} \tag{4}$$

（5）初始条件

$$\begin{gathered} r\geqslant r_0,\ \varphi(r,\ 0)=\varphi_0 \\ r>r_0,\ C_{HF}(r,\ 0)=0 \\ r\geqslant r_0,\ C_{M1}(r,\ 0)=C_{M10} \\ r\geqslant r_0,\ C_{M2}(r,\ 0)=C_{M20} \end{gathered} \tag{5}$$

式中　C_{HF0}——HF 初始浓度，kg/m³；

C_{M10}——慢速反应矿物初始浓度比例（质量），无量纲；

C_{M20}——快速反应矿物初始浓度比例（质量），无量纲；

r_0——井筒半径，m。

2　酸化模拟数学模型的离散

对空间项采用向后差分格式，对时间项采用显示差分格式，离散式(1)～式(3)，得到差分方程式(6)～式(8)。

（1）HF 浓度差分方程离散

$$C_{HFi}^{j+1}=C_{HFi}^{j}-C_{HFi}^{j}\left(\frac{\varphi_i^{j+1}}{\varphi_i^j}-1\right)-\frac{q_r}{2\pi r_i}\frac{\Delta t}{\Delta r\varphi_i^j}(C_{HFi}^j-C_{HFi-1}^j)-\frac{\Delta tC_{HFi}^j}{\varphi_i^j}R_1\exp\left(-\frac{E_1}{RT}\right)C_{M1i}^j-\frac{\Delta tC_{HFi}^j}{\varphi_i^j}R_2\exp\left(-\frac{E_2}{RT}\right)C_{M2i}^j \tag{6}$$

（2）慢速反应矿物 M1 浓度方程离散

$$C_{M1i}^{j+1}=C_{M1i}^j-\frac{\Delta t}{1-\varphi_i^j}R_1\exp\left(-\frac{E_1}{RT}\right)\frac{\beta_1}{\rho_2}C_{HFi}^jC_{M1i}^j \tag{7}$$

（3）快速反应矿物 M2 浓度方程离散

$$C_{M2i}^{j+1}=C_{M2i}^j-\frac{\Delta t}{1-\varphi_i^j}R_2\exp\left(-\frac{E_2}{RT}\right)\frac{\beta_2}{\rho_{21}}C_{HFi}^jC_{M2i}^j \tag{8}$$

（4）数值收敛条件

$$\frac{q_r}{2\pi r_i}\frac{\Delta t}{\Delta r}<1 \tag{9}$$

式中，j 为时间上的第 j 个步长时间；i 为空间上的第 i 个单元格；Δt 为时间步长；Δr 为空间步长。

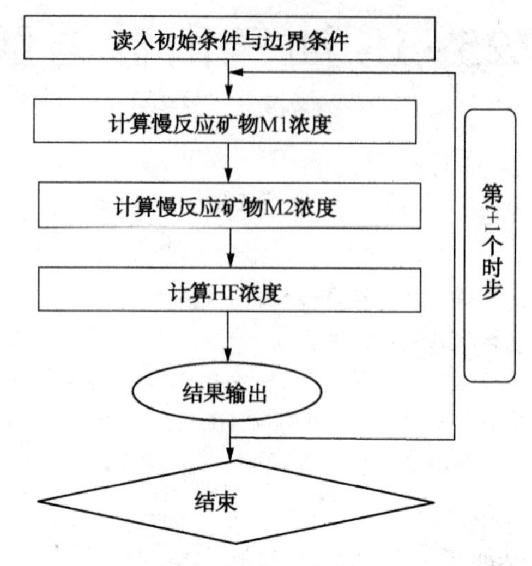

图 1　程序运算框图

按上图步骤求解差分方程，先读入初始条件与边界条件，一次计算某一时间步长下慢反应矿物 M1 浓度，慢反应矿物 M2 浓度，HF 浓度。把上一时间步长的计算结果作为接下来一个步长的初值，整个酸化过程中如此往复进行计算便能得到工作液在地层孔隙的流动及溶蚀模拟。

3　模拟结果

表 1　酸岩反应动力学参数、地层矿物参数和注酸工艺参数

物理量	单位	数值
φ	—	0.30
C_{M10}（慢反应物质初始比例）	—	0.79
C_{M20}（快反应物质初始比例）	—	0.23
C_{HF0}（HF 的初始浓度）	kg/m³	30.0
T（地层温度）	℃	60
r_0（井筒半径）	M	0.2
q_r（注酸速度）	m³/(m · min)	0.06
ρ_1	kg/m³	2800
ρ_2	kg/m³	2800
R_1	s⁻¹	0.01
R_2	s⁻¹	127.10
E_1	J/mol	9561
E_2	J/mol	28908
β_1	—	0.85
β_2	—	0.52

3.1　HF 酸化模拟结果

图 2 是注酸结束时刻的 HF 浓度分布，图 3

为图 2 俯视图，该图有助于对图 2 的理解，由图可知随着酸液的注入，酸液前缘推进越来越慢，图 4 为 $t=12\text{min}$、$t=36\text{min}$、$t=72\text{min}$ 时刻 HF 随距井壁距离的浓度分布图，可以看到 HF 浓度沿井筒径向的下降速度很快，有效半径仅有大约 1.2m，这主要是由于 HF 与地层孔隙中表面积巨大的黏土矿物剧烈反应，消耗了大量的酸液，导致酸化距离很有限。

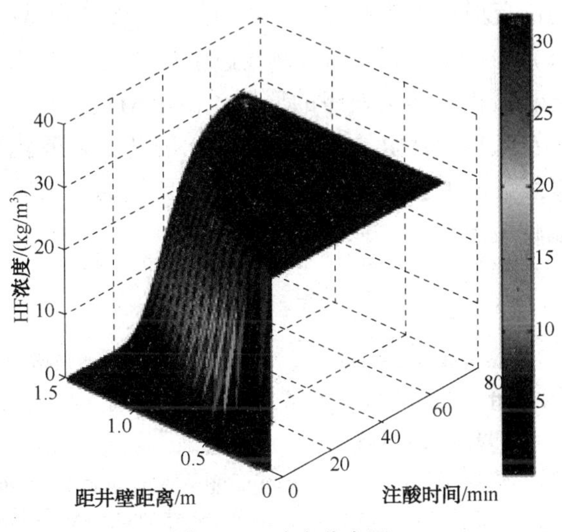

图 2　HF 浓度分布图

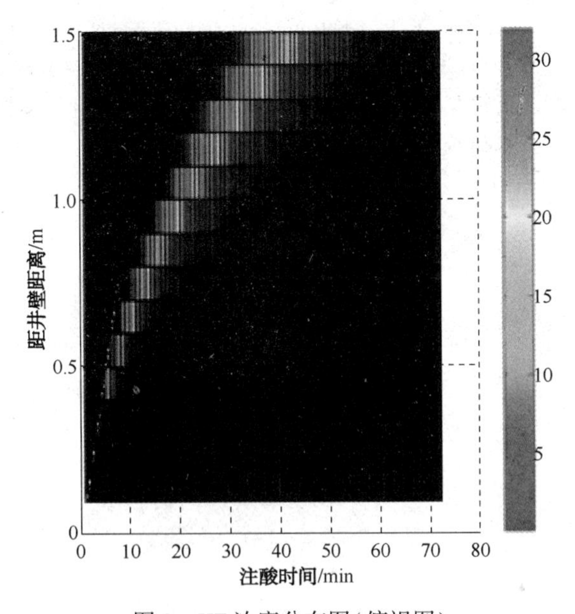

图 3　HF 浓度分布图(俯视图)

HF 与快反应物质的反应速度比其与慢反应物质的反应速度大几个数量级，而地层岩石以慢反应矿物为主，所以近井地带酸化消耗的绝大部分物质都为快反应物质，酸化提高的渗透率也是快反应物质以及孔隙喉道中被溶蚀的颗粒所释放的。

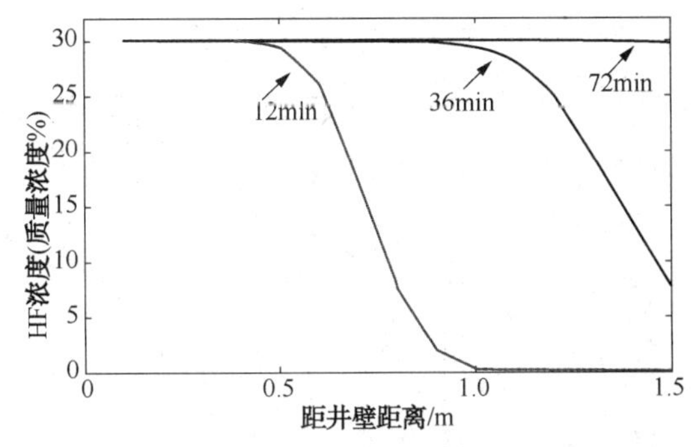

图 4　HF 浓度分布图(单点图)

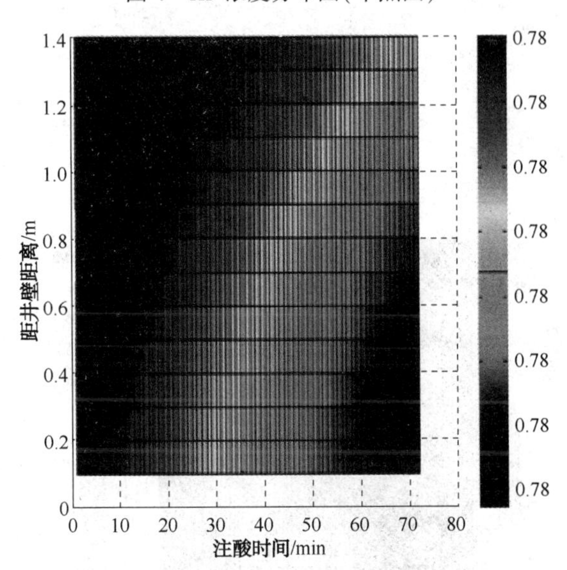

图 5　慢反应矿物浓度分布图(俯视图)

3.2　慢反应矿物 M1 酸化模拟结果

慢反应矿物主要是指石英、长石等晶型较好的硅酸盐类矿物[4]。由其浓度分布图可知，其浓度沿径向很快恢复到原始状态，恢复速率大于快反应矿物。且该图显示慢反应矿物酸化过程中变化很小，所以途中颜色条刻度基本没有变化，图 6 纵坐标(慢反应矿物浓度)刻度也没有将微量的变化显示出来。这是由于石英、长石等与活性酸反应速度较慢，比表面较快反应矿物小，一般情况下比黏土类矿物与氢氟酸的反应速度至少少两个数量级，导致其溶蚀量很少，只有近井地带很小范围内很少量被溶蚀掉。

3.3　快反应矿物 M2 酸化模拟结果

快反应矿物主要是指比表面很大的高岭石、蒙脱石、伊利石等黏土矿物。由快反应物 M2(硅酸盐类)浓度分布图可知，近井地带的快反应矿物比慢反应被消耗更多更快，这是由于快反应矿物与 HF 及后期生成的 H_2SiF_6 的反应速度比慢反应要快的多，这也是活性酸液的有效作用距离短的缘故。

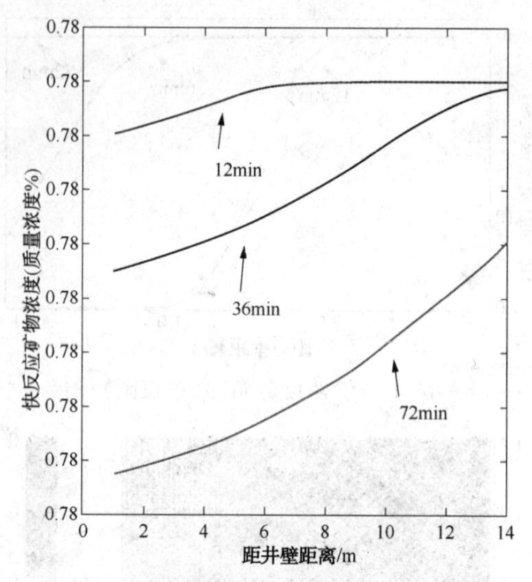

图 6 慢反应矿物浓度分布图(单点图)

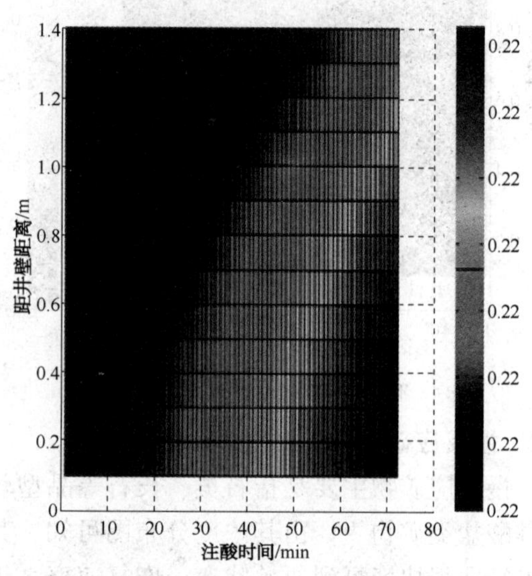

图 7 快反应矿物浓度分布图(俯视图)

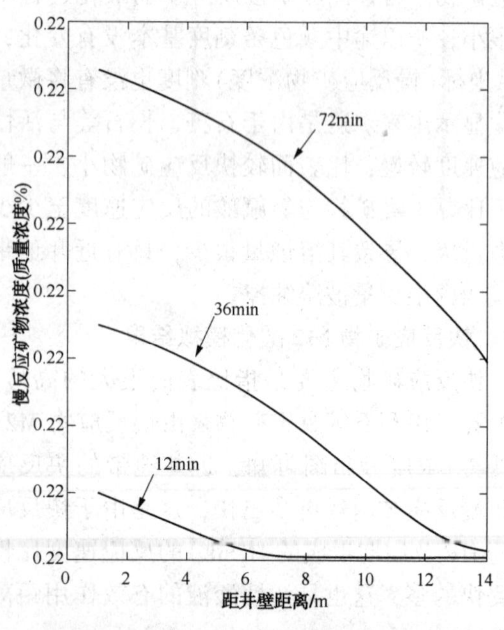

图 8 快反应矿物浓度分布图(单点图)

4 结论

本章模拟计算中所调用的酸岩反应动力学参数为其他文献中实验测量出的数据，地层矿物参数为 JZ25-1S 油气田地质油藏资料中提供的数据，注酸工艺参数根据以往现场酸化施工经验和平台酸化设备参数而定。通过模拟结果可以看出酸化后地层渗透率提高的主要原因是氢氟酸对快速反应物质的溶蚀，其速度比 HF 与慢速反应物质的反应速度大得多(一般为其一个到几个数量级)。这也是 JZ25-1S 油气田土酸酸化的酸化半径和酸化有效期较短的原因。由于 HF 溶蚀反应存在猛烈而短暂的天然缺陷[3]，因此后期酸化可以考虑溶蚀速率更小、持续时间更长的多氢酸或氟硼酸体系。

参 考 文 献

[1] Economides Michael J, Kenneth G Nolte. 油藏增产技术[M]. 张宏违，译 . 东营：石油大学出版社，1991：134-138.

[2] Mobil oil Corp, Treatment of open hole intervals in vertical and deviated wellbores, US 5507342-A, 1996-04-16, 5.

[3] Da Motta E. P. , Selective matrix acidizing of horizontal wells, SPE Prod. Facil. , 1995, 10(3), 157-164.

[4] 雷常友，叶文刚，杨龙 . 低渗砂岩油藏酸化解堵技术研究[J]. 辽宁化工，2012，41(10)：1041-1043.

注入时机对调剖效果影响的初步探索

王啊丽
（天津市大港区大港油田采油工艺研究院油田化学室，天津大港 300280）

摘　要　通过机理分析、物模实验、数模实验及现场实施分析结果，研究了注入时机对效果的影响。通过统计分析及实验数据可以看出，注入时机的选择对效果有很大的影响。实验数据显示我们应该在油井见水后尽早调剖，通过分析大港油田2000年以来的现场试验数据，可以看出在井组综合含水进入30%后尽早调剖，可减缓地层不均质性的加剧，更有效地发挥调剖剂作用，取得较好的效果。

关键词　调剖；注入时机；物理模拟；数值模拟；采收率

注水井调剖是改善水驱的主导技术之一，应用规模呈上升趋势。2000~2010年实施调剖(剖)926井次，累计增油59.9×10^4t，平均年实施80井次，平均年增油5×10^4t以上。

表1　2000~2010年调驱实施情况

年份	2000	2001	2002	2003	2004	2005	2006	2007	2008	2009	2010
实施井次	44	71	80	69	66	57	137	117	87	80	118
年增油量/t	5.6	5.4	6.5	6	4	3.4	7.1	8.7	6.1	3.4	3.7

影响调剖效果的主要因素归结起来主要有3类：油藏地质因素、油藏开发状况和调剖剂选择及施工参数优化。目前我们调剖体系配方研究基本完善且日臻成熟，如何选择适宜的注入时机、科学地界定深部调剖提高采收率的界限指标，是决定矿场应用效果关键因素之一。

本文只针对调剖注入时机一项因素对效果的影响情况进行分析。主要从调剖机理上、物模、数模实验结果及现场数据进行分析。

1　机理分析

从机理上来分析，地层原始状态时没有明显的孔道。注水初期出现少量较小的孔道，此时地层剩余油富集广阔，油藏地质条件也较好，地层能量充足，调剖用量很小的情况下就可以将孔隙中的剩余油驱出，取得很好的效果[1]。例如早期调剖使用TP910几十方就可以取得很好的效果。随着注入水的进一步冲刷，地层开始形成明显的窜流通道，甚至形成多条大孔道，这时即使较大的用量也很难取得较好的效果，例如我们在港西四区实施的大剂量可动凝胶调剖，单井用量已经上升到20000m^3，但是由于井区综合含水已高达98%，剩余油高度分散，因此实施效果不明显。

所以说在注水初期就调剖可减缓地层非均质程度的加剧，更有效地发挥调驱剂的作用取得较好的效果。

2　模拟实验

2.1　物模实验

采用平板模型驱油试验和长管模型驱油试验研究了注入时机对原油采收率的影响。结果表明，越早实施调剖措施效果越好，提高采收率的幅度越大。

2.1.1　平板模型实验

实验条件：驱替水为5000mg/L的NaCl水溶液；实验温度为50℃；驱替速度为2.0cm^3/min；实验用调剖剂为铬交联聚合物凝胶。

驱油实验的主要步骤：岩芯饱和油；水驱油至不同含水率；注调剖剂；再水驱油至含水率达到98%，结束实验。

作者简介：王啊丽(1985—　)，女，汉族，陕西西安人，2007年毕业于中国石油大学(北京)，现为大港油田公司采油工艺研究院工程师，从事调驱工艺技术研究。E-mail：wangali@petrochina.com.cn

表 2　实验用岩芯参数

模型	润湿性	尺寸/(mm×mm×mm)	低渗区渗透率/μm²	总孔隙体积/cm²	高渗区孔隙体积/cm²	孔隙度/%
平面非均质	油湿	200×200×20	0.307	209~232	40~60	29~34
纵向非均质	油湿	200×200×40	0.338	310~348	62~78	29~34

采用高低渗透率比值为 10 的平面非均质岩芯和纵向非均质岩芯，调剖剂的注入量为高渗透层孔隙体积的 30%，测定了不同含水率时调剖后的最终采收率结果。

实验结果显示，随含水率的增加，调剖的贡献率(单位体积调剖剂可产生的采收率增加值)减小。

从图 1 数据可以看出，对平面非均质模型，调剖时机越早，提高采收率幅度越高，调剖的贡献率随含水率的增加是缓慢降低的，含水率大于 70%后快速下降；对纵向非均质模型，随含水率的增加调剖的贡献率先降低较快，含水率大于 50%后调剖对最终采收率的影响不大。

虽然纵向非均质导致油井含水率大于 50%后何时调剖对效果影响不大，但因平面非均质导致油井高含水时，调剖早晚对效果影响较大，因此建议对于非均质类油藏应尽早调剖。

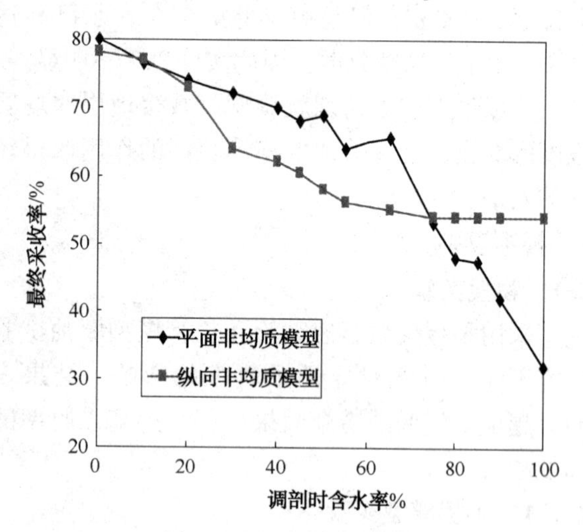

图 1　平板模型实验结果

2.1.2　长管岩芯驱油实验

当产出液含水的质量分数为 98%、90%、80%、60%、40%、20%、2%(刚见水)和 0(模型饱和油后先注剂再水驱)等 8 种情况下，分别注入 0.033V_p 凝胶调剖剂，计算注剂前后原油的累积采收率。

长管岩芯尺寸为：60.0cm(长)×4.12cm(内径)，内装覆膜砂，在 60℃下胶结，具体参数见

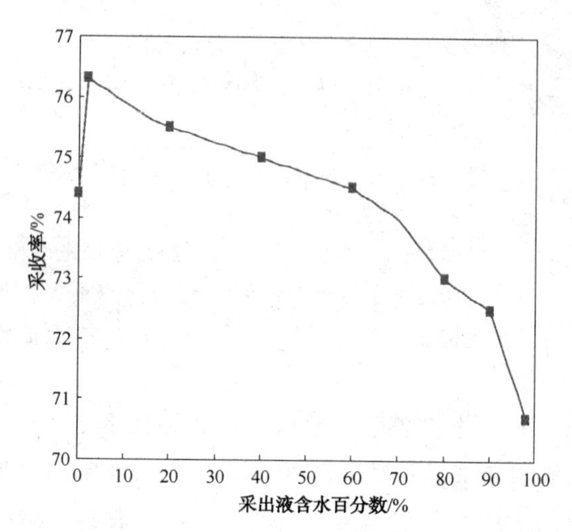

图 2　长管岩芯实验结果

表 3。平板模型采用纵向非均质平板模型，正韵律分布，高、中、低 3 层等厚，其渗透率分别为 1.52μm²、0.98μm²、0.33μm²，模型尺寸为 20cm×20cm×1.5cm。

凝胶堵剂为酸性硅酸凝胶，其配制方法为：取一定量 0.1%的盐酸溶液，加入一定量 0.1%的水玻璃至 pH 值为 1.5 左右。

表 3　长管岩芯实验参数

岩芯编号	1	2	3	4	5	6	7	8
空隙体积/mL	257	240	265	270	255	255	260	250
含油饱和度	72.8	74.7	71.2	78.4	78	71.8	79.7	77.1

计算结果见图 2，从图可以看出，当产出液刚见水时注剂，采收率最高，而先注剂再水驱或当产出液含量较高时注剂，采收率均相对较低。见水后调剖时机越早，提高采收率幅度越高。随含水率增加采收率先缓慢降低，含水率大于 60%后快速下降。

图 3、图 4 分别为产出液刚见水和含水达 98%时注剂采油曲线图，从两条典型实验的采油曲线对比可以看出：早调剖可以使注水量在较小的情况下就可获得较高的采收率。

2.2　数模实验

为了验证前面资料显示的结果，我们 2008 年自己进行了典型数值模拟研究。

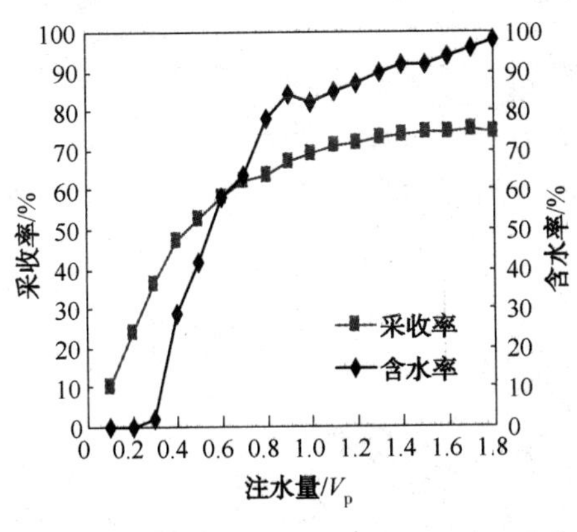

图 3　产出液刚见水(2%)时注剂采油曲线

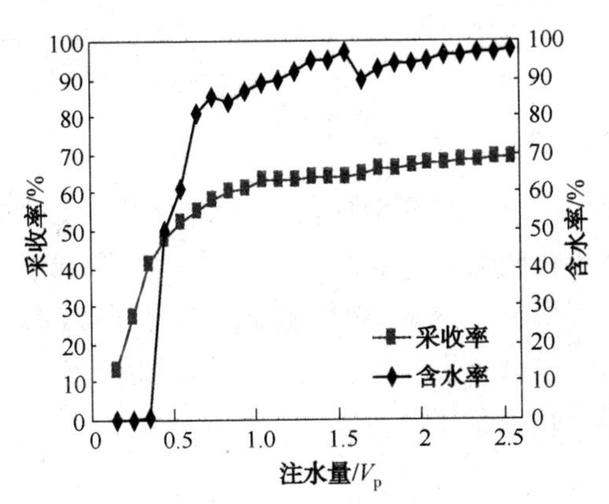

图 4　产出液含水达 98%时注剂采油曲线

为研究不同注入时机对调剖效果的影响，在二维剖面模型的基础上，进行不同含水期实施调剖实验，而后进行水驱，预测各种方案的调剖效果(表 4)。模拟计算中凝胶所有物化参数及用量保持不变，调剖后的油水井工作制度与调剖前保持一致。

从表 2 结果可以发现，随着含水率增加，增采幅度是下降的，累积产水量均有不同程度的减少，但减少程度不同，低含水期减少最多，特高含水期不但不减反而比全水驱增加大量的产水量。而产水量越大，所需注水量就增加，投入成本增加，同时产出水处理、集输成本也大大增加。因此，从采收率和产水量综合考虑，在含水较低时调驱效果最好。

3　大港注入时机调查及结果分析

大港油田按油藏条件基本上可以分为两大类，即中北部常温砂岩油藏和南部高温低渗油藏，按这两大分类，本文统计了 2000~2008 年综合含水范围分别自 0~30%、30%~50%，50%~70%、70%~90%、90%以上这几组不同注入时机实施情况及效果。

表 4　不同时机调剖数值模拟指标预测

调剖时机	模型	位置	调剖时刻			调剖后水驱结束				
			含油饱和度/%	采收率/%	含水率/%	采收率/%	含水率/%	累积产水/m^3	采收率增加值/%	减少产水量/m^3
低含水期	低渗	下部	58.6	0.8	0.4	10.2	96.8	104620	2.32	
	中渗	中部	57.2	1.6	7.8	14.3	97.8	224645	2.60	
	高渗	上部	54.9	3.1	30.7	21.4	98.4	463903	2.50	
	全油藏		56.9	5.6	21.3	45.9	98.0	793168	7.40	57539
中含水期	低渗	下部	56.5	1.9	11.6	10.1	96.8	104791	2.22	
	中渗	中部	53.9	3.4	42.3	14.2	97.8	227880	2.50	
	高渗	上部	55.2	5.9	70.7	21.5	98.4	478955	2.60	
	全油藏		55.2	11.2	59.7	45.8	98.0	811626	7.30	39081
高含水期	低渗	下部	45.2	6.0	89.3	9.61	96.9	124450	1.73	
	中渗	中部	42.3	9.1	93.6	13.9	97.8	285589	2.20	
	高渗	上部	39.8	14.7	96.2	22	98.4	627403	3.10	
	全油藏		42.4	10.0	95.0	45.51	98.0	1037443	7.01	-186736
全部水驱	低渗	下部				7.88	96.6	83089		
	中渗	中部				11.7	97.7	223910		
	高渗	上部				18.9	98.3	543708		
	全油藏					38.5	98.0	850707		

表 5 为 2000~2008 年中北部、南部及全大港油田不同注入时机实施情况。可以看出，2000~2008 年中北部调剖实施 325 井次，工作量大部分集中在综合含水达 90%以上的井组，占整个中北部 59%以上；2000~2008 年南部调剖实施 364 井次，工作量大部分集中在含水 70%~90%之间，占整个南部工作量 50%，南部 90%以上含水的工作量占了 32%，相对于中北部南部调剖时机较早；整个大港油田 2000~2008 年累计实施调剖措施 689 井次，其中综合含水达 70%以上的井组占了所有工作量 85%以上，表明大港油田调剖大部分产量都是在高含水中后期被采出的。

表 5　中北部、南部及全大港油田不同注入时机实施情况

调剖时机	<30	30~50	50~70	70~90	>90	累计
中北部	5	10	21	97	192	325
南部	5	24	35	182	118	364
全油田	10	34	56	279	310	689

图 5、图 6 分别为中北部和南部平均单井用量及效果对比图，可以看出，中北部和南部综合含水进入 90%之前，效果和剂量成正比，而之后剂量有大幅上升，效果却保持平稳甚至下降的趋势。这是因为高含水砂体水淹严重，剩余油高度分散，且大部分井组经过多轮次调剖，增油效果不理想。大港油田目前大部分油藏都进入高含水期，因此为了保证效果必须加大剂量，但是应该考虑到经济效益的问题。

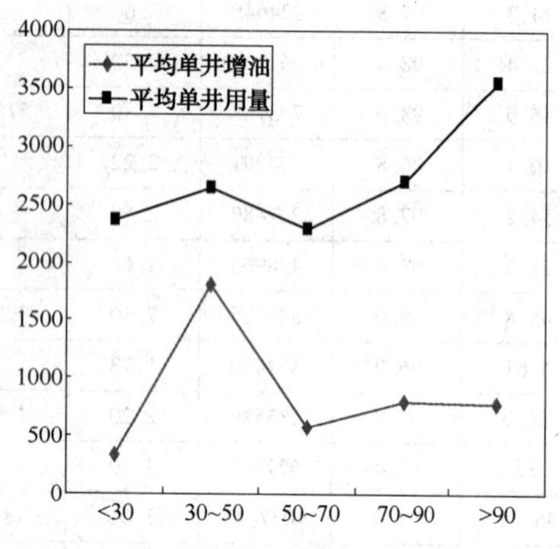

图 5　中北部平均单井用量及效果对比

通过图 5、图 6 还可以看出，不管南部还是中北部，不同时机相比综合含水 30%~50%这个范围调剖效果是最好的，同时用量也是较低的。含水<30%前效果是所有阶段最差的，这和物模

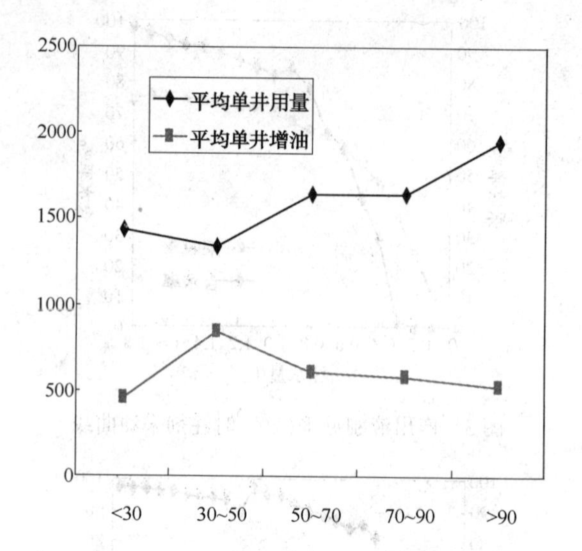

图 6　南部平均单井用量及效果对比

及数模的结果是不对应的。分析原因，实验毕竟是理想化模型，而实际油藏开发初期调剖窜流通道没有形成，这时水驱就可以取得很好的效果。调剖针对已产生窜流通道的效果较好，在低含水期起不到应有作用。

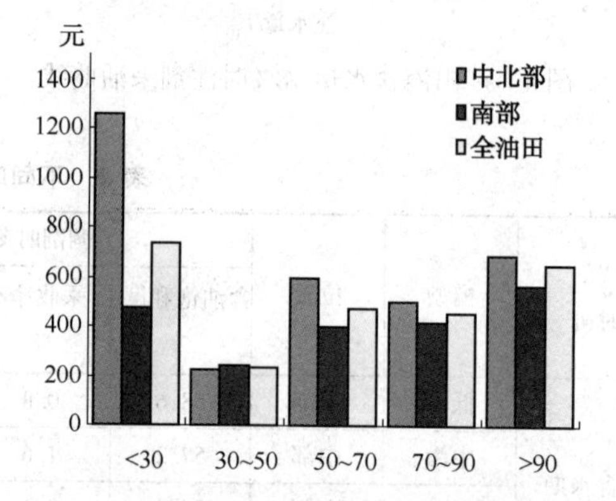

图 7　不同注入时机吨油成本

图 7 是不同注入时机吨油成本的图（按调剖剂 150 元/m^3 计算），可以看出不管是南部还是中北部，综合含水在 30%~50%之间的吨油成本都是是最低的，综合含水<30%的是最高的，而综合含水大于 50%之后吨油成本略呈上升趋势。从经济效益考虑，也建议在含水进入 30%以后尽早调剖。

图 8、图 9 分别为中北部和南部注入时机工作量所占比例随年份变化的情况。可以看出，中北部和南部综合含水<70%和 70%~90%之间的工作量所占比例均呈上升趋势，表明我们已意识到调剖时机选取对效果的重要性，尽量选择较早的时机进行调剖。

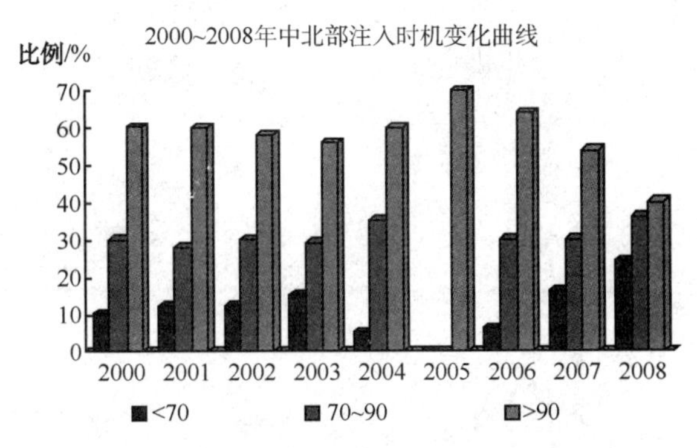

图 8　中北部注入时机实施情况变化曲线

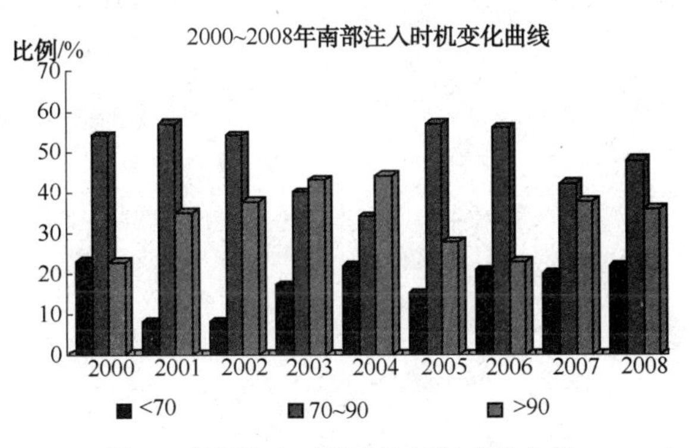

图 9　南部注入时机实施情况变化曲线

4　结论

（1）调剖时机是制约调剖见效程度及效益的重要因素，正确把握调剖时机可以产生事半功倍的效果；

（2）调剖不同时机相比综合含水 30%～50% 这个范围效果最好，且投入最低，在实际生产过程中可以考虑优选该时机调剖以获得最好效果；

（3）综合含水>90%调剖虽然也有一定效果，但效果较差且投入较大。

参　考　文　献

[1]　王健，董汉平．砾岩油藏弱凝胶调驱的选井时机界限研究[J]．油气地质与采收率，2004，06.

石油钻采组

渤海稠油油田聚合物微球调驱技术研究与应用

鞠　野　徐国瑞　刘丰钢　庞长廷　张　博　刘文辉
(中海油田服务股份有限公司油田生产事业部，天津塘沽 300452)

摘　要　渤海油田储层非均质性强，稠油储量占比高，注水开发后单向突进严重，平面矛盾突出。采取向地层注入多种不同粒度的聚合物微球体系，运移至油藏深部膨胀并逐级封堵，可以实现后续液流转向、扩大注入水的波及体积，达到提高采收率的目的。2015 年，该技术在渤海油田进行了 3 个井组的矿场试验，增油降水效果显著，其中一个井组累计增油达到 20459m^3，投入产出比达到 1∶7。该技术采取在线注入方式，较常规调剖调驱技术具有设备简单、占地面积小等优点，适合在海上平台开展作业。技术经济分析结果表明，该技术在目前低油价下仍具有合理的投入产出比，在海上油田具有良好的推广前景。

关键词　渤海油田；聚合物微球；深部调驱；非均质性

渤海 BZ 油田是典型的河流相疏松砂岩油藏，储层高孔高渗且非均质性严重，同时油品黏度较高，在注水过程中注入水沿高渗条带突进明显，同时存在着强烈的边底水干扰，导致部分井组生产井井见水后含水率迅速上升，产油量不断下降，部分注水开发井组注水逐渐效果差，层内及层间矛盾日渐突出。随着调剖、调驱工艺在海上油田逐步扩大化应用，在实施过程中诸多问题也逐渐显现出来[1,2]，主要表现为一方面调剖侧重于近井高渗透条带封堵，易造成注入压力高、注入困难及中低渗透层受到伤害，影响措施效果，另一方面常规调剖设计处理半径小，不能进入深部，随着注水开发的深入近井地带剩余油饱和度较低，导致多轮次调剖后效果变差，有效期短。聚合物微球深部调驱技术正是为了解决以上问题而发展起来的新技术，聚合物微球是利用反相微乳液及反相乳液聚合技术合成的弹性凝胶微球，由于其尺寸小、在水中分散性好、易进入地层深部及在油藏温度下遇水膨胀等特点，用于油田深部调驱来扩大注入水波及体积，改善水驱开发效果[3]；由于其具备施工设备简单、占地面积较小且能实现在线注入的特点，尤其适合海上平台作业，通过近几年的研究和实践，逐步在渤海油田扩大化应用。

1　聚合物微球调驱机理

结合渤海油田的实际油藏情况及开发现状，目前开发并筛选了二十余种聚合物微球产品。按其合成机理及调驱原理，可分为 3 大类微球(表 1)。

表 1　聚合物微球工艺参数及适应性

聚合物微球种类	适应渗透率范围/mD	初始尺寸/μm	完全膨胀时间/d	膨胀倍数
NM	<2000	0.03~0.2	7~30	5~20
FH	2000~5000	0.3~1.5	7~30	5~20
HK	3000~8000	0.3~1.5	7~30	5~50

NM/FH 型微球为纳米/纳微米凝胶微球，其在水中分散性能好，初始粒度小，适应于中低渗储层，可以顺利的随着注入水进入到地层深部，微球不断水化膨胀，直到膨胀到最大体积后，依靠架桥作用在地层孔喉处进行堵塞，从而实现注入水微观改向。

HK 型微球为具有核壳结构的纳微米凝胶微球，分别带不同的电荷，其中外壳部分带负电荷，在注入初期与地层的负电荷相排斥，保证微球进入地层深部。内核部分的水化速度快，逐渐暴露出所带的正电荷，随着正电荷的增多，与地层所带的负电荷相吸引，逐渐在地层内部堆积，并且所带的正电荷又与未完全水化的微球所带的负电荷相吸引，使得微球依靠不同极性的电荷吸

作者简介：鞠野，男，工程师，目前就职于中海油田服务股份有限公司油田生产事业部，长期从事海上油田采油工艺技术的研究与推广工作。E-mail：juye@cosl.com.cn

附，逐步堆积成串或团，形成更大的物质结构，这样就可减小孔道的截面积，如果在孔喉处吸附堵塞，则局部产生液流改向作用，实现封堵优势渗流通道的目的。

2 聚合物微球调驱选型及设计

结合 BZ 油田地质特征和流体性质特点，利用室内物理模拟实验方法，优选出具有耐温、耐盐、抗剪切、具有广泛适用性的聚合物微球作为调驱材料。通过研究聚合物微球在模拟油藏非均质条件下的具有不同渗透率岩芯中的滞留行为，考察期微观液流该项及提高采收率的能力，确定微球粒径、注入浓度等参数，制定并优化现场实施的工艺方案。

2.1 微球粒径选择

油藏地层控制结构十分复杂，孔隙直径及其分布差异巨大。根据等效孔隙直径计算公式，由渗透率和孔隙度求得：

$$r = (8K/\phi)^{0.5} \quad (1)$$

式中　K——测井解释渗透率，D。

根据 BZ 油田实施井组平均渗透率分布范围，计算平均孔吼直径分布在 7~10μm 之间(表 2)。根据孔吼分布结果选定 HK 型微球作为主体调驱体系，根据实际需要辅以 NM/FH 型微球。

表 2　渤中油田孔喉分布

井组	孔隙度/%	渗透率/mD	孔吼直径/μm
BZ-9	32	3100	8.8
BZ-14	34	3700	9.3
BZ-5	34	3336	8.9
BZ-21	40	4816	9.8
BZ-10	32	2429	7.8
BZ-21	32	3636	9.5
BZ-17	40	4816	9.8

2.2 微球形貌及特点

如图 1 所示为选择的 HK 型微球在显微镜视域中观察到的在水中逐步水化膨胀的过程，初始时仅有少量颗粒可见，随微球逐渐水化，由于离子的相互作用，微球逐渐形成较大的胶结体，在实际地层中可与地层砂吸附、胶结，有效地降低高渗条带的渗透率。

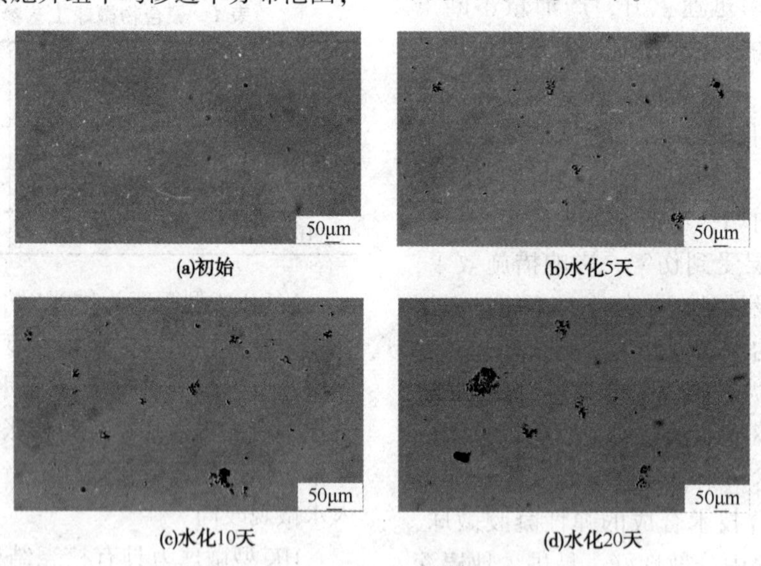

(a)初始　(b)水化5天
(c)水化10天　(d)水化20天

图 1　HK 型微球在水中水化膨胀结果

2.3 注入及封堵流动性实验评价

岩芯流动性实验条件如下：(1)岩芯渗透率 5638mD；(2)HK 型微球浓度 5000mg/L；(3)实验温度 65℃；(4)进行水驱测定渗透率后进行微球驱，候凝 10 天后后续水驱测定残余阻力系数。如图 2 所示，HK 型微球水化膨胀前注入过程中阻力系数在 2~2.5 之间，并且注入过程中阻力系数稳定，表明未水化膨胀前注入性良好；水化膨胀 10 天以后进行后续水驱，阻力系数达到 200~300 之间，表明微球水化后，对岩芯的封堵能力较强，具有好的深部调驱能力。

2.4 微球浓度设计优化

针对 BZ 油田的油藏情况及开发状况，通过大量的岩芯流动性实验建立了不同注入速度、不同微球浓度及不同微球粒度条件下对应的微球在岩芯中的阻力系数，如图 3 所示，结合储层渗透

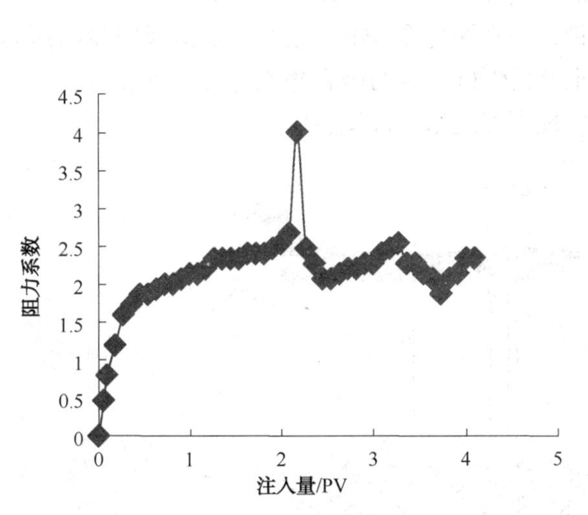

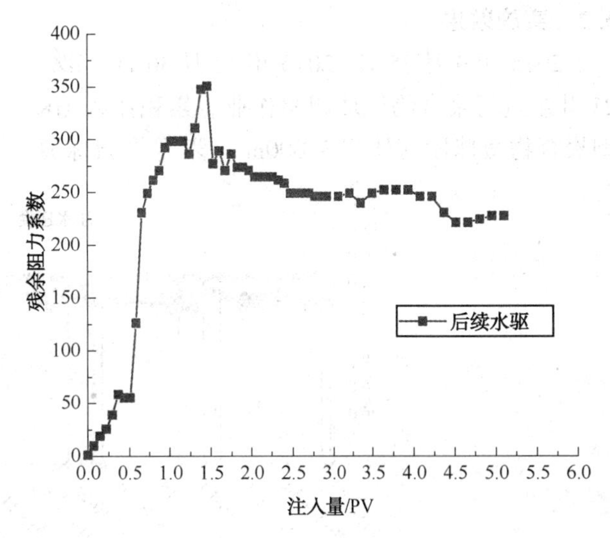

图 2 HK 型微球水化膨胀前后阻力系数变化

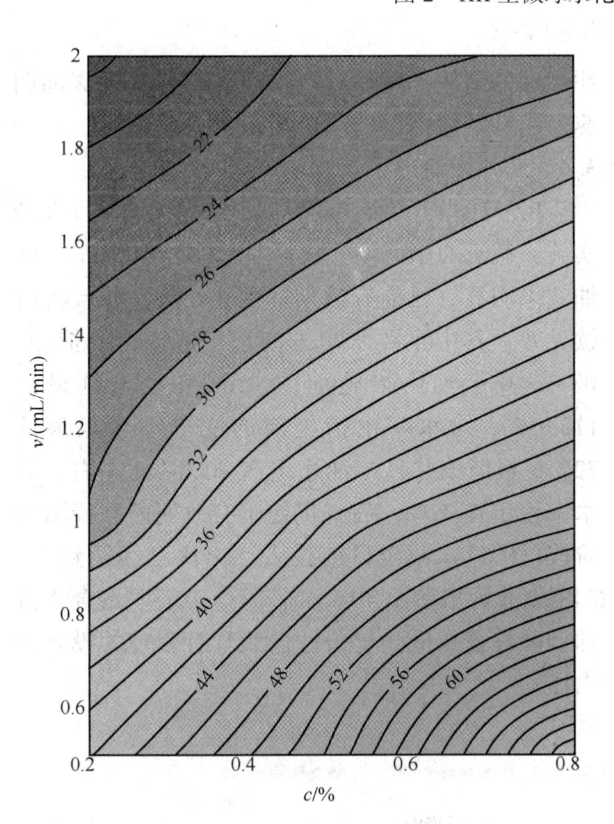

图 3 微球在岩芯中流动阻力系数图版

率及注水速度，确定合理的阻力系数为 20～30，根据图版确定 HK 型优化了微球使用浓度 0.3%～0.6%。在达到合理的阻力系数的条件下并保证封堵效果的条件下，降低微球使用浓度，以满足降本增效的目的。

3 矿场应用

聚合物微球调驱技术自 2010 年以来先后在渤海 BZ 油田实施 9 个井组，目前已完成实施 7 个井组，工艺成功率 100%，措施后增油降水效果明显，截至 2016 年 6 月累计取得增油 $6.1\times10^4m^3$，平均有效期 350 天，最长有效期达 540 天，增效约 1.68 亿元，投入产出比达到 1∶4 以上，具有较好的经济效益。其中 2014 年实施的 BZ-10 井组单井组累积增油超过 $2\times10^4m^3$，实现投入产出比 1∶7，增油效果见表 3。

表 3 BZ 油田聚合物微球调驱实施效果

实施井组	作业周期/d	增油/m^3
BZ-9	146	6617
BZ-14	114	12650
BZ-5	95	3905
BZ-21	95	4700
BZ-10	126	20459
BZ-21	101	8703（处于有效期）
BZ-17	72	4200

进入 2015 年国际原油价格大幅下跌，为适应低油价环境并实现降本增效，优选了 BZ-21 和 BZ-17 两个井组进行聚合物微球调驱作业，通过进一步优化聚合物微球体系及工艺方案设计，取得了较好的增油降水效果。

3.1 典型井组 BZ-21 概况

BZ-21 井组主力油组为明化镇油组，大厚层发育，平均储层厚度 10.5m。调驱前注入压力 4.4MPa，注水量 $454m^3/d$，对应油井 8 口油井，措施前井组产液量 $1377.3m^3/d$，产油 $230.2m^3/d$，含水率 83.3%，处于高含水期。水驱方向受沉积河道影响严重，平面非均质性较强，其中 BZ-2 方向为主要水窜方向。

3.2 实施效果

2015 年 9 月 25 日~2015 年 12 月 30 日，BZ-21 井组进行聚合物微球调驱作业。累积注入 HK 型聚合物微球段塞体积 32000m^3，聚合物微球原液药剂 101t，注入微球注入过程中注入压力平稳，一直保持在 5MPa 左右，未出现明显的压力上升(图 4)。表明聚合物微球注入性良好，可以实现深部封堵及液流转向。

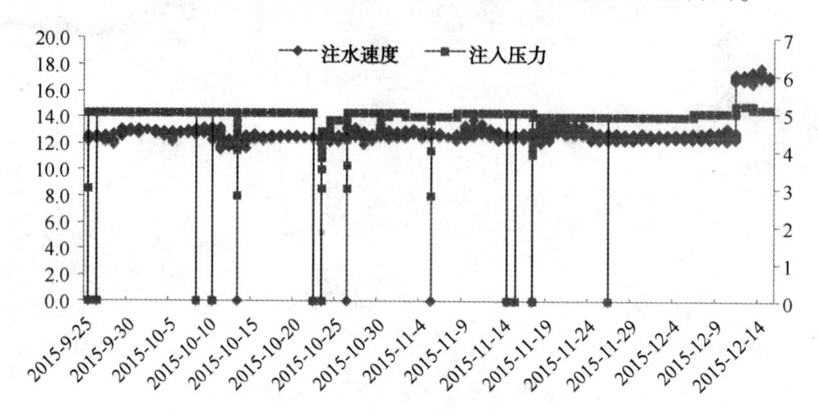

图 4 BZ-21 井组施工曲线

3.3 压力降落曲线

随着微球在地层深部逐步建立封堵，BZ-21 井压力降落曲线逐渐趋缓(图 5)。计算压降曲线充满度 *FD* 值由措施前的 55%上升到最高 84%；随着微球的不断注入，在井口注入压力稳定的情况下，地层深部的非均质性得到充分改善，也表明微球的封堵作用建立在地层深部并实现深部调驱，启动油藏深部的剩余油。

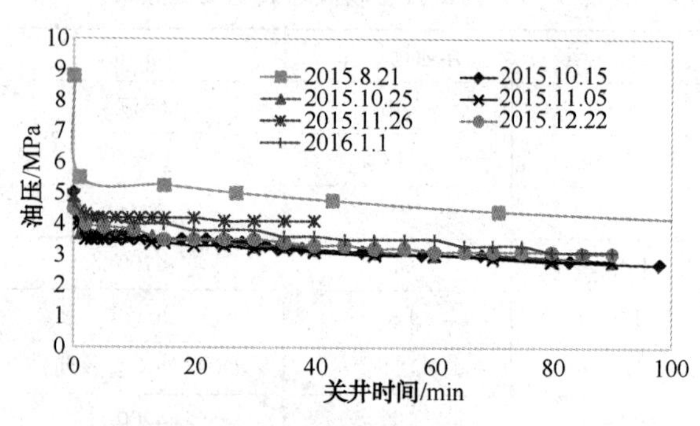

图 5 BZ-21 井压力降落曲线

3.4 油井增油效果

BZ-21 井组 2015 年 9 月~2015 年 12 月现场实施，截至 2016 年 9 月，累积增油 12453m^3，增油效果明显。目前有效期达到 330 天，并且将持续见效。其中主要水窜方向水窜通道得到抑制，BZ-2 井产油由措施前的 35m^3/d 上升到最高 112m^3/d，含水率由措施前的 92%下降至最低 72%；目前该井日产油稳定在 100m^3/d 左右，含水率稳定在 77%左右，仍处于有效期内高峰增油阶段(图 6)，截至目前投入产出比已经达到 1∶6.8(原油价格参照 40 $/桶计算)，表明聚合物微球调驱技术在低油价条件仍然具有合理的投入产出比。

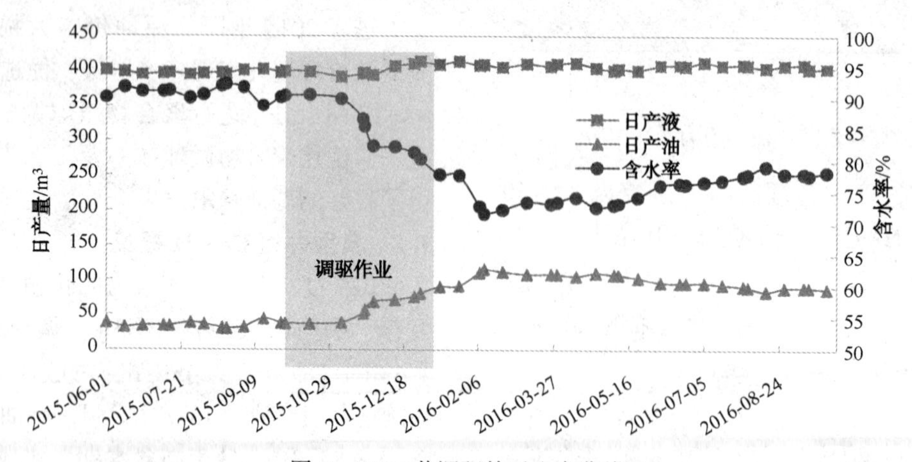

图 6 BZ-2 井调驱前后生产曲线

4 结论

（1）为适应目前低油价条件下降本增效的需要，开发筛选了适应渤海油田稠油油田的聚合物微球深部调驱体系，达到优化注水以及“注够水、注好水”的目的；

（2）通过室内评价实验结果表明，聚合物微球体系具有深部的封堵运移的特点，具备较好的注入性，适合海上平台开展在线调驱，节省占地空间及节约措施成本；

（3）通过矿场试验结果表明，聚合物微球调驱技术具有较好的增油降水能力，在低油价条件下具有较好的经济效益，现阶段在渤海油田具较高的降本增效推广价值。

参考文献

[1] 刘义刚，徐文江，姜维东．海上油田调驱技术研究与实践[J]．石油科技论坛，2014，33(3)：41-44.

[2] 张健，康晓东，朱玥珺，等．微支化疏水缔合聚合物驱油技术研究[J]．中国海上油气，2013，25(6)：65-69.

[3] 刘承杰，安俞蓉．聚合物微球深部调剖技术研究及矿场实践[J]．钻采工艺，2010，33(5)：62-63.

海上丛式井深层井眼防碰技术的分析与应用

和鹏飞

(中海油能源发展股份有限公司工程技术分公司，天津 300452)

摘　要　调整井是渤海油田增产上储的主要作业内容，对于钻井工程而言，渤海油田实施调整井的主要难点在于井眼防碰问题。近年来渤海油田通过老井陀螺复测轨迹、出台设计阶段和实施阶段以及井眼碰撞后应急处理指导文件等手段，从技术和管理上对浅层防碰做了有效风险规避。但是对于一些井眼防碰点深度在1000m以后的井，即所谓深层井眼防碰问题，仍处于被动防碰阶段。本文通过对定向井深层井眼防碰问题的探讨以及在渤中某井的应用情况，进行了相关技术探讨和研究。

关键词　调整井；钻井；井眼防碰；深层；渤海油田

丛式井技术是海上油田开发的主要模式，尤其是小井距密集丛式定向井技术在渤海地区广泛应用，即井距1.5m×1.7m。丛式井具有井数多、井距小导致的特点，丛式平台定向井浅层防碰问题极为突出，近几年来随着陀螺测轨迹、陀螺定向工艺、集束预斜等技术的广泛应用，以及针对防碰制定规程的制定也越来越完善，浅层防碰风险在渤海得到有效规避[1~5]。但是随着开发的深入，调整井呈现的井网加密特性在目的层附近得以集中，因此出现了比较严重的深层防碰问题[6~8]。对于深层防碰问题定义为指防碰点位于井眼轨迹测深大于1000m的防碰问题。

1　井眼深层防碰的特点

深层防碰最大的特点是随着井深的增加，浅层很明显的防碰征兆在深层逐步淡化，各类因素叠加出现，使地面判断出现复杂性[9,10]。这种变化的主要表现有：

(1) 钻井参数异常。对于深层防碰，在渤海地区很多井随着井深的增加，因为井眼轨迹、井眼清洁状况以及地层不均质等问题的存在，旋转钻进时地面扭矩总会有一定波动，而出现深层井眼防碰征兆时，因为井深较深，干扰因素较多而导致地面扭矩等参数不明显；也就是随着井深的增加钻具蹩跳也会变的不明显，和浅层有明显区别；钻压有增无减，钻速变慢是观察到的现象，但是钻遇不均质夹层也会如此，信息叠加时需要仔细甄别；

(2) 对于深层防碰，振动筛返出水泥(邻井有水泥封固)的时间变长；

(3) 由于部分井采用单级双封模式，中部非储层段无水泥封固套管，在此类深层防碰点，钻具短暂放空也会存在；

(4) 对于深层防碰问题，由于井深的原因是没有办法通过聆听到被碰撞井套管有敲击声音来判断。

2　井眼深层防碰技术在A54H井的探索

2.1　着陆段轨迹井眼防碰控制技术

2.1.1　着陆段轨迹设计

本井一开深度350m中完。着陆段及水平段轨迹设计如表1所示。

表1　A54H井着陆段及水平段井眼轨迹设计

深度/m	井斜角/(°)	方位角/(°)	造斜率设计/[(°)/30m]
350.00	15.76	177.66	0.00
388.00	17.86	179.06	1.66
418.00	18.10	169.36	3.00
926.41	68.51	157.78	3.00
1179.00	68.51	157.78	0.00
2511.52	90.00	260.86	2.30
2914.63	90.00	260.86	0.00

作者简介：和鹏飞(1987—　)，男，甘肃会宁人，2010年毕业于中国石油大学(北京)化学工程、石油工程专业，获双学士学位，2016年攻读在职研究生学位。工程师，主要从事海洋石油钻井技术监督与管理工作，累计发表论文四十余篇。E-mail：hepf@cnooc.com.cn

2.1.2 着陆段防碰分析

对A54H井轨迹进行防碰扫描，分析与邻井的防碰扫描图(图1)、分离系数图(图2)以及防碰报告，得出如下防碰数据表2(数据分析井段：1000~2511.52m)。

分析防碰报告，参考与A53H(未钻井)井和BZ28-2S-A6H(完钻井)的空间位置关系，可以得知轨迹在2511.52m之前即着陆点之前，主要是与BZ28-2S-A6H的水平段的深层防碰问题，表现有：在2225m之后，分析系数小于1.50，两口井之间的最小的垂差为24.54m；与A53H井轨迹的防碰主要体现是在2173.23m处有交叉，在2105~2250m之间分离系数小于1.5大于1.13，两口井的分离主要是垂深上的分离。

表2　A54H井井眼防碰分析

邻井	本井测深/m	本井垂深/m	邻井测深/m	邻井垂深/m	最近距离/m	分离系数
A6H	2475.00	1202.64	3278.48	1227.20	37.31	0.602
A6H	2511.52	1202.97	3241.89	1227.81	36.10	0.609
A53H	2173.23	1174.76	2048.25	1143.74	32.34	1.167
A53H	2190.00	1177.45	2052.01	1147.38	33.73	1.1305

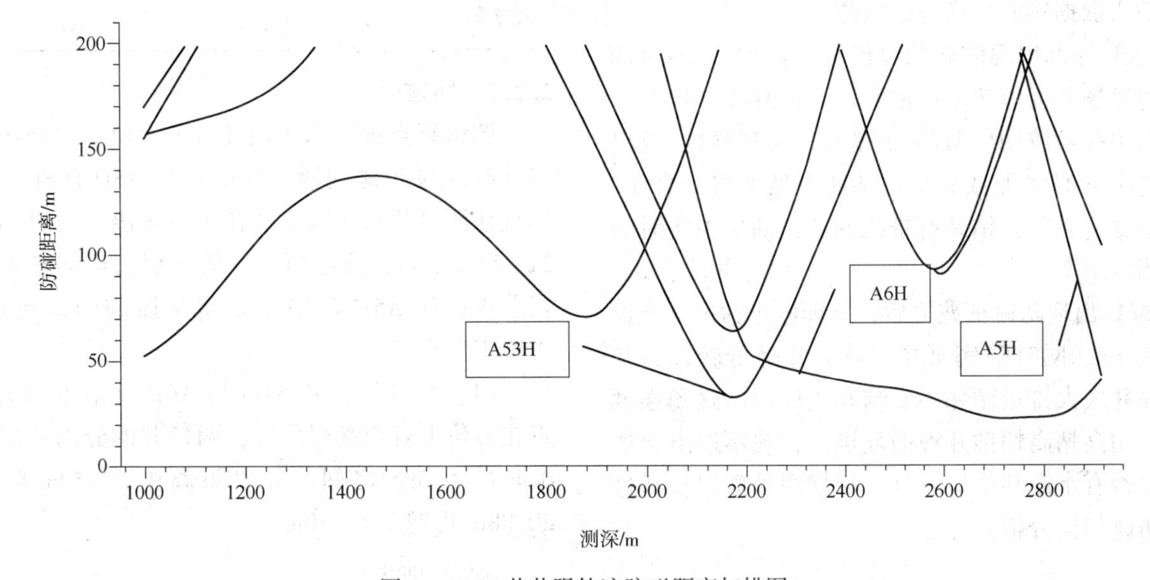

图1　A54H井井眼轨迹防碰距离扫描图

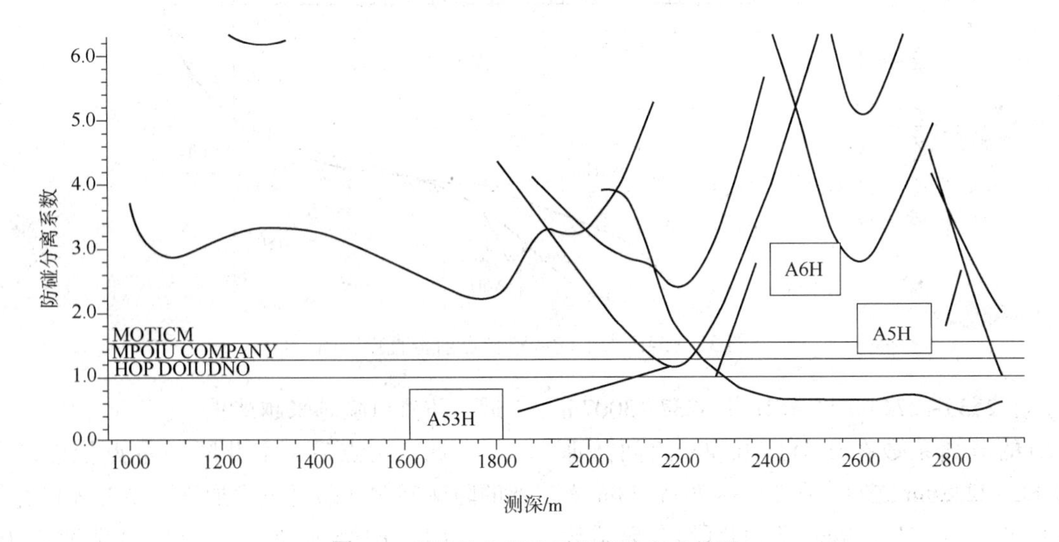

图2　A54H井井眼轨迹防碰分离系数图

2.1.3　着陆井段轨迹控制与防碰处理

（1）钻具组合。A54H 井 Φ311.2 井段使用旋转导向组合：Φ311.2PDC 钻头+Φ228.6 旋转导向工具+Φ209.6 地质导向工具+Φ209.6 MWD 工具+Φ203.2 无磁钻铤+Φ203.2 随钻机械震击器+变扣接头+Φ139.7 加重钻杆×14 根。

（2）井眼防碰控制措施。针对如上的防碰形势和现场实际作业情况，制定了如下深层防碰措施。

① 根据本井防碰分析，在实际轨迹控制上，着陆作业过程中按照控制轨迹，控制轨迹走设计线右边，这样有利于减小防碰风险。

② 钻进过程中，随时根据最新的实测数据和近钻头数据实时扫描防碰问题。

③ 深部出现防碰的可能征兆：MWD 测量的当地磁场强度值超出正常值±2%；A6H 井生产参数发生异常波动(建议采油平台进行观察)；返出岩屑中含有水泥或铁屑；钻速突然变慢，泵压、扭矩变化异常，钻具有蹩跳现象；油层中实时的电测电阻率异常。

④ 出现防碰征兆之后，立即停止钻进，上提钻具 2m，同时降底泵排量降，并降低转速，禁止在井底大排量循环。复测并确认地球磁场强度值。用高粘高切钻井液循环携砂，观察返出岩屑中是否有水泥和铁屑含量。根据测量数据重新进行防碰扫描分析。

采用如上的深层防碰措施，在油藏地质导向的指导下，顺利在 2533m 着陆，深层防碰作业取得了良好的结果。

2.2　水平段轨迹控制与防碰处理

2.2.1　水平段轨迹设计

A54H 井着陆作业之后，因为油藏有了新的认识，故而油藏提供了新的靶点的数据，根据已钻轨迹做优化设计轨迹(表 3)。

表 3　A54H 井水平段井眼轨迹设计

深度/m	井斜角/(°)	方位角/(°)	造斜率设计/[(°)/30m]
2513.90	88.00	261.44	0.00
2533.00	90.00	262.00	3.26
2547.67	89.85	261.03	2.00
2911.72	89.85	261.03	0.00

2.2.2　防碰分析

调整靶点前，水平段主要与 A6H 与 A5H 两口井有深层防碰问题。其中，与 A5H 防碰主要体现在两口井水平段末端在垂直距离上一直相差 21~22m 之间，故这两口井的深层防碰问题不是很严重；与 A5H 的防碰是水平段的防碰重点，主要表现有：

（1）本井在 2707.81m 与 A6H 即最小的距离点在方位上有交叉(图 3)，两口井的分离系数在 0.402~0.595 之间；分离距离由 33.50m 降至 20.88m 再增至 41.30m。

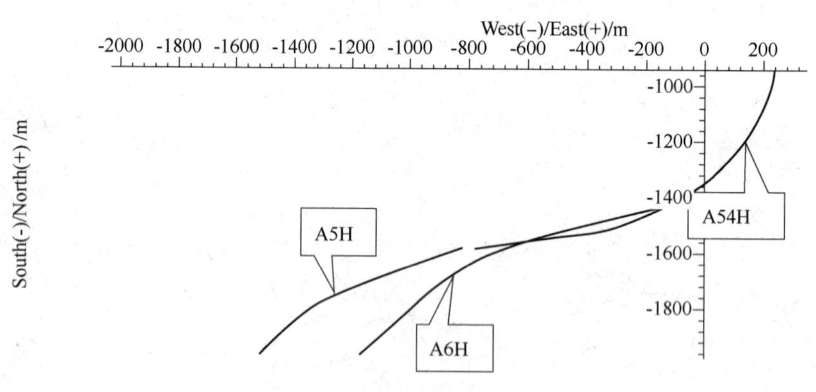

图 3　A54H 水平段调整靶点前垂直投影图

（2）在 2533~2743m 与 A6H 井 3237~3007m（水平段）的分离系数在 0.511~0.599 之间，垂差在 20.88~22.29m 之间；在 2743~2911.73m 之间与 A6H 井在 3007~2846m(着陆井段)分离系数由 0.576 降至 0.402 再增至 0.557，垂差从 21.12m 降至 8.08m，若水平段加深的话垂深更近，防碰风险越来越严重。

调整靶点后，本井防碰重点依然是与 A6H 的防碰问题，防碰风险加剧。主要表现有：

（1）调靶前两口井的分离系数在 0.402~0.595 之间，调靶后两口井分离系数在 0.348~0.544 之间；调靶前分离距离由 33.50m 降至

20.88m 再增至 41.30m，调靶后分离距离由 33.50m 降至 19.15m 再增至 40.70m。即最小分离系数和最小分离距离值都变小。

（2）在 2533~2743m 与 A6H 井 3216~3007m（水平段）的分离系数在 0.493~0.544 之间，垂差在 18.94~22.08m 之间；在 2743~2911.73m 之间与 A6H 井在 3007~2846m（着陆井段）分离系数由 0.517 降至 0.348 再增至 0.541，垂差从 18.94m 降至 4.16m，与调靶之前相比防碰风险更加严重。

（3）在 2803m 之后，两口井的垂差就开始小于 15m。

由以上分析结果可见，深层防碰风险更加严重。

2.2.3 水平段轨迹控制与防碰处理

（1）钻具组合

A54H 井 Φ215.9 井段使用旋转导向组合：Φ215.9PDC 钻头+Φ171.5 旋转导向工具+Φ171.5 地质导向工具+Φ171.5MWD 工具+Φ171.5 无磁钻铤+Φ171.5 随钻机械震击器+变扣接头+Φ139.7 加重钻杆×14 根。

（2）防碰技术措施

① 根据本井防碰分析，在实际轨迹控制上，控制轨迹走设计线右边，垂深靠上，有利于交叉后的分离距离的增加，减小防碰风险。

② 水平段不加深，加深水平段会使防碰风险增加，相对的来说减少水平段长度有利于减小防碰风险。

③ 钻进过程中，随时根据最新的实测数据和近钻头数据实时扫描防碰问题。

④ 钻进至最小分离系数点 2803m（即垂差开始小于 15m）之后，采取每半柱一个测点的加密测量模式。

⑤ 深部出现防碰的可能征兆：MWD 测量的当地磁场强度值超出正常值±2%；A6H 井生产参数发生异常波动；返出岩屑中含有水泥或铁屑；钻速突然变慢，泵压、扭矩变化异常，钻具有蹩跳现象，实时电阻率测井数据有异常的变小的趋势甚至趋于零。

⑥ 出现防碰征兆之后，立即停止钻进，上提钻具 5m，同时将泵排量降至 400L/min，并降低转速，禁止在井底大排量循环。复测并确认地球磁场强度值。用高粘高切钻井液循环携砂，观察返出岩屑中是否有水泥和铁屑含量。根据测量数据重新进行防碰扫描分析。

⑦ 本井水平段备用牙轮钻头。

针对制定的防碰措施，在水平段钻进过程中，实际的轨迹一直控制在设计轨迹的右边；旋转导向近钻头方位的数据相对比较稳定，在钻进过程中一直关注近钻头方位是否有异常变化；水平段钻进至 2903m 完钻。

3 结论与建议

（1）深层防碰与浅层防碰有比较大的区别，主要是防碰征兆的不同。与深层防碰相比浅层防碰技术更多体现在陀螺定向和绕障措施的制定，深层防碰技术更多体现在轨迹控制和深层防碰征兆的观察上。深层防碰作业过程中，如果使用旋转导向，近钻头方位数据是否有异常变化可以作为深层防碰的一个的征兆；有实时电阻率测井作业时，电阻率有异常的变小的趋势甚至趋于零。

（2）深层防碰需要更加认真的考虑实际轨迹的控制，在实际轨迹控制过程中向有利于防碰方向进行偏离。

（3）深层防碰作业过程中，需要根据最新的实测数据和近钻头数据（使用旋转导向时）实时扫描防碰问题，并做预测。

（4）当前在渤海区域，采用的防碰技术都是被动式的，建议研究主动式的防碰技术即可能解决防碰问题的声波探测防碰技术、电磁波探测防碰技术、射线探测防碰技术的应用。

参 考 文 献

[1] 和鹏飞，吕广，程福旺，等．加密丛式调整井轨迹防碰质量控制研究[J]．石油工业技术监督，2016，32(6)：20-23.

[2] 姜伟．海上密集丛式井组再加密调整井网钻井技术探索与实践[J]．天然气工业，2011，31(1)：69-72.

[3] 姬洪刚，卓振洲，张雪峰，等．渤海某油田利用模块钻机调整井作业的难点与对策[J]．科技创新与应用，2014，6：77-78.

[4] 李凡，赵少伟，张海，等．单筒双井表层预斜技术及其在绥中 36-1 油田的应用[J]．石油钻采工艺，2012，34(S0)：12-15.

[5] 和鹏飞，孔志刚．Power Drive Xceed 指向式旋转导向系统在渤海某油田的应用[J]．探矿工程（岩土钻

掘工程)，2013，40(11)：45-51.

[6] 牟炯，和鹏飞，侯冠中，等．浅部大位移超长水平段 I38H 井轨迹控制技术[J]．探矿工程(岩土钻掘工程)，2016，43(2)：57-59.

[7] 刘鹏飞，和鹏飞，李凡，等．欠位移水平井 C33H 井裸眼悬空侧钻技术[J]．石油钻采工艺，2014(1)：44-47.

[8] 孙晓飞，韩雪银，和鹏飞，等．防碰技术在金县1-1-A 平台的应用[J]．石油钻采工艺，2013，35(3)：48-50.

[9] 邓建明，刘小刚，马英文，等．渤海油田钻井提效新技术及其应用实践[J]．中国海上油气，2016，28(3).

[10] 毛剑．海洋丛式井组井眼防碰地面监测方法研究[D]．中国石油大学，2010：90-94.

剪切闸板剪断管柱所致落鱼打捞技术应用

侯冠中[1] 和鹏飞[2] 祝正波[2] 刘国振[2]
(1. 中海石油(中国)有限公司天津分公司，天津 300452;
2. 中海油能源发展股份有限公司工程技术分公司，天津 300452)

摘 要 渤海A19井在射孔作业后上提管柱时发生井涌井喷，喷势较大，无法实现抢接顶驱，现场及时关闭剪切闸板防喷器，成功剪断井内钻具实现封井。实施置换法压井后，又成功打捞了落井管柱。本文讲述了该井铅印打印、磨鞋磨铣、卡瓦打捞筒打捞的作业过程，这对由剪切闸板防喷器剪断管柱所致落鱼的打捞有一定的借鉴作用。

关键词 剪断管柱；磨铣；落鱼打捞；剪切闸板

剪切闸板装配在防喷器中使用，当在钻完井、修井或试油等作业过程中如遇到紧急情况(如井喷失控、井喷着火等)时，关闭剪切闸板可切断井内管柱进而全封井口，防止事故进一步扩大，封住井口后，再进一步采取压井和打捞管柱作业[1,2]。鉴于海洋石油作业有着高投入、高风险的特点，通常要求配备剪切闸板防喷器。渤海A19井在射孔作业后上提管柱时发生井涌井喷，在无法实现抢接顶驱的情况下及时关闭剪切闸板防喷器实现了封井，采用置换法压井后成功打捞了落井管柱。

1 打捞作业背景

A19井是一口生产井，常规定向井，井身结构为一开444.5mm井眼至450m，下入ϕ339.7套管至447.6m，二开311.15mm井眼至1831m，下入ϕ244.5套管至1825.5m。该井完井作业采用套管射孔+优质筛管砾石充填防砂+绕丝筛管砾石充填防砂完井，射孔段为1324.8~1754.9m，总长为430.1m。该井射孔作业结束后上提管柱时发生井涌，并迅速发展成井喷。因喷势较大，无法实现抢接顶驱，立即关闭剪切闸板防喷器，成功剪断井内钻具实现封井(剪断后的钻杆如图1所示)。实施置换法压井成功后，经过两天的时间通过铅印打印、磨鞋磨铣、卡瓦打捞筒打捞等作业顺利成功完成了落井管柱打捞。

图1 剪断后的钻杆

井内落鱼为：ϕ177.8点火头+ϕ177.8射孔枪+ϕ95.25点火头+ϕ69.85加压盲堵+ϕ73油管短节+开孔负压阀+ϕ73油管短节+ϕ88.9钻杆+ϕ88.9同位素+ϕ88.9钻杆+ϕ165震击器+ϕ127短钻杆+ϕ139.7钻杆，落鱼长度1729.9m，鱼顶顶深65.12m(落鱼示意图如图2所示)。

2 打捞技术措施

虽然置换法压井获得了成功，但置换法压井只是暂时将井压住，还需要下入管柱至井底实施循环压井才能实现最终压井，该情况下的井况是不稳定的，在后续打捞作业中存在井涌再次发生的可能[3]。所以，实施打捞作业必须保持高度警惕思想，制定严格井控措施。由于本井落鱼由剪

作者简介：侯冠中(1982—)，男，辽宁大连人，2005年毕业于大庆石油学院资源勘察专业，工程师，主要从事海洋石油钻井技术监督与管理工作。E-mail：hougz@ cnooc. com. cn

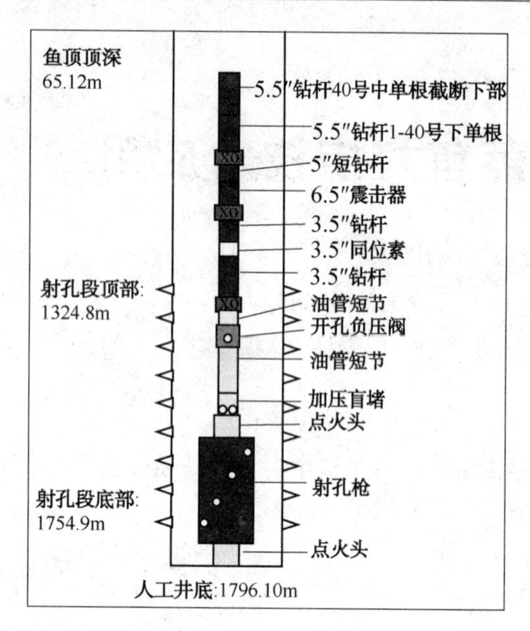

图 2　落鱼示意图

切闸板防喷器剪断管柱所形成，落鱼鱼顶被挤扁，其外径大于本体直径，应先使用磨鞋磨铣掉钻杆变形段，再下入可退式卡瓦打捞筒对管柱实施打捞[4,5]。制定具体施工措施如下：

（1）对井口防喷器进行试压。

（2）下入带孔铅印探明落鱼情况：

接顶驱小排量缓慢下放铅印管柱，若管柱在井深 63m 之前遇阻，直接下压 2T，稳定 1min 打印；若未遇阻，下钻至井深 63m，接顶驱，打通测试（0.2～0.5m³/min），记录排量泵压，测上提下放悬重，缓慢下放管柱探鱼顶深度，下压 2T 打印。因鱼顶准确深度未知，下放过程要缓慢，坚持一柱一校深，打印后正循环 1.07g/cm³ 完井液一周，排量 0.5m³/min，观察气全量变化，待安全后起钻观察打印结果。

（3）下入磨鞋磨铣：

下钻前对磨鞋丈量，观察、拍照留底。磨鞋到位前，接顶驱打通测试（0.2～0.5m³/min），正循环 1.07g/cm³ 完井液一周，排量 1m³/min，观察气全量变化。设定顶驱扭矩上限 4000N · m，分别测转速 30rpm、40rpm、50rpm 时的空转扭矩，测上提下放悬重。停转速，下压 2T，记录深度，在钻杆上做标记；保持排量 1m³/min，上提钻具 2m，以 30rpm 转速下放钻具，下压 2T，记录深度，做好标记。控制转速 30rpm，缓慢下放管柱，磨铣鱼顶，低转速扭矩稳定后，缓慢提高转速磨铣，找到一个扭矩平衡点，以此扭矩持续磨铣鱼顶，磨铣 30cm 后起钻。

（4）下入铅印探明磨铣结果：

若落鱼鱼顶形状与 ϕ139.7 钻杆横截面不吻合，继续进行磨铣作业，当确定两者吻合后，下入可退式打捞筒转入打捞作业。

（5）下入可退式打捞筒打捞管柱：

打捞筒到位前，测管柱上提下放悬重，接顶驱测不同转速下 10rpm、20rpm 空转扭矩及循环泵压。下放管柱至鱼顶上方位置，开泵大排量1m³/min，正循环冲洗鱼头；降低排量至 0.5m³/min，下放管柱，下压 1T 探鱼顶深度，上提管柱再次下压 1T 确认到位；再次缓慢下放管柱，同时密切注意泵压、钻压的变化，确认探到鱼顶后，下压管柱3～5T，观察对比泵压变化，然后上提管柱观察悬重变化，如果上提悬重超过正常上提悬重 3T，则可判断抓住落鱼，重新下压管柱 5T。确认抓住落鱼后，正循环 1.07 完井液，打通，观察返出。上提管柱，看能否提活管柱，若能提活，则开泵打通实施正循环压井，根据压井情况起甩卡瓦打捞筒，继续起钻至井内 PRD（保护储层完井液体系）顶深位置，正循环压井；若管柱不能直接提活，逐渐增加上提吨位活动管柱，尝试震击解卡（震击器设定值为上击 47T，下击 25T），解卡后正循环压井，根据压井情况起甩卡瓦打捞筒，继续起钻至井内 PRD 顶深位置，正循环压井。

3　打捞作业过程

3.1　打铅印磨铣

3.1.1　第一次打铅印

下第一次铅印管柱，管柱组合：ϕ206 带水眼铅印+ϕ139.7 钻杆内防喷器+ϕ139.7 短钻杆。打铅印结果：下压 2T，通过计算鱼顶深度 71m，起出铅印后，铅印有长约 14cm，宽约 0.55cm 的不规则圆弧，丈量并计算落鱼鱼顶最大外径大于 139.7mm。

3.1.2　第一次磨铣

下第一次磨铣管柱，管柱组合：ϕ206 凹底磨鞋 + ϕ190.5 捞杯 + ϕ139.7 钻杆内防喷器 + ϕ139.7 短钻杆+ϕ139.7 钻杆。测试参数：接顶驱大排量正循环冲洗鱼顶，设定顶驱扭矩上限 4000N · m，测管柱空转扭矩（30rpm@ 1300N · m、40rpm@ 1400N · m、50rpm@ 1500N · m），测旋转状态下管柱上提悬重为 22T，下放悬重为 23T。

磨铣参数：转速 30~40rpm，排量 $1m^3$/min，泵压 0.6~0.7MPa，钻压 1~2T，扭矩 1500~2000N · m。本次磨铣无进尺，检查凹底磨鞋底面磨出多道同心圆槽，有 3 处崩齿，本体侧面油漆磨光，检查打捞杯里少量铁屑。

3.1.3 第二次磨铣

下第二次磨铣管柱，管柱组合：ϕ206 平底磨鞋 + ϕ190.5 捞杯 + ϕ139.7 钻杆内防喷器 + ϕ139.7 短钻杆+ϕ139.7 钻杆。磨铣参数：转速 30rpm，排量 $1m^3$/min，泵压 0.7MPa，钻压 1~2T，扭矩 1500~1700N · m。磨铣结果：累计进尺 44cm，起出后平底磨鞋底面中心磨出直径约 2cm 圆，有多处崩齿，本体侧面油漆磨光，检查打捞杯内存在大量碎屑状及长条状铁屑。

3.1.4 第二次打铅印

下第二次铅印管柱，管柱组合：ϕ206 带水眼铅印+ϕ139.7 钻杆内防喷器+ϕ139.7 短钻杆。打铅印过程：下钻至 70m，接顶驱正循环 1.07g/cm^3完井液冲洗鱼顶；缓慢下放管柱，下压 2T 打铅印，探鱼顶深度 71.44m。打铅印结果：无明显鱼顶痕迹，铅印底部粘附较多铁屑。

3.1.5 第三次打铅印

下第三次铅印管柱，管柱组合：ϕ206 带水眼铅印+ϕ139.7 钻杆内防喷器+ϕ139.7 短钻杆。打铅印过程：下钻至 71m，接顶驱正循环 1.07g/cm^3完井液冲洗鱼顶；缓慢下放管柱，下压 4T 打铅印，探鱼顶深度 71.46m。打铅印结果：铅印底部为一圈规则圆环痕迹，丈量圆环各个方向最大外径 139.7mm，宽度 10mm，与 139.7mm 钻杆横截面积基本相符。

3.2 打捞过程

下入卡瓦打捞筒管柱，管柱组合[6~8]：ϕ206 卡瓦打捞筒(配 ϕ139.7 篮式卡瓦+带密封盘根铣环)+ϕ139.7 短钻杆+ϕ139.7 钻杆 7 根+ϕ139.7 钻杆考克+ϕ139.7 钻杆。打捞过程：称重，冲洗鱼顶，设定顶驱扭矩上限 4000N · m，测管柱空转正扭矩 10rpm@ 900N · m。开泵下放管柱至遇阻憋压，过提 3T，确认捕获落鱼。循环排气，期间循环池液面有 $1m^3$ 增量，调整完井液至比重 1.07/cm^3均匀。上提管柱解卡：第一次上提至 105T 震击器工作，继续上提至 110T 未解卡；第二次上提至 105T 震击器工作，继续上提至 130T 未解卡；第三次上提至 105T 震击器工作，上提解卡成功。

解卡后正循环一周，气全量和泥浆池液面稳定，起甩卡瓦打捞筒及被剪切钻具。接顶驱，正替 1.07g/cm^3 简易 PRD50m^3 后起钻。

4 结论与建议

（1）完成了对由剪切闸板防喷器剪断管柱所致落鱼的打捞，为该类落鱼打捞提供借鉴。

（2）剪切闸板剪断井内管柱后，虽然可以通过适当压井方法实现井筒压力平衡，但无法进行循环实现最终压井，打捞作业时井况可能还是不稳定的，需制定严格井控措施，严防打捞作业中再次发生溢流。

（3）对于由剪切闸板防喷器剪断管柱所致落鱼鱼顶的磨铣采用平底磨鞋效果较好。

参 考 文 献

[1] 王华．井控装置实用手册[M]．北京：石油工业出版社，2008：17-20.

[2] 集团公司井控培训教材编写组．钻井井控工艺技术[M]．东营：中国石油大学出版社，2008：128-131.

[3] 马林虎．打捞各种井下落鱼的方法及工具[J]．钻采工艺．1991(04)：84-89.

[4] 蒋希文．钻井事故与复杂问题[M]．北京：石油工业出版社，2006：208-210.

[5] 程玉华，张鑫，胡春勤，等．渤海油田裸眼水平井套铣打捞封隔器关键技术及其应用[J]．中国海上油气，2014，26(2)：77-81.

[6] 侯冠中，和鹏飞，郑超，等．渤海 127H 井 406.4mm 大尺寸井眼对扣打捞技术[J]．探矿工程：岩土钻掘工程，2015(10)：35-37.

[7] 和鹏飞，侯冠中，朱培，等．海上 ϕ914.4 井槽弃井再利用实现单筒双井技术[J]．探矿工程：岩土钻掘工程，2016(3).

精细注水在渤海某油田 J 区的应用及认识

杨 彬 李 彪 王 迪 徐大明 李 军

（中海石油（中国）有限公司天津分公司，天津塘沽 300452）

摘 要 渤海某油田 J 区为渤海湾典型的湖相三角洲稠油油田，主力开发层系为东营组下段的Ⅰ和Ⅱ油组，纵向上可细分为 8 个小层，平均地层原油黏度为 291mPa · s。在纵向上、横向上存在多个油气水系统。在常规注水开采过程中，由于纵向上采用大井段合采，纵向非均质性引起层间矛盾突出；同时由于地层原油黏度较大，注入水突进现象明显，储层的平面非均质性引起驱替不均匀，影响整体水驱油的效果。截至 2016 年 7 月底，J 区采出程度 24.8%，综合含水率 72.7%，各种矛盾在油田进入高含水期后更加突出。为实现油田高效开发，减小层间矛盾影响，对注水井实施分段防砂，并根据油井每月的产液量，利用 KH 法劈分到各小层，计算出对应层段的配注量，实现了对区块单井和单层理论上的分层配注。在油水井管理过程中，以精细注水为主线，配合油井转注聚、吸水剖面测试、分层酸化、更换管柱、大修等措施，通过相关作业使得现场单井的分层配注得以落实。精细注水改变了油田开发指标，控制了油田含水上升，减缓了油田自然递减，使区块连续 3 年自然递减为零，取得了较好的降水增油效果，为相似油田提供了经验。

关键词 稠油油藏；精细注水；分层配注；自然递减

渤海湾某油田位于辽东湾下辽河坳陷、辽西低凸起中段，为渤海湾典型的湖相三角洲稠油油田，主力开发层系为东营组下段的Ⅰ和Ⅱ油组，纵向上分为 14 个小层。油藏类型为受岩性影响的在纵向上、横向上存在多个油气水系统的构造层状油气藏。该油田采取滚动开发模式，分两期投入开发，Ⅰ期区块于 1993 年投产，Ⅱ期区块于 2000 年 11 月投产[1]。其中Ⅰ期的 J 区位于油田东南边缘（图 1），油层仅 1~8 小层发育，平均地层原油黏度为 291mPa · s，局部储层单砂体厚度较大。

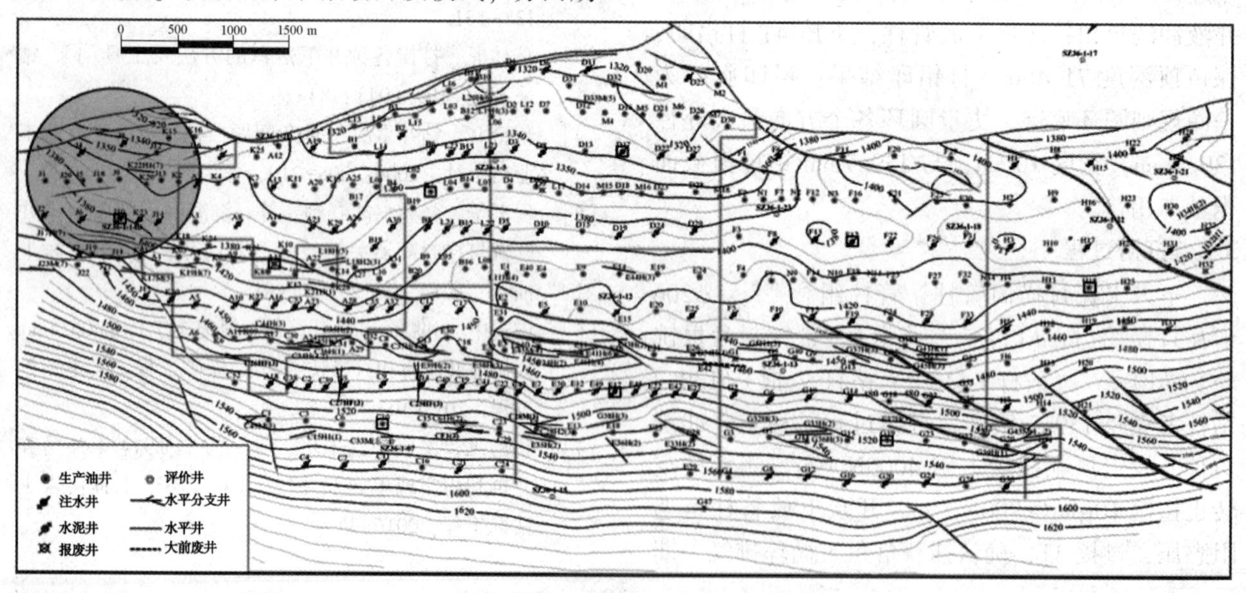

图 1 渤海某油田 J 区位置示意图

作者简介：杨彬（1986— ），男，汉族，2010 年毕业于中国石油大学（华东）石油工程专业，油藏工程师，现从事在生产油气田动态分析及油水井管理工作。

油田J区在常规注水开采过程中，由于纵向上采用大井段合采，纵向非均质性引起层间矛盾比较突出[2]；同时由于地层原油黏度较大，流度比高，注入水突进现象明显，储层的平面非均质性引起驱替不均匀，影响整体水驱油的效果。截至2016年7月底，采出程度24.8%，综合含水率72.7%，各种矛盾在油田进入高含水期后更加突出[3,4]。为“注够水，注好水”，从而实现油田高效开发，提出精细注水的开发策略[5,6]。本文重点介绍通过现场各项相关措施作业，实现单井的分层配注。精细注水改变了区块开发指标，控制了油田含水上升，减缓了油田自然递减，取得了较好的降水增油效果，为相似油田稳油控水提供了经验和借鉴。

1 油田主要开发矛盾

随着J区进入中高含水阶段，油田开发的主要矛盾集中在3个方面：

(1) 地层原有黏度大，流度比高，导致注入水突进，含水上升导致自然递减较大。

造成递减大的主要原因分两类，一类是由于注水井欠注影响，导致地层能量下降引起地层能量不足，部分油井产液下降，递减加大。另一类是由于注水井吸水不均，注入水突进，导致含水上升，递减加快。

(2) 注水井井口压力过高，从而降低了注入能力，实际注采比未达到油藏要求。

一方面受注水井注入压力高影响，另一方面受调整井停注以及作业关停井影响，注水井常达不到配注需求。同时注水井管柱问题较多，受出砂、封隔器不密封、管外窜等管柱问题影响，无法满足层段注水需求。J区历年注采比见图2，从2010年开始始终未能达到注采比1∶1的目标。

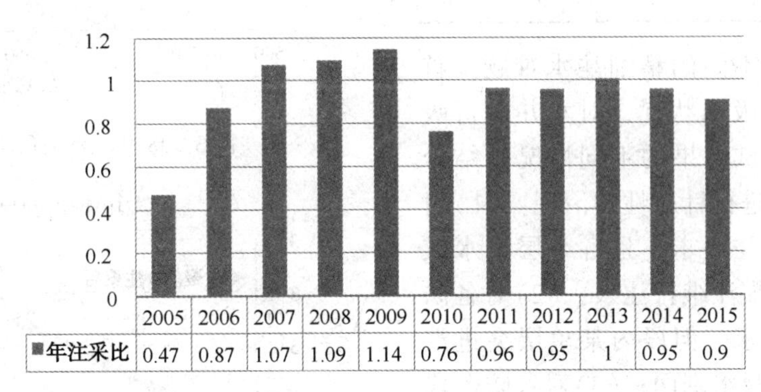

图2 渤海某油田J区历年注采比

(3) 储层纵向及平面非均质性强，且采用大井段合采，注采不均衡，层间矛盾突出。

平面上油田属于多个沉积微相，由于沉积环境的不同，导致储层物性差异较大，造成注入水在平面上单向突进明显，因此部分油井含水上升较快，部分区块含水较高。同时，油田纵向非均质性较强，注水井各小层相对吸水量差异较大，注入水单层突进明显，随钻测压资料表明，纵向上层间压力差异较大，层间动用状况不均衡。

2 分层配注计算

考虑油藏特征，在维持合理地层压力前提下，依据油藏生产动态特征，以现阶段生产数据为配注基础，以控制含水上升速度为目的进行分层配注。先配整井注水量，将各受益油井日产油量、日产水量折算为地下日产体积。并利用方向比例系数将各受益油井的产出贡献劈分到各注水井，最后计算出各整井配注量。再依据各小层的配注量需求，用*KH*值法将整井配注量劈分到各小层。最后将分注层段内的小层配注量相加，算出对应层段的分注层段配注量。*KH*值劈分法计算注水井小层日配注量见式(1)：

$$q_{\mathrm{wpd}i} = q_{\mathrm{wpd}} \cdot (K_i \cdot H_i \cdot W_i) / \sum_{i=1}^{m} (K_i \cdot H_i \cdot W_i) \tag{1}$$

式中，$q_{\mathrm{wpd}i}$为注水井第i层日配注量，$\mathrm{m^3/d}$；K_i为注水井第i小层有效渗透率，$\mu\mathrm{m}^2$；H_i为注水井第i小层有效厚度，m；W_i为注水井第i小层配注比；m为注水井注水小层总层数。

在日常管理过程中，根据生产动态变化情况，注水井应及时调整配注量，制定并实施酸化、分层调配、调剖调驱等治理措施，以协调平面上、纵向上的注采矛盾，控制含水上升速度。

3　精细注水现场实施

油田多采用长井段、多层合采的开采方式，实现精细注水对油田稳油控水具有十分重要的作用。要实现精细注水，注够水是前提，实施油井转注水井、水井分层酸化等措施以保持区块地层能量。在注够水的基础上，注好水是维持区块高效稳定开发，控制自然递减的关键。

3.1　精细注水配套措施

在油水井实际管理过程中，以“精细注水”为主线，配合月度调配、转注聚、分层酸化、调剖、更换管柱、大修等措施，通过相关作业实现了对现场单井的分层配注(表1)。

表1　渤海某油田J区精细注水配套措施类型及井次

措施类型	转注聚	分层酸化	调剖	更换管柱	大修
实施井次	2	19	2	5	4

不同的措施解决不同的精细注水难题。首先为了解水井各层段吸水状况，对水井进行吸水剖面测试。根据测试结果的不同情况并结合油井生产动态，分类进行针对性的治理：(1)对各防砂段满足分层配注要求，且各小层吸水较均匀的井，根据每月配注维持注入；(2)对各防砂段满足分层配注需求，但段内某单层突进严重，则考虑调剖改善吸水剖面；(3)对各防砂段与分层配注要求不相符，且井口压力已经较高，则对欠注层段进行分层酸化；(4)对管柱有问题的井，通过管柱更换、大修等措施先解决管柱问题。

2014年~2016年7月底，为实现分层精细注水目的，J区共实施了水井作业31井次，其中包括分层酸化19井次，吸水剖面测试1井次，调剖2井次，更换管柱5井次，大修4井次。

3.2　精细注水措施实例

3.2.1　注水井转注聚

J区2014年2月对注水井J8、J10井开始进行转注聚。J区扩大注聚2口井后，原注聚区效果得到进一步加强，水驱曲线明显向好的方向偏折(图3、图4)。同时两口井注入压力上升、视吸水指数下降，并建立了一定的阻力系数，为1.1~1.3(表2)，起到稳油控水的作用。

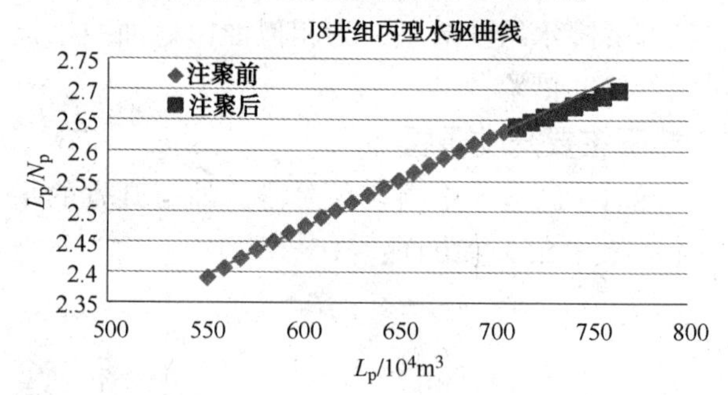

图3　J8井注聚前后水驱曲线对比

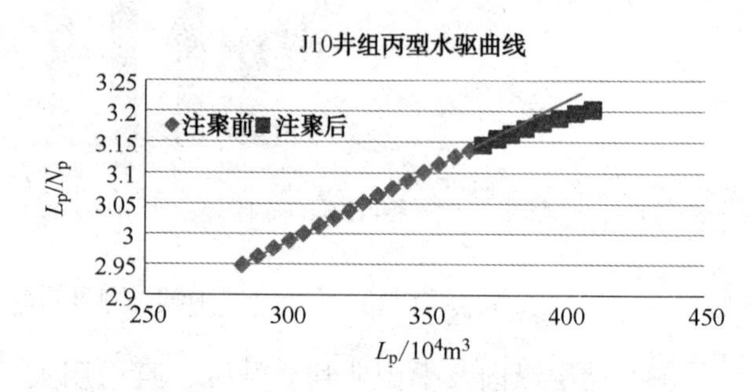

图4　J10井注聚前后水驱曲线对比

表2　J8、J10井注聚前后注入参数对比

区块	井号	层位	变化			阻力系数
			压力/MPa	视吸水指数/(m^3/d/MPa)	视吸水指数下降幅度/%	
J	J8	I	1.5	-8.1	-13.5	1.1
	J10	IId	1.9	-24.4	-45.3	1.3

3.2.2　注水井调剖

对于油组间吸水矛盾可通过机械调剖实现分层注水，适时分层调配满足各注水段的注水需求；但小层间矛盾仍突出，以J2井为例，该井2013年氧活化测试表明，Ⅱ油组10小层厚度1.5m，渗透率189mD，吸水强度16.7m^3/(d·m)，而9小层厚度5.6m，渗透率683mD，吸水强度仅为6.5m^3/(d·m)，表明注水主要矛盾存在于层间各小层间(图5、图6)。

(1)利用PI决策技术选择调剖井位

PI决策技术是以注水井井口压降曲线为依据的压力指数决策技术，注水井压降曲线是指正常注水井关井测得的井口压力随时间的变化曲线，根据压降曲线可以计算出压力指数PI。为了对比将各注水的 PI 值，需要将 PI 值改正到相同的 q/h 下得到 PI 修正值。当 PI 值越小越需要调剖。J2 井 2013 年第四季度 PI 值计算为 2.45，远低于平均值 7.18，确定对 J2 井进行调剖。

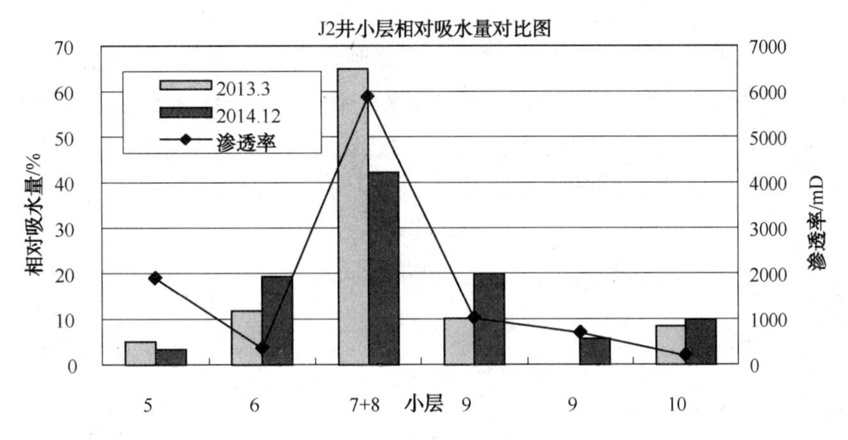

图 5 J2 井调剖前后各小层相对吸水量对比

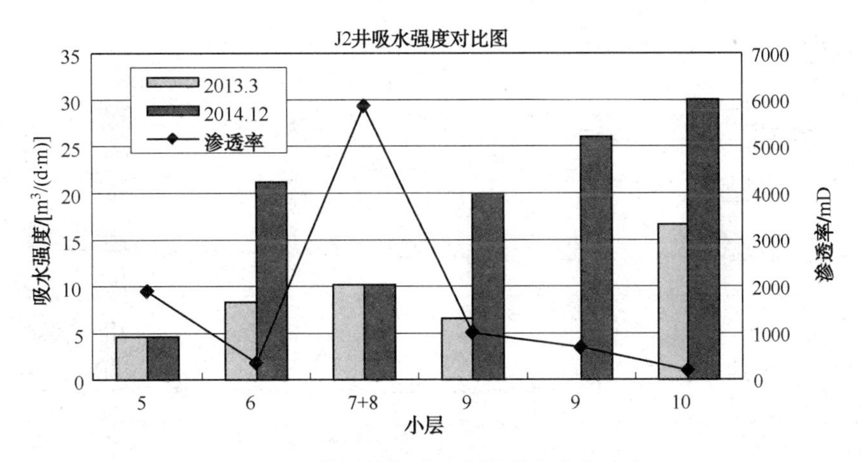

图 6 J2 井调剖前后各小层吸水强度对比

表 3 2013 年 J 区聚驱井第四季度 PI 值统计

井号	流量/(m^3/h)	厚度 T/m	PI	吸水强度/[m^3/(d·m)]	修正 PI	注入压力/MPa
J2	8.5	33.7	4.680	0.252	2.45	8.5
J3I	15.63	57.6	3.000	0.271	1.69	9.9
J3II	7.2	6.3	7.754	1.143	18.40	8.6
J4	25.67	56.2	7.007	0.457	6.65	8.9
J6I	24.42	33.7	8.034	0.725	12.09	9.9
J6II	5.9	11.4	7.428	0.518	7.98	8.6
J8I	19.97	35	7.209	0.571	8.54	7.8
J8II	12.32	40.8	5.323	0.302	3.34	6.6
J10Id	17.85	26.9	8.724	0.664	12.02	9.9
J10II	4.6	20.1	5.435	0.229	2.58	6.6
J14I	13.77	39.1	8.613	0.352	6.30	10.0
J14II	12.83	35.3	7.267	0.363	5.48	8.4
J15	21.3	51.4	6.694	0.414	5.76	9.9
平均				0.482	7.176	

(2) 利用油井动态资料选取调剖层位

由于需要调剖井 J2 井为笼统注水井，根据氧活化吸水剖面测试结果(图 5、图 6)，确定调剖层位为Ⅰd 和Ⅱ油组。

(3) 调剖工艺技术优化

以深调浅堵为原则，按照地层压降漏斗的特点对调剖剂进行不同的组合，强度较小、易注入的调堵剂用于封堵深部，近井地带用强度较高的调堵剂进行封堵，并兼顾“以调为主、以驱为府，调驱结合”的技术原则，为了保证调剖后不影响水井注入能力，采用了压力合理控制技术及过顶替技术，以提高调剖效果。

(4) J2 井调剖效果

J2 井于 2014 年 2 月 14 日至 3 月 15 日进行笼统调剖作业，调剖结束 3 个月后注入压力由 7.6MPa 上升到 8.5MPa，调剖受益井 J1 井、J17H 井、J20 井降水增油量明显，全年累计增油量 $1.1\times10^4m^3$(图 7)。

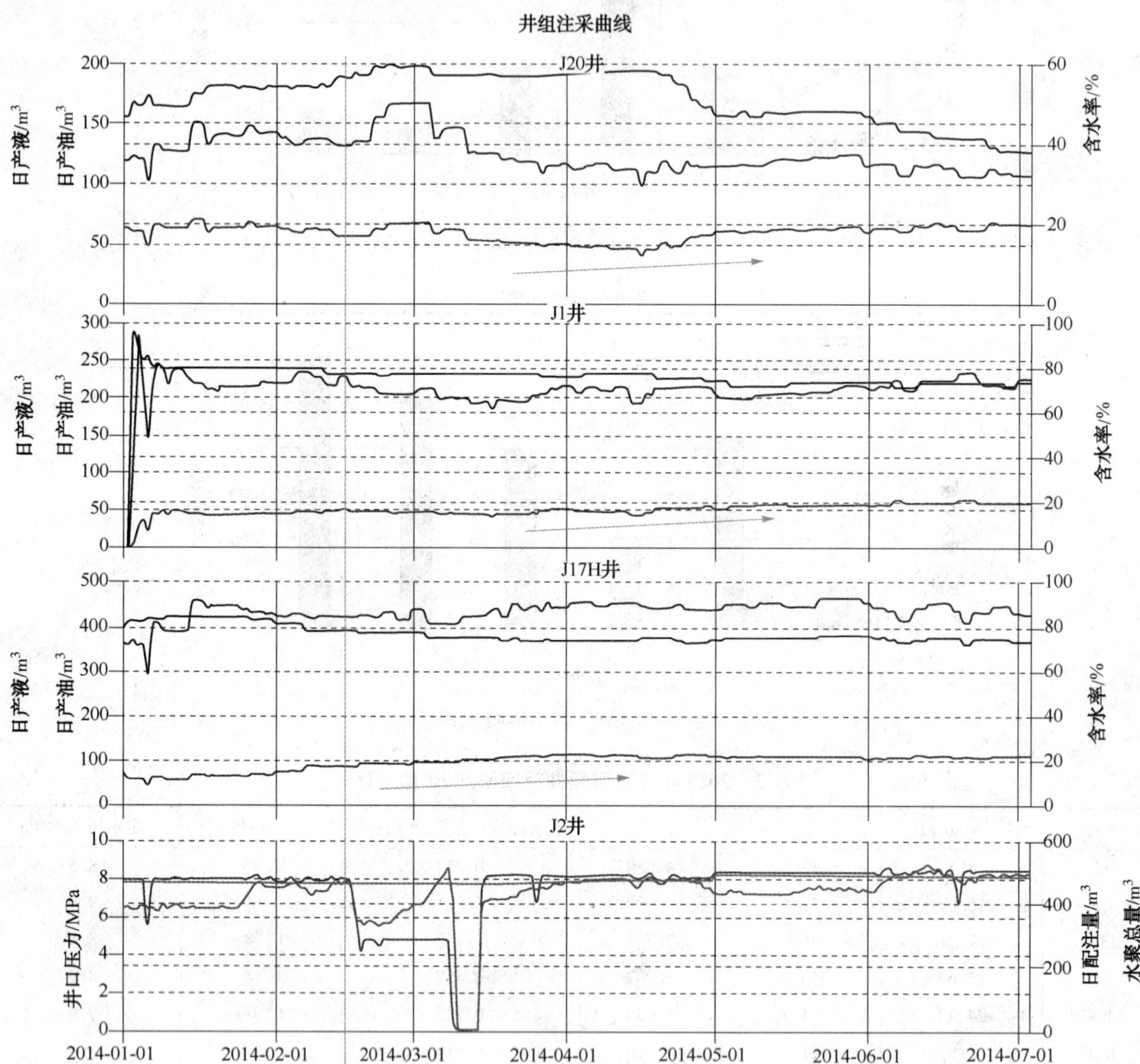

图 7　J2 井组调剖降水增油效果图

3.2.3　注入井酸化

J 区块疏松砂岩稠油油藏具有埋藏浅、压实程度低、胶结疏松、孔喉粗大、原油携砂能力强的特点，容易造成储层中微粒运移，架桥堵塞孔喉；同时外来杂质也易于进入储层，对储层深部造成损害。储层原油属于高黏度、胶质沥青质含量高、在开采过程中温度及压力的降低，原油中气体逸出将引起油中蜡质析出，特别是油井转注水后，冷水进入使近井地带层内温度降低幅度变大，使得原油黏度增大和有机质在孔喉处结垢析出，形成“冷伤害”，造成孔喉堵塞、注水困难。

(1) 注聚井堵塞物分类

注聚井的堵塞主要存在于近井地带，复合垢是储层堵塞物的主要表现形式。按照堵塞物的类型可以把注聚井堵塞物分为以下 3 类：

① 硬团粒堵塞物。由于聚合物的吸附捕集形

成的聚合物与黏土、水垢等形成的混合粘连的团粒结构，压缩后变得比较结实，形成具有一定承压能力的堵塞物，介于刚性和半刚性堵塞之间，特点是压力越高，堵塞越严重。

② 软团粒堵塞。由聚合物中水不溶物，微生物絮凝代谢产物、聚合物交联体凝胶等构成，其特点是堵塞物具有可变形性，在一处堵塞解除后，在合适的位置又形成新的堵塞，表现为注入压力升高。

③ 软硬结合的堵塞。目前注聚井近井层段一般都是这种堵塞。由聚合物包裹着地层中黏土、沥青、水中的微粒形成具有相当强度又具有一定变形性的堵塞物，可充满整个地层孔隙，形成严密的堵塞层。目前，解除注聚堵塞所用的药剂体系主要有多氢酸体系、氟硼酸体系和生物酸体系。

（2）注聚井酸化解堵作业

氧化剂酸液体系解堵能有效的解除J区块注聚井的堵塞[7,8]。近3年利用氧化剂复合酸酸液解堵体系解堵6井次，平均视吸水指数50.1m³/(MPa·d)提高到80.7m³/(MPa·d)。酸化效果较好(图8)。

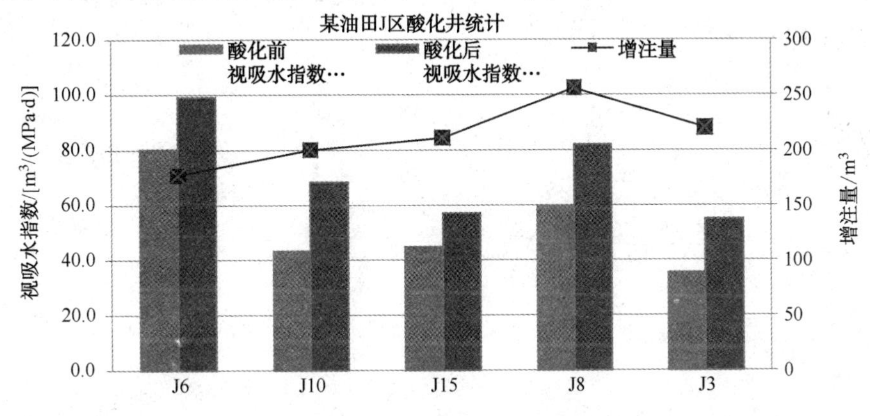

图8 J区注聚井解堵前后对比

4 结论及认识

（1）某稠油油田J区目前已进入中高含水开发阶段，面临油田开发的三个主要矛盾：地层原有黏度大，流度比高，导致注入水突进，含水上升导致自然递减较大；注水井井口压力过高，从而降低了注入能力，实际注采比未达到油藏要求；储层纵向及平面非均质性强，且采用大井段合采，注采不均衡，层间矛盾突出。为改善整体水驱效果，需要实施油田精细注水的开发策略。

（2）为“注够水，注好水”，以油田含水上升率为基础，结合年度产量目标，预测油田每个月的产液量，以此为基础考虑合理注采比、注采井方向比例系数等参数，实现了对区块单井和单层的分层配水。

（3）在油水井管理过程中，以“精细注水”为主线，配合注水井转注聚、分层酸化、调剖、更换管柱、大修等措施，近3年J区通过31井次的相关水井作业，通过实施一系列精细注水措施后，J区近3年年自然递减维持在零左右(图9)，取得了较好稳油控水效果。

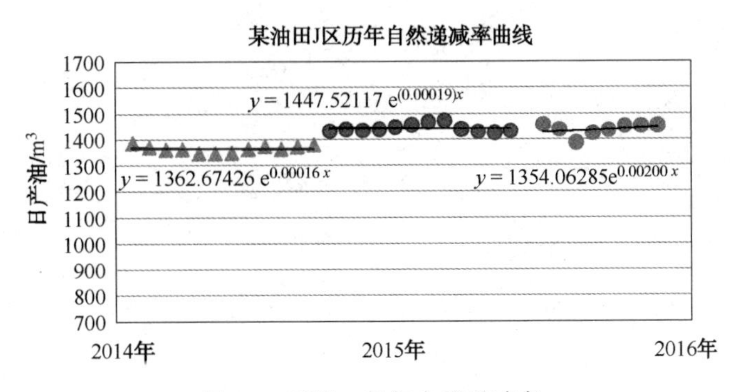

图9 J区近3年年自然递减率

参 考 文 献

[1] 张俊，黄琴，李云鹏，等．绥中 36-1 油田堵水稳油技术数值模拟研究及应用[J]．石油地质与工程，2010，24(5)．

[2] 芦文生．绥中 36-1 油田储层驱替特征研究[J]．中国海上油气(地质)，2003，17(3)．

[3] 巢华庆．大庆油田提高采收率研究与实践[M]．北京：石油工业出版社，2006.

[4] 金苏荪，隋新光，袁庆峰，等．陆相油藏开发论[M]．北京：石油工业出版社，2006.

[5] 牟汉兵，闫海霞，夏廷仪，等．张店油田精细注水实践与认识[J]．石油天然气学报(江汉石油学院学报)，2010，32(2)．

[6] 罗彩彩．龙虎泡油田龙 13-15 井区行列切割注水研究[J]．长江大学学报，2014，11(20)．

[7] 陈华兴，高建崇，唐晓旭，等．绥中 36-1 油田注聚井注入压力高原因分析及增注措施[J]．中国海上油气，2011，23(3)．

[8] 崔波，王洪斌，冯浦涌，等．绥中 36-1 油田注水井堵塞原因分析及对策[J]．海洋石油，2012，32(2)．

渤海某油田防砂方式优选及应用

陈爱国[1]　肖文凤[2]

（1. 中海石油(中国)有限公司天津分公司，天津塘沽 300452；
2. 中海油能源发展股份有限公司工程技术分公司，天津塘沽 300452）

摘　要　渤海海域某油田投产后许多生产井因出砂原因产量递减明显，裸眼筛管井失效率达 45.6%，主要失效原因为出砂。研究分析发现该油田储层黏土矿物组分较高，黏土矿物吸水膨胀堵塞筛管是油井防砂失效的主要原因。针对该油田储层特征，对该油田防砂方式及防砂参数进行了优化设计。为达到油田长期高效生产的目的，推荐定向生产井主要采用分层压裂充填防砂；水平生产井泥质含量高采用循环砾石充填，防砂泥质含量低可采用优质筛管防砂。该防砂方案设计对现场防砂方案制定有较大的指导意义。

关键词　渤海海域，防砂方式，防砂参数

防砂方式和防砂参数合理的选择是钻完井设计中重要的研究内容，有效的防砂方式可以保障油井的高效高产开发。该油田在生产井因出砂原因堵塞筛管造成产量降低，生产井失效情况频繁，其中部分井一年内因出砂失效。因此，为达到油田长期高效生的目的，针对储层特性，结合老井防砂经验，确定合理的防砂方式及防砂参数是油田生产现场迫切需要解决的关键问题。

1　油田基本情况

渤海海域疏松砂岩地层分布广，该油田位于渤海低凸起基底隆起背景上受两组南北向走滑断层控制的断裂背斜，断裂系统发育，构造复杂。油田为河流相沉积储层，纵向上共 13 个油组，48 个小层，含油井段长、小层数量多，均质性差；储层多为砂泥岩互层，小层厚度薄，连通性较差，孔隙度主要分布在 19%~35%，渗透率主要分布在 100~1000mD，属于中高孔渗地层；储层段基本无边底水驱动，油田开发采用注水开发模式。原油具有饱和压力高、地饱压差小、溶解气油比中等、黏度变化大等特点。

2　油田防砂现状分析

该油田油层段 900~1400m，厚度约 500m，砂泥岩交互，单油层较薄，小层数量多，均质性差；采用分层系压裂充填作为防砂方式作业时间长，工序较为复杂，前期投入成本高。该油田投产 10 多年基本采用笼统的简易防砂方式，主要有：裸眼优质筛管、裸眼膨胀筛管、套管射孔+膨胀筛管、裸眼绕丝筛管和裸眼星孔筛管套管等。

裸眼筛管井共 171 口，78 口井因出砂原因失效后侧钻，失效率达 45.6%。套管砾石充填井一共 94 口井，7 口井由于低产关井。通过调研统计该油田在生产裸眼筛管井日产液和日产油递减速度普遍偏高(图 1)。

裸眼筛管井见水以后，日产液和日产油显著下降，后期提液困难，部分井一年内日产液下降达到 60%。实测 A 井黏土矿物含量发现，在 L50~L100 油组蒙脱石绝对含量为 0.08%~29.6%，平均值 8.1%，分析认为蒙脱石含量较高，吸水膨胀后堵塞筛管导致裸眼优质筛管井日产液、日产油显著下降。取出筛管后发现筛管导流罩上的堵塞物主要为黏土矿物，黏土水化在筛管导流罩上形成一层泥饼，筛管的挡砂介质发生严重的堵塞(图 2)。裸眼井生产过程中井壁在产出液的浸泡下发生坍塌掉块，堆积在筛管外部也是造成产液量快速下降的原因。

作者简介：陈爱国(1967—　)，男，汉族，1989 年毕业于西南石油学院，现任中海石油(中国)有限公司天津分公司工程技术部副经理、高级工程师，长期从事钻完井技术研究及项目管理。

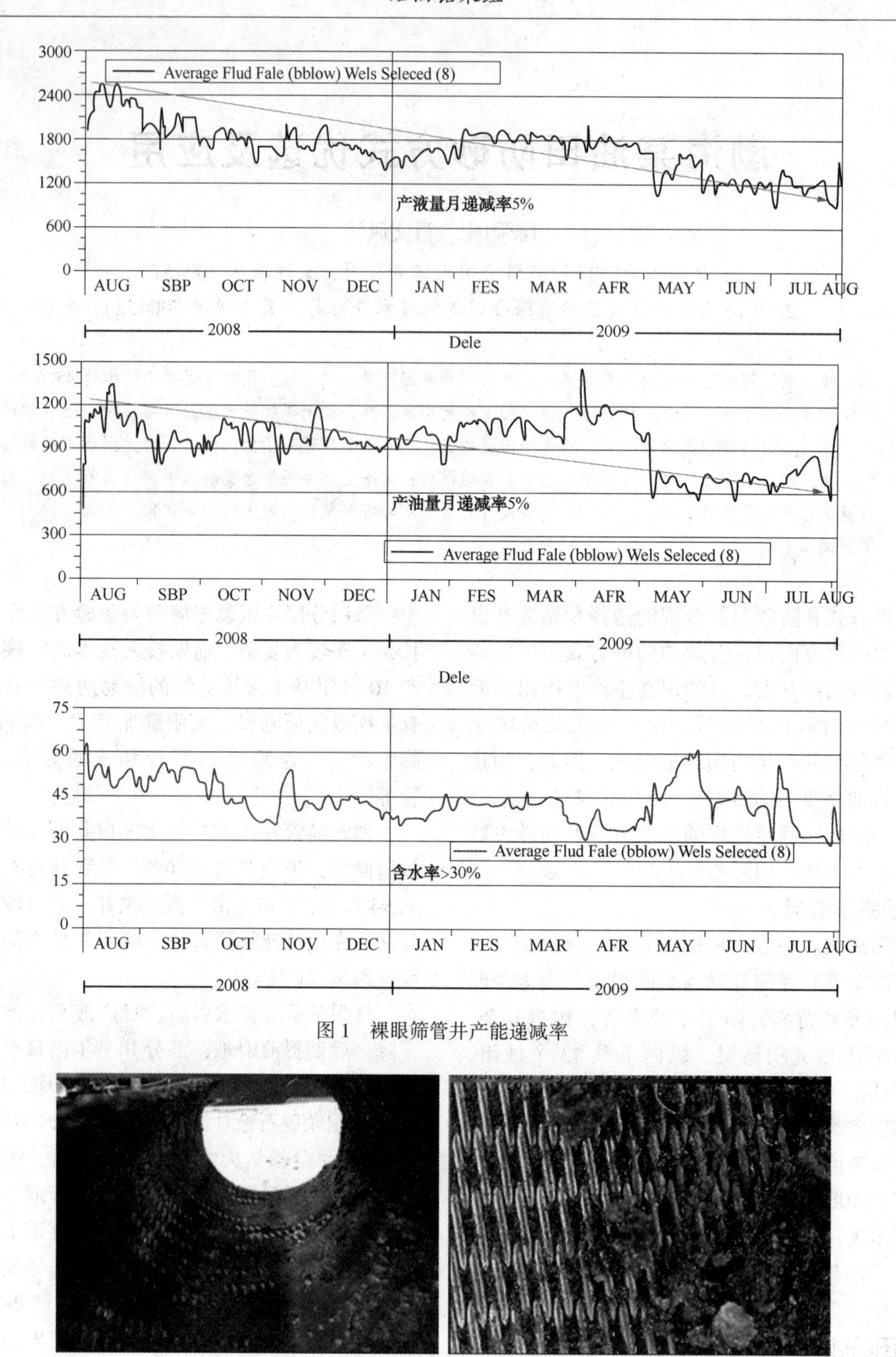

图 1 裸眼筛管井产能递减率

图 2 裸眼优质筛管出现严重堵塞

3 防砂方式优选

目前渤海湾地区主要采用机械防砂方式，定向井采用压裂充填、高速水充填、循环充填及独立筛管简易防砂，水平井采用裸眼砾石充填和裸眼优质筛管简易防砂。选择防砂方式主要考虑油层非均质性、黏土矿物组分、泥质含量、粒度特征值、分选系数、生产压差和经济年限等关键因素[1]。

3.1 储层特性

3.1.1 地层特征

该油田为河流相沉积储层，纵向上共 13 个油组，48 个小层，含油井段长、小层数量多，均质性差；储层物性较好，孔隙度主要分布在 19%~35%，渗透率主要分布在 100~2000mD，属于中高孔，中高渗地层。小层净毛比较低，统计 154 口井、1396 个小层，净毛比平均值为 26%（图 3），储层段薄油层（<3m）较多，占有效油层数量的 70%左右，且不连续发育，储层砂泥岩互层严重。根据油藏定向井分层开发要求，防砂层段无法完全封隔夹层，防砂方案的设计必须考虑隔夹层的影响。

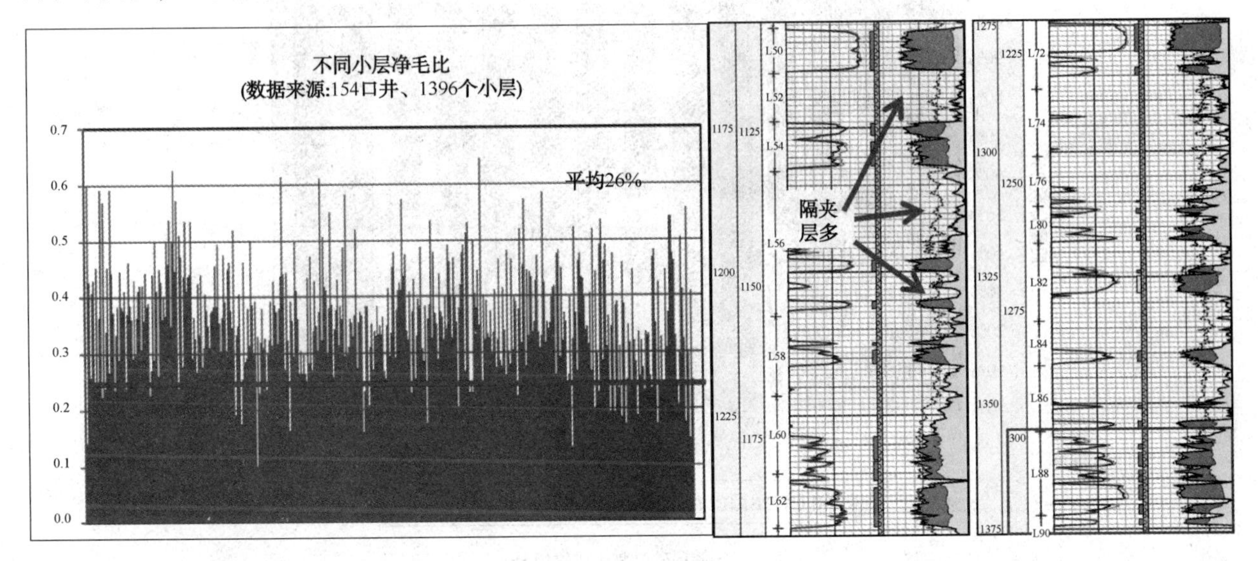

图 3 油田储层特点

3.1.2 泥质含量

该油田储层段泥质含量范围较大，分别从纵向和横向两个方面分析研究。储层纵向上非均质性很差，泥质含量基本在 0~88%之间，平均值在 34.5%左右[图 4(a)]。横向上对不同区块的同一油组进行对比分析，油组在不同区块内的泥质含量范围较大[图 4(b)]。统计储层横向分布规律，发现该油田开发油组的砂岩段在部分小区域内的泥质含量低于 10%。水平井考虑单油组开发，认为在该区域内水平井泥质含量低于 10%可以采用优质筛管进行防砂。

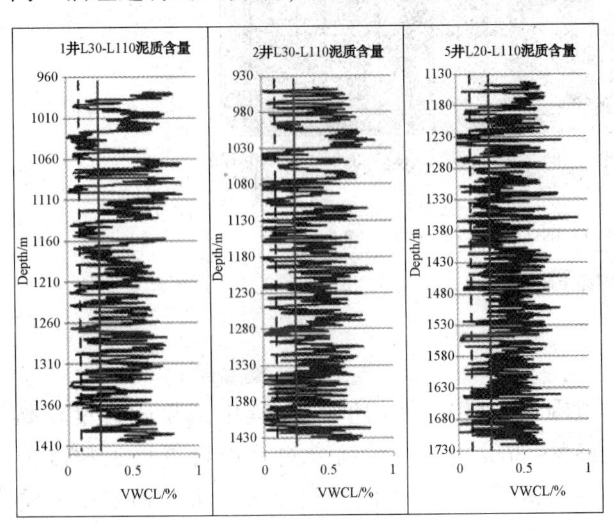

(a)纵向比较泥质含量

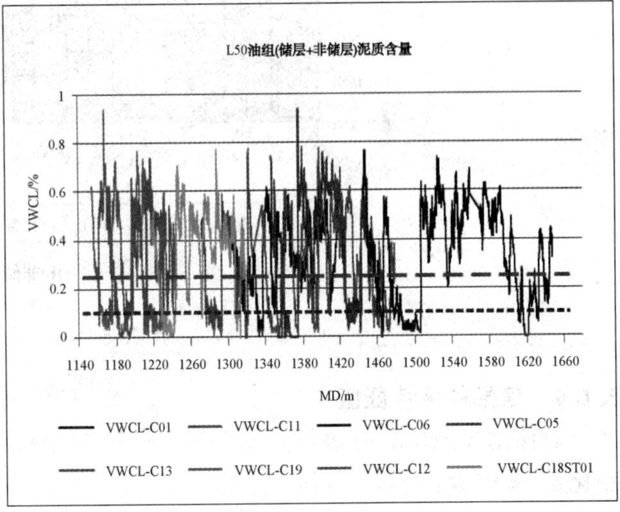

(b)横向比较泥质含量

图 4 油田泥质含量对比

3.1.3 黏土矿物组分

该油田砂岩黏土矿物以伊蒙混层、高岭石、伊利石为主，砂岩黏土矿物含量平均值为7.6%；隔夹层的黏土矿物含量平均值为28%。不同黏土矿物的吸水膨胀性及不同，一般认为：蒙脱石>伊/蒙混层>伊利石>高岭石>绿泥石。蒙脱石组分含量9.1%，绝对含量0.88%；认为砂岩段吸水膨胀性较弱。隔夹层黏土矿物以伊蒙混层、高岭石、蒙脱石为主，蒙脱石组分含量的平均值为30.9%，绝对含量9.64%(图5)。认为隔夹层的吸水膨胀性更强，应防范筛管堵塞情况的发生。

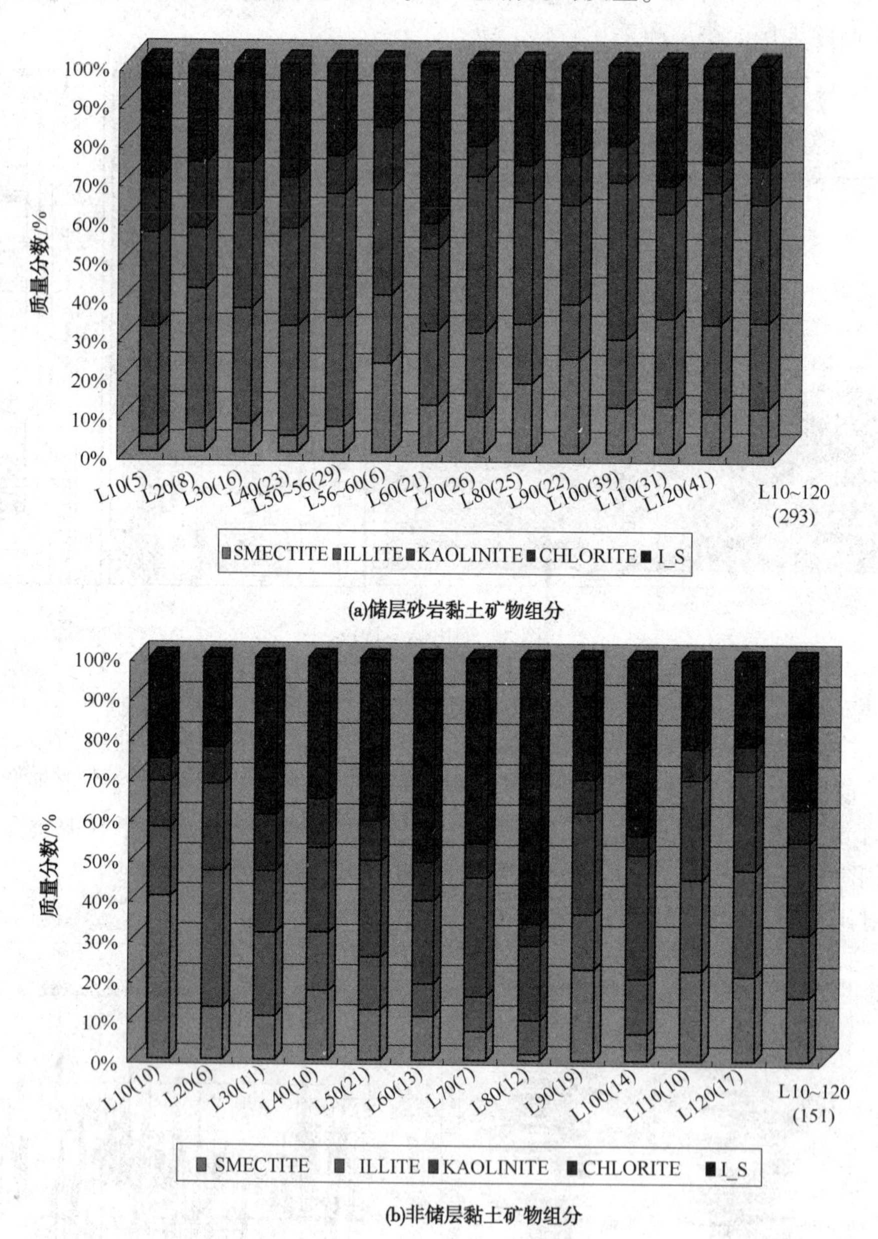

图5　油田黏土矿物组分

3.1.4 储层粒度特征值

对该油田地层岩样进行测试分析。储层粒度变化范围较大，粒度中值 D_{50} 变化范围2.5~840μm。对同一油组如L50横向比较发现粒度中值 D_{50} 变化范围88~250μm，不均匀系数UC变化范围11~140，平均值54。其中细粉砂含量较高13%~36%(图6)。结合测井资料进行了粒度分布分析(表1)，不同油组差异较大，地层砂非均质性强，主力油层细粉砂含量较高。

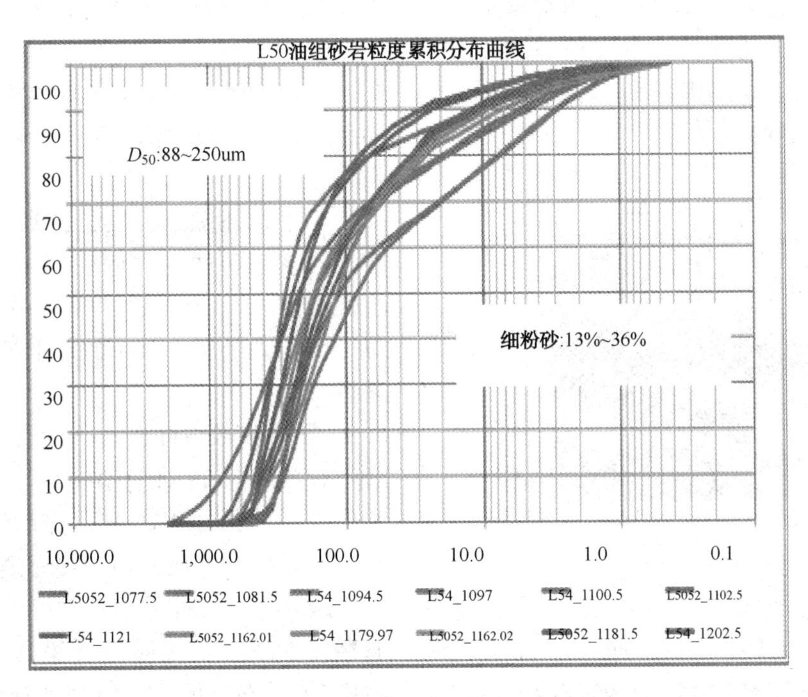

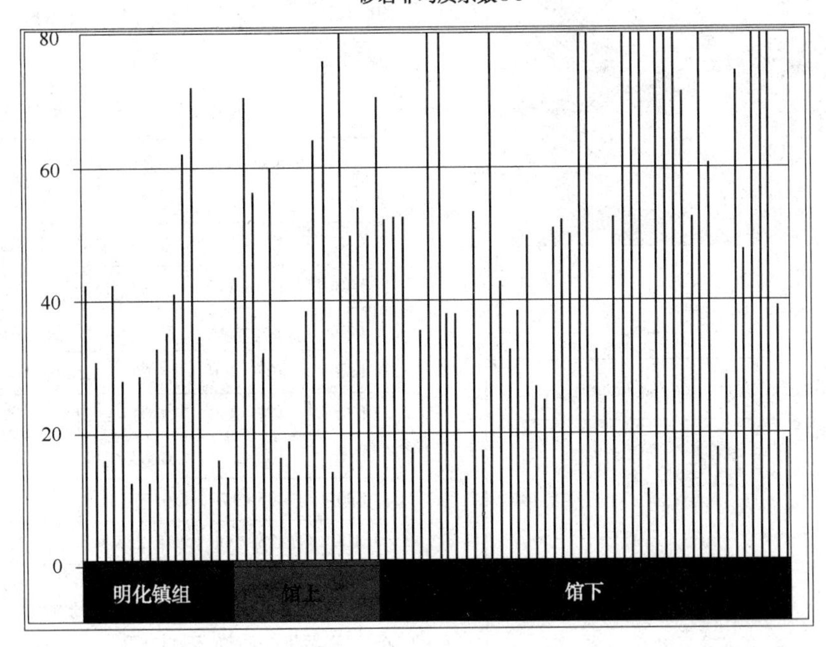

图 6 储层粒度特征值

表 1 不同油组粒度特征

层位	SC 最小值	UC	细粉砂
L30	90	12.7~42	12%~12%
L40	85	12.1~72	17%~17%
L50	108	16.2~70	13%~36%
L60	175	14~75	12%~40%
L70	237	49~112	15%~24%

续表

层位	SC 最小值	UC	细粉砂
L80	144	17~75	13%~37%
L90	155	13.4~53	16%~27%
L100	129	27.3~130	10%~37%
L110	136	11~131	12%~24%

3.2 防砂方式选择

根据该油田特征，对不同粒度特征值分布范

围的油组结合泥质含量和黏土矿物组分综合分析，采用 Johnson[3] 的防砂设计方法和 Tiffin[4] 防砂设计标准示意图以及渤海湾防砂方式设计图版[5]进行防砂方式选择。

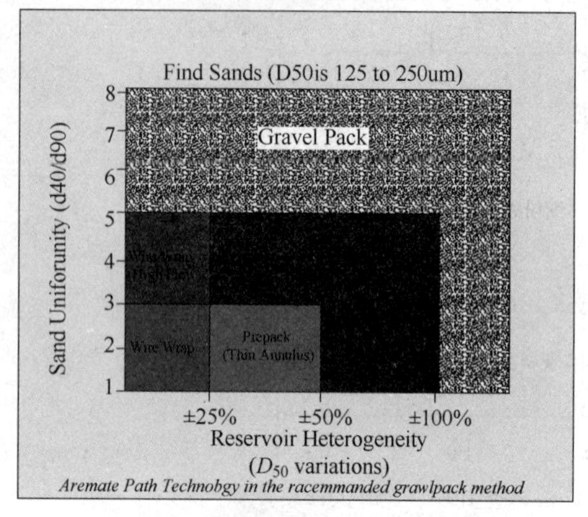

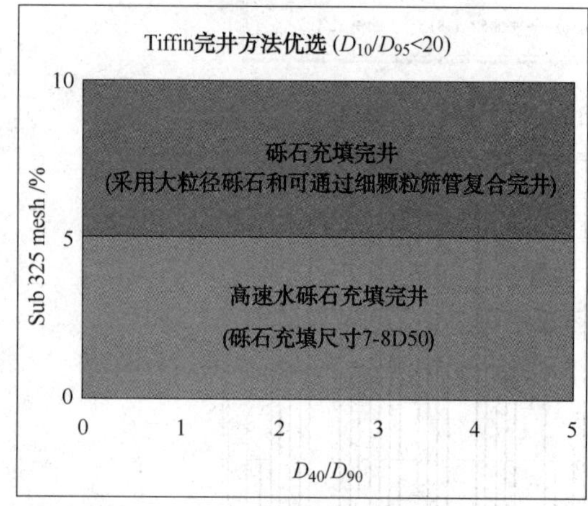

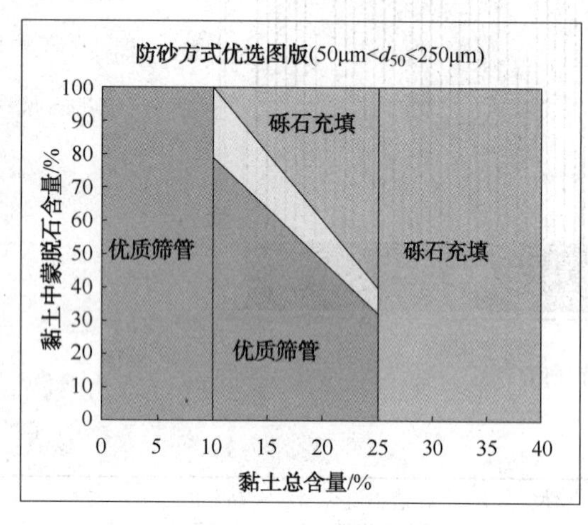

图 7　防砂方式选择标准

3 种方法在考虑隔夹层影响时均推荐使用砾石充填防砂，综合 3 种方法，推荐该油田定向生产井使用压裂砾石充填防砂。同时根据国外文献调研结果表明，压裂充填可以解除近井地带的污染，完井后得到的表皮系数远远低于高速水充填和常规循环充填，同时得到更高的产能和油井寿命[2]。考虑到该油田开发层系较多，平均油层垂厚在 200~300m，部分含油井段超过 400m，储层特征纵向差异较大油井采用分层系压裂砾石充填防砂。

水平井开发单一层位，水平段长度为 200~330m。参考周边老井同一层位的测井泥质含量，泥质含量小于 10% 的水平油井采用优质筛管防砂，泥质含量大于 10% 的水平油井采用砾石充填防砂。

3.3　防砂参数设计

根据 Saucier 计算方法[6]，考虑地层砂的非均质性，推荐油田高速水充填砾石尺寸 30~40 目，筛管精度 300μm；压裂充填砾石通常考虑放大一级尺寸，推荐采用砾石尺寸为 20~40 目，筛管精度 300μm；优质筛管推荐挡砂精度 140μm（相当于砾石充填 20~40 目效果）（表 2）。建议根据不同井位地层情况进一步分析选用合适的防砂参数。

表 2　不同层位选用砾石尺寸

层位	d_{50}范围/μm	5~6 倍 D_{50}/μm	砾石/目	考虑 UC 砾石/目
L30	150~177	0.80~0.95	16~30	20~40
L40	125~297	0.91~1.09	16~30	20~40
L50	88~250	0.71~0.85	16~30	20~40
L60	105~420	1.05~1.26	16~30	20~40
L70	177~250	1.01~1.21	16~30	20~40
L80	105~177	0.65~0.77	20~40	30~40
L90	125~177	0.71~0.85	20~40	30~40
L100	125~500	1.25~1.5	10~30	30~40
L110	149~595	1.49~1.79	10~30	16~30

4　分层防砂体系应用

在该油田选择多口适合分层系压裂充填防砂油井跟踪。以 A 井为例，根据钻井的测井解释结果，储层泥质含量 V_{sh} 平均 8.3%~15.6%，各储层加权平均泥质含量大部分超过 10%；泥质中黏土矿物以伊蒙混层为主，伊蒙混层中又以蒙脱石为主，吸水膨胀性强；该井生产层段位 L76~L102，采用分层系压裂砾石充填防砂。根据储层均质性结合经济评价，分 5 段防砂。根据统计 2014 年多口分层系压裂充填防砂油井见水后防砂效果明显，初期产能达到类比简易防砂两倍以上，目前见水后未出现出砂。

前期裸眼筛管防砂方式平均完井工期 5.03 天，近期采用分层系压裂充填防砂平均完井工期 14.52 天，工期大幅度增加，完井费用是原来的两倍多。但是通过产能对比及经济年限预测，分层系压裂充填防砂经济效益明显提高。该油田已进行了超过 100 层的压裂充填作业，定向生产井基本采用 4~6 层分层系压裂砾石充填防砂，到目前为止没有出砂现象，产能明显提高，表明压裂充填防砂在该区域应用情况良好，是一种较好的防砂方式。

针对单一油组发育较好层位采用水平井防砂，近期有 3 口水平井投入生产，目的层均为厚度较大的 L50 油组，3 口井泥质含量均超过 10%，采用砾石充填防砂见水后未见出砂。

5 结论

(1) 通过对油田在生产井出砂情况分析，发现该油田出砂情况严重影响油井生产，尤其是裸眼筛管井因为过早出砂失效后侧钻。分析其原因，结合测井资料发现该油田储层黏土矿物组分较高，裸眼筛管井见水以后黏土矿物吸水膨胀筛管的挡砂介质发生严重的堵塞。

(2) 在油层非均质性、黏土矿物组分、泥质含量、粒度特征值等关键因素分析的基础上，进行了防砂方式优选。定向生产井：采用分层系压裂充填防砂，存在水淹的层位和距离断层 50m 以内的生产井采用高速水充填防砂。水平生产井：结合周边邻井的泥质含量，对于泥质含量低于 10%的水平生产井采用优质筛管防砂；含量高于 10%的水平生产井采用砾石充填防砂。

(3) 该油田经过十几年防砂研究，在大量防砂失败的基础上，防砂工艺不断优化改进得到了现阶段研究成果，通过现场应用见到了较好的效果。该防砂方式研究对现场防砂方案制定有较大的指导意义。

参 考 文 献

[1] 《海上油气田完井手册》编委会. 海上油气田完井手册[M]. 北京：石油工业出版社，1997.

[2] S. P. MATHIS, R. J. SAUCIER. Water-Fracturing vs. Frac-Packing: Well Performance Comparison and Completion Type Selection Criteria[J]. SPE38593 January 1, 1997.

[3] GEORGE GILLESPIE, JOHNSON SCREENS, CALVINK DEEM. Screen selection for sand control based on laboratory tests[C]. SPE Asia Pacific Oil and Gas Conference, 2000.

[4] TIFFIN C L, KING G E, LARESE R E, et al. New criteria for gravel and screen selection for sand control [J]. SPE39437, 1998.

[5] 邓金根，李萍，王利华，等. 渤海湾地区适度防砂技术防砂方式优选[J]. 石油钻采工艺，2011，01：98-101.

[6] SAUCIER R S. Considerations in gravel pack design. SPE Reprint, 1996, 43: 205-212.

电磁波传输 LWD 仪器的研究

毕丽娜　赵小勇　高廷正　胡秀凤　李宝鹏　王志强

(渤海钻探定向井技术服务分公司)

摘　要　在石油钻探工程中，现有 BH-LWD 仪器利用泥浆正脉冲方式传输井下随钻信息，其传输速率不到 1bps。为了提高仪器的传输速率，渤海钻探定向井技术服务分公司开展了电磁波传输 LWD 仪器的研究。本文简述了该仪器的工作原理，介绍了仪器的组成结构及关键部件的研究。该仪器研制成功后，在大港油区进行数次现场试验，试验结果表明，该仪器测量数据准确，可靠性高，具有较高的数据传输速率，能够有效提高钻井效率，达到了预期研究目标。

关键词　电磁波；随钻测量；现场试验

在钻井过程中，需要将井下工程参数与地质参数实时传输至地面，以便于井眼轨迹实时监测与纠偏。目前，现场应用的随钻信息传输方式主要有泥浆脉冲和电磁波两种。泥浆脉冲传输方式由于以泥浆作为传输介质的局限性，不能在井漏等复杂情况和欠平衡、气体钻井等工艺中进行测量。而电磁波脉冲传输方式是以电磁波形式将井下随钻测量参数通过地层向地面传输的，具有信号传输速率高、受钻井液介质影响小、结构简单、装卸方便、维护成本小等特点。

1　工作原理

电磁波传输 LWD 仪器由地面系统与井下仪器组成(图 1)。井下仪器随钻具下井，完成对定向参数的随钻测量，并通过驱动短节将所测参数以电磁波形式发往地面。电磁波信号主要沿钻柱传输，经过地层返回到钻具。地面系统接收这些信号，经过放大、去噪和解码，将数据送至计算机中，计算机将这些信息进行综合处理，显示井下仪器的实测参数，并送至司钻显示器，以便司钻人员按照定向工程师的指导进行施工操作。

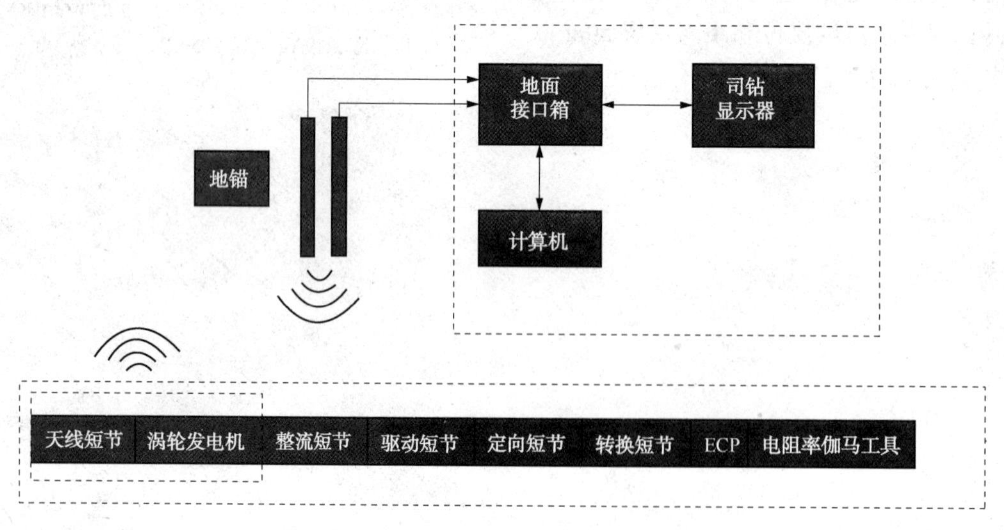

图 1　电磁波传输 LWD 仪器示意图

作者简介：毕丽娜(1986—　)，女，回族，甘肃人，2010 年毕业于中国农业大学电力系统及其自动化专业，硕士，工程师，现就职于渤海钻探定向井技术服务分公司，从事仪器研发工作。E-mail：blina@ cnpc. com. cn

2 仪器组成及关键部件研究

2.1 地面系统的的组成及研究

地面系统主要构成有计算机、地面接口箱、接收天线、司钻显示器、地面测试盒及终端处理软件，主要实现对电磁波信号的拾取、滤波、解码、数据恢复、终端显示、远端井口显示及数据输出等功能。

2.1.1 地面接口箱的原理(图 2)及设计

接口箱采集来自接收天线的信号，对此信号进行一系列的放大、滤波后，送入就算计机中的信号处理解码软件进行数字滤波、干扰抑制。

接口箱内置 RS-485 总线模块，RS-485 总线模块提供计算机与司钻显示器之间数据通信。

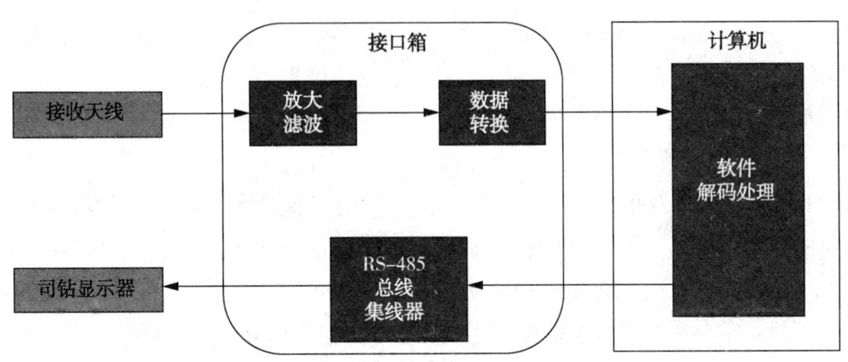

图 2 地面接口箱原理框图

2.1.2 接收天线的原理(图 3)及设计

井下激励的电磁信号，经地层传输至地面。地面接收方式为水平电位接收，即井筒和接收天线之间的水平电位差。实际接收设备包括地锚、线缆以及井筒的连接器等。线缆将接收天线与井筒之间的信号输入到接口箱。

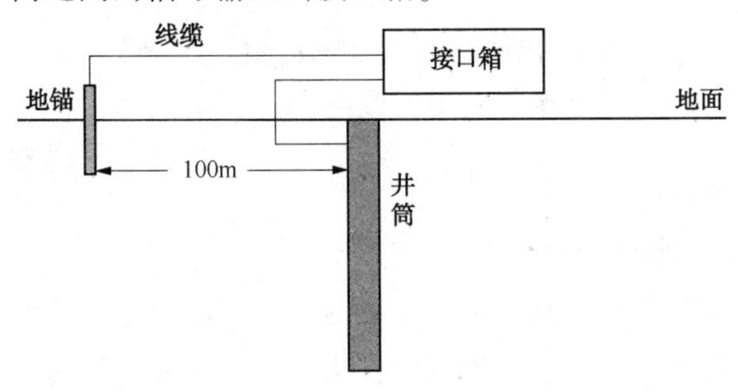

图 3 地面接收天线布置图

2.1.3 地面解码软件的功能及设计

软件实现对地面接口箱送入的电磁波信号数据滤波处理、解调、纠错及数据恢复、显示、绘图、数据存盘等，同时将工程参数通过 RS-485 总线输出至司钻显示器，将地质参数通过 Wits 方式输出至地质数据处理软件。

该软件包括探管配置模块、信号采集、处理和解码模块、井下参数恢复模块、工具面模块、解码数据显示模块、司钻通信模块、Wits 交互模块、数据存储模块、状态监控模块。软件设计是以主程序为数据中心，各功能模块间进行数据交互。

2.2 井下仪器组成及研究

井下仪器主要由天线短节、涡轮发电机、整流短节、驱动短节、定向短节、转换短节、电阻率伽马工具组成。

2.2.1 涡轮发电机的结构设计(图 4)

涡轮发电机通过泥浆驱动产生三相交流电，并通过整流短节进行稳压处理，为天线短节进行供电，保障信号的发射功率，延长测量时间。

为了降低流筒在井口难以拔出的几率，在改进流筒与短节间隙设计的基础上，缩短了流筒长度，通过在定子支撑位置增加转动限位设计，使得流筒不需要依靠发电机支撑进行限位，该设计减少了流筒与短节间的接触面积，降低了摩擦力，更易于现场仪器起拔。

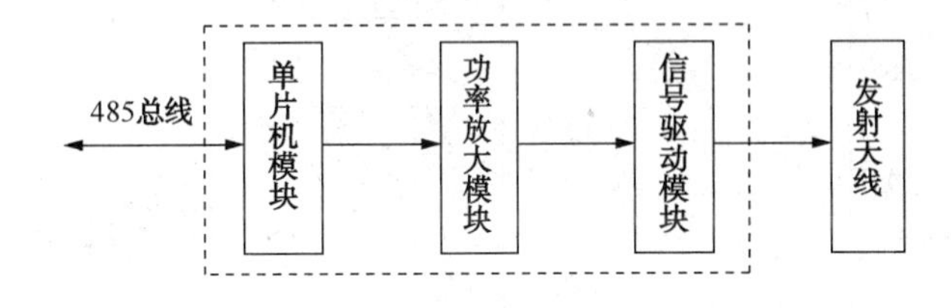

图 4 驱动短节原理框图

2.2.2 天线短节原理及设计

天线短节经特殊工艺实现短节上、下部导体相互的绝缘，构成偶极子。短节的中间部分为非金属层，可以承受高温、震动、冲刷。

驱动短节的输出连接到天线短节的两端，通过钻具和地层耦合发送电磁波信号。

2.2.3　驱动短节原理(图4)及设计

驱动短节由中间接头、电路模块和外部承压筒等构成。其中，中间接头由金属接头、扶正器、减震器等构成，并通过减震器与电路模块连接，对仪器具有居中、减震、抗冲击等作用。

驱动短节通过RS-485总线获取定向短节及其它测量短节的数据，并进行数据编码、调制，调制信号通过功率放大器放大，驱动发射天线发射电磁波信号。

2.2.4　定向短节的原理(图5)及设计

定向短节主要由定向模块、CPU模块、电源模块构成。其中，定向模块用于测量井斜角、方位角、工具面角和温度等参数，并将数据送至CPU模块。CPU模块将接收的数据进行误差补偿、并通过485总线将补偿后的数据送至驱动短节。电源模块为短节提供工作电源。

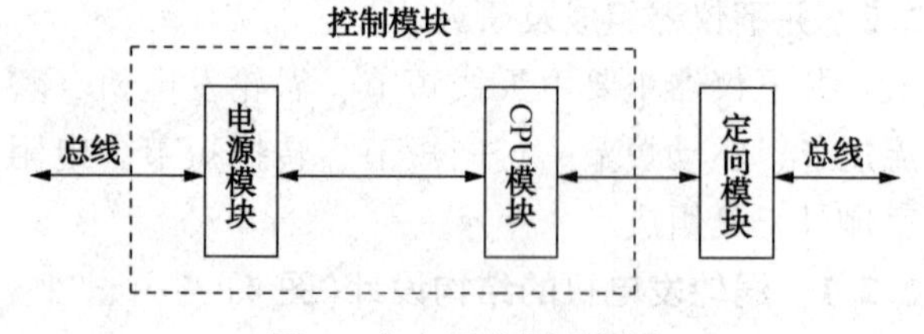

图5　定向短节原理框图

2.2.5　转换短节的原理(图6)及设计

转换短节用于实现MWD部分与电阻率伽马工具的通信和电气连接，主要由电源模块和通信模块组成。DC-DC电源模块将总线的29V电压转换为5V和3.3V，为该短节供电。RS485实现转换短节的单片机与驱动短节进行总线通讯。RS232用于转换短节的单片机与电阻率伽马工具进行通讯。

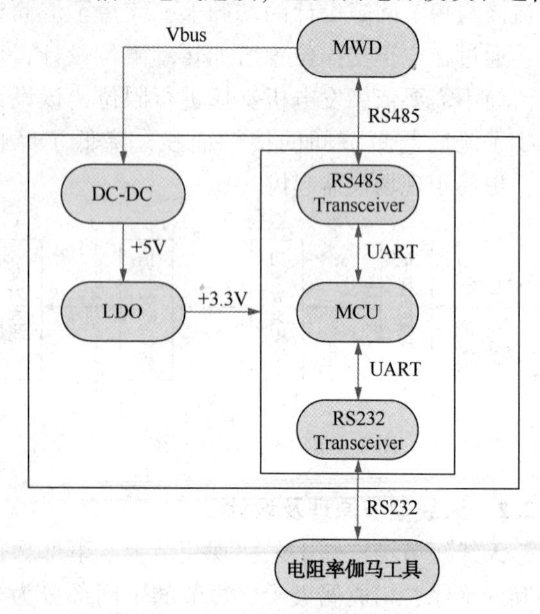

图6　转换短节电路原理框图

3　地面联机试验

3.1　试验目的

测试系统的通信和软件解码功能。

3.2　仪器连接

井下部分：涡轮发电机—整流短节—驱动短节—定向短节—转换短节—ECP—电阻率伽马

地面部分：天线接收线—地面接口箱—计算机(同时运行仪器各配套软件)

3.3　测试方法

用发电机转速测试台带动发电机发电，给整个井下系统供电，从发电机上端与电磁波脉冲器连接的部位监测井下上传的编码数据，监测数据线连接至地面接口箱。

3.4　测试内容

(1) 转换短节供给电阻率仪器的电压：31.2V。

(2) 转换短节与电阻率仪器的通信及数据上传和解码。

(3) 发射频率为6.25Hz，通过解码数据来看，其系统接收电阻率数据和解码均正常，且通过串口监测发现，解码数据与串口监测电阻率发送的数据一致。

4　现场试验

目前，该仪器已在大港油区进行了4口定向井作业，仪器性能稳定，测量数据准确，传输速率快，实际轨迹按设计行进，顺利中靶，达到了施工预期。

表1　现场试验情况

序号	井名	跟踪井深	载波频率	最高速率
1	西XXX	540~1301m	6.25Hz	3.125bps
2	房XXX	501~1031m	10Hz	5.0bps
3	西XXX	504~838m	12.5Hz	6.25bps
4	中XXX	509~1208m	17.5Hz	8.75bps

其中，2015年11月6~9日，在大港油区中某井进行了电磁波传输LWD仪器现场作业试验，载波频率设置为17.5Hz，数据传输速率达到8.75bps。在钻进过程中，信号传输稳定、系统

工作正常、地面系统接收信号可靠并可以正确解码，深度系统稳定，可准确地跟踪钻头深度，并能够在钻井状态下或起下钻过程中测得地层电阻率伽马信息，如图 7 所示。

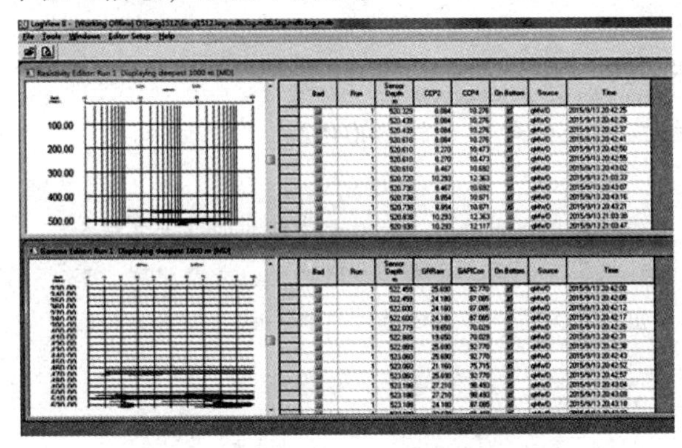

图 7 钻进状态下电阻率伽马信息

表 2 为电磁波传输 LWD 仪器测量的井斜、方位数据与普利门公司的电子多点测斜仪的测量数据，将两种仪器测量数据进行对比，测量结果基本一致。

表 2 测量结果与电子多点测斜仪测量结果比较

电磁波传输 LWD 仪器测量结果			电子多点测斜仪测量结果		
测量点井深/m	井斜/(°)	方位/(°)	测量点井深/m	井斜/(°)	方位/(°)
513. 57	20. 5	328. 4	509. 58	20. 61	327. 20
542. 20	19. 6	328. 3	538. 28	19. 66	328. 05
571. 05	18. 1	330. 4	567. 15	18. 27	330. 67
599. 75	17. 0	331. 7	596. 02	17. 01	332. 07
628. 63	15. 1	334. 5	624. 78	15. 07	334. 94
676. 20	13. 7	331. 2	673. 09	13. 19	330. 96
704. 98	14. 5	322. 5	701. 85	14. 43	321. 44
733. 65	15. 0	317. 2	730. 80	15. 09	318. 16
762. 64	14. 8	322. 5	759. 50	15. 57	324. 57
791. 42	11. 9	324. 5	788. 34	12. 51	324. 06
820. 32	10. 9	326. 3	817. 17	11. 02	323. 80
849. 08	10. 6	320. 3	846. 02	10. 48	321. 56
877. 87	9. 5	320. 0	874. 73	9. 77	320. 10
906. 68	8. 2	323. 8	903. 54	8. 30	321. 34
935. 38	7. 4	327. 1	932. 17	7. 58	324. 16
964. 13	5. 4	328. 6	960. 84	5. 48	329. 83
992. 63	1. 4	353. 8	989. 61	1. 35	342. 40
1011. 20	1. 5	178. 1	1013. 32	1. 36	184. 92

5 结论

（1）电磁波传输 LWD 仪器已达到预期研制目标，仪器性能、测量精度及传输速率均能够满足现场施工要求。

（2）电磁波传输 LWD 仪器受钻井介质影响小，传输速率高，不受泥浆循环和开停泵的限制，可连续传输信息节省钻井时间，且结构简单，装卸方便。

（3）载波频率越高，信息传输速率也越快，而信号的衰减随着载波频率的升高而增大。因此，为了增加测量深度，提高测量的可靠性，加快数据传输速率，在实际应用中，必须根据地层电阻率的状况选取合适的传输信号的载波频率。

（4）地层电阻率、高盐泥浆等因素影响了电磁波在地层实际传输深度，从而使其应用受到一定限制。提高传输深度、增加信息传输速度、拓展测量功能是电磁波随钻测量技术的主要发展趋势。

参 考 文 献

[1] 刘修缮，侯绪田，涂玉林，等．电磁随钻测量技术现状及发展趋势[J]．石油钻探技术，2006，34(5)：4-9.

[2] 陈晓燕．电磁波随钻测量信号传输技术浅析[J]．中国石油和化工标准与质量，2012，1：125.

[3] 李林．电磁随钻测量技术现状及关键技术分析[J]．石油机械，2004，32(5)：53-55.

[4] 张进双，赵小祥，刘修善．ZTS 电磁波随钻测量系统及其现场试验[J]．钻采工艺，2005，28(3)：25-27.

[5] 邵养涛，姚爱国，张明光．电磁波随钻遥测技术在钻井中的应用与发展[J]．煤田地质与勘探，2007，35(3)：77-80.

海上大位移井钻井关键技术研究与应用

陈　虎　和鹏飞　边　杰

(中海油能源发展股份有限公司工程技术分公司，天津 300452)

摘　要　渤海油田在多个区域进行了大位移井钻井技术的应用并逐渐推广，针对大位移井的特点并结合渤海地区地层特点，从设计、轨迹控制、摩阻扭矩监控、钻柱优化、钻井液技术、井眼净化、井壁稳定、套管下入等方面进行钻井实践，运用实时决策支持系统，探索出一系列适合渤海海上大位移井钻井技术，将渤海海上大位移井最大水垂比记录提高至2.62。

关键词　大位移井；旋转导向；井眼轨迹；摩阻扭矩；实时决策

大位移井技术作为当今世界钻井技术的一个高峰，是断块及边际油田勘探开发的重要手段，在降低地质储量的开发门槛、减少开发平台数量、适应高环保要求区域作业中优势日益凸显[1~5]。1997年渤海油田首次在歧口1 7-2油田的开发过程中以4口水平井替代了原计划用常规技术开发6口井的东区平台，省去了1座井口平台、1条3.5km海底管道和1台平台修井机，开发效益显著，但最大水垂比仅为1.94。之后渤海油田引进学习国外先进技术，逐步形成浅层(目的层位于明化镇组)、中层(目的层位于东营组)的大位移井钻井技术，从2009年开始在BZ34-1、JZ21-1、JZ9-3、JX1-1等区域大范围应用并逐渐推广，截止目前累计实施近30口，水垂比从2.02~2.62不等，在QHD32-6油田将渤海油田大位移井水垂比记录提高至2.62。

1　渤海大位移井的技术特点及难点

大位移井的井斜大、稳斜段长，导致管柱摩阻和扭矩大幅度增加及井眼清洁困难、循环压耗大、长套管串下入难度大与磨损严重；钻井时间长，裸眼受钻井液浸泡时间长，容易引发井下复杂和事故问题，难以处理，解救成功低，同时对钻井设备能力与综合管理能力等要求极高[6,7]。

(1) 扭矩大：顶驱高转速连续扭矩输出大，钻柱抗扭强度要求高。

(2) 摩阻大：长稳斜延伸井段易形成岩屑床。

(3) 管柱屈曲：大斜度井眼延伸长，摩阻累积使管柱受压而发生屈曲，严重时管柱将发生螺旋屈曲，从而大幅度增加管柱的运动阻力，甚至发生管柱“自锁”。

(4) 井眼清洁困难：长稳斜延伸井段使流速分层加剧，岩屑易偏离井眼高边的流体高速区而沉至井眼低边，形成岩屑床的厚度较大，井眼清洁困难。

(5) 井壁稳定性差：井斜大及裸眼时间长，较常规的裸眼钻井更易于发生井壁失稳(垮塌或破裂)。

(6) 当量循环密度高：钻井液循环阻力较大，从而产生较高当量循环密度，容易引发井漏等复杂情况。

(7) 井控难度大：长裸眼井段易于产生抽吸溢流，在同样关井压力下，井斜角越大，溢流量越大。同时，较小的钻井作业安全窗口也使井控难度增加。当储层流体为气体时，气侵后在水平段的气体滑移监测比较困难。

2　渤海大位移井工程设计能力

渤海油田地质特征差异较大，层序较多，长裸眼段井壁稳定性差，丛式井布井比较密集防碰问题突出，为本就难度较高的大位移井带来了更大的困难。大位移井投资大、风险高、成本高，高投资高风险要求更加完善可行的设计方案，设

作者简介：陈虎(1982—　)，男，四川简阳，2005年毕业于西南石油大学石油工程专业。工程师，主要从事海洋石油钻井技术监督与管理工作。E-mail：chenhu@cnooc.com.cn

计成为了大位移井成功实施的关键一环。包括：定向井方案设计、井身结构方案设计、钻井液类型分析和选择、基础水力学计算、基础钻具组合分析、下套管与固井技术预案设计与分析、基础钻柱、减阻降扭和降磨损预案选择、装备升级改造基本需求分析、科研和技术储备以及项目简单预算编制、经济评估及可持续研究分析。

目前渤海油田已经实现将大位移井井眼轨迹设计、轨迹控制、摩阻与扭矩分析、钻柱优化设计、环空携岩与井眼净化计算、井壁稳定计算、套管强度设计、注水泥模拟、经济技术风险评价等软件模块集成一个统一的软件系统。通过软件计算模拟，不断调整优化大位移井设计，尽量增大延伸距离，降低扭矩摩阻和套管磨损，提高管材、钻具组合合测量工具的下入能力，应重点关注井眼尺寸的选择、井眼轨迹和剖面的设计、管串强度及下入计算、摩阻扭矩的计算和井眼清洁程度的计算等问题。

3 渤海大位移井钻井关键技术

3.1 井眼轨迹控制技术

3.1.1 轨迹剖面及井身结构优化

为节约开发成本，渤海油田均采用丛式井开发。根据丛式井钻井原则优选槽口，将大位移井放置最外排槽口，在满足油藏开发要求的同时通过靶点微调，避免防碰风险，简化轨迹剖面，优化轨迹有效的降低摩阻扭矩。

在 JX1-1 油田浅层非常疏松，存在流沙地层。在表层预斜过程中，地层坍塌压力随着井斜的升高而降低；另外，隔水导管入泥深度较浅，隔水导管鞋处地层极易冲蚀，造成井筒与海底串通，井口返出减少甚至失返，严重影响返砂。设计时在常规的 24″隔水导管与 13-3/8″表层套管之间增加一层 18″套管，能够有效的封隔流沙地层，提高表层承压能力，避免了隔水导管与海面的窜漏及下沉，为后续作业提供安全保障。

3.1.2 高性能马达+MWD+可变径扶正器井眼轨迹控制技术

大位移井上部稳斜井段(一般井深不超过 2500m)使用马达+MWD 作业，选用合适尺寸扶正器，配合适当的参数调整，实现稳斜快速钻进的效果。长稳斜井段往往会因为地层非均质性或者岩性改变而造成轨迹增降斜趋势变化，通过可变径扶正器调整扶正器大小，可以有效抵消井眼轨迹自然漂移趋势，尽可能减少滑动钻进的同时实现长井段稳斜，提高作业效率。

水力振荡器配合高性能马达(如等壁厚马达、高扭矩马达等)，通过水力振荡器纵向振动来提高钻压传递的有效性和减小钻具与井眼之间的摩阻，既能提高机械钻速又保持工具面稳定，同时降低井下钻具粘卡的可能性。

3.1.3 高精度陀螺测斜技术

丛式井作业尤其是进入油田开发中后期，井眼防碰风险急剧增大，MWD 随钻测量受邻井套管磁干扰容易造成测量数据不准确，使用高精度陀螺仪进行轨迹复测能有效避免磁干扰，提高井眼轨迹的测量精度，有利于井眼轨迹的精确控制及井眼防碰。

3.1.4 旋转导向钻井技术

渤海常用的旋转导向系统包括贝克休斯的 AutoTrak、斯伦贝谢 PowerDrive 等，结合中海油自主研发的 Welleader，形成了一整套齐全的旋转导向工具组合。斯伦贝谢公司的 Power Drive Archer 系统是一种推靠式和指向式相结合的混合型旋转导向系统，在秦皇岛油田实钻数据显示，该工具储层疏松砂岩井段全力造斜，全角变化率可达到(7°～8°)/30m，局部井段可达 10°/30m，且平均分布于造斜段，轨道相对平滑，平均钻速由 50m/h 提高到 90m/h[8,9]。

渤海油田 JX 地区东营组大套泥岩压实程度较高，局部含灰质，斜深较深，所以往往会出现用马达钻进难以滑动、轨迹控制困难，用旋转导向钻进时钻头转速低，进尺不快、起钻困难的问题。为此，在 JX1-1B 大位移井中引入了斯伦贝谢 Xceed-Vortex 动力导向钻井系统。在 JX1-1B 现场应用表明，该系统的总动力达到 133～257kW，机械钻速可提高 30.34%～205.06%；最大扭矩由 45kN·m 降至 36kN·m，理论磨损值降至原来的 1/4；日平均进尺由 74m 提高至 160m。

3.2 摩阻扭矩监控

大位移井钻井过程中的摩阻扭矩预测和控制是成功实施大位移井的关键和难点所在，贯穿设计及施工全过程。渤海油田开发出一套适合于大位移井钻井轨迹优化设计及摩阻、扭矩预测与分析的软件。

图 1 为 JX1-1-B28 井在设计阶段根据邻井作业实际参数反向推算出裸眼摩擦系数，结合 Landmark 软件计算结果表明最大钩载 176.37t 发生在下 9-5/8″套管时，最大扭矩 35.92kN · m 发生 12-1/4″井段钻进时，为钻井设备和钻具满足作业要求予以了有力的佐证。根据实测钩载、扭矩实时验算修正摩擦系数，反映钻井液润滑性、井眼清洁、轨迹平滑等情况，并制定针对性措施。

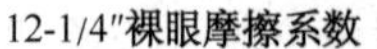

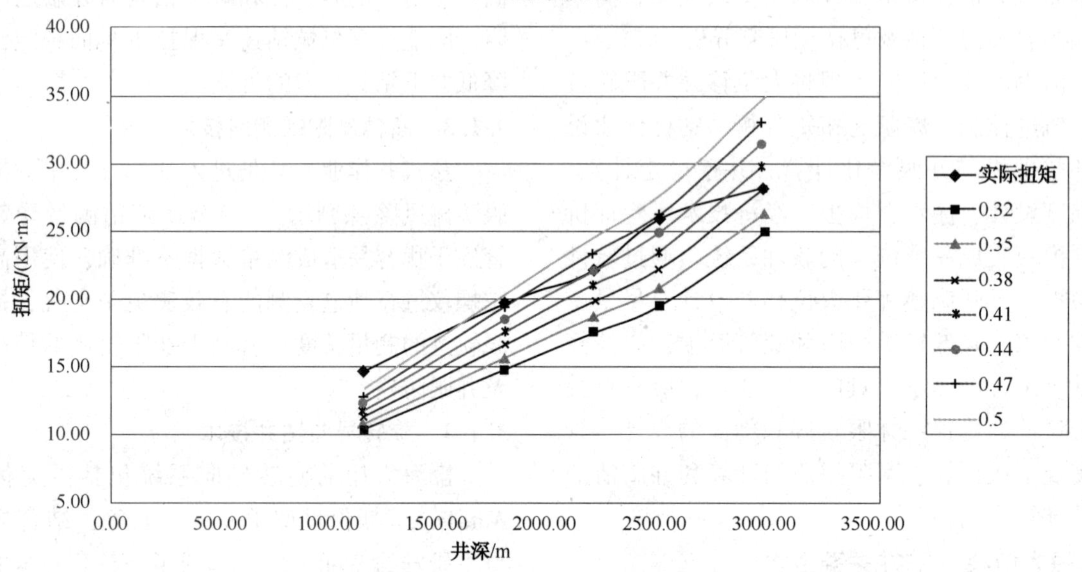

图 1　JX1-1-B28 井摩擦系数推算图

3.3　大位移井钻井液技术

结合渤海油田大位移井基本情况，适合的水基钻井液体系必须具备以下性能：(1)有效降低摩阻扭矩，润滑性强；(2)防泥岩水化能力强，井壁稳定；(3)高效携砂，井眼清洁能力强；(4)流变性稳定，体系抗岩屑污染能力强。

中海油服在渤海油田大位移钻井作业中，逐步摸索出适合渤海油田大位移井的钻井液体系：埋深浅易水化膨胀的地层选用软抑制性的 PEC 钻井液，地层埋深较深较稳定地层主要使用强抑制的 KCl 聚合物钻井液。通过提高钻井液的封堵性，增强地层的承压能力，通过聚合物材料降低失水，尽量控制最低失水，形成高润滑的泥饼。提高井壁稳定性，加入 KCl、甲酸钾等使井壁硬化，保证起下钻或下套管作业顺利。钻井液中加入润滑减磨材料，如塑料小球、RT101。RT101 钻井液材料是中海油服针对大位移井扭矩高、摩阻大的特点所研发的高效极压润滑剂，在 BZ34-1-D6 井实际使用表明，在钻井液中加入 1% 的 RT101 后，扭矩可下降 5kN · m 左右，摩阻可下降 20t 左右，现已在渤海深井、大位移井中广泛使用，润滑效果显著。

3.4　钻柱优化设计

大位移井下放悬重较小，井眼清洁困难，易发生粘卡等复杂情况或事故。一旦发生卡钻，则由于下放悬重低，震击器难以发挥下击作用。

钻柱优化思路主要着力于减少底部钻具组合与井壁的接触面积，提高钻柱整体悬重，增强钻具的抗拉抗扭性能，有利于井眼清洁，尽量使得震击器在处理复杂情况时能够动作，从而达到降低钻具粘卡的风险。

钻具组合优化措施：(1)优选震击器，使用摩阻扭矩分析软件计算钻柱悬重，调整震击器的启动吨位，优化震击器加放位置；(2)使用大尺寸 5⅞″、5½″高抗扭钻杆，有利于降低泵压和提高环空返速增强钻井液携砂能力，防止钻柱屈曲；(3)优化钻具表面形状，减小钻具与井壁的接触面积，降低钻具粘卡的风险；(4)钻具倒装，推荐加重钻杆倒装加放长度为 400m(约 14 柱)，加放位置为井口至井斜 45°井段；这样在风险较高的下部井段钻进时，钻具悬重处于逐渐增加状态(图 2)；(5)使用钻柱型防磨接头，降低摩阻扭矩，减小对套管的磨损；(6)优选旋转导向或地质导向钻具。

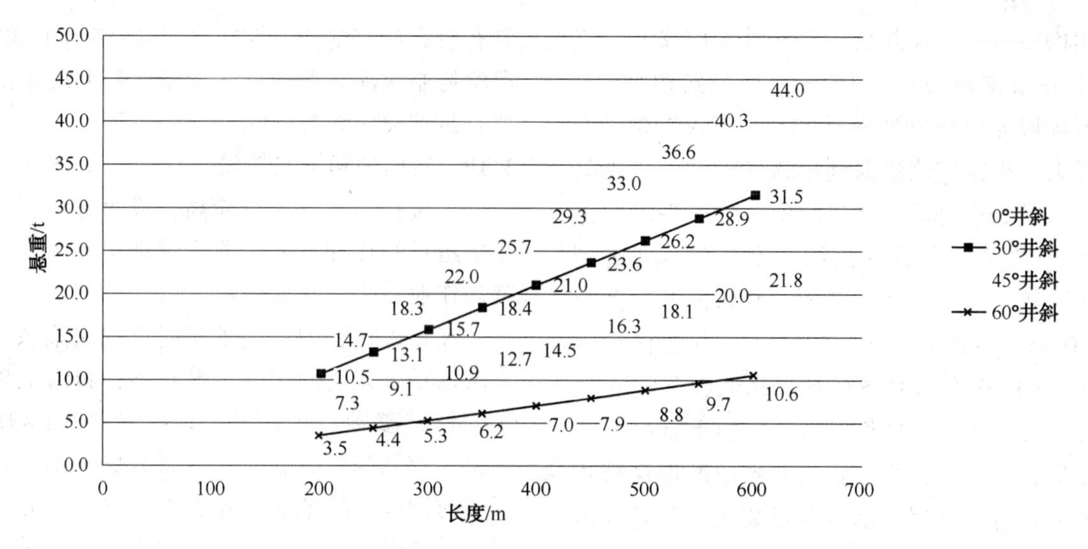

图 2 加重钻杆的加放长度与悬重增加的关系图

3.5 井壁稳定技术

大位移井井壁稳定的关键在于钻井液的抑制防塌能力和井底当量密度的控制。大位移井具有井斜较大、水垂比高的突出特征，井眼水力清洁指数较低、压力窗口比较狭窄，随着井眼长度的加长，极易形成岩屑床，起下钻和开泵时引起的压力波动、环空压耗引起的井底当量密度将随之增大，加之渤海油田构造断层发育，极易发生井壁失稳或井漏等复杂情况[10,11]。

成膜封堵剂、页岩抑制剂、井壁稳定剂已经广泛应用于渤海油田中，有效的提高钻井液封堵性，降低钻井液失水，形成高质量的致密泥饼，增强地层的承压能力，拓宽压力窗口。

旋转导向钻具中带有井底当量密度(ECD)实时监测功能，通过调节钻井液流变性、排量等改变井底当量密度以适应狭窄的压力窗口，维持井壁稳定。适时的增加循环携砂和短起下钻，确保环空畅通和井眼清洁有利于控制井底当量密度。优化钻具组合和钻井参数，减小钻具的扰动和钻井液对井壁的冲刷效应，提高机械钻速减小井眼的浸泡时间都有利于井壁稳定。

3.6 井眼净化技术

在井眼清洁方面，旋转导向钻具无需滑动且钻柱转速高，能及时破坏岩屑床，提高井眼净化效果，同时旋转导向工具 ECD 实时监测功能能直接反映井眼的清洁程度，如果实时监测 ECD 异常偏大，可增加循环时间或倒划眼短起下钻等措施加强井眼清洁，配合高性能固控设备，清除钻井液中的有害固相确保钻井液性能稳定。

大位移井要根据井深和井眼轨迹及时调整钻井液的携砂能力保证井眼清洁。调节的钻井液流变性，提高环空返速、保持环空适当的流速分布，或者紊流携砂，必要时用稀浆或稠浆段塞清扫井下钻屑，配合高顶驱转速、适当的循环和短起下钻清除岩屑床。起钻之前的循环，要保证大排量高转速，至少应该在 4 个循环周左右。在下套管以前通井保证井眼干净，同时调节泥浆性能，降低黏度、切力、固相含量，提高泥浆润滑性，保证了起下钻及套管下入顺利。

3.7 套管下入技术

套管漂浮下入技术是广泛应用于大位移井的一门技术。在套管串中连接漂浮接箍，使得漂浮接箍和盲板浮鞋封闭空气或轻钻井液，这部分套管在井眼中成漂浮状态，减少下套管时的阻力，使套管顺利下到设计深度。在套管内不灌浆或注入轻质物，使套管在管外钻井液的漂浮下减少与井壁接触力，从而降低套管下入过程的摩阻力。

为了进一步降低摩阻、扭矩，使得套管下入顺利，提高钻井液润滑性能，完钻后将井眼彻底通顺，将钻井液性能调整到位，向裸眼内补充塑料小球或者高润滑段塞。套管下入作业期间科学计算实际摩擦系数及套管下入悬重走势，根据实际井况优化刚性扶正器加放位置及数量，务必确保相关设备工具保养和调试良好。

用可旋转尾管挂、可划眼浮鞋、高抗扭套管可实现旋转下套管作业，选用降摩阻的滚轮扶正器，扩眼技术，下尾管时可以配合倒装加重钻杆增加管柱的下放悬重等都有助于套管的下入。

QHD32-6-I37H 井是一口三维大位移井，三开 8½″井眼裸眼段长达 950m，且稳斜角 80°左右，着陆段方位从 192°增至 221°，下入 7″尾管的难度极大。根据实测数据利用软件随钻校正摩阻系数，三开 8½″井眼钻进过程中全井段平均摩擦系数 0.30 左右，与设计预测基本一致；考虑到下套管摩擦系数会偏大，以 9⅝″套管内摩擦系数 0.35~0.45，裸眼 0.35~0.50 作下 7″尾管的敏感性分析：(1)全部使用 5½钻杆送入，下尾管悬重无法满足要求；(2)倒装 600m 加重钻杆，优化加重钻杆位置后，当套管内和裸眼摩擦系数均不大于 0.4 时，下尾管基本满足要求。但若井眼摩擦系数大于 0.4，套管可能会发生弯曲，形成自锁，悬重也无法满足下尾管要求。为保障下尾管作业顺利，采用史密斯扩眼技术将 8½″井眼扩眼至 9½″，采用倒装加重技术下尾管顺利到位。

3.8 技术套管保护技术

大位移井钻进时间较长以及浅层造斜的全角变化率较大，与常规井相比，钻进时套管和钻具的摩擦时间更长、钻具的弯曲侧向力更大，套管磨损问题突出。钻井工程全过程中必须采取有效措施，提高固井质量，有效保护套管。

(1) 高构造应力和严重蠕变层段应设计选用厚壁、双层高强度套管或采取扩孔增大管外环隙等其它措施。

(2) 提高钻井速度，减少套管磨损。

(3) 适当增加套管层次，以减少单层套管的磨损时间。

(4) 可使用内壁内涂减磨层套管。

(5) 增加机械防磨方式和防磨工具。

(6) 起下钻对钻杆接头的磨损情况进行外观检查和实际对比测量。

3.9 大位移井固井技术

目前渤海油田使用的大位移井水泥浆体系具有稠化时间可调、零自由水、24h 强度超过 18MPa 的特点，能够满足封固水平井段和油层的需要。

认真设计洗井液及水泥浆性能是确保大位移井固井成功的关键。通过固井仿真软件的设计、模拟及实验室进行水泥浆稠化性能试验，优化水泥浆配方、优化前置液的性能及注入量；调节钻井液流变性，确保固井时的顶替效果；水泥浆要具有较高的稳定性，防止在井眼高边形成窜槽；严格控制水泥浆的自由水含量；长井段单级固井要有足够长的缓凝时间。

3.10 实时决策支持系统

大位移井投资大风险高，成立专门项目管理小组进行细化和具体的项目管理实时决策有利于提高作业效率，降低作业风险。

在钻进过程中运用了实时可视决策系统，该系统依托于先进的网络传输技术，将海上现场搜集的钻井参数、定向井、地质录井、LWD 测井信息集成到综合数据库后，以数据和图形双重形式实时同步在陆地显示器上直接显示，同时还可以录入已经建立的地质油藏静态模型，供钻完井和地质油藏专家综合分析、判断和及时下达指令到现场指挥井眼走向。当井下发生问题时，所有专家交流讨论获得最优的解决方案，做出决策后发出作业指令，具有良好的协同环境和快速反应的特点。

4 结束语

大位移井技术是当今世界钻井技术的一个发展高峰，对设备、技术、管理都提出了更高的要求，随着设备设施能力的不断增强，管理技术水平的提高，国际大位移井记录不断的被刷新，而渤海海上大位移井技术才刚刚起步。

通过软件系统的集成，渤海油田将大位移井从设计、施工、管理进行了有效的整合，通过模拟计算进行设计，不断的优化，实时监控实时决策，引入先进的技术、工具为渤海海上大位移井技术的发展奠定了一个良好的基础，形成了轨迹控制、摩阻扭矩监控、钻柱优化、钻井液技术、井眼净化、井壁稳定、套管下入等一系列适合渤海海上大位移井钻井关键技术，将渤海海上大位移井最大水垂比记录提高至 2.62。

利用软件预测摩阻-随钻校正摩阻系数方法，可以起到对井下情况恶化的预警作用，预防井下复杂情况的发生，保证钻进及下套管作业的顺利进行。实时可视决策系统具有良好的协同环境和快速反应的特点，有助于帮助项目管理小组进行细化和具体的项目管理，提高作业效率，降低作业风险。

参 考 文 献

[1] 范白涛，赵少伟，李凡，等．渤海浅部复杂地层大

位移井钻井工艺研究与实践[J]. 中国海上油气，2013，25(3)：50-52.

[2] 付建民，韩雪银，马英文，等. vorteX 型动力导向钻井系统在渤海油田的应用[J]. 石油钻探技术，2014(3)：118-122.

[3] 刘晓坡，廖前华，李刚. 软件预测摩阻-随钻校正摩阻系数方法及其在 BZ34-1-D6 大位移井钻井中的应用[J]. 中国海上油气，2010，22(5)：320-322.

[4] 蒋世全，姜伟，付建红，等. 大位移井钻井技术研究及在渤海油田的应用[J]. 石油学报，2003，24(2)：84-88，93.

[5] 罗成. 大位移井技术在古巴地区的研究与应用[D]. 东北石油大学，2014.

[6] 袁波，汪绪刚，王雷，等. 艾哈代布油田大位移水平井 ADMa-1H 井钻井技术[J]. 石油钻采工艺，2014(2)：30-32.

[7] 金红生. 大位移井钻井关键技术研究[D]. 西安石油大学，2014.

[8] 刘鹏飞，和鹏飞，李凡，等. Power Drive Archer 型旋转导向系统在绥中油田应用[J]. 石油矿场机械，2014，43(6)：65-68.

[9] 刘鹏飞，和鹏飞，李凡，等. Power Drive VorteX 钻具系统配套 PDC 钻头优化设计[J]. 长江大学学报：自然版，2014(6)：41-42.

[10] 王洪伟，张恒，付顺龙，等. 水基钻井液在渤中浅层大位移井中的研究与应用[J]. 石油天然气学报，2014，36(8)：100-102.

[11] 董星亮，曹式敬，唐海雄，等. 海洋钻井手册[M]. 北京：石油工业出版社，2011.

海上弃井套管分段切割用闸管锯研制与应用

王　超　俞　洋　徐鸿飞　刘作鹏　刘占鏖　孙慧铭
（中海油能源发展股份有限公司工程技术分公司，天津塘沽 300452）

摘　要　针对海上老平台油井弃置多层套管分段切割回收的难题，设计了液压驱动的闸刀式管锯。该管锯采用滚珠丝杠和凸轮连杆结构分别调节纵向进给和横向切割，链条固定夹持，使用镶金刚石颗粒的高速钢刀具实现多层套管的一次性切断。通过陆地试验及海上 13 口井的现场应用检验，切割三层典型水泥封固的偏心套管 ϕ762+ϕ508+ϕ244.5 平均在 4h 以内，切口表面光滑，满足海上作业的要求。

关键词　弃井；闸管锯；多层套管；切割

随着部分开发较早的海上油气田进入废弃处置阶段，需要将越来越多的老油气井进行封堵弃置，并将平台和油气井套管等结构物拆除。根据规范要求，在井下封堵完成后，需要在泥线以下 4m 从套管内沿周向切断井口多层套管并回收。要回收的多层套管通常被水泥封固为 2~4 层，外径通常为 ϕ762 或 ϕ609.6，长度在 30m 以上。为方便装船运输，需要在钻台将整个管柱进行分段切割成 10m 以内。

对这类带水泥的多层套管，在泥面下的切割通常使用磨料射流切割系统进行，国内已有不少切割实例[1]。在钻台上的分段切割，国外多采用闸刀式管锯或钻石缆切割机进行径向整体切割，但国内目前只有小尺寸的单层管道切割工具，此类大尺寸切割还没有成熟产品[2,3]。以往不得不采用分层剥皮的方式切割回收多层带水泥套管，通常单次完全切割需要 8h 以上。为提高作业效率，设计了一种适用 ϕ508~813 管径的闸管锯，通过陆地试验及海上 13 口井 35 次的切割作业验证，三层水泥套管平均切割时间在 4h 以内，切口表面光滑，满足海上作业要求。

1　闸管锯设计

1.1　总体结构设计

闸管锯采用框架式结构设计，使用链条固定在待切割的管体上，通过凸轮连杆机构往复摆动实现横向切割，纵向进给采用丝杠调节。总体结构由液压系统、主机总成、横向走刀总成、纵向走刀总成、机体紧固座总成构成，如图 1 所示。

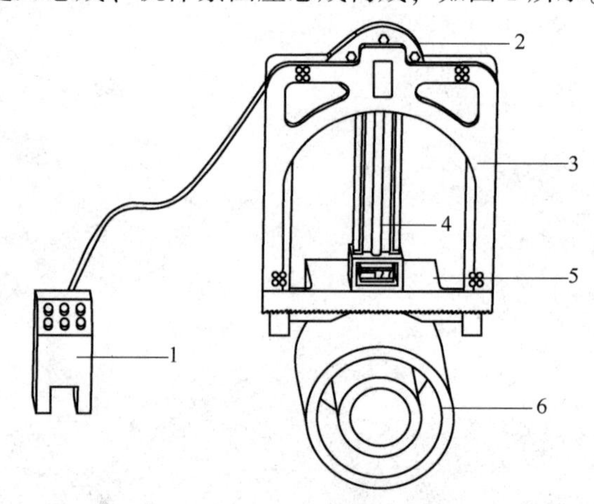

图 1　闸管锯整体结构示意图

1—液压系统；2—主机总成；3—横向走刀总成；4—纵向走刀总成；5—机体紧固座总成；6—套管

1.2　执行机构设计

1.2.1　固定夹持机构设计

为便于安装，夹持机构采用了链条式，夹紧度使用螺母调节。夹持机构设计如图 2 所示。

1.2.2　纵向进给机构设计

纵向进给机构是通过滚珠丝杠将液压马达的回转运动转化为直线运动，从而实现刀片的纵向进给，通过调节液压油流量来控制进给速度。结构设计见图 3。

作者简介：王超（1982—　），男，汉族，山东曹县人，2005 年毕业南京工业大学金属材料专业，中海油能源发展股份有限公司工程技术分公司，中级工程师，现主要进行海上油气井弃置相关技术研究，获得中海油能源发展股份公司科技进步奖二等奖 2 次，行业协会二等奖 1 次，发表论文 2 篇，申请专利 3 项。E-mail：wangchao5@cnooc.com.cn

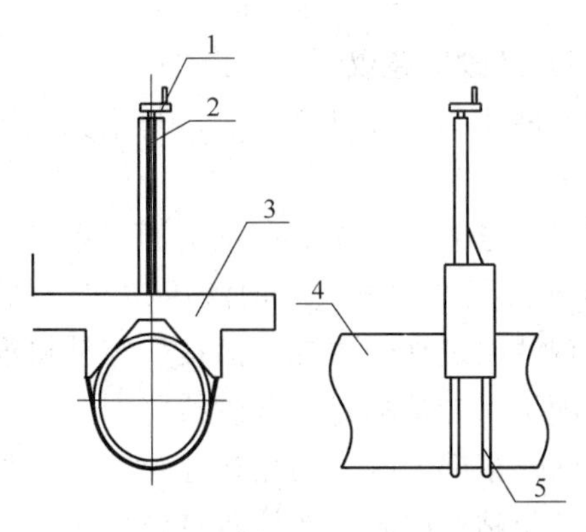

图2 闸管锯固定夹持机构示意图

1—进给丝杠把手；2—进给丝杠；
3—固定座；4—套管；5—固定链条

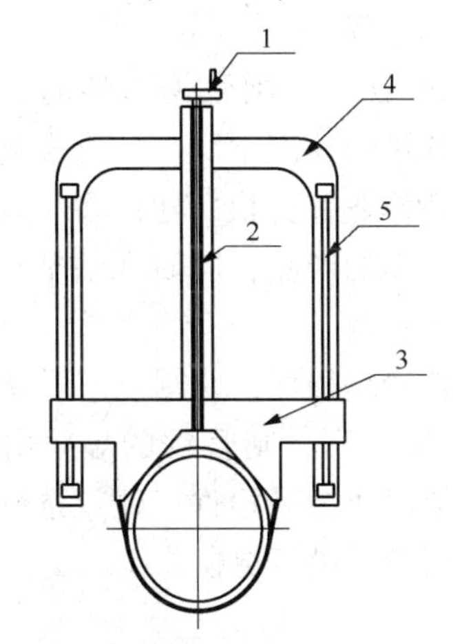

图3 闸管锯纵向进给机构示意图

1—进给丝杠把手；2—进给丝杠；3—固定座；
4—刀架固定板；5—滑动轴

1.2.3 横向摆动机构设计

横向摆动机构是利用凸轮连杆结构的小齿轮带动大齿轮转动，通过大齿轮上安装的拨叉与T形导槽的配合实现切割刀架在指定的空间里左右移动，从而实现锯片的横向切割。结构图见图4。

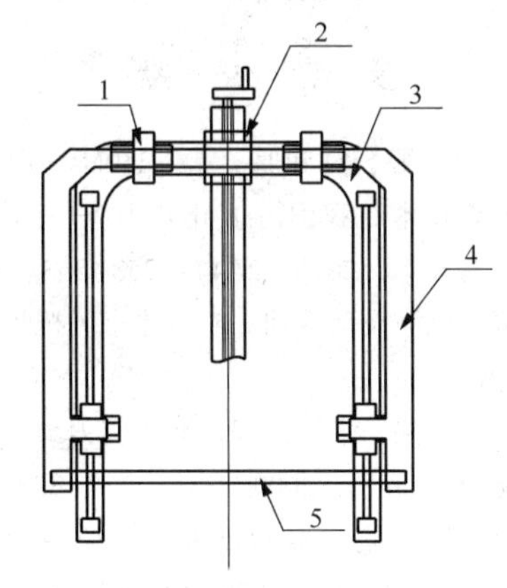

图4 闸管锯横向摆动机构示意图

1—导轨滑块；2—凸轮连杆机构；
3—刀架固定板；4—刀架；5—切割刀片

1.3 切割锯片选型

被切割物为钢材和水泥相间的多层套管，钢材钢级通常为N80，屈服强度约为552MPa，是常见的Q235结构钢的2.3倍，同时有高强度的水泥封固。对切割刀片的材质及参数要求较高。

通过比选国内外的各类金刚石锯片[4]，最终选用了瓦奇公司生产的高速钢硬质合金锯片。刀体宽度50mm，厚度2mm。刀体上镶金刚石颗粒，交错倒角，刀齿背棱铲磨1/3齿宽。

2 机具试制及陆地试验

2.1 机具试制

在完成图纸设计及结构优化后，对闸管锯进行了实物加工。加工完成的闸管锯主体图如图5所示。

图5 闸管锯主体图

2.2 陆地切割试验

在机具试制完成后，进行了陆地试验井的切割测试。切割的套管为海上弃井回收的三层水泥封固套管 $\phi762+\phi339.7+\phi244.5$，其中 $\phi762$ 为X52钢级、$\phi339.7$ 和 $\phi244.5$ 套管为N80钢级。切割使用同一刀片进行了两次，有效切割时间分别为2.8h和3.5h。切割完成的结构物见图6。

图6 陆地试验井钻台切割试验

3 现场应用情况

3.1 切割总体情况

在渤海某油田的弃置作业过程中，使用该闸管锯进行了13口井、35次的多层套管的切割回收。闸管锯的作业参数如表1所示。

表1 闸管锯切割参数

项　目	参　数
外径尺寸范围	ϕ508~813
动力	液压马达
主马达速度	0~600r/min(可调)
进给速度	10~20mm/min
固定方式	链条固定于被切割物上

13口井多层套管的结构及有效切割时间统计见表2。隔水导管钢级为X52，内层套管材质为常见的N80钢级，单次切割平均3.2h。对ϕ838.2+ϕ508+ϕ339.7三层难度较大的套管有效切割时间约4.5h，对ϕ609.6+ϕ339.7两层套管则最快可达2.5h。作业消耗锯片12片，其中非正常折断2片，单锯片可实现4次切割。

表2 13口井多层套管切割时间统计

井名	套管结构	切割次数	单次切割时间/h
S1	ϕ762+ϕ508	2	2.8
S2	ϕ838.2+ϕ508	2	3.2
S3	ϕ838.2+ϕ508+ϕ339.7	2	4.5
S4	ϕ762+ϕ339.7	3	3
S5	ϕ762+ϕ339.7	3	3.8
A1	ϕ609.6+ϕ339.7+ϕ244.5	2	3.5
A2	ϕ609.6+ϕ339.7	3	2.7
A3	ϕ609.6+ϕ339.7+ϕ244.5	2	4
A4	ϕ609.6+ϕ339.7	3	2.5
A5	ϕ609.6+ϕ339.7	3	2.9
A6	ϕ609.6+ϕ339.7	3	3.2
A7	ϕ609.6+ϕ339.7	4	2.7
A10	ϕ609.6+ϕ339.7+ϕ244.5	3	3.7

3.2 切割时效分析

考虑安装调试、管线连接等其他作业时间，作业时间分布如表3所示，其中的有效切割时间约占总时间的88%。

表3 典型作业步骤及时间分布

时间/h	作业内容
0.17	吊装、安装闸管具
0.13	连接液压管线、安装锯片
3.2	切割
0.08	切割后退刀
0.05	拆卸闸管锯

3.3 问题及改进建议

(1) 液压站油温过高，接口与平台液压站不匹配

考虑部分老平台无液压动力源，系统设计采用了自带液压站的方式。但液压站在切割15次以后出现油温过高的情况，而接口与钻机液压站又不匹配，只能接临时水冷管线降温。建议将液压马达的连接部分改为通用快速接头，以直接使用平台液压站。同时，建议改进液压站的冷却系统，以满足部分无液压站老平台的作业。

(2) 主轴的轴承损坏与进给滑块之间发生摩擦，切割效率下降

在切割20次后，闸管锯刀架的摆动路径呈椭圆形，锯片进给速度下降。检查发现主轴的轴承损坏，中断作业并更换。建议将主轴的轴承更换为质量更可靠的产品，同时评估轴承更换的频率，及时保养更换。

(3) 导轨滑块损坏，切割效率下降

在切割28次后，闸管锯的导轨滑块有损坏的情况。导轨滑块为易损件，建议选择质量较好的产品，同时及时进行更换。

4 结论

(1) 通过海上13口井、35次海上弃井套管分段切割的应用检验，设计的闸管锯结构可靠、安装操作简便、割口平滑工整，满足作业要求；

(2) 切割三层典型水泥封固的偏心套管ϕ762+ϕ508+ϕ244.5平均在4h以内，效率较高；

(3) 建议进一步改进液压站以增强冷却效果和适用性，选用质量更好的轴承及导轨滑块等易损件，并及时保养更换。

参 考 文 献

[1] 王超，刘作鹏，陈建兵，等.250MPa磨料射流内切割套管技术在我国海上弃井中应用[J].海洋工程装备与技术，2015，2(4)：258-263.

[2] 闻邦椿.机械设计手册[M].北京：机械工业出版社，2010.

[3] 弓海霞，赵杰，张岚，等.液压闸刀式切管机设计[J].机床与液压，2009，37(3)：71-73.

[4] 谢志刚，徐文娟.金刚石锯片的应用及市场前景[J].超硬材料工程，2008，20(5)：30-33.

海上某油田整体加密钻井难点及应对措施

席江军[1] 和鹏飞[2]
(1. 中海石油(中国)有限公司天津分公司，天津 300452；
2. 中海油能源发展股份有限公司工程技术分公司，天津 300452)

摘 要 调整井作为一种在原有井网基础上补充的新钻井，对于改善油田的开发效果、落实潜力储量具有重大意义。2015 年渤海油田计划上产 3500 万吨，以 S 油田规模化实施的井网加密调整井对于上产具有举足轻重的作用。但是该类油田在钻井实施过程中面临着定向井方面深、浅层防碰风险严重、地层方面油藏衰竭压力系统复杂等问题。通过对难点和风险点的深入研究，从技术和管理两方面双管齐下，通过单筒双井表层预斜、疏松砂岩连续密闭取芯、优选 power drive Archer 等新工具的、区域化管理模式等措施的应用，成功完成了 90 口余口井的井间加密调整作业。

关键词 调整井；整体加密；油藏衰竭；关键技术

油田经过一段时间的开发尤其是进入中高含水期后，及时对井网进行调整，对于落实潜在储量、改善开发效果，提高采收率具有较大的效果。国内外加密井网主要有加钻点状注水井和加密生产井，以缩小单井控制储量两种方式。渤海 S 油田采取滚动开发模式，自 1993 年开采以来截至 2010 年年底，油田总体采出程度 12.95%，综合含水率 70%。为缓解层间矛盾，在一期调整的基础上利用定向井+水平井的模式进行本次整体加密调整[1,2]。

1 作业的特点与难点

1.1 地层特点

本区块水深 33m 左右，地层自上而下有：第四系平原组、上第三系明化镇组和馆陶组、东营组，其中东营组东二段为该油田的主要含油层系[3]。油田属于正常温度压力系统：地温梯度约为 3.22℃/100m，原始地层压力系数接近 1.0。油田开采多年，地层压力不断下降。根据近几年压力测试资料，调整井所在井区地层压力均已下降，预测综合调整井目的层段地层压力为 11.5~13.5MPa，储层压力下降 1~2MPa，折合压力系数 0.81~0.95。

(1) 平原组垂厚约 400m，极其松软；

(2) 馆陶组底砾岩以浅灰色砂砾岩为主，部分灰白色，砾石成分以石英为主，次为火成岩岩块，少量燧石，砾径 2~3mm，最大 4mm，棱角状，砂成分以石英为主，次为长石及暗色矿物，中粗粒，分选差，泥质胶结；

(3) 东营组上部沙泥岩互层、灰绿色泥岩为主，有较强的造浆性，储层物性较好，孔隙度在 28%~35% 之间，平均 31%；渗透率在 100~10000mD 之间，平均 2000mD，属于典型的高孔、高渗疏松砂岩油藏[4]。

1.2 钻井作业难点

1.2.1 井眼防碰

加密之前，全油田共有 268 口井，本次整体加密，新建 2 个新槽口平台，2 个外挂槽口平台，槽口间距 1.8m(横向)×2m(纵向)。在原有井网基础上采用定向井结合水平井调整方式，对目前井网油井间进行加密，地下井网密布，井眼轨迹复杂，井槽毗邻原生产平台，浅层防碰压力愈发突出(图 1)，同时由于属于井间加密，各新钻井靶点均布在已钻井靶点间，由此导致深层防碰问题也极为严重(图 2)。一方面轨迹实施非常困难，基本上所有井均存在不同程度地防碰问题；另一方面，由于邻近平台均为在生产平台，一旦出现井眼碰撞，钻穿邻井套管的情况，影响巨大，后果不堪设想。

作者简介：席江军(1982—)，男，浙江江山人，2005 年毕业于东北石油大学(原大庆石油学院)石油工程专业。工程师，主要从事海洋石油钻井技术监督与管理工作。E-mail：xijj@ cnooc. com. cn

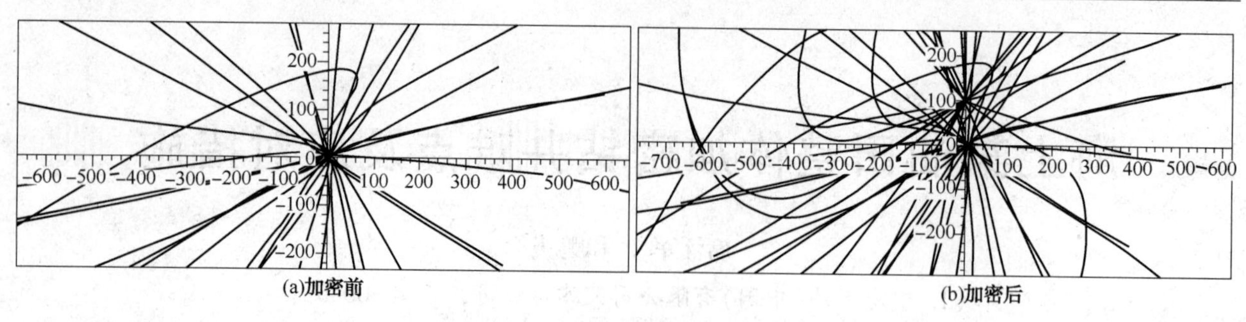

图 1　加密前后浅层轨迹对比

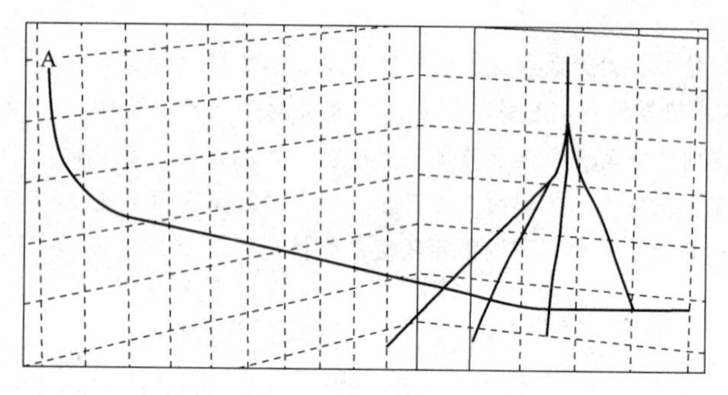

图 2　某井深层防碰情况

1.2.2　疏松砂岩密闭取芯

密闭取芯是取得地层原始含油饱和度、油水动态等数据的重要技术手段，在海上石油开发中得到广泛的应用。检查油田的注水开发效果、油层水洗情况，综合分析剩余油饱和度及驱油效率的分布规律与变化规律，分别在两口井进行密闭取芯作业取芯 14 筒、19 筒。两口井取心层位埋藏较浅，压实成岩差，岩芯疏松易破碎，从而影响收获率、密闭率。

1.2.3　储层保护

储层压力下降较多，储层压力低；各小层压力系数存在差异，层间矛盾比较突出；不同井区注水量不均，压力系数不同导致储层保护困难。储层压力系数低，储层连通性好，渗透率高，井下漏失风险高。经对比发现加密前油田不仅压力亏空严重，而且受注水影响层间矛盾更为突出，最大层间压差 3.03MPa，压力体系更为复杂！因此，储层保护难度更大、钻完井作业安全风险更高。

2　关键技术

2.1　定向井轨迹控制技术

2.1.1　老井井眼轨迹的数据处理技术

最初本油田定向井轨迹数据使用的坐标系系统为 WGS 72 系统。现阶段渤海钻井作业定向井方面使用的坐标系系统为 WGS 84 系统，WGS 72 系统下的定向井轨迹数据将无法在 WGS 84 系统下实现与周围井的防碰扫描，给定向井防碰扫描带来一定困难，需要将 WGS 72 系统下的坐标数据转换到 WGS 84 系统下。此外，鉴于当时的作业条件及测量设备的测量精度所限，部分平台的定向井轨迹数据存在较大误差。

为此，钻完井方面一方面使用 keeper 系列陀螺，对 S 油田 A、B、J 等老平台的所有井数据统一进行复测，建立了完备的老井定向井轨迹数据库，另一方面，组织研发专门软件，对原 WGS 72 系统下的坐标数据，依据相关技术规范和标准，将其转化到 WGS 84 系统下，首先根据平台中心坐标及结构北角，计算各个井的理论井口坐标数据，然后对转化完成的数据，利用其井口坐标及井轨迹数据进行投影成图，与理论计算值相互验证，检验数据准确情况，确保了转化过程中数据的准确无误，见图 3。为在 S 油田钻调整加密井进行精确地防碰扫描奠定了坚实的基础。

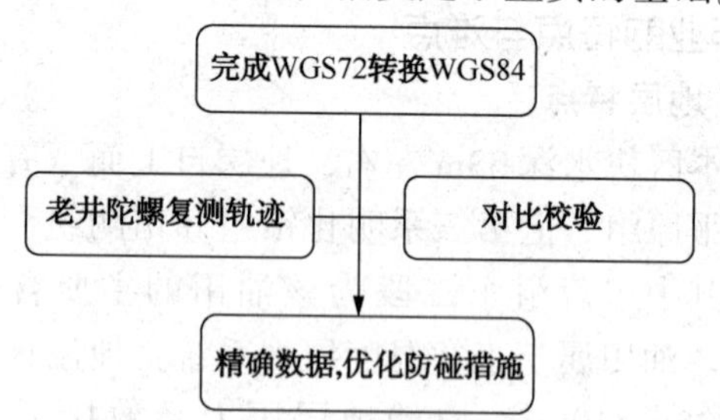

图 3　老井井眼轨迹验证关系图

2.1.2　表层预斜技术的再创新

（1）常规表层预斜的创新优化。海上丛式井定向井轨迹设计时，为了让上部轨迹不发生碰撞，一般利用上下错开造斜点、根据轨迹方向分散原则选择槽口等措施。对于初次造斜点发生在表层的做法一般称为预斜技术，但是由于上部地层极其松软，钻头很难产生较大的侧向力，预斜作业存在较大的难度。常规渤海预斜技术采用简易井口闭路循环，利用马达钻具配合合理参数实现。在本次加密调整设计阶段，本着高效、优质的理念，在原有作业工序的基础上，优化思路，提出开路表层预斜技术。即不安装简易井口，不建立闭路循环，通过海水开路钻进配合扫稠膨润土浆的思路，保证作业质量的同时，提高作业效率，单井表层提效20%~30%。

（2）单筒双井表层预斜技术。海上平台建造费用极高，将每个槽口的利用效率最大化是降本增效的有力手段。对于914.4mm隔水导管内实现两口井的单筒双井技术不断发展，最早在岐口17-2油田首次实现单筒双井，但是在表层防碰压力极大的情况下，如何实现单筒双井的表层预斜是海上油田加密调整的大命题[5]。通过理论研究与不断创新最终形成一套成熟的单筒双井表层预斜技术：(1)表层预斜设计造斜率尽量低于3°/30m，第一趟钻具组合444.5mm钻头+1.5°高弯角马达配合低排量、高钻压(尽量钻压跟进)的钻井参数，实现表层压实强度较低、胶结较差情况的预斜；(2)第二趟扩眼钻具组合：203.2mm S.DC(4~6m)+425.5mm STB+203.2mm F/V+203.2mm DC+X/O+762mm OPENER+203.2mm NMDC+203.2mm MWD+203.2mm NMDC+203.2mm UBHO+203.2mm(F/J+JAR)+X/O+127mm HWDP×14根。第一趟预斜钻进至设计中完井深后，起钻更换第二趟扩眼钻具，要求扩眼钻压持续不低于4~5t，保证进尺不低于正常钻进的1.5倍，以免出现新井眼；(3)双套管下入。两口井的套管分短筒和长筒，管鞋距离差20m左右，采用倒角套管，先下入长筒套管，再下入短筒套管，长筒套管内灌满钻井液，短筒空置，利用重力、浮力原理分开双套管。

（3）Power Drive Archer混合型旋转导向系统的应用。S油田储层具有埋藏浅，油稠，储层胶结疏松的特点，储层物性为中高孔-高渗，岩性以褐灰色细砂岩为主，夹薄层泥岩，泥质胶结。经过长期开发，储层压力衰竭，疏松程度进一步加深。为了保证水平段钻进过程中的轨迹控制，同时提高作业效果，优选新型混合型旋转导向系统Power Drive Archer，该系统具有指向式旋转导向和常规弯角马达的复合效果，可实现理论高达15°/30m的造斜率，同时可全力解放机械钻速，最终应用表明平均机械钻速可达90m/h，是本区块马达作业效率的2.2倍[6,7]。

2.2 密闭取芯关键技术

根据油田取芯层位地层岩性特征以及渤海油田疏松砂岩地层取芯成熟经验，两口井均选择胜利油田Rmb-8100型取芯工具配合HSC043-8100硬质合金切削齿钻头和PSC043-8100 PDC切削齿钻头。

ϕ311.5井眼第一筒取芯钻具组合：ϕ215取芯钻头+ϕ213取芯扶正器+ϕ178取芯筒+ϕ213取芯扶正器+定位接头+加压接头+变扣接头(411×630)+ϕ203.2钻铤×1根+扶正器+ϕ203.2钻铤×2根+ϕ203.2随钻震击器+ϕ127加重钻杆×14根。

连续取芯钻具组合：ϕ215取芯钻头+ϕ213取芯扶正器+ϕ178取芯筒+ϕ213取芯扶正器+定位接头+加压接头+ϕ165.1钻铤×9根+ϕ165.1随钻震击器+ϕ127加重钻杆×14根。

2.3 储层保护关键技术

目前面临压力衰竭和注采失衡的难题。如何通过部署调整井提高采收率挖掘剩余储层潜力是目前油田作业的重点，而降低钻完井液侵入储层、减小对地层的伤害是调整井钻完井工程成功的关键。主要措施有：(1)加强管理周边注入井，原则上要求钻开储层前15天停止邻井同层生产、注水、注气、注聚等作业；(2)提高钻井效率，降低储层浸泡时间；(3)开展随钻测压作业，依据测压结果，合理选择钻井液密度；(4)优化作业程序，严格控制储层段固相含量，进入储层前垂深20~50m，进行短起下钻，并通过大排量循环清除钻井液中有害固相；全程开启固控设备，并保证运行良好，振动筛使用高目数筛布(140目及以上)；储层段钻进采用连续钻进、不倒划眼方式，以避免初始泥饼的破坏，减小钻井滤液的侵入量；完钻后的井筒循环时间要充分，至少循环2个半井筒容积，以振动筛返出干净为标准；(5)精细化钻井操作，减小储层段压力激动，起下钻、下套管时控制速度在0.2~0.3m/s以减少压力激动；(6)优化储层段钻井液配方与操作[4]。

3 结论与认识

海上丛式井综合调整加密钻井的关键在于对老井轨迹的确定和计划井轨迹的设计，只有这样才能有效避免井眼碰撞，实现油田效率最大化，因此老井轨迹的陀螺复测意义重大，同时表层预斜开路钻进和单筒双井表层预斜技术的创新发展进一步扩展了丛式井定向井轨迹控制思路，具有较大的应用前景。

对于S油田疏松砂岩油藏，在长期开发后压力衰竭而导致调整井面临的轨迹控制、取芯、储层保护问题，本文在深入研究的基础上给出了一套完成的解决措施并成功应用，对渤海油田老油田的进一步认识和挖潜有积极的指导意义。

参考文献

[1] 张凤久，罗宪波，刘英宪，等．海上油田丛式井网整体加密调整技术研究[J]．中国工程科学，2013(3)：34-35.

[2] 姜伟．海上密集丛式井组再加密调整井网钻井技术探索与实践[J]．天然气工业，2011，31(1)：69-72.

[3] 姬洪刚，卓振洲，张雪峰，等．渤海某油田利用模块钻机调整井作业的难点与对策[J]．科技创新与应用，2014，6：77-78.

[4] 李建．渤海高孔高渗衰竭油藏储层保护工程技术措施浅析[J]．内蒙古石油化工，2014，(4).

[5] 李凡，赵少伟，张海，等．单筒双井表层预斜技术及其在绥中36-1油田的应用[J]．石油钻采工艺，2012，34(S0)：12-15.

[6] 和鹏飞，孔志刚．Power Drive Xceed指向式旋转导向系统在渤海某油田的应用[J]．探矿工程(岩土钻掘工程)，2013，40(11)：45-51.

[7] 刘鹏飞，和鹏飞，李凡，等．Power Drive Archer型旋转导向系统在绥中油田应用[J]．石油矿场机械，2014，43(6)：65-68.

BH-1 抑垢型无固相修井液的研究与应用

何风华　刘德正　张建华

(中国石油渤海钻探工程有限公司井下技术服务分公司)

摘　要　针对氯化钙类型修井液与重碳酸钠型地层水不配伍结垢的问题，笔者研制了抑垢型无固相修井液产品，该产品密度可在 1.20~1.55g/cm³ 之间任意调整，与硫酸钠型、重碳酸钠型、氯化钙型、氯化镁型四种地层水配伍，具有防膨率高、对油管钢的腐蚀速度与淡水相当、表面张力低、易返排等优点，在现场应用 4 井次均获得成功，显示出抑垢型无固相修井液具有良好的应用前景。

关键词　抑垢型；无固相；修井液；BH-1

1　前言

按照苏林分类法将天然水分成硫酸钠型、重碳酸钠型、氯化钙型、氯化镁型四种。油田水主要为重碳酸钠($NaHCO_3$)和氯化钙($CaCl_2$)型。据统计分析，大港油区地层水重碳酸钠型占 87%。目前油田使用的密度 1.20g/cm³ 以上的无固相修井液基本上采用氯化钙液体作为基液再加其它添加剂制成。在试油完井作业过程中，由于氯化钙类型修井液与重碳酸钠型地层水不配伍的原因，导致在油井生产流程、井筒内及近井地层经常出现结垢的现象，不仅造成了工程质量事故，而且对储层近井地带的渗透率形成了不同程度的伤害。笔者通过研究，开发出的 BH-1 抑垢型无固相修井液产品，有效地解决了结垢难题，而且该产品成本适中，在油田现场具有良好的推广应用价值。

2　抑垢型无固相修井液配方研制

2.1　结垢机理研究

重碳酸钠型地层水中富含重碳酸根、碳酸根等离子，普通修井液中使用了氯化钙、氯化锌，富含钙、锌等离子，当这些离子与重碳酸根、碳酸根离子接触后就会产生水垢。另外，地层水在地层条件下所含的各种离子处于一种动态平衡的状态，当地层水由地层深处经近井地带流入井筒的过程中，产生了压力、温度的波动，打破了原始的平衡状态，地层水所含的离子相互作用形成水垢。

2.2　基础液体的研究

2.2.1　基液的选择

氯化钙液体的最高密度为 1.40g/cm³，不含二价及二价以上阴离子，液体的纯净度高，便于稀释和加重，价格相对低廉，我们选择氯化钙液体为系列抑垢型无固相修井液的基液。

2.2.2　稀释液及加重剂的选择

(1) 稀释液的选择

选择淡水作为系列抑垢型无固相修井液基液的稀释剂。

(2) 加重剂的选择

通过实验优选出了能将密度 1.40g/cm³ 氯化钙液体加重到 1.58g/cm³ 的氯化锌药剂，并且价格远远低于溴盐，因此选用氯化锌药剂作为系列抑垢型无固相修井液基液的加重剂，它可使基础液体的密度在 1.40~1.58g/cm³ 之间任意调整，如表 1 所示。

表 1　氯化锌加重剂用量与基础液体密度关系表

加重剂量/(kg/m³)	0	55	100	150	200	250	300	350	400	450	500
液体密度/(g/cm³)	1.4	1.42	1.44	1.46	1.48	1.50	1.52	1.54	1.55	1.57	1.58

作者简介：何风华(1962—　)，男，汉族，天津滨海人，2001 年毕业于天津大学工业工程专业。从事入井液的研究及技术推广应用工作，高级工程师。在期刊杂志上发表过 5 篇文章。E-mail：hefenghua1962@163.com

(3) 基础液体的构成

通过基液、稀释液、加重剂的优选，将系列抑垢型无固相修井液的基础液体的用料确定为氯化钙液体+淡水或氯化锌加重剂，其密度可在1.01~1.58g/cm³之间任意调整。

2.3 抑垢剂研制

为了避免地层水中的碳酸根、重碳酸根离子与修井液中阳离子产生水垢，我们通过大量的室内实验，优选了甲酸、乙酸按一定比例合成了一种复合有机酸抑垢剂，当向基础液体中加入2%(质量分数)复合有机酸抑垢剂时，它能有效地消除修井液及混入修井液中地层水中的碳酸根、重碳酸根等二价及二价以上的阴离子，抑制水垢的生成，因此选用复合有机酸抑垢剂作为系列抑垢型无固相修井液的抑垢剂，向基础液体中的加入量确定为2%。其作用机理如下：

$$2H^{+}+HCO_{3}^{-}\longrightarrow H_{2}O+CO_{2}\uparrow$$

$$2H^{+}+CO_{3}^{2-}\longrightarrow H_{2}O+CO_{2}\uparrow$$

2.4 缓蚀助排剂的优选

通过对市面常用的酸化缓蚀剂、污水缓蚀剂、盐水缓蚀剂的筛选实验发现，W-10、SC-4等酸化缓蚀剂在基础液体中的缓蚀效果差，WS-2、LG-1等污水缓蚀剂及8607、AM-C3等盐水缓蚀剂与基础液体不配伍，我们选择出了既能在酸性高浓度盐水中起到缓蚀作用，又能与体系液体配伍的药剂WH-1酸盐缓蚀剂，该药剂不但能有效地减缓修井液对钢材的腐蚀而且还能大幅度降低液体表面张力，有利于修井液的返排，因此选择WH-1酸盐缓蚀剂药剂做为系列抑垢型无固相修井液的缓蚀、助排剂。当WH-1酸盐缓蚀剂向基础液体液中加量达到5%(质量分数)(实验条件常压，97℃历时4h，腐蚀速度变平缓，腐蚀速度为0.276g/(m²·h)，与淡水的腐蚀速度相当，因此确定WH-1酸盐缓蚀剂向基础液体中加量为5%(质量分数)。液体密度1.55g/cm³时表面张力为48mN/m。

2.5 防膨剂的优选

实验证实，常用的氯化钾、氯化铵、甲酸钾、甲酸钠等防膨剂分别在抑垢型无固相修井液基础液体中都出现了不溶解现象，而我们优选的YJ-1药剂能与基础液体配伍，因此选用YJ-1药剂作为系列抑垢型无固相修井液的防膨剂。当YJ-1向基础液体中的加量达到2%(体积质量分数)时，防膨率可达97%，因此确定YJ-1向基础液体中的加量为2%(体积质量分数)。

2.6 体系配伍性研究

为了评价抑垢型修井液体系的配伍性，采了由基液用料、抑垢剂、缓蚀助排剂、防膨剂配制而成的密度为1.20g/cm³、1.55g/cm³抑垢型无固相修井液样品，开展了在常温常压、90℃常压、高温高压(190~195℃、16~17MPa)条件下、分别历时30d、12h、6h的配伍实验，液体无沉淀，清亮如初，性能稳定，证实液体体系配伍。

3 系列抑垢型无固相修井液性能评价

3.1 密度

系列抑垢型无固相修井液的密度可在1.20~1.55/cm³。之间任意调整。

3.2 动力黏度

用NDJ-79旋转黏度计在室温条件下(18℃、常压)测得密度为1.20g/cm³抑垢型无固相修井液的动力黏度为2mPa·s；1.55g/cm³抑垢型无固相修井液的动力黏度为10mPa·s。

3.3 防膨率

使用LD5-2A离心机用离心法测得1.20g/cm³抑垢型无固相修井液对钠基膨润土的防膨率为95%、1.55g/cm³抑垢型无固相修井液对钠基膨润土的防膨率为97%。

3.4 表面张力

用JZYW-200B自动界面张力仪测得密度为1.55g/cm³的抑垢型无固相修井液表面张力为48mN/m；测得淡水表面张力为85.5mN/m，表面张力低淡水，有利于修井液的返排。

3.5 对油管钢的腐蚀速度

SY/T 5405—1996标准规定，在90℃常压条件下，加入缓蚀剂的液体对油管钢的腐蚀速度在10~15g/(m²·h)为合格；密度为1.2g/cm³、1.4g/cm³、1.55g/cm³抑垢型无固相修井液在97℃常压条件下对N80油管钢的腐蚀速度分别为0.344g/(m²·h)、0.321g/(m²·h)和0.276g/(m²·h)，实验后的钢片光亮如初；淡水在97℃常压条件下对N80油管钢的腐蚀速度为0.138g/(m²·h)。实验证明系列抑垢型无固相修井液对N80油管钢的腐蚀速度符合SY/T 5405—1996标准与淡水相当。如表2所示。

表 2 对油管钢的腐蚀试验表

配方	实验条件	钢片编号	钢片表面积/mm^2	实验前重/g	实验后重/g	腐蚀速度/[g/(m^2·h)]
淡水	常压 97℃历时 4h	0	1084.2104	9.1858	9.1852	0.138
1.2	常压 97℃历时 4h	1	1090.6072	9.2793	9.2780	0.344
1.4	常压 97℃历时 4h	2	1089.1264	9.1853	9.1839	0.321
1.55	常压 97℃历时 4h	3	1087.4080	9.1115	9.1103	0.276

3.6 抑垢性能

取 B5-3 井地层水（总矿 12001mg/L、水型重碳酸钠型）在常压，95℃条件下历时 12h 后比色管内有水垢生成。用配制的密度 1.55g/cm^3 抑垢型无固相修井液与 B5-3 井地层水（总矿 12001mg/L、水型重碳酸钠型）按 1∶1 的比例混合均匀在常压、95℃条件下历时 12h 后比色管内壁无水垢生成。

3.7 凝固点测试

用 FCJH-2018 石油产品凝固点测定仪测得抑垢型无固相修井液最低凝固点是-10℃（1.40g/cm^3），最高凝固点是-55℃不凝（1.3g/cm^3），如表 3 所示。在冬季使用密度为 1.40g/cm^3 的抑垢型无固相修井液要注意气温，适时防冻。

表 3 抑垢型无固相修井液凝固点测试

密度/(g/cm^3)	1.20	1.30	1.40	1.52	1.55
凝固点/℃	-31	-55 不凝	-10	-11	-24

3.8 与原油配伍测试

取两个 200mL 密度为 1.55g/cm^3 的抑垢型无固相修井液分别与 200mL 张海 5K 井（ES_2，2807.3~2855.8m）、200mL 家 K41-21 井（孔一 2242.9~2258.9m）的原油置于二个烧杯中，在常压条件下升温至 50℃，以 1000r/min 的转速搅拌 10min，停止搅拌后，油液分离，油液界面清晰，原油可自由流动，说明不与原油发生反应。

4 现场应用

自 2013 年 10 月至 2014 年 5 月，抑垢型无固相修井液在大港油区进行了 6 口井，使用液体密度在 1.22~1.36g/cm^3之间，累计用量 530m^3，试验井均顺利交井投产，试验成功率 100%。详细情况如表 4 所示。

表 4 系列抑垢型无固相修井液现场试验情况表

井号	试验时间	密度/(g/cm^3)	用量/m^3	试验过程中完成的主要施工作业
K5-10G	2013.10.9~15	1.33	70	起射孔管柱、下堵塞器、捞堵塞器、下管
BG18	2014.1.15~28	1.36	95	起射孔管柱、刮削、下桥塞、下泵
BS15-15	2014.4.23~28	1.35	75	起压裂管柱、下泵
F24-26	2014.3.2~5	1.34	75	起压裂管柱、冲砂、下泵等
B2-21	2014.5.6~7	1.28	130	起酸化管柱、下泵
B2-7	2014.5.19~21	1.22	85	起射孔管柱、下泵

（1）K5-10G 井试验

2013 年 10 月 9~15 日，在库 5-10G 井用 ρ=1.36g/cm^3抑垢型无固相压井液 70m^3压井，历时 7 天，完成了起射孔管注、下堵塞器、捞出堵塞器下完井管柱等作业。2013 年 10 月 16 日正替环空保护液 30m^3，深度 2914.26m，液氮正气举，出水 5.4m^3，液氮反气举，使油套环空上部 150m 充满氮气，钢丝作业关滑套，氮气对滑套反试压合格，油管控制放喷出水 39m^3及少量气，后关井，交井。下井工具顺畅到位，地层放喷出液正常，说明井筒内、近井地层没有结垢。

（2）BS15-15 井试验

2014 年 4 月 23~28 日，在板深 15-15 井用密度 1.35 抑垢型修井液 75m^3压井，历时 6 天，完成了起压裂管柱、下管探砂面、起管、下泵等作业后，顺利交井。

2014 年 5 月 2 日，泵抽日产液 21.43m^3，日产油 5.14t，日产水 16.29m^3，含水率 76%。说明井筒内、近井地层没有结垢。

5 结论

（1）BH-1 抑垢型无固相修井液与氯化镁、氯化钙、重碳酸钠、硫酸钠水型配伍，可避免压井液与地层水混相后因结垢造成的工程质量事故。

（2）BH-1 抑垢型无固相修井液密度可在 1.20~1.55g/cm^{3}之间任意调整，具有性能稳定、防膨率高、对油管钢的腐蚀速度与淡水相当、表面张力低易返排的优点。

（3）BH-1 抑垢型无固相修井液所使用的原材料货源充足、价格相对低廉，配制工艺简单，在生产过程中对环境无污染，具有良好的经济效益和社会效益，推广应用前景广阔。

参 考 文 献

[1] 赵福林. 采油用剂[J]. 山东：石油大学出版社，2001.

[2] 赵福林. 油田化学[M]. 山东：石油大学出版社，2000.

[3] 解蓓蓓. 高温酸化缓蚀剂的合成及其性能评价[M]. 香港：中国经济文化出版社有限公司，2013.

[4] 赵福林. EOR 原理[J]. 山东：石油大学出版社，2001.

一种反循环钻塞技术的开发与应用

何　涛　王伟军　郝建刚　谢国海

（中海油田服务股份有限公司，天津塘沽 300452）

摘　要　渤海油田油气井主要为斜井，在油气井修井过程中常用传统刮刀钻头进行钻塞作业，但生产平台存在修井条件受限、设备能力不足的问题，难以将钻塞过程中产生的水泥碎屑返出井口，这给修井作业带来了极大的风险。针对传统钻塞技术中存在的不足，本文提出了一种新型反循环钻塞技术。该技术通过改进传统刮刀钻头的循环方式、循环通道、刀片结构、刀片材质等结构部件，不仅提高了钻塞效率；而且有效地降低了井下二次事故的发生，减小了钻塞作业施工的风险，节约了作业的成本。同时，该套工艺技术不仅适用于斜井的钻塞，还可以应用于常规井的钻塞作业。近2年来，现场应用达13井次，经过现场的应用，具有省时明显、装置简单、实用性强的效果；成本节约明显，时效提高显著，在渤海油田具有很好的应用价值。

关键词　修井；刮刀钻头；防堵耐磨；结构改进；反循环钻塞

1　技术背景

刮刀钻头是油气开发中比较常用的一种钻头，属切削型钻头，是以切削、刮挤和剪切的方式破碎地层，在软地层中可以获得很高的机械钻速，因而在软地层钻井、钻塞中得到了广泛的应用[1]。在渤海油田的修井作业中通常在生产平台，在进行钻塞作业，由于受到泥浆泵排量限制，钻水泥塞效率低。

在这种情况下，使用传统的牙轮钻头钻塞，存在着排屑效率低、容易造成泥包，在去掉水眼的情况下，仍然经常造成水眼的堵塞，进而降低钻井效率；采用常规刚体刮刀钻头耐磨性较差，钻塞大于100m就需要换钻头，造成重复起下钻，延长作业工期，大大降低了钻塞的效率。为了提高钻塞效率，我们提出了采用反循环来进行钻塞施工作业，刮刀钻头反循环钻塞施工过程中，钻井液循环流程如图1所示。主要对钻塞钻头进行改进，最终试制出防堵高效耐磨刮刀钻头，有效解决了在钻塞过程中效率低下的问题，使渤海油田生产平台的钻塞施工效率大大提高了，并进行了现场应用，取得了良好的效果。

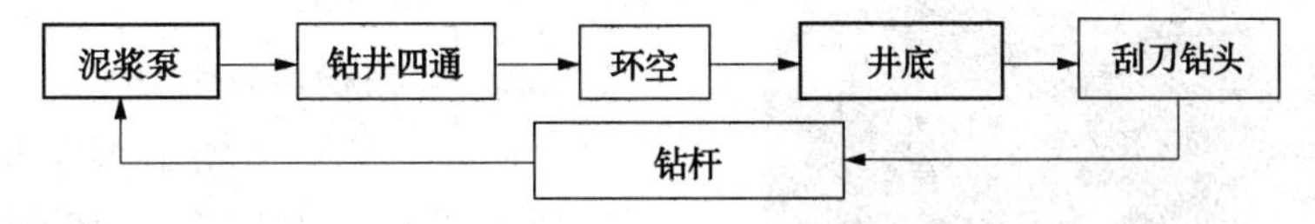

图1　反循环钻塞技术钻井液循环流程示意图

2　反循环钻塞工艺技术的探讨

2.1　传统常用钻头在钻塞过程中的特点

传统常用刮刀钻头、牙轮钻头破岩主要是靠钻压和扭矩的共同作用来破碎岩石，不同点在于破碎方式不同[2]。

2.1.1　牙轮钻头钻塞

牙轮钻头属于冲击压碎型井下工具（图2）。钻头的切削齿在钻压和扭矩的作用下轮番接触井底，产生动压力和冲击力，进而破碎岩石。海上油田采用牙轮钻头反循环方式钻塞，牙轮钻头的铣齿很容易泥包，钻速特别慢，极大地影响了钻塞的效率，通常钻速在1m/h左右，如果把水嘴卸掉又经常憋泵，甚至造成堵钻的情况。

作者简介：何涛，男，汉族，天津宁河人，工程师，于2007年7月毕业于重庆科技学院石油工程学院石油工程专业，现在中海油田服务股份有限公司任生产作业监督，目前主要从事油气井大修方面的技术工作。E-mail：hetao5@cosl.com.cn

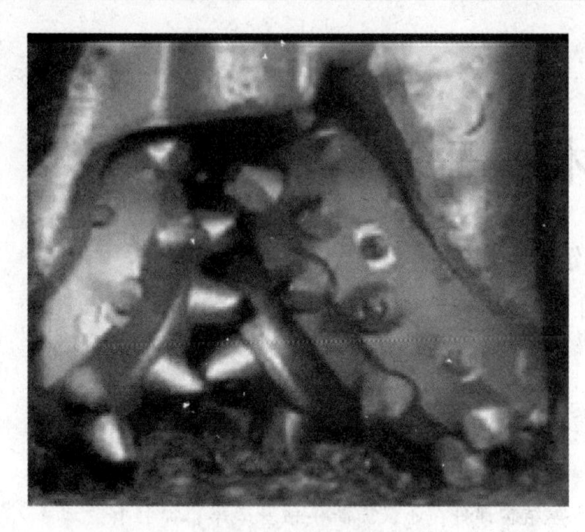
图2　牙轮钻头

2.1.2　常规刮刀钻头钻塞

刮刀钻头属于剪切破碎型钻头(图3)，靠钻压吃入地层，靠扭矩切削岩石。被破碎的岩石不同，反映出的特点也不相同。对于塑脆性岩石要经过碰撞、小剪切和大剪切等反复过程。这样在破碎岩石过程中，钻头扭矩呈周期性变化，从而在钻头上产生动载，对钻柱产生冲击作用。常规刮刀钻头钻塞进尺比牙轮较快，由于破碎的水泥块较大，3个扇形水眼易造成常规刮刀钻头堵塞，特别是刀翼耐磨性差，单个钻头仅能钻塞80~100m，钻塞效率低下。

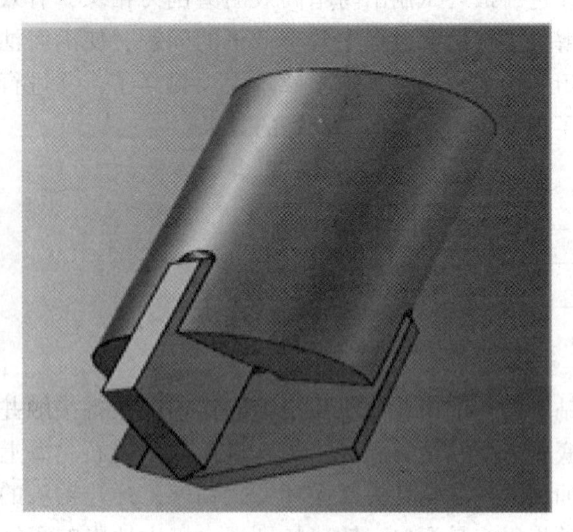
图3　常规刮刀钻头

2.2　新型反洗钻塞技术

2.2.1　结构改进

针对渤海油田生产平台设备能力不足的情况，为了有效解决反循环钻塞过程中出现的难题，选择了钻塞效率比较高的普通刮刀钻头进行优化，针对性地对普通刮刀钻头进行了如下改造(图4)：

(1) 改造刀翼：提高材质强度，增大水眼；

(2) 改造切削刃：切削刃镶嵌合金刀片，提高耐磨性，提高钻塞作业时效；

(3) 提高实用性：加工并试验满足适用于7″和9⅝″套管内的刮刀钻头。

最终，将普通刮刀钻头的3个扇形水眼变为一个，将三水眼改为单水眼，这样不易堵塞钻头循环通道，大大提高了防堵性能；刀翼镶嵌合金刀片，提高了切屑过程中的耐磨性；提高切削速度，钻塞150~200m不必中途起钻，提高钻塞时效达2~3倍。

图4　新型刮刀钻头

2.2.2　管柱稳定性优化

同时，进过现场钻塞作业的实际应用后，设计加工了液压减震器和滚轮扶正器，降低了管柱震动和磨阻，提高钻头使用寿命和钻塞效率。

2.2.3　改进后的刮刀钻头反循环效率验证

传统刮刀钻头为3个水眼循环通道为50mm，改进后刮刀钻头循环通道为70mm，试验表明，保证将岩屑带出地面的条件如下：

$$V_t \geqslant 2V_d \tag{1}$$

式中　V_t——冲砂液上升速度，m/s；

V_d——砂子在静止冲砂液中的自由下沉速度，m/s。

而在渤海生产平台钻塞作业时，排量 Q 可以达到30m^3/h；

则刮刀钻头水眼循环通道泥浆的循环速度：

$$V = \frac{4Q}{\pi D^2} = \frac{4 \times 30}{\pi \times 3600 \times (70 \times 10^{-3})^2} = 2.17\text{m/s} \quad (2)$$

参照密度为 2.65g/cm^3 的石英砂在水中的自由沉降速度（表 1），结合公式（1）可得出：改进后的刮刀钻头采用反循环工艺携带水泥碎屑能力得到了很大的提高。

表 1　密度为 2.65g/cm^{3}的石英砂在水中的自由沉降速度

平均砂粒大小/mm	水中下降速度/(m/s)	平均砂粒大小/mm	水中下降速度/(m/s)	平均砂粒大小/mm	水中下降速度/(m/s)
11.9	0.393	1.85	0.147	0.200	0.0244
10.3	0.361	1.55	0.127	0.156	0.0172
7.3	0.303	1.19	0.105	0.126	0.0120
6.4	0.289	1.04	0.094	0.116	0.0085
5.5	0.260	0.76	0.077	0.112	0.0071
4.6	0.240	0.51	0.053	0.080	0.0042
3.5	0.209	0.37	0.041	0.055	0.0021
2.8	0.191	0.30	0.034	0.032	0.0007
2.3	0.167	0.23	0.0285	0.001	0.0001

2.2.4　改进后的刮刀钻头主要优点（图 5）

（1）采用改进的刮刀钻头，将三水眼改为单水眼，循环水眼可达 70mm，较传统刮刀钻头三个水眼整个通道总和大 20mm，钻头的循环通道得到了极大改善；

（2）三刀刃较钻头本体较大，有保径的作用；

（3）刀刃前端采用进口硬质合金钢，切削速度快，耐磨性能良好。

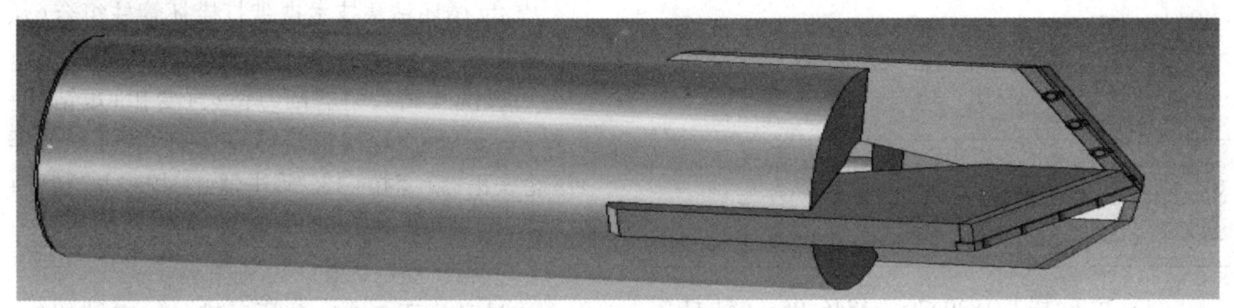

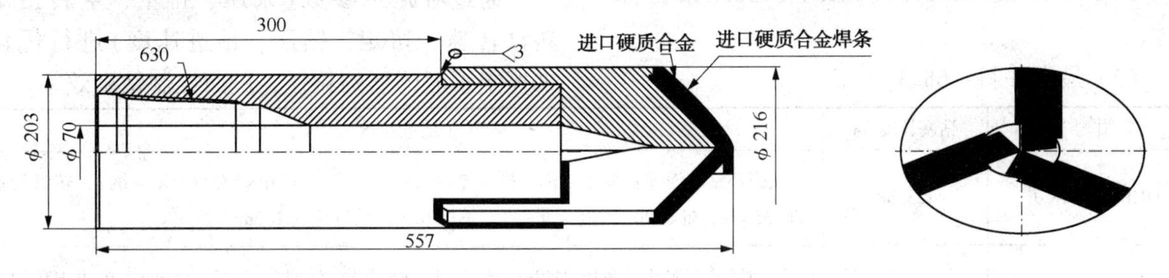

图 5　新型刮刀钻头结构改进

3　渤海油田应用实例

3.1　应用实例基本资料

渤海某油田某井是渤海湾首例使用可反洗式高效耐磨刮刀钻头的案例，极大地降低了成本费用。该井是一口大井斜、出砂严重的井，经分析 NmⅠ油组为主要出水层段，该层共射开 2 个小夹层，第一小夹层漏失严重，第二小夹层存在 3 个套变段且出砂严重，影响下一步的打捞及日后生产，决定 NmⅠ油组全层段封堵。针对以上情况，4 月 11 日开始作业。我们采取了水泥浆密度 1.50g/cm^{3}低密高强水泥浆+0.55%纤维堵漏剂体系进行堵漏，首先采用替入法将第一夹层成功封堵，后采用挤入法历经 3 次分层段于 5 月 5 日顺利将套变的第二小夹层成功封堵并试压 1500psi×5min

达到作业要求。

（1）本层套管：9⅝″套管；类型：N80、40#；套管下深2214.64m；鱼顶深度：1846.95m（第二层6⅝″盲管，钻杆实探深度）。

（2）套变井段对应射孔井段：Nm Ⅰ 油组共射开2个小夹层：

① 夹层一 1795.2~1799.9m（转换为钻杆实探深度：1801.89~1806.59m）；

② 夹层二 1806.2~1829.1m（转换为钻杆实探深度：1812.89~1835.79m）。

（3）Nm Ⅰ 油组第二夹层存在3个套变点。

套变点1			
	钻杆实探深度	钻井油补距深度	对应射孔层位
顶界	1817.06	1812.24	Nm Ⅰ 油组第二小层，钻杆深度：1812.89~1835.79m
底界	1819.14	1813.5	
套变点2			
	钻杆实探深度	钻井油补距深度	对应射孔层位
顶界	1821.91	1816.22	Nm Ⅰ 油组第二小层，钻杆深度：1812.89~1835.79m
底界	1822.59	1816.9	
套变点3			
	钻杆实探深度	钻井油补距深度	对应射孔层位
顶界	1831.04	1825.35	Nm Ⅰ 油组第二小层，钻杆深度：1812.89~1835.79m
底界	1832.44	1826.75	

（4）填砂段：1839.79~1846.95m（钻杆深度）。

（5）最大井斜：68.3。

（6）水泥浆密度1.50g/cm³，稠化时间472min，24h强度900psi，36h强度2000psi，低密高强水泥浆体系+0.55%纤维堵漏剂（海水为基液）。

3.2 反循环钻塞技术应用

（1）管柱组合优化

可根据需要接打捞杯、减震器等工具，来实现管柱的优化。

① 反循环钻塞技术管柱组合（从下至上）：

可反洗式高效耐磨刮刀钻头+变扣+短钻杆+滚轮扶正器+3½″钻杆+减压减震器+滚轮扶正器+变扣+4¾″震击器+变扣+3½″钻杆+方钻杆+水龙头。

序号	设备名称	单位	数量	mm
1	可反洗式高效耐磨刮刀钻头	个	1	215
2	滚轮扶正器	个	1	210
3	液压减震器	个	1	146
4	滚轮扶正器	个	1	210
5	震击器	个	1	158.75

② 反循环钻塞技术携带打捞杯管柱组合（从下至上）：

可反洗式高效耐磨刮刀钻头+变扣+短钻杆+打捞杯+变扣+滚轮扶正器+3½″钻杆+减压减震器+滚轮扶正器+变扣+4¾″震击器+变扣+3½″钻杆+方钻杆+水龙头。

（2）施工参数优化

通过对施工参数（泵压、排量、空转扭矩、转盘转速、扭矩、钻压、钻进速度）进行优化，来控制水泥碎屑的粒径，进而控制钻塞效率。

井号	钻塞长度/m	钻进参数
QHD32-6XX 井	123.38	反循环钻水泥塞：泵压2rpa、排量20~25m³/h，测空转扭矩为90（无量纲），转盘转速20~35rpm、扭矩90~120（无量纲），钻压0.5t，钻进速度1.6m/h。
QHD32-6XX 井	122.93	反循环钻水泥塞：泵压2MPa、排量25~30m³/h，转盘转速40~55rpm、扭矩100~130（无量纲），钻压0.5~1t，钻进速度1.6m/h
QHD32-6XX 井	72.00	反循环钻水泥塞：泵压2~3MPa、排量25~30m³/h、转盘转速50rpm、扭矩120~140（无量纲），钻压1~2t，钻进速度3m/h
QHD32-6XX 井	74.35	反循环钻水泥塞：泵压2MPa、排量25m³/h，转盘转速50rpm、扭矩120~130（无量纲），钻压1~2t，钻进速度3m/h。

3.3 反循环钻塞技术应用试验情况

该井采用新型刮刀钻头进行反循环钻塞，共钻塞4次，情况如下：

时间	项目	水泥面	钻进参数	水泥面底	漏失	试压
始～至		m		m	m^3	psi
4.14～4.16	第一次钻水泥塞	1706.29	反循环钻水泥塞：泵压2MPa、排量20～25m^3/h，测空转扭矩为90(无量纲)，转盘转速20～35rpm、扭矩90～120(无量纲)，钻压0.5T，钻进速度1.6m/h	1829.67	3～4m^3/h 返出大量地层砂	/
4.21～4.24	第二次钻水泥塞	1717.50	反循环钻水泥塞：泵压2MPa、排量25～30m^3/h，转盘转速40～55rpm、扭矩100～130(无量纲)，钻压0.5～1T，钻进速度1.6m/h	1840.43	1.5m^3/h 返出大量地层砂	第一小夹层试压：10MPa，合格！
4.30～5.1	第三次钻水泥塞	1768.60	反循环钻水泥塞：泵压2～3MPa、排量25～30m^3/h、转盘转速50rpm、扭矩120-140(无量纲)，钻压1～2t，钻进速度3m/h	1840.60	6m^3/h 返出较多地层砂	/
5.4～5.5	第四次钻水泥塞	1767.80	反循环钻水泥塞：泵压2MPa、排量25m^3/h，转盘转速50rpm、扭矩120-130(无量纲)，钻压1～2t，钻进速度3m/h	1842.15	无漏失	NmI油组整体试压：10MPa，合格！

3.4 反循环刮刀钻头与传统刮刀钻头钻塞时效对比

时间	钻塞作业	趟数	时间/h	进尺/m
5月8日	牙轮钻头钻塞	1	10	100
5月12日	常规刮刀钻头钻塞	1	6	90
5月15日	可反洗高效耐磨刮刀钻头钻塞	1	2	110

通过实际应用对比，提高时效明显。防堵耐磨刮刀钻头反循环钻塞技术的钻塞速度是常规刮刀钻头钻塞速度的2.5倍，是牙轮钻头钻塞速度的2.7倍。

4 反循环钻塞技术的优点及结论

(1) 这种反循环钻塞技术具有省时明显、工具简便、安全实用的特点，能很好地解决海上生产平台钻塞作业设备能力不足。

(2) 主要通过改变循环方式、增大循环通道、提高结构强度、改进工具结构等手段来极大提高钻塞的效率，节约施工成本，延长工具的使用寿命。

(3) 该套反循环钻塞技术有保径的作用、切削速度快、水眼大的优点。

(4) 可根据需要接打捞杯、减震器等工具，来实现管柱的优化；同时，对施工参数进行优化，进而控制水泥碎屑的粒径，提高钻塞效率。

(5) 不仅可用于常规施工过程中的钻塞作业，而且能应用于水平井的钻塞施工，尤其适用于海上大斜度井钻塞作业时水泥碎屑难以返出的问题。

参考文献

[1] 黄志强，周已，李琴，等．刮刀钻头喷嘴直径对井底流场的影响研究[J]．石油矿场机械，2009，38(3)：17-19.

[2] 周龙昌，陈洪兵，张雷．新型刮刀钻头的设计及现场试验研究[J]．石油钻探技术，2003，31(5)：39-41.

高效治理励磁涌流，安全提升低压配电开关灭弧能力

邱武智

（中海石油（中国）有限公司天津分公司，天津塘沽 300452）

摘　要　旅大 5-2 平台电潜泵回路使用升压变压器，配电断路器合闸瞬间变压器的励磁涌流瞬时最大时可达到变压器额定电流的 20 倍，对配电断路器造成极大危害，严重时会使断路器触头粘连，导致塑壳断路器损坏；造成电潜泵地面设备送不上电，使得油井无法使用。因此考虑软启动变压器励磁涌流治理与低压配电开关灭弧安全创新管理与实践，为变压器加装离线式软启动器，软启动器与待合闸电潜泵断路器并联。电潜泵断路器合闸前，需先使用软启动器启动变压器，启动完成后自动切换到旁路接触器，此时再手动对电潜泵变压器低压配电盘断路器进行合闸，离线式软启动器退出运行，变压器正常工作。

关键词　油井变压器；励磁涌流治理；灭弧安全；离线软启动器

1　应用背景

旅大 5-2 平台电潜泵回路使用升压变压器，升压变压器的励磁涌流瞬时最大时可达到变压器额定电流的 20 倍。虽然励磁电流衰减很快，但对塑壳断路器来说，没有 I_{cw} 能够满足这么大的电流。所以低压盘在为电潜泵回路合闸送电的瞬间很容易发出砰砰的灭弧声，严重时会使断路器触头粘连，导致塑壳断路器损坏，造成电潜泵地面设备送不上电，使得油井无法使用。

图 1 为油井低压配电单元灭弧能力提升示意图。

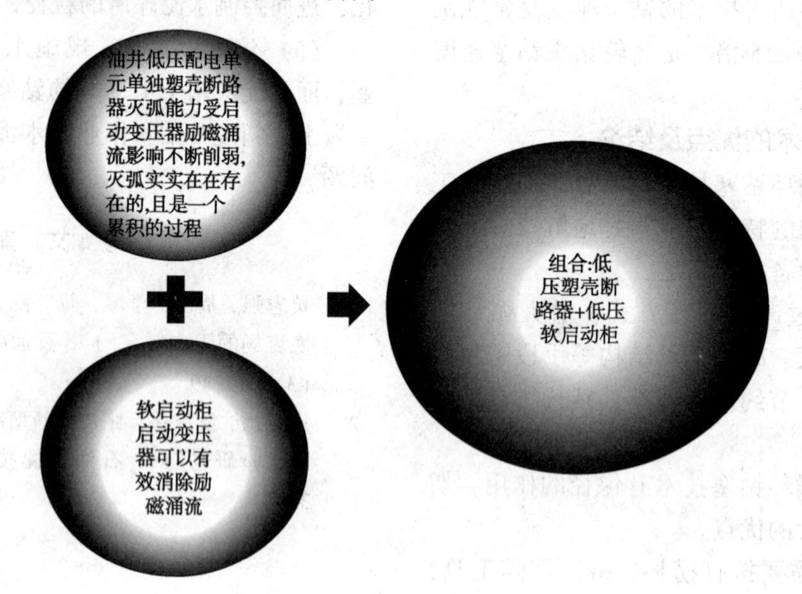

图 1　油井低压配电单元灭弧能力提升示意图

作者简介：邱武智（1987—　），男，河北廊坊人，2009 年毕业于中国石油大学（华东）信息与控制工程学院电气工程及其自动化专业，现担任中海石油（中国）有限公司天津分公司辽东作业公司装备管理部电气工程师，工程师，荣获 2016 年度全国石油和化工行业 QC 小组一等奖、2015 年度全国石油和化工行业 QC 小组三等奖、2016 年中海石油（中国）有限公司天津分公司技术革新与发明二等奖。E-mail：qiuweiyuan1987@163.com

因此，考虑为变压器加装离线式软启动器，使用离线软启动柜与低压塑壳断路器组合启动油井变压器，相当于软启动器与需要合闸电潜泵断路器并联，消除启动励磁涌流。电潜泵断路器合闸前，需先使用软启动器启动变压器，软启动器的输出电压逐渐增加，变压器逐渐充磁，直到软启动器全压输出，变压器工作在额定电压。软启动实现平滑启动，降低启动电流，避免启动瞬间变压器励磁涌流冲击造成的过流跳闸，待变压器达到额定电压并充磁完成时，启动过程结束，软启动器自动切换到旁路接触器，此时再手动对电潜泵变压器低压配电盘断路器进行合闸，离线式软启动器退出运行，变压器正常工作。

此次试验，是对 A4 井和 A36 井两口停运油井变压器进行现场启动试验，并做记录。

2 变压器励磁涌流成因及危害

2.1 励磁涌流产生原因

变压器产生励磁涌流示意图见图 2。

(1) $t=0$，$a=\dfrac{\pi}{2}$时合闸：

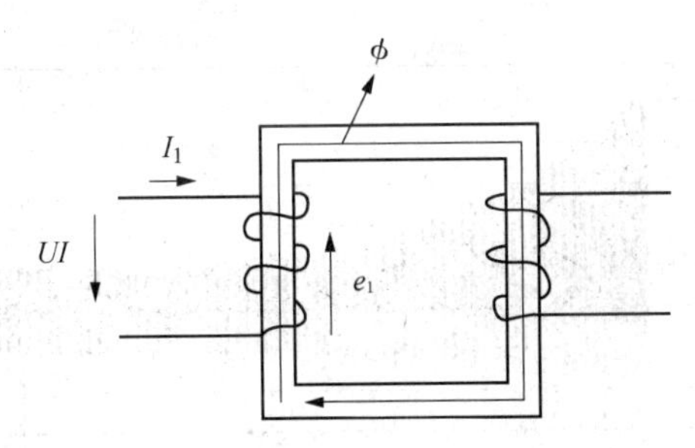

图 2 变压器产生励磁涌流示意图

$\phi=\phi_m=\sin wt$。马上进入稳态运行，没有励磁涌流。

(2) $t=0$，$a=0$ 时合闸：

$\phi=\phi_m[1-\cos wt]=\phi_m-\phi_m\cos wt=\phi'+\phi''$

从 $t=0$ 经过半个周期 $t=\pi$，ϕ 达最大值，$\phi_{max}=2\phi_m$。

2.2 变压器铁芯磁通

$$\phi=\phi_m[\cos a-\cos(wt+a)]$$

磁通增大将导致铁芯严重饱和，造成励磁涌流(图 3、图 4)。

图 4 是典型的励磁涌流波形，可以看到励磁涌流初始幅值很高，衰减速度也较快，并且含有大量的谐波。

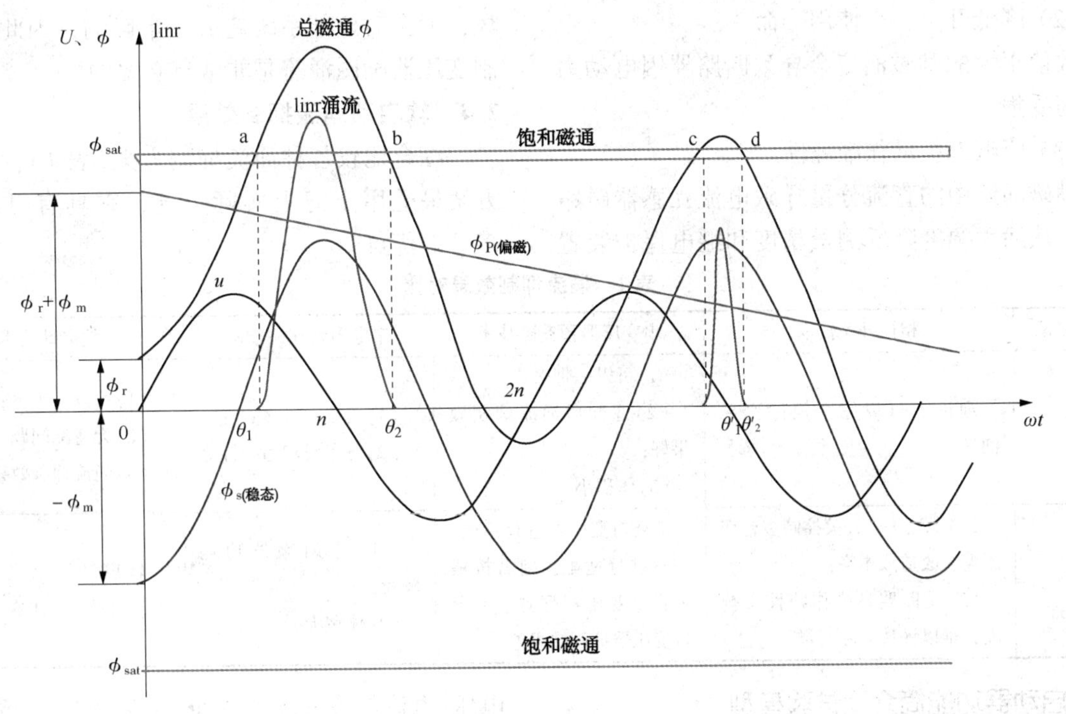

图 3 变压器励磁涌流成因示意图

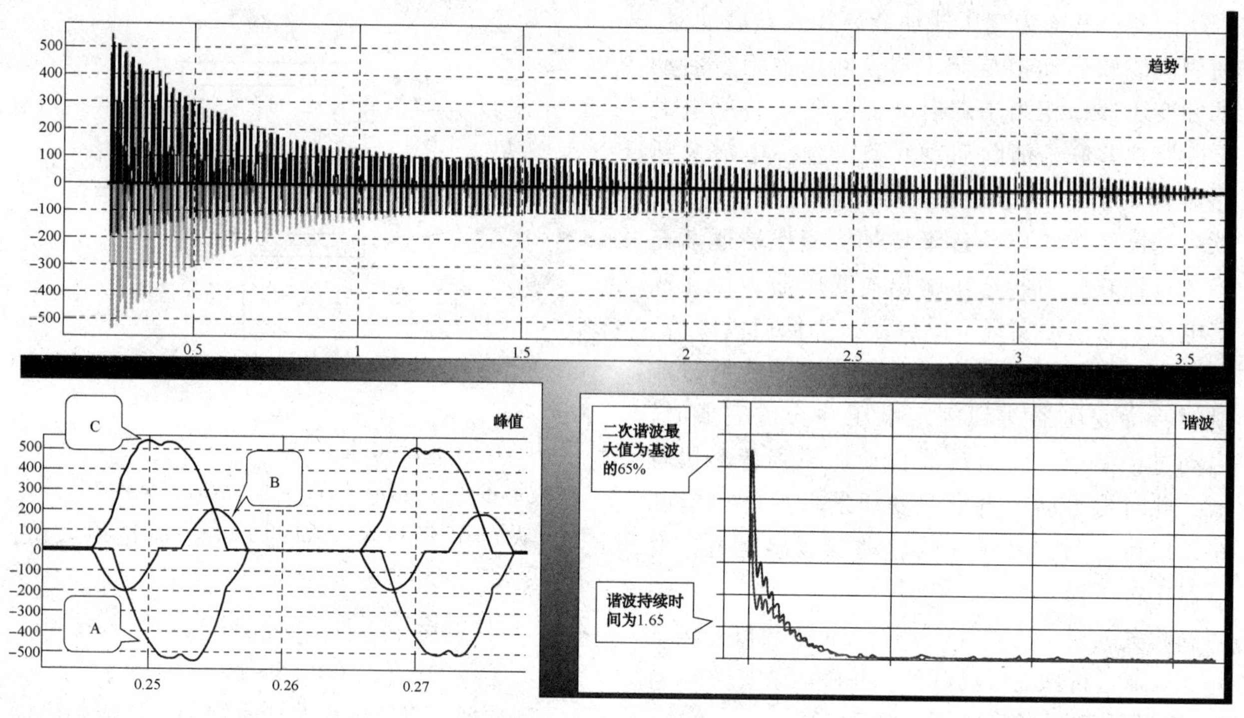

图 4 典型励磁涌流波形

2.3 励磁涌流危害

（1）影响变压器正常投运

引起变压器保护误动作，使变压器投运频频失败。

（2）降低开关正常使用寿命

数值很大的励磁涌流会导致断路器因电动力过大而受损。

（3）降低保护动作准确性

励磁涌流中的直流分量导致电流互感器磁路饱和，从而大幅度降低测量精度和继电保护装置的正确动作率。

（4）谐波污染

励磁涌流中的大量谐波对电网电能质量造成污染。变压器励磁涌流对变压器本体不会造成损坏，但会对外部系统造成一定影响，因此对于抑制变压器励磁涌流是非常有必要的。

2.4 软启动涌流抑制效果

综合比较各种涌流抑制方案（表 1），软启动方案最适用于海上实际工况，它具有可以一带多、等优点。

表 1 涌流抑制效果对比

抑制方案	相控开关技术	串变压器预充磁技术	串电阻预充磁技术	软启动技术
优点	理论上可以完全消除励磁涌流	（1）可以一带多；（2）适配后涌流抑制效果好；（3）体积小	（1）可以一带多；（2）分组投切适配性好	（1）可以一带多；（2）无适配问题；（3）涌流抑制效果好
缺点	（1）无法 1 个开关控制多台变压器，改造成本高；（2）受断路器动作特性影响大，难以评估实际效果	需要对变压器进行适配，如不进行适配，则需按最大容量变压器配置，小容量变压器抑制效果差	（1）电阻额外功耗较大；（2）体积大	软启动不耐受反向电压，对操作要求高

3 软启动器功能简介及试验模型

软启动器的核心部件采用了美国摩托托尼 VMX 系列数字可编程降压软起动器，主电路由 6 个可控硅组成，具有特殊的反振荡电路、良好的电压/电流斜坡软起动特性。可控硅可承受 350% 满负荷电流 30s，600% 满负荷电流 10s 的起动电流。VMX 的特点是平滑、无级斜坡控制，因而可减少起动电流，减少机械拖动部件的过度磨损。VMX 装有容易识别的 LED 状态指示灯及可用来设定起动参数和保护参数的操作键盘。VMX 的可调参数包括起动转矩、斜坡时间、限流值、双斜坡和软停车，还包括用于自动控制的程序计时器、时钟控制器等。通过简单的调节电机的起动转矩、斜坡时间和限流值，就可以使电动机的特性与所拖动的机械特性相匹配，从而控制了负载的加速过程。除了其他多种保护功能以外，VMX 还拥有电子过载保护功能及可编程的辅助继电器以及连锁控制装置接点。控制电压为 240VAC(120VAC 可选)，起停控制为干式输入接点。

试验概述：如图 5 所示，软启动器与油井开关并联，首先通过软启动器启动变压器，并且用电能质量分析仪对启动过程中的电压、电流进行数据的记录并作分析；待软启动完成，15s 自动切换到旁路后，再手动将油井开关合闸，变压器启动完成。

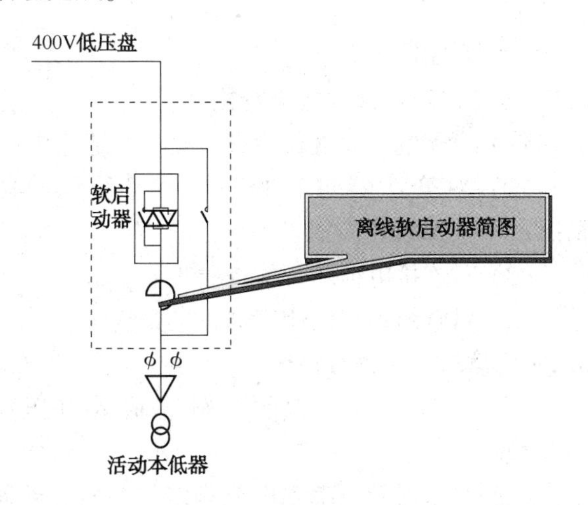

图 5　离线软启动变压器原理简图

将软启动器接入配电开关与变压器之间。使用软启动器启动变压器时，软启动器的输出电压逐渐增加，变压器逐渐充磁，直到软启动器全压输出，变压器工作在额定电压，实现平滑启动，降低启动电流。待变压器达到额定电压并充磁完成时，启动过程结束，软启动器自动切换到旁路接触器，变压器正常工作(图 6)。

变压器励磁涌流：

(1) 变压器加载电压 U_m 缓慢升高。

(2) 软启动降低变压器铁芯磁通饱和程度，使电抗 L 增加。

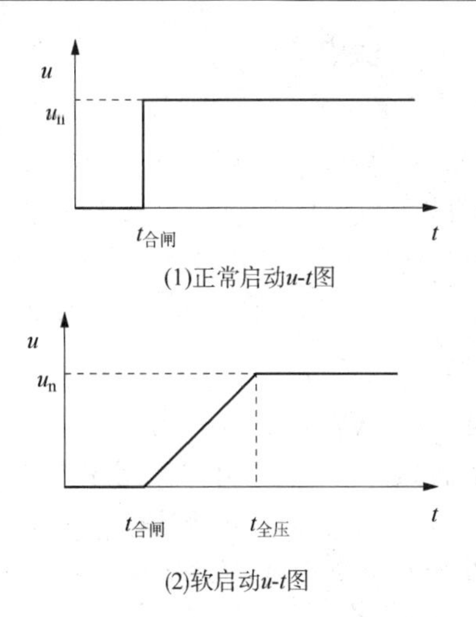

(1)正常启动u-t图

(2)软启动u-t图

图 6　软启动涌流抑制效果示意图

$$i_0 = \frac{U_m}{\sqrt{R_1^2 + (\omega L_1)^2}}\left[\begin{array}{l} -\cos(\omega t + \theta) \\ + \cos\theta \cdot e^{\frac{R_1}{L_1}t} \end{array}\right]$$

式中　U_m——变压器加载电压；

R——变压器一次绕组电阻；

L——变压器一次绕组电抗；

θ——合闸角度。

4　软启动器的安装

4.1　盘柜就位

离线软启动柜为可移动式(图 7)，柜体下部带有 4 个轮子，上方有两个把手，方便移动。由中控门口吊货甲板处移动并抬入主配电间，在配电间内 1 人可轻松移动至需要启动的 A4 和 A36 油井开关处。

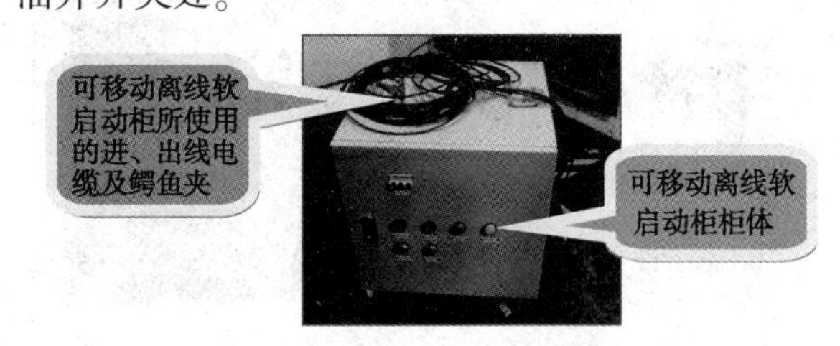

图 7　离线软启动柜实物图

4.2　使用鳄鱼夹

即软启动器引出一根三芯电缆，电缆端配三色夹子，软启变压器时，将夹子夹在变压器开关下口侧，启动完成后拆除。

要求：(1)三色区分，避免相序错误；

(2) 全绝缘护套，满足耐压要求；

(3) 插头接线，夹子可选，可替换；

(4) 电流大于软起动变压器的最大电流，并有充足余量；

（5）机械结构可靠。

4.3 电缆连接

确认A4(A36)井的低压开关处于分闸状态，将软启动柜的进线侧电缆通过鳄鱼夹夹在A4(A36)井所在盘柜的垂直排端子处，相序为从柜后看从右至左A/B/C对应软启动柜进线鳄鱼夹的R/S/T。并且用相序表对软启动柜的进线相序进行测量。将软启动柜的出线侧电缆通过鳄鱼夹夹在A4(A36)井开关的出口，相序为从柜后看从右至左A/B/C对应软启动柜出线鳄鱼夹的U/V/W。对夹在开关进出线处电缆连接紧固程度进行检查；对软启动柜、电缆进行检查验收，确认无误后，由厂家工程师进行调试。图8～图12对应字母及色标：进线黄R绿S红T，出线黄U绿V红W，需要严格匹配对照。

图8　可移动离线软启动柜所使用进线电缆及鳄鱼夹使用示意

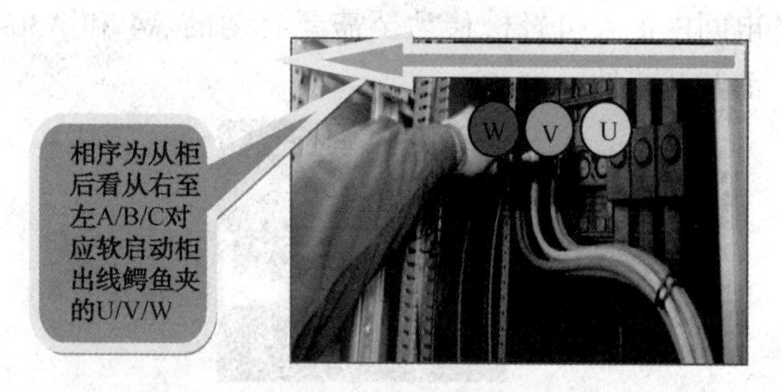

图9　可移动离线软启动柜所使用出线电缆及鳄鱼夹使用示意

图10　可移动离线软启动柜所使用出线电缆及鳄鱼夹使用示意

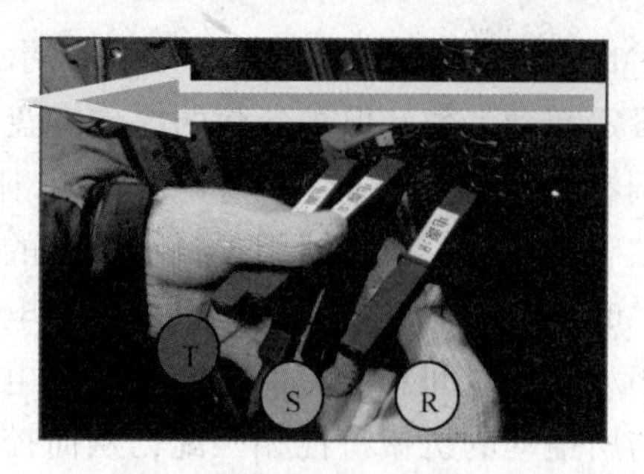

图11　可移动离线软启动柜所使用进线电缆及鳄鱼夹使用示意

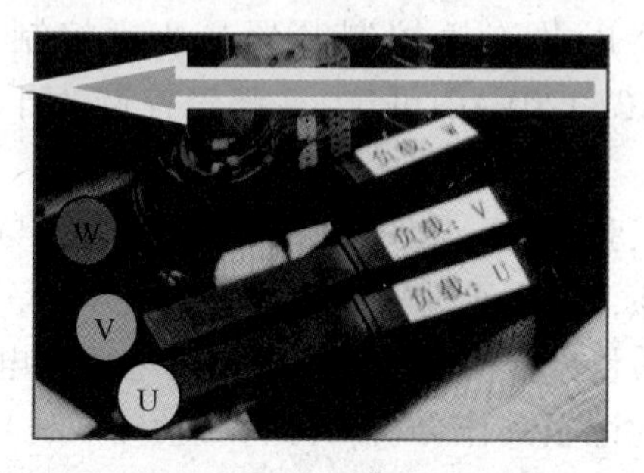

图12　可移动离线软启动柜所使用出线电缆及鳄鱼夹使用示意

5 软启动器的调试

5.1 送电前对地面设备进行检查

（1）对配电开关进行检查，测量对地绝缘；

（2）对变压器进行检查，测量绝缘直阻情况；

（3）对连接电缆就行检查验收；

（4）对电缆连接的相序进行检查确认。

5.2 厂家对盘柜进行检查

（1）电源电压与软起的额定输入电压相匹配；

（2）变压器的功率和电流额定值与软起动器相匹配，或者是小于软起的额定值；

（3）检查电机的起动斜坡时间和初始转矩；

（4）油井开关上口的鳄鱼夹连接在软启动柜端子标有R、S、T电源的输入端；

（5）油井开关下口的鳄鱼夹连接在软起动柜端子标有U、V、W出线的输出端；

（6）控制电源和控制信号正确的连接到控制端子上；

（7）软起动器通电时，显示板上POWER ON灯亮；

（8）四位7段LED数字显示块是否有显示；

（9）启动器的满载电流是否在F001中已设定；

（10）热过载等级是否已设定（F003 与 F004）；

（11）软启动器运行前应清理现场，确保安全。

5.3 对盘柜进行调试

合上软启动柜的进线微断开关，在启动前观察软启动柜盘面指示是否正常工作。

软启动柜接通控制电源后，由调试人员负责检查设置相关参数，确认所有的参数已经设置完成、正确。并且使用相序表对软启动柜确认进线侧电源相序(图 13)。

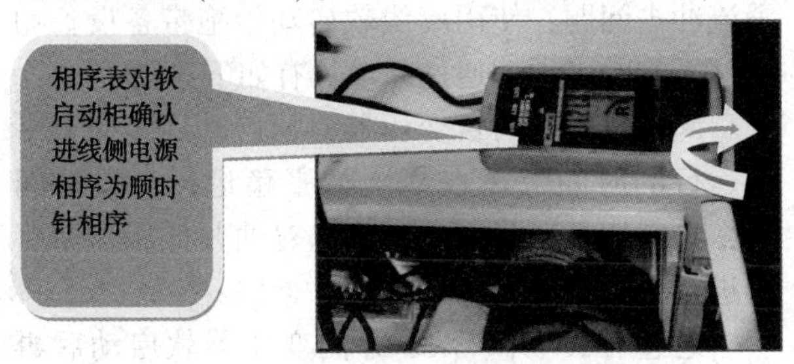

图 13 可移动离线软启动柜测量进线侧电源相序

软启启动：按操作说明步骤顺序，启动负载变压器。A4(A36)井变压器为 160kV · A 变压器。

启动过程中时刻关注软启动柜盘面指示是否正常、软启动器是否正常、接触器是否常、变压器是否正常。15s 后软启动器自动平稳切换至旁路。

变压器完成正常启动至额定电压，观察软启动柜指示是否正常、软启动器及接触器是否正常、变压器达到额定电压，再使用相序表测量软启动柜出线相序，确认出线相序与进线相序一致(图 14)。

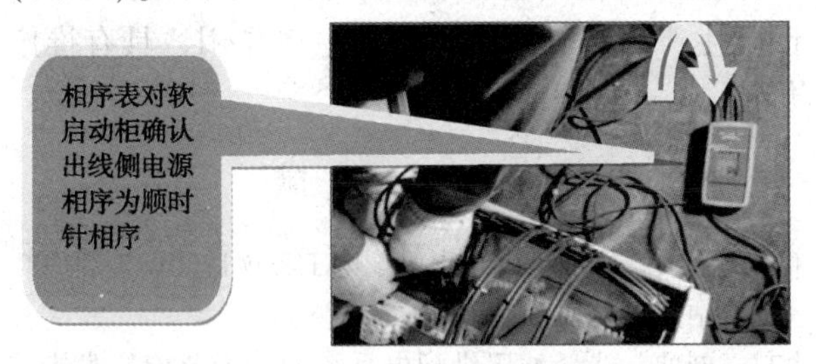

图 14 可移动离线软启动柜测量出线侧电源相序

相序确认后，手动合上 A4(A36)井的油井断路器。经过检查确认启动时没有任何明显冲击电流。

停止离线软启动柜，将软启动柜的进出线鳄鱼夹取下，油井变压器启动完成。

6 启动时的电能质量分析及与直接启动的电流对比

6.1 软启动器启动时的电压曲线

A4 井电压由 0V 爬升至额定电压的时间为 9.79s(电能质量测试仪测量电压为相电压，数值为 230V，示波器测量的线电压为 400V)。

A36 井电压由 0V 爬升至额定电压的时间为 9.19s(电能质量测试仪测量电压为相电压，数值为 230V，示波器测量的线电压为 400V)。

6.2 软启动器启动时的电流曲线

A4 井电流从启动开始至趋于稳定的时间为 7s(电能质量测试仪测量电流为相电流，数值为 0.6A)。

待软启动柜自动切到旁路，变压器稳定后，再合 A4 油井低压配电盘断路器，通过配电盘电流表观察，启动合闸时电流值为 0A，无明显波动。

A36 井电流从启动开始至趋于稳定的时间为 7s(电能质量测试仪测量电流为相电流，数值为 0.4A)。

6.3 软启动涌流抑制方案效果分析

测试和应用证明采用软启动抑制励磁涌流效果显著(表 2、表 3)。

表 2 涌流抑制效果分析

项　目	第一次	第二次
启动时间	9.79s	9.19s
初始 Iirsh	29.0mA	30.2mA
稳态 Iirsh	563.7mA	563.0mA

表 3 涌流极值与软起效果分析

变压器励磁涌流极值	2887A
软启动过程极值	0.563A

通过实验测试，软启动均达到了非常理想的涌流抑制效果。实践证明，应用软启变压器技术可以消除励磁涌流对生产运行造成的不利影响，具有广阔的应用前景。

待软启动柜自动切到旁路，变压器稳定后，再合 A36 油井低压配电盘断路器，通过配电盘电流表观察，启动合闸时电流值为 0A，无明显波动。

通过离线软启动柜与油井配电单元塑壳断路器的进线及出线并联连接，首先通过离线软启动柜有效安全启动大容量油井变压器，有效抑制励磁涌流，再次对塑壳断路器进行合闸，规避掉了励磁涌流冲击灭弧能力的影响，使得断路器基本保持在0灭弧的情况下合闸，不仅有效保护了塑壳断路器的安全合闸，同时也进一步提升了塑壳断路器在合闸次数上对使用寿命的影响，最终将使用寿命保持在分闸灭弧上。

6.4 油井低压配电盘断路器直接启动的电流对比情况

A4井油井变压器直接合闸启动次数为两次，第一次直接启动时的启动电流，启动电流大约50A；第二次直接启动时间时的启动电流，启动电流大约140A。

通过以上可以看出，当直接用油井低压配电盘开关启动变压器时，变压器的启动电流相当大，对开关已经产生了冲击，同时也可以判断断路器的灭弧能力已经下降。

7 经济效益

单台离线软启动柜生产费用共计7.2万元，而旅大5-2平台使用400配电单元启动包括电潜泵油井变压器在内的断路器共计38个，由于使用均已经超过10年，隶属逐步更换范围，其中8个400V/800A塑壳断路器、400V/630A塑壳断路器为30个，根据单位成本：

（1）400V/800A塑壳断路器单价为9200元，共计9200×8=73600元；

（2）400V/630A塑壳断路器单价为8654元，共计8654×30=259620元；

（3）仅更换塑壳断路器的费用共计为73600+259620=33.322万元；

同时由于平台更换塑壳断路器均需在单井停井及停产机会进行，更换38个塑壳断路器（设计塑壳断路器换型需要重新对固定式配电单元母排连接方式重新制作并连接），初步估计需要累积停产时间为48h，按照日产原油2050m^3/天、日产天然气31800m^3、日注水量为8300m^3，将损失：

（1）原油产量共计4100m^3；

（2）天然气共计损失63600m^3；

（3）注水量损失16600m^3。

按照当前杜里油价为30 \$/桶计算，损失原油：4100×6×30×6.5675=484.7万元人民币。

因此从以上经济对比上来看，从一定程度上将节省很大的检修及维保经费。具有很大的推广意义。

配电系统安全的经济效益其实很大一部分程度是无形的，但是要保证安全的有效保障，除了在开拓思维、使用新技术的同时，还需要真正做好对配电系统的整体把控和对基础配电环节的认真思考。

降低低压配电操作成本及在生产过程中的风险，优化配电管理，节省备件成本，保证供电体系及生产配电的安全。

8 总结

通过此次的离线软启动柜安装，顺利的解决了电潜泵低压配电盘拖带升压变压器带来的励磁涌流冲击问题，使用离线软启动柜拖带各设备均能够平稳的工作。通过此项目有如下总结：

此次试验的两台变压器，从启动到爬升至平稳运行的时间大概在9s。待平稳运行一段时间后，自动切至旁路，此时可以对油井低压盘断路器进行合闸。

通过对A4井、A36井的变压器软启动后再闭合油井低压盘塑壳断路器的启动电流进行对比发现，离线软启动柜的启动方式能够有效的抑制变压器的励磁涌流，而在软启动柜完成变压器的启动之后，变压器稳定运行。此时再闭合油井配电开关，电流只是变压器的空载运行电流，对油井开关没有冲击。

通过现场试验和数据分析，离线软启动柜达到了高效治理励磁涌流，安全提升低压配电开关灭弧能力的预期使用及技术要求，能够有效的降低变压器送电初期的励磁涌流冲击，适用于大容量变压器启动工况。同时，对今后油井电泵大泵提液的实施提供了技术保障，可以更好的结合辽东作业公司电网整体调度，协调开展相关工作，凸显生产单元电力系统管控主体作用，具有推广价值。

参考文献

[1] 王大鹏．油田生产中供配电工程项目质量管理[J]．中国电力教育，2014，31.

[2] 刘坤．浅谈油田供配电系统的若干节能技术措施[J]．科技信息，2011，12.

[3] 郭育生．影响电能质量的因素及改善方法[J]．江西电力职业技术学院学报，2007，20(2).

[4] 李群，潘震东．电网电能质量污染的危害和影响[J]．电视界，2002，43(7)：4-5.

钻杆加厚过渡带性能评价方式及应用

魏立明　齐金涛　栾家翠　文雄兵　赵福优　徐海潮　高健峰

（中石油渤海钻探钻井技术服务分公司，天津大港 300280）

摘　要　石油钻杆的性能和安全直接影响到石油勘探开发的进度和最终成本，甚至关系钻探作业的成败，钻杆加厚过渡带由于经常发生失效而显得尤为突出。采取正确合适的方式和手段对钻杆加厚过渡带缺陷进行检测并结合材料的性能、工况进行分析判定则成为关键。目前，一般采用的超声自动探伤技术在检测钻杆加厚区时，由于检测仪器、操作技能等因素造成的漏检和误判问题较突出，不能真实反映钻杆加厚过渡带的缺陷情况，从而无法进行整体性能评估。本文结合在用钻杆加厚过渡带失效情况，提出了应用超声波相控阵检测方法进行综合检测，应用有限元分析方法对钻杆进行综合检测，并应用测算方法进行综合评价，指导在用钻杆的综合性能评价。

关键词　加厚过渡带；裂纹；腐蚀坑；卡瓦咬痕；应力强度因子

在钻杆使用管理过程中，石油行业建立了相应的分级标准，如《钻杆分级检验方法》(SY/T 5824)、《含缺陷钻杆适用性评价方法》(SY/T 6719)等标准，制定了钻杆质量等级判定指标。但是经过分级标准检测后的钻杆，经常在使用过程中出现失效；特别是钻杆加厚过渡带，发生失效的比率远大于钻杆其他部位失效，失效的主要原因是存在腐蚀坑或裂纹。腐蚀坑和裂纹是钻杆过渡带最为常见且危害最大的缺陷。

在钻杆的加工制造过程中，材料形状变化或处理过程中金相组织变化后，内部会产生微裂纹。在使用过程中由于受到弯曲、拉、压等复杂应力，微裂纹会扩展生长，裂纹最深处的应力强度因子达到一定值后，裂纹就会失稳扩展，最终发生失效。

钻杆在钻井过程中要承受拉、压、弯、扭、振动载荷、旋转离心和起下钻时附加的动载等交变作用，同时钻井液中溶解的酸性腐蚀介质及地层的氧化物等介质使钻杆内表面产生严重的腐蚀。钻杆腐蚀常发生在管体部分以及加厚过渡带，且内壁较外壁更易发生腐蚀，这是因为外壁和井壁之间频繁摩擦，有害物难以存留，不易被腐蚀。在使用过程中，腐蚀介质和交变应力的共同作用可以加速腐蚀过程，而腐蚀作用又加速了疲劳过程。钻杆在腐蚀介质中受交变载荷作用时，它的疲劳寿命显著降低。钻杆腐蚀表现形式主要是腐蚀坑，在外加应力和介质的共同作用下，腐蚀坑加速扩大，在腐蚀坑底部导致应力集中，外加应力循环到一定周次后，腐蚀坑开始萌生裂纹，最后发生失效。

在钻井过程中，钻杆发生刺漏失效的机理是：腐蚀疲劳→腐蚀点坑→腐蚀点坑扩大→应力集中区诱发微裂纹的产生→裂纹在腐蚀和交变应力的作用下扩展→迅速扩展→钻杆刺穿。

目前一般采用的超声自动探伤技术在检测钻杆加厚过渡带时，由于检测仪器、操作技能等因素造成的漏检和误判问题较突出，其主要原因是该区域存在内外壁镦粗而引起的壁厚不均的，无法根据壁厚变化情况调整超声传感器的探测位置及其灵敏度，无法从检测到的信号中获得缺陷的真实情况，无法实现对加厚过渡带的缺陷进行全面检测和性能判定。

1　现有在用钻杆性能判定标准

1.1　钻杆缺陷形式

每年都有大量的钻杆缺陷失效事故发生。钻杆加厚过渡带失效比率占钻杆总失效事故的70%～

作者简介：魏立明（1974—　），男，四川蓬溪人，高级工程师，1998年毕业于西南石油学院设备工程与管理专业，主要从事钻具技术管理及钻具失效分析工作。E-mail：weilm@ cnpc. com. cn

90%。2008~2013 年，某钻探公司发生钻杆失效 514 例(表 1)，其中钻杆加厚过渡带失效 476 例，占 92.6%。钻杆加厚过渡带的主要缺陷形式是内表面腐蚀疲劳、外表面卡瓦咬合损伤后形成的应力集中。钻杆缺陷类型见表 2。

表 1　钻杆失效统计

失效类型	加厚过渡带刺漏	本体刺漏	粘扣	断裂
数量/次	476	14	15	9
比例/%	92.6	2.7	2.9	1.8

表 2　钻杆缺陷类型

缺陷部位	缺陷特征	缺陷类型	主要损伤机理	处理
管体	管体壁厚均匀减薄	体积型 1(均匀金属损失)	磨损或均匀腐蚀	进行评价
	内外表面局部腐蚀坑	体积型 2(局部金属损失)	腐蚀、冲蚀	进行评价
	内外表面腐蚀坑底有环向微裂纹	环向内、外表面裂纹	腐蚀+腐蚀疲劳	进行评价
	刺穿	内表面环向裂纹发展为环向穿透裂纹	腐蚀疲劳	报废
	表面裂纹	内外表面裂纹	应力腐蚀、热疲劳	进行评价
加厚过渡带及消失端	内加厚过渡带消失端裂纹	内表面环向裂纹	腐蚀+腐蚀疲劳	进行评价
	刺穿	内表面环向裂纹发展为环向穿透裂纹	腐蚀疲劳	报废
	卡瓦咬痕	外表面环向刻槽	应力疲劳	进行评价
对焊区	焊缝焊接缺陷	环向埋藏裂纹、环向内外表面裂纹	焊接工艺问题	进行评价
	焊接缺陷诱发裂纹		疲劳、腐蚀疲劳	进行评价

1.2　检测评价标准

目前在用钻杆性能检测评价标准是建立在 API 标准之上的，要求采用超声波或漏磁探伤方式对裂纹进行检测，对钻杆的外观尺寸如外径、壁厚进行检测，对表面状况如凹坑、压痕、腐蚀坑等外观损伤尺寸的大小、位置等影响因素进行简单的检测判定和分类评价，并按照各自的影响程度进行综合计算、评价。但是存在不足：对钻杆裂纹的检测时的标定参数要求是不大于 1.6mm 的孔洞或相当于 N5 的刻槽，但实际上部分裂纹是埋藏于管体的夹层中，无法检测出来，降低了实际使用过程中钻杆使用寿命要求。

因此，对钻杆加厚过渡带性能评价需要解决的最关键的，是检测出腐坑、裂纹的大小、位置，通过对数据进行分析，确定钻杆使用性能和剩余寿命，指导钻杆的分级应用，满足不同工况下钻井需求。

2　钻杆加厚过渡带裂纹和腐蚀坑检测方式及评价

按照所在位置分类，钻杆加厚过渡带裂纹一般分为表面裂纹、埋藏裂纹和穿透裂纹(图 1)。目前一般采用漏磁、超声波检测。本文主要对超声波检测裂纹和腐蚀坑进行分析。

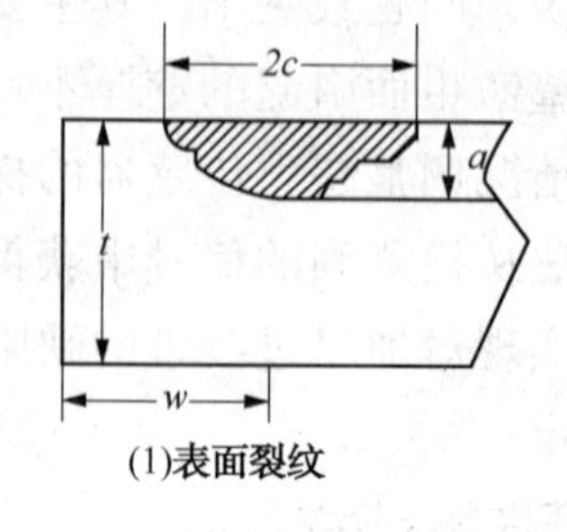

(1)表面裂纹

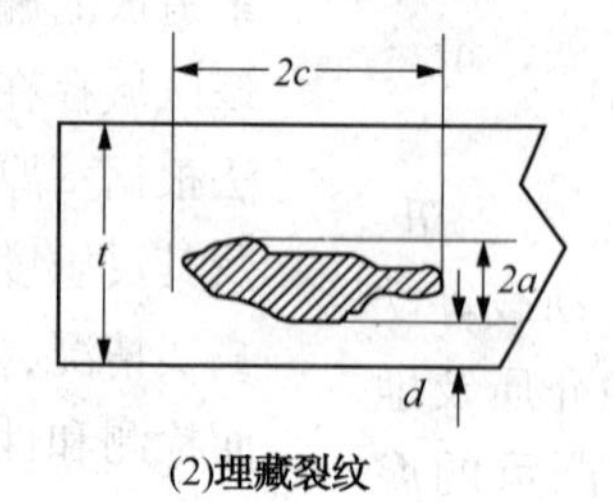

(2)埋藏裂纹

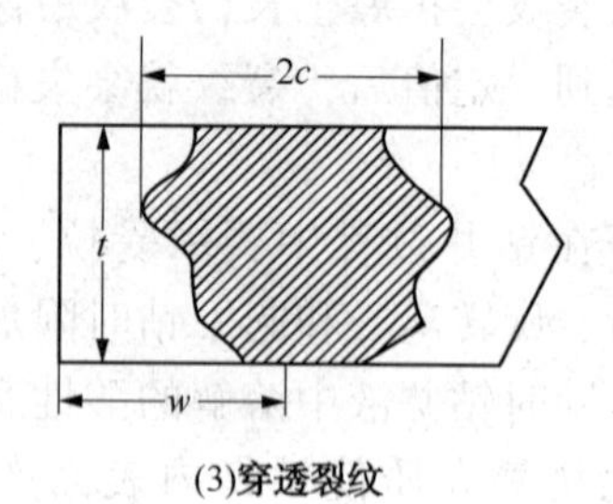

(3)穿透裂纹

图 1　常见裂纹示意图

2.1　常规超声波检测裂纹和腐蚀坑

裂纹属于面积型缺陷，腐蚀坑属于体积型缺陷，它们对超声波的反射规律不同。在传统的超声波扫查过程中，一般需要用直探头与斜探头进行组合应用。一般从反射波的波形来判断裂纹或腐蚀坑，且具有以下特点：

2.1.1　裂纹的反射波

反射波尖而狭窄，波幅高出标样很多；通常

要高 50%以上，严重者达到 100%，甚至满屏。

2.1.2 腐蚀坑反射波

在检测腐蚀坑时，常规的是利用超声波的测厚原理进行检测。在扫查时，从反射波幅的大小来判断到坑底和坑高点。但是在检测到很深很大的腐蚀坑信号与裂纹信号基本相同，尖而狭窄，有一定长度的声程。在判断时容易出现误差。

2.1.3 锥面影响

加厚带与管体之间存在一定锥度的过渡带，会改变声束的方向，会影响探伤效果。

因此，用传统的超声波检测方式检测钻杆加厚过渡带时，需要丰富的现场检测经验才能根据波形初步确定缺陷的类型是裂纹或腐蚀坑，但是无法保证 100%的准确性，更无法准确确定缺陷的位置、大小，必须采用更先进的方法才能实现检测目的。

2.2 超声相控阵检测技术裂纹和腐蚀坑

2.2.1 超声相控阵技术的特点

超声相控阵技术是利用超声阵列换能器，通过控制各阵元发射的声波的相位，实现对超声波声场的控制。相控阵超声检测探头的特点在于，将许多小的常规超声探头集成进入一个探头中，每个晶片在声学上都是独立的。通过预先计算好的延时对每个晶片进行激发，实现声束的相控发射与接收。

超声相控阵技术可在不移动探头的情况下实现对波束的控制，根据所需发射的声束特征，由计算机软件计算各通道的相位关系并控制发射/接收移相换能器，控制各单元发射与接收脉冲的相位(时间延迟)，达到聚焦和声束偏转的效果，从而形成所需的声束，如图 2 所示。

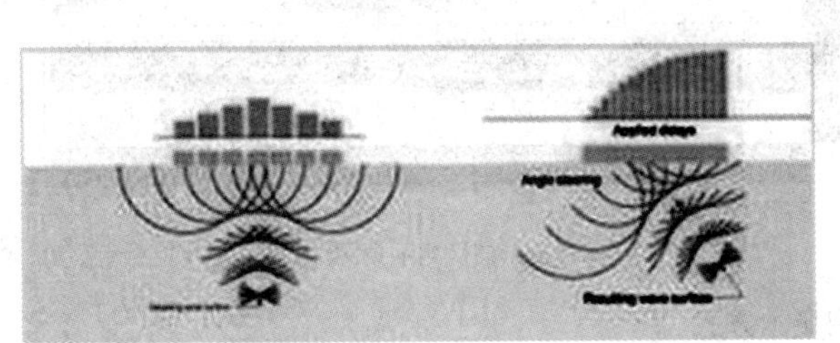

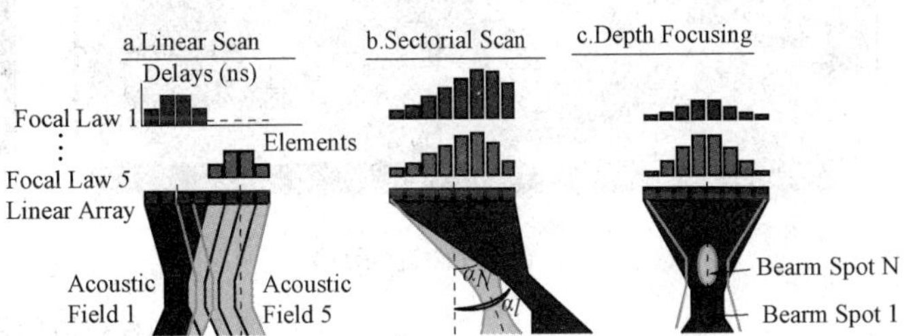

图 2 超声相控阵检测技术

采用相控阵探伤时，声束和远场声束都有良好的聚焦特性，探伤信噪比和探伤灵敏度高；采用声束偏转，使多个缺陷可以同时检测，并以图像的形式直观显示，检测分辨力高。由于相控阵超声具有检测效率高、声束可达性好等特点，特别适合于几何形状复杂的受力部件的腐蚀坑和疲劳裂纹无损探伤。

2.2.2 相控阵检测具有 A、B、C、S 四种显示方式

A 扫描显示为波形显示。

B 扫描显示可以确定缺陷的深度及位置。图 3(2)中的 B 扫描可以清晰的看到，三个缺陷处在不同的深度。

C 扫描显示可以确定缺陷的形状，通过双轴编码器记录可显示完整的 C 扫描。图 3(3)中的 C 扫描可以看到 3 个缺陷的大小。

S 扫描可以确定缺陷深度，见图 3(4)。

利用超声波相控阵检测技术，可以实现对钻杆加厚过渡带的裂纹和腐蚀坑的完全检测，不仅可以实现对缺陷的位置、深度、大小的判定，而且可以以图像形式直观显现出来，便于操作者直接判断缺陷情况并解读相关数据。

2.2.3 相控阵检测技术要求及参数

通过现场检测钻杆加厚过渡带的不同尺寸的腐蚀坑或裂纹等缺陷，确定了检测要求及参数如下：

(1) 缺陷记录：闸门内波形、缺陷深度和幅度数据；

(2) 显示方式：扫描波形、扫描图像显示；

(3) 衰减范围：≥90dB；

(4) 灵敏度余量：>50dB；

(5) 动态范围：>26dB；

(6) 垂直线性：<5%；

(7) 水平线性：<1%；

(8) 轴向分辨率：≤3mm；

(9) 周向分辨率：≤3mm；

(10) 检测速度：15~20mm/s。

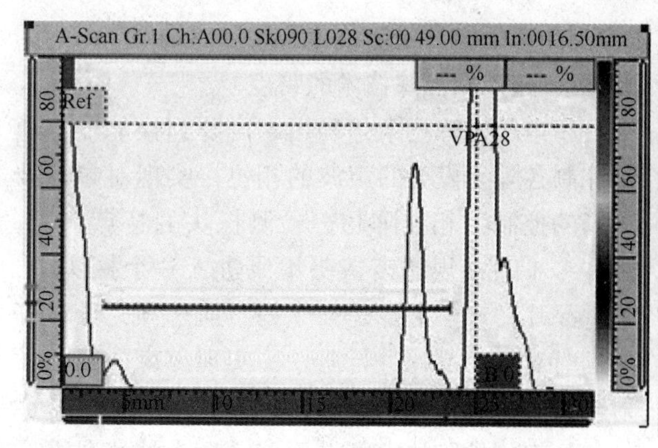

(1)A扫描检测示意图

(2)B扫描检测示意图

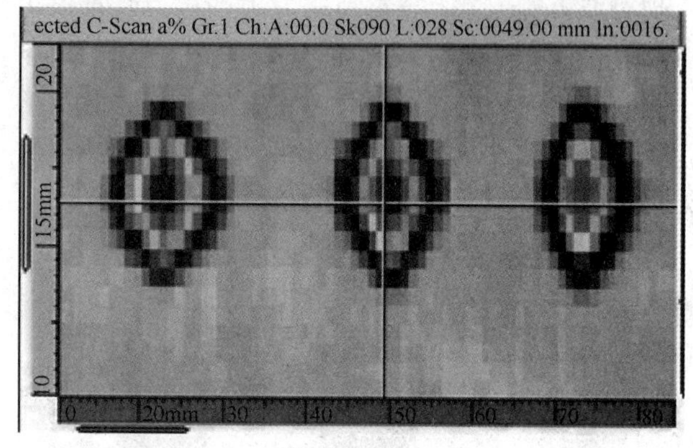

(3)C扫描检测示意图

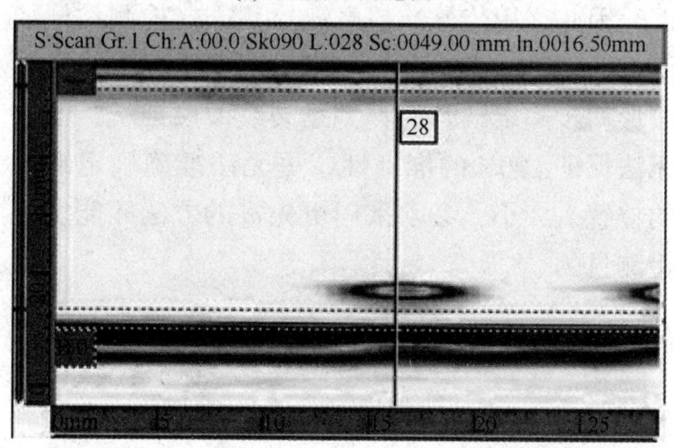

(4)S扫描检测示意图

图 3　四种扫描检测显示方式

2.3　裂纹和腐蚀坑评价

2.3.1　裂纹的评价

(1) 表面裂纹的评价

通过检测并获得存在的裂纹的位置、尺寸后，根据尺寸大小来计算相关数据，判定其安全性。

(2) 埋藏裂纹的评价

当检出埋藏裂纹后，考虑到屈服强度，可以将埋藏裂纹转化为表面裂纹进行处理(图 4)。

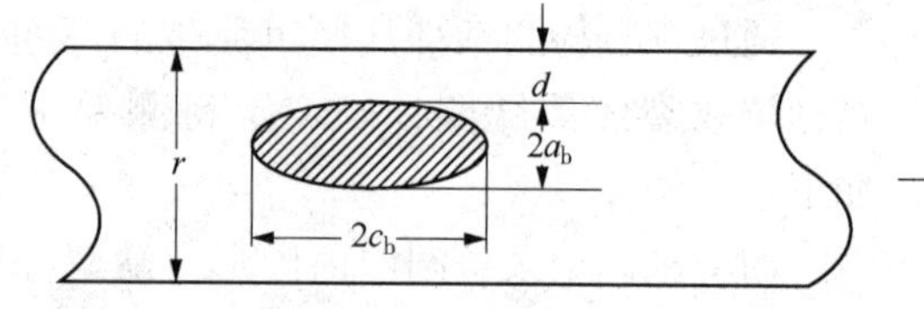

图 4　$d/t<0.2$ 时，将埋藏裂纹转化为表面裂纹进行处理

需要注意的是：$2c_s=2c_b+2a_b$，$as=2a_b+d_c$

(3) 穿透裂纹的判定

由于穿透性裂纹已经影响到钻杆的安全使用性能，必须进行报废处理。

2.3.2　裂纹评价计算

(1) 由无损检测确定最大初始裂纹尺寸 a_0；

(2) 确定相关参数，各种类型裂纹对应的几何形状因子 F_m、应力强度因子 K_I、断裂韧性 K_{IC}、临界裂纹尺寸 a_c、疲劳寿命。

(3) 裂纹的几何形状因子 F_m

① 表面线性裂纹：$F_m=1+0.128(C_1/D_0)-0.288(C_1/D_0)^2+1.525(C_1/D_0)^3$；

②表面半椭圆型裂纹：$F_m=[1+0.12(1-b_0/a_0)]\sqrt{\tan(\pi\delta/2D_0)[2D_0/\pi\delta]}/f$；

③ 深埋椭圆形裂纹：$F_m=1/\phi$；

④ 深埋圆形裂纹：$F_m=2.01/\pi$。

以上各式中　a_0——椭圆形裂纹的长半轴，m；

b_0——椭圆形裂纹的短半轴，m；

C_1——线形裂纹的长半轴，m；

f——裂纹影响因了：$f=\phi^2-0.212(\sigma/\sigma_s)$

$$\phi=\int_0^{\frac{\pi}{2}}\sqrt{1-k^2\sin\theta d^2\theta}$$

ϕ——第二类完全椭圆积分，$k^2=1-b_0^2/a_0^2$；

D_0——钻杆平均直径，m；

σ_s——材料屈服极限，MPa；

δ——钻杆壁厚，m。

(4) 应力强度因子

应力强度因子是描述应力场和位移场的物理量，是计算疲劳寿命的关键因素。

$$K_I=Fm\sigma\sqrt{\pi A}\qquad \text{MPa}$$

式中 σ——工作应力，MPa；

A——裂纹扩展尺寸，m。

(5) 应力强度因子变化幅度

$$\Delta K_I=Fm\Delta\sigma\sqrt{\pi a}$$

式中 $\Delta\sigma$——最大应力与最小应力之差，MPa。

(6) 临界裂纹尺寸

$$a_c=\frac{K_{IC}^2}{Fm^2\sigma^2\pi}$$

(7) 以常见的表面线性裂纹为例进行计算

一根 ϕ127×9.19mm×G105 钻杆，加厚过渡带外表面存在线性裂纹，深度为 1.2mm，长度为 50mm，工作应力为 285MPa，断裂韧性为 110MPa$\sqrt{m}$，评价该根钻杆的继续使用的可能性。

① 计算相关参数：

线性裂纹的几何形状因子 F_m：

$$F_m=1+0.128(C_1/D_0)-0.288(C_1/D_0)^2+1.525(C_1/D_0)^3=1.0257$$

应力强度因子 K_I：

$$K_I=Fm\sigma\sqrt{\pi a}$$
$$=1.01257\times285\times\sqrt{3.1415926\times0.0012}$$
$$=17.948$$

求得：临界裂纹尺寸 $a_c=0.0451\text{m}=45.1\text{mm}$。

临界裂纹尺寸大于壁厚 9.19mm，故发生刺透时钻杆不会发生失稳断裂。

② 计算疲劳寿命

由 Paris 公式得出，带裂纹的钻杆的疲劳寿命为：

$$N=\int_{a_0}^{a_c}\frac{da}{c\Delta k_I^m}$$

考虑到钻杆在井眼中同时具有公转和自转，可以认为裂纹处的应力的对称的，那么：

$$\Delta K_I=K_{I\max}-K_{I\max}=2K_I=2F_m\sigma\sqrt{\pi a}$$

故：

$$N=\int_{a_0}^{a_c}\frac{da}{c(2F_m\sigma\sqrt{\pi a})^n}$$

积分可得：

$$N=\frac{2}{(2-n)C(2F_m\sigma\sqrt{\pi a})^n}(a_c^{1-n/2}-a_0^{1-n/2})$$

查资料[7]，可得：$c=3.2\times10^{-11}$，$n=2.52$

求得 $N=5.373\times10^6$(次)

按平均转速 80r/min 计算，约 1119h(约 46 天)即出现失效。

如在受力复杂情况下，应提前进行二次检测；如未发生刺漏失效，应以此为临界点进行二次检测。

2.3.3 裂纹检测评价应用

对 2 批次、5 根检测出有不同尺寸裂纹的 ϕ127×9.19mm×G105 钻杆的剩余寿命进行计算和评价，采取技术措施，有效避免了钻杆下井使用失效，见表 3。根据现场损失时效统计，单根钻杆刺漏失效处理时间为 5~6h，损失费用为 3483 元/h，即单根钻杆刺漏失效造成钻机损失为 17415~20898 元。

表 3 钻杆加厚过渡带裂纹剩余寿命计算及评价

表面裂纹尺寸长度/mm	临界裂纹尺寸 a_c/mm	剩余寿命/(N次/h)	处理措施
12	46.4	14078395/2932	判为一级钻杆
22.8	45.4	6391231/1331	判为一级钻杆
35.5	43.3	1649649/343	判为二级钻杆
37.2	42.9	1170274/243	停用
41.5	41.9	68292/14	停用

2.4 腐蚀坑的评价

由于腐蚀坑底极易萌生疲劳裂纹，是绝大部分钻杆发生刺漏失效的主要原因。因此，可以将腐蚀坑简化为裂纹进行计算。其环向长度可以作为裂纹长度，坑底深度作为裂纹深度；当有多个相近的裂纹交互作用时，等效化处理后即可进行计算。

3 钻杆加厚过渡带外表面缺陷检测及判定

目前，在我国大部分的在钻井过程中，为了减少起下钻时间，提高钻井效率，井队在起下钻时普遍采用“一卡一吊”的操作方式，卡瓦或气、液动卡瓦会直接卡持在母接头下端大约600~1000mm的钻杆管体外壁上，作用力的方向为径向。卡瓦作用的位置正好是钻杆加厚过渡处以下的管体上。通常情况下，卡瓦牙施力点必然会在钻杆管体上留下划痕和齿痕，形成应力集中点，可能产生应力疲劳或腐蚀疲劳，给钻杆失效埋下隐患。随着井深的增加，钻具的自重增加，需要的夹紧力也就较大，当压力超过钻杆的抗挤毁强度时，挤坏钻杆，造成事故。

3.1 咬痕的检测

由于钻杆被卡瓦咬伤后在外表面形成的咬痕的尺寸与卡瓦牙的形状是直接相关的，所形成的咬痕基本上是规则的。因此，可以采用下列方式进行检测：

（1）采用基本的量具进行宽度、长度的简要测量，用简易超声波测厚仪进行深度测量；

（2）用超声波相控阵技术进行全面精确测量。

3.2 咬痕的评价

3.2.1 机械性能的评价

由于钻杆加厚过渡带被卡瓦咬伤形成咬痕后，会造成下列不利影响：

（1）在卡瓦牙痕里会积存钻井液及其他腐蚀性物质，加剧在空气中的腐蚀速度，导致钻杆的整体寿命会缩短；

（2）卡瓦咬伤后，虽然可能不会造成钻杆的报废，但可以肯定会首先成为应力集中的部位，也是抗拉强度最低的部位，直接影响钻杆本体的抗拉能力，极有可能在深井起下钻过程中或处理事故复杂时被拉断。这也是钻杆的有效截面积减少的结果。

以常规的5″G105钻杆为例，设加厚过渡带某处平均咬痕深度为Δt，计算咬痕深度对抗拉强度的影响：

原截面积 $S_0=\pi\times(D^2-d^2)/4$；

咬痕处的截面积 $S_1=\pi\times((D^2\times\Delta t)^2-d^2)/4$；

截面积减少百分比为：

$$1-S_0/S_1=1-\frac{(D^2-d^2)}{(D-2\Delta t)^2-d^2};$$

从轻度咬痕深度0.5mm，到重度咬痕深度3mm，依次计算出截面积减少的百分数(表4)。

表4 5″G105钻杆咬痕深度与管体截面积减少的百分数

咬痕深度/mm	0.5	0.76	1	1.27	1.52	2	2.2	2.5	2.8	3
减少百分数/%	5.93	8.88	11.82	14.74	17.65	23.44	26.32	29.18	32.04	34.88

在钻杆本体没有出现失效前，截面积的减少也就意味着钻杆加厚过渡带抗拉强度同比例减少。由表中可以看出，常规钻井中常见的咬痕深度0.5mm，就能减少管体截面积5.93%，在深井中钻杆加厚过渡带及消失区附近(距离钻杆母接头18°台肩根部约300~500mm)常见咬痕深度达到2mm时，减少量达到23.44%。如在使用钻杆中应予以重视。

3.2.2 疲劳寿命的评价

以5″G105钻杆为例，采用Ansys中的Fatigue模块对钻杆咬痕的疲劳性能进行计算，加载方式为Zero-Based交变载荷。在加厚过渡带咬痕深度分别为0.8mm、1mm、1.2mm、1.5mm、2mm时，计算钻杆的剩余疲劳寿命。

（1）咬痕深度为0.8mm时，最小疲劳寿命为9289.4次，最大为5.9459×10^5次(图5)。

（2）咬痕深度为1.0mm时，最小疲劳寿命为6686.4次，最大为5.7326×10^5次(图6)。

（3）咬痕深度为1.2mm时，最小疲劳寿命为5887.8次，最大为5.6522×10^5次(图7)。

（4）咬痕深度为1.5mm时，最小疲劳寿命为5403.1次，最大为5.5965×10^5次(图8)。

（5）咬痕深度为2.0mm时，最小疲劳寿命为5343.4次，最大为5.5916×10^5次(图9)。

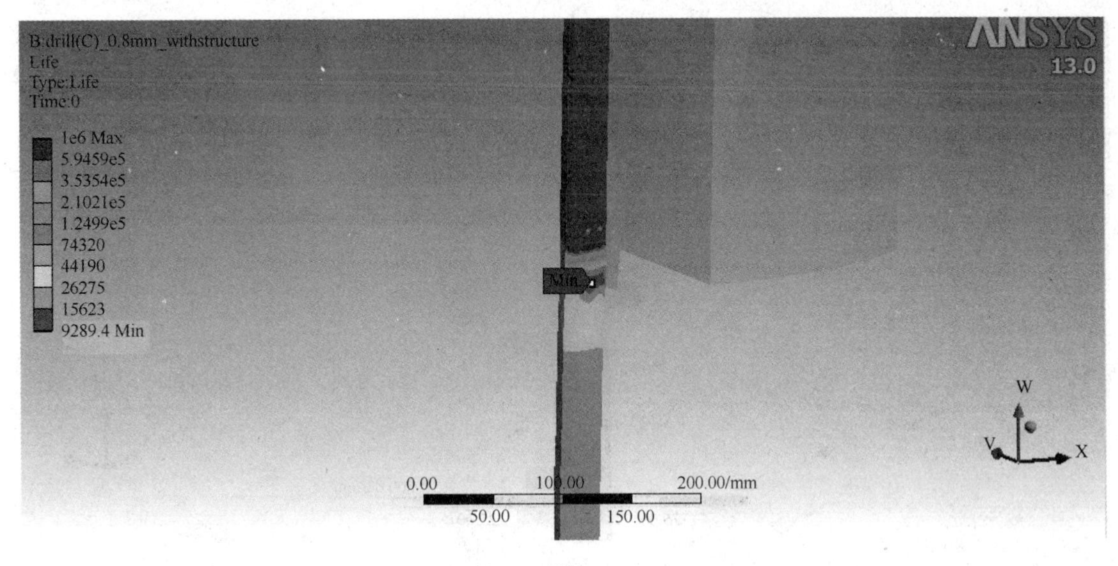

B:drill(C)_0.8mm_withstructure
Life
Type:Life
Time:0
1e6 Max
5.9459e5
3.5354e5
2.1021e5
1.2499e5
74320
44190
26275
15623
9289.4 Min
Min
ANSYS
13.0
0.00
100.00
200.00/mm
50.00
150.00
W
V
X

图 5

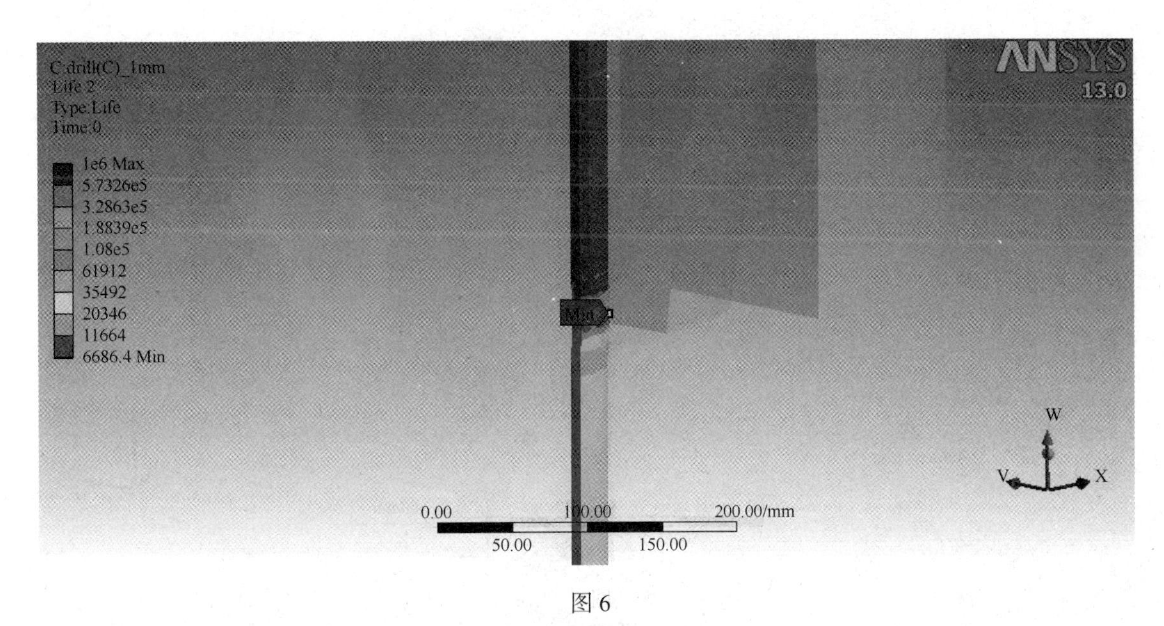

C:drill(C)_1mm
Life 2
Type:Life
Time:0
1e6 Max
5.7326e5
3.2863e5
1.8839e5
1.08e5
61912
35492
20346
11664
6686.4 Min
ANSYS
13.0
0.00
100.00
200.00/mm
50.00
150.00
W
V
X

图 6

D:drill(C)_1.2mm
Life 2
Type:Life
Time:0
1e6 Max
5.6522e5
3.1947e5
1.8057e5
1.0206e5
57688
32606
18430
10417
5887.8 Min
ANSYS
13.0
0.00
100.00
200.00/mm
50.00
150.00
W
V
X

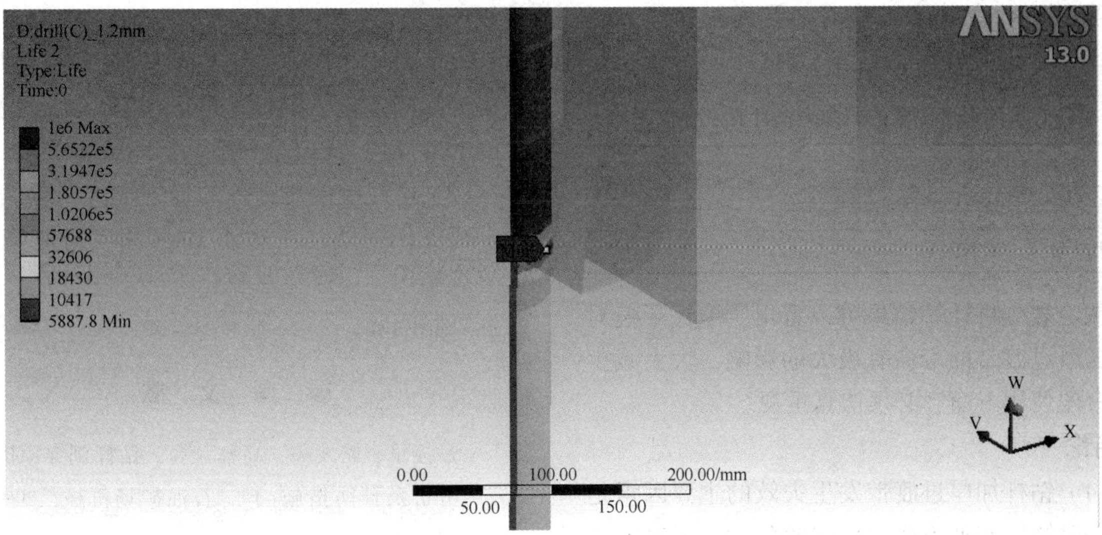

图 7

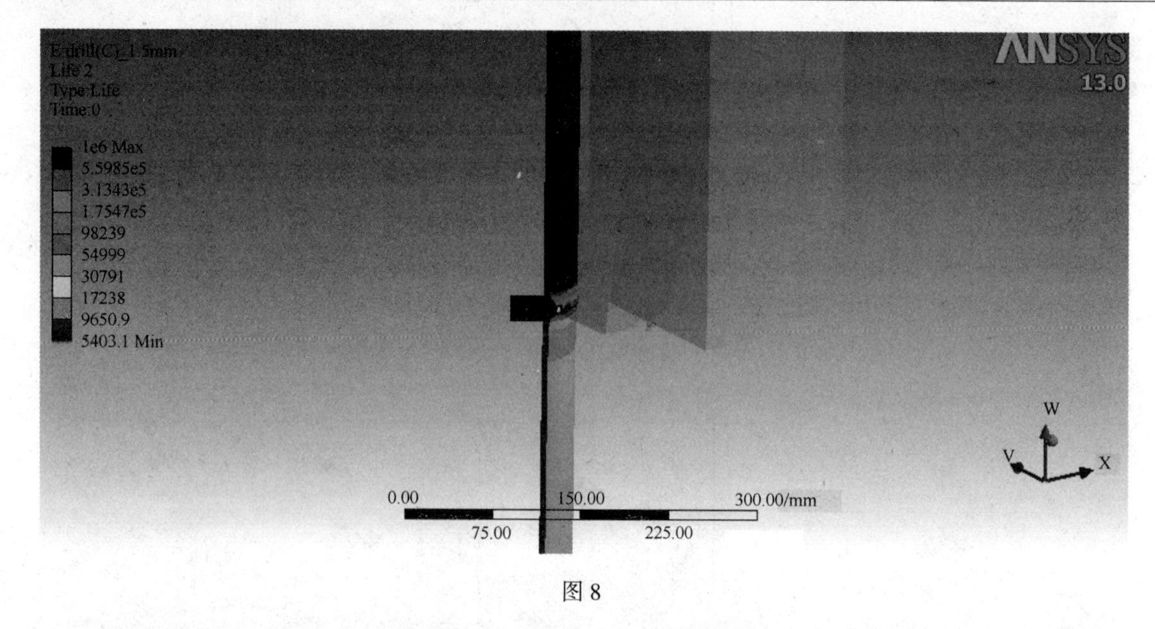

图 8

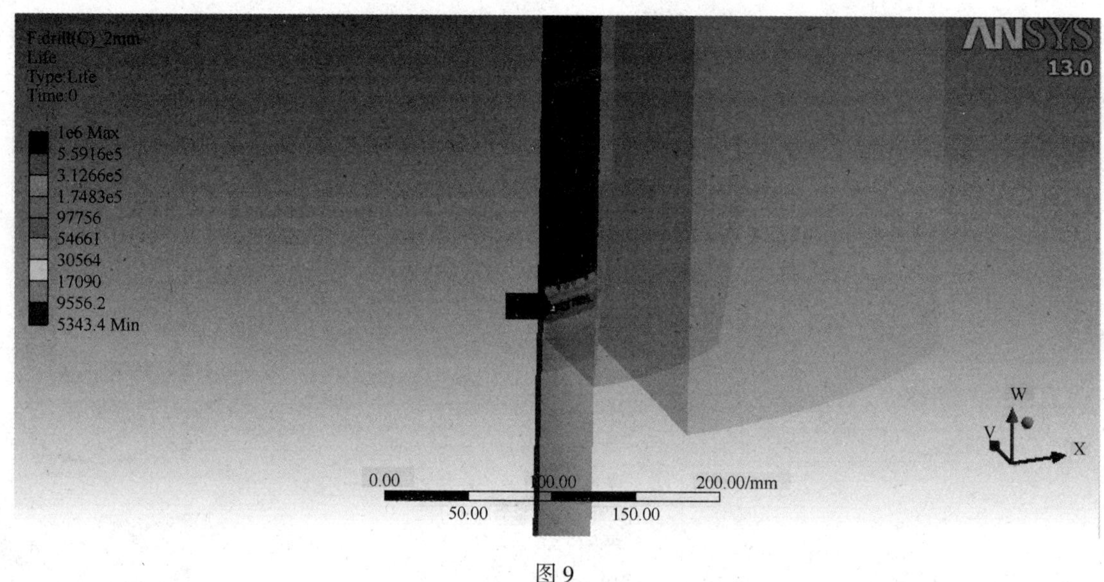

图 9

若以钻杆在井下工作时，受到振动频率为15Hz 计算，其使用寿命见表 5。

表 5　不同深度咬痕的剩余寿命计算及评价

咬痕深度/mm	0.8	1	1.2	1.5	2
最大寿命/s	39639	38217	37681	37310	37277
最小寿命/s	619	445	392	360	356

从上表分析计算结果可以看出，卡瓦牙痕对钻杆加厚过渡带的寿命有极大的影响，大大减少了其有效使用寿命，必须认真重视。

5　结论

（1）钻杆加厚过渡带发生失效的主要因素是裂纹、腐蚀坑和外表面的卡瓦咬痕。需要对其进行分析评价性能等级，并按最低等级作为最终等级。

（2）采用相控阵检测技术，能以实时图像方式实现缺陷定位、定量、定形判定，大大提高了检测的准确性。

（3）卡瓦咬痕对钻杆的损害很大，应认真对待卡瓦咬伤问题，在达到 1mm 深度时应降低一个等级使用；应避免在硫化氢环境中使用，以免发生氢脆问题。

参　考　文　献

[1]　吕拴录，骆发前，高林，等．钻杆刺穿原因统计分析及预防措施[J]．石油矿场机械，2006，35（增刊）：12-16.

[2]　李鹤林，李平全，冯耀荣．石油钻柱失效分析及预

防[M]. 北京：石油工业出版社，1999.
[3] SY/T 6719—2008. 含缺陷钻杆适用性评价方法[S].
[4] 单宝华，喻言，欧进萍. 超声相控阵检测技术及其应用[J]. 无损检测，2004，26(5)：235-238.
[5] 夏天果，朱红钧，王攀，等. 一种预测钻杆疲劳失效的新方法[J]. 石油矿场机械，2011，10(9)：6-9.
[6] 林元华，邹波，施太和，等. 钻柱失效机理及其疲劳寿命预测研究[J]. 石油钻采工艺，2004，26(1)：19-22.
[7] 肖芳淳. 断裂力学在石油管柱中的应用[M]. 北京：石油工业出版社，1986.

新型机械液压一体式丢手的应用

董　潮　吴　迪　陈胜宏　张少朋

（中海油能源发展股份有限公司工程技术分公司，天津 300452）

摘　要　海上油田常用的丢手工具主要为机械式和液压式，这两种丢手方式各有一定局限性，为此研制出一种机械液压一体式丢手工具。此丢手具有机械和液压两种丢手的优点，同时也克服了各自的缺点，为油田完井提供了一种方便、快捷和高效的井下工具。其主要作用是送入和悬挂生产管柱，近年来在 HZ25-8 油田多次应用丢手送打孔管，作业成功率达 100%，充分说明了此丢手性能的优势。

关键词　丢手；液压一体式丢手；完井

在南海东部下入液压丢手管柱作业中，由于井下复杂情况或者本身设计缺陷，出现多口井脱手失效事故，导致重复起下钻延误作业时间。针对以上情况应甲方要求研制出了机械液压一体式丢手工具，目前已经在南海东部应用多口井。

1　机械液压一体式丢手工具的结构和工作原理

1.1　工具结构

机械液压一体式丢手工具的结构如图 1 所示，主要由连接筒、保护罩、球座、锁紧球、下接头等部分组成，结合了机械式和液压式的工具结构特点，使其充分发挥各自的优点。

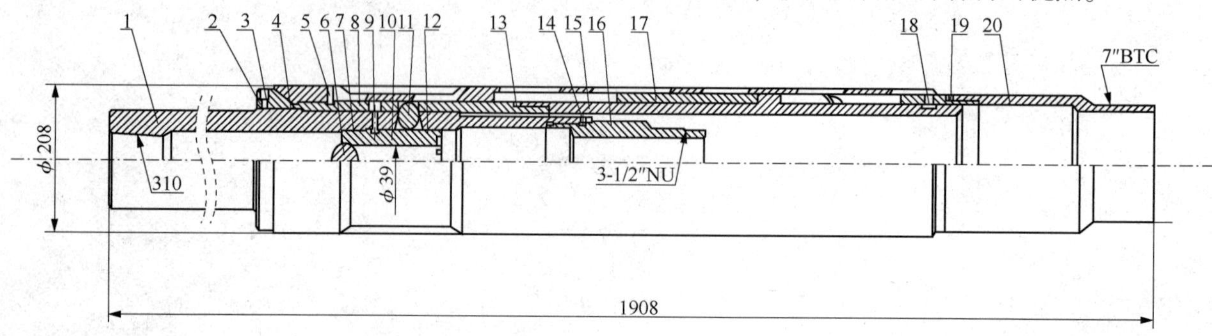

图 1　机械液压一体式丢手工具结构图

1—连接筒；2—垃圾帽；3、5、13、14、19—固定销钉；4—保护罩；6—密封球；7、12—密封圈；8—限位筒；9、18—剪切销钉；10—球座；11—锁紧球；15—连接爪；16—连接头；17—J 形筒；20—下接头

1.2　工具原理

丢手管柱下入到预定位置后，投球到球座，正打压剪切球座，锁紧球无法固定，上提后连接筒与连接爪分开，脱手成功。如液压脱手不成功则采用下压正转方式脱手，下压将剪切销钉 18 剪断，正转上提将连接爪与 J 形筒脱开。机械方式脱手和液压方式脱手各自留在井底的部分是不一样的，液压脱手方式比机械脱手多留在井底一个连接爪 15。

1.3　技术参数

技术参数见表 1。

作者简介：董潮（1980—　），男，汉族，河北保定人，2010 年毕业于中国石油大学（华东）石油工程专业，公司高级工具工程师，中级技术职称，从事海洋石油完井作业，作为主要项目负责人的《完井防砂优化设计系统研究及应用》荣获工程技术公司 2015 年钻完井类科技进步二等奖，已经在国家级期刊发表论文两篇。E-mail：dongchao@ cnooc. com. cn

表1 机械液压一体式丢手工具技术参数

适用套管内径/mm	外径/mm	长度/m	抗拉强度/kN	抗扭强度/(kN·m)	液压丢手压力/psi	机械丢手压力/t
244.5	212	1.9	600	10	2000	30
177.8	147	1.7	400	8	2000	30

1.4 技术特点

此前的机械丢手抗拉强度有限，许拉应力仅为200kN，在下入遇阻的情况下具有风险，该一体式丢手研发设计抗拉强度达600kN，提高了工具结构性能，能够满足现场应用。

工具首先采用液压脱手，机械脱手作为备用脱手方式。在液压脱手不成功的情况下，采用机械脱手可使工具脱手，确保工具使用成功率100%，避免了脱手不成功后起钻的麻烦，降低了作业成本。

工具设计机械脱手剪切力为30t，可满足正常遇阻的下压并旋转送入。

2 目前丢手工具的现状

2.1 机械式丢手

机械式丢手是利用J形槽与锁块的配合来实现丢手的。丢手时上体下压剪切销钉后正转，锁块从J形槽中滑出，上体与下体脱开实现丢手[1]。

图2为海上常用的机械式丢手工具，结构简单，其下压剪切值只有3~5t，工具需在井下正转半圈。这种结构具有以下缺点：

(1) 不适合大斜度井，由于销钉剪切值小，如果在大斜度井中下入遇阻，丢手销钉容易剪断，正转会造成提前脱手，丢手失败。

(2) 机械丢手只能通过悬重判断是否脱手，不适用于较短的丢手管柱作业。

(3) 使用丢手上体回接进行打捞回收作业，在大斜度井中，反转上体不容易控制扭矩，钻杆容易倒扣。

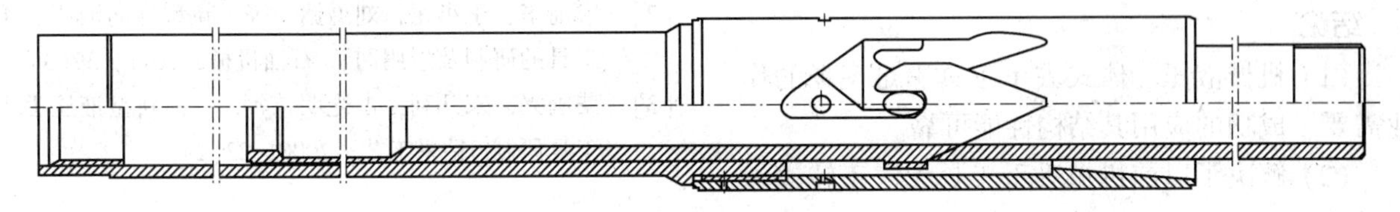

图2 机械丢手结构图

2.2 液压式丢手

图3液压式丢手是通过投球并正打压，压力推动球座，销钉剪切后，锁紧球露出来无法被固定，此时上提管柱，丢手上体与下体脱开，实现丢手。

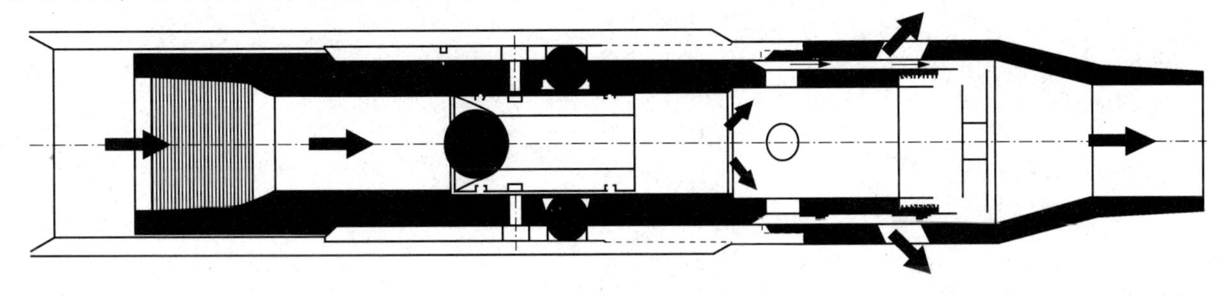

图3 液压丢手结构图

此液压丢手克服了机械丢手无法正转送入的困难，并允许下压，其过提载荷可达800kN，能够满足大部分井使用[2]。但是由于海上平台泥浆泵其性能和销钉剪切值不稳定等因素造成球座无法剪切，直接影响了丢手的成功率。

机械液压一体式丢手工具同时具有机械丢手与液压丢手的优点，优化了机械丢手下压剪切值小的问题，适用范围更广。

3 机械液压一体式丢手工具的应用

丢手管柱在海上油田应用很广，与整体管柱

相比，它具有很多优点：

（1）在泵挂深度与防砂封隔器距离相差很远时，此时用丢手工具下入下部生产管柱将节省许多油管[3]。

（2）在检泵等上部修井作业时，不必起出丢手管柱，减少了工作量，节约作业成本。

（3）下部生产管柱与上部生产管柱分开，丢手工具受力较小，延长了防砂封隔器的寿命。

该丢手已成功用于 HZ25－8、BZ26－3、WC11-1 等海上油田不同作业类型的丢手作业（表2）。

表2　机械液压一体式丢手工具现场使用情况

油田区块	井型	工具外径/mm	作业类型	下入深度/m	脱手方式	脱手压力
HZ25-8	水平井	212	丢手下打孔管	2924	液压	2250psi
HZ25-8	水平井	212	丢手下打孔管	2957	机械	33t
BZ26-3	水平井	147	丢手下生产管柱	1818	液压	1800psi
WC11-1	定向井	212	丢手下防污染阀	2787	液压	1950psi

在 HZ25-8 水平裸眼井进行丢手下打孔管作业时，投 1 ¾″钢球后，海上泥浆泵打压至 3500psi 后仍无法剪切球座导致不能成功脱手，由于泥浆泵性能问题无法继续提高泵压，于是采用机械脱手方式，将管柱推送到人工井底，下压 33t 剪切机械脱手剪切销钉，累计正转 13 圈后上提 9m，测试正转扭矩与三开钻进扭矩对比明显下降，说明丢手成功，起钻。

4　结论

（1）机械液压一体式丢手工具满足现场的作业需要，成功的应用其结构性能可靠。

（2）解决了以前机械丢手工具无法正转送入的难题，同时也保证了液压丢手不成功也能脱手。

（3）机械液压一体式丢手工具成本不高，应用范围广，工具稳定可靠，可在油田完井作业中应用。

参考文献

[1]　李玉海．球挂式液压丢手工具研制[J]．石油矿场机械，2012，41(2)．

[2]　廖前华，于小龙，刘禹铭，等．新型导向液压丢手工具的研制及应用[J]．石油机械，2011，39(3)．

[3]　柴国兴，宋开利，古光明，等．一种新型液压丢手工具研制．钻采工艺，2000，23(2)．

连续油管分段压裂技术在大港低渗透储层的应用

曲庆利 赵 涛

(大港油田石油工程研究院，天津大港 300280)

摘 要 随着大港油田低孔渗油气藏勘探开发规模增加，连续油管分段压裂技术成为储层压裂改造的一种高效手段，而针对不同储层特点，需要选用合适的连续油管分段压裂技术进行储层改造。本文对大港油田实施的连续油管穿电缆多簇射孔分段压裂技术、连续油管免钻全通径固井滑套分段压裂技术和连续油管喷砂射孔分段压裂技术进行了工艺对比和应用效果对比，并对工艺原理和技术特点进行了分析。且三种连续油管分段压裂技术在油田现场进行了成功应用，储层改造效果良好，提高了油藏采收率，为国内低孔渗油气藏开发提供新手段和技术借鉴。

关键词 连续油管；分段压裂；储层改造

大港油田属于复杂断块油气田，随着勘探开发活动的不断深入，低渗透油气藏开发成为油田增储上产的重要保障。这些油气藏储层区域分布广且不连续，埋深跨度大，储层砂泥岩呈不等厚互层，且薄油层占有较大比例，平均孔隙度在7%～11.93%，空气渗透率在(6～13.86)×$10^{-3}\mu m^2$，在完井过程当中需要采用压裂措施改造。储层分段压裂改造技术是低孔低渗透油气藏开发的重要增产措施之一[1]，目前大港油田针对不同储层特点应用了多种分段压裂改造技术。其中连续油管分段压裂改造技术在储层改造中进行了广泛的应用，取得了较好的效果。

1 连续油管分段压裂技术

大港油田应用的连续油管分段压裂技术包括了连续油管穿电缆多簇射孔分段压裂、连续油管免钻全通径固井滑套分段压和连续油管喷砂射孔分段压裂。通过在油田现场的应用，各种连续油管分段压裂技术都有各自的优缺点，见表1。鉴于不同连续油管分段压裂技术的优缺点和局限性，同时考虑后期措施改造可能性，针对各油井自身的特点，可优选出最优的分段压裂技术对目标油井进行储层改造。

表1 不同连续油管分段压裂技术对比

工艺技术	工艺对比						效果对比
	工序复杂与否	下入过程是否存在不确定因素	起裂点是够准确	是否满足大规模压裂	有无级数限制	压后是否全通径	
连续油管穿电缆多簇射孔分段压裂	复杂	是	准确	满足	无	否	施工效率与经济性在压裂级数4~5级长水平段水平井、大斜度井中最优
连续油管免钻全通径固井滑套分段压裂	简单	是	准确	满足	无	是	适用具有一定厚度薄油层的长水平段水平井、大斜度井
连续油管喷砂射孔分段压裂	简单	是	准确	不满足	无	是	适用极小薄层、薄互层长水平段水平井、大斜度井[2]

2 工艺原理和技术特点

2.1 连续油管穿电缆多簇射孔分段压裂(图1)

2.1.1 工艺原理

应用于套管固井完井的井，采用连续油管穿电缆输送桥塞和射孔枪，到达目的层桥塞封堵已施工层射孔后逐层压裂。压裂完成排液后，下磨铣工具钻磨掉井内所有桥塞，实现全通径进行生产[3]。

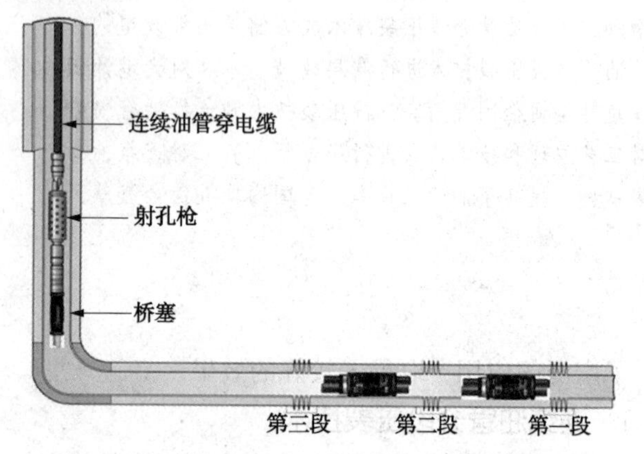

图1 连续油管穿电缆多簇射孔分段压裂示意图

2.1.2 技术特点

可实现无限极压裂；套管作为压裂管柱，可减少摩阻，降低地面施工压力，可以实现大排量压裂。但也存在以下不足：工具串多次下井，施工周期长，作业效率低；需要钻塞；容易砂堵；射孔优化较难，多簇压裂，能量分散，减低压裂规模；存在桥塞坐封工具火药推力不足的问题。

2.2 连续油管免钻全通径固井滑套分段压裂(图2)

2.2.1 工艺原理

在完井套管柱中预置有全通径固井压裂滑套，固井完成后通过连续油管下入带有可连续重复坐封的封隔器打压坐封，自下而上逐级打开压裂滑套，实现对预定储层进行压裂改造。

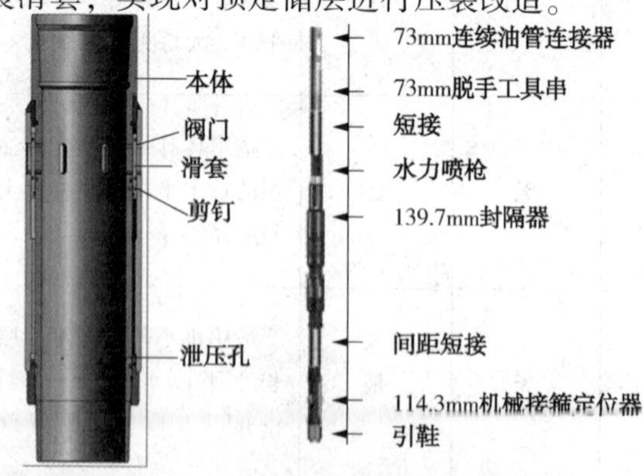

图2 压裂滑套及打开滑套工具串结构示意图

2.2.2 技术特点

固井、压裂一体化管柱，不需额外射孔；可实现一趟管柱无限级压裂；一旦砂堵可迅速冲砂解堵[4]；可进行井下压力监测；压后全通径，不需要钻塞。滑套与泄压孔之间距离太小，封隔器坐封位置要求精度高。

2.3 连续油管喷砂射孔分段压裂(图3)

2.3.1 工艺原理

下套管固井，通过连续油管下入带有可连续重复坐封的封隔器打压坐封，自下而上逐级喷砂射孔，实现对预定储层的压裂改造。

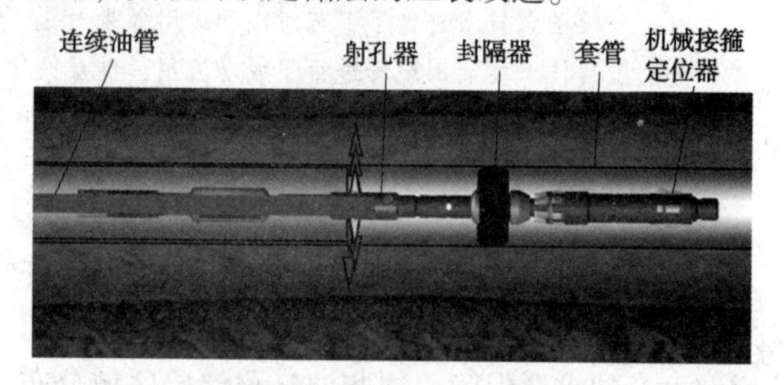

图3 分段压裂示意图

2.3.2 技术特点

可实现无限级压裂；可进行井下压力监测；压后全通径，不需要钻塞。井下工具串定位校深易受井筒通井刮削质量影响。

3 现场应用

3.1 连续油管穿电缆多簇射孔分段压裂技术现场应用

3.1.1 X5-23-1L 井基本情况

X5-23-1L 井主要含油目的层为孔一段枣Ⅴ下油组，油藏埋深 3620~4100m。油组砂泥岩呈不等厚互层，泥岩隔层单层厚度为 5~10m，为主要的隔夹层，但在断块内分布并不稳定。孔隙度 9.81%，渗透率 $0.79\times10^{-3}\mu m^2$，属于低孔、低渗储层。该井实际钻遇枣Ⅴ下油组，3737.3~4283.9m，跨度 546.6m，油层 249.2m。

3.1.2 工艺优选及现场施工

该井储层地质改造要求见表2，分5段压裂，共计射孔厚度 183.9m，下入射孔枪 15 次，点火 32 次。

表2 X5-23-1L 井储层改造数据表

压裂层段	射孔厚度/m	孔隙度/%	渗透率/$10^{-3}\mu m^2$
1	37.3	11.2~12.3	10.91~14.19

续表

压裂层段	射孔厚度/m	孔隙度/%	渗透率/$10^{-3}\mu m^2$
2	37.9	9.93~12.13	5.75~13.93
3	56.5	8.37~10.94	3.19~9.34
4	18.4	2.68~9.88	0.1~5.57
5	33.8	3.69~9.55	0.1~3.1
总合计	射孔厚度 183.9m/22 层	—	—

由于该井最大井斜为 72.25°，各压裂层段均需要下多趟枪进行射孔，常规工艺无法满足施工及后期措施需求，经优选确定采用连续油管穿电缆多簇射孔分段压裂技术，该工艺技术在连续油管内穿电缆，充分利用连续油管的优势，既具备可钻桥塞射孔分段压裂工艺技术特点，又解决了在大井斜段射孔枪在不带桥塞情况下不能重复多次下入问题。

该井现场施工过程如下：

(1) 井筒准备。配接 5½in 完井管柱并依次入井，到位后，循环泥浆，固井，候凝，通井刮削，并在桥塞坐封位置刮削干净，以保证桥塞的坐封效果。

(2) 第一段射孔及压裂。采用普通油管射孔，射孔完成后取出射孔枪，进行第一段压裂。

(3) 第二至五段射孔及压裂。在第一段压裂完成后，连接射孔枪及桥塞，利用穿电缆的连续油管下入桥塞坐封、射孔联作工具串，通过工具串上的磁定位工具校深，在预定位置通过点火实现桥塞坐封和丢手，对桥塞试压，接着上提射孔枪至设计位置，完成射孔。起出工具串，再次下入射孔枪，完成该段其余射孔层的射孔。最后，起出工具串，进行压裂施工。

其他各层用同样的方式，依次下入桥塞、射孔、压裂。

(4) 钻塞。所有层段压裂完后，利用连续油管装置下入钻磨管柱带压将桥塞钻除，保证井筒内清洁，实现井筒全通径。现场钻塞排量为 400~450L/min，压力为 37MPa，出口压力为 11MPa，钻塞过程较为顺利，每个桥塞所用时间大约 20min。

3.1.3 生产效果分析

X5-23-1L 井自 2014 年 6 月 20 投产后至 2015 年 5 月 4 日自喷，初期日均产油 36t。实现自喷 319 天，自喷周期远远长于邻井的 12 天，后期自喷产量维持在 9t/d 左右。采用抽油井泵采油后生产至今，产量维持在 14.5t/d。从图 4 可看出，储层压裂改造效果较好。

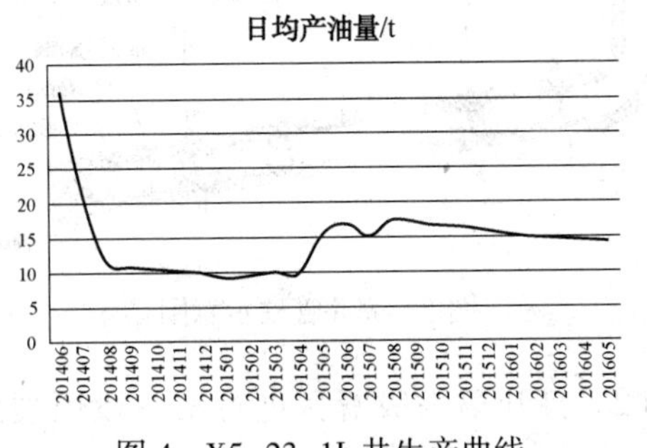

图 4 X5-23-1L 井生产曲线

3.2 连续油管免钻全通径固井滑套分段压裂

3.2.1 F27-35-1L 井基本情况

F27-35-1L 井目的层沙三 2，属复杂断块油气田，表现为低孔低渗，孔隙度 10.75%，渗透率 $10.20\times10^{-3}\mu m^2$，储层跨度大，目的层平均跨度 400m 以上，且不连续。该井完钻井深 4396m，垂深 3705.3m，水平位移 1061.61m，最大井斜 83.6°，油层跨度 415.83m；目的层沙三 2，孔隙度 9.01%，渗透率 $5.06\times10^{-3}\mu m^2$。该井储层属低孔低渗，储层跨度大，且不连续，同时井深、井斜大，这些都加大了施工难度。

3.2.2 工艺优选及现场施工

根据测井解释，优选油底 4305.93m 至油顶 3890.10m 间较好的 8 段油层进行压裂改造。依据 F27-35-1L 井储层特点及施工难点，为满足开发需求及为后期修井创造有利条件，对沙三 2 储层优选采用连续油管免钻全通径固井滑套分段压裂完井。F27-35-1L 压裂套管选用钢级 P11051/2″套管。与套管一起下入的各压裂滑套打开压力设定压差 15MPa。完井管柱：ϕ139.7 浮鞋+ϕ139.7 套管+ϕ139.7 浮箍+ϕ139.7 短套+ϕ139.7 浮箍+ϕ139.7 套管串+ϕ139.7 压差滑套 1 (带定位短节)+ϕ139.7 套管串+ϕ139.7 压差滑套 2(带定位短节)+……+ϕ139.7 压差滑套 8(带定位短节)+ϕ139.7 套管串至井口，完井管柱图如图 5 所示。

该井现场施工过程如下：

(1) 井筒准备。配接 5½in 完井管柱并依次入井，到位后，循环泥浆，固井，候凝，通井刮削洗井。

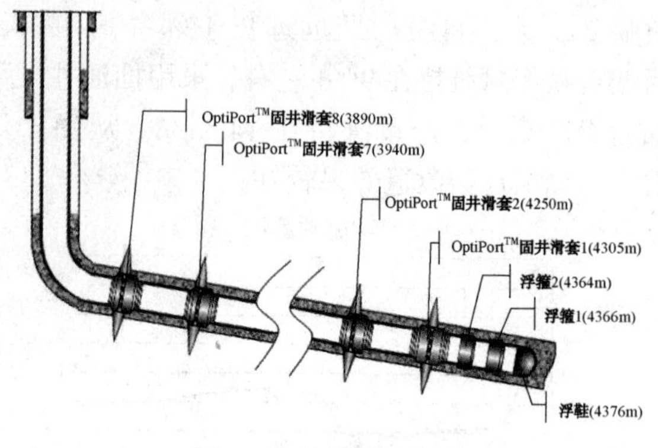

图5　完井管柱示意图

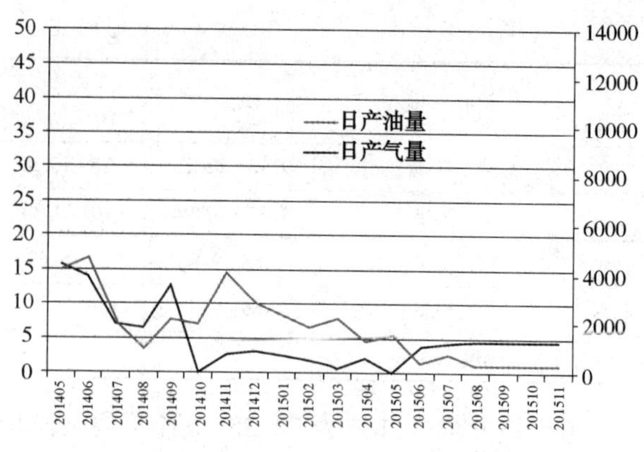

图6　F27-35-1L井生产曲线

(2) 打开第一级滑套进行第一段压裂施工。通过2in连续油管下入操作工具串，操作工具串连接顺序为：连续油管连接器+紧急脱手+短节+水力喷枪+封隔器+间距短节+机械接箍定位器+导引鞋。下放过程中通过机械接箍定位器对操作工具串位置进行较深，并在探底后与之前通井探底数据进行对比确认深度及连续油管误差。在探底之后上提过程中定位所有压差滑套接箍深度。将操作工具串定位在第一级滑套位置，连续油管下压坐封封隔器。继续升压打开第一级滑套，油套环空加砂进行第一级压裂。

(3) 打开以后各级滑套及压裂施工。第一级压裂施工结束后，在封隔器上下压差不大于15MPa的情况下上提连续油管解封封隔器。并在第二级压差滑套定位短节处定位，下压连续油管坐封封隔器。继续升压打开第二级滑套，油套环空加砂进行第二级压裂。并按照解封封隔器、定位、坐封封隔器、打开压差滑套、环空加砂压裂的顺序完成以后各级现场施工。

该井共计泵入压裂液2414.25m^3，压裂支撑剂194.62m^3，压裂过程中施工排量控制在5～6m^3/min之间，最大排量5.7m^3/min，施工过程顺利。

3.2.3　生产效果分析

F27-35-1L井4mm油嘴自喷投产，初期日均产油15t，产气4400m^3。该井自投产保持了151天自喷，之后连续正常生产，目前累积产油2616t，累积产气60.21×10^{4}m^3，压裂施工有效改造了储层，取得较好效果(图6)。

3.3　连续油管喷砂射孔分段压裂

3.3.1　Q62-18井基本情况

Q62-18井主要含油目的层为沙三3油组，油藏埋深3082～3174m。本井沙三3油组砂泥岩呈不等厚互层，油层单层厚度0.8～4.4m，泥岩隔层单层厚度为1.3～9.5m，为主要的隔夹层。孔隙度3.29%～13.06%，渗透率(0.10～20.04)×10^{-3}μm^2，属于低孔、低渗储层。

3.3.2　工艺优选及现场施工

该井储层地质改造要求见表3，分三段压裂，共计射孔厚度14.3m。沙三3油组砂泥岩互层之中油层单层厚度较薄，射孔数量无需太多，但需保证射孔压裂位置准确，本井不需要大规模压裂，因此采用连续油管喷砂射孔分段压裂工艺。

表3　Q62-18井储层改造数据表

压裂层段	射孔厚度/m	孔隙度/%	渗透率/10^{-3}μm^2
1	4.5	3.29～5.97	0.10～0.57
2	5.4	3.56～13.06	0.1～20.04
3	4.4	7.27	1.52
总合计	射孔厚度14.3m/5层	—	—

该井现场施工过程如下：

(1) 井筒准备。配接5½in完井管柱并依次入井，到位后，循环泥浆，固井，候凝，通井刮削。

(2) 射孔及压裂施工。通过连续油管将工具管串下入井中，工具管串的连接顺序为接头+液压丢手+扶正器+球座+喷枪+平衡阀+封隔器+机械定位器+导引头。通过完井管柱中的短套管校准射孔深度，坐封封隔器并进行验封。泵车将混砂车搅拌均匀的射孔研磨液通过连续油管以0.65m^3/min的排量泵入井中，对目的层位射孔，射孔时间14min。射孔完成后将连续油管内携砂液顶替干净。按照压裂加砂流程，环空进液完成第一层压裂作业，实时监测连续油管、套管压力，在压裂过程中连续油管保持 0.1~0.2m^3/min 排量泵注。压裂完成后解封封隔器，上提连续油管至第二段压裂施工位置进行射孔压裂施工。然后进行第三段射孔压裂施工。

该井共计泵入压裂液 553.1m^3，压裂支撑剂 43.1m^3，压裂过程中油套环空施工排量为 5~6m^3/min，环空施工压力为 38~60MPa，压裂施工过程顺利。

3.3.3 生产效果分析

Q62-18 井 2016 年 1 月 1 日采用抽油井泵投产，目前日产油 9.86t，累积产油 1323t，压裂施工有效改造了储层，取得较好效果。

4 结论与认识

(1) 连续油管分段压裂技术在大港油田低渗低孔储层改造方面是一种高效的手段，具有广阔的应用前景。

(2) 连续油管穿电缆多簇射孔分段压裂技术施工效率与经济性在压裂级数 4~5 级长水平段水平井、大斜度井中最优，压裂级数过多时工具反复起下影响作业效率，后期作业需钻塞。

(3) 连续油管免钻全通径固井滑套分段压裂技术适用具有一定厚度薄油层的长水平段水平井、大斜度井，压后全通径，打开滑套管柱对封隔器坐封位置要求精度高。

(4) 连续油管喷砂射孔分段压裂技术适用极小薄层、薄互层长水平段水平井、大斜度井，其不满足大规模压裂需求。

参 考 文 献

[1] 万仁薄．水平井开采技术[M]．北京：石油工业出版社，1995.

[2] 于永，杨彪，杜宝坛，等．水力喷砂射孔在油气田开发中的应用[J]．特种油气藏，2002，9(4).

[3] 刘威，何青，张永春，等．可钻桥塞水平井分段压裂工艺在致密低渗气田的应用[J]．断块油气田，2014，21(3).

[4] 李梅，刘志斌，路辉，等．连续管无限极滑套分段压裂技术在苏里格的应用[J]．石油机械，2015，43(2).

大斜度井、水平井解卡技术及其应用

王丕政　马金山　徐海潮　刘　刚　郗凤亮　栾家翠　胡友文　陈　磊

（中石油渤海钻探钻井技术服务分公司，天津大港 300280）

摘　要　随着石油勘探和开发技术的发展，大斜度井和水平井钻井工艺技术日益成熟，但由于大斜度井和水平井施工工艺复杂，水平段携砂困难，井下卡钻事故时有发生。大斜度井段仪器下入困难，致使测卡松扣仪器及其常规解卡技术在这类事故井中的应用受到了限制，根据目前现状和实际应用中遇到的问题，本文提出了一种大斜度井和水平井解卡技术，并在现场成功运用。

关键词　水平井；卡钻；解卡；爆炸松扣

因大斜度井及水平井自身的特点，在钻井施工中一旦发生井下卡钻事故，常规的打捞技术很难适用，急需采用一些非常规打捞技术，以快速、有效的打捞出井内昂贵的仪器和钻具，来挽回损失。

用仪器测卡点和爆炸松扣技术可以加快卡钻事故的处理，该技术自20世纪80年代引进后，广泛的应用到卡钻事故处理中，然而这项技术在井斜超过65°后，需要采取辅助的手段来推送仪器，尤其是卡点在水平段时采用现有的推送手段很难把仪器送到卡点以下，因此当处理水平段落鱼时，不得不采用非常规的、复杂的、风险较大的钻具倒扣工艺和技术。

1　测卡、爆炸松扣仪作业改进方案

1.1　测卡松扣原理

1.1.1　测卡技术原理

当井下管柱受到扭曲和拉伸应力变形时（当被测量的管柱在1.5m范围内被压缩拉0.025mm或被扭转0.5°），使测卡仪器串上下弹簧矛之间的相对位置发生改变，此变化传到传感器上，使传感器上的电感量发生变化，导致井下振荡器的震荡频率发生相应变化，该频率变化差值传到地面，经过面板处理放大，由读数显示，根据读数大小来判断该位置钻具是否被卡。

1.1.2　爆炸松扣技术原理

在测出卡点以后，通过井下仪器将爆炸源（雷管及适量炸药）下至卡点以上钻具螺纹位置，由地面点火系统提供点火电流，将爆炸源引爆，在反向扭矩及爆炸冲击波的作用下，克服螺纹间的自锁摩擦力，使钻具螺纹退开。

1.2　现有技术

对井斜角小于65°的卡钻事故井井段，采用电缆输送仪器便可以完成测卡松扣作业，而当井斜角大于65°后，测卡仪器依靠自身的重量很难下到预定深度，这种情况下通常采用泵送仪器的方法加以解决，主要是靠泥浆在钻具水眼内流动对仪器形成推力，促使仪器下行，但这种推力的大小受到泥浆排量的限制，如果推力超过仪器电缆头处的拉断力（弱点），则电缆容易被拉断而造成井下事故复杂化，因此推动仪器下行的泥浆排量不能无限制的增加，而当这种推力小于仪器和电缆与钻具内壁间的摩擦力之和时，测卡松扣仪器也无法继续下行（一般情况下能送入水平段200~300m）。

另外，有些大斜度井和水平井因井壁失稳造成坍塌卡钻，无法建立循环，无法实施泵送测卡松扣作业，只能采用繁杂的钻具倒扣作业程序，但这种处理技术很容易使井下事故复杂化。

因此，大斜度、水平井解卡事故处理时，需要创新应用一些解卡技术，来满足快速、有效处理的要求。

1.3　抽油杆输送装置结构

电缆：采用爆炸松扣常用的$\phi 8$电缆。

作者简介：王丕政（1976—　），男，汉族，四川南充人，1999年7月毕业于重庆石油高等专科学校钻井专业，高级工程师职称，现从事钻井和井下事故预防和处理工作。E-mail：wpz76@ sina. com

抽油杆接箍：采用 $\phi18$ 抽油杆，其接箍外径为 $\phi41$。

推送器：最大部分外径 $\phi61$，中空内径为 $\phi14$，如图 3 所示。

测卡仪器串：采用 HOMCO 仪器，仪器结构为：引锥+下弹簧矛+传感器+上弹簧矛+振荡器+加重杆+磁定位+电缆头，电缆头外径为 $\phi41.5$，如图 1 所示，要求上下弹簧矛采用长弹簧矛，以减少矛片与钻杆内壁之间的摩擦阻力，增加仪器下放的深度。

爆炸松扣仪器串：采用 HOMCO 仪器，仪器结构为：引锥+爆炸杆+安全接头+加重杆+磁定位+电缆头，电缆头外径为 $\phi41.5$，如图 2 所示。

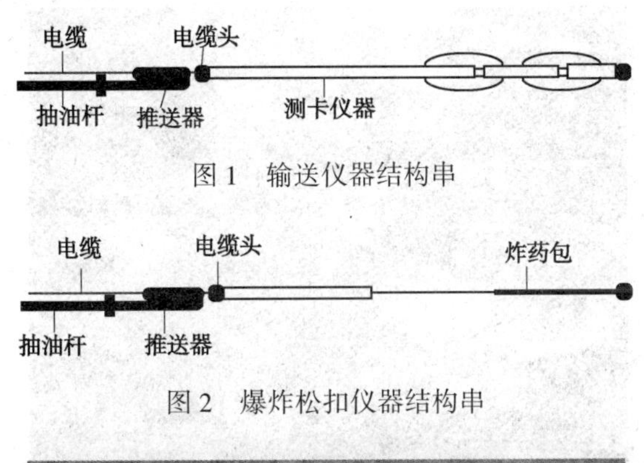

图 1　输送仪器结构串

图 2　爆炸松扣仪器结构串

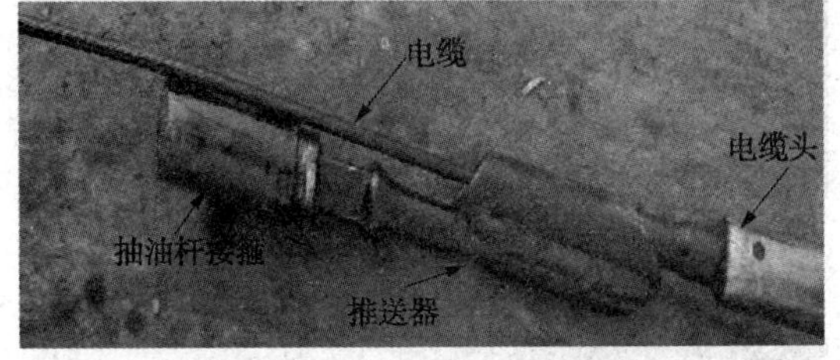

图 3　输送装置实物图

1.4　抽油杆输送测卡施工工艺

当测卡仪器下至一定的深度，依靠其自身重量无法继续下行时，对该处进行测卡，如果该处未卡则在井口连接推送装置，然后向钻具水眼内连接、慢慢下放抽油杆，当抽油杆下入到与电缆头接触时，电缆张力增加，此时启动绞车缓慢下放电缆，并保持与抽油杆下放速度一致，同时监测磁定位器信号和电缆张力，如果电缆在下放过程中张力较大，说明抽油杆下放的速度过快，对仪器的推力过大，应适当减小抽油杆的下放速度；当测卡仪器被推送到预定深度后，慢慢起抽油杆，在起出抽油杆的过程中监测电缆张力和磁定位信号，如果电缆张力变小或磁定位有过钻杆接箍的信号，则证明抽油杆在起的过程中带动仪器上行，此时启动绞车把电缆拉直，以防止电缆与抽油杆缠绕。起出抽油杆后调整钻具悬重，在井口卡好旋转工具，并给钻具施加一定的扭矩，进行测卡作业。

测卡仪器在预定位置测卡后，释放钻具上施加的扭矩。如果该处钻具未卡则直接起出电缆和测卡仪器。如果该位置已经被卡，上提测卡仪器对钻具逐根测卡，直至测出卡点位置。

1.5　爆炸松扣施工工艺

根据井深、钻具壁厚、钻井液密度等选择适当的炸药量组装，爆炸松扣位置选择在卡点以上第一个钻具接头处。当爆炸松扣仪器下至依靠自身重量无法继续下行时，连接推送装置推送爆炸松扣仪器到达预计松扣位置以下，起出抽油杆，在起抽油杆的过程中保持电缆张力，且监测磁定位信号，如果磁定位出现过接箍信号，说明抽油杆带着电缆和仪器上行。

调整钻具悬重，使松扣位置处于既不受拉也不受压的中和点状态，在井口给钻具施加一定量的反扭矩，采用绞车上提爆炸松扣仪器至松扣位置，引爆雷管和导爆索，完成爆炸松扣作业。

1.6　关键技术及注意事项

（1）确保电缆处于拉伸状态。通过电缆下入仪器到遇阻位置后，下入推送装置，当推送装置距电缆头 200m 以上时，使用绞车上起电缆，让电缆头与推送装置接触，其目的是确保电缆处于拉伸状态，防止同步下入过程中电缆与抽油杆缠绕。

（2）控制推送速度。在推仪器的过程中控制速度，电缆保持一定的拉力，仪器和抽油杆同步进行。

（3）适时监测仪器的状态。仪器推送到位后，起抽油杆的过程中，通过检测磁定位信号、电缆张力，来观察起抽油杆过程中测卡松扣仪器的是否上行。

（4）在起下抽油杆的过程中不能转动钻具和抽油杆，防止电缆和抽油杆缠绕，造成井下复杂。

2　大斜度井、水平井解卡技术应用

8Es－L7 井是一口设计井深 4072m，垂深 1509m 的三开大斜度井，中完井深 3780m。中完井身结构为：一开井眼：$\phi444.5$ 钻头×1204.5m，

下入 ϕ339.7 套管×1205m；二开井眼：ϕ311.1 钻头×3780m；井眼轨迹情况：造斜点 80m，造斜终点 1172m，稳斜段 1172~3595m，76°井斜。

2.1 卡钻发生经过

钻至 3780m 中完，循环后倒划眼起钻至 1861m 时扭矩值由 22kN·m 增至设定值 26kN·m，顶驱憋停，泵压无变化，下放钻具遇阻，上提遇卡，最高上提至 1400kN，活动钻具无效。期间，施加扭矩至 35kN·m 无效，确定钻具卡死，分析认为起下钻过程中在该处形成键槽，造成卡钻。卡钻时钻头位置 1861m，井斜角为 75.2°。被卡钻具：ϕ311.1 PDC+ϕ244.5 螺杆×9.25m+631/630 浮阀×0.45+ϕ203 LWD×13.45m+ϕ203 无磁钻铤×8.89m+631/410×1.14m+ϕ127 加重钻杆×149.22m+ϕ127 钻杆×393.98m+521/410×1.15m+ϕ139.7 钻杆。

2.2 处理措施及处理经过

2.2.1 地面震击器震击、浸泡解卡泥浆

浸泡两次解卡泥浆。第一次注入密度为 0.9g/cm^{3}解卡浆 46m^3(柴油 15m^3+原油 35m^3+快速渗透剂 0.5t)，环空浸泡井段(1861~1320m)，浸泡 18h，期间使用地面震击器下击 22 次，无效，分析认为解卡泥浆密度小可能窜；改变配方，第二次注入密度为 1.10g/cm^3 解卡浆 55m^3(40m^{3}柴油+解卡剂 6t+有机土 0.5t+快速渗透剂 1t+重晶石 18t+淡水 8m^3)，环空浸泡井段(1861~1190m)，浸泡 31h，期间使用地面震击器下击 32 次，活动钻具最大上提 1600kN，未能解卡。

2.2.2 泵送、抽油杆输送测卡仪器测量卡点

在注入解卡泥浆解卡无望的情况下，采用泵送测卡仪器的方法进行测卡，仪器泵送测卡仪至 1145m 遇阻(井斜 75°)，仪器不再下行。

采用抽油杆输送的方法测卡。采用滚子加重杆，测卡仪器自然下放至 1340m(井斜 75°)不再下行，对该处钻具进行测卡，仪器显示该处未卡。然后连接推送装置，钻杆水眼内下 Φ18 抽油杆，下至 1340m 同步开始推送测卡仪器，抽油杆推送测卡仪器至 1650m 后，抽油杆磨阻较大，最终抽油杆推送测卡仪器至 1833m(无磁钻铤水眼内)，起出抽油杆。测卡显示该处已卡，通过绞车上提测卡仪器，逐根钻具测量卡点，确定卡点在无磁钻铤以上第 5 根加重钻杆处，卡点深度为 1780m。

2.2.3 抽油杆推送爆炸松扣仪器爆炸松扣

根据所测卡点深度、钻井液密度，确定爆炸松扣的炸药量为 0.18kg，使用抽油杆推送的方法，第一次电缆自然下放至 1274m，然后下抽油杆与电缆头接触，保持电缆张力且与抽油杆同步下放，推送至 1784m，起抽油杆，起至 1598m 时发现磁定位有过钻杆接箍的信号，分析认为爆炸松扣仪器随抽油杆上行，此时上提电缆遇卡，抽油杆下放遇阻、上提遇卡，反复活动解卡。分析认为钻具水眼内电缆堆积打扭或有电缆断丝，决定同步起抽油杆和电缆。起出后发现抽油杆下端电缆堆积严重，如图 4、图 5 所示。

图 4　打结的电缆

图 5　抽油杆和电缆缠绕

汲取第一次松扣失败的教训，改变推送方法。爆炸松扣仪器依靠自身重量下入到1004m，将抽油杆下至950m，通过绞车上提电缆与抽油杆下端接触，把电缆拉直(防止电缆与抽油杆缠绕)，随后同步下放电缆与抽油杆，抽油杆推送爆炸松扣仪器至1827m(加重钻杆与无磁钻铤之间)，起抽油杆，监测磁定位无过钻杆接箍的信号，然后上提爆炸松扣仪器至1771m(第6根与第7根加重钻杆之间)，爆炸松扣成功。

2.2.4 通井、使用 ϕ244.5 套铣管套铣落鱼

套铣前用钻头通井，通井钻具组合：ϕ311.1钻头+ϕ305稳定器+ϕ203无磁钻铤器+ϕ139.7钻杆。

分两次套铣，第一次下入两根套铣管试套，套铣井段1771~1791m，第二次下入5根套铣管，套铣参数：排量60L/s，转速20r/min，钻压20kN，套铣井段1771~1818m。

2.2.5 反扣钻杆倒扣

考虑到用钻头通井和套铣，落鱼钻具水眼已被堵死，无法爆炸松扣，因此采取反扣钻杆倒扣技术。倒扣钻具组合：反扣母锥+ϕ127反扣钻杆，下至距鱼顶5m处，测试上提、下放悬重，限定顶驱扭矩，在上提不超原悬重下活动钻具造扣。释放扭矩后上调顶驱限定扭矩，反转顶驱倒扣成功，起钻捞获3根加重钻杆，鱼顶位置：1800m。

2.2.6 第三次套铣，套铣深度较预计多进尺5.81m

下入4根套铣管至1800m，没有遇阻显示，继续下钻至1825m遇阻(上次套铣至1818m)，套铣至1845m，泵压突然由6MPa上升至10MPa，扭矩增大。反复活动仍有遇阻憋泵、憋顶驱现象。

本次套铣预计套铣到1839.19m，实际套铣至1845m，多套进5.81m，分析认为落鱼已被套活下行了5.81m。

2.2.7 反扣钻杆倒扣，倒出下部落鱼

反扣母锥下至1800m，反复活动没探着鱼顶，在1805.81m也没探着鱼顶。下放至1829m遇阻，决定试着造扣，活动钻具传递造扣扭矩期间扭矩突然释放，倒扣成功。起出410/631接头+ϕ203无磁钻铤1根+LWD仪器串中的MWD短节。长度15.83m。

井内两条落鱼：

一条鱼连接着钻头：ϕ311.1 PDC×0.36m+ϕ244.5螺杆×9.25m+631/630浮阀×0.45m+ϕ203 LWD串×7.65m；

一条鱼在上部井眼内：ϕ127加重钻杆×27.99m(3根)。

2.2.8 卡瓦打捞筒打捞加重钻杆

分析认为第一次用母锥倒扣时落鱼被倒成两截，一截连接着钻头(死鱼)，另外一截紧贴井壁(活鱼)，第二次下母锥时错过了鱼顶，抓住了连接钻头的那条鱼，目前活鱼在死鱼的上部，因此决定用卡瓦打捞筒打捞活鱼。

下入ϕ206卡瓦打捞筒打捞三根ϕ127加重钻杆。下打捞筒至1861m，顶通循环，测上提、下放拉力，然后停泵打捞，捞获三根ϕ127加重钻杆。

2.2.9 使用 Φ273 套铣管套铣螺杆钻具

鉴于螺杆钻具弯度较大(马达弯角在扶正器上1.5m处，角度1.25°)，为能套铣到螺杆扶正器位置，采用ϕ273套铣管套铣，套铣井段1844~1860m，套铣到马达扶正器时扭矩由6kN·m上涨到9kN·m，泵压由8.9MPa上涨到9.8MPa。

2.2.10 震击器震击解卡

打捞钻具组合：631/410+安全接头+ϕ165震击器+ϕ139.7钻杆，下钻至1844m对扣后，在紧扣过程中落鱼活，起钻捞获全部落鱼，事故解除。

3 结论及建议

(1) 大斜度井在解卡作业中，因井斜的原因测卡松扣仪器无法有效的下到预定深度，该井创造性的采用抽油杆推送仪器实现了测卡松扣，及时取出了卡点以上钻具为后续处理打下了基础，也为水平井卡钻事故处理提供了经验。

(2) 抽油杆推送测卡松扣技术的关键技术是在下抽油杆时保持仪器和抽油杆的下入速度一致，起抽油杆时防止抽油杆和电缆打扭；为确保推送器和钻具水眼保持合理的间隙，该技术适用于处理水平段的ϕ139.7钻具和ϕ127钻具卡钻事故。

(3) 大斜度井套铣，主要难点在套铣管的下入，下套铣管前应用钻头+扶正器通井，保证井

眼畅通，套铣时应逐渐增加套铣的长度。

（4）大斜度井倒扣，钻具与井壁间磨阻大，扭矩传递困难，采用爆炸松扣的方法可以避免把钻具倒成多截的可能。

参 考 文 献

[1] 张东方．测卡、爆炸松扣仪在大斜度井和水平井中的应用[J]．复杂油气藏，2011，9，4(3)．

[2] 薛友康．Homco 测卡车的结构原理及现场应用[J]．钻采工艺，1997，20(2)．

[3] 蒋希文．钻井事故与复杂[M]．北京：石油工业出版社，2001．

连续油管喷砂射孔分段压裂工艺在低渗油藏的应用

赵　涛　曲庆利　杨延征　齐月魁　曾晓辉

(大港油田石油工程研究院，天津 300280)

摘　要　低渗透油藏是大港油田增储上产的保障，压裂措施改造效果影响到其开发效果。连续油管喷砂射孔分段压裂工艺可实现连续多级射孔压裂，精确控制起裂点，通过实时观测地层压力变化，实现加砂量、携砂液和泵压实时调节，控制裂缝规模，可通过较小的压裂排量和水马力实现同等压裂规模，无须磨铣作业即可达到井筒全通径，是一种快速高效的分段压裂工艺。连续油管喷砂射孔分段压裂工艺在 Q62-18 井进行了首次应用，获得了稳定的产量，增产效果显著。

关键词　低渗油藏；连续油管；喷砂射孔；分段压裂

大港油田属于复杂断块油气田，资源品位低，目前已探明 11.6 亿吨储量中有近 4 亿吨为“低、深、难”储量；虽然天然气资源蕴藏量探明率仅为 19.7%，但尚未探明储量大都集中在低孔低渗油藏；陆上开发老区稳产基础薄弱；海上新区地上地下条件极其复杂，施工难度大。这类复杂断块油气藏必需通过压裂措施改造才能实现储量升级和区块经济高效开发[1]。

1　大港油田低渗油藏特点

大港油田低渗储藏分布区域比较分散，储层埋深跨度大，储层地质条件各不相同。南部油区枣Ⅴ油组油藏中深 3724～4037m，测井解释油层厚度在 0.7～13.6m，孔隙度 9.42%～14.53%，渗透率(4.22～29.56)$\times 10^{-3}\mu m^2$，含油饱和度 5.43%～52.47%，泥质含量 3.45%～17.75%。砂泥岩呈不等厚互层，泥岩为主要的隔夹层，但在储层内分布并不稳定。港西油田低渗油藏目的层为沙三 1～沙三 3，油藏中深 3492～3749m，孔隙度 9.01%～10.75%，渗透率(5.06～10.20)$\times 10^{-3}\mu m^2$，目的层平均跨度 400m 以上，且不连续。应该根据低渗储藏的不同特点，选用具有针对性的分段压裂改造工艺进行储层改造[2]。

2　连续油管喷砂射孔分段压裂工艺技术原理及特点

2.1　技术原理

将连接有定位短套管的油层套管下入井中并固井，将含有机械套管接箍定位器、封隔器、平衡阀、喷枪和扶正器等工具的连续油管工具串入井，机械定位器通过定位短套实现定位校深，坐封封隔器，并通过水力喷枪进行喷砂射孔，通过环空加砂实现目的储层的压裂改造。本工艺主要包括机械式套管接箍定位器、可重复使用封隔器和水力喷枪等配套工具。

2.2　工艺特点

该工艺具有以下特点：

(1) 可无限制的分层压裂，是一种更快、更有效的多级压裂方案；

(2) 通过喷砂射孔精确控制压裂起裂点，从而实现对相应储层进行准确的压裂改造[3]；

(3) 压裂过程中连续油管实时观测地层压力变化，实现加砂量、携砂液和泵压实时调节，控制裂缝规模；

(4) 集中压裂于较少压裂点，同等压裂规模下需要较小的压裂排量和水马力；

(5) 前置液可在加压压裂前提前循环到压裂目的层位处，降低压裂液的使用；

(6) 一旦出现砂堵，可通过连续油管立刻建立循环解除砂堵；

(7) 无须磨铣作业即可达到井筒全通径，减少措施改造后期作业时间。

3　现场应用情况

Q62-18 井是构造于周青庄油田周三断块的

作者简介：赵涛(1986—　)，男，河北容城人，助理工程师，2013 年毕业于中国石油大学(北京)机械工程专业，主要从事石油完井工艺技术研究。E-mail：zhaotaoc@163.com

一口二开采油定向井，目的层为沙三3，主要岩性为细砂岩，实钻井深3174m，最大井斜23.7°，位于907.39m井段处。该井一开在121/4″井眼下95/8″套管固井，二开81/2″裸眼，下入51/2″套管固完井。该井储层油层分散且物性差异大，常规笼统压裂难以充分改造各个油层，要求精确控制压裂施工的起裂点。通过连续油管下入带水力喷枪、可重复使用封隔器、机械式套管接箍定位器等工具的操作工具串，准确定位后喷砂射孔进行分层压裂，可对储层进行有效的改造。

3.1 现场管柱

整套操作工具串按照从上到下顺序依次是：连续油管接头、液压脱手、扶正器、球座、喷枪、平衡阀、可重复使用封隔器、机械式套管接箍定位器、导引头。操作工具串如图1所示。

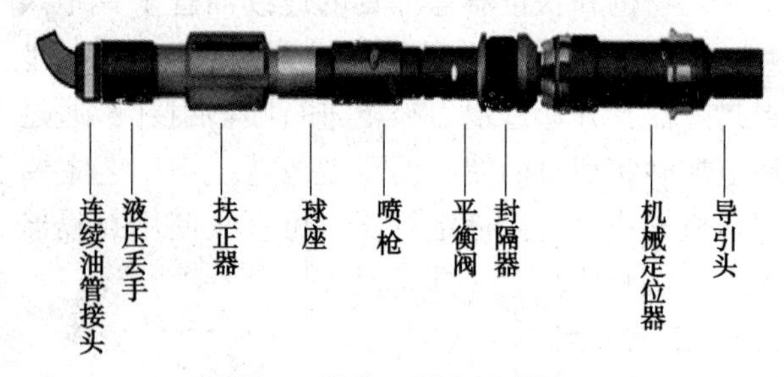

图1　操作工具串示意图

工具性能参数见表1。

表1　工具性能参数

名　称	外径/mm	通径/mm	长度/m	总长/m
连续油管接头	79.5	35.6	0.35	0.35
液压丢手	59.5	47.8	0.31	0.66
扶正器(2个)	117.9	38.1	1.82	2.48
球座	77.7	31.8	0.11	2.59
喷枪	94	31.8	0.3	2.89
平衡阀	82	50.8	0.62	3.51
封隔器	126	38.1	0.84	4.35
机械定位器	132	48.3	0.43	4.78
导引头	79.5	38.1	0.11	4.89

3.2 现场施工

采用连续油管进行分段水力喷砂射孔、环空加砂压裂措施改造，全井共分为三段压裂，射孔及压裂位置见表2。

具体施工过程：

(1)下完井管串：短套管作为完井管串一部分入井。

(2)固井：按照常规固井方式固井，并候凝测声幅。

(3)井眼准备：进行替浆、通井洗井、刮管，安装压裂井口并试压。

表2　射孔和压裂位置

压裂层段	射孔厚度/m	射孔井段/m		厚度/m	射孔位置/m
第三段	4.5	3086.2	3087.2	1	3092
		3090	3093.5	3.5	
第二段	5.4	3112.3	3113.2	0.9	3118
		3113.2	3114	0.8	
		3114	3115.2	1.2	
		3116.5	3119	2.5	
第一段	4.4	3128.5	3132.9	4.4	3130
合计				14.3	

(4)连续油管设备安装及工具准备：泵球通管，进行接头拉拔试验，接头试压45MPa，连接好操作工具串，并安装好送入工具防喷系统，在全井筒完全替成基液后测试不同尺寸油嘴、排量下所能控制回压的数据并做好记录。

(5)第一段射孔、压裂施工：工具入井，利用机械式套管接箍定位器定位、校深，校深合格后，关闭井口闸门，打压30MPa，连续油管下压坐封封隔器；然后打压35MPa进行验封。确保出口控压，进行喷砂射孔。射孔完成后，停止加砂，继续泵入压裂基液40m^3，将连续油管内残留的携砂液顶替出井口，由射孔流程倒换为压裂流程，并进行环空加砂压裂施工。

(6)其余各段射孔、压裂施工：第一段压裂施工完成后，上提解封封隔器，并上提连续油管至第二段压裂施工位置，工具串定位、校深后，座封封隔器并验封，并完成第二段喷砂射孔及压裂施工。并进行第三段射孔及压裂施工(图2~图4)。

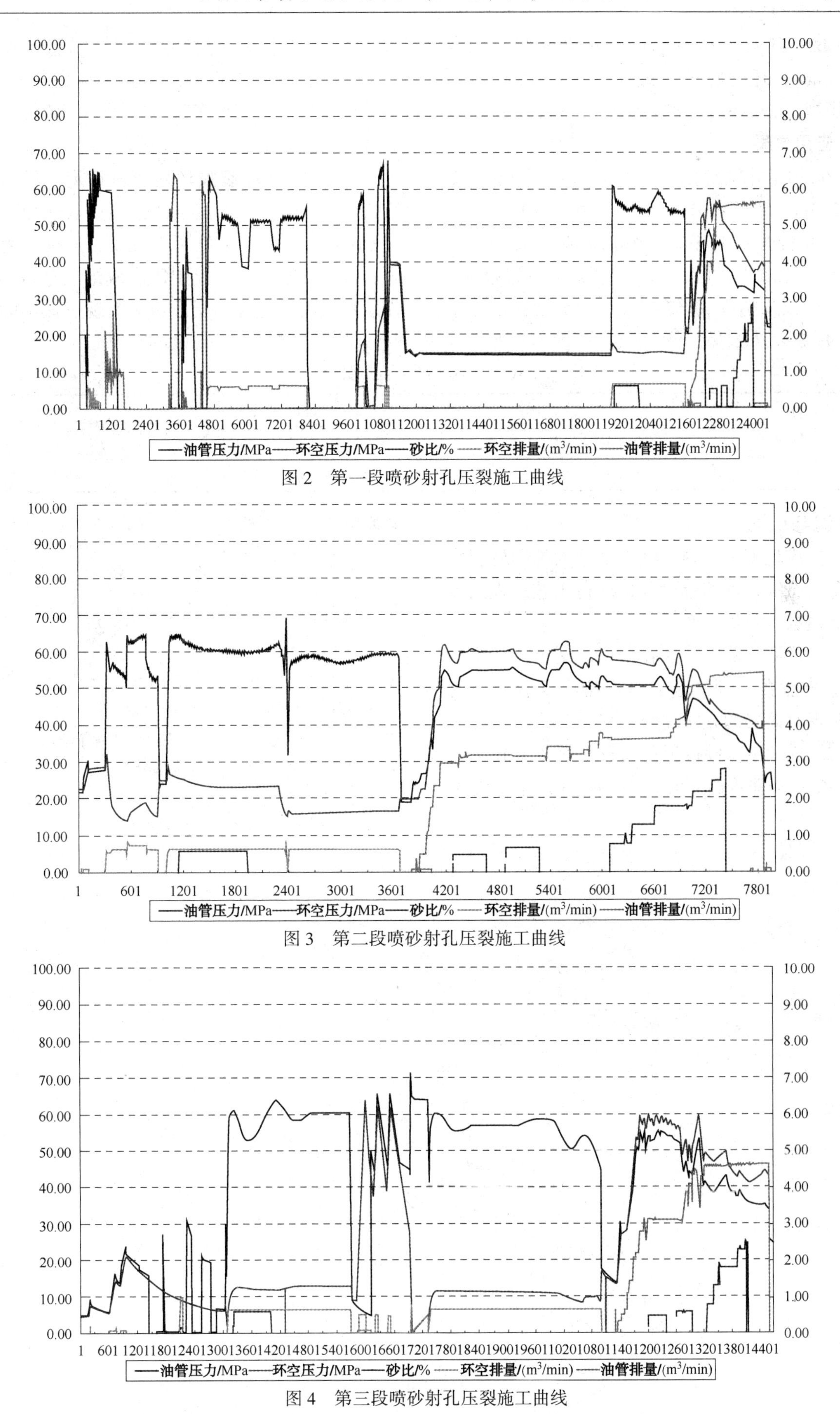

图 2　第一段喷砂射孔压裂施工曲线

图 3　第二段喷砂射孔压裂施工曲线

图 4　第三段喷砂射孔压裂施工曲线

Q62-18 井连续油管喷砂射孔排量 0.55~0.6m^3/min，环空加砂压裂排量 5~5.7m^3/min，共用压裂液 862.5m^3，加砂总量 47.8m^3。

3.3 应用效果

Q62-18 井钻遇油层 7.6m/5 层，油层厚度 0.8~2.5m，储层渗透率(5.06~20.4)×10^{-3}μm^2，孔隙度 9.82%~11.03%，含油饱和度 42.35%~65.18%。钻遇差油层 9.2m/5 层，油层厚度 1~4.4m，储层渗透率(0.57~1.52)×10^{-3}μm^2，孔隙度 5.97%~7.27%，含油饱和度 11.79%~14.34%。该井储层物性差且油层分散，如不进行储层压裂改造则不能实现经济有效开发，且需要精确控制起裂点位置来实现对小厚度油层的精确改造。

Q62-18 井压裂投产后产量稳定，目前产量维持在 11.5t/d 以上。生产情况如表 7 所示。通过 Q62-18 井生产数据可以发现，连续油管喷砂射孔分段压裂工艺对储层压裂效果显著，小厚度油层均实现了有效储层改造，实现了该井的经济有效开发，增产效果明显。

表 3　Q62-18 井生产数据

井型	投产时间	初期情况		目前情况		累产油(截至 2016 年 6 月)/t
		产液/m^3	产油/t	产液/m^3	产油/t	
水平井	2016.01	15.1	10.7	15	11.6	1915

4 结论与认识

（1）应根据大港油田低渗油藏的不同储层特点选用具有针对性的分段压裂改造工艺，提高压裂改造效果，降低成本。

（2）连续油管喷砂射孔分段压裂工艺可实现多级连续射孔压裂，起裂点准确，压裂规模可控，实现对储层的充分改造。

（3）连续油管喷砂射孔分段压裂工艺在大港油田 Q62-18 井进行了首次成功应用，储层改造效果显著。

参考文献

[1] 田守嶒，李根生，黄中伟，等．连续油管水力喷射压裂技术[J]．天然气工业，2008，28(8).

[2] 万仁薄．水平井开采技术[M]．北京：石油工业出版社，1995.

[3] 于永，杨彪，杜宝坛，等．水力喷砂射孔在油气田开发中的应用[J]．特种油气藏，2002，9(4).

一种双季胺盐防膨缩膨剂 PA-SAS 的合成与应用

胡红福　冯浦涌　张　威

（中海油田服务股份有限公司油田生产研究院，天津塘沽 300450）

摘　要　在海上油田的开发生产过程中，有很大一部分储层属于中低渗高温砂岩储层，黏土遇水膨胀运移对储层的渗透率伤害影响严重。针对中低渗储层特性，合成研发了具有防膨和缩膨效果的防膨缩膨剂 PA-SAS。该剂能够非常有效而永久的防止黏土膨胀，且能够起到缩膨作用，一定程度恢复储层渗透率。通过室内性能评价测试了防膨缩膨剂 PA-SAS 的防膨率、缩膨率、防膨持久性等，证实了该剂性能的优越性。同时 P5 井的现场应用也见到了显著的效果，恢复了中低渗砂岩储层黏土膨胀对渗透率的影响，保证了海上油田的增产增注。

关键词　防膨缩膨剂；防膨率；缩膨率；防膨持久性；耐温性

在海上油田的开发生产过程中，外部流体进入地层，稀释了地层原生水，降低了盐的浓度，使覆盖在黏土表面的阳离子发生扩散，黏土晶体中水分子快速流动，导致黏土矿物水化膨胀和分散运移，堵塞了油气流通道，降低了渗透率造成油气田减产[1,2]。目前黏土稳定剂通过释放阳离子中和黏土矿物表面的负电性，桥接吸附起到稳定黏土的作用[3]。此类药剂对于已经发生黏土膨胀的地层作用不大。需研发一种能将黏土晶格间的吸附水析出，使已膨胀的黏土失水收缩恢复地层渗透率的缩膨剂。本文合成的防膨缩膨剂 PA-SAS 不仅能有效抑制未膨胀黏土的膨胀，还能使已膨胀黏土所吸附的水脱离，膨胀黏土的体积大大缩小，恢复被堵塞的地层孔隙，从而达到降压增注的目的。

1　防膨缩膨剂的合成

将 250mL 四口烧瓶固定到水浴锅中，四口烧瓶上装有温度计、直冷凝管、搅拌器和恒速漏斗。称量环氧氯丙烷加入到四口烧瓶，并加入一定量的增溶剂。在 10℃下，向四口烧瓶中滴加二甲胺溶液。滴加完毕后，将水浴锅升温至设定的反应温度，在恒温下加热反应数小时，即制得酸化注水用防膨缩膨剂 PA-SAS。

最佳条件为反应温度 65℃、反应时间 6h、加入 1.25%交联剂和 2.5%二乙烯三胺或 3.0%乙二胺。

2　性能评价试验

2.1　防膨效果评价

图 1 为室温下不同浓度防膨缩膨剂 PA-SAS 的防膨效果。

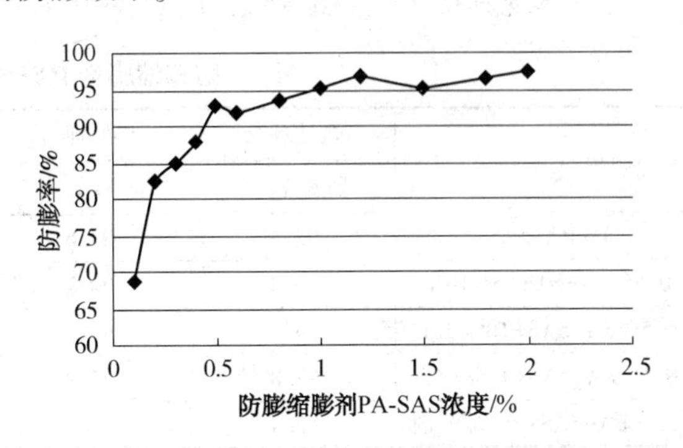

图 1　不同浓度防膨缩膨剂 PA-SAS 的防膨率

从图 1 可以看出，防膨缩膨剂 PA-SAS 的防膨率根据浓度的增加呈递增趋势，且浓度为 0.2%~0.5%时防膨率显著升高。且浓度从 1%开始防膨率增长缓慢。考虑成本与效果，选取 0.5%防膨缩膨剂 PA-SAS 进行应用，防膨效果佳，防膨率 92.8%。

2.2　缩膨效果评价

图 2 为室温下不同浓度防膨缩膨剂 PA-SAS 的缩膨效果。

从图 2 可以看出，防膨缩膨剂 PA-SAS 的缩膨率根据浓度的增加呈递增趋势，且浓度为 0.5%时缩膨率为 57.6%。1.5%时达到 62.9%的

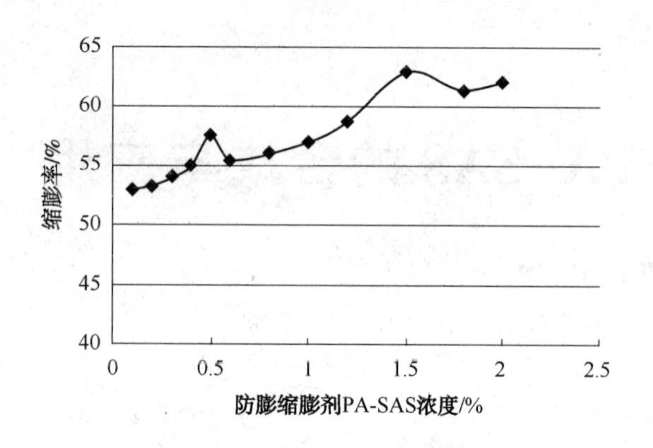

图2　不同浓度防膨缩膨剂 PA-SAS 的缩膨率

缩膨率。可见防膨缩膨剂的缩膨效果是很好的。

2.3　防膨持久性评价

黏土稳定剂的持久防膨性是指防膨处理后黏土经水浸渍冲洗后的防膨率。在装有经不同的防膨处理剂处理的膨润土的离心管中加蒸馏水至50mL，每隔2h离心，测定膨润土体积，倾倒上层清液再加蒸馏水至50mL，直至换水12次或膨润土因水化分散无法完全离心沉淀，换水次数的多少可以体现其持久性。结果见图3。

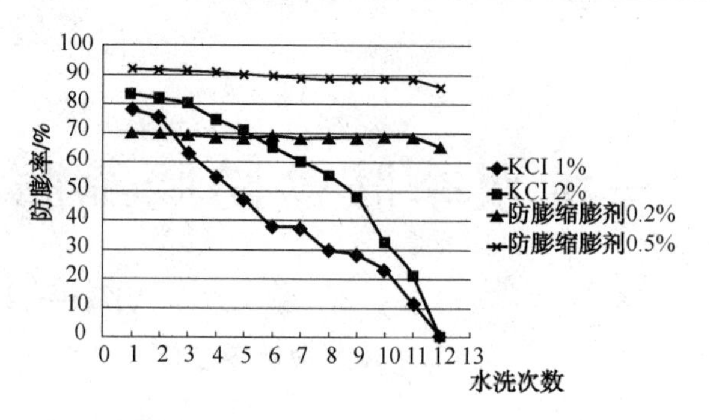

图3　防膨缩膨剂 PA-SAS 与 KCl 防膨持久性对比图

由图3可以看出，KCl经水冲洗后防膨率衰减极快，水洗12次后防膨率已降至0。而防膨缩膨剂PA-SAS衰减比常用无机防膨剂KCl要慢得多。从图上的衰减趋势来看，水洗冲刷后，防膨率几乎保持不变。表现出了优异的防膨持久性。

2.4　耐温性评价

防膨缩膨剂PA-SAS不但具备较好的防膨缩膨性，而且耐温性也很好。能达到130℃。表1是防膨缩膨剂PA-SAS在130℃热处理36h的测定结果，防膨性能和缩膨性能没有发生降低，说明该剂具有良好的热稳定性，且与酸化液配伍性良好。

表1　防膨缩膨剂 PA-SAS130℃热处理 36h 的测定结果

	热处理前防膨率/%	热处理后防膨率/%	热处理前缩膨率/%	热处理后缩膨率/%	热处理后现象
1%PA-SAS	92.8	91.6	57.6	56.1	配伍性良好、液体澄清透明、无沉淀
0.5%PA-SAS+5%HCl	91.4	90.7	58.3	56.2	
0.5%PA-SAS+10%HCl	93	91.7	55.4	55.8	
0.5%PA-SAS+15%HCl	93.8	92.9	59.3	58.6	
0.5%PA-SAS+1%缓蚀剂	92.4	92	58.6	55.4	

2.5　岩芯流动评价实验

选取黏土含量为15%岩芯M-3，用标准盐水饱和并测量其渗透率，然后用0.5%的防膨缩膨剂PA-SAS溶液驱替并浸泡8h后再测量岩芯的渗透率。

岩芯流动试验表明，加入防膨缩膨剂PA-SAS后，岩芯渗透率明显升高，证明了防膨缩膨剂确有缩膨所用，能够在现场对黏土膨胀造成的地层堵塞进行缩膨解堵(图4)。

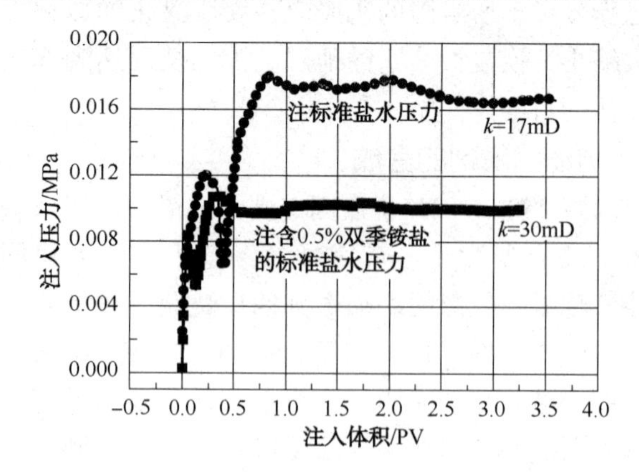

图4　缩膨性能流动试验评价

3　现场应用

2016年6月19日使用防膨缩膨剂PA-SAS对渤海某油田P5井沙二段的第三防砂段进行防膨作业(酸化处理前进行防膨缩膨作业)。防膨缩膨处理半径约2.5m，防膨缩膨剂处理液体积$90m^3$，注入防膨缩膨处理液浸泡反应24h，恢复注水。经过防膨缩膨处理，平均视吸水指数从$58.9m^3/(MPa/d)$增加到$133.4m^3/(MPa/d)$，降压增注效果明显。

表 2 防膨缩膨作业前后注入情况对比

时间		压力/MPa	注入量/(m^3/h)	视吸水指数/[m^3/(MPa·d)]	备注
防膨前					
0619	7：00	5.6	13	55.7	平台注水泵
	9：00	9	23.3	62.1	平台注水泵
防膨后					
0620	23：00	4	24	144	平台注水泵
0621	7：00	4.3	22	122.8	平台注水泵

4 结论

（1）防膨缩膨剂 PA-SAS 不但具备良好的防膨性，还具备良好的缩膨性能。防膨缩膨剂 PA-SAS 浓度为 0.5%时防膨率为 92.8%，缩膨率 57.6%。1.5%时缩膨率达到 62.9%。

（2）防膨缩膨剂 PA-SAS 具备优异的防膨持久性。水洗 12 次后，防膨率保持不变。

（3）防膨缩膨剂 PA-SAS 能够适应高温中低渗砂岩的储层解堵作业，耐温高达 130℃。

（4）防膨缩膨剂能恢复黏土膨胀对渗透率的影响，可解除因黏土膨胀运移造成的地层堵塞。效果十分显著，值得加以推广应用。

参 考 文 献

[1] 马爱青，何绍群，等．黏土矿物膨胀防治体系 SLAS-3 的应用与机理研究[J]．油田化学，2007，24(4)：320-323.

[2] 李雯，鲁红升，郭斐，等．低聚季铵盐型黏土稳定剂的合成与性能评价[J]．石油化工应用，2012，07.

[3] 刘林．小阳离子聚合物黏土稳定剂 PTA 研制与应用[J]．精细石油化工进展，2010；10(01)：17-19.

套管磨损后腐蚀预测的分析及应用

陈国宏[1]　修海媚[2]

(1. 中海油能源发展股份有限公司工程技术分公司，天津塘沽 300450；
2. 中海石油(中国)有限公司蓬勃作业公司，天津塘沽 300450)

摘　要　磨损和腐蚀是导致套管失效的最常见因素。基于对套管磨损的理论分析，预测套管在钻进中的磨损量，及油田开采周期内对套管的腐蚀壁厚，结合套管强度校核，研究基于磨损作用的套管腐蚀对套管选型的影响。研究结果表明：磨损可引起腐蚀速率的增加，使腐蚀壁厚增加，且该作用不可忽略；磨损和腐蚀作用影响套管壁厚，也就是公称重量的选择，结果体现在套管选型过程中。

关键词　套管强度；磨损；腐蚀；壁厚；套管选型

随着深井、大位移井的逐年增加，正常钻进作业、下入套管会对套管壁产生不可忽略的磨损，由此可能造成的套管安全问题也越来越受到重视。另外，含腐蚀性气体油气井的生产也会对油层套管造成腐蚀，这两种作用均一定程度降低了套管的强度。国内外学者对套管的磨损和腐蚀问题分别进行了深入的研究。1974 年，W. L Russel[1]等研究了轨迹中狗腿度对磨损的影响，1986 年，Bruno Best[2]通过实验，研究了钻杆、套管及钻井液等对磨损的综合影响，2000 年，覃成锦[3]建立了套管磨损的管柱力学方程，并用有限元方法计算套管磨损量，2015 年，Aniket Kumar[4]等运用新的可视化及解释技术预测并帮助工程师最大限度地减少钻进中的磨损；20 世纪 90 年代，油田开始重视油套管防腐，发展至今已经可以利用电磁、超声波、井下成像等[5]手段进行腐蚀的监测和评价，技术已经相当成熟和完善。

磨损与腐蚀问题通常被看作独立的问题进行研究，导致理论计算的损耗结果偏小。本文考虑套管在作业中的磨损量，并将其影响计算在日后油井生产中的腐蚀问题中，最终将该问题转化为套管的壁厚损失，以其评价套管的安全性能，为套管选型提供理论依据。

1　磨损后的腐蚀预测

1.1　磨损预测

磨损预测基于 Casing Wear 软件的相关理论及结果。模型考虑了转速、ROP、泥浆体系、钻杆接头材料、套管壁材料的耐磨性、沿钻杆张力(转矩和阻力)和井眼轨迹等影响因素，

$$WV = 60\pi \cdot WF \cdot SF_{dp} \cdot D_{tj} \cdot N \cdot t \quad (1)$$

式中　WV——套管磨损量，m^3/m；

WF——套管磨损系数，$10^{-10}m^2/N$；

SF_{tj}——钻杆摩擦应力，N/m；

D_{tj}——钻杆接头外径，m；

N——钻速，rpm；

t——时间。

根据磨损量，可以计算磨损壁厚 h。各参数如图 1 所示。

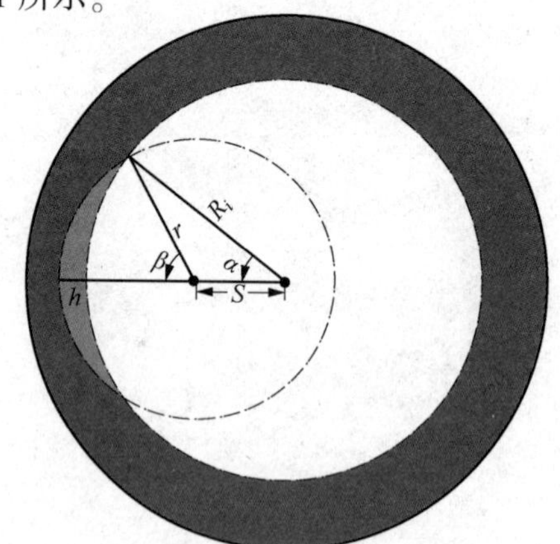

图 1　套管磨损厚度计算示意图

$$h=S+r-R_i \quad (2)$$

另根据数学关系，有

$$WV=\beta r^2+2\sqrt{P(P-R_i)(P-r)(P-S)}-\alpha R_i^2 \quad (3)$$

式中，$CR_s = E + [9.0949 - 3872.8/T - 2.8146\log(P_{CO_2}) + 6.9476(7.0 - pH_{CO_2})]$

作者简介：陈国宏，男，2004 年江汉石油学院毕业，工程师，长期从事海上油气田钻完井技术工作。E-mail: chengh2@cnooc.com.cn

$$P=(R_i+r+S)/2 \tag{4}$$

$$\alpha=\arccos(R_i^2+S^2-r^2)/2RS \tag{5}$$

$$\beta=\mathrm{arctg}[R_i\sin\alpha/(R_i\cos\alpha-S)] \tag{6}$$

本文将磨损预测中求得的 h 记为 h_1。

1.2 腐蚀预测

腐蚀预测主要依据中国海洋石油总公司企业标准[6]，根据油田的寿命来评价套管在生产条件下的长期腐蚀速率。例如，在一定温度及 CO_2 分压条件下，3Cr 材质的套管长期腐蚀速率如下式：

$$CR_1=\frac{CR_s}{2.2151}\times 9.0163t^{-0.7842} \tag{7}$$

式中 CR_1——长期腐蚀速率，mm/a；

CR_s——该温压条件下的短期腐蚀速率，mm/a；

t——时间，d。其中，短期腐蚀速率用如式(8)计算：

$$\lg CR_s=-9.0949-\frac{3872.8}{T}-2.8146\lg P_{CO_2}+6.9479\times(7.0-\mathrm{pH}_{CO_2}) \tag{8}$$

式中 T——绝对温度，K；

P_{CO_2}——CO_2 分压值，MPa；

pH_{CO_2}——某 CO_2 分压下溶解于纯水的 pH 值，无量纲。

根据腐蚀速率，可以根据油田生产时间计算套管腐蚀壁厚。

1.3 基于磨损后的腐蚀预测

将套管腐蚀壁厚记做 h_2，此时，经过磨损和腐蚀作用后，套管的壁厚总损失可以用以下公式来表示：

$$h=h_1+h_2 \tag{9}$$

式中，考虑磨损作用下的腐蚀，则 h_2 可以用下式表示：

$$h_2=f(h_1,\ CR,\ t) \tag{10}$$

套管内壁磨损后，其受力标示如图 2 所示。

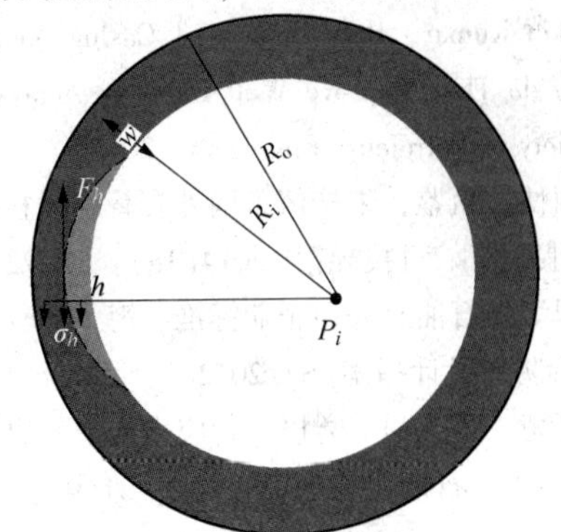

图 2 磨损后套管受力示意图

其中，F_h 为因磨损增加的周向力，N；σ_h 为对应周向应力，MPa；σ 为对应周向应力，MPa；w 为套管壁厚，h 为磨损壁厚，m；P_i 为套管受内压，MPa；R_i、R_o 分别为套管的内外径，m。

根据拉梅公式，有

$$F_h=P_ih+\frac{P_iR_i^2}{R_o^2-R_i^2}h+\frac{P_iR_i^2R_o^2}{R_o^2-R_i^2}\frac{h}{R_i(R_i+h)} \tag{11}$$

由内压作用下的周向应力为：

$$\sigma=\frac{P_iR_i^2}{R_o^2-R_i^2}+\frac{P_iR_i^2R_o^2}{R_o^2-R_i^2}\frac{1}{R^2} \tag{12}$$

对于是否考虑磨损壁厚，引入应力集中系数 K，则有：

$$\int_{R_{i+h}}^{R_{i+w}}\left(\frac{F_h}{w-h}+\sigma\right)\mathrm{d}r=K\int_{R_{i+h}}^{R_{i+w}}\sigma\mathrm{d}r \tag{13}$$

对式(13)积分得：

$$K=\frac{F_h}{(A+B)(w-h)}+1 \tag{14}$$

式中，$A=\dfrac{P_iR_i^2}{R_o^2-R_i^2}$，$B=\dfrac{P_iR_i^2R_o^2}{R_o^2-R_i^2}\dfrac{1}{(R+h)(R+w)}$。

由于套管磨损后局部形成应力集中[7]，该位置局部平衡电位降低，使金属溶解过程发生加速，套管的腐蚀速率增加。磨损后的腐蚀速率不再是 1.2 节计算所得的腐蚀速率 CR_1，为此引入参数 α，令 $CR=\alpha CR_1$，CR 即是最终的腐蚀损失速率，而

$$\alpha=e^{\frac{K\Delta PV}{RT}} \tag{15}$$

式中，$R=8.314$ J/(mol·K) 为通用气体常数，V 为套管的克分子体积，cm^3/mol，T 为绝对温度，K；ΔP 为腐蚀体系的压力变化，MPa。

将式(14)结果代入式(15)，则可得磨损后的腐蚀速率，进而得到腐蚀壁厚 h_2。

2 套管选型的评价内容

本次套管选型主要依据《海洋钻井手册》相关要求，对抗拉、抗外挤、抗内压 3 种不同工况下的套管安全性能，采用 STRESS CHECK 软件进行校核，安全系数最小值分别取 1.25、1.125 和 1.6。

抗拉工况：套管过提 50t；下套管速度：0.5m/s。

抗外挤工况：考虑钻井期间井漏(半掏空)。

抗内压工况：井涌关井和压井；套管试压 20MPa。

3　实例计算及应用

某油田由于前期研究在套管选型方面未考虑磨损和腐蚀对套管寿命的影响，导致实际使用损耗大于预测结果。在调整井阶段，将以上因素考虑在内，举例对某井与油气部分接触的 9-5/8″套管进行校核，以确定其公称质量和壁厚，确定套管规格。该井井身结构如表 1 所示。

表 1　井身结构

钻头尺寸×深度/m	套管尺寸×深度/m	钢级、公称质量、扣型
26″×255	20″×250	K55、#106.5、ER
17-1/2″×1805	13-3/8″×1800	N80、#68、BUTT
12-1/4″×3497	9-5/8″×3492	3Cr-L80、气密扣
8-1/2″×4130		

根据油田 15 年的生产寿命进行腐蚀计算，在是否考虑磨损影响时的腐蚀结果如表 2 所示。

表 2　考虑磨损的腐蚀后壁厚结果

井深	磨损后壁厚/mm	腐蚀速率系数 α	不考虑磨损的腐蚀后壁厚/mm	考虑磨损的腐蚀后壁厚/mm
0	10.03	1.000	9.143	9.143
520	9.044	1.067	8.153	8.093
2000	9.374	1.045	8.483	8.443
3400	9.564	1.032	8.673	8.645

从表中可以看出，对该油田，因磨损造成的附加腐蚀壁厚最大约 0.06mm，占总腐蚀的 7%，不可忽略。经计算，若实际磨损深度增加，则磨损造成的附加腐蚀壁厚增加更加明显。针对该油田，考虑磨损和腐蚀后的壁厚进行套管校核，以 40PPF 和 47PPF 公称重量的套管为例，列出抗外挤和内压两个工况下的校核结果见图 3。

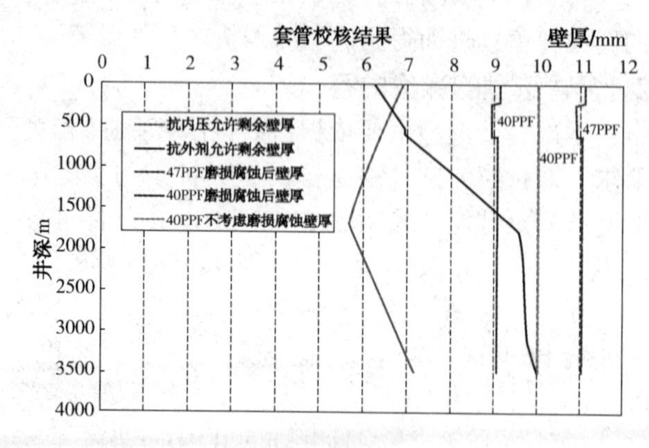

图 3　套管校核结果

在抗外挤工况条件下，套管最容易发生挤坏。不考虑磨损和腐蚀作用时，可以从 40PPF 套管不考虑磨损腐蚀壁厚曲线看出，40PPF 套管满足抗外挤及内压的壁厚要求；在考虑磨损和腐蚀后，40PPF 的套管剩余壁厚不满足抗外挤允许的最小剩余壁厚，故而设计采用 47PPF 套管。

该项技术在垦利 3-2 油田中初次采用防腐研究结论，套管磨损计算、Landmark 套管校核软件相结合的方式，优选套管壁厚及扣型，节省费用 366 万余元。

4　结论

（1）磨损可引起的腐蚀速率的增加，使腐蚀壁厚增加，且该作用不可忽略；

（2）磨损和腐蚀作用影响套管壁厚，也就是公称重量的选择，结果体现在套管选型过程中。

（3）油田也可根据套管实际静态和动态腐蚀实验数据结合磨损机理，在安全的前提下选择经济适用套管。

（4）该项理论还可以根据实测套管剩余壁厚反向验证磨损深度及参数，以便在其他井钻井作业时进行防磨和减阻措施。

（5）对于老油田后期调整多次侧钻井，可定量预测上部套管承受的最多侧钻次数，以确保整个井筒安全性。

参　考　文　献

[1]　W. L. Russel，T. R. Wright. Casing Wear：Some Causes，Effects and Control Measures［J］. World Oil. 1974，4：211-218.

[2]　Bruno Best. Casing Wear Caused by Toolioint Hardfacing［C］. 1986. SPE 11992.

[3]　覃成锦．油气井套管柱载荷分析及优化设计研究［D］. 清华大学，2000.

[4]　Aniket Kumar，Robello Samuel. Casing Wear Factors：How do They Improve Well Integrity Analyses?［Z］. Society of Petroleum Engineers，2015.

[5]　王丽忱，甄鉴，朱桂清．国外套管腐蚀检测技术研究进展［J］. 科技导报．2014(18)：67-72.

[6]　中国海洋石油总公司企业标准．海上油气井油管和套管防腐设计指南［S］. 2012.

[7]　刘怀亮，高德利．磨损套管应力集中对腐蚀速率的影响［J］. 石油化工应用．2012，31(4)：5-8，25.

渤海沙河街地层 PDC 钻头的选型与应用

边 杰[1] 和鹏飞[1] 陈 虎[1] 齐 斌[2]

(1. 中海油能源发展股份有限公司工程技术分公司，天津塘沽 300452；
2. 中海油田服务股份有限公司钻井事业部钻井研究院钻井工艺研究所，天津塘沽 300452)

摘 要 渤海沙河街地层一直以来都是钻头选型的一个难题，不同的区块、地层埋深不同地层压实强度不同，其地层可钻性的差别也较大，特别是沙河街下部地层的岩性通常研磨性较强、可钻性较差，一般的 PDC 钻头很难在此地层中获得较多的进尺和较高的机械钻速。通过对沙河街地层岩性特征，尤其是岩石力学特征、地层抗压强度以及摩擦角的研究，利用钻头选型软件和区块经验进行分析，优选出适合渤海沙河街钻井的 PDC 钻头类型。通过现场应用，机械钻速显著提高，获得了较好的经济效益。

关键词 PDC 钻头；沙河街地层；钻头选型；抗压强度；内摩擦角

钻头选型是否合理直接影响到钻井速度、钻井周期等技术指标，并对减少工程事故，有效保护油气层，提高开发井的综合效益是至关重要的。在钻井施工过程中，钻头的选择一般根据所钻地层岩石的抗压强度、抗剪强度、研磨性、可钻性等力学性质来进行合理选型，利用测井资料可以获得地下岩石的声波、密度、电阻率等物性参数，利用这些参数可评价出岩石的可钻性、硬度、强度等力学参数[1~3]。根据得出的地层力学参数，综合考虑了对 PDC 钻头应用效果影响较大的抗压强度和岩石内摩擦角这两个岩石力学参数，结合该地区已钻井的资料，优选出适合沙河街地层钻头类型。

1 沙河街地层岩性特征

沙河街组沙一段地层以褐灰色泥岩为主夹浅灰色粉砂岩及灰白色泥质白云岩、泥质灰岩薄层，局部见灰褐色油页岩；沙二段为褐灰色泥岩与浅灰色细砂岩、灰白色灰质粉砂岩、泥质粉砂岩近等厚互层，部分地区砂岩为含砾中砂岩、含砾砂岩等；沙三段基本大部以褐灰色泥岩为主夹浅灰色细砂岩、粉砂岩、灰质粉砂岩薄层，部分地区及斜坡地带，其上部含有含砾细砂岩、细砂岩等；沙四段基本以紫红色泥岩为主，夹粉砂岩及灰质细砂岩薄层。

2 PDC 钻头选型方法

对各层段岩石力学参数进行评价后，即可综合考虑其可钻性综合值及该区块钻头使用情况，按下述方法进行 PDC 钻头选型[4~9]：

(1) 利用测井资料以及岩石力学参数的室内试验数据(图 1)，建立各层的可钻性综合值模型，计算出各个层位的可钻性综合值。根据可钻性综合值大小选定级别高或同级别的 PDC 钻头。

(2) 同时根据地层的抗压强度确定 PDC 切削块直径。根据实践经验，对于软到中硬地层，选用直径较大的 PDC 复合片，采用低密或中密布齿的钻头；对于中硬到坚硬地层，选用直径较小的 PDC 复合片，采用中密或高密布齿的钻头。

(3) 由岩石内摩擦角确定地层研磨性。研究表明[10]，地层研磨性可以用岩石内摩擦角来度量。如果一层位岩石内摩擦角持续在 40°以上，那么该层位对常规 PDC 钻头而言其研磨性太强，应选用天然金刚石钻头或特殊加工的 PDC 钻头钻进；如果岩石内摩擦角在 36°~40°之间，则须结合实际岩性选用不同功能的 PDC 钻头；如果岩石内摩擦角在 36°以下，则可选用普通的 PDC 钻头钻进。

(4) PDC 钻头钻进井段较长，穿越的层位比较多，应按照预期钻遇强度最高的地层进行

作者简介：边杰(1984—)，男，山东人，2007 年毕业于中国石油大学(华东)石油工程专业。工程师，主要从事海洋石油钻井技术监督与管理工作，累计发表论文 5 篇。E-mail：bianjie@cnooc.com.cn

选型。

3　地层岩石力学参数评价及钻头选型

从沙河街组井段的钻头使用数据分析，钻头的磨损大多数都是均匀磨损。钻头磨损到一定程度后，吃入就比较困难，机械钻速逐渐降低，可见地层的研磨性和抗压强度都比较高；沙河街地层的机械钻速均偏低，尤其是沙三段下部地层和沙四段的机械钻速更低。

由岩石力学评价图可将渤海 A 区块沙河街地层分为 3 段：1112～1467m，1467～2200m，2200～2662m，不同层段的岩石力学参数有明显的不同，可根据此地层划分进行钻头选型。结合岩石抗压强度和内摩擦角两个对钻头使用效果有重要影响的参数对钻头选型进行定性分析。

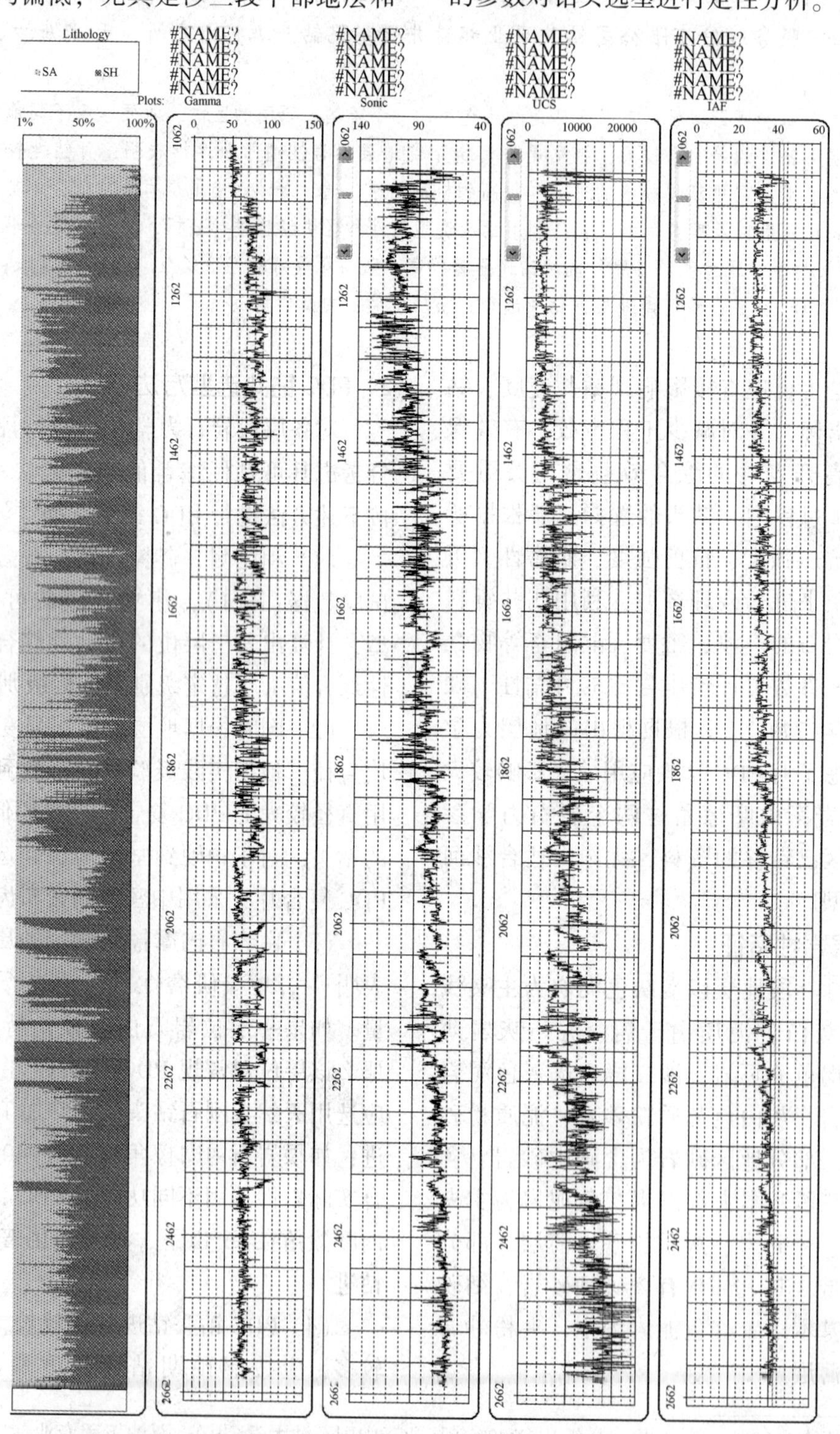

图 1　渤海 B 区块沙河街地层岩石力学参数评价结果

1112~1467m 井段即沙一、沙二段。该井段为311.15mm钻头钻进井段。该段地层抗压强度在20~45MPa之间波动，属于低强度地层，可钻性好。该段地层内摩擦角均值为31°最大值为34°，属于中等研磨性地层，为了获得较高的机械钻速，在该段地层应选用攻击性较强，适用于钻软地层的钻头。

1467~2200m 井段即沙三段上部。该井段为311.15mm钻头钻进井段。该段地层抗压强度变化剧烈，在27~100MPa之间剧烈波动，属中等强度地层，可钻性差。该段地层内摩擦角均值为35°最大值为40°，属于高研磨性地层。该段地层抗压强度曲线变化剧烈，说明地层硬夹层较多。因此在该层段钻进时应选用适合钻夹层的钻头，还要求PDC钻头具有较强的攻击性和有较长的使用寿命。

2200~2662m 井段即沙三段下部和沙四段。该井段为311.15mm钻头钻进井段。该段地层抗压强度非常大，平均抗压强度为110MPa，最大值为210MPa，属于高强度地层，可钻性很差。该段地层内摩擦角均值为40°最大值为44°，属于研磨性非常强的地层。该段地层抗压强度曲线变化剧烈，说明地层硬夹层较多。因此在该层段钻进时应选用复合片具有很强的抗研磨和抗冲击能力的钻头。

综合以上对已钻井渤海B-1井测井资料及沙河街地层钻头的实际使用效果进行分析，选出了A区块沙河街地层推荐的钻头型号见表1。

表1 渤海A区块沙河街地层钻头选型结果

井段	生产厂家	钻头型号
沙一段、沙二段	BEST	MS1951SS
沙三段上部	BEST	M1653SS
沙三段下部、沙四段	SMITH	Mi716

4 现场应用

A-1井沙三、沙四段地层平均机械钻速4.28m/h，经过优选后的B-1井沙三、沙四段地层平均机械钻速达到11.98m/h。表明该区块沙河街地层钻头选型结果是合理的，机械钻速得到明显提高，缩短了钻井周期。

5 结论和建议

(1) 渤海地区沙河街地层随着井深的增加，岩石的硬度增大，研磨性增强，地层可钻性变差。尤其是地层中的硬质夹层对于PDC钻头的选型和应用效果影响较大。

(2) 优选出与钻进地层相适应的钻头，是提高机械钻速，缩短钻井周期，降低钻井成本的重要途径。

(3) 对于渤海沙河街地层由于区块的不同，埋深和岩性的不同导致岩石力学特性的差异较大。因此在后续的不同区块的沙河街地层钻头的选型还应做进一步的研究，这样才能保证PDC钻头选型的合理性。

参考文献

[1] 林秋雨．麦盖提地区岩石力学特征分析与钻头选型研究[D]．西南石油大学，2014.

[2] 刘小刚．QK18-1油田PDC钻头优选与设计技术研究[D]．西南石油大学，2013.

[3] 白萍萍，步玉环，李作会．钻头选型方法的现状及发展趋势[J]．西部探矿工程，2013，25(11)：79-82.

[4] 李明．南堡油田1号构造玄武岩高效PDC钻头选型与应用[J]．中国化工贸易，2013(3)：67-67.

[5] 刘谦，王震宇，张敏，等．鸭K区块PDC钻头选型技术的研究与应用[J]．西部探矿工程，2014，26(12)：29-31.

[6] 李沛泉，汪浩，王强，等．大港油田歧口凹陷钻头优选研究[J]．长江大学学报：自然版，2012，09(8)：100-102.

[7] 刘天恩．PDC钻头个性化设计在歧探1井的应用[J]．中国化工贸易，2015(29).

[8] 付建民，韩雪银，孙晓飞，等．PDC钻头防涡技术在砾岩地层中的应用[J]．石油钻采工艺，2012(z1)：5-8.

[9] 刘鹏飞，和鹏飞，李凡，等．Power Drive VorteX钻具系统配套PDC钻头优化设计[J]．长江大学学报：自然版，2014(16)：41-42.

[10] Spaar J R, Ledgerwood L W, Goodman H, et al. Formation Compressive Strength Estimates for Predicting Drillability and PDC Bit Selection [J]. Oil Industry, 1995.

吡啶季铵盐型中高温酸化缓蚀剂的合成与性能评价

王云云[1]　杨　彬[1]　张　镇[1]　倪国胜[2]　李文杰[1]　崔福员[1]　许杏娟[1]　毕研霞[1]

（1. 渤海钻探工程技术研究院；2. 渤海钻探井下技术服务中心）

摘　要　以2-氨基吡啶和氯化苄为原料合成一种吡啶季铵盐，通过正交实验得到最佳合成条件：物料配比为1∶4，反应温度为100℃、反应时间为8小时，反应pH值为8.5。最佳条件下合成的吡啶季铵盐与丙炔醇、无水乙醇、甲酸、肉桂醛等进行复配，得到吡啶季铵盐型系列中高温酸化缓蚀剂。缓蚀剂缓蚀性能评价实验结果：20%盐酸介质中，90℃下，缓蚀剂用量为0.4%时钢片腐蚀速率仅为2.359g/(m^2·h)；20%盐酸介质中，120℃下，HS-120缓蚀剂用量为1.5%时钢片腐蚀速率仅为20.156g/(m^2·h)；20%盐酸介质中，140℃下，HS-140缓蚀剂用量为3%时钢片腐蚀速率仅为33.658g/(m^2·h)；20%盐酸介质中，160℃下，HS-160缓蚀剂用量为4%时钢片腐蚀速率为63.332g/(m^2·h)。实验结果表明研制的吡啶季铵盐型中高温系列缓蚀剂具有良好的缓蚀效果。

关键词　酸化；吡啶季铵盐；缓蚀剂；腐蚀速率

酸化是油气田增产增注的有效措施之一，酸化施工中高浓度的酸液会对设备及地下管线造成严重腐蚀，为降低腐蚀，最常用且有效的方法是向酸液中添加缓蚀剂。目前国内常用酸化缓蚀剂有咪唑啉类、曼尼希碱类、季铵盐类等。针对高温地层酸化对缓蚀剂的性能要求和目前国内常用酸化缓蚀剂在高温下易结焦、溶解分散性差，缓蚀效果不理想等，本研究以吡啶、氨基钠、氯化苄为原料合成一种吡啶季铵盐，通过正交实验得到最佳合成条件；将最佳条件下合成的吡啶季铵盐与增效剂复配得到吡啶季铵盐型系列中高温酸化缓蚀剂，采用静态挂片法和高温高压动态挂片法对缓蚀剂进行了缓蚀性能评价。

1　实验部分

1.1　主要实验材料和仪器

2-氨基吡啶、氯化苄、O-15、有机醛、有机醇、有机酸、氧化锑、盐酸，均为分析纯。

N80钢片、电热套、三口烧瓶、冷凝管、精密电子天平、恒温磁力搅拌器、电热恒温鼓风干燥箱、高温高压动态腐蚀速率测定仪。

1.2　吡啶季铵盐的合成

以2-氨基吡啶为原料，以氯化苄为季铵化试剂，在选定的温度、pH值等条件下进行季铵化反应：(a)准确称量12.7g(0.1mol)氯化苄溶液，转入带塞子ji的广口瓶中，待用；(b)调整反应温度达设定的季铵化反应温度，持续搅拌回流；(c)待温度稳定后，用恒压滴液漏斗向装有2-氨基吡啶的三口烧瓶中滴加预备好的氯化苄溶液，控制速度2~3s左右一滴，滴加完毕后保持温度在设定的温度，保持N_2环境下搅拌回流，待反应完毕。

1.3　缓蚀剂效果评价

缓蚀剂样品的缓蚀性能评价采用常压静态挂片法和高温高压动态挂片法，腐蚀评价方法参照《酸化用缓蚀剂性能试验方法及评价指标》(SY/T 5404—1996)进行。

2　实验数据分析与讨论

2.1　正交实验

选择季铵化反应物2-氨基吡啶和氯化苄的物料配比(A)、反应温度(B)、pH值(C)、反应时间(D)作为正交合成的因素，设计四因素四水平的正交实验L16(44)，以静态挂片的腐蚀速率为判定标准来进行反应条件的优化，确定最佳合成条件。季铵化反应的四因素四水平设计见表1，正交实验结果与分析见表2。

作者简介：王云云(1985—　)，女，汉族，工程师，2012年毕业于中国石油大学(北京)并取得硕士学位，现从事油田增产措施研究工作。E-mail：wangyun861028@163.com

表 1　季铵化反应的四因素四水平设计表

因素	水平			
	1	2	3	4
(A)物料配比	1∶1	1∶2	1∶3	1∶4
(B)温度/℃	60	80	100	120
(C)pH 值	7.5	8	8.5	9
(D)反应时间/h	2	4	6	8

表 2　正交实验结果与分析

试验号	水平/因素				静态腐蚀速率/[g/(m^2·h)]
	A	B/℃	C	D/h	
1	1∶1	60	7.5	2	32.328
2	1∶1	80	8	4	18.578
3	1∶1	100	8.5	6	9.032
4	1∶1	120	9	8	20.035
5	1∶2	60	7.5	2	26.320
6	1∶2	80	8	4	4.934
7	1∶2	100	8.5	6	10.785
8	1∶2	120	9	8	6.899
9	1∶3	60	7.5	2	10.021
10	1∶3	80	8	4	9.380
11	1∶3	100	8.5	6	9.668
12	1∶3	120	9	8	12.045
13	1∶4	60	7.5	2	7.698
14	1∶4	80	8	4	12.679
15	1∶4	100	8.5	6	1.028
16	1∶4	120	9	8	1.503
R	14.132	10.823	5.162	7.631	

由表 2 可知物料配比和反应温度对合成的吡啶季铵盐的缓蚀效果的影响最为显著，其次是反应时间，pH 值对其影响最小。从而确定了合成 HS-1的最佳条件为：物料配比为 1∶4，反应温度为 100℃，反应 pH 值为 8.5，反应时间 8h。

2.2　正交实验产物的红外解析

按正交实验的出的最佳合成方案合成 HS-1，利用红外光谱仪，采用薄膜法测定 HS-1 的红外谱图，如图 1 所示。

HS-1 的红外谱图解析：1644cm^{-1}(N—H 剪式振动)和 3402cm^{-1}(N—H 伸缩振动)说明 HS-1 中有氨基存在，产物中可能同时存在 2-氨基吡啶或未完全季铵化的单取代、多取代氨基吡啶。3031cm^{-1}（C—H 伸缩振动），1600cm^{-1}、1540cm^{-1}、1490cm^{-1}、1450cm^{-1}(C ═C)骨架伸缩振动)，结合 760cm^{-1}、744cm^{-1}、700cm^{-1}(单取代指纹区)同时存在，说明 HS-1 中含有苯环结

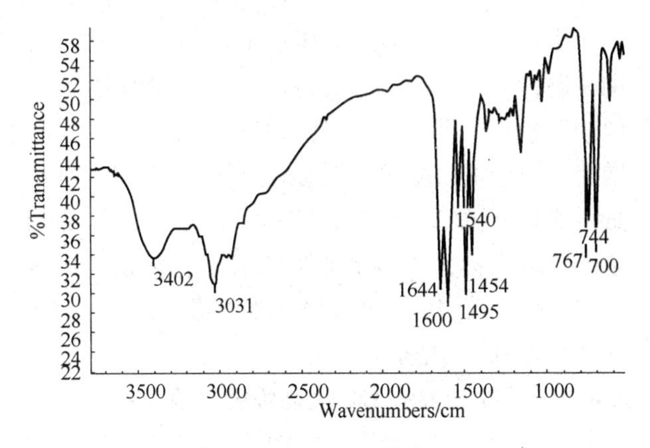

图 1　HS-1 的红外谱图

构，且苯环为单取代。

2.3　吡啶季铵盐型缓蚀剂配方的优化

在以上合成的吡啶季铵盐缓蚀剂 HS-1 的基础上，综合考虑耐温性能、应用成本等因素对缓蚀剂进行优化，通过正交实验筛选了分散剂、助溶剂、缓蚀剂助剂并确定了各组分加量，形成了中高温系列酸化用缓蚀剂：耐温 120℃ 缓蚀剂 HS-120、耐温 140℃缓蚀剂 HS-140、耐温 160℃缓蚀剂 HS-160。

耐温 120℃缓蚀剂 HS-120 配方为：m(HS-1)∶m(O-15)∶m(有机酸)∶m(有机醛)∶m(有机醇)= 20∶7.5∶55.5∶15：2；耐温 140℃缓蚀剂 HS-140 配方为：m(HS-1)∶m(O-15)∶m(有机酸)∶m(有机醛)∶m(有机醇)= 20∶7.5：57∶5：10.5∶耐温 160℃ 缓蚀剂 HS-160 配方为：m(HS-1)∶m(O-15)∶m(水)∶m(氧化锑)= 2∶1∶1∶1。

2.4　缓蚀剂缓蚀性能的评价

2.4.1　缓蚀剂 HS-1 缓蚀性能评价

在腐蚀温度 90℃，腐蚀时间 4h 的条件下，测定不同缓蚀剂用量下 20%盐酸溶液中钢片腐蚀速率，结果见图 2。

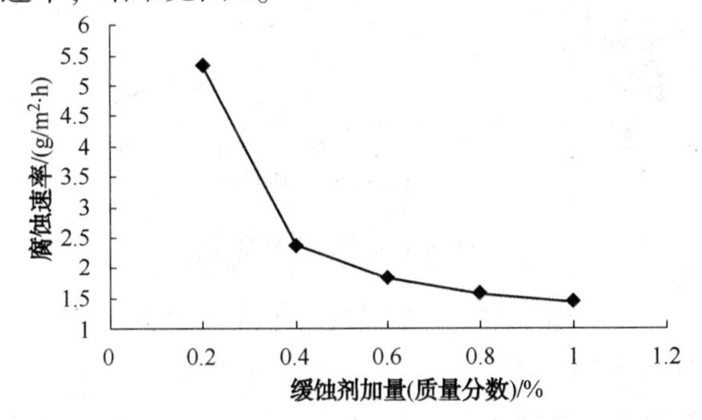

图 2　腐蚀速率随 HS-1 加量的变化

由图 2 可知，HS-1 缓蚀剂用量在 0.2%时，钢片腐蚀速率为 5.332g/(m^2·h)，没有达到缓蚀剂评价的一级指标。随着 HS-1 缓蚀剂用量的增加，钢片腐蚀速率逐渐减小，当 HS-1 缓蚀剂用量增加到 0.4%时，腐蚀速率为 2.359g/(m^2·h)，达到一级指标，继续增加缓蚀剂用量腐蚀速率减小的趋势比较缓慢，从经济成本考虑，HS-1 缓蚀性用量取 0.4%是最合适的。

2.4.2　缓蚀剂 HS-120 缓蚀性能评价

在腐蚀温度 120℃，16MPa，腐蚀时间 4h 的条件下，测定不同 HS-120 缓蚀剂用量下 20%盐酸溶液中钢片腐蚀速率，结果见图 3。

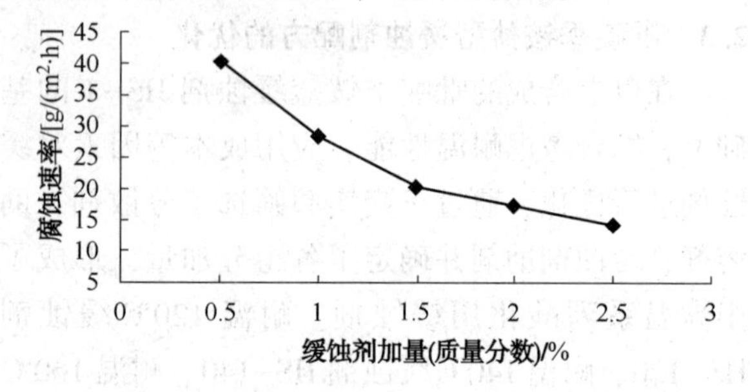

图 3　腐蚀速率随 HS-120 加量的变化

由图 3 可知，增加 HS-120 缓蚀剂的用量，钢片腐蚀速率随之减小，当缓蚀剂增加至 1.5%后，腐蚀速率减小的趋势变慢。用量 1.5%时，腐蚀速率为 20.156g/(m^2·h)，达到缓蚀剂评价一级指标要求，综合经济成本考虑，HS-120 缓蚀剂用量去 1.5%最合适。

2.4.3　缓蚀剂 HS-140 缓蚀性能评价

在腐蚀温度 140℃，16MPa，腐蚀时间 4h 的条件下，测定不同 HS-140 缓蚀剂用量下 20%盐酸溶液中钢片腐蚀速率，结果见图 4。

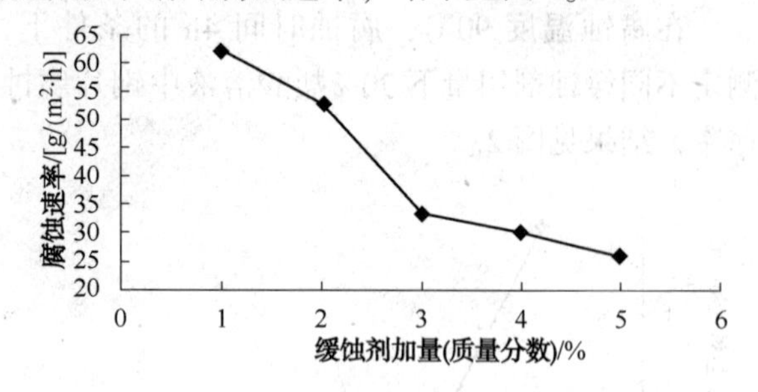

图 4　腐蚀速率随 HS-120 加量的变化

由图 4 可知，增加 HS-140 缓蚀剂的用量，钢片腐蚀速率随之减小，当缓蚀剂增加至 3%后，腐蚀速率减小的趋势变慢。用量 3%时，腐蚀速率为 33.658g/(m^2·h)，达到缓蚀剂评价一级指标要求，综合经济成本考虑，HS-140 缓蚀剂用量去 3%最合适。

2.4.4　缓蚀剂 HS-160 缓蚀性能评价

在腐蚀温度 160℃，16MPa，腐蚀时间 4h 的条件下，测定不同 HS-160 缓蚀剂用量下 20%盐酸溶液中钢片腐蚀速率，结果见图 5。

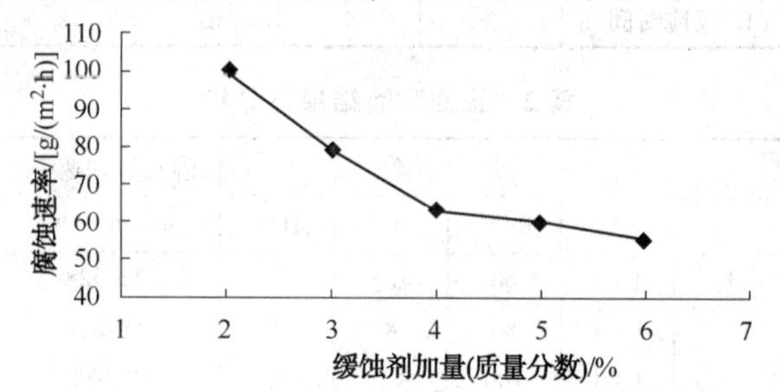

图 5　腐蚀速率随 HS-120 加量的变化

由图 5 可知，增加 HS-160 缓蚀剂的用量，钢片腐蚀速率随之减小，当缓蚀剂增加至 4%后，腐蚀速率减小的趋势变慢。用量 4%时，腐蚀速率为 63.332g/(m^2·h)，达到缓蚀剂评价一级指标要求，综合经济成本考虑，HS-160 缓蚀剂用量去 4%最合适。

3　结论

（1）以 2-氨基吡啶和氯化苄为原料合成吡啶季铵盐缓蚀剂 HS-1 的最佳合成条件：物料配比为 1∶4、反应温度为 100℃、反应时间为 8h，反应 pH 值为 8.5。

（2）耐温 120℃缓蚀剂 HS-120 配方为：m(HS-1)∶m(O-15)∶m(有机酸)∶m(有机醛)∶m(有机醇)= 20∶7.5∶55.5∶15∶2；

耐温 140℃缓蚀剂 HS-140 配方为：m(HS-1)：m(HS-1)：m(O-15)：m(有机酸)：m(有机醛)：m(有机醇)= 20：7.5：57：5：10.5；

耐温 160℃缓蚀剂 HS-160 配方为：m(HS-1)：m(O-15)：m(水)：m(氧化锑)= 2∶1∶1∶1。

（3）20%盐酸介质中，分别在相应温度条件下，HS-1 缓蚀剂用量为 0.4%时钢片腐蚀速率仅为 2.359g/(m^2·h)；HS-120 缓蚀剂用量为 1.5%时钢片腐蚀速率仅为 20.156g/(m^2·h)；HS-140 缓蚀剂用量为 3%时钢片腐蚀速率仅为 33.658g/(m^2·h)；HS-160 缓蚀剂用量为 4%时钢片腐蚀速率为 63.332g/(m^2·h)，实验结果表明研制的吡啶季铵盐型中高温系列缓蚀剂具有良好的缓蚀效果。

参 考 文 献

[1] 万真，陈辉，等．环烷酸缓蚀剂的合成及缓蚀评价[J]．石化技术与应用．2007，25(1)：17-20.

[2] 熊楠，尹忠，等．曼尼希碱型盐酸酸化缓蚀剂的合成与性能评价[J]．精细石油化工进展．2010，11(9)：19-21.

[3] 赵文秀．高温酸化缓蚀剂的合成与性能评价．东北石油大学[D]．2012.

[4] 陈立庄，高延敏，缪文桦．有机缓蚀剂与金属作用的机理[J]．全面腐蚀控制．2005，19(2)：25-28.

[5] 杨永飞．高温酸化缓蚀剂研究[D]．中国石油大学，2007.

[6] Yoshimoto K, Nozawa M, Matsumoto S, et al. Studies on the Adsorption Property and Structure of Polyamine-Ended Poly (ethylene glycol) Derivatives on a Gold Surface by Surface Plasmon Resonance and Angle-Resolved X-ray Photoelectron Spectroscopy [J]. Langmuir. 2009, 25(20): 12243-12249.

[7] 胡百顺．吡啶类复合缓蚀剂研究[D]．西安石油大学，2013.

[8] Yang Y, Alexandratos S D. Affinity of Polymer-Supported Reagents for Lanthanides as a Function of Donor Atom Polarizability[J]. Industrial & Engineering Chemistry Research. 2009, 48(13): 6173-6187.

[9] 刘瑞斌，辛剑，王慧龙．软硬酸碱理论在绿色缓蚀剂中的应用[J]．辽宁化工，2004，33(2)：103-106.

[10] 王佳，曹楚南，陈家坚．缓蚀剂理论与研究方法的进展[J]．腐蚀科学与防护技术．1992，4(2)：79-86.

[11] 任晓光，周继敏，刘丹，等．曼尼希碱及其复配缓蚀剂对N80钢的缓蚀性能[J]．钻井液与完井液，2010，27(2)：72-74.

[12] 陈蔚．石油开采酸液稠化剂的合成及构效研究[D]．上海：华东理工大学，2012.

[13] 王星．国外酸化液添加剂的发展现状与趋势[J]．钻井液与完井液．2010，27(1)：75-76.

[14] 郑家燊，丁诗健，叶康民，傅真恃．高温浓盐酸缓蚀剂——“7801”的研究[J]．中国腐蚀与防护学报．1982，04：56-57.

[15] 李德仪．川天1—2”高温高浓度盐酸缓蚀剂的研究[J]．陕西化工，1983，(01)：1-7.

[16] 赵文娜，王宇宾，宋有胜．耐高温酸化缓蚀剂GC-203L的开发及评价[J]．科学技术与工程，2014，14(05)：201-203.

水声波井筒无线通信系统研制与试验

李绍辉　冯　强　雷中清　黄　敏
(渤海钻探工程技术研究院井筒工具研究所)

摘　要　针对现有井筒内无线信号传输技术传输速率低、对使用环境选择性高的缺陷，提出了一种基于水声波的井筒无线通信方法，研制完成中心频率为12kHz的水声波井筒无线通信系统，重点对发射端和接收端水声波换能器、信号处理电路及调制/解调算法进行了研究，设计了高效电源管理方案降低井下信号接收系统的功率损耗，通过室内和地面试验对信号的通信距离、不同距离下的解码能力进行测试，实现了200m距离下水声信号的正确解码，结果表明，本系统具有较高的解码准确率和较强的抗干扰能力，能够满足井筒内长距离无线信号通信的需求。

关键词　水声波，无线通信，水声换能器，多载波调制，非相干解调

1　引言

控制信息的井下传输及井下储层、地层信息的实时上传监测是采油工业中的两大基本问题。传统信息传输采用的有缆传输方式[1]，无法做到实时、高效、低成本运行，且需要大量的人工操作，无法满足目前采油工业自动化的需求。无缆传输方式如泥浆脉冲[2]、电磁波[3]等，实现了油气生产现场各类数据的实时上传和分析，完成了地面对井下控制指令的准确传达。然而，由于井内空间狭小、油管按节连接、套管内壁不光滑、井下水油气多种介质状态并存、井底温度高等多种原因，难以保证较高的数据传输精度和速率。此外，不同油井环境也对无线通信方式的选择提出了不同的要求。如何针对复杂环境，在信道恶劣的条件下实现地面与井下设备的无线智能通信是当前研究的重点和难点。

水声通信技术以液体为传输介质，以声波为载体进行信号传输，在介质中的衰减率仅为电磁波的千分之一，通信速率通常可达到1kbps，具有传输距离远、通信速率高、信号稳定、通用性好的优点，在油井无线信号传输领域具有广阔的应用前景[4~8]。

2　系统结构

水声波井筒无线通信系统由水声波传感器与信号处理电路组成，信号通过井口水声波发射装置传输到井下水声波接收装置，由信号处理电路进行信号的采样、放大、编/解码等操作，实现地面与深井设备的无线通信与精确控制，如图1所示。

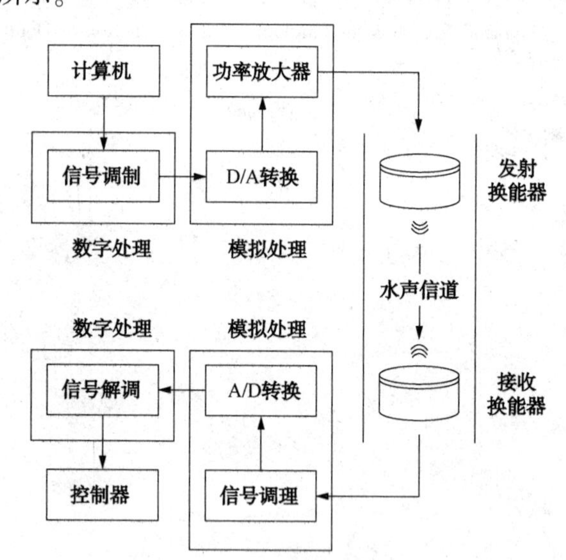

图1　水声通信油井无线信号传输系统结构框图

图1中，地面计算机产生待传输信号，由数字处理电路解析发送的信号，对信号进行调制后送入模拟处理电路进行D/A转换和功率放大，最后通过井口处的发射换能器将模拟电信号转换成

作者简介：李绍辉(1983—　)，男，汉族，河北人，2012年06月毕业于天津大学测试计量技术及仪器专业，工学博士，高级工程师，目前主要从事智能钻井、随钻测量、井下通信技术的研究，获得2015年天津市石油协会优秀科技成果论文评选三等奖1项，发表论文9篇，授权专利13项。E-mail：lshaohui@cnpc.com.cn

声信号由水声信道向井下传输，接收换能器将接收到的声信号转换成模拟电信号，送入模拟处理电路对其进行滤波、放大后进行 A/D 转换，由数字处理电路进行信号解调后得到正确的指令，将指令传达给控制器完成规定的操作。

3 水声换能器设计

油管中进行水声波通信，声能的衰减速率受空间形状、管壁光滑度、介质成分、温度、压力等因素影响，同时声波衰减程度与频率大小成反比，低频信号虽然传播距离远，但将导致换能器尺寸变大。因此，在设计换能器时需进行传播损失计算，在传输距离和井口尺寸上进行权衡，选择合适的信号频率、发射功率及调制方式。本文中设计的换能器中心频率为 12kHz，如图 2 所示。

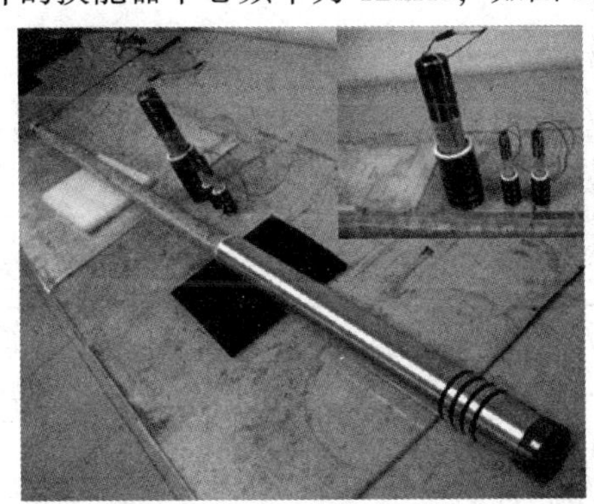

图 2 发射换能器和接收换能器

4 硬件电路设计

硬件电路设计包括地面发射电路设计和井下接收电路设计，均由数字处理部分和模拟处理部分组成，为提高电源系统的利用率，降低系统功率损耗，本硬件电路设计特点为：

（1）采用低功耗 DSP，降低处理功耗；

（2）设计高效的功率放大器（PA）系统及匹配电路，减少发射功率损失；

（3）设计高灵敏度的低噪声放大系统及模拟增益控制前端，提高系统灵敏度。

设计完成的地面发射电路和井下接收电路如图 3 所示。

图 3 中，地面数字处理部分采集计算机发出的控制指令，由信号调制电路对信号进行调制、同步、编码、交织等处理，模拟处理部分将调制后的数字信号转换为模拟信号，因声波信号在传输过程中受环境条件影响存在不同程度的衰减，为实现远距离声波信号传输，设计功率放大电路实现模拟信号功率增强发射。井下模拟处理部分用于对接收换能器转换输出的电信号进行处理，由信号调理电路对接收到的含噪信号进行滤波、放大后，转换成数字信号，送入井下数字处理部分的信号解调电路中，完成对信号的同步捕获、跟踪、解调、解码等操作。

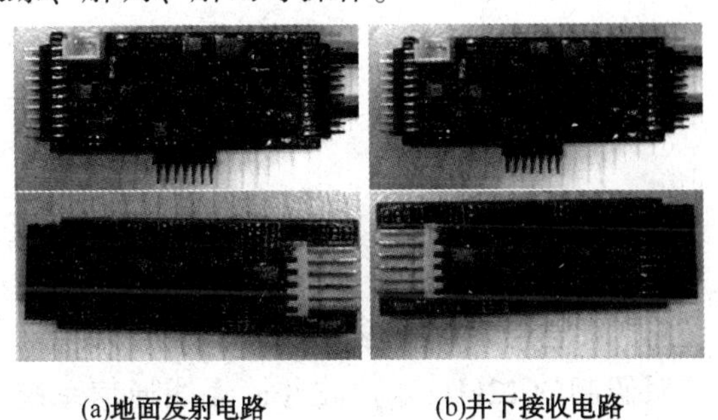

(a)地面发射电路 (b)井下接收电路

图 3 水声信号发射/接收电路

5 调制解调算法设计

水声通信系统的性能受井筒内复杂的水声信道的影响，信号传输过程中可能存在多径效应、多普勒效应和起伏效应，造成波形码间因能量差异和时间延迟存在干扰，导致载波偏移及信号幅度降低并使信号产生随机起伏，影响井下信号解码的正确性[9,10]。本设计中，发射端信号调制采用多载波调制技术[11]，调制前，将高速串行数据流经过串并转化为若干个低速并行数据流，使子载波的符号速率大幅度降低，抑制了多径时延，降低了均衡器复杂度，各子频带相互独立，可采用相同/不同的调制方式，也可来自不同的信号源，调制框图如图 4 所示。

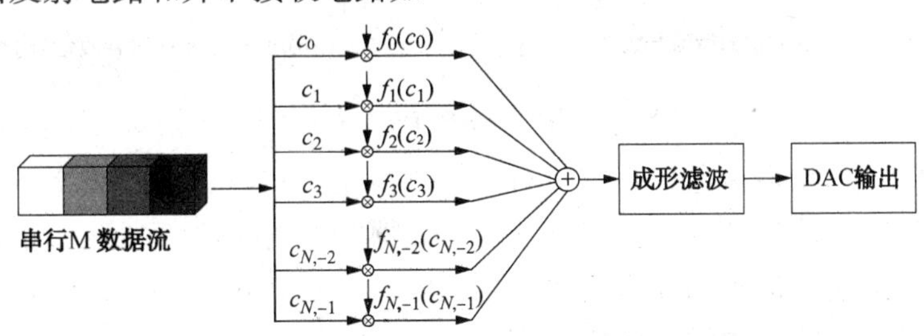

图 4 水声信号多载波调制框图

在接收端，多载波调制信号采用非相干解调方式[12]，对接收到的信号进行离散傅里叶变换，变换后的信号通过谱峰的修正、搜索后进行信道的解码，解调框图如图 5 所示。

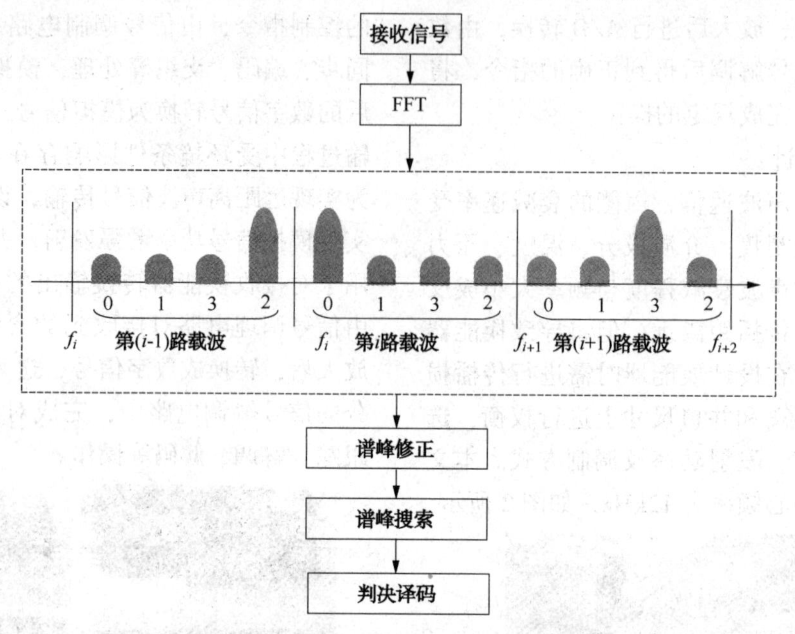

图 5　水声信号非相干解调框图

6　水声波信号传输试验

对研制的 12kHz 水声波井筒无线通信系统进行室内试验，发射和接收换能器均放置于清水介质中，距离设置为 2.5m，由计算机将信号下载到信号源中进行发送，测试数据如表 1 所示，通过示波器观测信号发送和接收情况，如图 6 所示。

表 1　水声波通信系统室内试验测试数据

序号	声波频率/kHz	发接距离/m	输出电压幅度/V	测试时间/min	信号解调是否成功
1	11.6~12.4	2.5	5	5	成功
2	11.6~12.4	2.5	6	5	成功
3	11.6~12.4	2.5	7	5	成功
4	11.6~12.4	2.5	8	5	成功

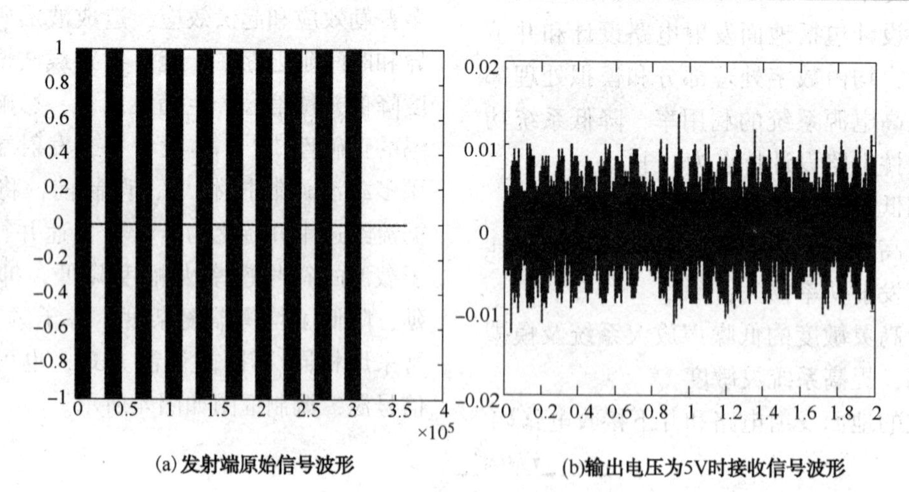

(a) 发射端原始信号波形　　(b) 输出电压为5V时接收信号波形

图 6　室内试验发射/接收信号波形

对中心频率为 12kHz 的水声波通信系统进行地面试验，用油管将发射换能器和接收换能器连接起来，在发射端由三通阀向油管内注入清水介质，模拟井下工作环境，接收端由锂电池组为接收换能器和处理电路供电，如图 7(a) 所示，示波器监测到的接收端波形如图 7(b) 所示，不同输出电压值下信号解调情况如表 2 所示。

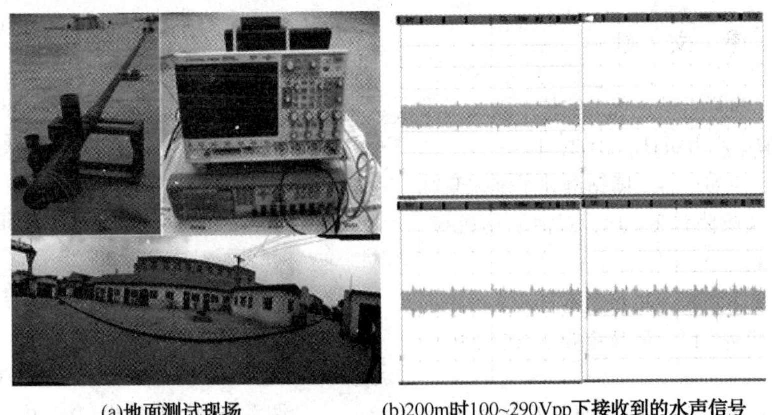
(a)地面测试现场　(b)200m时100~290Vpp下接收到的水声信号

图7　水声波信号传输试验

表2　水声波通信系统通信距离测试

序号	发送接收距离/m	在不同输出电压下信号解调是否成功						
		10V	25V	50V	100V	150V	200V	290V
1	10	√	√	√	√	√	√	√
2	30	√	√	√	√	√	√	√
3	60	√	√	√	√	√	√	√
4	100	×	×	√	√	√	√	√
5	200	×	×	×	√	√	√	√

表2中，随着发射接收距离的增加，要实现发射端信号的正确解调，需要输出电压的值逐渐增大，从图7(b)中可看出，200m传输距离下信号存在一定程度的衰减并受到井筒内噪声干扰，但经信号处理后可实现正确解码，且输出电压值越高，接收到的水声信号失真越小。其中，采用16FSK非相干解调方法解调得到的输入信号如图8所示。

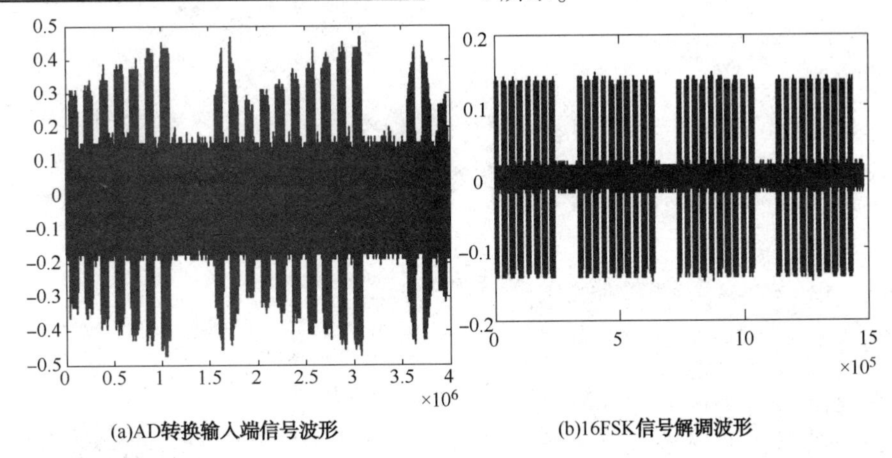

(a)AD转换输入端信号波形　(b)16FSK信号解调波形

图8　水声信号信号解调波形

7　结论

本文研制的水声波井筒无线通信系统，采用多载波调制技术和非相干解调技术实现信息的调制、解调，设计完成中心频率为12kHz的水声发射/接收换能器实现电信号和声波信号的转换及在介质中的传输，通过对研制完成的12kHz水声波井筒无线通信系统进行室内和地面试验，对水声通信距离和编解码算法进行了测试，验证了水声信号在井筒内传输的可行性，实现了200m距离的信号通信，传输稳定，具有较高的信号传输准确率和较强的抗干扰能力。

本研究内容依托中国石油天然气集团公司科学研究与技术开发项目《储层改造工作液与关键工具研发》(2013E-38-07)，通过水声通信实现地面对井下多级压裂滑套的智能开启与关断，下步工作将通过现场试验对12kHz频率的水声波通信系统进行长距离信号传输测试，实现对井下控制器的输出控制，并进一步提高其抗干扰能力、传输速率和解码准确率。

参 考 文 献

[1] 方朝亮，刘克宇．世界石油工业关键技术现状与发展趋势[M]．石油工业出版社，2002：1-18.

[2] 郭福祥，邓胜聪，李旭，等．随钻测井系统泥浆脉冲影响因素研究及故障诊断[J]．石油矿场机械，2015(10)：28-33.

[3] 田新，张云，段友祥，等．井下无线电磁波短距离传输技术发展及研究[J]．科技资讯，2015(30)：14-15.

[4] 马西庚，李超，柳颖．钻杆中声波传输特性测试[J]．中国石油大学学报：自然科学版，2010，34(4)：70-74.

[5] 闫向宏．随钻测井声波传输特性数值模拟研究[D]．中国石油大学，2010.

[6] 陈博涛，王祝文，丁阳，等．Hilbert-Huang 变换在阵列声波测井信号时频分析中的应用[J]．岩性油气藏，2010，22(1)：93-97.

[7] 袁红芳，谢海明．旋转导向工具中声波短传的信号处理方法研究[J]．Global Electronics China，2010(1)：52-55.

[8] 夏捷．高度水声通信中的信道估计及应用研究[D]．江苏科技大学，2012.

[9] 陈乃锋．MFSK 水声通信信号处理子系统的设计与实现[D]．哈尔滨工程大学，2010.

[10] 刘会娟．基于自动检测的 FDMA 水声通信调制解调系统设计与实现[D]．中国海洋大学，2012.

[11] 薄萍萍，宫汝江．一种 OFDM 多带联合频谱感知新算法[J]．电子科技，2015，28(8)：130-133.

[12] 王伟，张靖，王伟伟．FSK 信号非相干解调的数字实现[J]．无线电通信技术，2010，36(4)：61-64.

大港储气库管柱腐蚀原因浅析

曾晓辉　张　强

（中国石油大港油田石油工程研究院，天津大港 300280）

摘　要　对于国内油气藏型地下储气库如大港油区储气库部分注采井，从开始运行10余年的生产后，部分注采井出现了注采气管柱的井下安全阀失效、封隔器不密封、油/套管环空压力升高等问题，存在着极大的安全隐患，因此，需要对部分注采井进行修井作业。通过修井起出的油管看，部分油管管柱存在严重的腐蚀现象。本文以2006年投入生产的一口注采井为例，从油管所处的生产环境、修井作业起出的油管腐蚀情况、油管腐蚀机理等几方面，对腐蚀情况进行分析，对地下储气库注采井油管腐蚀提出了可供参考的结论与建议。

关键词　地下储气库；天然气；注采井；CO_2腐蚀

1　引言

随着大港地下储气库群注采周期的不断延长，部分注采井出现了套压不断升高的现象。由于套压较高，给安全生产带来了隐患，导致修井作业，影响了储气库的正常生产运行，同时造成了经济损失。从修井作业起出的注采管柱看，部分井油管发生了严重腐蚀甚至穿孔现象，是造成套压升高的原因之一。本文以DK5井为例，对大港储气库群油管腐蚀情况进行了分析。

1.1　生产环境

该井为投入生产近6年的一口注采井，注入气体为干气，含CO_2约2%，产出流体液气比为0.04～1.6m³/104m³；生产管柱配套的井下工具有：安全阀、伸缩短节、循环滑套、封隔器、坐落接头；油/套环空注入油套环空保护液，油管材质L80。

1.2　油管腐蚀情况

由于该井油压、套压同为22MPa，给安全生产带来隐患而修井。作业起出的部分油管腐蚀严重，个别管体刺穿，刺穿发生在现场端的管体距

螺纹消失约20mm处，接箍外壁有腐蚀坑，管体内壁有较浅局部腐蚀和很薄的黑

色沉积物。图1为个别油管在丝扣根部的腐蚀穿孔现象。

2　腐蚀分析

2.1　腐蚀介质分析

分析认为地层中产出的含有CO_2、H_2S、矿化水等的天然气，在高温、高压下，具有很强的腐蚀性；同时在修井、完井作业时使用的入井液，所添加的化学药剂可能把氧带入井筒内，也会造成腐蚀现象的发生。

该注采井所属储气库注入气成分为（表1），其中含有1.9%的CO_2。

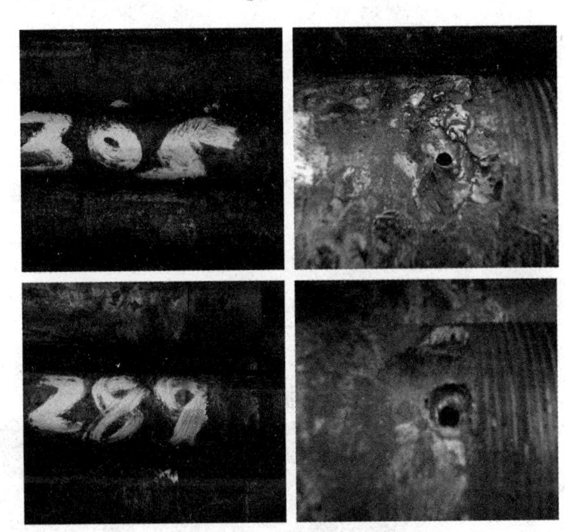

图1　DK5井油管腐蚀情况

作者简介：曾晓辉（1969—　），男，工程师，2005年毕业于长江大学石油工程专业，现从事科研及管理工作。E-mail：zengxhui@petrochina.com.cn

表 1　储气库天然气组成(mol%)

组分	C_1	C_2	C_3	iC_4	nC_4	iC_5
mol%	92.36	3.69	0.43	0.23	0.11	0.12
组分	nC_5	C_6^+	CO_2	N_2	He	—
mol%	0.02	0	1.9	1.04	0.1	—

从现场起出的油管情况图 1 可以看出，该井油管的腐蚀属于点蚀(坑蚀)，分析认为主要是天然气中的 CO_2的影响造成的。腐蚀产物检验也表明，腐蚀孔洞表面含有大量 $FeCO_3$。

2.2　CO_2腐蚀影响因素分析

相关资料表明影响 CO_2腐蚀的因素主要有：CO_2分压、油管服役的环境温度、管体材质及晶格组织等。

2.2.1　分压的影响

CO_2分压是指 CO_2体积百分浓度与天然气总压力的乘积，相关资料显示：当 CO_2分压大于 0.1MPa，有明显腐蚀；当 CO_2分压在 0.05～0.1MPa，应考虑腐蚀作用；当 CO_2分压小于 0.05MPa 一般不考虑腐蚀作用。

该注采井所属储气库在运行期间最高 CO_2分压为 0.28～0.57，因此应考虑为 CO_2腐蚀。

2.2.2　温度的影响

油管服役的环境温度是 CO_2腐蚀的重要影响因素。研究表明，温度低于 60℃时，由于不能形成保护性的腐蚀产物膜，腐蚀以均匀腐蚀为主；温度在 60～90℃范围时，腐蚀产物厚而松、结晶粗大、不均匀、易破坏，局部腐蚀严重；当温度高于 150℃时，腐蚀产物细致、紧密、附着力强，具有一定的保护性，腐蚀率下降。所以由 CO_2引发的局部腐蚀受温度影响常常是选择性的发生在井筒的某一井段。该井腐蚀穿孔井段大约发生在伸缩接头附近。

2.3　油套管环空保护液防腐性能评价

对腐蚀严重的油管进行取样加工，制成标准试片(L80 材质)，见图 2。

图 2　腐蚀严重的油管、标准试片

根据《水腐蚀性测试方法》(SY/T 0026—1999)，参照现场腐蚀段的井筒温度进行腐蚀试验，见表 2、表 3。

表 2　90℃不同材质钢片腐蚀速率实验数据

序号	腐蚀介质	试片材质	试验前试片质量/g	试验后试片质量/g	反应前后差/g	腐蚀速率/(mm/a)	备注
1	油套管环空保护液	N80(213)	10.9426	10.9423	0.0003	0.0034	试片光亮
2		N80(214)	10.8188	10.8187	0.0001	0.0011	
3	油套管环空保护液	L80	11.4659	11.4657	0.0002	0.0023	试片光亮
4		L80	11.3357	11.3355	0.0002	0.0023	

注：实验时间=72h。

90℃环境下试片腐蚀试验情况见图 3。

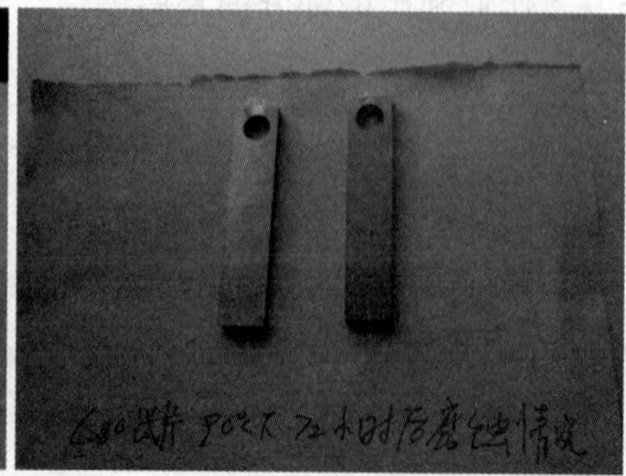

图 3　90℃环境下试片腐蚀试验情况

表 3　120℃不同材质钢片腐蚀速率实验数据

序号	腐蚀介质	试片材质	反应前/g	反应后/g	反应前后差/g	腐蚀速率/(mm/a)	备注
1	套管环空保护液	N80(260)	10.8371	10.8369	0.0002	0.0034	试片光亮
2	套管环空保护液	L80	11.4217	11.4214	0.0003	0.0051	试片光亮

注：实验时间=48h。

120℃环境下试片腐蚀试验情况见图 4。

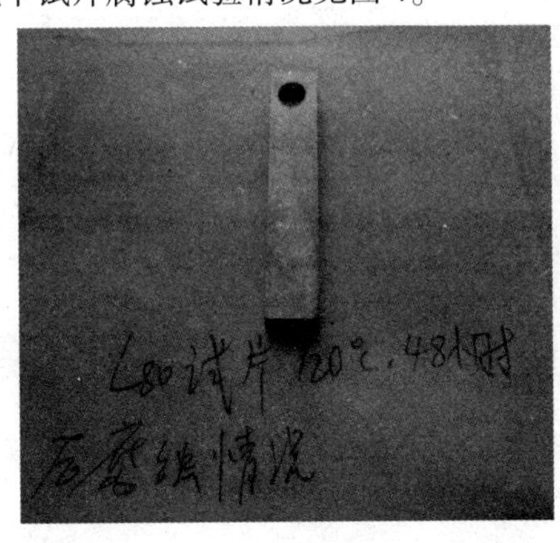

图 4　120℃环境下试片腐蚀试验情况

结果表明，pH 值大于 9 的油套管环空保护液，对 N80 和 L80 油管腐蚀速率很小，满足行业标准要求(≤0.076mm/a)，和《井筒管柱环空保护液》(Q/SY DG 1229—2008)指标要求，性能稳定，不会造成对油管腐蚀，能够起到保护油、套管的作用。

2.4　机械损伤的影响

油管在完井作业起下过程中使用油管液压大钳，油管接箍及相邻区域的外表面会受到机械损伤和看不见的晶格变形(一般距油管管端 300~500mm 以内)。由于天然气中所含水份首先在其所接触的油管表面不均匀、不连续处形成凝析的成核点，然后围绕这一点开始产生凝析水，形成稳定的膜状凝析，为该部分电化学腐蚀创造了必要条件，而其他光滑表面的凝析往往不稳定，最终不能形成膜状凝析。因此在机械损伤点附近造成电位降低，和其周围正常金属组织的表面形成电位差，形成加大腐蚀的腐蚀电偶，加速其作为阳极的金属溶解，产生严重的局部腐蚀。

2.5　井下管柱引起的腐蚀环境变化

随着注采井生产周期的延长，伸缩短节、封隔器及其它井下完井工具存在渗漏天然气的可能。

尤其是伸缩短节为动态胶圈密封，受结构限制，胶圈较薄，无法保证注采井长期高温环境下的密封要求。通过对该井及其他注采井起出的伸缩短节进行清水试压，约 90%的伸缩短节不密封，分析认为其是造成 CO_2 侵入油/套管环空，诱发腐蚀环境发生变化，从而引发管柱腐蚀。

3　结论与建议

通过上述分析，可以看出储气库注采井油管腐蚀因素比较复杂，影响油管腐蚀的因素相互作用、相互影响。考虑到油/套管环空保护液的性能稳定，并结合其它已修井起出油管的情况，认为油管腐蚀穿孔主要是 CO_2 侵入油/套管环空所致。为增强注采井的防腐性能，提出如下建议：

(1) 优化管柱设计，尽量不使用伸缩短节，加强油管、完井工具的气密封检验，减少 CO_2 侵入油/套管环空的几率。

(2) 加强入井油管检测，保证入井油管无损伤，采用微牙痕钳牙大钳起下油管。

(3) 使用耐 CO_2 腐蚀能力较高的油管材质。

(4) 加强油套管环空保护液配置和运输的监督，保证不受其他残留液的污染。

(5) 适时对套管进行检测，同时加强阴极保护、缓蚀剂等技术的研究与应用，延长油、套管使用寿命。

参 考 文 献

[1]　毛克伟，油气井套管腐蚀原因与防腐措施．石油钻采技术，1996，3.

[2]　张学元. 二氧化碳腐蚀与控制[M]. 北京：化学工业出版社，2000：56-61.

海洋工程组

设备过程控制标准化管理方式探讨

陈　希

（中海石油（中国）有限公司天津分公司，天津 300452）

摘　要　海洋石油工程项目的“设备标书出版计划”是项目 OFE 设备过程控制的起点和最重要一环，传统计划编制需要经验丰富人员花费大量精力完成，属于项目管理的难点之一。本文探讨一种通过建立“大数据库”，利用电脑程序自动生成“设备标书出版计划”的方式，实现管理的标准化。已经运用在中海油目前项目管理中，取得的较好的应用实践，并进行专利申报。

关键词　设备标书出版计划；设备过程管理；海洋石油工程项目项目管理

1　背景技术

海洋石油工程项目的设备标书出版计划是项目设备过程控制的起点和最重要一环，直接影响项目整体进度。同时，设备标书出版计划、设备采办计划和平台建造计划之间是相互制约、相互影响。因此，需要经验丰富的项目管理人员花费大量精力来完成设备标书出版计划的编制工作。

现有计划的编制过程需要专业人员投入大量时间和精力，尤其对编制设备标书出版计划人员的整体要求很高，一般人员无法完成。并且受个人经验影响，编制文件不统一，属于中海油海洋平台工程项目建设前期项目管理的一大难点。

2　处理思路及可行性分析

首先，海洋平台工程建设项目具备实施标准化的天然条件：平台设备类别相对固定，在不同项目所需的设备类型也具备可比性。尤其随着近年“标准化”设计理念的推行，中海油平台设计更加规范化、标准化。如果能利用程序自动进行设备标书出版计划编制，同时利用电脑程序自动对设备的招标文件编制、设备采办、设备到货一系列过程进度监督控制，则可以极大提高工程管理质量和效率。

其次，由于海洋平台设备特殊的使用环境要求，导致设备供货商范围较为稳定。同时，由于海洋平台特殊的地理位置，对设备可靠性有很高要求，因此一般平台项目均选用技术成熟可靠产品。市场较为透明，各个设备的供货商制造能力具备接近。

最后，中海油在渤海区域有国内最长的海上平台建设开发历程，大量的项目积累了大量数据，为建立项目大数据提供基础。

3　实现过程介绍

利用中海油多年多个项目实施过程中，设计、采办、建造、安装、调试的大数据统计结果，计算得出事件最大概率参数。随后，模拟专业人员思维分析方式，实现自动完成海上平台业主供货设备的标书出版计划编制。能够清晰、直观的对标书出版计划、设备采办计划和平台建造计划三者之间的匹配程度进行分析，为采办策略编制提供直接支持。大大降低对计划实施人员的能力要求。同时，能够便捷的对单一科目进行调整。

3.1　建立数据库

逐一整理收集中海油 2009 年至今十余个项目相关数据，通过不同事件类型进行分类，具体事例如表 1 所示。

表 1　项目数据库示意

序号	名称＼周期	项目 1	项目 2	项目 3	…
1	事件 A	××周	××周	××周	…
2	事件 B	××周	××周	××周	…
…	…				

作者简介：陈希（1982—　），男，毕业于哈尔滨工业大学热能与动力专业，工程师，从事海洋石油机械专业方向设计、调试及技术管理、项目管理方向。E-mail：chenxi8@ cnooc. com. cn

本数据库记录海上石油平台常规设备、材料200余类，分别汇总统计成为157个“事件”。每一个事件分别统计记录其在不同实际项目上所需的时间周期，包括：技术文件编制时间、不同招标方式下招评标时间、设备供货周期、验货周期、安装调试周期，等相关参数。通过上述时间周期，用于计算出各个最大概率参数，同时作为过程管理的基准线。

3.2　最大概率参数计算

数据库数据通过正态函数拟合(图1)，并结合修正系数，最终得出最大概率参数 δ。

以某设备为例：该设备在数据库中存储为“事件A”，数据库中“事件A”在不同项目中所需周期为：χ_1、χ_2…，各个项目数据正态拟合得出的期望值：

$$\alpha = \mathrm{E}(x) = \sum_{i=1}^{n} x_i p_i$$

$$\delta = (\alpha \times \beta + 0.5)$$

式中　α——事件A的期望；

β——修正系数，选取1.05；

δ——事件A最大概率参数，计算结果取整。

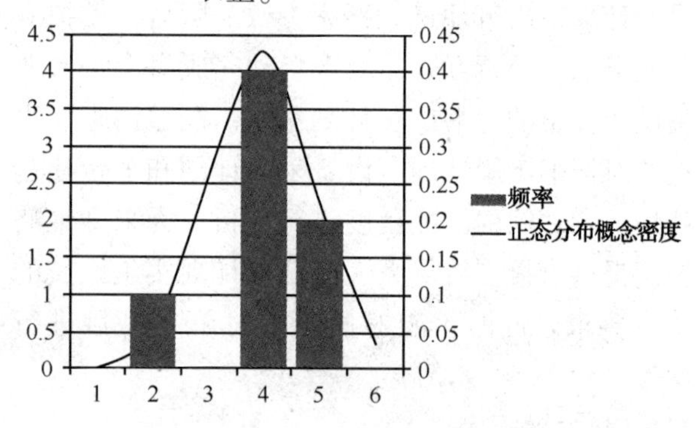

图1　最大概率参数正态分布曲线

3.3　事件预计完成时间 T_1

事件预计完成时间 T_1 = 项目启动时间+设计周期最大概率参数 δ_1+采办周期最大概率参数 δ_2+供货周期最大概率参数 δ_3

上述最大概率参数 δ_i 通过数据库自动计算所得。

3.4　事件需求完成时间 T_2

事件需求完成事件需要考虑因素如下：

(1) 项目计划完成时间；

(2) 项目涉及平台类型(不同类型平台的建造周期及层数不同，需要区别考虑)

(3) 事件在项目中所处位置(由于海洋平台均为多层布置，并采用逐层建造方式。因此，对不同位置有不同要求)。

事件需求完成时间 T_2 = 组块建造开工时间+$\sum(\eta_i \delta_j)$

式中　组块开工时间——输入条件，需要手动输入；

$\sum(\eta_i \delta_j)$——“事件”在不同平台位置所需的建造周期；

η_i——“事件”所在位置，需要手动输入；

δ_j——建造周期，自动计算生成。

3.5　软件生成

通过“事件需求完成时间 T_2”与“事件预计完成时间 T_1”的对比，即可得到某一时间的是否满足项目进度要求。

随后确定项目事件的逻辑关联关系，通过EXCEL软件计算功能，自动完成计算后，输出该事件的计划完成时间和预计完成时间差距。并通过EXCEL软件自带功能，能够使不同结果有不同类型的直观提示。

4　具体运用事例

4.1　编制设备标书出版计划

示例如下：(示例中仅显示部分事件名称)

第一步为工程项目输入条件。需要输入项目名称及项目计划中的：基本设计启动时间，导管架开工时间，组块开工时间，导管架出海时间，组块出海时间。日期输入格式需满足相关要求，如图2所示。

项目名称	××××油田开发工程项目
基本设计启动时间	2016年4月1日
导管架开工时间	2016年12月26日
组块开工时间	2017年2月11日
导管架出海时间	
组块出海时间	2018年3月7日

输入项目名称为:××××××项目
输入日期格式为:××××-××-××

图2　工程项目输入条件

第二步，需要根据项目需求，选择规划或监控的事件，如图3所示。

请在表中输入设备相关信息
注:1.调整标书时间请输入:"-365~365"整数;2.调整采办周期可精确至小数点

序号	事件名称	设备所在位置	是否选择为OFE设备	调整标书出版时间(天)"+":推迟 "-":提前	调整采办周期(月)"+":推迟 "-":提前
1	导管架主结构钢材料单	其他	是	0	0.0
2	组块主结构钢材料单	其他	是	0	0.0
3	工艺阀门(球阀、蝶阀、截止阀)	其他	是	0	0.0
4	清管球接收器\发射器	下层	否	0	0.0
5	斜板隔油器	顶层	是	0	0.0
6	气体浮选机	顶层	是	0	0.0
7	核桃壳过滤器	中层	是	-2	0.0
8	双介质滤器&鼓风机橇	中层	是	0	0.0

图3 项目事件选择

××××油田开发工程项目

物资采办包&设备标书出版时间计划及到货情况预估表

项目基本信息:

基本设计启动时间:	2016年04月01日
导管架开工时间:	2016年12月26日
组块开工时间:	2017年02月11日
组块出海时间:	2018年03月07日

采办包信息:

序号	事项名称	标书计划提交时间	预计时间差距(单位:天)	备注
1	导管架主结构钢材料单	2016年08月16日	✔ 12	
2	组块主结构钢材料单	2016年08月16日	✔ 59	
3	工艺阀门(球阀、蝶阀、截止阀)	2017年01月31日	✔ 27	
4	斜板隔油器	2016年12月31日	✔ 43	
5	气体浮选机	2016年12月31日	✖ -47	
6	核桃壳过滤器	2016年12月29日	! 0	
7	双介质滤器&鼓风机橇	2016年12月31日	✖ -32	

统计结果

共计:	7	个
满足计划:	5	个
不满足计划:	2	个
不参与统计:	3	个

注:1.负数表明设备或物资的预计到货日期不满足建造计划需求。

2.最大选择数量为65项。

文件编制时间: 2016年05月31日

图4 输出结果示例

其中,第二列"事件名称"中汇总了中海油海上平台建设工程常规事件共计157项。如果第二列某一事件需要选为业主供货设备,则在"是否选择为OFE设备"一栏中对应选择"是",否则选择"否"。选择"是"后,该事件底色变深,突出显示。选择"否"后,该事件底色保持无色,并将不会在最终结果中列出。

如果所选事件需要根据项目特定情况,调整设备标书出版时间,或对采办周期。可在第5列及第6列做对应调整,输入正数表明比默认时间推迟,负数为比默认时间提前。该软件默认值为0。

对于第3列"设备所在位置",需要根据实际项目情况进行选择,如果设备不局限在平台某一层，则选择“其他”。

完成第 2 步后，计划结果自动输出，如图 4 所示。

输出结果满足计划要求，结果以“√”标志注明，同时显示预计时间差距；一旦出现不满足计划要求情况，会出现红色“×”标志，并且显示预计时间差距；如果时间满足，但时间余量较小，则出现“！”黄色报警，提醒用户关注。

最后，“输出结果”会对自动统计事件总体情况，并生成报告编制时间。

在得到输出结果后，如果用户对结果不满意，需要进行设计工期或采办工期的调整，可返回第二步进行相关调整。调整后，结果随之变化。

4.2 过程管理运用

将 3.2 节中计算得到的“事件”各个步骤最大概率参数作为基础，通过软件自动录入。再通过人工录入实际各个步骤完成时间点。通过二者对比可以明确跟踪目前的完成情况，具体事例如表 2 所示。

表 2　××设备过程监控表

序号	名称	标书出版时间		标书审查时间		…	验货完成时间	
		计划	实际	计划	实际	…	计划	实际
1	××	δ_1		δ_2			δ_i	

同样，可以通过生成曲线直观跟踪。

5　结论

运用本方案编制的软件，能够高效、准确地自动生成海上平台建造项目的设备包标书出版计划；能够清晰、直观地对标书出版计划、设备采办计划和平台建造计划 3 者之间的匹配程度进行分析；能够为采办策略编制提供直接支持；能够便捷进行调整，确定最优方案；能够直观进行设备过程管理。并且使用简单，操作方便。完全摆脱人为因素干扰，符合中海油公司推行的“三新三化”精神，极大提高工程项目管理水平，已经申请专利。

同时，利用大数据进行项目管理也可以推广至中海油平台工程项目管理的其他方便，为各类型计划、策略的制定提供准确、高效的帮助。

浅谈渤海固定平台模块套井口吊装安全间距

柳扬斌

(中海石油(中国)有限公司天津分公司工程建设中心技术部，天津 300452)

摘 要 通过分析近期设计的渤海海域固定式井口平台的上部模块结构与井口区采油装置的最小净间距的设计处理措施及成功案例，探寻能够同时满足《固定式平台上部模块海上吊装设计推荐作法》及《海上固定平台总体设计规范》相关要求的应对方式和平台上部模块的总体设计思路。

关键词 井口区；固定平台上部模块；分体式采油树；吊装安全最小净间距

1 上部模块吊装套井口采油树装置的规范性要求

渤海的常规固定式井口平台(或带有井槽的中心平台)在完成导管架安装后，一般在上部模块出海安装前的数月内提前用钻井船完成第一批井的钻完井，即在上部模块吊装前，导管架上已存在完井后的采油树装置。而上部模块的井口区主梁轴线间距(即为修井机滑轨的轴线间距)一般为11m(少数带井口区域的中心平台的修井机/钻修机滑轨轴线间距为12m或14m)。在此区域内一般纵向分布4列井槽，考虑到主梁和周边次梁的结构尺寸宽度(翼缘宽度或局部节点板宽度)，再考虑常规采油树的安装尺寸，每个采油树的工艺配管又要留出三向的弯头拐点(以应对井口区与平台结构沉降差异造成的管线变形影响)，故井口区的设计一直都是较复杂的难点部分。

对于海上固定平台的上部模块的吊装所需遵循的原则，中海油研究总院和海油工程公司在2014~2015年对《固定式平台上部模块海上吊装设计推荐作法》进行了多次专题会议讨论和总公司级别的专家研究商定，截至2015年8月底，已经正式确定了对于上部模块在套装有井口区采油装置时的安全距离要求：明确要求渤海海域的井口平台海上吊装时任何井口区域的已有结构(含管线/电仪支架等)与已安装的采油树本体净间距必须有1.5m，详见《固定式平台上部模块海上吊装设计推荐作法》的4.2.3章节：最小净间距。

最小净间距是保证海上吊装安全就位的基本要求，上部模块吊装最小净间距要求见表1。

表1 海上固定式平台吊装作业吊装物与障碍物之间的最小净间距

海 域	分块吊装时模块之间的最小净间距/mm	套井口吊装时井口最小净间距 *D*/mm
渤海(1~12月)	1200	1500
东海(5~7月)	1500	1500
东海(1~4、8~12月)	1500	2000
南海(5~8月)	1500	1500
南海(1~4、9~12月)	1500	2000
北部湾(1~12月)	1200	1500

注：1. 分块吊装最小净间距是指上部模块分成几个模块进行吊装就位时吊装模块与已经就位安装结构之间的最小水平距离；
2. 套井口吊装时模块结构与井口采油树的安全净间距见图1；
3. 海上安装时间不确定时，最小净间距按表1中的最大值选取。

由此可见，渤海海域的固定平台上部模块今后要严格执行1.5m的套井口净间距要求。这对于从2015年2月开始执行《海上固定平台总体设计规范》，严格控制平台上部模块甲板面积和空间利用率的新设计平台而言，从今往后必须将模块结构提高空间合理化利用率、跟确保套装有井口采油装置时安全净间距两项硬指标同时兼顾，对于结构专业和总体专业的设计水平提出了更高的要求。一方面，需要与钻完井方沟通说服其采用分体式的采油树：在模块安装前仅安装其下部

作者简介：柳扬斌(1980—)，男，2002年毕业于天津大学海岸与海洋工程专业，从事平台结构、舾装、防腐专业方向的工作。E-mail：liuyb13@cnooc.com.cn

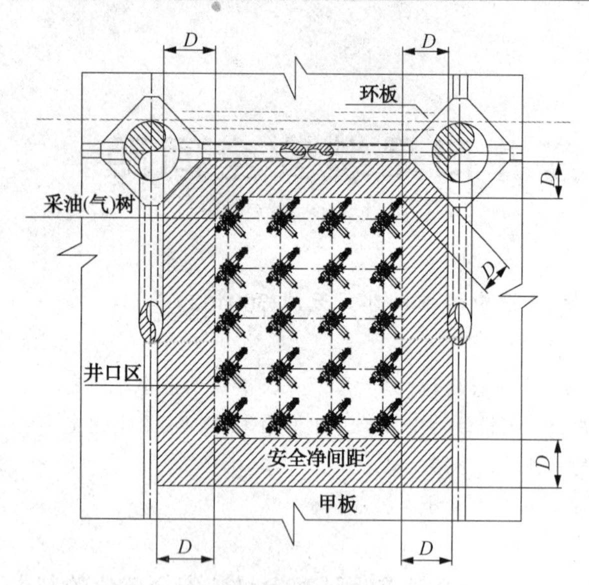

图 1　井口区安全净间距标注示意图

本体(主阀部分)，采油树上部分体在平台模块安装后井口回接时再安装；另一方面，井口区周边的设施布置(含地漏开排管线等)都需尽可能远离井口吊装净间距要求的避让范围以外。

适逢这两个业内规范颁布实施之时，2014~2015 年渤海的 2 个新建项目：垦利 10-4 油田开发工程项目以及渤中 19-4 油田综合调整工程项目本人都有参与设计审查和项目管理工作，现将这 2 个项目的实际应用案例提出来进行展示和分析。

2　渤中 19-4 WHPC 上部模块在考虑套井口吊装时的处理方式

2.1　渤中 19-4 WHPC 平台简介

渤中 19-4 WHPC 平台(图 2)是一座 8 腿主桩式固定井口平台，工作点间距：(18m+18m+18m)×20m，带有 32 个井槽(其中有 5 个为 30 寸隔水导管、其余 27 个为 24 寸隔水导管)，模块分上、中、下 3 层主要甲板。设计水深 21.5m，带有 1 座 60 人生活楼(无直升机甲板)，配置 HXJ180 型修井机，平台带有部分油气处理设施。钻井船"渤十二号"在导管架上进行第一批 8 口井的钻完井作业(安装采油树下部分体)。

钻井船"渤十二号"从渤中 19-4 WHPC 平台东侧(实际地理方向接近于北)在导管架上进行第一批 8 口井的钻完井。钻井船靠船位置、第一批完井位置如图 3 所示。

钻井船的 2 次再就位是由钻井船"南海一号"从渤中 19-4 WHPC 平台北侧(实际地理方向接近于西侧)在模块上进行后续井位的钻完井(钻井船靠船示意图见图 4)。

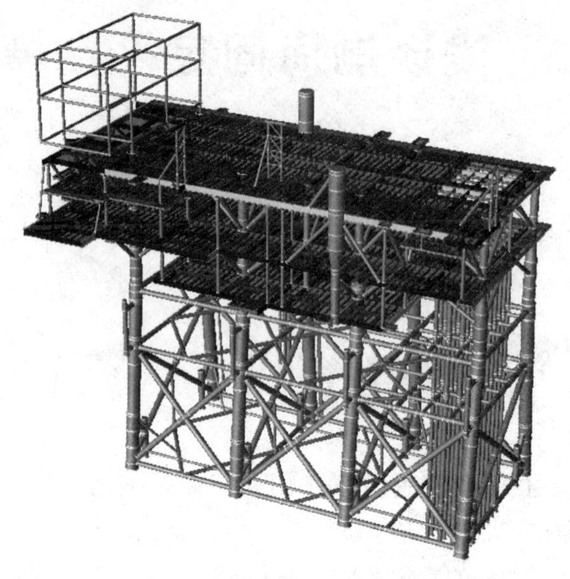

图 2　渤中 19-4 WHPC 平台结构立体示意图

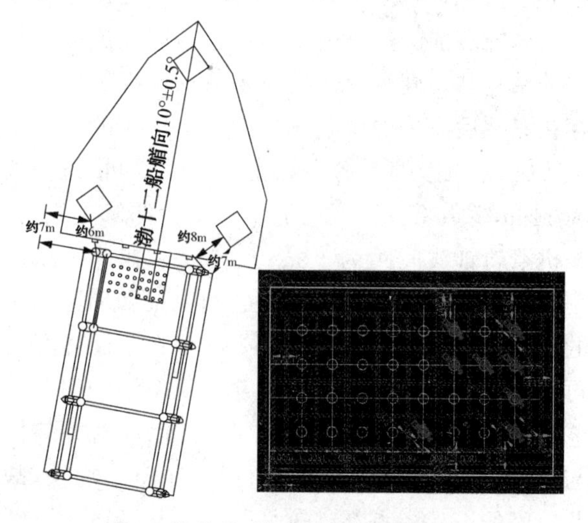

图 3　钻井船"渤十二号"靠平台进行第一批钻完井的就位位置及井位

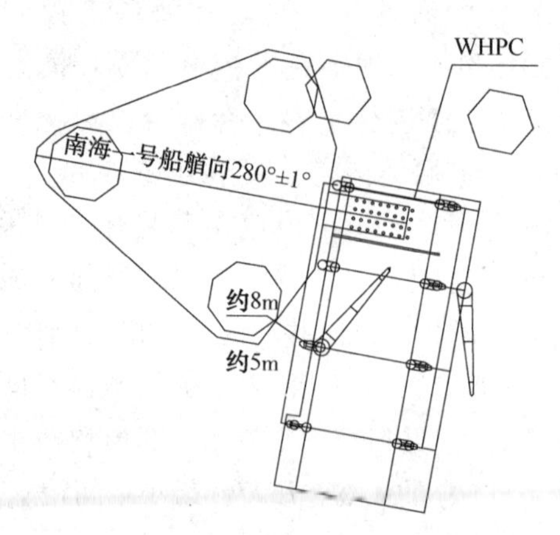

图 4　钻井船"南海一号"靠平台进行后续钻井的就位位置

该平台的采油树位于 EL.(+)17500 标高的隔水导管顶部，按照钻完井项目组提供的采油树安装高度估算，我方要求钻完井方采用分体式采油树(上、下部 2 个主体可分阶段安装，即在导管架上完井的时候只安装下部主体部分，在上部模块海上吊装后再安装采油树上部主体部分)，在吊装上部模块时 EL.(+)18500 的中层甲板也会在下放就位过程中掠过采油树下部分体的外缘轮廓。由于 EL.(+)12000 的下层甲板的结构距井口区外轮廓远比中层甲板的要大，故对于套装井口的安全净间距主要分析 EL.(+)18500 中层甲板结构与采油树下部分体的净间距。

2.2 针对不同厂家采油树尺寸复核的安全净间距

由于钻完井仍处于基本设计阶段，无法确定本项目的采油树具体厂家，故只能提供其经常采用的 4 个厂家的 3-1/8″通径单筒单井采油树(3000psi 规格)的尺寸资料。设计单位据此开展了校核，复核出的采油树下部分体(主阀)外轮廓与上部模块甲板结构的净间距如图 5～图 8 所示。

江苏金石 JMP 的采油树下部分体外沿与 EL.(+)18500 中层甲板结构的东、南、西 3 个方向(井口区北侧因没有导管架完井安装采油树，故不考虑间距问题)的最小净间距分别为 1465mm、1614mm、1664mm。

美钻石油的采油树下部分体外沿与 EL.(+)18500 中层甲板结构的东、南、西 3 个方向(井口区北侧因没有导管架完井安装采油树，故不考虑间距问题)的最小净间距分别为 1529mm、1547mm、1608mm。

上海神开的采油树下部分体外沿与 EL.(+)18500 中层甲板结构的东、南、西 3 个方向(井口区北侧因没有导管架完井安装采油树，故不考虑间距问题)的最小净间距分别为 1443mm、1530mm、1580mm。

重庆新泰的采油树下部分体外沿与 EL.(+)18500 中层甲板结构的东、南、西 3 个方向(井口区北侧因没有导管架完井安装采油树，故不考虑间距问题)的最小净间距分别为 1494mm、1557mm、1618mm。

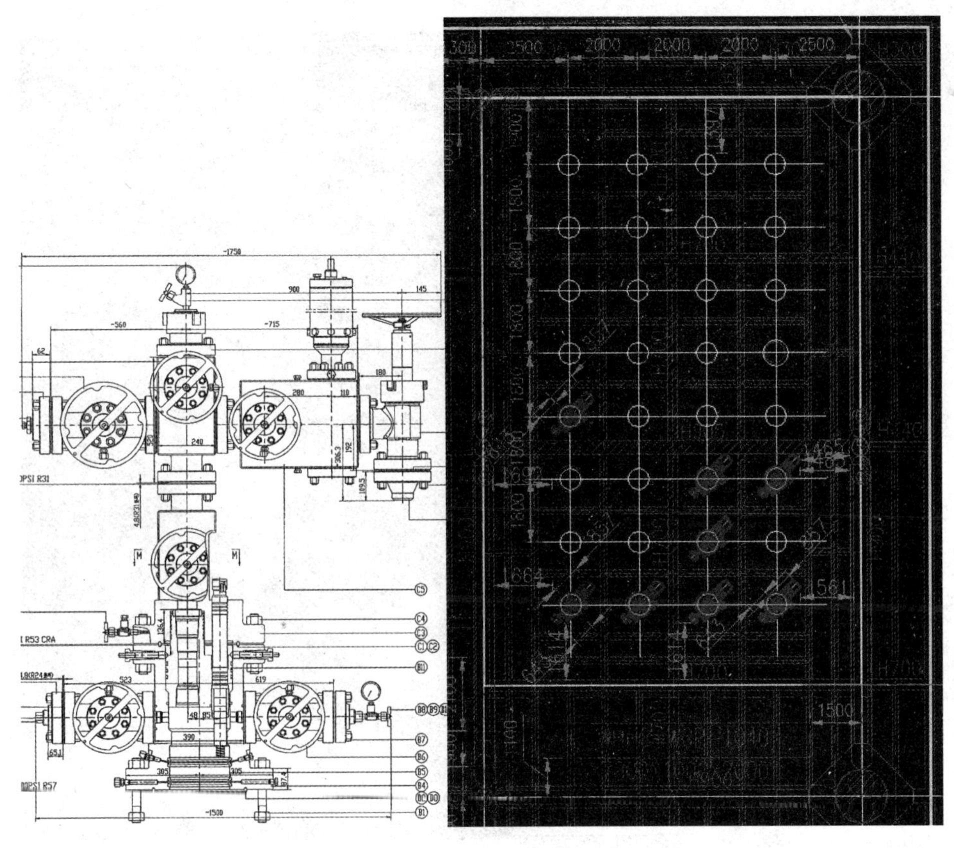

图 5 江苏金石 JMP 采油树尺寸及井口安全净间距

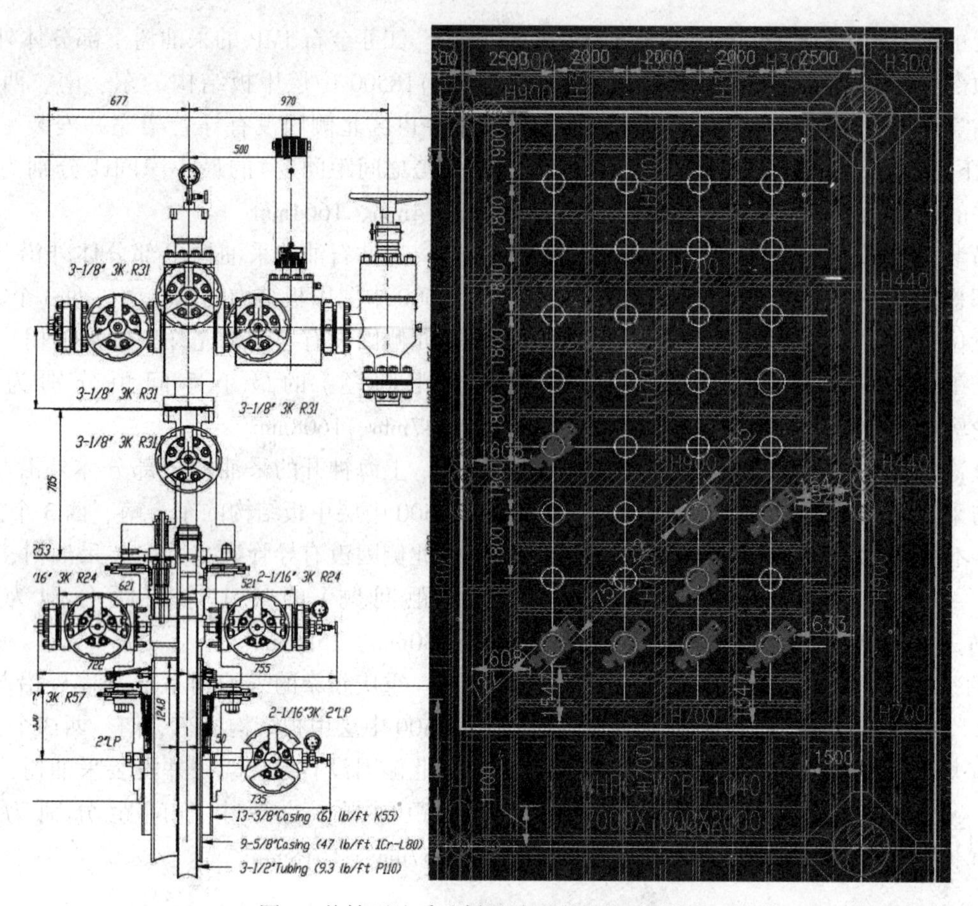

图 6　美钻石油采油树尺寸及井口安全净间距

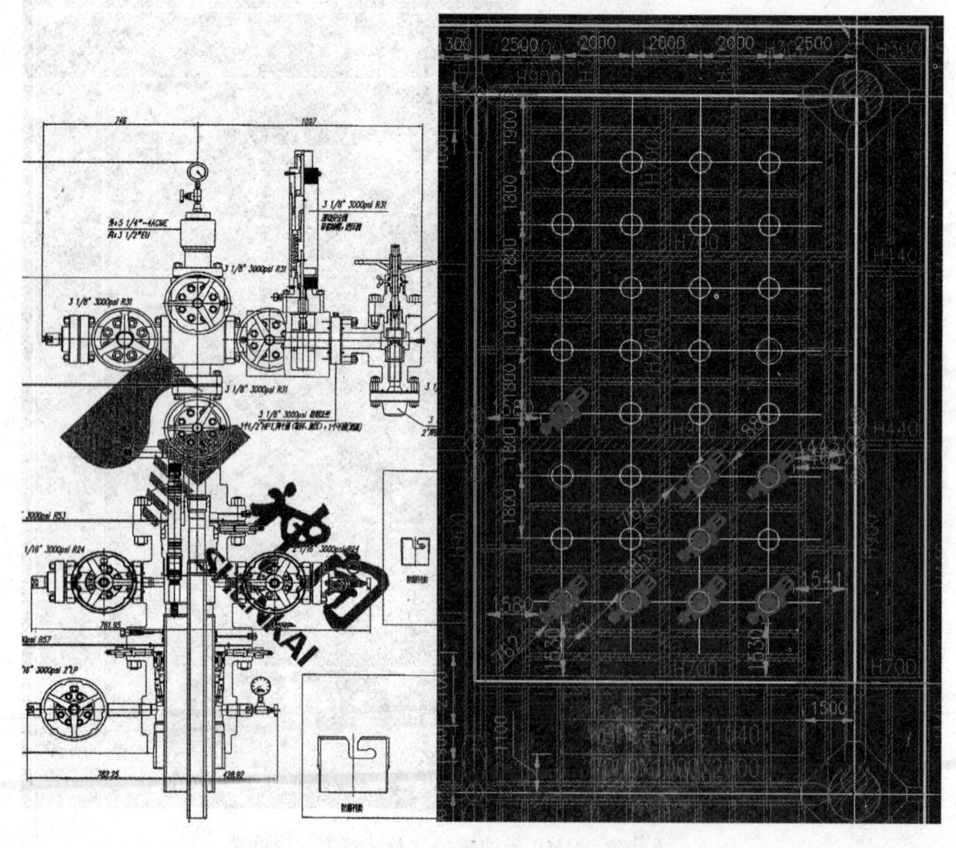

图 7　上海神开采油树尺寸及井口安全净间距

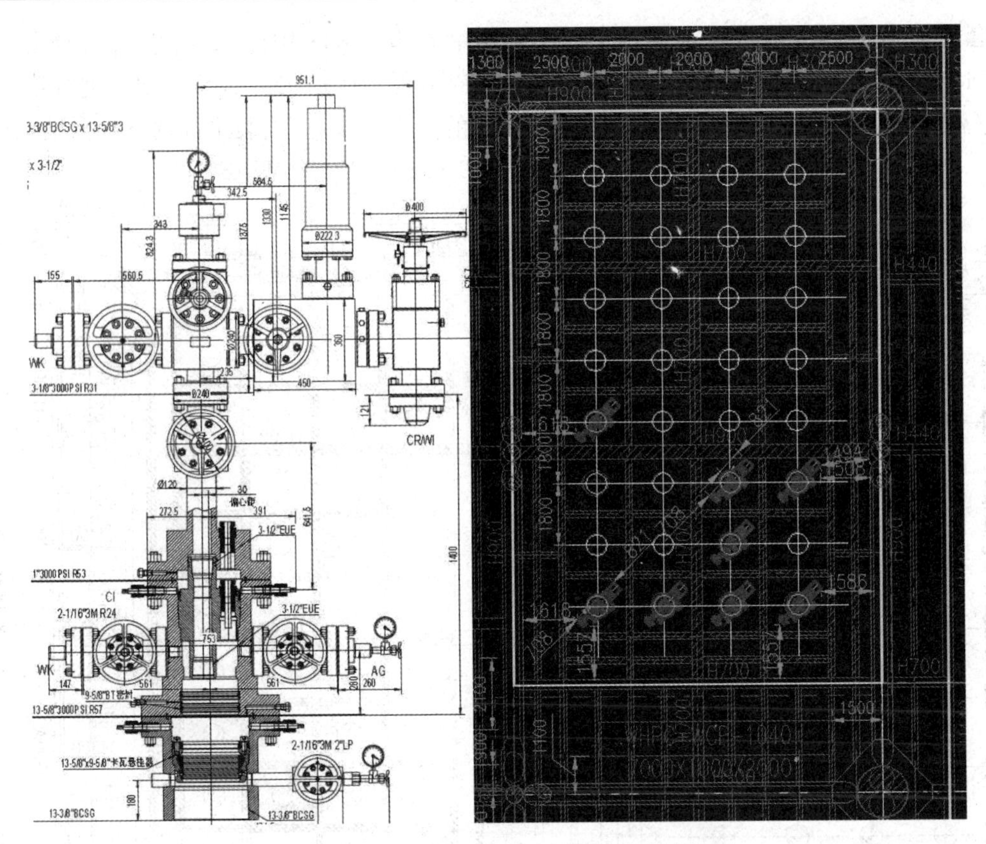

图8　重庆新泰采油树尺寸及井口安全净间距

2.3　复核结果

由以上4个不同厂家的采油树复核结果判断，上述4个厂家的采油树产品在渤中19-4 WHPC平台安装后基本上都能满足《固定式平台上部模块海上吊装设计推荐作法》的吊装套井口安全净间距的要求。

分析本项目能够基本满足《固定式平台上部模块海上吊装设计推荐作法》的1.5m安全净间距要求的原因是基于以下原因：

（1）渤中19-4 WHPC平台的32口井位的井槽间距满足《海上固定平台总体设计规范》要求的1800mm×2000mm的间距要求。

《海上固定平台总体设计规范》相关要求：

5.3.2　根据调研结果，除了涠洲12-1A特殊情况外，井口间距不大于2286mm×2286mm，常用的3⅛寸通径的3000psi单筒单井采油树井口间距不大于1800mm×2000mm。针对海上所用的5000psi、10000psi采油树和5⅛寸大通径采油树井口间距进行摆放研究表明，3⅛寸通径的5000psi单筒单井双安全阀采油树井口间距不宜大于1800mm×2100mm，3⅛寸通径的10000psi单筒单井双安全阀采油树井口间距不宜大于1800mm×2200mm，5⅛寸通径的5000psi单筒单井单安全阀（翼通道）采油树井口间距不宜大于2200mm×2200mm。

（2）渤中19-4 WHPC模块EL.（+）18 500中层甲板结构在井口区南侧预留出了适当的安全间距（甲板边缘距最南侧一排井槽中心2300mm，见图9），而甲板在井口区东、西两侧留出的间距（相邻的甲板H型钢中轴线距最外侧一排井槽中心均为2500mm），尽管井口区北侧有模块B轴大梁和B4主腿环板导致与最北侧井槽位置较近，但第一批完井井位都集中在井口区南块，故东、西、南侧满足最外侧井槽采油树装置与甲板结构的安全净间距就能保证模块吊装就位的安全。

3　垦利10-4 WHPA平台上部模块在考虑套井口吊装时的情况及实际处理方式

3.1　垦利10-4 WHPA平台简介

垦利10-4油田开发项目主要新建一座四腿主桩固定式井口平台WHPA（图10），设计水深（海图基准）14.27m，有30人生活楼（有直升机甲板）和HXJ180修井机（升级原计划配置的HXJ135修井机、配置180井架和提升绞车等），井槽数20（20根隔水导管中含4角位置的36寸单筒双井套管、5 根 30 寸隔水导管和其余的 11 根 24 寸隔水导管），模块与导管架工作点间距为 20m×18m，模块吊装质量：2767.95t，导管架吊装质量：833.91t，生活楼吊装质量：628.01t。钻井船“HYSY923”在导管架上进行第一批 7 口井的钻完井作业（安装采油树下部分结构体）。

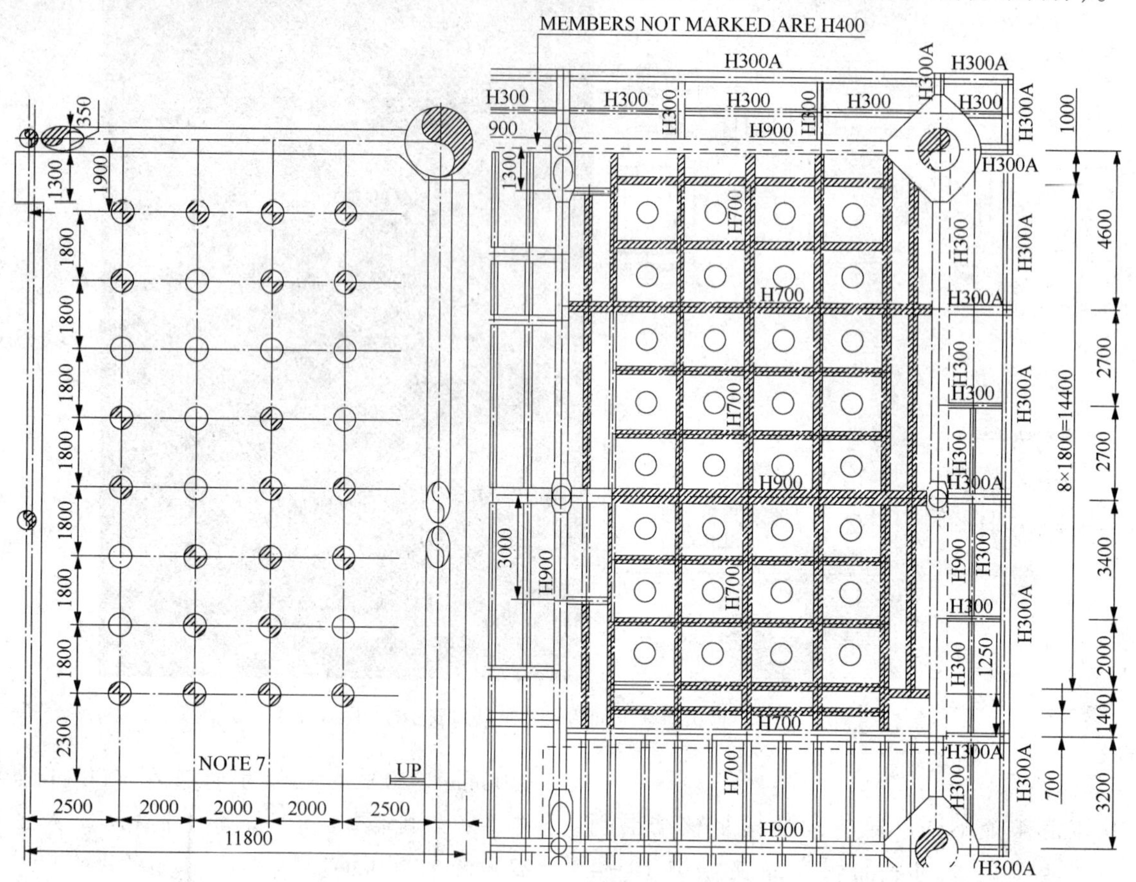

图 9　渤中 19-4 WHPC 井口区井位间距及中层甲板结构布梁位置

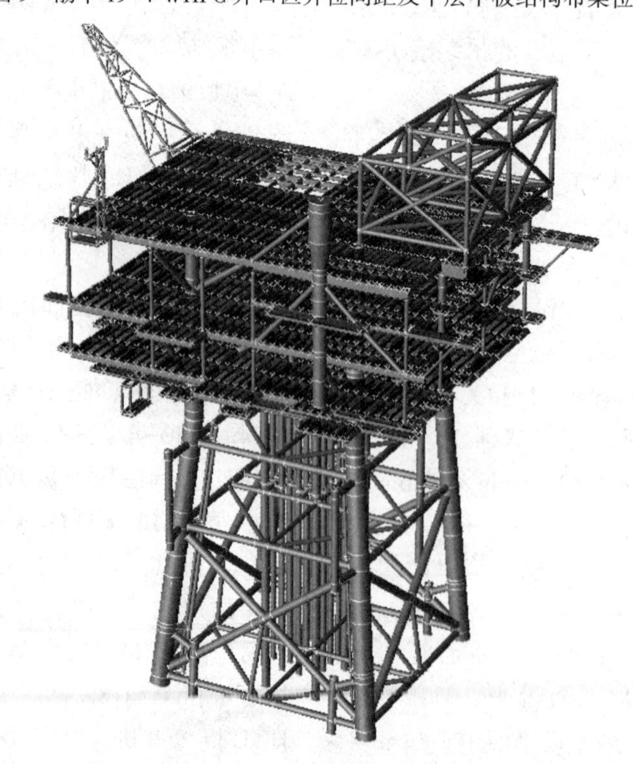

图 10　垦利 10-4 WHPA 平台结构立体示意图

钻井船“HYSY923”从垦利 10-4 WHPA 平台西侧(实际地理方向接近于西南侧)在导管架上先完成第一批 7 口井的钻完井(钻井船靠船示意图及第一批井的井位见图 11)。

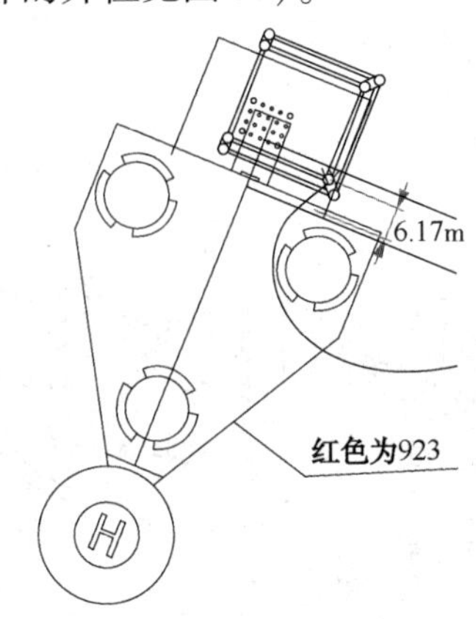

图 11　钻井船“HYSY923”靠平台进行第一批钻完井的就位位置

钻井船 2 次再就位是由钻井船“HYSY922”从垦利 10-4 WHPA 平台北侧(实际地理方向接近于西北侧)在模块上进行后续井位的钻完井(钻井船靠船示意图见图 12)。

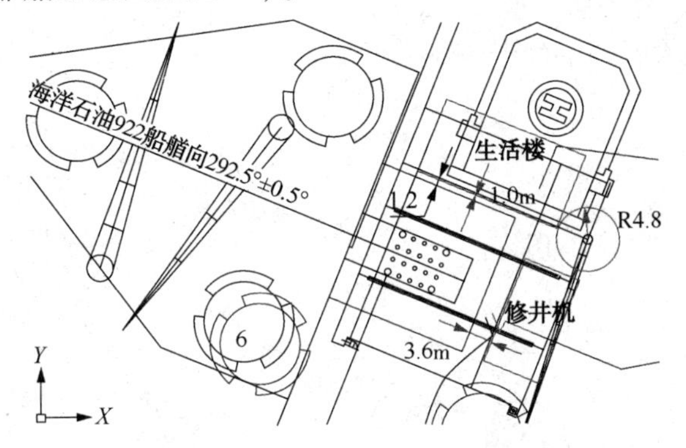

图 12　钻井船“HYSY922”靠平台进行后续钻井的就位位置

3.2　复核井口采油树尺寸和安全净间距

垦利 10-4 WHPA 采用上海神开公司的 3⅛in 通径的 5000psi 采油树，采油树尺寸如图 13、图 14 所示。

该平台的采油树位于 EL.(+)17200 标高的隔水导管顶部，按照钻完井项目组提供的采油树安装高度估算，我方要求钻完井方采用分体式采油树(上、下部 2 个主体可分阶段安装，即在导管架上完井的时候只安装下部主体部分，在上部模块海上吊装后再安装采油树上部主体部分)，在吊装上部模块时 EL.(+)16800 下层甲板和 EL.(+)12300 工作甲板结构会在下放就位过程中掠过采油树下部分体的外缘轮廓。故对于套装井口的安全净间距主要分析 EL.(+)16800 下层甲板和 EL.(+)12300 工作甲板结构与采油树下部分体的净间距。

3.3　复核结果

经设计单位分析，位于平台北侧、南侧和西侧的井口区设施最小净间距均不满足 1.5m 要求：

(1) ϕ914(36 寸)隔水导管距平台北侧 B 轴主梁最小净间距为 893mm，与 B1 主腿环板局部区域最小为 683mm，ϕ762(30 寸)隔水导管距离平台北侧 B 轴主梁最小净间距为 760mm。

(2) 隔水导管距离平台西侧 1 轴主梁局部最小净间距为 1340mm。

(3) 隔水导管距离井口区南侧 B1 轴结构最小净间距为 693mm。

3.4　处理措施及结果

为满足海上吊装上部模块 1.5m 最小净间距的要求，故在导管架设计隔水导管时考虑在全部隔水导管完成安装后将最北侧 4 根隔水导管的顶部临时切除 2.4m，在完成上部模块吊装后再进行回接(图 15)。

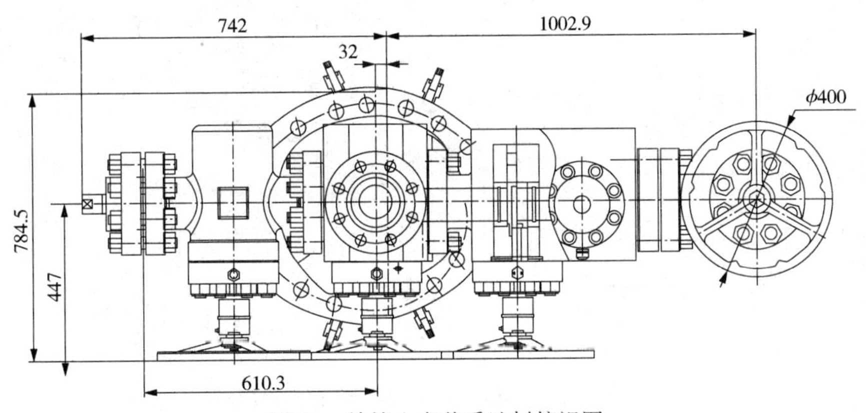

图 13　单筒生产井采油树俯视图

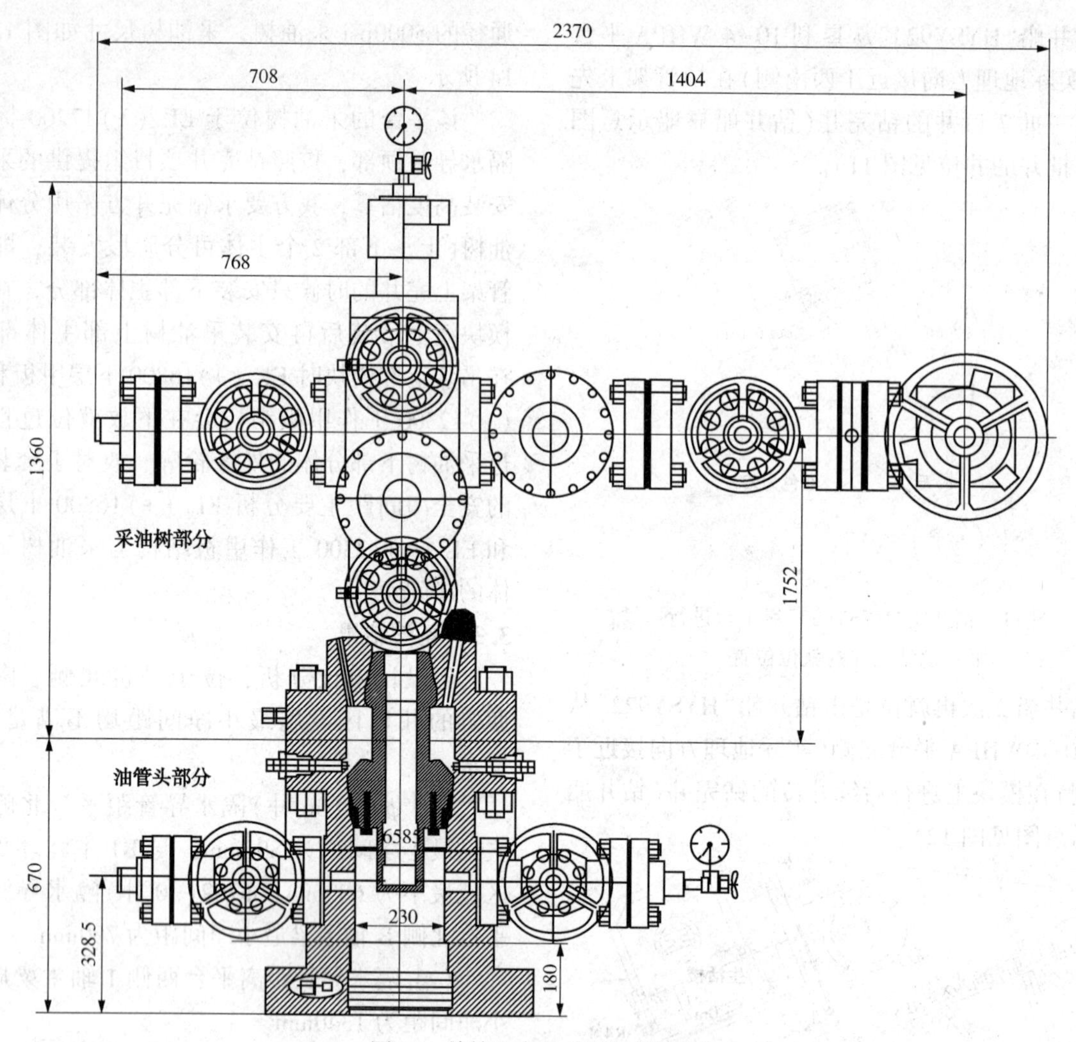

图 14　单筒生产井采油树侧视图

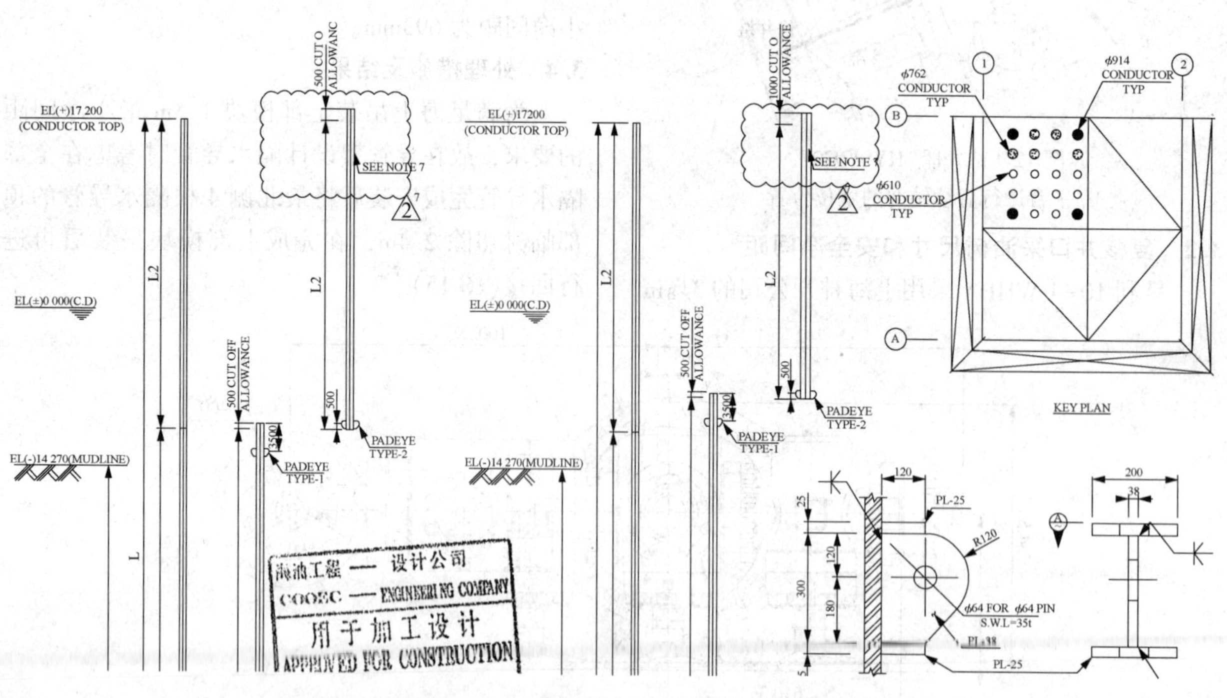

图 15　垦利 10-4 WHPA 平台隔水导管的临时截短方案

经此项处理后，尽管隔水导管距井口区西侧的 1 轴主梁结构最小净间距仍为 1340mm，但隔水导管距井口区东侧 1.2 轴结构最小净间距为 2393mm，远大于 1.5m 的净间距要求，东西向总净间距大于 3.0m，故对于西侧的隔水导管不进行切割。另外，考虑到 EL.(+)12300 工作甲板北侧和东侧为敞开海域空间，上部模块在海上吊装下放过程中可适度南北、东西向调整，因此对于井口区南侧的隔水导管也不进行切割。

经过上述措施，垦利 10-4 WHPA 上部模块最终顺利、安全地完成了海上安装作业(图 16)。

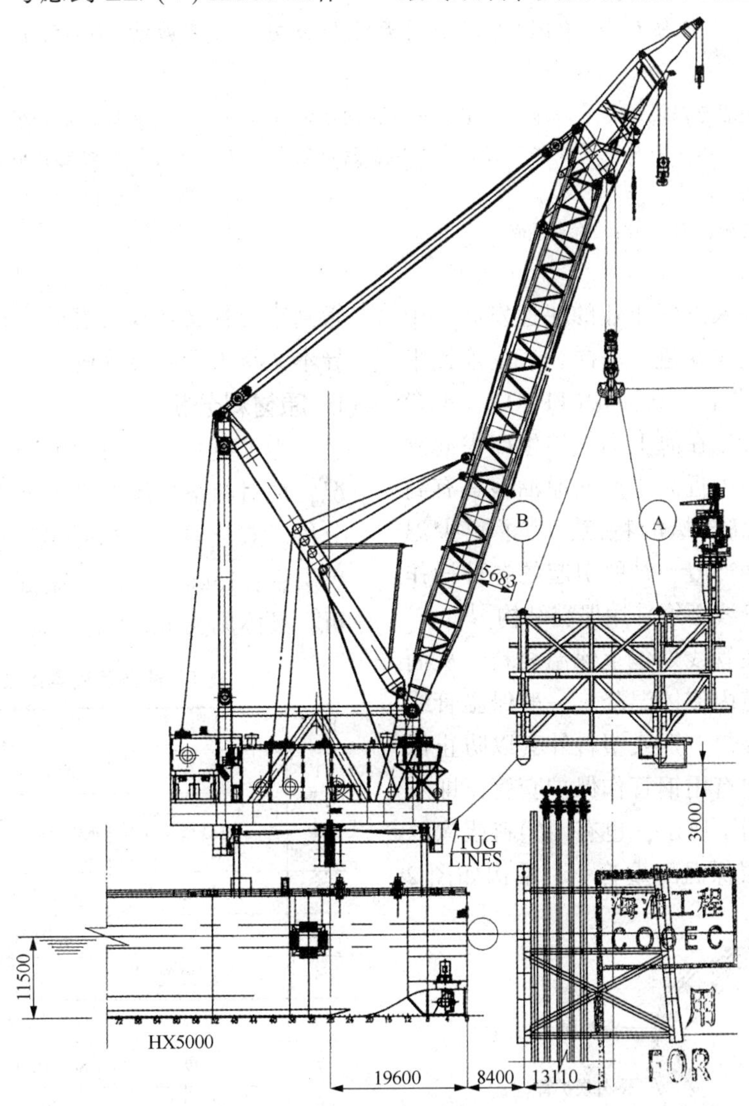

图 16 垦利 10-4 WHPA 平台上部模块海上吊装示意图

4 结论

在渤海海域的常规井口区相对应的修井机(钻修机)滑轨投影轴线间距 11m 的情况下，对于渤海海域常规采用的 1800mm×2000mm 的井口槽口中心间距的布置，一般应是在距左右滑轨投影轴线等距离的位置布置 4 列井口，即从左往右自滑轨轴线投影处开始，井口中心间距依次为：2500mm、2000mm、2000mm、2000mm、2500mm。在此基础上，通过提前与钻完井沟通，避免靠近平台主腿环板附近的井位安装采油树(即导管架上第一批钻完井不要安排此位置有采油树)；同时要求第一批完井的采油树在吊装上部模块前只安装采油树下部分体(即到主阀为止)的方式，基本上可以确保 1.5m 的最小安全净间距。

但对于个别实在不能满足 1.5m 净间距的项目，只能采取临时切割局部临时构件、在平台上部模块吊装后再恢复的方式；或者是在井口采油树装置外边加装临时保护框架的方法来确保吊装安全了。

浅谈海洋管道单层管与双层管对比分析

侯　强　张重德　袁占森　龚海潮

（中海石油（中国）有限公司天津分公司，天津塘沽 300452）

摘　要　单层管与双层管都是海洋管道中的一员，随着海洋管道行业的发展，单层管逐渐成熟，并经历了从无到有的历程，本文中从单层管和双层管原材料、铺设效率、技术分析等方面进行具体阐述，说明了两种管材的各自优缺点。

关键词　单层管；双层管；海洋管道

随着我国石油和天然气工业的快速发展，中海油油气管道随之突飞猛进。海洋管道是连接平台之间、平台与浮式生产储油轮（FPSO）、平台与终端处理厂的纽带。在海上油气田生产中起到至关重要的作用。国内近海生产的原油多具有高黏度、高凝固点及高含蜡的特点，为了减少温降，从而防止因原油冷凝、结蜡引起的各种操作问题，铺设的海底管线必须采用保温结构[1]。

管道保温就是在管线外包上保温材料，从而增加热阻，减少管道内流体温降。一般保温管线在保温材料外面还要包上钢或塑料外套以防止保温材料的破坏。其中有用钢管作保护套管，即双层保温管，结构如图 1 所示；也有用塑料或橡胶作保护套管，即单层保温配重管[2]，结构如图 2 所示。

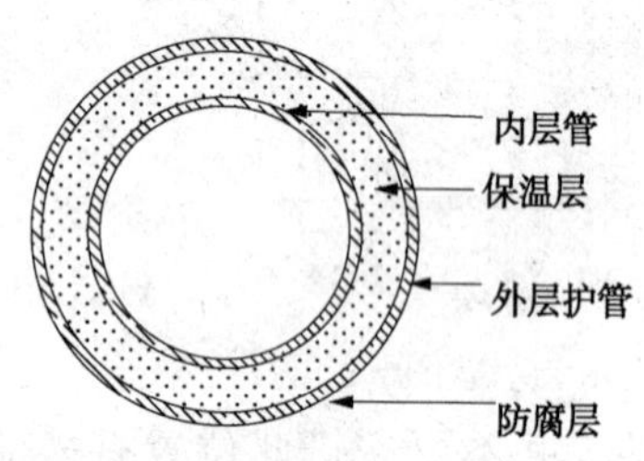

图 1　双层保温管平面图

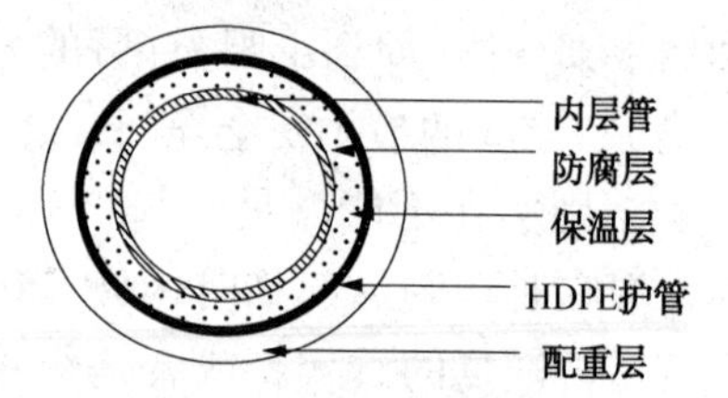

图 2　单层保温配重管平面图

纵观国内整个海洋管道的发展可以看出，海洋管道的型式也发生着很大变化，经历了从双层管到单层管又到双层管的过程。具体两种管型差异本文将进行简要分析。

1　原材料分析

为了更好分析两种类型海管的原材料用量情况，现对两条具体管线每公里的用料量进行对比分析。双层管：5.5km（某项目混输管线为例），单层管：15km（某条混输管线为例）进行对比分析，具体见表 1、表 2。

表 1　两条管线具体技术参数对比

序号	指标	12″单层管	12″/18″双层管
1	钢管	API 5L ×65	API 5L ×65
2	规格型号	ϕ323.9×12.7mm	ϕ323.9×14.3mm/ϕ457×15.9mm
3	FBE	参数相同	参数相同
4	厚度	(550±50)μm	≥300μm
5	保温类型	PUF	PUF
6	厚度	40mm	45mm
7	密度	80~100kg/m³	40~60kg/m³
8	配重层	混凝土	混凝土
9	厚度	40mm	—
10	密度	2540kg/m³	—
11	法兰	参数相同	参数相同
12	锚固件	参数相同	参数相同
13	阳极（GROSS WEIGHT）	28.6kg/套	76.1kg/套

表 2　两条海管每公里用料量对比分析

序号	用料指标	12″单层管	12″/18″双层管
1	钢管	103.55t	316.85t
2	混凝土	72.54t	—

续表

序号	用料指标	12″单层管	12″/18″双层管
3	环氧粉末 FBE	无料单数据	无料单数据
4	PUF	无料单数据	无料单数据
5	HDPE 夹克管	88 根	—
6	法兰	无对比性	无对比性
7	锚固件	1	1
8	阳极	4.9 套	20 套

通过技术指标及每公里数据量可以看出，单层管在海管母材用量、阳极用量等明显少于双层管形式所用数量。但是单层管用 HDPE 夹克管，双层管则不需要此种材料。单对相同尺寸的运输管线进行对比分析可看出，以前项目单层管用管材壁厚相对较薄，分析主要原因如下：

（1）海管运行参数、所处海域以及油田附近海洋环境都影响着海管结构；

（2）设计标准变更了，以前用 DNV OS F101-1981，现在用 DNV OS F101-2005；

（3）海底管线隆起效应的考虑，也增加了海管壁厚的设计值。

2 铺设效率分析

随着我国船舶工业以及机械装备业不断发展，我国国内海管铺设船舶以及海管铺设用相关设备也发生了翻天覆地的变化。2008 年以前，国内海上铺管用船舶基本为早期国外进口铺管船舶，服役期基本都在 30 年以上，属于退役后延期使用船舶。近几年，中海油为实现“渤海 3000 万方”、“渤海 3500 万方”、“海上大庆”等目标，海管铺设业务迎来了井喷式的发展，已有船舶不能够满足油田开发过程中海管铺设任务。故 2009 年后，新增了海洋石油 201、海洋石油 202 等先进铺管船舶，大大增加了国内海管铺设效率，对标国际海管铺设作业，这几条新建铺管船舶也具备国际先进水平。

经过国内现有海管铺设设备的新建升级，以项目实例分析单层管和双层管铺设效率问题，随着海管铺设船舶、焊接设备、铺设船舶辅助设备的不断升级改造，海管的铺设效率显示出明显提升。现根据各个项目海管铺设情况进行分析如下：

2.1 双层海管（14″/20″）铺设

2.1.1 总体情况

2014 年 7 月 7~2014 年 7 月 18 日，海洋石油 202 船铺设一条 18.2km，14″/20″混输管线，本次海管铺设作业使用船舶为国内先进的浅水 S 形铺管船，焊接工艺采用内口自动焊接，外口半自动焊接的形式。具体铺设效率分析见图 3 以及表 3 所示。

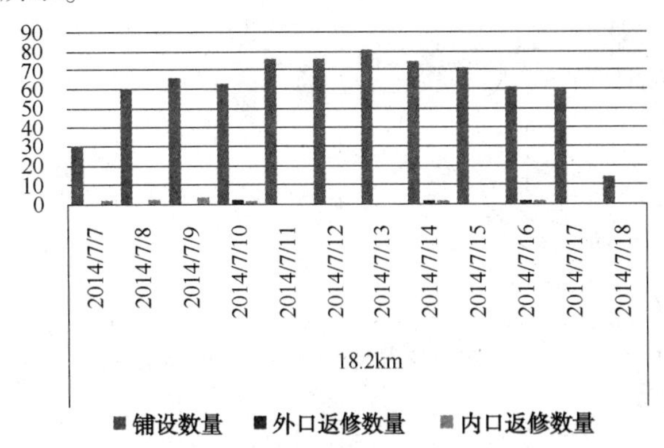

图 3 14″/20″混输管线铺设情况

表 3 14″/20″混输管线铺设情况

管线长度	18.2km											
日期	2014/7/7	2014/7/8	2014/7/9	2014/7/10	2014/7/11	2014/7/12	2014/7/13	2014/7/14	2014/7/15	2014/7/16	2014/7/17	2014/7/18
铺设数量	30	60	66	63	76	76	81	75	71	61	60	14
外口返修	0	0	0	2	0	0	0	1	0	1	0	0
内口返修	1	2	3	1	0	0	0	1	0	1	0	0

根据现场统计数据，该条 18.2km 14″/20″混输管线日均铺设 54.75 根海管，海管铺设速率约为 1335.024m/天，铺管效率最高时为 81 根/天。

通过数据分析可知，管线铺设起始和终止铺设效率较低，管线前期阶段处在人员、机具适应期，会出现部分管线返修现象，随着铺设的后续工作开展，效率基本在 70 根左右。

2.1.2 各站耗时情况

以该条双层混输管线为例，海管铺设，作业站工作布置及耗时情况通过统计数据可知，单根海管耗时=作业零站拉屈曲探测器（1~1.5min）+作业一站组对（2.25~3min）+作业 2 站全自动焊接（11~17min）+走船（1.5~3min），平均每节点耗时约为 16.75~24.5min，扣除每天的返修、设备待机等，则每天工作时间约 23h，正常情况下日平均可铺设海管：56~87 根。

2.2 SEA HORIZON 船铺设某项目 12″单层水泥配重海管

2.2.1 总体情况

2009 年 6 月，SEA HORIZON 顺利完成某项

目平台间 12 寸 13.3km 海管铺设。自 6 月 11 日开始正常铺设第一根海管，至 17 日最后一根海管焊接完毕，有效铺设作业时间 130h10min，总共铺设海管 1090 根，返修 15 道口，焊接合格率 98.6。具体铺设效率见图 4 以及表 4。

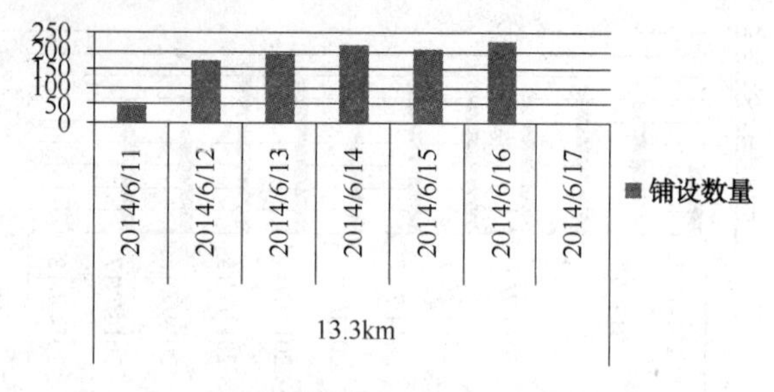

图 4　12″单层混凝土配重管线铺设情况

该条海管铺设时，其平均每小时铺设海管 8.3 根，最高日铺设海管 229 根，日平均铺设 205 根，铺设速率为 2501m/天。

表 4　12″单层混凝土配重管线铺设情况

管线长度	13.3km						
日期	2014/6/11	2014/6/12	2014/6/13	2014/6/14	2014/6/15	2014/6/16	2014/6/17
铺设数量	50	175	195	219	207	229	8

2.2.2　各站情况

某项目 12″海管铺设，作业站工作布置及耗时情况通过统计数据可知，单根海管耗时 = 作业零站拉屈曲探测器（0.5min）+ 作业一站组对（0.5～1.5min）+ 第七站（4～5min）+ 走船（0.5～1min），平均每节点耗时约为 5.5～8min，扣除每天的返修、设备待机等，则每天工作时间约 23h，正常情况下日平均可铺设海管：184～230 根。

通过铺设效率分析可知，单层管的海上作业日铺设效率远高于双层管，在正常铺设情况下，单层管平均铺设 184 根以上，双层管平均铺设 56 根以上。单层管的铺设效率是双层管的 3 倍多。面对 2013 年以来的低油价形势，降低开采成本，提高油田效益越来越受到重视，国内各个石油公司分别提出具体降本增效举措，这样海洋用单层保温配重海管将来的应用前景比较明显。

3　单层管双层管技术分析

3.1　优点分析

双层保温管的优点是可以对保温材料提供最可靠的保护，并能有效地减小内管的热变形，即使内管有漏点，还有一层外管保护，降低溢油事故发生的风险。单层保温管可以节约大约 3/4 的钢材用量，节约外套管的防腐工作量，减少铺管焊接工作量，从而可以提高铺管效率，降低管线整体成本。对于目前国际油价持续走低的现状，开发投入不断调整降低，单层管的整体成本优势明显。

3.2　缺点分析

双层管缺点是钢材耗量大，焊接费用高，铺管效率低，并需要对油管和钢套管进行防腐处理及阴极保护，成本较高。单层管其缺点是生产工艺相对复杂，各项技术有很大提升空间，抗水压能力低，不适用于深水海域。

3.3　单层管的误识

国内数个单层管项目应用可知，部分管线出现保温失效，管线损伤等相关问题。但是纵观单层管的使用情况来看，国外项目主要使用的就是单层管，而且水深也比较深也没有出现相关的问题。

综合分析相关问题可知，主要原因如下：

（1）出现问题的管线，PU 密度偏低，PU 层整体抗压能力减弱；

（2）出现问题的管线，施工过程以及海管防腐生产过程温度较低，单层管管端防水帽加工过程没有按照施工工艺进行，导致过程中防水帽已经存在微小裂纹。

（3）由于海管铺设时间与海管防腐保温生产时间间隔较长，PU 层存在收缩现象，导致管端出现空隙，在海管铺设过程中，节点填充工作带来防水帽损坏风险。

3.4　技术创新分析

双层管技术成熟，最近 20 年基本无大变化。

单层管自 2005 年某项目应用以来，不断完善生产以及施工工艺。

2006 年，单层管节点填充技术由原来的沥青玛蹄脂变更为开孔聚氨酯泡沫。开孔聚氨酯泡沫新技术可以降低单层管管端的防水帽的热破坏，降低节点海上施工时间，提高整体铺设效率，保障单层管的水密性，确保保温层的保温效果。

2009 年 9 月，开发单层保温管节点填充用高强闭孔聚氨酯泡沫保温材料。该材料具既起到有效的防水和填充保护作用，又具有优良的保温效果。

2009 年 11 月，首次将喷涂聚脲弹性体(SPUA)防水材料引入到海底单层保温管端防水密封。SPUA 材料具有卓越的物理性能和施工性能，防水密封性优异。该技术在单层管修复项目上进行工程应用。

纵观国内海洋管道发展过程，单层管和双层管都是其中不可或缺的一份子，每种类型的管道都各有优缺点，在具体海洋开发项目中，也承担着各自的油气运输使命。

参 考 文 献

[1] 矫滨田，贾旭，侯静. 单层保温海底管线在铺设状态的压溃分析[J]. 管道技术与设备，2011，(6).
[2] 相政乐，蒋晓斌，张晓灵. 等. 海底保温管道技术发展概况[J]. 国外油田工程，2010，26(10).

碟片式离心机在重油乳状液脱水中的应用

程　涛[1]　李鹏宇[1]　朱梦影[2]　郭奕杉[1]

(1. 中海石油(中国)有限公司蓬勃作业公司，天津塘沽 300452;
2. 中海石油(中国)有限公司天津分公司勘探开发研究院，天津塘沽 300452)

摘　要　重油乳状液脱水是重油处理的难点和重点，其中聚结和沉降是脱水的两个重要过程。碟片式离心机因其结构紧凑、节省药剂、对原油导电性能没有特殊要求等特点被运用在重油乳状液脱水处理上，在蓬勃号运行期间存在机封水设计不合理、高速剪切导致原油高度乳化、对进料要求高等不足，其运行经验值得借鉴。

关键词　重质原油；乳状液脱水；碟片式离心机；蓬勃号 FPSO

原油脱水包括脱除原油中的游离水和乳化水，其中脱除乳化水比游离水难得多，因此研究始终把 W/O 型乳状液的油水分离作为研究重点[1]。蓬勃号 FPSO 设计原油处理能力 190，000BOPD，乳状液油水分离使用碟片式离心机，由于频繁故障等原因，油离心机目前已经停用，但作为石油工业中第一次大规模使用碟片式离心机进行重油乳状液脱水实践，其经验教训值得在今后设计和应用中借鉴。

1　重质原油

蓬勃号 FPSO 处理的 PL19-3 油田原油属于环烷基或环烷-混合基重质原油，原油密度大、蜡含量低、轻组分含量少，而且该原油具有较高导电性。此外，该重质原油含有大量胶质沥青质，易与原油中固体颗粒等杂质混合形成稳定的乳状液。表 1 为 PL19-3 原油主要性质[2]。

表 1　PL19-3 原油主要性质

密度(20℃)/(g/cm³)	黏度(50℃)/(mm²/s)	凝点/℃	水分(质量分数)/%	胶质(质量分数)/%	沥青质(质量分数)/%
0.9376	97.91	-32	0.3	17.3	0.4

2　乳状液脱水

2.1　乳状液脱水两个重要过程

(1) 聚结

乳状液处理器内小粒径水滴合并，变成能在规定停留时间内沉降至容器底部水层的大粒径水滴的过程称为聚结[1]。聚结时间可以用式(1)估算。

$$t=\frac{\pi}{6}\left(\frac{d^4}{\varphi K_S}\right) \tag{1}$$

式中，d 为水滴最终粒径，K_S 为特定系统的经验参数，φ 为分散相体积浓度。

从式(1)可以看出，在同一个系统中：①能沉降至底部水层的水滴最终粒径 d 越小，聚结时间越短，d 减小 14% 时，聚结时间降减小约 50%；②分散相体积浓度 φ 越大，所需脱水时间越短。油田生产实践中常采用脱水装置脱出水回掺至脱水装置上游的办法来增加分散相体积浓度 φ，以提高脱水效果[3]。

乳状液处理时，常采用使乳状液从乳状液处理装置底部水层进入装置的方法，这是由于水的表面张力比较大，可以将乳状液中的亲水性固体杂质、游离水、大粒径水、盐类等并入水层。从公式(1)也可以看出，乳状液进入水层后水的体积浓度增大，也利用乳状液破乳。

(2) 沉降

水滴沉降速度一般比较慢，可以用托克斯公式描述水滴在原油中的匀速沉降速度，如式(2)所示：

$$V_d=\frac{d^2a(\rho_w-\rho_o)}{18\mu} \tag{2}$$

作者简介：程涛(1989—　)，男，汉族，陕西扶风人，2015 年毕业于中国石油大学(北京)石油与天然气工程专业，硕士，工程师，目前担任中海石油(中国)有限公司蓬勃作业公司蓬勃号 FPSO 生产操作岗，已发表论文 5 篇。E-mail：chengtao6@ cnooc. com. cn

式中，V_d为沉降速度，d为水滴粒径，a为所处系统的加速度，ρ_w、ρ_o分别为水相密度和油相密度，μ为油相黏度。

实际中式(2)在工程上很少使用，但该公式对于分析脱水过程中的各影响因素很重要，从式(2)中我们可以看出：①沉降速度与水滴粒径的平方成正比，粒径越大，沉降速度越快；②沉降速度与密度差成正比，这是重质油不好脱水的一个原因；③沉降速度与原油黏度成正比，工程上常采用升温降黏的办法增加油水分离速度；④在重力场中，加速度a等于重力加速度g，而在离心力场中，加速度a等于向心加速度w^2r，其较g大得多，可成倍增大水滴沉降速度，这就是离心脱水的原理[1]。

2.2 乳状液脱水方法

重油乳状液脱水在生产中常使用的方法有重力沉降、化学破乳剂、加热、机械、电脱水等，实践中经常综合使用以上脱水方法，这些方法的目标均是创造条件使油水依靠密度差而分层，从而达到原油脱水的目的。

3 离心机脱水

由斯托克斯公式可知，水滴的匀速沉降速度和重力加速度成正比，若把乳状液置于离心力场内，水滴所受的离心加速度大于重力加速度，有利于促进水滴沉降和油水分层。由于在离心机内水滴所受离心力几百倍于其所受的重力，故离心机脱水速度远高于重力沉降脱水[4]。PL19-3油田由于其原油高密度、高黏、高导电率的原因，蓬勃号FPSO使用Westfalia公司生产的ODB 260-72-503型喷嘴碟片式离心机撬块，该撬块主要装置有离心机、电机、水罐、循环泵、排放泵以及控制盘等，撬块核心装置离心机的结构如图1所示，外壳和顶部部件为静止部分，中间转鼓为旋转部分，由底部电动机驱动。

原油乳状液经过滤器和乳化油冷却器后到达油离心机，从进料口进入离心机转鼓后，从转鼓碟片底部通过上升通道进入碟片，在离心力作用下油相、水相、砂子由于密度差处于碟片不同位置。密度较小的油相靠近旋转中心轴，在碟片内侧流至静止的向心泵加压后通过油出口排至油冷却器冷却下舱；密度居中的水相在碟片外侧沿碟片下端流出，进入离心机上盖水收集室后排出至水罐；密度最大的砂和水在离心机转鼓最外边，通过转鼓的喷嘴进入离心机下盖排至水罐，水罐内水砂通过排放泵进入低压分离器。

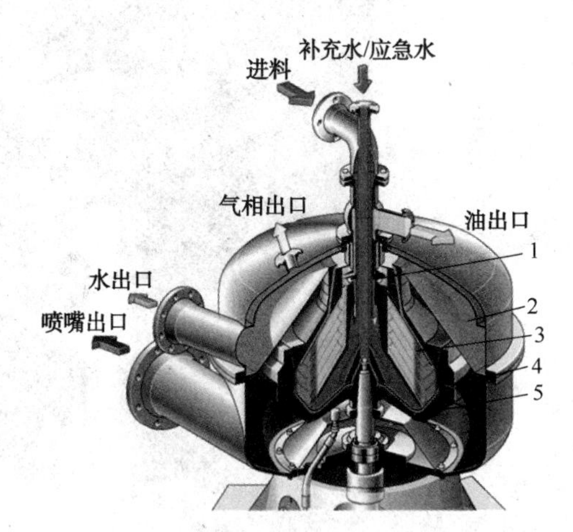

图1 喷嘴碟片式离心机结构图

1—油向心泵；2—水收集室；3—上升通道；4—喷嘴；5—补充水通道

补充水来自水罐通过循环泵加压后进入离心机，其主要是起水封作用，防止油经过喷嘴进入水相。补充水一部分与砂水通过喷嘴排出离心机，大部分与水相混合，进入离心机上盖水收集室，操作中要求水出口流量不小于$15m^3/h$。

碟片作用是缩短液滴沉降距离，扩大转鼓沉降面积，提高了分离器的生产能力，但碟式离心机中液体的流态与分离过程不同于斜板沉降罐，碟片形状与分离示意图如图2所示，待分离液体通过上升通过进入碟片间空间后，砂和水被甩至碟片外延，较轻组分沿空间下部向中心流去，在离心力的作用下，微颗粒和水等沿碟片空间上部逆流至碟片外围[5]。碟片被设计能在逆流液体层中以高流动速度分离水和砂，使离心机具有分离小于几微米尺寸的颗粒和水滴的能力。

碟片式离心机具有结构紧凑、处理量大、效率高的特点；机械分离，不需要添加过多的化学药剂，节省成本；分离需要温度较低，对乳状液导电性能没有要求，适用于高导电性稠油；该离心机具有为海洋石油行业专门设计的减震系统，能吸收大量外界和机器本身的振动[6,7]。基于这些特点，碟片式离心机被选择在蓬勃号FPSO上运用。

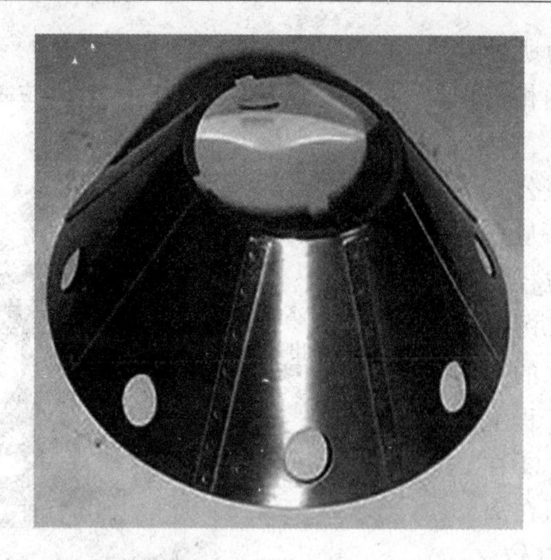

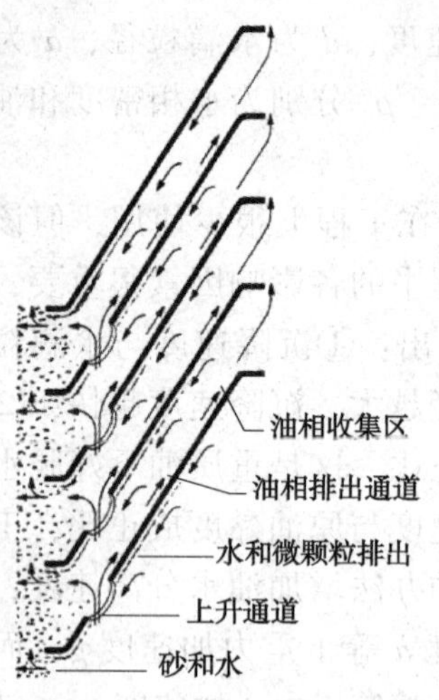

图2 碟片形状与分离示意图

4 离心机使用遇到问题

4.1 应急机封水设置

离心机高速旋转时，机械密封会产生大量热量，需要冷却水进行机封冷却，如果失去机封水，机封可能会在10s后烧坏。设计中机封水来源于海水注水增压泵出口，该泵流量大、压力高、功率大，挂在正常电源上。主机失电时，离心机会失去机封冷却水，从而可能导致机封烧毁。

为了避免这个问题，现场进行了相关改造，从消防系统取海水，经过滤降压后与机封水主管连接，从而保证失电情况下消防水可以充当冷却水。但也存在一些风险，消防水为没有经过处理的海水，会腐蚀机封。建议在以后离心机设计中增加应急电源驱动的专用泵，满足失电时机封水正常供应[7]。

4.2 离心机高速剪切导致部分原油高度乳化

离心机高速旋转产生强大的离心力来进行分离，也产生了高速剪切，产生了原油的高度乳化现象。现场取样发现，原油离心机水中OIW值高达10000mL/L，原油离心机高速旋转产生高度乳化，从而使其脱出水中的油高度乳化。现场做了改造，最初脱出水进入生产水离心机，修改后水进入低压分离器进一步沉降，并在该物流中注入破乳剂。因此，设计中需要考虑离心机高速剪切产生的乳化问题，合理处理乳状液。

4.3 离心机对进料要求比较高

工程阶段的设备选型中，进行了含砂原油的离心机分离实验，结果表明在一定砂粒径范围内，离心机能够较好地处理含砂原油，但是没有考虑固体的黏性。这些黏性固体易结块，容易堵住砂喷嘴。在生产操作中，原油离心机处理能力远低于设计处理能力，泥沙经常堵塞离心机的排砂口而沉降在离心机内，产生不平衡的离心力从而引起设备高振动停机。泥沙附着在离心机碟片和砂出口，非常牢固，清洗工作量和难度都比较大。设计中可以考虑在自由水分离器和低压分离器中设计水洗环节，可以将乳状液中大部分固体并入水层，减小离心机进料中固体含量。

实践中发现，将未经离心机处理的乳状液增大化学药剂用量，下舱之后静置12h，大部分明水能脱出来，此时油中含水低于0.5%(质量分数)，满足商品原油要求。由于油离心机频繁故障停机，维护费用高；舱容比较富余，可进行沉降脱水，基于这两方面原因，离心机在蓬勃号目前已停用。

5 结束语

碟片式离心机虽然具有结构紧凑、节省药剂、对原油导电性能没有特殊要求等有点，但由于其构造复杂、对进料要求高等问题，目前还不能替代传统设备。

参 考 文 献

[1] 冯叔初，郭揆常. 油气集输与矿场加工[M]. 山东：中国石油大学出版社，2006.

[2] 吴飞跃，王龙祥，王纪刚，等，高酸重质原油电脱盐脱水工艺研究[J]. 淮阴师范学院学报：自然科学版，2012，11(4)：375-379.

[3] 张平，郑洁，白剑锋. 原油脱水技术探讨[M]. 中国

石油和化工标准与质量，2012 (5)：132-133.

[4] Dhuldhoya N, Mileo M, Faucher M, et al. Dehydration of heavy crude oil using disc stack centrifuges//SPE Annual Technical Conference and Exhibition. Society of Petroleum Engineers, 1998.

[5] Agrell J, Faucher M S. Heavy Oil and Bitumen Dehydration-A Comparison Between Disc-Stack Centrifuges and Conventional Separation Technology[J]. SPE Production & Operations, 2007, 22(02): 156-160.

[6] 杨思明. 蓬莱 19-3 油田原油脱水方案研究—电脱水器与离心机的比选[J]. 中国海上油气：工程，2002，14(5)：13-17.

[7] 刘富山，崔磊，张虹. 离心机在蓬莱 19-3 油田上的应用[J]. 石油天然气学报，2010，32(5)：620-622.

试采平台筒型基础结构可行性计算分析

尹文斌　林学春　王建富　纪丕毅　王雨婷

（中石油大港油田分公司滩海开发公司，天津滨海 300280）

摘　要　针对大港滩海试采及开发需求，研究采用了桶型基础试采平台结构方案。本文针对生产平台中的桶型基础结构应用可行性进行了分析计算，表明该结构在理论上具有较好的安全可靠性，可在大港浅滩海区域井组试采过程中，实现既能固定生产，又能移动重复进行试采的作用。为大港滩海进一步开发以及类似滩海油田开发将起到重要的借鉴和示范作用。

关键词　桶型基础；试采平台；可行性

针对大港滩海面临缺乏井组试采的手段和装备问题，为了满足以井组的形式实施井组钻井和试采，获取油藏开发相关开发参数，为方案的编制提供依据。需要根据油藏地质、工程环境、现有装备资源、技术条件和试采计划等，开展可移动井组试采平台结构的研究，满足在一定海域和深度范围内海上采油、油气集输工艺要求，并配套相应的发电、加热、火炬、生活、救生等辅助系统，力求生产安全、设施可靠。

在试采平台调研的基础上，针对大港埕海油田提出了井口平台+生产平台+储油平台+油船拉油试采模式。该模式可以实现连续不间断试采，避免了频繁开关井对试采数据和举升设备造成的影响。在试采平台可行性研究基础上，进一步提出了适用于大港埕海油田水深范围、滩涂地质，以及海况、气象条件下的移动式试采平台结构。首次应用可坐底、浮托移动的桶型基础结构平台，具有结构简易、移动灵活、建造投资少、工期短的特点，可实现大港浅滩海区域井组试采过程中，既能固定生产，又能移动重复进行试采的功能。

本文重点分析计算了生产平台的桶型基础结构应用及可行性，为今后以及滩海类似油田井组试采平台的结构方案研究起到一定的借鉴作用。

1　桶型基础结构适用范围和条件

1.1　适用环境条件

本结构考虑 50 年一遇环境荷载条件（即满足风速：32m/s；波浪波高 2.7m，波周期 6.9s，流速 1.3m/s），因此适用于类似该环境条件下海域。

1.2　适用平台条件

本结构适用 6 口井（4 口油井，2 口注水井）以内井组，日产液量 120m^3，单井日注水量 100 m^{3}的载重试油生产平台。

1.3　适用水深范围

本结构适用海图水深 5m 以内，可有效实现平台整体移动过程中的坐底、浮拖。

1.4　适用海域范围

本结构适用埕海油田（A、B、C、D 区块）范围内的试油生产平台。

2　结构型式

对于井组试采主要有两种方式，一是利用试采船进行试采，是专门为进行海上油气井试采设计配套的试采装备。目前由于无自用试采船且无相应开发规模的需求。二是建造固定式生产平台进行油气的采集、加热、分离计量、油气井生产数据采集、储存、装船等。但固定式平台不能移动进行多井组试采、建造投资多风险大。因此，对于小型井组式试采和临时生产装备，宜考虑介于二者之间的即可移动试采又可固定生产的平台结构满足现有需求和条件。

按照井口平台+生产平台+储油平台+油船拉油试采模式，试采平台结构采用常规井口导管架

作者简介：尹文斌（1963—　），男，汉族，湖北。毕业于西南石油大学，地面工艺技术高级专家，主要从事海洋工程及地面工艺技术工作，多次获油田科技进步奖，发表论文二十余篇。

平台、桶型基础生产平台和储油平台(图1)。

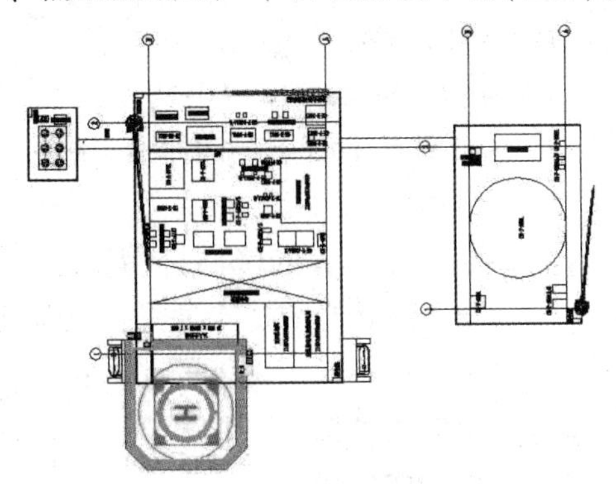

图1 试采模式

针对其中的生产平台而言，生产平台结构包括上部工艺配套组块和下部基础结构组块。

上部工艺配套组块其工艺设施须满足海上采油、油气集输工艺要求，并配套相应的发电、加热、火炬、生活、救生等辅助系统(图2)。

下部组块基础结构采用桶形结构。该结构工作原理如下：桶基平台下沉就位时，依靠自重和上部结构的重量，插入海底一定深度，形成有效密封；用泵将桶内的水抽出，在桶内形成负压；依靠桶内外表面的压差，将基础压入海底，直到达到设计入泥深度(图3)。

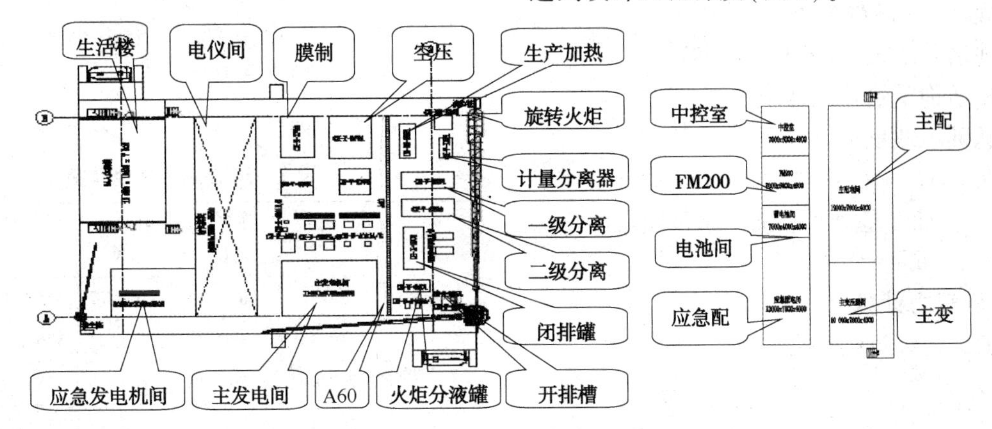

图2 生产平台工艺设施平面布置图

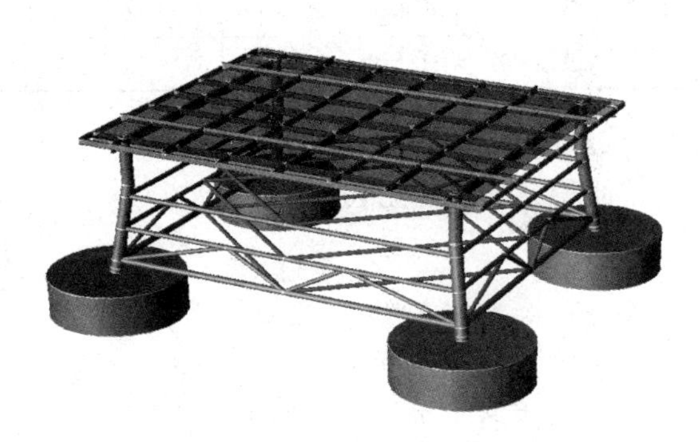

图3 下部组块桶形基础结构图

2.1 结构分布

桶形基础的分布位置。桶形基础呈矩形角部分布。桶中心距：41.75m/33.75m，桶间距：26.75m/ 18.75m[图4(a)]。

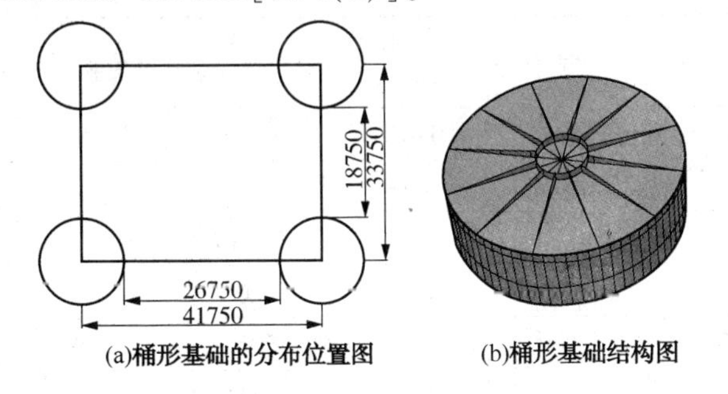

(a)桶形基础的分布位置图 (b)桶形基础结构图

图4 下部组块桶型基础结构图

2.2 桶形结构

桶基直径：15m；单桶高度：4.5m；工作状态下入泥：4.0m。

桶形基础结构构成。顶部和桶顶内部设8块加强肋板，肋板上设翼缘，厚22mm；桶壁厚20mm，桶内由上至下设加强筋板，厚22mm[图4(b)]。

3 结构可行性

采用的平台桶形基础结构的可行性体现在能够确保平台的安全，满足平台的抗竖向承载力、抗滑稳定性、抗倾稳定性计算要求。

3.1 桶形基础承载重量

桶形基础承载的全部重量包括上部组块的甲板、甲板上各种设备和操作重量之和。其中桶形基础抗竖向承载力至少远大于桶形基础承载的全部重量的安全范围内。

上部组块重量：$G_{上}=G_{甲}+G_{设}+G_{操}$

$$G_{上}=930\text{kN}+2340\text{kN}+162\text{kN}=3432\text{kN}$$

式中 $G_{上}$——部组块重量；

$G_{甲}$——甲板重量；

$G_{设}$——各种设施重量；

$G_{操}$——平台操作重量；

甲板尺寸：49m×36m；

主梁规格：PG1500、PG1200、H900、H700；

甲板结构重量：930kN；

上部组块干重：2340kN；

操作重量：2462kN；

下部组块重量：$G_{下}=400kN$；

$G_{下}$—除桶形基础外的下部组块导管架重量；

导管架工作点距离：39m×31m；

主腿规格：ϕ1372；

斜撑规格：ϕ762、ϕ610、ϕ508；

导管架结构重量：400kN

桶型基础承载重量：

$$G_{全}=G_{上}+G_{下}=3432kN+400kN=3832kN$$

式中　$G_{全}$——桶形基础承载的上下部组块的全部重量。

3.2　抗压承载力计算

竖向承载力计算结果见表1。

$$N_{抗}=\pi\cdot D_p\cdot\sum f_i\cdot h_i+\frac{1}{4}\pi\cdot D_p^2q$$

式中　$N_{抗}$——单筒极限抗压承载力；

D_p——桶基外径，m；

h_i——筒基在第 i 层土的高度，m；

f_i——第 i 层土的单位桩侧摩擦力，kPa；

Q——单位桩端承载力，kPa。

表1　竖向承载力计算结果

区　块		A区块	B区块	C区块	D区块
生产平台/kN	标准竖向承载力	12182	8721	17054	20178
	折减后的竖向承载力	12182	8721	17054	20178

由此可见，A、B、C、D区块平台桶型基础抗压承载力为平台载荷的2.2~5.2倍。

3.3　抗滑稳定性计算

抗滑稳定性计算结果见表2。

$$KT\leqslant p\tan\varphi+AC+P_p-P_a$$

式中　T——作用在平台上的水平作用力，包括风力、冰力、波浪力等；

p——作用在地荐的竖向合力，包括设备重、结构自重、土塞重及其他重量，再减去不同工况下的浮力；

φ——土的内摩擦角；

A——滑动面面积；

C——土的黏结力；

K——安全系数，一般不小于1.5；

P_p——被动土压力；

P_a——主动土压力。

表2　抗滑稳定性计算结果

工　况			水平力/kN	浮力/kN	抗滑力/kN	安全系数
生产平台	正常作业	波流0°	637.49	2180.77	3750.93	5.88
		波流45°	390.60	2075.07	3760.17	9.63
		波流90°	769.28	2125.66	3755.75	4.88
	极端波浪	波流0°	878.68	2176.84	3751.27	4.27
		波流45°	628.65	2078.66	3759.86	5.98
		波流90°	1135.96	2194.44	3749.73	3.30

3.4　抗倾覆分析

抗倾稳定性计算见表3。

$$\frac{M_r}{M_0}\geqslant K'$$

式中　M_0——倾覆力矩；

K'——安全系数，一般采用2.0；

M_r——抗倾力矩，包括结构有效重所产生的力矩和土抗力所产生的力矩，计算时考虑偏心的作用。

表3　抗倾稳定性计算结果

工　况			风力/kN	力臂/m	波流/kN	力臂/m	倾复力矩/(kN·m)	抗倾力矩/(kN·m)	安全系数
生产平台	正常作业	波流0°	272	24	365	13	11623	353637	30
		波流45°	264	24	126	9	7664	370541	48
		波流90°	373	24	396	11	13726	519462	37
	极端波浪	波流0°	466	24	411	14	17335	353637	20
		波流45°	454	24	174	10	12888	370541	28
		波流90°	639	24	496	10	20604	519462	25

4 就位移动施工方法

4.1 安装就位施工方法

由于桶基平台整体高度较高，首次拖航干拖到工程位置利用浮吊辅助安装。下沉和起升装置主要包括：真空泵、潜水泵、空压机、注水泵、缓冲罐、水气管路、控制阀和压力表等。当平台就位后，利用空压机往桶基内注气。当平台入泥达到一定深度时，需要开启桶内海水泵。下沉过程中需要调整4个桶内的压力以保持平台的平稳下沉。

整个下沉工作需要实时监控，对桶内的位移、负压、流量进行实时监测，并将平台倾角、负压、位移、流量等数据进行记录，对平台的下沉趋势进行判断，以便对平台的下沉进行控制。

4.2 移位施工方法

平台需要移位进行试采时，利用下沉和起升装置往桶基充气、起升，拖航进行浮拖移位、定位，再按照就位施工方法利用负压下沉到指定深度。

5 结论

通过对桶型基础抗压承载力、抗滑稳定性、抗倾稳定性计算，该结构承载力强、稳定性高，具有较好的安全可靠性。同时可在进一步进行结构稳定性试验后可进行现场应用。对于小型井组式试采和临时生产装备，该结构平台由于可利用桶基的下沉和起升拖航进行浮拖移位、定位，实现平台既可移动试采又可固定生产，满足重复试采要求。对于滩海小型井组式试采和临时生产具有广泛应用和重要借鉴作用。

万吨级海洋平台建造精度控制

石　亮　李文民　陈　东　李良龙

（海洋石油工程股份有限公司，天津 300461）

摘　要　随着国内海洋平台浮拖安装技术的应用，组块逐步向大型化发展，目前渤海油田，东海油田、南海油田均出现万吨级以上平台，海洋平台采用整体建造，浮托法进行安装，建造过程与常规组块相比发生变化。本文通过对此类组块结构特点进行分析，从甲板总装、立柱跨距、滑道梁安装等方面分析，以期对组块建造过程中关键点进行重点监控，确保组块建造精度满足规范要求，海上浮托安装顺利实施。

关键词　甲板总装；立柱跨距；直线度；滑道梁安装

目前，由于海上油田地质的复杂，原油开采、处理对相关工艺设备、电力设备需求增加，组块设计逐步向大型化方向发展。目前渤海油田，东海油田、南海油田均出现万吨级以上平台，这些平台多布置有4~5层甲板，每层甲板尺寸达到80m×80m，相当于标准足球场的大小。随着国内海洋平台浮拖安装技术的应用成熟，此类海洋平台采用整体建造，组块跨距进一步加大，组块建造过程中需要采取一定的措施确保组块建造满足规范要求，以实现设计功能。通过对万吨级组块结构特点进行分析，从甲板总装、立柱跨距、水平度、滑道梁安装等方面展开叙述，以期对平台建造中的关键控制点进行重点监控，确保组块实现设计功能，浮托安装顺利实施。

1　结构特点分析

万吨级组块与常规组块结构形式基本相似，多设置4~8根立柱、3~5层甲板，这类平台多为中心处理平台，包含发电机系统、变配电系统、原油处理外输系统、吊机系统，钻修机系统等，与常规组块相比，主要有以下不同点(图1)：

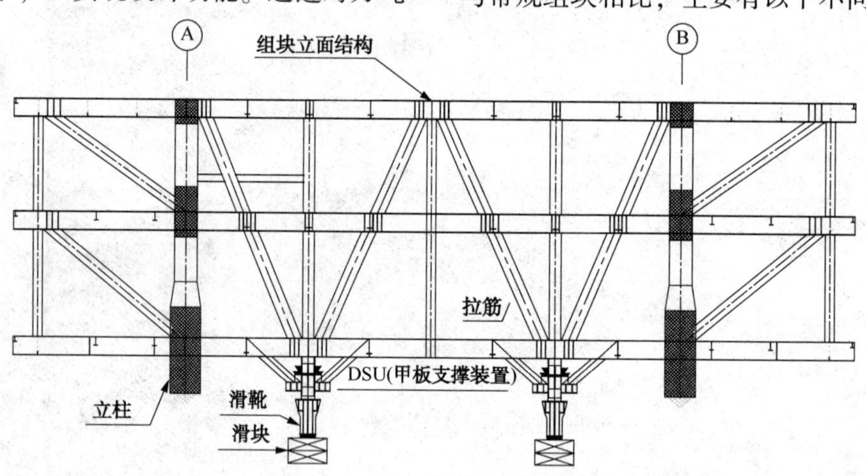

图1　DSU支撑布置示意

（1）每层甲板面积进一步增大，达到80m×80m，上部工艺设备增多；

（2）结构件加强，组块立柱管径、壁厚增大，大型组合梁、箱型梁增多；

（3）海上浮托法安装的需要，组块下部增加甲板支撑装置（DSU）；

（4）海上浮托安装的需要，井口布置在平台两侧；

（5）海上浮托安装的需要，组块立柱下部布置导向口，用于与LMU对接。

作者简介：石亮（1982—　），男，工程师。主要从事海洋平台结构设计、技术管理工作。

2 精度控制

万吨级组块与常规组块不同，传统的建造控制思路不再适用，需要结合组块自身结构特点，增加关键控制点，总的原则为在满足规范的要求下，实现组块设计功能，同时需要满足组块浮托的技术要求。下面从甲板总装、立柱跨距、立柱直线度、立柱盲板水平度、滑道梁水平等方面对组块建造精度进行控制。

2.1 滑道水平控制

常规组块建造中，多借助组块本身立柱作为支撑，进行陆地建造，完成后直接滑移或者吊装装船，万吨级组块由于重量大，使用浮托法安装，需要使用 DSU(甲板支撑装置)进行重量转移，组块陆地建造期间由 DSU 支撑平台重量。由于组块重量大，为减少摩擦力，滑道上使用特氟隆专用材料代替传统的钢板滑道，同时为减少由于滑道自身水平造成的摩擦力增加，总装开始前需要对滑道进行整体水平度测量，确保陆地滑移装船的顺利实施。

2.2 甲板总装控制

万吨级组块每层主甲板尺寸达到 80m×80m，质量超过 1000t，无法像常规组块一样整片预制。根据现有车间设备能力以及甲板片本身结构特点进行分片预制，每片外形尺寸在 25m×25m，单片重量控制在 200t 以内。由于每层甲板分片达到 7~8 片，有的甚至达到十几片，在总装过程中，如果从一侧开始总装势必造成误差累计，最终导致甲板片立柱定位不准确。为减少误差累计，根据组块整体结构形式以及分片情况，总装初期每层甲板确定 1~2 片甲板作为中心片，作为其他甲板片组装定位基准。中心片确定后，其他甲板片及立柱，拉筋定位均以此为基准定位测量，如图 2 所示。

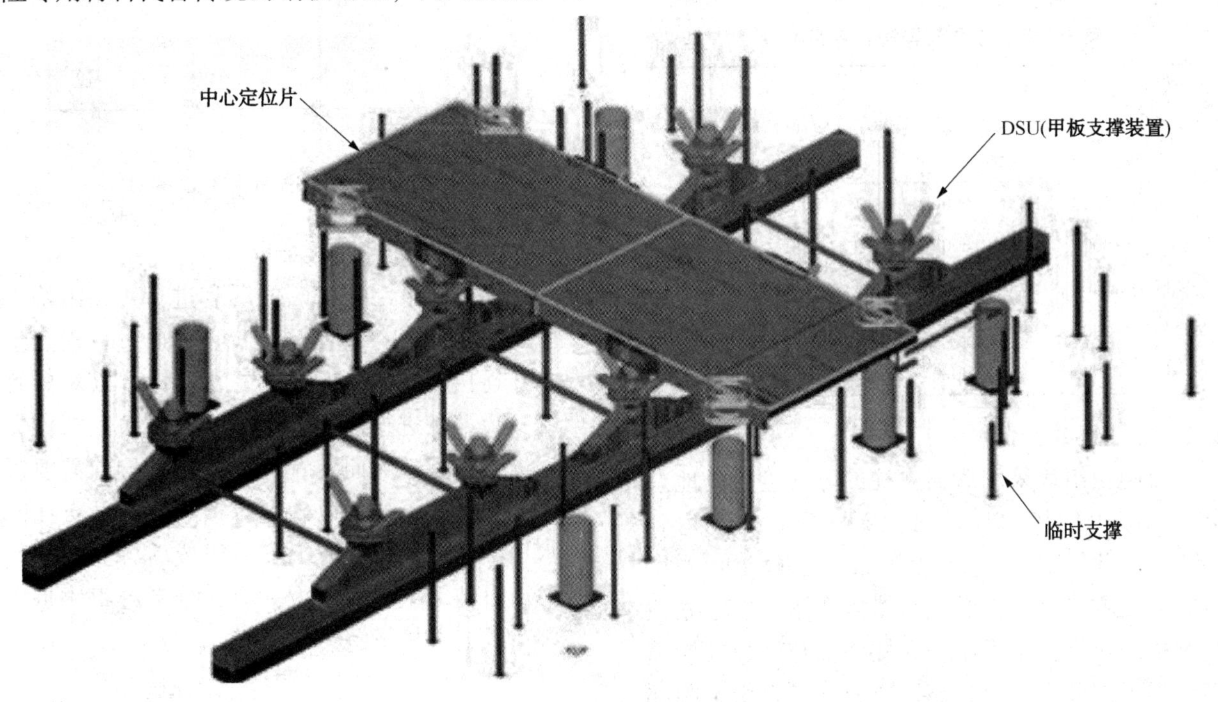

图 2 中心定位片

2.3 立柱跨距控制

甲板小片总装完成后，开始插入本层甲板所带立柱，此层立柱底部要通过 LMU(桩腿耦合装置)与导管架相连，立柱跨距需要参考已完成海上安装的导管架的跨距测量报告，根据导管架的跨距确定此层立柱的跨距。但需要注意导管架在海上施工过程中受各种不确定因素的影响以及导管架建造误差的影响，实际完成的导管架上部钢桩的跨距往往不能满足规范要求，此时对于组块立柱跨距调整需要在满足规范要求下最大限度的调整，不能超越规范的要求，这样一方面可以保证组块建造过程中，对甲板主结构、大梁、拉筋避免造成太大影响，便于进行质量控制；另一方面可以在一定程度上减少导管架安装误差的影响。

以渤海某八腿组块为例，导管架安装完成后的跨距以及组块立柱调整跨距见表 1 及图 3，可以看出导管架 4 轴跨距大于理论跨距 20mm，在进行上部组块立柱定位时，在参考以上数据的基础上，可以将两侧立柱跨距可以最大调整 10mm，即每根立柱移动 5mm，而不能移动 20mm，因为在现有规范内规定立柱跨距不能超越规范 10mm。对于不能通过调整组块立柱跨距来补偿导管架桩腿实际跨距的，可以在后期海上安装过程中，通过 LMU（桩腿耦合装置）进行进一步调整。

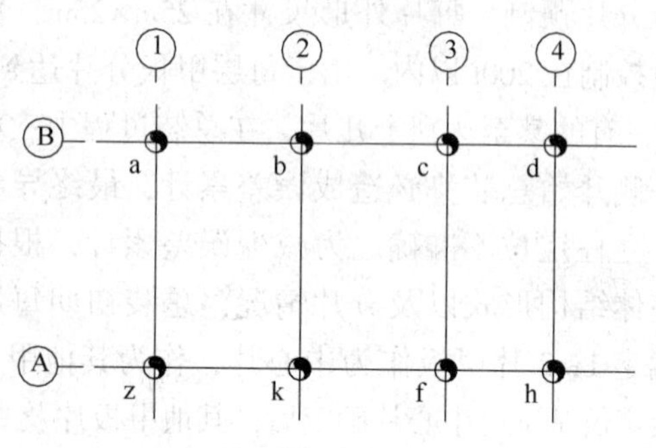

图 3　跨距测量点示意

表 1　组块立柱与导管架跨距测量

位　置	理论值/mm	导管架钢桩安装实际跨距/mm	误差/mm	组块立柱实际跨距/mm	误差/mm
ab/bc	16000	16009/16001	+9/+1	16006/15996	+6/-4
zk/kf	16000	16008/16003	+8/+3	160002/15994	+2/-6
cd/fh	12000	12009/11996	+9/+3	11994/12005	-6/+5
az/bk	40000	39990/39998	-10/-2	40000/40000	0/0
cf/dh	40000	40001/40020	+1/+20	39998/40008	-2/+8

2.4　立柱直线度

万吨级组块采用后插立柱的方式进行场地总装，为减少现场焊口数量，立柱预制长度达到 8~10m。此类立柱直径达到 2m，在预制时采用卧式对接方式进行，满足直线度要求，但在立柱与甲板组对焊接过程中，立柱底部与甲板焊接固定，但上部处于自由状态，应充分考虑由于中部焊接受热不均以及自重作用导致的立柱弯曲，立柱垂直度适当放松，此时立柱上部测量数据只作为参考，不作为验收依据。

以某组块底层立柱直线度测量为例，底部数据满足规范要求，跨距误差在 10mm 以内，对角尺寸小于 13mm，但顶部自由端相差较大，跨距尺寸最大达到 25mm，自由端可以在上层甲板定位后，借助上层甲板片立柱调整下部立柱自由端的直线度。图 4 是底层立柱与甲板连接示意图，组块立柱垂直度测量结果见表 2。

表 2　组块立柱垂直度测量结果

位置	理论值/mm	立柱底部尺寸/mm	误差/mm	立柱顶部尺寸/mm	误差/mm
ab/bc	16000	16010/15993	+10/-7	16017/15999	+17/-1
zk/kf	16000	16005/15992	+5/-8	160004/15991	+4/-9
cd/fh	12000	11998/12002	-2/+3	11983/12006	-17/+6
az/bk	40000	39992/39995	-8/-5	40005/39975	+5/-25
cf/dh	40000	39995/39998	-5/-2	39981/39978	-9/+22

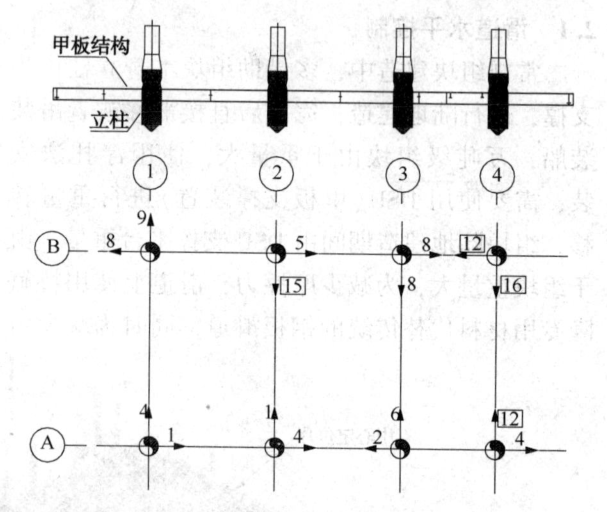

图 4　底层立柱垂直度测量

2.5　立柱盲板水平度控制

为便于海上浮托安装的顺利进行，在组块立柱下部设置有导向装置，导向装置通过盲板与组块立柱连接，见图 5。此装置的设置可以对导管架的安装误差进行进一步调整，在组块主结构完成后进行安装。导向装置的盲板在焊接前需要进行整体水平度报检，以确保每根立柱最低点在同一水平面内，组块在海上安装完成后各立柱均匀受力。万吨级组块跨距大，应充分考虑组块自重作用造成的立柱下沉。

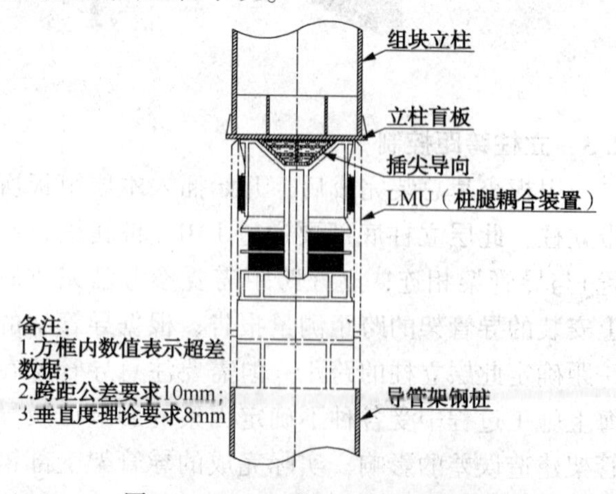

图 5　LMU、立柱、钢桩连接示意

以某万吨级组块为例，组块在陆地建造状态，组块重量全部由DSU支撑工况下，自重作用造成组块立柱下沉，借助力学软件得到各立柱变形值见表3，立柱变形最大达到12mm，此变形在分析盲板水平度误差时应作为参考。按现有规范及技术要求，立柱盲板水平度误差要求在5mm以内。在进行盲板水平度测量时应确认立柱处于自由状态，以提高测量的准确性。

表3 组块立柱DSU全支撑下变形量

立柱	A_1	A_2	A_3	A_4	B_1	B_2	B_3	B_4
垂直方向变形/mm	6.716	8.025	9.102	11.675	7.048	9.168	10.31	11.795

2.6 滑道梁精度控制

万吨级组块多为中心平台，在顶层甲板设置有修井机，井口设置在平台两侧，修井机滑道梁贯通顶层甲板，才能满足修井机移动需求。为减少修井机移动过程中啃轨现象，修井机滑道梁要求任意500mm间距内平面度要在3mm以内，两平行轨道高度差要小于3mm。在滑道梁组对测量前，应将组块建造初期布置的临时支撑全部去除，同时尽量将钻修机侧的大型设备全部就位，以减少对滑道梁组对精度的影响。

3 结论

本文首先确定组块建造精度控制的原则，通过从甲板总装、立柱跨距、水平度、滑道梁安装等方面对影响组块建造精度因素进行分析，以实现组块的设计功能，确保海上安装的顺利实施。精度控制除了需要合理工序、精密的仪器配合外，还需要配合合理的计算，通过后续实践不断摸索出行之有效的控制措施。

参 考 文 献

[1] 荀海龙，朱晓环. 万吨级组块浮托技术 研究及典型专项设备设施[J]. 中国工程科学，2011，5：93-97.

[2]《海洋石油工程设计指南》编委会. 海洋石油工程结构、焊接、防腐加工设计[M]. 北京：石油工业出版社，2007.

双层甲板片整体建造技术研究

刘 超 李国金 冯宝学

(海洋石油工程股份有限公司，天津 300452)

摘 要 在海洋工程组块建造过程中，为了降低高空作业的施工风险，一些大型结构物，尤其是有部分结构位于弦外的情况，有针对性地采用双层甲板片地面合造，建造完成后整体吊装和空间组对的方法，大幅缩短了工期，提高了建造工效。而双层片在降低高空作业难度和工作的同时，也提高了现场吊装作业的难度。这就需要合理布置吊点，同时精确计算吊装作业的变形，对接口处提前做好预处理。本文以某项目双层片的建造、安装为研究对象，对使用多台吊机联合作业过程中结构物的强度、吊点的设计、临时支撑的布置等进行统筹考虑，成功完成了双层甲板片的建造及空间安装，既保证了现场施工的便利性，同时降低了吊装作业过程中的风险。

关键词 组块；双层甲板片；海洋工程组块；吊装；整体建造

海洋平台组块的陆地建造一般采用搭积木式的方法，各层甲板片分别预制并逐层进行空间安装，这种方法特别适于结构专业开展早，而机械、舾装、管电等专业陆地预制工作相对滞后的情况。但该方法的缺点是一旦组块的层数较多，最后几层的立柱、拉筋、甲板片全部需要在高空完成组装焊接，同时需要搭设大量的脚手架，既增加施工风险又延长了工期。双层甲板片合片建造，可以在陆地完成大部分预制工作，并将两层之间立柱、拉筋口都在地面完成，并将机管电仪等其他专业的附件统一在陆地安装，到高空后仅进行整体对接位置的合拢组对和焊接。采用双层片整体建造的方式，履带吊、脚手架等的使用工时被大幅压缩，从而有效降低了建造成本，成为许多项目可行性研究阶段的优选方法。双层片建造完成后的整体吊装，是这个作业流程中的关键环节，也是一个主要的风险控制过程。本文以蓬莱 19-9 项目为例，以结构强度、吊点设计、吊机选型等主要环节的分析研究为基础，介绍了双层甲板片建造技术的研究及应用过程。

1 甲板片基本参数

蓬莱 19-9 项目拟采用双层合造法的是其生活楼模块的最顶层的两层甲板片：EL(+)55.6m 和 EL(+)59.6m 甲板，在海洋石油工程股份有限公司塘沽场地 1#滑道边建造。为精确分配各台吊机的载荷对吊装过程进行控制，现通过使用 TEKLA 软件建立三维模型来计算甲板片的整体重量、重心。其计算结果表 1 所示，导管架重心位置如图 1 及图 2 所示。

表 1 PL19-9 生活楼双层甲板片重量统计

类 型	净质量/t
EL(+)55.6m	15.9
EL(+)59.6m	103.7
层间立柱、拉筋	11.1

备注：吊装计算质量=净质量×1.05（其中，1.05 为质量不确定系数）。

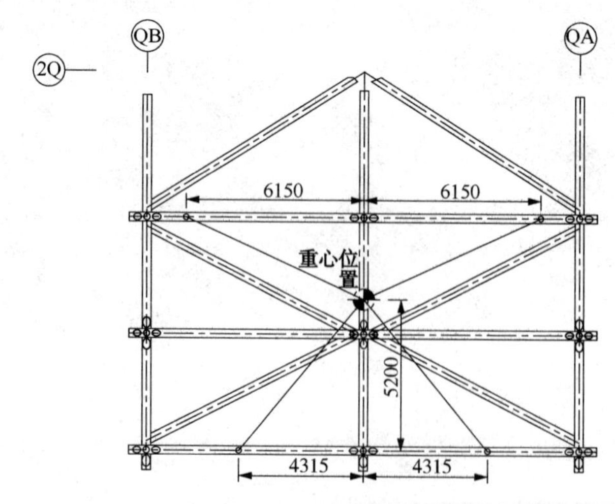

图 1 EL(+)55.6m 重心(俯视图)

作者简介：刘超(1984—)，男，工程师，主要从事海洋钢结构设计、研究工作。

由上述图表及图 3、图 4 的数据可知，双层片整体建造、整体组装的施工策略，可以使层间 30 多根立柱、拉筋在地面完成就位焊接，同时，两层形成整体框架结构，减少了吊装作业变形，在总体质量增加不大的情况下，实际上降低了高低精确对接的难度，一举两得。

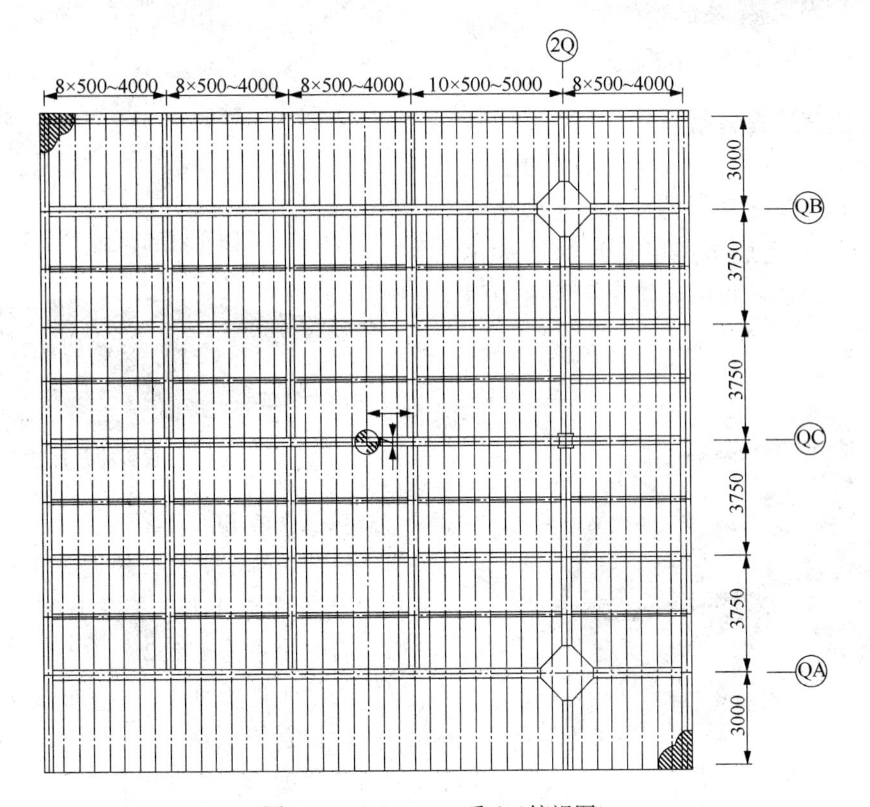

图 2　EL(+)59. 6m 重心(俯视图)

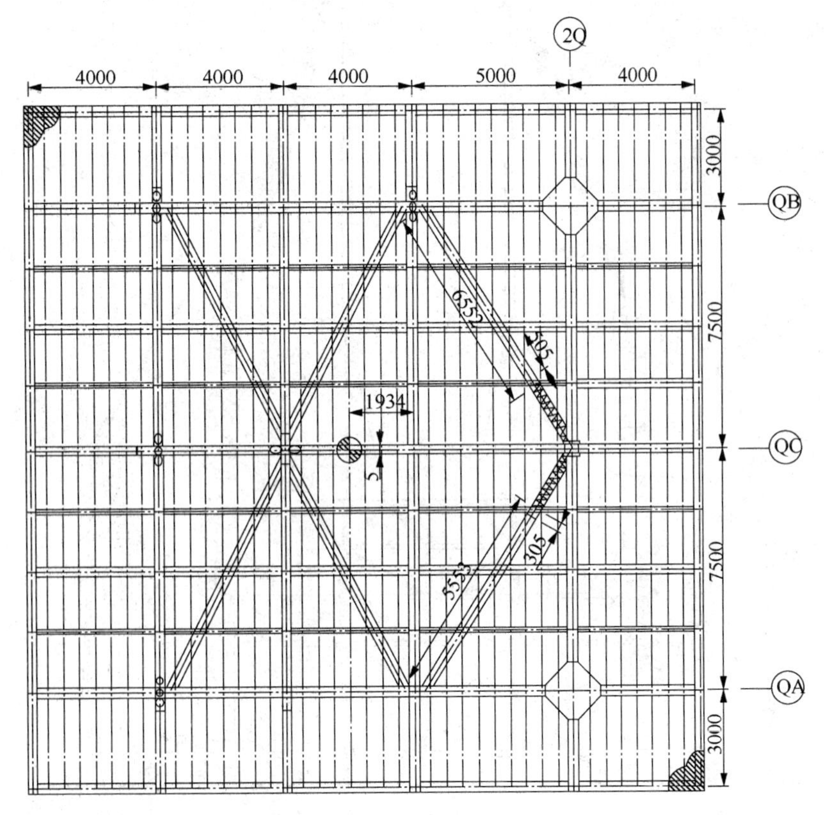

图 3　双层片整体重心(俯视图)

图 4　双层片整体模型

2　双层甲板片建造流程分析

合片建造的流程如图 5～图 9 所示。EL(+)55.6m 主要由 H440×300 和 H300×300 的型钢组成，在建造场地首先完成该层甲板片的结构预制、防腐等工作，该层甲板的焊接原则为由中间向四周对称施焊。

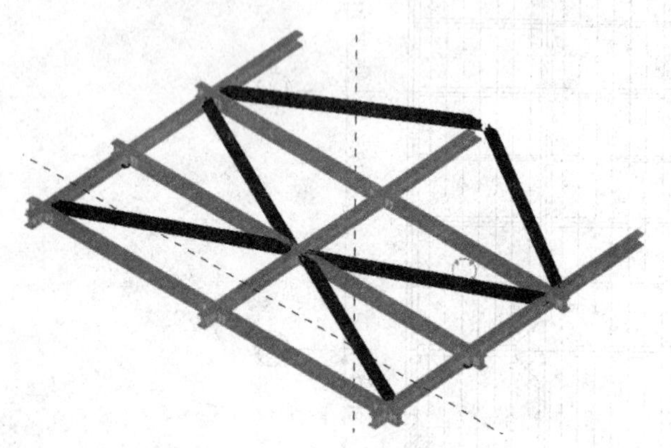

图 5　EL(+)55.6m 水平片预制

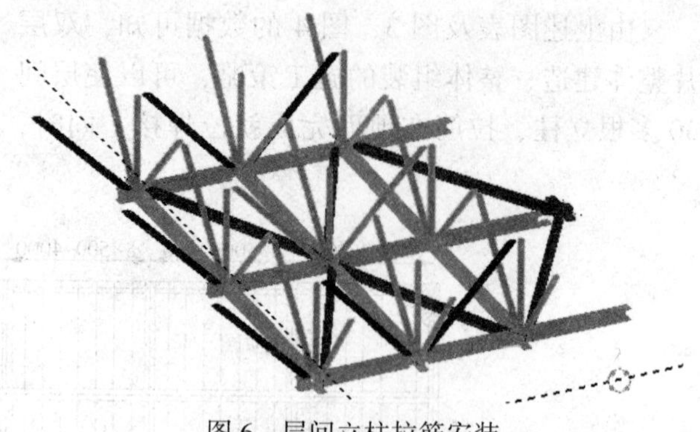

图 6　层间立柱拉筋安装

图 7　双层片合片建造

参照图 6 和图 7 依次安装层间立柱、拉筋及 EL(+)59.6m 水平片，根据表 1 可知合片后双层片净质量为 130.7t，考虑 1.05 的质量不确定系数，合片吊重为 137.2t。

为便于现场对接，双层甲板片与生活楼整体对接口位置的型钢需要预先切割成 Z 形阶梯状，如图 9 所示。

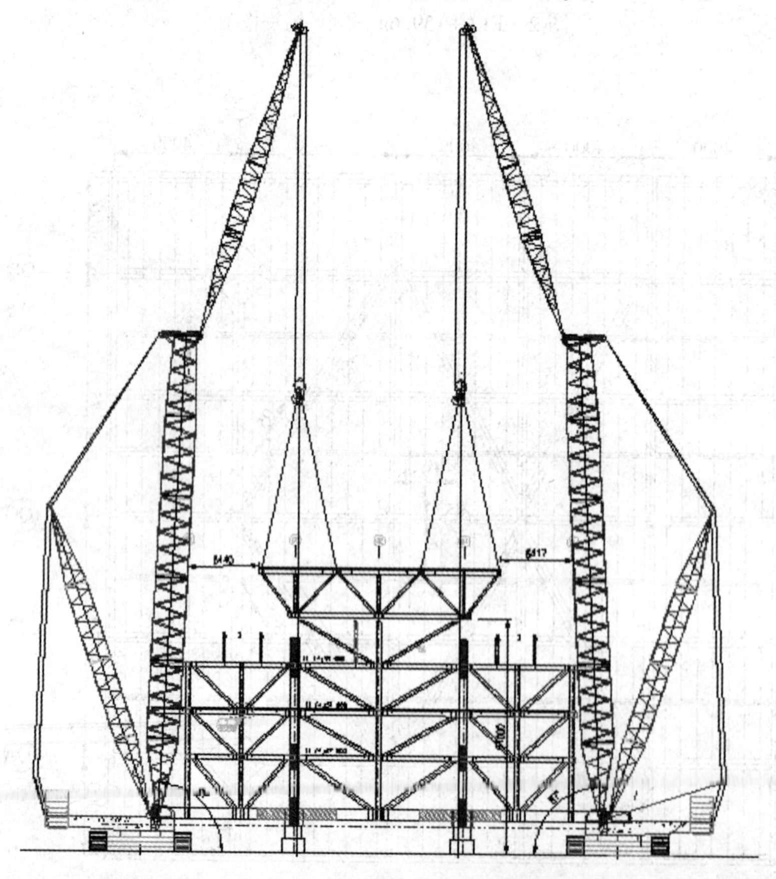

图 8　双层甲板片整体组装

图 9 对接口处型钢断面处理

3 吊装计算

由表 1 对双层甲板片整体重量的计算结果和图 3 的重心位置，结合甲板片由 H440 以下规格型钢和角钢组成的特点，拟按照如图 10 所示的位置布置吊点（图 10 中每 SL1 为一根 $\phi85\times16$m 钢丝绳，钢丝绳和吊点用 55t 卡环连接；每 SL2 为一根 $\phi64\times16$m 钢丝绳，钢丝绳和吊点用 55t 卡环连接）。

使用 SACS 软件建立如图 11 所示的双层片吊装模型，进行计算，动态放大系数取 1.5，得双层甲板片在整体吊装过程中的杆件最大 UC 值为 0.5，最大位移值为 3.219cm，结构强度满足吊装要求，图 8 所示的吊点设置可行。

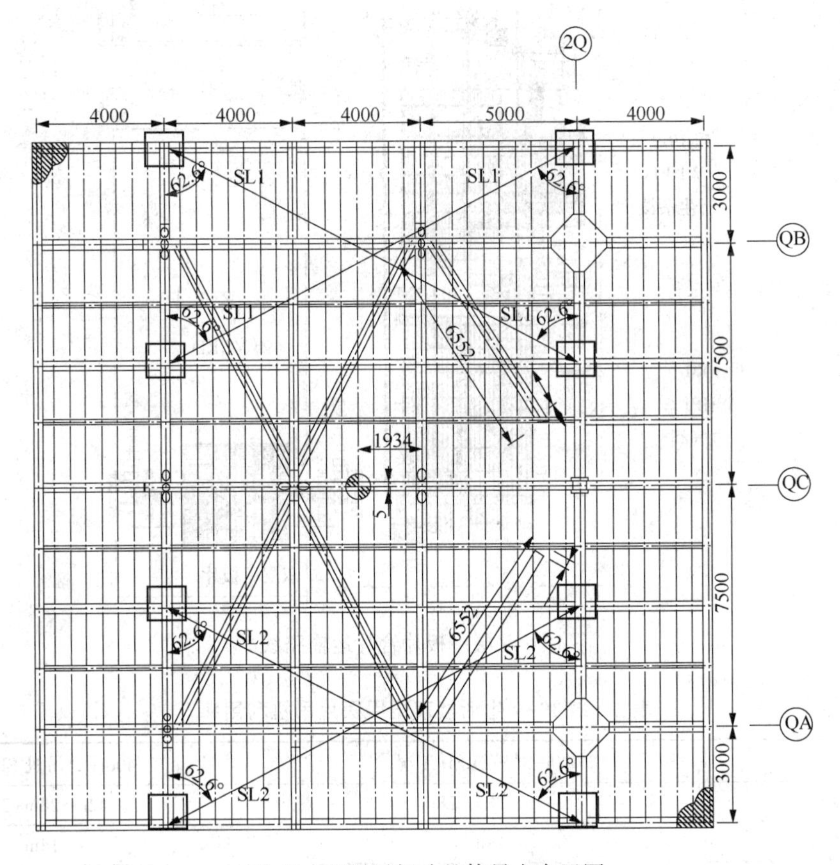

图 10 双层甲板片整体吊点布置图

4 运输路径及吊机选型

甲板片建造地点选择在生活楼整体模块的东侧距离较近的场地，故直接采用两台履带吊合吊完成运输及组装，结合建造场地实际情况，选择如图 12 所示的运输路径（图中箭头→表示双层甲板片运输方向）。

由于拟采用双车合吊的方式完成双层片的空间安装，故选择两台同型号 400t 履带吊 400t-2# 和 400t-3# 吊机进行吊装作业，在吊装过程中，吊机利用率（表 2）未超过 80%，满足公司体系文件要求；所选用的钢丝绳安全载荷也大于最大吊绳力，可安全使用。

吊装进行空间组装的相对位置见图 8 及图 13，通过软件模型，吊装过程无碰撞风险，可按照方案顺利实施。

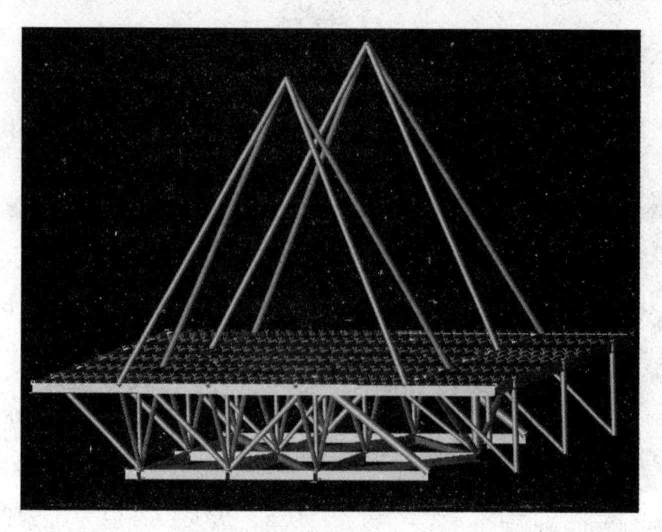

图 11　双层甲板片整体吊装 SACS 模型

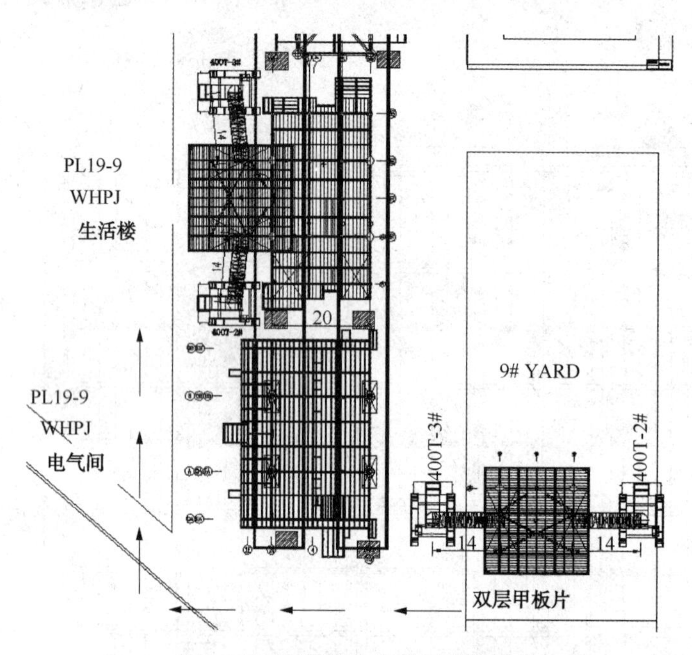

图 12　双层甲板片合片运输路线

表 2　PL19-9 生活楼双层甲板片吊机利用率

吊　机	400t-3#吊机 SD 工况	400t-2#吊机 SD 工况
扒杆高度	42m+28m+28m	42m+28m+28m
作业半径	14m	14m
吊机能力	111t	111t
吊装质量	68.7 t	68.63 t
钩头与钢丝绳质量	7.5t	7.5t
动态放大系数	1.05	1.05
起吊质量	80.01t	79.9t
单台吊机利用率	72.1%	72%
最大吊绳力(包含 1.5 动态放大)	348.9kN(此处使用 ϕ85 钢丝绳，安全工作载荷为 773.4kN)	342kN(此处使用 ϕ64 钢丝绳，安全工作载荷为 354.7kN)
钢丝绳	ϕ85×16m　4PCS	ϕ64×16m　4PCS
卡环	55t 卡环 4PCS	55t 卡环 4PCS

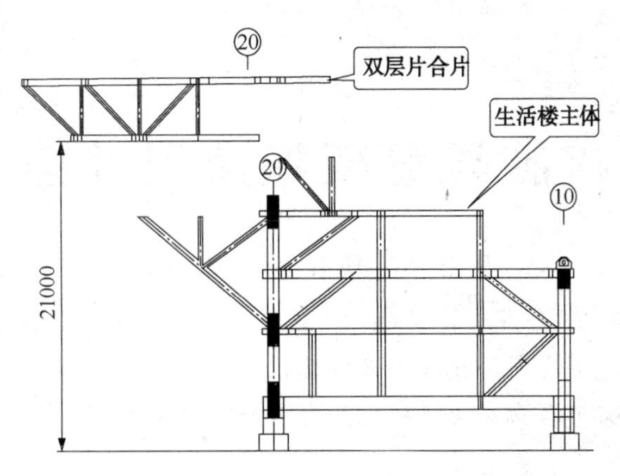

图13 双层片合片上滑道相对位置图

5 现场作业及验证

根据以上计算结果，施工现场按照技术要求进行了场地清理、吊机、临时支撑布置等工作，双层片合片整体建造、安装最终顺利完成，为项目顺利按期完工奠定了坚实的基础。

6 结语

本文以蓬莱19-9项目生活楼为研究对象，对其EL(+)51.6m及EL(+)55.6m双层甲板片整体合造吊装过程进行了细致的分析，使用AUTO-CAD、SACS等软件对吊装过程等进行了设计计算，保证了结构强度满足双层合造吊装的要求，并得到如下结论：

（1）对于海上平台生活楼模块的建造，考虑图纸、材料、设备状态，如果采用双层合片建造的方法来缩短工期，提高模块在地面的完工状态，可选择最后2~3层进行一体化建造，因此时设备、材料已到位，图纸变化小，可由各施工现场根据自身的场地条件、设备(尤其是大型履带吊)能力等进行综合考虑应用，从而减少高空脚手架、结构组装焊接工作，降低项目施工风险，同时缩短工期。

（2）双层片合片建造是对海洋工程建造新模式的一种有益尝试，改变了过去只能逐层建造安装的传统作业模式，可提高施工方的一体化建造水平。

参考文献

[1] Recommended Practice for Planning, Designing and Constructing Fixed Offshore Platforms-Working Stress Design[S]. American Petroleum Institute. API RP 2A-WSD-2014：30-42.

[2] 马飞翔，李长锁，肖花. 海洋工程用吊点的参数化建模分析[M]//全国钢结构学术年会论文集，2009，增刊：481-486.

八桩腿导管架建造尺寸控制

张云青[1] 华玉龙[2] 陈维福[3]

(1. 渤海石油管理局工程建设中心，天津 300450；
2. 渤海石油管理局工程建设中心，天津 300450；
3. 中海油安全技术服务有限公司，天津 300450)

摘 要 导管架作为海上石油开采的主要支撑设备，其建造尺寸控制精度不仅影响组块安装，还会波及海上平台使用的安全可靠性。八桩腿导管架目前已成为海上大平台导管架的趋势，本文结合 PL19-9 WHPJ 导管架建造安装尺寸控制工艺，对导管架预制尺寸、总装尺寸控制提出了些新方法，并取得了良好效果。

关键词 导管架；建造尺寸；控制测量

导管架作为固定平台常采用的支撑结构，使用过程中会受到来自环境载荷、工作载荷和自重等多方面的载荷[1]，是平台稳定性的基础，决定着平台的抗风险能力和使用寿命。目前使用的导管架可分为四桩腿导管架和八桩腿导管架，八桩腿导管架因其承载能力强、结构稳定性高，被广泛应用在渤海地区大平台上。

导管架海上安装时常存在些安装缺陷，如导管架水平标高超标、过渡段连接错口、平台方位偏差超标等情况。究其原因，与当时的测量工具和测量方案是密切关系的。为避免此类缺陷，施工阶段要从测量方法和安装精度加以控制。PL19-9 WHPJ 导管架因其跨越地震带，所以对它的尺寸精度和承载能力提出了更高的要求，也是目前渤海区域首次使用超过 90mm 板厚的导管架，立片尺寸和井口尺寸控制难度系数很高，尤其是导管架上部焊后尺寸精度控制难度极大，导管对角尺寸控制范围为±10mm。虽然当今测量工具和测量技术已达到一定的高度。但如何实现测量方法和尺寸控制的最优化仍是测量人员不断追寻的方向。

1 测量方案

1.1 测量工具及原理

传统建造尺寸测量通常采用水平仪和经纬仪，此方法可归纳为相对测量法，即所测数据均为相对数据，这样易造成误差积累，且难以从整体上把握尺寸[2]。随着测量技术的不断进步，全站仪在工程建造项目上慢慢得到普及，使复杂的结构安装变得简单易行。PL19-91WHPJ 导管架建造过程借鉴全站仪(图 1)的 GPS 功能，通过在现场建立坐标控制点，实现对各关键点坐标的测量和尺寸偏差控制，例如杆件端部之间距离、对角线长度和导管的倾斜角度等。

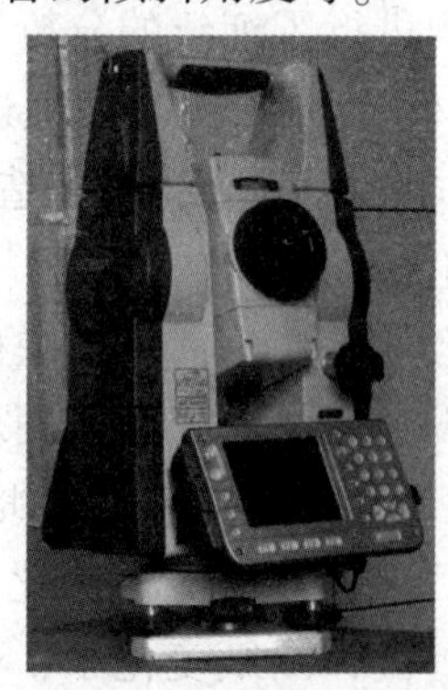

图 1 全站仪

1.2 立片、水平片尺寸控制

立片、水平片测量采用的是坐标控制法，即在预制片上选取具有标志性的点作为测量点，并黏贴测量标签，在地面上确定测量基准点并架设全站仪，得到测量点的坐标。安装时通过全站仪来调整测量点移动到预定位置，此时即可视为安装就位。例如安装井口片时，要从前后方向、左右方向、井口导向中心高度进行测量控制(图 2)。

1.3 顶部尺寸控制

导管架顶部是与组块底部相对接的关键部位，所以导管的顶部空间尺寸(图 3)必须与组块底部尺寸相匹配，以保证后期导管架与组块的顺利对接[3]。因此要对顶部小对角、大对角的尺寸

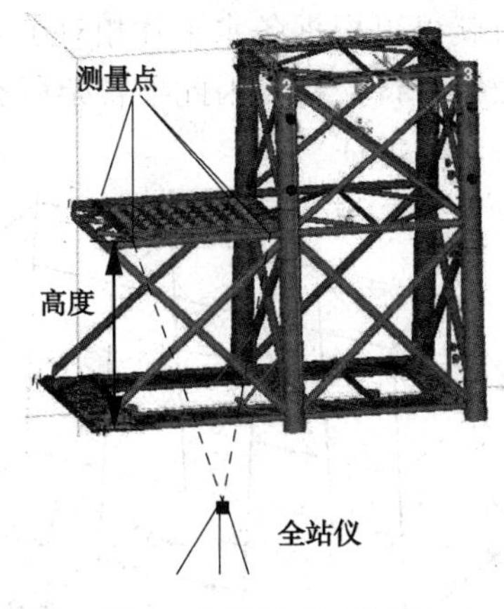

图 2 井口片尺寸控制

进行严格的把控。其中 *AF*、*BE*、*BG*、*CF*、*DG*、*CH* 代表相邻两导管小对角线距离，*AH*、*DE* 代表大对角距离[4]，相邻对角线距离差不应超规定值，同时 *AB*、*BC*、*CD*、*EF*、*FG*、*GH* 也应满足相应距离要求。

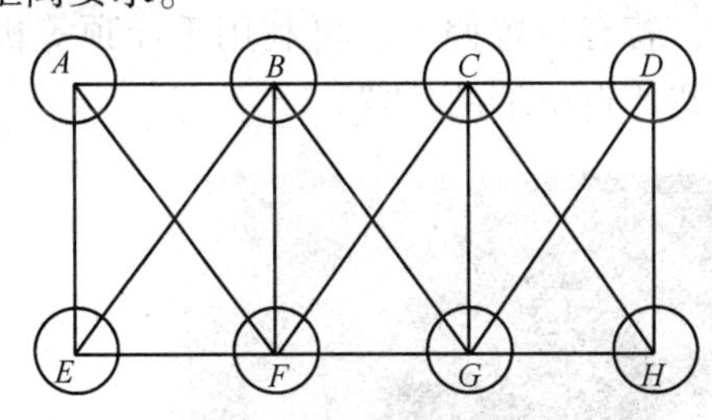

图 3 导管架顶部尺寸

2 导管架建造尺寸实地测量

2.1 结构预制尺寸控制

各预制片焊前焊后都要进行尺寸测量，测量值均要满足相应要求。焊前尺寸测量是为了保证焊后尺寸合格，焊后尺寸测量是为了保证能够与其他预制片顺利对接。

2.1.1 立片尺寸控制

立片预制前，应首先测量各垫蹲水平度是否良好。待导管上垫蹲后，使用全站仪测量导管 4 个端点，保证其水平度、导管斜度和端面平齐度，同时要参照图纸尺寸和技术要求保留一定的焊接收缩余量。上拉筋前，根据单件图，以 +9000mm 点为基准使用经纬仪确定水平片对接脚印位置，并对 0°点和 180°点进行冲点。同样方法对立片各拉筋进行定位(图 4)。

2.1.2 十字花片尺寸控制

十字花片预制时，同样根据拉筋单件图确定拉筋脚印，组对焊接后，为保证拉筋交角和端部跨距，要重新进行测量。预制完测量(图 5)时，对比 *AD* 实际测量值和理论计算值(根据 *AO*、*DO*、α 值计算得到)，看是否满足要求。同样的方法检验 *BC*。

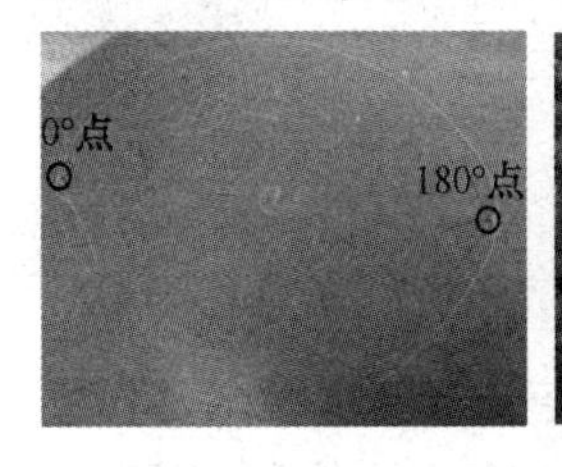

图 4 拉筋定位

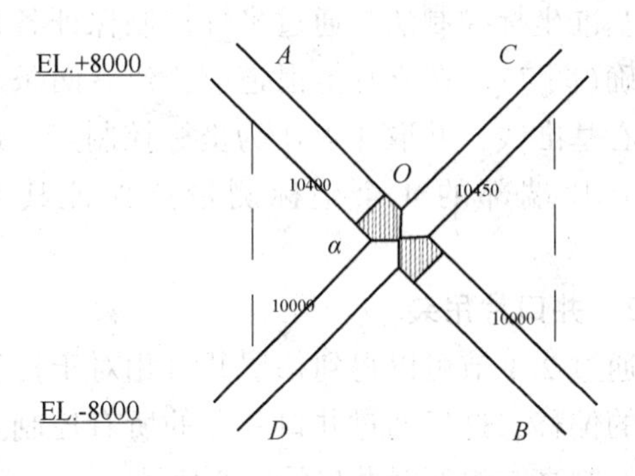

图 5 十字花片测量

2.1.3 井口片尺寸控制(图 6)

井口片预制时，首先架设全站仪，使其可以通视全部井口片。在井口片两边的拉筋上选取 4 个控制点作为该层井口位置的控制基准，并黏贴测量标签，根据这 4 个测量控制点对井口中心进行定位。这样在井口片空间组对时，可以根据这 4 个控制点对该层井口片进行定位，同时井口位置也会满足空间位置要求。

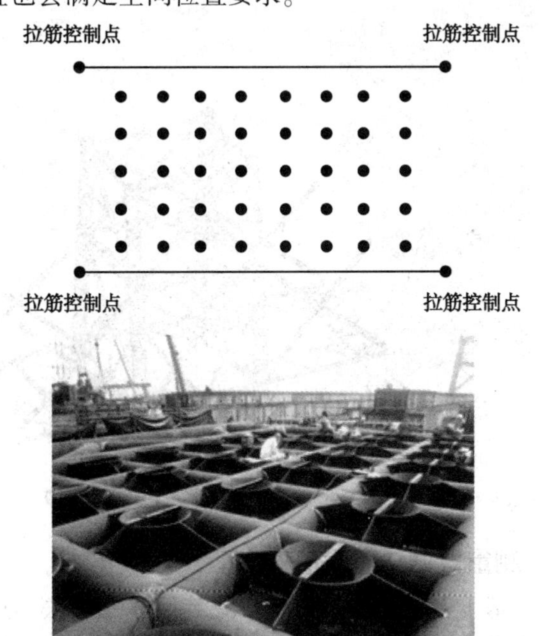

图 6 井口尺寸控制

2.2 结构总装尺寸控制

PL19-9WHPJ导管架在总装时采用基准线坐标控制法。滑道的水平度是控制导管架水平的基础，因此在摆放好滑道后，上层铺设砂浆，并进行反复测量，保证滑道的水平度和砂浆的厚度满足要求。

2.2.1 立片定位

导管不需要在滑道上接长，因此不需要建立尺寸坐标网，本导管架在总装尺寸控制过程中，采用基准坐标控制法，通过坐标控制保证各片位置准确(图7)。在立片上滑道前，建立两条滑道的中心基准线，并取*A*点作为坐标控制点，通过测量立片端部的4个坐标测量点保证其空间位置。

2.2.2 井口片吊装

通过2.1节可以得到每层井口相对于拉筋控制点的偏移，这样通过井口片上的所有控制点就可以控制高空组对时井口的同心度了。在空间组对时(图8)就可以根据各水平片相对于4个拉筋控制点的数据进行控制，因此导管架所有井口的同心度就得到了保证。

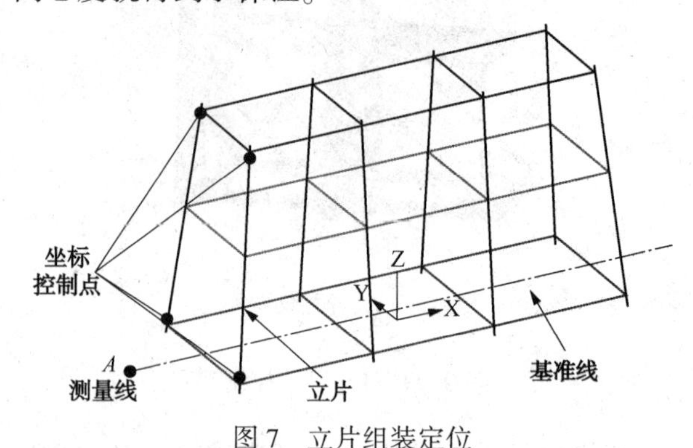

图7 立片组装定位

2.2.3 十字花片

十字花片吊装时，要注意拉筋端部与导管脚印的对接，同时通过全站仪测量十字花片的四个端部测量点保证其准确定位(图9)。与另侧立片组对时，若有位置偏差，可利用千斤顶等机构调节十字花片自由端的位置。

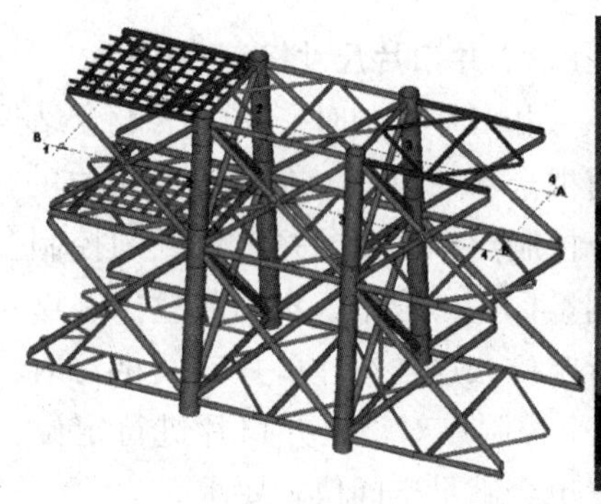

图8 井口片组装定位

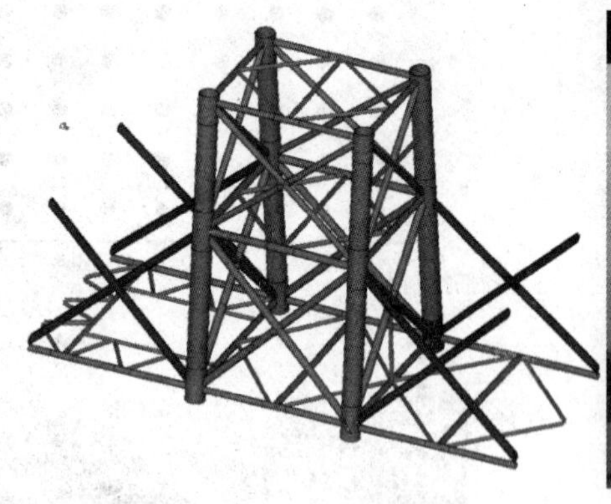

图9 十字花片组装定位

3 测量数据与理论值对比

基于上文所述的预制、总装尺寸控制法，选取了立片尺寸和导管架顶部尺寸测量值与理论值进行了对比。

3.1 立片尺寸

以ROW1片为例(图10)，对导管*AJ*、*BI*、

CH、DG、BC、CD、GH、HI、BG、ID、BH、IC、CG、HD 段尺寸进行了测量，并与理论值进行了对比，见表1，从中可以看出所有尺寸误差均不超误差允许值。

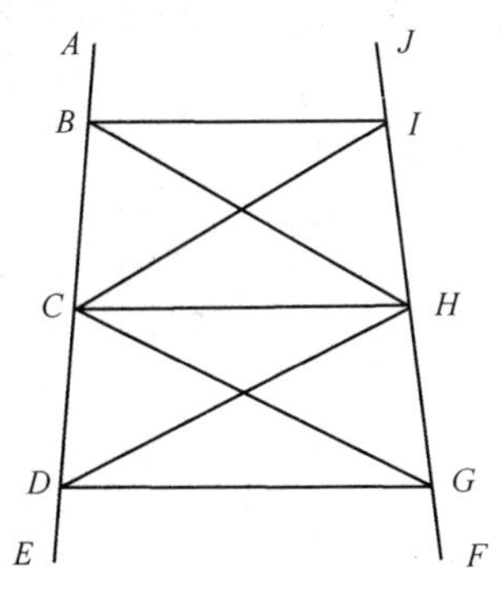

图10　ROW1 片杆件图

表1　导管架顶部尺寸　　mm

位置	理论值	实测值	误差	允许误差
AJ	15200	15204	4	±10
BI	15400	15403	3	±10
CH	18600	18593	-7	±10
DG	22520	22526	6	±10
BC	16159	16159	0	±10
CD	19795	19799	4	±10
IH	16159	16160	1	±10
HG	19795	19802	7	±10
BG/ID	40491	40495/40491	4/0	±10
BH/IC	23400	23395/23403	-5/3	±10
CG/HD	28473	28475/28477	2/4	±10

3.2　顶部尺寸

同样的方法对导管架顶部尺寸(图11)进行了测量，见表2。

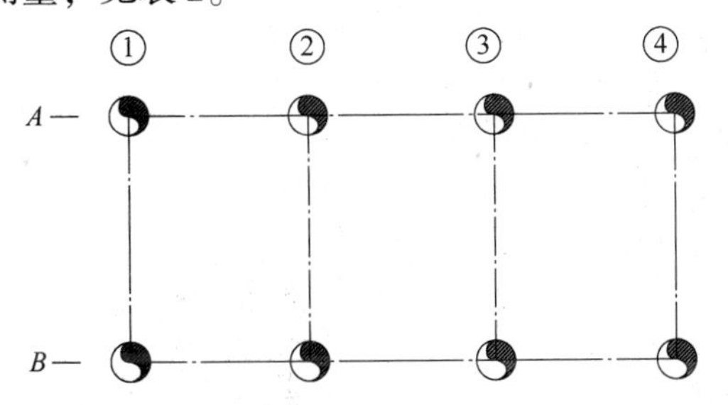

图11　顶部尺寸测量

表2　导管架井口尺寸　　mm

位置	理论值	实测值	误差	允许误差
A1-A2	18600	18599	-1	±10
A2-A3	20000	20001	1	±10
A3-A4	18600	18608	8	±10
B1-B2	18600	18601	1	±10
B2-B3	20000	19999	-1	±10
B3-B4	18600	18605	5	±10
A1-B1	15200	15203	3	±10
A2-B2	15200	15198	-2	±10
A3-B3	15200	15201	1	±10
A4-B4	15200	15195	-5	±10
A1-B2/A2-B1	24021/24021	24025/24017	+4/-4	±10
A2-B3/A3-B2	25121/25121	25120/25120	-1/-1	±10
A3-B4/A4-B3	24021/24021	24020/24029	-1/+8	±10
A1-B4/A4-B1	59185/59185	59189/59193	+4/+8	±10

表2中可以看出导管架顶部各处尺寸误差均不超误差允许值。因此，PL19-9 导管架建造项目采用的基准线坐标控制法在导管架建造过程中起到了良好的效果，且省时省力。

3.3　井口同心度尺寸

对焊后井口同心度尺寸进行了测量，见表3。

表3　井口同心度尺寸

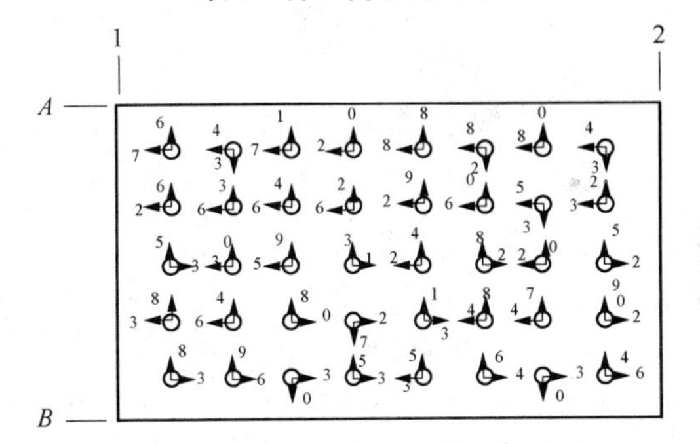

各井口偏心值均不超规定值。

4　结束语

鉴于 PL19-9 导管架是八桩腿导管架，立式建造且采用厚度超过 90mm 的钢板，建造过程从预制、总装两个阶段对导管架的尺寸进行控制。预制时，采用全站仪对立片预制、十字花片预制、水平片预制过程进行尺寸控制，对焊前、焊后尺寸均进行了测量；总装时，采用基准线坐标控制法对总装过程进行尺寸控制，通过在两条滑道之间建立基准线，设立坐标基准点，测量立片、十字花片、水平片坐标控制点进行整体尺寸控制。焊后测量立片尺寸、导管架顶部尺寸、井口同心度均满足要求。此尺寸控制方法较为简单，控制精度高，极适用于立式建造导管架。

参考文献

[1] 尹永强，董超，王建喜，等. 浅谈海洋钢结构建造过程的尺寸控制[J]. 中国造船，2011，52(A02)：349-354.

[2] 张志宽. 大型导管架三维坐标控制网尺寸控制技术初步分析[J]. 中国造船，2013，53(A02)：86-91.

[3] 孙云虎，李海峰，荆鹏. 深水导管架尺寸控制工艺探讨[J]. 中国造船，2013，54(A02)：144-151.

[4] 孙晓明. 海洋钢结构平台　导管架建造安装之测量//天津市测绘学会四届十次理事会论文集，2004.

多专业支吊架(MDS)在海洋工程中的应用

喻 龙
(海洋石油工程股份有限公司设计公司)

摘 要 AVEVA 公司的 VANTANGE PDMS 以其强大的功能，高效的数据库和图形引擎，在海洋石油工程设计中得到成功的应用。在 PDMS 多个专业模块成功使用的基础上，海洋石油工程股份有限公司设计公司开始尝试使用 PDMS 布置系统的另一个重要模块：多专业支吊架(Multi-Discipline Support，以下简称 MDS)，并取得了一些成效，本文是 MDS 系统在实施推广和应用中的一些经验。

关键词 海洋石油工程；支吊架；MDS；PDMS

AVEVA 公司的 VANTANGE PDMS 以其强大的功能，高效的数据库和图形引擎，在海洋石油工程设计中得到成功的应用。在 PDMS 多个专业模块成功使用的基础上，海洋石油工程股份有限公司设计公司开始尝试使用 PDMS 布置系统的另一个重要模块：多专业支吊架(Multi-Discipline Support，以下简称 MDS)，并取得了一些成效，以下是 MDS 系统在实施推广和应用中的一些经验。

1 海洋石油工程支吊架布置设计的特点

海洋石油工程的设计与陆地的石化系统设计有着明显的区别，对支吊架的布置有着非常苛刻的要求，主要体现在以下几个方面：

1.1 布置密集

海洋石油平台因其设计区域较小，设备管道布置集中，所要求管道支吊架布置也非常密集，支吊架布置的工作量往往能占到海洋平台管道布置工作量的近一半以上，图中所示为三维设计系统中显示的某平台其中一层的支架，各种类型支架交错分部，非常密集，如图 1 所示。

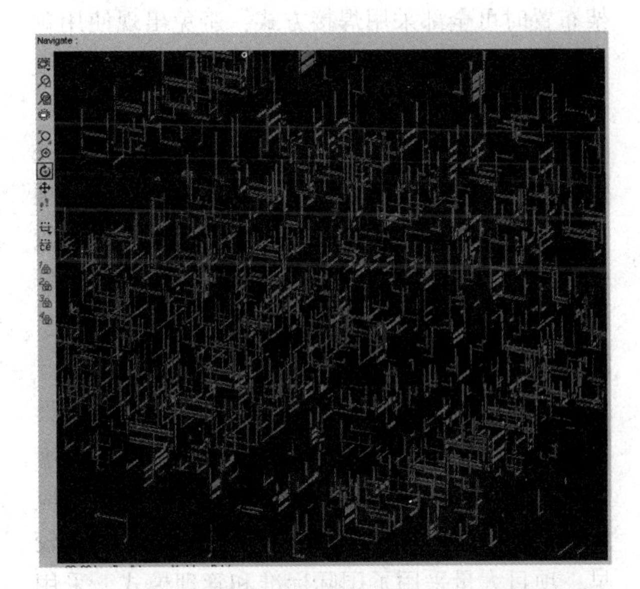

图 1 三维设计系统中显示的平台支架分布

1.2 布置的灵活性和机动性

由于空间有限，设备及管道摆放位置不标准，需要定制一些特殊形式的支吊架以适应实际需要，在进行支吊架的布置时需要很大的灵活性和机动性。如图 2 所示，在平台管道布置的密集区域，常规形式支吊架无法满足需要，需要根据

图 2 特殊区域定制的支吊架模型

作者简介：喻龙(1976—)，男，海油工程设计公司信息技术与海洋工程仿真技术中心主任，工程硕士。主要从事海洋工程三维设计、系统仿真及相关信息系统开发方面的研究工作。

特定情况进行定制，同时现场对支架布置详图的要求很高，以确保设计意图能够在实际工程中体现。

1.3 图纸信息要求高

作为EPC公司，为提高建造效率，海洋平台的支吊架全部采用工厂预制，现场装配的方式，该方式要求支吊架加工、装配图纸信息更为全面。

1.4 支架规格书拥有行业标准

支架型钢规格、支撑形式和管卡形式拥有公司级标准，需要拥有公司级的标准支吊架库。

1.5 海洋石油平台结构特殊

海洋石油平台全部采用钢结构，在进行支吊架布置时可全部采用焊接方式，避免出现使用预埋件或其它节点处理方式，采用模板设计可极大提高设计效率。

基于以上几个要求，我公司考察试用了MDS模块，为使用PDMS软件进行三维布置设计的项目进行配套，通过几个项目的使用，取得了比较好的效果，节约了大量人工时，提高了工作效率。

2 采用MDS进行三维布置设计的优点

MDS是由AVEVA在PDMS三维工厂布置设计系统基础上，基于欧洲工程公司的支吊架标准开发的一套专用程序，在大量实际工程中得到应用和检验，海洋石油的设计工作与国际接轨较早，项目大量采用了国际标准和管理模式，采用MDS作为支吊架设计工具可以同EPC项目的管理结合，发挥优势。采用MDS进行支吊架布置的优点有：

2.1 采用支吊架模板定制，可极大提高设计效率

MDS采用了模板定制方式，对于相同型钢支撑形式，可灵活搭配各种管卡元件搭建支吊架，配套专门的出图模块，可延伸三维模型的用途。海油工程根据自己的行业标准（结合多套国外标准），已经建立了一套支吊架库，将常用型钢支撑形式、管卡元件建立模板，供布置设计人员使用。MDS在使用中仅通过简单的3大步骤选择，剩余工作如型钢长度匹配、管卡元件直径等都由MDS提取PDMS模型参数自动生成，能快速完成支吊架的布置工作，尤其是电缆桥架、暖通吊架等使用特殊形式较少的支吊架类型，再结合使用支吊架拷贝、修改和删除等工具，甚至可以用短短几天完成一层中型平台的支吊架布置工作，极大提高工作效率。

2.2 自由的布置调整和SPECIALS方式满足特殊支架形式需要

在管道支吊架布置中，由于设备、结构密集，空间小，经常有特殊要求的吊架出现。对于这些问题的处理，MDS具有一定的灵活性，通常在整体形式正确的情况下，可以采用模板搭建基础框架，再单独增加、调整副支架臂的做法达到技术要求；对于形式非常特殊，模板定制难度较大的支吊架，可以使用MDS所带的SPECIALS方式生成，利用结构搭建出想要的任何型钢支撑形式，再通过定位关联匹配的管卡类型，最终生成的支吊架可以作为一个整体进行管理，进行材料统计和出图，虽然使用SPECIALS不能自动计算支撑型钢的长度和管卡定位点，布置一个支架的效率较低，但特殊支吊架（图3、图4）的数量不多，尤其是后期能够出详细安装图，可以充分利用模型。

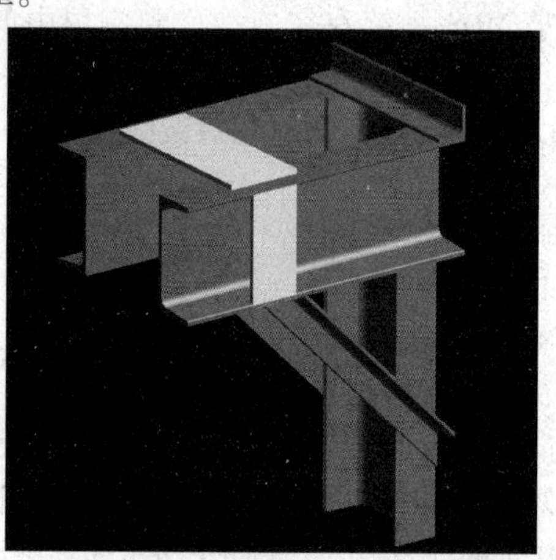

图3　带加强筋板的特殊支架模型

图4　密集管线使用的特殊支架模型

2.3 详细的模板定制功能达到业主的苛刻要求

在承接国际项目时，业主对于支吊架的物理外形要求非常严格，尤其是特殊规格的管卡附件，从外形尺寸到垫板、螺栓高度都有严格要求，这就带来了大量模板开发工作，通过 MDS 灵活的模板定制(图 5)，可以开发出所需的元件供模型布置使用，满足苛刻的设计需要。

2.4 可快速灵活定制支吊架料单，减少材料浪费

以往对于支吊架的统料工作，是一项非常繁琐的工作，用传统方式搭建支吊架模型后，手工或半自动统计料单的方式，容易出现错漏现象。现在通过 MDS 的 Report 功能，可以准确统计出需要区域的汇总料单和详细规格，并且可以通过自定义 Report 列，统计出所需材料的各种属性(图 6)。

图 5 可调节的参数化管卡定制模型

	A	B	C	D	E	F	G
1	Date: 11-June-2006 16:11:59						
2	User: SYSTEM						
3							
4			Support Comp. CofG Data				
5			MDE Project				
6							
7	REPORTING on:	ZONE /MDS-SITE-SUPP					
8							
9	Support Name	Standard	Sctn Size	Joint Spec. Ref.	Weight(kg)	Weight(kg)	CofG wrt /*
10	/PS15212-BAR-1	PEC/100x100x12.0	100x100x12 RSA	---	28.97	---	E 30750 N 29026 U 8480
11	/PS15212-V1	PEC/100x100x12.0	100x100x12 RSA	---	3.61	---	E 31479 N 29084 U 8500
12	/PS15212-V2	PEC/100x100x12.0	100x100x12 RSA	---	5.14	---	E 30021 N 29084 U 8543
13	/PS15213-BAR-1	PEC/60x60x8.0	60x60x8 RSA	---	5.65	---	E 30300 N 33017 U 8491
14	/PS15213-V1	PEC/60x60x8.0	60x60x8 RSA	---	1.76	---	E 30645 N 33052 U 8563
15	/PS15213-V2	PEC/60x60x8.0	60x60x8 RSA	---	1.34	---	E 29955 N 33052 U 8533
16	/PS15223-BAR-1	PEC/60x60x8.0	60x60x8 RSA	---	5.65	---	E 17250 N 29017 U 8228
17	/PS15223-V1	PEC/60x60x8.0	60x60x8 RSA	---	3.78	---	E 17595 N 29052 U 8441
18	/PS15223-V2	PEC/60x60x8.0	60x60x8 RSA	---	3.78	---	E 16905 N 29052 U 8441
19							
20	============						
21	End of Report						
22	============						

MDS Report Headings
Control
Output Report
Name : MDS Summary
Description : Support Index Summary
Order : 1,2,3,4,5
List : atta stru
Filter : ((matchwild(name of spref,'/MD*/*')) and (match(name of spref,'/MDS/.') neq 1)) or (:MDSsupptype eq 'FT22')
Available Column Heading Nos. - Titles

☑1 - Standard	☐31 - Weight(kg.)	☐61 - Weight
☑2 - Spec. Ref.	☐32 - Length	☐62 - Support Name
☑3 - Description	☐33 - Weight(lbs)	☐63 - Weight
☑4 - Line Size	☐34 - Length(ft-ins)	☐64 - Calc No
☑5 - Quantity	☐35 - Sctn Material	☐65 - Node No
☐6 - Line Number	☐36 - Sctn Size	☐66 - Force X
☐7 - Pipe Spec.	☐37 - Sctn Number	☐67 - Force Y
☐8 - Comment	☐38 - Start Joint	☐68 - Force Z
☐9 - Name	☐39 - End Joint	☐69 - Movement X

图 6 通过 MDS 系统定制的支吊架

2.5 自由的支吊架出图定制满足后期建造需要

海洋平台的支吊架布置因为有其特殊性，以前使用布置逻辑架的方式完成支吊架布置，模型完成后只能出支吊架布置图，作为 EPC 项目来说，拥有三维模型和设计数据整体移交的优势，MDS 正好可以发挥这个优势，设计阶段出支吊架详图用于下阶段的支吊架预制和装配。MDS 通过 ABA 出图模块的配合，所出支架详图可以满足现

场安装的需要，包括每副支架的料单，制造、安装尺寸，整体定位，装配外形以及焊点位置等。详图通过出图模板定制，可以提取多种需要的图面信息，并且可以及进行批量抽图，目前一个中型平台支吊架详图约有几千张，每一副支架都有制造、安装详图(图7)，这在以前是不可想象的，极大提高了工程设计质量。

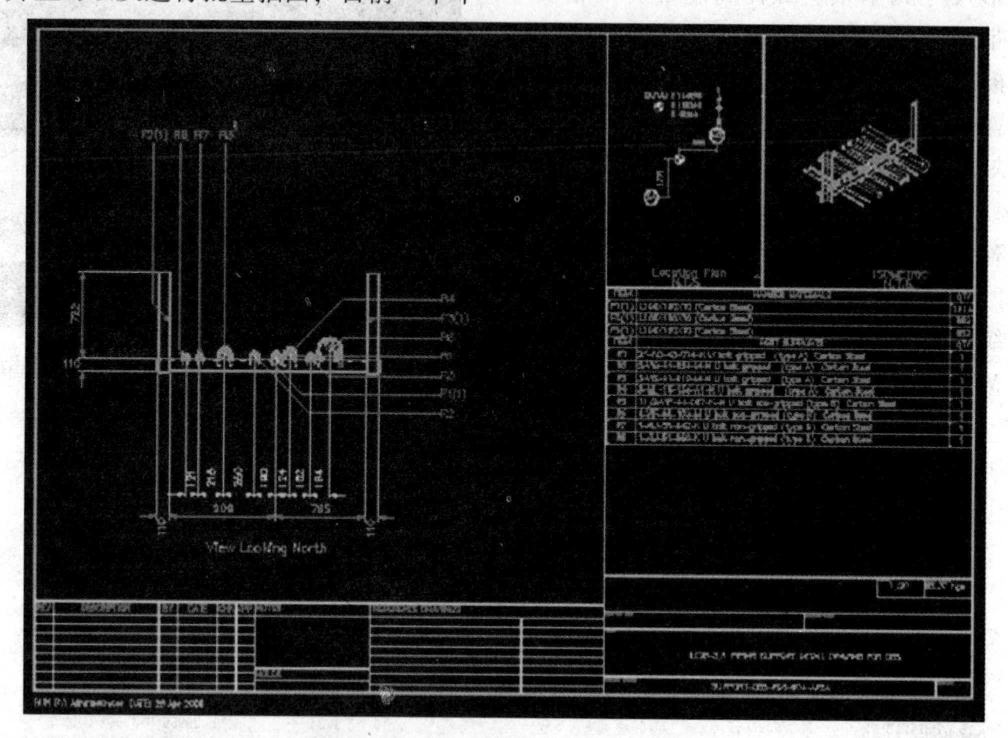

图7　通过MDS系统输出的支吊架详图

作为MDS的拓展应用，可以使用SPECIALS模块搭建设备钢结构底座，利用支吊架详图的功能，生成底座安装图，以前都是利用其他CAD软件处理，是非常麻烦的，MDS的拓展应用可以极大提高机械专业的设计效率。

3　MDS设计系统使用需注意的问题

目前我们在推广使用中也存在一些问题，希望能够通过改进进一步提升该系统的适用性。在使用过程中主要应注意以下几方面问题：

3.1　软件启动等待时间较长，可通过提高计算机硬件配置提高相应速度

该版本MDS启动时间约为1~2min，主要是因为加载模板文件，可通过优化模板文件，剔除不需要的标准模板，可以减少一些启动时间，同时可采用提高计算机设备的硬件配置，加快系统响应速度。

3.2　应合理规划专业建模计划，减少因与其他模块多次切换会造成程序错误

在设计过程中，支吊架的布置通常会伴随管道同时修改，设计人员需要在Pipework、Structures等模块间频繁切换，多次频繁切换后就会造成布置管卡时无法选取管道，生成支架报错等情况。错误发生后往往需要重新启动MDS程序，可通过合理规划专业建模计划，减少模块间切换降低程序错误问题。

3.3　支吊架标准库缺少国内标准，需配备专业能力较强的支吊架系统管理员

因该系统开发商为英国公司，目前版本的MDS提供了AISC、BS、DIN及JIS等标准的结构框架模板，尚没有将国内标准纳入标准支架库，需要国内实施企业根据所采用的标准，进行客户化定制开发后使用。

对于MDS项目的实施来说，成功的关键是需要一个经验丰富的系统管理员，因为MDS的应用特点是设计人员易上手、易使用，自动化程度很高，但需要系统管理员做大量后台工作，如支架库定制和开发等，这就要求管理员对PDMS系统有全面的了解，MDS涉及到管道、结构、元件库、项目管理、出图定制、HVAC和电缆桥架等几乎所有专业，系统管理员需要精通以上专

业，并了解某一专业的设置更改可能会给 MDS 带来的影响，才能及时解决问题，做好支持工作。

3.4 理解系统内部架构，保证模型完整性，确保最终模型的正确性

就是在整个项目中如何保证模型完整性的问题。MDS 的数据存储结构比较特殊，一副完整的支吊架将分为两个部分存储：型钢支撑结构和管卡元件，分别存在 MDS 专用目录和管道目录中(ATTA 类型为 Datum 和 SREF)，两者缺一不可，在 MDS 模块中，任何支吊架删除修改都必需使用专用命令，以保证模型完整性。但是如果系统管理员缺乏经验，没有正确设置系统用户组和数据库的权限，会造成管道设计人员在 Pipework 模块中修改删除已经布置了的支吊架，破坏支吊架的完整性，导致统计材料及抽图的错误。

4 结语

本文以海洋工程三维设计中的支吊架系统(MDS)的部署和使用为研究对象，对典型海洋工程的应用要求加以分析，并在工程实际应用中的特点和需注意的问题进行了探讨，得到结论如下：

(1) 多专业支吊架系统(MDS)可满足海洋工程精细化设计需要，全面拓宽现有三维设计深度，同时对工程建造期的材料控制、施工工期安排具有重大意义。

(2) 通过该系统的应用，提高我国海油工程三维设计的精细化设计技术能力，通过设计优化对后期工程建造质量，满足国际业主对于工程三维设计的严苛要求，提升我国海洋工程设计行业在国际市场的竞争力。

化工环保组

海上调驱技术在赵东油田的应用

田继东 李之燕 金 华 熊 英 袁润成
（大港油田采油工艺研究院，天津大港 300280）

摘 要 调驱作为一种常规的控水技术，在陆上油田已得到广泛应用，但海上油田由于平台空间、施工时间的限制和管理制度的差异，无法完全照搬陆上的经验。为此，在赵东油田开展海上调驱的相关研究。本文根据赵东油田的开发现状和海上调驱特殊性，基于PI决策与综合评判相结合的方法进行选井，使用体膨颗粒+连续凝胶的复合调驱体系，通过三段塞的注入方式对目标井组进行调驱施工。治理后，油藏水驱效果明显改善，注水压力、产油量等多项指标显著提高，含水率大幅下降，表明调驱技术能够用于赵东油田的改善治理，为海上油田控水稳油提供了技术支持，对其他油田的调驱工作也具有指导意义。

关键词 海上调驱；体系评价；调驱装置；控水技术；效果分析

1 试验区概况

赵东油田位于大港油田东部5m水深线以内的滩海、极浅海地区，采用海上平台开采模式。储层涵盖明化镇组、馆陶组、沙河街组在内的多个含油层系，平均孔隙度32%，平均渗透率$2769\times10^{-3}\mu m^2$，地层水水型为$NaHCO_3$型，平均矿化度4525mg/L。赵东油田于2003年7月投入开发，经过十年的开发，产量下降、含水不断上升，至2014年年底，综合含水率达到87.16%，平均单井日产量由最初的230t/d下降为32t/d，已进入高含水开发阶段。急需寻求有效的治理措施，来改善开发现状。

考虑到赵东油田的90%以上的井组均为单层注水，分注等层间治理手段受限，且经过多年的注水开发，层内矛盾突出，油水井间水流优势通道发育，有必要开展海上调驱的相关研究，改善注入剖面，增加动态水驱控制储量，提高水驱开发效果。

2 调驱剂的选择及性能评价

与陆地油田不同，海上平台具有施工时间短，施工空间与人数受限等特点，在调驱剂的选取时，应考虑以下方面[1,2]：

（1）成胶性能。主要包括成胶时间与成胶强度，受平台施工特殊性的限制，调驱剂需要能够在较短时间内成胶，且成胶强度足够高。

（2）稳定性。与陆地油田相比，海上调驱施工成本高，要求有效期更长，调驱剂需能够在地层条件长期稳定，保持封堵效果。

（3）配伍性。需要就地取材使用回注水配置，要求调驱剂与平台回注水配伍性良好。

（4）便捷性。海上油田施工受气象、海洋环境等因素的影响较大，要求调驱剂能够快速溶解、方便配置，施工注入流程简单。

根据上述特殊要求开展室内评价优选试验，最终选取预交联体膨颗粒与延缓交联聚合物凝胶的复合调驱体系，作为赵东油田的调驱施工体系。该体系主要药剂呈固态，方便平台上的搬运储存，与赵东回注水的配伍性良好，能够在较短的时间内快速溶解并成胶，成胶强度可调且范围较宽，封堵能力强，稳定性非常好，在50℃的油藏温度下考察600天，仍然具有超过30000mPa·s的成胶强度(图1)，目前已在大港油田陆上成熟应用，治理效果良好。

3 调驱井组的选择

陆上油田的调驱井组优选，是在充分分析井况、监测信息、开发现状等多种资料的基础上，结合专家经验进行综合决策。而海上平台由于管理制度、理念的差异，诸如示踪剂监测、吸水剖面、吸水指示曲线等调驱敏感资料缺失，且在短

作者简介：田继东(1989—)，男，汉族，内蒙古赤峰人，工程师，2011年毕业于中国石油大学(华东)石油工程专业，硕士，现从事油田化学调驱工艺技术研究。E-mail：tianjidong2010@163.com

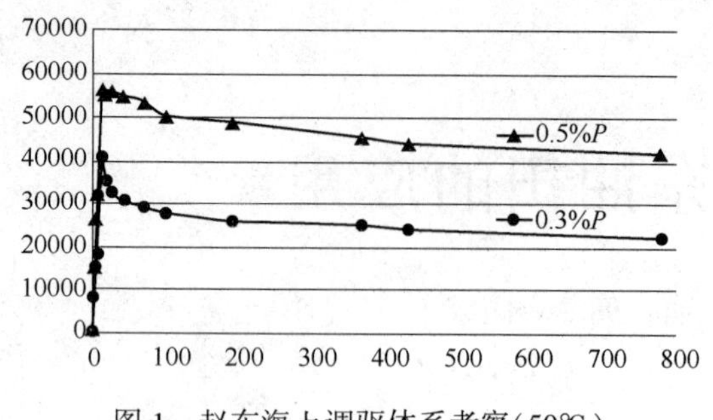

图1　赵东海上调驱体系考察(50℃)

时间内难以获取，为调驱选井工作造成了很大困难。笔者基于多年陆上油田的调驱经验，充分利用平台已有的自动记录系统进行深入数据挖掘，获取了部分调驱关键参数，使用PI决策与综合评判相结合的方法，进行海上调驱的施工井组的优选。

PI决策技术又称压力指数决策技术，是国内油田广泛使用的一种调驱选井技术，其中压力指数PI：

$$PI=\frac{\int_0^t p(t)\mathrm{d}t}{t} \tag{1}$$

$$FD=\frac{\int_0^t p(t)\mathrm{d}t}{p_0 t}=\frac{1}{p_0}\cdot\frac{\int_0^t p(t)\mathrm{d}t}{t}=\frac{PI}{p_0} \tag{2}$$

式中　PI——压力指数，MPa；

FD——充满度，无量纲；

$p(t)$——井口压力随时间的变化函数；

t——测试时间，min；

p_0——测试时间t内的平均压力，MPa。

压力指数的大小与油层渗透性有关，渗透性越好，有高渗透层存在，则在测试时间内(通常取为90min)，井口压力降落越快，压力指数PI值小。反之井口压力降落慢，压力指数PI值大[3](图2)。通过绘制区块内所有注水井的压降曲线，计算每口井的压力指数值与区块平均值，其中PI值小于平均值的井，需要进行调剖；高于平均值井，需要进行增注；位于平均值附近，不需要进行处理。

在PI决策技术的基础上，为了进一步提高选井的精确性，笔者根据多年现场施工经验，综合分析了注水压力、吸水指数、充满度FD等多种调驱影响因素，根据其重要程度赋予不同的权重，对区块内所有待选井进行打分评判(表1)，最后依据打分排序结果与现场需求，确定调驱施工井组。

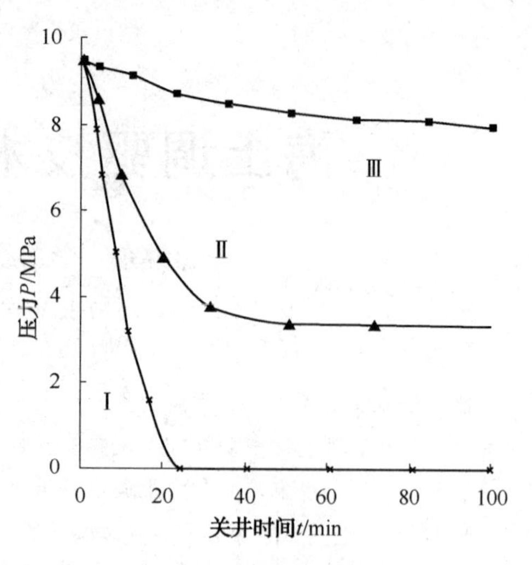

图2　典型注水井井口压降曲线

表1　区块选井综合评判打分排序结果

序号	井号	油压/MPa	视吸水指数/(m^3/MPa)	PI_{90}/MPa	FD	评分
1	D-70ILS	5.8	55.17	0.809	0.14	3.96
2	D-70ISS	7.63	40.37	1.501	0.195	5.74
3	D-58	8.5	54.49	1.639	0.154	6.19
…	…	…	…	…	…	…
31	D-18ILS	10.72	67.26	7.054	0.666	17.17
32	C-48ILS	10.56	41.00	7.168	0.677	18.63
33	D-18ISS	10.82	59.06	8.027	0.745	18.75

4　现场实施及效果分析

4.1　现场实施情况

2015年1~3月期间，在赵东平台对选定试验井组进行海上调驱施工，使用一泵双井的注入方式进行正注，施工设计排量3~10m^3/h，累计施工56天，注入调驱剂4794m^3。为保证施工效果，采用“强弱强”的三段塞结构进行注入：

(1) 前置段塞。注入高浓度的连续凝胶与体膨颗粒，封堵油水井间的大孔道与水流优势通道，同时对主体段塞起到一定保护作用，保证主体段塞的深部调驱效果。

(2) 主体段塞。注入较低浓度的连续凝胶，在前置段塞的基础上，进入地层深部形成强度较高的封堵段塞。

(3) 封口段塞。注入一定量的体膨颗粒与高浓度凝胶，增加主体段塞的耐冲刷性能，保证整体调驱效果的长效性。

4.2　调驱效果分析

对于堵水调剖井的效果分析，主要从注水压

力、压降曲线、受益油井生产情况的变化进行分析。

4.2.1 注水压力的变化

调驱之后，试验井组的注水压力明显上升。注水压力由调前的 4.92MPa 上升到调后 7.93MPa，增加 3.01MPa。启动压力由调前 1.91MPa 上升到调后 6.84MPa，增加 4.93MPa，表明窜流优势通道得到了有效封堵(图3)。

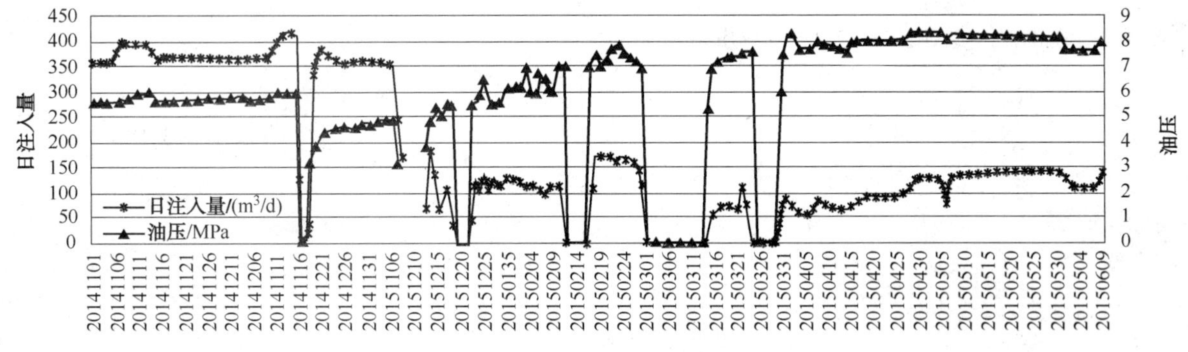

图3 试验井组压力变化情况(D70LS 生产曲线)

4.2.2 调驱前后压降曲线的对比

从压降曲线上来看，调驱后由于高渗透条带和大孔道被有效封堵，致使水井附近的导压系数降低，注入压力扩散变慢，调驱井组井口压降曲线变缓，压力指数 *PI* 与充满度 *FD* 值均大幅提升。从压降曲线对比(图4)来看，封堵效果明显。

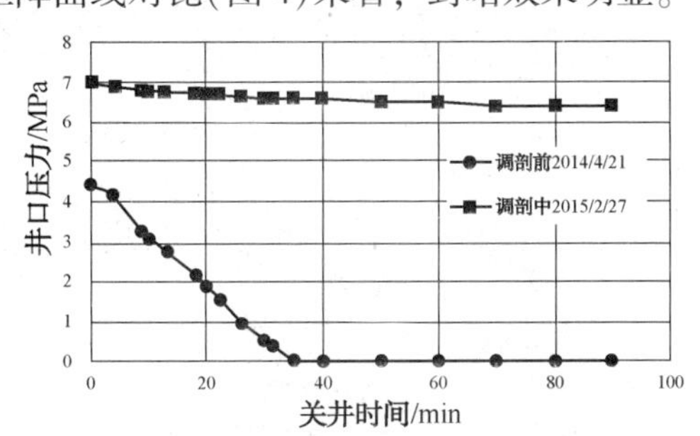

图4 D70LS 井组调驱前后井口压降曲线

4.2.3 受益油井生产情况

(1) 日产油大幅上升。调驱施工后，D70LS 对应受益油井 D68 的生产情况得到了显著改善(图5)，在调后产液量下降的情况下，日产油由调前 16.7t，最高上升到 46.7t，日增油高达 30t，现已累计单井纯增油 7200t，且仍然继续有效。

(2) 含水率得到有效控制。调驱后，受益油井的含水上升趋势得到了有效控制。经过治理，D68 油井的含水率由调前的 95.3%，最低降为 56.9%，下降 38 个百分点，累积降水 91000m³。

5 结论及认识

(1) 海上调驱先导试验的成功，表明现有的一些陆上油田成熟体系和经验，能够应用于海上油田，海上调驱治理潜力巨大。

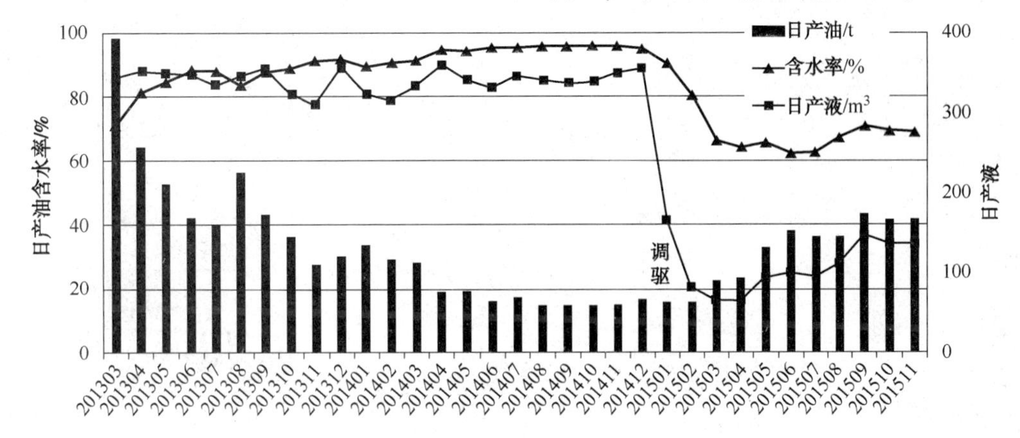

图5 D68 井调驱前后生产曲线图

(2) 对比调驱前后，水井的注入压力、压降曲线变化明显，对应受益油井含水下降，产量大幅提高，增油效果显著，调驱治理有效地封堵了井间高渗透层和优势通道，改善了水驱开发效果。

(3) 与陆上油田相比，海上平台在井眼结构、开发制度、环境气候和管理理念等很多方面存在一定的特殊性，下步需在注入工艺与施工设备等方面继续进行深入研究。

参 考 文 献

[1] 唐延彦. 海上用自交联调剖剂的研究及应用[J]. 精细石油化工进展，2014，15(1)：29-31.
[2] 郑健，张光焰，王海英. 适用于海上油田新型调剖剂的研究与应用[J]. 石油钻采工艺，2007，29(4)：68-70.
[3] 赵福麟. 压力指数决策技术及其应用进展[J]. 中国石油大学学报：自然科学版，2011，35(1)：82-86.

含裂纹缺陷 X80 钢平板的有限元模拟

王 静
（中海油能源发展股份有限公司天津培训分公司，天津塘沽 300452）

摘 要 X80 钢是控轧控冷的低碳合金钢，具有良好的强韧性。而焊接缺陷是整个结构体系中最薄弱的部位，容易产生裂纹，引起失效，因此对含裂纹缺陷 X80 钢的断裂研究意义重大。本文通过 ANSYS 模拟计算焊接接头在不同应力状态时，同一载荷下，裂纹位于不同位置和不同强度匹配下的断裂参量，研究发现，当裂纹位于 *HAZ* 和熔合线时的 *J* 积分值比母材和焊缝的都大，且熔合线处的 *J* 积分最大，接头最危险。

关键词 X80 钢；焊接裂纹；ANSYS 模拟；*J* 积分

焊接缺陷是构件失效的主要原因，因此对焊接接头的断裂分析，可以为构件的安全使用提供保障。对于断裂参量 *K* 和 *J* 积分，用解析法只求解简单问题，且计算繁琐，精度不高，对于工程中的复杂问题，多采用数值法。随着有限元的发展，利用有限元在断裂力学中进行数值分析越来越普及。本文采用 ANSYS 计算含裂纹缺陷 X80 钢平板的断裂参量 *K* 和 *J* 积分，为工程评定提供理论依据。

1 含裂纹结构模型的建立

1.1 裂纹尖端的奇异性处理

对于含裂纹结构，由线弹性断裂力学理论和裂纹尖端的应力强度因子的表达式知，裂纹尖端具有奇异性。对这种奇异性问题，在数值模拟中，常在裂纹尖端设置奇异单位，即 1/4 节点的二次等参单元[1]。

1.2 裂纹体结构模型的建立

利用 ANSYS 软件建立三维裂纹模型时，对于含裂纹缺陷的构件，为了满足裂纹尖端的奇异性，其尖端选用 20 节点实体单元 SOLID95，裂纹尖端周围选 SOLID45 实体单元；二维裂纹用 8 节点 PLANE82 单元进行模拟。

2 断裂参量的有限元计算

2.1 应力强度因子

传统的强度理论没有考虑材料是否有缺陷，故对有缺陷材料的安全性并不能做出正确判断。应力强度因子 *K* 是判断含裂纹结构的裂纹扩展及断裂的重要参量。解析法只能处理简单问题，实验法过程复杂，因此绝大多数工程问题都利用数值解法。根据文献[1~3]知，在弹性范围内，利用插值函数得裂纹尖端的 *K* 值。

2.2 *J* 积分

J 积分是一个围绕裂尖的线积分(二维）或一个围绕裂纹前沿的面积分，与积分路径无关。为了避开裂纹尖端的奇异性，取得较高精度，积分路径一般选取远离裂纹尖端点。ANSYS 计算 *J* 积分时，经 APDL 编程建模求解后，可利用通用后处理器的单元列表，把变量映射到自定义的路径中，被映射到路径上的变量经过运算，沿路径积分就得到模型在特定工况下的 *J* 积分值[4]。

3 含裂纹缺陷 X80 钢平板的有限元模拟

焊接接头是由力学性能不均匀的母材、焊缝和热影响区构成，因此，接头的断裂问题由于性能的不同异于均质接头，并且焊接结构的断裂评定一直受到人们的关注[5~7]。本文通过对含裂纹缺陷 X80 钢平板的断裂参量的 ANSYS 模拟计算，分析接头的断裂行为，为高强钢的断裂分析提供理论依据。

3.1 含裂纹缺陷平板有限元模型的建立

由于焊接接头复杂的应力状态，在焊缝、HAZ 及熔合线处均有可能出现裂纹。本文在焊缝处预设一定尺寸裂纹，裂纹长度方向与焊道平

作者简介：王静(1989—)，女，助理工程师，研究方向是焊接结构的断裂力学分析和安全性评价。E-mail：wangjing85@ cnooc. com. cn

行，通过有限元计算分析接头断裂参量 J 积分的变化规律。

对 X80 焊接接头进行拉伸试验，母材和焊缝的力学性能见表 1。

表 1　X80 钢材的力学性能

项　目	屈服强度/MPa	抗拉强度/MPa
X80 钢母材	595	726
焊缝	605	748

焊接接头试样简化后如图 1 所示，1 为母材，2 为焊缝区，3 为 HAZ，4 为熔合线。试样尺寸 W=0.08m，$2L$=0.25m，母材 1 的长度为 0.1m，焊缝区的宽度为 0.01m，HAZ 的宽度为 0.02m，接头的厚度为 0.006m。E=210GPa，ν=0.3。预设裂纹长度 $2a$=0.012m，裂纹深度 c=0.002m，裂纹中心到熔合线 4 的距离为 0.003mm，到底边的距离为 0.04mm。

接头各区域的应力应变本构关系采用 Romberg-Osgood[8]：

$$\varepsilon \leqslant \varepsilon_y \text{ 时}，\varepsilon/\varepsilon_y = \alpha(\sigma/\sigma_y)$$

$$\varepsilon > \varepsilon_y \text{ 时}，\varepsilon/\varepsilon_y = \alpha(\sigma/\sigma_y)^n$$

式中，ε 和 ε_y 分别为材料的屈服强度和屈服应变；α 为系数，取值为 1.0；n 为材料的应变硬化指数。为了考虑 HAZ 软化问题，取 HAZ 的屈服强度为 300MPa。ANSYS 模拟时，将平板试样一端自由度全部约束，另一端受均匀拉应力，而且认为接头 3 个区的力学性能连续均匀，材料的强度选用 Von Miss 屈服准则。

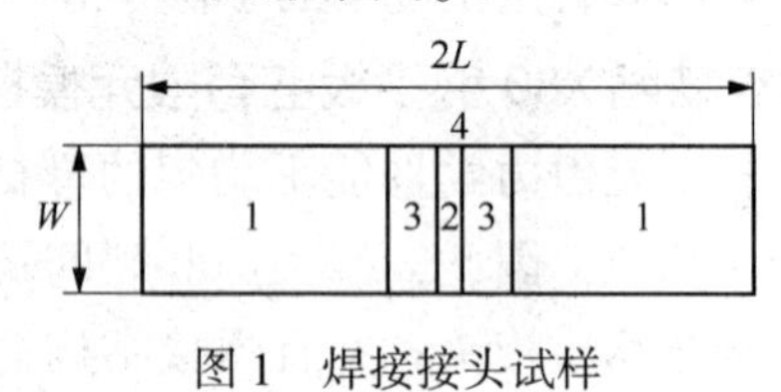

图 1　焊接接头试样

网格划分时，对于裂纹区和非裂纹区的网格区分对待，通过划分接头疏密程度不同的网格，来保证较高的计算精度，并提高运算速度。裂纹尖端奇异点的网格采用特殊的 1/4 节点法划分，裂纹尖端区域网格单位尺寸为 0.0005m，远离裂纹尖端 HAZ 区域网格尺寸为 0.001m，母材区的网格尺寸为 0.002m。该模型总共有 23526 个节点，9864 个单元。如图 2 所示有限元网格的整体划分及裂纹尖端的网格划分。在裂纹区与非裂纹区之间，利用多点位移约束调节，使网格保持变形的协调性。

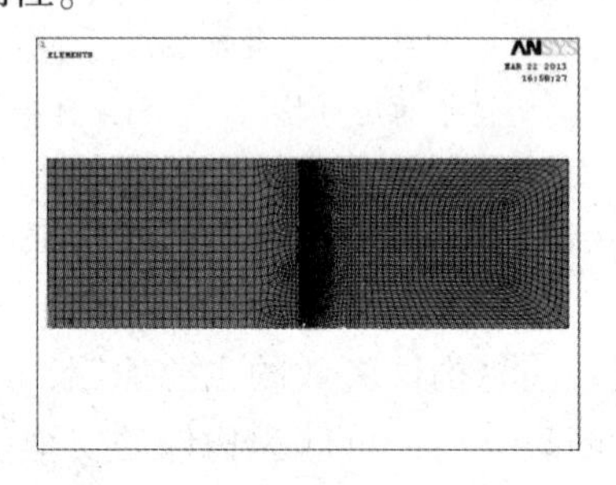

(a) 整体网格的划分

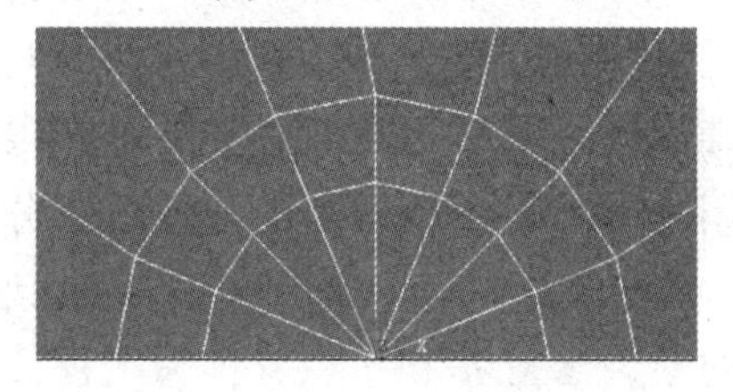

(b) 裂纹尖端局部的网格划分

图 2　有限元网格的划分

3.2　有限元模拟的 J 积分验证

利用 ANSYS 的 APDL 编程，选取 5 条不同的积分路径，这些路径分别从围绕着裂纹尖端附近区域的路径开始逐渐向外展开，计算时以有限元单元中的载荷增量形式进行求解。J 积分的计算结果见图 3，由图可知，在 5 条不同积分回路下所得到的 J 积分值基本相同，这完全符合 J 积分的值与路径选取无关的理论，说明了平板钢 ANSYS 模拟的正确性和可行性，并具有较高精度。因此，可以用有限元法来解决工程实际中复杂的断裂问题。

图 3　J 积分的有限元模拟结果

3.3　焊接接头 J 积分的有限元分析

焊接接头力学性能的不均匀主要表现在母材、焊缝及 *HAZ* 的不同强度组配上。本节通过在焊缝、及熔合线处预设相同尺寸的裂纹，通过 ANSYS 模拟计算焊接接头在不同应力状态和不同强度匹配情况下，裂纹位于不同位置处的断裂参量，为 X80 钢的断裂分析做铺垫。虚拟 X80 钢的焊接接头的强度组配情况如表 2 所示。

表 2　虚拟 X80 钢焊接接头的强度组配情况

焊接接头	高强匹配	低强匹配
母材屈服强度/MPa	600	600
焊缝屈服强度/MPa	750	450
热影响区屈服强度/MPa	300	300

断裂参量 J 积分能够用于线弹性和弹塑性状态下的断裂情况，而 K 多用于线弹性状态下的分析。工程实际中的断裂问题多为弹塑性断裂，且 J 积分和 K 之间的关系为：$K_{\rm I}=\sqrt{\dfrac{JE}{1-\nu^2}}$。因此，可以通过研究 J 积分的变化情况，来反应整个焊接接头的断裂行为。

为反映含裂纹接头的断裂驱动力 J 积分在不同应力状态下的变化规律，分别对平板处于平面应力和平面应变状态下不同强度组配的接头进行断裂参量的计算，得出含裂纹缺陷 X80 钢平板的 J 积分值。有限元计算结果如图 4 和图 5 所示，P 为平板所受的拉伸载荷。

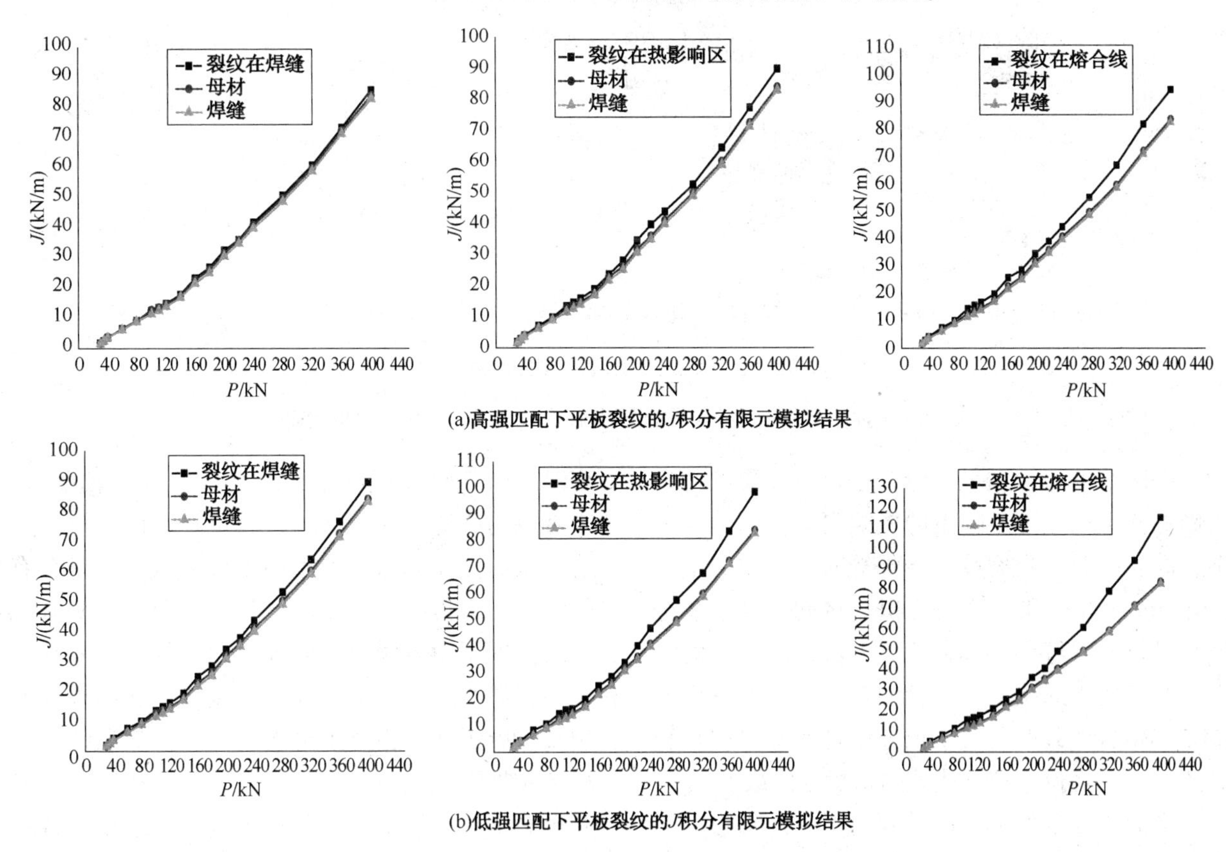

图 4　平面应力状态下不同组配平板裂纹的 J 积分有限元模拟结果

由图 4 可知，在平面应力状态下，同一载荷，无论接头为高匹配还是低匹配时，裂纹位于焊缝处的 J 积分值与母材和焊缝的值基本相等；裂纹位于 *HAZ* 处的 J 积分值与母材和焊缝的 J 积分值稍微有些偏差；裂纹位于熔合线处的 J 积分值与母材或焊缝的 J 积分值相差较大，且其 J 积分值最大。

因此，对含有焊接裂纹的 X80 钢薄板进行断裂分析时，无论接头为何种匹配方式，裂纹位于接头的何种位置时，焊接接头的断裂 J 积分可以用母材或焊缝材料的 J 积分替代。

从能量的观点分析，在平面应力状态下，当接头在外加载荷作用时，裂纹体会吸收载荷能量并逐步发生变形，因而结构的弹塑性应变能也会增加。在高匹配时，当裂纹位于焊缝时，由于母材的强度较焊缝金属的强度低，变形发生的应力集中大都集中于母材区，故裂纹前沿吸收的能量都会向母材扩展释放，裂纹尖端的能量密度会降低，母材区吸收能量后整体发生变形较小；裂纹位于 HAZ 时，由于 HAZ 的强度较低，所以其裂纹扩展驱动力相对母材或焊缝来说要大，但由于其受母材和焊缝高强度周围的保护作用，裂纹不容易发生失稳扩展；当裂纹位于熔合线上时，由于晶粒粗大、性能较差，且处于焊缝和 *HAZ* 的界面处，受 *HAZ* 强度较低的影响，无论在高低匹配下，熔合线处的裂纹扩展驱动力最大[9]。

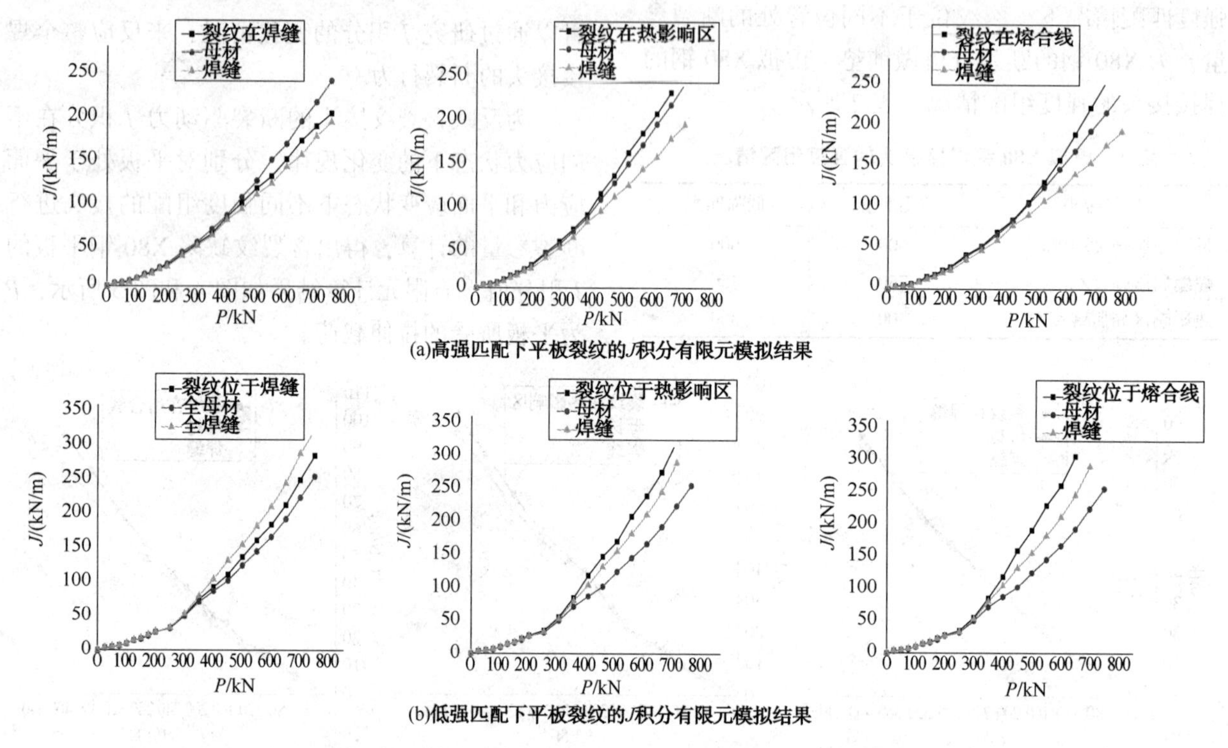

图 5　平面应变条件下不同组配平板裂纹的 *J* 积分有限元模拟结果

由图 5 可知，在平面应变条件下，裂纹位置的影响比平面应力条件下的影响更大。同一载荷下，高匹配时，当裂纹位于焊缝时，裂纹尖端的 *J* 积分值在母材和焊缝的 *J* 积分之间，且 *J* 积分值与母材或焊缝的相差较大，*J* 积分值母材的最大，焊接接头的次之，焊缝的最小。当裂纹位于 *HAZ* 和熔合线处时，其 *J* 积分值均比母材或焊缝时的要大，且位于熔合线处的 *J* 积分值最大。

平面应变条件下，同一载荷下，接头为低匹配时，当裂纹位于焊缝时，裂纹尖端的 *J* 积分值也在母材和焊缝 *J* 积分之间，但 *J* 积分值的大小则与高匹配时相反，*J* 积分值焊缝的最大，焊接接头的次之，母材的最小。裂纹位于 *HAZ* 和熔合线处时，*J* 积分的变化趋势与高匹配时相同。

平面应变条件下的塑性区宽度越为平面应力状态下的 1/6，它是一种很硬的应力状态[10]。由能量观点知，同一载荷下，高匹配时，当裂纹位于焊缝时，由于母材的强度较焊缝低，在平面应变时，由于塑性区较小，应力集中程度较严重，则吸收的载荷作用功会转化为母材区的塑性变形能，从而使较大的应力集中得到释放，母材会有较大的应力集中，因而母材相对于焊接接头来说裂纹扩展驱动力较大，而焊缝的裂纹扩展驱动力最小；低匹配时，由于焊缝强度较低，则焊缝的裂纹扩展驱动力相对于母材的要大。而裂纹位于 *HAZ* 和熔合线处时，由于强度较低，相对于母材和焊缝来说，裂纹扩展驱动力都大。由于熔合线处组织及性能较差，相对热影响区周围母材及焊缝的保护作用来说，其裂纹扩展驱动力最大。

由图 4 和图 5 可知，无论接头处于平面应力还是平面应变状态，高匹配还是低匹配，在同一载荷下，当裂纹位于 *HAZ* 时，*HAZ* 的 *J* 积分值都较母材和焊缝的 *J* 积分要大，而裂纹位于熔合线处时，其 *J* 积分值最大，熔合线处的焊接裂纹是最危险的。因此，工程实际中必须要注意 *HAZ* 的软化问题和熔合线处的质量，研究 *HAZ* 和熔合线对整个焊接接头的承载能力的定量评价具有重要的应用意义。

因此，焊接接头的 *J* 积分不仅要考虑焊缝与母材的强度匹配情况，还要考虑裂纹焊接接头的位置及平板的厚度，从而得到较为安全的评定结果。

4 总结

本文主要介绍了断裂参量的有限元算法，并运用ANSYS软件对X80钢平板进行有限元断裂分析，研究不同应力状态下，强度匹配和裂纹位置对裂纹尖端的断裂参量变化规律，得出以下结论：

（1）选择5条积分路径下的J积分模拟结果，符合J积分守恒的基本原理。说明利用ANSYS计算具有较高的精度和可行性。

（2）在平面应力状态下，同一载荷，无论接头为高匹配还是低匹配时，裂纹位于焊缝处的 *J* 积分值与母材和焊缝的值基本相等；裂纹位于 *HAZ* 处的 *J* 积分值与母材和焊缝的 *J* 积分值稍微有些偏差；裂纹位于熔合线处的 *J* 积分值与母材或焊缝的 *J* 积分值相差较大，且其 *J* 积分值最大。

（3）在平面应变条件下，同一载荷下，当裂纹位于焊缝时，高匹配时，裂纹尖端的 *J* 积分值在母材和焊缝的 *J* 积分之间，且 *J* 积分值与母材或焊缝的相差较大，*J* 积分值母材的最大，焊接接头的次之，焊缝的最小，低匹配则与高匹配时相反。无论接头为高匹配还是低匹配时，当裂纹位于 *HAZ* 和熔合线处时，其 *J* 积分值均比母材或焊缝时的要大，且位于熔合线处的 *J* 积分值最大。

（4）无论接头处于平面应力还是平面应变状态，高匹配还是低匹配，在同一载荷下，当裂纹位于 *HAZ* 时，*HAZ* 的 *J* 积分值都较母材和焊缝的J积分要大，而裂纹位于熔合线处的 *J* 积分值最大，熔合线处的焊接裂纹是最危险的。因此，工程实际中必须要注意 *HAZ* 的软化问题和熔合线处的质量。

参 考 文 献

[1] 刘明尧，柯孟龙，周祖德，等. 裂纹尖端应力强度因子的有限元计算方法分析[J]. 武汉理工大学学报，2011，33(6)：116-121.

[2] 林晓斌. 应用三维有限单元法计算应力强度因子[J]. 中国机械工程，1998，9(11)：39-42.

[3] 曹宗杰，闻邦椿，王志超. 一种计算三维裂纹应力强度因子的新方法[J]. 力学季刊，2001，22(4)：401-408.

[4] 宋启明，李国成. 三维 *J* 积分在ANSYS中的计算[J]. 石油化工设备，2006，35(2)：76-79.

[5] 邱保文. X80管线钢韧性断裂研究与有限元模拟[D]. 湖北：武汉科技大学，2010.

[6] J. R. Rice. A Path independent integral and the approximate analysis of strain concentrations by notches and cracks[J]. Journal of Applied Mechanics，1968，35：379-386.

[7] Wells A A. Application of fracture mechanics and beyond General Yielding[J]. British Welding Journal. 1963，10：563-570.

[8] 杨卫. 宏微观断裂力学[M]. 北京：国防工业出版社，1995.

[9] 白永强，汪彤，吕良海，等. 油气管道内部轴向表面半椭圆裂纹弹塑性断裂分析[J]. 石油化工高等学校学报，2009，22(3)：71-74.

[10] 束德林. 工程材料力学性能[M]. 北京：机械工业出版社，2003.

脱丁烷塔腐蚀堵塞原因探索及防护

赵　耀　崔　蕊　冯宝杰　于焕良

（天津石化研究院，天津 300271）

摘　要　本文详细表征了某炼油公司加氢裂化装置脱丁烷塔管路内不明堵塞垢物组成，并且科学可观地分析了堵塞腐蚀状况。得出管壁减薄是由脱丁烷塔进料中硫含量超标引起的硫腐蚀造成的，硫腐蚀对脱丁烷塔塔盘、管线腐蚀产生的腐蚀产物 FeS 形成堵塞。基于此本论文对装置有效地防止硫腐蚀提出合理化建议。

关键词　活性硫；堵塞；缓蚀剂

自从 20 世纪 90 年代中期清洁燃料问世以来，加氢裂化装置一直是炼油厂不可或缺的重要设备。加氢裂化，即石油炼制过程中在较高的压力和温度下，氢气经催化剂作用使重质油发生加氢、裂化和异构化反应，转化为轻质油（汽油、煤油、柴油或催化裂化、裂解制烯烃的原料）的加工过程[1]。加氢裂化实质上是加氢和催化裂化过程的有机结合，能够使重质油品通过催化裂化反应生成汽油、煤油和柴油等轻质油品，又可以防止生成大量的焦炭，还可以将原料中的 S、N、O、Cl 等杂质脱除，并使烯烃饱和。石油资源经长期开发利用，多数油田已进入开采后期，原油劣质程度不断加剧，其中有害元素 S、Cl、N 等不断增多，而且含盐带水，在后续加工过程中易导致设备的腐蚀、内壁结垢和影响成品油品质。该炼油厂炼油装置多用以加工高硫原油，在反应后的分馏系统中易发生硫腐蚀，造成沉积堵塞、器壁减薄甚至泄露。

2015 年 12 月该炼油厂加氢裂化装置脱丁烷塔底重沸炉进料泵密封泄露，出入口阀门无法关严，造成紧急停车。装置停工消缺期间，发现脱丁烷塔塔底抽出泵入口阀门、重沸炉炉管内有黑色固体堵塞物和重沸炉炉管减薄现象。通过调研发现其他炼化企业也出现类似的问题，因腐蚀堵塞造成的管线穿孔，易燃易爆介质大量外漏，困扰装置的安全生产，造成巨大的经济损失。为此，本文目的是研究加氢裂化脱丁烷塔产生腐蚀结垢的原因并采取有效的防护措施。

1　脱丁烷塔概况

某石化 2#加氢裂化装置脱丁烷塔为 40 层浮阀塔，塔高 33.8m，主体材质是 16MnR + 0Cr13Al。来自反应部分的物料分两股进入脱丁烷塔 C-201，一路进料温度 245℃，另一路进料温度 170℃，塔顶压力 1.4MPa，塔顶温度 84.8℃，塔底温度 282℃。塔底设重沸炉 F-201，重沸炉温度出口 335℃，压力 0.3～0.7MPa，炉管材质 20#，加工量 180 万吨/年。

1.1　装置腐蚀状况分析

（1）塔底泵入口阀堵塞情况

泵入口阀堵塞情况见图 1、图 2。

图 1　P202 泵入口前

图 2　P203 泵入口前

(2) 重沸炉炉管堵塞情况

重沸炉炉管堵塞情况见图 3、图 4。

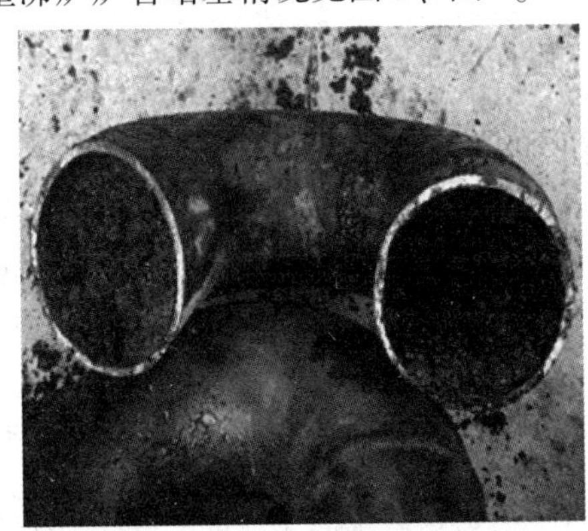

图 3 辐射室炉管弯头

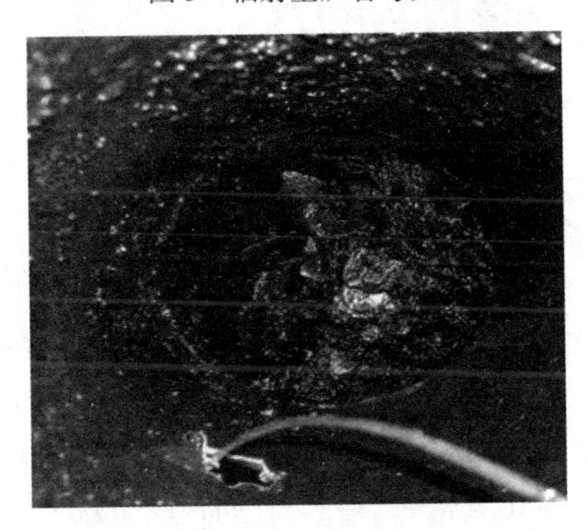

图 4 辐射室直管段

脱丁烷塔 C201 塔底泵前调节阀处及辐射室炉管黑色污垢将管路严重堵塞(图 1～图 4)；由表 1 可知所有炉管均有减薄，检测壁厚范围在3～6mm，其中 4～5mm 居多；且 A(直管区)比 C(弯头区)减薄严重；其中 C 区(背火面)比 D 区(向火面)减薄严重，最小壁厚减至 2.7mm。经计算炉管平均腐蚀速率 1.33mm/年，腐蚀情况比较严重。将样管沿轴线剖开，内壁清洗后发现有大量呈鱼鳞状分布的凹坑，凹坑深约 0.1～0.4mm(图 5)，符合高温硫腐蚀的特点。

表 1 F-201 辐射室炉管腐蚀数据 mm

	检测点 A 区	检测点 B 区	检测点 C 区	检测点 D 区
设计壁厚	8.00	8.00	8.00	8.00
平均壁厚	3.58	4.01	4.25	3.18

1.2 化学成分分析

对样管取样进行化学成分分析，结果见表 2。炉管中的 C、S、Mn、Si、P 均符合《石油裂化用无缝钢管》(GB 9948—2013) 中 20# 钢的标准范围，但 S 含量接近标准允许的上偏差。

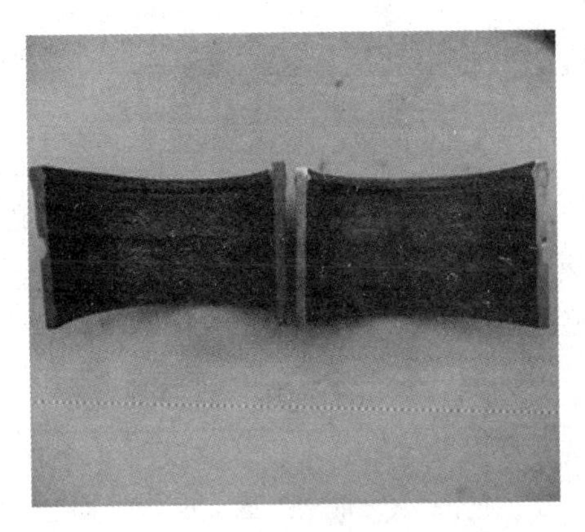

图 5 2# 样管内壁宏观形貌

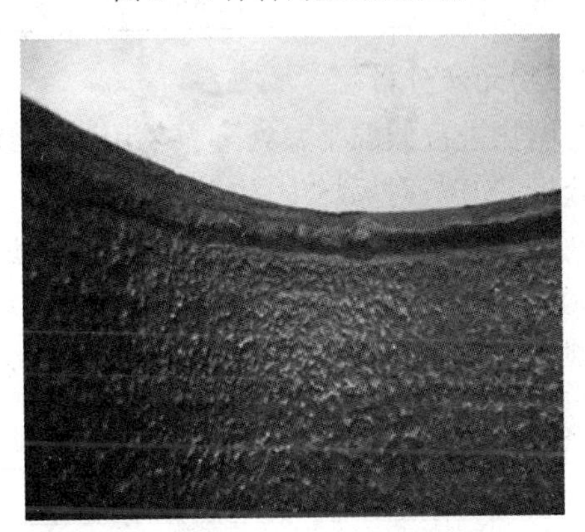

图 6 2# 样管内壁及焊缝的形貌

表 2 化学成分分析结果(质量分数) %

	C	S	P	Mn	Si
炉管检测值	0.20	0.024	0.030	0.51	0.28
GB 9948—2013 标准中 20# 钢范围	0.17～0.23	≤0.025	≤0.030	0.35～0.65	0.17～0.37

1.3 金相检验

对样管的端面进行金相检验(图 7)，炉管的组织为铁素体+珠光体，组织较为均匀，球化级别 2 级，石墨球化率在 90%～95%之间，为倾向性球化，表明金相组织尚未受到破坏。

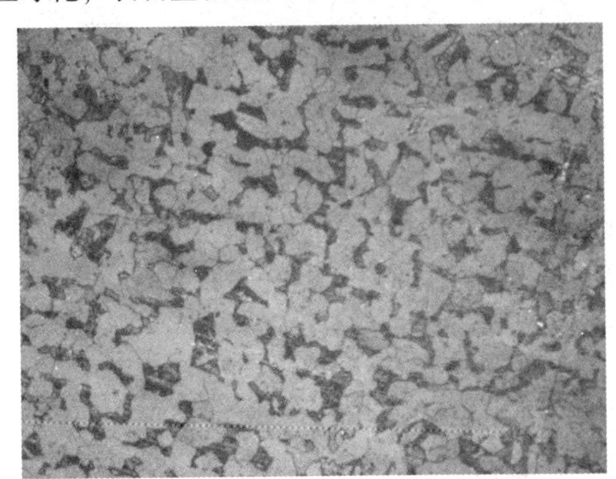

图 7 炉管端面的金相组织(200 倍)

2　垢物形成原因剖析

采集脱丁烷塔 C201 塔底泵 P208 入口的垢物。呈黑色泥状物，有明显臭鸡蛋味。用硝酸银试纸检测，试纸变黑，证明有 S^{2-} 存在。称取一定量该垢物，在不同温度条件下考察失重情况，结果见表 3。

表 3　不同温度条件下考察失重情况

称重/g	加热条件	余重/g	失重百分数/%
25.1212	100℃、24h	22.3035	11.2
20.9284	550℃、24h	11.3870	45.6

2.1　垢物元素分析

对垢物进行低温干燥处理，采用 X 射线荧光光谱分析(XRF)对垢样中的成分进行分析，样品中各种物质及含量列于表 4。对垢物进行焙烧处理(550℃，8h)，采用 X 射线衍射(XRD)对垢物的晶型进行表征。结果见图 8。

表 4　垢样后元素组成分析结果(质量分数)

元　素	含　量/%
C	28.83
Na	0.07
Mg	0.12
Al	0.71
Si	0.41
P	0.09
S	22.89
Ca	0.17
Mn	0.30
Fe	46.09
Ni	0.13
Mo	0.20

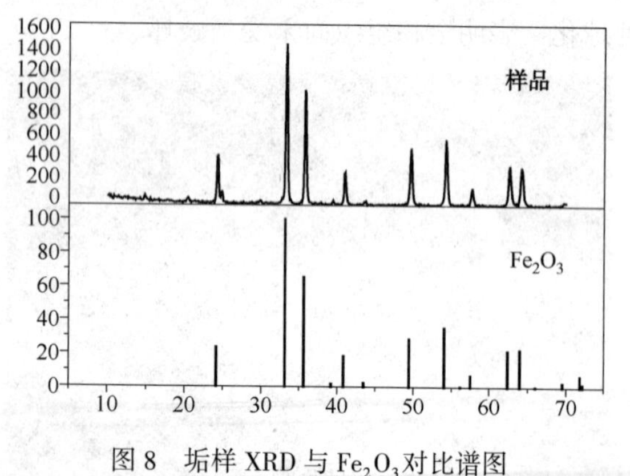

图 8　垢样 XRD 与 Fe_2O_3 对比谱图

从表 4 可以看出，该垢样中主要含有 Fe、C、S 等主要元素，以及 Al、Si、Mo、Ni 等元素。图 8 为样品谱图与标准 Fe_2O_3 图谱的比较，经过比对发现，垢样的谱图与 Fe_2O_3 谱图相符，说明垢样经过焙烧后其成分大部分为 Fe_2O_3，其他(如 S、C 元素)被烧掉，这与 XRF 分析结果相符合。

2.2　原料 S 含量变化情况

加氢裂化装置 2012~2016 年原料硫含量变化的统计数据(表 5)表明，原油劣质化倾向不断加剧，加氢裂化装置原料 S 含量不断上升。

表 5　加裂原料 S 元素统计

年　份	加裂原料/%	脱丁烷塔进料/(μg/g)	原油/%
2012	1.78	18.3	2.01
2013	1.84	22.3	2.14
2014	1.89	28.4	2.47
2015	1.96	27.5	2.53
2016	2.03	32.1	2.80

2.3　腐蚀原因及对策

根据垢物成分以及炉管测厚数据可以判断垢样中化学组成包括硫化亚铁、重油以微量的加氢裂化催化剂粉末。加氢裂化分馏系统的腐蚀主要在脱丁烷塔 C201，其底部为高温硫腐蚀，顶部为低温湿硫化氢腐蚀[2]。一方面，脱丁烷塔油中含有一定量的 H_2S，在汽提蒸汽存在的条件下，可能生成了一定量的酸性物质，对脱丁烷塔造成腐蚀，腐蚀产物累积于塔盘、塔壁，并受重力作用被物料带向下游管线，造成塔底泵极其管路的堵塞和进一步腐蚀；另一方面在塔底重沸炉的辐射室管线中存在高温硫腐蚀，加氢过程中生成的大量 H_2S 在高低压分离器中随污水带走，但仍有一些有机硫和 H_2S 污水进入脱丁烷塔 C201。经过分馏塔底部的 H_2S 浓度可达 50 个 ppm 以上。在塔底部和循环管线及设备中发生高温硫腐蚀。

首先，低温 H_2S+H_2O 腐蚀主要发生在脱丁烷塔顶部以及液态烃回流罐、冷却器等部位。腐蚀形态表现为设备均匀减薄和湿硫化氢的应力腐蚀。在塔顶低温部位 H_2S 浓度最高，并且操作温度在 60~70℃左右，是湿硫化氢腐蚀最强烈的环境。对此有效的塔顶注缓蚀剂，并加强对 D104 热低分罐和 D106 冷低分罐的操作，使水分尽量脱除，减轻下游设备湿硫化氢环境的腐蚀[3]。

其次，在加氢装置分流系统高温部位，主要是物料中的活性硫化物在高温条件下与钢发生化学腐蚀。腐蚀方程式如下：

$$Fe+H_2S \longrightarrow FeS+H_2$$

$$Fe+S \longrightarrow FeS$$

当温度升高时，活性硫化物与金属的反应加强，随着温度升高，硫腐蚀逐渐加剧。根据有关资料 H_2S 在340~460℃时开始分解为S和 H_2，分解出活性更高的单质硫直接腐蚀设备（$Fe+S \longrightarrow FeS$）因此出口管线比入口强烈。活性硫包括（硫化氢、元素硫、硫醇）对20#碳钢造成严重的腐蚀，非活性硫（噻吩）在高温下因其热稳定性不好，易转变为活性硫。此外，硫腐蚀还与流速有关，在湍流高的地方保护性的硫化膜被冲刷，造成冲刷腐蚀。在高温下环烷酸的腐蚀也不可忽视，在270~280℃溶解FeS生成油溶性环烷酸铁，使腐蚀加剧[4]。

再次，塔底重沸炉F201炉管材质为20#碳钢，抗硫腐蚀能力弱，炉管管径偏小（设计值127mm），致使炉管内介质流速增快，加重冲刷腐蚀。

最后，改善加热炉炉管材质，可更换为Cr5Mo，以增强炉管在活性硫条件下的抗腐蚀能力，提高管路的使用寿命；缓蚀剂注入点宜设在塔顶抽出线上，缓蚀剂随着系统介质流经塔顶空冷器、回流罐，并随回流进入塔内，已达到保护设备的目的。

3 结论

（1）脱丁烷塔管线中堵塞垢物为硫腐蚀形成的FeS和少量的加氢裂化催化剂粉末以及重油胶质成分。

（2）腐蚀产物并未对管路金相组织、材料力学性能造成明显的影响，但是对管壁的腐蚀造成减薄甚至穿孔，以及腐蚀产物FeS的积累并堵塞管路，造成了严重的安全隐患。

（3）原油的劣质化趋势致使加氢裂化装置原料硫含量出现较大幅度的增加，加之加氢裂化催化剂活性降低以及硫化氢分离不彻底导致供给脱丁烷塔的物料硫含量超标，进而导致其塔盘、塔壁、阀门、炉管等堵塞腐蚀的腐蚀加速，影响装置的安全操作，增加撇头停工次数。

（4）限制脱丁烷塔进料硫含量在20ppm以内，并在塔顶注入缓蚀剂，减少硫腐蚀。

参考文献

[1] 李大东. 加氢处理工艺与工程[M]. 北京：中国石化出版社，2004.

[2] 沈春夜，戴宝华，罗锦保，等. 加氢裂化装置加工高硫原料腐蚀问题的剖析及对策[J]. 石油炼制与化工，2003，02：26-30.

[3] 莫广文，刘晓辉，申涛，等. 加氢裂化装置炼制高含硫原油腐蚀状况及对策[J]. 石油化工腐蚀与防护，2002，02：1-6.

[4] 张浦民. 加氢裂化装置硫的腐蚀与对策[J]. 化工管理，2015，04：182-183.

含油污泥脱水工艺对比分析研究

郑秋生

（中海油能源发展股份有限公司安全环保分公司，天津塘沽 300450）

摘　要　污水处理厂运维过程中产生剩余污泥的脱水处理是污水处理系统的重要组成部分，选择一种高效的污泥脱水工艺将节约建造、运维成本。针对于目前采用的四种比较常见的机械污泥脱水工艺，本文利用模糊数学的理论与方法综合比较评价4种工艺的性能，通过理论分析确定出离心脱水工艺为较优化工艺。为污泥脱水工艺设备选型提供参考依据。

关键词　含油污泥；脱水工艺

目前，国内含油污泥主要采用3种类型处理技术：(1)含油污泥减量化处理技术，如调质技术、超声波预处理技术等；(2)含油污泥稳定化处理技术，如生物处理技术、固化处理技术、焚烧处理技术等；(3)含油污泥资源化处理技术，如热解技术、溶剂萃取技术、化学热洗技术等[1~3]。

污水处理厂污泥按国家法规规定需由具备固废处理资质的机构接收和处置，固废外运前进行有效的脱水将大大降低污水处理厂的固废处理费用。

采用的污泥脱水方法有自然脱水、机械脱水、加温脱水等，目前石化行业一般采用的是机械脱水。而机械脱水又分为压滤脱水、离心过滤脱水、真空过滤脱水等工艺[4]。不同的脱水工艺能耗、成本等具有一定的差别，通过直观的评判并不能直接判断各种脱水工艺的优劣，本文中通过模糊数学综合评价方法，对不同脱水工艺进行综合比对，选择出综合性能最优的污泥脱水工艺。

1　常用污泥脱水机械技术性能

常用脱水技术性能参数如表1[4]所示。

表1　常用脱水机械技术性能对比

项　目	折带真空过滤机	离心脱水机	板框压滤机	带式压滤机
运行方式	间断	连续	间断	连续
投资费用(倍数)	2~4	0.6~1.0	2~4	1
电耗(倍数)	1.2	1.0~1.2	2~3	1
药剂消耗/%	6	1	6~8	0.2~0.4
泥饼含水率/%	75~85	75~85	65~75	80~86
成本/倍数	1.2	1.1~1.2	1.5	1
占地面积	大	小	大	较小
操作环境	较好	好	较差	较好

注：表中数字是以带式滤机为基数的倍数。

2　模糊综合评价体系的建立

2.1　确定评价指标集和对象集

以表1中参数为基准将非量化参数量化、范围参数取其均质。

运行方式：连续运行量化为1，间断运行量化为0.5；

占地面积：可根据大、较大、中等、较小、小分为5个等级，分别对应于大=1，较大=0.8，中等=0.6，较小=0.4，小=0.2；

操作环境：根据好、较好、中等、较差、差分为5个等级，分别对应于好=1，较好=0.8，中等=0.6，较差=0.4，差=0.2；

得出脱水机械技术性能参数量化对比，如表2所示。

以运行方式 Y_1、投资费用 Y_2、电耗 Y_3、药剂消耗 Y_4、泥饼含水率 Y_5、成本 Y_6、占地面积 Y_7、操作环境 Y_8 作为评价的指标集 $U=\{Y_1, Y_2, \cdots\cdots, Y_8\}$。以折带真空过滤机、离心脱水机、板框压滤机、带式压滤机为评价对象集，

作者简介：郑秋生(1983—　)，男，中级机械工程师，从事水处理工艺技术研究工作。E-mail：zhengqsh@cnooc.com.cn

$V=\{d_1, d_2, d_3, d_4\}$。

表2 常用脱水机械技术性能参数量化对比

项 目	折带真空过滤机	离心脱水机	板框压滤机	带式压滤机
运行方式	0.5	1	0.5	1
投资费用/倍数	3	0.8	3	1
电耗/倍数	1.2	1.1	2.5	1
药剂消耗/%	6	1	7	0.3
泥饼含水率/%	80	80	70	83
成本/倍数	1.2	1.15	1.5	1
占地面积	1	0.2	1	0.4
操作环境	0.8	1	0.4	0.8

2.2 建立隶属函数[5]

建立评价指标集 $\boldsymbol{U}$ 对评价集 $\boldsymbol{V}$ 的隶属函数，使根据隶属函数计算得到的隶属度值的大小与该项指标在综合评价中的重要性相适应，隶属函数为单调函数，隶属数 r_{mn} 在 0~1 之间。

运行方式、操作环境均为偏大型指标，所以隶属函数：

$$r_{1n}=\frac{Y_{1n}-\min(Y_{1n})}{\max(Y_{1n})-\min(Y_{1n})} \tag{1}$$

投资费用、电耗、药剂消耗、泥饼含水率、成本、占地面积为偏小型指标，所以隶属函数为：

$$r_{2n}=\frac{\max(Y_{2n})-Y_{2n}}{\max(Y_{2n})-\min(Y_{2n})} \tag{2}$$

构成的模糊关系矩阵：

$$\boldsymbol{R}=\begin{bmatrix} r_{11} & r_{12} & \cdots & r_{1n} \\ r_{21} & r_{22} & \cdots & r_{2n} \\ \vdots & \vdots & & \vdots \\ r_{m1} & r_{m2} & \cdots & r_{mn} \end{bmatrix}=(r_{mn})_{m\times n} \tag{3}$$

2.3 夹角余弦赋权法确定权重分配集[5]

本文选用夹角余弦赋权法，完全通过数学计算确定指标权重。

对于 n 个参数的集合：$\boldsymbol{A}_j=\{A_1, A_2, \cdots, A_n\}$

$\boldsymbol{A}_j$——第 j 个式样，关于第 i 项评价因素指标值向量。

$\boldsymbol{A}_j=(a_{1j}, a_{2j}, \cdots, a_{mj})^{\mathrm{T}}$，$(j-1, 2, \quad, n)$

于是，可以得到 n 个式样关于 i 项评价因素指标矩阵

$$\boldsymbol{A}_j=\begin{bmatrix} a_{11} & a_{12} & \cdots & a_{1n} \\ a_{21} & a_{22} & \cdots & a_{2n} \\ \vdots & \vdots & & \vdots \\ \vdots & \vdots & & \vdots \\ a_{m1} & a_{m2} & \cdots & a_{mn} \end{bmatrix} \tag{4}$$

式中，a_{ij}——第 j 个式样关于第 i 项评价因素的指标值。

2.3.1 建立各方案指标的理想最优方案 U^* 和最劣方案 U_*

$$\boldsymbol{U}^*=(u_1^*, u_2^*, \cdots, u_m^*),$$
$$\boldsymbol{U}_*=(u_{1*}, u_{2*}, \cdots, u_{m*})$$

其中

$$\boldsymbol{U}_i^*=\begin{cases} \max\limits_{1\leqslant j\leqslant n}\{a_{ij}\} & i\in I_1 \\ \min\limits_{1\leqslant j\leqslant n}\{a_{ij}\} & i\in I_2 \\ \min\limits_{1\leqslant j\leqslant n}|a_{ij}-a_i| & i\in I_3 \end{cases} \tag{5}$$

$$\boldsymbol{U}_{i*}=\begin{cases} \min\limits_{1\leqslant j\leqslant n}\{a_{ij}\} & i\in I_1 \\ \max\limits_{1\leqslant j\leqslant n}\{a_{ij}\} & i\in I_2 \\ \min\limits_{1\leqslant j\leqslant n}|a_{ij}-a_i| & i\in I_3 \end{cases} \tag{6}$$

I_1 为效益性指标，I_2 为成本性指标，I_3 为适度性指标，a_i 为第 i 项指标的适度值。

2.3.2 构造各方案与理想最优方案 U^* 和最劣方案 U_* 的相对偏差矩阵

$$\boldsymbol{R}_{\mathrm{p}}=(r_{ij})_{m\times n}, \quad \boldsymbol{\Delta}=(\delta_{ij})_{m\times n} \tag{7}$$

其中

$$r_{ij}=\begin{cases} 1-\dfrac{|u_i^*-a_i|}{|a_{ij}-a_i|} & i\in I_3 \\ \dfrac{|a_{ij}-u_i^*|}{\max\limits_{1\leqslant j\leqslant n}\{a_{ij}\}-\min\limits_{1\leqslant j\leqslant n}\{a_{ij}\}} & i\notin I_3 \end{cases}$$

$$(i=1, 2, \cdots, m;\ j=1, 2, \cdots, n) \tag{8}$$

$$\delta_{ij}=\begin{cases} 1-\dfrac{|u_{i*}-a_i|}{|a_{ij}-a_i|} & i\in I_3 \\ \dfrac{|a_{ij}-u_{i*}|}{\max\limits_{1\leqslant j\leqslant n}\{a_{ij}\}-\min\limits_{1\leqslant j\leqslant n}\{a_{ij}\}} & i\notin I_3 \end{cases}$$

$$(i=1, 2, \cdots, m;\ j=1, 2, \cdots, n) \tag{9}$$

2.3.3 建立各评价指标权重

计算 $\boldsymbol{R}_{\mathrm{p}}$ 的行向量 $\boldsymbol{r}_i$ 与 Δ 对应的行向量 $\boldsymbol{\delta}_i$ 的夹角余弦

$$c_i=\frac{\sum_{j=1}^{n} r_{ij}\delta_{ij}}{\sqrt{\sum_{j=1}^{n} r_{ij}^2}\sqrt{\sum_{j=1}^{n}\delta_{ij}^2}}\ (i=1,\ 2,\ \cdots,\ m)\quad(10)$$

然后将 c_i 作为初始权重，归一化后得到权向量 $\boldsymbol{W}=(w_1,\ w_2,\ \cdots,\ w_m)$

式中 $$w_i=\frac{c_i}{\sum_{i=1}^{m} c_i}\ (i=1,\ 2,\ \cdots,\ m)\quad(11)$$

2.4 模糊综合评价值的计算

在评价集 $\boldsymbol{V}$ 上引入一个模糊子集 $\boldsymbol{B}$，称为评价级，它的模糊评价 $\boldsymbol{B}=\{b_1,\ b_2,\ \cdots,\ b_n\}$，由模糊矩阵 $\boldsymbol{R}$ 与权重分配集 $\boldsymbol{W}$ 经模糊变换得到：

$$\boldsymbol{B}=\boldsymbol{W}\cdot\boldsymbol{R}\quad(12)$$

模糊运算的方法有 $M(V,\ \Lambda)$，$M(\cdot,\ V)$ 等多种[5]，本文采用 $M(\cdot,\ +)$ 算子对 $\boldsymbol{B}=\boldsymbol{W}\cdot\boldsymbol{R}$ 进行模糊变换，得到综合评价模糊子集 $\boldsymbol{B}$ 的隶属度 b_n，即模糊综合评价值。

3 结果分析

3.1 隶属度模糊关系矩阵

构成的隶属度模糊关系矩阵为：

$$\boldsymbol{R}=\begin{bmatrix} 0 & 1 & 0 & 1 \\ 0 & 1 & 0 & 0.9091 \\ 0.8667 & 0.9333 & 0 & 1 \\ 0.1493 & 0.8955 & 0 & 1 \\ 0.2308 & 0.2308 & 0.5385 & 0 \\ 0.6 & 0.7 & 0 & 1 \\ 0 & 1 & 0 & 0.75 \\ 0.6667 & 1 & 0 & 0.6667 \end{bmatrix}$$

3.2 权重的确定

理想最优方案 $\boldsymbol{U}^*$ 和最劣方案 $\boldsymbol{U}_*$ 为：

$\boldsymbol{U}^*=(1\quad 0.8\quad 1\quad 0.3\quad 70\quad 1\quad 0.2\quad 1)$；

$\boldsymbol{U}_*=(0.5\quad 3\quad 2.5\quad 7\quad 83\quad 1.5\quad 1\quad 0.4)$；

各方案与理想最优方案 $\boldsymbol{U}^*$ 和最劣方案 $\boldsymbol{U}_*$ 的相对偏差矩阵为：

$$\boldsymbol{R}_p=\begin{bmatrix} 1 & 0 & 1 & 0 \\ 1 & 0 & 1 & 0.0909 \\ 0.1333 & 0.0667 & 1 & 0 \\ 0.8507 & 0.1045 & 1 & 0 \\ 0.7692 & 0.7692 & 0.4615 & 1 \\ 0.4 & 0.3 & 1 & 0 \\ 1 & 0 & 1 & 0.25 \\ 0.3333 & 0 & 1 & 0.3333 \end{bmatrix}$$

$$\boldsymbol{\Delta}=\begin{bmatrix} 0 & 1 & 0 & 1 \\ 0 & 1 & 0 & 0.9091 \\ 0.8667 & 0.9333 & 0 & 1 \\ 0.1493 & 0.8955 & 0 & 1 \\ 0.2308 & 0.2308 & 0.5385 & 0 \\ 0.6 & 0.7 & 0 & 1 \\ 0 & 1 & 0 & 0.75 \\ 0.6667 & 1 & 0 & 0.6667 \end{bmatrix}$$

$\boldsymbol{R}_p$ 的行向量 $\boldsymbol{r}_i$ 与 $\boldsymbol{\Delta}$ 对应的行向量 $\boldsymbol{\delta}_i$ 的夹角余弦：

$\boldsymbol{C}=(0\quad 0.0431\quad 0.1086\quad 0.1240\quad 0.6192\quad 0.2959\quad 0.1044\quad 0.2925)$

归一化后得到权向量：

$\boldsymbol{W}=(0\quad 0.0271\quad 0.0684\quad 0.0781\quad 0.3900\quad 0.1864\quad 0.0658\quad 0.1842)$

3.3 模糊综合评价值

由模糊矩阵 $\boldsymbol{R}$ 与权重分配集 $\boldsymbol{W}$ 经模糊变换得到综合评价值为：

$\boldsymbol{B}=(0.3956\quad 0.6314\quad 0.21\quad 0.5297)$

通过综合评判可以看出离心脱水为最优化的油泥脱水工艺。

4 结束语

模糊综合评价方法应用于污泥脱水工艺综合评价的过程，通过利用夹角余弦赋权方法确定权重，可使得各个指标在最终的结果中所占的比重大小得到更精确的表征，从而使所得出的结果更精确。确定出了性能的优劣顺序为离心脱水机、带式压滤机、折带真空过滤机、板框压滤机。为污泥脱水工艺设备选型提供参考依据。

参 考 文 献

[1] 徐如良，王乐勤，孟庆鹏. 工业油罐底泥处理现状[J]. 石油化工安全技术，2003，19(3)：36-39.

[2] Mait Kriipsalu，Marcia Marques，Diauddin R. Nammari，etal. Bio-treatment of oil sludge：The contribution of amendment material to the content of target contaminants，and biodegradation dynamics[J]. Hazardous Materials，2007，148(3)：616-622.

[3] 曹方起，曾庆辉，何国安. 临盘油田含油泥砂处理技术研究[J]. 石油天然气学报，2005，27(3)：572-574.

[4] 王良均，吴孟周. 石油化工废水处理设计手册[M]. 北京：中国石化出版社，1996：292-301.

[5] 李伯年. 模糊数学及其应用[M]. 合肥：合肥工业大学出版社，2007：81-82.

临兴致密气三甘醇脱水装置工艺设计与分析

符显峰

（中海油能源发展装备技术有限公司工艺设备集成技术服务中心，天津塘沽 300459）

摘　要　致密气是一种烃类混合气体，作为井流物的致密气总是被水所饱和，为了达到管输水露点要求，必须将致密气中的水分脱除到一定程度。综合考虑工艺要求和经济影响，采用三甘醇溶剂吸收法脱水。借助流程模拟软件 HYSYS 进行模拟计算，通过对脱水工艺参数选择、工艺方法及工艺参数分析以及相关设备尺寸估算，设计出了符合原料气脱水要求、出站条件的撬装脱水设备。

关键词　三甘醇；撬装；原料气脱水

1　概述

“临兴区块先导试验项目”隶属于中海油有限公司非常规油气分公司，工程主要包括致密气 5 个井场、1 座集气站地面工程建设，其中三甘醇脱水装置属于集气站中比较关键的工艺设备，在致密气净化处理、降低外输水露点方面具有重要作用。下面就该装置的模拟计算、设备估算、工艺成撬设计进行详细分析和总结。

2　工艺方案

2.1　设计依据

（1）设计流量为 $52\times10^4 Nm^3/d$，气量波动为 60%～120%，含饱和水；

（2）进气压力 5.6MPa(G)；

（3）来气温度 5℃；

（4）原料气密度 48.51kg/m^3；

（5）脱水要求：在出站压力条件下，水露点小于-5℃（冬季），-2℃（夏季）；

（6）出装置压力 5.4 MPa(G)；

（7）原料致密气组成见表 1。

表 1　致密气组分

项　目	体积百分数	项　目	体积百分数
CO_2	0.04	N_2	3.33
CH_4	95.6	C_2H_6	0.83
C_3H_8(丙烷)	0.16	i-C_4H_{10}(异丁烷)	0.02
n-C_4H_{10}(正丁烷)	0.02	i-C_5H_{12}(异戊烷)	0
n-C_5H_{12}(正戊烷)	0	H_2S	0
己烷-1	0	己烷-2	0
己烷-3	0	相对密度	0.5742
临界温度/℃	189.91	临界压力/MPa	4.596

2.2　工艺流程(图 1)

含饱和水中压致密气在集气站内经过折流板气液分离器后进入撬装三甘醇脱水装置，此时的致密气不含游离水，会含有少量轻烃，如果直接进入吸收塔，轻烃与三甘醇接触后会使三甘醇溶液起泡，影响脱水效果，需要设置过滤分离器除去轻烃。同时在过滤分离器与吸收塔之间设置换热器，确保致密气进塔温度不低于 15℃，否则致密气温度过低影响三甘醇流动性，进而影响脱水效果。进入吸收塔后先经塔底重力分离段再次除去游离液，然后自下而上在吸收塔泡罩塔盘上与塔上由分布器进入的三甘醇贫液逆流接触，致密气中所含的水分被脱除。脱水后的干气经过除沫丝网后从塔顶排出，最后经干气/贫液换热器换热后出装置。

三甘醇富液从吸收塔下部抽出，经能量循环泵输送至三甘醇再生塔塔顶的换热管加热，然后去闪蒸罐进行闪蒸，脱出富液中的烃类气体。闪蒸罐出来的富液经机械过滤器和活性炭过滤器除

作者简介：符显峰（1982—　），男，汉族，辽宁鞍山人，2009 年毕业于大庆石油学院油气储运工程专业，获硕士学位，技术部副经理，工程师。主要从事海上平台、陆地 LNG、非常规致密气相关地面工程工艺设计、撬装设备集成设计工作，已发表论文 7 篇。E-mail：fuxf@cnooc.com.cn

去三甘醇降解物和机械杂质，再经贫/富甘醇换热器进行加热，加热后的富液至富液精馏柱及其底部的重沸器提浓再生。再生后的三甘醇贫液回流至三甘醇储液罐，通过贫/富甘醇换热器冷却，由能量回收泵增压，进入致密气/贫三甘醇换热器进一步冷却，再进入吸收塔顶部，完成三甘醇的吸收、再生循环过程。

3 工艺模拟

3.1 致密气饱和水流程模拟

依据工艺流程建立 HYSYS 模拟流程。吸收塔入口致密气温度 17℃，操作压力 5.6MPa(G)，处理量为 $52\times10^4 Nm^3/d$，致密气组成见表 2。因致密气含饱和水，首先进行致密气掺饱和水流程模拟，由图 2 得出饱和致密气含水量 2.9kg/h。

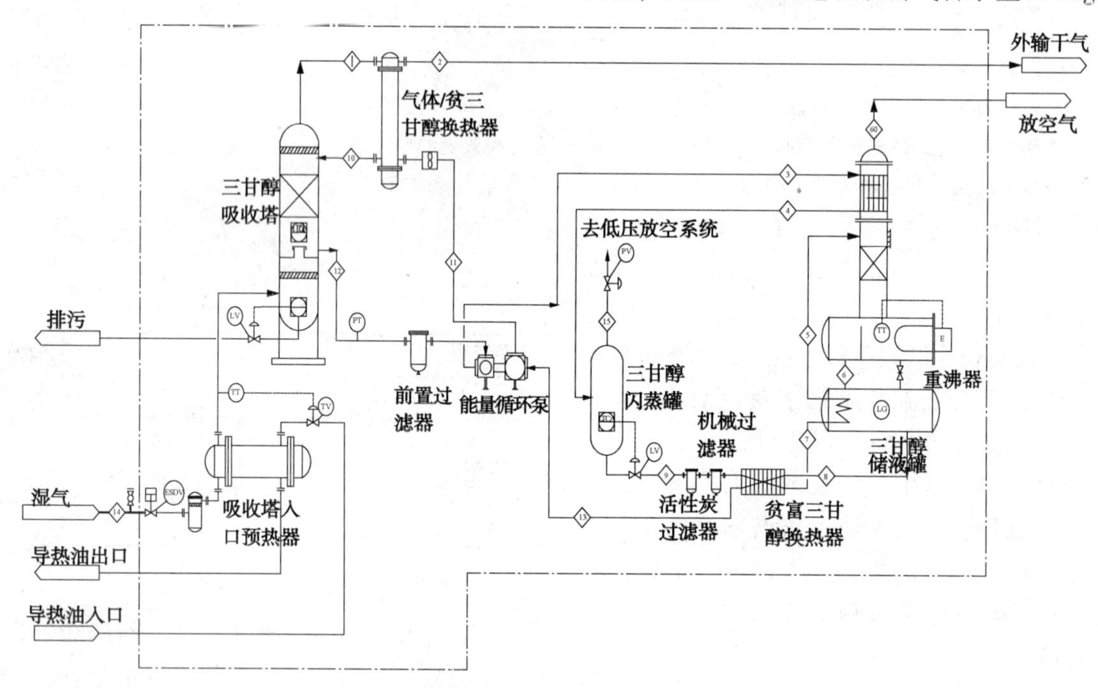

图 1　三甘醇脱水工艺流程图

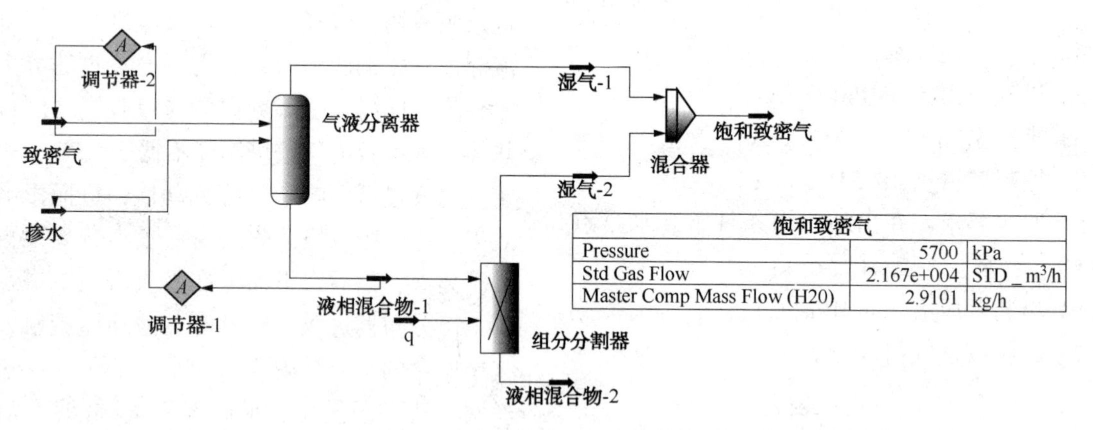

图 2　致密气掺饱和水流程模拟

3.2 三甘醇脱水流程模拟

利用 HYSYS 对三甘醇脱水系统进行模拟(图 3)。设定三甘醇再生质量分数为 99%，三甘醇循环量为 $0.2m^3/h$。模拟计算得到脱水后吸收塔顶的干气水含量为 $13.8mg/m^3$，水露点为-24.79℃，外输干气组成(表 2)及水露点均符合外输气指标要求。

表 2　脱水后干致密气组成及性质

组　分	摩尔含量/%	组　分	摩尔含量/%
CO_2	0.004	C_3H_8	0.0016
N_2	0.0333	$i-C_4H_{10}$	0.0002
CH_4	0.9560	$n-C_4H_{10}$	0.0002
C_2H_6	0.0083	H_2O	0.0000

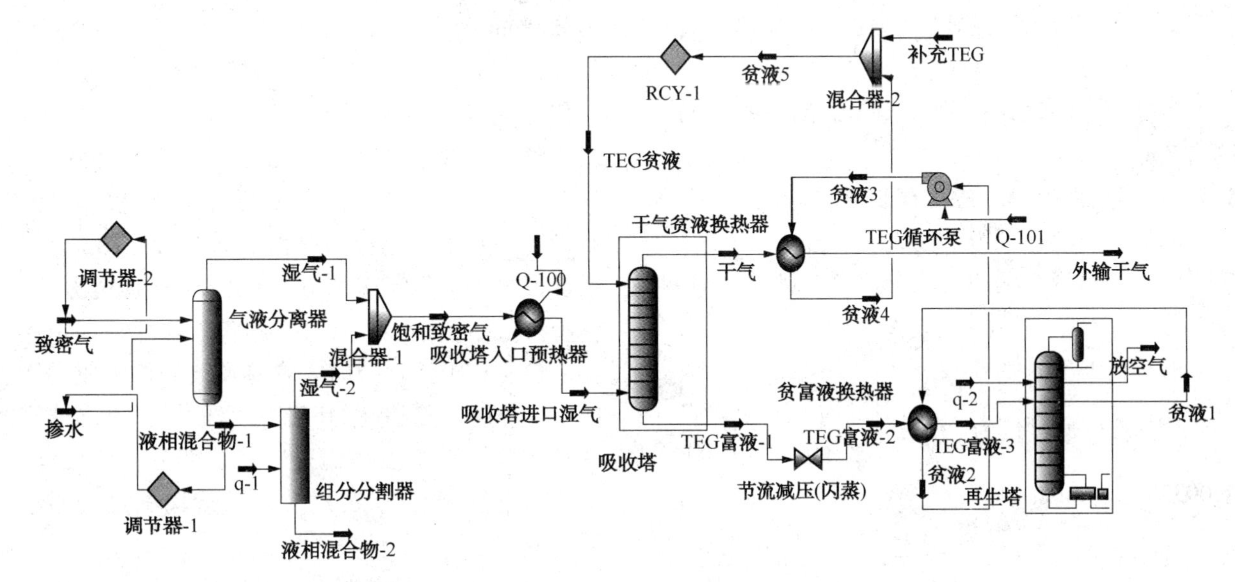

图3 HYSYS模拟三甘醇脱水工艺流程图

4 主要设备估算及设计

4.1 过滤分离器

分离器操作压力：$P=5.6\text{MPa}$(表)

原料气平均相对分子质量：$M=16.63$

分离器操作温度：$T=273+5=278\text{K}$

因此，原料气处理能力：

$$Q=440\times\left(\frac{P}{MT}\right)^{\frac{1}{2}}=440\times\left(\frac{5.6}{16.63\times278}\right)^{\frac{1}{2}}$$

$$=15.31\times10^{4}\text{Nm}^{3}/(\text{d}\cdot\text{根})$$

分离器里的管数：

$$N_{管}=\frac{原料气处理量}{Q}=\frac{52\times10^{4}}{15.31\times10^{4}}=3.39\approx4\ 根$$

4.2 三甘醇吸收塔

4.2.1 吸收塔塔板数计算

吸收塔干气露点为-24.79℃，进吸收塔湿气温度为17℃，进塔气体压力为5.55MPaG，进塔气体含水量 $W_{in}=134.3\text{mg/m}^3$，出塔干气含水量 $W_{out}=13.8\text{mg/m}^3$，因此吸收塔的脱水率 $=\dfrac{W_{in}-W_{out}}{W_{in}}=\dfrac{134.3-13.8}{134.3}=0.897$

当三甘醇质量浓度为99%时，三甘醇循环量为30L TEG/kg H_2O，总塔板率η取25%，当$N_e=1.5$时，$N_p=6$，$\dfrac{W_{in}-W_{out}}{W_{in}}=0.915$，所以当吸收塔理论塔板数为2，实际塔板数为6时，能满足脱水要求。

4.2.2 吸收塔塔径 *D* 估算

选脱水吸收塔为板间距600mm的泡罩塔，查表3得 $C=176$。

表3 吸收塔不同填料对应 *C* 值

设备和介质	*C* 值		
	板间距500mm	板间距600mm	板间距750mm
泡罩塔	154	176	187
结构填料	329~439		
乱堆填料	2.5cm鲍尔环	143~198	
	5cm鲍尔环	208~285	

被处理气体的质量流量 G=进塔湿气平均相对分子质量×进塔湿气摩尔流率

查HYSYS模拟数据得：进塔贫TEG密度 $\rho_l=1103\text{kg/m}^3$；进塔湿致密气密度 $\rho_g=45.40\text{kg/m}^3$，则吸收塔的塔径估算为：

$$D=\left[\frac{4G}{C\pi}\right]^{0.5}/[(\rho_l-\rho_g)\rho_g]^{0.25}$$

$$=\frac{\left(\dfrac{4\times16.63\times916.5}{176\times3.14}\right)^{0.5}}{[(1103-45.4)\times45.4]^{0.25}}=0.7\text{m}$$

设计考虑一定的裕量，取塔径为0.8m。

4.2.3 吸收塔高度 *H* 估算

根据设计要求，考虑一定的设计裕量。

塔顶捕雾器到干气出口的间距 $h_1\geqslant0.35D$，取 $h_1=0.5\text{m}$

顶层塔板到捕雾器的间距 $h_2\geqslant1.5\times$板间距，取 $h_2=1\text{m}$

取分离段高度 $h_4-1.5\text{m}$

中部吸收段高度 h_3=板间距$\times N_p=0.6\times6=3.6(\text{m})$

则脱水吸收塔的总高度为：$H=h_1+h_2+h_3+h_4=0.5+1+3.6+1.5=6.6(\mathrm{m})$

考虑一定的设计裕量，取吸收塔的设计总高度为7m。

4.3 闪蒸罐直径 D、高度 H 估算

(1) 分离器直径 D

此处闪蒸罐为两相立式分离器，则停留时间 $t=5\mathrm{min}$

取载荷波动系数 $\beta=2$

估算液体通过量为：$Q_L=\dfrac{\text{甘醇循环流量}}{60}=\dfrac{0.2}{60}=0.00333(\mathrm{m^3/min})$

分离器直径可按式 $t=\dfrac{\pi D^2(1-3D)}{4Q_L\beta}$ 推导出：

$$D=\left(\frac{4Q_L\beta t}{\pi}\right)^{\frac{1}{3}}=\left(\frac{4\times0.00333\times2\times5}{3.14}\right)^{\frac{1}{3}}=0.349\mathrm{m}$$

为了便于分离器尺寸设计并考虑一定的设计裕量，取 $D=400\mathrm{mm}$。

(2) 分离器高度 H

闪蒸分离器沉降容积估算 $V=$ 甘醇循环流量 $\cdot t/60=0.0166\mathrm{m^3}$

分离器液位高度 $H_1=\dfrac{V}{\pi R^2}=\dfrac{0.0166}{3.14\times0.04}=0.132\mathrm{m}$。

根据设计要求分离器的液封段高度 $H_1\geqslant0.5\mathrm{m}$，故取 $H_1=0.5\mathrm{m}$。

入口分离段及沉降分离段的总高度 $H_2\geqslant1.6\mathrm{m}$，取 $H_2=2\mathrm{m}$。

除雾分离段高度 $H_3\geqslant0.4\mathrm{m}$，取 $H_3=0.5\mathrm{m}$。

闪蒸分离器的设计总高度为：$H=H_1+H_2+H_3=3\mathrm{m}$。

4.4 液精馏柱直径估算

三甘醇循环流量 $V_L=0.2\mathrm{m^3/h}$

富液精馏柱的直径为：$D=247.7\sqrt{V_L}=247.7\times\sqrt{0.2}=111\mathrm{mm}$

考虑一定的设计裕量，取富液精馏柱的直径为200mm。

5 成撬设计

5.1 设备平面布置

整撬底部结构尺寸为12000mm(长)×2200mm(宽)×250mm(高)，撬上安装有13台设备，所有设备按照工艺流程布置，平面布置见图4，三维设计见图5，高压部分与低压部分管道分开。整个装置布置紧凑、合理，结构一体化，便于操作、检修和维护。阀门、管道及仪表均集成在撬内。运输时，除超高的三甘醇吸收塔、重沸器富液精馏柱拆下单独运输外，其余部分整体装运，运输荷重约15t，撬装尺寸及重量均满足公路运输的要求。

本项目三甘醇撬装集成优化方案如下：

(1) 致密气/贫三甘醇换热器设置在吸收塔外附近低点，便于设备检修；

(2) 相比传统往复泵，本项目采用能量循环泵，回收高压富甘醇溶解气释放的部分能量用作给贫甘醇升压，既节约能耗又可调节泵排量，稳定了吸收塔的液位；

(3) 富液闪蒸前先换热，升温后利于富液中致密气烃类物质的闪蒸和过滤；

(4) 本项目三甘醇富液先进入活性炭过滤器，在进入前置过滤器，防止运行一段时间后活性炭粉末进入再生塔、重沸器，导致三甘醇起泡。

6 结语

本文对处理气量为$52\times10^4\mathrm{m^3/d}$,、进站压力为5.6MPa(G)、进站温度为5℃的原料致密气进行了装置工艺集成设计，采用HYSYS进行流程模拟，计算出了相关物流、能流和设备的工艺参数，并根据计算结果估算和设计了设备尺寸。优化设备布置，形成撬装三维模型设计。目前装置已经投产，现场运行工况平稳，TEG循环量及再生浓度与设计理论值相符合，致密气水露点满足出站要求。

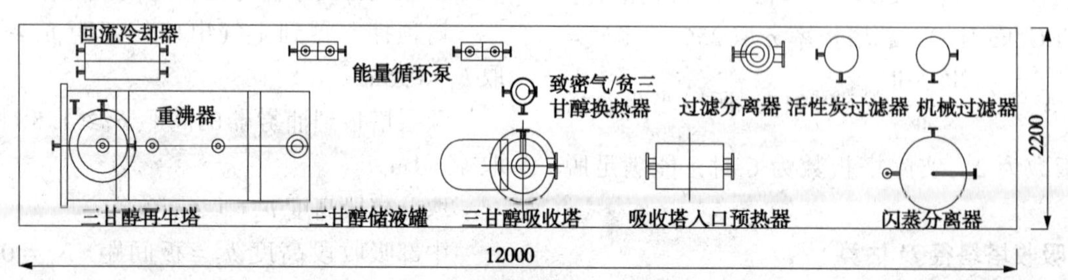

图4　三甘醇脱水撬块平面布置图

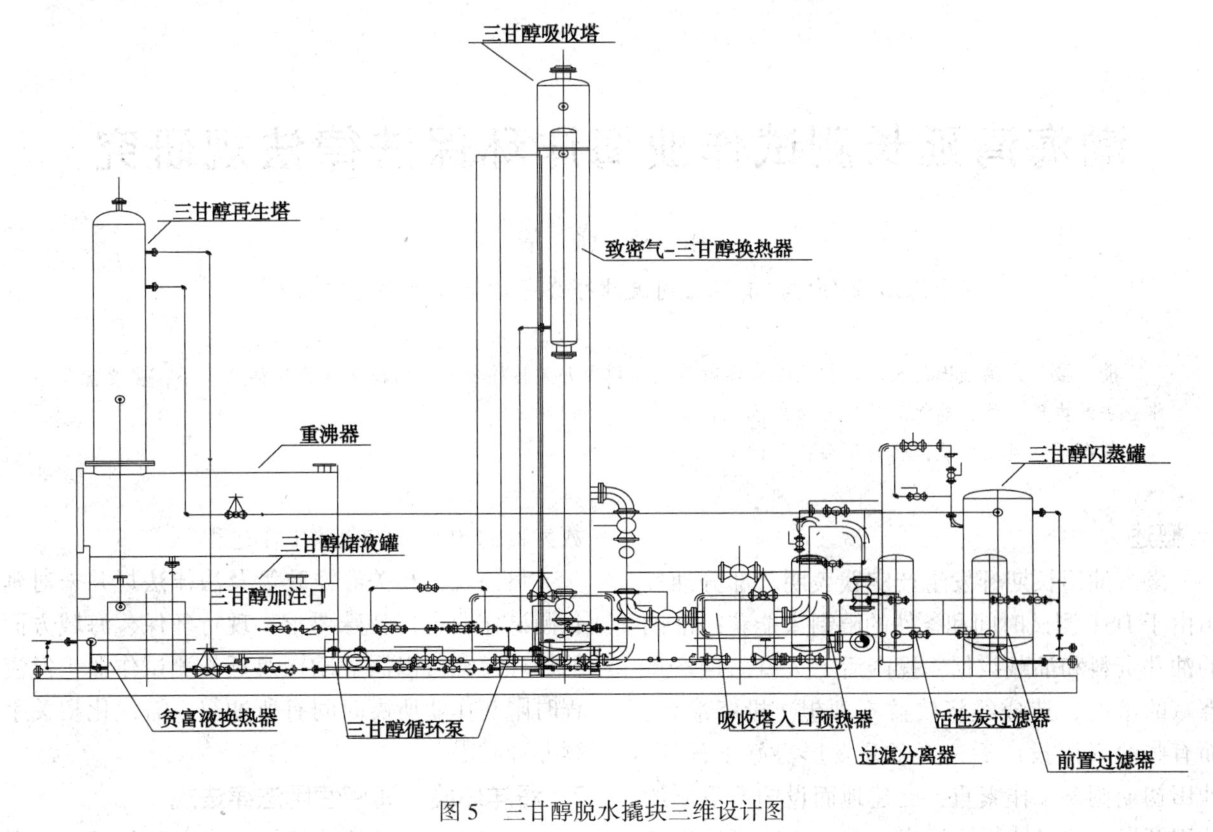

图 5 三甘醇脱水撬块三维设计图

参 考 文 献

[1] 何策，张晓东. 国内外天然气脱水设备技术现状及发展趋势[J]. 石油机械，2008.

[2] 郝蕴. 三甘醇脱水工艺探讨[J]. 中国海上油气(工程)，2001，6(3)：22-29.

[3] 李明国，徐立，张艳玲，等. 天然气脱水生产中三甘醇的使用情况[J]. 钻采工艺，2005，28(3)：107-108.

渤海湾延长测试作业海洋环保法律法规研究

屈　植　张　倩

（中海石油（中国）有限公司天津分公司质量健康安全环保部）

摘　要　渤海油田延长测试作业在海洋政策及法规中并无特殊要求，因此在现行法律法规下，需要优化作业手续办理流程，确保测试作业做到依法合规。

关键词　延长测试；临时用海；登记表

1　概述

渤海油田长期开发生产实践表明，部分油气田由于 DST 测试时间和条件的限制未能获得准确的油井资料和油藏数据，投产后不久就出现产量骤减的情况，造成经济效益不理想，投资浪费；而有些油气田投产后，由于开发形势好于预期，油田初期调整工作繁重，已建地面设施严重制约油田开发，改扩建投资巨大，严重影响了油田的正常生产，同时也带来较大的安全隐患。此时，需要在勘探初期，在常规测试作业的基础上，延长测试时间，以便更好的认清地下储层关系。

延长测试作业是在探井或评价井完钻之后，开发方案确定之前，为进一步评价储量的经济性和探索油气开采主体工艺及确定开发方案，对某一特定单井通过一定的技术方法进行较长时间的试生产，以获取油藏物性、产能及压力等动态参数为目的的所做的全部工作过程。

目前现行相关海洋政策及法律法规并未对延长测试作业进行特殊要求，现行环保、海域方面的管理流程可以涵盖勘探及延长测试作业，但流程时限与作业所需时间有所冲突，需优化相关手续办理时限。

2　海洋环境、海域使用法律法规

我国的海洋法律法规体系较为齐全(图1、图2)，以《海洋环境保护法》、《海域使用管理法》为核心，配套了《海洋石油勘探开发环境保护管理条例》、《全国海洋功能区划》等行政法规以及相应的部门规章和规范性文件。形成了规范海洋石油勘探开发全生命周期的法律体系，包括海洋功能区划、海洋生态红线、环境影响评价、排放许可、临时用海审批等内容。

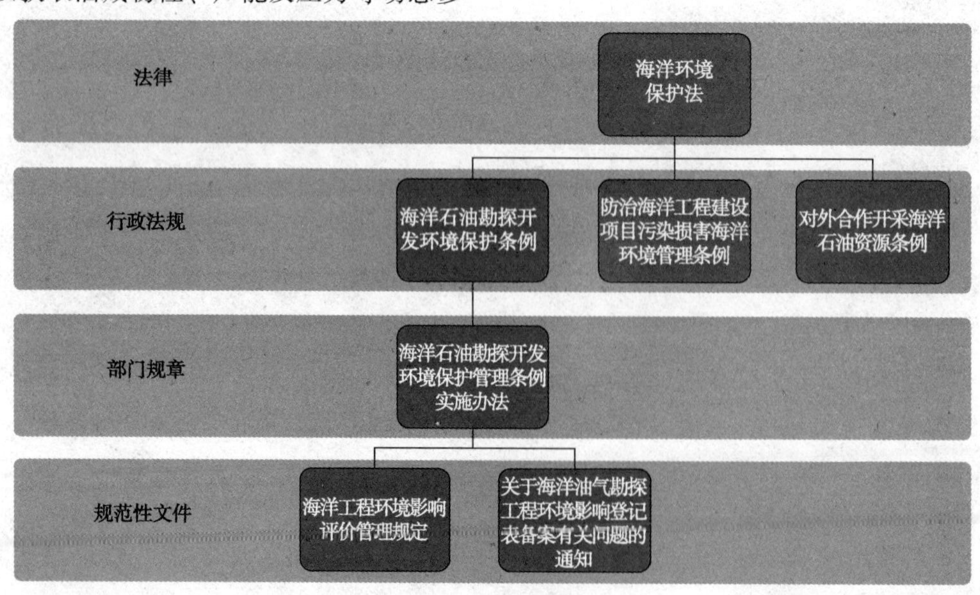

图1　海洋环境管理体系

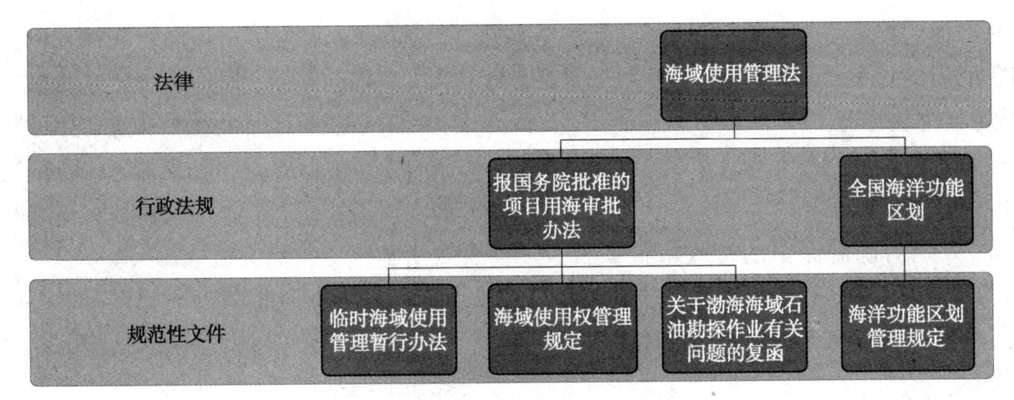

图 2　海域使用管理体系

2.1　海洋功能区划

我国的海洋功能区划分为《全国海洋功能区划》和各省海洋功能区划，省级海洋功能区划以外的区域为全国海洋功能区划。海洋功能区划一般分为农渔业区、港口航运区、工业与城镇用海区、矿产与能源区、旅游休闲娱乐区、海洋保护区、特殊利用区、保留区。

不同的功能分区有着不同的海域使用管理要求和海洋环境保护管理要求。通常情况下农渔业区、港口航运区、工业与城镇用海区兼容海洋油气开发；海洋保护区、保留区、旅游休闲娱乐区往往采用严格的海洋环境保护要求，同时不允许改变海域基本现状，不兼容海洋油气开发；特殊利用区主要用于划定倾倒区或军事区，同样不兼容海洋油气开发。

2.2　海洋生态红线

2012 年国家海洋局印发《关于建立渤海海洋生态红线制度的若干意见》(以下简称意见)。《意见》提出，要将渤海海洋保护区、重要滨海湿地、重要河口、特殊保护海岛和沙源保护海域、重要砂质岸线、自然景观与文化历史遗迹、重要旅游区和重要渔业海域等区域划定为海洋生态红线区，并进一步细分为禁止开发区和限制开发区，依据生态特点和管理需求，分区分类制定红线管控措施。该项制度提出了 4 项具体工作任务。

(1) 建立红线区分类管控制度。禁止开发区内，禁止一切与保护无关的工程建设活动；限制开发区内，依据生态系统类型，对重要河口、重要滨海湿地、重要旅游区实施差异化管理。

(2) 有效推进红线区生态系统保护与整治修复。全面提升保护区管护能力，逐步形成海洋保护区网络，实施重点区域生态环境整治与修复，发展生态、高效、安全养殖模式，建立和完善海洋生态补偿机制。

(3) 严格监管红线区的污染排放。依法加强陆源入海排污口管理，建立重点区域环境质量在线监测预警机制；调整海域开发产业结构，充分发挥市场在海域资源配置中的作用。

(4) 加强红线区内综合管控。建立实时、动态、立体化监视监测体系，建立红线区内海洋环境质量评价体系，加强红线区环境监督执法，提升突发海洋环境事件的应对能力。

生态红线的限制开发区内允许进行勘探作业，但禁止排放。禁止开发区内禁止油气勘探开发作业。

截至 2015 年 11 月底，天津、山东、辽宁、河北均已公布海洋生态红线。各省海洋功能区划中的海洋保护区均被划为禁止开发区，农渔业区、旅游休闲娱乐区多被划为限制开发区。

2.3　环境影响登记表备案

按照《海洋油气勘探开发工程环境影响评价技术规范》(国海环字〔2014〕184 号)和《关于海洋油气勘探工程环境影响登记表备案有关问题的通知》(海办环字〔2014〕385 号)的要求，国家海洋局提出如下要求：

(1) 各石油企业在海洋油气勘探工程作业前，应填写勘探工程环境影响登记表报国家海洋局备案。

(2) 各企业应在年初将本年度所有海洋油气勘探工程环境影响登记表统一报备。

(3) 对外合作区块的外方石油企业在报备海洋油气勘探工程环境影响登记表时，需提交与其合作开发油气田的国家公司意见。

(4) 石油企业在向国家海洋局各分局申请海

洋油气勘探工程的泥浆钻屑排放许可时，应提交环境影响登记表的备案意见表

2.4 钻屑泥浆排放许可

钻屑泥浆排放许可制度来源于国家以下法律法规及部门规章：

(1)《国务院对确需保留的行政审批项目设定行政许可的决定》(国务院令第412号)第452项：海洋石油勘探开发含油钻井泥浆和钻屑向海中排放审批。

(2)《海洋环境保护法》第五十一条第二款：钻井所使用的油基泥浆和其他有毒复合泥浆不得排放入海。水基泥浆和无毒复合泥浆及钻屑的排放，必须符合国家有关规定。

(3)《防治海洋工程建设项目污染损害海洋环境管理条例》第三十一条：严格控制向水基泥浆中添加油类，确需添加的应当如实记录并向原核准该工程环境影响报告书的海洋主管部门报告添加油的种类和数量。禁止向海域排放含油量超过国家规定标准的水基泥浆和钻屑。

(4)《海洋石油勘探开发环境保护管理条例实施办法》第十五条：使用水基泥浆时，应尽可能避免或减少向水基泥浆中加入油类，如必须加入油类时，应在“防污记录簿”上记录油的种类、数量；含油水基泥浆排放前，应通知海区主管部门，并提交含油水基泥浆样品；含油量超过10%(质量)的水基泥浆，禁止向海中排放。含油量低于10%(质量)的水基泥浆，回收确有困难、经海区主管部门批准，可以向海中排放，但应交纳排污费。含油水基泥浆排放前不得加入消油剂进行处理。需作用油基泥浆时，应使用低毒油基泥浆；采取有效的技术措施，使钻屑与泥浆得到充分的分离；油基泥浆必须回收，不得排入海中；钻屑中的油含量超过15%(质量)时，禁止排放入海。含油量低于15%(质量)的钻屑，回收确有困难、经海区主管部门批准，可以向海中排放，但应交纳排污费。海区主管部门可要求作业者提供钻井泥浆、钻屑样品。

2.5 试油作业报告

试油作业报告制度来源于以下国家法规和部门规章：

(1)《防治海洋工程建设项目污染损害海洋环境管理条例》第十五条，海上试油应使油气通过燃烧器充分燃烧。对试油中落海的油类和油性混合物，应采取有效措施处理，并如实记录。

(2)《海洋石油勘探开发环境保护管理条例实施办法》第十四条，钻井作业试油前，作业者应通知海区主管部门。试油期间，作业者应采取有效措施，防止油类造成污染。

2.6 临时用海审批

临时海域使用活动审批制度来源于以下国家法规和部门规章：

(1)《中华人民共和国海域使用管理法》第四条，国家实行海洋功能区划制度。海域使用必须符合海洋功能区划。

(2)《中华人民共和国海域使用管理法》第五十二条，在中华人民共和国内水、领海使用特定海域不足三个月，可能对国防安全、海上交通安全和其他用海活动造成重大影响的排他性用海活动，参照本法有关规定办理临时海域使用证。

(3)《临时海域使用管理暂行办法》(国海发〔2003〕18号)第二条，在中华人民共和国内水、领海使用特定海域不足三个月的排他性用海活动，依照本办法办理临时海域使用证。

(4)《临时海域使用管理暂行办法》(国海发〔2003〕18号)第九条，临时海域使用期限届满，不得批准续期。

(5)《关于渤海海域石油勘探作业有关问题的复函》(国海管字〔2008〕39号)要求有限公司每年12月31日前将下一年度的渤海石油勘探海域使用计划报国家海洋局批准，勘探项目实施前3天向国家海洋局北海分局报告备案，备案的内容包括船位、勘探时间、用海界址和面积等内容，不再进行临时海域使用审批。

3 天津分公司良好作业实践

为了适应国家海洋环境、海域使用法律法规的管理要求，中海石油(中国)有限公司天津分公司制订了相应的管理规定，从制度上规范企业行为，确保海洋石油勘探开发作业符合国家法律法规要求。

3.1 环境影响登记表管理(图3)

公司按照大范围全覆盖的原则，在制定年度勘探计划时，将可能探井的区域统筹考虑环境影响登记表的编制计划，并委托资质单位编写周围环境概况。在每年12月1日，天津分公司填写

下一年勘探作业环境影响登记表，登记表分为红线区和非红线区两类，每口井分别填报环境影响登记表。十二五末已取得 8 批次共计 365 口探井环评登记表备案文件，但红线区探井登记表备案文件均明确要求禁止排放污染物，包括钻屑泥浆、生活污水。

3.2 钻屑泥浆排放管理

2015 年 9 月国家海洋局出台了新的钻屑泥浆排放审批流程，相对于原流程而言，从要求单井排放前提交钻屑、泥浆检验报告，修改为排放前提交使用的泥浆体系检验报告和添加的该批次重晶石检验报告，不再要求提交单井钻屑检验报告和单井泥浆检验报告，极大的简化了审批流程，节约了大量检测费用，也使钻屑泥浆排放监管更为科学合理。根据《海洋石油勘探开发含油钻井泥浆和钻屑向海中排放审批服务指南》的要求，仅需提交如表 1 所示申请材料，各海区分局即做出钻屑泥浆排放许可的决定。

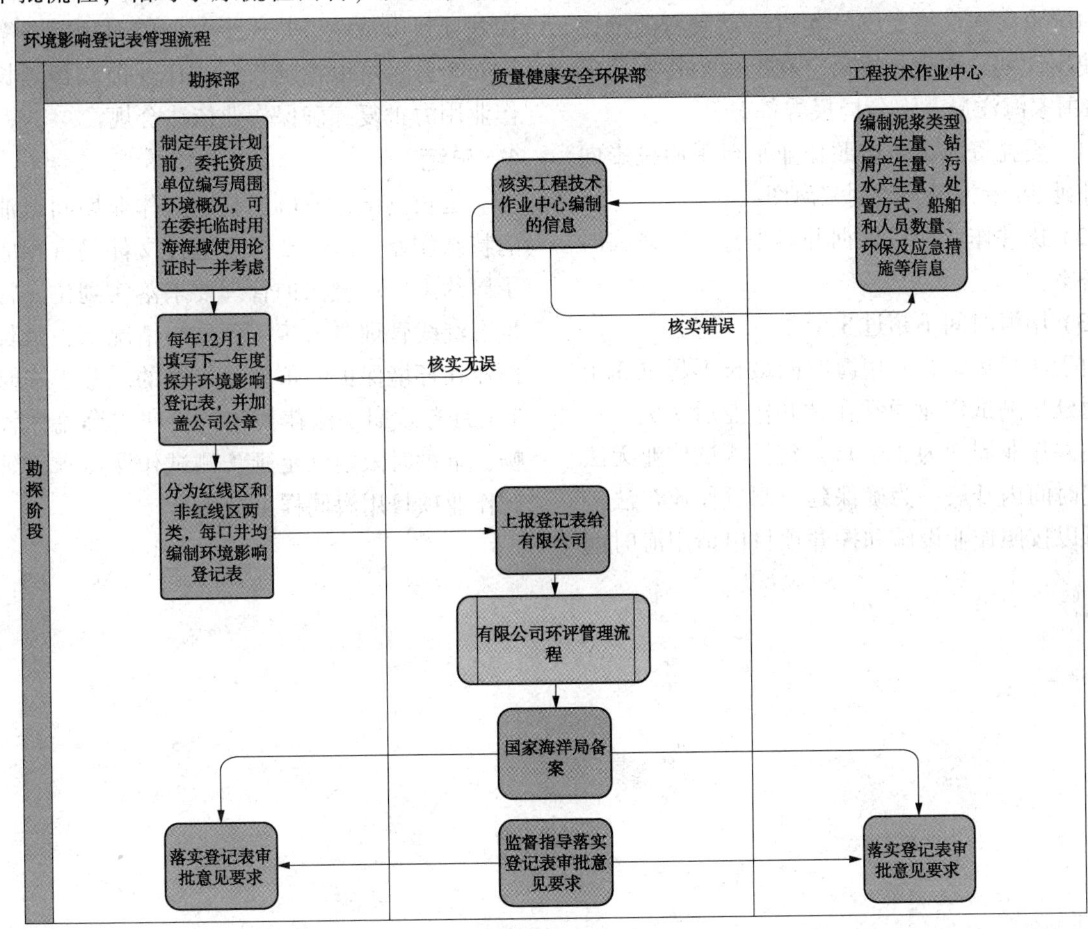

图 3 环境影响登记表管理流程

表 1 申请材料

序号	提交材料名称	原件/复印件	份数	纸质/电子	要 求	备 注
1	海洋石油勘探开发含油钻井泥浆和钻屑向海中排放申请书	原件	1	纸质	本次申请排放的泥浆钻屑数量和排放方式、环境影响评价信息、该项目已完成钻井数及累计排放量、泥浆钻屑达标排放的环保措施、作业计划等	
2	泥浆生物毒性检测报告	原件	1	纸质	经具有计量认证资质的技术机构检验，并符合国家标准	
3	泥浆添加的重晶石中汞、镉含量检测报告	原件	1	纸质	经具有计量认证资质的技术机构检验，并符合国家标准	

3.3 试油作业报告管理

公司在测试作业前，向国家海洋局北海分局提交试油作业报告，内容包括井名、坐标、作业时间、作业设施名称、试油层位、试油层位深度、环保措施、应急船舶、溢油应急物资配备情况、应急联络电话等。天津分公司提交试油作业报告后，方可开展试油作业。

3.4 临时用海管理

根据国家海洋局的相关要求，目前公司每年年底向国家海洋局提交下一年度的渤海石油勘探海域使用计划，取得批准后，在勘探项目实施前3天向国家海洋局北海分局报告备案。

（1）委托资质单位按照作业平台平面投影向四周外延50米为界，绘制宗海图；

（2）探井作业项目根据井口坐标，申请临时用海备案；

（3）用海时间不超过3个月。

由于法律规定临时用海时间最长不超过3个月，而延长测试作业通常在钻井作业后实施，一口井钻井作业周期为3个月，延长测试作业无法在法定时间内开展。为确保延长测试作业合法进行，可以按照作业设施和探井项目申请用海时间为2年的长期海域使用权。

通过渤海油田大量数据分析统计，目前用海手续办理平均耗时约21个月，其中用海预审平均耗时9个月，海域使用申请并办理海域使用权证平均耗时约6个月，其余6个月是等待ODP核准或备案的时间。因此，在探井项目实施前15个月，并始申请项目用海，并委托资质单位编制海域使用论证报告，第9个月可取得用海预审意见，与此同时提交正式用海申请。钻井期间按照探井项目申请一口井3个月的临时用海备案，等待6个月后可以在延长测试作业前取得延长测试作业用海批复，确保作业依法合规。

4 总结

延长测试作业虽然是勘探作业期间试油阶段的特殊作业，国家现行规范性文件仍有相应条款予以约束。环境保护管理要求落实到位，特别是生态红线管理要求落实到位的情况下，延长测试作业在环境保护的角度是可行的。鉴于临时用海3个月有效期是法律规定，长期用海流程较为顺畅，审批时限能满足延长测试作业需求，延长测试作业项目用海同样可行。

重整装置二甲苯塔增开侧线的模拟

邓宝永
（中国石化天津分公司研究院，天津大港 300271）

摘　要　利用 PROII 软件对重整装置二甲苯塔增开侧线采出进行了模拟，结果表明侧线采出馏分油馏程符合汽油标准，可作为汽油调合组分使用，节省了后续分离装置的能耗。

关键词　增开侧线；分离装置；二甲苯塔

1　项目概况

中国石化天津分公司 100 万吨/年乙烯及配套项目新建 100 万吨/年重整抽提装置以新建 1000 万吨/年常减压装置生产的直馏重石脑油、新建 180 万吨/年加氢裂化装置生产的重石脑油和乙烯装置生产的加氢乙烯裂解汽油（C_6 ~ C_8 馏分）为原料，主要生产苯、甲苯、混合二甲苯和高辛烷值汽油调合组分 C_{9+} 馏分油（二甲苯塔底产品，直接送往汽油罐区），副产重整氢气、C_5 馏分油、液化石油气和燃料气等。

装置开工运行后发现，二甲苯塔底产品（C_{9+} 馏分油）实际胶质含量高，无法实现全部调入汽油的目的，影响了装置的经济效益。

为除去二甲苯塔底产品中的实际胶质，在原有流程的基础上新增了重芳烃分离塔，将二甲苯塔底的 C_{9+} 馏分油进行分馏，塔顶产品脱重 C_{9+} 馏分油送往罐区作为汽油调和组分，塔底重芳烃出装置，送柴油加氢装置。

2　存在问题

自 2012 年 10 月投产以来，新增重芳烃分离塔塔底再沸器 3.5MPa 蒸汽用量一直偏高，达到 10~12t/h。后经优化操作，减小塔顶压力、减少塔顶回流量，按闪蒸塔操作，塔顶馏分实际胶质含量合格，但再沸器 3.5MPa 蒸汽用量仍达到 6.5t/h 左右，致使装置能耗升高。

3　优化设想

二甲苯塔底油实沸点蒸馏数据见表 1。

由表 1 可以看出，影响二甲苯塔底油实际胶质含量的组分只占塔底油总量的一小部分，根据对二甲苯塔底油的实沸点切割数据，大于 205℃ 馏分收率占 8.07%，实沸点蒸馏时蒸馏釜中物料停留时间较长，因此釜底大于 205℃ 馏分收率偏高，而实际二甲苯塔由于是连续操作，因此影响实际胶质含量高的组分应在 5%以内。

表 1　二甲苯塔底油实沸点蒸馏数据

温度范围/℃	第一次收率/%	第二次收率/%	平　均
初馏~180	71.02	71.31	71.165
180~200	18.22	17.73	17.975
200~205	2.61	2.59	2.600
>205	7.87	8.27	8.070
损失	0.28	0.10	0.190
合计	100	100	100.000

根据对二甲苯塔底油的分析数据可知，在二甲苯提馏段增加侧线抽出，侧线抽出组分直接作为汽油调合组分，塔底重组分作为柴油调合组分，这样可以停开目前的重芳烃分离塔，达到节能降耗的目的。

4　输入数据

4.1　组分输入方法

二甲苯塔的进料采用虚拟组分输入法，即把二甲苯塔分为三股进料，第一股进料为二甲苯塔顶组分，第二股为汽油调合组分，第三股为柴油调合组分。为计算准确，二甲苯塔顶组分采用纯组分输入，汽油和柴油调合组分按石油馏分输入。

4.2　组分输入数据

二甲苯塔顶产品物料输入数据采用近期分析的生产数据，见表 2。

表 2 二甲苯塔顶物流输入数据

组分名称	数据(质量分数)/%
C_6H_{12}	0.64
C_6H_6	0.03
C_7H_8	0.38
EBENZENE	15.93
PXYLENE	18.94
MXYLENE	39.72
OXYLENE	24.36
合计	100.00

汽油、柴油调合组分输入数据见表 3。

由于影响汽油调合后实际胶质不合格的主要是重质馏分，因此将进料分为汽油馏分和柴油馏分两部分进行模拟进料。

表 3 汽油、柴油调合组分输入数据

项 目	汽油馏分	柴油馏分
流量/(kg/h)	30360	600
密度(20℃)/(g/cm³)	0.8822	1.100
馏程(D86)/℃		
初馏点	157.78	250
10%	158.36	280
30%	160.80	310
50%	162.86	340
70%	168.37	370
90%	184.85	400
95%	194.07	
干点	202.15	430

5 物料平衡及操作条件

(1) 物料平衡

二甲苯塔的物料平衡见表 4。

表 4 二甲苯塔物料平衡

序号	项 目	进料速度/(kg/h)	百分数/%
1	装置进料量	56790.00	100.00
	塔顶产物	26830.00	47.24
	汽油调合组分	29360.00	51.70
	柴油调合组分	600.00	1.06
2	装置出料	56790.00	100.00
	塔顶产物	25433.68	44.79
	二甲苯塔底油	31356.32	55.21

(2) 二甲苯塔操作条件

二甲苯塔的操作条件见表 5。

表 5 二甲苯塔的操作条件

项 目	操作数据
进料温度/℃	165.5
塔顶温度/℃	218.1
塔底温度/℃	256.6
塔顶压力(G)/MPa	0.445
塔底压力(G)/MPa	0.521
塔顶回流/(t/h)	194.99

实际塔板数为 100 块，理论塔板数取 50 块。

塔顶回流比为 7.55。

塔底再沸炉燃料气流量 2055Nm³/h。

6 计算结果

采用 PROII9.1 模拟计算软件，以装置生产数据为依据建立模拟模型。

6.1 无侧线抽出计算模型

根据二甲苯塔的物料平衡数据及操作条件数据建立模拟模型，输入组分数据，得到模拟计算结果。

无侧线抽出的模型见图 1。

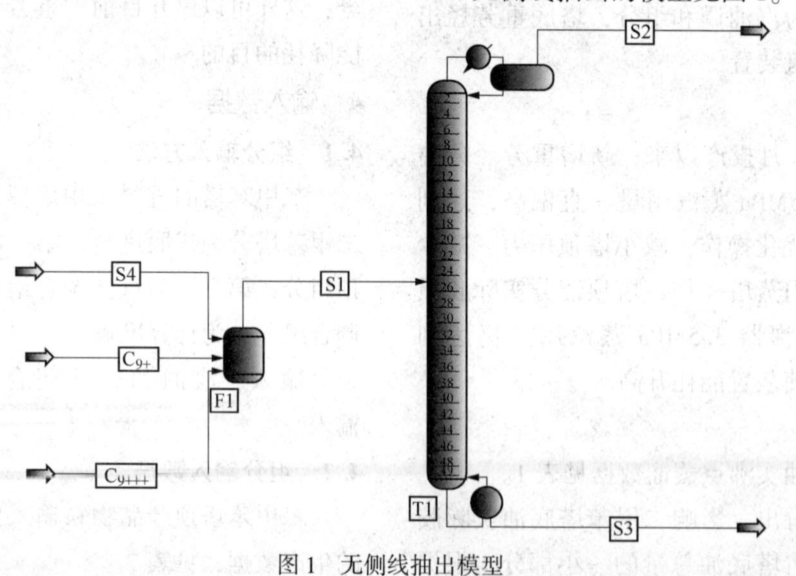

图 1 无侧线抽出模型

6.2 无侧线抽出计算结果

二甲苯塔无侧线抽出模拟计算结果见表6。

表6 二甲苯塔无侧线抽出计算结果

项目	实际生产数据	模拟计算数据
塔顶温度/℃	216.9	215.9
塔顶流量/(kg/h)	25826.50	25433.68
塔底温度/℃	256.6	256.6
塔底流量/(kg/h)	30963.50	31356.32
塔顶冷凝器负荷/($\times10^4$kcal/h)		1338.06
塔底再沸器负荷/($\times10^4$kcal/h)	1787.85	1745.83

塔底再沸加热炉干气用量为2055Nm^3/h，以干气热值8700kcal/Nm^{3}计，实际生产再沸加热炉热负荷为1787.85$\times10^4$kcal/h。

塔顶组分计算结果见表7。

表7 塔顶组分计算结果

组分名称	输入数据（质量分数）/%	模拟计算数据（质量分数）/%
C_6H_{12}	0.64	0.2224
C_6H_6	0.03	0.0158
C_7H_8	0.38	0.2821
EBENZENE	15.93	15.9448
PXYLENE	18.94	19.4444
MXYLENE	39.72	41.0386
OXYLENE	24.36	22.6896
合计	100.00	99.6378

模拟计算的二甲苯塔底油恩式蒸馏数据见表8。

表8 模拟计算的二甲苯塔底油恩式蒸馏数据

馏出体积/%	馏出温度/℃
1.00	154.38
5.00	156.63
10.00	157.36
30.00	160.27
50.00	162.49
70.00	168.13
90.00	186.60
95.00	196.35
98.00	206.18

由于二甲苯塔底油中含有实际胶质组分，但含量少，在恩式蒸馏时干点会出现拖尾现象，因此实际干点应较高，本软件只计算到98%，认为干点数据有偏差，估计干点应为230～250℃左右。在与生产数据比较时，采用90%和95%点恩式蒸馏数据为宜。

模拟计算的二甲苯塔底油组分数据见表9。

表9 二甲苯塔底油计算的组分数据

组分名称	生产分析数据（质量分数）/%	计算数据（质量分数）/%
C_6H_{12}	0.01	4.4038E-17
C_6H_6	0.01	1.2009E-14
C_7H_8	0.00	2.7808E-08
EBENZENE	0.00	0.0797
PXYLENE	0.02	0.2033
MXYLENE	0.07	0.5364
OXYLENE	7.98	4.7429
合计	8.09	5.5622

由表6～表9数据可以看出，模拟计算结果与实际生产非常接近，因此，可用本模型作为增加侧线抽出的模拟模型。

6.3 侧线抽出计算结果

6.3.1 侧线抽出模型

在无侧线抽出模型的基础上，增加二甲苯塔侧线抽出。抽出层位置位于提馏段，采用侧线气相抽出。本模拟抽出层位于原塔第88块塔板，理论板为44块。

有侧线抽出模型见图2。

6.3.2 无侧线抽出与有侧线抽出情况计算结果对比

二甲苯塔无侧线抽出与有侧线抽出塔的操作条件对比计算结果见表10。

表10 二甲苯塔有无侧线抽出操作条件对比

项目	无侧线计算结果	有侧线计算结果
塔顶温度/℃	215.9	215.5
塔顶流量/(kg/h)	25433.68	24424.82
侧线抽出量/(kg/h)	—	29074.71
侧线抽出占比例/%	—	89.83
侧线抽出温度/℃	—	254.7
塔底温度/℃	256.6	301.7
塔底流量/(kg/h)	31356.32	3290.47
塔底油出占比例/%	100	10.17
塔顶冷凝器负荷/($\times10^4$kcal/h)	1338.06	1284.61
塔底再沸器负荷/($\times10^4$kcal/h)	1745.83	1872.15

二甲苯塔塔顶组分有无侧线抽出计算结果对比见表11。

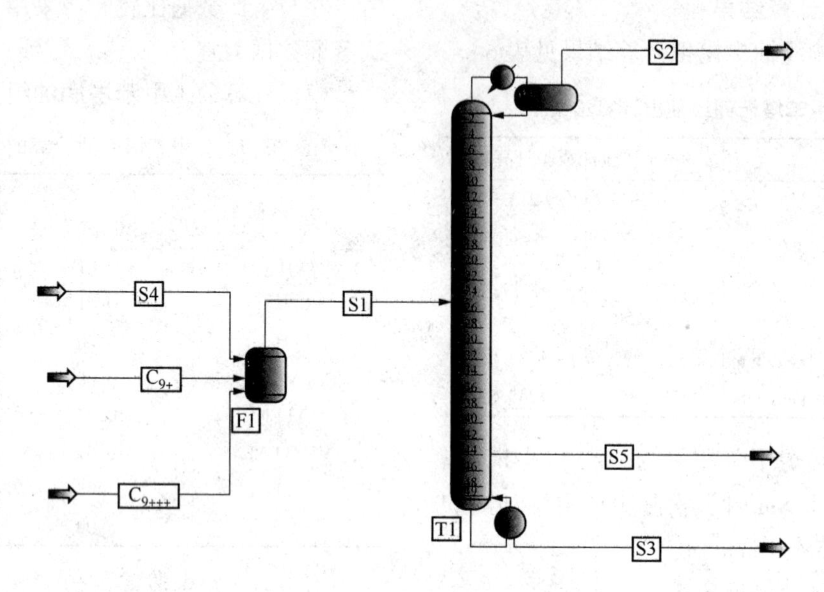

图2　有侧线抽出模型

表11　二甲苯塔塔顶组分计算结果对比

组分名称	输入数据（质量分数）/%	无侧线计算数据（质量分数）/%	有侧线计算数据（质量分数）/%
C_6H_{12}	0.64	0.2224	0.8848
C_6H_6	0.03	0.0158	0.0447
C_7H_8	0.38	0.2821	0.4798
EBENZENE	15.93	15.9448	17.1300
PXYLENE	18.94	19.4444	20.0645
MXYLENE	39.72	41.0386	41.8069
OXYLENE	24.36	22.6896	19.2957
合计	100.00	99.6378	99.7064

二甲苯塔新开侧线模拟计算的恩式蒸馏数据见表12。

表12　二甲苯塔新开侧线模拟计算的恩式蒸馏数据(图2中S5)

馏出体积/%	馏出温度/℃
1.00	152.92
5.00	154.34
10.00	155.71
30.00	158.55
50.00	160.99
70.00	163.71
90.00	176.65
95.00	182.58
98.00	191.11

二甲苯侧线抽出油计算的组分数据见表13。

表13　二甲苯塔侧线抽出油的组分计算的组分数据(图2中S5)

组分名称	生产分析数据（质量分数）/%	计算数据（质量分数）/%
C_6H_{12}	0.01	7.6037E-13
C_6H_6	0.01	2.0831E-11
C_7H_8	0.00	1.9632E-06
EBENZENE	0.00	0.3181
PXYLENE	0.02	0.6713
MXYLENE	0.07	1.6709
OXYLENE	7.98	7.1734
合计	8.09	9.8337

二甲苯塔底油计算的恩式蒸馏数据见表14。

表14　二甲苯塔底油计算的恩式蒸馏数据(图2中S3)

馏出体积/%	馏出温度/℃
1.00	178.35
5.00	183.45
10.00	187.45
30.00	197.44
50.00	205.74
70.00	215.15
90.00	334.30
95.00	360.24
98.00	372.66

7　工况分析

通过模拟计算和方案比较，在二甲苯塔下部

增开侧线抽出，作为汽油调合组分是可行的。侧线抽出量占原塔底量的89.83%，侧线产品恩式蒸馏98%点温度191℃，作为汽油调合组分使用时不会引起实际胶质指标超标。

侧线抽出方案增加了二甲苯塔塔底再沸炉热负荷，模拟计算增加了 126.32×10^4kcal/h，折合燃料126.32kg/h。

停开现在的重芳烃分离塔，每小时可以节省蒸气6.5t，以3.5MPa中压蒸气能耗折算系数88计，可节省燃料油572kg/h。

总燃料消耗可节省572−126.32=445.68(kg/h)。

以燃料油价格4000元计，年可节省费用：

445.68/1000×24×4000×330=1411.91(万元)。

增加的侧线抽出热回收部分未计算在内。

8 结论

(1) 通过对二甲苯塔建立模拟模型，在原二甲苯塔基础上增加侧线抽出，可以脱除原二甲苯塔底油中的重质组分，侧线油用于调合汽油，塔底油用于调合柴油；

(2) 采用侧线抽出，二甲苯塔塔底再沸炉的能耗会增加，主要是原塔塔底温度为256℃，增加侧线抽出后的塔底温度为301℃，再沸炉热负荷增加了 126.32×10^4kcal/h；

(3) 塔顶二甲苯的纯度和侧线产品带出的二甲苯量均在指标范围内；

(4) 二甲苯塔增加侧线抽出后对于全塔的操作难度会增加，控制好侧线抽出温度能很好的解决。

(5) 可停开重芳烃分离塔，实现节能降耗目的。

参 考 文 献

[1] 李茂军，王成，喻杨晨. PROII用于碳五烷烃分离装置流程模拟与设计[J]. 炼油技术与工程，2011，41(8)：5-38.

南海P油田平台生活污水处理设备的改造调试运行

郑秋生 于文轩

（中海油能源发展股份有限公司安全环保分公司，天津塘沽 300450）

摘 要 南海P油田平台生活污水处理设备由于受到水质、水量冲击及本身设计存在的一些问题导致运行状况不佳，通过罐体清理及设备维修、装置改造使设备完整性提高，经过活性污泥生化调试后装置所处理的污水COD维持在75~200之间，远远低于环保标准的排放限值，运行效果良好。P油田平台生活污水处理装置的成功调试为其他平台的调试提供了经验。

关键词 油田平台；生活污水处理设备；改造调试

国家海洋局2013年下发《关于进一步加强海洋工程建设项目和区域建设用海规划环境保护有关工作的通知》（国海环字〔2013〕196号）中明确提出“需要新建项目的，应当对原有污染源进行治理，做到增产不增污”。

海上生活污水量相对于整个油田生产水量非常小，在原有的处理工艺中没有引起足够的重视，伴随新环保法的实施和国家对环保要求的不断提高，海上平台生活污水处理设备的合规达标排放得到逐渐重视。按照海油总安〔2014〕80号文的要求，污水经处理后出水水质按海洋局最新标准《海洋石油勘探开发污染物排放浓度限值》（GB 4914—2008）执行：一二级海域 $COD \leqslant$ 300mg/L；三级海域 $COD \leqslant$ 500mg/L。

1 生活污水处理装置现状

1.1 工艺流程

P油田平台位于南海香港东南方向约200km海域，属于三级排放海域。平台生活污水处理设备为MBR型，生活污水为淡水，设计规定额定处理水量为10.5m^3/d，最大水力负荷11.2m^3/d，主要用于处理平台上的黑水和厨房灰水，使处理后的排放水质达到IMO规定的排放标准。设备工艺流程见图1，设备系统由一级生化柜、沉淀柜、二级生化柜、液位柜、清水柜、膜组件和污泥柜构成，处理方法为膜生物法，即在生化柜内对原污水进行生化处理，去除污水中绝大部分有机物，

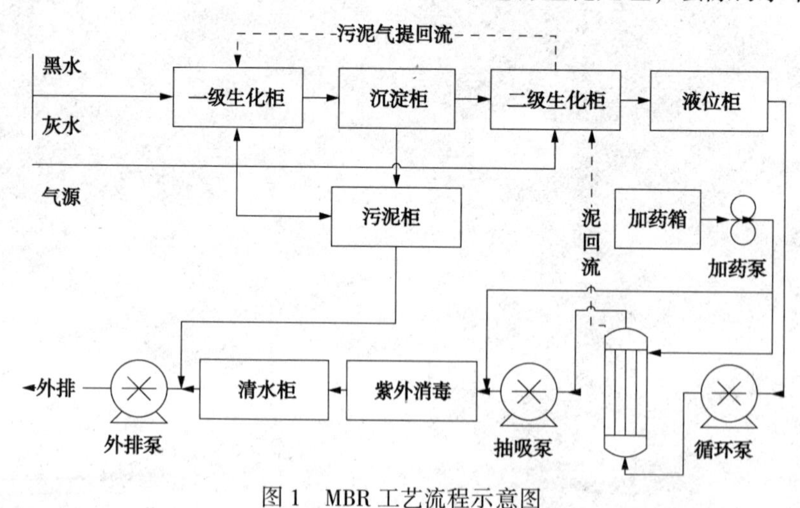

图1 MBR工艺流程示意图

作者简介：郑秋生（1983— ），男，中级机械工程师，从事水处理工艺技术研究工作。E-mail：zhengqsh@cnooc.com.cn

经过处理的污水通过膜组件由抽吸泵抽出，进入清水柜，再经紫外杀菌器杀菌后，达到各项排放标准，由排放泵排出。生化柜内的剩余污泥，进入污泥柜，通过污泥柜对系统进行定期排泥。

1.2 目前运行过程存在问题

设备在实际运行过程中存在的问题：

（1）平台上所有的黑水、灰水均进入到设备中处理，造成设备的实际处理水量约为设计额定水量的2~3倍，对设备造成了水量波动冲击；同时由于海上作业的特殊性黑水高峰期一般在上午6：00~8：00；灰水高峰期一般在晚上18：00~21：00，对设备造成水质波动冲击；

（2）一级柜、二级柜、沉淀柜堆积了大量干化的固废，没有活性污泥，不能起到应有的生化处理效果；

（3）系统内所有曝气管线均脱落，好氧池处于厌氧状态不能对污水进行有效的生物降解处理；

（4）一级柜、二级柜、沉淀柜和污泥柜的排放管线由于固废没有及时排出均已堵塞；

（5）膜组件由于结构设计的不合理内部堆积了大量的黑渣、污泥，膜组件通透率几乎为零。

2 设备的适应性改造

2.1 罐体清理及设备维修

2.1.1 罐体及膜组清理

（1）MBR生活污水处理装置自投用后没有进行过清理，同时内部所有的气体管线和气提管线全部脱落，所有固废均不能排出设备，导致固废在罐内堆积充满设备，装置主体部分的一级生化柜、沉淀柜、二级生化柜和污泥柜的排放管线均堵塞，仅通过设备自身的排放泵无法清空装置。

在罐内注满清水将干化的固废稀释后将设备各个柜的底部放空阀打开，放出一部分；设备周围整体围控后将底部人孔逐个打开利用高压消防水枪对罐体内固废进行冲洗，同时辅以其他两条高压水冲洗管线将流出设备的泥水混合物冲走。对设备内部空间进行长时间强制机械通风，将罐内清理干净。

（2）将膜组底部观察孔打开后发现内部堆满了污泥和其他固废，首先打开底部观察孔通过高压水流从上部对膜组内部进行反复清洗，辅以高压空气吹扫，将大部分污泥冲出膜筒；然后将底部观察孔关闭后在膜筒内部加入1000~2000mg/L浓度的次氯酸钠进行长时间浸泡，辅以高压空气吹扫将膜丝表面粘附的污染物去除掉；最后将清洗药剂全部排出并再进行反复清水冲洗，将膜丝冲洗干净(图2)，恢复膜通量。

图2 清洗后的膜丝

2.1.2 设备维修和修复

（1）通过观察发现无法形成自吸负压，原因是自吸泵内导叶轮片碎裂，更换新抽吸泵；

（2）修复装置内部已脱落的曝气管线和气提管线；

（3）设备原有加药塑料管线老化，更换为不锈钢管。

2.2 装置改造

2.2.1 罐体开孔

（1）过多的不易腐烂的纸进入到设备中易造成气提管线的堵塞导致设备运转不正常，所以在一级生化柜黑水入口端罐壁上开观察孔并在黑水排放口下焊接格栅(图3)，方便将纸截留，在格栅满时打开观察孔将积存的纸打捞出，保证设备的正常运转，观察孔尺寸100mm×100mm，格栅尺寸400mm×300mm×200mm，格栅间距20mm。

图3 开观察孔及安装格栅

（2）原设备二级生化柜上部没有手孔，为方便调试期间活性污泥的投加、取样观测和今后运行过程中随时观察活性污泥状况，在上部开200mm×200mm的手孔(图4)。

图 4　二级生化柜上部开手孔

2.2.2　膜组件加装曝气管线

在原 MBR 污水处理工艺流程中，膜组件将会截留二级生化柜出水所携带的活性污泥，截留活性污泥会导致二级生化柜内污泥的流失，同时积存在膜筒内的活性污泥失活后附在膜丝表面导致膜通量的下降，造成系统处理效率降低，通过在膜筒底部加装曝气管线：一方面能够将底部积存的活性污泥吹扫随水流回流至二级生化柜，避免了膜丝的易堵塞；另一方面当膜丝需要清洗时，药剂浸泡清洗辅以高压气体的吹扫更容易将膜丝表面的附着物去除掉，可提高膜丝清洗效率。

3　活性污泥培养驯化调试

3.1　活性污泥培养驯化

设备改造完成恢复后，首先打入一半清水进行设备的清水试车运行，运行正常情况下，开始进行活性污泥的培养驯化。根据活性污泥培养驯化先例及平台的实际环保要求，调试采用流态连续型培养驯化方案，即将一二级生化柜各加入一半淡水，将活性污泥加入后进行“闷曝”24h，将活性污泥激活，然后按照 C：N：P = 100：5：1 的比例分别在一二级生化柜中加入营养盐，并逐渐的将生活污水加量加入到流程中，直至正常走水，当 SV30 和 MLSS 达到设计数据时，开始排放剩余污泥。该调试方法的优点是基本按照设计要求进行，可与工艺系统的正常运行紧密结合，实现活性污泥培养驯化与启动运行同步进行；可按照设计程序进行，自动化程度高；在活性污泥培养的同时可进一步与自动控制的流程运行相结合。

3.2　数据监测

（1）活性污泥培养驯化过程中反应池 DO、SV30 、温度、一级生化柜出水 COD、二级生化出水 COD、膜组件出水 COD 数据见表 1。

（2）活性污泥培养过程中的微生物镜检见图 5。钟虫随着培养循序进行逐渐增多，从二级生化柜中 MLSS 递增，钟虫、累枝虫数量也增加，污泥絮体已经开始形成，说明培养活性污泥向良好的方向发展。

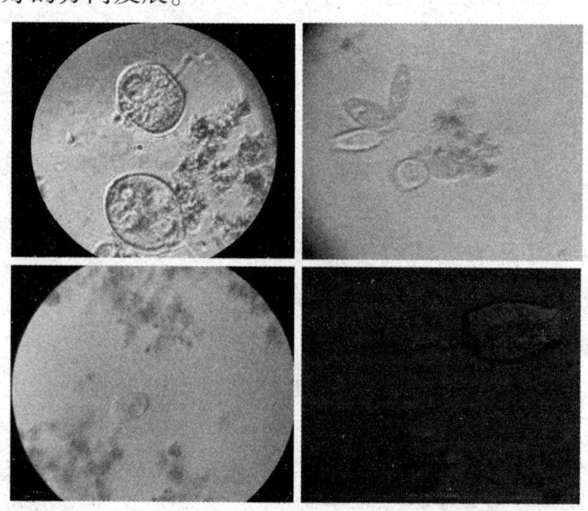

图 5　活性污泥驯化过程中出现的微生物
（由左至右由上至下分别是：吸管虫、累枝虫、草履虫、有柄钟虫）

表 1　活性污泥培养驯化过程中进出水水质

日期	DO/(mg/L)	SV30/%	温度/℃	一级生化出水 COD/(mg/L)	二级生化出水 COD/(mg/L)	膜组件出水 COD/(mg/L)	去除率/%
12-1	4.0	8	24.5	797	436	—	—
12-2	3.5	9	22.5	—	386	195	49.48
12-3	3.5	10	23.4	531	338	—	—
12-4	4.5	16	18.9	360	535	—	—
12-5	5.6	5	19.7	—	482	121	74.90
12-6	4.3	16	21.2	682	445	128	81.23
12-7	5.1	21	20.6	930	589	106	88.60
12-8	4.6	17	19.2	636	485	79	87.50
12-9	6.2	20	19.6	377	311	102	72.94
12-10	3.5	28	20.1	642	414	191	70.25
12-11	3.2	34	20.8	730	347	75	89.73

4 结论

通过对南海P油田平台生活污水处理装置(MBR)进行设备改造和生化系统的调试作业，可得出以下结论：

(1) 通过对罐体结构的改造方便了设备的调试运行操作，膜组件曝气管线改造后运行效果大大提高；

(2) 装置处理后所排放出的污水COD维持在75~200之间，远远低于环保标准的排放限值，运行效果良好；

(3) 处理后的排放污水水质与不处理的污水相比有了很大改变，浊度变小，透明度增加，出水清澈；

(4) MBR工艺作为目前海上两大主流生活污水处理工艺之一，在很多平台得到应用，P油田平台生活污水处理装置的成功调试为其他平台的调试提供了经验。

管理信息组

渤中油田 FPSO 单点项目进度与费用控制研究

王 喆

(中海石油(中国)有限公司天津分公司工程建设中心，天津 300459)

摘 要 本文结合中国海洋石油开发工程项目的管理实践，采用理论研究与案例分析相结合的方法，结合渤中油田 FPSO 单点项目管理具体实践的分析及研究，重点对项目管理中的关键要素-进度和费用的控制方法进行深入的论述。本文用挣得值分析法对项目施工过程中的进度和费用进行优化，并重点讲述如何进行进度和费用控制。

关键词 项目管理；进度控制；费用控制；海洋石油

1 研究目的

本文就如何对项目进度及费用进行有效的管理和监控，不断探索和完善项目管理在海上油田开发中的应用，提出见解主张。渤中油田 FPSO 单点项目在项目实施过程中采用挣得值分析法监控项目实施过程中计划成本与实际成本之间的偏差，并找出产生偏差的原因以采取相应措施保证项目成本的有效控制。

2 国内研究简述

华罗庚教授在 20 世纪 50 年代将项目管理知识引入我国，由于我国项目管理知识结合了多学科的知识，使得项目管理在不同的领域得以应用[1]。这与我国的项目管理的知识体系以全生命周期为主线并用模块描述项目管理设计领域有关。项目管理在石油工程项目领域的发展也只有 20 多年。20 世纪 80 年代开始我国学者开始对油气勘探项目进行研究[2]。通过多年的探索研究，文一涯、李洁(2007)将香蕉曲线法与挣得值法相结合并运用到油气勘探开发成本控制中去，找出了项目成本产生偏差的原因并提出解决方案从而实现了油气勘探开发成本的全过程控制[3]。

3 渤中油田 FPSO 单点项目费用优化

3.1 工期与成本优化的方法与步骤

工期与成本优化包括两方面的内容，一是网络计划的计算工期超过要求工期，就必须对网络计划进行优化，使其计算工期满足要求工期，且保证因此而增加的费用要最少；二是网络计划的计算工期远小于规定工期，这时也应对网络计划进行优化，使其计算工期接近于要求工期，以达到节约费用的目的。

工期优化的步骤如下：

(1) 按正常工期编制网络计划，并计算计划的工期和完成计划的直接费。

(2) 列出构成整个计划的各项工作在正常工期和最短工期时的直接费，以及缩短单位时间所增加的费用，即单位时间费用变化率。

直接费率：指一项工作缩短一个单位时间所需增加的直接费。等于最短时间直接费与正常时间直接费之差，再除以正常持续时间与最短持续时间之差的商，即

$$\Delta C_{ij}=\frac{CC_{ij}-CN_{ij}}{DN_{ij}-DC_{ij}} \tag{1}$$

式中 ΔC_{ij}——直接费率；

CC_{ij}——项目最短时间的直接费用；

CN_{ij}——项目正常间的直接费用；

DN_{ij}——项目正常持续时间；

DC_{ij}——项目最短持续时间。

(3) 确定间接费率 ΔCI_{ij}，根据工作的实际情况加以确定。

作者简介：王喆(1981—)，男，汉族，籍贯天津，2003 年毕业于河南科技大学英语专业，获文学学士学位，后于 2012~2014 年在天津理工大学攻读项目管理领域工程专业，获工程硕士学位。现就职于中海石油(中国)有限公司天津分公司工程建设中心，任蓬莱 19-3 油田 1/3/8/9 区综合调整项目采办经理，中级经济师，PMP，E-mail：wangzhe3@cnooc.com.cn

（4）确定关键线路并计算总工期。

（5）根据费用最小原则，找出关键工作中单位时间费用变化率最小的工序首先予以压缩。这样使直接费增加的最少。

（6）确定持续时间的缩短值

确定持续时间的缩短值的原则是：在缩短时间后该工作不得变为非关键工作，其持续时间也不得小于最短持续时间。

（7）计算缩短持续时间的费用增加值

（8）计算总费用

工作持续时间缩短后，工期会相应缩短，项目的直接费会增加，而间接费会减少，所以总费用变为：

$$C_t = C_{t+\Delta t} + \Delta T[\Delta C_{ij} - \Delta CI_{ij}] \quad (2)$$

式中 C_t——将工期缩短至 t 时的总费用；

$C_{t+\Delta t}$——工期为 $t+\Delta t$ 的总费用；

ΔT——工期的缩短值；

ΔC_{ij}——缩短持续时间工作的费用率；

ΔCI_{ij}——缩短持续时间工作的间接费率。

（9）缩短新的关键工作并计算其费用

计算加快某关键工作后，计划的总工期和直接费，并重新确定关键线路。确定新的应缩短持续时间的关键工作（或一组关键工作），并按上述步骤计算新的总费用。如此重复，直至总费用不可再降低为止。

根据以上计算结果可以得到一条直接费曲线，如果间接费曲线已知，叠加直接费与间接费曲线得到总费用曲线。总费用曲线上的最低点所对应的工期，就是整个项目的最优工期。工期与成本优化流程图如图 1 所示。压缩关键路线时要注意压缩压缩关键工作的持续时间；不能把关键工作压缩成非关键工作；选择直接费用率或其组合（同时压缩几项关键工作时）最低的关键工作进行压缩，且其值应≤间接费率。

3.2　渤中油田 FPSO 单点项目费用优化

本项目总投资估算费用为 150598 万元，项目每天的间接费用为 19 万元。项目从 2010 年 12 月 28 日开始至 2013 年 5 月 22 日结束，总工期 913 天。项目成本计划是在保证工程建造质量和进度的前提下，以降低工程投资为出发点，以将项目总投资控制在批准的投资概算之内为目标，通过建立有效的费用控制、跟踪、分析系统，使项目组全体工作人员提高费用控制的意识，从项目开始到建成投产的每一个环节都各司其职，严格把关，优质、高效、经济地完成本项目。

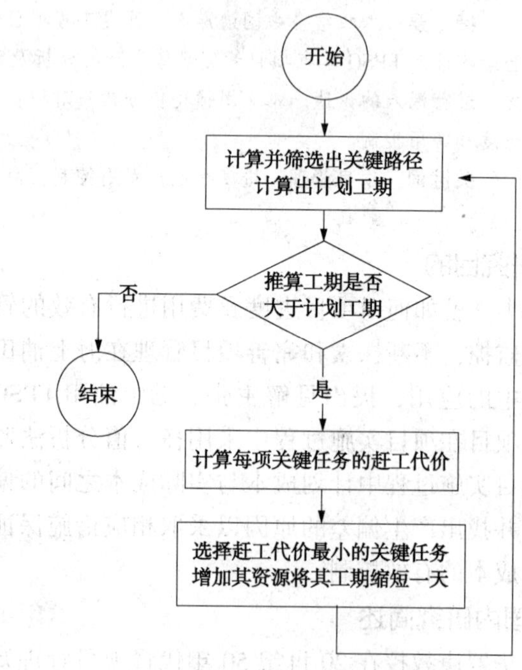

图 1　工期成本优化流程图

费用的控制建立在各种与项目相关信息的基础上，在项目开始之初即应该将采办料单里涉及的所有可预见的成本录入到原始数据库中，并将即时调整、实时追踪的信息及时纳入到财务管理子系统中，定期地由系统自动生成一些报表和统计数据，使项目经理一目了然，是否超过预算，为决策者提供了强有力的后台支持。项目各工序的正常工期、费用及压缩工期费用如表 1 所示。

根据公式（1）可计算出项目中各工序的费率。根据费用优化的原则，选择关键路线上费率最低的工序，确定压缩压缩时间后计算工期压缩后的费用，压缩步骤归纳到表 2 中。

表 1　各工序的工期及费用表

工序编号	工序名称	工作编号	正常工期/天	缩短工期/天	正常费用/万元	缩短费用/万元	费率
A	单点导管架基本设计	1→2	102	80	4256	4699	20.1
B	单点 TOPSIDE、YOKE 基本设计	2→4	97	87	2437	2641	20.4
C	FPSO 改造基本设计	4→8	74	61	2379	2671	22.5

续表

工序编号	工序名称	工作编号	正常工期/天	缩短工期/天	正常费用/万元	缩短费用/万元	费率
D	老平台改造基本设计	8→14	46	23	27513	28161	28.2
E	海管、海缆基本设计	14→18	46	40	2458	2746	48.0
F	单点导管架详细设计	2→3	65	57	2451	2674	27.9
G	单点 TOPSIDE、YOKE 详细设计	4→7	76	65	3091	3289	18.0
H	FPSO 改造详细设计	8→12	56	51	5783	5863	16.0
I	老平台改造详细设计	14→17	67	58	2351	2781	47.8
J	海管海缆详细设计	18→21	165	150	2741	3021	18.7
K	单点专利件采办	4→6	450	350	2931	4221	12.9
L	业主长线设备采办	14→16	202	150	2551	3621	20.6
M	单点导管架钢材采办及建造	3→5	120	100	17673	18071	19.9
N	单点 TOPSDIE、YOKE 陆地建造	7→11	120	100	2521	2932	20.6
O	专利件组装专机调试	6→10	221	140	2456	3549	13.5
P	FPSO 准备及拖航	8→13	261	180	3294	4941	20.3
Q	FPSO 清舱及流程清洗	13→15	117	100	3253	3623	21.8
R	FPSO 船艏改造	19→23	225	200	3421	3871	18.0
S	FPSO 维修及保养	15→23	231	210	8148	8632	23.0
T	老平台系统接入	17→20	35	30	6781	6920	27.8
U	原海管解堵、清管	18→22	240	220	2521	3121	30.0
V	旧海缆回收及新海缆铺设	22→24	32	25	3542	3885	49.0
W	膨胀弯预制安装清管试压	22→25	92	70	3213	3887	30.6
X	单点导管架装船运输海上安装	5→9	46	40	2453	2622	28.2
Y	TOPSDIE、YOKE 装船运输吊装	11→26	45	40	2518	2633	23.0
Z	FPSO 拖航及回接	26→27	16	13	2878	2961	27.7
A1	系统连接调试	27→29	56	36	2567	2854	14.4
B1	老海管通球检测评估及修复	25→28	11	9	2342	2421	39.5
C1	生产切换、油田投产	29→30	1	1	1834	1834	—

表 2 各工序压缩步骤

压缩工序次序	被压缩工序	压缩天数/天	压缩后工期/天	工序压缩后总直接费用/万元
1	K $e=12.9$	45	868	$C_1=132357+45\times12.9=132937.5$
2	O $e=13.5$	62	806	$C_2=132937.5+62\times13.5=133774.5$
3	A1 $e=14.4$	15	791	$C_3=133774.5+15\times14.4=133990.5$
4	A $e=20.1$	22	769	$C_4=133990.5+22\times20.1=134426.1$

以项目计划工期为横坐标，项目的直接费用、间接费用及总费用为纵坐标，形成工期与费用的关系曲线（图 2～图 4）。通过总费用曲线可以看出曲线的最低点即为本项目的最优工期。渤中油田 FPSO 单点项目工期优化的结果是，工期由 931 天缩短为 769 天，项目总成本由 150046 万元降低至 149019.5 万元。

4 渤中油田 FPSO 单点项目进度控制

4.1 费用计划的实施及控制

截至 2012 年年底，渤中油田 FPSO 单点项目进度情况报告如表 3 所示。渤中油田 FPSO 单点项目进度费用 S 曲线如图 5 所示。

截至 2012 年年底，本项目的获得价值如表 4、表 5 所示。

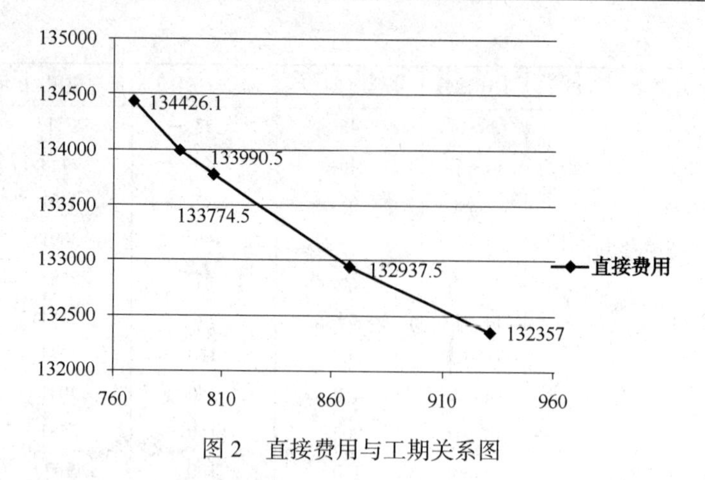

图 2 直接费用与工期关系图

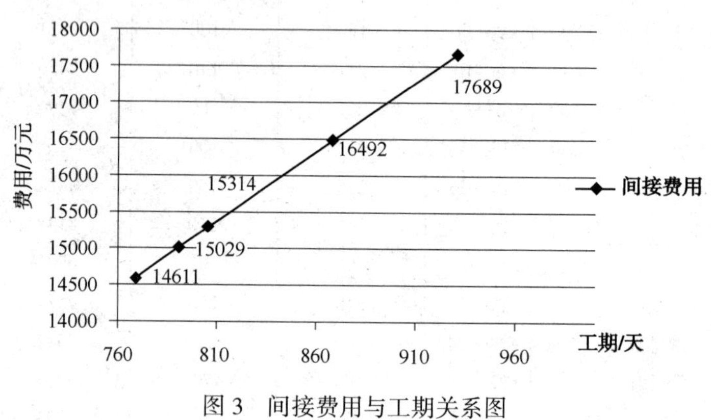

图 3 间接费用与工期关系图

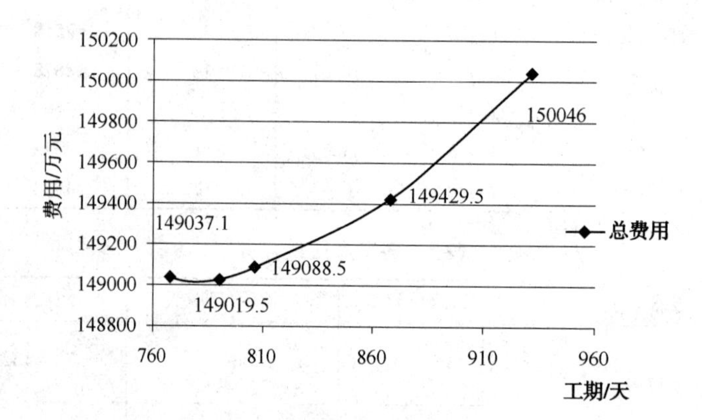

图 4 总费用与工期关系图

表 3 渤中油田 FPSO 单点项目进度情况报告

年/月	计划进度/%	计划累计进度/%	实际进度/%	实际累计进度/%	计划支出/万元	计划累计支出/万元	实际支出/万元	实际累计支出/万元
2010/12	1	1	1.14	1.14	16566	16566	9858.24	9858.24
2011/1	0.3	1.3	0.3	1.44	4518	21084	1103.92	10962.16
2011/2	0.1	1.4	0.1	1.54	1506	22590	431.83	11393.99
2011/3	0.1	1.5	0.07	1.61	1506	24096	279.46	11673.45
2011/4	0.1	1.6	0.08	1.69	1506	25602	344.3	12017.75
2011/5	0.05	1.65	0.07	1.76	753	26355	801.49	12819.24
2011/6	0.05	1.7	0.06	1.82	753	27108	102.38	12921.62
2011/7	0.52	2.22	0.12	1.94	7831	34939	782.49	13704.11
2011/8	1.1	3.32	0.49	2.43	16566	51505	3447.4	17151.51
2011/9	2.52	5.84	2.4	4.83	37950	89455	5143.36	22294.87

续表

年/月	计划进度/%	计划累计进度/%	实际进度/%	实际累计进度/%	计划支出/万元	计划累计支出/万元	实际支出/万元	实际累计支出/万元
2011/10	2.17	8.01	1.94	6.77	32680	122135	377.51	22672.38
2011/11	2.59	10.6	2.78	9.55	39005	161140	4234.03	26906.41
2011/12	2.48	13.08	2.24	11.79	37348	198488	19631.11	46537.52
2012/1	3.11	16.19	1.06	12.85	46836	245324	352.34	46889.86
2012/2	4.33	20.52	6.11	18.96	65209	310533	1689.21	48579.07
2012/3	6.67	27.19	6.25	25.21	100448	410981	95748.64	144327.71
2012/4	5.5	32.69	6.35	31.56	82828	493809	7518.5	151846.21
2012/5	5.72	38.41	6.51	38.07	86141	579950	37414.6	189260.81
2012/6	8.08	46.49	8.93	47	121682	701632	40477.14	229737.95
2012/7	8.63	55.12	7.39	54.39	129965	831597	28105.52	257843.47
2012/8	10.61	65.73	6.63	61.02	159783	991380	141682.38	399525.85
2012/9	2.56	68.29	2.47	63.49	38553	1029933	90248.67	489774.52
2012/10	3.51	71.8	3.68	67.17	52860	1082793	29753.87	519528.39
2012/11	1.35	73.15	2.05	69.22	20331	1103124	36501.16	556029.55
2012/12	9.19	82.34	12.82	82.04	138399	1241523	238957.09	794986.64

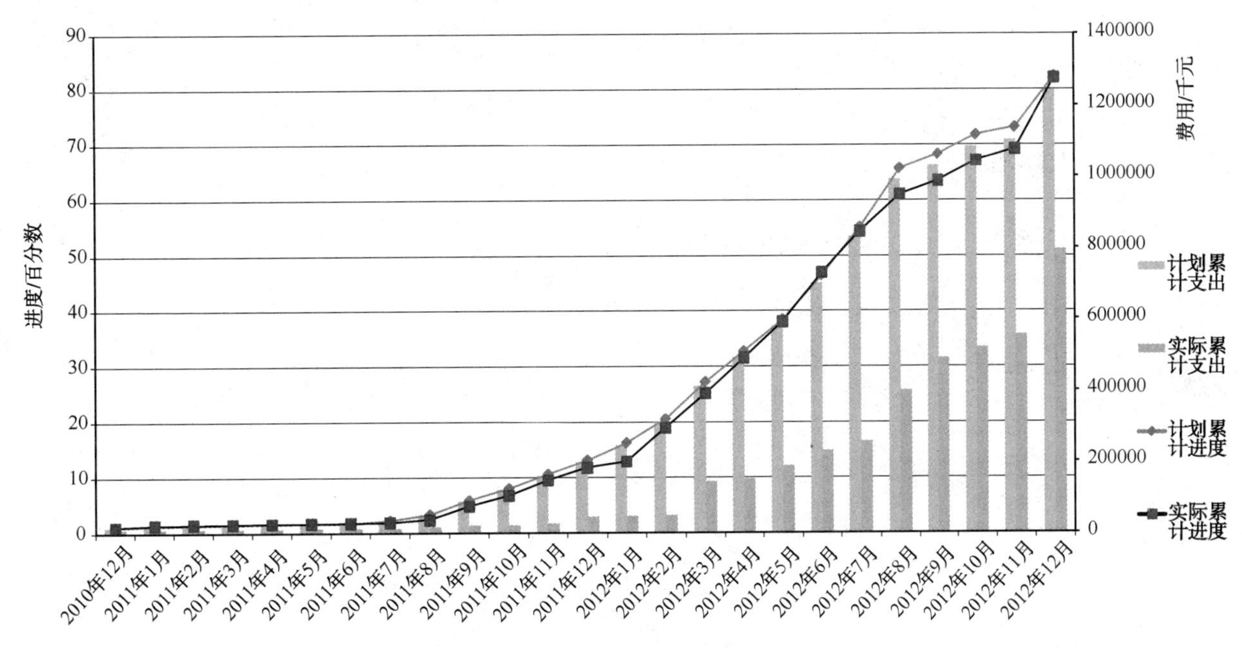

图 5 渤中油田 FPSO 单点项目进度费用 S 曲线

表 4 挣值数据统计表

计划工作预算成本 BCWS/万元	计划累计进度/%	资金完成比例/%	实际发生成本 ACWP/万元	已完工作预算成本 BCWP/万元	项目实际累计进度/%
124153	82.44	90	121984.38	123550.6	82.04

表 5 挣值数据分析表

成本偏差	CV=	BCWP-ACWP=	1566.22	成本结余
进度偏差	SV=	BCWP-BCWS=	-602.4	进度滞后
成本绩效指数	CPI=	BCWP/ACWP=	1.01284	成本结余
进度绩效指数	SPI=	BCWP/BCWS=	0.995	进度滞后
完工预算	BAC=	149019.5		
完工估算	EAC=	BAC/CPI=	148688.8	成本结余

在项目实施过程中，将对费用进行分解、计划、预测、跟踪、监控、统计、支付和趋势分析。该过程是对项目执行预算的整体把握，也是实施项目费用控制的手段。偏差分析：根据每周的进度反馈情况，在项目审计会议上运用跟踪甘特和挣值分析技术进行进度偏差分析，如有超过5%的偏差则采取相应措施，始终使进度处于可控范围内。截至 2013 年年底，项目的可交付成果为单点设计文件、船艏改造详设文件、所有合同的签订、FPSO 上部设施改造施工、FPSO 上部设施改造及导管架建造安装施工，均按时完成。

参 考 文 献

[1] 任登飞，张欣莉. 基于挣值分析方法的石油管道工程项目建设进度费用分析[J]. 经营与管理，2008(05).
[2] 王清波，王兴龙. 用信息化推动项目精细化[J]. 信息化，2008(05).
[3] Khaled EI-Rayes Amr Kandil. Time cost quality trade-off analysis for highway construction[J]. Journal of Construction Engineering and Management, 2005, 131(14).

如何做好企业知识产权的管理工作

曾晓辉[1] 秦飞翔[1] 曲庆利[1] 张 妍[1] 卜文杰[2]
(1. 大港油田石油工程研究院，天津大港 300280；
2. 大港油田第四采油厂，天津大港 300280)

摘 要 知识产权管理，是企业管理工作中一项重要的工作，本文作者从知识产权管理工作的实践出发，从知识产权管理平台、人才培养、知识产权申报、知识产权奖励以及代理管理等方面进行了阐述，为更好的做好企业的知识产权管理工作提供一些借鉴。

关键词 企业知识产权；知识产权管理

企业的发展离不开创新，企业在转型升级的时候，要想在市场竞争中占得先机，必须要走在创新的前列，要有理念的创新、技术的创新，技术创新成果的重要体现之一就是知识产权，做好企业知识产权的管理工作，是我们企业在发展过程中要重视的一项基础的管理工作。作者下面从本人的工作实践进行阐述。

1 做好企业知识产权的管理平台建设

1.1 建立工作机构，明确职责

要建立健全专门负责企业知识产权的相关部门和机构，对上级部门负责提供咨询、企业技术发展规划建议，对下级部门提供管理和技术支持的作用，这个部门有的企业设在法务部，有的可能设在了技术研发管理部门，我们单位在科技管理部门设立专岗，配备专职人员负责，我们在基层室所增加知识产权联系人，这些联系人的职责就是能够让他们及时上报本室所科研成果动态，确保这些科研成果能及时提炼成知识产权成果上报。

1.2 健全知识产权的管理组织体系

只有建立健全了管理组织体系，才能高效的保证我们在实际工作中切实有效的开展专利的各项工作；目前在我们单位就建立了一套相对完整的专利管理组织体系，主要采取了由单位主要领导挂帅的3+2级管理体系网络：院领导(专利管理委员会)-科技开发部(专利管理执行部门)-基层室所(专利申报、实施部门)+科技信息处+中油集团公司的知识产权专家支持，这样就可以从组织上、技术支持上确保企业知识产权工作能够高效运作。

1.3 建立知识产权管理制度体系

在企业知识产权管理工作中，我们必须要建立相关的管理制度，做到有章可循，从制度上确保了我们知识产权工作有条不紊的开展工作，减少了知识产权在申报、保护、管理、实施等环节中可能出现的各种问题，提高了我们的工作效率，使知识产权管理与保护制度化、规范化。从制度上保证知识产权工作的全过程覆盖；目前我们制定、完善了《石油工程研究院专利管理办法》、《石油工程研究院技术秘密认定管理办法》等知识产权管理制度，明确了各级部门的责任和权利。

2 知识产权人才培养管理工作

做好知识产权人才培养工作是顺利实施企业知识管理工作的基石和保证，如何做到创造、管理、保护和运用知识产权的能力提升，这就要求我们企业的管理者要认识并把握企业知识产权人才的培养需求，提高业务素质与技能，对提高企业知识产权管理水平，增强企业创新与竞争力将起到积极作用，推动企业高速发展的，真正的做到提质增效创新发展。为此，要开展全方位、多层级的人才培养。根据单位的实际情况，知识产

作者简介：曾晓辉，男，汉族，四川人。2005年毕业于长江大学石油工程专业。工程师，现从事科技管理工作。E-mail：zengxhui@ petrochina. com. cn

权方面的相关对象主要有三个方面，一是：公司的高层管理者；二是：知识产权主管部门人员；三是：研发人员，由于所处的部门、岗位的不同，在企业的生产经营中承担的职责也不同，对知识产权知识的认识和需求也不同，因而，在培养过程中采取了不同的培训内容，以达到不同的目标。不定期地邀请公司内部的知识产权专家和专利代理公司的资深代理专家为广大员工开展业务和撰写的技术培训，同时也积极引导员工参加国家知识产权局主办的取证考试；对于公司的高级管理者，积极建议领导参加国家、天津市知识产权局举办的各种专利保护、运营以及转化政策、措施的讲座培训，让高层管理者能够在公司的经营活动中意识到知识产权保护的重要性，对公司创新工作顺利推动的重要性，以及公司可持续发展的重要性，要让高层管理者真正认识到知识产权在开拓市场方面的重要性。

3 知识产权申报过程管理

（1）在项目研究过程中，知识产权管理部门及时跟进项目进度，协助项目人员分析、提炼知识产权产生要素。在形成知识产权前，严厉禁止对外发布技术论文，开展技术交流等相关的技术推介活动，进行技术成果的保密管理。

（2）要做好技术交底书的撰写工作管理，要在技术交底书中写出自己研究成果的创新点，此时管理部门及相关知识产权专家要及时提供技术指导和支持，在我们的实际工作中，科技人员撰写提交技术交底书给管理部门之后，管理部门对技术交底书开展审核工作，并提出自己的修改建议，科技人员加以修改，以便写出高质量的技术交底书，让代理人能够很好把握其核心技术，更好的申报专利、软件等各类知识产权成果。

（3）管理部门要开展申报知识产权成果的台账管理，建立健全知识产权的申报台账，并保留申报知识产权的原始资料，目前要求申报人员提供一个审核报告和技术交底书，以备查询和给新申报知识产权成果的科研人员参考。

4 知识产权获取后的管理

对于已经获得的知识产权成果的管理，首先要做好知识产权的台账管理工作，要及时记录本单位获得知识产权成果的相关信息，以备查询、统计，目前建立了专利台账、软件登记台账、技术秘密台账以及中油集团重要产品台账。其次，要做好知识产权证书的管理，建立好解约登记台账。目前，单位的证书都统一集中在科技管理部门，对于员工评职称、评专家以及外闯市场招投标使用时，都要严格遵守借阅制度。最后，要做好知识产权的维护管理工作，对于知识产权成果，特别是专利的维护管理，要做好年费的监控管理及缴纳工作，确保专利的有效，要严格避免由于缴费不及时而影响权利的实现事件的发生；对于一些技术已经失去先进性的专利成果，要及时淘汰，免去维护，确保专利的维护费用能够合理、高效使用。

5 知识产权成果奖励管理

为了保护发明人积极性，根据国家专利相关法规，制定符合本单位实际情况的知识产权成果奖励办法。

（1）给予一次性经济奖励，目前我们制订完善了一套激励员工申请专利的积极性的政策，对于不同专利给与了不同等级的奖励：

专利：国际发明 10000 元/件；中国发明 5000 元/件，实用新型 1000 元/件。中国专利金奖：5000 元/项，优秀奖：2000 元/项；省部级专利金奖：3000 元/项，优秀奖：1000 元/项。

技术秘密：中油集团（股份）公司级 5000 元/项；油田公司级 1000 元/项。

软件著作权 1000 元/件。

对获得省部级以上专利奖和自主创新重要产品的，3000 元/项。

（2）进行荣誉表彰，利用各种渠道对知识产权先进单位、先进个人和优秀专利进行表彰奖励。

（3）把知识产权做为员工评定职称以及专家考核的一项重要的指标，目前我们单位在职称评定过程中已经占总分 3% 的，预估今后还要加大力度；在专家考核中，如果有知识产权成果，可以获得额外的加分，以提高专家的评定业绩，很好的调动了广大员工的科技创新的积极性。

6 知识产权代理的管理

专业的事情要由专业的人才来做，这样才能够高效快捷的完成相关工作，一般对于企业规模不是太大的企业，或者缺少知识产权专门的人才来说，一般会聘请代理公司来做相关的业务。首先，要做好前期代理公司的选聘工作，要考察相关代理公司的业务实力和代理报价，综合平衡后选择确定代理公司；其次，要做好代理合同的签订工作，要明确代理工作的具体内容、收费的标准、技术保密等相关内容；最后，要核实代理公司的具体的工作量，开展相关结算工作。此外，在代理过程中，要做好代理与发明人之间的沟通工作，及时处理好代理工作中出现的各种问题，确保顺利获取知识产权成果。

7 小结

只有作好企业的知识产权基础管理工作，企业的知识产权工作才能够更高效稳健的开展，才能使企业知识产权工作能够向更精细化管理工作迈进，提高企业的知识产权工作管理水平。

浅析信息时代不断创新
加强企业电子档案管理的思考

刘莉琼
（中海石油（中国）有限公司天津分公司，天津塘沽 300452）

摘　要　随着信息化和网络化的发展，计算机必然被广泛地应用到企业办公自动化领域，在各种企业实践活动中也产生了大量的电子档案，电子档案作为信息企业发展的产物，已成为档案必不可少的重要组成部分。将企业档案管理由实体管理向信息管理、知识管理转变。现代企业档案管理要运用新管理理念、借助于现代手段，努力探索和创新档案信息资源开发利用模式。因此，企业档案管理者也需顺应社会发展的潮流，正确地认识电子档案的特点，加强对电子档案管理的探讨，推进企业档案管理的电子化进程。

关键词　信息时代；企业电子档案管理；信息化；办公自动化

当今社会是一个电子信息高速发达的时代，计算机已成为企业办公的主要工具，计算机和现代通信技术结合的信息技术产业的迅猛发展，产生了大量电子档案。作为企业科研生产、技术管理能力和水平综合表现的企业档案，是企业知识资源的重要组成部分，也是社会信息资源的重要组成部分。当前，企业档案管理需由实体管理向信息管理、知识管理转变。

电子档案是指在企业实践活动中形成的、具有保存价值的、由计算机系统处理和存储的机读材料和其他载体形式的记录，电子档案的形成、存储和管理与传统的纸质档案所用技术方法不同，这给企业档案管理带来了不小的挑战，企业档案工作者只有深刻的认识才能做好电子档案的管理工作。

1　企业档案工作理念与时俱进

企业档案管理的一些传统理念和管理模式，对不同时期的档案工作起到了积极作用，但随着信息时代的变革，有的已不再适应企业发展的需要，必须进行改革和创新。比如，在档案管理上过去强调其管理功能，往往忽视或轻视了档案管理的最终目的——档案利用。现代企业管理对档案信息资源利用的呼声越来越高，档案经费投入也越来越大，工作做了很多，但一直未取得突破性的进展，其主要因素在于观念问题，在档案管理上的“收上来、整理好、等人用”的传统模式一直在制约我们的思维，严重阻碍和限制了档案信息的创新和突破。为此，必须进行档案管理理念的更新和调整。

（1）扩大企业档案收集范围，丰富馆藏。开发档案信息资源，首先要有资源可开发，在内容上应该是丰富和完整的。在档案收集方面的创新就在于要打破传统的收集理念，优化和调整档案收集范围，如企业安全管理、企业文化建设、宣传报道、企业公益等活动中产生的档案材料及时收集归档。其次要优化档案馆藏，档案馆应定期进行档案的鉴定销毁工作，将失去保存价值的档案清理。

（2）管理上淡化过程，减少无谓的投入。对于归档后的档案管理，除一些重要档案、珍贵档案和特殊档案应根据其重要程度、载体特性等做好重点整理、保管和保护外，对于大量一般内容和性质的档案，从发展的角度来看，在保持档案自然形成规律的同时，应简化档案整理环节，集中力量进行档案的前期收集、鉴定和利用。

（3）档案利用思考利用电子手段，体现档案的最极目的。为企业的根本利益，做好档案信息资源的安全防范和管理控制，不能因此束缚档案管理。一些该解密的档案不按时解密，应该开放的档案不按期开放，使档案得不到及时开发和利用。对涉及国家安全、利益的密级档案以及企业商业秘密的档案的利用一定要严格执行相关规定，并做好高度防范；对于一般性质的档案，要加快开放进度，为利用者在合理范围内最大限度地利用档案创造一种宽松的利用环境、氛围和条件。

对企业档案信息资源开发利用，应根据对企业的影响作用和重要程度，实施分级管理和利用的原则。对于企业核心技术信息，如专利、专有技术、商业秘密等实行专人收集，核心管理，严控使用；对于一般技术信息实行常规管理，有偿服务；对于企业文化等实行广泛收集、系统管理，大力宣传，无偿利用。

2 企业档案服务与时俱进

档案创新在于企业的信息资源通过一种有效运行机制，破除各自为政和条块分割局面，达到提升档案信息服务水平，实现档案信息资源集成共享的目的。

整合企业各专业信息资源。在企业中，要将分布在企业内不同职能部门中的档案、情报、实物档案等进行重新组合的优化，打破各主管部门的条块分割局面，在充分发挥档案信息资源依据凭证、宣传教育、服务企业作用的同时，才能提升档案信息服务水平，实现档案信息资源共享。

在各种企业实践活动中产生了大量的电子档案，需借助于现代手段，创新档案信息资源开发利用模式。那么，企业档案管理者要正确地认识电子档案的特点，加强对电子档案管理的管理，适时地推进企业档案管理的电子化进程。

3 电子档案的特点及优越性

3.1 电子档案的特点

3.1.1 电子档案记录方式多样，变化性大。传统的档案管理工作一般由档案人员手工操作，工作效率较低，而且受传统归档方法的限制，查阅检索较为不便，难以充分将档案的作用发挥出来。但电子档案的出现改变了信息的承载介质，可将档案通过计算机方便快捷地进行存储归档。

3.1.2 与传统的纸质档案相比，电子档案信息具有非直读性的优点。电子档案以数字编码将内容记录在载体上，如磁带等磁性载体上记录信息的“磁畴”极性是物质内部的物理特性，无法直观看到；光盘载体上记录信息的斑点是由激光刻写的。此外，电子档案的信息内容可以进行压缩编码或加密等技术处理，所以即使有相应的设备，如果不解压、解密也不能读取其存储的内容。

3.1.3 电子档案对元数据和背景信息有很强的依赖性。一方面电子档案的元数据必须依附在文件信息中，否则将无法恢复电子文件的原貌；另一方面，电子档案的前身是电子文件，其传送往往是在网络上进行，操作者互不见面，体现背景关系的信息直接反映在电子文件上的可能性较小，而是常常被存放在其他地方，如果事先不提供或补充背景信息，将会给将来的档案的有效利用带来隐患。

3.2 电子档案的优越性

3.2.1 电子档案减轻了档案管理工作人员的劳动强度，提高了工作效率。在信息化高速发展的今天，现代信息网络系统为档案归档提供了快捷的管理手段和信息利用的快速途径，这就为工作人员免除了立卷归档、检索查找等困难，减轻了劳动强度，在提高档案归档质量和检索速度的同时，也将档案管理人员从手工直接建档的枯燥乏味的工作中解脱出来。

3.2.2 电子档案的计算机管理有利于遗漏文件的补漏增缺。传统的纸质档案的立卷方法在遇到文件收集不齐或漏交归档时，补漏增缺，需要拆卷重做。但电子档案采用计算机网络管理后，文档用计算机按“件”即可整理归档。这样可随时补漏增缺，文档也不易形成存积。可见，计算机管理省时省力，给工作人员节省了充足的时间去提高业务能力和水平。

3.2.3 档案管理的电子化更利于文档的保密。在传统的纸质档案时代，查阅档案时通常是整卷提供利用，尽管查阅者只需利用卷中的一份或几份文件，但却能够看到整卷档案内容，不能保证文档管理的保密性要求的。电子档案的电子化管理则可以克服这一缺点，能简单地将其改为单份文件提供利用，这样查阅者就无法接触其他无关的文件，从而保证了文件的保密性。

总之，随着企业高速发展，在信息迅猛发展的时代，企业档案工作者要加强对企业档案的不断探索，积极主动思考档案管理创新的方式方法，加强对企业电子档案的管理，使企业档案充分服务企业发展，为企业长远发展保驾护航。

参 考 文 献

[1] 张文亮. 关于电子档案管理的思考[J]. 云南档案，2008.

[2] 王显来. 企业档案工作是企业信息资源管理的核心[J]. 兰台世界，2007，(23).

天津石化计量管理系统的功能设计及应用

郭科跃
（中石化股份天津分公司信息档案管理中心 MES 支持室）

摘　要　石化企业信息化程度不断提高，精细化管理要求日益严格，ERP、MES 等信息系统的先后实施对计量数据的实时性、全面性、准确性及计量数据的精度提出了更高的要求。计量管理系统的功能设计针对计量专业下功夫，将人员、体系、器具、计量数据等线下作业的业务流程嵌入系统中，对企业所有的计量数据集中管理，有效地提高了企业精细化管理水平，为企业的各级上层管理提供计量数据支撑，为企业成本管理和绩效考核提供有力的依据。

关键词　计量管理系统；石化企业信息化；计量数据

1　计量管理系统项目背景

计量工作是企业现代化管理的技术基础，直接关系到企业的经济效益，计量数据是企业最重要的生产经营数据。计量数据管理的目的在于保证企业在生产经营管理中，各个环节的监测参数单位统一，量值准确，数据采集及时可靠，从而保证产品质量、降低消耗、保障安全生产、提高管理素质和经济效益。没有准确及时的计量数据管理，就无法在激烈的市场竞争中准确地把握生产经营管理活动，无法进行真实的经济成本核算，使上层管理者缺乏正确决策的依据。

天津分公司是中国石化下属大型炼化一体化企业之一，拥有二十多套石油化工生产装置，覆盖面广，计量点多。近年来，为了提高企业生产经营的管理水平，实现生产的精细化管理，天津分公司在完成了基础网络建设的基础上，先后建设了多套业务信息系统，经营管理层 ERP 系统成功上线，生产执行层 MES2.0、MES3.0 系统先后实施，LIMS、TBM 等系统相继建设，实时数据库数采系统成功实施，完成了绝大部分实时数据的采集。计量数据是 ERP/MES 系统进出厂及能耗数据的重要基础，为保证 ERP 及 MES 系统数据的及时准确，迫切要求加快计量管理的信息化建设，完善计量手段，实现进厂原料、出厂产品计量数据自动实时采集以及能耗、物耗数据的统一管理，亟需通过建立专业的计量管理系统对计量数据进行集中的管理，为其它系统进行物料平衡、消耗计算及成本核算提供基础，为生产经营提供真实的决策数。因此对计量数据的实时性、全面性、准确性及计量数据的精度提出了更高的要求。

2　计量管理系统概述

随着企业信息化建设工作的持续推进，目前天津石化已完成计量管理系统的一期及二期的实施建设。计量管理系统是通过计算机网络平台实现计量器具的管理和计量数据的监控。它基于实时数据的采集（如实时数据库仪表数据和衡器数据等），由系统内部已建立的归并模型自行计算，从而传递流程业务，输出统计信息，这种透明式的管理方式使得计量器具检定等业务更加规范，且痕迹清晰；可以实时监控原油途耗储耗、进出厂数据等，通过对实时数据的分析发现企业从原料进厂、生产加工到产品出厂的企业物流中的薄弱环节，进一步完善计量手段，杜绝企业各个环节中的漏洞，降低损耗，提高效益。尤其是在 ERP、MES 深入应用的要求下，计量管理系统又将企业的计量数据实时地传给上层应用，充分地起到了数据的支撑作用。经过近几年的不断实践与完善，计量管理系统在自动集成方面有了飞跃性的改进和提升，越来越显示出简洁实用的魅

作者简介：郭科跃（1980—　），女，汉族，2003 年 7 月毕业于辽宁石油化工大学计算机科学与技术专业。现就职于天津石化公司信息档案管理中心，副主任师，高级工程师，研究方向为信息系统的建设实施、技术支持与深化应用。曾获得中国石化 MES 技术比武 IT 技术支持模块铜牌。已发表论文 1 篇。E-mail：guoguo1207@163.com

力。上线后系统作用突出，不仅使计量工作的计算机信息化成为现实，明显提高了工作效率，而且使实时地监督分析进出厂计量数据成为可能。

计量管理系统采用模块化计，主要有计量管理体系、计量人员管理、计量器具管理、器具检定管理、计量数据管理、计量纠纷管理、数据展示分析、仪表配备管理等模块。系统涉及计量体系、人员、器具及检定、进出厂互供数据、计量纠纷、数据展示分析、储运损耗等基本功能，同时具有一定的自动功能。

2.1 计量管理系统主要功能

计量管理系统除了一般应用系统的必备功能外，如用户账号管理、批量导入导出、添加删除变更、角色权限管理、数据自动备份、各种报表展示等，其业务流程上主要体现如下几方面的功能：

2.1.1 计量体系管理

该模块将总部279的计量管理体系文件全部归档(包括管理文件、技术文件和标准文件)，建立了计量管理体系电子文件知识库，实现了计量文档的传阅、检索、发布、审批的集中管理。体系文件中的法律、法规、规范、规程、标准对于规范和指导计量工作，提供了有力的依据，同时方便用户根据需求随时查阅、检索、调用及下载。

2.1.2 计量人员管理

本模块主要是实现对计量专业的计量员和检定员的统一管理，规范企业的计量工作人员培训、考核和发证工作。对计量资质证书提前预警、到期封停，同时可按到期证书自动生成培训申请，并在培训完成后将培训结果更新至计量人员的档案信息中，实现了计量人员培训计划生成、逐级审核、培训结果更新至计量人员台账的全过程管理及其资质与系统权限的有限结合，保证计量员和检定员持证上岗。尤其是内嵌的考试系统，在线考试、阅卷，使计量人员的取证考核工作更加方便。

2.1.3 计量器具台账维护及检定

计量器具管理和检定管理是计量管理系统中的两个重要业务功能模块，此项内容包含了计量器具管理和器具检定管理两个模块中。通过这两个模块，主要实现了器具档案的建立与更新、检定计划的生成、审核及下达、检定委托单生成与分单、检定任务接收与编辑、检定证书的生成与打印、器具条形码生成、打印、查询、计量器具的降级、封存与报废的动态管理以及器具报表的生成、查询等功能。

(1) 器具检定管理

器具检定根据计量器具的检定周期和状态，按照各部门提交的检定申请单，检定负责人员根据检定计划，分配相应的检定人员进行检定，并记录检定结果，确定检定费用，生成检定证书，并将检定结果更新到计量器具档案里。检定管理实行两级管理四级审核。

(2) 计量器具台账管理

各车间计量人员建立本车间器具台账，根据器具的检定周期编写检定计划，经车间领导审核后安排送检。检定内容修改完成后，生成检定证书的同时，自动发送检定信息到计量器具台账，台账维护人员确认相关信息后更新台账，实现从检定到台账更新的动态更新。

器具台账管理及检定功能实现了对计量器具的全周期、全寿命的闭合回路维护管理，所有检定业务的实施全通过网络系统进行，过程清晰且可实时追溯。

2.1.4 计量数据管理

计量数据管理是计量管理系统中又一重要业务功能模块。这个模块主要包含了管输进厂、水路进厂、公路进出厂、铁路进出厂、定量包装、部际互供、仪表监测、产品损耗等子模块。通过这些子模块，实现了以下功能：

(1) 汽车、火车、管输进出厂数据的录入、提取与比对。

(2) 船运提单量的提取、校正以及与岸罐比对。

(3) 汽车、火车互供数据的提取与比对。

(4) 物料部际互供班、日、旬、月数据的采集、校正与比对。

(5) 能源的表量合计与数据平衡。

(6) 仪表数据自动监测。

(7) 原料进厂与产品出厂的损耗明细计算。

(8) 计量数据报表的生成、查询。

计量数据管理模块从原料进厂到产品出厂及时准确的跟踪物流，监测仪表数据，通过比对，发现各个环节的损耗，尤其是将轨道衡、槽车检尺、定量装车三种计量方式整合，起到互为监督的作用，方便差异分析，使管理层通过这些数据更好的管理进出厂过程中产生的损耗。

2.1.5 计量纠纷管理

本模块包括计量纠纷申请，计量纠纷审核，计量纠纷分析与仲裁、纠纷案例入库等子模块。计量纠纷的产生基本都是由于互供计量仪表中一方准确度变差，工艺流程上的变动或是实际流量与标定流量差别较大引起的，通过本模块可以实现记录计量纠纷的争议事项、分析纠纷原因、记录处理结果、汇总纠纷事项等功能，从而分析计量管理环节中的疏漏，辅助提高计量数据分析的水平。通过计量进出厂和部际互供纠纷事件的处理，可以有效防止类似事件的发生，保证交易数据的准确性和公正性。

2.1.6 计量数据展示分析

该模块以综合查询平台为基础，集成计量信息数据，通过对计量业务整理，将计量数据进行统计、分析，以各种直观图形化分析手段，如饼图、柱状图、趋势图等显示出来。通过图形化展示方式，能够展示出各作业部器具台账各类别及状态所占器具的比例以及周检完成情况的周检率、合格率、配备率所占的比例；能够展示出成品出厂数据各物料所占出厂总量的比对及实际销售数据趋势，能够展示能耗报表、互供报表、进出厂报表及器具检定报表的配备新情况及明细信息；能够展示计量人员各作业部分布情况和分类情况以及整数类型到期预警和取证项目到期预警等信息；能够为提高计量管理、制定企业市场销售策略和生产配置提供可视化图形数据。

计量数据展示分析提供多层次、强大的查询、统计功能，便于用户及时掌握设备的各种信息，并提供图形化的统计结果，直观反映数据的变化趋势，可以为领导提供辅助决策依据。同时，计量信息为用户提供一个整体的数据信息平台，基于综合数据，用户可灵活处理，满足统计分析要求。

2.1.7 仪表配备管理

建立计量仪表配备业务模型，主要实现管理层层面直观了解主要装置、辅助装置、进出厂点等能耗、物料计量仪表配备情况(包括仪表精度、数量等)，生成实际配备仪表和标准配备差异，生成仪表配备率，在用仪表检测率等。

2.2 计量管理系统自动功能

计量管理信息系统的自动功能主要包括自动预警、报警，自动判断，自动生成等。模块之间具有自动集成的能力，自动功能的设计确保了系统的内容完整性，数据准确性和功能实用性，是系统全生命周期持续作用的关键特征。

2.2.1 与器具检定相关的自动功能

从计划申请到流程结束，都与检定规程，检定人员等密切相关，业务执行中根据需要自动进行联动触发。

(1) 器具漏检的自动报警功能

计量器具在正常情况下按检定计划进行检定。在遇有检定条件不允许或其他原因，部分器具有可能不能按计划进行，对于到期没有检定的器具，系统按类别分别检索并及时给出报警列表。

(2) 计量人员资质有效期的自动预警功能

计量人员必须在自身的资质有效期内从事计量工作，系统对计量人员信息表存储的资质有效期进行逐个检索，提前按月自动给出预警列表，计量管理人员可根据预警列表生成培训计划进行培训取证，并将取证信息更新至系统。同时，若超过有效期且未能及时取证，系统将自动终止其检定权限。

(3) 检定计划自动生成功能

为保证检定数据的准确性，器具必须在检定周期内使用，器具的检定需要提前做计划。系统根据计量器具台账，对每一台器具的有效期进行核对，自动生成月度检定计划。该计划需要审核、审批后才可以下达检定通知单。

2.2.2 与计量数据有关的自动功能

进出厂计量数据、各作业部间互供数据(包括衡器、槽车检尺、管输、能耗等都实时进入计量管理信息系统中，这些数据自动采集后经过计量人员确认后通过接口自动送入 MES，并按逻辑关系组态进行数据之间的自动比对，实现业务之间的数据联动。同时，还能实现计量仪表的自动监测功能。

3 计量管理系统集成构架

3.1 计量管理系统在信息系统中的定位

计量管理系统位于企业信息系统的 MES 层

与 PCS 层之间，同时贯穿 ERP/MES/PCS 三层管理结构，通过 MES 系统为 ERP 提供计量数据，因此计量数据的准确与及时直接关系到整个信息系统的及时性、准确性与稳定性。

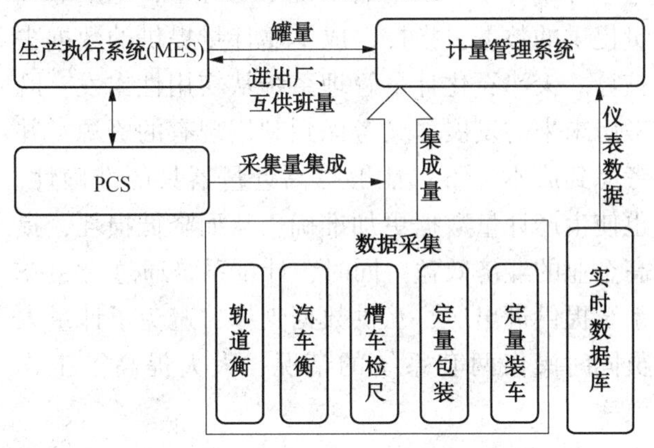

图 1 计量管理系统集成架构图

3.2 计量系统的接口集成(图 1)

3.2.1 计量管理系统与 PCS 接口

针对不同的进出厂方式，计量管理系统采取了不同的计量方式和计量软件。天津石化公司所涉及的计量方式有槽车检尺、轨道衡、汽车衡、定量装车等，计量管理系统通过槽车检尺软件接口、衡器软件接口、轨道衡软件接口、定量包装接口实现对槽车检尺数据、汽车衡数据、轨道衡数据、包装线数据的集成应用，完成对 PCS 接口数据的采集，实现与 PCS 的数据集成。

3.2.2 计量管理系统与 MES 接口

计量管理系统从 MES 系统中读取相应的罐量数据，针对进出厂记录，完成仪表量、罐量的比对分析。同时计量管理系统还为 MES 的进出厂模块做数据源支撑，为 MES 提供进出厂班量以及互供班量等信息，实现进出厂模块与 MES 系统的无缝集成。

3.2.3 计量管理系统实时数据库接口

计量管理系统从实时数据库中读取装置物料、能源、部际互供等仪表的数据信息，将仪表信息自动集成于计量管理系统中，完成进出厂互供数据和能源数据的班日旬月物料平衡。

4 计量管理系统创新点

4.1 系统维护的灵活性

系统以软件工厂模式开发，充分使用体系结构、构架和构件复用技术，可根据用户需要随时修改，而系统软件仅需改变很少部分。对于一些常规的用户需求，系统管理员也可以在前台通过程序单元完成，易于维护。

4.2 计量数据展示分析直观方便、易于查询

以综合查询平台为基础，提供多层次、强大的查询、统计功能，便于用户及时掌握设备的各种信息，并提供图形化的统计结果，直观反映数据的变化趋势，可以为领导提供辅助决策依据。

4.3 计量器具的条形码扫描功能

根据规则和流水号自动生成器具条形码，每一台器具对应唯一的一个条形码，实现条形码的打印以及通过扫描器自动查询器具信息等功能。

4.4 计量数据报表管理层查询功能

实现了对计量数据报表和计量器具报表两大类报表的自动生成与汇总，易于管理层查看，同时也提高了计量报表的管理效率。

5 计量管理系统应用效果

计量管理系统项目的建设实施，加强了不同业务部门之间的协同工作能力，通过统一数据源管理，实现数据共享，减少了不同业务部门间的协调工作量，原来需要几天完成的工作现在只需要几小时即可完成，同时，加强了不同业务部门之间的协同工作能力，为分公司各计量管理部门提供了一个统一的业务处理平台。项目从启动开始，各级用户积极参与，并在使用中不断提出好的建议，促进系统功能更加完善，界面更加美观。坚持“用户操作方便，领导查询清楚”的设计原则，系统操作更加人性化，数据展示更加直观。

5.1 规范了计量管理流程

系统实现了计量业务的全过程规范化管理，提高计量管理的网络化和实时化水平，及时发现企业从原料进厂到产品出厂管理的薄弱环节，进一步完善计量手段，杜绝企业各个环节中的漏洞，降低损耗，提高效益。

5.2 提升了计量管理水平

系统建立了面向计量管理的计量数据和器具检定管理系统，对公司计量业务和计量数据进行整合和分析及直观展示，便于及时发现计量问题，提升计量管理水平。

5.3 建立了体系文档资料库

系统通过计量相关的管理制度、技术规范、检定规程、技术标准等资料建立体系文档资料

库，提供计量文件管理平台，使计量管理人员在工作中，能找到指导其工作的规范和标准，指导计量工作，大大减少了人工查找资料的时间。

5.4 提高了日常工作效率

系统生成帐表数据，对于计量器具台账、周检计划审批、器具状态管理、量体系文件提供知识共享、人员考核培训计划生成、数据的展示分析等业务流程，都实现了网络传递、无纸化办公，提高了工作的效率。

5.5 方便了各级领导监管

计量数据展示分析模块以图形化的方式，依据业务类型形成综合、直观的展示图表，并采用层层透视的、由总量到明细的展示方式，使企业各级领导监管更加透明，各级计量相关领导能看到清晰、及时的计量数据，为及时分析、处理计量问题提供了便利的工具。

6 结论

计量对于一个企业来说举足轻重，生产靠计量提供的数据去指挥，成本靠计量提供的数据去核算。天津石化计量管理系统从实用性出发，既考虑未来的发展，又考虑到利用现有的资源，并考虑到成本，不仅能够提高计量器具的准确性，也使生产计量数据更加准确，从而降低损耗，提高企业的经济效益。同时，计量系统通过为MES系统提供进出厂、互供数据支撑，避免了计量人员同时操作两套系统的情况，大大提高了工作效率。

利用信息系统有效预测钻完井物资需求的研究

孔令捷[1] 王彦斌[2]

（1. 中海油能源发展股份有限公司物流分公司，天津 300452；
2. 中海油信息科技有限公司天津分公司，天津 300452）

摘 要 从油气开发物料供应链协同的角度出发，建立海上作业、物料需求数据仓库、基地物流各作业单元数据仓库之间的关联模型，实现通过海上开发计划测算物料需求计划，并按照作业标准测算物流资源的使用情况，作出相应的使用计划，有效减少物料采办成本。

关键词 物料需求；数据仓库；物流资源；降低成本

1 概述

一直以来，海上油气田生产所需要的生产物资均是按照井别、井深的不同，在作业前 1~2 个月由工程技术人员根据定额进行估算，实际生产作业中，这种估算的物料用量经常大于实际使用量，造成实际采办量过大，甚至需要返运上岸的情况发生；反之，若估算用料过少，将直接影响正常生产，后果更为严重。

长期以来，海上钻完井物资供应缺乏有效的分析与预测系统，物料供应计划编排处于被动接受状态，无法预先科学、有效地安排物流资源，资源利用率和服务质量得不到提升。另一方面，据供应链一体化的思想，物流公司与油公司之间在物料需求预测上，还有进一步相互协同的潜力空间，例如，物流公司根据实际物流作业情况，反过来为油公司提供物料采购与供应的决策依据。

通过对海上钻完井物料需求，物流基地生产经营各型数据仓库的建立、分析和挖掘，确定各数据仓库的关系模型，编写分析预测系统软件，使海上作业与所需生产物料的数量，以及基地物流资源的需求情况，建立匹配关系，实现物流后勤基地的科学、高效运转，从而整体降低海上生产作业的成本以及全供应链运营成本，为公司降低桶油成本做出贡献。

2 系统架构及功能

2.1 系统研究目的

采集近年海上钻完井作业的历史数据；物料供应的种类、数量的历史数据；和所需仓储、码头等物流服务的历史数据。通过对以上历史数据关联关系的研究，建立井别、井型、井深等钻完井变量与各类物料需求变量之间的定量关联；以及与各类物料所占仓储面积、所需配送船型、船次等物流资源变量之间的定量关联。

基于分析所得定量关系，建立分析预测模型和算法。基于各类基础数据和分析预测模型，建立关系数据库。基于关系数据和分析预测算法，研发可人机互动的预测分析软件系统。

最终实现，根据未来钻完井变量参数，科学、有效地预测所需各类物料数量，及所需仓储面积、船舶数量等物流资源。

2.2 系统创新及功能设计

站在生产物料供应链协同的角度，通过各作业环节数据仓库的建立、分析，确立其内在关系模型，并在这个基础上编制生产物料的需求计划、物流作业计划，在国内的油气开发领域，属于首创。

钻完井物资需求信息系统需要对大量数据进行汇总，分析和处理，并能快速的生成用户所需要的资源信息，对系统整体的运行速度和准确定有较高的要求。因此我们主要采用分布式结构及 Remoting 分布式处理方式来对系统进行设计。

分布式结构的优点很多，具有较好的可伸缩性、可配置性、安全性，并且体现了软件集成的思想，业务逻辑代码通过多层分布式结构得到了

作者简介：孔令捷(1983—)，女，汉族，天津人。2005 年毕业于天津外国语大学，获英语语言文学学士，中级经济师，现在中海油能源物流有限公司从事科技管理工作。E-mail：konglj@ cnooc. com. cn

集中的统一化管理，从而就能够被客户端应用程序共同访问，实现了资源的共享。NET Remoting是Microsoft进行分布式应用开发的面向对象体系，有较高的安全性，支持更多的通信协议[2]。

Remoting组成：服务端用于承载远程对象用，远程对象是需要跨应用程序域调用的程序集；客户端用于调用远程对象。系统架构见图1。

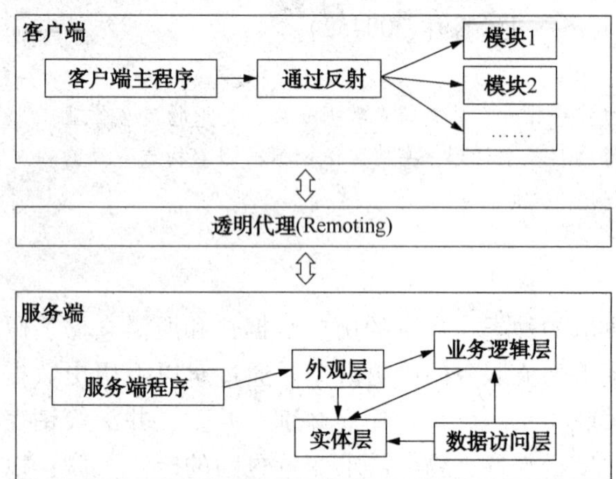

图1　钻完井物资需求信息系统架构

2.2.1　系统关键技术简述

(1) 供应链协同技术

供应链管理的核心是围绕供应链计划展开各种业务流管理(信息流、工作流、资金流和物资流)[3]。

本系统通过将物料自生产至海上生产平台的整个供应链中，分散在不同地点、处于不同价值增值环节(如生产、采办、运输、仓储、码头吊装等)、具有特定优势的功能企业联合起来，以协同机制为前提，以协同技术为支撑，以信息共享为基础，从系统的全局观出发，促进供应链企业内部和外部协调发展，在提高供应链整体竞争力的同时，实现供应链节点企业效益的最大化目标，开创"多赢"的局面。

(2) 数据仓库技术和数据挖掘

数据仓库(DW)技术是数据库与人工智能两项计算机技术相结合的产物，是当今信息管理技术的主流，它利用人工智能中的机器学习、知识处理和神经网络等方法，从数据库中挖掘有用信息、发现知识[4]。

油气开发生产供应数据仓库应是 个面向海上油气生产的、集成生产物料各环节的、相对稳定的、并且反映生产变化特点的数据集合，通过对这些数据的分析和挖掘，可以对海上油气开发物资供应做出定量分析和预测。

(3) ABC(作业成本法)

作业成本法(简称ABC)是西方国家于20世纪80年代开始研究，并在90年代以来在先进制造企业首先应用的一种全新的企业管理的理论和方法[5]。

本系统采用ABC(作业成本法)通过对各个作业环节的分析，解决作业量、作业强度与物流成本的对应关系。减少损失和浪费，合理有效地降低运营成本。

2.2.2　系统功能设计

(1) 物料分析

用料分析：根据"钻井数据"与"物流资源装船单"对钻井使用物料分类进行汇总。

面积分析：根据"用料分析"对占用面积进行汇总。

面积明细：根据钻井数据与物流资源装船单对钻井使用物料明细进行数量及面积的汇总。

(2) 物料预测：根据不同"井别"对钻井使用物料的数量及面积进行预测。

(3) 航次分析与预测

航次分析：根据"物流资源装船单"与"船次数据"对钻进使用物料运输的航次、甲板面积、标准航次进行计算。

航次预测：根据不同"井别"对钻井使用物料运输过程需要航次进行预测。

3　总结

3.1　系统创新点与技术价值

3.1.1　系统创新点

(1) 从供应链协同的视角，在服务生产的基础上管理海上油气生产的物料供应。

(2) 建立公司的数据仓库和大数据分析能力。

3.1.2　技术价值

(1) 通过该项目的实施，建立物流公司服务上游的供应链数据仓库，掌握生产大数据挖掘的技术能力，提高海上油气开发服务能力和服务质量。

(2) 建立从供应链协同角度上，提升钻完井物料需求预测的能力，拓宽物流公司服务的范围和手段。

(3) 为新建物流后勤基地建设和项目投资决策提供技术支撑。

(4) 对公司的生产计划及整体经营提供数据支持。

3.2 结束语

通过对“利用信息系统有效预测钻完井物资需求的研究”，开发研制的“钻完井物资需求信息系统”，实现基于井别、井型、井段对物料种类、数量和所需船次、船型进行分析，可依据给定各井别、井型、井段的井数，预测所需物料种类、数量，预测所占用场地面积，预测所需标准船型的船次。结合海上作业计划，提前1~2个月编排基地物流的生产计划，根据海上生产的年度计划，制定物流公司基地物流板块详细经营计划，形成向油公司提供生产物资供应链数据的服务能力。

参考文献

[1] 严时国. 多层分布式结构教学管理信息系统的设计与实现[D]. 电子科技大学，2011.

[2] 马保国，王文丰，侯存军，等. 基于.NET Remoting的分布式系统实现[J]. 计算机技术与发展，2006，16(3)：50-52.

[3] 陈志祥. 分布式多代理体系结构供应链协同技术研究[J]. 计算机集成制造系统，2005，11(2)：212-219.

[4] 宋中山. 数据仓库技术研究与应用[J]. 计算机工程与应用，2003，39(33)：181-183.

[5] 王红敏. ABC作业成本法在物流企业成本核算控制中的应用——以H公司为例[J]. 财会通讯，2014(20)：101-103.

论物资标准化在供应链管理中的价值

杨怡倩　吴冬梅　王睿石
（中海油能源物流有限公司深圳分公司）

摘　要　物资标准化是企业科学管理的前提，为企业实现降本增效提供有力支撑。本文以 A19 阀门大类为样本进行研究，通过对物资标准化前后供应链中物资数据、物资采购、库存管理 3 个环节情况的对比，分析出物资标准化对降本增效的重要作用。

关键词　物资标准化；降本增效；物资数据；文本采购；库存周转率

物资标准化是现代企业管理的一项重要基础工作，是企业资源互补、信息共享、降本增效的重要手段，也是提升管理战略高度的有力支撑。具体到采办工作，直接决定着“专业化采购、供应商管理、集采管理、库存优化/共享、采购统计分析决策”的业务管理水平。同时，从发展趋势来看，工业化和信息化的融合将越来越深，步伐也将越来越快，利用信息化手段提升业务管理效率是完全可行可信并可见的，而这些都需要高质量高效率的物资标准化及数据管理工作。

早在 2005 年，为配合 ERP 系统上线，中国海油编制了第一版含 61 个大类的物资标准，但由于指导性不强、标准规范性不高，而且严重影响数据统计分析，致使采办和仓储管理的经营成本无法得到有效管控，并给管理层的正确决策带来一定影响，不利于企业项目建设和生产运行。同时，标准化程度不高，导致业务衔接缺失，严重阻碍企业管理水平的进一步提升。

随着中国海油采办专业化的持续深入，原物资标准与实际业务需求的矛盾日益突出，为此，中国海油采办部于 2011 年开展物资数据现状调研及数据规划工作，摸清了数据“家底”；并于 2012 年 4 月~2013 年 9 月集结 500 名海油内部具有专业技能的专家对旧物资标准进行了改造，制定了符合海油现状的新 43 大类物资标准。并通过两个类别的试点项目，总结了一套物资数据清理的工作步骤。经过一年半时间，已完成历史数据按照新标准的清洗工作，目前已落地于信息系统当中。

本文将着重探讨物资标准化对降本增效的意义。通过研究物资标准化对属性模板的规范、对数据质量的优化、对采购过程的信息化和标准化作用来探讨物资标准化对降本增效的促进作用。标准化的物资数据大大提升各项分析的准确性、提升库存周转率、促进无动态物资的流转，充分盘活库存，降低库存资金占用。

1　基础理论

1.1　一物多码

一物多码是指：在信息化系统中，多条物资描述有差异的物料编码指向同一物资。一物多码是物资标准化进程中出现的典型问题。由于存在多条物料编码，计算机系统无法判断是同一物资，使用单位借助信息化系统不易准确判断某物资的库存水平，进行采购时极易重复采购，造成库存积压。

形成一物多码的原因有以下 3 点：

（1）规范性问题，如有无空格，填写分数还是小数，填写全称还是简称，填写中文还是英文，英文字母大小写等；

（2）选填属性的填写；

（3）属性值填写不一致。

1.2　文本采购

进行物资采购（除服务外）时，未使用物料编码，直接用长描述文本对物资进行采购的方式称为文本采购。

导致文本采购发生的原因大致可概括成以下 2 点：

（1）部分物资价值过低或在短期内仅采购一次，按物资标准要求获取物资描述信息的管理成本相对较高，需求单位倾向于直接进行文本采购；

（2）工程建造期间，需采购的物资承井喷式增长，供应链前端资源不足，不易及时申请所需物资数据。为追求效率第一，需求单位进行文本采购。

虽然文本采购简便快捷，但不加限制的使用会带来“前端复杂度提升”，造成“后端不易管理、越来越重”，其带来的弊端却不容忽视，主要有以下 3 点：

（1）文本采购的物资没有物料编码，在 SAP 上无法进行入库操作，将导致实物入库但账面不存在，无法在 SAP 进行库存管理；

（2）不同业务人员对同一物资的理解不尽相同，易带来重复采购，提高资金占有率；

（3）文本采购不使用标准化的数据，无法进行数据分析、挖掘，影响决策。

1.3 库存周转率

库存周转率（Inventory Turn Over，缩写 ITO），是一种衡量物资在工厂里或是整条价值流中，流动快慢的标准。最常见的计算方法是把一定期间内销售的产品的成本（不计销售的开支以及管理成本）作为分子，除以期间内平均库存价值。即：

$$库存周转率=\frac{期间内销售产品成本}{期间内平均库存价值}$$

但库存周转率没有绝对的评价标准，通常是同行业相互比较，或与企业内部的其他期间相比拟分析。库存绩效评价与分析，库存周转率是着重评价的内容。

中国海油根据实际业务情况将计算方式调整为：

$$库存周转率=\frac{累计消耗总金额}{\frac{1}{2}(期初库存物资总金额+期末库存物资总金额+存货减值准备)}\times100\%$$

库存周转率过低会造成一系列不良影响。首先，库存周转率低表示库存流转速度较慢，企业能从资金→原材料→产品→销售→资金的循环活动中获得的利益就会降低，即此时资金的利用率会降低。其次，库存流转慢容易出现积压物资，仓储管理成本随之升高。

2 案例分析

2.1 样本选取：A19 阀门大类

阀门是流体输送系统中的控制部件，具有截止、调节、导流、防止逆流、稳压、分流或溢流泄压等功能。

本大类包括 15 个中类，15 个小类。不包括民用水暖、非金属阀门，设备用的呼吸阀、泄压阀、电磁阀、调节阀等。分类情况详见表 1。

表 1 阀门分类情况详情

中　类	中类名称	小　类	小类名称
A1901	闸阀	A190101	闸阀
A1902	截止阀	A190201	截止阀
A1903	节流阀	A190301	节流阀
A1904	柱塞阀	A190401	柱塞阀
A1905	隔膜阀	A190501	隔膜阀
A1906	旋塞阀	A190601	旋塞阀
A1907	球阀	A190701	球阀
A1908	蝶阀	A190801	蝶阀
A1909	止回阀	A190901	止回阀
A1910	减压阀	A191001	减压阀

续表

中　类	中类名称	小　类	小类名称
A1911	安全阀	A191101	安全阀
A1912	疏水阀	A191201	疏水阀
A1913	排污阀	A191301	排污阀
A1914	专用阀门	A191401	专用阀门
A1915	阀门配件	A191501	阀门配件

2.2 物资标准化前后对比分析

以物资数据生命周期为整体研究思路，分别在物资数据、物资采购、物资消耗及库存管理几方面选取相应指标进行分析，同时对物资标准化前后的指标展开同比分析。

2.2.1 物资标准前后对比

中国海油旧物资标准中属性模板的覆盖率仅为 66%，即 33% 的类别均无法按物资标准创建物资数据（表 2）。

物资标准化对旧 61 大类物资标准进行梳理、调整与优化，最终形成一套包括 43 个大类、494 个中类、3880 个小类及属性模板的新标准，新标准中采用“五段式”属性模板，从“前、后置符号、属性值、计量单位、连接符”5 个字段严格规范每一属性值的填写内容。此外，每个属性都有属性说明，包括属性定义、填写规范、填写示例、注意事项、解决“属性模板难理解、难填写”的问题，详见图 1。

表 2　物资分组对比

新大类	新小类	新小类名称	对应原物料组	原物料组名称	新旧对应关系	变更理由
A19	A191401	专用阀门	44140101	释放阀	合并	原分类不合理，建议将中类 A1914 与 A1915 合并为“特殊阀门或专用阀门”，小类名称与中类名称一致，在小类定义时要确定该类不包括调节阀、控制阀、电磁阀及仪表用二通阀、三通阀等。（按深圳会议讨论结果中类及小类名称修改为“专用阀门”，在数据清洗时建议将原分类的物料数据分别放入“安全阀类或专用阀门类”，有部分属于阀配件建议放入“阀门配件类”）
A19	A191401	专用阀门	44150101	孔板放空阀	合并	

A1914专用阀门												
小类编码	小类名称	基本单位	属性顺序	属性名称	元属性名称	属性说明	前置符号列表	是否必填	属性值列表	后置符号列表	属性计量单位值列表	连接符号
A191401	专用阀门	EA	1	物资名称	物资名称	按特殊用途来描述专用阀门		是	安全阀；排泥阀；手工输入			\
			2	公称直径	公称直径	是指阀门与管道连接的公称通径。国标等径用*DN*后加无因次整数数字组成，美标等径用NPS后加无因次数字组成；示例：国标表示方法：*DN*150、*DN*25；美标表示方法：NPS1/2、NPS3；国标异径用*DN*后跟无因次的整数数字×无因次的整数数字组成，前大后小排列；美标异径用NPS后跟无因次数字×无因次数字组成；示例：国标表示方法：*DN*150×100、*DN*50×25：美标表示方法：NPS11/2×3/4、NPS3×2	*DN*；NPS	是	50；50×25；1 1/2；11/2×3/4；手工输入			\
			3	公称压力	公称压力	是指阀门的压力等级，当阀门进出口压力等级一致时，国标用PN后跟无因次的整数数字+MPa表示；美标用CL后跟无因次的整数数字表示；示例：国标表示方法：*PN*1.6MPa、*PN*40.0MPa、*PN*16.0MPa；美标表示方法：CL300、CL1500；当阀门进出口压力等级不一致时，进口压力等级×出口压力等级来表示，国标用*PN*后跟无因次的整数数字×无因次的整数数字+MPa表示；美标用CL后跟无因次的整数数字×无因次的整数数字表示；示例：国标表示方法：*PN*1.6×1.0MPa、*PN*40.0×1.6MPa；美标表示方法：CL300×150、CL1500×300	*PN*；CL；留空	是	40；40×1.6；300；300×150；手工输入		MPa;留空	\
			4	型号	型号	阀门型号通常应表示阀门类型、驱动方式、连接形式、结构特点、公称压力、密封面材料、阀体材料、用途等要素。该型号不符号《JB/T 308-2004阀门型号编制方法》或类似阀门型号编制要求的专用阀门		是	HCl-86-C 手工输入			\
			5	技术参数	技术参数	是指专用阀门的如材质、介质、使用温度等		否				\
			6	出厂系列号	出厂系列号	是指专用阀门出厂时的编号		否				\
			7	制造厂	制造厂	是指专用阀门的制造厂		是	罗浮阀门集团有限公司；CROSBY；手工输入			\
			8	参照标准	参照标准	是对阀门的结构型式、技术要求、试验方法、检验规则等内容进行详细规定，是指阀门的制造标准。示例：GB/T、AP1、DIN等		否				

图 1　新标准属性模板样例

分类不清晰、选必填属性不明确使得旧标准下物资数据质量水平较低，物资数据共享率极低，同时物资数据不规范使得物资本身的共享率也极低。

以一物多码现象为例，表 3 为物资标准化前后数据质量的对比。

表 4 呈现了旧分类下一物多码的典型问题，由于旧标准界定不清晰、模板选必填属性不明

确、缺乏分类说明等指导性文字，同一物资“球阀\DN25\PN1.6MPa\Q41F-16C”被申请了3条编码，旧模板的规范作用几近于无。

物资标准化工作的开展有效地降低一物多码出现的可能性，如表3所示，绝大多数一物多码问题都逐一被规范，系统中数据质量提升，物资共享率也得到提升。

表3 物资标准化前后一物多码情况对比

旧物资编码	旧物资描述	新物资编码	新物资描述
80416250	球阀\DN25\Q41F-16C	82143292	球阀\DN25\PN1.6MPa\Q41F-16C
81309936	球阀\DN25\PN1.6MPa\活接式\UPVC		
80182154	球阀\DN25\PN1.6MPa\Q41F-16C\手动		

表4 2015年12月31日某球阀一物多码造成的重复采购

旧物料码	旧物料描述	工厂	工厂	二级单位	库存数量
80416250	球阀\DN25\Q41F-16C	1021	泰州沥青工厂	炼化公司	19
		1038	油生事业部	中海油服	
		1022	四川公司工厂	炼化公司	
		1026	中海石油湛江燃料油有限公司工厂	炼化公司	
81309936	球阀\DN25\PN1.6MPa\活接式\UPVC	1021	泰州沥青工厂	炼化公司	4
		1022	四川公司工厂	炼化公司	
		1606	营口沥青工厂	炼化公司	
80182154	球阀\DN25\PN1.6MPa\Q41F-16C\手动	1001	化肥二部物资工厂	化学公司	23
		1186	中沥公司工厂	炼化公司	
		1053	天野公司物资工厂	化学公司	
		1003	化肥一部物资工厂	化学公司	

同样以表4中的球阀为例，在物资标准化前每条旧编码均存在采购记录，2015年12月31日，每条物料编码下均有库存且由于编码不同，这些物资难以共享，物资标准不完善带来的重复采购和物资冗余可见一斑(表4)。如不及时梳理规范这种数据，后续将难以平衡利库，重复采购、库存积压造成资金占有率大幅提高，供应链后端越来越“重”。

物资标准化后，基本达到一物一码(一条物料编码对应唯一的物资)，使用单位可以“先利库后采购”，重复采购降低、呆滞物资去库存明显、库存周转率提高，资金占有率大幅降低。

2.2.2 文本采购率对比

物资标准化工作扩大了属性模板的覆盖面，属性模板的全面性直接体现在文本采购率的变化上。由上表可以清晰看出2015年6月至2016年5月各单位文本采购率同比上一年度有显著下降(表5)。

表5 物资标准化前后文本采购率对比

二级单位	文本采购率		变化情况
	2014~2015	2015~2016	
有限湛江	98.02%	89.78%	↓
有限天津	92.62%	23.10%	↓
中海油服	45.23%	2.59%	↓
有限深圳	18.57%	10.31%	↓
海油发展	17.36%	12.93%	↓
化学公司	13.03%	11.93%	↓
气电集团	2.20%	2.84%	↓
炼化公司	0.88%	0.22%	↓
海油工程	0.01%	0%	↓
有限上海	0%	0%	↓

2.2.3 库存周转率对比

由表6可以发现，物资标准化前后同一物资的周转率明细，由图2可以发现物资标准化前后该物资库存周转率有相应提升。物资标准化开展前，同一物资有3条物资编码在2014年的平均月周转率约0.03；物资标准化开展后，3条物资编码确认为一物多码，被规范为同一编码，分析其后其2014年的平均月周转率约0.05。通过物资标准化前后对比得出，高质量的物资数据可以实现周转率合理化水平。

3　结论

物资标准化是企业科学管理的前提，为企业实现降本增效提供有力支撑。基于标准化的物资数据，数据分析、挖掘的结论更加真实可信，物资管理过程中存在的问题逐渐水落石出，企业可以准确发现自身问题进而解决问题，降低重复采购产生的库存积压和仓库占用，优化供应链管理，避免走“重资产运作”之路。

物资标准化提升库存周转率和物资利用率，优质的物资数据使得“先利库后采购”成为可能，去库存的同时释放流动资金，提高资金的投入产出比，越来越多呆滞物资在物资标准化后获得新生命。

随着物资标准化工作的开展，数据质量逐步提高，可分析性也更高，数据价值的获取将不仅仅停留于简单统计。借助各项工具对数据价值进行深入挖掘已成为国际国内的大趋势，多维度、深层次的数据价值挖掘将为企业的降本增效带来更多可能。

表 6　物资标准化前后库存周转率明细

	物料编码	2014. 1	2014. 2	2014. 3	2014. 4	2014. 5	2014. 6	2014. 7	2014. 8	2014. 9	2014. 10	2014. 11	2014. 12
清洗前	80182154	0. 025	0. 027	0. 024	0. 019	0. 018	0. 011	0. 032	0. 030	0. 023	0. 002	0. 025	0. 037
	80416250	0. 057	0. 027	0. 032	0. 053	0. 015	0. 046	0. 044	0. 040	0. 026	0. 003	0. 027	0. 066
	81309936	0. 036	0. 020	0. 024	0. 020	0. 028	0. 047	0. 015	0. 012	0. 019	0. 002	0. 017	0. 041
清洗后	物料编码	2015. 1	2015. 2	2015. 3	2015. 4	2015. 5	2015. 6	2015. 7	2015. 8	2015. 9	2015. 10	2015. 11	2015. 12
	82143292	0. 048	0. 035	0. 036	0. 025	0. 033	0. 071	0. 047	0. 050	0. 060	0. 033	0. 048	0. 056

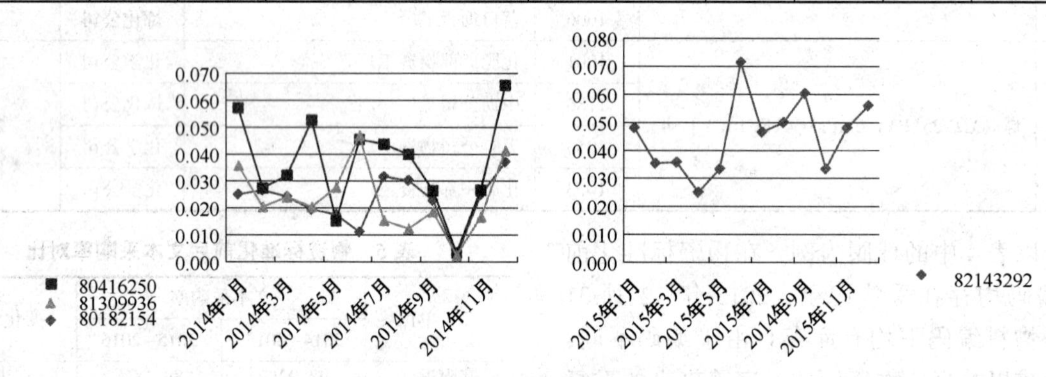

图 2　物资标准化前后库存周转率对比

海上油气田开发企业质量管理体系建设探讨

林乃菊　钱立锋　张　良

（中海油能源发展股份有限公司安全环保分公司，天津塘沽 300457）

摘　要　通过分析海上油气田开发企业质量管理现状，结合上级部门的质量管理要求及国内外油气开发的总体背景，提出了建立质量管理体系的现实意义，探讨了质量管理体系建立的要点和重点，并指出了在初期建立质量管理体系时应注意的问题。旨在为海上油气田开发企业建立质量管理体系提供指导，以便在建立质量管理体系的过程中，重新梳理主业务流程及相关支持过程，消除或优化不增值过程及低效过程，制定更加明确的质量目标和指标，并通过加强过程控制和评审，达到提质降本增效、增强顾客和其他相关方满意的目的。

关键词　海上油气田企业；质量；质量管理；管理体系；体系建设

1　我国海上油气田开发企业质量管理状况综述

我国主要海上油气田开发企业——中国海洋石油总公司(以下简称中海油)采取的是油公司管理模式。油公司就是专门从事勘探开发生产业务的石油企业，其突出特点是不设置专业服务队伍，各种专业的服务均由专业服务公司来完成。因此，在中海油内部将所属的单位划分为两大类即油公司和专业公司，油公司负责油气勘探开发和生产，专业公司为油公司提供各种专业服务的同时，可以开展对外相关专业服务。本文所指的海上油气田开发企业特指中海油下属的“油公司”企业。

作为为油公司提供各种专业服务的专业公司，为了满足油公司和其他国内外客户的质量要求，均已按照 ISO 9001 质量管理标准或行业特殊质量管理体系标准建立了自己的质量管理体系并且多数企业还获得了第三方认证。而作为“油公司”的上游勘探开发生产各分公司，最近几年只是建立了设备设施完整性管理体系，没有建立完整的质量管理体系。油公司是实行预算为主的公司，属于非客户驱动型，特别在高油价背景下，企业收入利润比较可观，进行管理提升、实行精细化管理、提质降本增效还显得不是那么紧迫。但随着近两年油价断崖式下跌，油公司经营状况持续亏损的大环境下，中海油提出了“提质降本增效、向管理要效益”的持续深化质量效益年活动，中海油 QHSE 部也提出了在总公司范围开展质量管理体系建设，推进质量管理体系完整性基础质量管理工作，用管理体系系统方法持续夯实所属单位质量管理基础，为实现质量管理提升及降本增效打好基础。

2　海上油气田开发企业质量管理体系现状分析

海上油气田开发企业多年来沿用油公司管理模式，没有建立专门的质量管理体系，一些基础的质量管理要求存在于各项经营管理制度之中，也由各自部门分别来控制。该类企业的最终产品原油和天然气的质量是不依赖生产过程而存在的，开采出来后只需经过简单的油气水分离后就可出售给下游企业。不像多数工业和民用产品制造类企业，直面消费者和客户，市场竞争激烈，产品的质量和价格直接影响市场销售，决定企业发展和生存。因此仅从最终产品的角度看，海上油气田开发企业依据 ISO 9001 标准建立质量管理体系的意义和驱动力不足。在高油价背景下，企业在抓好安全生产的前提下就可以生存和发展。在此背景下的企业质量管理存在的主要不足有：

（1）没有专门的质量管理部门进行质量监督和控制；

（2）没有明确的质量总目标和各业务及过程

作者简介：林乃菊(1968—　)，女，汉族，山东昌邑人，1990 年毕业于包头钢铁学院工业电气自动化专业，2006 年取得中国石油大学(华东)管理科学与工程硕士学位，高级工程师，现从事质量、职业健康安全和环保(QHSE)技术服务工作。E-mail：linnj@ cnooc. com. cn

分质量目标；

(3) 企业各层级人员对质量的概念和认识不统一，没有建立大质量的意识；

(4) 公司内部没有实施质量审核或检查，也没有引入外部审核的机制，持续改进的支持数据和依据不足，导致持续改进动力不足，方向不明确；

(5) 高层管理者对质量管理的推动力不足等。

随着目前油价的持续低迷，在实际生产成本高于销售油价下，企业的生存和发展越来越依靠其高质量的管理水平。重视过程有效配置和高效使用，减少不增值过程、优化低效过程，通过质量管理提升向质量要效益促进企业健康发展和生存势在必行。

3 海上油气田开发企业建立质量管理体系的意义

所谓建立质量管理体系，就是用管理的系统方法来提高质量目标的有效性和效率。建立质量管理体系就是在原有管理模式的基础上进行系统识别海上油气田勘探、开发、生产等的各个过程及其相互依存关系，构建并合理整合各个过程的方法，制修订必要的规则和职责，配备必要的资源，确定企业应该进行的特定活动并规定应如何进行，减少跨部门和跨职能的障碍，使之能以最有效的方式实现企业的质量目标，通过测量和评价以持续改进质量管理体系。

通过建立质量管理体系可以达到以下的目的和意义：

(1) 将企业质量管理系统化，包括明确的目标、统一的质量概念和内涵、明确的质量控制方法；

(2) 可以实现质量管理闭环化，通过 PDCA 循环实现持续改进；

(3) 可以提高全员的质量意识，统一企业质量行动；

(4) 可以通过过程及流程优化实现提质降本增效。

4 海上油气田开发产企业建立质量管理体系的依据、要点及重点

4.1 建立质量管理体系的依据

对于海上油气田开发产企业，建立质量管理体系的初期，建议首先依据 ISO 9001 标准，打好基础后，再考虑进一步扩充 ISO 9004 标准中关于战略、财务管理、过程结果和创新方面的内容，这将有助于企业在激烈的市场竞争条件下，不断增强竞争力，取得更好的经营业绩。

4.2 建立质量管理体系的总体原则

围绕建设切合实际的质量管理体系出发，本着实用、可操作的工作思路，应从勘探开发生产实际出发，树立“大质量”理念，以职责、制度为基础，以业务流程为主线，对照各业务板块、流程，重新理清现有的各类文件关系、管理要求，梳理、优化制度标准，整合、规范业务流程，以最少的文件实现最优化的管理，尽量实现与现有规章制度文件的无缝衔接，避免“两张皮”现象的发生。

4.3 建立质量管理体系的要点和重点

4.3.1 确定顾客及其他相关方及其需求和期望

对于海上油气田开发企业而言，顾客一般是指市场、上级企业以及接收流程性产品的下游企业。要针对不同的顾客群，去识别其具体的需求和期望。

4.3.2 确定质量管理体系的范围

对于海上油气田开发企业而言，在建立质量管理体系初期，建议确定的质量管理体系范围是主营业务如原油和天然气的勘探、开发、生产和销售服务过程质量及销售产品如原油和天然气等质量。确定质量管理体系的范围决定了质量管理体系所需的过程和管理幅度，这点十分重要。

4.3.3 识别质量管理体系建立需要应对的风险及应采取的应对措施

ISO 9001：2015 版标准提出了新的要求，企业在建立质量管理体系时要充分识别企业的内外部环境、相关方和质量管理体系所需过程，确定需要应对的风险和机遇，并采取应对风险的措施，确保质量管理体系有效和高效运行，实现预期目标。

4.3.4 确定企业质量方针和目标

质量方针是企业在质量方面的总的宗旨和方向，质量方针通常由最高管理者组织制定并亲自发布。质量目标范围要覆盖勘探、开发、生产等过程的输出产品和服务。

4.3.5 确定所需的主要业务过程及识别过程之间的顺序和相互作用

海上油气田开发企业应确定所需的主要业

务过程，确定过程的输入和期望的输出，识别过程之间的顺序和相互作用。对于该类企业，主要的业务过程分为3大部分，即勘探、开发和工程建设、生产运营。由于这3个过程各自相对独立，过程运行和管控方法及技术管理差异很大，且归3个不同的事业部门来管理，因此建议建立相对独立的质量管理主流程运营文件，这样便于后续运行维护和监控。其他的支持过程如财务、人力资源、采购和行政等采用统一的管理制度。

4.3.6 规定对各个过程的监视和测量方法和手段，测量过程的有效性和效率

这一点需要特别强调，由于在以前的质量管理工作中，这部分没有得到足够重视，因此显存的管理制度和文件中这部分内容较少，需要花力气再这些方面进行识别和确定，以便于体系的有效运行和后续持续改进。

4.3.7 确定防止不符合并消除产生原因的措施，建立持续改进的方法和渠道

建立质量管理体系的核心思想就是预防不合格的发生，提供企业自我纠偏和持续改进的框架，达到能够持续提供和输出合格的产品和服务，令客户和各相关方满意。因此，这部分内容的完善可以保持企业发展的后劲和自我提升的手段。

5 建立质量管理体系应注意的问题

5.1 在大质量概念的基础上，明确质量的内涵

质量是一个相对比较抽象的概念，不同的人会有不同的理解。因此海上油气田开发企业如何把一个抽象的概念转化为具体的、可测量的工作指标或标准，并落实到各个业务过程中是企业面临的巨大挑战。且真正与最终产品和服务直接相关的部门或过程较少，应树立大质量的概念，企业每个人的工作都与顾客或最终产品和服务相关联，每个人的工作过程质量和工作质量都可能影响到顾客满意或最终产品和服务。因此，企业在建立质量体系时，首先要明确质量的内涵，哪些属于过程质量指标，哪些属于产品和服务质量指标，均应明确规定，否则的话，过程质量、工作质量和最终产品和服务质量将无法衡量和控制。美国质量管理大师克劳士比对质量的定义是：质量即符合要求。若采用这一定义，那么就可以把重点放在对过程和最终产品和服务“要求”的制定上，即制定可测量的质量目标(过程目标和产品与服务目标)体系和考核评价体系，这样就将抽象的质量概念转化为可测量的质量内涵。

5.2 重视领导的作用

任何管理体系的成功实施均离不开高层领导的强有力的推动作用。ISO 9001：2015版质量管理体系标准更是突出强调了企业领导力的作用，领导成为体系的核心，变成了直接与管理体系策划、实施、检查与改进相关的核心要素，各级领导应以身作则，关注质量管理体系的有效性并对其负责；要授权他人，建立彼此的信任，通过授权来落实质量管理体系要求；要勇于挑战现状，抬头承担创新的风险；要善于激励人心，通过不断传递过程方法的作用和质量管理重要性等支持和指导员工作出贡献。

5.3 要充分发挥质量管理部门和专职质量人员的推动作用

要搞好质量管理体系的落实，除了要有好的全员质量意识，还要有过硬的质量技术来支撑。通常在体系建立初期，质量管理部门和专职质量管理人员可以在这方面发挥很好的作用，他们可以对整个质量管理体系的运行起到有效的质量技术指导及专业的质量审核和评价，及时纠偏。目前海上油气田开发企业比较缺乏这方面的专业人才，建立质量体系时，应充分考虑其质量职能及人员的配备。若暂时不满足，也可以采取外援的方式加以补充。

5.4 重视教育宣传，并采取新型培训方式

知识的生命周期在不断缩短，要花费更多的精力在培训教育上，从质量意识、制度和技术层面加大培训的力度。培训的方式不仅是传统的上课式的讲授，而应该多考虑采用教师与学院的互动与交流模式，同时考虑充分利用目前信息技术交流平台的作用，为各级管理者和员工搭建有效沟通、交流和解决问题的平台。充分调动全员认识质量、参与质量管理、及时发现和解决问题的积极性，为质量管理体系要求的有效高效落实奠定基础。

6 结束语

海上油气田开发企业通过建立符合ISO 9000标准的质量管理体系可以夯实质量管理基础，与

传统的管理相比具有系统化、规范化、标准化的特点，在目前低油价形势下，可以通过建立质量管理体系的过程重新梳理主业务流程及相关支持过程，消除或优化不增值过程及低效过程，制定更加明确的质量目标和指标，通过不断的加强过程控制和评价与改进，达到管理提升、提质降本增效、增强顾客和其他相关方满意度的目的。

参 考 文 献

[1] 戚维明. 全面质量管理[M]. 第3版. 北京：中国科学技术出版社，2010.
[2] 刘勇明，倪锐. 谈石油企业质量管理体系有效性建设[J]. 天然气技术与经济，2011，5(3).
[3] 张悦. 陆上油田质量管理体系初期建设的几点认识[J]. 化工管理，2015，159.

企业知识产权管理人员应具备的素质探讨

曾晓辉[1] 曲庆利[1] 秦飞翔[1] 李海霞[1] 赵华芝[2]
(1. 大港油田石油工程研究院，天津大港 300280；
2. 大港油田第四采油厂，天津大港 300280)

摘 要 本文从企业知识产权管理人员在整个企业知识产权工作中所处的地位和所起的作用出发，就知识产权管理人员所应该具备的素质和培养方法进行了探讨和分析。

关键词 企业知识产权；知识产权管理；素质探讨

我国目前正在实施创新驱动发展战略，大力提倡大众创业，万众创新，知识产权工作提高到了前所未有的高度，作为中国最大创新主体——企业来说，知识产权工作尤为重要，迫切需要大批合格知识产权专业管理人才，那么如何才能做一个合格的企业知识产权管理人员，是值得企业从事知识产权工作有关人员思考的问题。

1 合格的企业知识产权管理人员应该具备的基本素质

首先，要明确企业知识产权管理人员所处的地位和所起到的作用，笔者认为，知识产权管理人员在知识产权全生命周期过程中处于一个承上启下的一个中枢地位，对上级部门、领导起到一个参谋和助手的作用，对下级研究人员起到一个指导、解惑的作用，有的同志的观点是要做一个全才，要具备专业化、复合型、国际化、应用型，难度系数比较大，能达到这个级别的人才简直就“神才”了，在国内估计也就凤毛麟角了，所以要根据企业的实际状况，来确定知识产权管理人员应该具备的基本素质，保证其工作能够顺利开展。

企业的知识产权工作主要体现在：创造、运用、保护和管理4个方面，这就要求知识产权管理人员至少应该基本素质有3个方面：

1.1 具备相关技术专业技能

知识产权的工作的第一要素就是“创造”，“创造”来源于日常的研发工作，只有研发工作中有了创新的东西，才能提炼出相关的知识产权，这就要求知识产权管理人员要从研发开始就要积极介入，检索相关专利文献，全面收集整理与技术创新相关的国内外各种资料，通过对知识产权信息的分析利用，及时了解所属领域的知识产权状况，在了解该技术的专利申报情况基础上，指导研发团队如何绕过现有专利，避免侵犯他人的在先权利，造成“无效”研发，无用的浪费人力、物力和财力，在跟研发人员在工作中更好的沟通中，指导研发人员要做好知识产权的规划，明确知识产权产生的类型、数量、以及产生的阶段。做到心中有数，有的放矢。尽量避免专利申请产生的随机性、个案性和滞后性，使专利挖掘与项目进展保持同步，使专利产生的数量和质量都达到最大化，确保研发成果能够得到很好的保护，如果没有一定专业技术技能，与研发人员沟通存在困难，那就很难和及时提炼出更多的创新成果。

1.2 知识产权管理人必须了解一定的代理知识，了解基本代理流程，具备知识产权实务的相关技能

由于科研人员所关注的是项目研发出来的创新成果本身，不了解如何将这些成果如何变成国家保护知识产权成果的流程和规定，这就需要知识产权管理人员的解惑和指导，申报知识产权成果都需要准备好什么样文字材料，在文字材料里面中那些方面的是需要重点阐述清楚的，这样才

作者简介：曾晓辉，男，汉族，四川人，2005年毕业于长江大学石油工程专业，工程师，现从事科技管理工作。
E-mail：zengxhui@petrochina.com.cn

能有利于产权申报。就笔者所在的单位来说，每年都有20~30多项研发项目，创新成果主要体现形式是专利和版权软件，在撰写专利申报文件时，做为管理人员要指导研发人员撰写技术交底书，要明确技术交底书撰写的几部分内容，每部分内容需要详实的程度，才能在后期专利材料的审核中容易成功，跟相关代理所的人员交流起来，才能更顺畅，才能让代理人更精准地理解创新成果的实质，明确知识产权要保护的核心成果，及时快速地申报，保护好知识产权。2015年，申报56项专利及3项软件登记，获得专利授权20项，其中获得发明专利3项。2016年1~9月，已经申报各类知识产权50项，获得专利25项，其中发明专利8项，有效地保护了技术创新投入资金的安全。

1.3 了解和熟悉各种相关的法律、法规

知识产权管理人要了解和熟悉各种相关的法律、法规，这些知识在知识产权创造和保护以及运用中都会涉及到。有的发明申报专利在实质审查的时候，被国家知识产权局驳回了，说没有新颖性，一看审查意见通知书，原来是自己在申报专利前已经把该项技术的论文公开发表了，这就导致在申报专利的时候自己把自己否决了。

2 如何培养企业知识产权管理人员应该具备的基本素质

2.1 建立好“借智”培养的机制

应该借用高校这块阵地开展知识产权人员法理的培养。目前，我国已经有30多个高等院校开展了知识产权的专业教育，高等院校相对来说，它具有完善的知识产权课程体系和教育计划、良好师资队伍，建立有内容比较完整系统的知识产权法理教材体系。这对于在系统理论、法理方面培养企业知识产权管理人才将起到快速培养的作用，可以很好地补充企业在自行培养实践中的不足，在院校里可以培养出企业自己的知识产权方面的硕士、博士研究生，推动企业知识产权工作更上一个新的管理高度。

2.2 短期的专业的知识产权培训

有时候必须要考虑到企业的工作实际，不太可能有充足的时间将知识产权管理人员送到高校联合培养，但可以选派这些员工参加短期的、专业化的知识产权培训。

2.3 以考助学，开展知识产权相关法律实务的培训

积极给企业的知识产权管理人员创造条件，积极鼓励他们参加各个地方知识产权局举办的专利代理人资格培训，这也是一个很好的学习途径，参加这种考试培训，可以在短时间内强化知识产权的基础知识和理论，学习效果非常好。

2.4 实训化培训

知识产权代理公司的专业人员熟悉各种知识产权文件的攥写和申报，也熟悉各种申报流程，积累了很多答辩经验，企业要创造条件让知识产权管理人员进入一些知识产权代理所开展跟班实习培养，与代理所比较有经验的代理人学习代理实践，在实践中丰富自己的技能知识，只有经过了专业的技能培养，才能使知识产权管理更加专业化，能够快速解决研发人员在申报过程中出现的各种问题，可以提高申报、答辩的速度，可以快速获得国家认可的知识产权证书。

3 结论

现代企业的所面临的环境已经是日新月异，科技发展迅猛，企业想要在经济大潮中获得好的生存和发展环境，在市场中取得较好的经营业绩，必须要做好创新工作。如何管理、保护和运用好创新工作带来的知识产权成果，责任重大。这就要求企业知识产权的管理人员，必须与时俱进，具备相应知识技能和管理技能，才能更好在企业知识产权工作中发挥更为积极有效的指导和引领作用，提高企业知识产权管理水平。

浅谈物资数据清理对海油降本增效的作用

王睿石 吴冬梅

（中海油能源物流有限公司深圳分公司）

摘 要 在现代化企业中，物资数据已贯穿工程、生产、设备、采办、仓储、销售、财务等企业运营全链条的始末，是企业运营管理的重要抓手。物资分类的合理与否、物资数据质量的好坏，都直接关系到各项业务信息的准确性，同时关系到各项业务在信息系统中的正常应用。因此，为了更好的指导，以“中国海油新物资标准发布暨数据清理和信息调整”项目为例，从中选取“普通钢材”这个类别为例，具体探究物资数据清理对降本增效及库存优化的影响，并给出指导性意见，具有重要理论和现实意义。

关键词 物资标准化；物资数据；降本增效

1 研究背景及意义

1.1 研究背景

2016年，集团上下面对低油价寒冬，迎难而上，负重前进。随着经济发展新常态的形成，行业面临低油价的挑战，公司在“求生存，谋发展”过程中，需要加强成本管理，精耕细作，重塑公司低成本竞争力。通过“清百万物资数据，理百万业务单据”，去伪存真，为挖掘数据价值，寻找信息金矿打下扎实基础。相信随着项目完成，能够使公司“强筋健骨”，更好的抵御寒冬，为建设有中国特色的国际一流能源公司添砖加瓦。

1.2 研究意义

长期以来，由于物资数据不合理的物资分类、不规范的属性模板、低质量的物资数据，这些都直接制约了中海油在整合需求计划、强化集中采购、提高议价能力、推动库存共享、优化仓储配送过程、加大供应商整合力度等各项管理工作的提升。作为资产密集型的工业企业，在当前宏观经济新常态，油价长期低迷的背景下，更加迫切需要通过加强物资管理，全面降低供应链环节的成本，提高物流效率。

中海油从2014年年中开始启动物资数据清洗工作，通过历时16个月努力，126万条旧数据经清洗后，保留87万，删除39万，精简近31%，一物多码、一码多物、属性缺失等质量问题得到显著改善。高质量的物资数据对企业信息化的深化应用、企业的管理水平的提高起到推动的作用。ERP是企业业务运行的高速公路，物资数据则是高速公路上的“车”，没有好的物资数据，不能充分发挥ERP建设成果；国际领先石油公司，如壳牌，均视物资数据为企业资产，可见物资数据的重要性。

2 物资数据清理简介

2.1 数据清洗

数据清洗工作从2014年6月持续至2015年6月，历时一年。完成了126万条物资数据的全面清洗工作。“数据清洗”是数据清理工作的第一个阶段，是将经预清洗后的数据，进一步按新物资标准要求，调整归类、补充缺失数据属性值，并去除冗余数据的过程。数据清洗是数据预清洗的延续工作，也是数据调整和系统切换的前序工作。

通过“数据清洗”形成以下成果：

成果一（完整准确的物资数据）：（1）规范数据清洗工作中总结出的不完整物资数据相关问题；（2）完成数据问题归类；（3）补充填写物资数据的必填属性；（4）规范物资数据的属性描述，形成符合新物资标准的物资数据。

成果二（新旧物资数据对照表）：根据数据清洗结果，编制全部所属单位下旧物资数据与新物资数据的对照关系表，用于后续数据调整及信息系统新旧业务凭证切换。

数据清洗工作应坚持下述4条原则：

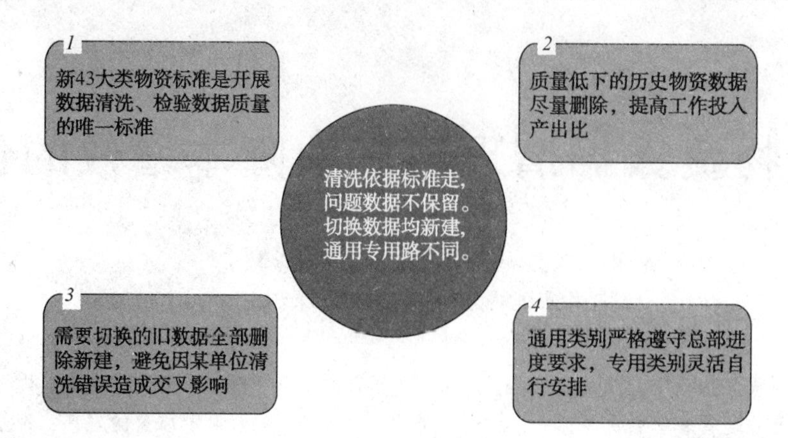

2.2　数据清理的目标及价值

2.2.1　数据清理的目标

（1）数量精简

数据清洗工作开展前物资主数据总量约为126万，数据清洗工作完成后物资主数据总量约为87万，删除废旧冗余数据约为39万，精简比例约为31%详见图1。

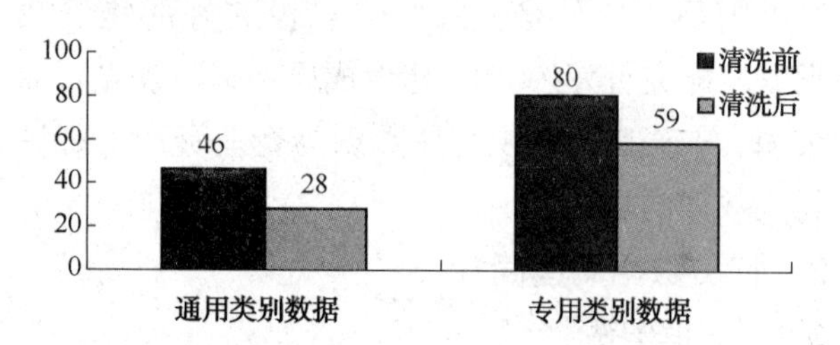

图1　数据精简情况(单位：万条)

（2）质量提升

① 精确物码对照(一物多码)：清洗前物料编码为108662条，优化合并后为34940条；

② 精细物料描述(一码多物)：清洗前物料编码为22745条，清洗后数据增至43561条；

③ 规范属性值描述：配件名称：由6964种减少为5317种；制造商/品牌：由24551种减少为11897种；

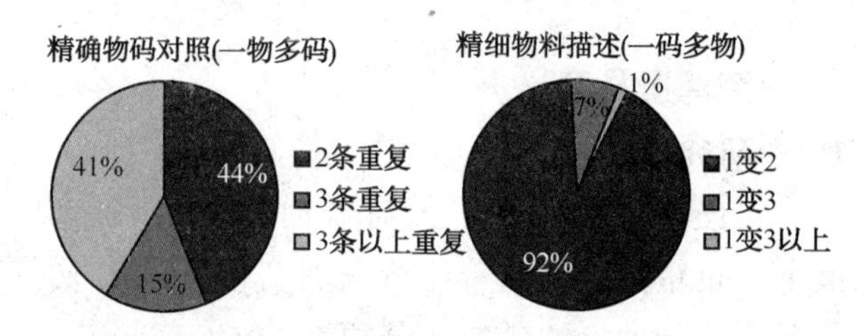

2.2.2　数据清理的价值

高质量的物资数据提供可分析的业务数据基础，从而实现采购管理、库存管理、供应商管理、价格管理等物资相关业务的管理提升(图2)。

立足“好用标准，质优数据”，为企业在需求整合、两级集采、库存优化、工程采购、品类采购、供应商管理等方面，持续推动业务变革，创造业务价值，全面提升公司物资管理水平，重塑海油的低成本竞争能力。

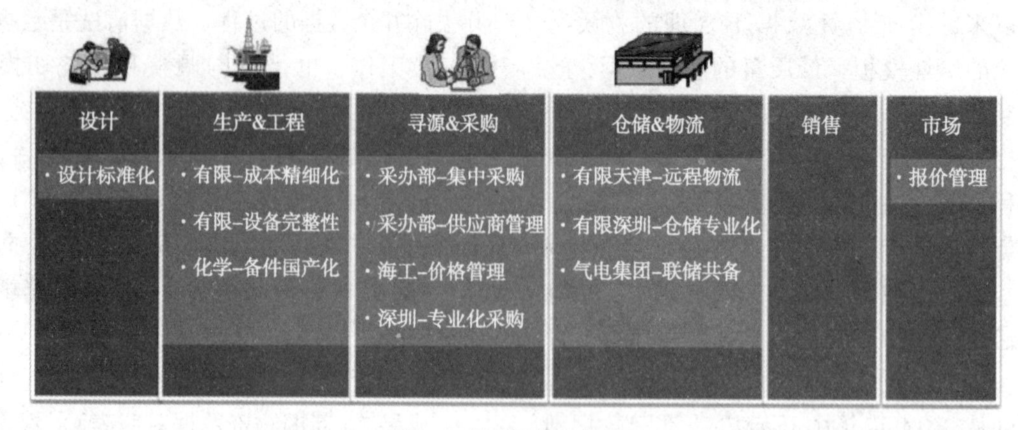

图2　高质量物资数据

3　物资数据清理在降本增效中的实际应用

随着业务的不断扩大，库存物资尤其是钢材钢板的库存物资大量的占用了海油工程库存的大量资金，如何通过物资数据清理进行优化普通钢材这个类别的库存结构，达到降本增效的目的。因此有必要通过相应的例子进行论证物资数据清理这项工作对降本增效的作用与意义。

3.1 普通钢材大类定义及数据量

3.1.1 普通钢材大类定义

普通包括钢轨、型钢、异型钢 、钢板及钢带、钢管、铸铁管与管件、线材、钢材制品 、其他钢材。普通钢材这个大类共计9个中类，34个小类。

3.1.2 普通钢材物资数据量

清洗工作成果如表1所示。

表1 A05普通钢材清洗前后数据量

调整类型	清洗前旧料编码	清洗后新物料编码
新建	24567	4423
变更	7563	7563
SAP工厂级删除	4538	0
集团级删除	3781	0
总计	35780	11986

普通钢材这个类别在数据清洗之前共计35780条物料，通过数据清洗后保留了11986条物料。数据精简比例为：67%。通过数据清理工作分别形成了新建、变更、删除三种调整类型的数据。对于删除的数据，只能进行消耗，不能进行任何采购业务。

3.2 案例分析

普通钢材主要是海油工程使用。海油工程由于是建造和设计单位，所使用的钢材类物资主要有型钢、钢板和钢管。由于物资标准不够严谨、物资标准化工作不够深入，导致物资数据质量不高，主要表现为一物多码、一码多物两种情况，构成这两种情况的原因有以下几点：规范性错误(有空格/无空格，填写分数/小数，填写全称/简称，填写中文/英文，英文字母大小写等)；选填属性的填写；属性值填写不一致等；

这两种情况就会引发同一物资重复采购的现象，增加了生产成本，这与“降本增效”的宗旨的相违背的。

案例：选取了海油工程普通钢材这个类别近3年采购前5的小类以及库存情况进行分析；

在此表2、表3中可以看出：A050401普通钢板采购金额较大、库存金额占比较大。所以选择此小类进行深入研究。

表2 A05普通钢材采购前五小类采购金额排名

小类编码	小类名称	订单净值CNY/万元
A050401	普通钢板	¥228877.20
A050201	H型钢	¥54139.39
A050503	石油天然气输送钢管	¥46263.60
A050501	无缝钢管	¥46015.56
A050502	焊接钢管	¥15321.02

表3 A05普通钢材采购前五小类库存情况排名

小类编码	小类名称	库存金额CNY/万元
A050401	普通钢板	¥3989.41
A050201	H型钢	¥3406.42
A050503	石油天然气输送钢管	¥1345.03
A050501	无缝钢管	¥1123.10
A050502	焊接钢管	¥23.47

3.2.1 数据精简维度

A05普通钢材这个小类通过数据清理工作，基本上实现了物资数据的精简化，达到了一定效果。具体情况详见表4。

表4 物料编码

物料编码	旧长描述	新长描述
80767514	钢板\PL38\GB/T 1591—1994 Q345B\3000×12000	钢板\PL38\Q345B\GB/T 3274—2007
80921612	钢板\PL38\Q345B\2000×11300	
81051197	钢板\PL38\GB/T 1591—1994 Q345B\3050×11000+	
81213747	钢板\PL38\GB/T 1591—1994 Q345B\2530×6000+	
81662918	钢板\PL38\GB/T 1591—2008 Q345B\2200×12000	
81662919	钢板\PL38\GB/T 1591—2008 Q345B\2800×12000	
82275009	钢板\PL38\GB/T 1591—2008 Q345B\2000×11600	
82141775	钢板\PL38\GB/T 1591—2008 Q345B\2100×6000	
82141782	钢板\PL38\GB/T 1591—2008 Q345B\2850×10000	
82135613	钢板\PL38\GB/T 1591—2008 Q345B\3000×12000	
82126530	钢板\PL38\GB/T 1591—2008 Q345B\2050×7500	
82126539	钢板\PL38\GB/T 1591—2008 Q345B\1750×8600	

续表

物料编码	旧长描述	新长描述
82126547	钢板\PL38\GB/T 1591—2008 Q345B\2550×11000	
82037593	钢板\PL38\GB/T1591—2008 Q345B\2000×8300	
82037594	钢板\PL38\GB/T1591—2008 Q345B\2000×6000	
82037595	钢板\PL38\GB/T1591—2008 Q345B\2000×8000	
82037596	钢板\PL38\GB/T1591—2008 Q345B\1700×8000	
82037597	钢板\PL38\GB/T1591—2008 Q345B\1700×11600	
82037598	钢板\PL38\GB/T1591—2008 Q345B\2500×8300	
82037599	钢板\PL38\GB/T1591—2008 Q345B\2500×10550	
81976327	钢板\PL38\GB/T 1591—2008 Q345B\2200×7000	
81970585	钢板\PL38\GB/T 1591—1994 Q345B\2500×6000	钢板\PL38\Q345B\GB/T 3274—2007
81923345	钢板\PL38\GB/T 1591—2008 Q345B\2440×6000	
81902247	钢板\PL38\GB/T 1591—2008 Q345B\2200×8000	
81791072	钢板\PL38\GB/T 1591—2008 Q345B\2000×12000	
81752013	钢板\PL38\GB/T 1591—2008 Q345B\3300×12000	
81752014	钢板\PL38\GB/T 1591—2008 Q345B\3000×9300	
81752015	钢板\PL38\GB/T 1591—2008 Q345B\2450×7350	
81752016	钢板\PL38\GB/T 1591—2008 Q345B\2350×13800	
81752017	钢板\PL38\GB/T 1591—2008 Q345B\1850×10400	
81662920	钢板\PL38\GB/T 1591—2008 Q345B\3000×11000	

从目前的清洗结果可看出，原来的31条物料通过数据清理后，最终规范为1条物料编码。产生此种情况的原因是由于旧物资数据中属性值填写不规范，造成一物多码。预计通过物资数据清洗工作的开展，可有效减少此种情况。通过物资数据的再次梳理，对属性值按照新物资标准进行规范，多条旧物资数据通过清洗工作后呈现为一条清洗结果，而旧物资数据对应的库存也将相应整合，从而为更有效的平衡利库奠定了良好基础，某种意义上扩大了平衡利库的范围，有助于盘活库存物资，提高整体库存周转率，有效避免由于物资数据描述不规范导致库存数量无法得以真实反映。

3.2.2 业务维度

各单位在开展清洗工作的同时，也对本单位的仓储和库存管理现状进行了全面摸底，于管理层面和操作层面均发现部分问题。例如通过数据清理后发现使用新的数据会降低相应的库存，使采购消耗比更加趋于稳定。高质量的物资数据不仅有助于仓储库存管理的改进，同时也可以此为基础不断优化设计、采购与生产环节，推动各个业务环节标准化程度持续提高，进一步实现集团内降本增效。

为证明此结论，找到以下例子：

选取了旧编码在清洗前的采购与消耗情况、库存数量与库存金额；通过数据清理后得到新编码的采购与消耗情况、库存数量及库存金额。

数据清理前后库存数量及库存金额情况见图3。

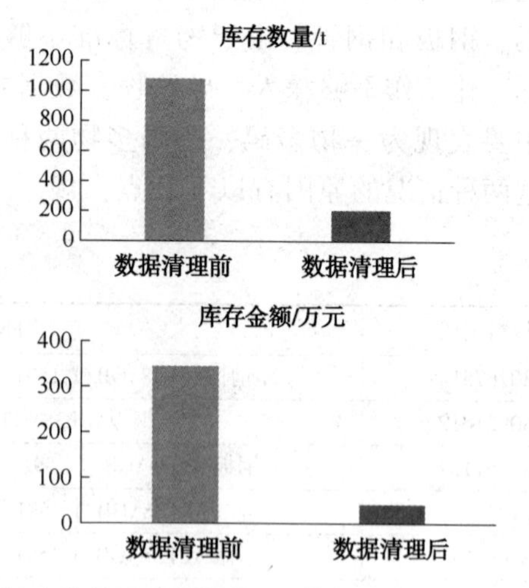

图3　数据清理前后库存数量及库存金额情况

如图3所示库存情况、库存金额情况。可以明显的看出，通过数据清理工作，通过数据清理明显优化了物资库存数量，降低库存金额。彻底消除了采购过剩、重复采购现象。直接从源头上控制了采购，降低了生产成本、采购成本。同时高质量的数据增加了采购的方便性并提高了采购的时效性，增加了工作效率，最终实现“降本增效”的目标。

如图4所示为四年内旧物料编码采购、消耗情况；近三年来对于普通钢材的采购总体趋势为增加；只有2014年降低了采购金额。而消耗金额跟采购金额的趋势大体相同。由此看出采购消耗比均大于1，即采购过盛，造成了大量的物资囤积。这与“库存优化、降本增效”的宗旨是相违背的。

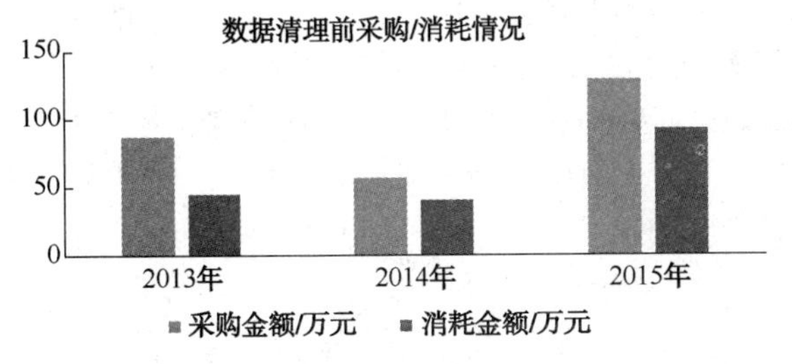

图4 数据清理前采购/消耗情况

如图5所示柱状图为数据清洗后，新编码进行的采购、消耗情况；选取了近3年的采购消耗情况，2013年为进行采购与消耗；终止日期为2016年8月份；采购金额处于下降的趋势，消耗金额稳步提升。采购消耗比明显下降，更加符合“库存优化、降本增效”的宗旨。由此可见，物资标准化在业务中起到了一定的效果，并初步形成了一些成果。

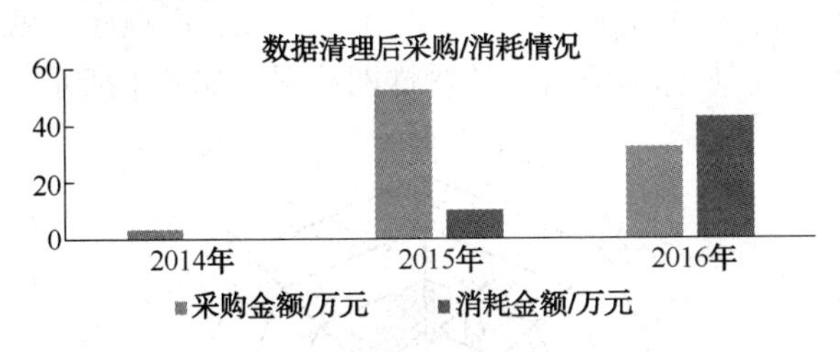

图5 数据清理后采购/消耗情况

4 总结

通过物资清理，已经在逐步发现高质量基础数据价值，挖掘数据分析所带来的降本增效空间。随着数据清洗结果在各个信息系统中调整到位，新物资标准下近130万条物资数据，正在被应用到企业的计划、设计、工程、采购、仓储、生产、销售、财务等各业务环节。随着数据的持续积累和深入分析，将对“专业化采购、供应商管理、集采管理、库存优化/共享”等带来诸多影响。要想最终实现“降本增效”的目标，需要做到以下几点：

（1）标准/数据管理持续优化

随着物资标准/数据常态化工作机制的建立，2016年将更加注重日常数据的管理。通过标准的持续性优化和完善、两级审核制度的高质量把控、定期数据质量监控与清洗，实现对物资数据“事前-事中-事后”的全面质量管理，保障数据质量，确保物资数据高质量、高效率的流转于各个业务环节，实现物资数据的长治久安。

在此基础上，基于高质量的物资数据，同时结合各类业务数据，诸如采办申请、招投标记录、合同/订单、库存等，进行多维度、多角度的分析，挖掘业务价值，为采办业务管理、仓储库存管理等提供有效意见，并为下阶段物资联储、货源与价格共享等工作提供数据支撑和基础输入。

（2）仓储物资管理稳步增效

基于2015年物资清查及库存优化专项工作的成果，在2016年将深入开展库存优化工作，制定库存优化目标，完善仓储库存管理体系，监控无动态物资消耗，对库存情况进行有效管理和监控，并形成长效机制。与此同时，对当前物资仓储管理的现状进行诊断评估，提出仓储物资管理整体发展规划的思路，包括制度流程、组织架构、信息化支撑等。

面对行业长期低油价的严峻挑战，要更加关注采办、严控增量，更要关注库存、利用存量，实现减量，精耕细作降低企业经营管理成本，特别是仓储成本、库存成本。

参考文献

[1] 联合国经济和社会事务部统计司. 产品总分类(CPC)[M]. 联合国，1998.

[2] GB/T 7635.1—2002. 全国主要产品分类与编码 第1部分：可运输产品[S].

[3] SY/T 5497—2000. 石油工业物资分类与编码[S].

试论 MBTI 职业性格测试结果标准化分析在企业管理中的应用

李京华[1] 刘作鹏[2]

(1. 中海石油(中国)有限公司天津分公司工程建设中心，天津塘沽 300452；
2. 中海油能源发展股份有限公司工程技术分公司，天津塘沽 300452)

摘 要 在企业的内训师选拔测试和新员工的入职职业测试中都发现了一个很有意思的现象，ESTJ 的人占了近 65%比例，如果考虑部分测试者的某两项测试值相差小于等于 3，那么属于和接近 ESTJ 性格的人比例高达 80%以上。本文将在梳理国内外相关文献的基础上，结合企业管理实践，深入分析测试结果，将性格模型从 16 种扩展到 625 种，使用新的蜘蛛网状图标准化模板，探讨 MBTI 职业性格测试在人力资源职业发展方面的局限性。

关键词 MBTI；性格测试；企业管理

1 问题提出

MBTI 目前较为流行，这个工具已经在世界上运用了将近 30 年的时间，老师学生利用它提高学习、授课效率，青年人利用它选择职业，组织利用它改善人际关系、团队沟通、组织建设、组织诊断等多个方面。在世界 500 强中，有 80%的企业有 MBTI 的应用经验。目前分 4 个维度(关注方式、学习方式、决策方式、生活方式)，每个维度有 2 个相关联指标[外向(E)和内向(I)、感觉(S)和直觉(N)、思考(T)和情感(F)、判断(J)和知觉(P)]，只能取一个来计算共有 16 种性格。

在实际的企业测试应用中发现 ESTJ 性格特点的人占据了 64.88%(205 人的样本)，如果考虑包含接近 ESTJ 性格(即有些维度的 2 个值非常接近)这一性格将达到 80.49%。所以在测试完将性格说明发到每个员工手上，询问准确感觉时，遇到很多人感觉说明不是很准确。究其原因主要出在划分方法不够细致，不能将这一大类中的不同性格给予区分，反映出 MBTI 职业性格测试的局限性。为了解决这一问题，深入分析一下所有样本的测试结果，发现可以采用标准分的方式加以细化。

2 性格模板设计

测试试卷采用的是 93 道题模式，分为 4 个部分。测试结果按 E、I、S、N、T、F、J、P 顺序排列。其中 EI 两项总的题数为 21，SN 总的题数为 26，TF 总的题数为 24，JP 总的题数为 22，总的题数不一致给 4 个维度的比较带来点困难，所以首先把 4 个维度都变成 1 分，然后再根据 E 或者 I 等各个维度的 2 个指标所占百分数得到的值就是该项指标的标准值。再把 E、I、S、N、T、F、J、P 换成 E、S、T、J、I、N、F、P 顺序。就可以绘制标准值对应的蜘蛛网状图，如图 1 所示。

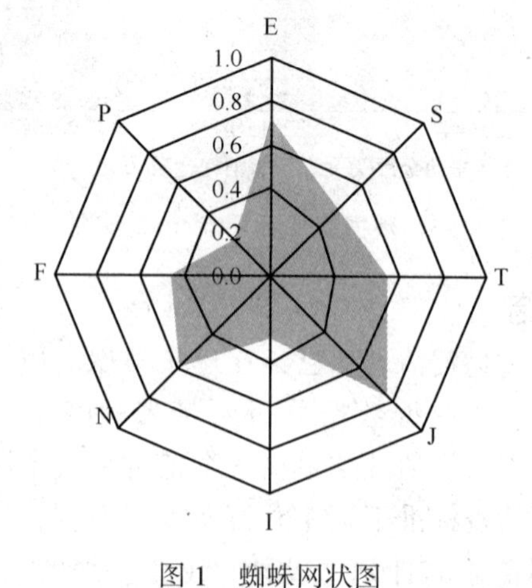

图 1 蜘蛛网状图

作者简介：李京华(1981—)，女，汉族，山东日照人，2007 年毕业于中国石油大学(华东)研究生院马克思主义与思想政治专业，法学硕士，目前任中海油培训主管，中级经济师、高级人力资源管理师。E-mail：lijh5@cnooc.com.cn

图中的阴影部分就代表了某人的 MBTI 测试性格。偏向哪一极很明显，测试完经过标准化处理每个人的图都可以进行对比。

图 2 就可以直观看出 4 个测试者的性格迥异和相似，曾和晁性格相似度很高，很多维度几乎重叠。而曹和测试者的性格差异非常明显，二者的重合度较低。标准化的性格模板是分析 MBTI 测试非常好用的工具，也是职业性格分析的基础。

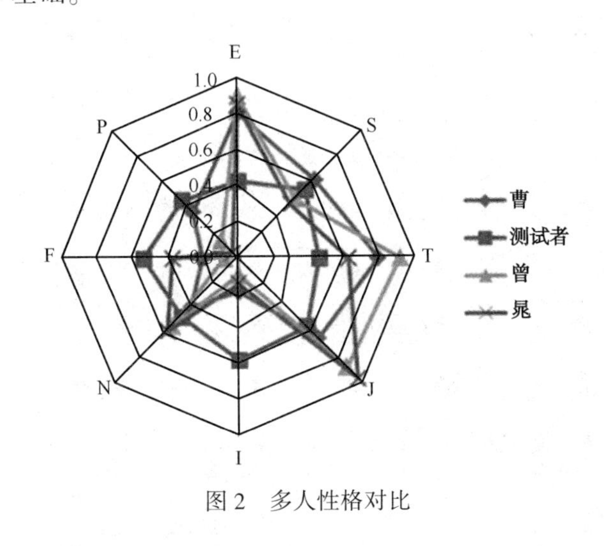

图 2　多人性格对比

3　问题分析和模型扩展

3.1　局限性原因分析

如果将每一个维度按照(0.9，0.1)，(0.7，0.3)，(0.5，0.5)，(0.3，0.7)，(0.1，0.9)5 种类型区分，共计可以分为 625 种典型性格。其中属于 ESTJ 有 81 种，典型的为 16 种，有争议的有 65 种。有争议的占总的种类的 80.25%。所以不是典型的 ESTJ 的性格就会感觉测试结果有些不是很准确。

实践中另一个不准确的因素是被测试人具有倾向性，可能将我们想成为某种人代替我们是某种人的判断，结果偏向了理想化。暂时不去考虑这一因素，我们将测试结果用数据描述，被测试者大多都感觉非常准确。

这样将 MBTI 的测试 625 种情况如果描述出来，测试者根据自己的结果找到最相近的一个，必然和自己吻合。这就需要对每个维度进行分析说明，并把比例考虑进去。

3.2　新性格模型建立

以 EI 维度为例，从关注方式上来说，$E=0.9$，非常注重外边的世界，更愿意和他人互动，性格非常外向，健谈。$E=0.7$，比较注重外边的世界，倾向与他人互动，性格外向。$E=0.5$，外边世界和内心世界都比较注重，性格既不内向也不外向。$E=0.3$，比较注重内心世界，倾向独处，性格偏内向。$E=0.1$，非常注重自己的内心世界，喜欢独自一个人，性格内向，注重个人隐私。

同样可以将模式扩展到其他 3 个维度，来描述。

从学习方式上看，$S=0.9$，非常喜欢通过感官来获得知识和信息，动手能力或者意愿强烈，喜欢实实在在的东西。$S=0.7$，喜欢通过感官来获得知识和信息，动手能力或者意愿比较强烈，喜欢实在，不排斥偶尔聪明一下。$S=0.5$，喜欢理论联系实际，更愿意一边工作一边思考，倾向先弄明白之后再动手操作，偶尔会走捷径。$S=0.3$，喜欢思考，直觉比较强，常常有模糊第六感的感觉。$S=0.1$，直觉很强，有第六感，遇事喜欢思考，说话常常让人感觉很有哲理。

从决策方式层面来讲，$T=0.9$，原则性很强，遇事首先讲原则，给人不通情理的感觉。$T=0.7$，原则性较强，在原则和情感冲突时倾向于按原则办事，不易被情感打动。$T=0.5$，做事比较中庸，能兼顾原则和人的情感，处理事情比较圆满，能得到组织和个人的认可。不过个人可能常常陷入情感和原则的冲突中很矛盾。$T=0.3$，人情味较浓，处理问题首先考虑别人的感受，其次才是原则，遇到与原则冲突事情常常感到痛苦。$T=0.1$，非常注重他人感受，常常提他人着想，不想伤害别人，喜欢人情味多的环境。

从生活方式角度来，$J=0.9$，计划性强，做事喜欢提前做好计划，办公家里的物品摆放也倾向于规规矩矩。$J=0.7$，比较喜欢依计划行事，对突发打乱计划的事情比较不爽。$J=0.5$，要求按计划进行也能比较适应，有时候随意一些安排也能接受。$J=0.3$，比较喜欢随意一些生活，喜欢慢节奏。$J=0.1$，随遇而安的生活方式，对生活充满期待，偶尔会遇到一些小惊喜。

这样可以根据以上划分结果，自动匹配出 625 种性格。形成标准化的性格模板图，如图 3

所示。

3.3　模型应用分析

将 2015 年 205 名新入职员工测试结果按照 16 种模型分类和 625 种模型分类分别对应的每种类型人数，如表 1 所示。

由表 1 可以看出大部分人都集中在了 ESTJ 一种类型了，给出的测试结论不能满足这么多人的需求。按 625 种模型 ESTJ 再细分分类得到的分布结果见表 2。

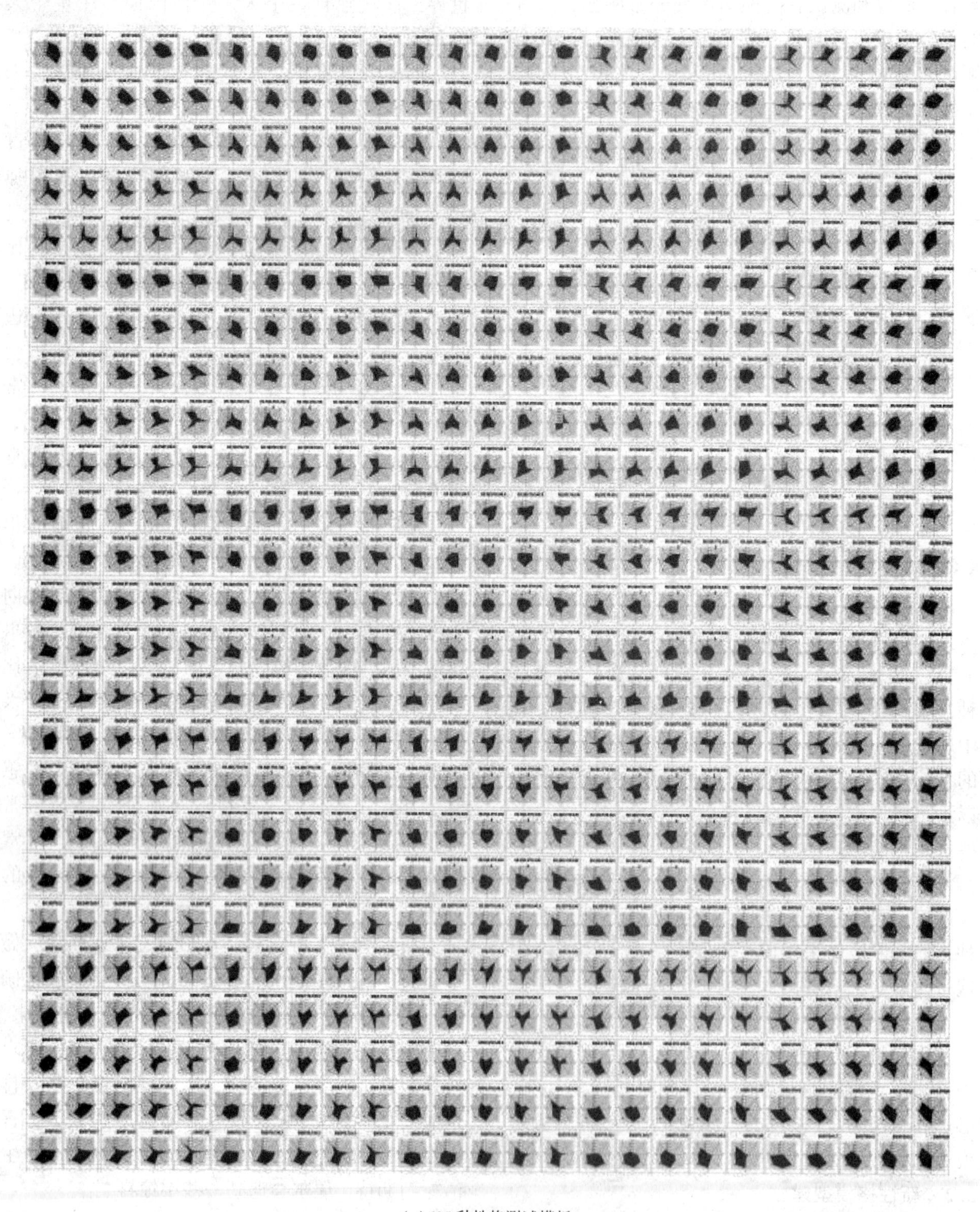

(a) 625 种性格测试模板

图 3　625 种性格测试模板和局部放大图

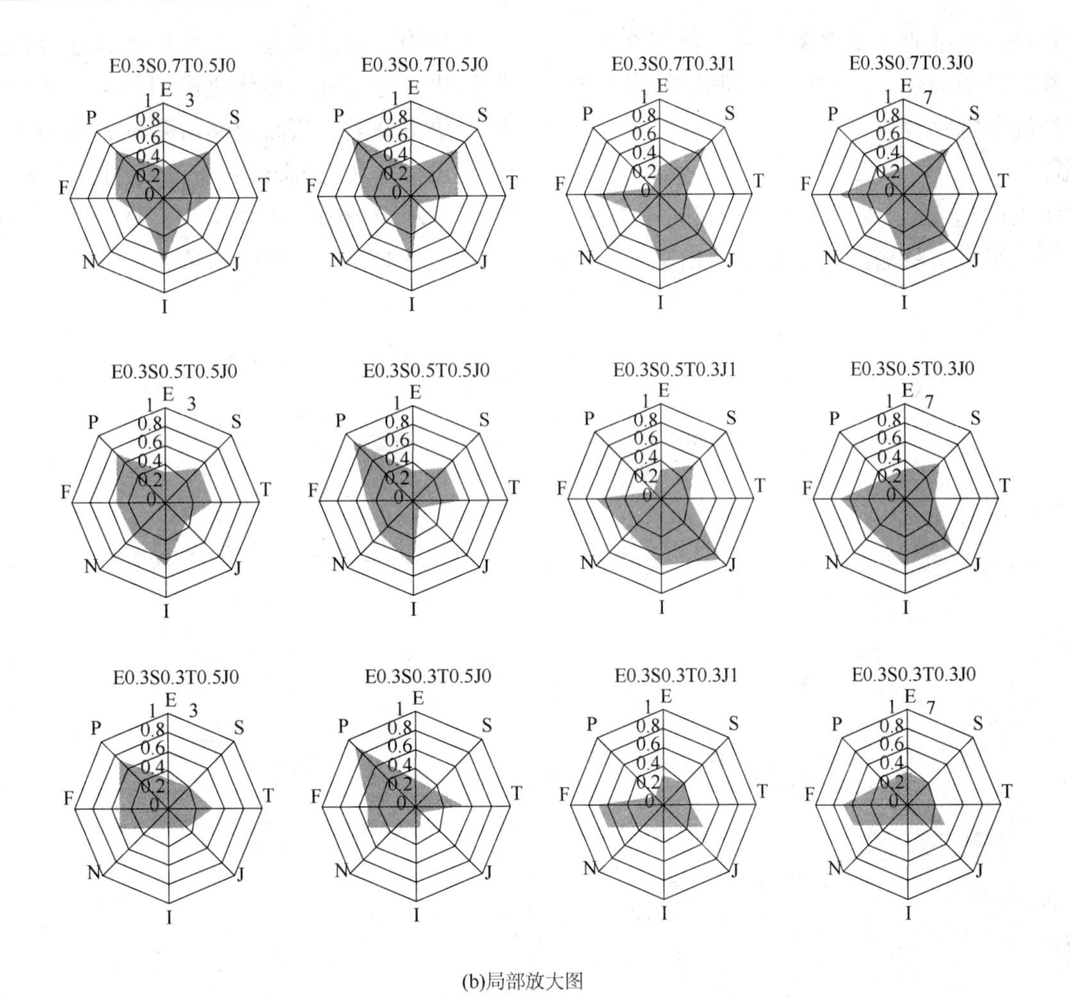

(b)局部放大图

图 3 625 种性格测试模板和局部放大图(续)

表 1 按 16 种性格分类测试结果

16 种类型	ESTJ	ENTJ	ISTJ	ESFJ	ENFJ	INTJ	ESTP	ISFJ	ENFP	ESFP	ENTP	ISTP	INFP	总计
计数	132	25	18	7	6	4	4	2	2	2	1	1	1	205

表 2 ESTJ 类型细分

E0. 9S0. 7 T0. 9J0. 9	E0. 7S0. 7 T0. 9J0. 9	E0. 7S0. 7 T0. 7J0. 9	E0. 9S0. 7 T0. 7J0. 9	E0. 9S0. 5 T0. 7J0. 9	E0. 9S0. 9 T0. 7J0. 9	E0. 9S0. 5 T0. 9J0. 9	E0. 5S0. 7 T0. 9J0. 9	E0. 9S0. 9 T0. 9J0. 9	E0. 7S0. 5 T0. 9J0. 9	E0. 9S0. 7 T0. 5J0. 9	E0. 7S0. 5 T0. 7J0. 9	E0. 7S0. 9 T0. 7J0. 9	E0. 7S0. 7 T0. 9J0. 7	E0. 5S0. 5 T0. 5J0. 9	E0. 5S0. 7 T0. 7J0. 9	E0. 7S0. 9 T0. 9J0. 9	E0. 5S0. 9 T0. 7J0. 9	E0. 7S0. 5 T0. 5J0. 9	E0. 9S0. 9 T0. 5J0. 7
14	13	12	11	9	8	7	6	5	4	3	3	3	3	3	2	2	2	2	1
E0. 9S0. 7 T0. 7J0. 5	E0. 5S0. 5 T0. 9J0. 9	E0. 5S0. 9 T0. 9J0. 9	E0. 5S0. 7 T0. 9J0. 5	E0. 5S0. 7 T0. 5J0. 9	E0. 9S0. 9 T0. 7J0. 7	E0. 9S0. 5 T0. 7J0. 5	E0. 5S0. 7 T0. 7J0. 7	E0. 9S0. 5 T0. 7J0. 7	E0. 9S0. 7 T0. 7J0. 7	E0. 7S0. 5 T0. 5J0. 7	E0. 5S0. 5 T0. 7J0. 7	E0. 9S0. 5 T0. 9J0. 5	E0. 9S0. 9 T0. 5J0. 9	E0. 7S0. 7 T0. 7J0. 7	E0. 7S0. 7 T0. 5J0. 7	E0. 9S0. 7 T0. 5J0. 5	E0. 9S0. 7 T0. 5J0. 7	E0. 7S0. 9 T0. 5J0. 9	合计
1	1	1	1	1	1	1	1	1	1	1	1	1	1	1	1	1	1	1	132

这种细分一下就把性格细化了，对应结果也格外准确。例如，E0. 9S0. 7T0. 9J0. 9 的性格描述：

从关注方式上来说，非常注重外边的世界，更愿意和他人互动，性格非常外向，健谈。从学习方式上看，喜欢通过感官来获得知识和信息，动手能力或者意愿比较强烈，喜欢实在，不排斥偶尔聪明一下。从决策方式层面来讲，原则性很强，遇事首先讲原则，给人不通情理的感觉。从生活方式角度来，计划性强，做事喜欢提前做好计划，办公家里的物品摆放也倾向于规规矩矩。

把上面的描述给 14 名测试者表述，基本都赞同表述，认为测试结果很符合自己的真实情况。在现场随机抽查了 2 名测试者，使用 625 种模型计算的结果描述，都很吃惊，测试结果与本人真实情况非常吻合。

4　结论

应用 MBTI 测试，对人的性格分析过于笼统，特别是目前很多文献测试结果都反映出某一类人比较集中，而这部分人的性格差异性分析没有得到解决。通过进一步优化模型分类，我们将有效区分更多细类，从而能够给测试者更为细致的建议，也为企业管理中更细致的细分人群提供依据，在组织诊断、团队组建、日常管理、针对性培训等方面发挥着积极意义。